Studien zur Geschichte der Mittelalterforschung — Band 2

MONUMENTA
GERMANIAE
HISTORICA

GRUNDLAGEN
FORSCHUNG
MITTELALTER

Studien zur Geschichte der Mittelalterforschung

Band 2

Wiesbaden 2023
Harrassowitz Verlag

Zwischen Vaterlandsliebe und Ausgrenzung

Die jüdischen Mitarbeiter und Mitarbeiterinnen der Monumenta Germaniae Historica

Herausgegeben von
Martina Hartmann, Annette Marquard-Mois und Maximilian Becker

Wiesbaden 2023
Harrassowitz Verlag

Abbildungen auf dem Umschlag:

Vorderseite:

oben v. l.:	Wilhelm Levison, Ludwig Traube, Erika Sinauer, Paul Ewald, Henry Simonsfeld, Richard Salomon
unten v. l.:	Karl Lehmann, Bertold Bretholz, Gerhart B. Ladner, Ernst Perels, Max Perlbach, Hermann Reincke-Bloch

Rückseite:

oben v. l.:	Sigmund Herzberg-Fränkel, Ernst Bernheim, Harry Bresslau, Felix Liebermann, Erich Caspar, Bernhard von Simson
unten v. l.:	Samuel Löwenfeld, Philipp Jaffé, Paul Hirsch, Alfred Hessel, Ludo Moritz Hartmann

Bibliographische Information der Deutschen Nationalbibliothek
Die Deutsche Nationalbibliothek verzeichnet diese Publikation
in der Deutschen Nationalbibliografie; detaillierte bibliografische Daten
sind im Internet über https://dnb.de abrufbar.

Bibliographic information published by the Deutsche Nationalbibliothek
The Deutsche Nationalbibliothek lists this publication
in the Deutsche Nationalbibliografie; detailed bibliographic data
are available in the Internet at https://dnb.de.

Gedruckt auf alterungsbeständigem Papier
Satz: Dr. Anton Thanner, Weihungszell
Druck und Verarbeitung: Memminger MedienCentrum AG
Printed in Germany
ISBN 978-3-447-11975-7 eISBN 978-3-447-39367-6
ISSN 2701-8989 eISSN 2747-707X

VORWORT*

Im Jahr 2021 beteiligten sich die Monumenta Germaniae Historica mit einer virtuellen Ausstellung in Deutsch und Englisch sowie einem Kurzfilm an den zahlreichen Veranstaltungen zum Festjahr ‚1700 Jahre jüdisches Leben in Deutschland', das unter der Schirmherrschaft des Bundespräsidenten, Dr. Frank-Walter Steinmeier, stand und finanziell großzügig unterstützt wurde. Die Idee zur Beteiligung an ‚#2021JLID' hatte Annette Marquard-Mois. Unter dem Titel ‚Zwischen Vaterlandsliebe und Ausgrenzung – jüdische Mitarbeiter und Mitarbeiterinnen der MGH' wurden sechs Wissenschaftler und eine Wissenschaftlerin anhand von rund 60 kommentierten Dokumenten aus dem MGH-Archiv vorgestellt und ihre Bedeutung für die MGH illustriert. Ein Film ergänzt die Ausstellung, stellt das Institut, seine Quellen und die Arbeitsweise vor und problematisiert das Thema mit Hilfe von kurzen Interviews[1].

Während der Vorbereitung dieser virtuellen Ausstellung wurde den daran Mitarbeitenden bewusst, wie groß der Anteil jüdischer Wissenschaftler und Wissenschaftlerinnen an dem Quellenunternehmen Monumenta Germaniae Historica ist. Daher beschlossen wir, der Ausstellung in der neuen Schriftenreihe zur Geschichte der Mittelalterforschung einen Band mit Biographien an die Seite zu stellen, damit nicht nur die prominenten Editoren Aufmerksamkeit erhalten, sondern auch die weniger bekannten und diejenigen, die ihre Arbeit nicht vollenden konnten, weil sie emigrierten oder deportiert und ermordet wurden. Die Mitarbeiter des Instituts beteiligten sich an diesem Projekt in großer Zahl und mit regem Interesse und Anteilnahme und portraitierten einen oder sogar zwei ihrer ‚Vorgänger' bei den MGH. Fast alle Autoren der Biographien sind Mediävistinnen und Mediävisten und können somit die editorischen Leistungen ihrer früheren Kollegen und der früheren Kollegin einschätzen.

So bietet der vorliegende Band insgesamt 28 mehr oder weniger umfangreiche Portraits von wissenschaftlichen Mitarbeitern mit jüdischen Wurzeln. Vorangestellt ist ein umfangreicher Beitrag von Ulrich Wyrwa über den Antisemitismus in Deutschland 1819 bis 1945 mit besonderer Berücksichtigung des akademischen Feldes, der außerordentlich hilfreich für die historische Einordnung und das Verständnis der dargestellten Lebenswege in ihrer Zeit ist. Daran schließt eine eindrückliche Fallstudie von Matthias Berg über jüdische

* Eine englischsprachige Version des Vorworts folgt im Anschluss.

1 https://visit.mgh.de/de/jued-ma/film. Nähere Hinweise zu den Projektbeteiligten finden sich unter https://visit.mgh.de/de/jued-ma/das-projekt.

Mitglieder und Mitarbeiter der Bayerischen Akademie der Wissenschaften in der NS-Zeit an.

In diesem Band sind bekannte ‚Monumentisten' wie Philipp Jaffé, Harry Bresslau oder Wilhelm Levison neben unbekannten wie Max Perlbach oder Wilhelm Weinberger vertreten. Leider ließ sich nicht von allen ein Foto finden – im Fall von Weinberger beispielsweise gibt es keinen Nachlass mehr, weil dessen Witwe im Holocaust umkam, so dass sich im Archiv der Stadt Brno nur wenig über diesen Editor finden ließ.

Die Herausgeber des Bandes sind sich der Problematik bewusst, dass sich viele der in diesem Band Portraitierten keineswegs als Juden verstanden und sich daher nicht in einem solchen Band gesehen hätten, so beispielsweise Erich Caspar, Ernst Perels oder Richard Salomon. Dies gilt meist auch für deren Familien und Nachkommen. Arno Mentzel-Reuters hat die Problematik im Kurzfilm zur Ausstellung prägnant mit den Worten umrissen, wir würden den Portraitierten auf diese Weise wieder „den Judenstern ankleben" und ungewollt die Rassenideologie der Nationalsozialisten übernehmen. Das Dilemma, endlich die großen Verdienste zu würdigen und die oft erschreckenden Lebensläufe mit Verfolgung, Emigration oder Ermordung darzulegen, dabei aber die rassistischen Kategorien des ‚Dritten Reiches' zugrunde legen zu müssen, ist freilich unlösbar. Um die rassenideologische Konnotation der Bezeichnungen „Jude", „jüdisch" etc. zu umgehen, haben die Beiträger dieses Bandes verschiedene Wege gewählt. Deutlich wird in fast jedem Portrait – auch in einigen Portraits von Monumentisten vor 1933 – wie sehr ihre Karrieren verhindert oder zumindest verzögert wurden. Bei einigen Mitarbeitern waren die Kinder und Enkel von den Verfolgungen durch das NS-Regime betroffen, viele Nachkommen der vorgestellten MGH-Mitarbeiter leben heute nicht mehr in Deutschland. Gleichzeitig wird schmerzhaft sichtbar, wie menschenverachtend der Rassenwahn der Nationalsozialisten war und welch unermesslichen Verlust Deutschland – sowohl in menschlicher als auch in wissenschaftlicher Hinsicht – durch den Holocaust erlitten hat.

Wer durch den Band blättert, wird vielleicht den einen oder anderen Gelehrten vermissen, so etwa den berühmten Mediävisten Ernst Kantorowicz (1895–1963), den der damalige Leiter der MGH, Paul Fridolin Kehr (1860–1944), für eine Edition der stauferzeitlichen Annales Placentini Ghibellini zu gewinnen hoffte, was jedoch aus verschiedenen Gründen nicht realisiert wurde[2]. Nicht vertreten sind außerdem Theodor Hirschfeld (1887–1915) und Fritz Anton Salomon (1886–1953)[3]: Hirschfeld war erst kurz, bevor er eingezogen wurde, für die Abteilung Diplomata angestellt worden und fiel im zweiten Kriegsjahr[4]. Fritz Salomon, der Bruder des langjährigen MGH-Mitarbeiters Richard Salomon, wurde Rechtsanwalt und konnte 1938 noch rechtzeitig nach England emigrieren. Seine Tochter Ilse hingegen, eines

2 Paul Kehr, Bericht über die Herausgabe der Monumenta Germaniae Historica 1929, in: NA 49 (1932) S. I–XII, hier S. IV. Vgl. zum Verhältnis zwischen Kehr und Kantorowicz Robert Lerner, Ernst Kantorowicz. Eine Biographie (2021) S. 165f. und S. 174 zum Editionsprojekt und den Gründen für das Scheitern des Plans.

3 Zu Fritz Anton Salomon siehe den Beitrag von Enno Bünz zu Richard Salomon in vorliegendem Band, S. 397 Anm. 5.

4 Harry Bresslau, Geschichte der Monumenta Germaniae historica (1921) S. 731.

von vier Kindern, wurde mit ihrem Ehemann und den zwei Kindern in Auschwitz ermordet[5]. Fritz Salomon publizierte zwischen 1908 und 1912 vier rechtsgeschichtliche Aufsätze und fertigte für den blinden Karl Zeumer in MGH Constitutiones Band 4, 2 ein nützliches Register aller in den ersten Bänden edierten Stücke an, während sein Bruder Richard Salomon die Mühen des Korrekturlesens auf sich nahm[6].

Zu nennen sind außerdem Emmy Heller (1886–1956) und Beatrice Hirsch-Reich (1889–1967). Heller hatte bei Karl Hampe über die stauferzeitliche Briefsammlung des Thomas von Capua promoviert und emigrierte 1936 mit ihrem Mann, einem jüdischen Arzt, in die USA; dort arbeitete sie als ‚Lecturer' am Brooklyn College. Testamentarisch vermachte sie ihren wissenschaftlichen Nachlass dem Vatikan, der ihn 1959 an den MGH-Mitarbeiter Hans Martin Schaller (1923–2005) weitergab. Daraufhin erhielt Emmy Heller einen Nachruf im Deutschen Archiv[7]. Ob die Weitergabe des Materials an die MGH in ihrem Sinne war, sei dahingestellt. Beatrice Hirsch-Reich, eine Schülerin von Oswald Redlich (1858–1944) und Absolventin des berühmten Kurses am Institut für Österreichische Geschichtsforschung, arbeitete vor und nach ihrer Emigration nach England an einer Edition des um 1205 in Bamberg verfassten anonymen Traktats De semine scripturarum und stand mit Herbert Grundmann (1902–1970) in Kontakt über Schriften des Joachim von Fiore. Sie vermachte testamentarisch ihre Editionsmaterialien den MGH[8], in der Hoffnung, dass Grundmann ihre Edition vollenden würde, was leider nie geschah. Es ist bezeichnend, dass beide Wissenschaftlerinnen weder vor 1933 noch nach 1945 als Editorinnen der MGH in Betracht gezogen wurden, das heißt, keinen offiziellen Editionsauftrag der MGH erhielten, und auch in den Jahresberichten der Präsidenten nur anlässlich ihres Todes erwähnt werden[9].

---

5 Vgl. zu Fritz Salomon und seiner Familie den Eintrag ‚Fritz Anton Salomon' auf www.geni.com [abgerufen am 27.4.2023].

6 Bresslau, Geschichte (wie Anm. 3) S. 730 Anm. 5: Fritz Salomon hatte sowohl im Neuen Archiv als auch in der ZRG Germ. publiziert: Fritz Salomon, Der Sachsenspiegel und das Wormser Konkordat, in: ZRG Germ. 31 (1910), S. 137–145; DERS., Zum Landfrieden Friedrichs I. von 1152, in: NA 36 (1911) S. 212–214; DERS., Über eine Handschrift des Sachsenspiegels, in: ZRG Germ. 33 (1912) S. 663–665. Seine erste Aufsatzpublikation war: Die brandenburgische Stimme bei der Doppelwahl von 1314, in: Forschungen zur brandenburgischen und preußischen Geschichte 21 (1908) S. 537–548. – Das Register findet sich in MGH Const. 4, 2 (1911) S. 1554–1565. Ich danke Frau Dr. Hedwig Munscheck-von Pölnitz für ihre Identifizierung von Fritz Salomon.

7 Vgl. Helene WIERUSZOWSKI, Nachruf Emmy Heller, in: DA 15 (1959) S. 611f. und Herbert GRUNDMANN, Monumenta Germaniae Historica. Bericht für das Jahr 1963/64, in: DA 20 (1964) S. I–X, hier S. VII; vgl. auch Jakob FROHMANN, Emmy Heller (1886–1956) und die Überlieferung der Briefsammlung des Thomas von Capua, in: Kuriale Briefkultur im späteren Mittelalter, hg. von Tanja BROSER / Andreas FISCHER / Matthias THUMSER (2015) S. 153–178, der nachweisen konnte, dass Emmy Hellers Einschätzung der Briefsammlung des Thomas von Capua zutreffender ist als die von Hans Martin Schaller. Ihr Material befindet sich im MGH-Archiv in K 139 und B 803.

8 Herbert GRUNDMANN, Monumenta Germaniae Historica. Bericht für das Jahr 1966/67, in: DA 23 (1967) S. I–XII, hier S. III und IX, sowie DERS., Monumenta Germaniae Historica. Bericht für das Jahr 1968/69, in: DA 25 (1969) S. I–XI, hier S. X mit der Ankündigung, dass er ihre Edition vollenden werde. Das Material zu De semine scripturarum und ein Briefwechsel von Beatrice Hirsch-Reich mit Herbert Grundmann findet sich im MGH-Archiv unter K 14, K 15, K 17, K 81 und B 793/I (Korrespondenz aus den Jahren 1949 bis 1957).

9 Vgl. Herbert GRUNDMANN, Monumenta Germaniae Historica 1819–1969 (1969) S. 16: „Als Schülerin

Thematisiert hat die jüdischen Mitarbeiter der MGH und den Umgang mit ihnen nach dem Zweiten Weltkrieg zuerst Horst Fuhrmann (1926–2011) in seinem 1996 erschienenen Buch über die Mitarbeiter der MGH[10]. In der 1969 zum 150jährigen Bestehen der MGH erschienenen Geschichte von Herbert Grundmann begegnen zwar Philipp Jaffé, Harry Bresslau und sogar Emmy Heller und Beatrice Hirsch-Reich, jedoch ohne dass ein Wort über das Schicksal dieser Gelehrten und ihre Ausgrenzung fällt[11]. Fuhrmann erwähnte in seinem Buch dann das bekannte Gutachten des SD-Historikers Hermann Löffler (1908–1978) für den Geschäftsführer des SS-Ahnenerbes Wolfram Sievers (1905–1948) über den „Einbruch des Judentums in die Geschichtswissenschaft" von 1939 und druckte unter den Dokumenten im Anhang die Passagen ab, die die MGH betrafen[12]. Löffler hatte behauptet, bei den MGH seien „gegen 50 Juden" tätig gewesen, nannte namentlich aber nur Harry Bresslau, Wilhelm Levison und Richard Salomon. Fuhrmann setzte sich kritisch mit Löffler auseinander und zählte 22 Mitarbeiter namentlich auf, die Schicksale von Wilhelm Levison und Ernst Perels behandelte er als Beispiele ausführlicher mit Fotos der beiden Gelehrten[13].

Nicht vergessen werden soll außerdem, dass der aus Deutschland emigrierte und in den USA lehrende Gelehrte Ernst Kantorowicz unter denjenigen war, die die MGH, als sie im Jahr 1948 das Gremium der korrespondierenden Mitglieder der Zentraldirektion schufen, hineinwählten. Und Kantorowicz nahm diese Wahl an, was keinesfalls selbstverständlich war[14]. Ja mehr noch, bereits 1947 hatte er den Kontakt zu Friedrich Baethgen (1890–1972) wieder aufgenommen, ihn mit Care-Paketen versorgt, ihm eine Einladung nach Princeton verschafft und für einen Austausch von neueren mediävistischen Publikationen zwischen München und den USA gesorgt[15]. Sehr bald nach dem Krieg versuchten also die MGH,

von Karl Hampe (Mitglied der Zentraldirektion 1917–1936), der sich eifrig den Briefsammlungen der späteren Stauferzeit zuwandte, hatte Emmy Heller seit ihrer Heidelberger Dissertation von 1926 über die ‚Summa dictaminis' des Thomas von Capua sich lebenslang um eine Ausgabe dieser in verschiedenen Fassungen überlieferten Briefsammlung bemüht, bei ihrem Tod 1956 alle Vorarbeiten dazu der Vatikanischen Bibliothek vermacht. Dort wußte man, daß diese Ausgabe nur vollendet werden könnte, wenn ein seit Jahren mit der Briefsammlung des Petrus de Vinea intensiv beschäftigter Mitarbeiter der Monumenta sich ihrer annähme; und so wird Hans Martin Schaller ausführen, was seit 150 Jahren geplant war." Schaller hat weder von der Briefsammlung des Petrus de Vinea, noch von der des Thomas von Capua eine Edition vorgelegt. Vgl. auch GRUNDMANN, ebd. S. 40, wo Beatrice Hirsch-Reich nun plötzlich als Mitarbeiterin der MGH von 1950 bis 1967 genannt wird, obwohl sie nie einen Editionsauftrag erhalten hatte, wie die Jahresberichte der Präsidenten klar erkennen lassen.

10 Horst FUHRMANN, „Sind eben alles Menschen gewesen". Gelehrtenleben im 19. und 20. Jahrhundert. Dargestellt am Beispiel der Monumenta Germaniae Historica und ihrer Mitarbeiter. Unter Mitarbeit von Markus WESCHE (1996) S. 98–103, auf S. 103 findet sich die Auflistung.

11 Siehe Anm. 9.

12 Vgl. FUHRMANN, Gelehrtenleben (wie Anm. 10) S. 100 und Briefe und Dokumente Nr. 7 S. 162f. mit Anm. 230 ff. auf S. 194–200. Der Bericht von Löffler war bereits von Joachim LERCHENMÜLLER, Die Geschichtswissenschaft in den Planungen des Sicherheitsdienstes der SS. Der SD-Historiker Hermann Löffler und seine Denkschrift „Entwicklung und Aufgaben der Geschichtswissenschaft in Deutschland" (1967) herausgegeben worden, was Fuhrmann entgangen war.

13 FUHRMANN, Gelehrtenleben (wie Anm. 10) S. 100–102.

14 Vgl. Friedrich BAETHGEN, Monumenta Germaniae Historica. Bericht für das Jahr 1954/55, in: DA 13 (1957) S. 1–15, hier S. 14, und GRUNDMANN, Monumenta 1819–1969 (wie Anm. 9) S. 38.

15 Vgl. LERNER, Ernst Kantorowicz (wie Anm. 2) S. 341 ff. zu den Briefen an Friedrich Baethgen aus der

die internationalen Wissenschaftsbeziehungen wieder zu beleben, indem sie emigrierte Gelehrte wählten, die den Monumenta in den 1920er Jahren verbunden gewesen waren, denn 1950 wurde dann Gerhart Ladner (1905–1993) zum korrespondierenden Mitglied gewählt[16]. Unter der Präsidentschaft von Herbert Grundmann (1958–1969) wählte man 1960 die Emigranten Hans Liebeschütz (1893–1978) und Richard Salomon (1884–1966) in das Gremium der korrespondierenden Mitglieder – aber auch den dem nationalsozialistischen Regime eng verbundenen Rechtshistoriker Karl August Eckhardt (1901–1979), wobei dessen Wahl im Jahresbericht des Präsidenten bezeichnenderweise nicht erwähnt wurde[17]. Nur Paul Oskar Kristeller (1905–1999) wurde 1962, also noch in der Ära Grundmann, als korrespondierendes Mitglied jüdischer Abstammung hinzugewählt; in der Amtszeit von Horst Fuhrmann waren es dann Stephan Kuttner (1907–1996, gewählt 1973), Karl Leyser (1920–1992, gewählt 1979) und Herbert Bloch (1911–2006, gewählt 1980)[18].

So bietet der vorliegende Band keine umfassende Geschichte der jüdischen Mitarbeiter und Mitarbeiterinnen der MGH, vertieft aber mit den Biographien die unterschiedlichen Aspekte im Wirken der Wissenschaftler und das Bewusstsein für ein Thema, dessen Aufarbeitung überfällig war.

Sehr zu danken ist allen Beiträgern, die sich mit großem Engagement diesem teilweise bedrückenden Thema gewidmet haben. Annette Marquard-Mois hat neben ihren Beiträgen über Harry Bresslau, Karl Lehmann und Erika Sinauer die vielfach mühsame Beschaffung der Fotos auf sich genommen und die Redaktionsarbeit. Dr. Maximilian Becker hat die Beiträge mit dem Blick des professionellen Zeithistorikers gelesen, und die englischen Zusammenfassungen verdanken wir Dr. Duane Henderson. Die Gesamtredaktion lag in bewährter Weise bei Dr. Horst Zimmerhackl, weitere redaktionelle Vereinheitlichungen nahmen Elias Kagermeier und Silke Jäckle vor. Das Personenregister fertigte Dr. Anton Thanner an. Ein großer Dank geht auch an alle Archive, Lehrstühle und Bibliotheken, ohne deren Unterstützung dieser Band nicht zustande gekommen wäre.

Damit wird der 2. Band der neuen Schriftenreihe der MGH, die sich der Institutsgeschichte widmet, zwei Jahre nach der virtuellen Ausstellung vorgelegt. Möge dieser Band

---

Nachkriegszeit. Sie befinden sich im MGH-Archiv und sollen demnächst in der digitalen Briefausgabe Ernst Kantorowicz ediert werden, die bei den MGH in Fortführung des von Johannes Fried, Ernst Osterkamp und Ulrich Raulff begonnenen Editionsprojekts wiederaufgenommen wird.

16 Vgl. Baethgen, Bericht für das Jahr 1954/55 (wie Anm. 14) S. 14 und Grundmann, Monumenta 1819–1969 (wie Anm. 9) S. 39; siehe auch den Beitrag von Hedwig Munscheck-von Pölnitz über Gerhart B. Ladner in diesem Band.

17 Vgl. Herbert Grundmann, Monumenta Germaniae Historica. Bericht für das Jahr 1959/60, in: DA 17 (1961) S. 1–8, hier S. 1, wo nur die einstimmige Wahl von Hans Liebeschütz und Richard Salomon genannt wird, während bei Grundmann, Monumenta 1819–1969 (wie Anm. 9) S. 39 (und im Protokoll der entsprechenden Zentraldirektionssitzung) die Wahl von Eckhardt, Liebeschütz und Salomon verzeichnet ist.

18 Diese Wahlen wurden nicht in den entsprechenden Jahresberichten im Deutschen Archiv mitgeteilt, sondern die Wahl Kristellers nur von Grundmann, Monumenta 1819–1969 (wie Anm. 9) S. 39 und dann alle Zuwahlen in einer Auflistung von Horst Fuhrmann, Monumenta Germaniae Historica. Bericht für das Jahr 1983/84, in: DA 40 (1984) S. I–XII, hier S. XII: „Korrespondierende Mitglieder der Zentraldirektion der Monumenta Germaniae Historica".

dazu beitragen, deutsche Wissenschaftler und Wissenschaftlerinnen jüdischer Herkunft als genuinen Teil der deutschen Wissenschaftsgeschichte zu begreifen[19].

München, im Sommer 2023 Martina Hartmann

19 Alle deutschsprachigen Beiträge sind am Ende mit einer englischsprachigen Zusammenfassung versehen, englischsprachige Beiträge mit einer deutschsprachigen.

INTRODUCTION

In 2021, the Monumenta Germaniae Historica participated in the jubilee events celebrating '1700 Years of Jewish Life in German-speaking Lands' that were held under the auspices and generous sponsorship of the president of the Federal Republic of Germany, Dr Frank-Walter Steinmeier. Our contribution to the project #2021JLID was a virtual exhibition in German and English, with a short introductory film, entitled: Between Patriotism and Exclusion – Jewish Scholars at the MGH. Annette Marquard-Mois was responsible for the initial conception. With around 60 commented exhibits from the MGH archive, the exhibition portrays the work and lives of seven Jewish scholars who worked for the MGH and underlines the importance of their contributions. The introductory film presents our institute and its work and touches on the problems of the topic in a series of short interviews[1].

In the course of preparing the virtual exhibition, we ourselves became more aware of how deeply indebted the Monumenta Germaniae Historica are to the many Jewish scholars who have been part of our editorial undertaking. This prompted us to publish a complementary volume of biographical studies in our new series 'Studien zur Geschichte der Mittelalterforschung', dedicated not just to our more prominent editors, but also to those who are less well-known or who could not complete their work due to their forced emigration, deportation, or murder. Our staff members and editors have participated in this project with great interest and engagement to portray one or more of their 'predecessors' at the MGH. Almost all biographical articles were written by authors who are themselves medieval scholars and thus well able to judge the editorial achievements of their past colleagues. In sum, this volume presents 28 more or less comprehensive portraits of scholars of Jewish origins who worked for the MGH. It begins with two thematic papers: Ulrich Wyrwa's substantial conspectus of anti-Semitism in Germany from 1819 to 1945 with a particular focus on academic circles, providing a highly instructive introduction to the historical background behind the individual biographies, and Matthias Berg's impressive detail study on Jewish academy members and scholars at the Bavarian Akademie der Wissenschaften under Nazi rule. The biographical studies feature prominent 'Monumentists' such as Philipp Jaffé, Harry Bresslau and Wilhelm Levison, but also less well-known scholars such as Max Perlbach and Wilhelm Weinberger. Unfortunately, it was not always possible to find photographs of the protagonists: in Wein-

1 https://visit.mgh.de/en/jew-em/film (in German language). For more information on the project and its authors, see: https://visit.mgh.de/en/jew-em/project.

berger's case, for example, his estate was lost with his widow, who died in the Holocaust, so that hardly anything remains to be found today in the Brno city archive.

The editors of this volume are attentive to the special problem that several of the scholars portrayed here, such as Erich Caspar, Ernst Perels, or Richard Salomon, never considered themselves as Jews and hence would not have seen themselves properly represented in such a publication. This sentiment also applies widely for their families and descendants. In the introductory film, Arno Mentzel-Reuters brings this dilemma fittingly to the point with the caution that depicting these persons as Jews amounts to pinning them with the yellow badge and unwittingly applying the categories of Nazi racist ideology. Indeed, it seems impossible to finally honour these scholars for their great achievements and expose the often terrifying conditions of persecution, forced emigration, and murder that they suffered during the Third Reich without subjecting them to that very same classification that caused their suffering. In this volume, the authors have found many ways to avoid the ideologically charged connotations of terms such as "Jew", "Jewish", etc. Almost every biography – also those treating persons who lived before 1933 – reveals how anti-Semitic prejudices hindered or delayed scholarly careers. In some cases, it was the children and grandchildren of our editors who suffered repression through the NS regime. Many of the descendants of the people portrayed here no longer live in Germany. Their stories make painfully visible how inhuman the Nazi racist madness was and what an immeasurable cost – in human and in scientific terms – Germany suffered through the Holocaust.

A casual reader of this book may wonder why certain persons are missing; for example the famous medieval scholar Ernst Kantorowicz (1895–1963), whom MGH president Paul Fridolin Kehr (1860–1944) once hoped to engage for an edition of the Annales Placentini Ghibellini, a source written during the Era of the Hohenstaufen. Unfortunately, this project never came to fruition[2]. Other Jewish scholars not portrayed in our volume are Theodor Hirschfeld (1887–1915) and Fritz Anton Salomon (1886–1953)[3]. The former had just received a position in the section Diplomata shortly before he was drafted for military service and fell in the second year of World War I[4].

The latter, Fritz Salomon, was a lawyer and the brother of the long serving MGH editor Richard Salomon. Besides publishing four articles on legal history between 1908 and 1912, Salomon assisted Karl Zeumer, who was then almost completely blind, in preparing a useful chronological index of all texts edited in volumes 1–4 of the MGH series Constitutiones, which was proofread by his brother and appeared in volume 4.2 of that series[5]. He was fortunate to be able to emigrate to England in 1938 to escape Nazi persecution, but his

2 Paul Kehr, Bericht über die Herausgabe der Monumenta Germaniae Historica, in: NA 49 (1933) pp. I–XII, here p. IV. On Kantorowicz's relationship with Kehr, see Robert Lerner, Ernst Kantorowicz. Eine Biographie (2021) pp. 165f., and ibid., p. 174 for Kehr's edition plan and the reasons for its failure.

3 On Fritz Anton Salomon see the paper of Enno Bünz in this volume p. 397 note 5.

4 Harry Bresslau, Geschichte der Monumenta Germaniae historica (1921) p. 731.

5 Ibid., p. 730, note 5: Fritz Salomon's articles were published in NA and in ZRG Germ.: Fritz Salomon, Der Sachsenspiegel und das Wormser Konkordat, in: ZRG Germ. 31 (1910), pp. 137–145; idem, Zum Landfrieden Friedrichs I. von 1152, in: NA 36 (1911) pp. 212–214; idem, Über eine Handschrift des Sachsenspiegels, in: ZRG Germ. 33 (1912) pp. 663–665. His first article 'Die brandenburgische Stimme bei der Doppelwahl von 1314' was published in: Forschungen zur brandenburgischen und preußischen

daughter Ilse, one of his four children, was killed in Auschwitz along with her husband and two children[6].

Worth mentioning are also Emmy Heller (1886–1956) and Beatrice Hirsch-Reich (1889–1967). Heller wrote her Ph.D. under Karl Hampe on the letters of Thomas of Capua, an important source for the history of the age of the Hohenstaufen. In 1936, she emigrated to the USA with her husband, a Jewish doctor, and worked thereafter as a lecturer at Brooklyn College (NY). On her death, she left her literary estate to the Vatican, which in turn entrusted it to Hans Martin Schaller (1923–2005) of the MGH. Thereupon, she was commemorated in an obituary notice in the Deutsches Archiv[7], although it is quite uncertain if she indeed ever intended her estate to land in the hands of the MGH. For her part, Beatrice Hirsch-Reich studied under Oswald Redlich (1858–1944) and absolved one of the famous courses at the Institut für Österreichische Geschichtsforschung. After she emigrated to England, she worked on an edition of the anonymous treatise De semine scripturarum, written in Bamberg around 1205, and corresponded with Herbert Grundmann (1902–1970) about the works of Joachim of Fiore. On her death, she left her material to the MGH in the hope that Grundmann would bring her edition to completion – in vain[8]. It seems characteristic that neither Heller nor Hirsch-Reich received an official contract to work for the MGH – neither prior to 1933 nor after 1945 –, and that they were only mentioned in the yearly reports of the MGH president on the occasion of their death[9].

Geschichte 21 (1908) pp. 537–548. – The index is printed in MGH Const. 4.2 (1911) pp. 1554–1565. I thank Dr Hedwig Munscheck-von Pölnitz for identifying Fritz Salomon.

6 On Fritz Salomon and his family, see the entry: 'Fritz Anton Salomon' on www.geni.com [last viewed on 27.4.2023].

7 See Helene Wieruszowski, Nachruf Emmy Heller, in: DA 15 (1959) pp. 611f. and Herbert Grundmann, Monumenta Germaniae Historica. Bericht für das Jahr 1963/64, in: DA 20 (1964) pp. I–X, here p. VII; see also Jakob Frohmann, Emmy Heller (1886–1956) und die Überlieferung der Briefsammlung des Thomas von Capua, in: Kuriale Briefkultur im späteren Mittelalter, ed. Tanja Broser / Andreas Fischer / Matthias Thumser (2015) pp. 153–178. Frohmann proves that Emmy Heller's judgement of the letters of Thomas of Capua is more accurate than that by Hans Martin Schaller. Her material is stored in the MGH archive under the signatures K 139 and B 803.

8 Herbert Grundmann, Monumenta Germaniae Historica. Bericht für das Jahr 1966/67, in: DA 23 (1967) pp. I–XII, here pp. III and IX, and idem, Monumenta Germaniae Historica. Bericht für das Jahr 1968/69, in: DA 25 (1969) pp. I–XI, here p. X, with the announcement that Grundmann would complete her edition. The material for an edition of De semine scripturarum and the correspondence between Beatrice Hirsch-Reich and Herbert Grundmann are in the MGH archive under the signatures K 14, K 15, K 17, K 81, and B 793/I (correspondence from the years 1949 to 1957).

9 See Herbert Grundmann, Monumenta Germaniae Historica 1819–1969 (1969) p. 16: "Als Schülerin von Karl Hampe (Mitglied der Zentraldirektion 1917–1936), der sich eifrig den Briefsammlungen der späteren Stauferzeit zuwandte, hatte Emmy Heller seit ihrer Heidelberger Dissertation von 1926 über die ‚Summa dictaminis' des Thomas von Capua sich lebenslang um eine Ausgabe dieser in verschiedenen Fassungen überlieferten Briefsammlung bemüht, bei ihrem Tod 1956 alle Vorarbeiten dazu der Vatikanischen Bibliothek vermacht. Dort wußte man, daß diese Ausgabe nur vollendet werden könnte, wenn ein seit Jahren mit der Briefsammlung des Petrus de Vinea intensiv beschäftigter Mitarbeiter der Monumenta sich ihrer annähme; und so wird Hans Martin Schaller ausführen, was seit 150 Jahren geplant war." Despite this optimistic announcement, Schaller completed neither an edition of the letters of Petrus de Vinea nor of the letters of Thomas of Capua. See also Grundmann, ibid., p. 40, where Beatrice

The subject of Jewish editors at the MGH and how they were treated was first touched on after World War II by Horst Fuhrmann (1926–2011) in his book on the lives of MGH scholars published in 1996[10]. Previously, in Herbert Grundmann's history of the MGH commemorating the institution's 150th jubilee, scholars such as Philipp Jaffé, Harry Bresslau, and even Emmy Heller and Beatrice Hirsch-Reich are mentioned without a word as to their fate and the exclusion they suffered[11]. Fuhrmann, by contrast, expressly discusses Nazi historian Hermann Löffler's (1908–1978) well-known paper, written for Wolfram Sievers (1905–1948), the director of the SS research division 'Ahnenerbe', in 1939, complaining about the "Jewish invasion of historical sciences", printing the passages of the text relevant to the MGH in the appendix[12]. There, Löffler reported that "around 50 Jews" were working for the Monumenta, although he only actually named three: Harry Bresslau, Wilhelm Levison, and Richard Salomon. Critically examining Löffler's assertions, Fuhrmann identified 22 Jewish scholars then engaged by the MGH, adding exemplary in-depth portraits of the lives and fates of Wilhelm Levison and Ernst Perels illustrated with photos of the scholars themselves[13].

In this context, it is noteworthy that, in 1948, as the MGH created the panel of corresponding members, one of the first members they elected was the above mentioned Jewish scholar Ernst Kantorowicz. It was no matter of course that Kantorowicz, who had emigrated to the United States and now taught there, would accept the offer, as he did[14]. But in fact, he had already established contact with MGH president Friedrich Baethgen in 1947, supported him with care packets, invited him to Princeton, and encouraged the exchange of recent medievistic publications between Munich and the USA[15]. Thus, shortly after the end of the war, the MGH attempted to revive international relations with the rest of the scholarly world by electing emigrated scholars, who had been connected with them in the 1920s, to the panel of corresponding members. In this vein, Gerhart Ladner (1905–1993) was elected as a corresponding member in 1950[16] and, in 1960 under the presidency of Herbert Grundmann

Hirsch-Reich suddenly appears as an MGH editor from 1950 to 1967, although the yearly reports of the MGH presidents clearly indicate that she was never given a contract.

10 Horst Fuhrmann, „Sind eben alles Menschen gewesen". Gelehrtenleben im 19. und 20. Jahrhundert. Dargestellt am Beispiel der Monumenta Germaniae Historica und ihrer Mitarbeiter. Unter Mitarbeit von Markus Wesche (1996) pp. 98–103; on p. 103 is a list of Jewish scholars.

11 See above, note 9.

12 See Fuhrmann, Gelehrtenleben (as above, note 10) p. 100 and the appendix Briefe und Dokumente n° 7 pp. 162f. with notes 230ff., pp. 194–200. Fuhrmann seems to have overseen that Löffler's report had already been published in: Joachim Lerchenmüller, Die Geschichtswissenschaft in den Planungen des Sicherheitsdienstes der SS. Der SD-Historiker Hermann Löffler und seine Denkschrift „Entwicklung und Aufgaben der Geschichtswissenschaft in Deutschland" (1967).

13 Fuhrmann, Gelehrtenleben (as above, note 10) pp. 100–102.

14 See Friedrich Baethgen, Monumenta Germaniae Historica. Bericht für das Jahr 1954/55, in: DA 13 (1957) pp. 1–15, here p. 14, and Grundmann, Monumenta 1819–1969 (as above, note 9) p. 38.

15 See Lerner, Ernst Kantorowicz (as above, note 2) pp. 341ff. on Kantorowicz's letters to Friedrich Baethgen after the war. The letters are stored in the MGH archive and are soon to be published in the MGH digital edition of Ernst Kantorowicz's letters, reviving a project initiated by Johannes Fried, Ernst Osterkamp, and Ulrich Raulff.

16 See Baethgen, Bericht für das Jahr 1954/55 (as above, note 14) p. 14 and Grundmann, Monumenta 1819–1969 (as above, note 9) p. 39; see also the paper of Hedwig Munscheck-von Pölnitz on Gerhart B. Ladner in this volume.

(1958–1969), the émigrés Hans Liebeschütz (1893–1978) and Richard Salomon (1884–1966) were to follow – along with the legal historian Karl August Eckhardt (1901–1979), who had been closely connected to the Nazi regime. Notably, however, Eckhardt's election was passed over in silence in the president's yearly report[17]. In 1962, still during Grundmann's presidency, the only further scholar of Jewish origins to be elected as a corresponding member was Paul Oskar Kristeller (1905–1999). Under Horst Fuhrmann, he was joined by Stephan Kuttner (1907–1996, elected 1973), Karl Leyser (1920–1992, elected 1979), and Herbert Bloch (1911–2006, elected 1980)[18].

In sum, this volume does not assert to be a comprehensive history of the Jewish scholars who have worked for the MGH, but rather aims, through the collection of biographical studies, to highlight the various aspects of their work and raise public awareness for a topic that has been too long neglected.

We extend our thanks to all the authors who engaged themselves with such dedication to the study of this often painful subject. Besides authoring articles on Harry Bresslau, Karl Lehmann, and Erika Sinauer, Annette Marquard-Mois undertook the onerous tasks of finding photographical material and editing the papers. Dr Maximilian Becker proofed the contributions from the point of view of a contemporary historian. Dr Duane Henderson wrote the English summaries. The final revision lay in the trusted hands of Dr Horst Zimmerhackl; Elias Kagermeier and Silke Jäckle proofread and standardised the texts. The index was compiled by Dr Anton Thanner. The editors wish to extend a special word of thanks to all the archives, universities, and libraries whose generous assistance have made this book possible.

Two years after the virtual exhibition, we are proud to present this book as the second volume in our new publications series dedicated to the institutional history of the MGH in the hope that it may contribute to seeing German scholars and scientists with Jewish origins as an integral part of German intellectual history[19].

Munich, summer of 2023 Martina Hartmann

17 See Herbert Grundmann, Monumenta Germaniae Historica. Bericht für das Jahr 1959/60, in: DA 17 (1961) pp. 1–8, here p. 1, where the president only reports the unanimous election of Hans Liebeschütz and Richard Salomon; see however Grundmann, Monumenta 1819–1969 (as above, note 9) p. 39 (and in the corresponding protocol of the sitting of the central board of directors) recording the election of Liebeschütz, Salomon, and Eckhardt.

18 The elections were not properly communicated in the corresponding yearly reports published in Deutsches Archiv. Kristeller's election is only mentioned in Grundmann, Monumenta 1819–1969 (as above, note 9) p. 39, and then again together with all other corresponding members in a list by Horst Fuhrmann, Monumenta Germaniae Historica. Bericht für das Jahr 1983/84, in: DA 40 (1984) pp. I–XII, here p. XII: "Korrespondierende Mitglieder der Zentraldirektion der Monumenta Germaniae Historica".

19 All German-language contributions are provided with an English-language summary, English-language contributions with a German-language summary.

Inhaltsverzeichnis

Abkürzungsverzeichnis

Abh. Berlin	Abhandlungen der Preußischen Akademie der Wissenschaften, philosophisch-historische Klasse
Abh. Göttingen	Abhandlungen Akademie der Wissenschaften zu Göttingen, philologisch-historische Klasse
Abh. München	Abhandlungen der Bayerischen Akademie der Wissenschaften, philosophisch-historische Klasse
ADB	Allgemeine Deutsche Biographie
AdW	Akademie der Wissenschaften
AfD	Archiv für Diplomatik
AHK	Archiv der Historischen Kommission 1868–1961 (München)
AHP	Archivum Historiae Pontificiae
AllgZ	Allgemeine Zeitung
AltprMschr	Altpreußische Monatsschrift
Anm.	Anmerkung
AÖAW	Archiv Österreichische Akademie der Wissenschaften (Wien)
Archiv	Archiv der Gesellschaft für ältere deutsche Geschichtskunde
AUF	Archiv für Urkundenforschung
AZJ	Allgemeine Zeitung des Judentums
BAdW	Bayerische Akademie der Wissenschaften (München)
BArch	Bundesarchiv (Berlin)
BayHStA	Bayerisches Hauptstaatsarchiv München
Bd., Bde.	Band, Bände
BdS	Befehlshaber der Sicherheitspolizei
Bl.	Blatt
BSB	Bayerische Staatsbibliothek (München)
C-V-Zeitung	Central Verein-Zeitung. Blätter für Deutschtum und Judentum
DA	Deutsches Archiv für Geschichte/Erforschung des Mittelalters
DBI	Dizionario Biografico degli Italiani
Diss.	Dissertation
DVP	Deutsche Volkspartei (nationalliberale Partei der Weimarer Republik)
ed.	ediert
FBPG	Forschungen zur Brandenburgischen und Preußischen Geschichte
fol.	folio

FMSt	Frühmittelalterliche Studien
Fonti	Fonti per la storia d'Italia
Gemeindebote	Der Gemeindebote. Beilage zur Allgemeinen Zeitung des Judentums
Gestapo	Geheime Staatspolizei
GLA	Generallandesarchiv Karlsruhe
GStA PK	Geheimes Staatsarchiv Preußischer Kulturbesitz Berlin
Hess. Jb. f. LG	Hessisches Jahrbuch für Landesgeschichte
Hg., Hgg., hg.	Herausgeber/-in, Herausgeber/-innen, herausgegeben
HiKo	Historische Kommission bei der Bayerischen Akademie der Wissenschaften (München)
HiKo-OWP	Historische Kommission für ost- und westpreußische Landesforschung
HJb	Historisches Jahrbuch der Görres-Gesellschaft
HRG	Handwörterbuch zur deutschen Rechtsgeschichte
HU UA	Humboldt-Universität Universitätsarchiv (Berlin)
HV	Historische Vierteljahrsschrift
HZ	Historische Zeitschrift
ibid.	ibidem
IKG	Israelitische Kultusgemeinde
Jb., Jbb.	Jahrbuch, Jahrbücher
IÖG	Institut für Österreichische Geschichtsforschung (auch: Österreichisches Institut für Geschichtsforschung)
KBW	Kulturwissenschaftliche Bibliothek Warburg
KM	Staatsministerium für Unterricht und Kultus
LAB	Landesarchiv Berlin
LexMA	Lexikon des Mittelalters
MG, MGH, Mon.	Monumenta Germaniae Historica
Auct. ant.	MGH Auctores antiquissimi
Capit.	Capitularia regum Francorum
Conc.	Concilia
Const.	Constitutiones
DD	Diplomata
Merov.	Merowinger
Rudolf.	burgundische Rudolfinger
Ko II.	Konrad II.
H II.	Heinrich II.

H III.	Heinrich III.
Epp.	Epistolae (in Quart)
Epist. sel.	Epistolae selectae
Fontes iuris N. S.	Fontes iuris Germanici antiqui, Nova series
Ldl	Libelli de lite imperatorum et pontificum
Poetae	Poetae Latini medii aevi
SS	Scriptores (in Folio)
SS rer. Germ.	Scriptores rerum Germanicarum in usum scholarum separatim editi
SS rer. Germ. N. S.	Scriptores rerum Germanicarum, Nova series
MIÖG/MÖIG	Mitteilungen des Instituts für Österreichische Geschichtsforschung / Mitteilungen des Österreichischen Instituts für Geschichtsforschung
MZA	Mährisches Landesarchiv Brünn / Moravský zemský archiv Brno
NA	Neues Archiv der Gesellschaft für ältere deutsche Geschichtskunde
ND	Nachdruck
NDB	Neue Deutsche Biographie
N. F., N. S.	Neue Folge, Nova Series
Nl	Nachlass
NS	nationalsozialistisch
NSDAP	Nationalsozialistische Deutsche Arbeiterpartei
NSDStB	Nationalsozialistischer Deutscher Studentenbund
ÖAW	Österreichische Akademie der Wissenschaften (Wien)
ÖBL	Österreichisches Biographisches Lexikon 1815–1950, hg. von der Österreichischen Akademie der Wissenschaften
OeStA/AdR	Österreichisches Staatsarchiv / Archiv der Republik
OeStA/AVA	Österreichisches Staatsarchiv / Allgemeines Verwaltungsarchiv
OeStA/HHStA	Österreichisches Staatsarchiv / Haus-, Hof- und Staatsarchiv
QFIAB	Quellen und Forschungen aus Italienischen Archiven und Bibliotheken
RBG	Reichsbürgergesetz
Reg. Imp.	Regesta Imperii
REM	Reichsministerium für Wissenschaft, Erziehung und Volksbildung
Rez.	Rezension
RGBl.	Reichsgesetzblatt
RIS^2	Rerum Italicarum Scriptores, neue Ausgabe (ab 1900)
RKK	Reichskulturkammer
RM	Reichsmark

SA	Sturmabteilung
SächsStA	Sächsisches Staatsarchiv (Dresden)
SBB	Staatsbibliothek zu Berlin – Preußischer Kulturbesitz
SB Berlin	Sitzungsberichte der Preussischen Akademie der Wissenschaften zu Berlin, philosophisch-historische Klasse
SB München	Sitzungsberichte der Bayerischen Akademie der Wissenschaften, philosophisch-historische Klasse
SB Wien	Sitzungsberichte der Österreichischen Akademie der Wissenschaften, philosophisch-historische Klasse
SD	Sicherheitsdienst
SDAP	Sozialdemokratische Arbeiterpartei
SS	Schutzstaffel
StadtAF	Stadtarchiv Freiburg
StAF	Staatsarchiv Freiburg
StAGR	Staatsarchiv Graubünden
StA Sigmaringen	Staatsarchiv Sigmaringen
StM	Studi Medievali
SUB Göttingen	Niedersächsische Staats- und Universitätsbibliothek Göttingen
ThQ	Theologische Quartalsschrift
UAF	Universitätsarchiv Freiburg
UAH	Universitätsarchiv Heidelberg
UB	Universitätsbibliothek
ULB Bonn	Universitäts- und Landesbibliothek Bonn
UniA GOE	Universitätsarchiv Göttingen
UAM	Universitätsarchiv der Ludwig-Maximilians-Universität München
UAW	Universitätsarchiv Wien
Vf.	Verfasser/-in
VfZ	Vierteljahrshefte für Zeitgeschichte
VL	Die deutsche Literatur des Mittelalters. Verfasserlexikon
vol.	volumen, volume
VuF	Vorträge und Forschungen
Wiss.	Wissenschaft
WK	Weltkrieg
WStLA	Wiener Stadt- und Landesarchiv
ZBLG	Zeitschrift für Bayerische Landesgeschichte
ZGORh	Zeitschrift für Geschichte des Oberrheins

ZKG	Zeitschrift für Kirchengeschichte
ZRG	Zeitschrift der Savigny-Stiftung für Rechtsgeschichte
Germ.	Germanistische Abteilung
Kan.	Kanonistische Abteilung
Rom.	Romanistische Abteilung
Zs.	Zeitschrift
ZVGMähr	Zeitschrift des Vereins für die Geschichte Mährens und Schlesiens
ZWestprGV	Zeitschrift des Westpreußischen Geschichtsvereins

Antisemitismus in Deutschland 1819–1945 mit besonderer Berücksichtigung des akademischen Feldes

von
ULRICH WYRWA

1. Zur Entstehung des Antisemitismus[1]

Seit den Gründungen der ersten Universitäten waren die höheren Bildungsstätten in Europa kirchliche Einrichtungen und standen ganz im Zeichen der christlichen Lehre[2]. Die Universitäten dienten vor allem der wissenschaftlichen Ausbildung des Klerus, die Theologie stand dabei im Mittelpunkt. Juden hatten, mit Ausnahme einiger weniger Universitäten, an denen sie Medizin, aber auch Philosophie studieren konnten, keinen Zugang zu den christlichen Universitäten[3]. Innerhalb der jüdischen Gemeinden jedoch entfaltete sich im Rahmen ihrer Autonomie ein intensives jüdisches Geistesleben, und die jüdischen Bildungseinrichtungen waren ihrerseits ganz auf die jüdische Gelehrsamkeit ausgerichtet[4].

Mit dem geistigen Aufbruch in der Renaissance begannen christliche Gelehrte, stärker in einen intellektuellen Austausch mit nichtchristlichen Gelehrten zu treten. Neben arabischen Wissenschaftlern führten christliche Kleriker mit jüdischen Philosophen Gespräche, aus denen eine Reihe von dialogischen Schriften hervorging. Universitäten entwickelten sich zu Orten eines begrenzten und von zahlreichen christlichen Vorurteilen belasteten philosophischen Austausches[5].

In der Französischen Revolution wurde der akademische Konflikt zu einem politischen. Die Forderung nach gleichen Rechten und Pflichten für alle Menschen jenseits ihrer Religionszugehörigkeit führte zur Verkündung der bürgerlichen und staatsbürgerlichen Gleichstellung der Juden durch die Französische Nationalversammlung im September 1791. Bald darauf setzte in Preußen eine Reformpolitik ein, und mit dem Emanzipationsedikt von 1812 wurden die Juden zu preußischen Staatsbürgern erklärt[6]. Die Umsetzung der Gleich-

Für kritische Lektüre und hilfreiche Kommentare danke ich Werner Bergmann und Christhard Hoffmann.

1 Zur Begriffsgeschichte noch immer grundlegend: Thomas NIPPERDEY / Reinhard RÜRUP, Antisemitismus, in: Otto BRUNNER / Werner CONZE / Reinhart KOSELLECK (Hg.), Geschichtliche Grundbegriffe. Historisches Lexikon zur politisch-sozialen Sprache 1 (1972) S. 129–153.

2 Walter RÜEGG (Hg.), Geschichte der Universität in Europa 1: Mittelalter (1993).

3 David B. RUDERMAN, Jewish Thought and Scientific Discovery in Early Modern Europe (1995); DERS., The Impact of Science on Jewish Culture and Society in Venice (with special reference to Jewish graduates of Padua's medical school), in: Gaetano COZZI (Hg.), Gli Ebrei e Venezia (1987) S. 417–448.

4 Andreas B. KILCHER / Philipp THEISOHN, Jüdische Gelehrsamkeit in Europa und das Judentum im europäischen Gelehrtendiskurs, in: Herbert JAUMANN (Hg.), Diskurse der Gelehrtenkultur in der Frühen Neuzeit. Ein Handbuch (2011) S. 667–713.

5 Jonathan ELUKIN, Living Together, Living Apart: Rethinking Jewish-Christian. Relations in the Middle Ages (2007).

6 Reinhart Koselleck hat darauf hingewiesen, dass mit diesem Edikt Juden „die ersten in Preußen" waren, die als „Staatsbürger" bezeichnet wurden. Reinhart KOSELLECK, Preußen zwischen Reform und Revolution. Allgemeines Landrecht, Verwaltung und soziale Bewegung von 1791 bis 1848 (^{2}1975) S. 59.

berechtigung aber scheiterte noch an der restriktiven Umsetzung des Ediktes und an Widerständen in der Bürokratie.

Im ‚langen' 19. Jahrhundert[7] mit seiner „Großen Transformation"[8], den fundamentalen Umbrüchen der Arbeitswelt, des sozialen Lebens, des Alltags und der Politik, begann sich eine neue Form von Judenfeindschaft herauszubilden, die sich von der überlieferten christlich-religiösen Judenfeindschaft deutlich unterschied[9]. Aus Angst vor Abstieg, Armut und Verelendung klammerten sich viele Menschen an die überkommenen sozialmoralischen Werte und Normen[10]. Mit Neid und Missgunst sahen sie auf den Erfolg von Teilen der zuvor verachteten und erniedrigten jüdischen Bevölkerung[11].

Die Ursachen des Antisemitismus lagen folglich in den gesellschaftlichen Umwälzungsprozessen des 19. Jahrhunderts[12]. Allerdings war der Antisemitismus keineswegs eine zwingende Folge der „Verwandlung der Welt"[13], er musste nicht mit innerer Notwendigkeit aus den Widersprüchen der bürgerlich-industriellen Gesellschaft hervorgehen. Zumeist ging es um Deutungen und damit um die Sprache; darum, wer die Begriffe prägte und die öffentliche Meinung bestimmte oder die kulturelle Hegemonie erlangte. Entscheidend war zu jeder Zeit, wie weit es antisemitischen Akteuren gelang, das kulturelle Klima zu beeinflussen.

2. 1819. Eine Gründung in schwieriger Zeit

Die Gründung der Monumenta Germaniae Historica fiel in ein konfliktreiches Jahr. Nachdem im Januar 1819 die Initiatoren der Monumenta Germaniae Historica in Frankfurt am Main im Haus des Reichsfreiherrn Karl vom und zum Stein (1757–1831) zusammengekommen waren und im Juni die Gründung des Vereins öffentlich bekannt gegeben worden war[14],

7 Eric Hobsbawm, Das imperiale Zeitalter 1875–1914 (1987, deutsch 1995) S. 18.

8 Karl Polanyi, The Great Transformation. Politische und ökonomische Ursprünge von Gesellschaften und Wirtschaftssystemen (1944, deutsch 1978).

9 Zum Begriff Antijudaismus als Kategorie der Antisemitismusforschung vgl. Jonathan Elukin, Anti-Judaism, in: Sol Goldberg / Scott Ury / Kalman Weiser (Hg.), Key Concepts in the Study of Antisemitism (2020) S. 13–24; vgl. a.: Christhard Hoffmann, Christlicher Antijudaismus und moderner Antisemitismus. Zusammenhänge und Differenzen als Problem der historischen Antisemitismusforschung, in: Leonore Siegele-Wenschkewitz (Hg.), Christlicher Antijudaismus und Antisemitismus. Theologische und kirchliche Programme deutscher Christen (1994) S. 293–317.

10 Edward P. Thompson, Die ‚moralische Ökonomie' der englischen Unterschichten im 18. Jahrhundert [1971], in: ders., Plebeische Kultur und moralische Ökonomie. Aufsätze zur englischen Sozialgeschichte des 18. und 19. Jahrhunderts (1980) S. 66–130.

11 Den Aspekt von Neid betont auch Götz Aly, Warum die Deutschen? Warum die Juden? Gleichheit, Neid und Rassenhass. 1800 bis 1933 (2011).

12 Zu den konzeptionellen Problemen und methodologischen Fallstricken dieser Prozessbegriffe sowie zum reflektierten Umgang mit diesen vgl. Wolfgang Knöbl, Die Soziologie vor der Geschichte. Zur Kritik der Sozialtheorie (2022). – Zu den Prozessen s. a.: Ulrich Wyrwa, Zur Entstehung des Antisemitismus im Europa des 19. Jahrhunderts. Ursachen und Erscheinungsformen einer wahnhaften Weltanschauung, in: Mareike König / Oliver Schulz (Hg.), Antisemitismus im 19. Jahrhundert aus internationaler Perspektive (2019) S. 13–38; Werner Bergmann / Ulrich Wyrwa, Antisemitismus in Zentraleuropa. Deutschland, Österreich und die Schweiz vom 19. Jahrhundert bis zur Gegenwart (2011) S. 5–7.

13 Jürgen Osterhammel, Die Verwandlung der Welt. Eine Geschichte des 19. Jahrhunderts (2009).

14 Horst Fuhrmann, „Sind eben alles Menschen gewesen". Gelehrtenleben im 19. und 20. Jahrhundert.

brachen im August in Würzburg die sogenannten Hep-Hep-Krawalle gegen die jüdischen Bewohnerinnen und Bewohner der Stadt aus, die sich in rascher Folge über ganz Deutschland und darüber hinaus ins Elsass und nach Dänemark ausbreiteten[15]. Damit endete die lange, Mitte des 17. Jahrhunderts beginnende Phase, die als die „wohl ausgeglichenste in der deutsch-jüdischen Geschichte gesehen werden kann“[16]. Die im Jahr 1819 ausgebrochene Gewalt war zugleich Symptom eines politischen Klimawandels. Hintergrund dieses Umbruchs waren die sozio-kulturellen und mentalen Veränderungen, die mit den Kriegen gegen Napoleon eingesetzt hatten. Diese leiteten in Deutschland einen widersprüchlichen Prozess der Nationalisierung ein. Auf der einen Seite standen demokratische Forderungen nach nationaler Freiheit, Unabhängigkeit und Einheit, auf der anderen Seite eine nostalgisch am mittelalterlichen Reich orientierte, fremdenfeindliche und exklusive Vorstellung von Nation. Zugleich ist in dieser Phase der „verschlungene und dornenreiche Weg“ der Emanzipation der Juden eröffnet worden[17]. Die neue, 1819 ausgebrochene gewaltbereite Form von Judenfeindschaft stellte gleichsam die „Nachtseite“ der Emanzipation dar[18].

Offen zum Ausdruck kam die neue Feindseligkeit gegen Juden bereits in der im Januar 1811 zusammengetretenen Christlich-deutschen Tischgesellschaft[19]. Neben Schriftstellern wie Achim von Arnim (1781–1831) oder Clemens Brentano (1778–1842) gehörten ihr zahlreiche Professoren der nur zwei Jahre zuvor gegründeten Friedrich-Wilhelms-Universität Berlin wie Friedrich Schleiermacher (1768–1834), Johann Gottlieb Fichte (1762–1814) oder Friedrich Carl von Savigny (1779–1861) an[20].

Die neue Feindseligkeit gegen Juden, wie sie in der Entstehung dieser Gesellschaft hervortrat, führte auch zum Misserfolg des Preußischen Emanzipationsediktes von 1812. An der Berliner Universität hatte zum Beispiel der Rektor Carl von Savigny dafür gesorgt, dass die im Edikt angedeutete Möglichkeit, Juden den Zugang zur Lehrtätigkeit an den preußischen Universitäten zu gewähren[21], nicht umgesetzt wurde[22]. Der in Berlin lehrende Philosoph Johann Gottlieb Fichte trat schon 1808 mit verbalen Angriffen auf das Judentum

Dargestellt am Beispiel der Monumenta Germaniae Historica und ihrer Mitarbeiter. Unter Mitarbeit von Markus Wesche (1996); Herbert Grundmann, Monumenta Germaniae Historica 1819–1969 (1969); Harry Bresslau, Geschichte der Monumenta Germaniae historica (1921).

15 Werner Bergmann, Tumulte – Excesse – Pogrome. Kollektive Gewalt gegen Juden in Europa 1789–1900 (2020) S. 142–150; Stefan Rohrbacher, Gewalt im Biedermeier. Antijüdische Ausschreitungen in Vormärz und Revolution 1815–1848/49 (1993) S. 99–102.

16 Arno Herzig, Jüdische Geschichte in Deutschland. Von den Anfängen bis zur Gegenwart (1997) S. 139.

17 Reinhard Rürup, The Tortuous and Thorny Path to Legal Equality, in: Leo Baeck Institute Year Book 31 (1986) S. 3–33.

18 Rainer Erb / Werner Bergmann, Die Nachtseite der Judenemanzipation. Der Widerstand gegen die Integration der Juden in Deutschland 1780–1860 (1989).

19 Stefan Nienhaus, Geschichte der deutschen Tischgesellschaft (2003).

20 Günter Österle, Juden, Philister und romantische Intellektuelle. Überlegungen zum Antisemitismus in der Romantik, in: Athenäum. Jb. für Romantik 2 (1992) S. 55–89.

21 Werner Tress, Die Bestimmungen des Paragrafen 8 des Emanzipationsediktes in Preußen bezüglich der Erlangung akademischer Lehrämter, in: Irene A. Diekmann (Hg.), Das Emanzipationsedikt von 1812 in Preußen. Der lange Weg der Juden zu „Einländern“ und „preußischen Staatsbürgern“ (2013) S. 219–236.

22 Michael P. Hensle, Savigny, Friedrich Carl von, in: Wolfgang Benz (Hg.), Handbuch des Antisemitismus 2,2 (2009) S. 720–721.

hervor[23], setzte sich aber als Rektor der Universität dennoch für einen Studenten ein, der von seinen Kommilitonen wegen seiner jüdischen Herkunft schikaniert worden war und dem der Senat die Relegation angedroht hatte[24].

Sowohl Friedrich Carl von Savigny wie auch der antijüdisch eingestellte Berliner Historiker Christian Friedrich Rühs (1781–1820)[25] waren in die Vorgeschichte der Monumenta Germaniae Historica involviert. Beide verfassten Denkschriften über eine 1816 in Berlin geplante ‚Gesellschaft für das Deutsche Altertum'[26], ohne ihre antijüdischen Haltungen darin zum Ausdruck zu bringen. Zu den schärfsten Kritikern der neuen Form von Feindschaft gegen Juden, wie sie von Rühs oder Fichte vorgebracht worden waren, gehörte der an der Aufklärung und den Idealen der Französischen Revolution orientierte jüdische Schriftsteller Saul Ascher (1767–1822), der in seiner Schrift ‚Germanomanie' gegen die engstirnige Deutschtümelei und die romantische, rückwärtsgewandte Mittelalterbegeisterung der frühen Nationalbewegung polemisierte und emphatisch für die Anerkennung der Juden als gleichberechtigte Bürger plädierte[27].

Die Abneigung gegenüber Juden trat auf dem akademischen Feld dadurch hervor, dass Professoren und Studenten sich vehement gegen die Aufnahme von Juden an den Universitäten stemmten. Und doch zeigte auch diese Phase widersprüchliche Züge. Trotz aller Anfeindungen studierten jüdische Studenten in immer größerer Zahl an den Universitäten und schlugen vielfach eine wissenschaftliche Laufbahn ein. Während die staatlichen Hochschulen jüdischen Hochschullehrern, sofern sie nicht konvertierten, verschlossen blieben, waren die Statuten der auf zivilgesellschaftlicher Ebene gebildeten wissenschaftlichen Gesellschaften frei von Paragraphen, die Juden den Zugang verwehrten. Schon im 18. Jahrhundert hatte eine Reihe von akademischen Vereinen Juden in ihre Reihen aufgenommen, teilweise gehörten Juden sogar zu den Initiatoren[28]. Auch die 1819 verabschiedeten Statuten

23 Johann Gottlieb Fichte, Reden an die deutsche Nation (1808); vgl. dazu: Micha Brumlik, Geheimer Staat und Menschenrecht. Fichtes Antisemitismus der Vernunft, in: ders., Deutscher Geist und Judenhaß. Das Verhältnis des philosophischen Idealismus zum Judentum. (2000) S. 75–131.

24 Erich Fuchs /Reinhard Lauth / Walter Schieche (Hg.), Fichte im Gespräch. Berichte der Zeitgenossen 4 (1987) S. 404–406.

25 Werner Tress, Deutscher Nationalismus und Judenfeindschaft im Zeitumbruch der Jahre 1814 bis 1819. Die Beispiele Friedrich Rühs und Jakob Friedrich Fries, in: David Bordiehn / Christian Köhler / Stefan Noack / Susanne Wein (Hg.), Ausgrenzende politische Ideologien. Akteure, Organisation und Programmatiken (2020) S. 159–177.

26 Auf diese Gutachten hatte 1928 der Archivar und Historiker Georg Winter aufmerksam gemacht: Georg Winter, Zur Vorgeschichte der Monumenta Germaniae Historica. Vier Denkschriften von Rühs, K.F. Eichhorn, Savigny und Niebuhr, in: NA 47 (1928) S. 1–30. Winter wiederum, selbst im Verein zur Abwehr des Antisemitismus aktiv, kann als einer der ersten Historiker gelten, der eine kritische Darstellung zur Entstehung des Antisemitismus in Deutschland veröffentlicht hat: Georg Winter, Antisemitismus in Deutschland, vom kulturhistorischen und sozialpolitischen Standpunkt beleuchtet (1896).

27 Saul Ascher, Die Germanomanie. Skizze zu einem Zeitgemälde (1815); zu Ascher vgl.: Walter Grab, Saul Ascher. Ein jüdisch-deutscher Spätaufklärer zwischen Revolution und Restauration, in: Jb. des Instituts für deutsche Geschichte Tel Aviv 6 (1977) S. 131–179.

28 Jacob Toury, Der Aufbruch der Juden in die Wissenschaften, in: Walter Grab (Hg.), Juden in der deutschen Wissenschaft (1986) S. 13–51.

der Gesellschaft für ältere deutsche Geschichtskunde, den späteren Monumenta Germaniae Historica, enthielten keine Bestimmungen, die Juden ausschlossen[29].

Aufgrund der seit 1815 deutlich ansteigenden Zahl jüdischer Studenten – ihr Anteil lag bei der Gründung der Universität Berlin 1810, so die Einschätzung von Monika Richarz, vermutlich bei sieben Prozent[30] – sahen die nicht-jüdischen Studenten in ihnen vielfach Konkurrenten auf dem ohnehin prekären akademischen Arbeitsmarkt[31]. Die studentische Feindseligkeit gegen Juden zeigte sich nicht zuletzt in den Burschenschaften[32]. Diese hatten sich nach dem Sieg über Napoleon in Abgrenzung zu den traditionellen studentischen Landsmannschaften als nationale studentische Verbindungen gebildet[33]. Während zunächst der Hass gegen Frankreich im Vordergrund stand, brach unter dem Einfluss der Romantik und des christlich-deutschen Zeitgeistes innerhalb der Burschenschaften bald ein Streit aus, ob jüdische Studenten in die Verbindungen aufgenommen oder als Feinde aus den als christlich-deutsch definierten Burschenschaften ausgeschlossen werden müssten.

Enttäuscht über die ausbleibende nationale Einigung traten Studenten mit politischen Aktionen hervor, und der radikalisierte Theologiestudent Karl Ludwig Sand (1795–1820) schritt schließlich zum politischen Mord. Am 23. März 1819 erstach er den als undeutsch geächteten Schriftsteller August von Kotzebue (1761–1819)[34]. Folge dieser von vielen Burschenschaftlern als heroischer Akt gefeierten Tat war jedoch nicht der erhoffte nationale Aufbruch, sondern die politische Verfolgung. Eine Ministerkonferenz der Länder des Deutschen Bundes in Karlsbad ging gegen die nationale Bewegung vor, beschloss das Verbot der Burschenschaften, die Überwachung der Hochschulen und die Zensur verdächtiger Druckschriften[35]. Nicht intendierte Folge dieser Beschlüsse war, dass auch die judenfeindlichen Aktivitäten der burschenschaftlichen Studenten eingeschränkt und die Unruhe stiftenden antijüdischen Pamphlete zensiert wurden. Damit ging die Zahl der judenfeindlichen Schrif-

29 Bresslau, Geschichte (wie Anm. 14) S. 38–40.

30 Monika Richarz, Der Eintritt der Juden in die akademischen Berufe. Jüdische Studenten und Akademiker in Deutschland 1678–1848 (1974) S. 99.

31 Ebd. S. 92.

32 Oskar F. Scheuer, Burschenschaft und Judenfrage. Der Rassenantisemitismus in der deutschen Studentenschaft (1927); Ulrich Wyrwa, Juden in der Toskana und in Preußen im Vergleich. Aufklärung und Emanzipation in Florenz, Livorno, Berlin und Königsberg i. Pr. (2003) S. 212–217.

33 Wolfgang Hartwig, Studentische Mentalität – Politische Jugendbewegung – Nationalismus, in: HZ 242 (1986) S. 581–621.

34 Vgl. dazu die mit Empathie für die studentische Protestbewegung geschriebene, die Feindseligkeit gegenüber Juden jedoch eher ausblendende Veröffentlichung nebst aktualisierenden Erläuterungen von Peter Brückner, Bewahre uns Gott in Deutschland vor irgendeiner Revolution! Die Ermordung des Staatsrats v. Kotzebue durch den Studenten Sand (1975).

35 Lieve Gevers / Louis Vos, Studentische Bewegungen, in: Walter Rüegg (Hg.), Geschichte der Universität in Europa 3: Vom 19. Jahrhundert zum Zweiten Weltkrieg, 1800–1945 (2004) S. 227–299, hier S. 232f.

ten deutlich zurück[36]. Die Paradoxie dieser „reaktionären Wende"[37] bestand darin, dass der Deutsche Bund einheitlich und geschlossen, und damit gleichsam als nationaler Akteur gegen die nationale Bewegung vorging. Innerhalb der in die Illegalität gedrängten Burschenschaften verschärfte sich nun die Feindseligkeit gegen Juden.

3. 1830–1848. Vom Vormärz zur Revolution. Der Eintritt von Juden in das akademische Feld

Allen Einschränkungen und Maßnahmen der Zensur zum Trotz entwickelte sich in den 1820er Jahren ein reges literarisches Leben, an dem jüdische Schriftsteller und Journalisten engagierten Anteil hatten[38]. Nach der erneuten Pariser Revolution vom Juli 1830 ging ein Ruck durch die deutsche Gesellschaft, der gleichermaßen jüdische Intellektuelle bewegte. Die liberale Bewegung in Deutschland erhielt Auftrieb, trotz aller interner Differenzen und regional unterschiedlicher Ausprägungen. Zu den Forderungen der Liberalen gehörten Freiheit und Einheit, Schutz vor staatlicher Willkür, Abschaffung der Pressezensur und damit freie Öffentlichkeit sowie Rechtsgleichheit. In der öffentlichen Meinung im Deutschen Bund fand die Forderung nach rechtlicher und staatsbürgerlicher Gleichstellung der Juden breite Zustimmung. Politische Durchschlagkraft erhielten diese Ideen, als der zunächst im Kampf der irischen Katholiken um gleiche Rechte geprägte Begriff der Emanzipation auf die jüdische Minderheit übertragen wurde[39].

Gegner der Emanzipation der Juden wie Karl Streckfuß (1778–1844), Oberregierungsrat im preußischen Innenministerium[40], der Theologe Heinrich Eberhard Gottlob Paulus (1761–1851)[41], oder Ernst Freiherr von Moy de Sons (1799–1867), der in der 1838 gegründeten, katholisch-ultramontanen, streng konservativ ausgerichteten Zeitschrift ‚Historisch-politische Blätter für das katholische Deutschland' davor warnte, den Juden gleiche Rechte zu gewähren[42], gerieten in den 30er Jahren in die Defensive. An den öffentlichen

---

36 Im Auftrag des Reichsinstituts für Geschichte des neuen Deutschlands erstellte der Bibliothekar der Berliner Staatsbibliothek 1938 eine Bibliographie zur Judenfrage, in der er akribisch versuchte, alle judenfeindlichen Veröffentlichungen – aber auch von jüdischen und nichtjüdischen Autoren verfasste Schriften zur Verteidigung der Juden – der ersten Hälfte des 19. Jahrhunderts zu erschließen. Für die Zeit von 1820 bis 1830 nannte er jährlich lediglich neun Titel, die zudem fast zur Hälfte für die Juden eintraten oder von jüdischen Autoren verfasst waren. Für die Zeit von 1805 bis 1819 hingegen erfasste Eichstädt jährlich 26, und für 1830 bis 1848 jährlich 30 Titel. Volkmar Eichstädt, Bibliographie zur Judenfrage 1750–1848, Bd. 1 (1938) S. 36–111.

37 Heinrich Lutz, Zwischen Habsburg und Preußen. Deutschland 1815–1866 (1985) S. 42–56.

38 Wyrwa, Juden in der Toskana und in Preußen (wie. Anm. 32) S. 226–228, 234–239.

39 Karl Martin Grass / Reinhart Koselleck, Emanzipation, in: Otto Brunner / Werner Conze / Reinhart Koselleck (Hg.), Geschichtliche Grundbegriffe. Historisches Lexikon zur politisch-sozialen Sprache in Deutschland 2 (1975) S. 153–197.

40 Karl Streckfuss, Über das Verhältniß der Juden zu den christlichen Staaten (1833).

41 Heinrich Eberhard Gottlob Paulus, Die jüdische Nationalabsonderung nach Ursprung, Folgen und Besserungsmitteln. Oder über Pflichten, Rechte und Verordnungen zur Verbesserung der jüdischen Schutzbürgerschaft in Deutschland (1831); zur Biographie vgl.: Werner Bergmann / Elke Kimmel, Paulus, Heinrich Eberhard Gottlieb, in: Benz, Handbuch des Antisemitismus 2,2 (wie Anm. 22) S. 618–619.

42 [Ernst Freiherr von Moy de Sons], Die jüdische Frage, in: Historisch-politische Blätter für das katho-

Debatten nahmen jüdische Intellektuelle maßgeblichen Anteil[43]. Sie hatten über ihre wissenschaftliche Ausbildung den sozialen Aufstieg in das Bürgertum erlangt[44] und damit den Weg von der „jüdischen Fürsprache“ zur politischen Praxis gefunden[45]. Nach 1830 studierten, gemessen an ihrem Bevölkerungsanteil in Deutschland, mehr Juden als Nichtjuden. Vor allem die Universitäten Berlin, Göttingen und Heidelberg hatten einen hohen Anteil jüdischer Studenten, in Heidelberg lag dieser in den 30er und 40er Jahren bei 2,5 Prozent[46]. Auch Burschenschaften hatten sich 1831 für jüdische Studenten geöffnet und das „christliche Prinzip“ aufgegeben[47]. Nach Monika Richarz waren Kontakte zwischen jüdischen und nichtjüdischen Studenten im Vormärz selbstverständlich[48].

Der Wandel, der sich in der Öffentlichkeit gegenüber den 1820er Jahren vollzogen hatte, zeigte sich nicht zuletzt im Hambacher Fest vom Mai 1832, auf dem etwa 30.000 Bürger, zumeist Männer, zusammengekommen waren, um für Pressefreiheit und die nationale Einigung Deutschlands zu demonstrieren[49]. Die Redner forderten neben der deutschen Einheit politische Freiheit und staatsbürgerliche Gleichheit, Volkssouveränität und europäische Verständigung. Antijüdische Vorurteile oder Einwände gegen die Gleichstellung der Juden tauchten in den Reden nicht auf, die nationale Bewegung hatte ihre judenfeindlichen Tendenzen überwunden.

Die Offenheit für die Belange der jüdischen Minderheit änderte aber nichts an dem Ausschluss der Juden aus dem Staatsdienst[50]. Eine wissenschaftliche Laufbahn an den Universitäten wurde ihnen nach wie vor verwehrt, sofern sie nicht bereit waren, zu konvertieren[51].

---

lische Deutschland 2 (1838) S. 377–397.

43 Vgl. unter anderem Michael Benedict Lessing, Die Juden und die öffentliche Meinung im preußischen Staate. Zur Erwiederung auf Karl Streckfuß, Über die Verhältnisse der Juden zu den christlichen Staaten (1833); Gabriel Riesser, Verteidigung der bürgerlichen Gleichstellung der Juden gegen die Einwürfe des Herrn Dr. H. E. G. Paulus (1831). Eichstädt führt in seiner Bibliographie für die öffentliche Debatte der 30er Jahre 195 Titel an, von denen ein großer Teil für die Emanzipation eintrat. Eichstädt, Bibliographie zur Judenfrage (wie Anm. 36) S. 72–86.

44 Simone Lässig, Jüdische Wege ins Bürgertum. Kulturelles Kapital und sozialer Aufstieg im 19. Jahrhundert (2004); Richarz, Der Eintritt der Juden (wie Anm. 30) S. 89.

45 François Guesnet, Strukturwandel im Gebrauch der Öffentlichkeit: Zu einem Aspekt jüdischer politischer Praxis 1744 und 1881, in: Jörg Requate / Martin Schulze-Wessel (Hg.), Europäische Öffentlichkeit. Transnationale Kommunikation seit dem 18. Jahrhundert (2002) S. 43–62.

46 Richarz, Der Eintritt der Juden (wie Anm. 30) S. 93, 110.

47 Trude Maurer, Diskriminierte Bürger und emanzipierte ‚Fremdstämmige‘. Juden an deutschen und russischen Universitäten (2013) S. 13f., 77.

48 Richarz, Der Eintritt der Juden (wie Anm. 30) S. 158.

49 Wilhelm Bleek, Das Hambacher Fest (1832), in: ders., Vormärz. Deutschlands Aufbruch in die Moderne 1815–1848 (2019) S. 162–173; Cornelia Förster, Das Hambacher Fest 1832. Volksfest und Nationalfest einer oppositionellen Massenbewegung, in: Dieter Düding / Peter Friedemann / Paul Münch (Hg.), Öffentliche Festkultur. Politische Feste in Deutschland vor der Aufklärung bis zum Ersten Weltkrieg (1988) S. 113–131.

50 Jacob Katz hatte in seiner 1935 verfassten Dissertation zur Emanzipation der Juden und über den Wandel der Öffentlichkeit seit der Aufklärung die Formulierung „neutralisierte Gesellschaftsform“ gewählt. Später revidierte er diese Einschätzung und sprach von einer „bestenfalls *[...]* halbneutralen Gesellschaft“. Jacob Katz, Aus dem Ghetto in die bürgerliche Gesellschaft. Jüdische Emanzipation 1770–1870 (1986) S. 67, 252.

51 Richarz, Der Eintritt der Juden (wie Anm. 30) S. 164–172.

Dafür stieg der Anteil von Juden in den freien Berufen, sie wurden Ärzte, Rechtsanwälte oder Journalisten[52]. Auch traten Juden immer stärker in den Kulturbetrieb ein, im Musikleben etwa waren die bekanntesten Protagonisten die Komponisten Giacomo Meyerbeer (1791–1864) und der getaufte Felix Mendelsohn-Bartholdy (1809–1847)[53].

In den 1840er Jahren ging die öffentliche Kontroverse um die Emanzipation in eine neue Runde. Einer der Stichwortgeber der Emanzipationsgegner war der Philosoph und Junghegelianer Bruno Bauer (1808–1882), der 1843 die programmatische Schrift ‚Die Judenfrage' verfasste[54]. Neben einigen zustimmenden Antworten rief diese Schrift eine große Zahl von Kritiken hervor[55]. Zu denjenigen, die Bauers Thesen zurückwiesen und die Emanzipation der Juden verteidigten, gehörte unter anderem Karl Marx (1818–1883)[56], dessen wissenschaftliche Laufbahn Bauer zuvor unterstützt hatte[57]. Wie sehr die Gegner der bürgerlichen und staatsbürgerlichen Gleichberechtigung der Juden die Deutungshoheit verloren hatten, zeigte sich etwa daran, dass einer der Wortführer der Debatte der 30er Jahre, Karl Streckfuß, 1843 eine zweite Schrift mit gleichem Titel veröffentlichte, in der er seine judenfeindlichen Positionen einschränkte und sich nun für die völlige Gleichstellung aussprach[58].

Jüdischen Hochschulabsolventen aber wurde eine wissenschaftliche Laufbahn nach wie vor verwehrt. Für Jurastudenten blieb auch der staatliche Justizdienst weiterhin verschlossen[59]. Diejenigen, die ihre wissenschaftlichen Interessen verfolgen wollten, konnten – abgesehen von innerjüdischen wissenschaftlichen Einrichtungen – allenfalls versuchen, sich in abgelegenen Sparten von Akademien oder wissenschaftlichen Vereinen einzubringen.

---

52 Monika RICHARZ, Jüdisches Leben in Deutschland. Selbstzeugnisse zur Sozialgeschichte, 1780–1871 (1976), Einleitung S. 11–69, v. a. S. 41, sowie die autobiographischen Schriften des Juristen Veit Ettlinger, ebd. S. 392–403 oder des Arztes Bernhard Hirschel, ebd. S. 420–424. Zur Lage der Juristen vgl. Einhard RÜRUP, Die Emanzipation der Juden und die verzögerte Öffnung der juristischen Berufe, in: Helmut HEINRICHS / Hans FRANZKI / Klaus SCHMALZ / Michael STOLLEIS (Hg.), Deutsche Juristen jüdischer Herkunft (1993) S. 1–25.

53 Sabine HENZE-DÖHRING / Sieghart DÖHRING: Giacomo Meyerbeer. Der Meister der Grand Opéra (2014); Peter GÜLKE, Felix Mendelssohn Bartholdy. „Der die Widersprüche der Zeit am klarsten durchschaut" (2017).

54 Bruno BAUER, Die Judenfrage (1843).

55 Vgl. dazu die Quellenedition mit Beiträgen von Gabriel RIESSER, Samuel HIRSCH, Hermann JELLINEK, Gustav PHILIPPSON, Gotthold SALOMON, Abraham GEIGER und Leopold ZUNZ: Dokumente des Kampfs jüdischer Theoretiker gegen judenfeindliche Schriften von Bruno Bauer. 1843/44 (2013).

56 Karl MARX, Zur Judenfrage, in: Deutsch-Französische Jahrbücher 1. und 2. Lieferung (1844) S. 182–214; vgl. a. Marx-Engels-Gesamtausgabe 1,2, Entwürfe. März 1843 bis August 1844 (1982) S. 141–162. Zur kontroversen Debatte über diese Schrift vgl.: Mario KESSLER, Zur Judenfrage. Karl Marx 1843, in: Wolfgang BENZ (Hg.), Handbuch des Antisemitismus 6 (2013) S. 780–782.

57 Zum Verhältnis von Bruno Bauer und Karl Marx vgl.: Jonathan SPERBER, Karl Marx. Sein Leben und sein Jahrhundert (2013) S. 78–80, 136–141.

58 Karl STRECKFUSS, Über die Verhältnisse der Juden zu den christlichen Staaten. Zweite Schrift unter diesem Titel (1843). Vgl. dazu: Manfred JEHLE, Streckfuß-Debatten, in: Wolfgang BENZ (Hg.), Handbuch des Antisemitismus 4 (2011) S. 399–402.

59 Barbara STRENGE, Juden im preußischen Justizdienst. 1812–1918. Der Zugang zu den juristischen Berufen als Indikator der gesellschaftlichen Emanzipation (1996) S. 13–45.

In Preußen aber deuteten sich immerhin mit den Ergebnissen des Ersten Vereinigten Landtages von 1847 erste Verbesserungen im Hochschulbereich an[60]. Die Mitglieder der von König Friedrich Wilhelm IV. (1795–1861) einberufenen ständischen Versammlung, vorwiegend Grundbesitzer aus den acht preußischen Provinzen, sahen sich nicht mehr nur als Provinzial- oder Ständevertreter, sondern als Delegierte der preußischen Bevölkerung[61]. Auf den Sitzungen im Juni 1847 wurde der von der Regierung vorgelegte ‚Entwurf einer Verordnung der Verhältnisse der Juden betreffend' debattiert[62]. Zu denjenigen Abgeordneten, die eine repressive Politik gegenüber der jüdischen Bevölkerung verteidigten, gehörte Otto von Bismarck (1815–1898)[63]. Wenn dem Staat seine religiöse Grundlage entzogen werde, würde die Gesetzgebung nicht mehr „aus dem Urquell der ewigen Wahrheit" hervorgehen, sondern könne sich nur noch auf den „vagen und wandelbaren Begriff von Humanität" stützen. Offen gab Bismarck zu, „voller Vorurtheile" zu sein. Er könne sich nicht vorstellen, einem Juden gehorchen zu müssen. Diese Empfindung, so fügte Bismarck an, teile er mit der „Masse der niederen Schichten"[64]. Einer der Punkte, die eine heftige Kontroverse auslösten, bezog sich auf die Anstellung von Juden im Staatsdienst und die Lehrtätigkeit von Juden an den Universitäten[65]. In dem am 23. Juli 1847 erlassenen ‚Gesetz über die Verhältnisse der Juden' hieß es dann, unter der Voraussetzung, dass die Statuten der jeweiligen Hochschulen ihrer Berufung nicht entgegenstünden, könnten Juden „als Privatdozenten, außerordentliche und ordentliche Professoren der medizinischen, mathematischen, naturwissenschaftlichen, geographischen und sprachwissenschaftlichen Lehrfächer zugelassen werden"[66].

Doch diese vorsichtigen und mit Einschränkungen versehenen Andeutungen einer Verbesserung der Lage des jüdischen wissenschaftlichen Nachwuchses änderten an der realen Situation kaum etwas. Die Hochschulverwaltungen legten den Vorbehalt streng aus, mit Ausnahme der Universitäten Berlin und Bonn[67]. Weiterhin konnte weder in Preußen, noch in den anderen Staaten des Deutschen Bundes ein Jude eine Professur erlangen und selbst die Anzahl der Privatdozenten blieb beschränkt. Die Universitäten Heidelberg und Göttingen hatten immerhin jüdische Privatdozenten, doch blieb auch deren Lage prekär[68].

---

60 Richarz, Der Eintritt der Juden (wie Anm. 30) S. 86.

61 Thomas Nipperdey, Deutsche Geschichte 1800–1866 (1990) S. 398f.

62 Eduard Bleich (Hg.), Der Erste Vereinigte Landtag in Berlin 1847. Verhandlungen nach den stenographischen Berichten 4 (1847) S. 1706–2131; vgl. dazu: Annegret Brammer, Judenpolitik und Judengesetzgebung in Preußen, 1812 bis 1847, mit einem Ausblick auf das Gleichberechtigungsgesetz des Norddeutschen Bundes von 1869 (1987).

63 Bleich, Der Erste Vereinigte Landtag (wie Anm. 62) S. 1783–1786.

64 Ebd. S. 1784; s. a. Wyrwa, Juden in der Toskana und in Preußen (wie Anm. 32) S. 310f.

65 Bleich, Der Erste Vereinigte Landtag (wie Anm. 62) S. 1718–1721, 1873–1887.

66 Gesetz-Sammlung für die Königlichen Preußischen Staaten (1847) S. 263.

67 Vgl. dazu das schon am 9. Juli formulierte Schreiben vom Rektorat und Senat der Berliner Universität an den preußischen Kultusminister Friedrich Eichhorn gegen die Einschränkung der jüdischen Dozenten, in: Moritz Kalisch, Die Judenfrage in ihrer wahren Bedeutung für Preußen (1860) S. 66–73.

68 Richarz, Der Eintritt der Juden (wie Anm. 30) S. 167f. Michael Brenner, Vom Untertan zum Bürger, in: ders. / Stefi Jersch-Wenzel / Michael A. Meyer, Deutsch-jüdische Geschichte der Neuzeit 2, Emanzipation und Akkulturation 1780–1871 (1996) S. 260–284, hier S. 279.

Einen Wandel versprach die Revolution von 1848. Anfangs schlugen zwar soziale Proteste gelegentlich in antijüdische Gewalt um und es kursierten judenfeindliche Flugblätter[69]. Bald aber engagierten sich jüdische und christliche Aktivisten gemeinsam in liberalen oder demokratischen Vereinen, und jüdische Studenten standen zusammen mit ihren christlichen Kommilitonen auf den Barrikaden. Den Durchbruch zur vollen sozialen Anerkennung und staatsbürgerlichen Gleichberechtigung der jüdischen Minderheit brachte die im Mai 1848 in Frankfurt am Main zusammengetretene konstituierende deutsche Nationalversammlung[70]. Die im März 1849 von der Frankfurter Nationalversammlung verabschiedete Verfassung des deutschen Reiches bestimmte: „Die Deutschen sind vor dem Gesetze gleich“[71] und sie garantierte die „volle Glaubens- und Gewissensfreiheit“[72]. Ferner hieß es: „Die Wissenschaft und ihre Lehre ist frei“[73], und jeder solle „seinen Beruf“ frei wählen können[74]. „Durch das religiöse Bekenntnis“, so führte die Verfassung weiter aus, „wird der Genuß der bürgerlichen und staatsbürgerlichen Rechte weder bedingt noch beschränkt“[75]. Jüdische Wissenschaftler sollten keinerlei Benachteiligungen oder Beeinträchtigungen ihrer beruflichen Entwicklung mehr unterworfen sein.

4. Die 1850er und 1860er Jahre. Politischer Wandel und neue Möglichkeiten für jüdische Akademiker trotz anhaltender Ausgrenzung

Die Revolution wurde niedergeschlagen[76], mit harten Folgen auch für die jüdischen Revolutionäre. In Wien gehörte der Journalist und Schriftsteller Hermann Jellinek (1822–1848) zu den zum Tode Verurteilten und Hingerichteten[77], in Berlin wurden Moritz Lövinson (1820–1887), Mitglied des Demokratischen Klubs[78], und der Journalist und Zeitungsherausgeber Aaron Bernstein (1812–1884) verhaftet[79], und zu den ins Exil gegangenen Juden gehörte der

69 Bergmann, Tumulte (wie Anm. 15) S. 234–272; Reinhard Rürup, Der Fortschritt und seine Grenzen. Die Revolution von 1848 und die europäischen Juden, in: Dieter Dowe / Heinz-Gerhard Haupt / Dieter Langewiesche (Hg.), Europa 1848. Revolution und Reform (1998) S. 985–1005.

70 Frank Lorenz Müller, Die Revolution von 1848/49 (2002); Dieter Langewiesche, 1848 – ein Epochenjahr in der deutschen Geschichte? In: Geschichte und Gesellschaft 25 (1999) S. 613–626; Werner E. Mosse / Arnold Paucker / Reinhard Rürup (Hg.), Revolution and Evolution. 1848 in German-Jewish History (1981); Jacob Toury, Die Revolution von 1848 als innerjüdischer Wendepunkt, in: Hans Liebeschütz / Arnold Paucker (Hg.), Das Judentum in der Deutschen Umwelt 1800–1850 (1977) S. 359–376.

71 Reichs-Gesetz-Blatt, 16. Stück, Frankfurt a. M., den 28. April 1849. Verfassung des deutschen Reiches S. 125.

72 Ebd. S. 127.

73 Ebd. S. 129.

74 Ebd. S. 129.4.

75 Ebd. S. 128.

76 Christian Jansen, Einheit, Macht und Freiheit. Die Paulskirchenlinke und die deutsche Politik in der nachrevolutionären Epoche 1849–1867 (2000).

77 Klaus Kempter, Hermann Jellinek. Lehrjahre eines Revolutionärs (1846–1848), in: Wiener Geschichtsblätter. Hg. vom Verein für Geschichte der Stadt Wien 53 (1998) S. 182–195.

78 Rüdiger Hachtmann, Berlin 1848 (1997) S. 953.

79 Julius H. Schoeps, Jüdische Emanzipation und bürgerliche Revolution. A. Bernstein in seiner Zeit (1998).

zum Tode verurteilte Teilnehmer am Pfälzischen Aufstand vom Mai 1849 Ludwig Bamberger (1823–1899)[80]. Die in der Paulskirche verabschiedete Verfassung trat nicht in Kraft, und die Ausgrenzung jüdischer Wissenschaftler hielt an.

Noch während die deutsche Nationalversammlung in Frankfurt am Main tagte, schlug die österreichische Armee im Oktober 1848 die Wiener Revolution nieder. Die revolutionäre Bewegung hatte ihren Kulminationspunkt erreicht, „nun trat die Gegenrevolution zu ihrem unaufhaltsamen Vormarsch an"[81]. Um der politischen Aufbruchsstimmung die Kraft zu nehmen, bekannte sich die Regierung jedoch zum Grundsatz der Gleichheit aller Bürger vor dem Gesetz[82]. Im März 1849 erließ der erst im Dezember zum Thronfolger ernannte Kaiser Franz Joseph I. (1830–1916) eine Verfassung, die den Bürgern gleiche Rechte unabhängig vom Religionsbekenntnis garantierte[83]. Schon im Dezember 1851 aber setzte Franz Joseph seine Verfassung außer Kraft, und Österreich schlug den Weg in eine restriktive Judenpolitik ein[84].

Ebenfalls während der Sitzungsperiode der Paulskirchenversammlung ließ der preußische König Friedrich Wilhelm IV. im November 1848 seine Armee in Berlin einmarschieren. Um die revolutionäre Stimmung zu dämpfen, oktroyierte er im Dezember 1848 eine Verfassung[85], die den Juden bürgerliche und staatsbürgerliche Gleichstellung garantierte und ihnen die Möglichkeit einräumte, öffentliche Ämter zu bekleiden[86]. In diesem Zuge konnte sich mit dem Altphilologen Jacob Bernays (1824–1881) erstmals an einer preußischen Universität ein Jude jenseits der medizinischen Fakultät habilitieren und an der Universität Bonn zum Privatdozenten ernannt werden[87].

Schon Ende Januar 1850 erließ Friedrich Wilhelm IV. jedoch eine revidierte Verfassung für Preußen. Der Artikel, demzufolge die bürgerlichen und staatsbürgerlichen Rechte vom religiösen Bekenntnis unabhängig sei, blieb indes erhalten, etwas sibyllinisch hieß es dann im Artikel 14: „Die christliche Religion wird bei denjenigen Einrichtungen des Staats, welche mit der Religionsübung im Zusammenhange stehen *[…]* zum Grunde gelegt"[88].

Staaten des ‚Dritten Deutschland' wie Hannover, Holstein und Württemberg wiederum nahmen die zuvor ebenfalls gewährte rechtliche Gleichstellung der Juden wieder zurück[89].

---

80 Benedikt Koehler, Ludwig Bamberger – Bankier und Revolutionär (1999).

81 Wolfgang J. Mommsen, 1848. Die ungewollte Revolution. Die revolutionären Bewegungen in Europa 1830–1849 (1998) S. 248.

82 Hans-Werner Hahn / Helmut Berding, Reformen, Restauration und Revolution 1806–1848/49 (2010) S. 615.

83 Hannelore Burger, Heimatrecht und Staatsbürgerschaft österreichischer Juden. Vom Ende des 18. Jahrhunderts bis in die Gegenwart (2014) S. 63.

84 Ebd. S. 65.

85 Hachtmann, Berlin 1848 (wie Anm. 78) S. 749–757, 784–790.

86 Ernest Hamburger, Juden im öffentlichen Leben Deutschlands. Regierungsmitglieder, Beamte und Parlamentarier 1848–1918 (1968) S. 21f.

87 Hans I. Bach, Jacob Bernays. Ein Beitrag zur Emanzipationsgeschichte der Juden und zur Geschichte des deutschen Geistes im neunzehnten Jahrhundert (1974) S. 64–65, 72–74, 80–81, 96–97.

88 Gesetz-Sammlung für die Königlichen Preußischen Staaten (1850) S. 18f.

89 Michael Brenner, Zwischen Revolution und rechtlicher Gleichstellung, in: ders. / Jersch-Wenzel / Meyer, Deutsch-jüdische Geschichte der Neuzeit 2 (wie Anm. 68) S. 287–325, hier S. 199. Zum Begriff

Dramatische und zugleich politisch neuartige Formen nahm die Frage in Bayern an[90]. König Maximilian II. (1811–1864) hatte im Dezember 1849 einen Gesetzentwurf über die Rechte der Juden eingebracht, der im § 1 bestimmte: „Den israelitischen Staatsangehörigen stehen fortan *[…]* die gleichen Pflichten auch gleiche staatsbürgerliche *[politische]* und bürgerliche Rechte mit den christlichen Staatseinwohnern zu"[91]. Die Regierung suchte damit der liberalen öffentlichen Meinung entgegenzukommen[92]. Gegen diesen Gesetzesentwurf entstand mit nachdrücklicher Unterstützung der katholischen Presse eine breite Petitionsbewegung. Weit über fünfhundert Eingaben gegen die Emanzipation der Juden gingen bei der Regierung ein. Das Innenministerium forderte daraufhin von den bayrischen Regierungsbezirken Berichte an, die überwiegend gegen den Gesetzentwurf Stellung nahmen[93]. Als das Parlament im Februar 1850 zusammentrat, lehnte es den Gesetzentwurf ab[94]. Teile der bayrischen Bevölkerung hatten somit auf demokratische Weise eine öffentliche Bewegung für nicht-demokratische Zwecke in Gang gesetzt und den Gesetzentwurf zu Fall gebracht.

Bayern stand mit dieser reaktionären Wende nicht allein. In Preußen hatten sich während der Revolution konservative Kräfte gesammelt und die Neue Preußische Zeitung als politisches Organ der gegenrevolutionären Bewegung gegründet[95]. Diese sogenannte Kreuzzeitung beschuldigte schon 1848 „Juden und Judengenossen", Drahtzieher der Revolution zu sein[96] und unter Leitung von Hermann Wagener (1815–1889) erschienen in ihr immer wieder judenfeindliche Artikel[97].

Zu denjenigen deutschen Intellektuellen, die die Stichworte der neuen, nicht mehr religiösen, sondern politischen, ökonomischen und soziokulturellen Judenfeindschaft antizipierten, gehörte Richard Wagner (1813–1883). 1850 hatte er unter dem Pseudonym Freigedank den Essay ‚Das Judenthum in der Musik' veröffentlicht, in dem er seine persönlichen Aversionen gegen Juden artikulierte[98]. Auslöser war nicht zuletzt sein Neid auf den großen Erfolg des jüdischen Komponisten Giacomo Meyerbeer, den er zunächst bewundert und

des ‚Dritten Deutschland' vgl. Shulamit Volkov, Historiographische Lücken. Europa und das „Dritte Deutschland", in: Tel Aviver Jb. für deutsche Geschichte 29 (2000) S. 147–170.

90 James F. Harris, The people speak! Anti-Semitism and emancipation in nineteenth century Bavaria (1994).

91 Verhandlungen der Kammer der Abgeordneten des zweiten bayrischen Landtages im Jahre 1849, Beilagen-Band 1 (1850) S. 116.

92 Hannes Ludyga, Die Rechtsstellung der Juden in Bayern von 1819 bis 1918. Studie im Spiegel der Verhandlungen der Kammer der Abgeordneten des bayerischen Landtags (2007) S. 241–290.

93 James F. Harris, Public Opinion and the Proposed Emancipation 1848/49 in Bavaria, in: Leo Baeck Institute Year Book 34 (1989) S. 67–79.

94 Verhandlungen der Kammer der Reichsräthe. 3. Beilagen-Bd., 3.2.1850, Beilage 68 S. 337–356.

95 Dagmar Bussiek, „Mit Gott für König und Vaterland!" Die Neue Preußische Zeitung 1848–1892 (2002).

96 Hachtmann, Berlin 1848 (wie Anm. 78) S. 533.

97 Henning Albrecht, Antiliberalismus und Antisemitismus. Hermann Wagener und die preußischen Sozialkonservativen 1855–1873 (2010).

98 K. Freigedank, Das Judenthum in der Musik, in: Neue Zs. für Musik 19 (3.9.1850) S. 103–107; 20 (6.9.1850) S. 109–112.

dessen Nähe er gesucht hatte, sich aber bald beklagte, dass dieser ihn nicht hinreichend unterstützt habe[99].

Konservative Akteure und antijüdische Intellektuelle konnten die öffentliche Meinung trotz vehementer medialer Angriffe nicht nachhaltig beeinflussen. Feindseligkeit gegen Juden war in der Defensive. Die kulturelle Hegemonie übten jene Kräfte aus, die die Idee der nationalen Einheit mit dem liberalen Grundsatz ‚Gleiche Rechte für Alle' verknüpften[100]. Im Gegensatz zu Österreich, wo Kaiser Franz Joseph an einer neoabsolutistischen Politik festhielt, begann sich sowohl in Preußen als auch im ‚Dritten Deutschland' Mitte der 1850er Jahre das politische Klima zu wandeln. Die reaktionären Kräfte gaben nach, und die Regierungen fuhren ihre repressive Politik zurück[101]. Aus politischen Gründen verurteilte Juden konnten nach Deutschland zurückkehren. Gleichzeitig begannen liberale Politiker auf die Regierungen zuzugehen. Die Forderung nach politischer Freiheit und nationaler Einheit der Deutschen bestimmte die Öffentlichkeit. Nach Wahlerfolgen formierte sich das liberale Lager neu und kehrte mit dem Schlagwort ‚Realpolitik' in die politische Arena zurück[102]. Aktive Juden bildeten fortan eine Weggemeinschaft mit den Liberalen[103].

Dem liberalen Zeitgeist entsprechend setzte sich nun in den Staaten und freien Städten des ‚Dritten Deutschland' die Emanzipation der Juden durch. Die Regierung in Bayern schaffte 1861 die Einschränkungen für die Niederlassung von Juden und deren Zulassung zum Gewerbe ab[104]. 1862 erließ das Großherzogtum Baden das Gesetz über die bürgerliche Gleichstellung der Juden[105]. 1864 gewährte Württemberg den Juden gleiche staatsbürgerliche Rechte[106]. Die Bürgerschaft der freien Stadt Frankfurt am Main hob 1864 alle Einschränkungen der staatsbürgerlichen Rechte der Frankfurter Juden auf[107]. Im selben Jahr verkündete die Hamburger Bürgerschaft ein Gesetz betreffend die Verhältnisse der israelitischen Gemeinden, das die Emanzipation in der Hansestadt „verwirklichte"[108].

Trotz der – mittlerweile in den Verfassungen garantierten – bürgerlichen und staatsbürgerlichen Gleichstellung der Juden und trotz der liberalen öffentlichen Meinung

99 Jens Malte Fischer, Richard Wagners ‚Das Judentum in der Musik' (2000); Mark Nowakowski, Antisemitismus bei Richard Wagner. Versuch einer Ergründung (2013); Jacob Katz, Richard Wagner. Vorbote des Antisemitismus (1985).

100 Wie schwach der öffentliche Einfluss der judenfeindlichen Publikationen war, zeigt sich zum Beispiel in der geringen Resonanz der von Hermann Wagener herausgegebenen ‚Berliner Revue', die 1855 lediglich eine Auflage von 750 Exemplaren hatte, die 1862/3 auf zwischen 350 und 370 zurückging. Henning Albrecht, Berliner Revue, in: Benz, Handbuch des Antisemitismus 6 (wie Anm. 56) S. 64.

101 Friedrich Lenger, Industrielle Revolution und Nationalstaatsgründung. 1849–1870er Jahre (2003) S. 280.

102 Jansen, Einheit, Macht und Freiheit (wie Anm. 76) S. 253–270.

103 Jakob Toury, Die politischen Orientierungen der Juden in Deutschland. Von Jena bis Weimar (1966) S. 110–123.

104 Ludyga, Die Rechtsstellung der Juden in Bayern (wie Anm. 92) S. 319–325.

105 Reinhard Rürup, Die Emanzipation der Juden in Baden [1966], in: ders., Emanzipation und Antisemitismus. Studien zur ‚Judenfrage' der bürgerlichen Gesellschaft (1975) S. 37–73, hier S. 69–73.

106 Verhandlungen der Württembergischen Kammer der Standesherren auf dem ordentlichen Landtage 1802–64. 1. Anlagen-Bd. (1865) S. 276.

107 Andrea Hopp, Jüdisches Bürgertum in Frankfurt am Main im 19. Jahrhundert (1997) S. 111.

108 Moshe Zimmermann, Hamburger Patriotismus und deutscher Nationalismus. Die Emanzipation der Juden in Hamburg 1830–1865 (1979) S. 229.

waren jüdische Wissenschaftler weiterhin durch spezielle Hochschulregularien bei der Ernennung zu Privatdozenten und der Besetzung von Lehrstühlen benachteiligt[109]. Nur sehr wenigen gelang es in den 50er und 60er Jahren, eine Anstellung zu finden. Und es waren vor allem Nischenfächer wie die Orientalistik, in der jüdische Wissenschaftler einen Ruf erlangen konnten. Mitunter war es für jüdische Nachwuchswissenschaftler leichter, in den auf zivilgesellschaftlicher Grundlage bestehenden wissenschaftlichen Vereinen und Akademien eine Anstellung zu finden. Einige jüngere jüdische Historiker hatten sich daher, da auch sie an den staatlichen Universitäten keine Anstellung erhalten konnten, bei den Monumenta Germaniae Historica beworben. Jedoch lehnte ihr Vorsitzender Georg Heinrich Pertz (1795–1876) die Anstellung von Hermann Bärwald (1828–1907), Ludwig Ölsner (1831–1910), Heinrich Hahn (1829–1919) und Ludwig Adolf Cohn ab (1834–1871)[110]. 1854 stellte er als einzigen jüdischen Historiker Philipp Jaffé ein[111].

Im Hinblick auf die nationale Einheit Deutschlands wurde dem italienischen Beispiel folgend im September 1859 in Frankfurt am Main der Deutsche Nationalverein gegründet[112], der die Ideen der nationalen Einheit auf konstitutioneller Grundlage vertrat und nachhaltigen Einfluss auf die Bildung des Nationalstaatsgedankens hatte[113]. In diesem Verein war eine überproportional große Zahl von Juden aktiv[114].

5. 1871–1914. Das Deutsche Kaiserreich. Staatsbürgerliche Gleichstellung, antisemitische Bewegung und die Dialektik der Ausgrenzung in den Wissenschaften

Die Einsicht, dass die Idee der Nation zu einer materiellen Gewalt geworden war, führte den preußischen Ministerpräsidenten Otto von Bismarck zur feindlichen Übernahme des Projektes. Statt auf zivilgesellschaftliche Verständigung setzte er jedoch auf Krieg, statt auf plebiszitäre Zustimmung auf monarchische Übereinkunft, statt auf bundesstaatlichen Ausgleich auf preußische Vorherrschaft[115]. Da er auf die Zusammenarbeit mit den Liberalen angewiesen

109 Bernhard Breslauer, Die Zurücksetzung der Juden an den Universitäten in Deutschland. Denkschrift im Auftrag des Verbandes der Deutschen Juden (1911); Ludwig Geiger, Die Zurücksetzung der Juden an den Universitäten Deutschlands, in: AZJ 12 (22.3.1912) S. 133–134.

110 Carl Misch, Geschichtswissenschaften, in: Siegmund Kaznelson (Hg.), Juden im deutschen Kulturbereich. Ein Sammelwerk (^{2}1959) S. 349–382, hier S. 352–353; vgl. a.: Bresslau, Geschichte (wie Anm. 14) S. 329.

111 Zu Philipp Jaffé siehe den Beitrag von Daniel R. Schwartz in vorliegendem Band, sowie ders., Between Jewish Posen and Scholarly Berlin. The Life and Letters of Philipp Jaffé (2017).

112 Wyrwa, Juden in der Toskana und in Preußen (wie Anm. 32) S. 376–377.

113 Andreas Biefang, Politisches Bürgertum in Deutschland 1857–1868. Nationale Organisationen und Eliten (1994); ders. (Bearb.), Der Deutsche Nationalverein 1859–1867. Vorstands- und Ausschußprotokolle (1995); Shlomo Na'aman, Der Deutsche Nationalverein. Die politische Konstituierung des deutschen Bürgertums 1859–1867 (1987).

114 Shlomo Na'aman, Jüdische Aspekte des deutschen Nationalvereins (1859–1867), in: Jb. des Instituts für deutsche Geschichte Tel Aviv 15 (1986) S. 285–308. – Ulrich Wyrwa, Die Konstruktion der deutschen Nation mit den Juden. Deutsche Juden als Akteure auf dem nationalen Feld (1858–1878), in: David Bordiehn / Christian Köhler / Stefan Noack / Susanne Wein (Hg.), Ausgrenzende politische Ideologien. Akteure, Organisation und Programmatiken (2020) S. 179–191.

115 Christoph Jahr, Blut und Eisen. Wie Preußen Deutschland erzwang (2020); zum Kaiserreich vgl. a.: Christoph Nonn, 12 Tage und ein halbes Jahrhundert. Eine Geschichte des Deutschen Kaiserreichs

war, hielt Bismarck jedoch am Grundsatz der Unabhängigkeit der bürgerlichen und staatsbürgerlichen Rechte vom religiösen Bekenntnis fest. Bereitwillig hatten deutsche Juden so an den preußischen Kriegen teilgenommen[116]. Bismarck, der Österreich im Sinne preußischer Machtpolitik aus der deutschen Geschichte hinausgedrängt hatte[117], sah in der Zusammenarbeit mit Teilen der liberalen Öffentlichkeit einen probaten Weg, die deutsche Einigung als Preußens Mission zu erfüllen. Daher setzte er in dem im Juli 1869 verabschiedeten ‚Gesetz, betreffend die Gleichberechtigung der Konfessionen in bürgerlicher und staatsbürgerlicher Beziehung' durch, dass alle „noch bestehenden, aus der Verschiedenheit des religiösen Bekenntnisses hergeleiteten Beschränkungen der bürgerlichen und staatsbürgerlichen Rechte *[...]* aufgehoben *[werden]*. Insbesondere", so hieß es weiter, sollte die „Bekleidung öffentlicher Aemter vom religiösen Bekenntniß unabhängig sein" [118].

Weite Teile der jüdischen Minderheit in Deutschland unterstützten aus diesem Grund Bismarcks Weg der deutschen Einheit nachdrücklich[119]. Nach dem Krieg von 1870 nahmen sie es sogar hin, dass Frankreich zum Erbfeind gemacht wurde[120], und dies, obgleich deutsche Juden Frankreich emphatisch als das Land gefeiert hatten, das ihnen die Emanzipation gebracht hatte. Nachdem die süddeutschen Staaten auf den preußischen Weg gebracht waren, und schließlich auch der preußische König Wilhelm I. (1797–1888) umgestimmt worden war, die deutsche Kaiserwürde zu akzeptieren, konnte am 1. Januar 1871 durch die Unterzeichnung der Verfassung das Deutsche Reich gegründet werden[121]. Der Zeitgeist stand in diesem historischen Augenblick für die Anerkennung von Juden als gleichberechtigten Bürgern, die kulturelle Hegemonie hatten diejenigen Kräfte, die für eine auf dem Grundsatz der Rechtsgleichheit basierende Verfassung eintraten. Seinen Höhepunkt erlebte das Zeitalter der Emanzipation mit dem Berliner Kongress im Jahr 1878, auf dem ausgerechnet der konservative Bismarck in Zusammenarbeit mit der ‚Alliance Israélite Universelle' dafür sorgte, dass das Prinzip der bürgerlichen und staatsbürgerlichen Gleichheit der Juden zu einem Grundsatz der europäischen Diplomatie und zu einer völkerrechtlichen Voraussetzung für die Anerkennung von Staaten wurde[122].

1871–1918 (2020); Sven Oliver Müller / Cornelius Torp (Hg.): Das deutsche Kaiserreich in der Kontroverse (2009).

116 Christine G. Krüger, „Sind wir denn nicht Brüder?". Deutsche Juden im nationalen Krieg 1870/71 (2006); Erik Lindner, Patriotismus deutscher Juden von der napoleonischen Ära bis zum Kaiserreich (1997) S. 307–340.

117 Österreich wurde daraufhin aus der deutschen Geschichte hinausgeschrieben, wofür vor allem das Werk von Heinrich von Treitschke steht: Heinrich von Treitschke, Deutsche Geschichte im Neunzehnten Jahrhundert, 5 Bde. (1879–1894).

118 Bundesgesetzblatt des Norddeutschen Bundes Nr. 28 (1869) S. 292.

119 Vgl. dazu das Kapitel: Die Herrlichkeit des Reiches, in: Toury, Die politischen Orientierungen (wie Anm. 103) S. 123–153.

120 Onno Klopp, Wer ist der wahre Erbfeind von Deutschland (1868); M. Stangl, Frankreich, der Erbfeind von Deutschland. Historischer Rückblick auf die bisherige Politik von Frankreich gegenüber Deutschland (1871).

121 Gesetz, betreffend die Verfassung des Deutschen Reichs, in: RGBl. Nr. 16 (1871) S. 63–85.

122 Imanuel Geiss (Hg.), Der Berliner Kongreß 1878. Protokolle und Materialien (1978); ders., Die jüdische Frage auf dem Berliner Kongreß 1878, in: Jb. des Instituts für Deutsche Geschichte 10 (1981)

Schon im folgenden Jahr aber schlug das gesellschaftliche Klima in Deutschland um, die öffentliche Meinung begann sich gegen die jüdische Minderheit zu richten. Auslöser für diesen politischen Umbruch war der Absturz von Banken und Börsen im Jahr 1873[123]. Auch wenn wirtschaftsgeschichtliche Daten zeigen, dass es sich bei der sogenannten ‚Großen Depression' kaum um eine reale Wirtschaftskrise handelte[124], brachen mit diesem Ereignis sozialpsychologisch und mentalitätsgeschichtlich die Erwartungen und optimistischen Zukunftsstimmungen zusammen[125]. Unmittelbar nach den Bankenzusammenbrüchen eröffnete der Journalist Otto Glagau (1834–1892), der selbst Aktieneinlagen verloren hatte, im Oktober 1874 in der populären Unterhaltungs- und Familienzeitschrift Die Gartenlaube unter dem Titel „Der Börsen- und Gründungsschwindel" eine zwölfteilige, bis 1875 fortgesetzte Serie[126], in der er den Juden die Verantwortung für die Große Depression gab und sie beschuldigte, durch ihr Geld- und Machtstreben das deutsche Volk zu ruinieren. Eine breite Rezeptionsgeschichte sollte vor allem eine Formulierung aus der 1878 erschienenen Schrift Glagaus gegen die Juden und den Nationalliberalismus finden, von der im selben Jahr neun Auflagen gedruckt wurden: „Die sociale Frage ist wesentlich *[…]* Judenfrage"[127]. Im Juni 1875 sekundierte ihm der Publizist Franz Fürchtegott Perrot (1835–1891) in der Neuen Preußischen Zeitung[128]. Schließlich folgte im August 1875 die katholische Tageszeitung Germania mit einer über drei Monate sich hinziehenden scharfen Kampagne[129]. Nach den drei spektakulären Auftritten von Seiten der populären Gartenlaube, der konservativen Kreuzzeitung und der katholischen Germania erschien 1879 die programmatische Schrift des zuvor in demokratischen und anarchistischen Kreisen verkehrenden politischen Journalisten Wilhelm Marr (1819–1904): Der Sieg des Judenthums über das Germanenthum[130]. Aus Enttäuschung über das Scheitern der Revolution und in politische Konflikte in Hamburg involviert wurde Marr zu einem leidenschaftlichen Judenfeind[131]. Seine Schrift setzte

S. 413–422; zum Begriff Emanzipation als Schlüsselkategorie der Antisemitismusforschung vgl.: Frederick Beiser, Emancipation, in: Goldberg / Ury / Weiser, Key Concepts (wie Anm. 9) S. 93–104.

123 Paul W. Massing, Vorgeschichte des politischen Antisemitismus (1949/1959). Aus dem Amerikanischen übersetzt und für die deutsche Ausgabe bearbeitet von Felix J. Weil (Hg.), mit einem Nachwort von Ulrich Wyrwa (2021) S. 20, 145, 274; Hans Rosenberg, Große Depression und Bismarckzeit. Wirtschaftsablauf, Gesellschaft und Politik in Mitteleuropa (1967). Vgl. auch die Kritik von Henning Albrecht, Preußen, ein ‚Judenstaat'. Antisemitismus als konservative Strategie gegen die ‚Neue Ära'. Zur Krisentheorie der Moderne, in: Geschichte und Gesellschaft 37 (2011) S. 455–481.

124 Carsten Burhop, Wirtschaftsgeschichte des Kaiserreichs 1871–1918 (2011).

125 Dieser Zusammenhang bleibt bei Albrecht, Antiliberalismus und Antisemitismus (wie Anm. 97), der die Darstellung von Rosenberg kritisiert, eher unterbelichtet.

126 Otto Glagau, Der Börsen- und Gründungsschwindel, in: Die Gartenlaube 1874/1875. Die Serie stieß auf so breite Resonanz, so dass Glagau sie im Jahr darauf in Leipzig als Buch veröffentlichte.

127 Otto Glagau, Der Bankerott des Nationalliberalismus und die ‚Reaction' ([9]1878) S. 71.

128 Franz Fürchtegott Perrot, Die Ära Bleichröder-Delbrück-Camphausen. Separat-Abdruck der 5 Ära-Artikel aus der Kreuz-Zeitung nebst Literatur darüber und einem Vor- und Nachwort (1876).

129 Die ‚Kreuzzeitung' und die Judencamarilla in Preußen, in: Germania. Zeitung für das deutsche Volk, Beilage zu Nr. 174 (1.8.1875).

130 Wilhelm Marr, Der Sieg des Judenthums über das Germanenthum vom nicht confessionellen Standpunkt aus betrachtet (1879).

131 Moshe Zimmermann, Wilhelm Marr. The Patriarch of Antisemitism (1986); Werner Bergmann,

sich dezidiert vom traditionellen religiösen Antijudaismus ab[132], sie erregte breite öffentliche Aufmerksamkeit und wurde zum Grundlagenwerk des Antisemitismus[133].

Erneut zeigte sich in dieser Situation die Widersprüchlichkeit der Politik Bismarcks. Einerseits hatte er die Emanzipation der Juden auf der Ebene der europäischen Diplomatie durchgesetzt, gleichzeitig aber den politischen Antisemitismus, so Paul W. Massing in seiner Pionierstudie zum Antisemitismus im Kaiserreich, „als einen willkommenen Verbündeten in seinem Kampf gegen Liberale und Sozialisten geduldet". Bismarck müsse daher, so Massing, „als der erste große Manipulator des Antisemitismus" in Deutschland bezeichnet werden[134]. Einen folgenreichen Schub erfuhren die neuen judenfeindlichen Einstellungen im Herbst 1879 durch drei unmittelbar aufeinander folgende öffentliche Kontroversen.

Den Anfang machte der Berliner Hofprediger Adolf Stoecker (1835–1909) mit seiner am 19. September 1879 gehaltenen Rede ‚Unsere Forderungen an das moderne Judentum'. Im Mittelpunkt seiner Feindseligkeit gegen Juden standen dabei nicht die religiösen Vorurteile. Gleich am Beginn seiner Rede zitierte er Glagaus Parole von der Judenfrage als sozialer Frage und beschuldigte die Juden, sie würden „die Geldadern, Bank und Handel" besitzen. Stoecker warnte vor der angeblichen Macht der Juden über die Presse, und besonders bedrohlich erschien ihm, dass Juden in unverhältnismäßig großer Zahl „zu den höheren Bildungsanstalten" drängten[135]. Eine Woche nach Stoeckers Rede erschien in der Vossischen Zeitung eine Anzeige mit dem Aufruf zur Gründung einer ‚Antisemiten-Liga' am 26. September 1879[136]. Hier tauchte erstmals der Neologismus ‚Antisemitismus' auf. Zunächst fand der Aufruf jedoch eher geringe Resonanz, so dass die Parteigründung auf den 4. Oktober verschoben werden musste. Mitte des Monats wurde dann das Statut des Vereins ‚Antisemiten-Liga' veröffentlicht, das von Marr und seiner Rhetorik der politischen, nicht religiösen Judenfeindschaft geprägt war[137]. Die dritte, für die Entwicklung des Antisemitismus in Deutschland entscheidende Kontroverse vom Herbst 1879 entzündete sich an der Veröffentlichung des Aufsatzes von Heinrich von Treitschke (1834–1896) ‚Unsere Aussichten' in den von ihm redigierten Preußischen Jahrbüchern[138]. Treitschke hatte einen großen öffentlichen Einfluss, weil er – Nachfolger des offiziellen ‚Historiographen des preußischen Staates' Leopold von Ranke (1795–1886) auf dessen Lehrstuhl für Geschichte an der Universität Berlin – mit seinen Veröffentlichungen den Interessen der Öffentlichkeit nach Orientierung in einer

Marr, Wilhelm (Pseudonym: Leberecht Fromm), in: Benz, Handbuch des Antisemitismus 2,2 (wie Anm. 22) S. 520–523.

132 J. Elukin, Anti-Judaism, in: Goldberg / Ury / Weiser, Key Concepts (wie Anm. 9) S. 13–24.

133 Werner Bergmann, Ein „weltgeschichtliches ‚Fatum'". Wilhelm Marrs antisemitisches Geschichtsbild in seiner Schrift: „Der Sieg des Judenthums über das Germanenthum", in: ders. / Ulrich Sieg (Hg.), Antisemitische Geschichtsbilder (2009) S. 61–82.

134 Massing, Vorgeschichte des politischen Antisemitismus (wie Anm. 123) S. 47.

135 [Adolf Stoecker], Unsere Forderungen an das moderne Judenthum. Rede des Hofpredigers Stöcker, gehalten am 19. September 1879 in der Versammlung der Christlich-socialen Arbeiterpartei, Flugblatt No. 13 (1879) S. 9.

136 Vossische Zeitung Nr. 269, Morgenausgabe, 2. Beilage (26.9.1879).

137 Statuten des Vereins ‚Antisemiten-Liga' (1879); M. Zimmermann, Wilhelm Marr. The Patriarch (wie Anm. 131) S. 90–95.

138 Heinrich von Treitschke, Unsere Aussichten, in: Preußische Jahrbücher 44 (1879) S. 559–576.

Zeit des Umbruchs und der nationalen Neubestimmung entgegenkam[139]. Treitschke, der ein sehr genaues Gespür für die Stimmungslage der Bevölkerung und den Wandel der öffentlichen Meinung hatte, behauptete, in den „Tiefen unseres Volkslebens *[sei]* eine wunderbare, mächtige Erregung" zu beobachten. „Unter den Symptomen der tiefen Unstimmung", so führte er aus, „erscheint keines so befremdend wie die leidenschaftliche Bewegung gegen das Judenthum"[140]. „Überall", und Treitschke griff an dieser Stelle den erst wenige Wochen zuvor geprägten Neologismus auf, träten „Antisemitenvereine" zusammen und würden in erregten Versammlungen die Judenfrage erörtern[141]. Treitschke verwendete hier eines seiner rhetorischen Muster, indem er seine antisemitischen Ausführungen als Wiedergabe öffentlicher Stimmungen ausgab. Es drohe ein „Zeitalter deutsch-jüdischer Mischkultur"[142]. In den letzten Abschnitten seines Aufsatzes formulierte Treitschke jenen Satz, der eine verhängnisvolle Wirkungsgeschichte erzielen sollte: „Bis in die Kreise der höchsten Bildung hinauf ertönt es heute wie aus einem Munde: die Juden sind unser Unglück![143]" 1881 folgte dann der gescheiterte Philosoph Eugen Dühring (1833–1921) mit seiner Schrift über die Judenfrage als Rassenfrage, mit der er die Sprache des Antisemitismus rassistisch auflud[144] .

Zuvor aber löste die Schrift von Treitschke eine breite öffentliche Kontroverse aus, den später so genannten ‚Berliner Antisemitismusstreit'[145]. Als Erstes griffen jüdische Intellektuelle in die Debatte ein[146]: der Mitbegründer der Völkerpsychologie Moritz Lazarus (1824–1903), der von Treitschke direkt angegriffene Historiker Heinrich Graetz (1817–

139 Ulrich Lenger, Heinrich von Treitschke. Politische Biographie eines deutschen Nationalisten (1998); Ulrich Wyrwa, Heinrich von Treitschke. Geschichtsschreibung und öffentliche Meinung im Deutschland des 19. Jahrhunderts, in: Zs. für Geschichtswissenschaft 51,9 (2003) S. 781–792.

140 Wie sich Treitschke zu einem Antisemiten gemacht hatte, lässt sich genau in seiner fünfbändigen, zwischen 1879 und 1894 erschienenen Deutschen Geschichte nachverfolgen: vgl. dazu: Ulrich Wyrwa, Genese und Entfaltung antisemitischer Motive in Heinrich von Treitschkes ‚Deutscher Geschichte im 19. Jahrhundert', in: Bergmann / Sieg, Antisemitische Geschichtsbilder (wie Anm. 133) S. 83–101.

141 Von Treitschke, Unsere Aussichten (wie Anm. 138) S. 572. Tatsächlich kann zu diesem Zeitpunkt von einer antisemitischen politischen Bewegung noch keine Rede sein, die Antisemiten-Liga hat sich wenig später aufgelöst.

142 Ebd. S. 573.

143 Ebd. S. 575.

144 Eugen Dühring, Die Judenfrage als Racen-, Sitten- und Culturfrage mit einer weltgeschichtlichen Antwort (1881); vgl. Birgitta Mogge, Rhetorik des Hasses. Eugen Dühring und die Genese seines antisemitischen Wortschatzes (1977).

145 1965 hatte der Literaturkritiker und Lektor Walter Boehlich eine erste Quellenedition der wichtigsten Beiträge dieser Kontroverse unter dem Titel ‚Der Berliner Antisemitismusstreit' herausgegeben, und dieser von Heinrich Treitschke ausgelösten Debatte damit den Namen gegeben. 2003 ist eine neue, erheblich erweiterte, historisch-kritische Ausgabe der Schriften und Beiträge dieser Kontroverse erschienen: Karsten Krieger (Bearb.), Der ‚Berliner Antisemitismusstreit' 1879–1881. Eine Kontroverse um die Zugehörigkeit der deutschen Juden zur Nation. Kommentierte Quellenedition 1 (2003). Vgl. dazu v. a.: Christhard Hoffmann, Geschichte und Ideologie. Der Berliner Antisemitismusstreit 1879/81, in: Wolfgang Benz / Werner Bergmann (Hg.), Vorurteil und Völkermord. Entwicklungslinien des Antisemitismus (1997) S. 219–251.

146 Uffa Jensen, Gebildete Doppelgänger. Bürgerliche Juden und Protestantismus im 19. Jahrhundert (2005) S. 203.

1891)[147] und der Historiker Harry Bresslau[148], der 1877 zum Professor ohne Gehalt an der Berliner Universität berufen worden war; die Ernennung zum ordentlichen Professor wurde ihm als Juden verweigert[149].

Im März 1880 hielt der Althistoriker Theodor Mommsen (1817–1903) von der Berliner Universität in der Preußischen Akademie der Wissenschaften eine Rede, in der er die Angriffe Treitschkes auf das Judentum scharf kritisierte. Er warf ihm vor, für einen „sittlichen Zersetzungsprozeß" verantwortlich zu sein und die alten Vorurteile gegen das Judentum wiederbelebt zu haben[150]. Nachdem die von Treitschke geschürte antisemitische Stimmung auch die Berliner Studenten ergriffen hatte, initiierten liberale Politiker eine von Theodor Mommsen redigierte öffentliche Erklärung, die 75 Wissenschaftler, Unternehmer und Politiker unterschrieben und die am 13. November 1880 in der Tageszeitung Berliner Börsen Courier und am folgenden Tag in weiteren liberalen Tageszeitungen Berlins erschien. Die Unterzeichner sahen in dem neuen Judenhass einen Rückfall in den Fanatismus des Mittelalters, eine Wiederbelebung des alten Wahns, und verteidigten das Prinzip der Gleichberechtigung der Juden sowie den Grundsatz der Toleranz. Der Konflikt wurde zu einem Politikum, und als Theodor Mommsen am 20. November in der liberalen National Zeitung einen offenen Brief veröffentlichte, in dem er seinen Kollegen Treitschke angriff, eskalierte der Streit[151]. Es kam zu einer Polarisierung und Spaltung der öffentlichen Meinung. Gegner und Unterstützer von Treitschke standen sich unversöhnlich gegenüber. Und dies, obgleich mitunter auch Ambivalenzen in den Haltungen der Akteure hervortraten. Selbst die Position von Theodor Mommsen war insofern zwiespältig, als er einerseits den Antisemitismus unmissverständlich verurteilte, andererseits aber auch deutliche Vorbehalte gegenüber dem Judentum hatte. So hatte er in seiner römischen Geschichte von den Juden als einem „Ferment des Kosmopolitismus und der nationalen Dekomposition" gesprochen[152], eine Formulierung, die Treitschke in

147 Heinrich Graetz, Erwiderung an Herrn von Treitschke (1879), in: Krieger, Der ‚Berliner Antisemitismusstreit' (wie Anm. 145) S. 96–101. Zu den Hintergründen vgl. Daniel R. Schwartz, From Feuding Medievalists to the Berlin Antisemitismusstreit of 1879–1881, in: Jb. für Antisemitismusforschung 21 (2012) S. 239–267. Vgl. a.: Jensen, Gebildete Doppelgänger (wie Anm. 146) S. 232–237.

148 Harry Bresslau, Zur Judenfrage. Sendschreiben an Herrn Professor Dr. Heinrich von Treitschke (1880), in: Krieger, Der ‚Berliner Antisemitismusstreit' (wie Anm. 145) S. 195–216 (Digitalisat des Sendschreibens: https://www.mgh-bibliothek.de/dokumente/b/b017872.pdf [alle Links in diesem Beitrag wurden am 3.5.2023 abgerufen). Vgl. a.: Jensen, Gebildete Doppelgänger (wie Anm. 146) S. 224–226. – Zu Harry Bresslau als Autor des Sendschreibens siehe auch den Beitrag von Annette Marquard-Mois in vorliegendem Band.

149 Aleksandra Pawliczek, Zwischen Anerkennung und Ressentiment. Der jüdische Mediävist Harry Bresslau (1848–1926), in: Jb. des Simon-Dubnow-Instituts 6 (2007) S. 389–409.

150 Theodor Mommsen, Rede vom 18. März 1880 zur Vorfeier des Geburtstages des Kaisers in der Königlichen Preußischen Akademie der Wissenschaften, in: Krieger, Der ‚Berliner Antisemitismusstreit' (wie Anm. 145) S. 445–446.

151 Theodor Mommsen, Brief an den Redakteur der Nationalzeitung, in: Krieger, Der ‚Berliner Antisemitismusstreit' (wie Anm. 145) S. 614–615.

152 Vgl. dazu auch die Anmerkung von Karsten Krieger in: Ebd. S. 616.

seinem Streit mit Mommsen süffisant aufgriff[153] und auf die wiederum Mommsen in seiner Replik antwortete[154].

Der Antisemitismus war zu einer anschwellenden sozialen Bewegung geworden. Der Hofprediger Adolf Stoecker stilisierte sich öffentlichkeitswirksam als Initiator und Anführer der ‚Berliner Bewegung'[155]. Diese sei „von Stöcker begonnen und geleitet" schrieb die ‚Allgemeine konservative Monatsschrift für das christliche Deutschland' noch 1892[156]. Heinrich von Treitschke wiederum nahm Einfluss auf die Studenten, die daraufhin eine antisemitische Unterschriftensammlung und Petition mit organisierten[157]. Um eine möglichst breite öffentliche Beachtung zu erreichen, sammelten die Initiatoren im Sommer 1880 zunächst Unterschriften hochrangiger Persönlichkeiten. Zu den Erstunterzeichnern gehörte Adolf Stoecker. Heinrich von Treitschke selbst hielt es hingegen nicht für opportun, sie zu unterzeichnen. Neben bekannten Antisemiten signierten zahlreiche Lehrer, Kaufleute, Rechtsanwälte und Professoren. Die zweite Phase der Agitation begann im Herbst 1880 mit einer allgemeinen Unterschriftensammlung. Etwa 265.000 wahlberechtigte Bürger unterzeichneten die Petition; bei 9.090.381 Wahlberechtigten zur Reichstagswahl 1881 hatte die Petition insgesamt somit lediglich eine Zustimmung von 2,8 Prozent[158].

Unter den Studenten hingegen fand die Petition regen Zuspruch. Zu den Unterzeichnern gehörten etwa 4.000 Studenten und damit achtzehn Prozent der in Deutschland Immatrikulierten. Insbesondere in Berlin und Leipzig kam es zu einer starken Mobilisierung der Studentenschaft, in dessen Folge der antisemitische Verein deutscher Studenten gegründet wurde[159]. In den Jahren darauf gründeten sich immer wieder neue antisemitische Vereine, die vergeblich versuchten, eine einheitliche Organisation zu schaffen. Politische Richtungskämpfe und organisatorische Gegensätze standen im Weg. Wellen antisemitischer Agitation folgten regelmäßig innere Konflikte und Zerwürfnisse. Ab Mitte der 90er Jahre bis 1914 „verlor der politische Antisemitismus", wie Paul W. Massing schrieb, „seine Anziehungskraft"[160]. Auch wenn Antisemiten weiterhin im deutschen Reichstag vertreten waren[161]

153 Heinrich von Treitschke, Eine Erwiderung, in: Die Post. Berliner neueste Nachrichten vom 21. November 1880, in: Krieger, Der ‚Berliner Antisemitismusstreit' (wie Anm. 145) S. 616–617.

154 Theodor Mommsen, Auch ein Wort über unser Judenthum (1880); in: Krieger, Der ‚Berliner Antisemitismusstreit' (wie Anm. 145) S. 695–709, hier S. 702.

155 Erich Lehnhardt, Die Antisemitische Bewegung in Deutschland, besonders in Berlin, nach Voraussetzungen, Wesen, Berechtigung und Folgen dargelegt. Ein Beitrag zur Lösung der Judenfrage (1884) S. 48–50; Max Schön, Die Geschichte der Berliner Bewegung (1889) S. 56–68.

156 Monatsschau, in: Allgemeine konservative Monatsschrift für das christliche Deutschland 49 (1892) S. 304–320, hier S. 314.

157 Norbert Kampe, Studenten und ‚Judenfrage' im deutschen Kaiserreich. Die Entstehung einer akademischen Trägerschicht des Antisemitismus (1988) S. 23–33.

158 Statistik der allgemeinen Wahlen für die fünfte Legislaturperiode des Reichstags, in: Stenographische Berichte über die Verhandlungen des Reichstages, 5. Legislaturperiode, 1. Session 1881/82, 2. Bd. (1882) S. 199–261, hier S. 254.

159 Kampe, Studenten und ‚Judenfrage' (wie Anm. 157) S. 23–51.

160 Massing, Vorgeschichte des politischen Antisemitismus (wie Anm. 123) S 118; vgl. dazu v. a. Richard S. Levy, The Downfall of the Anti-Semitic Political Parties in Imperial Germany (1975).

161 Christoph Jahr, Ahlwardt on Trial. Reactions to the Antisemitic Agitation of the 1890s in Germany, in: Leo Baeck Institute Year Book 48 (2003) S. 67–85.

und Adolf Stoecker mit seiner Partei als Flügel innerhalb der Konservativen Partei agierte, waren alle Bemühungen, eine einheitliche antisemitische Partei in Deutschland zu bilden, gescheitert[162]. Ebenso gescheitert waren die Versuche, die antisemitischen Parteien Europas international zu vernetzen[163]. Der Schwerpunkt der Agitation gegen die jüdische Minderheit verlagerte sich in diesem Zuge von den antisemitischen Parteien hin zu den Interessenvertretungen des Mittelstandes und dem Bund der Landwirte, dem von adligen Großgrundbesitzern für die bäuerlichen Interessen gegründeten Verein.[164]. Darüber hinaus verfestigten sich antisemitische Feindbilder in konservativen Kreisen sowie im Bildungsbürgertum.

In der liberalen Öffentlichkeit entstand jedoch seit Ende der 1880er Jahre eine Gegenbewegung, die organisiert gegen die antisemitische Agitation vorging. 1890 gründeten liberale Bürger den Verein zur Abwehr des Antisemitismus[165]. Schon im Dezember 1891 hatte der Verein nach eigenen Angaben 12.000 Mitglieder, bis Anfang des 20. Jahrhunderts stieg die Zahl auf 20.000[166], auch Theodor Mommsen oder der Schriftsteller Gustav Freytag (1816–1895) gehörten ihm an[167]. Eine Reihe liberaler Juden war ebenfalls im Abwehrverein aktiv. Liberale Juden organisierten sich ferner im 1893 gegründeten Centralverein deutscher Staatsbürger jüdischen Glaubens, der sowohl durch Öffentlichkeitsarbeit als auch durch gerichtliche Interventionen gegen den Antisemitismus vorging[168].

Die Abwehr des Antisemitismus beschränkte sich nicht auf öffentlichen Einspruch, zivilgesellschaftliches Engagement und juristische Ahndung, sie fand auch Ausdruck in satirischen Publikationen, die durch Witz und Humor dem Antisemitismus entgegentraten[169].

162 Levy, The Downfall of the Anti-Semitic Political Parties (wie Anm. 160) S. 91–110, S. 225–253.

163 Ulrich Wyrwa, Vereinigungsversuche antisemitischer Akteure in Europa. Die Internationalen Kongresse von 1882 und 1883 in Dresden und Chemnitz, in: Timm Beichelt / Clara Maddalena Frysztacka / Claudia Weber / Susann Worschech (Hg.), Ambivalenzen der Europäisierung (2021) S. 65–80.

164 Diesen Zusammenhang hat vor allem herausgearbeitet Werner Jochmann, Struktur und Funktion des deutschen Antisemitismus 1878–1914, in: Werner E. Mosse / Arnold Paucker (Hg.), Juden im Wilhelminischen Deutschland 1890–1914 (1976) S. 389–477.

165 Barbara Suchy, The Verein zur Abwehr des Antisemitismus 1. From its Beginnings to the First World War, in: Leo Baeck Institute Year Book 28 (1983) S. 205–239.

166 Ebd. S. 210.

167 Gleichwohl war die Position einzelner Mitglieder des Vereins, so auch die von Winter, nicht frei von Ambivalenzen und zwiespältigen Einstellungen. Vgl. dazu: Auguste Zeiss-Horbach, Der Verein zur Abwehr des Antisemitismus. Zum Verhältnis von Protestantismus und Judentum im Kaiserreich und in der Weimarer Republik (2008).

168 Avraham Barkai, „Wehr Dich!" Der Centralverein deutscher Staatsbürger jüdischen Glaubens (C. V.) 1893–1938 (2002); Arnold Paucker, Zur Problematik einer jüdischen Abwehrstrategie in der deutschen Gesellschaft, in: Mosse / Paucker, Juden im Wilhelminischen Deutschland (wie Anm. 164) S. 479–548; vgl. a. Ulrich Wyrwa, Die Reaktion des deutschen Judentums auf den Antisemitismus im Deutschen Kaiserreich. Eine Rekapitulation, in: ders. (Hg.), Einspruch und Abwehr. Die Reaktion des europäischen Judentums auf die Entstehung des Antisemitismus1879–1914 (Jb. Fritz Bauer Institut, 2010) S. 25–42; Christoph Jahr, Antisemitismus vor Gericht. Debatten über die juristische Ahndung judenfeindlicher Agitation in Deutschland 1879–1960 (2011).

169 Justus Simplex, Der Anti-Verjüdelungsverein. Sein Entstehen, Wirken und klägliches Ende in 10 Gesängen, Berlin 1880; G. Walther [i. e. Gustav Spiethoff], Herr Schreier der Antisemit, wie er leibte und lebte und was er getrieben, in kunstvolle Reimlein gebracht und beschrieben. Eine wahrheitsgetreue Dichtung in 6 Kapiteln. Mit schönen Bildern gezieret (1896).

Darüber hinaus wurden die skandalisierenden Auftritte antisemitischer Abgeordneter im Deutschen Reichstag immer wieder mit Gelächter quittiert. „Lachen links“ notierten die ‚Stenographischen Berichte über die Verhandlungen des Reichstages‘ regelmäßig bei den Reden antisemitischer Delegierter. Die sozialistische Arbeiterbewegung hatte sich – neben dem liberalen Abwehrverein und dem jüdischen Centralverein – der Front gegen den Antisemitismus angeschlossen[170]. Auf dem Parteitag von 1893 wandte sich August Bebel (1840–1913) in klaren Worten gegen den Antisemitismus[171], und mit Paul Singer (1844–1911) hatte die Sozialdemokratische Partei Deutschlands einen jüdischen Ko-Vorsitzenden.

In konservativen Universitätskreisen aber herrschte ein antisemitischer Geist, nicht nur unter den Studenten, sondern auch in der Professorenschaft sowie in den Universitätsverwaltungen[172]. Schon in der Berliner Bewegung waren Studenten bei der Vorbereitung und Durchführung der Antisemitenpetition hervorgetreten. Nachdem auch an anderen Hochschulen Studenten zusammengekommen waren, um gegen Juden zu agitieren, veranstalteten 800 Studenten im August 1881 in Erinnerung an die Sage von dem im Kyffhäuser schlafenden Friedrich Barbarossa auf diesem Hügel ein Fest[173] und schlossen sich zum Verband der Vereine Deutscher Studenten zusammen, wegen der Wahl des Ortes auch Kyffhäuser-Verband genannt[174]. Der Vertreter der Göttinger Studenten betonte auf dem Festakt, „daß eine wirksame Beschränkung und eine mutige, sachliche Bekämpfung *[...]* des vaterlandslosen Judentums zur Rettung unseres Vaterlandes durchaus erforderlich ist“[175]. Die Mitgliederzahl des Kyffhäuser-Verbands hielt sich jedoch in Grenzen, in den folgenden Jahren ging sie, zumindest an der Universität Berlin, deutlich zurück, von 300 im Jahr 1881 auf 60 im Jahr 1884[176].

Zugleich verschärfte sich der Antisemitismus in den Burschenschaften, nachdem diese in der liberalen Phase ihre Abneigung gegen Juden tendenziell zurückgefahren hatten. Nun kam die alte Feindschaft wieder hervor, und immer mehr Burschenschaften schlossen jüdische Studenten von der Mitgliedschaft aus, teilweise akzeptierten sie indes noch die al-

170 Reinhard Rürup, Sozialismus und Antisemitismus in Deutschland vor 1914, in: Walter Grab (Hg.), Juden und jüdische Aspekte in der deutschen Arbeiterbewegung 1848–1918 (1977) S. 203–225. Nicht überzeugend ist der mit der Rhetorik des Verdachts arbeitende Versuch von Lars Fischer, der Sozialdemokraten unterstellt, sie hätten die Grundüberzeugung der Antisemiten geteilt: Lars Fischer, The Socialist Response to Antisemitism in Imperial Germany (2007).

171 August Bebel, Sozialdemokratie und Antisemitismus. Rede auf dem 4. Parteitag, in: Protokolle über die Verhandlungen des Parteitages der Sozialdemokratischen Partei Deutschlands. Abgehalten zu Köln a. Rh. vom 22. bis 28. Oktober 1893 (1893) S. 223–240.

172 Vgl. dazu das Kapitel: Antisemitismus im akademischen Feld: Die Universitäten Bologna und Heidelberg, in: Ulrich Wyrwa, Gesellschaftliche Konfliktfelder und die Entstehung des Antisemitismus. Das Deutsche Kaiserreich und das Liberale Italien im Vergleich (2015) S. 171–242.

173 Knut Görich, Friedrich Barbarossa. Eine Biographie (2011) S. 11–17, 651.

174 Konrad H. Jarausch, Deutsche Studenten 1800–1970 (1984) S. 82–86; Kampe, Studenten und ‚Judenfrage‘ (wie Anm. 157) S. 42–51.

175 Herman v. Petersdorff, Die Vereine Deutscher Studenten. Zwölf Jahre akademischer Kämpfe (^{2}1895) S. 102.

176 Kampe, Studenten und ‚Judenfrage‘ (wie Anm. 157) S. 222.

ten jüdischen Mitglieder[177]. Als Antwort gründeten jüdische Studenten – 1886 stellten sie 9 Prozent der Studenten an den preußischen Hochschulen, bis 1911 ging ihre Anteil indes auf 5,6 Prozent zurück[178] – seit Mitte der 80er Jahre ihre eigenen Studentenverbindungen. Die jüdischen Studenten übernahmen dabei die kulturelle Überlieferung der akademischen Korporationen und machten sich nicht nur deren Habitusformen und Ehrbegriffe zu eigen, sondern auch deren deutsch-vaterländischen Patriotismus. Im Zuge der innerjüdischen Debatten und mit der Entstehung des Zionismus bildeten sich neben diesen deutsch-vaterländischen Verbindungen neue jüdisch-nationale Korporationen, die sich bald der zionistischen Bewegung anschlossen[179].

Trotz der offiziell in der Verfassung des Deutschen Reiches verkündeten Bestimmungen, dass öffentliche Ämter „vom religiösen Bekenntniß unabhängig" sein sollten[180], wirkte die Verwaltungspraxis insbesondere in Preußen bei der Bekleidung öffentlicher Ämter diesem Verfassungsgrundsatz immer wieder entgegen. Zwischen den einzelnen Ländern des Reiches bestanden in dieser Hinsicht nicht unerhebliche Unterschiede, etwa zwischen den eher judenfeindlichen Regierungen in Sachsen, Hessen, Braunschweig und Württemberg und den liberalen Regierungen in Hamburg, Baden und Elsass-Lothringen[181]. Nicht ausgeblendet werden sollte indes, dass sowohl sozialdemokratische oder der Arbeiterbewegung nahestehende Wissenschaftler als auch Katholiken, die sich an Universitäten in protestantischen Ländern beworben hatten, vielfach benachteiligt wurden. Die Hochschulleitungen widersetzten sich immer wieder der Berufung von Juden, und schon dem Wunsch jüdischer Nachwuchswissenschaftler, sich zu habilitieren, standen nicht unerhebliche Hindernisse entgegen[182]. Denjenigen, die diese Hürde überwinden konnten, stand eine prekäre Existenz als Privatdozenten bevor. Und doch stellten die jüdischen Privatdozenten nach der von Bernhard Breslauer (1851–1928) im Auftrag des Verbandes der Deutschen Juden durchgeführten statistischen Erhebung[183] im Wintersemester 1874/75 mit 13,5 Prozent einen überdurchschnittlichen Anteil. Unter den Ordinarien hingegen lag dieser lediglich bei 1,5 Prozent, während er bei den Honorarprofessoren mit 11,5 Prozent und den unbesoldeten außerordentlichen Professoren mit neun Prozent ebenfalls relativ hoch lag. Diese Verhältnisse sollten sich bis zum Wintersemester 1909/10 dahingehend verändern, dass nun 2,5 Prozent der Ordinarien Juden waren, bei den Honorarprofessoren stieg der Anteil nur leicht auf zwölf Prozent an, während er bei den außerordentlichen Professoren gleichblieb, und bei den Pri-

177 Oskar F. Scheuer, Burschenschaft und Judenfrage. Der Rassenantisemitismus in der deutschen Studentenschaft (1927); Jarausch, Deutsche Studenten (wie Anm. 174) S. 89.

178 Kampe, Studenten und ‚Judenfrage' (wie Anm. 157) S. 78.

179 Miriam Rürup, Ehrensache. Jüdische Studentenverbindungen an deutschen Universitäten 1886–1937 (2008).

180 Bundesgesetzblatt des Norddeutschen Bundes Nr. 28 (1869) S. 292; Paul Daude, Die Rechtsverhältnisse der Privatdozenten. Zusammenstellung der an den Universitäten Deutschlands und Oesterreichs, sowie an den deutschsprachlichen Universitäten der Schweiz über die rechtliche Stellung der Privatdozenten erlassenen Bestimmungen. Nach amtlichen Quellen (1896) S. 5.

181 Hamburger, Juden im öffentlichen Leben (wie Anm. 86) S. 32, 51–53.

182 Notker Hammerstein, Antisemitismus und deutsche Universitäten 1871–1933 (1995) S. 69–75.

183 Der 1904 gegründete neutrale Verband sollte die Interessen aller Jüdinnen und Juden der verschiedenen religiösen und politischen Richtungen in Deutschland vertreten, vgl. dazu: Walter Breslauer, Der Verband der deutschen Juden 1904–1922, in: Bulletin des Leo-Baeck-Instituts 7 (1964) S. 345–379.

vatdozenten auf zwölf Prozent sank. Die Statistik führt getrennt davon auch die getauften Ordinarien auf, deren Zahl im selben Zeitraum von 20 auf 44 anstieg[184]. Vor allem die Juristischen Fakultäten hatten versucht, so Bernhard Breslauer in seiner Zusammenfassung, die Berufung von Juden auf Lehrstühle zu verhindern, in den Medizinischen Fakultäten seien die Zustände, so Breslauer weiter, „an fast allen Universitäten gleichmäßig unerhört"[185]. Unter den Historikern wurde mit Ausnahme von Harry Bresslau, der den Ruf an die Reichsuniversität Straßburg erhalten hatte, kein jüdischer Wissenschaftler zu einem Ordinarius ernannt. Von den philosophischen und philologischen, sowie insbesondere von den nationalökonomischen Lehrstühlen wurden jüdische Kandidaten ferngehalten. Vereinzelt gab es, so Breslauer, an den philosophischen Fakultäten jüdische Mathematiker. In den Naturwissenschaften wurden nur zwei Juden auf einen ordentlichen Lehrstuhl berufen. Insgesamt, so das Ergebnis von Breslauer, herrschte eine „Zurückdrängung der Juden und Bevorzugung der Getauften"[186].

Die Benachteiligung von jüdischen Wissenschaftlern zeigte sich vor allem bei der Besetzung von prestigeträchtigen Lehrstühlen in den etablierten Disziplinen. Juden wichen daher oft auf Randdisziplinen aus, doch gerade diese erwiesen sich vielfach als innovativ und zukunftsweisend. In „schöpferische Nischen" gedrängt und „offener für neue Ideen", hatten jüdische Wissenschaftler, wie Shulamit Volkov gezeigt hat, bedeutende wissenschaftliche Erfolge, so dass hier gleichsam eine Dialektik der Ausgrenzung zum Tragen kam[187].

Auch in Akademien und geschichtswissenschaftlichen Forschungseinrichtungen fanden Juden Anerkennung. So kamen zu den MGH einige jüdische Historiker: Harry Bresslau, der seit 1877 für die MGH arbeitete und 1888 in die Zentraldirektion berufen wurde[188], Henry Simonsfeld, der Archivreisen für die MGH in Italien unternahm[189], ab 1884 Ludwig Traube, der von 1897 bis 1904 ebenfalls der Zentraldirektion angehörte[190], ab 1899 Wilhelm Levison[191], ab 1904 Ernst Perels[192] – beide als junge Nachwuchswissenschaftler – und ab etwa 1900 der Italienhistoriker Ferdinand Güterbock[193].

Im Bereich der Politik wiederum hatte der Antisemitismus an Anziehungskraft verloren. Ausschlaggebend für den Niedergang der antisemitischen Parteien war nicht zuletzt das skandalisierende Auftreten ultra-antisemitischer Aktivisten. Im Kaiserreich spielte der Antisemitismus, wie Shulamit Volkov betont, „die längste Zeit nur eine begrenzte Rolle"[194].

184 Breslauer, Die Zurücksetzung der Juden (wie Anm. 109) Tab. 1a S. 12.

185 Ebd. S. 7.

186 Ebd. S. 9.

187 Shulamit Volkov, Soziale Ursachen des Erfolgs in der Wissenschaft, in: HZ 245 (1987) S. 315–342; dies., Juden als wissenschaftliche ‚Mandarine' im Kaiserreich und in der Weimarer Republik. Neue Überlegungen zu sozialen Ursachen des Erfolgs jüdischer Naturwissenschaftler, in: Archiv für Sozialgeschichte 37 (1997) S. 1–18.

188 Zu Harry Bresslau als Mitarbeiter der MGH siehe v. a. die Beiträge von Benedikt Marxreiter und Theo Kölzer in vorliegendem Band.

189 Zu Henry Simonsfeld siehe den Beitrag von Claudia Märtl in vorliegendem Band.

190 Zu Ludwig Traube siehe den Beitrag von Bernd Posselt in vorliegendem Band.

191 Zu Wilhelm Levison siehe den Beitrag von Letha Böhringer in vorliegendem Band.

192 Zu Ernst Perels siehe den Beitrag von Martina Hartmann in vorliegendem Band.

193 Zu Ferdinand Güterbock siehe den Beitrag von Nikola Becker in vorliegendem Band.

194 Shulamit Volkov, Deutschland aus jüdischer Sicht. Eine andere Geschichte vom 18. Jahrhundert bis zur Gegenwart (2022) S. 152.

Als sich eine der letzten dezidiert antisemitischen Parteien im Jahr 1900 noch einmal gespalten hatte, verkündete der Vertreter des radikalen Flügels als neue Devise: „lieber klein, aber rein![195]“ Bei den Reichstagswahlen von 1912 ging der Stimmenanteil der Antisemitenparteien auf 2,9 Prozent zurück[196].

Und doch breitete sich in Teilen des Bildungsbürgertums eine antisemitische Gesellschaftsstimmung aus, die nicht zuletzt vom Bayreuther Kreis um Richard Wagner genährt wurde[197]. In den konservativen soziokulturellen Milieus fungierte der Antisemitismus als ein „kultureller Code“, als Zeichen der Zugehörigkeit zur nationalistischen und antiliberalen Gegenkultur[198]. Ab Mitte der 1890er Jahre entstand zudem mit den Völkischen eine neue extremistische Bewegung[199]. Ihren weltanschaulichen Kern, der die verschiedenen Kleingruppen miteinander verband, bildete das Dogma der völkischen Rassenideologie mit radikalem Antisemitismus. Sozialdarwinistische, eugenische und rassenhierarchische Vorstellungen verbanden sich miteinander. Die besessensten Antisemiten arbeiteten daran, all jene zu erfassen, die sie nach ihren rassenideologischen Gründen als Juden definierten[200]. Einer ihrer tatkräftigsten Akteure war der radikale Antisemit, Verleger und Publizist Theodor Fritsch mit seiner Zeitschrift Der Hammer[201]. Das ultra-antisemitische völkische Milieu blieb zwar relativ überschaubar [202], seine Ideologie sollte aber die spätere Entwicklung des Antisemitismus nachhaltig prägen.

6. 1914–1918. Der Große Krieg. Diskrepanzen von Erwartungen und Erfahrungen

Der 1914 von der deutschen Reichsleitung in enger Abstimmung mit der Führung der Habsburgermonarchie entfesselte Große Krieg[203] weckte zunächst unter der deutsch-jüdischen

195 Mittheilungen aus dem Verein zur Abwehr des Antisemitismus 38 (19.9.1900).

196 Gerd Hohorst / Jürgen Kocka / Gerhard A. Richter (Hg.), Sozialgeschichtliches Arbeitsbuch 2. Materialien zur Statistik des Kaiserreichs 1870–1914 (2. durchges. Aufl. 1978) S. 175.

197 Winfried Schüler, Der Bayreuther Kreis von seiner Entstehung bis zum Ausgang der Wilhelminischen Ära. Wagnerkult und Kulturreform im Geiste völkischer Weltanschauung (1971).

198 Shulamit Volkov, Antisemitismus als kultureller Code [1978], in: Dies., Jüdisches Leben und Antisemitismus im 19. und 20. Jahrhundert (1990) S. 13–36.

199 Uwe Puschner, Die völkische Bewegung im wilhelminischen Kaiserreich. Sprache, Rasse, Religion (2001); Gregor Hufenreuter, Völkischer Antisemitismus, in: Wolfgang Benz (Hg.), Handbuch des Antisemitismus 3 (2010) S. 341–343.

200 So etwa Philipp Stauff in seinem Lexikon: Semi-Kürschner oder literarisches Lexikon der Schriftsteller, Dichter, Bankiers, Geldleute, Ärzte, Schauspieler, Künstler, Musiker, Offiziere, Rechtsanwälte, Revolutionäre, Frauenrechtlerinnen, Sozialdemokraten usw. jüdischer Rasse und Versippung, die von 1813–1913 in Deutschland tätig oder bekannt waren (1913). Vgl. dazu: Gregor Hufenreuter, Philipp Stauff. Ideologe, Agitator und Organisator im völkischen Netzwerk des Wilhelminischen Kaiserreichs. Zur Geschichte des Deutschvölkischen Schriftstellerverbandes, des Germanen-Ordens und der Guido-von-List-Gesellschaft (2011).

201 Massimo Ferrari Zumbini, Die Wurzeln des Bösen. Gründerjahre des Antisemitismus: Von der Bismarckzeit zu Hitler (2003) S. 321–422.

202 Puschner, Die völkische Bewegung (wie Anm. 199) S. 276.

203 Aus der großen Zahl von Publikationen zur einhundertsten Wiederkehr des Kriegsbeginns sei hervorgehoben: Jörn Leonhard, Die Büchse der Pandora. Geschichte des Ersten Weltkriegs (2014). Die vergeblichen Versuche, die in diesem Kontext unternommen wurden, die alte Erzählung vom Hineinschlittern aller Mächte in den Krieg – nun mit dem Bild des Schlafwandlers – wiederzubeleben, konn-

Bevölkerung neue Hoffnung auf eine volle Integration[204], während er in antisemitischen, alldeutschen und völkischen Kreisen imperialistische Ansprüche verstärkte[205]. Doch sollten auf beiden Seiten die hohen Erwartungen in scharfen Widerspruch zu den realen Erfahrungen treten[206]. Die in der älteren, teils auch in der neueren Literatur vielfach zu findende Darstellung von der alle Klassen der Gesellschaft erfassenden Kriegsbegeisterung und dem allgemeinen ‚Hurrapatriotismus' angesichts des Krieges entsprach nicht der historischen Wirklichkeit[207]. Emphatische Zustimmung zum Krieg gab es durchaus, sie war aber keineswegs so umfassend, wie in späteren Erinnerungen vielfach beschworen. Und es waren bei weitem nicht alle soziale Klassen davon erfasst.

Nach dem Überfall auf das neutrale Belgien, dem von der deutschen Armee mit äußerster Härte geführten Krieg gegen den belgischen Widerstand und die Zivilbevölkerung des Landes[208], erhoben vor allem französische und britische Intellektuelle schwere Vorwürfe gegen die brutale deutsche Kriegsführung und kritisierten den deutschen Militarismus scharf. Umgekehrt unterzeichneten über neunzig deutsche Wissenschaftler, Künstler und Schriftsteller eine in zahlreichen Zeitungen abgedruckte ‚Erklärung an die Kulturwelt', in der sie die Anschuldigung, Deutschland sei militaristisch, mit der Bemerkung zurückwiesen, ohne das deutsche Heer wäre „die deutsche Kultur längst vom Erdboden getilgt" [209]. Unmittelbar darauf folgte auf Initiative des klassischen Philologen Ulrich von Wilamowitz-Moellendorff (1848–1931) eine zweite öffentliche Erklärung, die über dreitausend deutsche Hochschullehrer unterzeichneten[210]. Maßgeblichen Anteil an der Verbreitung der Liste hatte der alldeutsch-antisemitische Historiker Dietrich Schäfer (1845–1929)[211]. Zu den Unterzeichnern

ten die Verantwortung Deutschlands und Österreich-Ungarns nicht eskamotieren. Breite öffentliche Resonanz hatte mit diesen Bemühungen gefunden Christopher CLARK, Die Schlafwandler. Wie Europa 1914 in den Krieg zog (2013). Vgl. dazu die Literaturberichte: Ulrich WYRWA, Zum Hundertsten nichts Neues. Deutschsprachige Neuerscheinungen zum Ersten Weltkrieg (Teil 1–3), in: Zs. für Geschichtswissenschaft 62,11 (2014) S. 921–940; 64,7/8 (2016) S. 683–702; 65,11 (2017) S. 955–976. Holger BÖNING, Der Marsch in den Ersten Weltkrieg. Einige Gedanken zum Zentenarium des Weltkriegsbeginns und zu einigen Neuerscheinungen aus kommunikationshistorischer Sicht, in: Jb. für Kommunikationsgeschichte 17 (2015) S. 86–130.

204 Werner E. MOSSE / Arnold PAUCKER (Hg.), Deutsches Judentum in Krieg und Revolution 1916–1923 (1971); Ulrich WYRWA, The Dialectic of Expectations and Experiences. Jews in Europe During the First World War and Beyond, in: Gerald LAMPRECHT / Eleonore LAPPIN-EPPEL / Ulrich WYRWA (Hg.), Jewish Soldiers in the Collective Memory of Central Europe. The Remembrance of World War I from a Jewish Perspective (2019) S. 43–66.

205 Werner BERGMANN / Ulrich WYRWA, Antisemitism [2017], in: 1914–1918-online. International Encyclopedia of the First World War: https://encyclopedia.1914-1918-online.net/pdf/1914-1918-Online-antisemitism-2017-03-02.pdf.

206 Reinhart KOSELLECK, ‚Erfahrungsraum' und ‚Erwartungshorizont' – zwei historische Kategorien [1976], in: DERS., Vergangene Zukunft. Zur Semantik geschichtlicher Zeiten (1979) S. 349–375.

207 Michael STÖCKER, Augusterlebnis 1914 in Darmstadt. Legende und Wirklichkeit (1994).

208 Sebastian BISCHOFF, Kriegsziel Belgien. Annexionsdebatten und nationale Feindbilder in der deutschen Öffentlichkeit, 1914–1918 (2018).

209 An die Kulturwelt! Ein Aufruf, in: Berliner Tageblatt Nr. 504 (4.10.1914). Vgl. dazu auch: Herfried MÜNKLER, Der Große Krieg. Die Welt von 1914 bis 1918 (2013) S. 249.

210 Erklärung der Hochschullehrer des Deutschen Reiches (Berlin 1914).

211 Ebd. S. 28.

gehörten auch die jüdischen Mitarbeiter der MGH Harry Bresslau, Wilhelm Levison und Ernst Perels[212].

Vor allem für die Arbeiterschaft, die Handwerker sowie die bäuerliche Bevölkerung muss diese Kriegsbegeisterung ebenso relativiert werden wie für Teile der jüdischen Bevölkerung, auch wenn der Patriotismus im deutschen Judentum nicht in Frage stand[213]. Ein großer Teil der jüdischen Deutschen teilte die Kriegsbegeisterung und den nationalen Aufbruch im Angesicht des Krieges[214], Frauen boten freiwillig medizinische Dienste an, Männer meldeten sich zum Kriegsdienst[215]. Für einen Moment schienen gar die Gräben innerhalb des deutschen Judentums zwischen etablierten bürgerlich-liberalen Jüdinnen und Juden und der jungen Generation von Zionistinnen und Zionisten überwunden[216].

Zu denjenigen, die die Kriegsbegeisterung im August 1914 emphatisch mitgetragen hatten, gehörten nicht zuletzt die antisemitischen und alldeutschen Aktivisten in Deutschland. Mit Nachdruck unterstützen sie die Politik der Reichsleitung und traten für den deutschen ‚Griff nach der Weltmacht' ein[217]. Sie suchten zudem aus dem, was sie als ‚Geist von 1914' beschworen[218], eine wirkungsvolle Erzählung zu schaffen, und verstanden es, aus dieser politisches Kapital zu schlagen. Das sollte sich später ‚auszahlen', als diese Erzählung zu einem zentralen Motiv der völkischen und nationalsozialistischen Bewegung wurde[219].

Die Proklamation des ‚Burgfriedens' durch den Kaiser am 4. August 1914 brachte die antisemitischen Aktivisten in eine vertrackte Lage, insbesondere durch das Verbot judenfeindlicher Agitation. Die Zeitschrift Der Hammer wurde vorübergehend verboten, in internen Rundschreiben der Hammer-Gemeinde aber machte Fritsch Stimmung gegen die Burgfriedenspolitik. Er rief seine Anhänger auf, sorgfältig Material über das Verhalten jüdischer Soldaten im Krieg zu sammeln, ob sie sich vor dem Dienst an der Front drücken, sich durch Kriegsgeschäfte bereichern oder für die feindlichen Mächte spionieren würden[220].

---

212 Ebd. S. 5, 7, 25.

213 Ulrich Sieg, Jüdische Intellektuelle im Ersten Weltkrieg. Kriegserfahrung, weltanschauliche Debatten und kulturelle Neuentwürfe (2001) S. 53–87.

214 Sarah Panter, Jüdische Erfahrungen und Loyalitätskonflikte im Ersten Weltkrieg (2014); Tim Grady, A Deadly Legacy. German Jews and the Great War (2017) S. 25–48.

215 Saul Friedländer, Die politischen Veränderungen der Kriegszeit und ihre Auswirkungen auf die Judenfrage, in: Mosse / Paucker, Deutsches Judentum in Krieg und Revolution (wie Anm. 204) S. 27–65; Clemens Picht, Zwischen Vaterland und Volk. Das deutsche Judentum im Ersten Weltkrieg, in: Wolfgang Michalka (Hg.), Der Erste Weltkrieg. Wirkung, Wahrnehmung, Analyse (1994) S. 736–755.

216 Jim G. Tobias / Nicola Schlichting, „… nichts als hingebungsvolle Liebe zum so schwerbedrohten Deutschtume". Das erste Kriegsjahr im Spiegel jüdischer Zeitungen, in: Nurinst. Beiträge zur deutschen und jüdischen Geschichte 7 (2014) S. 31–45.

217 Fritz Fischer, Der Griff nach der Weltmacht. Die Kriegszielpolitik des kaiserlichen Deutschland 1914/1918 (1961).

218 Jeffrey Verhey, Der „Geist von 1914" und die Erfindung der Volksgemeinschaft (2000); Reinhard Rürup, Der ‚Geist von 1914' in Deutschland, in: Bernd Hüppauf (Hg.) Ansichten vom Krieg. Vergleichende Studien zum Ersten Weltkrieg in Literatur u. Ges. (1984) S. 1–30.

219 Michael Wildt, Volksgemeinschaft als Selbstermächtigung. Gewalt gegen Juden in der deutschen Provinz 1919 bis 1939 (2007).

220 Volker Ullrich, Die Judenzählung im deutschen Heer 1916, in: ders., Fünf Schüsse auf Bismarck. Historische Reportagen 1789–1945 (2002) S. 108–129, hier S. 111.

Die Erfahrung des Krieges blieb nicht auf die Soldaten und ihre Leiden an den Fronten beschränkt. Sie erfasste die gesamte Gesellschaft, auch in der Heimat[221]. Jenseits der Grenzen des Deutschen Reiches war vor allen die jüdische Bevölkerung an der Ostfront, insbesondere Galiziens, betroffen[222]. Eine große Zahl von Jüdinnen und Juden versuchte zu fliehen, andere wurden gewaltsam vertrieben, und diese Fluchtbewegungen und Vertreibungen führten zu einer Verschärfung des Antisemitismus dort, wo die jüdischen Flüchtlinge Schutz suchten[223].

Im Verlauf des Krieges musste auch der Vorlesungsbetrieb an den Universitäten eingeschränkt werden, da immer mehr Studenten und Dozenten zum Kriegsdienst eingezogen wurden[224], auch die Arbeiten der Monumenta Germaniae Historica wurden durch den Krieg beeinträchtigt[225].

Durch den sich hinziehenden Krieg ergaben sich schwere wirtschaftliche Probleme, nicht nur hinsichtlich der militärischen Ausrüstung der Armeen und der Versorgung der Soldaten, sondern auch in Bezug auf die Ernährung der Zivilbevölkerung. Mit Blick darauf hatte schon im August 1914 der deutsch-patriotische Jude und Hamburger Reeder Albert Ballin (1857–1918) eine Reichseinkaufs-Gesellschaft zum Import von Lebensmitteln gegründet, die im Januar 1915 als ‚Zentral-Einkaufs-Gesellschaft' zu einer staatlichen Einrichtung wurde[226]. Da Juden in den Kriegswirtschaftsgesellschaften an maßgeblichen Stellen tätig waren, gerieten diese immer stärker ins Visier der Antisemiten. Einer der am heftigsten angegriffenen Juden war Walter Rathenau (1867–1922)[227]. Die Vorwürfe gegen Juden kulminierten im Hungerwinter 1916/1917. So entstanden im Verlauf des Krieges neue antisemitische Topoi, die vom grundsätzlichen Vorwurf, schuld am Krieg zu sein, über die Anklage der Drückebergerei oder der Schieberei bis zur Beschuldigung der Kriegsgewinnlerei reichten. Ferner schürten antisemitische Aktivisten die Angst vor Spionen und Verrätern. Juden wurden immer wieder als Agenten feindlicher Mächte beschuldigt und der Treulosigkeit bezichtigt. Auch jenseits der antisemitischen Kreise war der am Beginn des Krieges verkündete ‚Burgfrieden' über den nicht endenden Krieg brüchig geworden, die unterschwellig geführten antisemitischen Kampagnen zeigten Wirkung. Als der Kriegsminister im Oktober 1916 eine statistische Erhebung zum Anteil der Juden am deutschen Heer, die sogenannte Judenzählung, anordnete, war die Politik des ‚Burgfriedens' im Deutschen Reich faktisch gebrochen[228].

221 Gerhard Hirschfeld / Gerd Krumeich / Irina Renz (Hg.), ‚Keiner fühlt sich hier mehr als Mensch …' Erlebnis und Wirkung des Ersten Weltkriegs (1993).

222 Frank M. Schuster, Zwischen allen Fronten. Osteuropäische Juden während des Ersten Weltkrieges. 1914–1919 (2004).

223 Georg Fritz, Die Ostjudenfrage, Zionismus und Grenzschluß (1915).

224 Trude Maurer, „…und wir gehören auch dazu". Universität und Volksgemeinschaft im Ersten Weltkrieg, 2 Bde. (2015).

225 Bresslau, Geschichte (wie Anm. 14) S. 747.

226 Johannes Gerhardt, Albert Ballin (2009) S. 95.

227 Ferdinand Roderich-Stoltheim, Anti-Rathenau, in: Hammer. Blätter für deutschen Sinn Nr. 378 (15.3.1918) S. 111–117; Nr. 379 (1.4.1918) S. 135–141; Nr. 380 (15.4.1918) S. 160–164; Nr. 381 (1.5.1918) S. 183–186: Nr. 382 (15.5.1918) S. 203–207; Nr. 388 (1.6.1918) S. 224–229; Nr. 384 (15.6.1918) S. 242–245.

228 Jacob Rosenthal "Die Ehre des jüdischen Soldaten". Die Judenzählung im Ersten Weltkrieg und ihre

Mit dem ausbleibenden Sieg verschärfte sich das politische Klima weiter[229]. Im Jahr 1917 formierte sich die Rechte neu und gründete die Deutsche Vaterlandspartei, die zur größten Massenorganisation der extremen Rechten wurde, aber, wie Heinz Hagenlücke gezeigt hat, nicht auf einen „manipulativen Antisemitismus" setzte[230]. Gleichwohl bereitete die Partei das Feld für eine Radikalisierung des Antisemitismus.

Im letzten Kriegsjahr standen sich die Vertreter eines bedingungslosen Friedens und die Propagandisten eines Siegfriedens scharf gegenüber. Der Alldeutsche Verband legte seine bisherige offizielle Zurückhaltung in der Judenfrage ab und warf Mitte Oktober in einem Zeitungsartikel den Juden vor, dass das von ihnen gemischte Gift die „‚Zersetzung' der politischen und moralischen Widerstandskraft des deutschen Volkes" gebrochen habe[231]. Im Spätherbst 1918 musste die Oberste Heeresleitung die Niederlage eingestehen. Die Schuld aber gab sie der Heimatfront, vor allem den Sozialisten und den Juden. Die Dolchstoßlegende war geboren[232].

7. 1918–1933. Die deutsche Republik. Extremer Antisemitismus und demokratischer Aufbruch

1918 stürzte die Revolution in Deutschland nicht nur den deutschen Kaiser, sondern alle Könige und Großherzöge, Herzöge und Fürsten im Land. Gezeichnet von politischer Gewalt[233] wurde Deutschland eine Republik[234]. Aus der Distanz von einhundert Jahren verändert sich der Blick[235], die Revolution wird heute als „Aufbruch zur Demokratie" gewertet[236].

Gewalt war ebenso die Signatur der Revolution, die ein Jahr zuvor in Russland ausgebrochen war[237]. Der russischen Revolution folgten ein verheerender Bürgerkrieg und neue

Folgen (2007); Werner T. Angress, Das deutsche Militär und die Juden im Ersten Weltkrieg, in: Militärgeschichtliche Mitteilungen 19 (1976) S. 98–105; Ders, The German Army's „Judenzählung" of 1916: Genesis – Consequences – Significance, in: Leo Baeck Institute Year Book 23 (1978) S. 117–138.

229 Leonhard, Die Büchse der Pandora (wie Anm. 203) S. 164–805.

230 Heinz Hagenlücke, Deutsche Vaterlandspartei. Die nationale Rechte am Ende des Kaiserreiches (1997) S. 407.

231 Konstantin Frh. Von Gebsattel, Das ‚Ferment der Dekomposition', in: Deutsche Zeitung Nr. 526 (15.10.1918) zitiert nach Werner Jochmann, Die Ausbreitung des Antisemitismus, in: Mosse / Paucker, Deutsches Judentum in Krieg und Revolution (wie Anm. 204) S. 409–510, hier S. 438.

232 Gerhard P. Gross, Das Ende des Ersten Weltkriegs und die Dolchstoßlegende (2018); Boris Barth, Dolchstoßlegende und politische Desintegration. Das Trauma der deutschen Niederlage im Ersten Weltkrieg, 1914–1933 (2003).

233 Mark Jones, Am Anfang war Gewalt. Die deutsche Revolution 1918/19 und der Beginn der Weimarer Republik (2017).

234 Aus der umfangreichen Literatur zum einhundertsten Jahrestag vgl. v. a.: Robert Gerwarth, Die größte aller Revolutionen. November 1918 und der Aufbruch in eine neue Zeit (2018).

235 Vgl. dazu den Literaturbericht: Ulrich Wyrwa, 1918/19. Markstein der deutschen Demokratie. Neuerscheinungen zum 100. Jahrestag der Revolution, in: Neue Politische Literatur 66, Nr. 1 (2021) S. 3–35.

236 So der Titel des Tagungsbandes über die Revolution im Rheinland und in Westfalen: Frank Bischoff / Guido Hitze / Wilfried Reininghaus (Hg.), Aufbruch in die Demokratie. Die Revolution 1918/19 im Rheinland und in Westfalen (2020) S. 303–322.

237 Manfred Hildermeier, Die Russische Revolution 1905–1921 (2004); Orlando Figes, Hundert Jahre Revolution. Russland und das 20. Jahrhundert (2015).

Kriege Russlands sowohl gegen Polen als auch gegen die Ukraine[238]. In diesem Kontext flammte ein wilder Antisemitismus auf, und es kam zu einer Vielzahl von Pogromen mit unermesslicher Brutalität gegen die jüdische Bevölkerung[239]. Nachdem sich die bolschewistische Partei im Bürgerkrieg in Russland durchgesetzt und ihre Diktatur aufgebaut hatte, verbreiteten die aus Russland geflohenen konterrevolutionären Kräfte in Europa die Legende vom jüdischen Bolschewismus[240].

Vor dem Hintergrund dieser gewalttätigen Entwicklung in Russland und des Aufbaus der bolschewistischen Parteidiktatur vollzog sich die Revolution in Deutschland[241]. Die deutsche Gesellschaft war vielfach gespalten: Anhänger der Monarchie standen gegen die Vertreter der Revolution, diese waren wiederum gespalten in eine Mehrheit, die sich für eine demokratische Republik einsetzte, und eine Minderheit, die für eine Rätedemokratie plädierte, darunter wiederum eine kleine Gruppe, die für einen bolschewistischen Weg kämpfte. Die konservativen und rechten Kreise waren nicht bereit, die Verantwortung des Deutschen Reiches für den Krieg einzugestehen und die Niederlage Deutschlands hinzunehmen.

Am Beginn dieses „Zeitalters der Extreme" bildete sich in Deutschland ein extremer Antisemitismus heraus[242]. Jetzt fruchtete, was die antisemitischen Aktivisten in den 1870er Jahren entwickelt und die völkischen Kreise um die Jahrhundertwende systematisiert hatten[243]. Begrifflich kam die neue Qualität des Antisemitismus im Terminus des ‚völkischen Antisemitismus' zum Ausdruck[244]. Die Sprache des Antisemitismus wurde um das politische Schlagwort von der ‚Judenrepublik' erweitert, die rücksichtslos zu bekämpfen sei. Zum zweiten neuen Element des antisemitischen Wortschatzes wurde das Gerücht vom ‚jüdischen

---

238 Wolfram Dornik / Georgiy Kasianov / Hannes Leidinger / Peter Lieb / Alexey Miller / Bogdan Musial / Vasyl Rasevyc, Die Ukraine zwischen Selbstbestimmung und Fremdherrschaft 1917–1922 (2011); Stephan Lehnstaedt, Der vergessene Sieg. Der Polnisch-Sowjetische Krieg 1919–1921 und die Entstehung des modernen Osteuropa (2019).

239 Jeffrey Veidlinger, Mitten im zivilisierten Europa. Die Pogrome von 1918 bis 1921 und die Vorgeschichte des Holocaust (2022); Elissa Bemporad, Legacy of Blood. Jews, Pogroms, and Ritual Murder in the Lands of the Soviets (2019). Schätzungen über die Zahl der jüdischen Opfer liegen zwischen 50.000 und 200.000 Toten: Elissa Bemporad / Thomas Chopard, Introduction. The Pogroms of the Russian Civil War at 100: New Trends, New Sources, in: Quest. Issues in Contemporary Jewish History. Journal of Fondazione CDEC 15 (August 2019); http://www.quest-cdecjournal.it/index.php?issue=15.

240 Ulrich Herbeck, Das Feindbild vom „Jüdischen Bolschewiken". Zur Geschichte des russischen Antisemitismus vor und während der Russischen Revolution (2009); Paul Hanebrink, A Specter Haunting Europe, The Myth of Judeo-Bolshevism (2018). – Auch wenn Fakten für die Verbreitung von Gerüchten nicht zwingend erforderlich sind, waren doch zahlreiche Juden in der bolschewistischen Partei und den neuen Institutionen des sowjetischen Staates tätig; vgl. dazu: Yuri Slezkine, Das jüdische Jahrhundert (2006) S. 121–207; Matthias Vetter, Antisemiten und Bolschewiki. Zum Verhältnis von Sowjetsystem und Judenfeindschaft 1917–1939 (1995).

241 Ulrich Herbert, Geschichte Deutschlands im 20. Jahrhundert (2014) S. 177.

242 Eric Hobsbawm, Das Zeitalter der Extreme. Weltgeschichte des 20. Jahrhunderts (1995).

243 Cornelia Hecht, Deutsche Juden und Antisemitismus in der Weimarer Republik (2003); Dirk Walter, Antisemitische Kriminalität und Gewalt. Judenfeindschaft in der Weimarer Republik (1999); Donald L. Niewyk, The Jews in Weimar Germany (1980).

244 Julius Goldstein, Völkischer Antisemitismus, in: Der Morgen 2 (1926/1927) S. 13–22, 188–199, 223–243, 463–482; 3 (1927/1928) S. 68–84, 160–167.

Bolschewismus', das als wirkungsmächtige Parole weite Verbreitung fand[245]. Schließlich zeichnete sich drittens der extreme Antisemitismus durch den besessenen Glauben an eine internationale Verschwörung des Judentums aus. Dementsprechend setzte in diesen Jahren die massive Verbreitung der nun ins Deutsche übersetzten, noch aus dem zaristischen Russland stammenden Hetzschrift der ‚Protokolle der Weisen von Zion' ein[246].

In diesem Kontext ging der Alldeutsche Verband in die Offensive und veröffentlichte im Februar 1919 die Bamberger Erklärung. Darin beklagte der Verband den „schmachvollen Zusammenbruch des Deutschen Reiches", nahm den Kaiser und die Oberste Heeresleitung in Schutz und wies die Verantwortung für die Niederlage denen zu, „die den Siegeswillen unseres Volkes planmäßig untergraben" hätten. Die „deutsche Wiedergeburt" könne nur gelingen, wenn „unserem Volke endlich Nationalgefühl, völkischer Willen, völkischer Stolz" beigebracht werde. Die Verfasser betonten, „daß Deutschland den Deutschen gehört" und „daß die Juden ein volksfremder Bestandteil der Reichsbevölkerung sind"[247]. Aus dem Alldeutschen Verband ging Anfang 1919 der Deutschvölkische Schutz- und Trutzbund hervor, der zur Inkarnation des neuen extremen Antisemitismus in Deutschland wurde und mit wilder Propaganda an die Öffentlichkeit trat[248]. Ziel des Deutschvölkischen Schutz- und Trutzbundes war die, wie es im Programm hieß, „sittliche Wiedergeburt des deutschen Volkes". „Hauptursache des Zusammenbruchs" sah die Organisation im „zersetzenden Einfluss des Judentums" – eine in der völkischen Bewegung verbreitete Auffassung[249]. Der Bund verbreitete massenhaft antisemitische Broschüren, Flugblätter und sogenannte Klebemarken, ca. 5x4 cm große, rechteckige und meist farbige Papiere, die auf Straßenlaternen, Litfaßsäulen, Fenster, Briefumschläge etc. geklebt wurden[250]. Allein im Jahr 1920 verteilte er 7,6 Millionen Broschüren, 4,7 Millionen Flugblätter und 7,8 Millionen Aufkleber[251]. Die Zahl der vor allem aus dem Mittelstand und Kleinbürgertum kommenden Mitglieder stieg 1919 auf über 25.000, erreichte Ende 1920 110.000 und 1921 fast 150.000[252].

Im Februar 1920 formierte sich die Nationalsozialistische Deutsche Arbeiterpartei (NSDAP), die zunächst nur eine völkisch-antisemitische Splittergruppe unter vielen war. 1920 erklärte die Partei in ihrem Programm, dass Staatsbürger nur sein könne, wer „Volks-

245 Herbeck, Das Feindbild vom „Jüdischen Bolschewiken" (wie Anm. 240); Hanebrink, A Specter Haunting Europe (wie Anm. 240).

246 Michael Hagemeister / Eva Horn (Hg.), Die Fiktion von der jüdischen Weltverschwörung. Zu Text und Kontext der „Protokolle der Weisen von Zion" (2012); Jeffrey L. Sammons (Hg.), Die Protokolle der Weisen von Zion. Die Grundlage des modernen Antisemitismus. Eine Fälschung. Text und Kommentar (1998).

247 Erklärung des Alldeutschen Verbandes (Bamberger Erklärung), abgedruckt in: Otto Bonhard, Geschichte des Alldeutschen Verbandes (1920) S. 259–268, hier S. 259, 263. Vgl. dazu auch: Rainer Hering, Konstruierte Nation. Der Alldeutsche Verband 1890–1939 (2003) S. 141–143.

248 Uwe Lohalm, Völkischer Radikalismus. Die Geschichte des Deutschvölkischen Schutz- und Trutz-Bundes 1919–1923 (1970).

249 Ebd. S. 22.

250 Vgl. zu den Klebemarken Isabel Enzenbach / Wolfgang Haney (Hg.), Alltagskultur des Antisemitismus im Kleinformat. Vignetten der Sammlung Wolfgang Haney ab 1880 (2012); Werner Bergmann, Vom Zitat zur Parole. Das Weltbild völkisch-antisemitischer Spruchmarken, in: Ebd. S. 86–122.

251 Lohalm, Völkischer Radikalismus (wie Anm. 248) S. 123.

252 Ebd. S. 89, 107–115.

genosse" sei, „Volksgenosse *[...]* nur *[...]*, wer deutschen Blutes" sei; „kein Jude" könne daher „Volksgenosse sein"[253].

Die vom Krieg gezeichneten antisemitischen Aktivisten gingen bald von Worten zu Taten über. Zu organisatorischen Zentren der neuen politischen Gewalt gegen Juden wurden Teile der Freikorps[254] und die aus der völkischen Bewegung der Vorkriegszeit heraus entstandene Thule-Gesellschaft[255]. Besonders militant trat die geheime Organisation Consul in Aktion, eine paramilitärische Gruppe, die sich die Bekämpfung der Republik und des Judentums, der Sozialdemokratie und der linksradikalen Parteien verschrieben hatte[256]. Nach internen Papieren verfügte die Organisation Consul über 5.000 Kämpfer, den Ermittlungen von Staatsanwälten zufolge lag die Zahl gar vier bis fünfmal höher[257].

Erstes jüdisches Opfer der politisch motivierten Gewalt von rechts war die Mitbegründerin des Spartakusbundes und der Kommunistischen Partei Deutschlands, Rosa Luxemburg (1871–1919), die am 15. Januar 1919 verhaftet und von dem Freikorps-Mitglied Hermann Souchon erschossen wurde[258]. Zweites jüdisches Opfer war der von der provisorischen Revolutionsregierung Bayerns zum Ministerpräsidenten gewählte Sozialist Kurt Eisner (1867–1919)[259], der am 21. Februar 1919 von Anton Graf Arco auf Valley erschossen wurde[260]. Der Attentäter stand der Thule-Gesellschaft nahe, in die er aber wegen der jüdischen Herkunft seiner Mutter nicht aufgenommen worden war[261]. Ein weiteres jüdisches Opfer der antisemitischen konterrevolutionären Gewalt war der Schriftsteller, Philosoph und Politiker Gustav Landauer (1870–1919)[262].

Nachdem rechtsextrem-nationalistische Kämpfer am 26. August 1921 einen Mordanschlag auf den Zentrumspolitiker und Finanzminister Matthias Erzberger (1875–1921) verübt und am 4. Juni 1922 versucht hatten, den sozialdemokratischen Politiker Philipp Scheidemann (1865–1939), der am 9. November 1918 die Republik ausgerufen hatte, zu ermorden – an beiden Taten waren wiederum Mitglieder der Organisation Consul beteiligt – fand diese Welle von gezielten politischen Morden am 24. Juni 1922 mit der Ermordung des Außenministers Walter Rathenau ihren Höhepunkt. Rathenau, den Antisemiten schon

253 Programm der Nationalsozialistischen Deutschen Arbeiterpartei (München, 24.2.1920) abgedruckt in: Ernst Deuerlein (Hg.), Der Aufstieg der NSDAP in Augenzeugenberichten (1974) S.108–112, hier S. 108.

254 Jan-Philipp Pomplun, Deutsche Freikorps. Sozialgeschichte und Kontinuitäten (para)militärischer Gewalt zwischen Weltkrieg, Revolution und Nationalsozialismus (2022).

255 Hermann Gilbhard, Die Thule-Gesellschaft. Vom okkulten Mummenschanz zum Hakenkreuz (1994).

256 Gotthard Jasper, Aus den Akten der Prozesse gegen die Erzberger-Mörder, in: VfZ 10 (1962) S. 430–453, hier S. 439.

257 Vgl. dazu den Abschnitt ‚Die Geheimorganisation Consul (O.C.)' in: Martin Sabrow, Die verdrängte Verschwörung. Der Rathenau-Mord und die deutsche Gegenrevolution (1999) S. 42–65, hier S. 58.

258 Elisabeth Hannover-Drück / Heinrich Hannover (Hg.), Der Mord an Rosa Luxemburg und Karl Liebknecht, Dokumentation eines politischen Verbrechens (1967).

259 Bernhard Grau, Kurt Eisner. 1867–1919. Eine Biographie (2001).

260 Friedrich Hitzer, Anton Graf Arco. Das Attentat auf Kurt Eisner und die Schüsse im Landtag (1988).

261 Michael Brenner, Der lange Schatten der Revolution. Juden und Antisemiten in Hitlers München 1918 bis 1923 (2019) S. 65.

262 Tilman Leder, Die Politik eines „Antipolitikers". Eine politische Biographie Gustav Landauers, 2 Bde. (2014).

im Krieg verbal immer wieder angegriffen hatten, wurde mit der Republik zur zentralen Hassfigur der extremen Rechten[263]. Die prominenten Politiker waren indes nicht die einzigen Opfer der politischen Gewalt rechtsextremer, antisemitischer Täter. 1921 legte der jüdisch-sozialistische Mathematiker und Experte auf dem Gebiet der statistischen Forschung, Emil Julius Gumbel (1891–1966), eine genaue Erhebung über die politischen Morde, die in den Jahren 1919 und 1920 verübt wurden, vor[264]. 354 politische Morde, so Gumbels Ergebnis, verübten rechtsextreme Täter in dieser Welle von Gewalt[265]. Die militanten Formationen beließen es nicht bei individuellem Terror. Nachdem ein von verschiedenen Truppenteilen der Armee und Freikorps geplanter Putsch im März 1920 unter dem General Walther Freiherr von Lüttwitz und dem Verwaltungsbeamten Wolfgang Kapp nicht zuletzt am Widerstand der Gewerkschaften gescheitert war[266], fand die Aufstandsphase der Republik mit dem Putschversuch von Adolf Hitler und Erich Ludendorff am 9. November 1923 in München ihren Höhepunkt[267].

Als Reaktion auf den Terror von rechts hatte der Reichstag am 21. Juli 1922 per Gesetz den Deutschvölkischen Schutz- und Trutzbund und weitere antisemitische Parteien sowie die Organisation Consul verboten. In der deutschen Öffentlichkeit setzte ein klarer Abwehrkampf ein. 1924 wurde eine neue Organisation zum Schutz der Republik gegründet, das ‚Reichsbanner Schwarz-Rot-Gold', das sich dezidiert für die Demokratie einsetzte und gegen den Antisemitismus kämpfte[268]. Die Mitglieder des Reichsbanners kamen in erster Linie aus der Sozialdemokratie, aber auch von liberaler Seite und aus der katholischen Zentrum-Partei. Zum ersten Jahrestag gab die Reichsbanner-Führung bekannt, dass sich drei Millionen Bürger dem Bund angeschlossen hätten. Das ‚Reichbanner' hatte damit mehr Mitglieder als alle rechten Wehrverbände zusammen. Für die Sozialdemokratie selbst war der Kampf gegen den Antisemitismus ein, wie Christian Dietrich in seiner Untersuchung über die verschiedenen politischen Konstellationen innerhalb der sozialistischen Arbeiterbewegung gezeigt hat, „wesentlicher Bestandteil der politischen Rhetorik der gesamten Partei in den republikanischen Verteidigungskämpfen gegen völkische Angriffe"[269]. Neben der Sozialdemokratie und dem Reichsbanner Schwarz-Rot-Gold verstärkte der schon im Kaiserreich gegründete Verein zur Abwehr des Antisemitismus seine Tätigkeit[270]. Ebenso intensivierte der Centralverein deutscher Staatsbürger jüdischen Glaubens den Kampf gegen den Anti-

263 Martin SABROW, Die verdrängte Verschwörung (wie Anm. 257).

264 Emil Julius GUMBEL, Zwei Jahre Mord (1921); zu Gumbel vgl. Christian JANSEN, Emil Julius Gumbel. Portrait eines Zivilisten (1991); ab der 5. Auflage: Vier Jahre politischer Mord (1922).

265 GUMBEL, Vier Jahre politischer Mord (wie Anm. 264) S. 81.

266 Erwin KÖNNEMANN / Gerhard SCHULZE (Hg.), Der Kapp-Lüttwitz-Ludendorff-Putsch. Dokumente (2002).

267 Wolfgang NIESS, Der Hitlerputsch 1923. Geschichte eines Hochverrats (2023); Sven Felix KELLERHOFF, Der Putsch. Hitlers erster Griff nach der Macht (2023).

268 Sebastian ELSBACH, Das Reichsbanner Schwarz-Rot-Gold. Republikschutz und politische Gewalt in der Weimarer Republik (2019).

269 Christian DIETRICH, Im Schatten August Bebels. Sozialdemokratische Antisemitismusabwehr als Republikschutz 1918–1932 (2021) S. 18.

270 Barbara SUCHY, The Verein zur Abwehr des Antisemitismus (2). From the First World War to its Dissolution in 1933, in: Leo Baeck Institute Year Book 30 (1985) S. 67–100.

semitismus und berichtete regelmäßig darüber in der neuen Zeitschrift des Verbandes, der C-V-Zeitung. Blätter für Deutschtum und Judentum[271].

Welche Erfolge dieser breite Abwehrkampf erringen konnte und wie weit der Antisemitismus in den mittleren Jahren der Republik in der deutschen Gesellschaft verankert war, ist in der historischen Forschung umstritten. Zeitgenössische jüdische Beobachter indes betonten, ohne den Antisemitismus dieser Phase zu verharmlosen oder auszublenden, eher die Erfolge im Abwehrkampf. In der Rückschau in nach 1933 geschriebenen Memoiren und Lebenserinnerungen haben Jüdinnen und Juden die Zwanziger Jahre vielfach gar als goldene Zeit bezeichnet[272]. Der Unterschied zu den Eruptionen des Judenhasses am Beginn der Republik ist in jedem Fall unverkennbar.

Ebenso evident ist, dass die Zwanziger Jahre sowohl zu einer Blütezeit der deutsch-jüdischen Kultur und Wissenschaft[273], als auch zu einer Blütezeit der jüdischen Kultur in Deutschland wurden. Zugleich mit dem jüdischen Abwehrkampf gegen den Antisemitismus setzte innerhalb der jüdischen Minderheit eine breite Auseinandersetzung mit der eigenen Geschichte und Kultur ein. Es intensivierte sich nun, was der Philosoph Martin Buber (1878–1965)[274], der selbst an dieser Bewegung maßgeblichen Anteil hatte, schon 1901 als „Jüdische Renaissance" bezeichnet hatte[275]. Neben dem schon 1854 gegründeten Jüdisch-Theologischen Seminar in Breslau[276], der Berliner Hochschule für die Wissenschaft des Judentums von 1872[277] und dem orthodoxen Rabbinerseminar in Berlin von 1873[278] wurde die Akademie für die Wissenschaft des Judentums unter der Leitung des Historikers Eugen Täubler (1879–1953) zu einem neuen Zentrum für die Forschung zur jüdischen Geschichte und Kultur[279].

Zugute kamen der jüdischen Minderheit nun die Möglichkeiten, die der demokratische Staat bot. Jüdische Wissenschaftler bewarben sich an den staatlichen Hochschulen mit

271 Anna Ullrich, Von „jüdischem Optimismus" und „unausbleiblicher Enttäuschung". Erwartungsmanagement deutsch-jüdischer Vereine und gesellschaftlicher Antisemitismus 1914–1938 (2019).

272 Zur Diskrepanz von zeitgenössischen Erfahrungen und rückschauenden Erzählungen vgl. den Essay mit den diesbezüglichen methodologischen Reflexionen von Werner Bergmann und Juliane Wetzel: Dies., „Der Miterlebende weiß nichts". Alltagsantisemitismus als zeitgenössische Erfahrung und spätere Erinnerung (1918–1933), in: Wolfgang Benz / Arnold Paucker / Peter G. J. Pulzer (Hg.), Jüdisches Leben in der Weimarer Republik (1998) S. 173–196.

273 Umfassend dokumentiert ist dieser Erfolg in dem von Siegmund Kaznelson 1934 zusammengestellten Band: Juden im deutschen Kulturbereich (wie Anm. 110); vgl. dazu: Paul Mendes-Flohr, Juden innerhalb der deutschen Kultur, in: Avraham Barkai / Paul Mendes-Flohr / Steven M. Lowenstein, Deutsch-jüdische Geschichte in der Neuzeit 4: Aufbruch und Zerstörung 1918–1945 (1997) S. 167–190; Niewyk, The Jews in Weimar Germany (wie Anm. 243) S. 32–42.

274 Dominique Bourel, Martin Buber. Was es heißt, ein Mensch zu sein. Biografie (2017).

275 Martin Buber, Jüdische Renaissance, in: Ost und West. Illustrierte Monatsschrift für das gesamte Judentum 1 (Januar 1901) S. 7–10.

276 Guido Kisch (Hg.), Das Breslauer Seminar. Jüdisch-Theologisches Seminar (Fraenckelscher Stiftung) in Breslau 1854–1938. Gedächtnisschrift (1963).

277 Irene Kaufmann, Hochschule für die Wissenschaft des Judentums. 1872–1942 (2006).

278 Chana C. Schütz / Hermann Simon (Hg.), Das Berliner Rabbinerseminar 1873–1938. Seine Gründungsgeschichte – seine Studenten (2008).

279 Michael Brenner, Akademie für die Wissenschaft des Judentums, in: Dan Diner (Hg.), Enzyklopädie jüdischer Geschichte und Kultur 1 (2011) S. 20–22.

Erfolg auf Lehrstühle, die ihnen zuvor verschlossen waren. Doch waren an den Universitäten die Widerstände von konservativ-nationalistischen Ordinarien gegen die Berufung jüdischer Kollegen nicht überwunden. Auch gab es, so etwa in Tübingen, eine ausgeprägte Tradition, keine Juden zu berufen[280]. Beredtes Zeugnis von anhaltenden Zurückweisungen legte Victor Klemperer (1881–1960) in seinen Tagebüchern ab. Der Rektor seiner Hochschule, so notierte Klemperer 1926, sei die „judenfressendste Null der gesamten Professorenschaft“[281]. Klemperers Bewerbungen an andere Universitäten scheiterten immer wieder, weil es in den jeweiligen Fakultäten Widerstände gegen die Berufung von Juden gab. Auf seine Bewerbung in Hamburg 1926 teilte ihm ein Kollege mit, dass ein weiterer Jude dort „keine Aussicht“ auf eine Berufung habe und ließ ihn wissen, „man sei dort überjudet“[282].

Nach den Studien von Ernst G. Lowenthal lehrten mindestens siebzehn jüdische Ordinarien an den philosophischen Fakultäten[283], darunter der Philosoph Ernst Cassirer (1874–1945) in Hamburg, die Historiker Wilhelm Levison in Bonn und Eugen Täubler in Heidelberg, sowie der Spezialist für Kolonialgeschichte, Paul Darmstädter (1873–1934), in Göttingen. Vierzehn jüdische Ordinarien waren in den philologischen Fakultäten vertreten, darunter Victor Klemperer in Dresden. In den Natur- und Technikwissenschaften lehrten 22 jüdische Wissenschaftler, wobei die Mathematik mit neun Professoren einen Schwerpunkt bildete. In den rechts-, wirtschafts- und sozialwissenschaftlichen Fakultäten wiederum waren 41 jüdische Ordinarien angestellt, von denen allein zehn öffentliches Recht lehrten. Schließlich waren 23 Professoren in den medizinischen Fakultäten vertreten. Zu diesen 117 von Ernst G. Lowenthal für das Jahr 1931 ermittelten jüdischen Ordinarien kam eine noch höhere Zahl von Honorarprofessoren und Privatdozenten hinzu[284].

Insgesamt lehrten 1930 an den Universitäten und Technischen Hochschulen über 2000 ordentliche Professoren und circa 3000 außerordentliche Professoren und Privatdozenten[285]. Nach Lowenthal lag der Anteil von jüdischen Dozenten in beiden Gruppen bei etwa fünf Prozent[286], Monika Richarz gibt für Juni 1933 hingegen einen Prozentsatz von 2,6 Prozent jüdischen Dozenten an[287]. Die Verleihungen des Nobelpreises 1921 an Albert Einstein, 1922 an Otto Fritz Meyerhof und 1925 an James Franck 1925[288] stehen für die Erfolge deutscher Wissenschaftler jüdischer Herkunft in der Weimarer Republik.

---

280 Sylvia Paletschek, Die permanente Erfindung einer Tradition. Die Universität Tübingen im Kaiserreich und in der Weimarer Republik (2001) S. 286–287.

281 Victor Klemperer, Leben sammeln, nicht fragen wozu und warum. Tagebücher, 1925–1932, hg. von Walter Nowojski / Christian Löser (1996) S. 309.

282 Ebd. S. 304.

283 Ernst G. Lowenthal, Die Juden im öffentlichen Leben, in: Werner E. Mosse / Arnold Paucker (Hg.), Entscheidungsjahr 1932. Zur Judenfrage in der Endphase der Weimarer Republik (1965) S. 87–130, hier S. 76–80.

284 Lowenthal hat jedoch auch Wissenschaftler mit jüdischen Familienhintergrund einbezogen: Lowenthal, Die Juden im öffentlichen Leben (wie Anm. 283) S. 78.

285 Statistisches Jb. für das Deutsche Reich 50 (1931) S. 432.

286 Ebd. S. 79.

287 Monika Richarz, Einführung, in: Dies. (Hg.), Jüdisches Leben in Deutschland. Selbstzeugnisse zur Sozialgeschichte 1918–1945 (1982) S. 13–73, hier S. 24.

288 Mendes-Flohr, Juden innerhalb der deutschen Kultur (wie Anm. 273) S. 179.

Neben den Universitäten waren jüdische Wissenschaftler in Forschungseinrichtungen wie den Instituten der Kaiser-Wilhelm-Gesellschaft[289] oder den Akademien der Wissenschaften in Berlin, München, Göttingen, Heidelberg, Leipzig und München tätig[290]. Die Anerkennung jüdischer Historiker bei den Monumenta Germaniae Historica[291] zeigte sich zum Beispiel an der Position Harry Bresslaus in der Zentraldirektion der MGH, die ihn auch mit der offiziellen Darstellung der Geschichte der MGH anlässlich des einhundertjährigen Bestehens beauftragte[292]. Paul Hirsch, der schon vor dem Krieg im Auftrag der MGH tätig war, konnte nach 1919 seine Arbeit wieder aufnehmen[293]. 1925 kam der aus Rumänien stammende Josef Juncker hinzu[294] und 1929 wurde die Rechtshistorikerin Erika Sinauer wissenschaftliche Mitarbeiterin der MGH[295]. Der als Privatgelehrter in Berlin lebende Italienhistoriker Ferdinand Güterbock, der sich öfter in Italien aufhielt, war weiterhin für die MGH tätig. 1923 von Mussolini zu einem Gespräch empfangen[296], veröffentlichte er im selben Jahr eine Schrift über den Faschismus, die seine Faszination für den Duce und seine Affinität zu dessen autoritärer Politik erkennen ließ[297].

Die Weltwirtschaftskrise beendete schlagartig das mühsame Ringen um Stabilisierung. Gesellschaftliche und politische Konflikte brachen hervor, soziales Misstrauen wuchs und Verdächtigungen gegenüber Fremden verschärften sich[298]. Die rapide ansteigende Arbeitslosigkeit führte zu Verzweiflung und Depression in der Arbeiterschaft[299]. Der „Triumph des Nationalsozialismus", so schrieb Erich Fromm in seiner 1929 und 1930 durchgeführten soziologischen Studie über Arbeiter und Angestellte, „enthüllte einen erschreckenden Mangel an Widerstandskraft in den deutschen Arbeiterparteien"[300]. Im Mittelstand wiederum, der von der Großen Depression ebenfalls betroffen war, brach Panik aus, so der Titel der zeitdiagnostischen Studie des Soziologen und Gewerkschafters Theodor Geiger (1891–1952)[301].

289 Reinhard Rürup, Schicksale und Karrieren. Gedenkbuch für die von den Nationalsozialisten aus der Kaiser-Wilhelm-Gesellschaft vertriebenen Forscherinnen und Forscher (2008).

290 Sybille Gerstengarbe, Die Leopoldina und ihre jüdischen Mitglieder, in: Acta Historica Leopoldina 64 (2014) S. 419–446.

291 Nikola Becker, Jüdische Mitarbeiter bei den Monumenta Germaniae Historica im „Dritten Reich". Paul Hirsch, Josef Juncker und Erika Sinauer, in: HJb 135 (2015) S. 453–502.

292 Siehe den Beitrag von Anne C. Nagel in vorliegendem Band.

293 Zu Paul Hirsch siehe den Beitrag von Karel Hruza in vorliegendem Band.

294 Zu Josef Juncker siehe den Beitrag von Eric Knibbs in vorliegendem Band.

295 Zu Erika Sinauer siehe den Beitrag von Annette Marquard-Mois in vorliegendem Band.

296 Wolfgang Schieder, Mythos Mussolini. Deutsche in Audienz beim Duce (2013) S. 106f.

297 Ferdinand Güterbock, Mussolini und der Fascismus (1923); s. a. den Beitrag von Nikola Becker in vorliegendem Band.

298 Rudolf Vierhaus, Auswirkungen der Krise um 1930 in Deutschland. Beiträge zu einer historisch-psychologischen Analyse, in: Werner Conze / Hans Raupach (Hg.), Die Staats- und Wirtschaftskrise des Deutschen Reichs 1929/33 (1967) S. 155–175; Eckhard G. Wandel, Germany's Political Morale and Morals During the Great Depression, in: Leo Baeck Institute Year Book 28 (1983) S. 11–17.

299 Vgl. auch Michael Wildt, Zerborstene Zeit. Deutsche Geschichte 1918–1945 (2022) S. 247–249.

300 Erich Fromm, Arbeiter und Angestellte am Vorabend des Dritten Reiches. Eine sozialpsychologische Untersuchung (1980) S. 53.

301 Theodor Geiger, Panik im Mittelstand, in: Die Arbeit. Zs. für Gewerkschaftspolitik und Wirtschaftskunde 7,1 (1930) S. 637–654; vgl. dazu auch Martin Liepach, Das Krisenbewusstsein des jüdischen Bürgertums in den ‚Goldenen Zwanzigern', in: Andreas Gotzmann / Rainer Liedtke / Till van

An den Universitäten gewann der Nationalsozialistische Deutsche Studentenbund immer mehr Anhänger und errang in den Wahlen für die Studentenausschüsse im Wintersemester 1929/30 deutliche Gewinne. In Würzburg erreichte er 30 Prozent, an der Technischen Hochschule Berlin 38 Prozent und in Greifswald gar 53 Prozent. Daneben gingen Studenten erneut mit physischer Gewalt gegen jüdische Hochschullehrer vor, so etwa 1932 an der Universität Breslau gegen den ordentlichen Professor für Bürgerliches Recht Ernst Joseph Cohn (1904–1976)[302]. „Der Ruck nach rechts bei den Studenten", so Heinrich-August Winkler, „war ein Ausdruck von sozialem Protest" und „beruhte nicht zuletzt auf der massenhaften Mobilisierung" von „sozialen Neidgefühlen" gegen die jüdischen Kommilitonen[303].

1931 schlossen sich die rechten republikfeindlichen Kräfte Deutschlands zur Zerschlagung der Demokratie in der Harzburger Front zusammen[304]. Als die treibende Kraft im rechtsextremen, antisemitischen Lager setzte sich die NSDAP durch[305]. Sie versuchte, Kapital aus der Krise zu schlagen. War die Partei in den Wahlen von 1928 mit einem Ergebnis von 2,6 Prozent noch eine Splitterpartei[306], so setzte nun im Zeichen der Depression die Erfolgsgeschichte der NSDAP ein. In den Reichstagswahlen vom September 1930 stieg der Wähleranteil auf 18,3 Prozent. In den Wahlen vom Juli 1932 erreichte die NSDAP ihren Höhepunkt und kam auf 37,4 Prozent der Wählerstimmen. Schon vier Monate später aber, als die deutsche Bevölkerung erneut zu Wahlen aufgerufen wurde, ging der Anteil der NSDAP wieder zurück, sie erreichte aber immer noch 33,1 Prozent[307].

Wie Anna Ullrich in ihrer Analyse jüdischer Zeitungsberichte, zionistischer ebenso wie jüdisch-liberaler Provenienz, zeigt, waren die Zeitgenossen überzeugt, „dass die Wählerinnen und Wähler nicht für die NSDAP gestimmt hatten, weil sie deren Antisemitismus teilten"[308], sondern aufgrund der katastrophalen wirtschaftlichen Lage. Auch der Centralverein, der die politischen Entwicklungen in Deutschland aufmerksam verfolgte, teilte diese Einschätzung[309]. Er war jedoch hellhörig genug, schon 1929 in der Wilhelmstraße in Berlin ein Büro zur Dokumentation der nationalsozialistischen Aktivitäten einzurichten[310].

Rahden (Hg.), Juden, Bürger, Deutsche. Zur Geschichte von Vielfalt und Differenz 1800–1933 (2001) S. 395–417.

302 Michael Grüttner, Nationalsozialistische Gewaltpolitik an den Hochschulen 1929–1933, in: Jb. für Universitätsgeschichte 21 (2018) S. 179–202, hier S. 191–195; vgl. dazu auch den Bericht: Breslauer Studenten-Ausschreitungen. Professor Cohn am Lesen verhindert und belästigt, in: Vossische Zeitung 540 (10.11.1932).

303 Heinrich August Winkler, Weimar. 1918–1933. Die Geschichte der ersten deutschen Demokratie (1993) S. 356.

304 Die Front der Fronde. Harzburger Reden und Resolutionen, in: Vossische Zeitung 481 (12.10.1931); vgl. auch den diesbezüglichen Abschnitt in der frühen Gesamtdarstellung der Weimarer Republik von dem jüdischen sozialistischen Journalisten, der 1933 nach Prag ins Exil ging, Friedrich Stampfer, Die vierzehn Jahre der ersten Deutschen Republik (1936) S. 552–555.

305 Ian Kershaw, Hitler 1889–1936 (1998) S. 333–397.

306 Jürgen W. Falter, Hitlers Wähler (1991) S. 83–86.

307 Ebd. S. 87–90.

308 Ullrich, Von „jüdischem Optimismus" und „unausbleiblicher Enttäuschung" (wie Anm. 271) S. 221.

309 Aus der Arbeit des Centralvereins, in: C-V-Zeitung 12 (21.3.1930); vgl. dazu Ullrich, Von „jüdischem Optimismus" und „unausbleiblicher Enttäuschung" (wie Anm. 271) S. 190.

310 Barkai, „Wehr Dich!" (wie Anm. 168) S. 198–200.

Das Jahr 1932 wurde, dies der programmatische Titel des Sammelbandes über die ‚Judenfrage' in der Endphase der Weimarer Republik, zum „Entscheidungsjahr"[311]. In dieses Jahr fiel, wie der ehemalige Chefredakteur und Mitherausgeber der bis 1938 erscheinenden zionistischen Zeitschrift Jüdische Rundschau in Berlin, Robert Weltsch (1891–1982), in seiner Schlussbetrachtung zu diesem Band schreibt, „das letzte Aufflackern der Freiheit vor dem Verlöschen"[312].

8. 1933–1945. Antisemitismus an der Macht. Von der Vertreibung aus dem öffentlichen Leben zur Vernichtung

Am 30. Januar 1933 ernannte Paul von Hindenburg den Führer der NSDAP, Adolf Hitler, zum Kanzler einer rechten Koalitionsregierung, die bald nahezu ausschließlich von nationalsozialistischen Ministern gebildet wurde[313]. Bereits am 17. Februar 1933 erließ die Regierung eine erste, gegen die Einwanderung von Ostjuden gerichtete Anordnung an die Polizei[314]. Mit dem Reichstagsbrand am 27. Februar 1933[315] wurden viertausend bereits in einer Liste erfasste Kommunisten verhaftet und in zuvor eingerichteten Lagern von der SA gefoltert, teils ermordet[316]. „Widerlichster Terror gegen die gesamte Linke setzt ein", notierte der Mediävist und Gymnasiallehrer Willy Cohn (1888–1941) in sein Tagebuch[317]. Am Tag darauf erließ Hindenburg die ebenfalls von der Regierung vorbereitete Verordnung zum „Schutz von Volk und Staat" [318], die die Verhaftungen nachträglich legalisierte und zugleich die Meinungs- und Versammlungsfreiheit weiter einschränkte[319]. Am 22. März wurde in Dachau das erste Konzentrationslager errichtet, in dem zunächst vor allem Kommunisten und Sozialdemokraten sowie Mitglieder des Reichsbanners inhaftiert wurden[320]. Am 24. März 1933 unterzeichnete Hindenburg das „Gesetz zur Behebung der Not von Volk und Reich", das

311 Mosse / Paucker, Entscheidungsjahr 1932 (wie Anm. 283).

312 Robert Weltsch, Schlussbetrachtung, in: Mosse / Paucker, Entscheidungsjahr 1932 (wie Anm. 283) S. 535–562, hier S. 559, 537.

313 Michael Grüttner, Das Dritte Reich. 1933–1939 (2014) S. 47–52; Richard J. Evans, Das Dritte Reich 1, Aufstieg (2004) S. 404–413.

314 Die Gesetze, Verordnungen und Dekrete der nationalsozialistischen Regierung sind gesammelt in: Joseph Walk (Hg.), Das Sonderrecht für die Juden im NS-Staat. Eine Sammlung der gesetzlichen Maßnahmen und Richtlinien. Inhalt und Bedeutung (^{2}1996) S. 3.

315 Zur langen Debatte über den Reichstagsbrand vgl. zuletzt: Benjamin Carter Hett, der die nationalsozialistische Behauptung von einer Einzeltäterschaft widerlegt: ders., Der Reichstagsbrand. Wiederaufnahme eines Verfahrens (2016); Uwe Soukup, Die Brandstiftung. Mythos Reichstagsbrand – was in der Nacht geschah, in der die Demokratie unterging (2023).

316 Evans, Das Dritte Reich (wie Anm. 313) S. 441–444. Vgl. dazu den Erfahrungsbericht des seinerzeit für die KPD aktiven Paul W. Massing, veröffentlicht unter dem Pseudonym Karl Billinger, Schutzhäftling 880 (1935).

317 Willy Cohn, Kein Recht – nirgends. Breslauer Tagebücher 1933–1941 Eine Auswahl (2008) S. 10. Vgl. zu Cohn Julia Becker, ‚Normannen-Cohn'. Der Breslauer Historiker Willy Cohn (1888–1941), in: QFIAB 87 (2007) S. 385–395.

318 Verordnung des Reichspräsidenten zum Schutze des deutschen Volkes, 6.2.1933 (RGBl. I S. 35–40).

319 Verordnung des Reichspräsidenten zum Schutz von Volk und Staat, 28.2.1933 (RGBl. I S. 83).

320 Stanislav Zámečnik, Dachau-Stammlager, in: Wolfgang Benz / Barbara Distel (Hg.), Der Ort des Terrors. Geschichte der nationalsozialistischen Konzentrationslager 2 (2005) S. 233–274.

die Regierung ermächtigte, Gesetze ohne parlamentarischen Beschluss zu erlassen, das sogenannte Ermächtigungsgesetz[321].

Zu den Regierungsmaßnahmen kam der Straßenterror, der zu einem großen Teil auf die jüdische Bevölkerung zielte[322]. Die militanten Kampfverbände der Partei verfielen in einen wilden antisemitischen Aktionismus. Ihr Tatendrang und die von ihnen ausgeübte Gewalt richtete sich insbesondere gegen jüdische Geschäftsleute, Ärzte und Rechtsanwälte. In ausgefeilter Kooperation zwischen Parteibasis und Parteiführung riefen die nationalsozialistischen Stoßtrupps am 1. April 1933 zum Boykott jüdischer Geschäfte auf[323]. Mag auch ein Großteil der NSDAP-Mitglieder von einem geringeren antisemitischen Furor geleitet gewesen sein[324], so bestand die Kerngruppe aus gewaltbereiten Antisemiten, die nun mobil machten[325]. Studenten gehörten zur nationalsozialistischen Avantgarde und wurden mit ihrer Agitation gegen „jüdische" Dozenten zum ‚Motor der Gleichschaltung' an den Universitäten[326].

Nur zwei Wochen nach dem Ermächtigungsgesetz erließ die Regierung das „Gesetz zur Wiederherstellung des Berufsbeamtentums", durch das Deutsche jüdischer Herkunft sowie politische Gegner aus dem Staatsdienst entlassen werden konnten[327]. Das Gesetz zerstörte die Existenzgrundlage zahlloser Wissenschaftler und Wissenschaftlerinnen[328]. Es leitete die erste Phase der nationalsozialistischen Entlassungspolitik ein, die zu einem wissenschaftlichen Kahlschlag in Deutschland mit irreversiblen Schäden führen sollte. Noch waren jene ausgenommen, die in Mischehen lebten, und die, die als Soldaten am Ersten Weltkrieg teilgenommen hatten. Willfährig gingen die Mitglieder der universitären Selbstverwaltung daran, ihre „jüdischen" Kolleginnen und Kollegen zu entlassen[329]. Studentinnen und Studenten jüdischer Herkunft hingegen konnten in den Anfangsjahren der nationalsozialistischen Herrschaft weiterhin studieren, einigen gelang es sogar noch 1938, zu promovieren[330].

---

321 Gesetz zur Behebung der Not von Volk und Reich, 24.3.1933 (RGBl. I S. 141).

322 Avraham Barkai, Etappen der Ausgrenzung und Verfolgung bis 1939, in: ders. / Mendes-Flohr / Lowenstein, Deutsch-jüdische Geschichte in der Neuzeit 4 (wie Anm. 273) S. 193–224, hier 194.

323 Hannah Ahlheim, „Deutsche, kauft nicht bei Juden!" Antisemitismus und politischer Boykott in Deutschland 1924 bis 1935 (2011).

324 Peter Merkl schätzt diesen Anteil aufgrund seiner Analyse der Sammlung autobiographischer Aufzeichnungen von achthundert Parteimitgliedern aus den frühen 30er Jahren auf 60 Prozent. Peter H. Merkl, The Making of a 'Stormtrooper' (1980); nach: Hans Mommsen, Das NS-Regime und die Auslöschung des Judentums in Europa (2014) S. 35.

325 Peter Merkl zählt etwa 12 bis 13 Prozent zu dieser Gruppe. nach Mommsen, Das NS-Regime (wie Anm. 324) S. 35.

326 Michael Grüttner, Studenten im Dritten Reich (1995) S. 19, 62.

327 Gesetz zur Wiederherstellung des Berufsbeamtentums, 7.4.1933 (RGBl. I S. 175–177).

328 Von den ehemaligen und aktiven Mitarbeitern der MGH waren Erich Caspar, Ferdinand Güterbock, Alfred Hessel, Paul Hirsch, Josef Juncker, Gerhart Ladner, Wilhelm Levison, Ernst Perels und die Mitarbeiterin Erika Sinauer betroffen; zu ihnen siehe die Einzelbeiträge in vorliegendem Band.

329 Michael Grüttner / Sven Kinas, Die Vertreibung von Wissenschaftlern aus den deutschen Universitäten 1933–1945, in: VfZ 55,1 (2007) S. 123–186, hier S. 133–136; Helmut Heiber, Universität unterm Hakenkreuz 2: Die Kapitulation der Hohen Schulen. Das Jahr 1933 und seine Themen, 2 Bde. (1994).

330 Selbst die Universität Tübingen nahm erst 1938 einen Passus in die Promotionsordnung auf, dass „Nichtarier" von Doktorprüfungen ausgeschlossen sind; vgl. Uwe Dietrich Adam, Hochschule und Nationalsozialismus. Die Universität Tübingen im Dritten Reich (1977) S. 116.

Der Leiter der Monumenta Germaniae Historica, Paul Fridolin Kehr (1860–1944), der selbst eine gewisse Affinität zu deutschnationalen, wenn nicht nationalsozialistischen Einstellungen hatte[331], erhielt von Reichsminister Bernhard Rust (1883–1945) die Aufforderung, aufgrund des Gesetzes über das Berufsbeamtentum alle jüdischen Mitarbeiter zu beurlauben. Obgleich Kehr nicht frei war von antisemitischen Vorurteilen, antwortete er ausweichend, dass während seiner „Amtsführung kein jüdischer Beamter, Angestellter oder Arbeiter beschäftigt worden ist“[332]. Dass bei den MGH Deutsche jüdischer Herkunft als freie Mitarbeiter tätig waren, überging Kehr dabei. In den frühen Jahren des Regimes konnten diese ihre Arbeit fortsetzen, so Paul Hirsch, Schüler des 1926 verstorbenen Harry Bresslau, Josef Juncker und Erika Sinauer; auch Ernst H. Kantorowicz konnte weiter in der Bibliothek der MGH arbeiten[333]. Die von Kehr für die Aufnahme in die Zentraldirektion vorgeschlagenen Ferdinand Güterbock und Ernst Perels wurden nach längeren Diskussionen schließlich doch nicht aufgenommen[334].

Nur einen Monat nach dem Erlass des Gesetzes über das Berufsbeamtentum traten nationalsozialistische Studenten mit einem öffentlichen Spektakel hervor[335]. Parallel zu den studentischen Kampagnen gegen die noch lehrenden jüdischen Dozenten[336], ging der Nationalsozialistische Deutsche Studentenbund (NSDStB) daran, deutschlandweit eine Aktion „wider den undeutschen Geist“ in der Gestalt von Bücherverbrennungen zu organisieren und die Bevölkerung zur aktiven Beteiligung aufzurufen[337]. Im Verlauf dieser Veranstaltungen sollten auf zentralen Plätzen in über zwanzig deutschen Universitätsstädten Scheiterhaufen errichtet und Bücher von über vierhundert Autorinnen und Autoren in die Flammen geworfen werden[338]. Mit der Bücherverbrennung auf dem Berliner Opernplatz am 10. Mai fand die sorgfältig vorbereitete und über vier Wochen sich hinziehende Aktion ihren Höhepunkt. Aber sie war mit diesem Tag nicht zu Ende, sondern zog sich bis in den Oktober 1933 hinein fort[339].

Inzwischen hatte das Reichsministerium für Volksaufklärung und Propaganda (RMfVP) im September die Reichskulturkammer (RKK) eingerichtet, die wiederum un-

331 Vgl. Becker, Jüdische Mitarbeiter bei den Monumenta Germaniae Historica (wie Anm. 291) S. 464.

332 Vgl. Fuhrmann, Gelehrtenleben (wie Anm. 14) S. 161. – Der Schriftwechsel ist als Digitalisat online veröffentlicht: Dokumente zu MGH und Antisemitismus Nr. 3, in: Annette Marquard-Mois / Claudia Märtl / Arno Mentzel-Reuters / Heike B. Goertemaker, Zwischen Vaterlandsliebe und Ausgrenzung – jüdische Mitarbeiter und Mitarbeiterinnen der MGH (Virtuelle Ausstellung 2021; https://visit.mgh.de/de/jued-ma/dokumente/1933).

333 Becker, Jüdische Mitarbeiter bei den Monumenta Germaniae Historica (wie Anm. 291) S. 466.

334 Siehe hierzu den Beitrag von Nikola Becker in vorliegendem Band.

335 Reinhard Rürup, Der ‚Kampf wider den undeutschen Geist‘: Die Bücherverbrennung im Mai 1933, in: ders., Der lange Schatten des Nationalsozialismus. Geschichte, Geschichtspolitik und Erinnerungskultur (2014) S. 56–66.

336 Grüttner, Studenten im Dritten Reich (wie Anm. 326) S. 62–75.

337 Vgl. dazu etwa: Unser Kampf wider den undeutschen Geist. Aufruf der Greifswalder Studentenschaft an die Greifswalder Bevölkerung, in: Greifswalder Universitäts-Zeitung. Mitteilungsblatt der Studentenschaft an der Universität Greifswald Nr. 3 (10.5.1933) S. 31–32.

338 Grüttner, Studenten im Dritten Reich (wie Anm. 326) S. 75–77.

339 Werner Tress (Hg.), Verbrannte Bücher 1933. Mit Feuer gegen die Freiheit des Geistes. Eine Anthologie (2009); Gerhard Sauder, Die Bücherverbrennung. Zum 10. Mai 1933 (1983).

verzüglich daran ging, Deutsche jüdischer Herkunft aus dem offiziellen kulturellen Leben in Deutschland auszuschließen[340]. Die Zwangsmitgliedschaft in der RKK war an rassistische und politische Kriterien gebunden. Ausschluss oder Nichtaufnahme kamen einem Berufsverbot gleich; allerdings sollte 1934 geregelt werden, dass RKK und Reichsschrifttumskammer für die Wissenschaft nicht zuständig waren[341]. Das erste Jahr der nationalsozialistischen Herrschaft hatte eine erste Flüchtlingswelle zur Folge. Am Ende des Jahres 1933 waren zwischen 37.000 und 38.000 Deutsche jüdischer Herkunft ins Exil gegangen[342].

1934 folgte eine Fülle von Einzelmaßnahmen gegen die jüdische Bevölkerung auf lokaler, regionaler und gesamtstaatlicher Ebene. Aus der großen Zahl von Verordnungen seien nur einige genannt: Im Januar untersagte das Reichsjustizministerium die Ernennung von Juden in Zivilprozessen zu Schiedsrichtern[343], im Februar schloss das Reichswehrministerium jüdische Soldaten vom Dienst in der Reichswehr aus[344], im März entschied das RMfVP, dass Juden nicht mehr als Schauspieler auf deutschen Bühnen auftreten dürfen[345], im April erließ das preußische Innenministerium eine Richtlinie, dass Juden keine Konzession für Apotheken erhalten sollten[346], im Juni verfügte das RMfVP, dass es untersagt sei, in Radiosendungen jüdische Firmennamen zu nennen[347], ab Juli durften einer Bestimmung des Justizministeriums zufolge Juden keine juristischen Staatsprüfungen mehr ablegen[348], im selben Monat legte die preußischen Assistentenordnung fest, dass Assistentenstellen an den Universitäten des Landes nur „Ariern" vorbehalten seien[349], im Dezember bestimmte das Preußische Wissenschaftsministerium, dass zum Antrag auf Zulassung zur Habilitation ein „Ariernachweis" erbracht werden müsse[350].

Im Mittelpunkt des politischen Geschehens des Jahres 1934 aber standen die Konflikte innerhalb des nationalsozialistischen Herrschaftsapparates, die zwischen den immer mächtiger gewordenen Sturmabteilungen unter ihrem Führer Ernst Röhm, kurzzeitig auch Minister ohne Portefeuille, einerseits und Hitler sowie der Reichswehrführung andererseits, ausgebrochen waren[351]. Am 30. Juni 1934 wurde die SA-Führung verhaftet und unter dem Vorwand, einen Putsch geplant zu haben, durch SS-Einheiten ermordet. Insgesamt sind, so wird geschätzt, bei der Aktion zwischen einhundertfünfzig und zweihundert Menschen

340 Reichskulturkammergesetz, 22.9.1933 (RGBl. II S. 661–662).

341 Das Recht der Reichsschrifttumskammer. Bearbeitet von Günther Gentz (1936), RSK 1 S. 11. Zur RKK allgemein Volker Dahm, Anfänge und Ideologie der Reichskulturkammer, in: VfZ 34 (1986) S. 53–84.

342 Anhang Jüdische Bevölkerungsstatistik, in: Wolfgang Benz (Hg.), Die Juden in Deutschland 1933–1945. Leben unter nationalsozialistischer Herrschaft (1993) S. 738.

343 Walk, Das Sonderrecht für die Juden (wie Anm. 314) Nr. 333 S. 69.

344 Ebd. Nr. 350 S. 72.

345 Ebd. Nr. 353 S. 73.

346 Ebd. Nr. 373 S. 77.

347 Ebd. Nr. 399 S. 82.

348 Ebd. Nr. 421 S. 86.

349 Ebd. Nr. 422 S. 86.

350 Ebd. Nr. 488 S. 99.

351 Kershaw, Hitler 1899–1936 (wie Anm. 305) S. 659–662; Charles Bloch, Die SA und die Krise des NS-Regimes 1934 (1970).

ermordet worden.[352] Nationalsozialistische Aktivisten nutzen die Gelegenheit zur Gewalt gegen Juden, die mitunter auch tödlich endete.

Die Repression der Deutschen jüdischer Herkunft wurde begleitet von einer massiven Propaganda durch das im März 1933 gegründete und von Joseph Goebbels geleitete RMfVP sowie in besonders schmutziger Weise durch die von Julius Streicher in Nürnberg gegründete und herausgegebene antisemitische Wochenzeitung Der Stürmer[353].

Nachdem die Behörden im Jahr 1935 weiterhin eine Vielzahl von Einzelverordnungen gegen Deutsche jüdischer Herkunft, Berufsverbote oder Maßnahmen zur Einschränkung der persönlichen Freiheit erlassen hatten[354], stellten Staat und Partei ihre antisemitische Politik Mitte September 1935 mit den sogenannten Nürnberger Gesetzen auf eine einheitliche und verbindliche Grundlage[355]. Hitler ließ für den Nürnberger Parteitag im Jahr 1935 eine gesetzliche Grundlage ausarbeiten, die am 15. September 1935 mit dem ‚Reichsbürgergesetz' und dem ‚Gesetz zum Schutze des deutschen Blutes und der deutschen Ehre' verkündet wurde[356]. Das ‚Reichsbürgergesetz' erklärte Deutsche jüdischer Herkunft zu Staatsbürgern minderen Rechts und leitete ihre weitere, bis 1943 abgeschlossene vollständige Entrechtung ein[357]. Zugleich führte das ‚Gesetz zum Schutze des deutschen Blutes' eine elaborierte Kasuistik zur Klassifizierung von „Juden" und „Jüdinnen" ein. Es grenzte „Volljuden" von „Mischlingen" unterschiedlicher Grade ab, denen jeweils verschiedene Rechte zu- oder aberkannt wurden[358]. Da das Gesetz sexuelle Beziehungen von Juden und Nichtjuden unter Strafe stellte, führte es den Straftatbestand der „Rassenschande" ein, dessen Auslegung selbst wiederum zu nicht unerheblichen Komplikationen führte[359]. Der „Rassenschandewahn", berichtete die österreichisch-zionistische Zeitung ‚Die Stimme', nehme in Deutschland „ungeheuerliche Formen" an[360]. Dem ‚Reichsbürgergesetz' folgte eine zweite Entlassungswelle jüdischer Wissenschaftler und Wissenschaftlerinnen[361], eine dritte Welle löste im Frühjahr 1937 die vom Innenministerium erlassene Verfügung aus, dass „deutsche Beamte mit jüdischen Ehegatten" „in den Ruhestand treten" müssten. Ausnahmen wurden nur „in besonderen Fällen" zugelassen, „in denen ihr Verbleiben gerechtfertigt ist"[362]. Im Sommer 1937 verschärfte das Ministerium diese Verordnung und schloss entsprechend der Kasuistik der nationalsozialistischen Rassen-

352 Kershaw, Hitler 1899–1936 (wie Anm. 305) S. 631–650.

353 Peter Longerich, Goebbels. Biographie (2010); Daniel Ross, Julius Streicher und ‚Der Stürmer' 1923–1945 (2014).

354 Walk führt für die Zeit vom 1. Januar bis 15. September 1935 140 Verordnungen auf: ders., Das Sonderrecht für die Juden (wie Anm. 314) S. 101–127.

355 Cornelia Essner, Die „Nürnberger Gesetze" oder die Verwaltung des Rassenwahns 1933–1945 (2002).

356 Gesetz zum Schutze des deutschen Blutes und der deutschen Ehre, 15.9.1935 (RGBl. I S. 1146–1147); Reichsbürgergesetz, 15.9.1935 (RGBl. I S. 1146).

357 Saul Friedländer, Das Dritte Reich und die Juden, Die Jahre der Verfolgung 1933–1939 (2007) S. 158–168.

358 Cornelia Essner, Im „Irrgarten der Rassenlogik" oder nordische Rassenlehre und nationale Frage, in: Historische Mitteilungen 7, 1 (1994) S. 82–101.

359 Friedländer, Das Dritte Reich und die Juden (wie Anm. 357) S. 176–177.

360 Zehn Juden im Kreis Hannover ermordet, in: Die Stimme Nr. 486 (24.9.1935).

361 Grüttner / Kinas, Die Vertreibung von Wissenschaftlern (wie Anm. 329) S. 136.

362 Walk, Das Sonderrecht für die Juden (wie Anm. 314) Nr. 285 S. 187.

und Blutbestimmungen weitere Beamte vom Dienst an den Hochschulen aus[363]. Mit dem nationalkonservativen und dem Nationalsozialismus nahe stehendenden Göttinger Juristen Julius von Gierke (1875–1960), der wegen der jüdischen Herkunft seiner Mutter auf Druck des Ministeriums 1938 vorzeitig in den Ruhestand trat[364] und dem aus Österreich stammenden und an der Universität Köln lehrenden Mathematiker Ernst Fischer (1875–1954), wegen jüdischer Vorfahren 1938 zwangsemeritiert, wurden die beiden letzten Ordinarien an deutschen Universitäten mit jüdischem Familienhintergrund entlassen[365].

Im April 1937 hatte der Bildungsminister Bernhard Rust den Verband der wissenschaftlichen Akademien in Deutschland, in dem die Akademien in Berlin, Göttingen, Heidelberg, Leipzig und München vertreten waren, um Auskunft gebeten, wie viele jüdische Mitglieder die Akademien hätten, und deren Entlassung gefordert. Der Vorsitzende schrieb zwar, dass die Zahl der jüdischen Akademiker gering sei und dass „das Schlagwort von der Verjudung der wissenschaftlichen Akademien" nicht berechtigt sei, der Einspruch blieb jedoch erfolglos. Die Akademien mussten ihre nach NS-Kategorien „jüdischen" Mitglieder entlassen[366].

Kurz vor dem Ausscheiden von Paul Fridolin Kehr als Leiter der Monumenta Germaniae Historica wurden diese im April 1935 unter seiner tätigen Mithilfe zum ‚Reichsinstitut für ältere deutsche Geschichtskunde' umgewandelt. Kehr hatte sich dabei die Vorgaben des Regimes zu eigen gemacht und das Führerprinzip für das Institut durchgesetzt. Die Monumenta Germaniae Historica wurden damit zu einem Institut der völkischen Wissenschaft[367]. Entsetzt notierte Willy Cohn am 26. Oktober 1935 in sein Tagebuch, dass Kehr „in einer Abhandlung der Akademie der Wissenschaften noch einen posthumen Angriff auf Harry Bresslau" veröffentlicht und diesem „philosemitische Tendenzen" vorgeworfen habe, „ohne zu sagen, daß Harry Bresslau Jude gewesen ist"[368].

In der Zeit nach Kehr kam es in dem neuen Reichsinstitut zu „ständige*[n]* Quertreibereien" und Intrigen und folglich zu häufigen Führungswechseln[369], Phänomene, die dem

363 Grüttner / Kinas, Die Vertreibung von Wissenschaftlern (wie Anm. 329) S. 137.

364 Anikó Szabó, Vertreibung, Rückkehr, Wiedergutmachung. Göttinger Hochschullehrer im Schatten des Nationalsozialismus (2000) S. 147–149.

365 Grüttner / Kinas, Die Vertreibung von Wissenschaftlern (wie Anm. 329) S. 138.

366 Gerald Wiemers, Die Sächsische Akademie der Wissenschaften zu Leipzig und ihre jüdischen Mitglieder in der ersten Hälfte des 20. Jahrhunderts, in: Rüdiger vom Bruch u. a. (Hg.), Wissenschaftsakademien im Zeitalter der Ideologien. Politische Umbrüche, wissenschaftliche Herausforderungen, institutionelle Anpassungen (2014) S. 447–457, hier S. 454f.; Gerstengarbe, Die Leopoldina und ihre jüdischen Mitglieder (wie Anm. 290) S. 419–421; siehe auch den Beitrag von Matthias Berg in vorliegendem Band zur Bayerischen Akademie der Wissenschaften in der NS-Zeit.

367 Arno Mentzel-Reuters, Das Reichsinstitut zwischen Ahnenerbe und Westforschung, in: ders. / Martina Hartmann / Martin Baumeister (Hg.), Das Reichsinstitut für ältere deutsche Geschichtskunde 1935 bis 1945. Ein „Kriegsbeitrag der Geisteswissenschaften"? (2021) S. 1–54; Nikola Becker, Reichsinstitut für Ältere Deutsche Geschichtskunde, in: Michael Fahlbusch / Ingo Haar / Alexander Pinwinkler (Hg.), Handbuch der völkischen Wissenschaften. Akteure, Netzwerke, Forschungsprogramme 2 (2. grundl. erw. u. überarb. Auflage 2017) S. 1595–1604.

368 Cohn, Kein Recht – nirgends (wie Anm. 317) S. 79. Cohn entnahm diese Bemerkung aus: Paul Fridolin Kehr, Die preussische Akademie und die Monumenta Germaniae und deren Neue Satzung, in: SB Berlin (1935) S. 740–771, hier S. 740.

369 Fuhrmann, Gelehrtenleben (vgl. Anm. 14) S. 67.

polykratischen Charakter des nationalsozialistischen Herrschaftssystems entsprachen[370]. Alle neuen Vorsitzenden fügten sich auf unterschiedliche Weise der nationalsozialistischen Wissenschaftspolitik. So wurden auch die jüdischen oder als solche staatlich klassifizierten Mitarbeiterinnen und Mitarbeiter der einstigen MGH nicht weiter beschäftigt oder hinausgedrängt.

1936 wurden antisemitische Agitation und Propaganda im öffentlichen Raum aus Rücksicht auf das internationale Publikum während der Olympiade zurückgefahren. Im Sommer 1936 präsentierte sich das Regime mit den Olympischen Spielen in Berlin der Welt in scheinbarem Glanz, die Besucher wiederum suchten das Politische auszublenden und beschränkten sich auf den Sport[371]. Die Folgen der Weltwirtschaftskrise waren – nicht zuletzt durch das massive Aufrüstungsprogramm der nationalsozialistischen Regierung – überwunden, und das Regime konnte auf eine immer breitere Zustimmung aufbauen. Die Olympischen Spiele waren noch nicht vorüber, da verfasste Hitler eine Denkschrift, in der er forderte, die Armee müsse in vier Jahren „einsatzfähig" und die Wirtschaft „kriegsfähig" sein[372].

Während das Wirtschaftsministerium die Vorbereitung auf den Krieg forcierte, bereiteten die Partei und ihre Milizen eine weitere antisemitische Aktion vor, die an Gewalttätigkeit alle bisherigen Taten weit übertraf. Pünktlich zum Jahrestag des 9. November sowohl des Jahres 1918 als auch des Jahres 1923 inszenierte das nationalsozialistische Regime 1938 die bisher gewalttätigsten Ausschreitungen gegen Deutsche jüdischer Herkunft, sowie gegen die jüdischen Gemeinden und ihre Synagogen[373]. Der 9. November 1938 wurde der „Anfang vom Ende" [374].

370 Zur Polykratie des Dritten Reiches vgl. Rüdiger Hachtmann, Polykratie – Ein Schlüssel zur Analyse der NS-Herrschaftsstruktur?, Version: 1.0 online in Docupedia-Zeitgeschichte, 1.6.2018: http://docupedia.de/zg/Hachtmann_polykratie_v1_de_2018.

371 Reinhard Rürup, Olympische Spiele unter dem Hakenkreuz: Sport und Politik in Berlin 1936, in: ders., Der lange Schatten des Nationalsozialismus (wie Anm. 335) S. 67–79.

372 Herbert, Geschichte Deutschlands im 20. Jahrhundert (wie Anm. 241) S. 371–372; Wilhelm Treue, Hitlers Denkschrift zum Vierjahresplan 1936, in: VfZ 3,2 (1955) S. 184–203.

373 Vgl. dazu die Aussagen von Zeitzeugen: Ben Barkow / Raphael Gross / Michael Lenarz (Hg.), Novemberpogrom 1938. Die Augenzeugenberichte der Wiener Library (2008). – Nachdem in der Erinnerungspolitik lange der zeitgenössische Ausdruck „Kristallnacht" für die Gewaltexzesse des 9. November 1938 verwendet worden war, ist diese Bezeichnung seit den 80er Jahren immer stärker als vermeintlich verharmlosend oder beschönigend abgelehnt worden. Stattdessen wurde der Begriff Pogrom verwendet. Dabei blieb jedoch außer Acht, dass mit dem aus der russischen Sprache stammenden Wort spontane, von unten kommende Gewaltausbrüche bezeichnet werden. Bei dem 9. November 1938 in Deutschland aber handelte es sich um eine staatlich organisierte Aktion. Wolfgang Scheffler hatte daher schon 1964 von einem „befohlene*[n]* Pogrom" gesprochen; vgl. Wolfgang Scheffler, Judenverfolgung im Dritten Reich (1964) S. 73. Diese Wortverbindung hatte sich jedoch nicht durchgesetzt, dafür aber Pogromnacht oder gar Reichspogromnacht. Die Singularität der Ereignisse des 9. November 1938 gingen mit diesen Bezeichnungen jedoch gegenüber dem Wort „Kristallnacht" verloren. Erst jüngst ist dieses eher in Verruf geratene Wort wieder verteidigt worden: Wolf Gruner / Steven Ross (Hg.), New Perspectives on Kristallnacht. After 80 years, the Nazi pogrom in global comparison (2019), darin v. a. der Beitrag von Ulrich Baumann und François Guesnet, Kristallnacht – Pogrom – State Terror: A Terminological Reflection S. 2–24; s. a.: Wolfgang Benz, Gewalt im November 1938. Die „Reichskristallnacht". Initital zum Holocaust (2018) S. 9–10.

374 Wolfgang Benz, Der Novemberpogrom 1938, in: ders., Die Juden in Deutschland 1933–1945 (wie Anm. 342) S. 499–544, hier S. 541.

Wanderten 1937 lediglich 23.000 Jüdinnen und Juden aus Deutschland aus, unter ihnen die Mitarbeiter der Monumenta Germaniae Historica Richard Salomon, der in die USA ging[375], und Ferdinand Güterbock, der nach Italien emigrierte, so schnellte die Zahl im Jahr 1938 auf 33.000 bis 40.000 hoch, um 1939 noch einmal auf 75.000 bis 80.000 anzusteigen[376].

An Universitäten und Akademien brachte das Jahr 1938 eine weitere Welle von Entlassungen jüdischer Wissenschaftler und Wissenschaftlerinnen. Nach dem amerikanischen Soziologen Edward Yarnall Hartshorne, der 1935/36 nach einem Forschungsaufenthalt in Deutschland über die Universitäten im Nationalsozialismus promovierte[377], wurden 1938 über 21 Prozent der Dozenten an deutschen Universitäten aufgrund der nationalsozialistischen Hochschulpolitik entlassen[378]. Selbst Gasthörern war es nach einer Verordnung des Wissenschaftsministerium vom November 1938 nur erlaubt, Vorlesungen zu besuchen, „wenn sie Urkunden vorlegen, die ihre arische Abstammung beweisen“[379]. Im Oktober 1938 ermahnte Erziehungsminister Rust die Leitung der Preußischen Akademie der Wissenschaften, die Arbeit der Akademie „den Grundanschauungen, auf denen das staatliche und geistige Leben der deutschen Gegenwart beruht“, anzupassen und das „Führerprinzip“ durchzusetzen[380]. Im Dezember berichtete der Vorsitzende der sächsischen Akademie der Wissenschaften dem Ministerium, dass die beiden letzten jüdischen Mitglieder Edmund von Lippmann und Issai Schur ihren Austritt erklärt hätten[381]. Trotz der großen Schwierigkeiten, die genaue Zahl derjenigen Wissenschaftler und Wissenschaftlerinnen anzugeben, die vertraglich an den Kaiser-Wilhelm-Instituten tätig waren und im Verlauf des Dritten Reiches aus den Instituten verdrängt wurden, konnte Reinhard Rürup die Namen von 82 Mitarbeitern und 22 Mitarbeiterinnen ermitteln, von denen wiederum 91 als jüdisch gebrandmarkt und entlassen – offiziell beurlaubt – wurden[382].

Von den Mitarbeitern der Monumenta Germaniae Historica gingen 1938 der als Gast tätige Ernst Kantorowicz[383] und im folgenden Jahr Wilhelm Levison ins Exil nach Großbritannien. Im Herbst 1939 waren alle Deutschen jüdischer Herkunft aus dem staatlichen akademischen Feld in Deutschland vertrieben worden[384]. Ein letztes, wenn auch extrem eingeschränktes und immer wieder bedrohtes Refugium blieb ihnen noch in der ‚Lehranstalt für die Wissenschaft des Judentums‘[385]. Nach den Berechnungen von Michael Grüttner und

375 Zu Richard Salomon siehe den Beitrag von Enno Bünz in vorliegendem Band.

376 Anhang. Jüdische Bevölkerungsstatistik, in: Benz, Die Juden in Deutschland 1933–1945 (wie Anm. 342) S. 738.

377 Edward Yarnall Hartshorne, The German Universities and National Socialism (1937).

378 Edward Yarnall Hartshorne, The German Universities and the Government, in: The Annals of the American Academy of Political and Social Science 200 (1938) S. 210–234, hier S. 222; vgl. dazu: Grüttner / Kinas, Die Vertreibung von Wissenschaftlern (wie Anm. 329) S. 127f.

379 Walk, Das Sonderrecht für die Juden (wie Anm. 314) Nr. 576 S. 248.

380 Werner Hartkopf, Gert Wangermann, Dokumente zur Geschichte der Berliner Akademie der Wissenschaften von 1700 bis 1990 (1991) S. 443.

381 Wiemers, Die Sächsische Akademie der Wissenschaften (wie Anm. 366) S. 455.

382 Rürup, Schicksale und Karrieren (wie Anm. 289) S. 94, 101, 103. Vgl. auch die biographischen Würdigungen aller Entlassenen, in: Ebd. S. 147–376.

383 Fuhrmann, Gelehrtenleben (wie. Anm. 14) S. 100, 199.

384 Grüttner / Kinas, Die Vertreibung von Wissenschaftlern (wie Anm. 329) S. 138.

385 Herbert A. Strauss, Die letzten Jahre der Hochschule (Lehranstalt) des Judentums, Berlin: 1936–1942,

Sven Kinas wurden 4,2 Prozent der Wissenschaftler und Wissenschaftlerinnen deportiert und ermordet; nicht wenige, vier Prozent der entlassenen Wissenschaftler, nahmen sich im Angesicht des drohenden Unheils das Leben[386].

In seiner Rede am 30. Januar 1939 im Reichstag warnte Adolf Hitler, dass Europa nicht zur Ruhe kommen könne, „bevor die jüdische Frage ausgeräumt ist" und fügte drohend an: „Wenn es dem internationalen Finanzjudentum in und außerhalb Europas gelingen sollte, die Völker noch einmal in einen Weltkrieg zu stürzen, dann wird das Ergebnis nicht die Bolschewisierung der Erde und damit der Sieg des Judentums sein, sondern die Vernichtung der jüdischen Rasse in Europa"[387].

Bald darauf war es Hitler, der die Welt in einen neuen Krieg stürzte. In den ersten Kriegsjahren gingen die nationalsozialistischen Führungskräfte das an, was sie die „Endlösung der Judenfrage" nannten[388]. Im Juli 1941 ermächtigte Hermann Göring den Leiter der Geheimen Staatspolizei und des Reichssicherheitshauptamtes, Reinhard Heydrich[389], eine „Gesamtlösung der Judenfrage im deutschen Einflussgebiet in Europa" vorzubereiten[390]. Im September 1941 entschied Hitler, die deutschen Juden in den Osten zu deportieren, kurz darauf begannen die Deportationszüge aus dem Deutschen Reich[391]. Während in den von der Wehrmacht besetzten Ostgebieten die Ermordung von „Jüdinnen" und „Juden" bereits eingesetzt hatte, setzten sich im Januar 1942 in einer Villa am Wannsee nationalsozialistische Führungskräfte aus Partei und Staat zusammen, um die Durchführung der Vernichtung zu koordinieren[392].

Im Zuge der geplanten Aktionen wurde 1942 auch das letzte Refugium „jüdischer" Wissenschaftlerinnen und Wissenschaftler, die ‚Lehranstalt für die Wissenschaft des Judentums', geschlossen[393]. Die Dozenten und Dozentinnen wurden, sofern sie nicht rechtzeitig fliehen konnten wie Herbert A. Strauss (1918–2005) oder Selma Stern (1890–1981) und Eugen Täubler, deportiert und ermordet. Von den in Deutschland gebliebenen überlebten nur Leo Baeck (1873–1956) und der Altphilologie Ernst Grumach (1902–1967). Von den Mitarbeitern der Monumenta Germaniae Historica wurde Erika Sinauer im Vernichtungslager Auschwitz ermordet, Ernst Perels verstarb im Konzentrationslager Flossenbürg kurz nach dessen Befreiung.

---

in: Julius Carlebach (Hg.), Wissenschaft des Judentums. Anfänge der Judaistik in Europa (1992) S. 36–58.

386 Grüttner / Kinas, Die Vertreibung von Wissenschaftlern (wie Anm. 329) S. 147.

387 Die Verfolgung und Ermordung der europäischen Juden durch das nationalsozialistische Deutschland 1933–1945 2, Deutsches Reich 1938 – August 1939, bearb. von Susanne Heim (2009) S. 678–680.

388 Dieter Pohl, Nationalsozialistische Verbrechen 1939–1945 (Gebhardt Handbuch der deutschen Geschichte 20, [10]2022).

389 Zum Reichssicherheitshauptamt und der wissenschaftlich ausgebildeten Leitungsgruppe vgl. Michael Wildt, Die Generation des Unbedingten. Das Führungskorps des Reichssicherheitshauptamtes (2002).

390 Die Verfolgung und Ermordung der europäischen Juden durch das nationalsozialistische Deutschland 1933–1945 3, Deutsches Reich und Protektorat Böhmen und Mähren September 1939 – September 1941, bearb. von Andrea Löw (2012) Nr. 196 S. 496f.

391 Ebd. Nr. 223 S. 542.

392 Peter Longerich, Wannseekonferenz. Der Weg zur „Endlösung" (2016); Mark Roseman, Die Wannsee-Konferenz. Wie die NS-Bürokratie den Holocaust organisierte (2002).

393 Strauss, Die letzten Jahre der Hochschule (Lehranstalt) des Judentums (wie Anm. 385) S. 36–58.

Abstract: Anti-Semitism in Germany evolved in the 19th century in the context of social upheavals. This study focuses on the developments in academic circles, beginning with early anti-Semitism among professors and students at the universities after 1819. A phase of political liberalisation during the "Vormärz" (1830–1848) paved the way for Jews to enter academic positions and, during the 1848 revolution, the national assembly drew up a constitution giving them legal equality, which however never came into force. In 1871, the new constitution of the German Reich gave Jews the rights of civil equality and citizenship, but Jewish academics remained subject to discrimination. In the 1880s, a new movement arose against the emancipation of the Jews, but fell into discredit by the beginning of the 20th century through extremism and a successful medial counter-campaign. Following World War I, the stab-in-the-back myth blamed the Jews and the "home front" for the German defeat, combining extreme anti-Semitism with anti-republican politics. The Weimar Republic was a time of great Jewish-German achievements in the sciences, but the Great Depression led to the rise of the NSDAP. As Adolf Hitler's siezed power in 1933, Nazi students openly burnt books and harassed "Jewish" professors. The new regime's anti-Semitic policies took concrete form in the Nuremberg Laws of 1935, followed by a wave of brutal violence against Jews in 1938 and the "final solution" during World War II.

Jüdische Mitglieder und Mitarbeiter der Bayerischen Akademie der Wissenschaften in der NS-Zeit

von
MATTHIAS BERG

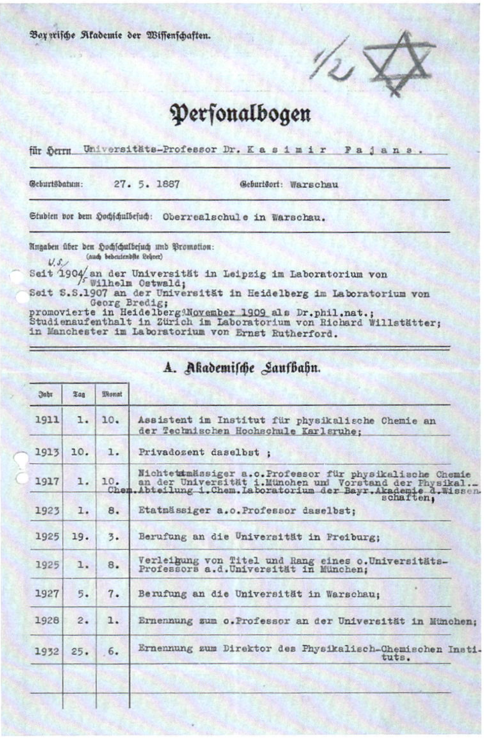

Bayerische Akademie der Wissenschaften.

1/2

Personalbogen

für Herrn Universitäts-Professor Dr. K a s i m i r F a j a n s .

Geburtsdatum: 27. 5. 1887 Geburtsort: Warschau

Studien vor dem Hochschulbesuch: Oberrealschule in Warschau.

Angaben über den Hochschulbesuch und Promotion:
(auch bedeutendste Lehrer)

Seit W.S. 1904/5 an der Universität in Leipzig im Laboratorium von Wilhelm Ostwald;
Seit S.S.1907 an der Universität in Heidelberg im Laboratorium von Georg Bredig;
promovierte in Heidelberg 9 November 1909 als Dr.phil.nat.;
Studienaufenthalt in Zürich im Laboratorium von Richard Willstätter;
in Manchester im Laboratorium von Ernst Rutherford.

A. Akademische Laufbahn.

Jahr	Tag	Monat	
1911	1.	10.	Assistent im Institut für physikalische Chemie an der Technischen Hochschule Karlsruhe;
1913	10.	1.	Privadozent daselbst ;
1917	1.	10.	Nichtetatmässiger a.o.Professor für physikalische Chemie an der Universität i.München und Vorstand der Physikal.-Chem.Abteilung i.Chem.Laboratorium der Bayr.Akademie d.Wissenschaften;
1923	1.	8.	Etatmässiger a.o.Professor daselbst;
1925	19.	3.	Berufung an die Universität in Freiburg;
1925	1.	8.	Verleihung von Titel und Rang eines o.Universitäts-Professors a.d.Universität in München;
1927	5.	7.	Berufung an die Universität in Warschau;
1928	2.	1.	Ernennung zum o.Professor an der Universität in München;
1932	25.	6.	Ernennung zum Direktor des Physikalisch-Chemischen Instituts.

Abb. 1: Personalbogen Kasimir Fajans (Vorderseite)

„Akten stapeln sich auf Schreibtischen, häufen sich in Registraturen, füllen Dachböden und Kellergewölbe. Obwohl sie registriert werden, reißt ihre Ordnung immer wieder ein. Obwohl sie kassiert, reponiert, versendet, verkauft, geschreddert oder auf eine andere Weise vernichtet werden, wuchern sie weiter. Ihre unaufhaltsame Proliferation – scheinbar ein Naturphänomen. *[...]* Ein Leben ohne Akten, ohne Aufzeichnung, *[...]* ist für die Verwaltungen der abendländischen Welt schlechterdings undenkbar“[1]. Akten sind allgegenwärtig, Akten kennzeichnen und charakterisieren Institutionen. Ihre äußere Form und innere Gestaltung, die sprichwörtliche Aktenführung, geben Auskunft über die Eigenschaften und über den Geist einer Institution, über ihre Organisationskultur und nicht zuletzt auch über die Verfasstheit ihres – prospektiven, aus der Überlieferung der Akten gelesenen – institutionellen Gedächtnisses.

Der Chemiker Kasimir Fajans (1887–1975), seit 1925 ordentlicher Professor für physikalische Chemie an der Ludwig-Maximilians-Universität, wurde am 5. Februar 1927 in den Vorwahlen der Mathematisch-naturwissenschaftlichen Abteilung der Bayerischen Akade-

1 Cornelia VISMANN, Akten. Medientechnik und Recht (2000) S. 7f.

mie der Wissenschaften mit zweiundzwanzig gegen zwei Stimmen zum Wahlvorschlag der Abteilung erkoren. Zwei Wochen darauf, in der Wahlsitzung der Gesamtakademie, folgten auch die Mitglieder der Philosophisch-historischen Abteilung diesem Vorschlag, die Mitglieder beider Abteilungen wählten Fajans gemeinsam mit vierzig gegen zwei Stimmen zum ordentlichen Mitglied der Akademie. Beide Wahlgänge sind selbstverständlich detailliert in den Akten der Akademie dokumentiert[2]. Ihr Ergebnis löste zudem, wie jede Zuwahl in die Akademie, umgehend die Anlage eines neuen Aktes aus: der Mitgliederakte Kasimir Fajans. Hier findet sich neben persönlichen Angaben auch der ausformulierte Wahlvorschlag, unterzeichnet unter anderen von Heinrich Wieland (1877–1957), Richard Willstätter (1872–1942) und Arnold Sommerfeld (1868–1951). Die „wissenschaftlichen Leistungen" Fajans seien „höchst bedeutend", er sei mit „bahnbrechenden Untersuchungen über die Chemie des Atoms" hervorgetreten und genieße internationale „Anerkennung und Wertschätzung"[3].

Für jedes ihrer Mitglieder, ob ordentlich oder korrespondierend, führte (und führt) die Akademie eine solche Akte, deren Betreuung kaum Aufwand erforderte und in fast allen Fällen mit der Aufnahme von Todesanzeigen und Nachrufen ihr Ende fand. Lediglich der die wissenschaftliche Laufbahn dokumentierende „Personalbogen" erfuhr eine gelegentliche Aktualisierung, jüngere Meriten und erworbene Auszeichnungen wurden notiert und verliehen der Aufnahme in den Kreis der Mitglieder eine fortgesetzte Bestätigung. Individuelle Spuren der Akademie als verwaltende Institution hingegen finden sich nur ausgesprochen selten. Deshalb sticht der Personalbogen Kasimir Fajans jedem, der die schmale Mappe öffnet, unmittelbar in die Augen: Mit rotem Wachsmalstift, außerhalb der ordnenden Linien und Kästchen, ist in der oberen rechten Ecke ein Davidstern sowie die ergänzende Erläuterung „½" unübersehbar angebracht worden, gleich einem Warnhinweis, der die in Maschinenschrift dokumentierte „Akademische Laufbahn" wie auch die umseitig vermerkten „Ehrungen" des Akademiemitgliedes Fajans außer Kraft zu setzten scheint (Abb. 1).

Noch im Januar 1934 (wie auch ein Jahr darauf im Januar 1935) hatte Fajans in den jährlich erbetenen „Ergänzungen zum Personalbogen" – ohne weiteren Kommentar der Akademieverwaltung – darauf hingewiesen, dass sein Eintrag im Akademiejahrbuch um die 1932 erfolgte Ernennung zum Direktor des Physikalisch-Chemischen Instituts zu ergänzen wäre[4]. Erst auf dem Ergänzungsbogen für das Jahr 1935, mit dem Fajans seine zum 30. Oktober 1935 vorgenommene „Versetzung in den Ruhestand" anzeigte, prangte ebenfalls warnend in roter Farbe ein Davidstern sowie die ergänzende Erläuterung „½" (Abb. 2). Der Entlassung Fajans aus der universitären Stellung war der Widerruf seiner 1921 erfolgten Einbürgerung – der einer jüdischen Kaufmannsfamilie entstammende Fajans war 1887 in Warschau geboren worden – vorausgegangen. Ansehen und Stellung hatten auch Fajans, der mit seiner Fami-

2 Vgl. Archiv der Bayerischen Akademie der Wissenschaften (Archiv BAdW), Wahlakten, Jahrgang 1927. Die Organisationsstruktur der Akademie war Mitte der 1920er Jahre dem fortschreitenden Wissenschaftswandel gefolgt, aus den einstmals drei Klassen – Philosophisch-philologische, Historische sowie Mathematisch-physikalische – bildeten die ersten beiden eine Philosophisch-historische Abteilung (beide Klassen blieben unter diesem Dach gleichwohl bis zum Beginn der 1940er Jahre bestehen), letztere firmierte nun als Mathematisch-naturwissenschaftliche Abteilung (zur traditionellen Bezeichnung als „Klassen" kehrte man nach 1945 zurück).

3 Vgl. den auf den 6.2.1927 datierten „Wahlantrag", Mitgliederakt Kasimir Fajans, Archiv BAdW.

4 Vgl. Mitgliederakt Kasimir Fajans, Archiv BAdW.

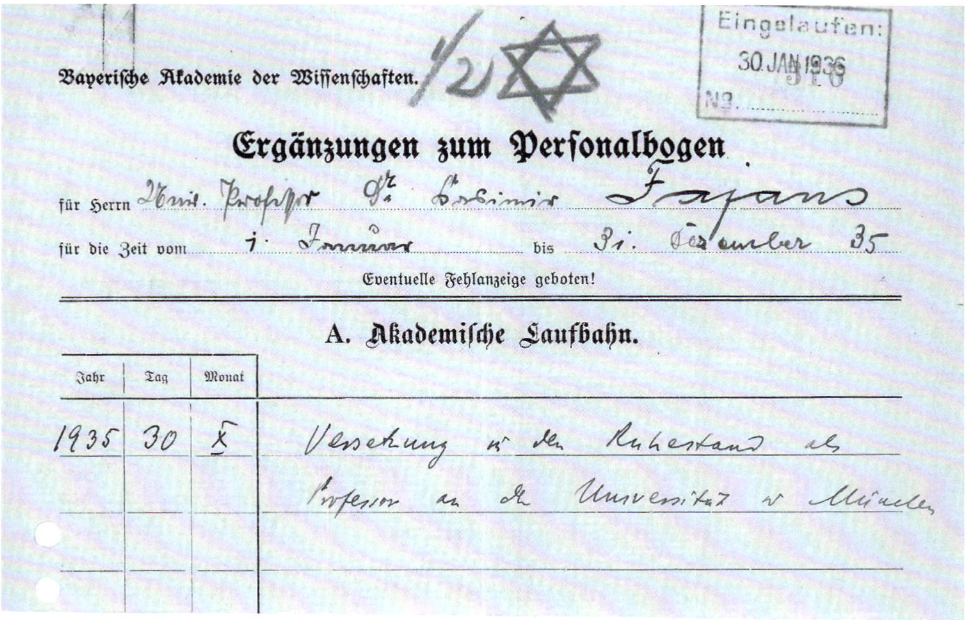
Eingelaufen: 30 JAN 1936
Nr. ....

Bayerische Akademie der Wissenschaften.

Ergänzungen zum Personalbogen

für Herrn Univ. Professor Dr. Kasimir Fajans

für die Zeit vom 1. Januar bis 31. Dezember 35

Eventuelle Fehlanzeige geboten!

A. Akademische Laufbahn.

Jahr	Tag	Monat	
1935	30	X	Versetzung in den Ruhestand als
			Professor an der Universität in München

Abb. 2: Kasimir Fajans, Anzeige seiner Versetzung in den Ruhestand

lie umgehend emigrierte, vor der Verfolgung durch den NS-Staat nicht bewahren können. Nach einer Zwischenstation im englischen Cambridge erhielt Fajans 1936 einen Ruf an die University of Michigan in Ann Arbor, an welcher er bis zu seiner Emeritierung 1957 lehrte[5].

Es nicht bekannt, wer zu welchem Zeitpunkt den ‚Grund' für die Entlassung Fajans in dieser auffälligen Weise in seiner Mitgliederakte vermerkte. Sein Status als Mitglied wechselte, da er nicht mehr in München ansässig war, von ordentlich zu korrespondierend, jedoch ohne Aufsehen oder Eile. Noch das Personalverzeichnis vom 1. Juni 1936 wies Fajans weiterhin als ordentliches Mitglied der Mathematisch-naturwissenschaftlichen Abteilung aus, erst ein Jahr später findet sich sein Name unter jenen der korrespondierenden Mitglieder[6]. Das nächste Schriftstück in seiner Mitgliederakte schließlich gibt Auskunft über das weitere Schicksal seiner Mitgliedschaft in der Bayerischen Akademie der Wissenschaften: Im November 1942 erklärte sich das Reichswissenschaftsministerium mit der Streichung von „Kasimir Fajans (Jude) in Michigan (USA)" aus der Mitgliederliste einverstanden (Abb. 3).

5 Zur Biographie Fajans vgl. den Nachruf im Jb. der BAdW 1976; Alexander Kipnis, Fajans, Kasimir, in: Baden-Württembergische Biographien 4 (2007) S. 72–75 sowie Freddy Litten, Kasimir Fajans – Kurzbiographie: https://litten.de/fulltext/fajans.htm [alle Links in diesem Beitrag wurden am 15.3.2023 abgerufen].

6 Vgl. das Akademiejahrbuch 1935/36 S. 62 und 1936/37 S. 54. Fajans Eintrag ist korrekt versehen mit einem *, mit welchem frühere ordentliche Mitglieder gekennzeichnet wurden.

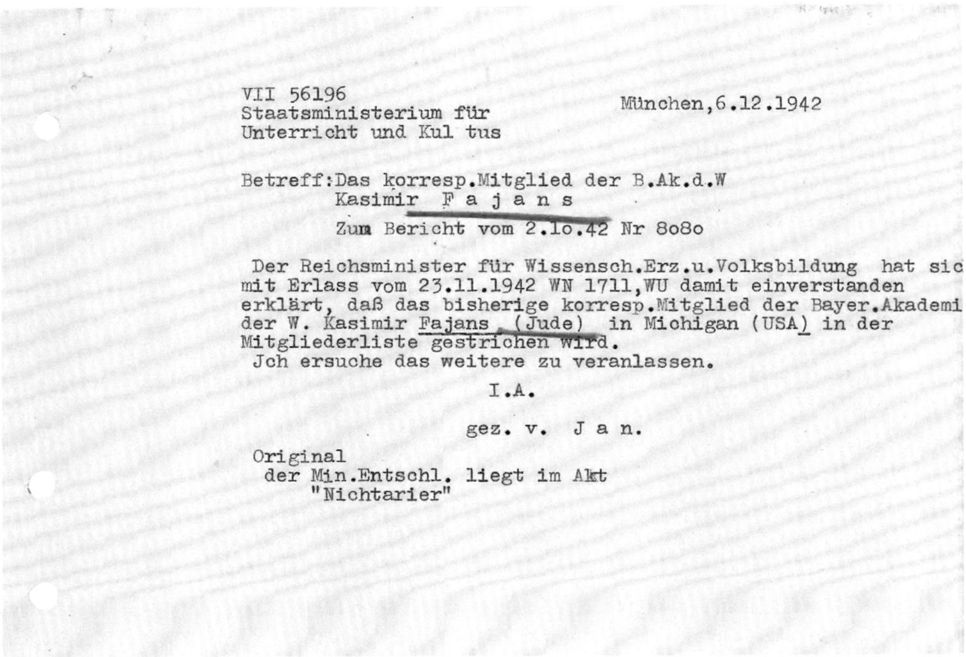

VII 56196 München,6.12.1942
Staatsministerium für
Unterricht und Kul tus

Betreff:Das korresp.Mitglied der B.Ak.d.W
Kasimir F a j a n s

Zum Bericht vom 2.1o.42 Nr 8o8o

Der Reichsminister für Wissensch.Erz.u.Volksbildung hat sic
mit Erlass vom 23.11.1942 WN 1711,WU damit einverstanden
erklärt, daß das bisherige korresp.Mitglied der Bayer.Akademi
der W. Kasimir Fajans (Jude) in Michigan (USA) in der
Mitgliederliste gestrichen wird.
Jch ersuche das weitere zu veranlassen.

I.A.

gez. v. J a n.

Original
der Min.Entschl. liegt im Akt
"Nichtarier"

Abb. 3: Streichung von Fajans aus der Mitgliederliste

Aus den bis zum Kriegsende publizierten Jahrbüchern der Akademie verschwand Fajans, um 1948 im ersten Nachkriegsjahrbuch mitsamt der Angabe seiner Wahl zum ordentlichen Mitglied 1927 (und der korrespondierenden Mitgliedschaft ab 1935) wieder zu erscheinen[7]. Zudem hatte die Akademie brieflichen Kontakt zu Fajans gesucht, im November 1948 beantwortete dieser ein Schreiben des Akademiepräsidenten[8]. Die Nachkriegswirren waren überwunden, viele der wegen ihres Engagements im und für den NS-Staat dispensierten Akademiemitglieder kehrten nach zumeist glimpflich verlaufenen Spruchkammerverfahren in den Kreis der Gelehrtengemeinschaft zurück. Die Akademie begann, entstandene Lücken in ihrer Aktenführung zu tilgen. Neue Personalbögen wurden angelegt und den Mitgliedern zur Vervollständigung der Angaben zugesandt, auch Kasimir Fajans, der diesen im Februar 1950 retournierte. Weder von der Markierung seines ursprünglichen Bogens noch von der ministeriell bestätigten Streichung seiner Mitgliedschaft wird Fajans jemals erfahren haben,

7 Vgl. das Akademiejahrbuch 1944/48 S. 67.

8 Vgl. Kasimir Fajans an Walter Meißner, 22.11.1948, Archiv BAdW, Mitgliederakt Kasimir Fajans. Meißner amtierte seit 1946 als Akademiepräsident. Anschließend sandte Fajans der Akademie eine Reihe seiner jüngeren Veröffentlichungen, vgl. das Dankschreiben Heinrich Tietzes an Kasimir Fajans, 1.2.1949, ebd.

Teil seiner Mitgliederakte sind beide Schriftstücke gleichwohl bis zum heutigen Tag: die Aktenführung der Akademie blieb unberührt.

I.

Der Umgang der Bayerischen Akademie der Wissenschaften mit ihren nach 1933 verfolgten jüdischen Mitgliedern, mit jüdischen Mitarbeitern bei den Akademiekommissionen oder den Wissenschaftlichen Sammlungen, ist ein fortbestehendes Desiderat der Akademiegeschichtsschreibung, das in diesem Beitrag allenfalls in seinen Konturen beschrieben, jedoch nicht behoben werden kann[9]. Während einzelne Betroffene, wie etwa der Völkerkundler Lucian Scherman, im Zuge des 2009 begangenen 250jährigen Akademiejubiläums eine erste Würdigung erfahren haben[10], blieben andere, wie auch Kasimir Fajans, bislang weithin ungenannt. Die administrativen Schritte von Wissenschaftsverwaltung und Akademievorstand, insbesondere des seit 1936 amtierenden Präsidenten Karl Alexander von Müller (1882–1964), sind bereits eingehend erforscht, hingegen ist es noch in keiner Weise möglich, die Zahl der von Entlassung oder Ausschluss, von Diffamierung oder Verschweigen – durch Streichen in den gedruckten Mitgliederlisten –, von Verfolgung und Vertreibung betroffenen Mitglieder und Mitarbeiter genau zu benennen. Im Folgenden soll deshalb sowohl der momentane Kenntnisstand wie zugleich die künftig notwendige Erforschung skizziert werden[11].

Mindestens hilflos klingen die Worte, mit denen die Akademie Fajans anlässlich seines achtzigsten Geburtstages (zugleich jährte sich seine Wahl zum ordentlichen Mitglied zum vierzigsten Mal) im Mai 1967 bedachte: Man vermerke „mit Betrübnis, daß Deutschland Ihnen Ihr gewaltiges, größtenteils in München geschaffenes Werk schlecht gedankt hat. In der Zeit der deutschen Geistesverwirrung mußten Sie das von Ihnen eben erst erbaute *[…]* Institut verlassen“[12]. Eine „Verwirrung“, welche den akademischen Betrieb seit langem geprägt hatte. Beinahe ein halbes Jahrhundert zuvor sahen sich die Akademiemitglieder Ernst Kuhn (1846–1921) und Wilhelm Geiger (1846–1953) mit Aversionen ihrer indologischen Fachgenossen konfrontiert, Gegenstand war eine Lehrstuhlbesetzung: „Wenn z.B. Simon, was ich vermute, Jude ist, werden ganz gewiss Schwierigkeiten entstehen.“ Die Sorgen Geigers um ihren Kollegen Richard Nathan Simon (1865–1934) erwiesen sich als berechtigt, es bestehe „eine starke Abneigung gegen den Juden, auch wenn er getauft ist. Es ist eben Rassenfrage. Ein Kollege z.B., auf den ich mich in der Sache Indianistik ganz verlassen kann, der unbedingt für die Erhaltung der Professur einträte, würde sofort bei Praesentation Simons

9 Es versteht sich, dass der hier und folgend verwendete Begriff „jüdische“ Mitglieder oder Mitarbeiter eine Vielzahl verschiedener Identitäten jüdischer Herkunft und jüdischen Glaubens einbezieht, nicht zuletzt auch von der NS-Politik unfreiwillig als „jüdisch“ Stigmatisierte. Soweit bekannt, wird in den jeweiligen Fällen die Selbstwahrnehmung der Personen benannt. Gleiches gilt für die verwendeten Geschlechterbezeichnungen.

10 Thomas O. Höllmann, Lucian Scherman (1864–1946). Verfemt, verfolgt, vergessen, in: Dietmar Willoweit (Hg.), Denker, Forscher und Entdecker. Eine Geschichte der Bayerischen Akademie der Wissenschaften in historischen Portraits (2009) S. 235–249.

11 Der Autor des Beitrages erarbeitet im Auftrag der Akademie eine Studie zur Geschichte der Bayerischen Akademie der Wissenschaften zwischen Erstem Weltkrieg und Bundesrepublik (geplanter Abschluss 2024).

12 Vgl. das Schreiben der Akademie an Fajans, Mai 1967, Archiv BAdW, Mitgliederakt Kasimir Fajans.

ins andere Lager hinüber schwenken." Kuhn zählte zum Beginn des 20. Jahrhunderts zu den einflussreichsten Mitgliedern der Akademie, amtierte bis zu seinem Tod 1920 den erstaunlichen Zeitraum von zwei Jahrzehnten als Sekretär der Philosophisch-philologischen Klasse. Dass Geiger sein Mitgefühl mit dem zurückgesetzten Kollegen – „Simon tut mir aufrichtig leid. Ihn durchzudrücken ist aber absolute Unmöglichkeit" – an Kuhn adressierte, spricht dafür, dass auch dieser eine Berufung Simons befürwortete[13].

Antisemitismus war im Wissenschaftsbetrieb lange vor 1933 allgegenwärtig und bleibt zugleich bezüglich einzelner Institutionen wie der Akademie in seiner Wirkungsmacht nicht leicht zu quantifizieren. Einerseits wurden auch jüdische Gelehrte in die Akademie gewählt, andererseits jedoch blieben diese vielfach bereits einige Stufen darunter auf der Karriereleiter hängen, wurden etwa nur selten auf ordentliche Lehrstühle berufen[14]. Die Gründe für oder gegen Wahlvorschläge sind zudem – auch bezüglich anderer, gegebenenfalls fachlicher Vorbehalte – nur selten dokumentiert, weder in Protokollen noch in anderen Quellen. Sie finden sich auch kaum in Korrespondenzen, da zur Wahl nur die ordentlichen, d.h. für den hier in Rede stehenden Zeitraum zwingend in München ansässigen Mitglieder zugelassen waren. Diese aber besprachen solcherart Angelegenheiten fast immer mündlich, ohne ihre Erwägungen schriftlich festzuhalten. Überliefert sind deshalb vor allem Randbemerkungen eines alltäglichen, verinnerlichten Antisemitismus, wenn etwa der Physiker Arnold Sommerfeld bezüglich akademischer Positionen das „jüdische Aussehen" möglicher Kandidaten abwog[15]. Vielfach waren fachliche Einschätzung und rassistisches Vorurteil nicht eindeutig voneinander geschieden, zumal letzteres kaum reflektiert, sondern eben als Ressentiment in Erscheinung trat und sich – zeitgenössisch wie retrospektiv – einer abwägenden Einschätzung entzog. Wenn auch nicht in Zahlen zu messen, bleibt die ‚Vorgeschichte' der mit der Machtergreifung der Nationalsozialisten einsetzenden Verfolgung gleichwohl stets zu berücksichtigen, zumal der stärker oder minder ausgeprägte Antisemitismus im Universitäts- und Akademieleben einer Stadt sich nach 1933 unmittelbar auswirkte: an vergleichsweise liberalen Hochschulen erzwang das bereits im April erlassene „Gesetz zur Wiederherstellung des Berufsbeamtentums" signifikant höhere Entlassungszahlen als an Institutionen, welche bereits zuvor jüdische Wissenschaftler von Professuren und anderen besoldeten Stellungen ausgegrenzt hatten[16].

Die ohnehin knapp gehaltenen, ergebnisorientierten Protokolle der Vorstandssitzungen der Akademie, zu welchen der Präsident sich mit den Klassensekretären und dem Syndikus regelmäßig versammelte, verfielen ab dem Februar 1933 in ein dröhnendes Schweigen.

---

13 Vgl. die Briefe Geigers an Kuhn, 21.5.1919 sowie 8.3.1920, Universitätsbibliothek München, Nl Ernst Kuhn, 2 Gei, Nr. 222 u. 230. Wilhelm Geiger war seit 1888 außerordentliches, ab 1891 korrespondierendes sowie ab 1940 ordentliches Mitglied der Akademie.

14 Vgl. hierzu beispielhaft Aleksandra Pawliczek, Akademischer Alltag zwischen Ausgrenzung und Erfolg. Jüdische Dozenten an der Berliner Universität 1871–1933 (2011).

15 Arnold Sommerfeld an Wilhelm Wien, 15.1.1907, abgedruckt in: Arnold Sommerfeld, Wissenschaftlicher Briefwechsel 1: 1892–1918, hg. von Michael Eckert / Karl Märker (2000) S. 308.

16 Vgl. hierzu sehr eindrücklich: Michael Grüttner / Sven Kinas, Die Vertreibung von Wissenschaftlern aus den deutschen Universitäten 1933–1945, in: Vierteljahrshefte für Zeitgeschichte 55 (2007) S. 123–186 sowie die Studie: Sven Kinas, Akademischer Exodus. Die Vertreibung von Hochschullehrern aus den Universitäten Berlin, Frankfurt am Main, Greifswald und Halle, 1933–1945 (2018).

Während die Sitzung vom 11. Januar noch auf mehr als vier Seiten festgehalten wurde, kam das Protokoll vom 18. Februar mit einer einzigen Seite aus. Eine solche vermochte die Sitzung vom 4. März nicht mehr zu füllen, während das nächstüberlieferte Protokoll bereits vom 8. Juli 1933 stammte und nur ein halbes Dutzend Zeilen umfasste. Danach folgte lediglich noch ein auf den 11. November datiertes, unwesentlich längeres Protokoll und abgelaufen war, urteilt man nach den Vorstandsprotokollen der Akademie, ein vermeintlich ereignisloses Jahr 1933[17].

Doch sowohl in ihrer Eigenschaft als Gelehrtengemeinschaft wie auch als Forschungseinrichtung war die Akademie, ohne dass ihre institutionellen Strukturen angetastet worden wären, von der sich konstituierenden Herrschaft der Nationalsozialisten nicht unberührt geblieben. Bereits im April 1933 war eines ihrer prominentesteten korrespondierenden Mitglieder, der Physiker und Nobelpreisträger Albert Einstein (1879–1955), aus der Akademie ausgeschieden. Die Streichung seiner Mitgliedschaft hatte Einstein eingefordert, nachdem ihm die Bayerische Akademie angesichts seines zuvor erfolgten Austrittes aus der Preußischen Akademie der Wissenschaften mitgeteilt hatte, dass diese Trennung „nicht ohne Einfluß auf Ihre Beziehungen auf unsere Akademie bleiben kann. Wir müssen Sie daher fragen, wie Sie nach dem, was zwischen Ihnen und der Preußischen Akademie vorgegangen ist, das Verhältnis zu unserer Akademie auffassen“[18].Bislang wurde dem seinerzeit amtierenden Präsidenten Leopold Wenger (1874–1953) die Verantwortung für diese folgenreiche Forderung nach einem Bekenntnis Einsteins zugeschrieben, doch können neuere Forschungen auf der Grundlage der Überlieferung eines Vorstandsmitgliedes, des Sekretärs der historischen Klasse Georg Leidinger (1870–1945), ein deutlich differenzierteres Bild zeichnen, welches die Akademie gleichwohl keineswegs in besserem Licht erscheinen lässt[19]. Inwieweit die Vorgänge um das Ausscheiden Einsteins aus der Akademie, dessen Revision Einstein nach 1945 strikt ablehnte[20], damit hinreichend geklärt sind, wird abzuwarten sein. Ohne Frage jedoch zeigt sich, dass die Erforschung des Umgangs der Akademie mit ihren jüdischen Mitgliedern noch am Anfang steht und insbesondere der Erschließung von Quellen jenseits der institutionellen Überlieferung der Akademie selbst bedarf. Aus dieser liegt hierzu allein das wenig auskunftsfreudige Protokoll zur Sitzung der Philosophisch-historischen Abteilung vom 6. Mai 1933 vor: „Das korrespondierende Mitglied der II. Abteil. Herr Einstein ist aus der Akademie ausgeschieden“[21].

---

17 Vgl. Vorstandsprotokolle 1928–1942, Archiv BAdW.

18 Monika Stoermer, Die Bayerische Akademie der Wissenschaften im Dritten Reich, in: Eduard Seidler (Hg.), Leopoldina-Symposion Die Elite der Nation im Dritten Reich – Das Verhältnis von Akademien und ihrem wissenschaftlichen Umfeld zum Nationalsozialismus (1995) S. 89–111, hier S. 89.

19 Vgl. Stephan Deutinger, Die Arisierung der Gelehrtenrepublik. Albert Einstein, Richard Willstätter und die Bayerische Akademie der Wissenschaften im Frühjahr 1933, in: ZBLG 85 (2022) S. 475–506.

20 Auf Nachfrage des Physikers und Akademiemitgliedes Arnold Sommerfeld antwortete Einstein im Dezember 1946: „Nachdem die Deutschen meine jüdischen Brüder in Europa hingemordet haben, will ich nichts mehr mit Deutschen zu tun haben, auch nichts mit einer relativ harmlosen Akademie.“ Vgl. Einstein an Sommerfeld, 14.12.1946, abgedruckt in: Arnold Sommerfeld, Wissenschaftlicher Briefwechsel 2: 1919–1951, hg. von Michael Eckert / Karl Märker (2004) S. 602f.

21 Protokoll der Philosophisch-historischen Abteilung, 6.5.1933, Archiv BAdW. Die Vorstandsprotokolle – soweit vorliegend – schweigen sich zum Vorgang aus, die Protokolle der Mathematisch-naturwissenschaftlichen Abteilung (welcher Einstein angehörte) sind als Kriegsverlust zu betrachten.

Mehr Beachtung verdienen auch die Worte, mit welchen Einstein die Streichung seiner Mitgliedschaft begründet hatte: „Akademien haben in erster Linie die Aufgabe, das wissenschaftliche Leben eines Landes zu fördern und zu beschützen. Die deutschen Gelehrtengesellschaften haben aber – soviel mir bekannt ist – es schweigend hingenommen, daß ein nicht unerheblicher Teil der deutschen Gelehrten und Studenten sowie der aufgrund einer akademischen Ausbildung Berufstätigen ihrer Arbeitsmöglichkeiten und ihres Lebensunterhaltes in Deutschland beraubt wird." Einer solchen Gesellschaft wolle er nicht angehören[22]. Wie erwähnt war das sogenannte „Berufsbeamtengesetz" zum 7. April 1933 erlassen worden, mithin wenige Tage, bevor Einstein die briefliche Aufforderung einer Erklärung aus München erhielt. Sein Austritt aus der Akademie erscheint als unmittelbare Reaktion auf die einsetzenden Entlassungen jüdischer und politisch missliebiger Hochschullehrer sowie weiterer wissenschaftlicher Beamter durch Universitäten und andere Wissenschaftseinrichtungen – auch durch die wissenschaftlichen Akademien.

Grundsätzlich sahen sich deshalb zunächst nicht die Mitglieder[23], ob ordentlich oder korrespondierend, sondern die Mitarbeiter der Akademie im gegebenen Falle bereits 1933 mit der Verfolgung durch den NS-Staat konfrontiert. Mit einer bislang unbekannten Ausnahme: Der Syndikus der Akademie Eugen von Frauenholz (1882–1949) hatte, ausweislich seiner Erinnerungen und gestützt durch die Tagebuchaufzeichnungen des Klassensekretärs Georg Leidinger, auf eigene Initiative den Sekretär der Mathematisch-naturwissenschaftlichen Abteilung, den Chemiker Richard Willstätter, im Mai 1933 zu einem ‚freiwilligen' Rücktritt von seinem Amt gedrängt. Willstätter, der bereits Mitte der 1920er Jahre seine Münchner Professur wegen des grassierenden Antisemitismus aufgegeben hatte, suchte sich daraufhin der Solidarität des Akademievorstandes zu versichern. Nachdem diese ihm jedoch verweigert wurde, trat Willstätter als Sekretär zurück[24]. In der Überlieferung der Akademie, soweit sie erhalten geblieben ist, ist dieser konsequente Schritt in größtmöglicher Nüchternheit – und ohne jeden Hinweis auf sein Zustandekommen – kommuniziert worden: „Zur Kenntnis dient, daß Herr Willstätter seinen Rücktritt als Klassensekretär der 2. Abteilung erklärt hat und daß Herr Zenneck *[Jonathan Zenneck, 1871–1959]* an seiner Stelle gewählt wurde"[25].

Zu dem vom „Berufsbeamtengesetz" unmittelbar bedrohten wissenschaftlichen und weiteren Personal zählten im Münchner Fall überdies nicht nur die Mitarbeiter der bei der Akademie direkt angesiedelten Kommissionen, sondern auch die weitaus höhere Zahl

22 Vgl. Stoermer, Bayerische Akademie (wie Anm. 18) S. 89.

23 Nicht – dies bedarf der Erläuterung – in ihrer Eigenschaft als Akademiemitglieder. In aller Regel aber waren diese zugleich Hochschullehrer oder standen einer wissenschaftlichen Einrichtung vor, waren demnach ebenfalls von den Regelungen des „Berufsbeamtengesetzes" betroffen (aufgrund des vielfach vorgerückten Alters oder der Teilnahme am Ersten Weltkrieg griffen zunächst mehrfach Ausnahmeregelungen, welche jedoch spätestens zum 31. Dezember 1935 im Zuge der Umsetzung der ‚Nürnberger Gesetze' aufgehoben waren).

24 Vgl. Deutinger, Arisierung (wie Anm. 19) S. 493–500, welchem ich herzlich für seinen Hinweis auf den Vorgang danke.

25 Protokoll der Sitzung der Philosophisch-historischen Abteilung, 8.7.1933, Archiv BAdW (Unterstreichung im Original). In der Überlieferung der Protokolle der Mathematisch-naturwissenschaftlichen Abteilung klafft zwischen 1915 und 1936 eine Lücke.

von Beschäftigen bei den ‚Wissenschaftlichen Sammlungen' des bayerischen Staates, deren Verwaltung der Akademiepräsident in Personalunion bereits seit dem 19. Jahrhundert ausübte. Hierzu zählten unter anderem der Botanische Garten, chemische und physikalische Laboratorien bzw. Institute, paläontologische und zoologische Sammlungen, aber auch das Museum für Völkerkunde, die Münzsammlung sowie die Sternwarte. Weder ist bislang hinreichend erforscht worden, wie viele dieser Beschäftigten vom „Berufsbeamtengesetz" betroffen waren, noch wann und in welchem Umfang Entlassungen vorgenommen wurden. Es sind, solange dieser Kreis von Betroffenen nicht systematisch ermittelt worden ist, daher zunächst allein jene Entlassenen, denen trotz der Verfolgung durch den NS-Staat eine akademische Karriere in der Emigration gelang, deren Namen und Schicksale bekannt sind.

Wie der Historiker Hans Baron (1900–1988), der auch nach seiner Flucht in den USA nachhaltigen Einfluss auf die Erforschung von Renaissance und Humanismus nehmen konnte. Der Meinecke-Schüler war seit 1930 unter der Ägide von zunächst Walter Goetz (1867–1958), dann Willy Andreas (1884–1967) für die Edition der Reichstagakten bei der Historischen Kommission bei der Bayerischen Akademie der Wissenschaften beschäftigt[26]. Baron zählte nicht zu jenen jüdischen Deutschen, die sich nach dem Januar 1933 noch Illusionen hingaben. Gegenüber Goetz beklagte er im März das „langsame Zerrissenwerden und Absterben bei lebendigem Leibe". Der „Gedanke, in einem vom Rassenantisemitismus beherrschten Deutschland unter der Hakenkreuzfahne fortleben zu sollen", sei derart „niederdrückend, daß ich mir fast nicht wünschen kann, auf meinem relativ unwichtigen Münchner Posten übersehen zu werden"[27].In der Tat wurde Baron nicht übersehen. Zum 30. Juni 1933 kündigte ihm die Kommission entsprechend „der fernmündlichen Weisung des Staatsministeriums für Unterricht und Kultus vom 15. Mai ds. Js. *[...]* gemäß §3 des Gesetzes zur Wiederherstellung des Berufsbeamtentums mit Wirksamkeit vom 30. Juni"[28]. Eine briefliche Mitteilung des Sekretärs Karl Alexander von Müller an Barons Vorgesetzten deutete einen Einsatz der Kommission für ihren Mitarbeiter an[29], die weiteren Beratungen beschäftigten sich gleichwohl nicht mit Barons Ergehen, sondern mühten sich, eine „sachliche Schädigung des Unternehmens zu vermeiden"[30]. Auf das weitere Wirken Müllers in der Akademie der NS-Zeit wird noch einzugehen sein.

Während die Verfolgung der Mitarbeiterschaft der Akademie unmittelbar im Frühjahr 1933 einsetzte, kann für ihre Mitgliedschaft, mithin die Gelehrtengemeinschaft, von einer Zeit der Karenz gesprochen werden. Der Machtantritt der Nationalsozialisten änderte

26 Zur Tätigkeit Barons vgl. Eike Wolgast, Deutsche Reichstagsakten, in: Lothar Gall (Hg.), „... für deutsche Geschichts- und Quellenforschung". 150 Jahre Historische Kommission bei der Bayerischen Akademie der Wissenschaften (2008) S. 79–120, hier S. 106; zu Barons Forschung vgl. Perdita Ladwig, Das Renaissancebild deutscher Historiker 1898–1933 (2004) S. 278–359.

27 Vgl. Baron an Goetz, 23.3.1933, abgedruckt in: Friedrich Meinecke, Akademischer Lehrer und emigrierte Schüler. Briefe und Aufzeichnungen 1910–1977. Eingeleitet u. bearb. von Gerhard A. Ritter (2006) S. 277–281, ein Porträt Barons vgl. S. 61–65.

28 HiKo (Müller) an KM, 19.10.1933, BayHStA, MK 71116.

29 „Die Bemühungen für Baron sind, glaube ich, aussichtslos, wenn gleich eine davon formell noch nicht abgeschlossen ist". Vgl. Müller an Andreas, 12. 8. 1933, AHK, Nl Willy Andreas (Nl 1) Bd. 3.

30 Dafür sollte Baron gegen Entgelt den neuen Bearbeiter einweisen und anleiten, vgl. Niederschrift der Sitzung der Abteilungsleiter der HiKo, 21. 9. 1933, AHK I Bd. 120.

für die Wissenschaftsakademien in Deutschland strukturell vorerst nur wenig, vor allem da die sich formierende NS-Wissenschaftsverwaltung zunächst über kein „akademiepolitisches Konzept" verfügte[31]. Deren Aufmerksamkeit galt in erster Linie der Ausbildung einer genuin nationalsozialistischen Elite sowie der Indienstnahme der Wissenschaft für Aufrüstung und Kriegsvorbereitung, mithin zwei Feldern, auf denen die Akademien keine wesentliche Rolle spielten. Wenn deshalb auch für jüdische Akademiemitglieder zunächst ihre Zugehörigkeit zur Körperschaft nicht in Frage gestellt wurde, so blieben sie zugleich von der nationalsozialistischen Verfolgungspolitik nicht verschont. In das institutionelle Gedächtnis auch der Bayerischen Akademie der Wissenschaften ist die Verfolgung dieser jüdischen Mitglieder jedoch bislang nicht eingegangen, weil sie – wie etwa der eingangs gewürdigte Kasimir Fajans – 1937 längst in die Emigration gezwungen worden waren.

Nur am Rande kann auf jene Mitglieder der Akademie hingewiesen werden, welche wegen ihrer politischen Überzeugung aus ihrem Amt als Hochschullehrer gedrängt worden sind. Beispielhaft sei an dieser Stelle der Astronom Alexander Wilkens (1881–1968) genannt, der als ordentlicher Professor an der Ludwig-Maximilians-Universität lehrte, zugleich als Direktor der Sternwarte vorstand und 1926 zum ordentlichen Mitglied der Akademie gewählt worden war.

Im März 1934 wurde Wilkens auf Grund des § 4 des „Gesetzes zur Wiederherstellung des Berufsbeamtentums" aus dem bayerischen Staatsdienst entlassen. Dieser Paragraph richtete sich gegen „Beamte, die nach ihrer bisherigen politischen Betätigung nicht die Gewähr dafür bieten, daß sie jederzeit rückhaltlos für den nationalen Staat eintreten"[32]. Auch ein Einspruch Wilkens half nicht, im Mai ließ das Kultusministerium wissen, die „bisherigen Zeugenaussagen" seien „nicht erschüttert" worden[33]. Die bislang gesichteten Akten schweigen sich darüber aus, wer mit welchen Vorwürfen gegen Wilken ausgesagt hatte, sie geben allerdings preis, dass die Akademie in die Verwaltung dieser Entlassung eingebunden war, da Wilkens die mit dem Amt des Direktors der Sternwarte verbundene Dienstwohnung aufgeben musste.

1936 emigrierte Wilkens nach Argentinien, seine Mitgliedschaft in der Akademie firmierte seitdem als korrespondierend, wurde jedoch nicht gestrichen und bis 1945 in jedem Jahrbuch der Akademie aufgeführt sowie seit 1955, nach der Rückkehr Wilkens nach München, erneut als ordentlich ausgewiesen. Zufolge der begrenzt aussagefähigen Akten nahm Wilkens seine Mitwirkung an den Geschäften der Akademie bruchlos erneut auf, trug insbesondere wie vor seiner erzwungenen Flucht aus Deutschland mit zahlreichen Beiträgen zu den Abhandlungen und Sitzungsberichten der Akademie bei.

31 Vgl. diesen Aspekt zur Preußischen Akademie bei Stefan REBENICH, Zwischen Anpassung und Widerstand? Die Berliner Akademie der Wissenschaften von 1933 bis 1945, in: Beat NÄF (Hg.), Antike und Altertumswissenschaft in der Zeit von Faschismus und Nationalsozialismus. Kolloquium Universität Zürich 14.–17. Oktober 1998 (2001) S. 203–244, hier S. 207.

32 Zitiert nach RGBl I 34 v. 7.4.1933. Vgl. zudem Uwe Dietrich ADAM, Judenpolitik im Dritten Reich (2003, zuerst 1972) S. 40–49.

33 KM an Rektor Universität München, 28.3. u. 19.5.1934 sowie abschließend REM an KM bzw. Alexander Wilkens, 13.9.1934; Mitgliederakt Alexander Wilkens, Archiv BAdW.

II.

Es blieb nicht ohne Folgen, aus welchem Grund eines der Akademiemitglieder sich entschloss, das nationalsozialistische Deutschland zu verlassen. Der erst 1934 zum ordentlichen Mitglied gewählte Klassische Philologe Rudolf Pfeiffer (1889–1979) weigerte sich standhaft, seine jüdische Ehefrau zu verlassen. Pfeiffer wurde deshalb 1937 an der Münchner Universität in den Ruhestand versetzt und emigrierte anschließend nach Großbritannien. Ab diesem Zeitpunkt wurde seine Mitgliedschaft im Jahrbuch der Akademie schlichtweg unterschlagen, unter den korrespondierenden Mitgliedern der Philosophisch-philologischen Klasse fehlte sein Name bis zum Kriegsende. Erst im 1948 publizierten, ersten Jahrbuch der Nachkriegszeit erscheint Pfeiffer, allerdings mit dem seine Emigration auf irritierende Weise negierenden Eintrag „o. 1934, korr. 1945“[34]. Doch Pfeiffer, der 1951 nach München und damit auch in den Kreis der ordentlichen Akademiemitglieder zurückkehrte, war nicht bereit, die Jahre seiner erzwungenen Emigration auf diese Weise zu bereinigen und zählte insbesondere an der Münchner Universität zu den wenigen Ordinarien, die sich einer allzu geräuschlosen Akzeptanz der Rückkehr oder ‚Rehabilitierung‘ besonders im NS-Staat engagierter Kollegen widersetzte.

Die nationalsozialistische Verfolgungspolitik gegenüber den Mitgliedern von wissenschaftlichen Akademien konnte im gegebenen Fall unerbittlich sein, trat jedoch zunächst inkonsistent und vor allem auf andere Ämter, etwa an den Universitäten, bezogen auf. Als Institution konnte es die Akademie deshalb lange vermeiden, Farbe zu bekennen: Ein besonderer Einsatz, ob für von der Kündigung aufgrund des „Berufsbeamtengesetzes“ bedrohte Mitarbeiter oder für als Hochschullehrer von der Verfolgung betroffene Mitglieder, ist nicht festzustellen, wäre in seinen Erfolgsaussichten aber auch mit Zweifeln belegt. Hingegen weitgehend freihändig konnte die Akademie die Kennzeichnung von Mitgliedern im Jahrbuch vornehmen, es erscheint unwahrscheinlich, dass die NS-Wissenschaftsverwaltung hier Regie führte. Das mit allen akademischen Gepflogenheiten brechende ‚Verbergen‘ der Mitgliedschaft Rudolf Pfeiffers, im Übrigen ohne jeden Niederschlag in seiner Mitgliederakte, allerdings erfolgte erstmals im Jahrbuch 1938/1939. Zu diesem Zeitpunkt hatte sich für die Akademie in der Tat bereits einiges geändert[35].

Die hier nur knapp zu benennenden Änderungen der Verhältnisse der Bayerischen Akademie der Wissenschaften nahmen ihren Anfang mit einer Initiative des aus Bayern stammenden, jedoch in Gießen lehrenden Zoologen und frühen Nationalsozialisten Max Dingler (1883–1961). Dieser schlug ab 1934/35 in verschiedenen, teils an den „Stab des Stellvertreters des Führers“, teils an das Kultusministerium gerichteten Denkschriften eine Trennung der Sammlungen von der Akademie mitsamt anschließender Neuordnung unter seiner Leitung vor[36]. Tatsächlich konnte Dingler dieses Vorhaben durchsetzen, verstrickte

34 Vgl. das Akademiejahrbuch 1937/38 S. 30 sowie 1944/48 S. 65.

35 Vgl. insgesamt zur Akademie als Institution: Matthias Berg, Nationalsozialistische Akademie oder Akademie im Nationalsozialismus? Die Bayerische Akademie der Wissenschaften und ihr Präsident Karl Alexander von Müller, in: Friedrich Wilhelm Graf (Hg.), Wendepunkte. Studien zur Wissenschaftsgeschichte der Bayerischen Akademie der Wissenschaften (2013) S. 173–202.

36 Die folgenden Verhandlungen sind hier nicht zu referieren, ebenso wenig die Neuordnung der Sammlungen unter Dingler. Vgl. Freddy Litten, Die Trennung der Verwaltung der wissenschaftlichen

sich aber alsbald in Konflikte mit konkurrierenden Institutionen des NS-Staates und vermochte keine nennenswerte Wirkung zu entfalten. Zu den Beratungen war auch der Historiker Karl Alexander von Müller hinzugezogen worden, seit 1928 ordentliches Mitglied der Akademie und – weitaus wichtiger – zwischen 1917 und 1928 ihr Syndikus[37]. Als Anfang Mai 1935 bekannt wurde, dass der amtierende Akademiepräsident Leopold Wenger einen Ruf nach Wien angenommen hatte und infolgedessen eine Präsidentenwahl notwendig sein würde, kam alsbald Müller ins Spiel.

Offenbar eröffnete die unerwartete Vakanz der Akademiepräsidentschaft den Horizont für neue Überlegungen. Die für Anfang Juni von der Akademie angesetzte Wahl des Präsidenten unterband kurzerhand das bayerische Kultusministerium. Dessen Vorstellungen, zu denen vor allem die Durchsetzung des ‚Führerprinzips' zählte, berichtete der geschäftsführende Kultusminister Ernst Boepple (1887–1950) an das 1934 gebildete Reichsministerium für Wissenschaft, Erziehung und Volksbildung: „Es entspricht nach meiner Meinung den jetzigen Verhältnissen nicht mehr, daß der neue Präsident von der Akademie gewählt und vom Staat bestätigt wird. *[...]* Vorsorglich berichte ich, daß ich den o. Professor der Geschichte an der Universität München Dr. Karl Alexander von Müller für geeignet halte der Bayer. Akademie der Wissenschaften als Präsident vorzustehen"[38].

Die weiteren Schritte von Ministerium und Akademie, welche sich selbstredend keinen Präsidenten vorsetzen lassen wollte, sind an dieser Stelle nicht im Einzelnen nachzuzeichnen. Nachdem Müller dem Ministerium seine Bereitschaft zur Amtsübernahme signalisiert hatte, wurde im Januar 1936 eine Änderung der Satzung verfügt, der Paragraph 3 lautete nun: „An der Spitze der Akademie steht der vom zuständigen Reichsminister aus der Reihe der ordentlichen Mitglieder ernannte Präsident. Die Akademie kann eine geeignete Persönlichkeit vorschlagen"[39]. Zwar wählte die Akademie einen solchen Vorschlag, dessen Einreichung aber weder vom Ministerium erwünscht war, noch tatsächlich erfolgte. Müller wurde am 2. März 1936 zum Präsidenten der Bayerischen Akademie der Wissenschaften ernannt[40]. Bei den anderen deutschsprachigen, im Kartell vereinten Wissenschaftsakademien blieben solcherart Maßnahmen zunächst aus. Der in der Satzungsänderung manifestierte, massive Eingriff in die Struktur der Münchner Akademie erklärt sich demnach vor allem aus der unerwartet vakanten Präsidentschaft, die den nötigen Gestaltungsraum bot, sowie aus

Sammlungen des Staates von der Bayerischen Akademie der Wissenschaften. Ein Beitrag zur Wissenschaftsorganisation in Bayern, in: Zs. für bayerische Landesgeschichte 55 (1992) S. 411–420.

37 Zu Müllers Biographie vgl. Matthias Berg, Karl Alexander von Müller. Historiker für den Nationalsozialismus (2014); zu seiner Rolle in der Akademie zudem: ders., „Morgen beginnen die ersten Detonationen". Karl Alexander von Müller und die Bayerische Akademie der Wissenschaften, in: Zs. für bayerische Landesgeschichte 72 (2009) S. 643–681.

38 KM (Boepple) an REM, 6.6.1935, BayHStA, MK 44052. Zur Umsetzung wie zu den Grenzen des „Führerprinzips" in einer Gelehrtengemeinschaft vgl. Matthias Berg, Der Präsident als Führer? Karl Alexander von Müller, die Bayerische Akademie der Wissenschaften und der Nationalsozialismus, in: Rüdiger vom Bruch u.a. (Hg.), Wissenschaftsakademien im Zeitalter der Ideologien. Politische Umbrüche – wissenschaftliche Herausforderungen – institutionelle Anpassungen (2014) S. 313–338.

39 Vgl. „Gesetz- und Verordnungs-Blatt für den Freistaat Bayern" Nr. 4 v. 23.1.1936. Ebenfalls dementsprechend geändert wurde der vierte Paragraph der ansonsten weiterhin gültigen Satzung aus dem Jahr 1923, der nun die adäquate Ernennung der Abteilungssekretäre durch das Ministerium vorsah.

40 KM (Boepple) an Müller vom 2.3.1936, BayHStA, MK 44052.

der Existenz eines für die NS-Wissenschaftspolitik akzeptablen Kandidaten, dessen Ansehen innerhalb der Akademie zudem versprach, die Friktionen des Eingriffes in ausreichendem Maße ‚moderieren' zu können.

Überdies hatte sich Müller, ohne als rabiater Antisemit zu gelten, bereits zuvor bei der Ausschaltung jüdischer Wissenschaftler ‚bewährt': als Dekan der Philosophischen Fakultät der Ludwig-Maximilians-Universität von 1933 bis 1935 sowie als im Herbst 1935 installierter Herausgeber der ‚Historischen Zeitschrift'. Während Müller sich bei ersterem Amt an der – wie beschrieben auch für die Mitarbeiterschaft der Akademie folgenreichen – Gesetzgebung des NS-Staates orientieren konnte, bedurfte es bei der Herausgabe einer wissenschaftlichen Zeitschrift eigener Initiative. Mit Stolz annoncierte Müller das erste unter seiner Ägide erschienene Heft: „Es steckt mehr Mühe dahinter, als man ihm ansieht, nämlich im Besprechungs- und Anzeigenteil: ich war selbst überrascht und erschreckt, wie viele Juden hier eingenistet waren, oft unter ganz harmlos klingenden Namen. Es war oft gar nicht leicht, Gewissheit zu erhalten; aber die Säuberung war dringend notwendig"[41].

Als Präsident der Akademie konnte Müller im Juni 1937, vier Jahre nach der Entlassung Hans Barons bei der Historischen Kommission, eine mit dem Betreff „Jüdisch versippte Beamte" versehene Anfrage des bayerischen Kultusministeriums knapp mit „Fehlanzeige" beantworten[42]. Auch bezüglich der jüdischen Mitglieder der Akademie, ob ordentlich oder korrespondierend, war einige Wochen zuvor die Anfrage des Reichswissenschaftsministeriums eingegangen. Eduard Schwartz (1858–1940), früherer Akademiepräsident und Sekretär der Philologisch-philosophischen Klasse, vergewisserte sich über den Vorgang bei der Preußischen Akademie: Diese habe die Aufforderung erhalten, die „nichtarischen ordentlichen, auswärtigen und korrespondierenden Mitglieder" dem Ministerium zu melden, was man bezüglich der in Deutschland lebenden Mitglieder vorgenommen habe, nicht jedoch bezüglich der ausländischen korrespondierenden Mitglieder[43].

Entsprechend wies Schwartz für seine Klasse auf den in Freiburg lebenden Philosophen Edmund Husserl (1859–1938) hin, fügte aber hinzu: „Ein Vorgehen halte ich für undurchführbar." Auch Georg Leidinger, Sekretär der Historischen Klasse, verknüpfte seine Meldung mit dem Hinweis, ein Vorgehen gegen die zwei jüdischen Klassenmitglieder Ernst Bernheim (1850–1942)[44] und Robert Davidsohn (1853–1937) sei „grundsätzlich zwar durchführbar, erscheint aber vielleicht im Hinblick auf das hohe Alter Beider *[...]* überflüssig." Zudem genieße Davidsohn „in dem zur Zeit befreundeten Italien (und weit darüber hinaus) sehr hohes Ansehen, so dass ein Vorgehen gegen ihn dem deutschen Namen mehr schaden als nützen möchte." Gänzlich verweigert hatte eine Meldung der Sekretär der Mathe-

41 Müller an Wilhelm Engel, 22.11.1935, BayHStA, Nl von Müller 396. Der Mediävist Engel übte – u.a. im Reichswissenschaftsministerium – eine Reihe wissenschaftsorganisatorischer Ämter aus. 1936/37 leitete er kommissarisch die umorganisierten Monumenta Germaniae Historica, 1935–1945 ‚Reichsinstitut für ältere deutsche Geschichtskunde'.

42 BAdW (Müller und Frauenholz) an KM, 14.6.1937 BayHStA, MK 40347. Zum Ausnahmefall des Mitarbeiters der Historischen Kommission Helmut Weigel vgl. Berg, Detonationen (wie Anm. 37) S. 660.

43 Preußische Akademie der Wissenschaften an Schwartz, 23.3.1937, BayHStA, Nl von Müller 422. Seine Anfrage hat Schwartz, zuvor oder nach Erhalt der Antwort, gegenüber dem Akademiepräsident Müller offengelegt, denn in dessen Nachlass findet sich das Antwortschreiben der Preußischen Akademie.

44 Zu Ernst Bernheim siehe den Beitrag von Martina Hartmann in vorliegendem Band.

matisch-naturwissenschaftlichen Abteilung Heinrich Tietze (1880–1964), da hierfür „nur vollständige, unzweifelhafte Mitteilungen in Betracht kommen" könnten, wofür geeignete Unterlagen nicht vorlägen. Auch Tietze verwies darauf, dass man „auf außenpolitische Wirkungen" Rücksicht nehmen solle[45]. Als amtierender Sekretär erhielt Tietze in dieser Frage zudem die Unterstützung seiner Abteilung. Deren Aussprache in ihrer Sitzung vom 3. April 1937 ergab „die einmütige Überzeugung von dem absehbaren Schaden, den ein Vorgehen, sei es gegen Ausländer sei es gegen Inländer (korresp. oder ordentl.) Mitglieder zur Folge haben würde". Überdies verwies die Abteilung darauf, dass die Akademie „keinerlei Unterrichtsaufgaben" habe, es könnten daher nicht etwa „Gesichtspunkte der Erziehung" angeführt werden. Dementsprechend sei die Abteilung auf die Frage, welche „korrespondierenden Mitglieder Nichtarier sind, nicht weiter eingegangen"[46].

In vielfach erprobter Form – konziliant im Ton, aber unnachgiebig in der Sache – äußerte Müller Verständnis für diese Haltung, jedoch könne man sich „der ministeriellen Weisung nicht entziehen". Man sei „gegenüber den andern Akademien bereits im Verzug", weshalb er „um größtmögliche Beschleunigung dieses Berichtes" ersuche[47]. Ob Tietze nachgab oder Müller auf anderem Wege die eingeforderten Angaben erhielt, ist nicht geklärt. Jedenfalls konnte die Akademie, respektive ihr Präsident, am 10. Mai 1937 eingehenden Bericht zum Betreff „Nichtarier bei den deutschen Akademien der Wissenschaften" erstatten. Als solche gab Müller aus dem Kreis der ordentlichen Akademiemitglieder den Völkerkundler Lucian Scherman (1864–1946) sowie den Chemiker Richard Willstätter – nicht ohne Verweis auf dessen Nobelpreis von 1915 – an, hingegen sei unter den Ehrenmitgliedern „kein Nichtarier, und ist auch nie einer gewesen". Bezüglich der etwa einhundertsechzig korrespondierenden Mitglieder sei, rechtfertigte sich Müller, keine vollständige Feststellung vor allem unter den ausländischen Gelehrten möglich – eine „Anfrage über deren Herkunft würde die Gefahr *[...]* weitreichender Folgen in sich geschlossen haben". Unter den deutschen korrespondierenden Mitgliedern seien „drei Nichtarier": zu den erwähnten Husserl und Bernheim kam – aus Tietzes mathematisch-physikalischer Klasse – der Mathematiker Heinrich Liebmann (1874–1939) hinzu. Mit Einschränkung müsse man auch Davidsohn „dazurechnen", doch sei dieser „vom italienischen Regierungschef Mussolini unter besonderen Ehren wieder nach Florenz berufen" worden, auch wisse man nicht, ob er die italienische Staatsbürgerschaft besitze.

Müller warb dafür, von einem Vorgehen gegen diese Mitglieder abzusehen, da diese keinen Einfluss auf die Arbeit der Akademie nehmen würden. Die wichtigste Aufgabe der Akademien sei „die Aufrechterhaltung und Entwicklung der Verbindung der deutschen Wissenschaft mit dem Ausland", zumal nach den Erschütterungen des Weltkriegs. Ein Ausschluss der „nichtarischen Mitglieder" würde zu einer Austrittswelle ausländischer Mitglieder führen, die Mitarbeit der deutschen Akademien in internationalen Unternehmungen und letztlich ihre Existenz stünden auf dem Spiel. Zwar sei die Mitgliedschaft von „Nicht-

45 Schwartz an Müller, 19.3.1937, Leidinger an Müller, 20.3.1937, Heinrich Tietze an BAdW, 23.3.1937, BayHStA, Nl von Müller 422.

46 Protokoll der Sitzung der Mathematisch-naturwissenschaftlichen Abteilung, 10.12.1938, Archiv BAdW (Interpunktion entsprechend des Originals).

47 Müller an Tietze, 5.4.1937, BayHStA, Nl von Müller 422.

ariern *[...]* durchaus unerwünscht", doch ihre Zahl nicht erheblich, sodass kein „gefährlicher Einfluß" von ihnen ausgehen könne: „Nach unseren hiesigen Verhältnissen erscheint es mir demnach unter den gegenwärtigen Umständen als das geringste Übel, die noch vorhandenen Nichtarier nicht förmlich auszuschließen, sondern die Frage, wenn möglich, durch ihr Aussterben sich selbst erledigen zu lassen"[48].

Die Münchner Akademie und ihr Präsident blieben mit dieser Haltung nicht allein, der seit 1893 bestehende Zusammenschluss der deutschsprachigen Wissenschaftsakademien im ‚Kartell' bahnte den Weg zu einer gemeinsamen Eingabe an das Reichswissenschaftsministerium[49]. Den erstatteten Berichten habe das Ministerium entnehmen können, dass „von einer Verjudung der Akademien nicht gesprochen werden" könne. Jedoch drohe im gegebenen Fall der „Austritt der meisten ausländischen korrespondierenden Mitgliedern", auch ein Ausschluss der „wenigen, noch vorhandenen nichtarischen Mitglieder im Inland" hätte „im Ausland die gleichen Folgen für Aufbau und Bestand der Deutschen Akademien"[50]. Zunächst hatte es damit sein Bewenden, die jüdischen Mitglieder verblieben, auch in der Bayerischen Akademie der Wissenschaften[51].

III.

Mehr als ein Jahr darauf erteilte der Akademiepräsident Müller an den Kanzleisekretär Gottlob Klingel einen als „vertraulich" gekennzeichneten Auftrag: „Bitte stellen Sie in den nächsten Tagen nach den Frage- und Personalbogen zusammen, welche der gegenwärtigen Akademiemitglieder 1) Juden oder jüdische Mischlinge, 2) jüdisch versippt und 3) Mitglieder einer Freimaurerloge oder einer anderen logenähnlichen Organisation waren, bzw. sind. Auftrag und Zusammenstellung sind geheim zu halten"[52]. Einige Tage zuvor hatte sich Müller an den Syndikus der Akademie gewandt und diesen um eine vertrauliche Mitteilung gebeten, ob „das Reicherziehungsministerium in der Frage der nichtarischen Mitglieder der Akademie auf dem bisherigen Standpunkt steht, dass solche Mitglieder bis zu ihrem Ableben belassen, neue Nichtarier aber nicht mehr gewählt" würden. Eine eindeutige Aussage war jedoch nicht zu erlangen, der Syndikus konnte vom bayerischen Kultusministerium lediglich den Hinweis erhalten, man solle „mit der Berliner Akademie wegen der Judenfrage in Verbindung" treten[53]. Auch dort war über die „augenblickliche Stellung" des Ministeriums nichts bekannt, gleichwohl hegte der antwortende Klassensekretär Ernst Heymann (1870–1946) keine Zweifel, dass „die Ausschaltung reichsangehöriger jüdischer Mitglieder für die

48 BAdW an KM, 10.5.1937, BayHStA, Nl von Müller 422.

49 Vgl. das Protokoll der Vorstandssitzung, 8.5.1937 und 5.6.1937, Archiv BAdW. Zum Kartell vgl. Conrad Grau, Die Wissenschaftsakademien in der deutschen Gesellschaft. Das „Kartell" von 1893 bis 1940, in: Eduard Seidler (Hg.), Leopoldina-Symposium Die Elite der Nation im Dritten Reich – Das Verhältnis von Akademien und ihrem wissenschaftlichen Umfeld zum Nationalsozialismus (1995) S. 31–56.

50 Preußische, Bayerische und Sächsische Akademie der Wissenschaften sowie Gesellschaft der Wissenschaften Göttingen an REM,10.6.1937, BayHStA, Nl von Müller 422.

51 Auch im Personalverzeichnis des Jahrbuchs 1937/38 (Stichtag 1. Juni 1938) sind die benannten Mitglieder aufgeführt, abgesehen von den mittlerweile verstorbenen Husserl und Davidsohn.

52 Müller an Klingel, 3.9.1938, BayHStA, Nl von Müller 422.

53 Präsident BAdW (Müller) an Syndikus (Frauenholz), 25.8.1938 sowie dessen Antwort vom selben Tag, ebd.

Akademie dringend gewünscht wird, wie dies für alle anderen Behörden, Universitäten und Institute durchgeführt ist“[54]. Damit war der allen Beteiligten bekannte Handlungsrahmen nochmals umrissen. Weshalb sollte die Judenverfolgung des NS-Staates vor den Türen der Wissenschaftsakademien Halt machen?

Anschließend schweigt die Überlieferung für einige Wochen, doch offenkundig hatte Müller, der über persönliche Kontakte in die NS-Führung verfügte, bereits Anfang September genügend Hinweise erhalten, um den benannten ‚Arbeitsauftrag‘ an den Kanzleisekretär für angebracht zu erachten. Offengelegt wurden Anlass und Folgen dieses Auftrages in der Sitzung des Akademievorstandes am 14. November 1938. Das Protokoll vermerkt:

„Auf Grund einer allgemeinen Weisung des Reichskultusministers, die dem Präsidenten auf dem bayerischen Kultusministerium mündlich mitgeteilt wurde und die nach telephonischer Information des Syndikus die Preussische Akademie bereits erhalten hat, wird den nichtarischen Mitgliedern mitgeteilt, dass für Reichsdeutsche Gelehrte der Nachweis arischer Abstammung für die Zugehörigkeit zu einer reichsdeutschen Akademie unumgänglich nötig ist“[55].

Wenig später konnte das bayerische Kultusministerium beim Reichswissenschaftsministerium vermelden, dass noch vor dem Eintreffen eines umfassenderen, auch die Satzung der Akademie betreffenden Erlasses vom 15. November 1938 den „4 nichtarischen ordentlichen Mitgliedern der Akademie (Scherman, Pringsheim, Willstätter und Liebmann) mitgeteilt“ worden sei, dass „sie der Akademie nicht mehr angehören können“[56]. Offenkundig hatte Müller derart eilig die verbliebenen jüdischen Mitglieder zum Rückzug gedrängt, dass sein Vorgehen durch das Ministerium nur nachträglich gebilligt werden konnte[57]. Den Mitgliedern der Philosophisch-historischen Abteilung wurde in ihrer Sitzung am 10. Dezember 1938 das „Ausscheiden des nichtarischen Mitgliedes Lucian Scherman“ mitgeteilt, zudem erläuterte der Akademiepräsident den Inhalt der ministeriellen Entschließung „betr. die nichtarischen und die jüdisch versippten Mitglieder“[58]. Am selben Tag versammelte sich, wie üblich, auch die Mathematisch-naturwissenschaftliche Abteilung, ausweislich ihres Pro-

54 Preußische Akademie der Wissenschaften (Heymann) an Präsident BAdW (Müller), 9.9.1938, ebd. Ernst Heymann war 1917 bis 1935 gewähltes Mitglied der Zentraldirektion der Monumenta Germaniae Historica und Leiter der Abteilung Leges. – Zum Umgang anderer Akademien mit ihren jüdischen Mitgliedern vgl. Johannes Feichtinger u.a., Die Akademie der Wissenschaften in Wien im Nationalsozialismus und im Kontext der Akademien im ‚Altreich‘, in: Johannes Feichtinger / Brigitte Mazohl (Hg.), Die Österreichische Akademie der Wissenschaften 1847–2022. Eine neue Akademiegeschichte 2 (2022) S. 11–146, hier S. 33–43; Désirée Schauz, Umkämpfte Identitäten. Die Göttinger Akademie der Wissenschaften und ihre Mitglieder 1914–1965 (2022) S. 209–225; Peter Th. Walther, ‚Arisierung‘. Nazifizierung und Militarisierung. Die Akademie im ‚Dritten Reich‘, in: Wolfram Fischer (Hg.), Die Preußische Akademie der Wissenschaften zu Berlin 1914–1945 (2000) S. 87–118, hier S. 91–98.

55 Protokoll der Vorstandssitzung am 14.11.1938, Archiv BAdW.

56 KM an REM, 5.12.1938, BayHStA, MK 40347.

57 Es werde „Ihr mit Schreiben v. 14. November 1938 Nr. 2856 berichtetes Vorgehen gegen die jüdischen Mitglieder der Akademie sachlich gebilligt.“ Vgl. KM an Präsident BAdW, 5.12.1938, BayHStA, MK 40332.

58 Vgl. Protokoll der Sitzung der Philosophisch-historischen Abteilung, 10.12.1938, Archiv BAdW. Scherman hatte im Laufe des Jahres noch an Sitzungen teilgenommen, im Februar 1938 selbst einen Vortrag gehalten, vgl. Höllmann, Scherman (wie Anm. 10) S. 235f.

tokolls erfuhren die Mitglieder zwar in aller Deutlichkeit, dass der Akademie künftig „Nicht-Arier und Mischlinge, weder als ordentliche noch als correspondierende Mitglieder angehören" könnten. Dies gelte „auch für ‚jüdisch versippte'; es muß aber erst festgestellt werden, was darunter zu verstehen ist, ob damit nur solche Mitglieder gemeint sind, deren Frauen rein nichtarisch, oder auch solche, deren Frauen Mischlinge sind"[59].

Die Namen der ausgeschlossen Mitglieder Heinrich Liebmann, Alfred Pringsheim (1850–1941) und Richard Willstätter hatten im Protokoll ihrer Abteilung keine Erwähnung gefunden. Es ist bislang nicht bekannt, wann und auf wessen Initiative der zuvor nicht genannte Mathematiker Pringsheim ebenfalls in das Blickfeld geriet[60]. In den Mitgliederakten aller vier im November 1938 aus der Akademie gedrängten ordentlichen Mitglieder finden sich zwar Spuren ihrer Verfolgung, etwa die Ruhestandsversetzungen als Hochschullehrer, jedoch keinerlei Hinweise auf ihr Ausscheiden aus der Akademie, auch keine handschriftlichen Hinweise auf den ‚Grund' ihrer Verfolgung wie im Falle des eingangs gewürdigten Kasimir Fajans. Sang- und klanglos verschwanden ihre Namen aus den in jedem Jahrbuch abgedruckten Mitgliederlisten, die Aktenführung der Akademie blieb unberührt.

Ein Zusammenhang des Ausschlusses mit den nur wenige Tage zuvor auch in München verübten Novemberpogromen, etwa eine davon ausgelöste unmittelbare Verschärfung, ist nicht anzunehmen, da der seit längerer Zeit vorbereitete Erlass des Reichswissenschaftsministeriums auf eine grundsätzliche Umgestaltung der Akademien abzielte. Immerhin stand seit der Ernennung Müllers zum Präsidenten im März 1936 eine Überarbeitung von Satzung wie Geschäftsordnung aus. Es galt, die postulierten, gleichwohl in der Umsetzung weithin unklaren Anforderungen an eine ‚nationalsozialistische Akademie' auszuformulieren, und somit festgelegte, nicht wechselnden Gegebenheiten leicht anzupassende Regularien zu etablieren. Als das Ergebnis des durchaus heiklen Verfahrens in Form eben jenes Erlasses, der auch die Verdrängung der jüdischen Mitglieder beinhaltete, die Akademie erreichte, jubilierte Müller: „Für die Akademie ist gestern endlich die erbetene Entschließung des Herrn Reichswissenschaftsministers eingetroffen; morgen beginnen die ersten Detonationen beim Umbau"[61]. Die des weiteren eingeforderten Anpassungen der strukturellen Verhältnisse der Akademie sind an dieser Stelle nur knapp zu benennen, zu ihnen zählte eine verstärkte Implementierung des ‚Führerprinzips', die Bestätigung sämtlicher Mitgliederwahlen durch das Reichswissenschaftsministerium sowie die Erweiterung der „räumlichen Voraussetzungen für die Zugehörigkeit zu den ordentlichen Mitgliedern" – bislang mussten diese zwingend in München ansässig sein[62].

Gleichwohl blieb die Verdrängung jüdischer Akademiemitglieder die unmittelbar wichtigste Forderung des Reichswissenschaftsministeriums. Der im Wissenschaftsbetrieb des NS-Staates überaus erfahrene Präsident Müller wusste, weshalb er aufgrund

59 Vgl. Protokoll der Sitzung der Mathematisch-naturwissenschaftlichen Abteilung, 10.12.1938, Archiv BAdW.

60 Ebenso, weshalb Liebmann nunmehr unter die ordentlichen Mitglieder gezählt wurde. Nach seiner Wahl zum außerordentlichen Mitglied 1917 war Liebmann 1920 nach Heidelberg gewechselt und als korrespondierendes Mitglied geführt worden (nach der Ruhestandsversetzung 1935 lebte er, wie im Jahrbuch vermerkt, in Solln).

61 Müller an Walther Wüst, 9.12.1938, UAM, O-XIV-437.

62 REM an KM, 15.11.1938 sowie KM an Präsident BAdW, 5.12.1938, BayHStA, MK 40332.

einer mündlichen Mitteilung, noch bevor der Erlass schriftlich verfasst war und Wochen bevor dieser die Akademie offiziell erreichte, umgehend Fakten schuf. Eingehend wurde im Schreiben des Ministeriums der zunächst in einem einzelnen Satz zusammengefasste Anspruch – „Zu ordentlichen Mitgliedern können nur Reichsbürger gewählt werden." – erläutert: „Mit der Aufnahme einer Satzungsbestimmung, daß ordentliche Mitglieder nur Reichsbürger sein können, wird gewährleistet, daß Juden im Sinne des Reichsbürgergesetztes in Zukunft nicht mehr gewählt werden können. Selbstverständlich ist dieser Grundsatz bei der Wahl der korrespondierenden oder Ehrenmitglieder entsprechend zu beachten. Ich werde meinerseits auch der Wahl eines ausländischen Mitgliedes die Bestätigung versagen, wenn dieser Jude im Sinne des Reichsbürgergesetzes ist. Für den bestehenden Mitgliedsbestand ist darauf hinzuwirken, daß die ordentlichen Mitglieder ebenso die Ehrenmitglieder, soweit sie den genannten Voraussetzungen nicht genügen, aus der Akademie ausscheiden. Zunächst wird den wenigen jüdischen Mitgliedern in geeigneter Form nahezulegen sein, ihre Mitgliedschaft von sich aus niederzulegen. Da die Akademie nach § 11 ihrer bestehenden Satzung den Ausschluß eines Mitgliedes beschließen kann, so ersuche ich, nach dieser Vorschrift zu verfahren, falls ein freiwilliger Austritt eines jüdischen Mitgliedes nicht zu erzielen ist.

Hinsichtlich der korrespondieren jüdischen Mitglieder ersuche ich ebenso zu verfahren, soweit diese Mitglieder Reichsangehörige sind. Hinsichtlich der ausländischen korrespondieren Mitglieder, die Juden im Sinne des Reichsbürgergesetzes sind, werde ich nach Anhörung des Auswärtigen Amtes weitere Anweisung ergehen lassen. Den heutigen weltanschaulichen Grundsätzen entspricht es auch, dass Mischlinge und jüdisch versippte Mitglieder aus der Akademie ausscheiden. Ihnen gegenüber ist daher ebenso zu verfahren, wie gegenüber jüdischen Mitgliedern. Eine Ausnahme für einzelne von ihnen zuzulassen, erscheint mir nicht angebracht"[63].

Ein umfassendes Programm der Vertreibung, das zugleich ohne Mitwirkung der Akademie, allein mittels ministerieller Erlasse, nicht umsetzbar war. Es ist allerdings bislang nicht bekannt, von wem und auf welche Weise den im November 1938 aus der Akademie gedrängten Mitgliedern „in geeigneter Form" nahegelegt wurde, die Institution „freiwillig" zu verlassen, welche sie einst in Anerkennung ihrer wissenschaftlichen Exzellenz in ihre Mitte gewählt hatte. Auch die unter Verweis auf drohenden Schaden zunächst nur zögerlichen, mit Einschränkungen und Bedenken versehenen Meldungen möglicher ‚Betroffener' gehörten nun der Vergangenheit an. Engagiert beteiligte sich die Akademie unter ihrem Präsidenten Müller an der Identifizierung und anschließenden Vertreibung jüdischer Mitglieder. Im Juni 1939 konnte das bayerische Kultusministerium einen mehrseitigen Bericht der Akademie nach Berlin senden, der zunächst erneut auf das Ausscheiden der vier ordentlichen Mitglieder Liebmann, Pringsheim, Scherman und Liebstätter im November des Vorjahres verwies[64]. Zur Feststellung der „jüdischen Vermischung bezw. der jüdischen Versippung" habe die Akademie einen Fragebogen „bei sämtlichen ordentlichen und korrespondierenden reichs-

63 Ebd.

64 KM an REM, 22.6.1939, BayHStA, MK 40332. Da bislang kein einziges Exemplar dieses Fragebogens, weder blanko noch ausgefüllt, bekannt geworden ist, muss ihre gesammelte Vernichtung angenommen werden.

deutschen Mitgliedern" umgehen lassen. Es seien nunmehr „freiwillig aus der Akademie ausgeschieden":

„A. Unter den ord. Mitgliedern:

1. Herrn Johannes Sieveking *[1869–1942]*, als Mischling (1 jüdische Großmutter)
2. Herr Walter Brecht *[1876–1950]*, wegen jüdischer Versippung

B. Unter den korresp. reichsdeutschen Mitgliedern:

1. Eduard Norden *[1868–1941]* – Berlin
2. Otto Hintze *[1861–1940]* – Berlin
3. Ernst Bernheim – Greifswald
4. Kurt Hensel *[1861–1941]* – Marburg L.
5. Georg Bredig *[1868–1944]* – Karlsruhe"

Für drei weitere „jüdisch versippte ordentliche Mitglieder" – den Anglisten Max Förster (1869–1954), den Geographen Erich von Drygalski (1865–1949) sowie den bereits erwähnten Philologen Rudolf Pfeiffer – erläuterte die Akademie eingehend, weshalb auf diese die Regelungen nicht anwendbar seien. Die Frau Försters sei „nachweislich nur Mischling 2. Grades", hingegen die Frau Drygalski zwar „Mischling 1. Grades", doch habe „der Stellvertreter des Führers, Reichsminister Rudolf Hess mir persönlich *[...]* mitgeteilt, daß die NSDAP Herrn von Drygalski, als einen deutschen Geographen von Weltruhm als Ausnahmefall betrachte und an ihrem Teil seine Belassung in unserer Akademie genehmige"[65]. Pfeiffer vermute man im Ausland, eine Rückkehr sei ungewiss. Da „seine Frau Mischling 1. Grades" sei, werde ihm über seine letzte bekannte Anschrift in England die Niederlegung seiner Mitgliedschaft „nahegelegt", andernfalls werde „die Akademie zum Ausschluß schreiten".

Eingehend beschrieb der Bericht schließlich die Herausforderung, solcherart Angaben zuverlässig über die ausländischen korrespondierenden Mitglieder zu erhalten, zumal wenn diese nicht selbst eingeholt oder überprüft werden konnten. Als „zweckmäßiges Verfahren" erschien der Akademie bei begründeter Vermutung, dass „ein ausländisches korresp. Mitglied Jude im Sinne des RBG" sei, beim Reichswissenschaftsministerium eine Meldung mit Antrag auf Überprüfung vorzunehmen – ergebe diese „Nachforschung die Bestätigung der Vermutung, so ist das Ausscheiden des betr. korresp. Mitgliedes zu veranlassen". Mit dem Entwurf eines Prozederes allein aber gab sich die Akademie nicht zufrieden. Vorsorglich wurde mitgeteilt, bei welchen Mitgliedern „eine solche Vermutung nichtarischer Abstammung begründet" erscheine: unter den sieben Genannten finden sich die dänischen Brüder Harald (1887–1951) und Niels Bohr (1885–1962) (Mathematiker und Physiker), der Schweizer Physiker Robert Emden (der von 1907 bis 1933 in München gelehrt hatte, seit 1920 ordentliches Akademiemitglied; 1862–1940), der in die USA emigrierte Zoologe Richard Goldschmidt (1878–1958) sowie auch Kasimir Fajans, emigrierter Chemiker.

Für den Ausschluss aller jüdischen – bzw. „jüdisch versippten" – Mitglieder der Akademie, ob ordentlich oder korrespondierend, ob in Deutschland oder im Ausland ansässig, waren damit die Voraussetzungen geschaffen. Soweit es möglich war, wurden die jüdischen Mitglieder aus der Akademie gedrängt. Mangels hinreichender Informationen beziehungsweise Zugriffes, auch angesichts des wenige Wochen darauf beginnenden Krieges, konnte

65 Hess hatte, wie auch Hermann Göring und Baldur von Schirach, in den 1920er Jahren an Müllers historischen Seminaren an der Münchner Universität teilgenommen.

bezüglich der ausländischen korrespondierenden Mitglieder kein vollständiger Ausschluss vollzogen werden. Das Ziel wurde aber nicht aus den Augen verloren. Im ‚Verdachtsfall' wurde die Akademie umgehend aktiv, so bezüglich der erst 1936 zugewählten italienischen Philologin Medea Norsa (1877–1952), die nach Einholung entsprechender Informationen im Mai 1941 als korrespondierendes Mitglied gestrichen wurde[66]. Es steht zu vermuten, dass weitere Mitglieder in den Fokus gerieten. Ihre Feststellung steht angesichts der teils nicht bestehenden, teils fraglos bereinigten Überlieferung jedoch vor nennenswerten Hürden – wie ausgeführt finden sich selbst in den Akten betroffener Mitglieder zumeist keinerlei Hinweise. Es erscheint sinnvoll, die Überlieferungen aller beteiligten Institutionen für den bekannten Personenkreis der ordentlichen und korrespondieren Mitglieder der Akademie vollständig auszuwerten, etwa die Berufungs- und Personalakten von Universität bzw. Kultusministerium einzubeziehen, um auf diese Weise dem institutionellen Gedächtnis der Akademie auf die Sprünge zu helfen.

IV.

Die weitere Entwicklung der Akademie bis zum Zusammenbruch des NS-Staates im Frühjahr 1945 ist an dieser Stelle nicht im Einzelnen nachzuzeichnen. Trotz der stetig wachsenden Einbindung in das nationalsozialistische Wissenschaftssystem konnte sich die Akademie durchaus institutionelle Freiräume bewahren, unter anderem 1943 den lediglich ernannten Präsidenten zu einer regulären Wahl durch die Mitglieder zwingen – der sich Müller nicht stellte und abdankte. Auf der anderen Seite wurden der Akademie 1940 von ihr nicht gewählte Mitglieder aufgezwungen, auch teils nicht von den Klassen gewählte Sekretäre durch das Reichswissenschaftsministerium schlicht ernannt. Angesichts solcher Eingriffe in die Struktur der Akademie traten einige der noch im üblichen Verfahren gewählten Sekretäre von ihren Ämtern zurück – ein Schritt, der ihnen angesichts der Verdrängung der jüdischen Mitglieder offenkundig nicht notwendig erschienen war.

Bald nach Kriegsende revidierte die Akademie die strukturellen Eingriffe der NS-Zeit, der frühere Präsident Müller trat angesichts eines drohenden Ausschlusses ‚freiwillig' aus der Akademie aus. Doch auch sein von der Akademie gewählter, 1944 bestätigter Nachfolger, der Rechtshistoriker Mariano San Nicolo (1887–1955), musste wegen seiner NSDAP-Mitgliedschaft bald nach Kriegsende zurücktreten (konnte aber nach erfolgreicher ‚Rehabilitierung' der Akademie weiter angehören und ab 1951 erneut als Klassensekretär amtieren). Die verdrängten Mitglieder wurden wieder in ihre Rechte eingesetzt, allerdings vielfach persönlich über die Vorgänge nicht in Kenntnis gesetzt bzw. kurzerhand im Jahrbuch ab 1948 wieder aufgeführt. Ihre Mehrzahl war zu diesem Zeitpunkt bereits verschieden: Heinrich Liebmann 1939, Alfred Pringsheim 1941 und Richard Willstätter 1942 (beide im Exil in der Schweiz), Lucian Scherman 1946 in den USA. Die Lebenswege dieser und anderer, teils emigrierter Mitglieder nach ihrem Ausschluss aus der Akademie, auch die Beweggründe der wenigen

66 Protokoll der Vorstandssitzung, 9.5.1941, sowie Protokoll der Sitzung der Philosophisch-historischen Abteilung, 10.5.1941, Archiv BAdW. Allerdings wird Norsa im Jahrbuch 1943/44 – nachdem sie in den Jahrbüchern 1940/41 und 1941/42 nicht aufgeführt war – erneut als korrespondierendes Mitglied aufgeführt.

Remigranten – wie etwa Rudolf Pfeiffer – sind zumeist noch nicht bekannt. Schließlich liegt das Schicksal verfolgter Mitarbeiter von Kommissionen und Sammlungen, von denen bislang weder die Namen noch ihre Zahl ermittelt sind, vollkommen im Dunkel, sodass auch weitere physische Verfolgungen bis hin zur Ermordung im Holocaust nicht ausgeschlossen werden können.

Erforschungsbedürftig erscheint nicht zuletzt auch die Vergangenheitspolitik der Akademie seit ihrer Wiedereröffnung 1946 und ihrer mühevollen Wiederbelebung in den 1950er Jahren[67]. Zum 200-jährigen Gründungsjubiläum der Akademie 1959 mündete eine diesbezüglich ohnehin nur wenige Zeilen umfassende Darstellung in einen vermeintlich heroischen Akt: „Durch den Widerstand der Klassensekretäre wurde erreicht, daß ein zwangsweiser Ausschluß der Nichtarier nicht stattfand“[68]. In der Tat, es war gelungen, die betroffenen Mitglieder zum ‚freiwilligen' Verlassen der Akademie zu bewegen. Nicht die Akademie hatte ihre Mitglieder beschützen können, diese schützten ihre Institution, verzichteten vorsorglich auf die Teilnahme an Sitzungen oder traten von verliehenen Ämtern zurück. Den verdrängten Mitgliedern war ihre ungebrochene Solidarität mit der Akademie bedeutsamer als ihre eigenen akademischen Rechte und Würden. Gedankt worden ist ihnen dies nicht.

Abstract: Set against the backdrop of widespread anti-Semitism in academic circles during the Weimar Republic, this study begins with the milestone events of Albert Einstein's resignation as a corresponding member of the Bavarian Akademie der Wissenschaften in April 1933 and the onsetting persecution of Jewish scholars under the Nazi Civil Service Law. At first limited to employees, this law began being applied to Jewish Academy members in 1937 and was put to effect in the expulsion of four orderly members in 1938. Following ministerial directions, but also acting on its own initiative, the Academy continued this policy expelling further Jewish and "Jewish-related" corresponding members from its membership rolls in Germany and abroad. Although the measures taken by the Academy administration and the executive board to exclude Jewish members have been well studied, an overview of the total number of the members and the scholars working in the Academy's commissions and scientific collections who were affected by various forms of persecution and expulsion during Nazi rule nevertheless remains a desideratum. The paper provides an overview of the current state of research and outlines future approaches, while also highlighting the fate of individual scholars. Concluding with a short stocktaking of how the Academy has treated its historical legacy since 1945, the article sets further impulses for research on this chapter of institutional history in the "Age of Extremes".

67 Einige Überlegungen hierzu vgl. Matthias Berg, Institution und Integrität. Die Bayerische Akademie der Wissenschaften und ihre institutionelle „Vergangenheitspolitik“ in den 1940er und 1950er Jahren, in: Johannes Feichtinger / Heidemarie Uhl (Hg.), Die Akademien der Wissenschaften in Zentraleuropa im Kalten Krieg. Transformationsprozesse im Spannungsfeld von Abgrenzung und Annäherung (2018) S. 455–476.

68 Walther Meissner, Die schwierige Lage der Akademie unter der nationalsozialistischen Regierung und der Wiederaufbau in den Jahren nach dem Zweiten Weltkrieg, in: Geist und Gestalt. Biographische Beiträge zur Geschichte der Bayerischen Akademie der Wissenschaften vornehmlich im zweiten Jahrhundert ihres Bestehens 1: Geisteswissenschaften (1959) S. 35–49, hier S. 38.

Ernst Bernheim (1850–1942)

von
MARTINA HARTMANN

Ernst Bernheim um 1900

Dass Ernst Bernheim, der mit seinem 1889 erstmals publizierten und in viele Sprachen übersetzten ‚Lehrbuch der historischen Methode und Geschichtsphilosophie'[1] weltberühmt wurde, in seinen jungen Jahren auch als Editor für die MGH tätig war, ist wenig bekannt[2], vermutlich weil er in verschiedenen anderen Bereichen der Geschichtswissenschaft einen prägenderen Einfluss hatte.

Ernst Bernheim wurde am 19. Februar 1850 in Hamburg als Sohn des Kaufmanns Ludwig (Louis) Bernheim und seiner Frau Emma, geb. Simon geboren[3]. Nach dem Abitur

---

1 Ernst BERNHEIM, Lehrbuch der historischen Methode und Geschichtsphilosophie. Mit Nachweis der wichtigsten Quellen und Hilfsmittel zum Studium der Geschichte (1889); zuletzt 2013 im Verlag Duncker und Humblot, Berlin, wiederaufgelegt.

2 Bernheims Name fehlt in der Aufzählung der jüdischen Mitarbeiter der MGH von Horst FUHRMANN, „Sind eben alles Menschen gewesen". Gelehrtenleben im 19. und 20. Jahrhundert. Dargestellt am Beispiel der Monumenta Germaniae Historica und ihrer Mitarbeiter. Unter Mitarbeit von Markus WESCHE (1996) S. 103.

3 Vgl. aus der Fülle der Literatur zu ihm bes. Irene BLECHLE, Entdecker der Hochschulpädagogik – die Universitätsreformer Ernst Bernheim (1850–1942) und Hans Schmidkunz (1863–1934) (2002) und Mircea OGRIN, Ernst Bernheim (1850–1942). Historiker und Wissenschaftspolitiker im Kaiserreich und in der Weimarer Republik (2012); beide Arbeiten haben den Nachlass Bernheims in der Universitätsbibliothek Greifswald ausgewertet. Vgl. auch den Artikel über Ernst Bernheim im Lexikon

in Hamburg studierte er zunächst an den Universitäten in Berlin und Heidelberg; 1873 promovierte er an der Universität Straßburg bei Julius Weizsäcker (1828–1889) zu Lothar III. und dem Wormser Konkordat; er fand für sein Werk, das mit ‚summa cum laude' bewertet wurde, auch sofort einen Verlag[4]. In den Forschungen zur deutschen Geschichte sowie anderen renommierten Zeitschriften publizierte er in den nächsten Jahren zahlreiche quellenkritische Studien zum Früh- und Hochmittelalter[5] und so bestärkte sein Doktorvater ihn in dem Bestreben, sich zu habilitieren, auch wenn er die Problematik des Antisemitismus an verschiedenen Universitäten als Karrierehemmnis für seinen Schüler sah.

Weizsäcker empfahl Bernheim seinem Kollegen Georg Waitz (1813–1886) und bereits 1875 habilitierte der damals 25 Jahre junge Gelehrte sich in Göttingen mit einer Abhandlung über eine berühmte Streitschrift aus der Zeit des Investiturstreits, nämlich De investitura episcoporum[6], die er dann später für die MGH in der Reihe der Libelli de lite edierte[7]. Waitz, der im gleichen Jahr 1875 Vorsitzender der Zentraldirektion der MGH wurde, verpflichtete Bernheim zwei Jahre später als Editor für diese Reihe und hoffte anfangs, der junge Gelehrte werde eine ganze Reihe von Streitschriften des Investiturstreits edieren, wie aus zwölf im Archiv der MGH erhaltenen Briefen Bernheims an Waitz aus den Jahren 1877 bis 1884 hervorgeht[8]. Sie belegen die Bemühungen des jungen Gelehrten, zur sinnvollen Gliederung der Bände beizutragen, und man kann erkennen, dass ursprünglich mehr Texte für eine Edition bei den MGH vorgesehen waren. Gleichzeitig lassen diese Schreiben ahnen, wie mühsam für Ernst Bernheim die Jahre als Privatdozent waren, denn er war ängstlich bemüht, sich das Wohlwollen des „hochverehrten Herrn Geheimrath" zu erhalten. Besonders deutlich wird dies an einem Schreiben, in dem Bernheim Waitz ‚beichtete', die Kollation eines Textes verloren zu haben; er entschuldigte sich wortreich bei Waitz und gab seiner Hoffnung Ausdruck, Waitz werde ihm diese Nachlässigkeit verzeihen und ihm dies nicht nachtragen. Bernheims Sorge war unbegründet, denn eine Notiz von Waitz auf Bern-

deutsch-jüdischer Autoren 2 (1993) S. 284–288, wo zu seinen Werken auch Nachdrucke und Übersetzungen verzeichnet sind. Fehlerhaft ist der Artikel von Gottfried Opitz, NDB 2 (1955) Sp. 125 (z.B. existiert eine Selbstdarstellung Bernheims, wie Opitz angibt, nicht).

4 Ernst Bernheim, Lothar III. und das Wormser Concordat (1874); die MGH-Bibliothek besitzt das Widmungsexemplar des Verfassers für Oswald Holder-Egger; vgl. zu seinem Verhältnis zu Weizsäcker und den Druck der Dissertation Ogrin, Bernheim (wie Anm. 3) S. 24 ff.

5 Als Beispiele seien hier genannt: Der Glossator der Gesta Berengarii imperatoris, in: Forschungen zur deutschen Geschichte 14 (1874) S. 138–154; Die Sage von den treuen Weibern zu Weinsberg und der Zusammenhang sächsischer Annalen, in: Forschungen zur Deutschen Geschichte 15 (1875) S. 239–288; Ein bisher unbekannter Bericht vom Concil zu Pisa im Jahr 1135, in: Zs. f. Kirchenrecht 16 (1881) S. 147–154; Die Vita Karoli Magni als Ausgangspunkt zur literarischen Beurtheilung des Historikers Einhard, in: Historische Aufsätze dem Andenken an Georg Waitz gewidmet (1886) S. 73–96; Die sagenhafte sächsische Kaiserkronik aus dem 12. Jahrhundert, in: NA 20 (1895) S. 51–123; Ueber die Origo gentis Langobardorum, in: NA 21 (1896) S. 373–399; Das Verhältnis der Vita Caroli Magni zu den sogen. Annales Einhardi, in: HZ 1 (1898) S. 161–180.

6 Ernst Bernheim, Ueber den Traktat De investitura episcoporum, in: Forschungen zur deutschen Geschichte 16 (1876) S. 279–295.

7 Siehe unten S. 75.

8 Die zwölf Briefe Ernst Bernheims an Georg Waitz finden sich im MGH-Archiv unter der Signatur B 172; unter der Signatur B 231 findet sich ein Brief Bernheims an Wilhelm Wattenbach vom 23. Juli 1888 und unter B 267 vier Briefe an Ernst Dümmler aus den Jahren 1890 bis 1892.

heims Brief erhellt, dass dieser die Kollation schon längst an den Geheimrat geschickt, dies aber wohl angesichts vieler anderer Arbeiten und Projekte vergessen hatte[9].

Aber nicht nur für die MGH wurde Bernheim als Editor tätig. Julius Weizsäcker betraute ihn auch mit Editionsarbeiten für die Reichstagsakten der Zeit König Ruprechts von der Pfalz für die Historische Kommission bei der Bayerischen Akademie der Wissenschaften. Dafür ging Bernheim 1879/80 auf Archivreise nach Österreich, Böhmen und Italien[10]. Wie die Briefe an Georg Waitz belegen, kümmerte er sich während dieser Reisen auch um Abschriften von Kodizes für die geplante Libelli de lite-Reihe der MGH[11].

Obwohl seine 1880 erschienene Schrift ‚Geschichtsforschung und Geschichtsphilosophie' nicht nur von Waitz mit großer Anerkennung aufgenommen wurde[12], dauerte es bis 1883, ehe Ernst Bernheim an der Universität Greifswald eine außerordentliche Professur für mittelalterliche Geschichte und geschichtliche Hilfswissenschaften erhielt – eine Zeit der beruflichen Unsicherheit, die er nie vergaß[13].

„Sie haben keine Spur von dem an sich was man einen Juden heißt: warum wollen Sie diesem unläugbaren Thatbestand nicht den entsprechenden Ausdruck geben?", schrieb Julius Weizsäcker im April 1882 an seinen Schüler Ernst Bernheim[14] und versuchte, ihm die Konversion zum Protestantismus nahezulegen, um seine Karrierechancen zu verbessern, da dieser damals bereits seit sieben Jahren Privatdozent war. Die Antwort Bernheims ist zwar nicht erhalten, aber sie dürfte ablehnend gewesen sein, denn noch im Jahr 1885 ist er als zahlendes Mitglied in den Steuerrollen der Greifswalder Synagoge verzeichnet[15]. Im Jahr darauf kon-

9 Dieser Brief Bernheims an Waitz stammt vom 14. Januar 1879: „Es tuth mir sehr Leid und ich bitte Sie, hochgeehrter Herr Geheimrath, um gütige Verzeihung, daß ich durch Verzögerung meiner Antwort Ihnen nochmals Mühe gemacht habe. Diese Verzögerung hat allerdings einen mir sehr peinlichen Grund: die Collation, nach der Sie fragen, ist nämlich in mir unbegreiflicher Weise abhandengekommen und ich habe dieselbe nicht mehr finden können, obgleich ich mehrere Tage in jeder erdenklichen Weise danach gesucht habe; es ist unbegreiflich, weil ich die wertvollen Manuskripte natürlich in besonderer Verwahrung halte und diese mir gewissermaßen unter den Händen verschwunden ist. Trotzdem bin ich mir schmerzlich bewußt, welche Bedeutung dieser jedenfalls nicht ohne irgendwelche Schuld meinerseits veranlasste unglückliche Zufall in Hinsicht Ihres Vertrauens zu mir haben könnte und ich gebe mich nur der Hoffnung hin, daß Sie, hochverehrter Herr Geheimrath, nicht geneigt sein möchten, dieser Erfahrung von mir eine allgemeine Geltung betreffs meines Verhaltens beizulegen." Unterhalb des Briefes hat Waitz notiert: „Die Collation fand sich hier Waitz" (MGH-Archiv B 172 Blatt 11 und 12).

10 Vgl. dazu Ogrin, Bernheim (wie Anm. 3) S. 28 ff.

11 Im Mai 1880 schrieb Ernst Bernheim aus Venedig an Georg Waitz wegen der Streitschriften-Codices (MGH-Archiv B 172 Blatt 13 und 14).

12 Ernst Bernheim, Geschichtsforschung und Geschichtsphilosophie (1880); vgl. dazu Ogrin, Bernheim (wie Anm. 3) S. 30.

13 Vgl. dazu Ogrin, Bernheim (wie Anm. 3) S. 38 ff. sowie Karl-Heinz Spiess, Das Mittelalter in Forschung und Lehre am Historischen Institut im 19. und 20. Jahrhundert, in: Geschichtswissenschaft in Greifswald. Festschrift zum 150jährigen Bestehen des Historischen Instituts der Universität Greifswald, hg. von Niels Hegewisch / Karl-Heinz Spiess / Thomas Stamm-Kuhlmann (2015) S. 65–82, hier S. 70 ff. Vgl. auch den Brief Bernheims an Karl Lamprecht über das Los der Privatdozenten bei Ogrin, Bernheim (wie Anm. 3) S. 37f. sowie Blechle, Entdecker der Hochschulpädagogik (wie Anm. 3) S. 42.

14 Vgl. den Brief, der sich im Nachlass Bernheim in der Universitätsbibliothek Greifswald befindet, bei Ogrin, Bernheim (wie Anm. 3) S. 33.

15 Vgl. Ines Oberling, Gelehrte aus jüdischen Familien an der Universität Greifswald im 19. Jahrhundert,

vertierte er dann allerdings doch zum Protestantismus, aber der Grund dafür war sicher nicht seine Karriere, sondern seine Heirat mit der elf Jahre jüngeren Amalie („Emma") Henriette Jessen (1861–1945), die am 16. April 1886 stattfand[16]. Vermutlich hatten die beiden sich über Bernheims althistorischen Kollegen Otto Seeck (1850–1921) kennengelernt, der seit 1881 an der Universität Greifswald lehrte, denn er war seit 1882 mit Amalies Schwester Auguste Jessen verheiratet[17].

Ernst Bernheim heiratete damit in eine angesehene Familie ein: Amalie Jessen war die Tochter von Otto Jessen (1826–1904), dem Begründer und Leiter der Handwerksschule in Hamburg und der Kunstgewerbeschule in Berlin; ihr Großvater Peter Jessen (1793–1875) war Professor der Psychiatrie in Kiel und ihr Onkel Carl Jessen (1821–1889) war von 1856 bis 1876 Botaniker in Greifswald gewesen[18]. Aus der Ehe von Amalie und Ernst Bernheim gingen fünf Kinder hervor: zunächst wurde 1888 Tochter Emma geboren, 1890 Hans, 1891 Theodor, 1893 Rudolf und 1895 Oskar. Rudolf starb allerdings bald nach der Geburt, Theodor Bernheim erlag 1936 den Folgen von Verletzungen, die er sich im Ersten Weltkrieg zugezogen hatte. Die drei anderen Kinder überlebten die Zeit des Nationalsozialismus[19], in der sie als „Mischlinge ersten Grades" diskriminiert und entrechtet wurden[20]; Ernst Bernheim war durch die Ehe mit seiner „arischen" Ehefrau geschützt.

Im Jahr 1889 war Bernheim zum ordentlichen Professor der Universität Greifswald befördert worden. An dieser Universität lehrte er insgesamt 38 Jahre und prägte sie in verschiedener Hinsicht: Von großer Bedeutung war die Ausgabe ausgewählte Urkunden zur Erläuterung der Verfassungsgeschichte Deutschlands im Mittelalter[21], die im Jahr 1891 erstmals erschien und von Bernheim zusammen mit Wilhelm Altmann (1862–1951) herausgegeben wurde, dem 1889 nach Greifswald berufenen Leiter der Universitätsbibliothek, einem Schüler Leopolds von Ranke, der sich 1893 in den Historischen Hilfswissenschaften habilitierte[22]. Sie erlebte mehrere Auflagen. 1905 erschien Bernheims Einleitung in die Geschichtswissenschaft, mit der er seine geschichtsmethodologischen und geschichtsphilosophischen Publikationen fortführte[23], und 1907 gab er zwei Bände Quellen zur Geschichte des Investiturstreits

in: Werner Buchholz, Die Universität Greifswald und die deutsche Hochschullandschaft im 19. und 20. Jahrhundert (2004) S. 145–168, hier S. 163.

16 Das Datum der Heirat ist in Bernheims Personalakte der Universität Greifswald erhalten; vgl. Ogrin, Bernheim (wie Anm. 3) S. 41f.

17 Vgl. Wolfgang Schuller, Otto Seeck, in: NDB 24 (2010) S. 139 und aus der Fülle der Literatur zu Seecks Zeit in Greifswald Bruno Bleckmann, Otto Seeck. Spätrömische Geschichte im wilhelminischen Reich, in: Altertumswissenschaft in Greifswald. Portraits ausgewählter Gelehrter 1856 bis 1946, hg. von Susanne Froehlich (2021) S. 85–104 mit weiterer Literatur.

18 Vgl. Ogrin, Bernheim (wie Anm. 3) S. 41f.; Oberling, Gelehrte jüdischer Herkunft (wie Anm. 15) S. 163.

19 Emma starb 1964, die Todesdaten von Hans und Oskar ließen sich nicht ermitteln.

20 Die Verfolgung von Mischlingen im Nationalsozialismus ist nach wie vor nicht hinreichend untersucht. Vgl. Beate Meyer, „Jüdische Mischlinge". Rassenpolitik und Verfolgungserfahrung 1933–1945 (1999).

21 Wilhelm Altmann / Ernst Bernheim, Ausgewählte Urkunden zur Erläuterung der Verfassungsgeschichte Deutschlands im Mittelalter. Zum Handgebrauch für Juristen und Historiker (1891).

22 Vgl. zu ihm Philipp Losch, Wilhelm Altmann, in: NDB 1 (1953) S. 226f.

23 Ernst Bernheim, Einleitung in die Geschichtswissenschaft (1905).

in Übersetzung heraus[24], in die seine langjährige Beschäftigung mit dieser Epoche für die MGH einfloss. Auch dieses Werk erlebte mehrere Auflagen. Bereits in den Jahren 1891 und 1892 waren die beiden ersten Bände der Libelli de lite bei den MGH erschienen, die die Streitschriften des Investiturstreits enthielten. Bernheim hatte für den ersten Band den Liber contra Wibertum Anselms von Lucca ediert[25] und für den zweiten Band den Tractatus de investitura episcoporum[26], mit dem er sich in seiner Habilitationsschrift beschäftigt hatte. Im Jahr 1877 hatte Georg Waitz noch die Hoffnung, der junge Gelehrte werde alle Streitschriften der königlichen Partei edieren[27], aber nachdem Bernheim den Greifswalder Lehrstuhl erhielt und dort mit dem Aufbau eines hilfswissenschaftlichen Apparats und Studienganges beschäftigt war[28], blieb ihm – auch angesichts anderer Interessen und Projekte – die Zeit dafür nicht mehr.

Bernheim war nämlich nicht nur ein begeisterter Hochschullehrer und wurde zusammen mit Hans Schmidkunz (1863–1934) zum ‚Pionier' der Hochschulpädagogik[29], er interessierte sich auch für die Verbesserung des Geschichtsunterrichts[30] und die problematische Situation der Privatdozenten. Über diese hatte er in einem Brief an seinen Lehrer Weizsäcker geschrieben, er atme auf, „aus dem niederziehenden Sumpf verlängerten Privatdozententhums herauszukommen"[31]. Die Hochschuldidaktik war ihm ebenfalls ein Anliegen und er erkannte hellsichtig die Probleme in der Ausbildung des wissenschaftlichen Nachwuchses. In zwei Vorträgen, die die bezeichnenden Titel „Die ungenügende Ausdrucksfähigkeit der Studierenden" und „Das Persönliche im akademischen Unterricht und unverhältnismäßige Frequenz unserer Universitäten" trugen, widmete er sich diesen Themen[32]. Doch damit nicht genug interessierte er sich auch für die landesgeschichtliche Forschung. Bernheim forderte eine pommersche Landesgeschichtsschreibung und ebenso die Beschäftigung mit Kulturgeschichte. Hier kam die Anregung durch seine Bekanntschaft mit Karl Lamprecht (1856–

24 Ernst Bernheim, Quellen zur Geschichte des Investiturstreits (1907); die Ausgabe erlebte zahlreiche Auflagen und ist immer noch in einem Nachdruck von 2016 lieferbar.

25 MGH Ldl 1 (1991) S. 517–528.

26 MGH Ldl 2 (1892) S. 495-504.

27 Dies geht aus Ernst Bernheims Brief an Georg Waitz vom 30. Mai 1877 hervor: „Mir scheint eine Vertheilung der zu edierenden Streitschriften nach dem, was Sie mir freundlichst mittheilten, sich vielleicht so zu empfehlen, dass ich die Streitschriften von königlicher Seite übernähme, wenn sich noch eine oder die andere der Gegenpartei, die sich etwa direkt auf die erstere bezieht, anschließen könnte" (MGH-Archiv B 172 Blatt 1).

28 Ernst Bernheim an Georg Waitz am 17. Januar 1884: „Es fehlt mir nur, während ich doch mit für Hilfswissenschaften angestellt bin, jeglicher Apparat, ja zum Teil die nötigsten Elementarmittel sind nicht vorhanden. Ich bin deswegen auf eine Eingabe an das Kuratorium bzw. das Ministerium verwiesen worden und möchte Sie recht bitten, wenn Sie dazu Gelegenheit haben, dieses notwendige Gesuch zu unterstützen" (MGH-Archiv B 172 Blatt 19).

29 Vgl. dazu ausführlich Blechle, Entdecker der Hochschulpädagogik (wie Anm. 3) bes. S. 196 ff. und 263 ff.

30 Vgl. etwa Ernst Bernheim, Entwurf eines Studienplans für das Fach Geschichte und die damit verbundenen Nebenfächer. Nebst Beilagen: Beispiele von Anfängerübungen (1901).

31 Zitiert nach Spiess, Mittelalter in Greifswald (wie Anm. 13) S. 71.

32 Ebd. S. 72.

1915)[33], auf die nicht näher eingegangen werden kann; Lamprechts kulturgeschichtliche Forschung entwickelte Bernheim weiter[34].

1921 wurde Ernst Bernheim an der Universität Greifswald, deren Rektor er im Jahr 1899/1900 gewesen war, emeritiert[35]. Er konnte auf ein eindrucksvolles und vielfältiges Wirken zurückblicken mit zahlreichen, international anerkannten Publikationen; er blieb weiterhin aktiv, etwa als Vorsitzer der Gesellschaft für Hochschulpädagogik und in der Wissenschaft; so überarbeitete er seine ‚Einleitung in die Geschichtswissenschaft'[36].

Als die Nationalsozialisten 1933 an die Macht kamen, stand Ernst Bernheim im 83. Lebensjahr. Die letzten Jahre des bis dahin hochgeachteten Gelehrten waren vom Kampf gegen die Diskriminierung seiner Kinder und seiner eigenen Person geprägt[37]. 1933 verfasste er angesichts erster Maßnahmen, die Juden in ihrer Berufsausübung einschränkten, ein Gesuch an Hitler, um für seine Söhne, die als Soldaten im Ersten Weltkrieg gekämpft hatten, eine Ausnahmegenehmigung zu erwirken. Betroffen von den Maßnahmen waren auch „Mischlinge ersten Grades", zu denen nach NS-Terminologie Bernheims Kinder zählten. „Mischlinge" sollten nicht mehr in juristischen, pädagogischen oder medizinischen Berufen arbeiten, was Bernheims Söhne direkt betraf – Hans war Rechtsanwalt und Notar in Stolp, der promovierte Chemiker Theodor Studienrat in Demmin und Oskar als Dr. med. praktischer Arzt erst in Linde, dann in Anklam[38]. Allerdings waren die auf „Mischlinge" bezogenen Verordnungen und Erlasse des NS-Staats unübersichtlich und chaotisch sowie regional unterschiedlich und überdies bis zum Ende der NS-Diktatur Gegenstand von Diskussionen zwischen Verwaltung, Partei und SS. Das bedeutete für die Betroffenen ständige Unsicherheit, weil heute verboten sein konnte, was gestern noch erlaubt war; gleichzeitig erschweren diese Umstände im Einzelfall die Einschätzung des Umfangs der Diskriminierung ohne überlieferte personenbezogene Unterlagen[39]. Ernst Bernheims Gesuch hat sich in fragmentarischer Form in seinem Nachlass im Universitätsarchiv Greifswald erhalten und zeigt, wie sehr der verdiente Gelehrte die Situation verkannte, indem er sich direkt an den

33 Vgl. die Edition des Briefwechsels zwischen Bernheim und Lamprecht: „Über das eigentliche Arbeitsgebiet der Geschichte". Der Briefwechsel zwischen Karl Lamprecht und Ernst Bernheim und zwischen Karl Lamprecht und Henri Pirenne, hg. von Luise SCHORN-SCHÜTTE und Mircea OGRIN (2017). Immer noch lesenswert ist Herbert SCHÖNEBAUM, Karl Lamprecht und Ernst Bernheim, in: Archiv für Kulturgeschichte 43 (1961) S. 217–239.

34 Rembert UNTERSTELL, Klio in Pommern. Die Geschichte der Pommerschen Historiographie 1815 bis 1945 (1996) S. 67 ff.

35 Vgl. OGRIN, Bernheim (wie Anm. 3) S. 87.

36 Ebd.

37 Diese Jahre werden behandelt von BLECHLE, Entdecker der Hochschulpädagogik (wie Anm. 3) S. 332–341 und von OGRIN, Bernheim (wie Anm. 3) S. 91–103.

38 Die Berufe und Wohnorte der Söhne gehen hervor aus der Tabula gratulatoria zum 80. Geburtstag Bernheims im Jahr 1930, die BLECHLE, Entdecker der Hochschulpädagogik (wie Anm. 3) S. 457 ff. abgedruckt hat (Einträge zu den Bernheim-Söhnen S. 458). Oskar Bernheim hatte 1922 in Greifswald über ‚Krankheit und Geschlecht im Kindesalter' promoviert. Vgl. zu Theodor Bernheim auch Jochen BAUCHMEIER, Die Juden in Demmin – Versuch einer Schilderung der Verhältnisse bis 1939, in: Baltische Studien N. F. 83 (1997) S. 58.

39 Vgl. MEYER, „Jüdische Mischlinge" (wie Anm. 20).

Reichskanzler wandte[40]. Helfen konnte der Vater seinen Söhnen nicht. Umgekehrt versuchten auch seine Tochter Emma – eine ausgebildete Sonderschullehrerin, die 1908 ihr Examen abgelegt hatte, ihren Beruf aber bald wieder aufgab, um ihren Vater als Privatsekretärin zu unterstützen – zusammen mit ihrem Bruder Hans, den Vater vor Demütigungen zu bewahren[41]. Schon im Juni 1933 war dieser durch ministeriellen Erlass von der Teilnahme an den Sitzungen der Philosophischen Fakultät ausgeschlossen worden[42], 1935 wurden ihm wie allen deutschen Juden mit den sog. Nürnberger Rassegesetzen die bürgerlichen Rechte aberkannt. Sein Sohn Hans wandte sich daraufhin an den Regierungspräsidenten von Stettin. In seinem nur teilweise juristisch argumentierenden Schreiben bezog er sich auf die Möglichkeit, sich von einzelnen Bestimmungen des Reichsbürgergesetzes vom 15. September 1935 befreien zu lassen, die im November 1935 geschaffen worden war[43]. Hans bekannte sich im Namen der gesamten Familie und seines Vaters zum Nationalsozialismus – sie alle hätten „national" gewählt –, bestritt für seinen Vater und alle Angehörigen jeden „politischen Zusammenhang mit dem Judentum" und verwies darauf, dass die „8 Enkelkinder meines Vaters *[...]* zu 75 v.H. deutschblütig" seien und wegen des „gegebenen Heiratsverbots mit nicht-arischen Ehegatten zwangsläufig in der nächsten Generation ganz in dem deutschen Volk und Blut aufgehen" würden[44]. Der Antrag hatte Erfolg, wobei die Universität Greifswald und die Familie Jessen möglicherweise ihren Einfluss geltend gemacht hatten, wie Mircea Ogrin vermutete. Zum 90. Geburtstag Bernheims im Jahr 1940 gab es eine offizielle Gratulation, nachdem sich die Universität zuvor beim Reichswissenschaftsministerium rückversichert hatte, dass dies gestattet sei, „obwohl Professor Bernheim kein Arier ist"[45].

Einen gezielten Angriff auf das Lebenswerk Ernst Bernheims stellt die bei Gerhard Kallen (1884–1973) in Köln entstandene und 1942 angenommene Dissertation von Edmund Edel dar: „Grenzen und Gefahren der Geschichtsauffassung Ernst Bernheims. Ein Beitrag zur Überwindung des Historismus in der zweiten Hälfte des 19. Jahrhunderts", ein übles antisemitisches Machwerk, in dem Ernst Bernheim als „belangloser Historiker" und

40 Das Schreiben ist abgedruckt bei Blechle, Entdecker der Hochschulpädagogik (wie Anm. 3) S. 332f. und bei Ogrin, Bernheim (wie Anm. 3) S. 92f.

41 Vgl. das Portrait von Emma Bernheim in: Britta Herrmann / Karin Ritthaler, 90 Jahre Frauenstudium in Greifswald. Eine Ausstellung im Museum der Hansestadt Greifswald 07.04. bis 30.04.1999 (Interdisziplinäres Zentrum für Frauen- und Geschlechterstudien der Ernst-Moritz-Arndt-Universität Greifswald) S. 64f. Das Portrait enthält mehrere Fotos von Emma Bernheim mit den Eltern und Geschwistern aus dem Besitz von Roland und Kurt Bernheim, den Söhnen von Oskar Bernheim.

42 Vgl. Maud Antonia Viehberg, Restriktionen gegen Greifswalder Hochschullehrer im Nationalsozialismus, in: Buchholz, Universität Greifswald (wie Anm. 15) S. 271–307, hier S. 278 mit Anm. 35.

43 § 7 Erste Verordnung zum Reichsbürgergesetz, in: RGBl. I S. 1333f. Die Bestimmung, die sich ihrem Wortlaut nach ausschließlich auf die Ausführungsverordnungen zum Reichsbürgergesetz bezog, wurde offenbar durch manche untergeordneten Behörden sehr weit ausgelegt. Das Recht, Befreiungen zu erteilen, war in der Verordnung zudem ausschließlich Hitler selbst zugestanden worden, was im Dezember 1938 das Reichsinnenministerium dazu veranlasste, per Runderlass Anweisung zu erteilen, keine Ausnahmegenehmigungen mehr zu erteilen. Vgl. Joseph Walk (Hg.), Das Sonderrecht für die Juden im NS-Staat. Eine Sammlung der gesetzlichen Maßnahmen und Richtlinien – Inhalt und Bedeutung (1981) S. 265.

44 Das Gutachten ist abgedruckt bei Ogrin, Bernheim (wie Anm. 3) S. 93f. (Zitat auf S. 94).

45 Vgl. ebd. S. 95.

als „überwundener Geschichtsschreiber" bezeichnet und immer wieder als „Jude Bernheim" angesprochen wird. Irene Blechle hat markante Zitate aus der Dissertation, die als erklärtes Ziel hatte, „zur klaren Erkenntnis des geistigen Feindes" beitragen zu wollen, zusammengestellt[46]. Das problematische Wirken von Edels Doktorvater Kallen, der von 1927 bis 1953 Ordinarius für mittelalterliche Geschichte in Köln war, in der NS-Diktatur ist inzwischen aufgearbeitet worden[47]. Möglicherweise hat Ernst Bernheim selbst von diesen Versuchen einer Demontage seines wissenschaftlichen Werkes nichts mehr erfahren, denn seine Kinder versuchten, ihn abzuschirmen[48].

Ernst Bernheim starb am 3. März 1942, wenige Wochen nach Vollendung des 92. Lebensjahres, und damit lange bevor im Januar 1945 die Nationalsozialisten auch die Deportationen jüdischer Ehepartner aus „Mischehen" einleiteten[49]. 1942 wurde auch die taubstumme Hetti Meyer, ein Schützling seiner Tochter Emma, die von Geburt an bei den Bernheims gelebt hatte, nach Theresienstadt deportiert und dort ermordet[50]. Ein Nachruf auf den großen Gelehrten erschien bis zum Ende des Zweiten Weltkrieges nicht[51], und erst ein Jahr nach seinem Tod wurde der Familie gestattet, die Urne mit den sterblichen Überresten Ernst Bernheim auf dem städtischen Friedhof von Greifswald beizusetzen, nachdem sich die Philosophische Fakultät auf Bitten von Emma Bernheim an den Reichskirchenminister gewandt hatte[52].

Ein eindrucksvolles Altersportrait von Ernst Bernheim schuf der impressionistische Maler Konrad von Kardorff (1877–1945); er war einer von drei „arischen" Künstlern, die an der Beerdigung des berühmten jüdischen Malers Max Liebermann (1874–1935) am 8. Februar 1935 teilgenommen hatten; nach dem Tod Liebermanns war er zum Beistand für dessen Witwe Martha (1857–1943) geworden[53]. Kardorffs Portrait bringt das Leid Bernheims, das seine letzten Lebensjahre überschattete, sehr gut zum Ausdruck[54].

46 Vgl. Blechle, Entdeckung der Hochschulpädagogik (wie Anm. 3) S. 335f.

47 Vgl. Ursula Wolf, Litteris et Patriae. Das Janusgesicht der Historie (1996) S. 88f. und Klaus Pabst, „Blut und Boden" auf rheinische Art. Gerhard Kallen, der Nationalsozialismus und der „Westraum", in: Burkhard Dietz / Helmut Gabel / Ulrich Tiedau, Griff nach dem Westen 2 (2003) S. 945–978. Kaum überzeugend dagegen Anne Christine Nagel, Im Schatten des Dritten Reichs. Mittelalterforschung in der Bundesrepublik Deutschland 1945–1970 (2005) S. 28, die Kallen Distanz zum Regime bescheinigt.

48 Vgl. Ogrin, Bernheim (wie Anm. 3) S. 97.

49 Saul Friedländer, Das Dritte Reich und die Juden 2: Die Jahre der Vernichtung (2006) S. 682.

50 Vgl. Portrait von Emma Bernheim (wie Anm. 41)

51 So Unterstell, Klio in Pommern (wie Anm. 34) S. 69f.; vgl. auch Blechle, Entdecker der Hochschulpädagogik (wie Anm. 3) S. 338: eine erste Würdigung der Publikationen Bernheims nach 1945 nahm Kurt Detlev Möller, Ein Pionier der historischen Methode. Zur Erinnerung an Ernst Bernheim, in: Hamburgische Geschichts- und Heimatblätter 13 (1950) S. 121–125 vor.

52 Vgl. dazu Blechle, Entdecker der Hochschulpädagogik (wie Anm. 3) S. 338 und Ogrin, Bernheim (wie Anm. 3) S. 101f.

53 Vgl. Regina Scheer, „Wir sind die Liebermanns". Die Geschichte einer Familie (2006) S. 349 und 378 sowie Ernst Klee, Das Kulturlexikon zum Dritten Reich. Wer war was vor und nach 1945 (2007) S. 268.

54 Siehe die folgende Anmerkung: das Programmheft der Festveranstaltung bildet das Kardorffsche Portrait ab.

Am 19. Februar 2020 wurde am Historischen Seminar im Rahmen einer Feierstunde eine Gedenktafel für Ernst Bernheim enthüllt[55]. Damit wurde dem bedeutendsten Greifswalder Historiker und Hilfswissenschaftler endlich die verdiente Anerkennung zuteil.

Abstract: Ernst Bernheim was born in Hamburg in 1850 to a Jewish merchant family. He studied in Hamburg, Berlin, and finally in Strasbourg, where he attained his Ph.D. under Julius Weizsäcker in 1873 with a thesis on Emperor Lothair III and the Concordat of Worms. In 1875, Bernheim completed his Habilitation on a polemic treatise from the Investiture Controversy, and was thereafter engaged by Georg Waitz to edit the MGH series Libelli de lite. While struggling as a private lecturer, he also edited medieval Reichstag documents and wrote numerous articles as well as a monograph on historical studies. In 1883, Bernheim received an extraordinarius professorship at the University of Greifswald, where he rose to the ordinarius chair in 1889 and remained until his retirement in 1921. During this time, he published several books including his well-known manual „Lehrbuch der historischen Methode und Geschichtsphilosophie" (1889) and a translated source collection for the history of the Investiture Controversy. Besides teaching medieval history, he also pioneered university pedagogics and promoted local Pomeranian history studies. As a converted Protestant married to a non-Jewish wife, Bernheim and his family experienced persecution under the Nazi regime, but were spared deportation. In 1940, Bernheim was even officially congratulated to his 90th birthday by the University of Greifswald. In 2020, he was posthumously recognised for his achievements with a memorial plaque.

55 Vgl. https://phil.uni-greifswald.de/detailansicht-news-phf/n/gedenktafel-wuerdigt-ernst-bernheims-werk-und-wirken-an-der-universitaet-greifswald-60617/ [Link abgerufen am 21.4.2023].

Harry Bresslau
(1848–1926)

von
ANNETTE MARQUARD-MOIS

Harry Bresslau um 1900

Ein „so großer Teil meiner wissenschaftlichen Arbeit wurde *[den MGH]* gewidmet", schrieb Harry Bresslau in seiner Selbstdarstellung[1]. Über ihn, den vielfach Talentierten, liegt bis heute

1 Harry BRESSLAU, Harry Bresslau, in: Die Geschichtswissenschaft der Gegenwart in Selbstdarstellungen 2: Karl Julius Beloch, Harry Bresslau, Victor Gardthausen, George Peabody, hg. von Sigfrid STEINBERG (1926) S. 29–83, hier S. 53: „Für mich aber hatte jene Abhandlung vom Jahre 1877 *[gemeint sind seine Beiträge zur Kritik deutscher Geschichtsquellen des 11. Jahrhunderts in NA 2]* eine große Bedeutung, weil ich dadurch zum ersten Male in Beziehungen zu den Monumenta Germaniae historica getreten bin, denen später ein so großer Teil meiner wissenschaftlichen Arbeit gewidmet wurde." – Sechs Nachrufe, die sich alle auf Bresslaus Selbstdarstellung beziehen, würdigten den Gelehrten: Karl HAMPE, Harry Bresslau. Ein Nachruf, in: ZGORh 79 (N. F. 40, 1927) S. 631–634, bezeichnete ihn als einen „der verdientesten Wegbereiter, *[...]* ein Vorbild strengster Selbstzucht und rastloser Hingabe an das Wahrheitsideal echter Forschung, *[...]* ein Gewissensschärfer für exakteste Methode" (S. 134). – Alfred HESSEL, Harry Bresslau, in: AUF 10 (1928) S. 145-149, nannte Bresslaus „zähe Arbeitskraft und große vielseitige Begabung" (S. 145) – Robert HOLTZMANN, Professor Dr. H. Breßlau †, in: S.V. Zeitung. Zs. des Sondershäuser Verbandes Deutscher Sänger-Verbindungen 43 (1926) S. 208–209, selbst kurzzeitig Mitarbeiter Bresslaus, schrieb den Nachruf als Mitglied des früheren Straßburger Studentengesangsvereins ‚Arion', den Bresslau „mit Rat und Tat" unterstützt hatte und zu dessen Ehrenmitglied er ernannt wurde. – Der Nachruf von Paul KEHR, Harry Bresslau. Ein Nachruf, in: NA 47 (1928) S. 251–266, ist zweischneidig. Kehr benannte die wissenschaftlichen Leistungen des „Meister*[s]* der Diplomatik" (S. 252), rühmte das „bei den MG. sonst ungewohnte Tempo" (S. 256) und „dieses arbeitsreiche und für die Monumenta nicht zu

keine umfassende Monographie vor[2]. Dem trägt dieser Band Rechnung und widmet Bresslau, der nach seiner Wahl in die Zentraldirektion der MGH „stolz darauf *[war]*, zur ständigen Mitarbeit an dem großen nationalen Unternehmen berufen zu werden“[3], vier Beiträge: vorliegenden biographischen Überblick[4], die Würdigung Harry Bresslaus als Diplomatiker (Theo Kölzer), einen Überblick über Bresslaus Beiträge zur Erforschung der erzählenden Quellen des Mittelalters (Benedikt Marxreiter) und einen Beitrag zu Harry Bresslau als Autor der MGH-Geschichte der ersten hundert Jahre (Anne C. Nagel). Schon die Aufzählung lässt die immense Forschung- und Arbeitsleistung erahnen, die Harry Bresslau trotz phasenweise widriger Lebensumstände zu erbringen im Stande war. Zur Hilfe kam ihm dabei, dass er als „Optimist“, „der ich ein Leben lang geblieben bin“, wie er in seiner Selbstdarstellung schrieb[5], pragmatisch mit Kränkungen und Schicksalsschlägen umzugehen verstand; auch

ersetzende Leben“ (S. 266), schwang sich aber gleichzeitig zu einem Charakterbild Bresslaus auf, das ob seiner Subjektivität stellenweise unangenehm berührt (S. 255f., 266), auch wegen der Verwendung nur scheinbar würdigender Begriffe wie „Fleiß“, „Bemühen“, „Eifer“ u. ä. Kehr nutzte den Nachruf zur Kommentierung Bresslau'scher Editionsentscheidungen, so kritisierte er z.B. den Wechsel der Einleitungen der Scriptores-Bände von Latein ins Deutsche (S. 262). – Hermann Reincke-Bloch, Harry Bresslau (geb. 22. März 1848, gest. 27. Oktober 1926), in: HZ 136 (1927) S. 58–66, sein erster Mitarbeiter, würdigte Bresslau als „scharfsinnigen Quellenkritiker“ (S. 59), der im Bereich des Mittelalters „als Herausgeber, als Quellenkritiker und Urkundenforscher zum Meister emporstieg“ (S. 59), „dessen prüfender und doch auf den Freunden und Schülern mit Wohlwollen ruhender Blick bis in die letzte Krankheit hinein von der starken Geistigkeit des Gelehrten Kunde geben“ (S. 65); „Uns allen, die wir mit und unter ihm gearbeitet haben, ist er in der das kleinste berücksichtigenden Sorgfalt, in der alle denkbaren Gesichtspunkte erwägenden Umsicht zum Vorbild geworden. Ihm ward das unermüdliche Schaffen für die große Sache der Monumenta zum Lebensinhalt“ (S. 62). – Luigi Schiaparelli, Harry Bresslau, in: Archivio storico italiano 7 Ser. 7 (1927) S. 171–175, würdigte Bresslau als großen Diplomatiker und Historiker, der auch außerhalb von Deutschland „ha esercitato influenza negli studi diplomatici, e molti lo veneravano Maestro, in Italia specialmente“ (S. 172). – Anlässlich des 100. Geburtstags Harry Bresslaus veröffentlichte sein Schüler Paul Hirsch am 31.3.1948 in der Rhein-Neckar-Zeitung eine Würdigung: „unserer Stadt aber ist er *[...]* persönlich verbunden, weil er seinen Lebensabend in Heidelberg verbracht und auf dem Bergfriedhof seine Ruhestätte hat“. (Abschrift in MGH-Archiv B 699).

2 Peter Rück hatte eine Biographie geplant, verstarb jedoch über dem Projekt: „Aus der Familiengeschichte der frühen Bresslaus erklärend wollte Peter Rück Harry Bresslaus wissenschaftlichen Werdegang *[...]* verfolgen *[...]* Seine Studien reichen jetzt nur bis zu seiner Immatrikulation“, vgl. Abraham Bresslau (1813–1884): Briefe aus Dannenberg 1835–1839. Mit einer Einleitung zur Familiengeschichte des Historikers Harry Bresslau (1848–1926) und zur Geschichte der Juden in Dannenberg, hg. von Peter Rück† unter Mitarbeit von Erika Eisenlohr / Peter Worm (elementa diplomatica 11, 2007, zitiert: Rück, Familiengeschichte) Vorwort Nachtrag S. 7; siehe auch den Beitrag von Theo Kölzer in vorliegendem Band Anm. 1. – Zur Bedeutung Harry Bresslaus für die MHG Horst Fuhrmann, „Sind eben alles Menschen gewesen“. Gelehrtenleben im 19. und 20. Jahrhundert. Dargestellt am Beispiel der Monumenta Germaniae Historica und ihrer Mitarbeiter. Unter Mitarbeit von Markus Wesche (1996) passim.

3 Bresslau, Selbstdarstellung (wie Anm. 1) S. 61.

4 Dieser Beitrag basiert auf Annette Marquard-Mois, Mit der Kraft der Vernunft – Harry Bresslau, in: Zwischen Vaterlandsliebe und Ausgrenzung – jüdische Mitarbeiter und Mitarbeiterinnen der MGH (Virtuelle Ausstellung 2021; https://visit.mgh.de/de/jued-ma/harry-bresslau) [alle Links in diesem Beitrag wurden am 18.03.2023 abgerufen].

5 Bresslau, Selbstdarstellung (wie Anm. 1) S. 35. – Bei seiner Barmizwa mit 13 Jahren erhielt der 13jährige Harry den Spruch „‘immer aufwärts führt die Lebensstraße‘ *[...]*, den ich nicht vergessen habe und der sich bei mir bewahrheitet hat“, vgl. „Aufzeichnungen von Opapa Bresslau“, von Harry Bresslau 1919

mit antisemitischer Diskriminierung, mit der er immer wieder konfrontiert war[6]. Der Diplomatiker Peter Rück (1934–2004), der bis zu seinem Tod an einer Bresslau-Biographie arbeitete, hielt daher „die Beschäftigung mit der für Bresslaus Karriere bestimmenden jüdischen Assimilation"[7] für unerlässlich.

Harry Bresslau kam in Dannenberg (Königreich Hannover) als ältester Sohn von Abraham Heymann Bresslau (*28.3.1813 in Hamburg, †6.5.1884 in New York), Kaufmann mit Bürgerrecht, und Marianne (*9.8.1821 in Hannover, †27.7.1870 in Rehberg), Tochter des Hofbankiers Levi Heinemann, auf die Welt[8]. Bresslau, der sein Elternhaus als gebildet und aufgeklärt beschrieb, erhielt eine gute Schulbildung. 1866 verließ der Vater die Familie und wanderte in die USA aus, wo er sich als Redakteur eine neue Existenz aufbaute, nachdem er – schon einmal mit seinen geschäftlichen Unternehmungen in der Weltwirtschaftskrise 1856/57 Konkurs gegangen – ein zweites Mal zahlungsunfähig wurde[9]. Harrys Mutter blieb mit den jüngeren Geschwistern, der siebenjährigen Clara und dem fünfjährigen Ludwig, zurück. Der achtzehnjährige Harry ging nach Berlin zum Studium der Geschichte und Philologie[10]. Seinen Unterhalt verdiente er als Erzieher. 1869 wurde der 21-Jährige mit einer Arbeit über die Kanzlei Kaiser Konrads II. von Georg Waitz (1813–1886) promoviert. Obwohl er eine Anstellung als Lehrer hatte, musste er nicht lange überlegen, als ihm 1871

für seine Enkel niedergeschrieben, ediert in: Peter Rück, Erinnerung an Harry Bresslau (1848–1926) zum 150. Geburtstag, in: Fachgebiet Historische Hilfswissenschaften. Ausgewählte Aufsätze zum 65. Geburtstag von Peter Rück, hg. von Erika Eisenlohr / Peter Worm (elementa diplomatica 9, 2000) S. 245–283, hier S. 269.

6 Auch wenn er es nicht gleichmütig hinnahm, dass „die jüdische Abstammung seiner Laufbahn mancherlei Hindernisse bereitete", wie sich sein Mitarbeiter Alfred Hessel erinnerte, vgl. Hessel, Harry Bresslau (wie Anm. 1) S. 147. – Zu der antisemitischen Diskriminierung, die die wissenschaftliche Karriere Harry Bresslaus an entscheidenden Punkten behinderte, vgl. Aleksandra Pawliczek, Zwischen Anerkennung und Ressentiment – Der jüdische Mediävist Harry Bresslau (1848–1926), in: Jb. des Simon-Dubnow-Instituts 6 (2007) S. 389–409. Pawliczek sichtete unter anderem den unerschlossenen Nachlassteil Harry Bresslaus in der Staatsbibliothek zu Berlin, vgl. ebd. S. 391 Anm. 8. – Zu den Einflüssen des Judentums auf Bresslaus Lebensweg vgl. auch Renate Heuer, Harry Breßlau – ein deutscher Jude, in: Hannoversches Wendland 12 (1987/88) S. 29–44.

7 Rück, Familiengeschichte (wie Anm. 2) S. 5.

8 Harry Bresslau (*22.3.1848 in Dannenberg/Elbe, †27.10.1926 in Heidelberg). – Die biographischen Angaben sind in erster Linie entnommen Bresslau, Selbstdarstellung (wie Anm. 1); ergänzt durch Rück, Erinnerung (wie Anm. 5); Rück, Familiengeschichte (wie Anm. 2); Gottfried Opitz, Breßlau, Harry, in: NDB 2 (1955) S. 600f.; Bettina Raabe, Harry Bresslau (1848–1926) – Wegbereiter der Historischen Hilfswissenschaften in Berlin und Straßburg, in: Herold-Jb. N. F. 1 (1996) S. 49–83. – Weitere Publikationen zu Harry Bresslau vgl. Rück, Familiengeschichte (wie Anm. 2) S. 5 Anm. 8.

9 vgl. Rück, Familiengeschichte (wie Anm. 2) S. 145 ff. Der Vater blieb mit den Kindern in brieflichem Kontakt, einige Briefe an seinen Sohn Harry sind ediert ebd. S. 258 ff.

10 Zu Harry Bresslaus Studium siehe die Beiträge von Theo Kölzer und Benedikt Marxreiter in diesem Band. – Bresslaus Kollegheft veröffentlichte Peter Rück: Harry Bresslau, Berliner Kollweghefte 1866/67–1869. Nachschriften zu Vorlesungen von Mommsen, Jaffé, Köpke, Ranke, Droysen, hg. von Peter Rück† unter Mitarbeit von Erika Eisenlohr / Peter Worm (elementa diplomatica 12, 2007). Diese Kolleghefte bekam Rück aus den Archiven von Bresslaus Enkelinnen, der Malerin Marianne Jolowicz (Tochter von Hermann Bresslau, 1912–1995) in Salzgitter und der 1936 in Bern promovierten Mediävistin Caroline Bresslau Aust (Tochter von Ernst Bresslau, 1909–2004) in São Paulo, vgl. Rück, Familiengeschichte (wie Anm. 2) S. 7.

sein Universitätslehrer Johann Gustav Droysen (1808–1884) nahelegte, sich in Berlin zu habilitieren. Die akademische Laufbahn war Harry Bresslau nach eigenen Angaben seit jeher ein Herzenswunsch gewesen.

1874 heiratete Bresslau Caroline Isay (1853–1941)[11], die einer jüdischen Trierer Familie entstammte. Das junge Paar wohnte in Berlin zusammen mit den mittlerweile verwaisten Geschwistern von Harry und zwei schulpflichtigen Neffen von Caroline. Harry Bresslau verdiente den Lebensunterhalt bis 1877 als Schullehrer und als Privatdozent an der Universität. Die Lebenssituation änderte sich 1877 mit der Ernennung des 29-Jährigen zum außerordentlichen Professor und der Geburt des ersten Sohnes Ernst (1877–1935)[12]. Im gleichen Jahr trug ihm Georg Waitz die Mitarbeit bei den MGH an[13]. 1878 folgte die Geburt der Tochter Helene (1879–1957)[14], 1883 die des zweiten Sohnes Hermann (1883–1913). Alle drei Kinder wurden evangelisch getauft[15].

Nachdem 1879 Heinrich von Treitschke (1834–1896) mit seinem Artikel „Unsere Aussichten" und der folgenschweren Aussage „die Juden sind unser Unglück" den sogenannten Berliner Antisemitismusstreit[16] ausgelöst hatte, antwortete Bresslau 1880 auf Treitschkes Beitrag mit einem 25-seitigen ‚Sendschreiben'[17], einem ausführlichen, auf histo-

11 Caroline ‚Carry' Bresslau, geb. Isay (*26.8.1853 in Schweich; †30.9.1941 in Heidelberg) vgl. Willi Körtels, Caroline Bresslau-Isay. Schwiegermutter Albert Schweitzers (o. J.): http://www.mahnmal-trier.de/Carolin_Isay_Bresslau.pdf. – Caroline Bresslau entging der Deportation Heidelberger Juden nach Gurs im Oktober 1940, vgl. Verena Mühlstein, Helene Schweitzer Bresslau, Ein Leben für Lambarene ([1]1998) S. 244.

12 Ernst Bresslau (*10.7.1877 in Berlin, †09.5.1935 in São Paulo) war Zoologe und Professor an der Universität Köln, heiratete 1908 die Schriftstellerin Caroline Dorothea Luise Hoff (*29.5.1882 in Straßburg; †1966 in São Paulo), emigrierte 1934 mit seiner Familie nach Brasilien und unterrichtete an der neu errichteten Universität von São Paulo. 1951 schickte seine Witwe Briefe aus dem Nachlass von Harry Bresslau von São Paulo/Brasilien an ihre Schwägerin Helene Schweitzer-Bresslau nach Deutschland (siehe unten Anm. 41).

13 Zu Bresslaus wissenschaftlichen Tätigkeiten und MGH-Veröffentlichungen siehe die Beiträge von Benedikt Marxreiter (Scriptores) und Theo Kölzer (Diplomata) in diesem Band.

14 Helene Schweitzer-Bresslau (*25.1.1879 in Berlin, †1.6.1957 in Zürich) heiratete 1912 Albert Schweitzer, den sie in Straßburger Studentenkreisen kennengelernt hatte. Das Ehepaar ging 1913 nach Gabun, damals Französisch-Äquatorialafrika – er Arzt und Theologe, sie neben zwei Studien auch Krankenschwester. Zu Beginn behandelten sie Patienten im Hühnerstall der französischen Missionsstation Andende; der Beginn des berühmten Urwaldhospitals Lambarene. Eine schwere Tuberkulose, ausgelöst durch das Klima in Lambarene sowie kriegsbedingt harte Lebensumstände, insbesondere die Lagerhaft 1918, sowie durch die Geburt der Tochter Rhena 1919 (Rhena Schweitzer-Miller, *14.1.1919 in Straßburg; †22.2.2009 in Los Angeles/USA) führten dazu, dass Helene Schweitzer-Bresslau nicht mehr kontinuierlich an der Seite ihres Mannes in Lambarene bleiben konnte. Ab 1919 pendelte Helene Schweitzer zwischen dem Familienhaus im Schwarzwald, Lausanne, Frankreich, internationalen Reisen und kürzeren Aufenthalten in Lambarene; vgl. Mühlstein, Helene Schweitzer Bresslau (wie Anm. 11) passim.

15 Rück, Erinnerung (wie Anm. 5) S. 249; Pawliczek, Zwischen Anerkennung und Ressentiment (wie Anm. 6) S. 395.

16 Zur Entwicklung des Antisemitismus in Deutschland siehe den Beitrag von Ulrich Wyrwa in diesem Band.

17 Harry Bresslau, Zur Judenfrage: Sendschreiben an Herrn Prof. Dr. Heinrich von Treitschke (1880); Digitalisat des Sendschreibens: https://www.mgh-bibliothek.de/dokumente/b/b017872.pdf.

rischen Grundlagen und philosophischen Betrachtungen aufbauenden Appell an das wissenschaftliche Ethos des Fachkollegen; „der Patriot sollte nicht behaupten, was der Historiker nicht verantworten kann“[18]. Zwischen sachlichen Erörterungen teilte Bresslau eine eigene Erfahrung mit: „Es ist eine der trübsten Erinnerungen aus meiner Kinderzeit, mit welchem Schmerz und mit welcher Bitterkeit es mich erfüllte, wenn mir als siebenjährigem Knaben, der sich keiner Schuld bewusst war und von nationalen Unterschieden noch wenig verstand, die Buben auf der Straße schmähend Jude nachriefen“[19]. Bresslaus sorgfältig dargelegte Argumente beeindruckten die Gegenseite nicht, sein Appell an die Vernunft verhallte ungehört.

Harry Bresslau verstand sich als Deutscher mit jüdischer Abstammung und sah das deutsche Judentum zu seinem überwiegenden Teil als Bestandteil der deutschen Gesellschaft. Daher war es für ihn nur folgerichtig, nach dem Vorbild der MGH-Editionen Quellenmaterial zur jüdisch-deutschen Geschichte bereitzustellen. 1885 wurde die Historische Kommission für die Geschichte der Juden in Deutschland, angegliedert an den deutsch-israelitischen Gemeindebund, gegründet. Unter Bresslaus Vorsitz veröffentlichte die Kommission fünf Bände der Zeitschrift für die Geschichte der Juden in Deutschland, einen Band Regesten bis zum Jahre 1273 und in drei Bänden hebräische Quellenschriften mit deutscher Übersetzung, bevor das Unternehmen zum Erliegen kam[20]. Laut Rück hatte es Verwerfungen zwischen dem assimilierten Juden Bresslau und den Vertretern einer von der deutschen Geschichte abgekoppelten jüdischen Geschichtsschreibung gegeben, in deren Folge Bresslau aus der jüdischen Gemeinde ausgetreten sei[21].

1888 wählte die Zentraldirektion der MGH Harry Bresslau und Oswald Holder-Egger (1851–1911) zu ihren Mitgliedern. Bresslau wurde mit der Redaktion des Neuen Archivs, der Hauszeitschrift der Monumenta, beauftragt und erfüllte diese Aufgabe über fünfzehn Jahre lang. Als Herausgeber baute er die bibliographischen Nachrichten der Zeitschrift aus, die bis heute ein wichtiger Teil des Deutschen Archivs sind. 1889 übernahm Bresslau mit der Edition der Kaiserurkunden die Leitung einer Diplomata-Abteilung der MGH, die er mithilfe von Mitarbeitern 37 Jahre lang zügig vorantrieb[22]. „Gewiß war er kein bequemer Arbeitgeber; was er selbst leistete, forderte er als selbstverständlich von dem jungen Gehilfen, ohne im geringsten zu ahnen, welches Übermaß an Ansprüchen er damit stellte. Aber seine Hingabe an die Aufgabe riß uns mit fort; und es ehrt den Menschen in ihm, daß alle diese Mitarbeiter ihm in dankbarer Freundschaft durchs Leben verbunden geblieben sind wie er selbst ihnen die Treue gehalten hat“, erinnerte sich sein erster Mitarbeiter Hermann

---

18 Bresslau, Sendschreiben (wie Anm. 17) S. 11.

19 Ebd.

20 Bresslau, Selbstdarstellung (wie Anm. 1) S. 59f. – Im MGH-Archiv sind Unterlagen Bresslaus zu diesen Veröffentlichungen erhalten, vgl. Marquard-Mois, Harry Bresslau, Virtuelle Ausstellung (wie Anm. 3) Nr. 3: Arbeitsmaterial zu Julius Aronius / Albert Dresdner / Ludwig Lewinski, Regesten zur Geschichte der Juden im fränkischen und deutschen Reiche bis zum Jahre 1273 (1887–1902), in MGH-Archiv B 700/II in Umschlag mit Beschriftung „aus den Papieren von Vater Bresslau“; außerdem drei Abschriften von Grundbuch bzw. Urkunde betreffend die jüdische Gemeinde von Ostrowo/heute Polen (ebenfalls MGH-Archiv B 700/II).

21 Rück, Erinnerung (wie Anm. 5) S. 249.

22 Zu Harry Bresslau als Diplomatiker siehe den Beitrag von Theo Kölzer in diesem Band.

Reincke-Bloch (1867–1929)[23]. Ähnlich fordernd und gleichzeitig menschlich zugewandt muss Bresslau an der Universität gewirkt haben. Er hatte sich als Erzieher und Lehrer pädagogische Fähigkeiten angeeignet, die ihm in seiner rund vierzigjährigen Tätigkeit als Hochschullehrer zugutekamen. Alfred Hessel (1877–1939), der mehrere Jahre in Straßburg als Mitarbeiter Bresslaus an der Herausgabe der Urkunden Konrads II. für die MGH mitgearbeitet hatte, beschrieb in seinem Nachruf Bresslaus Vorlesungen als klar gegliedert, mit sorgfältiger Untermauerung durch Primärquellen, knappgehalten und ohne Abschweifungen[24].

Da Bresslau aus antisemitischen Motiven mehrfach eine ordentliche Professur in Berlin verweigert wurde[25], nahm er 1890 den Ruf an die neugegründete Kaiser-Wilhelm-Universität in Straßburg an, auch wenn dies mit finanziellen Nachteilen verbunden war. Nach dem deutsch-französischen Krieg 1870/71 waren Teile Lothringens und das Elsass vom Deutschen Reich annektiert worden. Die Professorenschaft an der 1872 gegründeten deutschen Kaiser-Wilhelms-Universität wollte die deutsche Wissenschaft im neuen Reichsland gebührend vertreten. In dieser Atmosphäre liberalen Deutschtums fand sich Harry Bresslau unter Gleichgesinnten wieder, als er 1890 die Professur in Straßburg annahm[26]. Bereits nach einem Jahr wurde er erstmals in den Senat gewählt, 1904/05 amtierte er als Rektor der Universität. Nach seiner Emeritierung betraute ihn der akademische Senat 1915 mit der ehrenvollen Aufgabe, bei der Feier zum 100. Geburtstag Bismarcks den Festvortrag zu halten[27].

Bresslaus liberale Haltung zeigt sich neben anderem auch in seinem Umgang mit dem Streben junger Frauen nach Gleichberechtigung im akademischen Umfeld. Seine Tochter Helene hörte in Straßburg Vorlesungen. Die erste Promotion einer Frau an der Straßburger Universität war die 1903 von Bresslau betreute Arbeit der Historikerin Else Gütschow (1865–1908)[28]. Bereits seit 1874 hatte Harry Bresslau in Berlin vor einem „von Jahr zu Jahr sich vergrößernden Kreise von Damen aus der besten Gesellschaft Berlins Vorlesungen über deutsche, französische und englische Geschichte gehalten". Dies führte er in Straßburg so lange fort, bis dort 1908 für Frauen das Studium regulär möglich wurde[29]. Politisch engagier-

23 Reincke-Bloch, Harry Bresslau (wie Anm.1) S. 62. – Zu Hermann Reincke-Bloch siehe den Beitrag von Franz Fuchs in diesem Band.

24 Hessel, Harry Bresslau (wie Anm. 1) S. 146. Zu Alfred Hessel siehe den Beitrag von Wolfgang Petke und Stefan Petersen in diesem Band. – Zu Bresslau als Hochschullehrer vgl. auch Reincke-Bloch, Harry Bresslau (wie Anm. 1) S. 63. – Ein Feldpostbrief in Bresslaus Nachlass gibt Zeugnis von dem vertrauensvollen Verhältnis eines Schülers zu Bresslau (Ludwig Dehio an Harry Bresslau, 5.5.1918, MGH-Archiv B 700/II). Der Historiker Ludwig Dehio war 1913 von Bresslau promoviert worden und trat nach dem Krieg aus materiellen Gründen in den Archivdienst ein, vgl. Marquard-Mois, Harry Bresslau, Virtuelle Ausstellung (wie Anm. 4) Nr. 6 (mit Digitalisat des Briefes).

25 Zu den näheren Umständen siehe den Beitrag von Anne C. Nagel in diesem Band.

26 Bresslau, Selbstdarstellung (wie Anm. 1) S. 46.

27 Bresslau, Selbstdarstellung (wie Anm. 1) S. 70.

28 Unter den Briefen aus dem Nachlass Bresslaus findet sich auch der Brief von Else Gütschow an Harry Bresslau vom 8.7.1899, in dem sie ihn bittet, seine Vorlesungen besuchen zu dürfen (MGH-Archiv B 700/II); vgl. Annette Marquard-Mois, Eine Frau will Geschichte studieren (Schätze aus 200 Jahren MGH-Geschichte online, 2021): https://www.mgh.de/de/blog/post/schaetze-aus-200-jahren-mgh-geschichte-folge-18-eine-frau-will-geschichte-studieren.

29 Bresslau, Selbstdarstellung (wie Anm. 1) S. 45 und S. 48. – Zum Frauenstudium in Straßburg vgl. Trude Maurer, Ein Lehrstück über die Dialektik des Fortschritts. Die Zulassung von Frauen an der Univer-

te sich Bresslau jahrelang im Liberalen Verein der Stadt Straßburg, wobei er nach eigenen Worten seine politischen Aktivitäten streng von der Lehre trennte: „Von vornherein hatte ich es mir zur Pflicht gemacht, in meinen Vorlesungen in Straßburg noch mehr als in Berlin meine eigenen politischen Ansichten, soweit das überhaupt möglich ist, zurücktreten zu lassen und insbesondere jede Anspielung auf die Tagespolitik zu vermeiden“[30].

1902 starb Ernst Dümmler (1830–1902), der Vorsitzende der Zentraldirektion. Harry Bresslau erwartete, für dieses Amt nominiert zu werden. Als anstatt seiner Oswald Holder-Egger von der Zentraldirektion nominiert wurde, legte er die Redaktion des Neuen Archivs nieder und kündigte die Beendigung seiner Editionstätigkeit an[31]. Reinhold Koser (1852–1914), der nach dem Tod Holder-Eggers 1911 kommissarisch die Leitung der MGH übernommen hatte, konnte Bresslau von der weiteren Mitarbeit überzeugen. Daher ließ sich Bresslau 1913 mit 65 Jahren emeritieren, um für seine neue Aufgabe bei den MGH, die Leitung der Abteilung Scriptores, ausreichend Zeit zu haben[32]. Nach Ausbruch des 1. Weltkriegs meldete er sich – ganz deutscher Patriot – zur Depeschenkontrolle, die ihn in den kommenden Kriegsjahren viel Kraft kostete[33]. Tochter Helene und Schwiegersohn Albert Schweitzer (1875–1965) sollte er erst im Juli 1918 wiedersehen, nachdem sie neun Monate in französischen Gefangenenlagern interniert worden waren[34]. Sein Sohn Ernst kam nach kurzer englischer Gefangenschaft unbeschadet nach Deutschland zurück[35].

1919 stand das hundertjährige Jubiläum der MGH an. Beauftragt von der Zentraldirektion hatte sich Harry Bresslau ab 1917 des Materials angenommen, mit dem Ziel, in einer ausführlichen Festschrift die Geschichte der MGH seit ihrer Gründung festzuhalten. Den Erschwernissen des Krieges trotzend sichtete der Wissenschaftler Berge von Archivalien: „Mit wachsendem Interesse sah ich, wie das Dunkel sich lichtete und die Gestalten der beteiligten Persönlichkeiten in ihrem Wollen und Können, ihrem Vollbringen und ihrem Versagen, ihren Licht- und ihren Schattenseiten immer deutlicher hervortraten.[36]“ Seine Arbeit an der MGH-Geschichte wurde gewaltsam unterbrochen, als die französischen Be-

sität Straßburg: Reichsländische Variationen zu einem gesamtdeutschen Thema (1873–1909/1918), in: Jb. für Universitätsgeschichte 16 (2013) S. 9–50, hier S. 11.

30 Bresslau, Selbstdarstellung (wie Anm. 1) S. 49.

31 Kehr, Nachruf (wie Anm. 1) S. 259. – Trotz dieser Verwicklungen gratulierte Harry Bresslau seinem Kollegen Holder-Egger mit einem herzlichen Brief zum 60. Geburtstag, wie sich aus der erhaltenen Antwort des Jubilars ersehen lässt: Brief von Oswald Holder-Egger an Harry Bresslau, 30.09.1911 (MGH-Archiv B 701); vgl. Marquard-Mois, Harry Bresslau, Virtuelle Ausstellung (wie Anm. 4) Nr. 4.

32 Siehe hierzu den Beitrag von Benedikt Marxreiter in diesem Band.

33 In einem Brief an Reinhold Koser, 8.8.1914 (MGH-Archiv B 401, Bl. 8-9) berichtete Harry Bresslau, welche Maßnahmen er zum Schutz der MGH-Dokumente anlässlich des Kriegsausbruchs unternommen hatte. Der gesamte Ton des Briefs ist geprägt von Aufbruchsstimmung, so wie sich Bresslau im ersten Kriegsjahr immer wieder positiv zu den Kriegsereignissen äußerte, vgl. Marquard-Mois, Harry Bresslau, Virtuelle Ausstellung (wie Anm. 4) Nr. 5. Je länger der Krieg dauerte und je mehr Opfer er im persönlichen Umfeld forderte, umso verhaltener wurden die Äußerungen Bresslaus in seinen Briefen. Bresslau verband mit Koser eine vierzigjährige Freundschaft, von der mehrere Briefe im MGH-Archiv zeugen.

34 Brief von Harry Bresslau an Michael Tangl, 22.7.1918 (MGH-Archiv B 407, Bl. 51).

35 Brief von Harry Bresslau an Reinhold Koser, 18.8.1914 (MGH-Archiv B 401, Bl. 11-12).

36 Bresslau, Selbstdarstellung (wie Anm. 1) S. 71.

setzer Elsass-Lothringens am 1. Dezember 1918 Harry Bresslau mit sofortiger Wirkung als „pangermaniste militant" aus Straßburg auswiesen[37]. 28 Jahre hatte Harry Bresslau mit seiner Familie in Straßburg gelebt; „die 28 Jahre meiner Tätigkeit in Straßburg sind die glücklichste Zeit meines Lebens gewesen", wie er schrieb[38]. Hier kam er zu hohen Ehren, hier studierten seine Kinder, hier hatten die Bresslau'schen Familienmitglieder wichtige Aufgaben und Positionen in der Stadtgesellschaft inne. Als ausgewiesener Deutscher durfte er nur 40 kg Gepäck mitnehmen. Glücklicherweise hatte Bresslau bereits im Herbst 1918 die Unterlagen der Scriptores- und Diplomata-Abteilung, die in Straßburg lagerten, sowie seine Materialien und das unfertige Manuskript der MGH-Geschichte nach Berlin geschickt.

Das Ehepaar Bresslau fand zunächst bei der Schwester Harry Bresslaus in Hamburg eine Bleibe. Dort konnte Harry Bresslau seine ‚Geschichte der Monumenta Germaniae historica' fertigstellen[39]. In sechs Jahren war ein über 750 Seiten starke Werk entstanden, während Bresslau seine Aufgaben für die MGH erfüllte, Kriegsdienste leistete, um seine Kinder bangte, seine Arbeitsmaterialien in Sicherheit bringen und als Vertriebener eine neue Heimat finden musste. Im Oktober 1919 zog das Ehepaar Bresslau nach Heidelberg, das die letzte Lebensstation von Harry Bresslau wurde. „Für uns Heidelberger war es Ehre und Gewinn, einen Gelehrten von solchem Range unter uns zu haben *[...]* Bis zur Vollendung seines 78. Lebensjahres hatte er sich geistige und körperliche Frische in hohem Masse bewahrt. Noch zuletzt konnte man ihn oftmals sehen, wie er mit einem Turm schwerer Quartbände auf dem Arm durch die Bücherräume der Bibliothek eilte"[40], erinnerte sich Karl Hampe (1869–1936). In Heidelberg verfasste Bresslau 1925 für die Reihe Die Geschichtswissenschaft der Gegenwart in Selbstdarstellungen einen autobiographischen Beitrag, dem wir viele Details seines Lebens verdanken.

Die Witwe Harry Bresslaus, Caroline Bresslau-Isay, überlebte ihren Mann um fünfzehn Jahre und wohnte bis zu ihrem Tod 1941 in Heidelberg. Der umfangreiche Nachlass Harry Bresslaus, und anscheinend vor allem die Korrespondenz, landete – soweit es sich überhaupt nachvollziehen lässt – mit Tochter Helene zum Teil im Schwarzwald, zum Teil in Lausanne und mit Sohn Ernst zum Teil in Brasilien. Am 28. Mai 1951 wandte sich Helene Schweitzer-Bresslau mit den Worten „Ob Sie nach so langen Jahren sich meiner erinnern, wage ich zu bezweifeln" an den MGH-Präsidenten Friedrich Baethgen (1890–1972). Der ehemalige Mitarbeiter Harry Bresslaus antwortete umgehend: „*[...]* selbstverständlich erinnere ich mich genau an Sie, wie mir das ganze Haus Ihres hochverehrten Herrn Vaters in voller Lebendigkeit vor den Augen steht. Ich brauche kaum ausdrücklich zu sagen, dass ich seinen Nachlass sehr gern für die Monumenta Germaniae als Depot übernehmen werde und dass ich es als eine hohe Ehre betrachte". Auf die Nachfrage Baethgens bestätigte Helene Schweitzer-Bresslau den MGH, dass die den MGH übergebenen Briefe für wissen-

37 Zu den Umständen der Ausweisung und Umsiedelung vgl. Bresslau, Selbstdarstellung (wie Anm. 1) S. 72 ff.

38 Ebd. S. 46.

39 Zu Harry Bresslau, Geschichte der Monumenta Germaniae historica, die 1921 als Festschrift zum 100-jährigen Jubiläum 1919 sowohl in einer Separatausgabe als auch in NA 42 erschien, siehe den Beitrag von Anne C. Nagel in diesem Band. – Bresslau hob einige briefliche Reaktionen auf seine Geschichte der MGH auf, erhalten in MGH-Archiv B 700/I.

40 Hampe, Nachruf (wie Anm. 1) S. 632.

schaftliche Zwecke verwertet werden dürften; unter ihren Zeilen findet sich in einer kleinen konzentrierten Schrift ein persönlicher Gruß des späteren Friedensnobelpreisträgers Albert Schweitzer: „Es drängt mich, Ihnen zu sagen, wie sehr es mich freut, dass die Briefe meines lieben Schwiegervaters, die auf die Monumenta Bezug haben, nun an dem Orte sind, wohin sie gehören! Ich weiß ja, dass er für die Monumenta nicht nur arbeitete, sondern auch lebte"[41].

ABSTRACT: Harry Bresslau (1848–1926) was born in Dannenberg, in the Kingdom of Hannover, to educated liberal Jewish parents. After his father went bankrupt and emigrated to the USA in 1866, he went to Berlin to study history and philology, where he attained his Ph.D. in history under Georg Waitz in 1869 and his habilitation two years later. In 1877, Bresslau received a position as extraordinarius professor in Berlin, enabling him to marry and found his own family. He was closely tied to the MGH, becoming a member of the central board of directors in 1888, editing the journal Neues Archiv from 1888 to 1903, and heading both the section Diplomata (1889 to 1923) and the section Scriptores (1913 to 1923). Repeatedly denied a chair in Berlin on anti-Semitic grounds, Bresslau moved to Strasbourg in 1890 to take up an ordinarius professorship at the newly founded university there. In 1913, at the age of 65, he retired from teaching to devote his full attention to his new duties as head of the MGH section Scriptores. Following the German defeat in WWI, he was forced to leave Alsace and moved to Heidelberg for the final years of his life. Bresslau saw himself more as a historian than as a charter scholar and aimed to further historical understanding through his editions of charters and historiographical texts. He also published a fundamental treatment of charter studies in Germany and Italy, the first systematic treatment of that subject, and a detailed history of the MGH in 1921.

41 Vgl. Briefwechsel über die Aufteilung des Nachlasses von Harry Bresslau in MGH-Archiv B 699, dort auch der Brief von Helene Schweitzer-Bresslau mit eigenhändigem Gruß von Albert Schweitzer an Friedrich Baethgen, 13.7.1951; zu dem Briefwechsel zwischen Schweitzer-Bresslau und Baethgen vgl. Annette MARQUARD-MOIS, Postkarte aus Lambarene (Schätze aus 200 Jahren MGH-Geschichte online, 2021): https://www.mgh.de/de/blog/post/schaetze-aus-200-jahren-mgh-geschichte-folge-17-postkarte-aus-lambarene. – 2001 lagen in Sáo Paulo/Brasilien bei der Enkelin Dr. Carolina Bresslau Aust „sehr wesentliche Teile des Bresslauschen Nachlasses", vgl. RÜCK, Familiengeschichte (wie Anm. 2) S. 5 Anm. 10; eine 1919 handgeschriebene Autobiographie Harry Bresslaus, „Aufzeichnungen von Opapa Bresslau", ediert in: Rück, Erinnerung (wie Anm. 5) S. 262–273, wurde zusammen mit weiteren Familiendokumenten 2006 von Herrn Ernesto Regel Bresslau „mit Zustimmung des Familienrates" aus Saó Paulo nach Deutschland gebracht und der Staatsbibliothek – Preußischer Kulturbesitz, Berlin, übergeben (Nl Harry Bresslau – Ergänzungen), vgl. RÜCK, Familiengeschichte (wie Anm. 2) S. 11 Anm. 14.

Der Diplomatiker
Harry Bresslau

von
THEO KÖLZER

Harry Bresslau (1848–1926) war es nicht in die Wiege gelegt[1], einmal als „Fürst der Diplomatiker" („il principe dei diplomatisti") zu gelten sowie als Verfasser eines bis heute unübertroffenen Handbuchs, das eine ganze Disziplin meisterhaft zusammenfasst[2]. Er war gleichwohl zeitlebens ein Überflieger, der über eine sehr gute gymnasiale Ausbildung in den altphilologischen Fächern verfügte[3] und die anfänglichen Karriereschritte im Eiltempo absolvierte. Nach einem einsemestrigen Jura-Studium in Göttingen fühlte sich der Berliner Studiosus zunächst eher zu der noch jungen Romanistik hingezogen, studierte sodann Geschichte vor allem bei Rudolf Köpke (1813–1870), Johann Gustav Droysen (1808–1884) und Leopold von Ranke (1795–1886)[4]. Sein mediävistischer Ehrgeiz wurde entfacht, als er 1867(!) in einer Preisaufgabe der Berliner Akademie einem minder qualifizierten Mitbewerber

1 Gottfried OPITZ, Breßlau, Harry, in: NDB 2 (1955) S. 600f. Zur Familiengeschichte grundlegend Peter RÜCK, Erinnerung an Harry Bresslau (1848–1926) zum 150. Geburtstag, in: Fachgebiet Historische Hilfswissenschaften. Ausgewählte Aufsätze zum 65. Geburtstag von Peter Rück, hg. von Erika EISENLOHR / Peter WORM (elementa diplomatica 9, 2000) S. 245–283; Abraham BRESSLAU (1813–1884): Briefe aus Dannenberg 1835–1839. Mit einer Einleitung zur Familiengeschichte des Historikers Harry Bresslau (1848–1926) und zur Geschichte der Juden in Dannenberg, hg. von Peter RÜCK† unter Mitarbeit von Erika EISENLOHR / Peter WORM (elementa diplomatica 11, 2007). Rücks Materialsammlung für seine geplante Biographie Bresslaus befindet sich im Hessischen Landesarchiv, Staatsarchiv Marburg, Bestand 340 Bresslau, Nr. 79–82. Wichtig ist das Selbstzeugnis von Harry BRESSLAU, in: Sigfrid STEINBERG (Hg.), Die Geschichtswissenschaft der Gegenwart in Selbstdarstellungen 2 (1926) S. 29–83 (zitiert: BRESSLAU, Selbstdarstellung). Davon abhängig: Bettina RAABE, Harry Bresslau (1848–1926) – Wegbereiter der Historischen Hilfswissenschaften in Berlin und Straßburg, in: Herold-Jb. N. F. 1 (1996) S. 49–83 (gekürzte und überarbeitete MA-Arbeit an der Humboldt-Universität). Weiterführend Herbert ZIELINSKI, Ein Brief Harry Bresslaus an Paul Fridolin Kehr im Apparat der „Gallia Pontificia", in: Francia 40 (2013) S. 207–231 (mit umfangreichem Kommentar). Vgl. auch Horst FUHRMANN, „Sind eben alles Menschen gewesen". Gelehrtenleben im 19. und 20. Jahrhundert. Dargestellt am Beispiel der Monumenta Germaniae Historica und ihrer Mitarbeiter. Unter Mitarbeit von Markus WESCHE (1996) S. 104–108 u. ö. – Für die vorliegende Skizze waren leider keine Archivrecherchen möglich; die Lagerorte verzeichnet RAABE, Harry Bresslau (wie oben) S. 49 Anm. 1. Briefe Paul F. Kehrs an Bresslau wird in Kürze Herbert Zielinski (Gießen) publizieren. Die Bibliothek Bresslaus befindet sich in der Landesbibliothek Speyer.

2 Harry BRESSLAU (†), Handbuch der Urkundenlehre für Deutschland und Italien, 2 Bde. (Bd. 1: 4. Aufl., 2., unveränderter ND der 2. Aufl., 1969; Bd. 2: 1. Abt. 4. Aufl., 2. Abt. hg. von Hans-Walter KLEWITZ 4. Aufl., 1968) – „Fürst der Diplomatiker" vgl. Luigi SCHIAPARELLI, Harry Bresslau, in: Archivio storico italiano, ser. 7ª vol. 7 (1927) S. 171–175, bes. S. 171. Ebd. S. 172: „È scomparsa con lui una gran luce di sapere". Weitere Nachrufe in Anm. 7, 21, 29 sowie von Karl HAMPE, in: ZGORh 79 (N. F. 40, 1927) S. 631–634. Vgl. auch die Grabreden in: RÜCK, Erinnerung (wie Anm. 1) S. 278–283.

3 Das Reifezeugnis (Kopie in Rücks Materialsammlung, wie Anm. 1) verzeichnet für alle Sprachen (Deutsch, Latein, Hebräisch, Französisch, Englisch) die Note „Sehr gut", für Griechisch „Vorzüglich".

4 Harry BRESSLAU, Berliner Kollegheft 1866/67–1869. Nachschriften zu Vorlesungen von Mommsen,

unterlag, weil dieser, so die Jury, auch die Herrscherurkunden in die geforderte Biographie Konrads II. einbezogen habe. Bezeichnenderweise machte Bresslau daraufhin dieses Thema zum Gegenstand seiner Dissertation („Die Kanzlei Kaiser Konrads II."), die er 1869 erfolgreich bei Georg Waitz (1813–1886) in Göttingen einreichte[5].

Über Waitz kam er später auch in engere Berührung mit den MGH[6]. Zunächst wurde er jedoch 1870 von Ranke und Waitz beauftragt, die Jahrbücher Heinrichs II. zu vollenden (erschienen 1875), was sogleich den Auftrag nach sich zog, auch die Jahrbücher Konrads II. zu erarbeiten (erschienen 1879, 1884). Beide Arbeiten weisen voraus auf seine ersten diplomatischen Editionen, so auch die mit 24 Jahren – nach einem ausgezeichneten Oberlehrerexamen – wegen der Aussicht auf eine Universitätskarriere in Berlin etwas improvisiert wirkende Habilitation unter der Ägide Droysens mit einer für Unterrichtszwecke kommentierten Urkunden-Sammlung („Diplomata centum in usum scholarum diplomaticarum" aus den Fonds Würzburg, St. Blasien, Stadt Worms, 1872). Das Material und zugleich einen profunden Überblick über die mittelalterliche urkundliche Überlieferung hatte sich Bresslau während seiner Lehrertätigkeit in Berlin und Frankfurt 1870/71 auf umfangreichen Archivreisen verschafft. Nach dem mäkeligen Urteil Paul Kehrs (1860–1944) ließ die Sammlung noch nicht den späteren Meister des Fachs erkennen[7], aber auch Bresslau selbst bekennt, dass er seinerzeit „noch keine rechte Vorstellung von den Schwierigkeiten *[hatte]*, welche *[...]* die ganz korrekte Edition von Urkunden mehr als die anderer Texte bereitet"[8]. Es ist eine merkwürdige historische Koinzidenz, dass im selben Jahr die MGH mit der ersten und sogleich verunglückten Diplomata-Edition an die Öffentlichkeit traten[9]. Der Habilitation Bresslaus folgte eine fünfjährige Tätigkeit als Lehrer an der im Osten Berlins gelegenen Andreasschule, bevor er im Juli 1877 zum außerordentlichen Professor ernannt wurde, was er 12 ½ Jahre blieb.

Bresslaus erste Vorlesung in Berlin im Wintersemester 1872/73 galt der Diplomatik, insbesondere der deutschen Kaiserurkunden, inspiriert durch Theodor Sickels (1826–1908) Methodik, die ihm nach eigener Aussage auch in der Anwendung auf Stoffe der neueren Geschichte von Nutzen war[10]. Als Urkunden-Editor trat Bresslau freilich erst 1888 nach seinem Eintritt in die Zentraldirektion der MGH in Erscheinung, wo er die Bearbeitung der

Jaffé, Köpke, Ranke, Droysen, hg. von Peter Rück† unter Mitarbeit von Erika Eisenlohr / Peter Worm (elementa diplomatica 12, 2007).

5 Als Diss.-Teildruck: Beiträge zur Lehre von den Urkunden Kaiser Konrads II., 1. Teil (1869), komplett: Die Kanzlei Kaiser Konrads II. Mit neu bearbeiteten Regesten und drei ungedruckten Urkunden (1869).

6 Zu „Harry Bresslau und die Monumenta" vgl. Zielinski, Ein Brief (wie Anm. 1) S. 212 ff.

7 Paul Kehr, Harry Bresslau, in: NA 47 (1928) S. 251–266, bes. S. 252. Zu Kehrs zunächst gespanntem, seit der Jahrhundertwende aber respektvollem Verhältnis zu Bresslau vgl. Zielinski, Ein Brief (wie Anm. 1) S. 218 ff.

8 Bresslau, Selbstdarstellung (wie Anm. 1) S. 42.

9 MGH Diplomata regum Francorum e stirpe Merowingica. Diplomata maiorum domus regiae. Diplomata spuria, hg. von Karl A. F. Pertz (DD Merov., 1872). Ersetzt durch: MGH Die Urkunden der Merowinger, nach Vorarbeiten von Carlrichard Brühl (†) hg. von Theo Kölzer unter Mitwirkung von Martina Hartmann und Andrea Stieldorf, 2 Bde. (DD Merov., 2001).

10 Bresslau, Selbstdarstellung (wie Anm. 1) S. 59 mit Bezug auf das Fälschungsurteil über das Testament Zar Peters des Großen oder beim Nachweis der Echtheit von Briefen Maria Stuarts, die in ihrem Prozess eine entscheidende Rolle spielten.

salischen Herrscherurkunden übernahm. Die Zwischenzeit galt u. a. der ersten Ausgabe der Werke Wipos (1878), den Jahrbüchern Konrads II. (1879, 1884) und der Bearbeitung der salischen Diplome für die Kaiserurkunden in Abbildungen (1881/82).

Als Diplomatiker war Bresslau gleichwohl, wie später auch Kehr unterstrich[11], ein Autodidakt; denn die Diplomatik, die in Berlin Philipp Jaffé vermittelte, war – wie Bresslau selbst betont – von den neuen Wegen, die Theodor Sickel in Wien eingeschlagen hatte[12], noch völlig unberührt. Ähnlich erging es Wilhelm Levison in Bonn[13]. Bresslau hat sich die Sickel'sche Diplomatik also notgedrungen selbst erarbeitet, und dieses methodische Rüstzeug, so betonte er später, habe auch seine Zugänge zu den historiographischen Quellen befruchtet[14]. Die insgesamt achtzehn Jahre währende Berliner Lehrtätigkeit über inhaltlich und zeitlich breit angelegte Themenfelder umfasste – in freundschaftlichem Arrangement mit dem 1873 berufenen Wilhelm Wattenbach (1819–1897) – auch Vorlesungen in Diplomatik und historischer Chronologie. Die Übungen seiner „historisch-diplomatischen Gesellschaft" fanden zunächst im privaten Studierzimmer „bei Tee und Gebäck" statt und banden jeden Teilnehmer mit Vortrag und Diskussion ein, was nicht selten zu einem Dissertationsprojekt führte. Bresslau selbst gibt für seine gesamte Lehrtätigkeit die Zahl seiner Dissertanten mit „90–100" an, deren weitaus größter Teil noch der Berliner Zeit angehört[15].

Nur kurz erwähnt sei Bresslaus Wirken als Vorsitzender der ‚Historischen Kommission für die Geschichte der Juden in Deutschland', das freilich seine wachsende Entfremdung von der jüdischen Gemeinde nicht übertünchen konnte. Bleibendes Zeugnis ist gleichwohl u. a. ein Regestenwerk zur Geschichte der Juden[16]. Das wiederholte sich später in der Straßburger Zeit[17], denn die Bearbeitung der Regesten der Straßburger Bischöfe hatte Bresslau als Mitglied der ‚Kommission für die Herausgabe elsässischer Geschichtsquellen' vorgeschlagen und selbst geleitet[18].

---

11 Kehr, Harry Bresslau (wie Anm. 7) S. 252.

12 Theodor Sickel, Acta regum et imperatorum Karolinorum digesta et enarrata, 2 Bde. (1867); ders., Beiträge zur Diplomatik, in: SB Wien, 39, 47, 49, 85, 93, 101 (1861–1882, ND in einem Band 1975).

13 Theo Kölzer, Wilhelm Levison als Diplomatiker, in: Matthias Becher / Yitzhak Hen (Hg.), Wilhelm Levison (1876–1947). Ein jüdisches Forscherleben zwischen wissenschaftlicher Anerkennung und politischem Exil (Bonner Historische Forschungen 63, 2010) S. 211–223, bes. S. 212f. – Zu Wilhelm Levison siehe auch den Beitrag von Letha Böhringer in vorliegendem Band.

14 Bresslau, Selbstdarstellung (wie Anm. 1) S. 59. Zu Bresslau als Editor der Scriptores-Reihe siehe den Beitrag von Benedikt Marxreiter in vorliegendem Band.

15 Bresslau, Selbstdarstellung (wie Anm. 1) S. 48 sowie S. 44f. zur Lehre in Berlin; zu Bresslaus Lehre vgl. auch Raabe, Harry Bresslau (wie Anm. 1) S. 54 ff., 64f.

16 Regesten zur Geschichte der Juden im fränkischen und deutschen Reich bis zum Jahre 1273, bearb. von Julius Aronius (1902). Nach Bresslau, Selbstdarstellung (wie Anm. 1) S. 60 von ihm „beaufsichtigt"; dort auch zu weiteren Aktivitäten der Kommission.

17 Stephan Roscher, Harry Bresslau in Strassburg. Ein jüdischer Mediävist als deutsch-nationaler ‚Kulturprotestant' im Reichsland Elsass-Lothringen (Der Westen, Beiheft 14, 1992); ders., Die Kaiser-Wilhelms-Universität Straßburg 1872–1902 (Europäische Hochschulschriften 1003, 2006).

18 Regesten der Bischöfe von Strassburg bis zum Jahre 1202, bearb. von Paul Wentzcke (1908). Band 2 im Auftrag des Wiss. Instituts der Elsass-Lothringer im Reich, hg. von Alfred Hessel / Manfred Krebs (1928), die zwei ersten Lieferungen, bearb. von Manfred Krebs (1924/25). Vgl. Bresslau, Selbstdarstellung (wie Anm. 1) S. 74.

Vor den salischen Urkunden musste Bresslau für die MGH-Diplomata zunächst noch die verwaiste Edition der Urkunden Heinrichs II. zum Abschluss bringen[19], jetzt schon von Straßburg aus, wohin er 1890 auf ein Ordinariat berufen („abgeschoben“[20]) worden war, nachdem seine jüdische Herkunft ein Reüssieren in Berlin verhindert hatte[21]; das sollte sich 1902 bei der Nachfolge Ernst Dümmlers (1830–1902) als Vorsitzender der Zentraldirektion der MGH wiederholen[22]. Gleichwohl bezeichnete Bresslau die 28 Jahre währende Straßburger Zeit als „die glücklichste Zeit meines Lebens“. In der Lehre habe er die Hilfswissenschaften nur noch rudimentär berücksichtigt, „über Urkundenlehre *[...]* nur noch zweimal aus besonderer Veranlassung gelesen und ebensooft diplomatische Übungen für Vorgerücktere abgehalten“[23].

Der Druck der Urkunden Heinrichs II. begann 1895, der erste Faszikel der Ausgabe erschien 1900, der zweite drei Jahre später, und weitere zwei Jahre später begann bereits der Druck der Urkunden Konrads II., die 1909 erschienen. Das ist unter den damaligen Bedingungen ein unglaubliches Arbeitstempo[24], zumal in die Zwischenzeit überdies zahlreiche grundlegende Einzelstudien fallen sowie zeitraubende Archivreisen auch im benachbarten Ausland, die er für seine Arbeiten regelmäßig unternahm[25] und die jenseits des eigentlichen Anlasses immer wieder Neufunde zutage förderten[26]. Gewiss wurde die Arbeit auch beschleunigt durch die damals nicht unübliche Übersendung von Archivmaterial nach Berlin

19 Über sein Wirken für die Diplomata-Abteilung vgl. Harry Bresslau, Geschichte der Monumenta Germaniae historica (NA 42, 1921; ND 1976) S. 686 ff.

20 Rück, Erinnerung (wie Anm. 1) S. 249. Regie geführt hatte der allmächtige Ministerialdirektor Friedrich Althoff, der im ‚Tausch‘ Paul Scheffer-Boichorst aus Straßburg nach Berlin berief; vgl. auch Zielinski, Ein Brief (wie Anm. 1) S. 208f. und ebd. S. 224 ff. zu Bresslaus Verhältnis zu Althoff.

21 Vgl. Rück, Erinnerung (wie Anm. 1) S. 249; Fuhrmann, Gelehrtenleben (wie Anm. 1) S. 54, 104; Raabe, Harry Bresslau (wie Anm. 1) S. 61 ff., 67f. Bresslau, Selbstdarstellung (wie Anm. 1) S. 72–74 übergeht diese Zurücksetzungen generös, aber Alfred Hessel, Harry Bresslau, in: AUF 10 (1928) S. 145–149, bes. S. 147 erwähnt, Bresslau habe die Zurücksetzungen „keineswegs gleichmütig hingenommen“. 1897 scheiterte Bresslaus Wahl zum korrespondierenden Mitglied der Berliner Akademie, und erst 1912 war ein erneuter Versuch erfolgreich. Dagegen war er bereits 1887 korrespondierendes Mitglied der Bayerischen Akademie der Wissenschaften geworden; vgl. Raabe, Harry Bresslau (wie Anm. 1) S. 70 und zu weiteren Ehrungen ebd. S. 59.

22 Raabe, Harry Bresslau (wie Anm. 1) S. 69f. Die lange Vakanz und die schließlich Wahl des Neuhistorikers Reinhold Koser (†1914), der fachlich durch Oswald Holder-Egger (†1911) unterstützt wurde, sprechen Bände.

23 Bresslau, Selbstdarstellung (wie Anm. 1) S. 46f.

24 Kehr, Harry Bresslau (wie Anm. 7) S. 256, hebt hervor, dass die Arbeiten „in einem bei den MG. sonst ungewohnten Tempo vor sich“ gingen.

25 1870/71, 1872, 1876, 1879/80, 1884/85, 1899/1900, 1912, 1914, 1915. Vgl. etwa Harry Bresslau, Kaiserurkunden in Vercelli und Verona, in: NA 1 (1876) S. 417–421; ders., Reise nach Italien im Herbst 1876, in: NA 3 (1878) S. 77–138.

26 Z.B. aus einem Magdeburger Kopialbuch einen Beleg für die Existenz eines Bischofs Marco von Schwerin, den Helmolds Slawenchronik I.12 in Oldenburg verortet (hg. von Bernhard Schmeidler, SS rer. Germ. [32], 1937, S. 23–25), oder Urkunden und Aktenstücke zum Großen Abendländischen Schisma, darunter ein eigenhändiges Schriftstück Papst Clemens' VII. mit Vorschlägen zur Lösung des Schismas: Harry Bresslau, Bischof Marco. Ein Beitrag zur Helmoldkritik, in: Deutsche Zs. für Geschichtswiss. 9 (1894) S. 154–163; ders., Aus der ersten Zeit des Großen Abendländischen Schismas (Abh. Berlin 6, 1919).

bzw. Straßburg[27]. Entscheidend war aber zweifellos die Rekrutierung tüchtiger Mitarbeiter, die selbständig zuarbeiteten und Bresslau merklich entlasteten. Anders als Kehr, der so manchen anonymen ‚Hülfsarbeiter' verschliss, hat Bresslau die maßgebliche Unterstützung seiner Mitarbeiter stets hervorgehoben[28], von denen Hermann (Reincke-)Bloch (1867–1929) und Alfred Hessel (1877–1939) ihm ein ehrendes Andenken bewahrten[29]. Seinem seit 1901 wohl engsten Mitarbeiter Hans Wibel (1872–1922), der 1922 bei einem Autounfall in Berlin ums Leben kam und als Herausgeber der Urkunden Heinrichs IV. und Heinrichs V. vorgesehen war, hat Bresslau einen warmherzigen Nachruf gewidmet[30].

Die Urkunden-Editionen Bresslaus folgen dem epochalen Vorbild Sickels[31], der – wie auch Waitz – von Karl Lachmann (1793–1851) beeinflusst war, bieten aber auch kleinere, begründete Abweichungen[32], wie sie bei fast allen späteren Diplomata-Bänden zu beobachten sind. Sie sind eingebettet in eine ausführliche Darlegung der Editionsprinzipien. Wie skrupulös Bresslau verfuhr, zeigen etwa seine Erläuterungen zur Auflösung der Abbreviatur $\bar{p}$[33]. Der sachlich auffälligste Unterschied war – mit Genehmigung der Zentraldirektion – die Aufnahme auch sogenannter „Reichssachen", d. h. „urkundliche*[r]* Aufzeichnungen über amtliche Handlungen des Kaisers"[34], die gelegentlich auch Grundlage für die Ansetzung von Deperdita wären. Davon ist man später in der Regel abgekommen[35].

27 Vgl. etwa Bresslau, Selbstdarstellung (wie Anm. 1) S. 56.

28 Die für die Textkollation Verantwortlichen sind, dem Beispiel Sickels folgend, jeweils im Textapparat genannt, worüber sich Kehr mokiert, dessen eigene Titelseiten die Mitarbeit der „Gehülfen" nicht erwähnen.

29 Oben Anm. 21; Hermann Reincke-Bloch, Harry Bresslau, in: HZ 136 (1927) S. 58–66. Zu (Reincke-) Bloch, einem Schüler Scheffer-Boichorsts, vgl. Zielinski, Ein Brief (wie Anm. 1) S. 209 ff. Weitere Mitarbeiter waren für kürzere Zeiträume Robert Holtzmann, Martin Meyer, Walther Holtzmann und Percy Ernst Schramm. Zahlreiche Mitarbeiter, wenn auch mit großer Fluktuation, besaßen ebenfalls Theodor Sickel und Engelbert Mühlbacher bzw. Michael Tangl: Bresslau, Geschichte (wie Anm. 19) S. 589 ff., 689f., 733. Für seinen zweiten Editionsband, Die Urkunden Ottos II. und Ottos III., hg. von Theodor Sickel (MGH DD regum et imperatorum 2, 1893), trug Sickel neben den Mitarbeitern Karl Uhlirz, Wilhelm Erben und Michael Tangl nur noch geringe Verantwortung: Bresslau, Geschichte (wie Anm. 19) S. 591f., 686. In direkter Linie darf der Vf. Bresslau als seinen wiss. ‚Ur-Ur-Großvater' bezeichnen (→G. Seeliger →P. Kirn →C. Brühl →Th. Kölzer).

30 Hans Wibel. Ein Nachruf von Harry Bresslau, in: NA 44 (1922) S. 369–375.

31 Erläutert in zwei Vorreden zu: Die Urkunden Konrad I., Heinrich I. und Otto I., hg. von Theodor Sickel (MGH DD regum et imperatorum Germaniae 1, 1879/1884). Zu Sickels Vorbild und seinen ‚Erben' vgl. Theo Kölzer, Konstanz und Wandel. Zur Entwicklung der Editionstechnik mittelalterlicher Urkunden, in: Werner Maleczek (Hg.), Urkunden und ihre Erforschung. Zum Gedenken an Heinrich Appelt (Veröffentlichungen des Instituts für Österreichische Geschichtsforschung 62, 2014) S. 33–52. Wichtige Vorentscheidungen hatte bereits Georg Waitz getroffen: Wie soll man Urkunden ediren?, in: HZ 4 (1860) S. 438–448.

32 Die Urkunden Heinrichs II. und Arduins, hg. von Harry Bresslau / Hermann Bloch / Robert Holtzmann u. a. (MGH DD regum et imperatorum Germaniae 3, 1900–1903) Vorrede S. IX ff.; Die Urkunden Konrads II. mit Nachträgen zu den Urkunden Heinrichs II., hg. von Harry Bresslau unter Mitwirkung von H. Wibel / A. Hessel (MGH DD regum et imperatorum Germaniae 4, 1909) Vorrede S. IXf.

33 Vorrede zu DD Ko. II. (wie Anm. 32) S. X.

34 Ebd. S. VIIf.

35 Eine Ausnahme sind die aufgenommenen „Konsensakte" in: Die Urkunden der burgundischen Rudol-

Zudem lösen sich die Vorbemerkungen von der strikt diplomatischen Betrachtung, die auch Kehr bevorzugte, sondern bieten auch historisch Relevantes, und Kehr bemerkt zu Recht, dass Bresslau „niemals bloß als Diplomatiker, sondern immer als Historiker und Diplomatiker" operierte[36]. Das ist heute eigentlich selbstverständlich und war auch der Ansatz für die Gründung eines neuen ‚Archiv für Urkundenforschung' (AUF), das Bresslau seit 1908 zusammen mit Karl Brandi (1868–1946), einem Kehr-Schüler, und Michael Tangl (1861–1921), einem Sickel-Schüler, aus der Taufe hob. Die Herausgeber wollten die Diplomatik damit „stärker auf ein allgemeinhistorisches Erkenntnisziel verpflichten, zugleich deren Zuständigkeitsbereich auf archivalisches Material aller Art und deren produzierende Stellen sowie auf Briefe und Briefsammlungen ausweiten"[37]. Dieses Ansinnen betrachtete die Wiener Schule Sickels jedoch als Frontalangriff, aber Bresslau registriert nur kurz „die nicht eben wohlwollende Kritik *[...]* durch einige Schüler Sickels – nicht etwa durch den Meister selbst"[38]; auf die Anwürfe antwortete Brandi im zweiten Band des Archivs für Urkundenforschung[39]. An anderer Stelle übt Kehr deutliche Zurückhaltung gegenüber Bresslaus historisch-rechtsgeschichtlichen Erläuterungen in den Vorbemerkungen mit dem – wenig überzeugenden – Argument, dass diese schnell veralteten[40], bezeichnet die beiden ersten Diplomata-Bände Bresslaus gleichwohl als „musterhafte Editionsleistungen", die die bisherigen Bände der MGH überträfen, also sowohl die Sickels als auch Engelbert Mühlbachers (1843–1903)[41]! Bresslau sei zwar nicht so originell wie Sickel, aber beide seien „zu ihrer Zeit die Meister und Führer in der Diplomatik gewesen" [42]; zudem war Bresslau sachlich breit ausgewiesen wie kein anderer.

Bresslau rechnet sich selbst an, dass in seinen Editionen „auch die Methode der diplomatischen Kritik eine nicht ganz unwesentliche Vervollkommnung erfuhr"[43]. Er bezog das auf die Entlarvung von mittelalterlichen und insbesondere von modernen Gelehrten-Fälschungen, zumal letztere, weil von Kennern angefertigt, sich in der Regel kaum durch Fehler im Formular bzw. Diktat verraten[44]. Bresslaus Mitarbeiter (Reincke-)Bloch und Wibel hat-

finger, bearb. von Theodor Schieffer unter Mitwirkung von Hans Eberhard Mayer (MGH DD Rudolf., 1977).

36 Kehr, Harry Bresslau (wie Anm. 7) S. 257, der Bresslau ebd. S. 253 wegen dessen quellenkritischen Arbeiten von „einem beschränkten Virtuosentum" ausdrücklich ausnimmt.

37 Theo Kölzer, Walter Heinemeyer und das „Archiv für Diplomatik", in: Hess. Jb. für LG 63 (2013) S. 237–249, bes. S. 237; vgl. Raabe, Harry Bresslau (wie Anm. 1) S. 66.

38 Bresslau, Selbstdarstellung (wie Anm. 1) S. 66.

39 Karl Brandi, Urkundenforschung, in: AUF 2 (1909) S. 155–166.

40 Kehr, Vorrede zu: Die Urkunden Heinrichs III., hg. von Harry Bresslau (†) und Paul Kehr (MGH DD regum et imperatorum Germaniae 5, 1926–1931) S. XVII. Dieses Argument wurde auch später noch vorgebracht, wie der Vf. aus eigener Erfahrung weiß. Aber es macht einen Unterschied, ob ein Forschungsstand ‚ab ovo' oder vom Publikationsdatum an recherchiert werden muss, zumal der Inhalt der Urkunde doch eine entscheidende Rolle bei deren Beurteilung spielt.

41 Kehr, Harry Bresslau (wie Anm. 7) S. 257.

42 Ebd. S. 256, 255, Zitat S. 254. Hessel, Harry Bresslau (wie Anm. 21) S. 147 stellt Bresslau neben Sickel, Ficker und Brunner als „Väter der neuen diplomatischen Wissenschaft".

43 Bresslau Selbstdarstellung (wie Anm. 1) S. 62.

44 Darüber handelt auch Harry Bresslau, Aufgaben mittelalterlicher Quellenforschung (Rektoratsreden der Universität Straßburg, 1904) S. 7 ff.

ten die Kritik vorexerziert in Bezug auf die Fälschungen Philipp-André Grandidiers bzw. Georg Friedrich Schotts[45].

Schwierigen Entstehungsbedingungen unterlag die Edition der Urkunden Heinrichs III. Zutiefst enttäuscht über seine Zurücksetzung bei der Wahl des Vorsitzenden der Zentraldirektion im Jahre 1903, hatte Bresslau die Redaktion des ‚Neuen Archivs', die er seit 1889 wahrnahm, sofort niedergelegt und erklärt, die Edition der Urkunden Konrads II. noch vollenden, aber die Heinrichs III. nicht mehr betreuen zu wollen[46]. Erst unter dem Vorsitz des befreundeten Neuhistorikers Reinhold Koser (1906–1914) glätteten sich die Wogen, und Bresslau übernahm sogar 1912 provisorisch und 1913 endgültig auch noch die Scriptores-Abteilung.

Nach Publikation der Edition der Urkunden Konrads II. (1909) konnte Bresslau die Edition der Urkunden Heinrichs III. bis zum Beginn des 1. Weltkriegs persönlich nur wenig fördern, zumal die Um- und Neubearbeitung seines ‚Handbuchs' (^{2}1912, ^{2}1915) für ihn Vorrang hatte. Nach eigener Aussage überließ er seinem bewährten Mitarbeiter Wibel die Sammlung des Materials und beschränkte sich „auf die Revision seiner Abschriften"[47]. Immerhin konnte er 1915 noch eine Archivreise in das besetzte Gebiet durchführen[48], aber eine Fortsetzung der Arbeiten war Bresslau erst möglich, nachdem er aus Straßburg ausgewiesen und 1919 die Übersiedlung nach Heidelberg gelungen war. Der plötzliche Tod Wibels (22. 2. 1922) versetzte dem Unternehmen erneut einen schweren Schlag. Mit Aushilfen und dem neuen Mitarbeiter Percy Ernst Schramm (1894–1970) konnte der Druck des ersten Teils 1923 beginnen, der im Herbst 1926 erschien; es ist ungewiss, ob Bresslau († 27. 10. 1926) ihn noch in Händen hat halten können.

Paul Kehr, seit 1919 Vorsitzender der Zentraldirektion der MGH, übernahm die Fertigstellung der Edition höchstpersönlich, weil es ihm zufolge in Deutschland niemanden mehr gäbe, der willens und in der Lage sei, einen Diplomata-Band zu erarbeiten[49]. Hatte Bresslau vor Ausbruch des Krieges noch geurteilt, dass die Urkunden bis zu Heinrichs III. Romzug 1046/47 im Wesentlichen bearbeitet seien[50], gab Kehr im Nachhinein ein denkbar ungünstiges Urteil über den Bearbeitungsstand ab: Der Druckbeginn sei 1923 erfolgt, „noch bevor das Manuskript dazu wirklich druckfertig war"[51], die Vorarbeiten, erst recht für den zweiten Teil, seien ungenügend gewesen, weshalb er „die ganze Untersuchung meist noch

45 Hermann Bloch, Die Urkundenfälschungen Grandidiers, in: ZGORh 51 (N.F. 12, 1897) S. 459–511, 52 (N.F. 13, 1898) S. 543–546; Harry Bresslau, Grandidiers Urkundenbehandlung, in: ZGORh 53 (N.F. 14, 1899) S. 9–12; Hans Wibel, Die Urkundenfälschungen Georg Friedrich Schotts, in: NA 29 (1904) S. 653–765. Vgl. Bresslau, Geschichte (wie Anm. 19) S. 593f.

46 Kehr, Harry Bresslau (wie Anm. 7) S. 259. – Siehe auch den Beitrag von Anne C. Nagel in vorliegendem Band.

47 Bresslau, Selbstdarstellung (wie Anm. 1) S. 65.

48 Ebd. S. 69.

49 Kehr, Vorrede zu den DD H.III. (wie Anm. 40) S. VIII.

50 Ebd. S. VIII.

51 Ebd. S. IX.

einmal machen musste"[52]. Im Übrigen hebt Kehr die Anteile der Mitarbeiter hervor, räumt allerdings ein, dass Bresslau das – im Gegensatz zu Kehr selbst! – nie verschwiegen habe[53].

Auch sonst spart Kehr nicht mit Kritik, moniert u. a. die unvollständige Materialerfassung, unzuverlässige Abschriften, vor allem aus Italien, den nicht konsequenten Einsatz der Fotografie, die Auflösung der Ortsnamen im Register („wir sind doch keine postalische Behörde"[54]), und auch das „Anschwellen" des Wort- und Sachregisters sei nicht nach seinem Sinn, wenngleich er andererseits für die Aufnahme der Diktatbesonderheiten plädierte[55], was wiederum Bresslau „nicht für zweckmäßig" hielt[56]. In dieser Beziehung sind freilich seit der Barbarossa-Edition (1975–1990) neue Maßstäbe gesetzt, weil erst diese Register die Phraseologie der Herrscherkanzlei verlässlich abbilden und zugleich die Belege für das Urteil des Editors hinsichtlich Kanzleimäßigkeit und Diktat liefern[57]. Während Kehr zu Recht die Verzeichnung aller Kopien auch bei originaler Überlieferung forderte, fand er die Aufnahme aller Drucke merkwürdigerweise für überflüssig[58]. Die Kritik des Egomanen Kehr ist hier, wie später auch in Bezug auf die „Geschichte der MGH", zweifellos überzogen[59], auch wenn sich natürlich der seinerzeitige Bearbeitungsstand nicht mehr beurteilen lässt.

Jenseits der Urkundenkritik in den Vorbemerkungen erarbeitete Bresslau erneut grundlegende Studien zu Einzelfragen oder Urkunden-Komplexen bzw. übergreifenden Problemen, auch wenn die deutlich spätere Forschung hier und da zu Korrekturen gezwungen war. Das gilt etwa für die späte Arbeit über die Ambasciatorenvermerke[60] ebenso wie für seine Ansicht zum Titel der Merowingerkönige[61] und letztlich auch für seine 1886 erschienene

52 Ebd. S. IX.

53 Ebd. S. VIIIf. Ebd. S. XIX bezeichnet Kehr allerdings die Nennung der für die Kollation Verantwortlichen im Apparat für sinnlos, zumal er selbst die Texte „zum größten Teil" noch einmal revidiert habe.

54 Ebd. S. XVIII.

55 Ebd. An anderer Stelle (Kehr, Harry Bresslau [wie Anm. 7] S. 258) räumte Kehr freilich ein: „die Register zu seinen beiden Diplomata-Bänden übertreffen die der andern Bände" (sc. Sickels und Mühlbachers).

56 Bresslau, Vorrede DD Ko. II. (wie Anm. 32) S. X. Wer solche Feststellungen prüfen wolle, so Bresslau, müsse auf die Urkunden selbst zurückgreifen. Ihm zufolge solle das Wortregister enthalten: „die für die politische, Verfassungs-, Wirtschafts- und Kulturgeschichte wichtigen Ausdrücke und Wendungen, andererseits die Wortbildungen, die für die mittelalterliche Philologie von Interesse sein können" (ebd.).

57 Die Urkunden Friedrichs I., bearb. von Heinrich Appelt u. a., 5 Bde. (MGH DD regum et imperatorum Germaniae 10, 1975–1990). Die streng philologisch erarbeiteten Wort- und Sachregister stammen von Walter Koch.

58 Ebd. S. XIXf. mit einem Plädoyer für die Aufnahme der Varianten von Orts- und Personennamen in den Apparat zugunsten der Germanisten und Namenforscher.

59 Fuhrmann, Gelehrtenleben (wie Anm. 1) S. 132 geißelt zu Recht Kehrs ungerechtes, politisch motiviertes Urteil. Immerhin brachte das Werk Bresslau den Ehrendoktor der Berliner Juristischen Fakultät ein.

60 Harry Bresslau, Der Ambasciatorenvermerk in den Urkunden der Karolinger, in: AUF 1 (1908) S. 167–184; dazu Philippe Depreux, Bitte und Fürbitte am karolingischen Hof. Zugleich ein Beitrag zur politischen Bedeutung der Ambasciatoren- und Impetratorenvermerke (Mitte 8. bis Mitte 9. Jahrhundert), in: AfD 58 (2012) S. 57–101.

61 Harry Bresslau, Der Titel der Merovingerkönige, in: NA 12 (1887) S. 353–360; ders., Noch einmal der Titel der Merowingerkönige, in: AUF 10 (1928) S. 150–175. Zu dem lange heftig umstrittenen Thema vgl. zuletzt Carlrichard Brühl, Studien zu den merowingischen Königsurkunden, hg. von Theo Kölzer (1998) S. 265 ff.

Studie über die Urkundenfälschungen im Trierer Kloster St. Maximin[62], wenngleich sie eine entscheidende Bresche in diesen nicht zuletzt verfassungsgeschichtlich bedeutenden Fonds schlug und z. B. ein seinerzeit vielgerühmtes Buch von Karl Wilhelm Nitzsch (1818–1880), dessen Nachfolger Bresslau 1880 fast geworden wäre[63], sofort zur Makulatur werden ließ[64]. Sein späteres Urteil, dass auch der Continuator Reginonis für St. Maximin gefälscht habe, hat Bresslau selbst noch zu Recht zumindest partiell revidieren wollen[65].

Schon im Vorfeld seines ‚Handbuchs' (1889) hatte Bresslau in den 1880er Jahren Forschungslücken durch eigene Untersuchungen zu schließen versucht, etwa zur Herkunft der päpstlichen Register[66], zur Rolle des Urkundenbeweises[67] oder zu den Beschreibstoffen Papyrus und Pergament in der päpstlichen Kanzlei[68]. Das wiederholte sich im Vorfeld der zweiten Auflage des ‚Handbuchs' (Bd. 1, 1912). Jetzt ging es neben den schon erwähnten Ambasciatorenvermerken um Elektensiegel[69], Kanzleigebühren[70] oder Fälschungen für St. Afra in Augsburg[71]. Seine Straßburger Rektoratsrede von 1904 über Aufgaben mittelalterlicher Quellenkritik[72] sowie sein magistraler Vortrag anlässlich des Internationalen Historikerkongresses in Berlin (1908) über internationale Beziehungen im Urkundenwesen des Mittelalters[73] sind eindrucksvolle Zeugnisse von Bresslaus souveräner Beherrschung eines

62 Harry Bresslau, Über die älteren Königs- und Papsturkunden für das Kloster St. Maximin bei Trier, in: Westdeutsche Zs. für Geschichte und Kunst 5 (1886) S. 20–65; vgl. Theo Kölzer, Studien zu den Urkundenfälschungen des Klosters St. Maximin vor Trier (10.–12. Jahrhundert) (Vorträge und Forschungen 36, 1989), bes. S. 13f. zu Bresslau. Siehe auch unten Anm. 67 zu den Gerichtsschreibern.

63 Bresslau, Selbstdarstellung (wie Anm. 1) S. 44.

64 Karl Wilhelm Nitzsch, Ministerialität und Bürgertum im 11. und 12. Jahrhundert (1859).

65 Harry Bresslau, Zum Continuator Reginonis, in: NA 25 (1900) S. 664–671; ders., Selbstdarstellung (wie Anm. 1) S. 63f.; vgl. aber ders., Handbuch 2^4 (wie Anm. 2) S. 213 Anm. 3. Tatsächlich benutzte der Fälscher lediglich Vorlagen des Continuator (Adalberts von St. Maximin): Kölzer, Studien (wie Anm. 62) S. 49 ff.

66 Harry Bresslau, Die Commentarii der römischen Kaiser und die Registerbücher der Päpste, in: ZRG Rom. 6 (1885) S. 242–260.

67 Harry Bresslau, Urkundenbeweis und Urkundenschreiber im älteren deutschen Recht, in: Forschungen zur deutschen Geschichte 26 (1886) S. 1–66. Bresslaus Annahme amtlicher Gerichtsschreiber im Frühmittelalter wurde strittig diskutiert; vgl. etwa Ingrid Heidrich, Titulatur und Urkunden der arnulfingischen Hausmeier, in: AfD 11/12 (1965/66) S. 71–279, bes. S. 207 ff.; Rosamond McKitterick, The Carolingians and the Written Word (1989) S. 118 ff.

68 Harry Bresslau, Papyrus und Pergament in der päpstlichen Kanzlei, in: MIÖG 9 (1888) S. 1–34; von Kehr verrissen: Zielinski, Ein Brief (wie Anm. 1) S. 218f. Anm. 91.

69 Harry Bresslau, Über Elektensiegel, in: HV 3 (1900) S. 469–477.

70 Harry Bresslau, Kanzleigebühren unter Heinrich VI., in: Festschrift zur XLVI. Versammlung deutscher Philologen in Straßburg (1901) S. 239–247.

71 Harry Bresslau, Les plus anciennes chartes du monastère de Sainte Afra à Augsbourg, in: Mélanges Paul Fabre. Études d'histoire du Moyen Âge (1902) S. 172–188 – die einzige fremdsprachige Publikation des ‚Romanisten' Bresslau, der sich rückblickend „mit Wehmut" an den einst freundschaftlichen Verkehr mit den französischen Kollegen erinnerte (Selbstdarstellung [wie Anm. 1] S. 68f.).

72 Harry Bresslau, Aufgaben mittelalterlicher Quellenforschung (Rektoratsreden der Universität Straßburg, 1904).

73 Harry Bresslau, Internationale Beziehungen im Urkundenwesen des Mittelalters, in: AUF 6 (1916) S. 19–76.

breitgefächerten Stoffes, die schwerlich ihresgleichen hatte, wie schon sein ‚Handbuch' bezeugte.

Bresslaus Handbuch der Urkundenlehre markiert nach dem berechtigten Urteil eines Mitarbeiters „einen in aller Welt anerkannten Ruhmestitel der deutschen Wissenschaft"[74]. Die Anregung kam von seinem Freund Wilhelm Arndt (1838–1895) in Verbindung mit dem Leipziger Verlag Veit & Co[75]. Der Band sollte Teil einer Reihe für das historische Studium sein und das Bedürfnis nach einer Synthese stillen, die die zwischenzeitlichen Fortschritte der Diplomatik (Th. Sickel, J. Ficker, H. Brunner u. a.) einbezog[76] – eine große Herausforderung für einen 34-Jährigen, der sich seit 1882 ohne rechtes Vorbild an die Arbeit machte! In Deutschland hatte es z. B. seit fast einem Jahrhundert kein Kompendium mehr gegeben[77], und in Frankreich folgte Arthur Giry (1848–1899) erst 1894[78]. Aber so notwendig Bresslau dieses ‚Aggiornamento' schien, sah er doch auch die Schwierigkeiten, die dieses Unternehmen barg, und auch Sickel scheint zunächst skeptisch gewesen zu sein[79], denn es sollte nicht mit einer bloßen Zusammenstellung des Bekannten sein Bewenden haben, sondern es sollten auch Lücken durch eigene Studien geschlossen werden. So setzte er sich etwa zum Ziel, die römischen Grundlagen des mittelalterlichen Urkundenwesens zu beschreiben, die später Peter Classen (1924–1980) meisterhaft freilegen sollte[80]. Andere Vorarbeiten wurden bereits oben genannt. Parallel führte Bresslau 1884/85 zur Ergänzung des Materials Archivreisen in Deutschland und im benachbarten Ausland durch. Der geplante zweite Band sollte die Spezialdiplomatik der Kaiser- und Papsturkunden enthalten, kam aber nach Bresslaus Eintritt in die Zentraldirektion (1888) wegen zusätzlicher Verpflichtungen nicht zustande[81] und war

74 Reincke-Bloch, Harry Bresslau (wie Anm. 29) S. 61; vgl. Raabe, Harry Bresslau (wie Anm. 1) S. 77 ff.

75 Rück, Erinnerung (wie Anm. 1) S. 249.

76 Bresslau, Selbstdarstellung (wie Anm. 1) S. 54.

77 Carl Traugott Gottlob Schönemann, Versuch eines vollständigen Systems der allgemeinen, besonders ältern Diplomatik, als Handbuch für Archivare und den Geschäftsgebrauch, 2 Bde. (1801/2; 2. Auflage unter dem Titel: Lehrbuch der … Diplomatik … zum Gebrauch akademischer Vorlesungen, 2 Bde., 1818); ders., Codex für die praktische Diplomatik, 2 Bde. (1800–1803, ND 1818): Urkundentexte zur Illustration des ‚Handbuchs'.

78 Arthur Giry, Manuel de Diplomatique, 2 Bde. (1894, ND in 1 Bd. 1972). Cesare Paoli, Programma scolastica di paleografia e di diplomatica (1883, deutsch 1885) ist allenfalls in der zweiten Auflage partiell vergleichbar: 3 Bde. (1888–1898, deutsch 1889–1899).

79 Rück, Erinnerung (wie Anm. 1) S. 249f. Sickel hielt das Unternehmen für verfrüht, mag aber trotz der Mitarbeit Bresslaus an den von ihm mitherausgegebenen „Kaiserurkunden in Abbildungen" (Lief. 2 und 4, 1881/82) auch noch nicht recht überzeugt gewesen sein, dass ein noch nicht Vierzigjähriger dieser Aufgabe gewachsen sei.

80 Peter Classen, Kaiserreskript und Königsurkunde. Diplomatische Studien zum römisch-germanischen Kontinuitätsproblem, in: AfD 1 (1955) S. 1–87, 2 (1956) S. 1–115; überarbeitete Fassung: Kaiserreskript und Königsurkunde. Diplomatische Studien zum Problem der Kontinuität zwischen Altertum und Mittelalter (Byzantina keimena kai meletai 15, 1977); ders., Spätrömische Grundlagen mittelalterlicher Kanzleien, in: ders., Ausgewählte Aufsätze, hg. von Josef Fleckenstein (Vorträge und Forschungen 28, 1983) S. 67–84; vgl. auch Theo Kölzer, Zwischen Antike und Mittelalter. Diplomatische Beobachtungen, in: Für die Landesgeschichte. Beiträge aus Anlass der Übergabe der Festschrift für Thomas Vogtherr, hg. von Henning Steinführer (2021) S. 17–41.

81 Bresslau, Selbstdarstellung (wie Anm. 1) S. 59.

spätestens Anfang 1904 aufgegeben[82]. Überdies scheint es, als habe Bresslau über den Inhalt des Bandes noch keine klaren Vorstellungen gehabt[83].

Das ‚Handbuch' fand in Deutschland ein gespaltenes Echo, wofür Peter Rück (1934–2004) „Eifersucht und Antisemitismus" verantwortlich macht[84]. Die Animosität Heinrich Brunners (1840–1915) erklärt er sich damit, dass „der Historiker dem Juristen die Herrschaft über die Diplomatik entrissen" habe[85]. Gewiss mag man Aufbau, Systematik, Definitionen, fehlende Register und anderes kritisieren, aber keiner der Kritiker, Kehr eingeschlossen, hat eine ähnliche, geschweige denn bessere Synthese zustande gebracht als dieser 40-jährige Extraordinarius[86]. Bresslau selbst hat manches in der umgearbeiteten und nachgebesserten zweiten Auflage (1912, 1915/31[87]) berücksichtigt, die freilich, wenn auch aufgeteilt auf zwei Bände, im Grunde die 19 Kapitel des ersten Bandes konservierte. In dieser Form ist Bresslaus ‚Handbuch' bis heute nicht ersetzt[88] und wurde sogar ins Italienische übersetzt[89].

Band 1 enthält in neun Kapiteln: Grundbegriffe und Definitionen, Geschichte der Urkundenlehre, Urkundenteile und Urkundenarten, Überlieferung und Vervielfältigung der Urkunden, Die Archive, Die Kanzleibeamten der altrömischen Kaiser und der Päpste, Die Kanzleibeamten der italienischen, fränkischen und deutschen Könige und Kaiser, Sonstige Kanzleibeamte und Urkundenschreiber in Deutschland und Italien, Die rechtliche Beweiskraft der Urkunden des Mittelalters; Band 2 umfasst in zehn weiteren Kapiteln: Die Entstehung der Urkunden (1. Petitionen und Vorverhandlungen, 2. Handlung und Beurkundung, Stufen der Beurkundung, 3. Fürbitter und Zeugen, 4. Die Vorlagen der Urkundenschreiber, Formulare, Vorurkunden, Akte, 5. Das Verhältnis der Nachbildungen zu den Vorlagen), Die Urkundensprache, Die Datierung der Urkunden, Die Urkundenbeschreibstoffe, Die Urkundenschrift, Die Besiegelung.

Trotz des ‚sprechenden' Inhaltsverzeichnisses und eines „Registers der zitierten Königs- und Papsturkunden" hat erst das 1960 von Hans K. Schulze (1932–2013), dem späteren Marburger Ordinarius, im Nachgang zur 3. Auflage erarbeitete ausführliche Register die unvergleichliche Materialfülle von Bresslaus ‚opus magnum' wirklich erschließen können[90]. Nach dem Urteil von Peter Rück war sein größter Nachteil, „dass es die bildhaften Elemente

82 Brief Bresslaus an Kehr vom 1. 1. 1904, ed. ZIELINSKI, Ein Brief (wie Anm. 1) S. 22. Das dafür vorgesehene Material wurde in die vorhandenen Kapitel eingearbeitet; vgl. BRESSLAU, Handbuch 1 (wie Anm. 2) S. V (Vorwort vom 1. 12. 1911 zur zweiten Auflage).

83 RÜCK, Erinnerung (wie Anm. 1) S. 250.

84 Ebd. S. 250f.; ebd. einige Stellungnahmen namentlich genannter Kritiker.

85 Ebd. S. 251.

86 Hervorgehoben sei aber der als Einführung konzipierte Überblick über die Privaturkunden im lateinischen Europa von Reinhard HÄRTEL, Notarielle und kirchliche Urkunden im frühen und hohen Mittelalter (Historische Hilfswissenschaften, 2011).

87 Den zweiten Teil des 2. Bandes (Kap. 16–19) ergänzte Hans-Walter KLEWITZ 1931 mit Material aus Bresslaus Nachlass.

88 Die dritte Auflage von 1958 war ein unveränderter Nachdruck der 2. Auflage, die 4. (1969) ein unveränderter Nachdruck der zweiten inklusive des von Hans K. SCHULZE erarbeiteten Registerbandes (1960).

89 Harry BRESSLAU, Manuale di diplomatica per la Germania e l'Italia, traduzione di Anna Maria Voci-ROTH, 2 Bde. (Pubblicazioni degli Archivi di Stato, Sussidi 10, 1998); auch online: www.archivi.beniculturali.it/dga/uploads/documents/Sussidi/Sussidi_10_1_a.pdf bzw. 10_2_a.pdf.

90 Siehe Anm. 88.

der urkundlichen Botschaften unterdrückt und deren auf rechtliche Aspekte beschränkte Vertextung vorantreibt“[91]. Aber Rücks diplomatische Semiotik, die diesen vermeintlichen Nachteil auszugleichen bestrebt war, begegnete selbst erheblicher Skepsis[92], so dass sein Vorwurf, Bresslaus „positivistischer Rationalismus *[habe]* den Brückenschlag zur Kunstgeschichte, Linguistik und Semiotik unterbunden“[93], nicht recht verfängt. Auch dass Bresslau – „wie manche seiner Diplomatiker-Kollegen – kein guter Paläograph“ gewesen sei[94], gilt wohl nur für Rücks Parameter und erinnert an die mäkeligen, weil ‚vergifteten' Vergleiche Kehrs[95].

„Nirgends ein Neuerer, aber ein erfahrener, jeder Aufgabe gewachsener Schirmer des kostbaren Vermächtnisses der deutschen kritischen Schule“ urteilt ein Mitarbeiter über Bresslau[96]. Das trifft dessen Bedeutung ganz gut, denn Bresslau hatte sich jenseits der neuen Wiener Diplomatik der Sickel – Mühlbacher – Kehr als deren Adept etabliert, anders aber als diese und bis heute wie kein anderer sich als Editor sowohl diplomatischer wie erzählender Quellen nachdrücklich in die Geschichte der MGH eingeschrieben, die er selbst so kenntnisreich und unübertroffen dargestellt hat und deren Zentraldirektion er 38 Jahre lang angehörte[97]. Das Œuvre Bresslaus ist hinsichtlich Substanz und Breite schon in jungen Jahren und erst recht als Lebensleistung staunenswert, und dabei ist sein Wirken in der Universität, in wissenschaftlichen Kommissionen oder in der Politik noch gar nicht veranschlagt. Anders als Sickel war Bresslau kein Theoretiker, sondern Praktiker, und anders als die Wiener Schule fand Bresslau in den diplomatischen Studien allein nicht sein Genügen, sondern betrieb sie stets mit einem allgemein-historischen Erkenntnisinteresse, führte auch die diplomatischen

91 Rück, Erinnerung (wie Anm. 1) S. 250.

92 Theo Kölzer, Diplomatik und Urkundenpublikationen, in: Toni Diederich / Joachim Oepen (Hg.), Historische Hilfswissenschaften. Stand und Perspektiven der Forschung (2005) S. 7–34, bes. S. 20 ff.; Thomas Vogtherr, Bildberichte vom König? Peter Rücks Theorie der diplomatischen Semiotik, in: Marie Bláhová / Mlada Holá / Klára Woitschová (ed.), Panovnická reprezentace v písemné kultuře ve středověku. Sborník Prací k životnímu jubileu prof. PhDr. Ivana Hlaváčka, CSc. (Univerzita Karlova, Nakladatelsství Karolinum, 2021) S. 233–244.

93 Rück, Erinnerung (wie Anm. 1) S. 252. Ihm zufolge war zwar seinerzeit „Bresslaus Werk ein großer Wurf“, gleichwohl verantwortlich dafür, „dass eine mittelalterliche Aktenkunde nicht entstand“ (ebd.).

94 Ebd. S. 250.

95 Nach Kehr, Harry Bresslau (wie Anm. 7) S. 256 besaß Bresslau „ein seltenes Talent virtuoser Applikation“. Er habe sich nicht mit dem Philologen Holder-Egger messen können (ebd. S. 260), im Durchpausen nicht mit Simon Laschitzer, 1875/76 Mitarbeiter Sickels (Vorrede DD H.III. [wie Anm. 40] S. XV). Gleichwohl sei er trotz der evidenten Vorteile der Fotographie, deren sich nur Wibel konsequent bedient habe, bei der Anfertigung von Pausen geblieben, was negative Folgen für die Textherstellung gehabt habe (ebd. S. XVf.). Kehrs unfreundliche Rezension zu Bresslaus ‚Handbuch' in: HZ 65 (1890) S. 371–374. Zur Erinnerung: Kehr (*1860) war frisch habilitiert (1889 in Marburg: Die Urkunden Otto III., 1890), gerade einmal 30 Jahre alt und hatte sich Hoffnung auf die Leitung der Diplomata-Abteilung gemacht, mit der nach dem Ausscheiden Sickels (1889) Bresslau betraut wurde, dem 1892 eine Wiener Abteilung unter Engelbert Mühlbacher an die Seite trat; vgl. Zielinski, Ein Brief (wie Anm. 1) S. 218.

96 Reincke-Bloch, Harry Bresslau (wie Anm. 29) S. 65.

97 Bresslau, Geschichte (wie Anm. 19). Die Aufnahme in die Zentraldirektion erfolgte 1888; das Neue Archiv redigierte Bresslau 1888–1903, leitete die Diplomata-Abteilung 1889–1923, die Scriptores-Abteilung 1913–1926.

Einsichten immer wieder in allgemeinere historische Zusammenhänge[98]. Darin und mit der Institutionalisierung dieses Ansatzes im „Archiv für Urkundenforschung", das den Siebzigjährigen mit einer Festschrift ehrte[99], wies er über die Wiener Schule hinaus nun doch in die Zukunft.

Abstract: Although Harry Bresslau was hailed as the "prince of charter scholars"; his path to this vocation was by no means direct. After an excellent school education in classical philology, he first studied law and then Romance literature, before turning to history in Berlin. An unsuccessful prize submission prompted him to study imperial charters, leading to his promotion thesis on the chancery of Emperor Conrad II that he submitted in 1869. Through his work on the Jahrbücher of Emperors Henry II and Conrad II and his 1872 habilitation thesis, Bresslau gained further experience in the special challenges of charter editions. On attaining an extraordinarius professorship in Berlin in 1877, his first lectures were on the subject of diplomatics. As a charter scholar, Bresslau was profoundly influenced by Theodor Sickel's methodology. However, he was never just a charter scholar, but always also an historian, applying diplomatics to serve historical purposes and widening the subject matter beyond the classical canon. Besides various special studies and editions, including the MGH Diplomata volumes for Henry II and Conrad II, he contributed greatly to charter studies as co-founder of the journal "Archiv für Urkundenforschung" and with his fundamental manual "Handbuch der Urkundenlehre" (1889). Although sometimes criticised as lacking originality, Bresslau's combination of diplomatics and historical studies may nevertheless be seen as innovative impulses.

98 Nach Hessel, Harry Bresslau (wie Anm. 21) S. 147 habe Bresslau auch mehrfach eine „Deutsche Geschichte" geplant.

99 Der zweite Teil von AUF 6 (1918) nach S. 148, ist „Harry Bresslau zum 22. März 1918" gewidmet, mit Beiträgen von Gerhard Seeliger, Robert Holtzmann, Bernhard Schmeidler, Hans Wibel, Gerold Meyer von Knonau, Alfred Hessel, Richard Sternfeld, Hans Kaiser, Georg Mentz, Wolfgang Michael, Karl Jacob.

Harry Bresslau
und seine Beiträge zur Erforschung
der erzählenden Quellen des Mittelalters

von
Benedikt Marxreiter

Schon zu Lebzeiten genoss Harry Bresslau großes wissenschaftliches Renommee nicht nur auf dem Gebiet der Diplomatik, sondern auch als Erforscher von historiographischen Aufzeichnungen wie Viten, Annalen und Chroniken. Dieses Ansehen gründete neben seinen einschlägigen editorischen Leistungen zu einem ganz wesentlichen Teil sicher auf seinen kodikologischen und paläographischen Einzelstudien, in denen er durch „scharfe Kritik und sorgfältige Interpretation“[1] wiederholt zu so gewichtigen Erkenntnissen gelangte, dass die in den Blick genommenen Überlieferungen nachmals oft in einem völlig neuen Licht betrachtet wurden.

So etwa konnte Bresslau bereits in seiner ersten quellenkritischen Untersuchung[2] aus dem Jahr 1877 überzeugend darlegen, dass die sog. Annales Hildesheimenses maiores, deren frühere Existenz vor allem Ernst Steindorff ausführlich nachgewiesen hatte[3], nicht nur in deutlich mehr historiographischen Werken rezipiert wurden als bis dahin angenommen, sondern zudem wohl weit umfangreicher als vermutet waren und statt der Jahre 1037–1043 in ihrer Berichterstattung mindestens die Jahre 1023–1043 umfasst haben dürften[4]. Auch zeigte er, dass die unikal überlieferten Annales Hildesheimenses minores, die Georg Heinrich Pertz „von 1022 an für gleichzeitig und für das Werk mehrerer Schreiber gehalten hatte“[5], tatsächlich von nur einem einzigen Schreiber angefertigt wurden, was unter anderem Georg Waitz dazu veranlasste, eine Neuausgabe des Werks auszuarbeiten[6]. Wesentliche Neuerkenntnisse erbrachte Bresslau von der Hildesheimer Geschichtsschreibung abgesehen vor allem auf dem

1 Vgl. Harry Bresslau, Harry Bresslau, in: Die Geschichtswissenschaft der Gegenwart in Selbstdarstellungen 2: Karl Julius Beloch, Harry Bresslau, Victor Gardthausen, George Peabody, hg. von Sigfrid Steinberg (1926) S. 29–83 (im Folgenden zitiert als: Bresslau, Selbstdarstellung), hier S. 51. Den Nutzen dieses Quellenzugangs hatte Bresslau dem eigenen Bekunden nach v. a. durch seine Betätigung auf dem Feld der Diplomatik erkannt und verinnerlicht.

2 Vgl. Harry Bresslau, Beiträge zur Kritik deutscher Geschichtsquellen des 11. Jahrhunderts, in: NA 2 (1877) S. 539–596, dazu: Bresslau, Selbstdarstellung (wie Anm. 1) S. 52f. Zu der Untersuchung veranlasst worden war Bresslau durch seine Arbeiten an den Jahrbüchern Konrads II., die er seit 1875 vorbereitete und in den Jahren 1879 und 1884 veröffentlichte.

3 Vgl. Bresslau, Beiträge (wie Anm. 2) S. 543, und Ernst Steindorff, Jahrbücher des deutschen Reichs unter Heinrich III. 1 (1874) S. 421 ff.

4 Vgl. Bresslau, Beiträge (wie Anm. 2) S. 541–566. Zur Einordnung der verlorenen Annalen und den bekannten Ableitungen vgl. v. a. Roman Deutinger, Lateinische Weltchronistik des Hochmittelalters, in: Handbuch Chroniken des Mittelalters, hg. von Gerhard Wolf / Norbert Ott (2016) S. 77–103, hier S. 79–82, sowie die Einleitung zu: Die Annales Quedlinburgenses, hg. von Martina Giese (MGH SS rer. Germ. 72, 2004) S. 41–380, hier S. 143–152.

5 Vgl. Bresslau, Selbstdarstellung (wie Anm. 1) S. 52.

6 Vgl. Annales Hildesheimenses, hg. von Georg Waitz (MGH SS rer. Germ. [8] 1878).

Gebiet der Bodenseechronistik, wo ihm unter anderem zu konstatieren gelang, dass es sich bei der sog. ‚Epitome Sangallense', einem Geschichtswerk, das man bis dahin immer für einen Auszug aus der Chronik Hermanns des Lahmen († 1054) gehalten hatte, in Wirklichkeit um ein älteres Erzeugnis handelt[7], welches sich als Ableitung[8] aus einem verlorenen Annalenwerk[9] beschreiben lässt. Bis heute wirken in besonderer Weise auch Bresslaus Forschungen zur sog. Bamberger Weltchronistik fort, mit der sich Bresslau erstmals im Rahmen seiner ‚Bamberger Studien' 1896 näher befasste. Darin identifizierte er unter anderem den Jenaer Codex Ms. Bos. q. 19 als Autograph einer Chronik, welche bis dato als Werk Ekkehards von Aura († nach 1125) galt, und schrieb sie mit überzeugenden Argumenten dem Michelsberger Mönch Frutolf († 1103) zu, unter dessen Namen die Chronik derzeit bei den MGH neu ediert wird[10].

In Fortführung und Ergänzung seiner quellenkritischen Untersuchungen beförderte Bresslau die Historiographie-Forschung seiner Zeit – wie bereits angesprochen – auch durch eine Vielzahl eigener Quelleneditionen. Publikatorisch in Erscheinung trat er dabei erstmals im Jahr 1878 mit seiner Neuausgabe der Werke Wipos, die Pertz' Edition aus dem Jahr 1854 ersetzte und ihn in eine lebenslange Verbindung mit den MGH brachte[11]. Ihr stellte er drei Jahre später eine erste kritische Ausgabe[12] der sog. ‚Epitome Sangallense' (alias Chronicon

7 Vgl. Bresslau, Beiträge (wie Anm. 2) S. 566–596, in denen er erstmals nachwies, dass die sog. ‚Epitome' jedenfalls nicht als ein Hermann „subordiniertes Werk" (S. 576) aufzufassen ist. Zu seinen über diese Feststellung hinausgehenden Hypothesen, die in der Forschung heute teils kritischer bewertet werden, vgl. Rudolf Pokorny, Das Chronicon Wirziburgense, seine neuaufgefundene Vorlage und die Textstufen der Reichenauer Chronistik des 11. Jahrhunderts, in: DA 57 (2001) S. 63–93 und 451–499.

8 Von Bresslau als ‚Chronicon Suevicum universale' bezeichnet und ediert; siehe Anm. 12. Geeigneter erscheint der Titel ‚Chronicon Augiense maius', den Pokorny, Chronicon Wirziburgense (wie Anm. 7) S. 488, vorgeschlagen hat.

9 Von Bresslau als „verlorene schwäbische Reichsannalen" bezeichnet und als Ausgangspunkt auch der Hermann-Chronik betrachtet; vgl. Bresslau, Beiträge (wie Anm. 2) S. 576, und ders., Selbstdarstellung (wie Anm. 1) S. 52f. Vgl. dazu Pokorny, Chronicon Wirziburgense (wie Anm. 7) v. a. S. 487–489, der stattdessen von einem „Reichenauer Materialkern auf dem Stand des Jahres 1043" spricht (Chronicon Augiense minus), von dem Hermann nur indirekt (über das Chronicon Augiense maius) abzuhängen scheint.

10 Vgl. Harry Bresslau, Bamberger Studien, in: NA 21 (1896) S. 139–234. Zugute gekommen ist Bresslau sicherlich, dass ihm die für seine Untersuchungen benötigten Handschriften und Archivalien in diesem wie in anderen Fällen an seine Wirkungsstätten (Straßburg, Cambridge) ausgeliehen wurden und von ihm dort näher inspiziert werden konnten. Dazu sowie zu Bresslaus weiterer Beschäftigung mit dem Thema Bamberger Weltchronistik vgl. Bresslau, Selbstdarstellung (wie Anm. 1) S. 63–65. Zum aktuellen Forschungsstand sowie zu den laufenden Arbeiten an den Editionen der Frutolf-Chronik und ihrer Fortsetzungen vgl. Thomas McCarthy, The Continuations of Frutolf of Michelsberg's Chronicle (MGH Schriften 74, 2018), sowie https://www.mgh.de/de/die-mgh/editionsprojekte/bamberger-weltchronistik [alle Links in diesem Beitrag wurden am 17.03.2023 abgerufen].

11 Vgl. Wiponis proverbia, tetralogus Heinrici regis, vita Chuonradi II. imperatoris, hg. von Georg Heinrich Pertz, in: MGH SS 11 (1854) S. 243–275; Wiponis gesta Chuonradi II. ceteraque quae supersunt opera. Accedunt annalium Sangallensium, chronici Herimanni, chronici universalis Suevici partes et duo carmina codicis Cantabrigiensis, hg. von Harry Bresslau (MGH SS rer. Germ. [61] 1878). 1915 gab Bresslau Wipos Werke in überarbeiteter Form nochmals heraus; siehe Anm. 16.

12 Vgl. Chronicon Suevicum universale, hg. von Harry Bresslau, in: MGH SS 13 (1881) S. 61–72. Dazu kritisch: Pokorny, Chronicon Wirziburgense (wie Anm. 7) passim, sowie Bresslau, Selbstdarstellung

Suevicum univerale) sowie 1902 eine Neuedition[13] der Vita Bennos II. von Osnabrück zur Seite, ehe er 1912/13 die Leitung der MGH-Scriptores übernahm und sich der Abteilung fortan trotz seines fortgeschrittenen Alters und den zeitgleichen Verpflichtungen gegenüber den Diplomata mit solch bewundernswertem Elan verschrieb[14], dass die Jahre bis zu seinem Tod im Frühjahr 1926 als seine wohl fruchtbarste Schaffens- und Wirkungsphase auf diesem Feld der Editionswissenschaft betrachtet werden können. Von dem glatten Dutzend historiographischer Texte, das Bresslau in den fast 50 Jahren, in denen er für die Scriptores insgesamt und zum weiteren Vorteil der MGH im Übrigen nahezu unentgeltlich[15] tätig war, bearbeitete er allein drei Viertel erstmals in den Jahren seiner Abteilungsleitung. Hierzu zählen insbesondere seine zweite Ausgabe der Werke Wipos[16], die Bresslau vor dem Hintergrund neuer, auch die Quellengrundlage der Gesta Chuonradi betreffenden Studien[17] zur Bodenseechronistik und dem Chronicon Wirziburgense seit der Jahrhundertwende vorbereitet hatte und 1915 mit einer überarbeiteten Einleitung und einem neuen Kommentar versehen herausgab. Speziell genannt seien daneben seine Edition der Ableitungen[18] der verlorenen sog. Annales Iuvavenses antiqui sowie seine Ausgabe der Lebensbeschreibung[19] des Propstes Lambert von

(wie Anm. 1) S. 52f., wo er selbst eingesteht, dass die von ihm geprägte Bezeichnung für das Werk nicht optimal war. Den Text der Chronik hatte Bresslau zur Kenntlichmachung ihrer mutmaßlichen Verwandtschaft mit den Gesta Chuonradi (sowie der Chronik Hermanns des Lahmen und den Annales Sangallenses maiores) auszugsweise bereits im Anhang seiner ersten Wipo-Ausgabe (siehe Anm. 11) abgedruckt. Der entsprechende Anhang findet sich darin S. 69–78; in der dritten Auflage (siehe Anm. 16) dann S. 91–102.

13 Vgl. Vita Bennonis II. episcopi Osnabrugensis auctore Nortberto abbate Iburgensi, hg. von Harry Bresslau (MGH SS rer. Germ. [56] 1902); wieder in: MGH SS 30,2 (1934) S. 869–892. Bis zu den Tagen Bresslaus war nur eine interpolierte Fassung der Vita bekannt; vgl. Harry Bresslau, Die echte und die interpolierte Vita Bennonis secundi ep. Osnabrugensis, in: NA 28 (1903) S. 77–135.

14 Vgl. Paul Kehr, Harry Bresslau. Ein Nachruf, in: NA 27 (1928) S. 251–266, hier S. 251, 260–262. Zu den Hintergründen des Amtsantritts vgl. Bresslau, Selbstdarstellung (wie Anm. 1) S. 66–68, und ders., Geschichte der Monumenta Germaniae historica (NA 42, 1921) S. 725f. Bresslau war zu dieser Zeit Mitte 60.

15 Bresslau, der als emeritierter Professor gut abgesichert war, beanspruchte als Abteilungsleiter der Scriptores „nur einen kleinen Teil des Gehalts, das *[sein Vorgänger]* Holder-Egger bezogen hatte". Die eingesparten Mittel wurden bei den Monumenta u. a. zur Finanzierung „von zwei planmäßigen und mit Pensionsberechtigung ausgestatteten Stellen für zwei ältere Mitarbeiter der Monumenta *[genutzt]*, die *[...]* den Mitarbeitern Mario Krammer und Erich Caspar auf den Vorschlag der Zentraldirektion verliehen wurden"; vgl. Bresslau, Selbstdarstellung (wie Anm. 1) S. 67, und ders., Geschichte (wie Anm. 14) S. 726.

16 Vgl. Die Werke Wipos, hg. von Harry Bresslau (MGH SS rer. Germ. [61] ^{3}1915). Vgl. dazu Bresslau, Selbstdarstellung (wie Anm. 1) S. 53.

17 Vgl. Harry Bresslau / Joseph May, Bemerkungen zum Text des Wipo, in: NA 5 (1880) S. 195–199; Harry Bresslau, Hermann von Reichenau, Bernold und die schwäbische Weltchronik, in: NA 8 (1883) S. 188–190; ders., Die Quellen des Chronicon Wirziburgense, in: NA 25 (1900) S. 11–35; ders., Noch einmal das Chronicon Wirziburgense und Hermann von Reichenau, in: NA 26 (1901) S. 241–253; ders., Beiträge zur Kritik deutscher Geschichtsquellen des 11. Jahrhunderts. N. F., in: NA 27 (1902) S. 125–175.

18 Vgl. Annales ex annalibus Iuvavensibus antiquis excerpti, hg. von Harry Bresslau, in: MGH SS 30,2 (1934) S. 727–744, sowie Harry Bresslau, Die ältere Salzburger Annalistik, in: Abh. Berlin 2 (1923) S. 1–63.

19 Vgl. Vita Lamberti praepositi monasterii novi operis prope Hallam Saxonicam, hg. von Harry Bresslau,

Neuwerk bei Halle, deren Bearbeitung Bresslau im Rahmen seiner Bemühungen um die Vollendung des 30. Bandes der großen Scriptores-Reihe mit den Nachträgen zu den erzählenden Quellen der Karolinger-, Ottonen- und Salierzeit übernommen hatte[20].

Geprägt und vorangebracht hat Bresslau die Scriptores in der Zeit seiner Abteilungsleitung aber nicht nur durch seine eigene editorische Tätigkeit – zu der neben der Bearbeitung eigener Projekte vor allem auch die Betreuung seiner Mitarbeiter und derer Editionsvorhaben zählte[21] –, sondern insbesondere auch durch seinen Einsatz für eine inhaltliche und methodische Modernisierung des Editionsbetriebs der Abteilung. So konnte er gleich zu Beginn seiner Amtszeit innerhalb der Zentraldirektion durchsetzen, dass Einleitungen und Editionsanmerkungen „wenigstens bei der Oktavausgabe der Scriptores rerum Germanicarum" künftig standardmäßig nicht mehr in Latein, sondern in deutscher Sprache abgefasst werden sollten – eine Neuerung, die sich der leichteren Benutzbarkeit halber schnell großer Beliebtheit erfreute und bei den MGH nach und nach auch von den anderen Serien und Abteilungen (so 1915 von den Leges) übernommen wurde[22]. Als erfolgreich und wegweisend erwies sich auch sein der Zentraldirektion 1913 für die Scriptores vorgestellter Arbeitsplan[23], der seinerzeit einstimmig angenommen wurde und der neben der Fertigstellung älterer Editionsprojekte programmatisch vor allem das Spätmittelalter und hier speziell die Geschichtsschreiber des 14. Jahrhunderts stärker in den Blick zu nehmen vorsah. Zu den

---

in: MGH SS 30,2 (1934) S. 947–953, und dazu Harry BRESSLAU, Die Vita des Propstes Lambert von Neuwerk bei Halle, in: NA 41 (1919) S. 579–594.

20 Den Band fertigzustellen hatte Bresslau bereits 1913 zu einem seiner Hauptziele als Abteilungsleiter erklärt (vgl. BRESSLAU, Selbstdarstellung [wie Anm. 1] S. 68f., und siehe Anm. 23). Bis 1926 brachte er seine Abteilung diesem Ziel ein ganz erhebliches Stück näher, erlebte selbst aber nurmehr die Drucklegung des ersten Faszikels; vgl. Paul KEHR, Bericht über die Herausgabe der Monumenta Germaniae Historica 1925, in: NA 46 (1926) S. *I–*VIII, hier S. *II, wo die Drucklegung des 1. Faszikels vermeldet ist. In DERS., Bericht über die Herausgabe der Monumenta Germaniae Historica 1926, in: NA 47 (1928) S. I–VII, hier S. II, wird der 1. Faszikel als erschienen, der 2. Faszikel als im Druck bezeichnet. Nach dem Tod Bresslaus übernahm im Auftrag der ZD Adolf Hofmeister die Fertigstellung des Bandes, welcher 1934 erscheinen konnte; vgl. MGH SS 30,2 (1934).

21 Exemplarisch hingewiesen sei hier nur auf Bresslaus Beteiligung an der Vollendung der Ausgabe der Weltgeschichte des Salimbene de Adam (vgl. Cronica fratris Salimbene de Adam ordinis Minorum, hg. von Oswald HOLDER-EGGER [MGH SS 32, 1905–1913], sowie BRESSLAU, Selbstdarstellung [wie Anm. 1] S. 68) und auf seinen Anteil an der Fertigstellung der Edition der Chronik Burchards von Ursberg, vgl. Die Chronik des Propstes Burchard von Ursberg, hg. von Oswald HOLDER-EGGER / Bernhard von SIMSON (MGH SS rer. Germ. [16] 1916), sowie dazu Michael TANGL, Bericht über die Herausgabe der Monumenta Germaniae historica 1916–1918, in: NA 43 (1922) S. I–XIII, hier S. VII, und BRESSLAU, Selbstdarstellung (wie Anm. 1) S. 68. Bresslau selbst betonte, dass er die „Korrektur" der Editionen seiner Mitarbeiter und die „Revision der Manuskripte" zu den „selbstverständlichen Pflichten *[seines]* Amtes als Abteilungsleiter" zählte, die ihm „Beschäftigung genug" gaben; vgl. ebd. S. 69f.

22 Vgl. den Bericht über die neununddreissigste Jahresversammlung der Zentraldirektion der Monumenta Germaniae historica. Berlin 1913, in: NA 39 (1914) S. 4–12, hier S. 7; den Bericht über die einundvierzigste Jahresversammlung der Zentraldirektion der Monumenta Germaniae historica. Berlin 1915, in: NA 41 (1919) S. 1–11, hier S. 7f.; sowie BRESSLAU, Geschichte (wie Anm. 14) S. 726–728 (dort auch das Zitat).

23 Vgl. den Bericht über die neununddreissigste Jahresversammlung der Zentraldirektion der Monumenta Germaniae historica (wie Anm. 22) S. 4–7.

„bedeutendsten Quellen“[24], die gemäß diesem Arbeitsplan im Rahmen der Scriptores herausgegeben werden sollten, zählte Bresslau neben der Chronik Heinrich Taubes von Selbach, die er in den Folgejahren selbst edierte[25], zunächst jene bayerischen Chroniken, für deren Bearbeitung er Georg Leidinger (1870–1945) gewinnen konnte und welche trotz der Widrigkeiten des 1. Weltkriegs bereits 1918 erschienen[26]. Frühzeitig im Blick hatte Bresslau daneben insbesondere die historiographischen Aufzeichnungen des Mathias von Neuenburg sowie die Chroniken des Johannes von Winterthur und des Cosmas von Prag, deren Editionen durchweg noch unter seiner Leitung publiziert werden konnten und gemeinsam mit seiner 1922 veröffentlichten Ausgabe der Chronik Heinrich Taubes von Selbach eine neue Serie innerhalb der rerum Germanicarum-Reihe eröffneten[27]. Erwähnt sei von den Quellen des 14. Jahrhunderts, deren Bearbeitung Bresslau bereits 1913 avisiert hatte, in besonderer Weise die Relatio des Nikolaus von Butrinto über den Italienzug Heinrichs VII.[28]; vor allem aus dem Grund, da der Bericht, den Bresslau als „Kabinettstück mittelalterlicher Erzählkunst“[29] bezeichnete, bis heute in keiner kritischen Edition vorliegt, Bresslau den Monumenta aber umfassende Vorarbeiten zu ihrer Realisierung hinterlassen hat[30], die nur mehr darauf warten, endlich eine abschließende Redaktion zu finden. So scheint eine baldige Veröffentlichung der Quelle greifbar nah und vielleicht trägt ja auch das bei den MGH jüngst erneut angekündigte Bemühen[31] um ein verstärktes Engagement auf dem Feld der spätmittelalterlichen Quellen

24 Vgl. ebd. S. 6.

25 Vgl. Die Chronik Heinrichs Taube von Selbach. Mit den von ihm verfassten Biographien Eichstätter Bischöfe, hg. von Harry Bresslau (MGH SS rer. Germ. N. S. 1, 1922).

26 Vgl. Bayerische Chroniken des XIV. Jahrhunderts, hg. von Georg Leidinger (MGH SS rer. Germ. [19], 1918).

27 Vgl. Die Chronik der Böhmen des Cosmas von Prag, unter Mitarbeit von Wilhelm Weinberger hg. von Bertold Bretholz (MGH SS rer. Germ. N. S. 2, 1923); Die Chronik Johanns von Winterthur, in Verbindung mit Carl Brun hg. von Friedrich Baethgen (MGH SS rer. Germ N. S. 3, 1924); Die Chronik des Mathias von Neuenburg, hg. von Adolf Hofmeister (MGH SS rer. Germ. N. S. 4, 1924–1940). Zur Einrichtung der neuen Serie vgl. Paul Kehr, Bericht über die Herausgabe der Monumenta Germaniae Historica 1920, in: NA 44 (1922) S. 1–10, hier S. 4f.; Bresslau, Selbstdarstellung (wie Anm. 1) S. 69 und 76 (dort auch das Zitat); sowie den Bericht über die vierzigste Jahresversammlung der Zentraldirektion der Monumenta Germaniae historica. Berlin 1914, in: NA 40 (1916) S. 1–13, hier S. 6.

28 Vgl. https://www.geschichtsquellen.de/werk/3632; Bericht über die neununddreissigste Jahresversammlung der Zentraldirektion der Monumenta Germaniae historica (wie Anm. 22) S. 4–7.

29 Bresslau, Selbstdarstellung (wie Anm. 1) S. 75.

30 Die Ausgabe, die Bresslau vorbereitete, wurde bereits Anfang der 1920er Jahre als „im Text und Sachkommentar druckfertig“ bezeichnet (vgl. Tangl, Bericht [wie Anm. 21] S. VIII, außerdem: Paul Kehr, Bericht [wie Anm. 27] S. 5); ihre Veröffentlichung nach Bresslau, Selbstdarstellung (wie Anm. 1) S. 76, von ihm dem eigenen Bekunden nach nur „aus äußeren Gründen“ immer wieder zurückgestellt. Nach Bresslaus Tod nahm sich zunächst Adolf Hofmeister (vgl. Paul Kehr, Bericht über die Monumenta Germaniae Historica 1926, in: NA 47 [1927] S. I–VII, hier S. III), dann Peter Knoch (vgl. Herbert Grundmann, Monumenta Germaniae Historica. Bericht für das Jahr 1968/69, in: DA 25 [1969] S. I–XI, hier S. VIII.) der weiteren Bearbeitung des Werks an, ohne dabei zu weiterreichenden Ergebnissen zu kommen. Die einschlägigen Vorarbeiten zu dem Projekt finden sich im MGH-Archiv (A 78/II [11] und K 86).

31 Vgl. Martina Hartmann / Stefan Petersen / Enno Bünz, Perspektiven des künftigen Editionsprogrammes der MGH. Arbeitsschwerpunkte, Neuvorhaben, Perspektiven, in: Mittelalter lesbar machen. Festschrift 200 Jahre Monumenta Germaniae Historica (2019) S. 65–83, hier S. 68 und 79.

das seine dazu bei, dass der „schöne Bericht“[32] bald den von Bresslau gewünschten Platz in der Reihe der Scriptores finden wird.

*

Geht man nach Paul Kehr, dem von 1919 bis 1934 amtierenden Präsidenten der MGH, war es das Glück Bresslaus, dass „sein Interesse an den erzählenden Quellen“ des Mittelalters ebenso groß war wie sein Interesse an der Erforschung des mittelalterlichen Urkundenwesens, denn dies habe ihn davor bewahrt, „einem beschränkten Virtuosentum“ anheimzufallen[33]. Anders betrachtet kann man freilich auch die Historiographie-Forschung glücklich nennen, denn dass sie von den kodikologischen und paläographischen Einzelstudien sowie historisch-kritischen Textausgaben, die Bresslau den erzählenden Quellen des Mittelalters widmete, ganz wesentlich profitierte, dürfte angesichts seiner im Rahmen dieses Beitrags knapp vorgestellten Studien und Editionsprojekte völlig außer Frage stehen.

Abstract: Combining codicological and palaeographical acumen with critical interpretation, Harry Bresslau gained renown both in medieval charter studies and in the field of medieval historiography. His critical studies repeatedly led to a reappraisal of historiographical works, shedding new light, for example, on the origins and transmission of the Annals of Hildesheim, the so-called Epitome Sangallense, and the “Bamberg World Chronicles”. Complementary to his critical studies, Bresslau also enriched historiographical research with numerous source editions. His association with the MGH began with his revised edition of the works of Wipo of Burgundy. As director of the section Scriptores (since 1912/13), he continued his editorial activity with great fervour, publishing eight critical MGH editions in the 13 years up to his death in 1926. Besides his editorial achievements and the guidance of other projects, Harry Bresslau left his mark on the MGH Scriptores through his engagement for the modernisation of editorial processes and content, introducing the use of German instead of Latin in the introductory texts and shifting the focus towards late-medieval historiographical works. If, as Paul Kehr observed, Harry Bresslau was saved from falling into one-sided virtuosity by his interest in both medieval narrative sources and medieval charters, this fortunate combination has been greatly to the benefit of historiographical studies.

32 Bresslau, Selbstdarstellung (wie Anm. 1) S. 75.
33 Vgl. Kehr, Nachruf (wie Anm. 14) S. 260.

Harry Bresslau und seine Geschichte der Monumenta Germaniae Historica

von
ANNE C. NAGEL

Im Sommer 1943 erhielt der Präsident des Reichsinstituts für ältere deutsche Geschichtskunde (MGH) einen Brief vom Leipziger Verlag Hiersemann. Ob es nicht an der Zeit sei, schrieb der Inhaber Wilhelm Olbrich an Theodor Mayer (1883–1972), eine neue Darstellung der Geschichte der Monumenta Germaniae Historica (MGH) ins Auge zu fassen. Schließlich sei es problematisch, „dass an allen Stellen, wo heute die einzige vorhandene Geschichte dieses großen nationalen Unternehmens des Reichsfreiherrn vom Stein zitiert wird, bei dem Namen des Verfassers hinzugefügt werden muss, dass er ein Jude ist". Vermutlich stand dem gewieften Geschäftsmann ein lukrativer Auftrag vor Augen, als er überdies mahnte, „Stein und Breßlau *[sic]* vertragen sich schlecht". Die Reaktion Mayers schlug sich leider nicht in den Akten nieder, denn er griff zum Telefon und besprach die Angelegenheit direkt mit Olbrich. Auf dem Briefbogen vermerkte er nur lapidar: „Gegenwärtig kein Verfasser da"[1]. Der Präsident dürfte angesichts der sich verschärfenden Kriegslage andere Sorgen gehabt haben, als sich nach einem „arischen" Autor für eine neue Monumenta-Geschichte umzuhören. Und so tauchte das Thema bis zum Kriegsende nicht wieder auf.

Die jüdischen Mitarbeiter sind aus der Geschichte der MGH nicht wegzudenken, auch wenn man nach 1933 viel dafür tat, sie vergessen zu machen[2]. Ob Philipp Jaffé, Ludwig Traube oder Wilhelm Levison – sie alle fühlten sich auf das Engste mit dieser Institution verbunden und widmeten Jahre ihres Lebens dem traditionsreichen Unternehmen. Harry Bresslau war vielleicht der sichtbarste unter ihnen, nicht nur, weil er am Gesamtwerk in führender Position lange mitwirkte, sondern weil sich an seinem Fall die Problematik jüdischen

1 Gemeint ist das Werk von Harry BRESSLAU, Geschichte der Monumenta Germaniae historica (1921), das als Festschrift zum 100-jährigen Bestehen der MGH 1919 geplant war und kriegsbedingt mit zweijähriger Verspätung erschien. – Der Brief Olbrichs an Mayer, 16.6.1943, MGH-Archiv, B 580 Bl. 11f.; Olbrich schlug als Autor Hermann Heimpel vor; dem Verleger erschien es „fast wichtiger", eine populäre, 250-seitige Darstellung der Monumenta-Geschichte auf den Markt zu bringen, als „rasch einen 10. oder 11. Band der Schriften herauszugeben". – Für die kritische Durchsicht des Manuskripts danke ich Ulrich Sieg und Ewald Grothe.

2 Dazu vgl. Nikola BECKER, Jüdische und jüdischstämmige Mitarbeiter bei den Monumenta Germaniae Historica im „Dritten Reich" – Paul Hirsch, Josef Juncker und Erika Sinauer, in: HJb 135 (2015) S. 453–502; Horst FUHRMANN, „Sind eben alles Menschen gewesen". Gelehrtenleben im 19. und 20. Jahrhundert. Dargestellt am Beispiel der Monumenta Germaniae Historica und ihrer Mitarbeiter. Unter Mitarbeit von Markus WESCHE (1996) S. 104–115; Annette MARQUARD-MOIS / Claudia MÄRTL / Arno MENTZEL-REUTERS / Heike B. GOERTEMAKER, Zwischen Vaterlandsliebe und Ausgrenzung – jüdische Mitarbeiter und Mitarbeiterinnen der MGH (Virtuelle Ausstellung 2021; https://visit.mgh.de/de/jued-ma) [alle Links in diesem Beitrag wurden am 20.2.2023 abgerufen].

Lebens in Deutschland besonders einprägsam spiegelte[3]. Wiederholte Zurücksetzungen in der Karriere, offene und versteckte Kränkungen prägten Bresslaus Lebensweg. Selbst innerhalb der MGH traten ihm nicht alle Kollegen unvoreingenommen entgegen, sondern ließ ihn mancher seine Ablehnung spüren[4]. Trotzdem nahmen die MGH die zentrale Stellung in seinem Gelehrtenleben ein. Als Autor war Bresslau für die Festschrift, die im Jubiläumsjahr 1919 erscheinen sollte, eine Geschichte der ersten einhundert Jahre der MGH, geradezu prädestiniert. 1916 begann er mit den Planungen, 1917 erhielt er den formellen Auftrag. Mit zwei Jahren Verspätung legte er 1921 den rund 750 Seiten starken Band vor. Der Erste Weltkrieg, die Ausweisung Bresslaus aus Straßburg sowie die anschließenden Widrigkeiten, im revolutionären Deutschland ein neues Unterkommen mit akzeptablen Arbeitsbedingungen zu finden, begründeten die Verzögerung. Was er zusammentrug, ist bis heute lesenswert und in seiner archivalischen Dichte, seiner diskreten Diktion und sicheren Einbettung in die deutsche Geschichte unübertroffen.

Harry Bresslau und seine Monumenta-Geschichte stehen im Mittelpunkt dieses Beitrags. Die Veröffentlichung seines großen Werks liegt nun auch schon wieder mehr als hundert Jahre zurück, und so mag es lohnend erscheinen, mit diesem zeitlichen Abstand Autor und Werk näher zu betrachten. Die Größe der Aufgabe wie die absehbaren Behinderungen durch den Krieg lagen auf der Hand, so dass sich Bresslau kaum vorschnell als Autor zur Verfügung gestellt haben dürfte, sondern sich die Sache gut überlegte. Was bedeutete dem jüdischen Gelehrten dieser Auftrag, welche Motive bewegten ihn? Sah er darin eine Pflicht, eine Auszeichnung, eine Ehrensache? Wie stellte er sich selbst und seine Rolle in den MGH dar und wie ging er mit Fällen antisemitischer Ausgrenzung um? Die persönlichen Zeugnisse dazu sind rar, und so wurde im Werk selbst wie in der Korrespondenz mit Kollegen und Freunden nach Hinweisen gefahndet. Ganz wird man Bresslaus Motive auf dieser Grundlage kaum klären können, aber vermutlich einige Einblicke in seine Gedankenwelt erhalten. Im Folgenden wird auf drei Vorgänge in der Monumenta-Geschichte näher eingegangen: auf den „Fall Jaffé" sowie auf die Regelung der Präsidentschaftsnachfolge in den Jahren 1886 und 1902.

I.

Auf einer Sitzung der Zentraldirektion im April 1916 fiel die Entscheidung, aus Anlass des 100. Gründungstags der MGH eine Festschrift herauszubringen. Der kommissarische Vorsitzende, Michael Tangl, setzte sich mit Bresslau ins Benehmen, der daraufhin in der Sache

3 Zur Biographie: Sigfried Steinberg (Hg.), Die Geschichtswissenschaft der Gegenwart in Selbstdarstellungen, Bd. 2: Harry Bresslau (1926, zitiert: Bresslau, Selbstdarstellung); Peter Rück (Hg.), Abraham Bresslau (1813–1884): Briefe aus Dannenberg 1835–1839, mit einer Einleitung zur Familiengeschichte des Historikers Harry Bresslau und zur Geschichte der Juden in Dannenberg (2007); ders., Erinnerungen an Harry Bresslau zum 150. Geburtstag, in: Erika Eisenlohr / Peter Worm (Hg.), Fachgebiet Historische Hilfswissenschaften (2000, Wiederabdruck von 1998); Fuhrmann, Gelehrtenleben (wie Anm. 2) S. 104–198; sowie zuletzt: Annette Marquard-Mois, Mit der Kraft der Vernunft. Harry Bresslau, in: Virtuelle Ausstellung (wie Anm. 2).

4 Zu dieser Problematik eindringlich: Ulrich Sieg, Der Preis des Bildungsstrebens. Jüdische Geisteswissenschaftler im Kaiserreich, in: Andreas Gotzmann / Rainer Liedtke / Till van Rahden (Hgg.), Bürger, Juden, Deutsche: Zur Geschichte von Vielfalt und Grenzen in Deutschland, 1780–1933 (2001).

sondierte. Ein Jahr später unterbreitete er seinen Kollegen zwei Vorschläge: Man könne entweder eine Übersicht über das seit 1819 Erreichte vorlegen, also eine bloße Auflistung der Publikationen und Mitarbeiter anfertigen, oder eine umfassende Geschichte der Monumenta erarbeiten. Den ersten Vorschlag erklärte er selbst für unzureichend, da er weder „dem Bedürfnis noch den allseits gehegten Erwartungen" zu entsprechen schien. Dagegen hielt er eine wissenschaftliche Untersuchung, auch wenn dies eine „komplizierte Aufgabe sei" und ein „eindringendes Studium" der in Berlin, Wien und andernorts verwahrten Materialien erfordere, für angemessen. Zu bedenken gab er nur, dass es wohl unvermeidlich sein werde, bei „der Darstellung der Pertz'schen Epoche *[...]* neben den gewaltigen Leistungen von Pertz auch die Schwächen seines Regiments an die Oberfläche zu bringen". Eine „Jubelfestschrift" kam für Bresslau nicht in Frage. Die Zentraldirektion sah das ebenso, erklärte sich mit Bresslaus Vorschlag einverstanden und beauftragte den Kollegen[5].

Georg Heinrich Pertz (1795–1876) spielte in den MGH während der Anfangs- und Aufbaujahre eine zentrale Rolle[6]. Schon früh an dem Unternehmen beteiligt und vom Initiator Karl Freiherr vom Stein (1757–1831) persönlich 1824 mit der wissenschaftlichen Leitung betraut, gelang dem tüchtigen Sohn eines Buchbinders ein glänzender Aufstieg bis zum Vorsitzenden der Zentraldirektion. Pertz war beseelt vom Patriotismus der Befreiungskriege, der ihn zeitlebens zu wissenschaftlicher Arbeit für das große nationale Projekt anspornte. Auf ihn ging das Editionsprogramm der MGH, die Errichtung der fünf Abteilungen zurück, wonach heute noch verfahren wird. Allerdings scheint sich der frühe Ruhm, namentlich die Hochschätzung Steins, schon bald negativ auf seine Persönlichkeit ausgewirkt zu haben. In Bresslaus Geschichte wird diese Entwicklung über mehrere Abschnitte allmählich entfaltet und sie kulminiert im sechsten Kapitel, das der „Alleinherrschaft" von Pertz gewidmet ist. Demnach war er ein herausragender gelehrter Kopf, aber nicht unbedingt ein Menschenkenner. Im Umgang mit Untergebenen traf er nicht immer den richtigen Ton, so dass es verschiedentlich zu Verwerfungen kam. Besonderes Aufsehen erregte der Fall des jüdischen Mediävisten Philipp Jaffé (1819–1870)[7]. Nach Jahren der friedlichen Zusammenarbeit gerieten beide Männer in erbitterte Feindschaft. 1870 nahm sich Jaffé das Leben. Dass hier ein kausaler Zusammenhang bestand, mutmaßten viele Zeitgenossen, es konnte aber bis heute nicht bewiesen werden. Bei den MGH hinterließ das Schicksal Jaffés ein „Trauma", das immer noch nachwirkt[8]. Bresslau konnte diesen Fall unmöglich übergehen und gab ihm breiten Raum in seiner Darstellung.

Unter den Monumentisten des 19. Jahrhunderts gilt Jaffé als einer der begabtesten, und zu Pertz' Verdiensten gehört es, so betont es Bresslau in seiner Darstellung mehrfach,

---

5 Protokoll der ersten Zentraldirektionssitzung vom 19.4.1917, MGH-Archiv, 338/38 S. 6f. Bresslau war zuversichtlich, Recherche und Manuskript bis zum 1. Juli 1918, also in etwas mehr als einem Jahr, abzuschließen. Um sich der Aufgabe ganz zuwenden zu können, wurde er von den Editionsarbeiten beurlaubt.

6 Zur Biographie Bresslau, Geschichte (wie Anm. 1) S. 91–96, passim; Fuhrmann, Gelehrtenleben (wie Anm. 2) S. 29–51; Markus Wesche, Georg Heinrich Pertz, in: NDB 20 (2001) S. 205 ff.

7 Zu Philipp Jaffé siehe den Beitrag von Daniel R. Schwartz in vorliegendem Band.

8 So Fuhrmann, Gelehrtenleben (wie Anm. 2) S. 108; Daniel R. Schwartz, New Light and Remaining Questions Concerning the Death of Philipp Jaffé, in: Concilium medii aevi 18 (2015) S. 61–80 sowie ders., Between Jewish Posen and Scholarly Berlin. The Life and Letters of Philipp Jaffé (2016).

dass er dieses Talent entdeckte[9]. Er schildert eingehend, wie Pertz auf ihn aufmerksam wurde, als sich sein Mitarbeiter Rudolf Köpke (1813–1870) und Philipp Jaffé 1844/45 einen wissenschaftlichen Disput lieferten, aus dem Jaffé als strahlender Sieger hervorging. Das überzeugte ihn von den Fähigkeiten des jüdischen Kaufmannsohns, und er übernahm dessen Förderung. Vom zähen Fleiß, mit der Jaffé an die Arbeit ging, zeugen die innerhalb von nur drei Jahren fertiggestellten Regesta Pontificum Romanorum[10]. Das Werk machte ihn zwar weithin bekannt, half aber nicht bei der Überwindung seiner prekären Finanzlage. Pertz hatte „Bedenken", ihm eine Stellung bei den Monumenta zu geben, die ihm ein bescheidenes Auskommen ermöglicht hätte. Erst als Jaffé seinen Weggang aus Berlin erwog und etwa zur gleichen Zeit Wilhelm Wattenbach (1819–1897) ausschied, habe sich der Leiter der Monumenta dazu entschlossen, Jaffé als Mitarbeiter zu verpflichten[11].

Welcher Art die „Bedenken" waren, die Pertz in einem Brief an Jakob Böhmer äußerte, erfährt der Leser hier nicht. Bresslau beließ es bei der schlichten Formulierung und der Angabe des Briefdatums[12]. Viele Seiten später heißt es dann aber explizit, dass Pertz Vorbehalte gegenüber Juden hatte und dies der Grund für sein Zögern gewesen sei: „Er war nicht eigentlich, was wir heute einen Antisemiten nennen würden, aber in seinen Briefen an Böhmer spricht er doch oft und deutlich genug aus, daß er den täglichen Umgang mit Juden nicht mochte."[13] Jüdische Bewerber um eine Anstellung bei den MGH habe er stets abschlägig beschieden und selbst Jaffé, den er doch kräftig protegiert hatte, nur eingestellt, weil er für den scheidenden Wattenbach rasch habe Ersatz finden müssen[14]. Bresslau betonte nachdrücklich, wie wichtig Pertz für die wissenschaftliche Karriere Jaffés gewesen sei[15]. Aus jeder Zeile Bresslaus spricht der Wille, eine einseitige Parteinahme zu vermeiden und das Geschehen möglichst abgewogen zu schildern. Diese Zurückhaltung kennzeichnet auch den weiteren Verlauf der Darstellung.

Nicht lange nach dem Eintritt Jaffés in die MGH am 1. Juni 1854 begann sich das Verhältnis zwischen Pertz und Jaffé zu verschlechtern. Einen einzelnen Auslöser vermochte Bresslau nicht auszumachen, vielmehr scheint ein ganzes Bündel an Ursachen wirksam geworden zu sein. Dazu zählte, wie Bresslau vermutete, dass Pertz seinen Sohn bei den Monumenta beschäftigte. Diese Art nepotistischer Protektion in der Wissenschaft war damals noch verbreitet, so dass niemand daran offen Anstoß nahm[16]. Doch Karl Pertz sei ungeeignet

9 Das Folgende vgl. bei Bresslau, Geschichte (wie Anm. 1) S. 326–330, 378–385, passim.

10 Erschienen Leipzig 1885.

11 Bresslau, Geschichte (wie Anm. 1) S. 329 mit Anm. 5.

12 Ebd. S. 329.

13 Ebd. S. 379.

14 „*[E]*r hat alle anderen jüdischen Bewerber um die Mitarbeit bei den Monumenten abgewiesen und auch zur Anstellung Jaffés, wie wir wissen, sich eigentlich doch nur, weil er in dringender Verlegenheit war, entschlossen"; ebd.

15 So z. B. ebd. S. 327: „Pertz leistete ihm allen erdenklichen Vorschub"; S. 328: „Indessen hatte Pertz nicht nachgelassen, sich für ihn zu bemühen"; S. 379: „Desungeachtet hat er gerade Jaffé unzweifelhaft wohlgewollt; er hatte ihm *[…]* seinen schweren Lebensweg, so gut er konnte, zu erleichtern gesucht".

16 Den Begriff „Familienuniversität" zur Kennzeichnung der frühneuzeitlichen Hochschulen hat Peter Moraw herausgearbeitet: Peter Moraw, Aspekte und Dimensionen älterer deutscher Universitätsgeschichte, in: ders. / Volker Press (Hgg.), Academia Gissensis. Beiträge zur älteren Giessener Universitätsgeschichte (1982) S. 1–43, hier S. 39 ff.

gewesen, habe langsam und fehlerhaft gearbeitet, worüber der Vater großzügig hinweggesehen habe. Andere bügelten die Fehler aus, auch Jaffé musste korrigierend einspringen und halbfertige Manuskripte zum Abschluss bringen, ohne dafür angemessen erwähnt zu werden. Dies habe Jaffé auf die Dauer ebenso gekränkt wie die Tatsache, dass er trotz überragender Mehrleistungen ein geringeres Einkommen als der Sohn des Chefs bezog. Mit dem schmalen Salär, das die Monumenta ihm zahlten, habe er sich so gerade über Wasser halten, aber kein auskömmliches Leben führen können. Umso bestürzter war er, als er erfuhr, dass Pertz 1861 seinen beruflichen Wechsel an ein toskanisches Archiv hintertrieben hatte. Das Angebot hätte ihn nicht nur wissenschaftlich gereizt, sondern ihm zugleich finanziell eine feste Grundlage verschafft. Jaffé habe von der verpassten Chance erst Monate später erfahren und mit sofortiger Kündigung reagiert. Pertz bestand allerdings auf die Einhaltung der vertraglich festgelegten Kündigungsfrist: „Diese sechs Monate erzwungener Tätigkeit bei den Monumenten mußten für den Leiter wie für den Mitarbeiter gleich unerquicklich sein, sie mußten bei Jaffé, der in Abhängigkeit gehalten wurde, während er frei sein wollte, ein immer zunehmendes Gefühl der Bitterkeit und des Widerwillens erzeugen *[...]* als sie zu Ende gingen, schieden die beiden Männer nicht bloß als Fremde, sondern als offene Gegner, um nicht zu sagen Feinde, voneinander“[17].

Die Vorgänge um Jaffé erregten Aufsehen in der gelehrten Welt. Während Pertz sich über die vermeintliche Undankbarkeit seines einstigen Schützlings bitter beklagte, wurde dieser in seiner Reaktion von wissenschaftlichen Weggefährten und Freunden bestärkt. Leopold von Ranke (1795–1886), Theodor Mommsen (1817–1903) und Wilhelm Wattenbach, um nur diese drei zu nennen, ergriffen offen Partei für ihn. Für die MGH habe der Weggang Jaffés einen schweren Verlust bedeutet, urteilte Bresslau; und als er mit der Herausgabe der „Bibliotheca rerum Germanicarum“ eine Art ‚Antimonumenta‘ ins Leben gerufen habe, hätte das Stein'sche Unternehmen ernste Konkurrenz bekommen. 1864 legte Jaffé einen ersten, 1865 den zweiten Band vor, beide in gewohnter Güte[18]. Die Kritik nahm das Werk positiv auf, was bei Pertz nur weitere Feindseligkeiten auslöste. Unter anderem versuchte er nun in seiner Eigenschaft als Oberbibliothekar der königlichen Bibliothek, seinem früheren Mitarbeiter den Zutritt zu verbieten. Jaffé legte beim Kultusministerium Beschwerde ein, und der Minister persönlich hob das Verbot wieder auf[19]. Dann verbreitete Pertz öffentlich, Jaffé sei in den 1840er Jahren als Polizeispitzel tätig gewesen. Dieser ehrenrührigen Behauptung trat Jaffé mit einem offenen Brief entgegen[20] und erhielt auch dieses Mal die Unterstützung des Ministers. Doch obwohl er starke Schützenhilfe im Kampf mit Pertz erhalten habe, so Bresslau, sei er dem Konflikt zuletzt seelisch nicht länger gewachsen gewesen. Vereinsamt, von Misstrauen und Depressionen geplagt, habe er keinen Ausweg mehr gesehen und sich

17 Bresslau, Geschichte (wie Anm. 1) S. 383, der gesamte Vorgang S. 370–384.

18 Insgesamt erschienen zwischen 1864 und 1869 fünf Bände von Philipp Jaffé, Bibliotheca Rerum Germanicarum: Bd. 1: Monumenta Corbeiensia (1864), 2: Monumenta Gregoriana (1865), 3: Monumenta Moguntina (1866), 4: Monumenta Carolina (1867) und 5: Bambergensia (1869), womit viele wichtige Quellen des Früh- und teilweise des Hochmittelalters ediert waren.

19 Zu Philipp Jaffés Schriftwechsel mit Minister Heinrich von Mühler im Juli 1868 vgl. Annette Marquard-Mois, Erst gefördert, dann diffamiert – Philipp Jaffé, in: Virtuelle Ausstellung (wie Anm. 2) Nr. 8.

20 Zur öffentlichen Erklärung Philipp Jaffés vom 5. Mai 1869 vgl. ebd. Nr. 9.

am 3. April 1870 im brandenburgischen Wittenberge das Leben genommen. Warum an diesem Ort und an diesem Tag, lädt noch heute zu Spekulationen ein[21]. „Gewiß ist der Kampf mit Pertz nicht die einzige Ursache dieses unseligen Entschlusses gewesen: aber viele maßen ihm einen großen Teil der Schuld daran bei, und daß dies nicht ganz mit Unrecht geschah, ist wohl gewiß“[22]. Selbst angesichts dieser Verzweiflungstat übte sich der Chronist noch in Zurückhaltung und vermied die klare Schuldzuschreibung.

Über keinen anderen Mitarbeiter berichtete Bresslau so ausführlich wie über Philipp Jaffé. Das erklärt sich gewiss aus der wissenschaftlichen Bedeutung, die er für die MGH besaß, und auch aus dem tragischen Ende. Licht und Schatten lagen in der damaligen Wissenschaftswelt oft beieinander und Bresslau war es ein erklärtes Anliegen, in seiner Geschichte nicht nur über die Erfolge zu berichten, sondern auch die Härten zu schildern, die sich mit einem Leben für die Monumenta verbinden konnten. Hochbegabt, fleißig und voller Idealismus hatte Jaffé zwar große Anerkennung in der deutschen Gelehrtenwelt errungen, war als Jude aber doch ein Außenseiter geblieben. Über das sich darin ausdrückende Unrecht zu schreiben, war schwierig in einer von Ehrvorstellungen geprägten Gesellschaft wie dem Kaiserreich. Darum formulierte Bresslau ausgesprochen vorsichtig und vermied es, Partei zu ergreifen. Auch blieb er peinlich darauf bedacht, die im Umfeld der MGH gewiss bekannte Abneigung von Pertz gegen Juden nicht deutlicher anzuprangern. Bedenkt man, dass er selbst ähnliche Erfahrungen gemacht hatte, kann man die Anstrengung erahnen, die ihn die Niederschrift dieses Kapitels gekostet haben muss.

Mit Sicherheit ging es Bresslau nicht darum, den Fall hochzuspielen, aber seit Jaffés Tod hatte sich der Antisemitismus in der deutschen Gesellschaft sukzessive ausgebreitet und zu erheblichen Verwerfungen geführt. Im Berliner Antisemitismusstreit, den der Historiker Heinrich von Treitschke (1834–1896) 1879 mit einem Aufsatz in den Preußischen Jahrbüchern ausgelöst hatte, positionierte sich Bresslau öffentlich mit einer Gegendarstellung. Darin verwahrte er sich nachdrücklich gegen Treitschkes Aussage „Die Juden sind unser Unglück“[23]. 1885 gründete Bresslau die Historische Kommission für die Geschichte der Juden in Deutschland, in der er gemeinsam mit Ernst Dümmler (1830–1902), Otto von Gierke (1841–1921) und anderen liberal gesonnenen Gelehrten das jahrhundertelange deutsch-jüdische Zusammenleben anhand von Quellen nachzuweisen suchte. Wie notwendig dieses Engagement war, zeigte sich ihm noch einmal eindrücklich mitten im Weltkrieg, als das Preußische Kriegsministerium im Oktober 1916 eine ‚Judenzählung‘ im deutschen Heer anberaumte. Man gab damit einer Forderung der Antisemiten nach, die nicht müde wurden zu

21 Siehe dazu SCHWARTZ, New Light (wie Anm. 8) S. 73–78. Schwartz stellt hier die Vermutung an, dass ein Vorfall auf dem Festakt der Universität anlässlich des Geburtstages Königs Wilhelm I. am 22. März der Auslöser für eine überstürzte Abreise Jaffés aus Berlin nach Wittenberge gewesen sei.

22 BRESSLAU, Geschichte (wie Anm. 1) S. 468, über die jahrelangen Auseinandersetzungen: S. 462–469.

23 Zum Berliner Antisemitismusstreit vgl. Ulrich SIEG, Bekenntnis zu nationalen und universalen Werten. Jüdische Philosophen im Deutschen Kaiserreich, in: DERS., Vom Ressentiment zum Fanatismus. Zur Ideengeschichte des modernen Antisemitismus, (2022) S. 31–54, sowie den Beitrag von Ulrich WYRWA in vorliegendem Band. – Harry BRESSLAU, Zur Judenfrage. Ein Sendschreiben an Herrn Prof. Dr. Heinrich von Treitschke (1880), zum folgenreichen Satz Treitschkes ebd. S. 22f.; zu Bresslaus Sendschreiben vgl. MARQUARD-MOIS, Harry Bresslau. Virtuelle Ausstellung (wie Anm. 3) Nr. 2 (mit Digitalisat des Sendschreibens).

behaupten, dass sich die jüdischen Männer vor dem Fronteinsatz drückten[24]. Dies stand im Hintergrund, als Bresslau 1917/18 das Kapitel über die Pertz'sche Periode und damit über den Fall Jaffé schrieb. Er beendete den Abschnitt im August 1918. Es sei der „schwierigste Teil" der MGH-Geschichte gewesen, der ihn sehr erschöpft habe, wie er dem stellvertretenden Vorsitzenden der MGH, Michael Tangl, gestand[25]. Man mag sich vorstellen, was es für den Juden und deutschen Patrioten Bresslau wohl bedeutet haben mochte, angesichts der sich abzeichnenden Kriegsniederlage über Pertzens Antisemitismus und Jaffés Tod zu schreiben.

In den Rezensionen zur MGH-Geschichte wurde auf den ‚Fall Jaffé' nicht speziell eingegangen. Und auch in den vielen persönlichen Schreiben, die den Autor nach Erscheinen des Werks erreichten, fehlte es an Äußerungen dazu[26]. Bei Robert Holtzmann löste Bresslaus Schilderung immerhin „lebhafteste Anteilnahme" aus, wobei er die „völlig objektive Darstellung" der wissenschaftlichen Leistungen Jaffés lobte. Einen direkten Zusammenhang zwischen dessen Freitod und Pertz' Antisemitismus nahm er aber nicht an: „Weiß man denn überhaupt über die Gründe seines Selbstmordes ausreichenden Bescheid"[27]? Ganz anders wirkte der Fall auf Paul Kehr, der 1935 auf einer Sitzung der Preußischen Akademie der Wissenschaften unvermittelt auf die Monumenta-Geschichte zu sprechen kam und die Gelegenheit zu einer Generalabrechnung mit dem Autor nutzte. Er monierte, dass der politisch liberal gesonnene Bresslau die Ära Pertz ebenso wie die Jahre danach einseitig und parteiisch dargestellt habe und warf ihm namentlich bei der Schilderung des Konflikts mit Jaffé „Philosemitismus" vor[28]. Es ist schwer zu sagen, was Kehr zu dieser rigiden Kritik bewogen hat, nachdem er Autor und Werk einige Jahre zuvor noch anerkennend gewürdigt hatte[29]. Womöglich stand der Wunsch dahinter, sich gegenüber den neuen Machthabern mit aller Deutlichkeit von dem ehemaligen jüdisch-liberalen Repräsentanten der MGH zu distanzieren. Nobel war diese Haltung nicht und sie wurde auch dem spürbaren Bemühen Bresslaus um eine ausgewogene Darstellung im ‚Fall Jaffé' in keiner Weise gerecht[30].

---

24 Zum Vorgang wie zur Erbitterung der Juden über diese Maßnahme: Sarah Panter, Jüdische Erfahrungen und Loyalitätskonflikte im Ersten Weltkrieg (2014) S. 179–189; Ulrich Sieg, Jüdische Intellektuelle im Ersten Weltkrieg. Kriegserfahrungen, weltanschauliche Debatten und kulturelle Neuentwürfe (2001) S. 89–96; sowie den Beitrag von Ulrich Wyrwa in vorliegendem Band.

25 Brief von Bresslau an Michael Tangl, 22.7.1918, MGH-Archiv, B 407 Bl. 51. In dem Brief heißt es weiter, dass er im September einen Erholungsurlaub werde antreten müssen, weil ihn die Arbeit an dem Manuskript maßlos erschöpft habe.

26 Dank- und Gratulationsbriefe erreichten Bresslau nach Erscheinen der MGH-Geschichte von zahlreichen Kollegen, darunter Karl Brandi, 28.5.1921, Albert Brackmann, 14.6.1921 und Friedrich Meinecke, 4.8.1921, MGH-Archiv, B 700/I.

27 Brief von Robert Holtzmann an Bresslau, 4.6.1921, MGH-Archiv, B 700/II; vgl. Marquard-Mois, Harry Bresslau. Virtuelle Ausstellung (wie Anm. 3) Nr. 7 (mit Digitalisat des Briefes).

28 Paul Kehr, Die Preußische Akademie und die Monumenta Germaniae und deren neue Satzung. Sonderausgabe aus den Sitzungsberichten der Preußischen Akademie der Wissenschaft Phil.-Hist. Klasse (1935) S. 3 Anm. 1. Die Anmerkung liest sich wie eine Rezension in nuce: Bresslaus Werk sei allein für die Zeit bis 1875 brauchbar, danach sei es einseitig und tendenziös.

29 Harry Bresslau. Ein Nachruf von Paul Kehr, in: NA 47 (1927) S. 251–266.

30 In Kehrs Nachruf auf Bresslau, ebd., scheinen allerdings auch schon Reserven auf, wenn geltend gemacht wird, dass Bresslau die Geschichte der MGH aus liberaler Perspektive geschrieben habe, mit viel Sympathien für demokratische Strukturen und entschiedener Ablehnung allen autokratischen Gebarens.

II.

Noch schwerer, als über das tragische Schicksal Jaffés zu berichten, dürfte Bresslau die Behandlung derjenigen Vorgänge gefallen sein, in die er persönlich involviert war. Dies war außer bei Eigenerwähnungen im Zusammenhang mit Editionsarbeiten besonders in den Jahren 1886 und 1902 der Fall, als es um die Nachfolge im Amt des Zentraldirektionsvorsitzenden ging. Beide Ereignisse wuchsen sich zu ‚Verfassungskrisen' in den MGH aus, spielten doch nicht nur das Unvermögen der Zentraldirektion, sich rasch auf einen Kandidaten zu einigen, sondern auch die Versuche staatlicher Einflussnahme eine Rolle. Bresslau schilderte das Geschehen ausführlich, nicht zuletzt, weil hier Fragen der Wissenschaftsautonomie berührt wurden, die dem überzeugten Liberalen besonders wichtig waren. Während er 1886 ganz am Rande des Konflikts stand, war er von den Ereignissen 1902 direkt berührt.

Als Georg Waitz (1813–1886) am 25. Mai 1886 starb, war es kaum absehbar, dass sein Tod eine mehr als zwei Jahre währende Vakanz im Vorsitz der MGH auslösen würde[31]. Bresslau machte dafür vornehmlich zwei Ursachen geltend. Zum einen verwies er auf die 1874 herbeigeführte neue Rechtsform der MGH als Körperschaft des öffentlichen Rechts, zum anderen auf den knapp bemessenen Etat des Unternehmens, in dem Mittel für eine ordentliche Besoldung des Vorsitzenden fehlten. Somit galt es bei der Nachfolgeregelung nicht nur, einen geeigneten Kandidaten zu finden, sondern es mussten zunächst die materiellen Grundlagen geschaffen werden[32]. Dies verzögerte die Wahl und belastete die Verhandlungen mit den Reichsbehörden. Daher übernahm Wilhelm Wattenbach im Mai 1886 zunächst übergangsweise den Vorsitz. Eine „Probewahl" wurde für den 18. Juni 1886 anberaumt.

Wattenbach stand damals am längsten im Dienst der MGH, 1843 von Pertz unter Vertrag genommen, war er 1875 in die Zentraldirektion gewählt worden[33]. Nicht nur er selbst sei fest davon ausgegangen, dass er der kommende Mann an der Spitze der MGH sei. Umso überraschter war Wattenbach, so Bresslau in seiner MGH-Geschichte, als er bei der Abstimmung nur die Hälfte der Stimmen erhielt, während die übrigen auf Ernst Dümmler entfielen. Offenbar unbemerkt von Wattenbach hatte sich gegen ihn eine Opposition formiert, darunter einflussreiche Kollegen wie Theodor Mommsen. Enttäuscht über den Wahlausgang erklärte er seinen Rückzug aus der Zentraldirektion und legte die Redaktion der Hauszeitschrift ‚Neues Archiv' nieder. Was letztlich den Widerstand gegen den verdienten Monumentisten erregt hatte, ließ Bresslau in seiner Darstellung offen. Der mit der Wahl im Juni aufgeworfene Konflikt beschäftigte jedenfalls die Beamten des Reichsinnenministeriums ebenso wie die des Preußischen Kultusministeriums. Namentlich Friedrich Althoff (1839–1908), der einflussreiche Beamte im Kultusministerium, verfolgte die Vorgänge mit lebhaftem Interesse, obwohl sein Ressort eigentlich nicht zuständig war für die MGH[34].

31 Zum Folgenden: Bresslau, Geschichte (wie Anm. 1) S. 619–635.

32 Ebd. S. 620f. Seit der Reform 1874 besaßen die zwei wissenschaftlichen Akademien des Reichs sowie die österreichische Akademie der Wissenschaften in Wien jeweils einen Sitz in der Zentraldirektion, was in strittigen Angelegenheiten die Konsensfindung erschwerte. – Waitz' Gehalt hatte aus einer individuell ausgehandelten Mischfinanzierung bestanden, von der ein beträchtlicher Teil mit dessen Tod wegfiel, ebd. S. 620f.

33 Vgl. zu Wattenbach Bresslau, Geschichte (wie Anm. 1) S. 263-265.

34 Friedrich Althoff wirkte von 1882 bis 1907 als Ministerialbeamter im Preußischen Kultusministerium

Doch Wattenbach bekleidete seit 1873 ein Ordinariat für Geschichte an der Berliner Universität und hatte im Vorfeld der Wahl erklärt, die Professur im Falle seiner Ernennung zum Vorsitzenden der Zentraldirektion aufzugeben. Dies schlug die Verbindung zum Kultusministerium und zu Bresslau, dem sich dadurch die Chance zu bieten schien, Wattenbach auf dem Katheder nachzufolgen.

Bresslau gehörte der Berliner Universität seit 1877 als beamteter außerordentlicher Professor an und war ein ebenso erfolgreicher wie wirksamer Hochschullehrer. Er besaß etliche Freunde unter den Kollegen, aber mit Heinrich von Treitschke und dem Kunsthistoriker Herman Grimm (1828–1901) auch Gegner. Als 1881 die Nachfolge des Historikers Karl Wilhelm Nitzsch (1818–1880) anstand, setzte die Fakultät ihn auf Platz drei der Berufungsliste[35]. Das war gewiss kein aussichtsreicher Listenplatz, unterstrich aber doch die Anerkennung, die man ihm allgemein entgegenbrachte[36]. Allein Treitschke und Grimm protestierten dagegen. In ihren Separatvoten argumentierten sie, dass die eng mit der Kirchengeschichte verbundene mittelalterliche Geschichte an deutschen Universitäten allgemein nur von Christen gelehrt werde. Es gehe nicht an, einen Juden mit diesem Ordinariat zu betrauen. Ob diese Argumente im Ministerium verfingen, sei dahingestellt, Bresslau fand jedenfalls keine Berücksichtigung, statt seiner wurde Julius Weizsäcker (1828–1889) berufen[37].

Einen zweiten Versuch unternahm die Fakultät zu Anfang des Jahres 1886, als Bresslau ernsthaft erwog, das Direktorat einer jüdischen Mittelschule in Seesen anzutreten. Um ihn der Universität zu erhalten, richtete Dekan Wilhelm Scherer die Bitte an das Kultusministerium, seine bisherige außerordentliche Professur in ein Ordinariat für Diplomatik aufzuwerten. Erneut widersprach ein Kollege, dieses Mal der Nationalökonom Adolph Wagner (1835–1917). Außer dass er darauf hinwies, die Diplomatik werde doch bereits im Rahmen der Professur für Historische Hilfswissenschaften gelehrt, wandte er sich dezidiert gegen Bresslau als Jude: „Indem er aussagt, darauf *[das Seesener Angebot]* einzugehen, zeigt er doch zugleich, daß er sich als Jude fühlt. Das scheint mir ein Argument mehr gegen seine Er-

und galt zweitweise als der heimliche Kultusminister. Er sorgte durch seine geschickte Berufungspolitik mit für den Aufstieg des Deutschen Reichs als Wissenschaftsnation, war aber auch bei vielen Professoren höchst umstritten: Bernhard vom Brocke (Hg.), Wissenschaftsgeschichte und Wissenschaftspolitik im Industriezeitalter. Das „System Althoff" in historischer Perspektive (1991). Im Zusammenhang mit den Monumenta, die in der Zuständigkeit des Reichsinnenministeriums lagen, war Althoff freilich lediglich beratend tätig.

35 Dazu: Aleksandra Pawliczek, Kontinuität des informellen Konsens'. Die Berufungspolitik der Universität Berlin und ihre jüdischen Dozenten im Kaiserreich und in der Weimarer Republik, in: Rüdiger vom Bruch / Uta Gerhardt / dies. (Hgg.), Kontinuitäten und Diskontinuitäten in der Wissenschaftsgeschichte des 20. Jahrhunderts (2006) S. 69–92, hier S. 83f. sowie Bettina Raabe, Harry Bresslau (1848–1926), Wegbereiter der Historischen Hilfswissenschaften in Berlin und Straßburg, in: Herold Jahrbuch N.F. 1 (1996) S. 49–83, hier S. 61f.

36 So sah es Bresslau, Selbstdarstellung (wie Anm. 3) S. 16, selbst in seinen Erinnerungen.

37 Treitschke hielt es für einen Fehler, „den einzigen ordentlichen Lehrstuhl für mittelalterliche Geschichte, die mit der Geschichte der christlichen Kirche unzertrennlich zusammenhängt, einem Nichtchristen anzuvertrauen", Pawliczek, Kontinuität (wie Anm. 35) S. 83, während Herman Grimm erklärte: „Ein gläubiger Jude müßte es meiner Ansicht nach selbst von der Hand weisen, ein Publikum junger Leute, die zum größten Theile doch Christen sein werden, in den Geist der mittelalterlichen Geschichte einzuführen"; ebd. S. 84.

nennung zum ordentlichen Professor für deutsche Geschichte zu sein." Der Fakultätsantrag erledigte sich, als Bresslau die Direktorenstelle ablehnte und, von Althoff durch eine Gehaltserhöhung versöhnt, in Berlin blieb. Der Vorgang machte allerdings einmal mehr deutlich, dass er als Ordinarius an der Berliner Universität nur schwer durchsetzbar sein würde[38].

Als Wattenbach dann im Mai 1886 ankündigte, im Falle seiner Wahl zum Vorsitzenden auf seine Professur zu verzichten, hätte sich eine weitere Aufstiegsmöglichkeit für Bresslau ergeben. Aber ihre Verwirklichung habe nicht im Interesse des Kultusministers gelegen, „aus Gründen, auf die näher einzugehen ich vermeiden möchte", hieß es dazu in der MGH-Geschichte. Mehr ließ Bresslau den Leser über sich nicht wissen[39]. Erst Jahre später führte er in seinen Erinnerungen aus, was er zuvor „nur leise anzudeuten brauchte", dass nämlich für das Kultusministerium „der Wunsch wenigstens mitbestimmend" gewesen sei, „eine Erledigung der Wattenbachschen Professur zu vermeiden". Es hätte die Fakultät dann „sicherlich meine Ernennung zum Nachfolger vorgeschlagen, die der Minister nicht wünschte". Deshalb habe sich Althoff bemüht, Wattenbach zur nebenamtlichen Übernahme der Zentraldirektion zu bewegen, was „der aufrechte Mann aber bestimmt ablehnte"[40]. Auch wenn sich Bresslaus Lesart in den Akten nicht konkret niederschlug und somit die Haltung des Ministeriums in dieser Frage nicht ganz klar wird, spricht doch einiges für diese Spekulation. Sicher ist, dass schwer überwindliche antisemitische Vorbehalte gegen Bresslau an der Berliner Universität herrschten, während man im Ministerium, namentlich Althoff selbst, in dieser Frage deutlich liberaler dachte. Der „kluge Menschenkenner", wie der Ministerialdirigent in Bresslaus Darstellung an einer Stelle genannt wurde, besaß offenbar ein Gespür dafür, was möglich war. Dass er kein Antisemit war, bewies er verschiedentlich in seiner Amtszeit; er sollte wenig später auch Bresslaus Berufung an die Universität Straßburg einfädeln[41].

Unterdessen zogen sich die Verhandlungen um die Nachfolge Waitz im Vorsitz der Zentraldirektion in die Länge. Sie waren erneut begleitet von zähen Diskussionen um das Wahlrecht zum Vorsitzenden und Fragen der Wissenschaftsautonomie, was Bresslau in der MGH-Geschichte eingehend diskutierte. Obwohl um eine sachliche Darlegung bemüht, ließ er doch keinen Zweifel daran, dass er die wachsende Abhängigkeit der MGH von staatlicher Einflussnahme ablehnte. Am Ende ging Ernst Dümmler als Sieger hervor. In seiner Amtszeit erfolgte dann im März 1888 die Aufnahme Bresslaus in die Zentraldirektion, wenig später übergab man ihm die Redaktion des ‚Neues Archivs' sowie die Edition der Urkun-

38 Das Zitat im Text findet sich ebd. S. 85. Bresslau teilte dem Ministerium im Februar 1886 schriftlich mit, dass er in Berlin bleiben werde.

39 Bresslau, Geschichte (wie Anm. 1) S. 627 Anm. 1; zu diesen Vorgängen auch Fuhrmann, Gelehrtenleben (wie Anm. 2) S. 107f.

40 Bresslau, Selbstdarstellung (wie Anm. 3) S. 59f.

41 Zur Berufung Bresslaus an die Universität Straßburg: Raabe, Harry Bresslau (wie Anm. 35) S. 63f., sowie Dieter Oelschlägel, „Geist der Liberalität und Gerechtigkeit?" Friedrich Althoff und die jüdischen Wissenschaftler (2019), hier S. 31–36. – Bresslau lehnte wie viele seiner Kollegen die Art und Weise ab, wie Althoff in die Hochschulautonomie eingriff und schließlich auch bei den MGH den staatlichen Einfluss ausdehnte. Für einen Antisemiten hielt er ihn nicht. Zur Rolle des Ministerialdirigenten im Konflikt um die Nachfolge Waitz vgl. Bresslau, Geschichte (wie Anm. 1) S. 622f. sowie S. 632; zum selbstherrlichem Regiment Althoffs vgl. Ulrich Sieg, Im Zeichen der Beharrung. Althoffs Wissenschaftspolitik und die deutsche Universitätsphilosophie, in: vom Brocke, Wissenschaftsgeschichte (wie Anm. 34) S. 287–306.

den Heinrichs II.[42] Beides schilderte Bresslau mit äußerster Sachlichkeit, ohne Andeutung über die vorangegangenen Ereignisse[43].

Aus seinen Erinnerungen geht freilich hervor, wie gut ihm die engere Einbindung in die MGH und die sich darin aussprechende Anerkennung tat: „*[…]* ich war stolz darauf, zur ständigen Mitarbeit an dem großen nationalen Unternehmen berufen zu werden und in ein Kollegium einzutreten, dem Männer wie Mommsen und Sybel, Giesebrecht und Hegel, Sickel und Brunner angehörten“[44]. Dadurch regelrecht beflügelt, entwickelte sich Bresslau in den folgenden Jahren zu einem „der aktivsten Mitarbeiter“[45]. Konzentration und Arbeitskraft des jüdischen Gelehrten müssen gewaltig gewesen sein. Neben den editorischen Aufgaben bewältigte er ein beträchtliches Lehrpensum, übernahm nacheinander Dekanat und Rektorat an der Straßburger Universität und legte sein bis heute aufgelegtes Handbuch der Urkundenlehre vor[46]. In den 1890er Jahren stieg Bresslau zur bestimmenden Figur in den Monumenta auf, sein Ruf als exzellenter Urkundenforscher und Editor reichte über die Reichsgrenzen hinaus. Das mochte in ihm den Gedanken reifen lassen, auch für den Vorsitz in der Zentraldirektion der rechte Mann zu sein.

Schon 1902 löste der unerwartete Tod Dümmlers die nächste Kandidatensuche für die Spitze der Monumenta aus. Sie war von ähnlich schweren internen Verwerfungen begleitet wie zuvor die Nachfolge von Georg Waitz und wurde von Bresslau in der MGH-Geschichte entsprechend ausführlich behandelt[47]. Nach dem Wunsch des Reichsinnenministeriums sollte die Wahl als „Präsentationswahl“ mit mindestens drei Kandidaten erfolgen. Die Zentraldirektion beschloss, dem Minister vier Vorschläge zu unterbreiten, die nach zwei Wahlgängen mit Oswald Holder-Egger (1851–1911), Engelbert Mühlbacher (1843–1903), Siegmund von Riezler (1843–1927) und Karl Zeumer (1849–1914) feststanden. Eine deutliche Stimmenmehrheit hatte sich lediglich für Holder-Egger ergeben, den die Mehrheit auch als einzigen Kandidaten favorisierte. Demnach waren die übrigen drei Vorschläge im Grunde Scheinkandidaturen, und Bresslau wollte von zwei Nominierten sogar wissen, dass sie „die Ernennung, wenn sie ihnen angeboten worden wäre, schwerlich angenommen haben würden“[48].

---

42 Zu Harry Bresslau als Diplomatiker siehe den Beitrag von Theo Kölzer in vorliegendem Band.

43 In der MGH-Geschichte Bresslaus heißt es, die Zentraldirektion habe mit der Wahl Bresslaus und Holder-Eggers „ihre Arbeitskräfte verstärkt“, vgl. Bresslau, Geschichte (wie Anm. 1) S. 635; zur Leitung des Neuen Archivs, ebd. S. 643, denkbar knapp: „Die Redaktion des Neuen Archivs wurde Bresslau übertragen.“

44 Bresslau, Selbstdarstellung (wie Anm. 3) S. 33.

45 So Paul Kehr in seinem Nachruf: Kehr, Nachruf (wie Anm. 29) S. 254. Siehe auch die Beiträge von Theo Kölzer über Bresslau als Diplomata-Editor und von Benedikt Marxreiter über Bresslau als Herausgeber in der Abteilung Scriptores in vorliegendem Band.

46 Harry Bresslau, Handbuch der Urkundenlehre für Deutschland und Italien, Berlin 1889; vgl. über seine Mitarbeit in den Gremien der Universität Straßburg: Bresslau, Selbstdarstellung (wie Anm. 3) S. 19.

47 Das Folgende nach Bresslau, Geschichte (wie Anm. 1) S. 710–718; vgl. Heinrich Fichtenau, Diplomatiker und Urkundenforscher, in: MIÖG 100 (1992) S. 9–49, hier S. 43f., wo vom „Staatsstreich“ Kehrs, d.h. dem Versuch, im Verein mit Friedrich Althoff die MGH zu einem „Zentralinstitut für Geschichte“ auszubauen, die Rede ist.

48 Bresslau, Geschichte (wie Anm. 1) S. 712.

Er selbst hatte bei dieser Wahl nur vier Stimmen erhalten, aber offenbar anderes erwartet. Bresslau besaß Gegner nicht nur in der Berliner Universität, sondern auch unter den Kollegen in der Zentraldirektion. Folgt man Paul Kehr, so zählten der Rechtshistoriker Heinrich Brunner (1840–1915) sowie der österreichische Diplomatiker Engelbert Mühlbacher und sein Wiener Umfeld dazu[49]. Was der Grund für die mangelnde Mehrheitsfähigkeit Bresslaus war, kann nur vermutet werden. Denkbar sind wissenschaftliche Streitfragen ebenso wie die bekannten Vorbehalte gegen ihn als Juden. Seine prompte Reaktion auf diesen offensichtlichen Affront bestand in der Niederlegung der Redaktionsleitung des ‚Neuen Archivs' und in der Reduzierung seiner Editionstätigkeit. Beides wurde in der MGH-Geschichte nur im Nebensatz erwähnt, die erlittene Ehrverletzung vollkommen verschwiegen. Erst der Nachruf Kehrs auf Bresslau 1927 brachte dessen vergebliche Hoffnungen auf den Vorsitz in der Zentraldirektion allgemein zur Kenntnis.

Nachdem die ‚Verfassungskrise' überwunden und der Direktor des Preußischen Geheimen Staatsarchivs Reinhold Koser (1852–1914) zum Vorsitzenden der Zentraldirektion ernannt worden war, ließ sich Bresslau allerdings wieder umstimmen und setzte die editorische Arbeit mit gewohnter Hingabe fort. Als Holder-Egger 1911 starb, übernahm er auf Drängen Kosers und „nicht ohne schwerste Bedenken" zusätzlich zur Edition der Kaiserurkunden die Leitung der Abteilung Scriptores[50]. Um den anfallenden Arbeiten gerecht zu werden, suchte er beim Kultusministerium um seine Emeritierung nach, die ihm zum 1. April 1913 gewährt wurde. Die Mitarbeit an dem großen nationalen Projekt und dessen Fortbestand war ihm wichtig, die eigene Befindlichkeit hatte dahinter zurückzustehen.

III.

„Obwohl ich ohne Zweifel, wenn ich den Ruf nach Straßburg abgelehnt hätte, auch in Berlin über kurz oder lang ordentlicher Professor geworden sein würde, habe ich den gefaßten Beschluss niemals bereut"[51]. Bresslau war, wie es scheint, ein unbeugsamer Optimist beim Blick auf die eigene Karriere, denn sehr wahrscheinlich war es nicht, dass er in Berlin jemals Ordinarius geworden wäre. Die Philosophische Fakultät blieb gegenüber der Berufung von Juden bis zum Ende des Kaiserreichs reserviert, und aus dem preußischen Kultusministerium schied mit der Pensionierung Althoffs 1907 der Mann aus, der sich wiederholt für jüdische Wissenschaftler eingesetzt hatte. Bresslaus positive Lebenseinstellung half ihm, sich mit den Verhältnissen, wie sie an den Universitäten im Kaiserreich nun einmal herrschten, zu arrangieren und das jeweils Beste aus seiner Situation zu machen. Das Straßburger Ordinariat stellte ihn zwar finanziell schlechter als seine bisherige außerordentliche Professur, doch meinte er über den materiellen Verlust rückblickend, die Schönheit Elsaß-Lothringens habe ihm darüber bald hinweggeholfen, zumal dort „außer den wissenschaftlichen auch nationale Aufgaben zu lösen" gewesen seien. Die Versöhnung von deutscher und französischer Bevölkerung war dem Liberalen ein Anliegen, die Werbung für den deutschen Nationalstaat im „Reichsland" ein Bedürfnis. Bresslau trug mit seinem Lehrerfolg an der Kaiser-Wilhelms-Universität und

49 Kehr, Nachruf (wie Anm. 29) S. 258f., dort auch das folgende Zitat im Text.
50 Bresslau, Geschichte (wie Anm. 1) S. 725.
51 Bresslau, Selbstdarstellung (wie Anm. 3) S. 18, dort auch die beiden folgenden Zitate im Text.

weiterem wissenschaftlichen Engagement das Seine dazu bei. Die Jahre in Straßburg, resümierte er in seinen Erinnerungen, seien „die glücklichsten“ seines Lebens gewesen. Dass er Jude war, schien hier, anders als in Berlin, nicht weiter ins Gewicht zu fallen[52].

Ebenso eng wie mit der Universität sah sich Bresslau mit den MGH verbunden. Hier wurden die Grundlagen für eine aus den Quellen geschriebene, kritische Geschichtswissenschaft geschaffen, der sich seine Generation verpflichtet fühlte: Auch wenn diese Art der Geschichtsforschung um 1900 an Bedeutung eingebüßt hatte, da mit der Reichsgründung 1871 der Nationalstaat verwirklicht worden und damit die „Aktualität“ des Mittelalters verloren gegangen war, hielt Bresslau die „strenge Zucht der kritischen Methode“ doch für den einzig richtigen Weg auf der Suche nach wissenschaftlich begründeter Wahrheit. In seiner Straßburger Rektoratsrede verwies er prononciert auf die Notwendigkeit gründlicher Quellenkritik, ohne die „selbst das Genie auf Ab- und Irrwege geraten“ müsse. Der genialischen Thesenbildung zog Bresslau die oft langwierige Kleinarbeit des Quellenforschers vor[53].

Als jüdischer Gelehrter brauchte er ein ‚dickes Fell‘, um sich in der Wissenschaftswelt des Kaiserreichs zu behaupten, aber das war ihm aus der verarmten bürgerlichen Herkunft auch mitgegeben worden. Dazu bewahrte er sich den Realismus des sozialen Aufsteigers und damit einen unverstellten Blick auf die Gelehrtenwelt. Zurücksetzungen vielerlei Art waren für deutsche Juden an der Tagesordnung und manch einer zerbrach daran. Auch bei Bresslau hinterließ die Diskriminierung Spuren, die sich selbst oder anderen einzugestehen aber sein Stolz ihm verbot. Den Rat Rankes, sich taufen zu lassen, dürfte der überzeugte Liberale als Zumutung empfunden haben. Wie viele akkulturierte Juden war Bresslau nicht übermäßig gläubig, wollte seine Herkunft aber nicht aus Karrieregründen verleugnen[54]. Dem Protestantismus stand er gleichwohl aufgeschlossen gegenüber und nahm offenbar auch keinen Anstoß daran, als „historischer Christ“ bezeichnet zu werden, denn er teilte die protestantische Wissenschaftsauffassung, in der sich strengste Sachlichkeit und gewissenhafte Arbeitsweise miteinander vereinten[55].

Dass Harry Bresslau trotz antisemitischer Diskriminierung ein anerkannter Gelehrter war, bezeugen sein erfolgreicher Lebensweg und die vielen Freunde, die er unter Kollegen, namentlich unter den Monumentisten fand. Die Anerkennung war vielfältig und drückte sich nicht zuletzt in der Übertragung der MGH-Geschichte als Festschrift zum 100-jährigen Jubiläum an ihn aus. Wie groß die damit verbundene Auszeichnung war, zeigt allein der

52 Ebd. Die Straßburger Universität galt als „judenfreundlich“: Friedrich Meinecke, Autobiographische Schriften, hg. von Eberhard Kessel (1969) S. 150.

53 Harry Bresslau, Aufgaben wissenschaftlicher Quellenforschung. Rede zum Antritt des Rektorats der Kaiser-Wilhelms-Universität Straßburg (1904) S. 4, das Zitat im Text S. 26.

54 Für diese Haltung gibt es viele Beispiele, etwa Hannah Arendt, von der ein Studienkollege meinte, sie sei nicht eigentlich religiös, vielmehr eine „Trotzjüdin“ gewesen: Hans Jonas, Erinnerungen. Nach Gesprächen mit Rachel Salamander, hg. und mit einem Nachwort versehen von Christian Wiese (2005) S. 111. Zum „Taufdruck“, wie er auf jüdische Wissenschaftler vielfach ausgeübt wurde: Oelschlägel, Geist (wie Anm. 41) S. 18f.

55 Den Rat zum Konfessionswechsel erteilte ihm Ranke, vgl. Fuhrmann, Gelehrtenleben (wie Anm. 2) S. 106, sowie Meinecke, Schriften (wie Anm. 52) S. 150, dort auch die Bezeichnung „historischer Christ“. Bresslau ließ seine Kinder protestantisch taufen, um ihnen die zu erwartenden Nachteile zu ersparen.

Blick auf andere zeitgenössische Festschriftprojekte. 1900 legte der Theologe Adolf Harnack (1851–1930), neben Theodor Mommsen der wohl einflussreichste Wissenschaftsorganisator im Kaiserreich, seine dreibändige Geschichte der Königlich Preußischen Akademie der Wissenschaft vor. Und 1910 erschien aus der Feder des Berliner Reformationshistorikers Max Lenz (1850–1932) eine mehrbändige Festschrift zum hundertsten Gründungstag der Berliner Wilhelms-Universität[56]. Die akademische Festschriftkultur stand damals in Blüte und es verstand sich von selbst, dass als Autoren nur führende Gelehrte in Betracht kamen, die das enorme Arbeitspensum neben ihrer sonstigen Berufstätigkeit erledigten. Dafür verband man den eigenen Namen unlösbar mit einer traditionsreichen Einrichtung und schrieb sich dauerhaft in die Wissenschaftsgeschichte ein. Die Centenar-Schrift der MGH gehört in diesen Kontext; die MGH standen wie die beiden anderen Institutionen prominent für die Wissenschaft des Kaiserreichs. Dass Harry Bresslau ihr Verfasser war, stellt nicht nur den MGH ein gutes Zeugnis aus, sondern erweist ungeachtet aller sonstigen Restriktionen gegenüber jüdischen Gelehrten auch die relative Liberalität im Wissenschaftssystem des Kaiserreichs.

Abstract: As other Jewish scholars at the MGH, Harry Bresslau faced setbacks and rejection, but was at the same time intimately connected to the institution and uniquely qualified to write its history. This essay looks at the elements of personal history in this work, focusing on Bresslau's Jewish identity and how it touched on the history of the institution. A central chapter in Bresslau's history of the MGH is the presidency of G.H. Pertz and his conflict with the Jewish scholar Philipp Jaffé, which ultimately ended in Jaffé's suicide. Written at a time of rising anti-Semitism, Bresslau's treatment of the case is non-partisan, although he himself had also suffered career setbacks on account of his Jewish identity, particularly in his hopes to gain a regular professorship. In the election of a successor to Georg Waitz as chair of the MGH board of directors in 1886, Bresslau hoped to succeed Wilhelm Wattenbach to the chair for history in Berlin in the case of his election, but was hindered by official interests. At the next election in 1902, Bresslau considered himself a contender for the office but was not even chosen as a candidate. Characteristically, he makes no mention of these personal affronts in his book. Although he suffered discrimination, it may be seen as a measure both of his standing at the MGH and of the relative liberality that he was chosen to write the official history of the Monumenta on their 100th anniversary.

56 Adolf Harnack, Geschichte der Königlichen Akademie der Wissenschaft zu Berlin (1900); Max Lenz, Geschichte der Universität Berlin (1910–1918).

Bertold Bretholz (1862–1936)*

von
MARTIN WIHODA

Bertold Bretholz um 1900

Ein Matrikelauszug der evangelischen Pfarrgemeinde Augsburgischen Bekenntnisses in Wien verrät, dass Bertold Bretholz am 6. April 1889 die Taufe empfing[1]. Über die Gründe für seine Konversion schweigen die Quellen. Vielleicht konvertierte er, um seine Chancen auf eine Stelle im akademischen Bereich oder im Staatsdienst zu erhöhen[2], denn zur gleichen Zeit war Bretholz in das Editionsunternehmen der MGH eingebunden und bekam eine anständige Vergütung in Höhe von 1.500 Reichsmark jährlich[3] zusammen mit einer hervorragenden Schulung am Institut für Österreichische Geschichtsforschung.

Die Dezemberverfassung von 1867 garantierte zwar allen Bürger des zisleithanischen Teils der Habsburger Monarchie das Recht auf Religionsfreiheit, aber die Wirklichkeit sah anders aus und ähnelte in vielerlei Hinsicht den deutschen Verhältnissen. Vielleicht kannte Bretholz den Werdegang von Harry Bresslau (1848–1926), der seit 1877 auf eine Festan-

---

* Die vorliegende Studie wurde im Rahmen des Projektes GACR GA21-07769S (Kosmas a jeho svět / Cosmas of Prague and his World) ausgearbeitet. Besonders verbunden bin ich Karel Hruza (Wien).

1 Moravský zemský archiv Brno (MZA) [Mährisches Landesarchiv] G 37, Karton 1, Nr. 1 fol. 7, 10.

2 Zdeňka STOKLÁSKOVÁ, Konvertitova kariéra. Bertold Bretholz a jeho snaha po uplatnění [Die Karriere eines Konvertiten. Bertold Bretholz und sein Bemühen sich durchzusetzen], in: Německá medievistika v českých zemích do roku 1945, hg. von Pavel SOUKUP / František Šmahel (2004) S. 273–287.

3 MZA G 37, Karton 1, Nr. 6 fol. 3f.

stellung wartete. Leopold von Ranke (1795–1886) hat Bresslau angeblich geraten, zu konvertieren[4]; und es ist nicht ausgeschlossen, dass auch Theodor von Sickel (1826–1908), den Bretholz während seines Studiums am Institut für Österreichische Geschichtsforschung näher kennenlernte, diesem einen ähnlichen Vorschlag machte[5].

Ob nun Bertold Bretholz seine Zukunft mit Theodor von Sickel erörtert oder sich mit den Ratschlägen seiner Verwandten und Freunde begnügt hat, wissen wir nicht, jedenfalls fand er im Frühjahr 1899 in der protestantischen Gemeinde Aufnahme. Fünf Jahre später konvertierte auch seine Cousine Karoline Weiser (1871–1942), die am 8. März 1894 seine Ehefrau wurde[6]. Nach ihrem Umzug nach Brünn (Brno) ließ das Ehepaar auch seine drei Kinder evangelisch taufen[7] und hoffte auf eine bessere Zukunft.

Bertold Bretholz wurde am 9. Juli 1862 im nordmährischen Freiberg (Příbor) geboren, wo seine Eltern, der Vater Sigmund und die Mutter Henriette, die beide aus Ostgalizien stammten, ein Wollgeschäft hatten[8]. Nach einiger Zeit zog die Familie nach Neutitschein (Nový Jičín), wo Bretholz die allgemeine Bürgerschule besuchte[9]. Wegen seiner ausgezeichneten Noten sollte er danach das Gymnasium besuchen. Die Wahl fiel auf Bielitz (heute Teil von Bielsko-Biała) im Teschener Schlesien, eine deutsche Stadt mit einer großen jüdischen Minderheit. Mit mittelmäßigen schulischen Leistungen, auch in Geschichte, Latein und Deutsch, legte er am 14. Juli 1881 das Abitur ab[10], das es ihm erlaubte, sich in Wien an der Universität einzuschreiben[11]. In der Zwischenzeit ging das Familienunternehmen jedoch bankrott und Bretholz musste im Jahr 1882 beim Stadtrat in Neutitschein eine Armutsbescheinigung beantragen[12].

Im Dezember 1884 schloss Bertold Bretholz an der philosophischen Fakultät sein Studium ab[13], vertiefte aber seine historische Grundausbildung einerseits an der juristischen Fakultät[14] und andererseits in einem zweijährigen Kurs von 1885 bis 1887 am Institut für Österreichische Geschichtsforschung. Eine mit herausragendem Erfolg abgelegte Prüfung[15] und Theodor von Sickels Fürsprache sicherten ihm den Status eines befristeten Mitarbeiters bei den MGH[16]. In den Jahren 1888 bis 1892 bereitete er die kritische Edition der Konzilien aus der Merowingerzeit zum Druck vor (MGH Conc. 1), wenngleich nur Friedrich Maassen

4 Horst Fuhrmann, „Sind eben alles Menschen gewesen". Gelehrtenleben im 19. und 20. Jahrhundert. Dargestellt am Beispiel der Monumenta Germaniae Historica und ihrer Mitarbeiter. Unter Mitarbeit von Markus Wesche (1996) S. 104–108.

5 Bertold Bretholz, Theodor von Sickel. Nachruf, in: ZVGMähr 13 (1909) S. 1–24.

6 MZA G 37, Karton 1, Nr. 9 fol. 1.

7 MZA G 37, Karton 1, Nr. 10 fol. 1, 4.

8 MZA G 37, Karton 1, Nr. 1 fol. 3–5.

9 MZA G 37, Karton 1, Nr. 2 fol. 3.

10 MZA G 37, Karton 1, Nr. 2 fol. 12f.

11 MZA G 37, Karton 1, Nr. 4 fol. 1.

12 MZA G 37, Karton 1, Nr. 3 fol. 3f.

13 MZA G 37, Karton 1, Nr. 4 fol. 4f.

14 MZA G 37, Karton 1, Nr. 7 fol. 6f.

15 MZA G 37, Karton 1, Nr. 4 fol. 6–11.

16 Harry Bresslau, Geschichte der Monumenta Germaniae historica (1921) S. 582f.

(1823–1900) als Herausgeber genannt wurde, da es zu der Zeit bei den MGH üblich war, die sogenannten ‚gelehrten Gehilfen' in den Editionen nicht aufzuführen[17].

Der vierjährige Vertrag mit den MGH lief im Jahr 1892 aus. Noch vor Vertragsende hatte Bertold Bretholz versucht, eine feste Stelle zu bekommen. Ab 1890 korrespondierte er mit Abgeordneten des mährischen Landtags, wobei er hoffte, dass ihm seine mährische Herkunft und Tschechisch-Unterricht[18] zu einer bezahlten Festanstellung im mährischen Landesarchiv verhelfen würden[19]. Es gelang ihm, einen deutschen Abgeordneten anzusprechen, was angesichts des zunehmenden Nationalitätenkonflikts, bedeutete, dass sich der tschechische Flügel des mährischen Landtags seiner Kandidatur gegenüber reserviert verhielt. Zur Erläuterung sei hier kurz hinzugefügt, dass die Tschechen, enttäuscht von dem Österreichisch-Ungarischen Ausgleich 1867, die Anerkennung des böhmischen Staatsrechts und damit Autonomie forderten. Nach schwierigen Verhandlungen wurde 1880 eine Sprachverordnung verabschiedet mit dem Ziel, den Tschechen mehr Recht auf ihre Muttersprache in Verwaltung und Justiz zu geben. Die Besetzung von Stellen in der Staats- und Landesverwaltung wurde damit zum Gegenstand eines Tauziehens zwischen deutschen und tschechischen Abgeordneten[20]. Bretholz wandte sich auch an die Universitätsbibliothek in Olmütz (Olomouc)[21] und an das Innenministerium in Wien und betonte in seinen Schreiben unter anderem, dass er dazu fähig sei, die Aktenführung in Französisch, Italienisch und Englisch zu erledigen und dass er Tschechisch in Wort und Schrift beherrsche[22].

Die ablehnenden Antworten aus Olmütz und Wien banden Bretholz an Brünn, wo er nach Theodor von Sickels Fürsprache als mährischer Landeshistoriograf eingestellt wurde[23]. Das Ernennungsdekret vom 1. Dezember 1892 war auf drei Jahre befristet und mit keinem festen Einkommen verbunden. Wohl um die tschechischen Abgeordneten von seinen beruflichen Qualitäten zu überzeugen, gab Bretholz direkt im Jahr darauf den ersten Band der Geschichte Mährens in Druck[24], mit dem er in vielerlei Hinsicht die überholten Ausführungen von Beda Dudík (1815–1890)[25] ersetzte. Vier Jahre später bereitete er eine tschechische Ausgabe vor, in deren Vorwort er ausführte, dass sie inhaltlich mit der deutschen Vorlage übereinstimme und er sich für seine ungelenken Formulierungen entschuldige, die ihm in der tschechischen Presse den Vorwurf nationaler Voreingenommenheit eingebracht hätten. Im Bestreben, weiteren Missverständnissen vorzubeugen, schrieb er einige kritisierte Passagen

17 Concilia aevi Merovingici [511–695], hg. von Friedrich Maassen (MGH Conc. 1, 1893); vgl. MZA G 37, Karton 1, Nr. 6 fol. 1f.

18 MZA G 37, Karton 1, Nr. 4 fol. 12, 13, 15.

19 Archiv des IÖG, Nl Theodor von Sickel, Mappe Berthold Bretholz, Brief vom 12.12.1890.

20 Jiří Kořalka, Češi v habsburské monarchii a v Evropě 1815–1914. Sociálněhistorické souvislosti vytváření novodobého národa a národností otázky v českých zemích [Die Tschechen in der Habsburgermonarchie und in Europa 1815–1914: Der soziohistorische Kontext der Entstehung einer modernen Nation und die Nationalitätenfrage in den böhmischen Ländern] (1996) S. 138–227.

21 MZA G 37, Karton 1, Nr. 8 fol. 5f.

22 MZA G 37, Karton 1, Nr. 8 fol. 1f.

23 Oswald Redlich, Bertold Bretholz, in: MIÖG 52 (1938) S. 510–513, hier S. 510.

24 Bertold Bretholz, Geschichte Mährens 1/1. Bis 906 (1893).

25 Mährens Geschichts-Quellen. Im Auftrage des hohen mährischen Landes-Ausschusses bearb. und durch den mährischen Landes-Fonds hg. von Beda Dudík (1850).

um, ließ andere aus oder belegte sie mit Quellen- und Literaturverweisen[26]. Bretholz betonte, dass er erfreut wäre, wenn der tschechische Leser sein Werk mit Wohlwollen aufnehmen würde. Dieses Vorwort, in dem er der tschechischen Leserschaft entgegenkam, blieb jedoch ohne Resonanz, Bretholz wurde weiterhin in der tschechischen Presse verrissen[27]. Von den tschechischen Fachzeitschriften hingegen wurde seine Geschichte gar völlig ignoriert.

Diese Erfahrung bewog Bretholz dazu, seine wichtigen Arbeiten künftig nur in deutscher Sprache zu veröffentlichen[28]. Einen weiteren Affront stellte die Entscheidung des mährischen Landtags dar, ihm auf Antrag der tschechischen Abgeordneten die Probezeit als mährischer Landeshistoriograf um weitere drei Jahre zu verlängern. Da er nun weitere drei Jahre auf eine feste Einkommensquelle warten musste, nahm er, besonders nach der Geburt seiner Tochter Helene Henriette (1895–1909),[29] gerne das Angebot des Brünner Magistrats an, in Teilzeitarbeit das Stadtarchiv neu zu organisieren[30]. Eine bezahlte Stelle im mährischen Landesarchiv erhielt Bretholz im Januar 1898. Zwei Jahre später wurde er endlich Landesarchivar, was die tschechischen Historiker mit großem Unmut zur Kenntnis nahmen[31].

Beide Brünner Hauptarchive, das der Stadt und das des Landes, hatten Ende des 19. Jahrhunderts keinen guten Ruf. Bertold Bretholz war entschlossen, das zu ändern und die Archive zu erstklassigen Arbeitsstätten zu machen. Unter seiner Leitung wurde das Stadtarchiv binnen kurzer Zeit zum Vorbild für andere Gemeinden; im Landesarchiv stieß Bretholz hingegen auf das Unverständnis der tschechischen Untergebenen, die sich unter Vincenc Brandls (1834–1901) Amtsführung an eine lockerere Arbeitsauffassung gewöhnt hatten. Bretholz bemühte sich, mit gutem Beispiel voran zu gehen, und nahm sogar Pflichten des Hilfspersonals auf sich, aber offenbar ohne großen Erfolg, denn in einem Zeitungsartikel erwähnte er den Ratschlag Brandls: „Tun Sie nichts, und Sie werden in Mähren ein berühmter Mann sein“[32].

Bretholz' Einsatz war – ohne Übertreibung – außergewöhnlich. Neben den mit der Verwaltung der Brünner Bestände verbundenen Pflichten bereiste er die mährischen Archive und brachte daneben noch die Zeit für Studienaufenthalte in Prag, Wien und Rom auf. Gleichzeitig behandelte er historische Themen der mährischen und böhmischen Geschichte in einem weitgespannten zeitlichen Bogen vom frühen Mittelalter[33] bis zum Dreißigjährigen Krieg[34]. Beständig trug er Material für die letzten Bände der mährischen Urkundensamm-

26 Bertold Bretholz, Dějiny Moravy 1/1 [Geschichte Mährens] (1896) S. III–IV.

27 Archiv des IÖG, Nl Engelbert Mühlbacher, Mappe Berthold Bretholz, Brief vom 15.2.1893.

28 Johann Wolfgang Brügel, Berthold Bretholz (1862–1936), in: Bohemia. Zs. für Geschichte und Kultur der böhmischen Länder 24 (1983) S. 369–379.

29 MZA G 37, Karton 1, Nr. 10 fol. 1.

30 Zdeňka Stoklásková, The Academic Career of the Historian and Archivist Bertold Bretholz, in: Judaica Bohemiae 50 (2015) S. 5–42, hier S. 15–18.

31 Josef Šusta, Mladá léta učňovská a vandrovní. Praha – Videň – Řím. Vzpomínky 2 [Junge Lehr- und Wanderjahre. Prag – Wien – Rom. Erinnerungen 2] (1963) S. 368–370.

32 Odpověď dra. Bretholze [Antwort von Dr. Bretholz], in: Lidové noviny Nr. 289 (22.10.1913) S. 1f., hier S. 2.

33 Bertold Bretholz, Mähren und das Reich Herzogs Boleslavs II. von Böhmen, in: Archiv für österreichische Geschichte 82 (1895) S. 137–180.

34 Bertold Bretholz, Ein neuer Bericht über die Belagerung der Stadt Brünn durch die Schweden im Jahre 1645, in: ZVGMähr 3 (1899) S. 1–55.

lung zusammen[35], wobei er den Umfang der Fälschertätigkeit seines Vorgängers Antonín Boček (1802–1847) aufdeckte, der in die ersten Bände des Codex diplomaticus et epistolaris Moraviae einige von ihm selbst auf Grundlage anderer Quellen zusammengestellte Urkunden aufgenommen hatte[36].

Gleichzeitig erneuerte Bertold Bretholz seine Beziehungen zu den MGH, die zwischenzeitlich in den Hintergrund getreten waren, und wurde im Frühjahr 1900 von der Zentraldirektion der MGH damit betraut, für die Editionsreihe Scriptores die Neuausgabe der Chronik der Böhmen des Cosmas vorzubereiten[37]. Noch im August des gleichen Jahres setzte er Oswald Holder-Egger (1851–1911) über seine ersten Forschungsergebnisse in Kenntnis[38] und blieb mit ihm bis 1911 in brieflichem Austausch[39].

Über drei Dutzend Briefe wechselte Bretholz auch mit Harry Bresslau, der die Abteilung Scriptores als Nachfolger von Oswald Holder-Egger übernommen hatte. Im Jahr 1913 teilte Bretholz mit, dass er auf der nächsten Sitzung der Zentraldirektion die fertige Edition vorlegen könne, räumte aber gleichzeitig Schwierigkeiten ein. Zwei Handschriften seien in den Prager Archiven zunächst nicht auffindbar gewesen und nachdem man sie gefunden habe, seien sie ihm nur für kurze Zeit ausgeliehen worden. Von der dritten Handschrift des Cosmas habe er lediglich eine knappe Kollation erhalten, weswegen er anfragte, ob ihm die MGH eine außerplanmäßige Finanzierung gewähren könnten, die es ihm erlauben würde, sich nach Prag zu begeben, um dort zusätzliche Untersuchungen durchzuführen[40].

Harry Bresslau antwortete ihm – man kann sagen – umgehend, und versprach Bretholz, sich um weitere Unterstützung für ihn zu bemühen[41]. Dennoch erschien die Chronik des Cosmas nicht 1914, sondern erst zehn Jahre später[42]. Die beträchtliche Verspätung hing nicht nur mit der anspruchsvollen Korrektur des gesetzten Textes[43] und mit der arbeitsintensiven Leitung des Mährischen Landesarchivs zusammen, sondern auch mit dem Charakter von Bretholz' Forschung. Bretholz hatte den Schwerpunkt auf die Ursachen der Entstehung und die Rezeption von Cosmas' Werk gelegt und geriet über eine seiner Studien zur Chronik, in der er sich zurückhaltend zur Datierung der sog. Christianslegende auf das Ende des 10. Jahrhunderts geäußert hatte[44], in Auseinandersetzung mit dem einflussreichen tschechischen Historiker Josef Pekař (1870–1937). Nachdem dieser Bretholz in polemischer Absicht

35 Bertold Bretholz (Hg.), Codex diplomaticus et epistolaris Moraviae 14. Vom Jahre 1408 bis 1411 (1903); Codex diplomaticus et epistolaris Moraviae 15 (Nachträge 1207–1408), hg. von dems. (1903).

36 Vgl. Bertold Bretholz, Die Tataren in Mähren und die moderne mährische Urkundenfälschung, in: ZVGMähr 1 (1897) S. 1–65; die gefälschten Urkunden in Anton Boček (Hg.), Codex diplomaticus et epistolaris Moraviae 1–4 (1836–1845).

37 Ernst Dümmler, Bericht über die sechsundzwanzigste Jahresversammlung der Centraldirection der Monumenta Germaniae historica. Berlin 1900, in: NA 26 (1901) S. 1–8, hier S. 5.

38 MZA G 37, Karton 5, Mappe Oswald Holder-Egger fol. 30f.

39 MZA G 37, Karton 5, Mappe Oswald Holder-Egger; MGH-Archiv, B 360, Mappe Bretholz, Berthold, Brünn.

40 MZA G 37, Karton 5, Mappe Oswald Holder-Egger fol. 8f.

41 MZA G 37, Karton 4, Mappe Harry Bresslau fol. 8f.

42 Cosmae Pragensis Chronica Boemorum, hg. von Bertold Bretholz / Wilhelm Weinberger (MGH SS rer. Germ. N. S. 2, 1923).

43 MZA G 37, Karton 25, Mappe Cosmas von Prag.

44 Bertold Bretholz, Neueste Literatur über Pseudochristian, in: NA 29 (1904) S. 480–489.

der Inkompetenz bezichtigt hatte[45], reagierte Bretholz mit einer umfassenden vergleichenden Studie über die Beziehung der Cosmas-Chronik zur Christianslegende[46].

Diesen mit persönlichen Angriffen belasteten Gelehrtendisput sah Bretholz als weiteren Beweis dafür an, dass die tschechische Öffentlichkeit den Deutschen ihre Verdienste und Rechte absprechen wolle. Aus diesem Grund hatte er in der 1912 erschienenen Geschichte Böhmens und Mährens nachzuweisen versucht, dass die Germanen Böhmen und Mähren nie verlassen hätten und stellte damit die allgemein akzeptierte Vorstellung von František Palacký (1798–1876) in Frage, dass sich die Deutschen in den böhmischen Ländern nur als Gäste niedergelassen hätten. Laut Bretholz hatten die Deutschen das Land lange vor den Slaven kultiviert, von woher sich mindestens das gleiche – wenn nicht sogar ein größeres – Anrecht auf die böhmische Heimat der Deutschen im Vergleich zu den Ansprüchen der Tschechen ableiten ließe[47]. Die empörten Repliken der tschechischen Historiker ließen nicht lange auf sich warten und das Schreiben von Entgegnungen hielt Bretholz davon ab, sich auf die Editionsarbeit zu konzentrieren[48].

Nach dem Ende der Habsburger Monarchie im Oktober 1918 fühlte Bertold Bretholz sich darüber hinaus dazu berufen, die Rechte der Deutschen in der Ersten Tschechoslowakischen Republik zu verteidigen. In der populärwissenschaftlich gehaltenen Geschichte Böhmens und Mährens aus dem Jahr 1921 belehrte er die deutsche Öffentlichkeit, dass es dem tschechischen Volk in den Zeiten gut gegangen sei, als die Deutschen im Lande die Entscheidungen trafen und die Tschechen mit ihnen in freundschaftlicher Eintracht gelebt hätten[49]. Als aber die Tschechen während der Hussitenrevolution erstmals den öffentlichen Raum beherrscht hätten, sei dies für die böhmischen Länder der Anfang des Niedergangs gewesen, und eine neue Blüte habe sich erst wieder nach der Niederlage der böhmischen Stände am Weißen Berg 1620 eingestellt[50]. Bretholz' Interpretation der Schlacht vom Weißen Berg, die Palacký zur nationalen Katastrophe erklärt hatte, stieß auf scharfe Kritik[51]. Tonangebend dabei waren wie üblich die führenden tschechischen Historiker, einschließlich Josef Pekař[52]; aber auch von den Historikern der Deutschen Universität in Prag, Adolf Zycha (1871–1948),

45 David Kalhous, Legenda Christiani and Modern Historiography (East Central and Eastern Europe in the Middle Ages 450–1450 34, 2015) hier S. 40–44.

46 Bertold Bretholz, Cosmas und Christian, in: ZVGMähr 9 (1905) S. 70–121; ders., Zur Lösung der Christianfrage, in: ZVGMähr 10 (1906) S. 1–81.

47 Bertold Bretholz, Geschichte Böhmens und Mährens bis zum Aussterben der Přemysliden 1306 (1912).

48 Bertold Bretholz, Meine „Geschichte Böhmens und Mährens" und ihre Kritiker, in: ZVGMähr 18 (1914) S. 85–101.

49 Bertold Bretholz, Geschichte Böhmens und Mährens 1. Das Vorwalten des Deutschtums. Bis 1419 (1921).

50 Bertold Bretholz, Geschichte Böhmens und Mährens 2. Hussitentum und Adelsherrschaft. Bis 1620 (1922).

51 Václav Vojtíšek, O německé prvenství v zemích českých [Über das deutsche Primat in den Ländern Böhmens], in: Národní listy Nr. 354 (25.12.1921) S. 13.

52 Josef Pekař, Objevy Bretholzovy, čili od které doby sedí Němci v naší vlasti [Bretholz' Entdeckungen oder seit wann Deutsche in unserer Heimat sitzen] (1922).

Wilhelm Wostry (1877–1951) und Ernst Schwarz (1895–1983), wurde Bretholz nicht geschont[53].

Vom Ruf eines deutschen Nationalisten und Politisierers verfolgt, blieb er trotzdem nach 1918 an der Spitze des Mährischen Landesarchivs, wenn auch mit gewissen Vorbehalten. Es war gewiss kein Zufall, dass alle Überlegungen, ihm eine Professur an der Deutschen Universität in Prag zu geben, nach 1921 auf Eis gelegt wurden[54]. Der Vollständigkeit sei hinzugefügt, dass Bretholz zwei Jahre zuvor von der Universität Berlin nur wegen seiner jüdischen Abstammung nicht angenommen worden war[55]. Ein schwacher Trost könnte ihm gewesen sein, dass sich seine Sorgen vom Herbst 1918, als er Harry Bresslau anvertraut hatte, er lebe seit dem Zerfall der Monarchie mit der Befürchtung, um sein nacktes Leben kämpfen zu müssen, nicht erfüllt hatten[56].

Wie Bretholz' Privatkorrespondenz weiter verrät, sah er in der – oft jenseits der Regeln der akademischen Diskussion geführten – Verteidigung des deutschen Primats den Schlüssel zur Neuinterpretation der älteren böhmischen Geschichte. Bretholz war davon überzeugt, dass seine Werke dazu beitragen würden, Wissenslücken über die geistige Entwicklung des Deutschtums zu schließen; zudem könne die deutsche Nation aus seinen historischen Schlussfolgerungen politische Entscheidungen ableiten[57].

Aufgrund seines Rufes als deutscher Nationalist wurde auch die MGH-Edition der Chronik des Cosmas nur sehr verhalten gewürdigt[58], und nachdem er 1926 in Pension gegangen war, kamen finanzielle Schwierigkeiten dazu, da Bretholz die Ersparnisse der Familie in österreichisch-ungarischen Anleihen angelegt hatte, die nach dem Krieg völlig wertlos geworden waren. Doch nun half ihm Samuel Steinherz (1854–1942), Professor an der Deutschen Universität in Prag und Vorsitzender der Gesellschaft für die Geschichte der Juden in der Tschechoslowakischen Republik[59]. Im November 1929 wurde die wissenschaftliche Zusammenarbeit mit Bertold Bretholz vereinbart und im folgenden Jahr reichte Bretholz für das Jahrbuch der Gesellschaft eine umfangreiche Studie über den Richter von Gewitsch (Jevíčko), Joseph David, ein[60]. In den folgenden Jahren konzentrierte Bretholz sich mit Unterstützung der Gesellschaft auf Archivforschungen, deren Ergebnisse in seine Geschichte

53 MZA G 37, Karton 15, 19, 20, 21.

54 MZA G 37, Karton 5 fol. 3.

55 Stoklásková, The Academic Career (wie Anm. 30) S. 25–32.

56 MGH-Archiv B 700/I.

57 MZA G 37, Karton 5 fol. 4.

58 Gustav Friedrich, Cosmae Pragensis Chronica Boemorum, in: Český časopis historický 30 (1924) S. 337–339; Václav Novotný, Die Chronik der Böhmen des Cosmas von Prag, in: Časopis Matice moravské 48 (1924) S. 250–265.

59 Helmut Teufel, Die Gesellschaft für Geschichte der Juden in der Čechoslovakischen Republik, in: Vereinswesen und Geschichtspflege in den böhmischen Ländern (Bad Wiesseer Tagungen des Collegium Carolinum 13, 1986) S. 249–264.

60 Bertold Bretholz, Der Gewitscher Judenrichter Joseph David (1731–1735), in: Jb. der Gesellschaft für Geschichte der Juden in der Čechoslovakischen Republik 2 (1930) S. 185–240.

der Juden in Mähren bis zum Jahre 1350 einflossen[61], gefolgt von einer ergänzenden Quellenedition[62].

Der Gesellschaft für die Geschichte der Juden in der Tschechoslowakischen Republik blieb Bertold Bretholz bis zu seinem Tod am 27. November 1936 treu[63]. Auf gewisse Weise kehrte er vor das Jahr 1889, und damit nicht nur zu seinen familiären Wurzeln zurück, sondern auch in die Welt, die er verstand und mit deren Verlust er sich nie abgefunden hatte[64]. Er war konvertiert, um ein guter Bürger der Donaumonarchie und Mährer zu sein. Für die Tschechen blieb er jedoch ein militanter Pangermanist und für die Deutschen ein Jude. Verständnis gefunden hat er in der Tschechoslowakei lediglich bei Samuel Steinherz[65].

Das wissenschaftliche und organisatorische Erbe von Bretholz ist aufgrund der wechselhaften Geschichte sehr reichhaltig und umfasst neben Wertvollem auch Problematisches. In seinem Vorwort zur Geschichte Böhmens und Mährens von 1921 formuliert Bretholz selbst das Grundproblem: Die Vorstellung, die Deutschen hätten sich in den böhmischen Ländern erst im 13. Jahrhundert in größerer Zahl niedergelassen, lässt sich in den schriftlichen Quellen nicht belegen. Wenn jedoch jegliche direkten und indirekten Belege fehlen, sollte man sich fragen, ob das Konzept der sogenannten deutschen Kolonisation überhaupt haltbar ist[66]. Streng genommen hat Bertold Bretholz damit die richtige Frage gestellt, denn das 13. Jahrhundert wird heute nicht mehr mit einer massiven Verlagerung von Neusiedlern in Mitteleuropa in Verbindung gebracht, sondern mit der Rezeption ausgereifter Rechtsnormen und neuer Technologien in Handwerk und Landwirtschaft[67]. Zurückblickend aus der zeitlichen Distanz eines Jahrhunderts kann man nur bedauern, dass Bertold Bretholz sich durch die verbissene Verteidigung seiner ‚heiligen Wahrheiten' um die besten Jahre seines Lebens gebracht hat. Seine großen organisatorischen Verdienste, vorbildliche Editionsarbeit, Beiträge zur Mährischen Geschichte des Dreißigjährigen Krieges oder zur Stellung der jüdischen Minderheit stellen ihn dennoch in die Reihe der bedeutendsten Historiker der böhmischen Länder in der ersten Hälfte des 20. Jahrhunderts[68].

61 Bertold Bretholz, Geschichte der Juden in Mähren im Mittelalter 1: Bis zum Jahre 1350 (1934).

62 Quellen zur Geschichte der Juden in Mähren vom XI. bis zum XV. Jahrhundert (1067–1411), hg. von Bertold Bretholz (1935).

63 MZA G 37, Karton 1, Nr. 1 fol. 12.

64 MZA G 37, Karton 1, Nr. 14 fol. 3f.

65 MZA G 37, Karton 6, Mappe Samuel Steinherz.

66 Bretholz, Geschichte Böhmens und Mährens (wie Anm. 49) S. III.

67 Robert Bartlett, The Making of Europe. Conquest, Colonization and Cultural Change 950–1350 (1993).

68 Martin Wihoda, Die MGH und die moderne Geschichtsschreibung in den böhmischen Ländern, in: Quellenforschung im 21. Jahrhundert. Vorträge der Veranstaltungen zum 200-jährigen Bestehen der MGH vom 27. bis 29. Juni 2019, hg. von Martina Hartmann / Horst Zimmerhackl / Anna Claudia Nierhoff (MGH Schriften 75, 2020) S. 113–128.

Abstract: Berthold Bretholz was born in the town of Freiburg in northern Moravia in 1862. He attended gymnasium in Bielitz and studied history at the University of Vienna. After completing his studies in 1884, he successfully absolved a two-year course at the Institut für Österreichische Geschichtsforschung from 1885 to 1887. With the recommendation of Theodor Sickel, he was engaged by the MGH to work on the volume Concilia aevi Merovingici (1888–1892). In the atmosphere of increasing nationalistic tensions, Bretholz thereafter encountered difficulties in finding a stable position, facing on the one hand resistance from his Czech colleagues and officials for being a German, and on the other from Germans for being a Jew. This may have motivated him to convert to Protestantism in 1898. In that year, he took up work in the Moravian state archive in Brünn (Brno), where he became chief archivist. Besides filling his office with great engagement, he was scholarly active in the field of Moravian and Jewish medieval history with publications including a volume of Moravian charter editions, the MGH edition of the Bohemian chronicle of Cosmas, a history of Bohemia and Moravia, and a monograph on the history of the Jews in Moravia up to 1350. As a supporter of the Habsburg monarchy and a defender of German superiority in the Czech lands, his positions were highly controversial. Nevertheless, his achievements rank him among the most important 20th-century Bohemian historians.

Erich Caspar
(1879–1935)

von
Arno Mentzel-Reuters

Erich Caspar

1. Familie

Eduard Ludwig Erich Caspar wurde am 14. November 1879 „um elf dreiviertel Uhr" in der elterlichen Wohnung zu Potsdam geboren[1]. Bis 1933 schien sein Lebenslauf ein Beweis für die Emanzipation und nahtlose Integration jüdisch-stämmiger Intellektueller. Er absolvierte eine typische Universitätskarriere, die ihn über die Mitarbeit an den Monumenta Germaniae Historica schließlich auf die Professur für mittelalterliche Geschichte an der Friedrich-Wilhelms-Universität zu Berlin führte. Auch konnte er noch die erste von den Nationalsozialisten durch das Gesetz zur Wiederherstellung des Berufsbeamtentums vom 7.4.1933 ausgelöste Säuberungswelle[2] überstehen. Unmittelbar vor der zweiten Welle verstarb er am 22. Januar

1 Stadtarchiv Potsdam, Geburtenbuch Potsdam Nr. 1167 für das Jahr 1879, oben links der Nachtrag des Taufnamens, unten links aufgestempelt der Sterbeeintrag (ohne Angabe einer Todesursache). – Für Auskünfte und Hinweise danke ich Carsten Fecker (Hamburg) und dem Verein für ost- und westpreußische Familienkunde, Bianca Welzing-Bräutigam vom LAB, Johannes Determann vom Stadtarchiv Potsdam, Jens Altena von der SUB Göttingen, Stefanie Bellach vom GStA PK zu Berlin und Hedwig Munscheck-v. Pölnitz (Bad Homburg) sowie für eine Fotodokumentation zu Caspars Familiengrab Ulrike Hohensee (Berlin).

2 Vgl. Michael Grüttner, The Expulsion of Academic Teaching Staff from German Universities, 1933–45, in: Journal of Contemporary History 57 (2022) S. 513–533.

1935 – nach offizieller Darstellung aus der Familie „nach kurzer Krankheit“[3] – vielleicht aber durch Selbstmord. Die genauen Umstände lassen sich wohl nicht mehr klären. Es wäre ein denkbares Motiv gewesen, die ihm und seiner Familie drohende antisemitische Diskriminierung und den damit drohenden sozialen Abstieg abzuwehren. Dies wird im letzten Abschnitt dieses Beitrages zu prüfen sein. Zuvor sind jedoch die für ihn so verhängnisvollen genealogischen Details und sein akademisches Wirken vorzustellen.

Caspar entstammte einer preußisch-brandenburgischen Beamtenfamilie, deren männliche Angehörige sich fast ausschließlich der Jurisprudenz verschrieben hatten und seit Generationen Mitglieder der evangelischen Kirche waren[4]. Sein Vater Franz Erich Caspar (1849–1927) war Präsident der Reichsversicherungsanstalt und später Abteilungsdirektor im Reichsamt des Inneren. Er heiratete (Marie) Anna (Katharina) Vonhoff (1853–1938)[5], Tochter des Senatspräsidenten am Berliner Kammergericht Ludwig Vonhoff, und starb 1927 mit 77 Jahren im Range eines Wirklichen Geheimen Rats[6]. Aus der Ehe gingen vier Kinder hervor, die ihren lebenslangen familiären Zusammenhalt dadurch dokumentierten, dass sie sich alle in einem gemeinsamen Grab auf dem Alten St.-Matthäus-Friedhof in Berlin-Schöneberg bestatten ließen[7]. Das Grab wurde für Erich Caspar erstmals in Anspruch genommen. Ihm folgten drei jüngere Schwestern: Die älteste, Maria (* 30.8.1881, † 28.11.1945) führte dem unverheirateten[8] Bruder in Berlin den Haushalt und übernahm nach seinem Tod[9] die Korrespondenz mit dem Verlag Mohr-Siebeck[10] in Tübingen für die ‚Geschichte des Papsttums‘[11]; sie informierte auch seine Dienststelle über seinen Tod (ohne Angabe der Todesursache)[12]. Ihr wurde, da sie seinen Haushalt geführt hatte, nach dem Tod ein so genanntes Gnadenvierteljahr an Hinterbliebenenrente gewährt[13]. Hinzu kamen Dorothea,

3 SUB Göttingen, Cod. Ms. A. O. Meyer 74 Bl. [17r].

4 Gerhard Kessler, Judentaufen und judenchristliche Familien in Ostpreußen, in: Familiengeschichtliche Blätter. Deutscher Herold. Monatsschrift für wiss. Genealogie 36/69 (1938) Sp. 201–232, 261–271, 297–300, zu Caspars Familie Sp. 207–220.

5 Sterbeeintrag LAB, P Rep. 804 Standesamt Berlin III, Nr. 278, Eintrag vom 5.8.1938 auf Vortrag der Tochter Marie Caspar („ohne Beruf“).

6 Erich Caspar hielt sich zu diesem Zeitpunkt in Berlin auf und nahm die Todesanzeige selbst vor (LAB, P Rep. 804 Standesamt Berlin III, Nr. 627 vom 24.6.1927).

7 Das Grab wurde 1987 bis 2007 als Ehrengrab des Landes Berlin geführt.

8 Der offenbar gut unterrichtete, aber nur mit einer Sigle „W. K-r“ gezeichnete Nachruf in der Neuen Zürcher Zeitung vom 25.2.1935 zitiert ihn mit dem Ausspruch: „Ein Gelehrter muß eigentlich Mönch sein.“ Hier nach dem Zeitungsausschnitt in MGH-Archiv, 338/243 Bl. 60.

9 Nach Erich Caspars Tod scheint Maria zu ihrer Mutter gezogen zu sein – zumindest wohnte sie zum Zeitpunkt von deren Tod am 5.8.1938 mit ihr zusammen in Berlin-Friedenau in der Lefèvrestr. 18 (LAB, P Rep. 804 Standesamt Berlin III, Nr. 278, Urk.-Nr. 521/1878).

10 Heute SBB, Nl 488, A 0482,3, Blatt 214–224. Der Bestand ist nach Auskunft der Bibliothek derzeit „aus technischen Gründen“ unbenutzbar.

11 Erich Caspar, Geschichte des Papsttums von den Anfängen bis zur Höhe der Weltherrschaft 1 (1930), 2 (1933).

12 HU UA, C 010 Personalakte Erich Caspar Bl. 5. Vgl. Franz-Reiner Erkens, Erich Caspar, in: Geisteswissenschaftler 2, hg. von Hans-Christof Kraus (Berlinische Lebensbilder 10, 2012) S. 281–305, hier S. 283 Anm. 11.

13 HU UA, C 010 Personalakte Erich Caspar Bl. 4,2.

verh. Michelly (* 5.1.1884, † 28.4.1959)[14] und Hannah, verh. von der Groeben (* 8.1.1889, † 23.4.1976), die unter einem eigenen Steinkreuz neben jenem für Erich Caspar zusammen mit ihrem Ehemann, dem Kammergerichtsrat Curt von der Groeben (1880–1945), begraben ist[15]. Diese Verbindung mit einem bis ins Spätmittelalter zurückreichenden märkischen, später ostpreußischen Adelsgeschlecht, das zahlreiche Offiziere gestellt hat[16], belegt die soziale Stellung, die die Familie im Berlin der Weimarer Zeit inne hatte und offenbar auch über den Nationalsozialismus hinaus behaupten konnte. Die Gesamtanlage mit zwei gleich strukturierten Steinkreuzen demonstriert die selbstbewusste Zuordnung zur evangelischen Kirche und zum preußischen Beamtenstand. Wir finden sie auch in Caspars Leben wieder, in der Sorge für seine Schwestern ebenso wie in seinen kirchengeschichtlichen Forschungen oder der Begeisterung für die Kammermusik: Caspar spielte Cello und trat bei akademischen Feierstunden damit auf[17]. „Erich Caspar wurde mithin in die gehobenen Kreise Preußens und des jungen Reiches hineingeboren, in Zirkel, die am Geschick der geeinten Nation mitwirkten und am gesellschaftlichen wie kulturellen Leben teilhatten"[18].

Er geriet gleichwohl durch seine Abstammung väterlicherseits ins Visier des nationalsozialistischen Apparates, der es sich ja gerade zum Ziel gesetzt hatte, ‚nicht arische' Personen aus den gesellschaftlichen Eliten des Reiches zu verdrängen. Es lassen sich zwar Belege dafür anführen, dass Caspar in der öffentlichen Wahrnehmung nicht mit dem Judentum in Verbindung gebracht wurde, doch stellte der Staatsapparat auch bei evangelischem Bekenntnis rassistisch begründete genealogische Forschungen an[19], die Caspar spätestens zum Jahreswechsel 1934/35 in Bedrängnis brachten. Durch die systematische Sichtung von Kirchen- und Taufbüchern sowie standesamtlichen Akten war und ist es möglich, die jüdischen Wurzeln in Caspars Genealogie aufzuspüren. Sein Urgroßvater Gustav Heinrich Caspar (1780–1859) gilt als „erster Großgrundbesitzer jüdischer Abkunft in Ostpreußen"[20]. Er hatte – vermutlich bei seiner Konversion – seinen Geburtsnamen Hirsch gegen Caspar vertauscht.

14 Ihre Tochter Annemarie Michelly (* 23.7.1911, † 12.3.2009) wurde als Jüngste hier beigesetzt. Siehe auch Anm. 153. Es handelt sich um eine in Potsdam ansässige Juristenfamilie. Eine (Gerichts-)Präsidentenwitwe Anna Michelly und ihren Sohn, Gerichtsassessor Eberhard Michelly verzeichnet das Adreßbuch Potsdam 1930, hg. von Hayn's Erben, 59 (1930) S. 198 in der Ruinenbergstr. 11, Potsdam (1934 nur mehr Anna). Eberhard musste sich einem Entnazifizierungsverfahren in Freudenstadt unterziehen (StA Sigmaringen, Wü 13 T 2 Nr. 1212/045).

15 Lebensdaten nach den Grabsteinen.

16 Vgl. Kurt Forstreuter, Groeben, von der, in: NDB 7 (1966) S. 105f.

17 Erich Seeberg, Trauerrede am Sarg Erich Caspars, in: Erich Caspar in memoriam, hg. von Erich Seeberg / Walther Holtzmann, ZKG 54 (1935) S. 105–131 (Rede Seeberg: S. 105–112), hier S. 108; Heinz Duchhardt, Arnold Berney (1897–1943). Das Schicksal eines jüdischen Historikers (Münstersche historische Forschungen 4, 1993) S. 48 (zusammen mit Hermann Heimpel auf den Freiburger Fakultätsfesten).

18 Erkens, Erich Caspar (wie Anm. 12) S. 284.

19 Hierfür zuständig war die dem Innenministerium nachgeordnete Reichsstelle für Sippenforschung (RfS), die 1940 in Reichssippenamt umbenannt wurde. Vgl. Horst Seidler und Andreas Rett, Das Reichssippenamt entscheidet. Rassenbiologie im Nationalsozialismus (1982); Diana Schulle, Das Reichssippenamt. Eine Institution nationalsozialistischer Rassenpolitik (2001).

20 Walther Holtzmann, Caspar, Erich, in: NDB 3 (1957) S. 164–165, hier S. 164. Ausführlich Hans-Wolfgang Quassowski, Caspar (ursprünglich Hirsch), in: Altpreußische Geschlechterkunde, Abschnitt 45 (Familienarchiv 16, 1994) S. 223f.

Zum Zeitpunkt seiner Eheschließung am 9. Mai 1812 müssen er und seine Frau aber bereits evangelisch gewesen sein, sonst hätte die Zeremonie nicht in der Löbenichter Kirche in Königsberg[21] stattfinden können. Die Familie residierte auf dem ostpreußischen Gut Laptau im Kreis Fischhausen (heute Muromskoje, Oblast Kaliningrad)[22].

Bei allen Nachfahren verzeichnen die Archivalien konsequent die Zugehörigkeit zur evangelischen Konfession, doch zählte dies aus rassistischer Sicht nicht. Gustav Heinrich Caspars Sohn Heinrich (1840–1880) war aus Sicht der Reichsstelle für Sippenforschung ‚Nicht-Arier'[23], und da er mit Henriette Friedländer aus Königsberg eine Nichte des jüdischen Seidenfabrikanten und Schriftstellers David Friedländer[24] heiratete, war es ihr gemeinsamer Sohn (und Erich Caspars Großvater) Eduard ebenfalls. Der konnte aber infolge des liberalen preußischen Gesetzes über die Verhältnisse der Juden vom 23. Juli 1847 nach einem Studium der Rechtswissenschaft in der Berliner Beamtenhierarchie zum Rang eines Justizrates aufsteigen. Durch die Eheschließung mit Adelheid Maria Elisabeth Groschke aus Berlin heiratete er 1847 seinem neuen Stand entsprechend in eine preußische Beamtenfamilie ein; die Zeremonie fand im (1892 zugunsten des heutigen Bauwerks abgerissenen) Berliner Dom statt[25]. Der aus dieser Verbindung hervorgegangene Sohn Franz Erich (Erich Caspars Vater) folgte, wie bereits geschildert, hinsichtlich der Berufs- und Partnerwahl den Spuren seines Vaters[26]. Erst Erich Caspar durchbrach die Tradition, jedoch nicht etwa durch eine Rückwendung zu den familiären Wurzeln, sondern durch eine noch entschiedenere Bindung an das Christentum, indem er Kirchenhistoriker wurde. Eine den bürgerlichen Status bekräftigende Eheschließung hielt er offenbar für verzichtbar.

21 SächsStA, 21962 Familiengeschichtliche Sammlungen des Reichssippenamtes, Kirchenbücher, Nr. B 763 (Mikrofilm des Kirchenbuchs aus dem Löbenicht) S. 6 links Nr. 16. – Diese Sammlungen wurden ab 1940 zusammengetragen.

22 Kessler, Judentaufen (wie Anm. 4) Sp. 208.

23 Die verstärkten Aktivitäten der Reichsstelle für Sippenforschung führten zu einer publizistischen Flut. Vgl. etwa Christian Ulrich von Ulmenstein, Der Abstammungsnachweis (1936), der Autor war Referent bei der Reichsstelle; oder Walther Transfeldt, Was bieten Groß-Berlin und Potsdam dem Sippenforscher? Ein Wegweiser (1938). Das Buch präsentiert die Reichsstelle für Sippenforschung und Kirchenbuchstellen sowie sonstige genealogisch nutzbare Archive und Karteien.

24 Olaf Glöckner, David Friedländer. Aufklärer, Brückenbauer, Philanthrop (Jüdische Miniaturen, 2018); Uta Lohmann, Haskala und allgemeine Menschenbildung. David Friedländer und Wilhelm von Humboldt im Gespräch. Zur Wechselwirkung zwischen jüdischer Aufklärung und neuhumanistischer Bildungstheorie (Jüdische Bildungsgeschichte in Deutschland 9, 2020). Zur Familie allgemein vgl. Ernst Friedländer, Das Handlungshaus Joachim Moses Friedländer & Söhne (1913).

25 SächsStA, 21962 Familiengeschichtliche Sammlungen des Reichssippenamtes, Kirchenbücher, Nr. A 2022, Doppels. 202 Nr. 50. Zur Baugeschichte des Doms vgl. Detlef Plöse (Hg.), Der Berliner Dom. Geschichte und Gegenwart der Oberpfarr- und Domkirche zu Berlin (2001).

26 Zu Franz Caspar vgl. die Angaben in der Geburtsurkunde von Erich Caspar (wie Anm. 1), außerdem im Stadtarchiv Potsdam Melderegister 23, Große Weinmeisterstraße 15 und Melderegister 48, Breite Straße 36 S. 8 (hier: Zuzug der Ehefrau Anna Caspar geb. Von Hoff *[sic!]*, geboren am 14. Mai 1853 in Wernigerode, zum 17. Oktober 1878, Abmeldung der gesamten Familie zum 17. September 1880 nach Berlin). – Eine Kurzbiographie bei Walther Holtzmann, Caspar, Erich, in: NDB 3 (1957) S. 164f., hier S. 164. Nach Ines Oberling, Ernst Perels (1882–1945). Lehrer und Forscher an der Berliner Universität (2005) S.185 war Franz Caspar Mitglied des liberal bis nationalliberal eingestellten Herrenklubs der ‚Gesetzlosen Gesellschaft zu Berlin' (leider ohne Quellenangabe).

Es sind, das wird bei der Betrachtung der Todesumstände noch zu berücksichtigen sein, zu seinen Lebzeiten keine rassistisch motivierten Schikanen oder Angriffe gegen Erich Caspar bekannt. Erst postum mokierte sich 1938 Theodor Mayer über den „Halbjuden" Caspar, der „den heutigen Verhältnissen zu deutlich ablehnend" gegenübergestanden habe[27]. Ob oder inwieweit die jüdische Abstammung in der Familie oder im Kollegenkreis Thema war, lässt sich nicht sagen. Offen gehandelt wurde sie wohl kaum. Wir haben sogar einen Beleg dafür, dass selbst Paul Fridolin Kehr, der doch einige Zeit sein Vorgesetzter war und über die geplante Heirat seines Bruders mit einer Schwester Caspars dessen Schwager geworden wäre, ihn nicht als Juden einstufte. Kehr beklagte sich 1922 bei Albert Brackmann (1871–1952)[28] mit scharfer Polemik über die Kandidaten für das Berliner Ordinariat[29]. Er führte an, dass „Caspar, *[Adolf]* Hofmeister *[1883–1956]*[30] und *[Bernhard]* Schmeidler *[1879–1959]*[31] keine hervorragenden Lehrer" seien, wohingegen „*[Siegmund]* Hellmann[32] gescheit, aber Jude" sei – ein Vorwurf, den er sicher auch dem zuvor diskreditierten Caspar gemacht hätte, wenn er dazu Anlass gesehen hätte. Auch das Gutachten des NS-Historikers Hermann Löffler (1908–1978) über die Entwicklung und Aufgaben der Geschichtswissenschaft in Deutschland von 1938, das den Einfluss jüdischer Historiker während der Weimarer Zeit anprangert, erwähnt Caspar mit keinem Wort[33]. Die Familiengeschichte Hirsch-Caspar wurde allerdings

---

27 Folker REICHERT, Fackel in der Finsternis. Der Historiker Carl Erdmann und das ‚Dritte Reich', 2 Bde. (2022), hier 1 S. 313; die Quellenangabe ebd. S. 408 Anm. 17 zeigt aber, dass Reichert Äußerungen Theodor Mayers aus fünf Briefen der Jahre 1933–1939 an unterschiedliche Adressaten verquirlt.

28 Zu Brackmann, der 1929–1936 Kehr als Generaldirektor der Preussischen Staatlichen Archive nachfolgte, vgl. Hans GOETTING, Brackmann, Albert Theodor Johann Karl Ferdinand, in: NDB 2 (1955) S. 504f; Gerd ALTHOFF, Die Beurteilung der mittelalterlichen Ostpolitik als Paradigma für zeitgebundene Geschichtsbewertung, in: DERS. (Hg.), Die Deutschen und ihr Mittelalter. Themen und Funktionen moderner Geschichtsbilder vom Mittelalter (1992) S. 147–164; Johanna WEISER, Geschichte der Preussischen Archivverwaltung und ihrer Leiter. Von den Anfängen unter Staatskanzler von Hardenberg bis zur Auflösung im Jahre 1945 (Veröffentlichungen aus den Archiven preußischer Kulturbesitz. Beiheft 7, 2000) S. 111–143; Jörg WÖLLHAF, Albert Brackmann, in: Michael FAHLBUSCH / Ingo HAAR / Alexander PINWINKLER (Hg.), Handbuch der völkischen Wissenschaften. Akteure, Netzwerke, Forschungsprogramme, 2 Bde. (^{2}2017), hier 1 S. 76–81.

29 Kehr an Albert Brackmann, 21.1.1922 (GStA PK, VI. HA Nl Brackmann A, Nr. 16 Bl. 206v).

30 Vgl. Friedrich BAETHGEN, Adolf Hofmeister, in: DA 13 (1957) S. 327f.; Rembert UNTERSTELL, Klio in Pommern. Die Geschichte der pommerschen Historiographie 1815 bis 1945 (1996) S. 218–236.

31 Zu Bernhard Schmeidler vgl. Klaus HERBERS, Von Venedig nach Nordeuropa. Bernhard F. Schmeidler und die europäische Mittelalterforschung in Erlangen seit 1921, in: Helmut NEUHAUS (Hg.), Geschichtswissenschaft in Erlangen (Erlanger Studien zur Geschichte 6, 2000) S. 71–102.

32 Der Historiker Siegmund Hellmann (1872–1942) lehrte 1923–1933 in Leipzig, verlor bereits 1933 aufgrund des Gesetzes zur Wiederherstellung des Berufsbeamtentums seinen Lehrstuhl und wurde 1942 zusammen mit seiner Schwester im KZ Theresienstadt ermordet. Vgl. Hermann HEIMPEL, Hellmann, Siegmund, in: NDB 8 (1969) S. 483; Lexikon deutsch-jüdischer Autoren, hg. vom Archiv Bibliographia Judaica 11 (2002) S. 68–72.

33 Joachim LERCHENMÜLLER, Die Geschichtswissenschaft in den Planungen des Sicherheitsdienstes der SS. Der SD-Historiker Hermann Löffler und seine Gedenkschrift ‚Entwicklung und Aufgaben der Geschichtswissenschaft in Deutschland' (Archiv für Sozialgeschichte. Beiheft 21, 2001) S. 209 über die Situation des Jahres 1933: „Es gab im ganzen drei jüdische Ordinarien (Rothfels – Königsberg, Levison – und Hellmann – Leipzig); zahlreicher waren vor allem die jüdischen Privatdozenten."

1938 durch einen genealogischen Aufsatz öffentlich dokumentiert[34]. Das rief einen weiteren Nachfahren von Heinrich Caspar auf den Plan, der unter falschen Angaben Mitglied der NSDAP geworden war und um seine Stellung fürchtete. Dies verlief aber anscheinend im Sande[35].

Angesichts der durch den ‚deutschen Christen' Erich Seeberg (1888–1945)[36] und den NS-Studentenführer Ulrich Gmelin (1912–1944) geprägten zeitgenössischen Rezeption von Caspars Werk kann auch nicht behauptet werden, dass er im Berliner Lehrbetrieb politisch unerwünscht war. Caspar hat im Übrigen seine eigene Position zum Nationalsozialismus und zur sogenannten ‚Judenfrage' nicht öffentlich gemacht. In der für diesen Beitrag eingesehenen persönlichen Korrespondenz gibt er sich unpolitisch. In der akademischen Arbeit waren nähere Kontakte zu Unterstützern des Regimes unvermeidbar und können nicht gegen Caspar gewendet werden. Hier sind weitere Forschungen erforderlich.

2. Beruflicher Werdegang

Im Sinne der erfolgreichen familiären Tradition begann Erich Caspar 1899 nach dem Abitur ein Studium der Jurisprudenz in Heidelberg, wechselte jedoch schon nach einem Semester in die philosophische Fakultät zur Geschichtswissenschaft[37] und wiederum nach einem Semester nach Bonn, wo er Karl Hampe (1869–1936) hörte, mit dem er lebenslang korrespondieren sollte[38]. Schließlich wandte sich Caspar im Jahr 1900 an die Friedrich-Wilhelms-Universität Berlin, wo er bei Paul Scheffer-Boichorst (1843–1902)[39] seine Dissertation über die sizilischen Bistumsgründungen und die Kirchenpolitik des normannischen Grafen Rogers I. begann[40]. 1902, nach dem plötzlichen Tod von Scheffer-Boichorst, übernahm Michael Tangl

34 Kessler, Judentaufen (wie Anm. 4).

35 Bericht des Familienforschers und Kaufmanns Albert Wiehen (1886–1958) an den Ministerialrat und Familienforscher Hans-Wolfgang Quassowski (1890–1968) in einem Brief des Jahres 1949, der sich im Archiv des Vereins für Familienforschung in Ost- und Westpreußen, Hamburg befindet. Danach erfuhr der in Ostpreußen verbliebene Zweig der Familie während der NS-Zeit keinerlei Repressionen.

36 Seeberg gehörte später dem Vorstand der sogenannten Deutschen Christen an, die unter Tilgung hebräischer Elemente eine Verbindung zwischen evangelischer Kirche und der NSDAP anstrebten. Vgl. Thomas Kaufmann, Der Berliner Kirchenhistoriker Erich Seeberg als nationalsozialistischer Theologiepolitiker, in: Manfred Gailus (Hg.), Täter und Komplizen in Theologie und Kirchen 1933–1945 (2015) S. 216–243.

37 Oberling, Perels (wie Anm. 26) S. 85 vermutet hinter solchem mediävistischen Interesse, „dass gerade bei Konvertiten jüdischer Herkunft eine ausgesprochene Vorliebe zu Fächern, die eine Identifikation mit Nation und Deutschtum fördern und vielleicht wie die historisch-philologischen Disziplinen gegenseitig bedingen, bestand." Verstand sich Caspar aber überhaupt als Konvertit?

38 In Hampes Nachlass in der Universitätsbibliothek Heidelberg (Heid. Hs. 4067 III A-57) sind elf Briefe vom 20.10.1904 bis zum 9.2.1934 erhalten.

39 Scheffer-Boichorst hatte die Mitarbeit bei den MGH noch unter Pertz als Gehilfe begonnen und trat 1880 nach einem Ordinariat an der Universität Straßburg (1876–1880) eine ordentliche Professur an der Friedrich-Wilhelms-Universität Berlin an; im Folgejahr wurde er in die Zentraldirektion gewählt, 1899 auch in die Phil.-Hist. Klasse der Königlich-Preußischen Akademie der Wissenschaften.

40 Erich Caspar, Die Gründungsurkunden der sicilischen Bistümer und die Kirchenpolitik Graf Rogers I. 1082–1098 (1902). Vgl. die Rezension ohne Namenskürzel in NA 28 (1903) Nr. 293 S. 558, in der Harry Bresslau das Werk als „eine fleissige Berliner Dissertation" bezeichnet. „Die Arbeit lässt von einem in Aussicht gestellten grösseren Werk über die Geschichte Rogers I. nur Gutes erwarten." Gemeint

(1861–1921) das Rigorosum[41]. Tangl war damals schon Leiter der Abteilung Epistolae der MGH; 1914 bis 1919 wirkte er als kommissarischer Leiter des Gesamtunternehmens.

Tangl holte Caspar 1908 zu den MGH als Bearbeiter der Papstbriefe[42], nachdem sich dieser von 1904 bis 1907 in den Diensten von Paul Fridolin Kehrs Italia pontificia[43] verdient gemacht hatte[44] und 1907 auch seine Habilitation in Berlin[45] vollzogen war. Caspar trat in engeren Kontakten zu Kehrs jüngerem Bruder Karl Andreas (1878–1903)[46], der ebenfalls bei Scheffer-Boichorst über normannische Königsurkunden[47] geforscht hatte und nunmehr bei den MGH die Neuedition der Chronik des Widukind von Corvey bearbeitete. Karl Andreas Kehr freundete sich nicht nur mit Erich Caspar selbst an, sondern auch mit dessen Schwester Maria, mit der er sich schließlich verlobte. Am 2. November 1903 nahm er sich 25jährig mit einer Schusswaffe das Leben, einen Tag nach der Verlobungsfeier in der Familie[48]. In einem Abschiedsbrief an Maria bezeichnete er sich als seelisch krank und für sie nicht zumutbar. Der Vorfall fand reges Presseecho, wobei jedoch der Name der Verlobten nicht genannt wurde. Paul Fridolin Kehr sammelte die Berichte[49], Maria blieb unverheiratet und führte, wie bereits erwähnt, den Haushalt des Bruders.

Mit dem Göttinger, später Münchner und ab 1936 Berliner Reformationshistoriker Arnold Oskar Meyer (1877–1944)[50] stand Caspar seit dessen Arbeit am Preußischen Historischen Institut in Rom in freundschaftlichem Kontakt, der auch nach Meyers Wechsel nach Rostock und Kiel nicht abriss. In Meyers Nachlass sind neun herzliche Briefe und Postkarten von Caspars Hand aus den Jahren 1906 bis 1920 erhalten sowie eine Todesanzeige Caspars[51]. Ob das Aussetzen der Korrespondenz persönliche Gründe hatte, ließ sich nicht

---

ist Erich Caspar, Roger II. (1101–1154) und die Gründung der normannisch-sicilischen Monarchie (1904). – Zu Bresslau als Verfasser der ungekennzeichneten Rezensionen ebd. S. 244 Anm. 1.

41 Die sowohl quantitativ wie qualitativ eindrucksvolle Schar der von Tangl betreuten Doktoranden listet Oberling, Perels (wie Anm. 26) S. 70 auf.

42 Caspar sollte die Briefe Johannes' VIII. bearbeiten, vgl. MGH-Archiv, 338/57 Bl. 132r. Darauf verweist auch Oberling, Perels (wie Anm. 26) S. 94f.

43 In einem Brief vom 11.3.1906 schreibt Caspar überschwänglich: „Italia pontificia heißt meine Braut! (Das brauchen Sie aber nicht an Kehr zu kolportieren.)" (SUB Göttingen, Cod. Ms. A. O. Meyer 74 Bl. [2v]).

44 Vgl. Robert Holtzmann, Ansprache bei der Trauerfeier im Historischen Seminar der Universität Berlin, ZKG 54, 3. F. 5 (1935) S. 114–123, hier S. 117; Erkens, Erich Caspar (wie Anm. 12) S. 281 und 289 Anm. 50.

45 Zur exzellenten Situation der Mediävistik an der Berliner Universität um 1910 vgl. Oberling, Perels (wie Anm. 26) S. 108f.

46 Zu ihm Horst Fuhrmann, Paul Fridolin Kehr, „Urkundione" und Weltmann, in: ders., Menschen und Meriten. Eine persönliche Portraitgalerie (2001) S. 174–212, hier S. 178f. Für weiterführende Hinweise zu Karl Andreas Kehr danke ich Hedwig Munscheck-von Pölnitz.

47 Karl Andreas Kehr, Die Urkunden der normannisch-sicilischen Könige. Eine diplomatische Untersuchung. Mit Urkundenanhang und einer Kartenskizze (1902). Vgl. auch Erkens, Erich Caspar (wie Anm. 12) S. 289f.

48 Fuhrmann, Kehr (wie Anm. 46) S. 179.

49 GStA PK, VI. HA, Nl Kehr, Paul Fridolin, Nr. 20 Bl. 226 und 231.

50 Hans-Christof Kraus, Arnold Oskar Meyer, in: Kraus, Geisteswissenschaftler 2 (wie Anm. 12) S. 245–262.

51 SUB Göttingen, Cod. Ms. A. O. Meyer 74 Bl. [2v].

klären. Immerhin trat Meyer früh mit antisemitischen Äußerungen hervor, näherte sich im Laufe seines Lebens dem Nationalsozialismus immer stärker an und wurde Ehrenmitglied im Reichsinstitut für Geschichte des neuen Deutschlands des von Alfred Rosenberg gestützten fanatischen NS-Historikers Walter Frank[52].

Die Stellung als Diplomatiker bei den MGH bewahrte Caspar vor dem Einsatz an der Front. Michael Tangl berichtet in seinem Rückblick auf die Kriegsjahre 1916 bis 1918[53]: „Im Etappendienst stand das Mitglied der Zentraldirektion Prof. *[Karl]* Strecker *[1861–1945]*, im Felde kämpften die Mitarbeiter Prof. Dr. Hans Wibel *[1872–1920]*[54], Prof. Dr. Hans Hirsch *[1878–1940]*[55] und Dr. *[Fritz]* von Reinöhl *[1889–1969]*[56], im Bureau- und Nachrichtendienst betätigten sich der etatmäßige Mitarbeiter Prof. Dr. Caspar und die ständigen Mitarbeiter Prof. Dr. *[Ernst]* Perels *[1882–1945]*[57], Prof. Hofmeister[58] und Dr. *[Karl]* Demeter *[1889–1969]*“[59].

Caspar diente „beim Kriegspresseamt“[60], d.h. dem in Berlin ansässigen militärischen Geheimdienst in der Abteilung IIIb beim Großen Generalstab[61]. Das eigentliche Geheimdienstgeschäft lag bei anderen Abteilungen, das Kriegspresseamt hingegen befasste sich primär mit der Auslandspresse. Es gliederte sich in eine Auskunftsstelle, eine Oberzensurstelle sowie je eine Auslands- und Inlandsstelle. Bei Kriegsausbruch verfügte es über 23, bei Kriegs-

52 Ernst Klee, Das Personenlexikon zum Dritten Reich. Wer war was vor und nach 1945 (^{2}2005) S. 407; Helmut Heiber, Walter Frank und sein Reichsinstitut für Geschichte des neuen Deutschlands (1966) S. 265.

53 Michael Tangl, Bericht über die Herausgabe der Monumenta Germaniae Historica 1916–1918, in: NA 43 (1922) S. I–XIII, hier S. IV.

54 Zu Wibel vgl. Horst Fuhrmann, Sind eben alles Menschen gewesen. Gelehrtenleben im 19. und 20. Jahrhundert. Dargestellt am Beispiel der Monumenta Germaniae Historica und ihrer Mitarbeiter. Unter Mitarbeit von Markus Wesche (1996) S. 82.

55 Zu Hirsch vgl. Fuhrmann, Gelehrtenleben (wie Anm. 54) S. 159; Manfred Stoy, Das Österreichische Institut für Geschichtsforschung 1929–1945 (MIÖG Erg.-Bd. 50, 2007); Andreas Hermenegild Zajic, Hans Hirsch (1878–1940). Historiker und Wissenschaftsorganisator zwischen Urkunden- und Volkstumsforschung, in: Österreichische Historiker 1900–1945. Lebensläufe und Karrieren in Österreich, Deutschland und der Tschechoslowakei, hg. von Karel Hruza (2008) S. 307–417; ders., Hans Hirsch, in: Fahlbusch / Haar / Pinwinkler, Handbuch 1 (wie Anm. 28) S. 244–246.

56 Vgl. Franz Huter, Fritz von Reinöhl (†), in: MIÖG 77 (1969) S. 542–544; Thomas Maissel, Arthur Goldmann. Ein jüdischer Archivar im Dienst der Universität Wien (1905–1929), in: Der lange Schatten des Antisemitismus. Kritische Auseinandersetzungen mit der Geschichte der Universität Wien im 19. und 20. Jahrhundert (2013) S. 123–146, hier S. 142.

57 Vgl. hierzu Oberling, Perels (wie Anm. 26) S. 98f. Zu Ernst Perels siehe den Beitrag von Martina Hartmann in vorliegendem Band.

58 Zu Adolf Hofmeister siehe Anm. 30.

59 Karl Demeter, Archivar. Vgl. zu ihm Karl Heinz Roth, Intelligenz und Sozialpolitik im ‚Dritten Reich'. Eine methodisch-historische Studie am Beispiel des Arbeitswissenschaftlichen Instituts der Deutschen Arbeitsfront (1993) S. 303, Anm. 939.

60 MGH-Archiv, 338/202 Bl. 3.

61 Markus Pöhlmann, German Intelligence at War 1914–1918 (The Journal of Intelligence History 5,2, 2005) S. 25–54; Jürgen W. Schmidt, Against Russia. Department IIIb of the Deputy General Staff, Berlin, and Intelligence, Counterintelligence and Newspaper Research 1914–1918 (The Journal of Intelligence History 5,2, 2005) S. 73–89.

ende über 83 Mitarbeiter[62]. Caspar wurde aufgrund seiner Sprachkenntnisse mit der Auswertung der italienischen Auslandspresse beauftragt[63]. Das Amt wurde Ende 1918 aufgelöst, aber Caspar erlangte im Anschluss – offenbar mit Kehrs Einverständnis – eine zusätzliche, mit monatlich 500 Mark dotierte nebenamtliche Redakteursstelle im sogenannten Berliner Auslandspressedienst ‚Die fremde Presse'[64], der von einer GmbH getragen wurde und ein Rotbuch der Auslandspresse herausgab[65]. In Berlin ansässige Korrespondenten ausländischer Presseorgane fassten hier die wichtigsten Geschehnisse aus ihren Heimatländern zu Schwerpunktheften in deutscher Sprache zusammen[66]. Da es meist um Fragen der Friedensverhandlungen oder der Arbeiterbewegung ging, war die Sache keineswegs unpolitisch. Caspar hatte diese Nebentätigkeit dem für die MGH zuständigen Reichsinnenministerium nicht zur Genehmigung vorgelegt. Daher erhielt er 1919 eine beamtenrechtlich begründete Rüge und musste seine Mitarbeit dort zum Jahresende 1919 einstellen. Wenige Monate später endete allerdings auch die Publikationstätigkeit des Auslandspressedienstes.

Den Status eines Regierungsrats hatte Caspar 1913 zusammen mit Mario Krammer (1880–1953) erhalten, als das Reichsinnenministerium den MGH zwei neu geschaffene, etatisierte Stellen zuwies. Das trug ihm den Zorn des Kollegen Ernst Perels ein, der die Frage rein zeitlich und nicht arbeitsrechtlich betrachtete. Er fühlte sich daher als der Dienstältere und insofern übergangen und um die Verbeamtung betrogen. Auch ein Gespräch mit dem scheidenden MGH-Leiter Reinhold Koser (1852–1914) schaffte keine Abhilfe[67]. Man betrachtete in der Zentraldirektion diese Besserstellung von zwei Mitarbeitern ohnehin mit Argwohn. Der zum neuen Vorsitzenden gewählte Paul Fridolin Kehr fügte in seinem Jahresbericht von 1919 der Mitteilung über den Stellenzugewinn einen Zusatz bei, der einen Mangel an Respekt vor den Mitarbeitern erkennen lässt: „Die Erlangung solcher etatmäßigen Stellen gibt allerdings einigen unserer Mitarbeiter die erstrebte Sicherheit für ihre bürgerliche Existenz, aber diese Einrichtung ist doch auch nicht frei von gewissen Gefahren, indem sie die Monumenta schließlich einmal mit überalterten, nicht mehr frischen und leistungsfähigen Mitarbeitern von mehr beamtenmässigem als wissenschaftlichem Charakter zu belasten droht"[68]. Auf Caspar traf diese Befürchtung jedenfalls nicht zu, denn er schied im Herbst 1920 nach zwölf Jahren aus den Diensten der Monumenta[69]. „Aber ich kann gewiss

62 Schmidt, Against Russia (wie Anm. 61) S. 88.

63 Holtzmann, Ansprache (wie Anm. 44) S. 119.

64 MGH-Archiv, 338/202 Bl. 2–5.

65 Der Pressedienst erschien 1.1919, Mai bis 2.1920, April = Nr. 1–42; danach wurde er eingestellt. Die Hefte erschienen anfangs wöchentlich, später 14-tägig. Späterer Untertitel: Politische Auslands-Wochenschau.

66 Einige Themen: Englands Haltung zum Versailler Vertrag (Heft 37 vom 17.1.1920), die Pariser Verhandlungen zur Bosporusfrage (Heft 38 vom 24.1.1920), die Auseinandersetzungen über den Versailler Vertrag in den USA (Heft 39 vom 31. 1.1920), die politischen Ziele der englischen Arbeiterbewegung (Heft 40 vom 7.2.1920).

67 Oberling, Perels (wie Anm. 26) S. 100.

68 Paul Fridolin Kehr, Bericht über die Herausgabe der Monumenta Germaniae Historica 1919, in: NA 43 (1922) S. XV–XXX, hier S. XIX.

69 Paul Fridolin Kehr, Bericht über die Herausgabe der Monumenta Germaniae Historica 1920, in: NA 44 (1922) S. 1–10, hier S. 1: „Aus dem Kreise unserer Mitarbeiter schied am 1. Oktober 1920 der bisherige etatmäßige Mitarbeiter Hr. Regierungsrat Prof. Caspar aus, der zwölf Jahre unser Mitarbeiter

sagen wie froh ich bin, aus der stehenden Luft des MG-Sumpfs heraus wieder in frischen Wind gekommen zu sein", schrieb er danach seinem Vertrauten Arnold Oskar Meyer nach Rostock[70]. Dabei hatte Kehr noch am 8. April 1920 in einem vergleichenden Gutachten über Caspar, Hofmeister[71] und Schmeidler[72] erläutert, worin seiner Meinung nach Caspars Vorzüge bestanden: „Caspar ist ein sehr(?) intelligenter, ein beweglicher Geist, unglaublich fix, geschickt, alles geht ihm schnell von der Hand. Er ist auch universeller gerichtet, interessierter als die anderen. Aber es fehlt ihm dafür die Tiefe, er ist kein kritischer Proteus[73] wie Hofmeister u. Schmeidler; dafür ein eleganter und geschickter Debatter[74]. Als Lehrer wird er angenehmer sein als die anderen, aber mehr lernen werden die jungen Leute bei Hofmeister, und wohl auch bei Schmeidler, dessen Lehrbegabung ich nicht kenne"[75].

Diese Zeilen waren an den ebenfalls von Kehr geförderten Albert Brackmann gerichtet, als dessen Nachfolger Caspar das Ordinariat für Mittelalterliche Geschichte an der Universität Königsberg antrat. Bei den MGH verblieb nach Ausscheiden von Mario Krammer[76] und der Streichung der vakanten Stelle nur mehr Ernst Perels als Mitarbeiter bei den Epistolae, der jedoch bei der Besetzung der Beamtenstelle in Caspars Nachfolge wiederum übergangen wurde[77]. Caspars letztes Projekt – die „von Hrn. Prof. Caspar begonnenen Repertorisierung der Briefe des 10. und des beginnenden 11. Jahrhunderts"[78] – wurde an Michael Tangl als Leiter der Abteilung Epistolae übergeben.

Anders als Brackmann, der sich während des Ersten Weltkriegs in der deutschen Kriegspropaganda engagierte, zeitlebens seine Königsberger Kontakte pflegte und indirekt sogar auf die gewaltsame Neugliederung des westpreußischen Raumes durch Wehrmacht und SS Einfluss nahm[79], hielt sich Caspar in Königsberg aus den tagesaktuellen Fragen – etwa zum polnischen Korridor – heraus[80] und betrachtete auch die altpreußische Geschichte

gewesen ist und sich vornehmlich durch seine Ausgabe des Registers Johanns VIII. und des Registers Gregors VII. verdient gemacht hat. Er folgte einem ehrenvollen Rufe als ordentlicher Professor der Geschichte an die Universität Königsberg."

70 Brief Königsberg, 17.2.1920 (SUB Göttingen, Cod. Ms. A. O. Meyer 74 Bl. [15r–16r], hier [16r]).

71 Zu Hofmeister siehe Anm. 30.

72 Zu Schmeidler siehe Anm. 31.

73 Vgl. das Lemma ‚Proteus' in: Meyers Großes Konversations-Lexikon 5. Aufl. 1905–1909, hier 16 (1905) S. 395: „bei Homer ein Poseidon untergebener weissagender Meergreis, der die Robben der Amphitrite weidet; auf der ägyptischen Insel Pharos überrascht ihn Menelaos im Mittagsschlaf und zwingt ihn, ihm zu weissagen, trotzdem er sich in die verschiedensten Gestalten verwandelt. Daher P. sprichwörtlich ein wandelbarer, listiger Mensch."

74 Veraltet für ‚Debattierer'. Diese Form war um 1930 durchaus noch geläufig.

75 Kehr an Brackmann, 8.4.1920 (GStA PK, VI. HA, Nl Brackmann A, Nr. 16 Bl. 220r-221v, hier 221r).

76 Zu Krammers Ausscheiden Fuhrmann, Gelehrtenleben (wie Anm. 54) S. 72.

77 Oberling, Perels (wie Anm. 26) S. 100.

78 Kehr, Bericht 1920 (wie Anm. 69) S. 8f.

79 Christoph Nonn, Direkte und indirekte Beiträge zur nationalsozialistischen Vertreibungs- und Vernichtungspolitik. Die Landesstelle Ostpreußen der Zentralstelle für Nachkriegsgeschichte unter Theodor Schieder, in: Archivarbeit im und für den Nationalsozialismus. Die preußischen Staatsarchive vor und nach dem Machtwechsel von 1933, hg. von Sven Kriese (Veröffentlichungen aus den Archiven Preußischer Kulturbesitz. Forschungen 12, 2015) S. 211–219.

80 In einem Brief vom 13.2.1921 an Brackmann beklagt der Königsberger Geograph Max Friedrichsen (1874–1941), Caspar sei „ohne Interesse an Landes- u. Grenzpolitik, leider völlig desinteressiert an allen

aus dem Blickwinkel der Papstgeschichte. Der Historischen Kommission für ost- und westpreußische Landesforschung trat er daher zwar pflichtgemäß als förderndes Mitglied bei, beließ es aber bei der Grundsumme von vier Mark, wodurch er ohne Stimmrecht blieb[81]. Den sonstigen Alltag des Ordinarius dokumentiert das Protokollbuch der Philosophischen Fakultät der Jahre 1916 bis 1944[82]. Wir sehen, dass er hochschulpolitisch eng mit dem jüdischen, aber deutschnationalen Historiker Hans Rothfels (1891–1976)[83] zusammenarbeitete, um den gerade erst habilitierten Osteuropahistoriker Martin Winkler (1893–1982) in Königsberg zu halten[84]. Caspar referierte ferner vor der Fakultät über das Studium für Volksschullehrer oder beantragte auf der Fakultätssitzung vom 9.5.1925, „der Senat möge für das ‚Studentenwerk' die Kosten zur Beschaffung einer Schreibmaschine für die Ermöglichung einer lithographischen Vervielfältigung zur Verfügung stellen"[85]. Der Kenner der Papstgeschichte wird erkennbar, wenn er für eine neu anzulegende Fakultätskartothek über die Beschlüsse der Fakultät Registerform anregte[86]. Die Mitglieder für die Berufungskommission zu seiner Nachfolge schlug er selbst vor[87]. 1928/29 versah Caspar das Amt des Rektors der Albertina ohne spektakuläre Initiativen. Am 26.2.1929 wurde der im Vorjahr bei Caspar promovierte

Ostfragen, und scheint keineswegs die Absicht zu haben, dies in Zukunft ändern zu wollen, also kein günstiger Ersatz für Brackmann", vgl. Christian Tilitzki, Protokollbuch der Philosophischen Fakultät der Albertus-Universität Königsberg i. Pr. 1916–1944 (Einzelschriften der HiKo-OWP 30, 2014) S. 573 nach GStA PK, VI. HA, Nl Brackmann, Nr. 8 Bl. 161/62.

81 Bernhard Jähnig, Personenverzeichnisse der Historischen Kommission, in: ders. (Hg.), 75 Jahre Historische Kommission für ost- und westpreußische Landesforschung. Forschungsrückblick und Forschungswünsche (Tagungsberichte der HiKo-OWP 13, 1999) S. 165–181, hier S. 167.

82 Tilitzki, Protokollbuch (wie Anm. 80).

83 Zu Rothfels vgl. Jan Eckel, Hans Rothfels. Eine intellektuelle Biografie im 20. Jahrhundert (2001); Wolfgang Neugebauer, Rothfels, Hans, in: NDB 22 (2005) S 123–125, hier S. 123: „Sein politisches Engagement trat insbesondere in der Zeit seines Ordinariats in Königsberg 1926–34 hervor. In Studien, Lehrveranstaltungen und besonderen Arbeitskreisen zur balt. Geschichte befaßte er sich mit politischen Traditionen und aktuellen Nationalitätenproblemen in Ostmitteleuropa mit dem Ziel der Erarbeitung von Zukunftsperspektiven auf der Basis korporativer Lösungen." – Vgl. auch Tilitzki, Protokollbuch (wie Anm. 80) S. 621f; Fahlbusch / Haar / Pinwinkler, Handbuch 1 (wie Anm. 28) S. 662–669, bes. S. 664 über Rothfels' aktive Rolle bei den Königsberger Studentenprotesten von 1931 gegen den Versailler Vertrag.

84 Vgl. Tilitzki, Protokollbuch (wie Anm. 80) S. 267 zur [140.] Sitzung am 28.2.1928 TOP 7 mit dem „Antrag Caspar-Rothfels, osteuropäische Geschichte als Prüfungsfach zur Promotion zuzulassen. Osteuropäische neben mittlerer u. neuer Geschichte wie die alte Geschichte zu behandeln. Angenommen." Zum Kontext ebd. S. 273 Anm. 1198. Winkler wurde aus politischen Gründen sowohl 1934 in Königsberg wie 1939 nach dem ‚Anschluss' Österreichs von den Nationalsozialisten diskreditiert, vgl. Erika Voigt, Martin Winkler – ein Wissenschaftlerleben im 20. Jahrhundert. Das Engagement des Rußlandhistorikers, seine Diskriminierung und sein Kampf um Rehabilitation (Osteuropa 50, 2000) S. 815–832.

85 Sitzung Nr. [109], 9.5.1925 TOP 8, vgl. Tilitzki, Protokollbuch (wie Anm. 80) S. 199.

86 Sitzung Nr. [147], 27.11.1928 TOP 11, vgl. ebd. S. 283.

87 Sitzung Nr. [145], 24.7.1928 TOP 4, vgl. ebd. S. 278.

Erich Maschke (1900–1982)[88] auf Caspars Votum hin habilitiert[89]. In der Folgezeit ließ sich Maschke bei seinen Deutschordensstudien vor allem durch die Kritik von Rothfels am Versailler Vertrag beeinflussen[90], bekannte sich nach 1933 zum Nationalsozialismus[91] und wurde unter dem Einfluss von Albert Brackmann ein führender Vertreter der vor allem gegen Polen gerichteten Ostforschung.

Den Kontakt zu Kehr erhielt Caspar aufrecht, nicht zuletzt indem er die Edition der Register Papst Johannes' VIII. (MGH Epistolae 7) und Gregors VII. (MGH Epp. sel. 2) für den Druck fertigstellte. Am 13.4.1924 ersuchte er Kehr um Mithilfe bei seinen Deutschordensstudien wegen eines „bisher nicht veröffentlichten Brief*[es]*" von Honorius III. aus den Vatikanischen Registern, den Kehr bei seiner anstehenden Romreise für Caspar kopieren sollte[92]. 1931 schlug Kehr neben Ernst Perels auch Caspar für die Zuwahl zur Zentraldirektion vor, konnte sich aber damit in beiden Fällen nicht durchsetzen[93]. Allerdings hatte Kehr selbst zuvor in seinem Brief vom 25.4.1924, mit dem er Albert Brackmann über die bevorstehende Zuwahl zur Zentraldirektion informierte, beide diskreditiert, indem er Perels als „Null" und Caspar als „Nonvaleur" bezeichnete[94].

1929 verließ Caspar Ostpreußen. Er wechselte als Nachfolger Georg von Belows (1858–1927)[95] nach Freiburg, erhielt aber bereits im Folgejahr den Ruf an die Friedrich-Wilhelms-Universität Berlin auf einen der beiden Lehrstühle, die nach Ernennung Albert Brackmanns zum Generaldirektor der Preußischen Staatlichen Archive eingerichtet worden

---

88 Zu Maschke vgl. Barbara SCHNEIDER, Erich Maschke, in: FAHLBUSCH / HAAR / PINWINKLER, Handbuch 1 (wie Anm. 28) S. 477–484. Er publizierte eine von Caspars Einschätzung völlig abweichende Auffassung des Deutschen Ordens: Erich MASCHKE, Der deutsche Ordensstaat – Gestalten seiner großen Meister (1935).

89 Sitzung Nr. [151], 29.2.1929 TOP 4, vgl. TILITZKI, Protokollbuch (wie Anm. 80) S. 297f., bes. Anm. 1308 zu Maschke.

90 SCHNEIDER, Maschke (wie Anm. 88) S. 477f.

91 Ebd. S. 479.

92 MGH-Archiv, 338/202 Bl. 19v. Weitere Briefe Caspars an Kehr in dessen Nachlass, GStA PK, VI. HA, Nl Kehr, Paul Fridolin, Nr. 9 Bl. 348–368 (zehn Briefe, eine Postkarte, 1907–1927).

93 Eintrag in Kehrs ‚Liber Vitae' zum 6.5.1931 über die „54. Plenarsitzung der Monumenta Germaniae in Berlin unter meinem Vorsitz", dazu ein Nachtrag: „Uferlose Diskussion über Neuwahlen (Caspar, Holtzmann, Perels, Güterbock) alle abgelehnt. Unerfreuliches Kollegium (Hampe, Hofmeister)." (GStA PK, VI. HA, Nl Kehr, Paul Fridolin, Nr. 183 Bl. 113r, freundliche Mitteilung von Hedwig Munscheck-von Pölnitz, Bad Homburg). Dass Kehr Caspar als Nachfolger in der Leitung der MGH avisiert habe, vermutet ohne Quellenangabe OBERLING, Perels (wie Anm. 26) S. 104.

94 „Ich schätze, wie ich schon sagte, eigentlich nur Baethgen als eine hervorragende Hilfe. Schmeidler ist zu litterarisch, Hofmeister publiziert so eng. Caspar ist an sich ein Nonvaleur (über seine Schrift über Bernhard von Clairvaux haben die hiesigen Kronwächter gelacht). E. Perels ist eine Null. Ich möchte auf der kommenden Versammlung *[…]* Sie und Levison in Vorschlag bringen." (GStA PK, VI. HA, Nl Brackmann A, Nr. 16 Bl. 166r–167r, hier Bl. 166v/167r). – Bibliographische Angaben zu Caspars Schrift über den Hl. Bernhard siehe Anm. 106; als „Kronwächter" titulierte Kehr vermutlich die Kritiker an der Berliner Akademie. Im gleichnamigen Roman Achim von Arnims von 1817 sind die Kronenwächter ein Geheimbund im spätmittelalterlichen Waiblingen.

95 Otto Gerhard OEXLE, Ein politischer Historiker. Georg von Below (1858–1927), in: Norbert HAMMERSTEIN (Hg.), Deutsche Geschichtswissenschaft um 1900 (1988) S. 283–312; Hans CYMOREK, Georg von Below und die deutsche Geschichtswissenschaft um 1900 (Vierteljahrschrift für Sozial- und Wirtschaftsgeschichte. Beihefte 142, 1998).

waren[96]. Dies brachte Caspar wieder in die unmittelbare Umgebung der MGH. Die kurze Freiburger Zeit hatte einen bleibenden Kontakt zu Hermann Heimpel (1901–1988) und den Neuzeithistoriker Arnold Berney (1897–1943) begründet, der nach jahrelangen antisemitischen Angriffen 1938 nach Palästina emigrierte. Für Caspar richtete er vorher gegen ein Honorar das Register zum ersten Band der Papstgeschichte ein[97].

Die vertraute Gemeinschaft von MGH und Universität, die Caspar offensichtlich förderte, fand lebhaften Ausdruck in einem als ‚mittelalterlicher Abend' bezeichneten zwanglosen Gelehrtentreffen, das vielleicht von der ‚Gesetzlosen Gesellschaft zu Berlin' inspiriert war, die Caspar von seinem Vater her kannte[98]. Es ist ein Foto überliefert, das Caspar neben Robert Holtzmann (1873–1946) und inmitten von Monumentisten und Universitätsangehörigen bei Schwarzbier und Zigarre in einer gestellten Diskussion um Einzelblätter mit Urkunden- und Handschriftenphotos zeigt[99]. Zu Caspars Berliner Doktoranden gehörten neben dem schon erwähnten Ulrich Gmelin auch Paul Willem Finsterwalder (1888–1962), der von 1922 bis 1929 Mitarbeiter für die MGH-Leges und in der Bibliothek war[100], sowie der spätere Tübinger Professor Heinz Löwe (1913–1991)[101], dessen von Caspar angeregte Dissertation nach dessen plötzlichem Tod von Robert Holtzmann betreut wurde. Mit Edith Lüdicke[102] gehörte auch mindestens eine Frau zu Caspars Doktoranden.

Schließlich führte Caspar 1932 in Berlin das Habilitationsverfahren für Carl Erdmann (1998–1945) durch[103], der zu diesem Zeitpunkt Kehrs Mitarbeiter am Preußischen Historischen Institut in Rom war, und bisher zwischen verschiedenen Betreuern und ihren Universitäten verschoben worden war. Auch wenn Caspar damit eine bereits vorangeschrit-

96 Den anderen Lehrstuhl erhielt Robert Holtzmann, vgl. Oberling, Perels (wie Anm. 26) S. 116. Zu Holtzmann vgl. Albrecht Timm, Holtzmann, Robert, in: NDB 9 (1972) S. 562.

97 Duchhardt, Berney (wie Anm. 17) S. 55.

98 Vgl. Anm. 26.

99 Richard Tüngel, Das gewaltigste deutsche Geschichtswerk: Monumenta Germaniae Historica, in: Die Woche. Moderne illustrierte Zeitschrift 36, Heft 23 (9. Juni 1934) S. 632–634, hier S. 632. Das oft – z.B. Fuhrmann, Gelehrtenleben (wie Anm. 54) S. 103 – nachgedruckte Bild zeigt Mitarbeiter der Monumenta wie Lotte Hüttebräuker (links sitzend, mit Spitzenkragen), Karl Jordan (stehend) und Carl Erdmann (rechts sitzend, mit Brille) in einer Berliner Gaststätte hinter den Ordinarien (links am Tisch: Ulrich Stutz).

100 Vgl. auch Oberling, Perels (wie Anm. 26) S. 94.

101 Tilman Struve, Von der Wirklichkeit der Ideen. Zum Gedenken an den Historiker Heinz Löwe (1913–1991), mit einer Bibliographie, in: Bausteine zur Tübinger Universitätsgeschichte 6 (1992) S. 127–144.

102 Oberling, Perels (wie Anm. 26) S. 159 Anm. 429 mit der Angabe, Lüdicke sei später Archivarin in Berlin geworden. Aus dem Jahr 1939 (ca.) existiert eine – für die Benutzung gesperrte – „Versorgungsakte Staatsarchivrat Dr. Reinhard Lüdicke und Studienassessorin Dr. phil. Edith Lüdicke (Berlin-Dahlem, Buggestraße 12a)" (LAB, A Pr.Br.Rep. 042 [Versorgungsakten] – Preußische Bau- und Finanzdirektion). – Dauerhaft in die wissenschaftliche Forschung ging ein Aufsatz ein, der sicher von Caspar angeregt wurde: Edith Lüdicke, Der Rechtskampf des Deutschen Ordens gegen den Bund der preußischen Stände 1440–1453, in: Altpreußische Forschungen 12 (1935) S. 1–43.

103 Reichert, Fackel 1 (wie Anm. 27) S. 116. Die Habilitationsschrift erschien erst nach Caspars Tod im Druck: Carl Erdmann, Die Entstehung des Kreuzzugsgedankens (1935).

tene Arbeit adaptierte, kam sie seinen Vorstellungen entgegen, da Erdmann den Kreuzzugsgedanken aus der Geschichte des Papsttums ableitete[104].

3. Werk und Rezeption

Die beiden Beiträge zur Geschichte des Deutschen Ordens, die Caspar im Umfeld seiner Wahl zum Rektor der Albertina in Königsberg verfasste, sind keineswegs nur vom Genius Loci bestimmte Gelegenheitsschriften, sondern Vorstudien zum leider nicht mehr ausgeführten hochmittelalterlichen Teil der Papstgeschichte. Nur scheinbar stehen Hermann von Salza und der – nach damaliger Auffassung – von ihm gegründete Deutschordensstaat im Zentrum dieser Untersuchungen. Hinter dem Hochmeister sieht Caspar das Wirken des Papsttums, Hermann erscheint nicht nur als der Begleiter und Berater Friedrichs II., sondern auch (und fast mehr noch) Honorius' III.; das Patrimonium Petri und der nach byzantinischem Vorbild von Roger I. geschaffene sizilische Verwaltungsstaat sind die Paten des nicht durch Adelsherrschaft, sondern Wahl und Amtseid bestimmten Deutschordensstaates. Dieser ist damit auch kein unzeitgemäßes Phänomen in der Welt des 13. und 14. Jahrhunderts, wie ihn Heinrich von Treitschke noch als Vorboten des friderizianischen Preußen gefeiert hatte, sondern etwas durch und durch Mittelalterliches[105]. Mit diesem Ansatz, der gleichwohl weiterhin die Staatlichkeit des preußischen Ordensgebietes überbewertet, steht Caspar in vieler Hinsicht nahe bei den Forschungspositionen der Nachkriegszeit, die sich vom Feudalen und Nationalen stärker auf die kirchenrechtlichen, gesamteuropäischen Grundlagen besannen. Überhaupt war die Königsberger Phase jene, in der die Grundlagen für die Papstgeschichte entstanden, wie Robert Holtzmann vermerkte: „Vor allem jedoch reifte in Königsberg der Plan zu einer umfassenden Geschichte des Papsttums von seinen Anfängen bis zur Höhe der mittelalterlichen Weltherrschaft. Vorarbeiten dazu sind u. a. die Essays über Gregor d. Gr. und über Bernhard von Clairvaux (Meister der Politik Bd. 3)[106], sowie der Aufsatz über Gregor VII. in seinen Briefen[107] *[…]* Mit besonderer Energie aber musste Caspar sich in die schwierigen Fragen über die Anfänge des Papsttums stürzen; den Erfolg zeigen

104 Reichert, Fackel 1 (wie Anm. 27) S. 117–123. Caspars Gutachten datiert auf den 24.5.1932, ihm folgten Robert Holtzmann, Hermann Oncken und Ernst Perels (vgl. ebd. S. 379 Anm. 69). Dass Erdmann dennoch nicht als Caspars Schüler gelten könne, betont Reichert ebd. S. 351.

105 Vgl. Erich Caspar, Vom Wesen des Deutschordensstaats. Rede gehalten beim Antritt des Rektorats am 6. Mai 1928 (1928) S. 3f. Zu Treitschkes Deutschordenstraktat Hartmut Boockmann, Der deutsche Orden. Zwölf Kapitel aus seiner Geschichte (1981) S. 242 mit Anm. auf S. 289.

106 Die Angaben sind fehlerhaft. Gemeint ist: Meister der Politik. Eine weltgeschichtliche Reihe von Bildnissen 1–3, hg. von Erich Marcks / Karl Alexander von Müller (^{2}1923), darin Erich Caspar, Gregor der Große (1 S. 325–356), ders., Bernhard von Clairvaux (1 S. 561–599).

107 Erich Caspar, Gregor VII. in seinen Briefen, in: HZ 130 (1924) S. 1–30.

die tiefgreifenden Untersuchungen über die älteste römische Bischofsliste[108] *[...]* über den Primatus Petri[109] *[...]* u. a. m.“[110].

Caspars Papstgeschichte erfuhr massiven Widerspruch durch den Tübinger Ordinarius Johannes Haller (1865–1947)[111], der die römische Leistung zur Kulturgeschichte nicht anerkennen wollte. In seinem Vorwort zum ersten Halbband des Deutschen Archivs für Geschichte des Mittelalters griff der von Walter Frank unterstützte kommissarische Leiter des Reichsinstituts für ältere deutsche Geschichtskunde (MGH), Wilhelm Engel (1905–1964), auf diese Debatte zurück, um den Nationalsozialismus als ihren Überwinder darzustellen, wobei er die namentlich nicht genannten Kontrahenten als „größten deutschen Urkundenforscher“ (Caspar) bzw. als „Geschichtsschreiber“ (Haller) und ihren Disput als „elegantes, fast scherzhaftes Spiel“ apostrophierte[112]. Ulrich Gmelin, der in Berlin bei Caspar und in Tübingen bei Haller studiert hatte und 1937 in Berlin bei dem Althistoriker und bekennenden Nationalsozialisten Wilhelm Weber (1882–1948)[113] promoviert wurde[114], bemühte sich um einen tatsächlichen Ausgleich zwischen beiden Positionen. Gmelin gehörte vor 1933 dem Wehrverband ‚Stahlhelm‘ an, gab sich einer rückhaltlosen Karriere in den NS-Studentenverbänden hin[115] und wurde schließlich 1935 Leiter des Amtes Wissenschaft in der

108 Erich CASPAR, Die älteste römische Bischofsliste. Kritische Studien zum Formproblem des Eusebianischen Kanons sowie zur Geschichte der ältesten Bischofslisten und ihrer Entstehung aus apostolischen Sukzessionenreihen, in: Papsttum und Kaisertum. Forschungen zur politischen Geschichte und Geisteskultur des Mittelalters, Paul Kehr zum 65. Geburtstag dargebracht, hg. von Albert BRACKMANN (1926) S. 1–22 bzw. als eigenständige Monographie mit 258 S. unter gleichem Titel in den Schriften der Königsberger Gelehrten Gesellschaft. Geisteswiss. Kl. 2,4, (1926, Reprograph. ND 1975).

109 Erich CASPAR, Primatus Petri. Eine philologisch-historische Untersuchung über die Ursprünge der Primatslehre, in: ZRG Kan. 16 (1927) S. 253–331.

110 Robert HOLTZMANN, Verschiedenes [Nachruf Erich Caspar], HZ 152 (1935) S. 218f., hier S. 218.

111 Johannes HALLER, Das Papsttum, Idee und Wirklichkeit 1 (1934). – Zur Person vgl. Benjamin HASSELHORN: Johannes Haller. Eine politische Gelehrtenbiographie. Mit einer Edition des unveröffentlichten Teils der Lebenserinnerungen Johannes Hallers (Schriftenreihe der HiKo 93, 2015).

112 „Erst im vergangenen Jahre ist die bekannte Schrift des großen, eigenwilligen deutschen Historikers erschienen, in der er sich auseinandersetzt mit der schärfst zugespitzten Meinung des größten deutschen Urkundenforschers. So köstlich es ist, dies elegante, fast scherzhafte Spiel zu genießen, so sehr mutet heute dies Spiel um die Historie eben ‚historisch‘ an. Wir kennen heute solche Gegensätze nicht mehr; Geschichtsforschung als Voraussetzung und Geschichtsschreibung als Krönung müssen unbeirrt der Wahrheit und Erkenntnis dienen; deshalb sind uns beide heute als gleich berechtigte, gleich werte und gleich notwendige Formen deutscher Geschichtswissenschaft“, Wilhelm ENGEL, Deutsches Mittelalter. Aufgabe und Weg seiner Erforschung, in: DA 1 (1937) S. 3–10, hier S. 9.

113 Hartmut BOOCKMANN, Die Königsberger Historiker vom Ende des 1. Weltkrieges bis zum Ende der Universität, Niedersächsisches Jb. für Landesgeschichte 29 (1995) S. 258–281, hier S. 262 Anm. 13 bezeichnet Weber als den „Althistoriker, der sich wohl am stärksten auf den Nationalsozialismus einließ“; zu ihm auch Ines STAHLMANN, Imperator Caesar Augustus. Studien zur Geschichte des Principatsverständnisses in der deutschen Altertumswissenschaft bis 1945 (1988) S. 175–176. Ko-Referent war der Kirchenhistoriker Erich Seeberg.

114 Ulrich GMELIN, Auctoritas. Römischer Princeps und päpstlicher Primat (Geistige Grundlagen römischer Kirchenpolitik, 1936).

115 Gmelin war seit 1933 SA-Mitglied und leistete 1935 Wehrdienst beim Wachregiment in Berlin. Er „studierte vom 1931 bis 1936 Geschichte, Germanistik und klassische Philologie in Tübingen und Berlin und war Mitglied der Studentenverbindung Normannia. Gmelin arbeitete als Assistent an den Histo-

Gaustudentenführung Württemberg. Er versuchte im inzwischen von Edmund E. Stengel herausgegebenen Deutschen Archiv dem Anspruch nach einen Ausgleich zwischen Caspar und Haller, bekannte sich aber dann doch dazu, dass entgegen Hallers Thesen das Papsttum keine germanische Schöpfung sei[116]. Aus Caspars Nachlass – auf den er also offenbar Zugriff hatte – gab er ein letztes Kapitel der Papstgeschichte heraus[117]. In der Wehrmacht erreichte er den Rang eines Oberfähnrichs und fiel 1944 in der Sowjetunion.

4. NS-Zeit und Tod

Nach dem Sprachgebrauch der zum Zeitpunkt seines Todes vorbereiteten und am 15.9.1935 verabschiedeten Nürnberger Rassengesetze wäre Caspar als ‚Vierteljude' oder ‚Mischling 2. Grades' eingestuft worden, der nach diesen Gesetzen – zumindest offiziell – nicht verfolgt worden wäre[118]. Diesen Bestimmungen war jedoch bereits am 7. April 1933 das Gesetz zur Wiederherstellung des Berufsbeamtentums[119] vorausgegangen, mit dem das NS-Regime unerwünschte Personen aus dem öffentlichen Dienst zu entfernen suchte, und das daher weitaus härter formuliert war. Die Berliner Universität verlor durch dieses Gesetz schon im Jahr 1933 „durch Kündigungen und vorzeitige Pensionierungen mehrere hundert Hochschullehrer und etwa eintausend Studenten"[120].

---

rischen Seminaren der Universitäten Berlin (April 1934 bis März 1937) und Tübingen (April 1937 bis März 1939) und wurde 1937 in Berlin promoviert", so Michael Grüttner, Biographisches Lexikon zur nationalsozialistischen Wissenschaftspolitik (Studien zur Wissenschafts- und Universitätsgeschichte 6, 2004) S. 61. Im April 1941 wurde Gmelin im Reichsministerium für Wissenschaft, Erziehung und Volksbildung nebenamtlicher Referent im Amt Wissenschaft; er betreute unter anderem das so genannte Langemarck-Studium als Teil der NS-Elite-Förderung, hierzu Ulrich Gmelin: Das Langemarck-Studium, die Auslese, die Erziehung, Langemarck-Studium und höhere Schule, die Finanzierung, das Recht auf Ausbildung, in: Das Reichsstudentenwerk/Reichsstudentenführung (Hg.), Deutscher Hochschulführer. Lebens- und Studienverhältnisse an den Deutschen Hochschulen, Studienjahr 1939 ([21]1939). Vgl. auch Benedict von Bremen, „Politischer Kämpfer". Ulrich Gmelin und die deutschen Studierenden im 2. Weltkrieg (NS-Akteure in Tübingen): https://www.ns-akteure-in-tuebingen.de/biografien/partei/ulrich-gmelin [Link abgerufen am 27.4.2023].

116 Ulrich Gmelin, Die Entstehung der Idee des Papsttums, DA 2 (1938) S. 509–531, hier S. 514.

117 Erich Caspar, Das Papsttum unter fränkischer Herrschaft. Aus dem Nachlaß Erich Caspars ausgewählt von Ulrich Gmelin, ZKG 54, 3. F. 5 (1935) S. 132–264. Ein monographischer Nachdruck mit einem Verzeichnis der Schriften Erich Caspars erschien 1956.

118 Irreführend und durch die Biographie des NS-Studentenführers Gmelin (siehe zu diesem Anm. 115) widerlegt ist daher Boockmann, Königsberger Historiker (wie Anm. 113) S. 262 Anm. 13: „Daß Caspar jüdischer Herkunft war, mußte jeder, der da sprach, aber wissen. Um so bemerkenswerter, wie da Seeberg vom ‚Blut vieler preußischer Beamtenfamilien' sprach, das in Caspars Adern floß. Nach damaliger Lesart war es jüdisches Blut, und so war, zumal angesichts der Inanspruchnahme Preußens durch die Nationalsozialisten, das Insistieren auf Caspars preußischer Prägung mutig, ebenso seine Lobpreisung als ‚echten deutschen Forscher' durch den Assistenten U. Gmelin (S. 113) und Webers Feststellung, ‚Caspar entstammte einem altpreußischen Geschlecht' (S. 128)." Ähnlich Oberling, Perels (wie Anm. 26) S. 173 über die vermeintlich subversive Publikation der Redebeiträge zur Totenfeier in der ZKG.

119 Zu diesem Gesetz und seinen massiven Auswirkungen auf die Friedrich-Wilhelms-Universität vgl. Oberling, Perels (wie Anm. 26) S. 180–183.

120 Ebd. S. 183.

Die hierdurch bei vielen ausgelöste Paranoia scheint auch Caspar erfasst zu haben, der nach dem Zeugnis von Carl Erdmann das Stocken der Habilitation von Hans-Walter Klewitz (1907–1943)[121] aus der Vermutung ableitete, „Klewitz sei von irgend einer Ecke her ‚nichtarisch'[122]" – wogegen dieser schriftlich bei Caspar protestierte[123]. Erdmann kommentierte nachsichtig: „Caspar war die Sache jetzt nachträglich natürlich sehr unangenehm, aber es ist ja bekannt, wie leicht derartige Irrtümer entstehen können; für mich ist das nun schon die dritte ganz ähnliche Geschichte, die ich in meinem unmittelbaren Bekannten- und Verwandtenkreis erlebe![124]"

Die brutale Durchsetzung des Gesetzes zur Wiederherstellung des Berufsbeamtentums wurde mit einem harmlos scheinenden Fragebogen[125] eingeläutet, der vor allem Auskunft darüber verlangte, ob unter den Eltern oder Großeltern „nicht arische" Personen seien. Es waren ggf. Belege aus Kirchenbüchern oder amtlichen Quellen in Abschrift beizufügen, die von der Reichsstelle für Sippenforschung geprüft werden konnten. Da der von Caspar ausgefüllte Bogen nicht erhalten ist, lässt sich nicht sagen, was er eintrug. Wir wissen nur, dass das Ministerium mit der Antwort unzufrieden war und am 22. August 1933 den Verwaltungsdirektor der Universität anwies, von Caspar und einer Reihe weiterer Dozenten eine neuerliche Erklärung über ihre „Rassenzugehörigkeit" zu verlangen, die sie bislang „unzureichend" deklariert hätten[126]. Während bei einigen anderen Namen als Bearbeitungsvermerk „erledigt" eingetragen wurde, blieb der Posten Caspar offen. Sicher ist, dass er bis zu seinem Tod am 22.1.1935 den Beamtenstatus behielt. Dafür gibt es zwei mögliche Gründe. Einmal könnte er angegeben haben, keine ‚nicht arischen' Vorfahren zu haben. In gewisser Weise lud der Fragebogen dazu ein, denn zu Punkt 4 war diese Erläuterung beigegeben: „Als nicht arisch gilt, wer von nicht arischen, insbesondere jüdischen Eltern oder Großeltern abstammt. Es genügt, wenn ein Elternteil oder ein Großelternteil nicht arisch ist. Dies ist insbesondere dann anzunehmen, wenn ein Elternteil oder ein Großelternteil der jüdischen Religion angehört hat." Da hier in Ermangelung eines nachvollziehbaren Unterscheidungskriteriums ‚Rasse' und Konfession bzw. Religion vermischt wurden, wäre es Caspar möglich gewesen, entgegen der rassistischen Intentionen des Fragebogens bei Eltern und Großeltern ‚evange-

121 Zu ihm vgl. Andre Gutmann, Zwischen Barbarossa, Gauforschung und Wehrmachtsvorträgen. Hans-Walter Klewitz als Vertreter der Freiburger Mediävistik 1940–1943, in: ZGORh 161 (2013) S. 377–426.

122 Carl Erdmann an Gerd Tellenbach, 11.9.1933, vgl. Reichert, Fackel 2 (wie Anm. 27) S. 22.

123 Reichert, Fackel 2 (wie Anm. 27) S. 26. Dass Caspars Vermutung haltlos war, zeigt sich daran, dass Klewitz 1943 zur ‚Leibstandarte Adolf Hitler' (also zur Waffen-SS) eingezogen wurde, wo er im Ausbildungslager verstarb, vgl. Gutmann, Zwischen Barbarossa (wie Anm. 121) S. 424f. Vermutlich bezog sich das Gerücht auf den Schwager von Klewitz' Mutter, vgl. Reichert, Fackel 2 (wie Anm. 27) S. 28 Kommentar.

124 Erdmann an Tellenbach, 24.9.1933, vgl. Reichert, Fackel 2 (wie Anm. 27) S. 26 mit Anm. S. 28 unten.

125 Vgl. MGH-Archiv, 338/186 Bl. 135, ein für Heinz Gläser (1910–1941), den Bürodiener der MGH, ausgefülltes Exemplar dieses Fragebogens. Der Rechtshistoriker Karl August Eckhardt (1901–1979) erhielt von der Universität Bonn eine weitaus knappere Ausfertigung, in der pauschal die „Rassezugehörigkeit der vier Großeltern" anzugeben war (BArch Berlin, R 4901/24463 Bl. Nr. 8973).

126 GStA PK, I. HA Rep. 76 Kultusministerium, Va Sekt. 2 Tit. IV Nr. 68 Beiheft F Teil 1 S. 5–7, Caspars Name S. 6 mit der ursprünglichen Nr. 15, die handschriftlich auf 10 korrigiert wurde. In der Liste ist auch der Philosoph Nicolai Hartmann (1882–1950) aufgeführt.

lisch' einzutragen, denn den Konfessionswechsel hatte ja bereits der Urgroßvater vollzogen. Caspar hätte jedoch auch eine andere Möglichkeit zur Fortsetzung der Lehrtätigkeit nutzen können, indem er zwar jüdische Ahnen auswies, aber für sich das sogenannte ,Hindenburgprivileg' in Anspruch nahm, das der ansonsten schwache Reichspräsident den neuen Machthabern abgerungen hatte[127]. Es schützte ,nicht arische' Beamte vor den Konsequenzen des Gesetzes zur Wiederherstellung des Berufsbeamtentums, wenn sie vor 1914 verbeamtet worden waren[128]. Caspar stand ja bereits seit 1913 in nicht unterbrochenem Beamtenverhältnis und wäre also unter diese Ausnahmebestimmung gefallen. Es lässt sich nicht sagen, welche der beiden Optionen Caspar wählte. Sicher aber ist, dass es für ihn so oder so mit dem Ende des Jahres 1934 eng wurde.

Das ,Hindenburgprivileg' wurde hinfällig, als Generalfeldmarschall Paul von Hindenburg am 2.8.1934 starb und Hitler durch die ,Volksabstimmung über das Staatsoberhaupt des Deutschen Reichs' am 19. August 1934 auch die Reichspräsidentschaft an sich riss. Es war nur eine Frage der Zeit, bis das Regime neue Offensiven gegen die bislang vom Privileg Geschützten startete. Am 22. Oktober 1934 legte die Universitätsverwaltung ihren Dozenten, darunter auch Caspar, den Diensteid der öffentlichen Beamten auf den Führer vor, den er unterzeichnete[129]. Am 21.1.1935, einen Tag vor Caspars Tod, trat mit dem Gesetz über die Entpflichtung und Versetzung von Hochschullehrern aus Anlass des Neuaufbaus des deutschen Hochschulwesens die nächste Stufe der Diskriminierung in Kraft[130]. Das Gesetz ermöglichte in § 4 „aus Anlaß des Neuaufbaus" dem Reichswissenschaftsministerium die willkürliche Streichung von Lehrstühlen und die Zwangsentpflichtung der bisherigen Inhaber. Steht dies in Zusammenhang mit Caspars Tod am 22. Januar 1935? Jedenfalls wurde er wenige Tage später ohne Behelligung durch das Regime als ordentlicher Professor mit einer akademischen Feier gewürdigt und im neu angelegten Familiengrab bestattet.

So suggestiv diese zeitliche Abfolge ist, so muss doch bei näherem Hinsehen die Selbstverständlichkeit überraschen, mit der in der heutigen Forschung auf einen durch die Verfolgung durch das NS-Regime verursachten Suizid Caspars geschlossen wird[131]. Die

127 Vgl. Walther Hubatsch, Hindenburg und der Staat. Aus den Papieren des Generalfeldmarschalls und Reichspräsidenten von 1878 bis 1934 (1966) S. 375–377, mit der Wiedergabe von Hindenburgs Brief und Hitlers Antwort.

128 In § 3 Abs. 2 heißt es, das Gesetz „gilt nicht für Beamte, die bereits seit dem 1. August 1914 Beamte gewesen sind oder die im Weltkrieg an der Front für das Deutsche Reich oder für seine Verbündeten gekämpft haben oder deren Väter oder Söhne im Weltkrieg gefallen sind." Vgl. Gesetz zur Wiederherstellung des Berufsbeamtentums, 7.4.1933 (RGBl. I S. 175–177).

129 Johannes Helmrath, Geschichte des Mittelalters an der Berliner Universität von der Jahrhundertwende bis 1945, in: Geschichte der Universität Unter den Linden 1810–2010. Transformation der Wissensordnung, hg. von Heinz-Elmar Tenorth (2010) S. 371–411, hier S. 395 (mit Abbildung des Protokolls aus HU UA C010 PA Erich Caspar, Eidleistung Nr. 1434). Helmrath malt ohne Quellenangabe den Vorgang blumig aus: „er unterzeichnete, offenbar keine Alternative im Blick, um wenig später doch entlassen zu werden und Selbstmord zu begehen." (So ein weiteres Mal ebd. S. 394 Anm. 95).

130 Gesetz über die Entpflichtung und Versetzung von Hochschullehrern aus Anlass des Neuaufbaus des deutschen Hochschulwesens, 21.1.1935 (RGBl. I S. 23–24).

131 Wolfgang Weber, Priester der Klio. Historisch-sozialwissenschaftliche Studien zur Herkunft und Karriere deutscher Historiker und zur Geschichte der Geschichtswissenschaft 1800–1970 (Europäische Hochschulschriften 3,216, 1984) S. 429 Anm. 343: „Caspar, der aus ,rassischen' Gründen von der Amts-

meist ins Feld geführte Analogie[132] zum Fall des 1935 zwangsemeritierten Professorenkollegen Ernst Perels[133] ist problematisch, da Perels im Rassenwahn der Nationalsozialisten als ‚Mischling 1. Grades'[134], vulgo als ‚Halbjude' galt, Caspar aber gerade nicht.

Als einziger Quellenbeleg für einen Selbstmord steht die von Kaspar Elm eher nebenbei wiedergegebene Aussage von Otto Perels (1908–2003), Sohn von Ernst Perels: „Die Nachrufe gehen auf die Art des Todes, die Dr. O. Perels bestätigte, nicht ein"[135]. Es gibt zwar keinen Anlass, an diesem Zeugnis zu zweifeln, aber es darf nicht verschwiegen werden, dass eine Einordnung in die sonstige Überlieferung nicht lückenlos möglich ist. So kann hier nur auf die Problematik des Suizids hingewiesen werden. Ohne weitere Quellenfunde scheint sie nicht auflösbar. Man könnte natürlich schon in Caspars Begeisterung für die Verfilmung von Heinrich Manns ‚Professor Unrat' mit Marlene Dietrich[136] einen Hinweis auf eine schwermütige, wo nicht selbstzerstörerische Seite sehen. Sicher könnte man auch als Motiv anführen, dass Caspar die ihm und seiner Familie drohende antisemitische Diskriminierung, insbesondere den Entzug des Lehrstuhls und der Lehrberechtigung, und den damit drohenden sozialen Abstieg abzuwehren versuchte, doch ist damit nicht der Nachweis erbracht, dass er Suizid beging.[137]

Die Archivalien – allen voran die in diesem Zusammenhang immer wieder zu Unrecht zitierte Personalakte C010 der Humboldt-Universität – machen keine Angabe zur Todesursache. Der von der Familie redigierte Totenzettel ist euphemistisch: „Heute entschlief sanft nach kurzer Krankheit Dr. phil. Erich Caspar, o*[rdentlicher]* ö*[ffentlicher]* Professor an der Universität Berlin"[138]. Robert Holtzmann, ein Caspar sehr nahestehender Berliner Kollege, spricht in seinem Nachruf präziser von einer Lungenentzündung[139], was dann aber nicht

enthebung bedroht war, beging Selbstmord"; Michael GRÜTTNER / Sven KINAS, Die Vertreibung von Wissenschaftlern aus den deutschen Universitäten 1933–1945, in: Vierteljahrshefte für Zeitgeschichte 55 (2007) S. 123–186, hier S. 154. Auf die unsichere Quellenlage verweist lediglich OBERLING, Perels (wie Anm. 26) S. 185.

132 Kaspar ELM, Mittelalterforschung in Berlin. Dauer und Wandel, in: Geschichtswissenschaft in Berlin im 19. und 20. Jahrhundert. Persönlichkeiten und Institutionen, hg. von Reimer HANSEN / Wolfgang RIBBE (Veröffentlichungen der Berliner Historischen Kommission beim Friedrich-Meinecke-Institut der Freien Universität 82, 1992) S. 211–259, hier S. 231; HELMRATH, Geschichte des Mittelalters (wie Anm. 129) S. 394; ERKENS, Erich Caspar (wie Anm. 12) S. 283.

133 Hierzu OBERLING, Perels (wie Anm. 26) S. 186f.

134 FUHRMANN, Gelehrtenleben (wie Anm. 54) S. 100.

135 ELM, Mittelalterforschung (wie Anm. 132) S. 232 Anm. 57. Er beruft sich zusätzlich auf WEBER, Priester der Klio (wie Anm. 131) S. 394 bzw. 429, wo aber lediglich ältere Nachrufe bibliographiert sind, die keinen Hinweis auf einen Suizid enthalten.

136 DUCHHARDT, Berney (wie Anm. 17) S. 56 nach einem Brief von Berney an den gemeinsamen Verleger Oskar Siebeck vom 11.2.1935 (SBB, Nl 488, A 0482/1 Bl. 1).

137 Christian GOESCHEL: Selbstmord im Dritten Reich (2011) trifft die bemerkenswerte Unterscheidung zwischen dem vom NS-Regime erwünschten Selbstmord ‚nicht arischer' Personen und dem verpönten Selbstmord von ‚Volksgenossen'. Eine Vertuschung von Caspars Selbstmord ist also nur dann anzunehmen, wenn dabei seine Abstammung nicht thematisiert wurde.

138 SUB Göttingen, Cod. Ms. A. O. Meyer 74 Bl. [17r])

139 HOLTZMANN, Verschiedenes (wie Anm. 110) S. 218.

nur Helmrath als Kaschierung der wahren Umstände wertete[140]. Allerdings erwähnt auch der Nachruf der Neuen Zürcher Zeitung, Caspar sei „nach ganz kurzer Krankheit an einer bösartigen Grippe" verstorben. Das wichtigste Zeugnis für die an der Berliner Universität vorherrschende Meinung über die Umstände von Caspars Tod aber gibt der mit Caspar vertraute Carl Erdmann: „Inzwischen werden Sie von Caspars plötzlichem Tode – an einer Lungenentzündung – gehört haben. Für die Wissenschaft ein großer Verlust, aber für ihn selbst vielleicht eine glückliche Fügung, denn er litt im letzten Jahr sehr unter seiner Lage, war zum ersten Mal in seinem Leben pessimistisch geworden und wollte sogar heraus aus der Universität"[141].

Auch Paul Fridolin Kehr wusste nichts von einem Selbstmord, denn er notierte im Nekrolog seines autobiographischen ‚Liber vitae' zum 22.1.1935 lediglich: „† Erich Caspar in Berlin, mein früherer Mitarbeiter an der Italia Pontif., ein scharfsinniger u. schneller Gelehrter, aber ein großer Egoist. Seine Schwester Maria war mit meinem Bruder Karl verlobt"[142]. Bei dem genannten Bruder Karl Andreas und bei Hermann Krabbo hingegen erwähnte Kehr die Selbstmorde ausdrücklich. Unklar drückte sich Wilhelm Levison in einem an Kehr gerichteten Brief aus: „Sehr nahegegangen ist mir der Tod von Caspar, von dem man noch viel Schönes erwarten durfte"[143]. War es doch kein Selbstmord? Nachforschungen im Berliner Landesarchiv bestätigen dies nur ansatzweise.

Der standesamtliche Eintrag[144] lässt keinen Zweifel daran, dass Caspar im evangelischen Elisabeth-Krankenhaus in der Berliner Lützowstraße verstarb. Wenn er einen Suizid versucht hatte, so überlebte er ihn augenscheinlich und konnte noch in das Krankenhaus gebracht werden, das ca. vier Kilometer von seiner Wohnung in der Nikolsburger Str. 6 in Berlin-Wilmersdorf entfernt liegt. Das verkomplizierte eine Vertuschung erheblich, denn so gab es Zeugen, die – anders als die Familienmitglieder oder engeren Freunde – keinen Grund zur Vorsicht hatten. Das Standesamt notierte die von der Oberin des Elisabeth-Krankenhauses gemachte Todesanzeige ohne Angabe einer Todesursache. Weder Polizei noch Staatsanwaltschaft eröffneten ein Verfahren zur Überprüfung des Suizids und zum Ausschluss von Fremdeinwirkung[145]. Das setzt eigentlich voraus, dass im Totenschein eine natürliche Todesursache genannt wurde, vermutlich die von Holtzmann angeführte Lungenentzündung. Natürlich könnte man Gründe konstruieren, warum der Suizid in den Akten unterschlagen worden sein könnte. Aber kann man wirklich ohne jeden Beweis unterstellen, dass die Oberin des Krankenhauses und vor ihr schon der Arzt, der den Totenschein ausstellte, wis-

140 Helmrath, Geschichte des Mittelalters (wie Anm. 129) S. 394; vgl. Boockmann, Königsberger Historiker (wie Anm. 113) S. 262 Anm. 13.

141 Erdmann an Tellenbach, 27.1.1935, Reichert, Fackel 2 (wie Anm. 27) S. 76. Reichert (ebd. 1 S. 171 bzw. im Kommentar 2 S. 78) geht allerdings von einem Selbstmord aus.

142 GStA PK, VI. HA Familienarchive und Nachlässe, Nl Kehr, Paul Fridolin, Nr. 183 Bl. 121v, nach freundlicher Mitteilung von Hedwig Munscheck-von Pölnitz.

143 Wilhelm Levison an Kehr, 30.1.1935 (MGH-Archiv, 338/244 Bl. 85v).

144 LAB, P Rep. 804 Standesamt Berlin III, Nr. 169, Urkunden-Nr. 76/1935.

145 In den Beständen des Stadtarchivs, insbesondere der Generalstaatsanwaltschaft beim Landgericht Berlin (A Rep. 358-02) und des Polizeipräsidiums Berlin (A Pr.Br.Rep. 030), gibt keine Unterlagen über eine Untersuchung zu Caspars Tod (ich danke Bianca Welzing-Bräutigam, Berlin, für entsprechende Recherchen).

sentlich Falschaussagen machten – denn zumindest für die seinerzeit gängigen Formen der Selbsttötung[146] dürfte eine Verwechslung mit einer Lungenentzündung auszuschließen sein. Wurde das Berliner Standesamt also vorsätzlich getäuscht? Und wer im Krankenhaus und im Familien- und Freundeskreis wäre dann Mitwisser gewesen? Machte sich Maria Caspar zum Teil dieser Konspiration, als sie der Berliner Universität zwar den Tod des Bruders, aber nicht die Todesursache mitteilte[147]? Und was ist davon zu halten, wenn der NS-Kirchenhistoriker Erich Seeberg an Caspars Grab die Hinweise des Totenzettels auf ein sanftes Entschlafen nach kurzer Krankheit dahingehend ausmalt, dass der Tod für Caspar so schnell gekommen sei, „daß er es nicht merkte, daß das Ende da war"[148]? Ist das dann doch eine Anspielung auf Tod durch ausströmendes Gas?

Müsste man nicht auch umgekehrt danach fragen, wie der Kronzeuge Otto Perels am Geschehen Anteil nehmen konnte? Vermutlich konnte er doch nur vom Hörensagen (im Hause seines Vaters? aus dem Kreis von Caspars Familie?) von Caspars Selbstmord wissen – ganz zu schweigen davon, dass Elm den Wortlaut der Aussage nicht mitteilt.

Es ist unumgänglich, die Betrachtung von einer anderen Seite aufzuziehen. Caspars Tod, ganz gleich wodurch verursacht, beendete die offiziellen Nachforschungen über seine Abstammung und unterlief die drohenden Schikanen durch das NS-Regime. Caspar starb als Hochschullehrer evangelischer Konfession und wurde entsprechend bestattet – als ordentlicher Professor und Beamter; die Frage seiner Genealogie wurde nicht in die Öffentlichkeit gezerrt. Es ist keineswegs gesichert, dass Caspars Abstammung einem größeren Kollegenkreis bekannt war. Außerdem bestritten nicht die Weggefährten Kehr, Levison oder Ernst Perels, sondern die Schüler die von der Fakultät ausgerichtete Gedenkfeier. Waren sie wirklich über die Lebensumstände des Großvaters Eduard Caspar oder gar seiner Eltern unterrichtet? Wäre Caspar offiziell als ‚nicht arisch' eingestuft worden, wäre er auch nur im Verdacht gestanden, ‚Jude' zu sein, so hätte eine derartige Veranstaltung nicht stattgefunden, ganz zu schweigen davon, dass die Reden in der Zeitschrift für Kirchengeschichte veröffentlicht wurden und Gmelin aus Caspars Nachlass mit Nennung des Namens publizierte. Wäre erkennbar gewesen, dass sie hier einem ‚Nicht-Arier' ihre Referenz bezeugten, hätte ihnen das erhebliche Schwierigkeiten bereiten können[149]. Gerade darum erweist sich die Vorstellung, die akademische Feier oder die Veröffentlichung der Ansprachen in der Zeitschrift für Kirchengeschichte habe so etwas wie einen konspirativen Charakter gehabt[150], als Luft-

---

146 Vgl.: Selbstmord, in: Meyers Lexikon 11 ([7]1929) Sp. 85: „Die am häufigsten gewählten Todesarten im Deutschen Reich sind Erhängen (etwa 2/5), dann Vergiften (meist mit Gas), Erschießen und Ertränken."

147 Das deutet Erkens, Erich Caspar (wie Anm. 12) S. 283 Anm. 11 an.

148 Seeberg, Trauerrede am Sarg Erich Caspars (Anm. 17) S. 109.

149 Karl August Eckhardt durfte die Leitung des Reichsinstituts für ältere deutsche Geschichtskunde (MGH) nicht antreten, weil er in einer Leichenrede einen jüdischen Forscher gewürdigt hatte, vgl. Arno Mentzel-Reuters, Das Reichsinstitut zwischen Ahnenerbe und Westforschung in: ders. / Martina Hartmann / Martin Baumeister (Hg.), Das Reichsinstitut für ältere deutsche Geschichtskunde 1935 bis 1945 (Studien zur Mittelalterforschung 1, 2022) S. 1–54, hier S. 23.

150 Erkens, Erich Caspar (wie Anm. 12) S. 281 kann sich offenbar nicht vorstellen, dass sich unter den Kollegen und Schülern auch ‚braune Machthaber' befanden: „doch scherte dies die braunen Machthaber in ihrem Rassenwahn wenig, denn die Vorfahren waren Juden – und dies reichte für die rassische Klassifizierung aus. Das muss den Freunden, Kollegen und Schülern bekannt gewesen sein, die sich trotzdem

schloss. Die Redner Seeberg und Gmelin, die sich als Sachwalter von Caspars Erbe gerierten, gehörten zu den engagierten Anhängern des Systems. Insofern darf man gerade von ihnen kaum erwarten, dass sie sich für ein Opfer einer rassistisch motivierten Diskriminierung eingesetzt hätten – vielmehr ging es ihnen um die politische Vereinnahmung ihres akademischen Lehrers. Es ist zu betonen, dass Caspar selbst sich in keiner Weise mit dem Regime gemein machte[151] und seine historischen Forschungen auch nicht dazu angetan waren, Rassismus oder Germanenwahn zu stärken. Das hat aber offenkundig seine Adepten nicht an dem Versuch gehindert, sein Erbe an sich zu reißen. Gelungen ist es nicht.

Das liegt nicht zuletzt daran, dass nach der akademischen Feier die Familie das letzte Wort hatte. Es ist bemerkenswert, dass auf dem Totenzettel[152] bereits alle Personen versammelt waren, die später die Grabstätte dem Alten St.-Matthäus-Friedhof in Berlin-Schöneberg mit Erich Caspar teilten. Sie ehrten ihn mit einer standesgemäßen Bestattung, zu der auch der demonstrativ auf dem Grabstein verewigte Professorentitel gehörte, der ihm nun nicht mehr aberkannt werden konnte. Auf den Querbalken des steinernen Grabkreuzes[153] wurde ein unmissverständliches Bekenntnis zum Christentum graviert – vermutlich Caspars Konfirmationsspruch: „Selig sind, die Frieden stiften; denn sie werden Gottes Kinder heißen (Matth. 5.9).“

Abstract: Erich Caspar was born 1879 in Potsdam to an upper middle-class family of Jewish origins. Departing from the family tradition of work in the civil service, he studied law and history in Heidelberg and Bonn, completing his Ph.D. in Berlin in 1902 under Paul Scheffer-Boichorst und Michael Tangl with a thesis paper on the ecclesiastical politics of Count Roger I in Sicily. In 1908, after working for Paul F. Kehr on the edition of papal charters Italia pontificia and attaining his habilitation, Caspar was engaged to edit papal letters for the MGH section Epistolae. During WWI, he worked for the German military intelligence translating foreign newspaper articles. Despite having been granted an untenured position, he left the Monumenta in 1920 to take up an ordinarius professorship in Königsberg, nevertheless completing the editions of the papal letter-registers for popes John VIII and Gregory VII. In 1929/30, Caspar briefly held the history chair in Freiburg before returning to take a professorship in Berlin, where he died under uncertain circumstances in 1935. This paper investigates the commonly accepted assertion that he committed suicide in connection with

nicht scheuten, des Verblichenen in bewegenden Trauerreden zu gedenken und die rhetorischen Zeugnisse freundschaftlicher Zuneigung und menschlicher Bindung auch noch drucken zu lassen“. Ähnlich Boockmann, Königsberger Historiker (wie Anm. 113).

151 Nach dem Zeugnis von Erdmann (Brief an Tellenbach vom 21.1.1934) beklagte Caspar unter Anspielung auf Schillers ‚Ode an die Freude‘ den Verlust von Zivilcourage an der Berliner Universität: „Daß die gesamte Hochschullehrerschaft (wie Caspar sich neulich ausdrückte) ihren ‚Männerstolz vor Königsthronen‘ zwecks besserer Aufbewahrung für die Zukunft beiseite gelegt hat, hat mich zwar nicht überrascht, aber doch geschmerzt.“ Reichert, Fackel 2 (wie Anm. 27) S. 38.

152 Neben den drei Schwestern und Curt von der Groeben trauern die Mutter „Anna Caspar, geb. Vonhoff“ und „Annemarie, Erich und Reinhold Michelly“.

153 Siehe Anm. 14.

the enforcement of the Nuremberg Laws and finds no evidence to support this theory. Besides his work for the MGH, Caspar is best known for his History of the Papacy. His studies on the Teutonic Order were written in preparation for the final volume of this work, which unfortunately remained unfinished.

Paul Ewald
(1851–1887)

von
Anna Claudia Nierhoff

Paul Ewald

Paul Ewald, in den Jahren 1871 bis 1884 Mitarbeiter der MGH in der Abteilung Epistolae, machte sich insbesondere mit seinen maßgeblichen Studien zum Register Gregors des Großen und der Neubearbeitung von Philipp Jaffés (1819–1870) Regesta Pontificum Romanorum einen Namen, doch trat der Mensch hinter diesen Werken bislang nur wenig in Erscheinung[1]. So soll er etwa die Angewohnheit gehabt haben, in seinem Studierzimmer

1 Paul Ewald, Studien zur Ausgabe des Registers Gregors I., in: NA 3 (1878) S. 429–625; Gregorii I papae registrum epistolarum 1: Libri I–VII., ed. von Paul Ewald / Ludo M. Hartmann (MGH Epp. 1, 1891); Gregorii I papae registrum epistolarum 2: Libri VIII–XIV., ed. von Paul Ewald (†) / Ludo M. Hartmann (MGH Epp. 2, 1899); Regesta pontificum Romanorum ab condita ecclesia ad annum post Christum natum MCXCVIII. 2 Bde., bearbeitet von Philipp Jaffé. 2. Auflage korrigiert und erweitert von Wilhelm Wattenbach / Samuel Loewenfeld / Friedrich Kaltenbrunner / Paul Ewald (1885–1888). Zu Paul Ewald und seiner Zeit als Mitarbeiter der MGH vgl. Harry Bresslau, Geschichte der Monumenta Germaniae historica im Auftrage ihrer Zentraldirektion, in: NA 42 (1921) S. 594–599; Horst Fuhrmann, „Sind eben alles Menschen gewesen". Gelehrtenleben im 19. und 20. Jahrhundert. Dargestellt am Beispiel der Monumenta Germaniae Historica und ihrer Mitarbeiter. Unter Mitarbeit von Markus Wesche (1996) S. 83–88; Annedore Oertel, Gelehrtenleben. Biographische Berichte über Mitarbeiter der Monumenta Germaniae Historica auf Grund der Akten der MGH 1875–1935 (MGH-Archiv, K 204/3 Nr. 5). Zu Philipp Jaffé siehe den Beitrag von Daniel R. Schwartz in vorliegendem Band.

umherzugehen und aus dem Fenster zu blicken, während er über seine jüngsten Forschungen sinnierte[2]. Die Worte, mit denen Kollegen und Weggefährten seinen allzu frühen Tod beklagten, zeugen allesamt von Anerkennung für einen Mann, der sich nicht nur leidenschaftlich der historischen Forschung verschrieben hatte, sondern der auch als scharfsinniger Gesprächspartner und talentierter Kollege geschätzt war[3]. Auf Grund seiner wissenschaftlichen Verdienste ernannten ihn die Akademie der Wissenschaften in Madrid ebenso wie die Società Romana di Storia Patria zu ihrem korrespondierenden Mitglied[4]. Daneben sind es aber vor allem die knapp 300 an ihn adressierten Briefe sowie die Jahresberichte Wilhelm Wattenbachs (1819–1897), in denen er als Abteilungsleiter und direkter Vorgesetzter Ewalds der Zentraldirektion alljährlich über seine Mitarbeiter Bericht erstattete, die es erlauben, hinter die Kulisse des Wissenschaftlers und seiner Publikationen zu blicken[5].

Paul Ewald wuchs zusammen mit seinen Geschwistern im Hause des Vaters in Berlin auf, dessen wohlhabende Familie seit vier Generationen in der Hauptstadt ansässig war. Den Grundstein für den späteren Wohlstand legte Pauls Ururgroßvater, „der gelehrte und geachtete Rechnungsführer“[6] der jüdischen Gemeinde Hirsch David Cohn, auch bekannt als Hirsch Königsberg (um 1746–1807). Er war in der zweiten Hälfte des 18. Jahrhunderts von Königsberg nach Berlin übergesiedelt, wo er am 30. April 1766 die Konzession erworben hatte, das renommierte Bankhaus Hirsch David Cohn zu gründen[7]. Um auch seine Angehörigen monetär abzusichern, hatte er 1807 eine Familienstiftung von 6000 Talern eingerichtet, deren Zinsen im Bedarfsfall dafür aufgewandt werden sollten, finanziell in Not geratene Familienmitglieder zu unterstützen[8]. Nach seinem Tod führten die drei Söhne Simon Heinrich

2 Hans Albrecht Bethe / Gerd Hildebrandt, Paul Peter Ewald. 23 January 1888–22 August 1985, in: Biographical Memoirs of Fellows of the Royal Society 34 (1988) S. 133–176, hier S. 136.

3 Samuel Löwenfeld, Paul Ewald, in: HZ 59 (1888) S. 507–516; John Robert Seeley, Paul Ewald and Pope Gregory I., in: The Englisch Historical Review 3 (1888) S. 295–304 mit dem Auszug einer Beileidsbekundung von Theodor Mommsen S. 295f. Vgl. Fuhrmann, Gelehrtenleben (wie Anm. 1) S. 86, 88.

4 Dazu die Briefe der Real Academia de la Historia de España (Nachlass von Paul Ewald [1851–1887]. BSB, Ewaldiana I–VI, hier I); Nachruf, in: Archivio della Società Romana di Storia Patria 10 (1887) S. 723.

5 Briefe an Paul Ewald (Ewaldiana I [wie Anm. 4]); Wilhelm Wattenbach, Berichte über die Abteilung Epistolae 1876–1885 (MGH-Archiv, 338/54). Obendrein sind sechs unveröffentlichte Manuskripte erhalten. Darunter Studien zu Benno von Meißen (1066–1106), zum Liber diurnus, zum Register Gregors VII., zum Nekrolog aus dem Kettenbuch von St. Pantaleon in Köln, zum Kölnischen Dienstrecht (Jura Ministerialium Coloniensium) und zu Gregorianischen Mythen (Ewaldiana V [wie Anm. 4]).

6 Jacob Jacobsen, Jüdische Trauungen in Berlin 1759 bis 1813 (Veröffentlichungen der Berliner Historischen Kommission beim Friedrich-Meinecke-Institut der Freien Universität Berlin 28, Quellenwerke 4, 1968) S. 159 und S. 486 Anm. 931.

7 Ebd. Nach Johann Christian Gädicke, Lexicon von Berlin und der umliegenden Gegend. Enthaltend alles Merkwürdige und Wissenswerthe von dieser Königsstadt und deren Gegend. Ein Handbuch für Einheimische und Fremde (1806) S. 36 befand sich das Bankhaus in der Heiligengeiststraße 3.

8 Brigitte Scheiger, Juden in Berlin, in: Von Zuwanderern zu Einheimischen. Hugenotten, Juden, Böhmen, Polen in Berlin, hg. von Stefi Jersch-Wenzel / Barbara John (1990) S. 153–488, hier S. 264; Friedrich Gustav Lisco, Geschichtlich-statistische Nachrichten über die Wohltätigkeits-Uebung Berlin's (1846) S. 395.

Cohn-Ewald, Ferdinand Moritz Heinrich Cohn-Ewald und Anton Martin Ewald (geborener Samuel Cohn 1777–1818) die Geschäfte fort. Wie auch seine Brüder trat Anton Martin Ewald, der Großvater Paul Ewalds, mit der Taufe am 31. März 1815 zum Protestantismus über[9]. Für seine Ehefrau Judith, oder auch Julie (geborene Hellborn, 1786–1867), kam eine Konversion indes nicht in Frage; sie heiratete stattdessen in zweiter Ehe ihren Schwager Moritz Borchardt[10].

Gleichwohl gingen aus der Ehe von Anton und Judith Ewald noch zwei Söhne hervor; Julius Wilhelm Ewald (1811–1891) und Arnold Ferdinand Ewald (1815–1884), der Vater Paul Ewalds. Anders als sein Vater vor ihm hatte sich Arnold Ewald gegen den Beruf des Kaufmanns entschieden und eine Profession gewählt, die mehr seinen Talenten entsprach. Auf ein Studium der Malerei an der Akademie der Bildenden Künste in München folgte alsbald die Rückkehr nach Berlin[11]. Über seine Tätigkeit als Historienmaler fand er Aufnahme in Berlins Künstler- und Gelehrtenkreise, sodass, den Schilderungen seines jüngsten Sohnes Julius nach, im Hause Ewald stets ein reges Kommen und Gehen geherrscht habe; regelmäßig sollen sich bei ihnen zuhause Freunde und Bekannte eingefunden haben, um Ausstellungen beizuwohnen oder den neuesten Kompositionen des Vaters zu lauschen[12]. Zu Arnolds Bekannten zählte etwa Theodor Fontane (1819–1898), den er über den ‚Tunnel über der Spree' kennengelernt haben dürfte, einer in Berlin ansässigen literarischen Gesellschaft, deren Mitglieder sich in einem weit gespannten Netzwerk aus Schriftstellern, Malern, Musikern und Politikern zusammensetzten[13].

In dieses gelehrte Umfeld hinein wurde Paul Ewald am 7. Dezember 1851 als drittes von vier Kindern geboren. Seine Mutter Auguste Ewald (geborene Amelung) starb, als er acht Jahre alt war. Fortan war die Kindheit und Jugend von Ewald und seinen Geschwistern entscheidend durch den Einfluss ihres Vaters geprägt, der zwar Wert auf eine literarische Bildung legte, ihnen ansonsten aber alle Freiheiten zur kreativen Entfaltung ließ und sich

---

9 Jacob Jacobsen, Die Judenbürgerbücher der Stadt Berlin 1809–1851. Mit Ergänzungen für die Jahre 1791–1809 (Veröffentlichungen der Berliner Historischen Kommission beim Friedrich-Meinecke-Institut der Freien Universität Berlin 4, 1962. Reprint 2018) S. 75; ders., Jüdische Trauungen (wie Anm. 6) S. 486 Anm. 913.

10 Jacobsen, Jüdische Trauungen (wie Anm. 6) S. 486; Reinhard Lüdicke, Berliner Häuserbuch 2,1: Geschichte der Berliner Stadtgrundstücke seit der Einführung der Grundbücher Ende des 17. Jahrhunderts. Nach den Hypotheken- und Grundbüchern (Veröffentlichungen der Historischen Kommission für die Provinz Brandenburg und die Reichshauptstadt Berlin 7, 1933) S. 140 Anm. 11 und S. 476.

11 Unter dem Eintrittsdatum zum 6.7.1839 ist Arnolds Name mit der Matrikelnummer 2853 im ersten Band der Matrikelbücher der Akademie der Bildenden Künste München (1809–1841) eingeschrieben https://matrikel.adbk.de/matrikel/mb_1809-1841/jahr_1839/matrikel-02853 [Link abgerufen am 11.5.2023]. Bethe / Hildebrandt, Paul Peter Ewald (wie Anm. 2) S. 135 führen zudem ein Philosophie- und Geschichtsstudium an. Zu Arnold Ewald vgl. bes. Georg Kaspar Nagler, Die Monogrammisten 1: A–CF (1858) S. 249.

12 [Hans] Albrecht Bethe, J. Rich. Ewald, in: Pflüger's Archiv für die gesamte Physiologie des Menschen und der Tiere 193 (1922) S. 109–127, hier S. 110.

13 Christine Hehle / Hanna Delf von Wolzogen, Theodor Fontane. Fragmente. Erzählungen, Impressionen, Essays 1: Texte (2016) S. 126 Anm. 1. Zu den Veranstaltungen des Vereins, an denen Arnold Ewald meist unter seinem Mitgliedernamen Canaletto zeitgleich mit Fontane teilnahm, Roland Berbig, Theodor Fontane Chronik 1: 1819–1857. Projektmitarbeit 1999–2004: Josefine Kitzbichler (2010) S. 336, 340, 412, 976, 1015, 1077.

redlich Mühe gab, ihre künstlerischen Fähigkeiten zu fördern[14]. Bis auf Pauls Schwester Johanna, über deren Lebensumstände bisher nur wenig bekannt ist, schlugen alle Geschwister eine akademische Laufbahn ein und traten in späteren Jahren als herausragende Wissenschaftler hervor. Von Johanna haben wir nur deshalb Kenntnis, weil sich eine Hochzeitsanzeige, eingelegt in eines von Theodor Fontanes Manuskripten, erhalten hat, worin der Vater die Eheschließung zwischen seiner Tochter und einem Cousin, dem Historienmaler und Direktor des Berliner Kunstgewerbemuseums Ernst Ewald (1836–1904) bekannt gegeben hat[15]. Für die Brüder fließen die Quellen hingegen reichlicher und so ist in der Neuen Deutschen Biographie nachzulesen, dass der älteste, sehr um das Gemeinwohl bemühte Bruder Karl Anton Emil Ewald (1845–1915) sowohl als praktizierender Arzt als auch unermüdlicher Forscher auf dem Gebiet der Gastroenterologie erstaunliche Pionierarbeit leistete, während nach den wissenschaftlichen Leistungen des bereits erwähnten jüngsten Bruders, dem begabten Physiologen Ernst Julius Richard Ewald (1855–1921), das „Ewaldsche Gesetz" benannt worden ist[16]. Julius Ewald war darüber hinaus aber nicht nur für seinen Erfindungsreichtum, sondern auch für seinen Perfektionismus bekannt, der den Erzählungen nach soweit gereicht haben soll, als dass er eine Vielzahl seiner wissenschaftlichen Abhandlungen lieber verbrannt als publiziert wissen wollte. Schon dem Vater soll es zuwider gewesen sein, seine Kunstwerke einem größeren Publikum zugänglich zu machen, und so wies auch Julius Ewald mit seiner Abneigung, öffentlich in Erscheinung zu treten, und dem Bemühen um Vollkommenheit Wesenszüge auf, die in späteren Jahren ebenso bei seinem Bruder Paul zu Tage treten sollten[17].

Einstweilen verbrachte Paul Ewald aber eine unbeschwerte Schul- und Studienzeit. Wie auch seine beiden Brüder besuchte er das im ehemaligen Fürstenhaus in der Kurstraße untergebrachte humanistische Friedrichswerdersche Gymnasium[18]. Bevor er sich jedoch nach erfolgreichem Erwerb der allgemeinen Hochschulreife an der Berliner Universität immatrikulieren konnte, sah er sich zunächst dazu gezwungen, noch im Herbst 1870, wie er in seiner Vita schreibt, nach Lausanne abzureisen, um dort die kalten Wintermonate zu verbringen und sich grundlegende Französischkenntnisse anzueignen, vor allem aber, um seinen angeschlagenen Gesundheitszustand zu verbessern. Wieder zu neuen Kräften gelangt, nahm er im darauffolgenden Jahr scheinbar unbehelligt das Studium auf, zumindest ist nichts darüber bekannt, dass er zur Ableistung des Wehrdienstes im Deutsch-Französischen Krieg in den

14 Bethe, J. Rich. Ewald (wie Anm. 12) S. 109–111.

15 Hehle / Delf von Wolzogen, Theodor Fontane (wie Anm. 13) S. 126 mit Wiedergabe der gedruckten Anzeige. Johanna Ewald ist außerdem als Nachlassverwalterin ihres verstorbenen Mannes in den Amtlichen Berichten aus den königlichen Kunstsammlungen 37 Nr. 11 (August 1916) S. 252 genannt. Nur am Rande erwähnen sie Bethe / Hildebrandt, Paul Peter Ewald (wie Anm. 2) S. 135, 139; Bethe, J. Rich. Ewald (wie Anm. 12) S. 109.

16 Wilhelm Katner, Ewald, Karl Anton, in: NDB 4 (1959) S. 695; Dietrich Trincker, Ewald, Richard, in: NDB 4 (1959) S. 695f. Vgl. Fuhrmann, Gelehrtenleben (wie Anm. 1) S. 85f.

17 So berichten es Bethe / Hildebrandt, Paul Peter Ewald (wie Anm. 2) S. 135; Bethe, J. Rich. Ewald (wie Anm. 12) S. 110–112. Siehe auch S. 174f.

18 Zur Schulzeit der Brüder Bethe, J. Rich. Ewald (wie Anm. 12) S. 110–112; Harro Jenss, Carl Anton Ewald (1845–1915). Wegbereiter der Gastroenterologie. Eine biografische Skizze (2009) S. 7.

Jahren 1870/71 verpflichtet worden wäre. Stattdessen hörte er zwei Semester lang Vorlesungen namhafter Historiker und Philologen, wie etwa Johann Gustav Droysen (1808–1884), Moritz Haupt (1808–1874), Emil Hübner (1834–1901), Adolf Kirchhoff (1826–1908) oder Theodor Mommsen (1817–1903), doch sollten ihn erst die darauffolgenden Jahre am nachhaltigsten prägen[19].

Zu Beginn des dritten Semesters wechselte er an die Universität Bonn, wo seit jeher die Historischen Hilfswissenschaften im Fokus standen und 1873 eigens ein Lehrstuhl dafür eingerichtet worden war[20]. Anfangs konnten ihn noch die beiden Lehrstuhlinhaber für klassische Philologie und Archäologie, Franz Bücheler (1837–1908) und Reinhard Kekulé von Stradonitz (1839–1911), für ihre Disziplinen begeistern, aber Ewald schlug bald einen anderen Weg ein und vertiefte sich immer mehr in die historischen Studien. Insbesondere seinen damaligen Lehrern Moriz Ritter (1840–1923), Arnold Schäfer (1819–1883) und Conrad Varrentrapp (1844–1911) fühlte er sich in späteren Jahren für die gründliche Ausbildung zu Dank verpflichtet[21]. Einen Förderer fand der junge Gelehrte namentlich auch in dem seinerzeit so einflussreichen Heinrich von Sybel (1815–1895), dem ehemaligen Rektor der Universität Bonn. Auf sein Betreiben hin nahm Ewald 1873 an einem Schreibwettbewerb der philosophischen Fakultät teil und belegte mit einer Abhandlung über die publizistischen Streitigkeiten in der zweiten Hälfte des 11. Jahrhunderts den ersten Platz. Einen Abschnitt aus dieser Preisschrift über ‚Bischof Walram von Naumburg. Zur Geschichte der publicistischen Literatur des XI. Jahrhunderts' reichte er im darauffolgenden Jahr als Doktorarbeit ein, mit der er im August 1874 promoviert wurde[22].

Wie aus einem späteren Briefwechsel hervorgeht, stand Ewald auch noch nach Jahren in Kontakt mit seinen ehemaligen Kommilitonen Julius Asbach und August Auler. Das Dienstjubiläum ihres einstigen Dozenten, des Althistorikers Arnold Schäfer, zum Anlass nehmend, appellierten die beiden im Jahr 1882 mehrmals an Ewald, die gesammelten Aufsätze ihres Studienkollegen Max Posner (1850–1882) über die literarische Tätigkeit Friedrichs des Großen für eine Festschrift zusammenzustellen oder wenigstens eine Einleitung dazu zu verfassen. „Ich wüßte niemanden", hatte Auler in einem Brief vom 1. Oktober 1882 Ewald vergeblich zur Abfassung zu überreden versucht, „den ich mehr dazu geeignet halte"[23].

19 Die Vita ist dem zur Abgabe bestimmten Exemplar von Paul Ewalds Dissertation über Walram von Naumburg. Zur Geschichte der publicistischen Literatur des XI. Jahrhunderts (Phil. Diss. Bonn 1874) S. 87 beigegeben, heute BSB P.lat. 2039a. Vgl. auch Löwenfeld, Paul Ewald (wie Anm. 3) S. 508.

20 Uwe Baumann / Claudia Wich-Reif, Die Philosophische Fakultät, in: Die Buchwissenschaften. Geschichte der Universität Bonn 3, hg. von Thomas Becker / Philip Rosin (2018) S. 473–783, hier S. 553f., 613.

21 Ewald, Walram von Naumburg (wie Anm. 19) S. 87.

22 So berichtet es Löwenfeld, Paul Ewald (wie Anm. 3) S. 508. Zu Ewalds Dissertation siehe Anm. 19. Zu Heinrich von Sybel als ‚Wissenschaftsorganisator' vgl. Volker Dotterweich, Sybel, Heinrich, in: NDB 25 (2013) S. 733–735, hier S. 734 und ausführlicher zu seinem Wirken in München ders., Heinrich von Sybel. Geschichtswissenschaft in politischer Absicht (1817–1861) (Schriftenreihe der HiKo 16, 1978) bes. S. 219–338.

23 August Auler in einem Brief an Paul Ewald vom 1.10.1882 (Ewaldiana I [wie Anm. 4]). Vgl. dazu auch die weiteren Briefe von Julius Asbach und August Auler an Ewald aus dem Jahr 1882 (Ewaldiana I [wie Anm. 4]). Zu Max Posner, der ebenfalls seine Studienjahre ein Bonn zugebracht hatte, danach als Archivsekretär erst in Marburg und dann unter Heinrich von Sybel in Berlin tätig war und kurz vor

Aber Ewald ließ sich nicht erweichen. Dass er dennoch gerne an seine Studienzeit in Bonn zurückdachte, davon zeugen die einleitenden Worte seines Beitrages in der Festschrift, dargereicht von Schäfers ehemaligen Studenten im November 1882: „Im historischen Proseminar zu Bonn *[...]* wurde ich als lernbegieriger Anfänger zum ersten Mal auf die Sammlung der Briefe Gregors VII. in seinem Registrum hingewiesen. *[...]* Und wie ich nun unter Ihrer Leitung *[...]* in den Zauberkreis dieses Gregorianischen Registers zuerst eingeführt wurde, so gestatten Sie mir heute zur Würdigung desselben die nachfolgenden Bemerkungen Ihnen als Ausdruck meiner dankbaren Gesinnung darzubringen“[24].

Kurz nachdem ihm dann der Doktorgrad in Bonn verliehen worden war, kehrte Ewald in seine Heimatstadt zurück und begann als Gasthörer die historischen Übungen von Karl Wilhelm Nitzsch (1818–1880), Georg Waitz (1813–1886) und Wilhelm Wattenbach zu besuchen. Diese boten ihm die Gelegenheit, sein bisheriges Wissen zu vertiefen, hauptsächlich aber die Aufmerksamkeit der Monumentisten auf sich zu lenken[25]. Mit Erfolg, wie einer der frühesten erhaltenen, an ihn adressierten Briefe vom März 1875 belegt: Wilhelm Arndt (1838–1895), der zu diesem Zeitpunkt noch bei den MGH für die Abteilung der Scriptores tätig war, ließ Ewald darin wissen, Wattenbach bitte sie beide am nächsten Tag um die Mittagszeit zu einer Unterredung in die Bibliothek[26]. Weit musste Ewald für dieses Treffen nicht gehen. Adressiert war der Brief an das Haus am Bauhof 2, das fußläufig in der Nähe der Universität und damit auch des Amtshauses in der Behrenstraße 40 lag[27]. Die großzügig geschnittene Dienstwohnung in der Behrenstraße bewohnte als Oberbibliothekar der Königlichen Bibliothek Georg Heinrich Pertz (1795–1876), gleichwohl sie von den Mitarbeitern der Monumenta, nicht zuletzt auf Grund ihres Zuganges zur Königlichen Bibliothek, als Arbeitsstelle mitgenutzt wurde[28].

Erscheinen der Festschrift verstorben ist, die spärlichen Informationen in dem Correspondenzblatt der deutschen Archive. Organ für die Archive Mittel-Europas 1 Nr. 3 (1878) S. 39; 1 Nr. 10 (1879) S. 148; 2 Nr. 14 (1879) S. 255; 3 Nr. 4 (1880) S. 61. Es war ausgerechnet Max Posners Neffe Ernst Maximilian Posner (1892–1980), der 40 Jahre später Ewalds Forschungen in einem Aufsatz über Das Register Gregors I. im NA 43 (1922) S. 243–315 gegen die Kritiker verteidigen sollte.

24 Paul Ewald, Zum Register Gregors VII., in: Historische Untersuchungen. Arnold Schaefer zum fünfundzwanzigjährigen Jubiläum seiner akademischen Wirksamkeit gewidmet von früheren Mitgliedern der historischen Seminarien zu Greifswald und Bonn (1882) S. 296–318, hier S. 296. Das Antwortschreiben Arnold Schäfers ist auf den 24. Dezember 1882 datiert, worin er sich bei Ewald für den Aufsatz bedankt und ihn wissen lässt, dass er sich durchaus „das treue Gedenken einer Reihe von hoffentlich jungen Gelehrten, welche ihre historischen Studien in meinem Seminar begonnen haben“ bewahrt hat (Ewaldiana I [wie Anm. 4]).

25 So berichtet es Löwenfeld, Paul Ewald (wie Anm. 3) S. 508.

26 Wilhelm Arndt in einem Brief an Paul Ewald vom 16.03.1875 (Ewaldiana I [wie Anm. 4]). Wilhelm Arndt reichte am 12. April 1875 sein Kündigungsgesuch ein, um die MGH zum ersten Oktober desselben Jahres zu Gunsten einer universitären Laufbahn zu verlassen. Vgl. dazu Bresslau, Geschichte (wie Anm. 1) S. 542.

27 Zum Haus mit der Nummer 2 in der Bauhofstraße Heinrich Trost / Gerd Baier / Horst Drescher, Die Bau- und Kunstdenkmale in der DDR 1: Hauptstadt Berlin, hg. vom Institut für Denkmalpflege der DDR (Die Bau- und Kunstdenkmale in der DDR 4,1, 1983) S. 191.

28 Zur Pertzschen Wohnung und weiteren Unterkünften der MGH in Berlin Fuhrmann, Gelehrtenleben (wie Anm. 1) S. 36–40; Bresslau, Geschichte (wie Anm. 1) S. 499, 528, 641f.

Jedenfalls schienen sich die Bemühungen des erst 25 Jahre alten Doktors allmählich auszuzahlen. „Ich *[habe]* einen Mitarbeiter zu gewinnen gesucht und einen solchen an Dr. Paul Ewald gefunden“[29], teilte Wattenbach der Zentraldirektion in seinem Jahresbericht zufrieden mit. Zum 1. Februar 1876, in dem Jahr also, in dem die Zentraldirektion Wattenbachs Vorschlag gebilligt hatte, eine neue Ausgabe der Briefe Gregors I. zu besorgen, wurde Ewald erstmals bei den MGH unter Vertrag genommen, um bei den Vorbereitungen für die bevorstehende Neuausgabe behilflich zu sein[30]. Seine Hauptaufgabe bestand darin, die Überlieferungslage der Gregorbriefe zu sichten, einer Tätigkeit, „welche allein zu bewältigen ich nicht hoffen dürfte“[31], wie Wattenbach freimütig bekannte.

Die Laufzeit von Ewalds befristeten Vertrag belief sich vorerst auf drei Monate und war mit einem Honorar von 300 Mark vergütet[32]. Diese kurze Zeitspanne war offenbar ausreichend, um Wattenbach von seinen Fähigkeiten zu überzeugen, sodass ihm dieser zum 1. Mai desselben Jahres eine Stelle als ständiger Mitarbeiter für ein Einstiegsgehalt von 1800 Mark anbot und ihm mit sofortiger Wirkung die Zuständigkeit für die Edition der Briefe Gregors des Großen abtrat[33]. Fachliche Unterstützung von seinem Arbeitsstellenleiter Wattenbach konnte Ewald dabei kaum erwarten. Wattenbach hatte 1873 den Abteilungsvorsitz der ihm so verhassten Quellengattung der Epistolae lediglich auf Drängen von Waitz und nur mit großem Widerwillen übernommen. Die eigentliche Arbeit an den Quellen aber überließ er handverlesenen Mitarbeitern wie Ewald, die er eigens zu diesem Zweck akquirierte[34].

Da es zuallererst erforderlich war, die Handschriftengrundlage der Edition einer gründlichen Revision zu unterziehen, stand Ewald zunächst eine Reise nach Italien bevor. Als vorbereitende Maßnahme setzte er deshalb eine Anzeige auf, die er noch im September 1876 an die Leiter zahlreicher europäischer Bibliotheken versandte und zudem im Neuen Archiv schalten ließ, worin er um Mithilfe bat, etwaige, in den Archiven befindliche Handschriften mit inserierten Gregorbriefen nach Berlin zu melden[35].

---

29 Wilhelm Wattenbach, Bericht über die Abteilung Briefe 1876 (MGH-Archiv, 338/54).

30 Bericht über die zweite Plenarversammlung der neuen Centraldirection der Monumenta Germaniae, in: NA 2 (1877) S. 1–8, hier S. 7; Bresslau, Geschichte (wie Anm. 1) S. 595.

31 Wilhelm Wattenbach, Bericht über die Abteilung Briefe 1876 (MGH-Archiv, 338/54).

32 Ebd.: „Einstweilen noch mit anderen Arbeiten beschäftigt, hat derselbe vom 1. Februar an sich auf ein Viertheljahr verpflichtet, für ein Honorar von 300 Pfund einen ansehnlichen Theil seiner Zeit dieser Aufgabe zu widmen und ist, so weit ich es beurtheilen kann, mit Fleiß und Eifer dabei beschäftigt.“

33 Wilhelm Wattenbach, Bericht über die Abteilung Briefe 1876 und 1877 (MGH-Archiv, 338/54); Bericht über die dritte Plenarversammlung der Central-Direction der Monumenta Germaniae 1877, in: NA 3 (1878) S. 1–7, hier S. 6f.

34 Vgl. Bresslau, Geschichte (wie Anm. 1) S. 594f. und den ebd. S. 527 Anm. 6 abgedruckten Auszug aus einem Brief von Wilhelm Wattenbach an Theodor von Sickel vom 1.12.1875, in dem Wattenbach die Epistolae als „lästige und widerwärtige Getier“ bezeichnete.

35 Paul Ewald, Aufforderung in Betreff der neuen Ausgabe der Briefe Gregors I., in: NA 2 (1877) S. 232f. Zu den Vorarbeiten für die Neuausgabe Wilhelm Wattenbach, Bericht über die Abteilung Briefe 1876 (MGH-Archiv, 338/54): „Bei der Durchsicht der Vorarbeiten zeigte sich, daß zwar viel gesammelt, aber doch nichts systematisch vorbereitet war *[…]*. Als erste große Sammlung nun begegnen das Registrum Gregorii I., eine Geschichtsquelle ersten Ranges. *[…]* bei der ersten Prüfung zeigte sich, daß die für ihre Zeit vortreffliche Ausgabe der Benedictiner unseren Anforderungen nicht mehr genügt.“

Im darauffolgenden Monat trat er seine erste Archivreise an, die mittlerweile um den Auftrag erweitert worden war, zusätzliche Kollationsarbeiten für die Abteilungen der Scriptores, Antiquitates und Epistolae vor Ort durchzuführen[36]. Sein Weg führte ihn ab Oktober über Leipzig und München nach Italien, wo er insgesamt acht Monate damit zubrachte, in den zahlreichen öffentlichen sowie privaten Bibliotheken und Archiven in Verona, Aosta, Ivrea, Turin, Monte Cassino und ab dem 17. November in Rom nach Handschriften zu fahnden. Für die Rückreise hatte er eine Route über Lucca, Mailand und Wien gewählt, um weiteres Material zu sichten, bevor er im Mai 1877 nach Berlin zurückkehrte. Der Reisebericht mit den beigegebenen Handschriftenbeschreibungen samt einem stattlichen Editionsanhang wurde im Neuen Archiv veröffentlicht, obschon die dortige Berichterstattung für die Öffentlichkeit geschönt und so manche der Unannehmlichkeiten verschwiegen worden waren. Nicht ganz richtig ist es etwa, wenn Ewald schrieb, „nur die grosse Zuvorkommenheit der Bibliothekare machte es möglich, alles dies in kürzester Frist vorzunehmen. Auch später noch machte ich allenthalben die Beobachtung, dass wohin nur der Ruf des Pertzschen Werkes gedrungen ist, man der besten Aufnahme versichert sein kann; man reist für die Monumenta Germaniae unter trefflich respectirter Flagge“[37].

Es stellte sich vielmehr heraus, dass die Verhältnisse in den italienischen Bibliotheken nicht gerade dazu angetan waren, die Arbeiten an den Handschriften zu einem zügigen Abschluss bringen zu können. Allem voran das Verbot in der Biblioteca Vaticana, von den dort verwahrten Handschriften Abschriften anzufertigen, in Verbindung mit einer zulässigen Arbeitszeit von maximal vier Stunden am Tag erschwerte die Arbeit ungemein. Als Ewald darüber hinaus auch noch donnerstags der Zugang zur Bibliothek verwehrt worden war, verlor er die Geduld[38]. Trotzig berichtete er in einem Brief an Waitz: „Ich schrieb also ohne Erlaubniß ab und that es, um kein Aufsehen zu erregen, auf 2 Mal ges*[ch]*nittenen Bogen und

36 Eine Auflistung der Arbeitsaufträge findet sich bei Paul Ewald, Reise nach Italien im Winter von 1876 auf 1877, in: NA 3 (1878) S. 139–181, 319–383, hier S. 143f. Dazu auch Wilhelm Wattenbach, Bericht über die Abteilung Briefe 1877 (MGH-Archiv, 338/54).

37 Ewald, Reise nach Italien (wie Anm. 36) S. 142. Der Reisebericht beruht auf den handschriftlichen Notizen, die Ewald während seiner Reise angefertigt hat (MGH-Archiv, A 259/13).

38 Paul Ewald in einem Brief an Georg Waitz vom 23.1.1877 (MGH-Archiv, B 182): „Nun ist ja aber in diesen Tagen das unerwartete, kaum glückliche Ereignis eines neuen vaticanischen Bibliotheksreglements eingetreten. *[Jean-Baptiste]* Pitra hat eine Anzahl von Feiertagen abgeschafft und die Dauer der Arbeitszeit auf 4 Stunden täglich ausgedehnt.“ Erst Ewalds Bericht über seine Reise nach Italien (wie Anm. 36) S. 144 gibt Aufschluss, weshalb die neue Regelung für ihn ein solches Ärgernis darstellte: „Ich konnte auch an dem sonst geschlossenen Donnerstag arbeiten. Das hörte auf, als *[…]* am 22. Januar die Bibliotheksordnung umgeändert wurde. *[…]* Nun blieb fortan an den Donnerstagen die Bibliothek völlig geschlossen.“ Einen Überblick über diese und weitere Einschränkungen, mit denen sich die Besucher der Vaticana vor 1881 arrangieren mussten, bietet Johann Rainer, Historische Forschungen in Rom vor der Öffnung des Vatikanischen Archivs, in: Römische Historische Mitteilungen 23 (1981) S. 181–193. Grundlegend zu den Reisen der Monumentisten im 19. Jahrhundert und ihren Archiv- und Bibliotheksaufenthalten Arnold Esch, Auf Archivreise. Die deutschen Mediävisten und Italien in der ersten Hälfte des 19. Jahrhunderts: aus Italien-Briefen von Mitarbeitern der Monumenta Germaniae Historica vor der Gründung des Historischen Instituts in Rom, in: Deutsches Ottocento. Die deutsche Wahrnehmung Italiens im Risorgimento, hg. von dems. / Jens Petersen (Bibliothek des Deutschen Historischen Instituts in Rom 94, 2000) S. 187–234; Markus Wesche, Die Reisenden der Monumenta Germaniae Historica, in: Zur Geschichte und Arbeit der Monumenta Germaniae Historica. Ausstellung anläßlich

hatte ferner zur Seite eine andere zu collationierende Handschrift, um bei Annäherung der Bibliothekare diese vorzunehmen“[39].

Obwohl Ewald nicht ertappt worden war, konnte er sich ein solches Vorgehen bei der Kollation des Liber Pontificalis in Lucca nicht erlauben. In der Kapitularbibliothek sah er sich mit der gleichen strengen Reglementierung der Arbeitszeit wie in Rom konfrontiert, war aber obendrein dem stets wachsamen Auge des Bibliothekars ausgesetzt[40]. „Diese Umstände“, klagte er, „sind umso bedauerlicher als die Collation des liber pontificalis eine äußerst zeitraubende ist. Die Schrift ist theilweise sehr klein gedrängt und unübersichtlich“[41]. Georg Waitz hatte Ewald diese zusätzliche Aufgabe, die ihm sichtlich Mühe bereitete, ebenso leichtfertig auferlegt wie auch Ernst Ludwig Dümmler (1830–1902) keine Bedenken dabei hatte, den Kollegen in der Ferne mit Nachforschungen in eigener Sache zu beauftragen. So kam Ewald selbst nur mehr mit Mühe und Not dazu, die Handschriften für sein eigenes Editionsvorhaben – dem eigentlichen Grund der Reise – zu inspizieren[42].

Die schiere Menge der Arbeitsaufträge und die Arbeitsbedingungen vor Ort brachten ihn schließlich derart in Bedrängnis, dass er sich gezwungen sah, unverrichteter Dinge aus Lucca abzureisen, zumal der Aufenthalt von Anfang an durch das im Vorhinein erworbene Rückfahrticket nach Rom terminiert gewesen war. Erschwerend kam nun noch hinzu, dass Wattenbach allmählich anfing, Druck auszuüben[43]. Vielleicht war die Erinnerung an den reisefreudigen Ludwig Bethmann (1812–1867), der eigenmächtig seine im Auftrag der Monumenta getätigten Reisen nach Belieben – und das sehr zum Ärger seines Vorgesetzten Pertz – in Zeit und Raum variierte, in Berlin noch zu frisch, weshalb Wattenbach Ewald

---

des 41. Deutschen Historikertages München, 17.–20. September 1996. Katalog, hg. von Alfred Gawlik (1996) S. 22–34.

39 Paul Ewald in einem Brief an Georg Waitz vom 23.1.1877 (MGH-Archiv, B 182). Ein gewagtes, jedoch gängiges Verfahren wie Esch, Archivreise (wie Anm. 38) S. 210f. mit Anm. 99 anhand ähnlicher Beispiele nachweist, bei denen sich auch andere Forschende keinesfalls an die strenge Unterscheidung zwischen Lese- und Kopiererlaubnis gehalten haben.

40 Paul Ewald in einem Brief an Georg Waitz vom 5.4.1877 (MGH-Archiv, B 182): „Die Verhältnisse auf der Capitularbibliothek in Lucca haben sich seit *[Hermann]* Pabst nicht wesentlich geändert. *[...]* Die Bibliothek hat kaum öffentliche Stunden. Will jemand dort arbeiten, so muß der Bibliothekar eigens deswegen kommen und während der ganzen Arbeitszeit wie zur Controlle neben dem Betreffenden sitzen. Nun waren und sind auch immer in diesen Ostertagen die vielen vielen kirchlichen Feierlichkeiten und auf mehr wie 4 Stunden scheine ich es nicht bringen zu können.“

41 Ebd.

42 Paul Ewald in einem Brief an Georg Waitz vom 15.3.1877 (MGH-Archiv, B 182): „Durch den heute von Herrn Professor Wattenbach erhaltenen Brief bin ich bestimmt worden, die in Lucca zu besorgende Arbeit, wie Sie es ja auch zunächst disponiert hatten, in den Ostertagen vorzunehmen. *[...]* Dann allerdings werde ich nach Ostern noch wieder auf kurze Zeit nach Rom zurückkehren müssen. Die Gregorarbeiten würde ich schon nur mit Noth in den nächsten 10 Tagen fertig kriegen und dann ist noch der Guilelmus Aremoricus zu besorgen und hat mich Herr Professor Dümmler um einige kurze Nachrichten gebeten.“ Nur andeutungsweise Ewald, Reise nach Italien (wie Anm. 36) S. 141.

43 Paul Ewald in einem Brief an Georg Waitz vom 5.4.1877 (MGH-Archiv, B 182): „Mein Retourbillet nach Rom zwingt mich jetzt jedenfalls zur Rückkehr. Unter die Eventualität später noch mal für einen längeren Aufenthalt zu nehmen, habe ich am letzten Osterfeiertage mit Herr Professor Wattenbach in Florenz Rücksprache genommen. Selbiger war sehr entschieden dagegen; er wünscht meine baldige Rückkehr nach Berlin und möchte sie nicht wieder um so lange Zeit hinausgeschoben sehen.“

vehement dazu drängte, seine Schritte baldmöglichst wieder zurück zu lenken[44]. Doch gegen Waitz konnte nicht einmal Wattenbach sich durchsetzen und so entsandte er Ewald ein weiteres Mal nach Lucca, um die Arbeiten am Liber Pontificalis zu beenden[45].

Es wurde Frühsommer bis Ewald nach Berlin zurückkam. Unverzüglich machte er sich an die Arbeit, seine gesammelten Forschungsergebnisse zu Papier zu bringen. Nachzulesen sind sie im dritten Band des Neuen Archivs, worin er nicht nur seinen bereits erwähnten Reisebericht, sondern auch seine beachtliche Studie zum Register Gregors I. publizierte. Ewald konnte darin nachweisen, dass es sich bei den drei unterscheidbaren Sammlungen mit ihren zusammengerechnet ca. 850 Briefen Gregors des Großen jeweils um Abschriften der originalen Lateranensischen Register handelte. Nachdem die Überlieferungslage geklärt worden war, war es nunmehr möglich, die Briefe zu datieren und damit das ursprüngliche Register Gregors I. zu rekonstruieren[46].

Seine Publikationen brachten ihm derart viel Anerkennung ein, dass Wattenbach sich infolgedessen veranlasst sah, Ewalds Gehalt an das seiner Kollegen anzupassen. Wohl plagte ihn auch die Sorge, der fähige Mitarbeiter könnte den Monumenta abtrünnig werden. „Herr Dr. Ewald hat sich als ein so tüchtiger Arbeiter bewährt", hieß es in Wattenbachs Bericht an die Zentraldirektion, „daß es unbillig erschien, ihn länger hinter den übrigen hiesigen Mitarbeitern zurückstehen zu lassen. Da ihm nun am Anfang dieses Jahres eine weit besser ausgestattete Stellung am Kupferstich-Cabinett angeboten wurde, habe ich schon vom 1. Januar ab die Erhöhung seines Gehaltes auf 2400 Mark eintreten lassen"[47].

Die bessere Besoldung bewahrte Ewald dennoch nicht davor, weiterhin mit Aufträgen für die anderen Abteilungen betraut zu werden. Im Herbst 1878 war er noch einmal von der Zentraldirektion auf Reisen geschickt worden, diesmal für die Reihe der Antiquitates. Abgesehen von der fortdauernden Suche nach weiteren Gregorbriefen, war der vornehmliche Zweck dieser Reise, Chroniken des 5. und 6. Jahrhunderts ausfindig zu machen und grundsätzlich nach Quellen Ausschau zu halten, die für die MGH von Interesse sein könnten. Ganze neun Monate und damit länger als ursprünglich beabsichtigt brachte er damit zu, sich ein Bild von den Beständen in den spanischen Bibliotheken und Archiven zu machen, die zu diesem Zeitpunkt noch nahezu unerforscht waren[48]. Sein Aufenthalt in Spanien sprach sich offenbar

44 Schon im März hatte Wattenbach Ewald aufgefordert, die Heimreise anzutreten. Vgl. dazu den Brief von Paul Ewald an Georg Waitz vom 15.3.1877 (MGH-Archiv, B 182). Zu Ludwig Bethmann und seinen Reisen, die ihn etwa im Jahr 1845 ungeachtet seiner eigentlichen Destination in Italien bis nach Ägypten führten FUHRMANN, Gelehrtenleben (wie Anm. 1) S. 40–43; BRESSLAU, Geschichte (wie Anm. 1) S. 298f.

45 Paul Ewald in einem Brief an Georg Waitz vom 12.4.1877 (MGH-Archiv, B 182): „Nach Rom zurückgekehrt habe ich Ihre Postanweisung in Empfang genommen. *[…]* Wegen Lucca hatte mir schon am Dienstag Herr Professor Wattenbach geschrieben und gehe ich natürlich zu Beendigung der Arbeit dorthin zurück. Ich hoffe sehr, daß mein Ueberschlag über die dort nöthige Zeit ein zu hoher gewesen sein möge, doch fürchte ich, 3 Wochen mindestens zu brauchen. Jedenfalls will ich thun was ich kann."

46 EWALD, Studien zur Ausgabe des Registers Gregors I. (wie Anm. 1).

47 Wilhelm Wattenbach, Bericht über die Abteilung Briefe 1878 (MGH-Archiv, 338/54).

48 Zu Ewalds Reise und den Arbeitsaufträgen, mit denen er bedacht wurde, Wilhelm Wattenbach, Bericht über die Abteilung Briefe 1879 (MGH-Archiv, 338/54); Paul EWALD, Reise nach Spanien im Winter von 1878 auf 1879, in: NA 6 (1881) S. 217–398, hier S. 223f.

herum und so mancher Wissenschaftler, der Ewald postalisch mit der Bitte um Handschriftenstudien kontaktierte, wusste diesen günstigen Umstand zu nutzen[49].

Ihren Anfang nahm die Reise in Berlin und führte Ewald nach einem kurzen Aufenthalt in Paris Ende Oktober nach Madrid, wo sich spätestens seit dem 24. Oktober auch sein guter Freund, der Philologe Gustav Löwe (1852–1883), aufhielt. Weder Ewalds Reisebericht noch Wattenbachs Jahresbericht an die Zentraldirektion ist Näheres über die genauen Umstände der Spanienreise zu entnehmen, wohingegen Georg Goetz (1849–1932) in seinem Nachruf auf Gustav Löwe ein detaillierteres Bild zeichnete[50]. Georg Goetz, selbst Philologe und mit Löwe eng durch ihre gemeinsame Arbeit an der Plautusausgabe verbunden, berief sich dabei auf die Briefe, die Löwe während seiner Wanderjahre geschrieben hatte, und aus denen er teils wörtlich zitierte[51]. Ihnen ist zu entnehmen, dass Löwe, der im Auftrag der Kaiserlichen Akademie der Wissenschaften in Wien reiste, wahrscheinlich nicht zufällig mit Ewald in Madrid zusammengetroffen war. Die beiden Freunde kannten sich womöglich von ihrer Italienreise des vergangenen Jahres, als sie zeitgleich mit Handschriftenstudien in der Vatikanischen Apostolischen Bibliothek beschäftigt waren[52].

Die gesamte Zeitspanne ihres Spanienaufenthalts über unternahmen sie gemeinsam Erkundungsgänge, von denen sie der erste von Dezember 1877 bis Februar 1878 in den Escorial sowie in die Archive in Valladolid und Salamanca führte. Ein zweiter Streifzug folgte von April bis Mai über Toldeo, Sevilla, Córdoba, Granada, Cádiz und Barcelona, bevor sie abermals in Madrid einen längeren Zwischenstopp einlegten. Von den weitergehenden Exkursionen dieses zweiten Ausfluges nach Malaga, Gibraltar und sogar einer Überfahrt nach Tanger, wo ihnen auf Geheiß des Konsuls „ein Maure mit krummem Säbel" gar als Geleitschutz beigegeben worden sein soll, weiß nur Löwe beziehungsweise Goetz zu berichten[53]. Mit Sicherheit lässt sich nur sagen, dass sich ihre Wege erst im Mai 1878 trennten, als Ewald die Heimreise antrat und Löwe auf sich allein gestellt eine Expedition nach Lissabon und Porto unternahm, durchaus eingedenk, für den lieben Freund unterwegs die Handschriften zu sichten[54].

---

49 Folgende Briefe erreichten ihn in Spanien mit der Bitte um Nachforschungen: Harry Bresslau, 14.10.1878; Ernst Dümmler, 29.10.1878, 11.11.1878, 16.12.1878, 08.1.1879, 9.1.1879; Alfred Holder, 13.2.1879; Carl Justi, 16.2.1878; Christian Lüthjohann, 3.12.1878, 5.5.1879 (Ewaldiana I [wie Anm. 4]).

50 Georg Goetz, Gustav Löwe, in: Biographisches Jb. für Alterthumskunde 6 (1883) S. 58–72, hier S. 67. Von Ewald ist aus dieser Zeit lediglich ein einziger an Georg Waitz adressierter Brief aus Madrid vom 3.12.1878 erhalten (MGH-Archiv, 338/54).

51 Goetz, Gustav Löwe (wie Anm. 50) S. 63 Anm. 9. Goetz arbeitete mit Löwe knapp zwei Jahrzehnte an der Teubner-Ausgabe von Plautus' Komödien. Vgl. T. Macci Plauti, Comoediae, 4. Bde, ed. von Friedrich Ritschl / Gustav Loewe / Georg Goetz / Friedrich Schoell (Bibliotheca Scriptorum Graecorum et Romanorum Teubneriana, 1878–1894).

52 Nach Goetz, Gustav Löwe (wie Anm. 50) S. 64 traf Gustav Löwe am 27. November 1876 in Rom ein und Ewald, wie ders., Reise nach Italien (wie Anm. 36) S. 143 angibt, zehn Tage zuvor am 17. November.

53 Goetz, Gustav Löwe (wie Anm. 50) S. 67f.

54 Ebd.; Ewald, Reise nach Spanien (wie Anm. 48) S. 224: „Einige Angaben über Handschriften in Lissabon machte auf meine Bitte für mich, bei seinem dortigen Aufenthalt Gustav Löwe, indem er so zu den vielen Freundschaftsdiensten, die ich bei unserm Zusammensein auf den spanischen Bibliotheken von

Wie schon nach seiner Italienreise kam Ewald am 24. Juni 1879 mit einer wahren Flut an Materialien zurück. Nachzulesen ist die Reisebeschreibung mitsamt ihren Ergebnissen im sechsten Band des Neuen Archivs[55]. Wer allerdings einen unverfälschten Eindruck von den Strapazen erhalten will, der muss sich die im MGH-Archiv erhaltenen Mappen dazu ansehen. Dort liegen hunderte von dicht beschriebenen Zetteln, mal einspaltig, mal mehrspaltig, ausgestattet mit fein säuberlich in winziger Schrift verzeichneten Signaturen, Handschriftenbeschreibungen und Transkriptionen, dazwischen immer wieder kunstvoll nachgezeichnete Initialen, Schriftproben und feine Bleistiftzeichnungen. Man mag sich vorstellen, wie viel Zeit es gekostet haben muss, all diese Notizen für eine so umfangreiche Publikation zusammenzustellen, wie sie im Neuen Archiv erfolgt ist[56].

Derweil Ewald sich auf Reisen befand, hatte Edmund Bishop (1846–1917) 1878 den Monumenta einen wertvollen Handschriftenfund zukommen lassen: die Abschrift einer umfangreichen Canonessammlung, der sogenannten Collectio Britannica, in der hunderte bis dato unbekannter Papstbriefe überliefert waren[57]. Trotz ihrer Bedeutung wollten die beiden Rechtsgelehrten Friedrich Maaßen (1823–1900) und Friedrich Thaner (1839–1915) die Bearbeitung der Britischen Sammlung nicht übernehmen. Da auch Wattenbach gemäß seiner Abneigung gegen die Epistolae nicht bereit war, selbst aktiv zu werden, fiel die Wahl zwangsläufig auf Ewald, kaum dass er im Sommer 1879 zurückgekehrt war[58]. Mit beachtlicher Schnelligkeit und gewohnter Gründlichkeit nahm er sich der neuen Aufgabe an und veröffentlichte nach nur einem Jahr seine Ergebnisse im Neuen Archiv[59].

Nahezu zeitgleich kam ein Prospekt in Umlauf, in dem die gemeinsame Arbeit von Paul Ewald zusammen mit dem Historiker und königlichem Archivrat Otto Posse (1847–1921) an einem monumentalen Werk angekündigt wurde. Demnach planten die beiden ein Nachschlagewerk, in dem die Namen aller Äbte und Pröpste der Benediktinerklöster nicht nur des Mittelalters, sondern bis in die Gegenwart hinein verzeichnet werden sollten. Drei Bände waren für die Veröffentlichung vorgesehen; der erste sollte die Klostervorsteher in

ihm erfuhr, auch nach unserer Trennung einen neuen hinzufügte.“ Dazu die von Gustav Löwe angefertigten Handschriftenbeschreibungen (MGH-Archiv, A 259 Nr. 8).

55 Ewald, Reise nach Spanien (wie Anm. 48) S. 217–398.

56 Handschriftenbeschreibungen aus Spanien durch Ewald und aus Portugal durch Löwe (MGH-Archiv, A 259 Nr. 8–10, 14).

57 Vgl. Paul Ewald, Die Papstbriefe der Brittischen Sammlung, in: NA 5 (1880) S. 275–414, 503–569, hier S. 277. Zu den näheren Umständen der Abschrift der Briefsammlung und den Beziehungen Bishops zu den MGH Robert Somerville, Edmund Bishop and his Transcription of the Collectio Britannica, in: Studia in honorem eminentissimi cardinalis Alphonsi M. Stickler, curante Rosalio Iosepho Card. Castillo Lara (Studia et textus historiae iuris canonici 7, 1992) S. 535–548.

58 Wilhelm Wattenbach, Bericht über die Abteilung Briefe 1880 (MGH-Archiv, 338/54): „Es würde dem Abschluß der Arbeiten und dem Beginn des Druckes *[der Gregorbriefe]* nichts mehr im Wege gestanden haben, wenn nicht die Canones-Sammlung *[...]* vorgelegen hätte. *[...]* Aus Rücksicht auf die große Mühe, welche Mr. Bishop, ohne irgend eine Entschädigung annehmen zu wollen, darauf verwandt hatte, dürfte damit nicht länger gezögert werden. Nachdem nun weder Professor Maassen noch Professor Thaner auf die Ausgabe sich hatten einlassen wollen, blieb auch für diese Aufgabe wieder nur Dr. Ewald übrig.“

59 Ewald, Papstbriefe (wie Anm. 57).

Österreich-Ungarn und Deutschland, der zweite in Italien und der dritte in Frankreich behandeln. Um dieses ambitionierte Vorhaben verwirklichen zu können, war 1880 ein Aufruf zur Einsendung relevanten Materials gestartet worden[60]. Die noch erhaltenen Briefe lassen Otto Posse dabei deutlich als treibende Kraft erkennen. „Du wirst dich wundern", schrieb er Ewald im Januar, „wenn du siehst, wie ich bereits in medias res hineingegangen bin. Einige 1000 Reihen sind sicher"[61]. „Du siehst, daß wir baldmöglichst hervortreten müssen", drängte er Ewald nur zwei Wochen später, „also komm bald, womöglich noch diese Woche. Wir erhalten Unterstützung von allen Seiten"[62]. Das beharrliche Insistieren von Posse auf Bekanntgabe des Projekts mündete zumindest in der eingangs erwähnten Ankündigung, danach jedoch verliert sich die Spur. Einzig Heinrich Theodor Menke (1819–1892) äußerte sich noch in einem Brief an Ewald zu dem Vorhaben, in dem er es als ein „Mißverständnis", bezeichnete, „an dem ich unschuldig bin"[63]. Der Briefkontakt mit Otto Posse riss jedenfalls um die Jahresmitte 1880 ab. Das dreibändige Werk ist nie erschienen.

Noch in demselben Jahr ereilte ein schwerer Schicksalsschlag Wattenbach und die MGH. Johannes Heller (1851–1880), der inzwischen seit fünf Jahren als Mitarbeiter bei den Monumenta in der Abteilung Scriptores tätig war und wie sein gleichaltriger Kollege Ewald im Hause Wattenbach ein Zimmer bewohnte, verstarb im Herbst 1880 gänzlich unerwartet an den Folgen einer schweren Typhuserkrankung[64]. „Die Nachricht vom Tode Hellers hat mich und alle hier tief ergriffen", drückte Theodor von Sickel (1826–1908) in einem Brief an Georg Waitz sein Bedauern aus, denn „was Sie selbst verloren haben, weiß ich, der ich ja die gleiche Erfahrung gemacht habe, zu ermessen. Möge Ihnen bald Ersatz werden"[65]. Doch der erhoffte Ersatz ließ zunächst auf sich warten. Folglich fiel die Sorge um den Nachlass Heller Ewald zu, der viel Mühe darauf verwandt hat, wodurch sich die Bearbeitung der Gre-

60 Dazu die Ankündigung der Series abbatum accedunt abbatissarum et praepositorum fasti, in: Wissenschaftliche Studien und Mitteilungen aus dem Benedictiner-Orden mit besonderer Berücksichtigung der Ordensgeschichte und Statistik 1, hg. von P. Maurus Kinter (1880) S. 230; Kleine Mittheilungen, in: MIÖG 1 (1880) S. 626.

61 Otto Posse in einem Brief an Paul Ewald vom 20.1.1880 (Ewaldiana I [wie Anm. 4]).

62 Otto Posse in einem Brief an Paul Ewald vom 27.1.1880 (Ewaldiana I [wie Anm. 4]); Mit mehr Nachdruck Otto Posse in einem Brief an Paul Ewald vom 5.4.1880 (Ewaldiana I [wie Anm. 4]): „Eine leise Anfrage! Ist meine Karte, in welcher ich Dir vor Wochen schrieb, daß ich zum Archivrath ernannt sei und bat, doch bald mit dem Prospect herauszurücken, nicht in deine Hand gelangt?"

63 Heinrich Theodor Menke in einem Brief an Paul Ewald vom 25.2.1880 (Ewaldiana I [wie Anm. 4]).

64 Zu Johannes Heller Wilhelm Wattenbach, Johannes Heller, in: Biographisches Jb. für Alterthumskunde 3 (1880) S. 37f.; Oswald Holder-Egger, Heller, Johannes, in: ADB 50 (1905) S. 165–167; Bresslau, Geschichte (wie Anm. 1) S. 543f.; Fuhrmann, Gelehrtenleben (wie Anm. 1) S. 88f. Zu den Wohnverhältnissen in seinem Haus äußerte sich Wilhelm Wattenbach in einem Brief an Theodor von Sickel vom 11.10.1878, abgedruckt bei Leo Santifaller, Briefe von Wilhelm Wattenbach an Theodor von Sickel aus den Jahren 1858 bis 1894, in: MIÖG 55 (1944) S. 371–432, hier S. 400.

65 Theodor von Sickel in einem Brief an Georg Waitz vom 3.12.1880, abgedruckt bei Wilhelm Erben, Georg Waitz und Theodor Sickel. Ein Briefwechsel aus der Blütezeit der deutschen Geschichtsforschung, in: Nachrichten der Gesellschaft der Wissenschaften zu Göttingen, Philologisch-historische Klasse 1/2 (1926) S. 51–196, hier S. 174. Theodor von Sickel wusste um Hellers Fähigkeiten, da dieser eine Zeit lang an seinem Institut für Österreichische Geschichtsforschung in Wien tätig war. Vgl. dazu Bresslau, Geschichte (wie Anm. 1) S. 544.

gorbriefe aufs Neue verzögerte[66]. Ein Jahr nach Hellers Tod erschien im dreizehnten Band der Scriptores-Reihe Flodoard von Reims' Kirchengeschichte, die posthum unter den Namen von Johannes Heller und Georg Waitz veröffentlicht wurde[67].

In dem Bewusstsein, dass man Ewald von Seiten der Monumenta eine Vielzahl an Arbeiten aufgebürdet hatte und er langfristig eine durchaus attraktivere und obendrein höher dotierte Anstellung hätte finden können, erhöhte Wattenbach abermals Ewalds Jahresgehalt von 2400 auf 2700 Mark[68]. Wenn es auch im Interesse der Zentraldirektion und ebenso seines Arbeitsstellenleiters hätte liegen müssen, Ewald von nun an ungestört seine Arbeit beenden zu lassen, hatte Wattenbach andere Pläne. Wattenbach oblag es, die Neuauflage von Philipp Jaffés Regesta Pontificum Romanorum vorzubereiten, wofür er erneut Ewalds Hilfe in Anspruch nahm. Offenbar unzufrieden mit den Vorarbeiten von Ferdinand Kaltenbrunner (1851–1902), beauftragte er Ewald mit der Überarbeitung der Zeitspanne zwischen Gregor I. und dem Tod Johannes' VIII., für die er zweifellos auf Grund seiner Forschungsexpertise im Bereich der frühmittelalterlichen Päpste geradezu prädestiniert war[69].

Die Arbeit am Regestenwerk gestaltete sich allerdings als ein zeitaufwendiges Unterfangen, das wesentlich langsamer voranschreiten sollte als ursprünglich gedacht. Samuel Löwenfeld (1854–1891), ebenfalls Mitarbeiter bei den MGH und Beiträger für das neue Papsturkundenwerk, war fassungslos, als er erfuhr, dass Ewald zu Beginn des Jahres 1883 seinen Abschnitt noch immer nicht vollständig verschriftlicht hatte: „Welche Nachricht könnte mir angenehmer sein, als die, daß der Regestendruck fortschreitet. Aber lese ich recht, oder täusche ich mich, daß Sie erst bei Nicolaus sind? Ich glaubte Sie schon längst tief in Jo-

66 Wilhelm Wattenbach, Bericht über die Abteilung Briefe 1881 (MGH-Archiv, 338/54): „Von den Briefen Gregors I. bedauere ich einen Anfang noch nicht vorlegen zu können. Herr Dr. Ewald war sehr lange durch den Bericht über seine Spanische Reise in Anspruch genommen. *[...]* Ferner ist Dr. Ewald durch die Erkrankung und den Tod des Dr. Heller und die ihm wesentlich zugefallene Sorge für den Nachlaß desselben lange Zeit sehr in Anspruch genommen. *[...]* Der Druck der Briefe Gregors ist also noch nicht, wie ich gehofft hatte, begonnen, wird aber baldigst in Angriff genommen werden."

67 Ewald erhielt im Vorwort eine kurze Erwähnung. Vgl. Flodoardi historia Remensis ecclesiae, ed. von Johannes Heller / Georg Waitz, in: MGH SS 13 (1881) S. 405–599, hier S. 409.

68 Wilhelm Wattenbach, Bericht über die Abteilung Briefe 1880 (MGH-Archiv, 338/54): „Herr Dr. Ewald hat es durch seine erfolgreichen Arbeiten wohl verdient, daß sein Gehalt von 2400 Mark auf 2700 Mark gesteigert wird. Die Ablehnung einer anderen ihm angebotenen vergleichbaren Stellung ist freilich aus inneren Gründen und nicht den MG zu Liebe erfolgt; immerhin aber dürfte es sich empfehlen, auf die Erhaltung dieses sehr werthvollen Mitarbeiters Bedacht zu nehmen."

69 Wilhelm Wattenbach, Bericht über die Abteilung Briefe 1881 (MGH-Archiv, 338/54): „Den Abschnitte von 590 bis 882 konnte nicht gut ein anderer übernehmen *[...]*, den vorhergehenden ersten Abschnitt hat Dr. Kaltenbrunner bearbeitet. So tüchtig nun auch dessen Arbeit ist, so bedurfte sie doch einer sorgfältigen Revision, und zu dieser war wiederum nur Ewald imstande. *[...]* Daß hierdurch den MG Zeit entzogen ist und noch wird, kann ich nicht leugnen; ich hätte dafür allenfalls eine Geldentschädigung beschaffen können, aber unter keinen Umständen hätte ich auf diese Hülfe Ewalds verzichten können." Ähnlich Wilhelm Wattenbach, Bericht über die Abteilung Briefe 1882 (MGH-Archiv, 338/54). Vgl. dazu auch die Mappe mit Briefen von Ferdinand Kaltenbrunner an Paul Ewald (Ewaldiana I [wie Anm. 4]). Die beiden Bände Regesta pontificum Romanorum, ed. Jaffé / Wattenbach / Löwenfeld / Kaltenbrunner / Ewald (wie Anm. 1) erschienen in den Jahren 1885 und 1888.

hann VIII stecken. Ich beschwöre Sie bei allen Heiligen, seien Sie nicht zu gewissenhaft, damit ich nach meiner Rückkehr, um Ostern, mit dem Druck beginnen kann“[70]!

Obgleich Löwenfeld seinen Kollegen hier zur Eile mahnte, hatte er doch wie kein anderer Verständnis für Ewalds Situation, was aus einem Brief vom 25. Mai 1882 deutlich hervorgeht: „Lieber Herr Doctor! Ich weiß es am allerbesten, was es heißt, an neuralgischen Schmerzen zu leiden und darum wird Niemand Sie so bedauern wie ich, wenn Ihre Krankheit sich wirklich als Ischias entpuppt. Tritt sie auch nicht überall so stark auf wie bei mir und hält sie sich nicht überall so lange auf wie in meinem Bein, so ist es doch ein Leiden, das einen Rentier zur Verzweiflung bringen kann, geschweige einen jungen Gelehrten, deßen Arbeiten ohnehin nicht dazu angethan sind, die Nerven zu verbeßern“[71]. Dass es mit Ewalds Gesundheit nicht zum Besten stand, dürfte so manchem aus seinem Umfeld bekannt gewesen sein, allen voran seinem langjährigen Freund Gustav Löwe oder Wilhelm Wattenbach, der unverblümt die Zentraldirektoren darüber in Kenntnis setzte, „daß Ewalds Gesundheit nicht stark ist und ihm eine zu anhaltend anstrengende Arbeit nicht zugemutet werden darf“[72]. Wie es aber den Anschein hat, war es Löwenfeld, der selbst unter chronischen Schmerzen zu leiden hatte, dem Ewald sich anvertraute und Rat bei ihm suchte[73].

Trotz all dieser vielfältigen Aufgaben, die es zu bewältigen gab, und seines beeinträchtigten Gesundheitszustandes, veröffentlichte Paul Ewald zusammen mit seinem einstigen Reisegefährten Gustav Löwe im Jahr 1883 ihre gemeinsame Ausgabe der Westgotischen Schrifttafeln[74]. Aus einem Brief vom Preußischen Ministerium der geistlichen, Unterrichts- und Medizinalangelegenheiten geht hervor, dass ihnen für das Vorhaben bereits am 20. August 1879 ein Druckkostenzuschuss von 2000 Mark zugesichert worden war. Daher darf angenommen werden, dass sie die Vorbereitungen für die Publikation ihrer Sammlung von Schriftpro-

70 Samuel Löwenfeld in einem Brief an Paul Ewald vom 25.2.1883 (Ewaldiana I [wie Anm. 4]); zu Samuel Löwenfeld siehe den Beitrag von Jasmin Dorfer in vorliegendem Band.

71 Samuel Löwenfeld in einem Brief an Paul Ewald vom 26.5.1882 (Ewaldiana I [wie Anm. 4]).

72 Wilhelm Wattenbach, Bericht über die Abteilung Briefe 1881 (MGH-Archiv, 338/54). Der Brief, den Wilhelm Wattenbach kurz nach Ewalds Tod an Theodor von Sickel am 18.10.1887 schrieb und der bei Santifaller, Briefe (wie Anm. 64) S. 420 abgedruckt ist, gibt Grund zu der Annahme, dass Wattenbach nicht wusste, wie schlecht es wirklich um Ewald stand: „Seine Gesundheit gab ja immer zu Besorgnis Anlaß, aber doch nicht gerade zu der Befürchtung eines so plötzlichen Ausgangs. Am 3. Oct. als ich ihn zuletzt sah, war er ganz heiter, doch fiel sein Aussehen meiner Frau auf – mir weniger, weil er ja doch häufig sehr elend aussah.“ Sorge um seinen Gesundheitszustand äußerte auch Gustav Löwe in einem Brief an Paul Ewald vom 23/24.1.1883 (Ewaldiana I [wie Anm. 4]).

73 Samuel Löwenfeld in einem Brief an Paul Ewald vom 25.5.1882 (Ewaldiana I [wie Anm. 4]): „Zwei Rathschläge aber möchte ich Ihnen geben, einen positiven und einen negativen. Erstens, laßen Sie sich ja nicht den Nerven dehnen und zweitens, wenden Sie Electricität und Schwefelbäder an; die letzteren, glaube ich, haben mir am meisten geholfen. Als Trost will ich Ihnen mittheilen, daß Ischias zuweilen ebenso schnell verschwindet, wie sie gekommen ist. Vielleicht gehören Sie zu diesen Glücklichen, ich wünsche es Ihnen von ganzen Herzen.“ Ebenso Samuel Löwenfeld in einem Brief an Paul Ewald vom 25.2.1883 (Ewaldiana I [wie Anm. 4]).

74 Gustav Löwe / Paul Ewald, Exempla scripturae Visigoticae 40 tabulis expressa (1883). Vgl. auch die Ankündigung der Publikation in der Philologischen Wochenschrift 2 Nr. 50 (1882) Sp. 1596f.

ben bereits einige Jahre zuvor, wahrscheinlich sogar schon während ihrer Reisen durch die spanischen Provinzen getroffen hatten[75].

Vor Beginn der Drucklegung war es jedoch notwendig, noch einmal nach Spanien zurückzukehren und die Handschriften einer neuerlichen Prüfung zu unterziehen. Ewald opferte für dieses Unterfangen 1881 seinen Jahresurlaub von sechs Wochen und verlängerte darüber hinaus seinen Aufenthalt um unbestimmte Zeit. Seinen Verbleib in Spanien rechtfertigte Wattenbach gegenüber der Zentraldirektion mit der Notwendigkeit, „einige Arbeiten für andere Abtheilungen nachzuholen, für welche sich auf der früheren Reise keine Gelegenheit gefunden hatte“[76]. In den darauffolgenden zwei Jahren beanspruchte die Aufarbeitung und Anordnung des gesichteten Materials einen erheblichen Teil von Ewalds Arbeitszeit und verzögerte sich zusätzlich, als er, ausgelaugt und unfähig zu jeglicher Weiterarbeit, keine andere Möglichkeit mehr sah, als den Sommer 1882 unter erneuter Hinzunahme seines Jahresurlaubs in einem Kurbad zu verbringen[77].

Unzählige Korrekturbögen schickten sich die beiden Freunde auf dem Postweg hin und her, wobei Löwe durchaus nicht immer mit den Verbesserungen von „Pablito“, wie er Ewald neckend nannte, zufrieden war: „Warum bringst Du beim Corrigieren (auch wenn Platz ist), viele Notizen in die zu den nächsten Zeilen parallele Gegend? Das ist manchmal schwer zusammenzufinden“[78]! Den Briefen aus dieser Zeit ist zu entnehmen, wie kräftezehrend das Projekt gewesen sein muss, das beiden so sehr am Herzen lag. Es finden sich Klagen über die quälend langsame Zusammenarbeit mit dem Verlag, die bange Frage, ob all die Mühen sich jemals auszahlen würden und zu guter Letzt die große Freude Löwes über die 200 Subskribenten, die kurz vor Druckbeginn ihr Interesse an der bevorstehenden Publikation bekundet hatten[79].

Grundsätzlich dürfte die gemeinsame Arbeit für beide ebenso gewinnbringend wie mühselig gewesen sein, strebten sie doch gleichermaßen nach Perfektion[80]. „Die Akribie der Arbeit war auch bei Ewald zur zweiten Natur geworden, aber sie ist ihm auch in gewisser Beziehung verhängnisvoll gewesen“, so beschrieb es Samuel Löwenfeld in dem Nachruf auf Ewald; „abzuschließen, daß brachte bei ihm auch ein körperliches Unbehagen, eine Verstim-

75 Offizielles Schreiben des Preußisches Ministeriums der geistlichen, Unterrichts- und Medizinalangelegenheiten an Paul Ewald vom 20.8.1879 und 5.3.1880 (Ewaldiana I [wie Anm. 4]).

76 Wilhelm Wattenbach, Bericht über die Abteilung Briefe 1881 (MGH-Archiv, 338/54). Vgl. dazu auch den undatierten Brief von Gustav Löwe an Paul Ewald, in dem er ihm die Reise nach Spanien vorschlug (Ewaldiana I [wie Anm. 4]).

77 Wilhelm Wattenbach, Bericht über die Abteilung Briefe 1882/83 (MGH-Archiv, 338/54): „Von der Ausgabe der Briefe Gregors I. liegen leider erst 13 Bogen vor *[…]*. Daß die Arbeit nicht weiter gefördert ist liegt zum Theil in der nicht festen Gesundheit des Dr. Ewald, welche ihm sehr angestrengte, anhaltende Arbeit nicht gestattete und ihn im vorigen Sommer ganz unfähig zur Arbeit machte bis er sich durch Benutzung seines Urlaubs in einem Kurbad wieder gestärkt hatte.“ Einen Einblick in die Druckvorbereitungen gibt die Mappe mit Briefen des Heidelberger Verlegers Gustav Koester, bei dem die Exempla scripturae Visigoticae erschienen sind (Ewaldiana I [wie Anm. 4]).

78 Gustav Löwe in einem Brief an Paul Ewald vom 23/24.1.1883 (Ewaldiana I [wie Anm. 4]).

79 Dazu die Briefe von Gustav Löwe an Paul Ewald aus den Jahren 1882/83 (Ewaldiana I [wie Anm. 4]).

80 Diese Einschätzung äußerten Goetz, Gustav Löwe (wie Anm. 50) S. 70, 72 über Gustav Löwe sowie Löwenfeld, Paul Ewald (wie Anm. 3) S. 513 über Paul Ewald.

mung hervor, die auf seine Nerven höchst ungünstig einwirkte“[81]. Aber wahrscheinlich war es jener Hang zum detailversessenen Arbeiten, der ihnen nach der Veröffentlichung der Schrifttafeln so außerordentlich gute Kritiken wie die des Göttinger Historikers Ernst Steindorff (1839–1895) einbrachte[82]. Wie schwer muss es Ewald deshalb getroffen haben, als er noch in demselben Jahr, in dem sie ihr gemeinsames Erstlingswerk der Öffentlichkeit präsentierten, von dem schrecklichen Unfall erfuhr, der seinen langjährigen Freund ereilt hatte. Am 14. Dezember 1883 stürzte der erst 31 Jahre alte Löwe aus dem ersten Stock des neuen Göttinger Bibliotheksgebäudes in den Fahrstuhlschacht. Zwei Tage lag er im Koma, bevor er seinen Verletzungen erlag[83].

Vielleicht war es der tragische Tod seines Freundes, der Ewald letzten Endes zu einem Umdenken bewogen hatte und ihn den Entschluss fassen ließ, den Monumenta nun endgültig den Rücken zu kehren. 1883 hatte er von der Akademie der Wissenschaften in Wien auf Veranlassung der Kommission der Savigny-Stiftung das Angebot erhalten, zukünftig die Ausgabe der sogenannten Collectio Avellana zu besorgen, auf das er ohne Umschweife einging. Zum ersten Oktober 1884 schied Ewald aus dem Dienst für die Monumenta aus und habilitierte sich im Mai des darauffolgenden Jahres in Berlin[84]. Seine Antrittsvorlesung als Privatdozent über die allgemeine Chronologie des Mittelalters hielt er im Wintersemester 1885/86, wobei ihn der Austausch mit den jungen Studierenden offenkundig mit neuer Lebensfreude erfüllte[85].

Zur selben Zeit nahm sein Leben eine weitere freudige Wendung. Er traf seine zukünftige Frau, die aus einer deutsch-jüdischen Familie stammende Porträtmalerin Clara Philippson (1859–1948)[86]. Ewald, der mittlerweile aus dem Hause Wattenbach ausgezogen war und eine neue Bleibe gefunden hatte, und Clara Philippson, die nach vielen Jahren des

81 Löwenfeld, Paul Ewald (wie Anm. 3) S. 513.

82 Ernst Steindorff, Besprechung zu den Exempla Scripturae Visigoticae, in: Göttingische gelehrte Anzeigen 3 (1884) S. 81–94.

83 Goetz, Gustav Löwe (wie Anm. 50) S. 72.

84 Dazu Löwenfeld, Paul Ewald (wie Anm. 3) S. 514f.; Bresslau, Geschichte (wie Anm. 1) S. 598; Wilhelm Wattenbach, Bericht über die Abteilung Briefe 1882/83 (MGH-Archiv, 338/54): „Nach Abschluß dieser Arbeit *[d.h. der Gregorbriefe]* wird er aus seinem jetzigen Verhältniß austreten, und für die Savigny-Stiftung die Bearbeitung und Ausgabe der Avellana in Angriff nehmen.“

85 So berichtet es Löwenfeld, Paul Ewald (wie Anm. 3) S. 515f. Zur Antrittsvorlesung Eckart Henning, Die Historischen Hilfswissenschaften in Berlin, in: Geschichtswissenschaft in Berlin im 19. und 20. Jahrhundert. Persönlichkeiten und Institutionen, hg. von Reimer Hansen / Wolfgang Ribbe (Veröffentlichungen der Historischen Kommission zu Berlin 82, 1992) S. 365–408, hier S. 406.

86 Zu Clara Philippson bes. Christina Alzheimer, Ich hatte es mir so sehnsüchtig gewünscht etwas zu lernen. Aber damals hieß es: Blaustrumpf! – Anmerkungen zu Clara Ewald (1859–1948), der Malerin des Rosenthal-Portraits, und ihrer Verbindung zu den Physiologen der Zeit, in: Der Erlanger Physiologe Isidor Rosenthal (1836–1915). Ein deutscher Jude zwischen Labor und gesellschaftlicher Verantwortung. Sonderveranstaltung des Physiologischen Kolloquiums 100 Jahre nach der Emeritierung Isidor Rosenthals im Institut für Physiologie und Pathophysiologie. Erlangen, am 21. Juni 2013 (Sitzungsberichte der Physikalisch-Medizinischen Sozietät zu Erlangen N. F. 12,1, 2015) S. 83–107; Bethe / Hildebrandt, Paul Peter Ewald (wie Anm. 2) S. 136f., 143f.; Silvan S. Schweber, Nuclear Forces. The Making of the Physicist Hans Bethe (2012) S. 363–366. Zur Familie Philippson Astrid Mehmel, Philippson, in: NDB 20 (2001) S. 395–397; Johanna Philippson, The Philippsons, a German-Jewish Family 1775–1933, in: The Leo Baeck Institute Year Book 7,1 (1962) S. 95–118.

Umherreisens mit ihren Eltern seit 1878 in Berlin weilte und dort 1885 ein eigenes kleines Atelier eingerichtet hatte, wohnten in demselben Haus[87]. Die Hochzeit der beiden fand 1886 statt, und ihre daran anschließende Hochzeitsreise führte sie erst nach Freiburg zu einem Treffen mit dem britischen Historiker Sir John Robert Seeley (1834–1895), dem Clara Zeit Ihres Lebens verbunden bleiben und von dem sie in späteren Jahren eines ihrer bekanntesten Porträts anfertigen sollte, und 1887 nach Rom[88].

Das Glück des jungen Paares wurde in dieser Zeit nur dadurch getrübt, dass Ewald es nicht zustande gebracht hatte, sich gänzlich von den Monumenta loszusagen, hatte er doch noch immer die Ausgabe des Registers Gregors des Großen zu besorgen. Bis kurz vor seinem Ausscheiden konnte er gerade einmal die ersten 20 Bögen der Edition fertigstellen. Wattenbach versprach er zwar, das Projekt auch ohne ein Honorar abschließen zu wollen, doch erwies sich dies als leere Versprechung[89]. „Einmal habe ich einen Correkturbogen gesehen, einige Bemerkungen dazu gemacht, worauf er verschwand und niemals wieder erschien. Ich fühle mich da vollkommen hülflos und machtlos"[90], klagte Wattenbach gegenüber der Zentraldirektion, während er in einem Brief an Theodor von Sickel vom 23. November 1886 seiner Hoffnung Ausdruck verlieh: „Er hat jetzt offenbar den besten Willen, sich den Gregor endlich vom Halse zu schaffen, was mir, wenn es ihm gelingt, außerordentlich angenehm sein würde"[91].

Wattenbach hatte anscheinend wenig Gespür dafür, wie sehr die Arbeit an den Papstregistern Ewald psychisch wie auch physisch belastete, noch dazu, da Ewald das Gefühl hatte, dass alle „Augen seiner Fachgenossen auf ihn gerichtet seien"[92]; sonst hätte Wattenbach im Frühjahr 1886 vermutlich nicht auch noch die Regressforderungen des Verlegers Hans Reimer (1865–1887) an Ewald weitergeleitet. Ohne Ewalds Wissen hatte die Zentraldirektion 1881 mit dem Verlag die Abmachung getroffen, dass der Registerband nach drei Jahren in den Druck gehen sollte. Unter Berufung auf diese Vereinbarung forderte der Inhaber der Weidmanschen Verlagsbuchhandlung nun Jahre später für die Verzögerung eine Entschä-

87 Bethe / Hildebrandt, Paul Peter Ewald (wie Anm. 2) S. 136. Den Auszug aus der „fürstlichen Wohnung" kommentierte Gustav Löwe in einem nicht datierten Brief an Paul Ewald (Ewaldiana I [wie Anm. 4]).

88 Seeley, Paul Ewald (wie Anm. 3) S. 304. Dazu auch die kurze Autobiographie von Clara Ewald, geb. Philippson, Düsseldorf, Portrait- und Genremalerin. 22.10.1859, in: Das geistige Deutschland am Ende des XIX. Jahrhunderts 1: Die bildenden Künstler (1898) S. 169. Richard T. Shannon zu Seeley, Sir John Robert (1834–1895), in: Oxford Dictionary of National Biography 49: Sartorius – Sharman, hrsg. von Henry Colin Gray Matthew / Brian Harrison (2004) S. 668–673.

89 Wilhelm Wattenbach, Bericht über die Abteilung Briefe 1884 (MGH-Archiv, 338/54): „Die im vorjährigen Bericht ausgesprochene Hoffnung, die Ausgabe der Briefe Gregors I. bis zu diesem Termin vollendet zu sehen, ist leider nicht in Erfüllung gegangen. *[...]* Ich kann daher jetzt nur die Bogen 14–20 vorlegen. *[...]* Es wird von ihm nicht verkannt, daß die Vollendung deselben sich weit länger hinzieht, als erwartet und von ihm selbst verheißen wurde, und er hat sich notfalls bereit erklärt, vom 1. Oct. auf weiteres Gehalt zu verzichten, die Arbeit aber, wenn sie, wie nur zu wahrscheinlich ist, auch dann noch nicht beendigt ist, zum Abschluß zu bringen, bevor er sich anderen Aufgaben zuwendet."

90 Wilhelm Wattenbach, Bericht über die Abteilung Briefe 1885 (MGH-Archiv, 338/54).

91 Wilhelm Wattenbach in einem Brief an Theodor von Sickel vom 23.11.1886, abgedruckt bei Santifaller, Briefe (wie Anm. 64) S. 413.

92 Löwenfeld, Paul Ewald (wie Anm. 3) S. 514.

digung von 120 Mark, die die Zentraldirektion jedoch nicht zu übernehmen bereit war. In gleicher Weise weigerte sich Ewald der Zahlungsaufforderung nachzukommen[93]. Es sollte in diesem Fall keine Einigung mehr erzielt werden. Am Freitag, den 14. Oktober 1887, verstarb Paul Ewald in den frühen Morgenstunden an einer Blinddarmentzündung und hinterließ nicht nur eine unfertige Edition sowie ungerechtfertigte Regressforderungen, sondern auch eine 28 Jahre alte Witwe. Die Geburt seines Sohnes Paul Peter Ewald (1888–1985) nur drei Monate später hat er nicht mehr miterlebt[94].

Mit Paul Ewalds Tod verwaiste vorerst das Editionsprojekt zu den Briefen Gregors I. Erst zwei Jahre später betraute man Ludo Moritz Hartmann (1865–1924), einen Schüler von Sickel und Mommsen, mit der Fertigstellung. Insgesamt zehn Jahre benötigte er, um Ewalds Arbeiten zu Ende zu führen. Die beiden fertigen Bände erschienen schließlich 1891 und 1899 und begründeten den Anfang der MGH-Reihe der Epistolae[95]. Für Wilhelm Wattenbach, wie er Theodor von Sickel unglücklich mitteilte, bedeutete Ewalds Tod nicht zuletzt eine Tragödie beruflichen Ausmaßes, „ich muß inzwischen wieder meine Vorlesungen halten und kann daher nur mit Mühe gegen die verschiedenen Correcturen und anderen Geschäfte aufkommen, welche durch Ewalds Tod vermehrt sind“[96]. Clara Ewald stellte das Ableben ihres Mannes hingegen vor ein existenzielles Problem. Die junge Mutter, die Zeit ihres Lebens darauf bedacht war, ein selbstbestimmtes und von ihrer eigenen Familie und der Verwandtschaft ihres Mannes unabhängiges Leben zu führen, musste als freischaffende Künstlerin für ihren und den Lebensunterhalt ihres Sohnes sorgen. Die darauffolgende Zeit, so berichtete es der in späteren Jahren mit Paul Peters jüngster Tochter Rose verheiratete Nobelpreisträger Hans Albrecht Bethe (1905–2005), war deshalb geprägt von zahlreichen Auslandsreisen in die Schweiz, nach Frankreich, Wales und England, wobei das Anwesen der Seeleys in Cambridge eine stets willkommene Zufluchtsstätte für Mutter und Sohn bot. 1900 zogen sie von Berlin nach Potsdam, um Claras schwerkranke Eltern zu pflegen. Als nach fünf Jahren Claras Vater starb, trennten sich erstmals ihre Wege[97].

---

93 Nachzulesen ist der Fall mit den Stellungnahmen der einzelnen Parteien bei Oertel, Gelehrtenleben (wie Anm. 1); Fuhrmann, Gelehrtenleben (wie Anm. 1) S. 83–85.

94 Zu Ewalds unerwartetem Tod Wilhelm Wattenbach in einem Brief an Theodor von Sickel vom 18.10.1887, abgedruckt bei Santifaller, Briefe (wie Anm. 64) S. 420. Zu Paul Peter Ewald bes. Bethe / Hildebrandt, Paul Peter Ewald (wie Anm. 2) passim; Michael Eckert, Paul Peter Ewald (1888–1985) im nationalsozialistischen Deutschland: eine Studie über die Hintergründe einer Wissenschaftleremigration, in: ‚Fremde' Wissenschaftler im Dritten Reich. Die Debye-Affäre im Kontext, hg. von Dieter Hoffman / Mark Walker (2011) S. 265–289; Norbert Becker, Paul Peter Ewald, in: Verfolgung und Entrechtung an der Technischen Hochschule Stuttgart während der NS-Zeit, hg. von dems. / Katja Nagel im Auftrag des Rektorats der Universität Stuttgart (2017) S. 227–232 mit weiterführender Literatur.

95 Gregorii I papae registrum epistolarum, ed. Ewald / Hartmann (wie Anm. 1). Vgl. dazu Bresslau, Geschichte (wie Anm. 1) S. 599. Zu Ludo Moritz Hartmann als Editor der Gregorbriefe siehe den Beitrag von Philipp Thomas Wollmann in vorliegendem Band.

96 Brief von Wilhelm Wattenbach an Theodor von Sickel vom 21.11.1887, abgedruckt bei Santifaller, Briefe (wie Anm. 64) S. 421.

97 Zu diesen Jahren ausführlicher Bethe / Hildebrandt, Paul Peter Ewald (wie Anm. 2) S. 136–140; Alzheimer, Clara Ewald (wie Anm. 86) S. 86–89.

Während Paul Peter Ewald ein Chemiestudium in Cambridge (1905/1906) und Göttingen (1906/1907) aufgenommen, sich aber letztendlich für ein Studium der Mathematik und eine Promotion in München (1907–1912) entschieden hatte[98], erwarb Clara Ewald nach einem zweijährigen Aufenthalt in München 1911 in der Künstlerkolonie ‚Die Scholle' in Holzhausen am Ammersee ein Grundstück. Ihr Sohn soll diesen „reizenden Fleck in Oberbayern bei einer Fahrradtour entdeckt"[99] haben und das Haus, das sie dort errichtet hat, steht heute noch nahezu unverändert am Ortsausgang. Ein Foto zeigt sie um 1914 in einem weißen Kleid in ihrem Garten zwischen Obstbäumen, ein anderes mit ihrem Enkel Lux im Jahr 1917[100]. Das Haus diente ihrem Sohn, seiner Frau Ella Philippson, einer entfernten Verwandten von Clara, und den vier Enkelkindern solange der Erste Weltkrieg andauerte und in den Jahren bis zu ihrer Emigration als willkommene Zuflucht und häufig frequentierter Rückzugsort[101].

Im Gegensatz zu Paul Ewald, der, wie es scheint, Zeit seines Lebens nie wegen seiner jüdischen Großeltern in seiner Karriere beeinträchtigt worden war, musste sein Sohn andere Erfahrungen machen[102]. Paul Peter Ewald, mittlerweile habilitierter Professor der Physik und Rektor der Technischen Hochschule Stuttgart, trat noch im April des Jahres 1933 als Reaktion auf das ‚Gesetz zur Wiederherstellung des Berufsbeamtentums' von seinem Amt des Rektors zurück, „da es mir nicht möglich ist", wie er in seinem Kündigungsgesuch an den Senat der Hochschule schrieb, „in der Rassenfrage den Standpunkt der nationalen Regierung einzunehmen"[103]. Noch bevor das Reichsbürgergesetz erlassen worden war, demnach er selbst als „Mischling zweiten Grades" und seine Mutter, Frau und Kinder als „Volljuden" gelten sollten, ahnte Paul Peter wohl, dass das Leben in Deutschland unerträglich werden würde. Vorausschauend teilte er am 21. April 1933 Johanna Sommerfeld (1874–1955), der Frau seines akademischen Lehrers Arnold Sommerfeld (1868–1951), mit: „Jedenfalls haben aber meine Kinder nicht die geringsten Aussichten in Deutschland und wenn es irgend geht muss ich hinaus"[104].

Vier weitere Jahre harrte er in seiner Position als Professor an der Hochschule aus bis er 1937 in den vorzeitigen Ruhestand versetzt wurde, was seine Mutter Clara, die bereits in ihrer Schulzeit antisemitischen Ressentiments ausgesetzt war, sehr begrüßte[105]: „Ich bin froh", bekannte sie gegenüber Johanna Sommerfeld, „daß Paul den Mut hatte Schluß zu

98 Eckert, Paul Peter Ewald (wie Anm. 94) S. 266–268; Becker, Paul Peter Ewald (wie Anm. 94) S. 227.

99 Alzheimer, Clara Ewald (wie Anm. 86) S. 95.

100 Ebd. S. 96, 100. Zu Clara Ewalds Zeit in München und den Gästen, die ihr Appartement in Schwabing frequentierten ebd. S. 93f.; Peter Edgerly Firchow, Strange Meetings. Anglo-German Library Encounters from 1910 to 1960 (2008) S. 49.

101 Zu diesen Jahren ausführlich Bethe / Hildebrandt, Paul Peter Ewald (wie Anm. 2) S. 143–146, 171f.; Alzheimer, Clara Ewald (wie Anm. 86) S. 95–101; Rainer Würgau, Ewaldiana, in: Mitteilungen der Deutschen Gesellschaft für Kristallographie 44 (2014) S. 71–83, hier S. 79f.

102 Hierzu und im Folgenden Bethe / Hildebrandt, Paul Peter Ewald (wie Anm. 2) S. 146–151; Eckert, Paul Peter Ewald (wie Anm. 94) passim; Becker, Paul Peter Ewald (wie Anm. 94) passim.

103 Zit. bei Eckert, Paul Peter Ewald (wie Anm. 94) S. 272.

104 Zit. ebd. S. 284.

105 Schweber, Nuclear Forces (wie Anm. 86) S. 363: „Clara told Rose of having suffered from anti-Semitism when going to school in Bonn. She went to Lutheran churches all her life, and her son Paul Peter considered himself a Protestant."

machen. Man soll seine Seele nicht verkaufen. Es war bei uns in der Familie immer der Zug nach geistiger Freiheit u. man war bereit ein Opfer zu bringen – also: was nun kommt, wird man mit Ruhe ertragen müssen als selbstgewolltes Schicksal"[106]. Im weiteren Verlauf des Jahres emigrierte Paul Peter Ewald schließlich nach England, seine Frau und die beiden jüngeren Kinder folgten. Im Oktober 1938 besuchte Clara Ewald ihren Sohn in Cambridge, der dort ein Forschungsstipendium erhalten hatte, um im Kreise der Familie ihren Geburtstag zu feiern. Eine glückliche Fügung, wie sich herausstellte, denn als kurz darauf die Novemberpogrome ausbrachen, kam für sie eine Rückkehr nach Deutschland nicht mehr in Betracht. Im August des Jahres 1939 erhielt Paul Peter eine Stelle als Dozent am Queen's College in Belfast und die Ewalds – Clara, Paul, Ella, Lux, Linde und Arnold – zogen abermals um. Ein Jahr nach Claras Tod 1948 entschied sich Paul Peter Ewald für ein Leben mit seiner Familie im Bundesstaat New York[107]. Ihm verdanken wir den Nachlass seines Vaters Paul Ewald, den er 1960 der Bayerischen Staatsbibliothek in München schenkte.

ABSTRACT: Paul Ewald was born in 1851 to a wealthy Berlin banking family of Jewish origins. After completing gymnasium, he studied history and classical philology in Berlin and Bonn, attaining his Ph.D. in Bonn in 1874 with a thesis on the writings of Bishop Walram of Naumburg. Returning to Berlin, he attended further historical courses and came to the attention of Wilhelm Wattenbach, who offered him a position at the MGH preparing a new edition of the letters of Pope Gregory I. Entrusted with sighting the manuscript transmission, Ewald toured libraries and archives in Italy and Spain in the years 1876–1879. While also collating material for other MGH projects, including the Liber Pontificalis and the Spanish chronicles for the series Antiquitates, he was able to publish a fundamental study on the letters of Gregory I in 1878, laying the groundwork for the later edition. In the following years, however, he was kept so busy with additional tasks, such as ordering the literary estate of Johannes Heller, preparing the new edition of Philipp Jaffé's Regesta Pontificum Romanorum, and publishing a palaeographical study on Visigothic script, that he made little progress on the Gregorian letters. Suffering under the work load and health problems, Ewald left the MGH in 1884. He attained his habilitation in Berlin in 1885 and married the painter Clara Philippson, but remained burdened with the letters of Pope Gregory. On his sudden death in 1887, the edition was still unfinished: it was finally published in 1891 resp. 1899.

106 Zit. bei ECKERT, Paul Peter Ewald (wie Anm. 94) S. 279.

107 BETHE / HILDEBRANDT, Paul Peter Ewald (wie Anm. 2) S. 146–151; ECKERT, Paul Peter Ewald (wie Anm. 94) S. 273–282; BECKER, Paul Peter Ewald (wie Anm. 94) S. 230.

Ferdinand Güterbock (1872–1944)

von

Nikola Becker

Der deutsche Mediävist Ferdinand Güterbock[1], in seiner Epoche als einer „der besten Kenner der Zeit Friedrich Barbarossas“[2] geltend, stellt heute nicht mehr als eine marginale Figur der biographischen Wissenschaftsgeschichte dar. Er verkörpert exemplarisch das von der Forschung noch nicht systematisch analysierte Phänomen bürgerlichen ‚Privatgelehrtentums‘, das im kulturprotestantisch-nationalliberal dominierten Kaiserreich das Resultat eingeschränkter Berufs- und Karrierechancen für Angehörige konfessioneller und politischer Minderheiten bildete. Neben Vertretern sozialdemokratischer oder katholischer Milieus traf diese Zurückstellung bei der Besetzung von ohnehin rar gesäten Stellen im Bereich universitärer wie außeruniversitärer Forschung in besonderer Weise auch Wissenschaftler jüdischer Herkunft oder Konfession. Später durch das nationalsozialistische Regime entrechtet und verdrängt, in die Emigration getrieben oder im Holocaust ermordet, blieben sie vielfach trotz herausragender Leistungen bis heute unbeachtet und vergessen.

Ferdinand Güterbocks bevorzugte Forschungsgebiete waren Friedrich Barbarossa, die Geschichte Italiens während der Stauferzeit sowie später der Schweiz. Durch regelmäßige Reisen nach Italien etablierte er sich besonders als vorzüglicher Kenner der dortigen Archivlandschaft[3]. Die von dem Schweizer Historiker Marcel Beck (1908–1986) zusammengestellte, unvollständige Bibliographie verzeichnet rund 40 Veröffentlichungen[4].

Güterbock[5] entstammte einer alteingesessenen jüdischen Familie in Berlin, die während des 19. Jahrhunderts teilweise zum Protestantismus konvertierte und verschiedene

1 Der Beitrag stellt die überarbeitete und gekürzte Fassung meines Blogbeitrags von 2014 dar: Nikola Becker, Ferdinand Güterbock – Mediävist und Mitarbeiter der Monumenta Germaniae Historica, 18. September 2014, http://mittelalter.hypotheses.org/4304 [Link abgerufen am 24.4.2023].

2 Manfred Stoy, Das Österreichische Institut für Geschichtsforschung 1929–1945 (MIÖG, Erg.-Bd. 50, 2007) S. 80, Anm. 71.

3 Walther Holtzmann, Nekrolog Ferdinand Güterbock, in: DA 8 (1951) S. 498; Marcel Beck, Ferdinand Güterbock †, in: Neue Zürcher Zeitung 29.4.1944 Bl. 2. Vgl. zu Güterbocks Forschungen zu Barbarossa Holger Berwinkel, Die Schlacht bei Legnano (1176), in: Kirche und Frömmigkeit – Italien und Rom. Colloquium zum 75. Geburtstag von Professor Dr. Jürgen Petersohn. Würzburg, 7. und 8. Mai 2010, hg. von Jörg Schwarz / Matthias Thumser / Franz Fuchs (2012) S. 70–80, hier S. 70f. und 75f.

4 Marcel Beck, Bibliographie der historischen Arbeiten von Ferdinand Güterbock, in: Engelbergs Gründung und erste Blüte 1120–1223. Neue quellenkritische Forschungen von Ferdinand Güterbock. Aus seinem Nachlass herausgegeben von P. Gall Heer (1948) S. 144–147.

5 Die biographischen Angaben beruhen auf Becker, Güterbock (wie Anm. 1); Dorothea Kies, Die Juden und die MGH. Jüdische und jüdischstämmige Monumenta-Mitarbeiter im Spiegel ihrer Zeit (Magisterarbeit Tübingen 2012) S. 91–93 sowie den folgenden Nachrufen von Weggefährten: Beck, Güterbock (wie Anm. 3) Bl. 2, Oskar Vasella, Nekrolog Ferdinand Güterbock, in: Zs. für Schweizerische Kirchengeschichte 38 (1944) S. 160, Holtzmann, Nekrolog (wie Anm. 3) S. 498 und ders., Ferdinand Güterbock, in: HZ 172 (1951) S. 433f.

Künstler und Wissenschaftler wie den Königsberger Rechtshistoriker Carl Eduard Güterbock (1830–1914)[6] oder den Sprachwissenschaftler und Orientalisten Bruno Güterbock (1858–1940)[7] hervorbrachte. Seine Eltern waren beide freischaffende Künstler, der Vater Leopold Güterbock (1817–1881) erlangte eine gewisse Popularität als Orient- und Historienmaler, dessen Werke von mehrjährigen Aufenthalten in Paris und Rom sowie ausgedehnten Reisen nach Griechenland, Ägypten und der Türkei inspiriert und in vielen deutschen Städten ausgestellt wurden[8]. Er heiratete am 25. März 1871 in Venedig die ebenfalls aus Berlin gebürtige Julie Rebecca Henoch, die schon 1872, ein paar Monate nach der Geburt ihres Sohnes Ferdinand am 8. Januar, verstarb. Leopold war bereits 1861, seine Frau kurz vor der Eheschließung vom israelitischen zum protestantischen Glauben übergetreten. Ferdinand Güterbock wurde am 16. April 1872 in der Neuen Kirche Berlin evangelisch getauft[9].

Über seinen Werdegang ist wenig bekannt. Güterbock promovierte 1895 bei dem Berliner Ordinarius Paul Scheffer-Boichorst (1843–1902), dem er ein Leben lang eng verbunden blieb[10], über den Frieden von Montebello[11]. Im Anschluss verwirklichte er seine wissenschaftliche Karriere als Privatgelehrter. Ob er zuvor vergeblich ernsthafte Bestrebungen auf ein universitäres Lehramt verfolgt hatte, muss mangels Informationen offenbleiben. Diese Existenzform beruhte auf der gesicherten wirtschaftlich-finanziellen Grundlage des Güterbock'schen Familienvermögens, das nicht nur Raum für zahlreiche Archivreisen nach Italien, sondern auch den Unterhalt einer gemäß bildungsbürgerlichen Konventionen mit reichen Kunstsammlungen ausgestatteten Villa in Berlin-Steglitz bot[12].

Im Wissenschaftsmilieu seiner Zeit war Güterbock gut integriert, völlig anerkannt und bestens vernetzt. Zusammen mit seiner Ehefrau Mina, einer Verwandten der mit Bruno Güterbock verheirateten Schweizer Schriftstellerin Grethe Auer, veranstaltete er für die bürgerlichen Schichten seiner Zeit übliche gesellige Abende mit künstlerisch-wissenschaftlichem Anspruch, zu denen sich führende Historiker ebenso wie der studentische Nachwuchs einfanden[13]. Auch ohne offizielles Amt von Kollegen als „Professor" tituliert[14], stand

6 Hans-Kurt Claussen, Güterbock, Carl Eduard, in: NDB 7 (1966) S. 290.

7 Zu Bruno Güterbock vgl. die Autobiographie seiner Ehefrau, der Schweizer Schriftstellerin Grethe Auer (1871–1940): Grethe Auer, Wenn ich mein Leben betrachte... Wien – Bern – Marokko – Berlin. Erinnerungen. Im Auftrag von Hans Gustav Güterbock hg. von Herzeleide Henning (1995). Zur Familie Güterbock siehe auch Sebastian Panwitz, Die Gesellschaft der Freunde 1792–1935. Berliner Juden zwischen Aufklärung und Hochfinanz (= Haskala. Wissenschaftliche Abhandlungen 34, 2007) S. 66 und 301.

8 Dankmar Trier, Güterbock, Leopold, in: Allgemeines Künstlerlexikon 65 (2009) S. 32.

9 Ich verdanke diese Angaben der freundlichen Auskunft von Dr. Michael Güterbock (Berlin).

10 Vgl. den zu Ehren seines Lehrers verfassten Lebensabriss: Ferdinand Güterbock, Aus Scheffer-Boichorsts Leben, in: Gesammelte Schriften von Paul Scheffer-Boichorst 1. Kirchengeschichtliche Forschungen (1903) S. 1–62.

11 Ferdinand Güterbock, Der Friede von Montebello und die Weiterentwicklung des Lombardenbundes. Mit Widmung des Verf. an Prof. Holder-Egger (1895).

12 Beck, Güterbock (wie Anm. 3) Bl. 2.

13 Holtzmann, Nekrolog (wie Anm. 3) S. 498; Beck, Güterbock (wie Anm. 3) Bl. 2.

14 So in den Jahresberichten der Monumenta Germaniae Historica, z. B. Paul Kehr, Bericht über die Herausgabe der Monumenta Germaniae Historica 1920, in: NA 44 (1922) S. 1–10, hier S. 4 oder auch bei Vasella, Nekrolog (wie Anm. 5) S. 160.

er in freundschaftlichen Beziehungen zu dem Wissenschaftsorganisator und späteren Vorsitzenden der Zentraldirektion der Monumenta Germaniae Historica, Paul Fridolin Kehr (1860–1944)[15], sowie zu den Mediävisten Erich Caspar (1879–1935)[16], Robert Holtzmann (1873–1946)[17] und Karl Hampe (1869–1936)[18]. Dass seine Herkunft aber geeignet war, antisemitische Ressentiments innerhalb des Wissenschaftsbetriebs zu bedienen, zeigt seine Auseinandersetzung mit einem Schüler Hampes, Karl Schambach, über Heinrich den Löwen[19].

Zu den Monumenta Germaniae Historica trat Güterbock Mitte der 1890er Jahre in nähere Verbindung. Es war besonders Oswald Holder-Egger (1851–1911), der Leiter der Abteilung Scriptores und Epistolae sowie zwischen 1902 und 1905 zugleich Vorsitzender der Zentraldirektion, der für seine Editionsprojekte von Güterbocks Expertise und ausgedehnten Archivrecherchen in Italien zu profitieren suchte. Der Privatgelehrte stellte Kollationen zur Verfügung[20] und prüfte 1905 für Holder-Egger eine Abschrift der Chronik des Salimbene de Adam aus dem 16. Jahrhundert[21]. Er erwarb sich zudem Ansehen als Mitarbeiter des Neuen Archivs, dessen Redaktion unter Michael Tangl (1861–1921) und Karl Zeumer (1849–1914) sich 1913 auf Basis eines Gutachtens des Monumentisten Harry Bresslau (1848–1926)[22] in einer Kontroverse mit dem streitbaren Gießener Mediävisten Johannes Haller (1865–1947) über das Privileg Kaiser Friedrichs I. für das Kloster Neuburg 1174 auf die Seite Güterbocks stellte[23].

Bezüglich Weltanschauung und Mentalität ist Güterbock jenem weitgehend assimilierten jüdischen Bürgertum zuzurechnen, das sich völlig mit dem Kaiserreich identifizierte, seine Familie wählte großenteils nationalliberal[24]. Wie vielen Intellektuellen und Gelehrten erschienen auch Ferdinand Güterbock angesichts des zeitgenössisch im nationalen Überschwang beschworenen ‚Augusterlebnisses' des Kriegsausbruchs 1914 akademische Themen plötzlich schal und unbedeutend[25].

Während der Weimarer Republik griff er in zeitgenössische politische Diskurse ein und legte Publikationen über den italienischen Ministerpräsidenten Benito Mussolini vor, die das Resultat zweier Audienzen zwischen 1923 und 1924 bei dem Faschistenführer dar-

15 So Holtzmann, Nekrolog (wie Anm. 3) S. 498; Beck, Güterbock (wie Anm. 3) Bl. 2.
16 Zu Erich Caspar siehe den Beitrag von Arno Mentzel-Reuters in vorliegendem Band.
17 Beck, Güterbock (wie Anm. 3) Bl. 2.
18 Folker Reichert, Gelehrtes Leben. Karl Hampe, das Mittelalter und die Geschichte der Deutschen (Schriftenreihe der HiKo 79, 2009) S. 249.
19 Ausführlich skizziert bei: Reichert, Hampe (wie Anm. 18) S. 166 und S. 251f.
20 Ferdinand Güterbock, Einige Beobachtungen zu den SS-Editionen, 25.10.1931 (MGH-Archiv, 338/52 Bl. 137f., hier Bl. 138).
21 Oswald Holder-Egger, Bericht über die 31. Jahresversammlung der Zentraldirektion der Monumenta Germaniae Historica, in: NA 30 (1905) S. 1–12, hier S. 5.
22 Zu Harry Bresslau siehe die Beiträge von Annette Marquard-Mois, Theo Kölzer, Benedikt Marxreiter und Anne C. Nagel in vorliegendem Band.
23 Vgl. Ferdinand Güterbock, Ein echtes und ein unechtes Privileg Friedrichs I. für Kloster Neuburg (im Elsass), in: NA 38 (1913) S. 559–561. Siehe dazu das Gutachten Bresslaus und weitere Schriftwechsel im MGH-Archiv, 338/66. Vgl. zum Sachverhalt ausführlich Becker, Güterbock (wie Anm. 1) Anm. 21.
24 Freundliche Auskunft von Dr. Michael Güterbock (Berlin).
25 Vgl. seine Reaktion auf den Ausbruch des Ersten Weltkriegs bei Reichert, Hampe (wie Anm. 18) S. 203.

stellten[26]. 1923 erschien seine rund 130 Seiten umfassende Studie über die Entstehung des Faschismus, für die er die italienische Tagespresse auswertete[27]. Zwei Jahre später behandelte er das Thema im Rahmen einer Vortragsreihe im Wintersemester 1924/25 an der Universität Königsberg[28], 1927 in einem Aufsatz zur Festschrift seines Berliner Schullehrers, des jüdischen Pädagogen und Historikers Moritz Schäfer[29]. Güterbocks aus seinen Veröffentlichungen deutlich hervorgehende Sympathien für den ‚Duce' und den Faschismus sind in den Kontext politischen Denkens des in der Weimarer Republik in eine tiefe Sinnkrise geratenen bürgerlichen (National-)Liberalismus einzuordnen, mit dem er sich offensichtlich identifizierte[30].

Die Charakterisierung Mussolinis als „Feuergeist", „geborener Beherrscher der Menge", „ganzer Mann" und „Herrennatur" spiegelt die verbreitete Sehnsucht nach dem die mannigfaltigen Krisen der Zeit bewältigenden ‚Führer' wider[31]. Maßgeblich für die positive Rezeption erwies sich zudem die von Mussolini unterbundene „Terrorisierung des Bürgertums"[32] durch die Sozialisten, ein Argument, aus dem die Furcht Güterbocks und seiner Standesgenossen vor „der roten Sturmwelle" des Bolschewismus deutlich hervorgeht[33]. Weitere Anziehungspunkte bildeten die Betonung eines „jugendfrischen" Nationalgedankens[34] und die Vorstellung einer Klassenkampf-Ideen entgegengesetzten „Einigung der verschiedensten Volksklassen auf ein gemeinsames Programm, der Zusammenschluss von Stadt und Land, von Intelligenz und Proletariat, von Arbeitgebern und Arbeitnehmern, von konservativen Monarchisten und radikalen Republikanern"[35], wobei Güterbock jedoch den seinerzeit von verschiedenen politischen Richtungen herangezogenen Begriff der ‚Volksgemeinschaft' nicht verwendet. Auch die kritische Wahrnehmung des Parlamentarismus als vermeintlichen Beförderer von Sonderinteressen und Parteiegoismus lässt sich hier fassen[36]. Eine Relevanz des Antisemitismus innerhalb der faschistischen Bewegungen wollte Güterbock nicht wahr-

26 Wolfgang Schieder, Mythos Mussolini (2013) S. 106f. Vgl. auch ders., Mussolini im Visier der Wissenschaft. Zum Transfer des italienischen Faschismus nach Deutschland, in: Die akademische ‚Achse Berlin-Rom'? Der wissenschaftlich-kulturelle Austausch zwischen Italien und Deutschland 1920 bis 1945, hg. von Andrea Albrecht / Lutz Danneberg / Simone De Angelis (2017) S. 425–445, hier S. 429; Matthias Damm, Die Rezeption des italienischen Faschismus in der Weimarer Republik (Extremismus und Demokratie 27, 2013) S. 181f.

27 Ferdinand Güterbock, Mussolini und der Fascismus (1923) S. 5 (Spanische Übersetzung: ders., Mussolini y el fascismo [1924]).

28 Ferdinand Güterbock, Mussolini und der Fascismus, in: Die romanischen Völker (Auslandsstudien 1, 1925) S. 89–110.

29 Ferdinand Güterbock, Roma Aeterna und der moderne Fascismus, in: Festschrift zum 70. Geburtstage von Moritz Schaefer (1927) S. 79–84.

30 Vgl. zu Güterbocks Interpretation des Faschismus ausführlich: Becker, Güterbock (wie Anm. 1) Abschnitt „Ferdinand Güterbock und Benito Mussolini".

31 Zitate nach: Güterbock, Mussolini (wie Anm. 27) S. 9, 126 und 127.

32 Ebd. S. 76.

33 Ebd. S. 95.

34 Ebd. S. 62.

35 Ebd. S. 131.

36 Ebd. S. 125.

haben[37], das Gewaltpotenzial wurde von ihm relativiert[38] und eine Analogie zum ‚bayerischen' Nationalsozialismus des Jahres 1923 hielt er nicht für stichhaltig[39].

In die Zeit der Weimarer Republik fällt der Höhepunkt von Güterbocks wissenschaftlichem Wirken im Auftrag der Monumenta Germaniae Historica, das auf die Initiative Holder-Eggers zurückging. Dieser wollte den Privatgelehrten zur Bearbeitung von Quellen italienischer Schriftsteller aus der Stauferzeit heranziehen und bot ihm die Bearbeitung der Historia Frederici I von Otto Morena sowie der Faventiner Chronik des Magister Tolosanus an. Auch die anonyme Schrift De ruina civitatis Terdonae beabsichtigte Holder-Egger ins Editionsprogramm aufzunehmen. Nach dessen Tod 1911 zurückgestellt, regte Güterbock selbst eine Wiederaufnahme dieser Projekte an[40], die 1925 offiziell bestätigt wurde[41]. Ein an die Zentraldirektion gerichtetes ausführliches Gutachten über die Scriptores-Abteilung mit zahlreichen Vorschlägen zur Reform der auf Oswald Holder-Egger und Harry Bresslau zurückgehenden Editionsmethoden belegt Engagement und Mitgestaltungswillen Güterbocks[42].

Anfang der 1920er Jahre verglich er in Italien Handschriften des Textes zur Eroberung Tortonas[43], für die Arbeit an der Morena-Edition unternahm er 1926 eine Archivreise nach Mailand, Modena und Faenza[44]. Die Historia Frederici I erschien bereits 1930[45], die Inangriffnahme der Faventiner Chronik scheiterte vermutlich an der Vertreibung durch das nationalsozialistische Regime sowie am Kriegsausbruch[46].

Die wissenschaftliche Bedeutung Güterbocks für die Monumenta geht auch aus der unter der Ägide Paul Fridolin Kehrs erwogenen, aber nie realisierten Aufnahme seiner Person in die Zentraldirektion hervor. In der Jahressitzung von 1931 schlug Kehr die Zuwahl von Ferdinand Güterbock und Ernst Perels (1882–1945), ebenfalls jüdischer Herkunft, als möglicherweise „erwünscht oder doch tragbar" vor, der Anregung schlossen sich Karl Hampe und der jüdische Historiker Wilhelm Levison (1876–1947) an. Nach langen Diskussionen über weitere mögliche Kandidaten, u. a. Erich Caspar oder Bernhard Schmeidler (1879–

37 Ebd. S. 63f.

38 Ebd. S. 75.

39 Ebd. S. 130.

40 Ferdinand Güterbock, Pro memoria von Editionen italienischer Schriftsteller der Stauferzeit, 1.4.1926 (MGH-Archiv, 338/41 Bl. 136–138).

41 Paul Kehr, Bericht über die Herausgabe der Monumenta Germaniae Historica 1925, in: NA 46 (1926) S. *I–*VIII, hier S. *IV.

42 Güterbock, SS-Editionen (wie Anm. 20) Bl. 137f. Vgl. dazu im Detail Becker, Güterbock (wie Anm. 1) Anmerkung 28.

43 Paul Kehr, Bericht über die Herausgabe der Monumenta Germaniae Historica 1920, in: NA 44 (1922) S. 1–10, hier S. 4; ders., Bericht über die Herausgabe der Monumenta Germaniae Historica 1921, in: NA 45 (1924) S. 1–13, hier S. 4. Vgl. die Zusammenstellung der von Güterbock für die MGH geleisteten Arbeiten (MGH-Archiv, 338/52 Bl. 124).

44 Paul Kehr, Bericht über die Herausgabe der Monumenta Germaniae Historica 1926, in: NA 47 (1928) S. I–VII, hier S. III. Belege für weitere Italienreisen im Dienst der Monumenta finden sich z. B. in der Jahresrechnung der Zentraldirektion für 1928 mit der Erstattung der Auslagen Güterbocks von 800 Mark (MGH-Archiv, 338/191).

45 Ferdinand Güterbock, Das Geschichtswerk des Otto Morena und seiner Fortsetzer über die Taten Friedrichs I. in der Lombardei (MGH SS rer. Germ. N. S. 7, 1930).

46 So Holtzmann, Nekrolog (wie Anm. 3) S. 498.

1959), sah man letztendlich generell von einer personellen Erweiterung des Gremiums ab[47]. Als in der Jahressitzung vom April 1933 – und damit bereits nach der nationalsozialistischen Machtübernahme – der Name von Güterbock – laut Kehr auf dessen expliziten Wunsch hin – erneut zur Debatte stand, schloss Kehr weitere Zuwahlen in die Zentraldirektion grundsätzlich und strikt aus[48].

Direkte Stellungnahmen Güterbocks zur politischen Entwicklung Deutschlands in den letzten Jahren der Weimarer Republik liegen nicht vor, seine tiefe Verbundenheit zu Heimat und Milieu ist aber nicht anzuzweifeln. Nach 1933 konnte er zunächst noch in deutschen Publikationsorganen veröffentlichen, zuletzt in der von Erich Brandenburg herausgegebenen Historischen Vierteljahrschrift[49]. Erst 1937 zog er aus Exklusion und Verfolgung durch das nationalsozialistische Regime die Konsequenz der Emigration in die Schweiz[50]. Hier sei kurz auf die unterschiedliche Haltung des verwandten Ehepaars Bruno Güterbock und Grethe Auer eingegangen, die in Deutschland blieben und beide 1940 in Berlin verstarben. Als überzeugte Wähler der rechtsliberalen DVP standen sie der ‚Machtergreifung' 1933 vorsichtig positiv gegenüber, in ihren Memoiren verharmlost Grethe Auer noch retrospektiv antisemitische Maßnahmen, obwohl sie selbst und ihre Familie davon betroffen waren[51].

Ferdinand Güterbock ließ sich mit seiner Ehefrau in Weggis im Kanton Luzern nieder und wurde kurz vor seinem Tod noch eingebürgert[52]. Schon lange vor der Auswanderung fühlten sich die Familien Güterbock und Auer eng mit dieser Region verbunden, Leopold Güterbock hatte im nahegelegenen, zu Obwalden gehörigen Kurort Engelberg seit den 1860er Jahren die Sommerfrische verbracht[53]. In seiner neuen Heimat fügte Ferdinand Güterbock sich schnell in die dortige Wissenschaftsgesellschaft ein und konnte dabei teilweise auf alte Verbindungen der Monumenta zu Schweizer Historikern aufbauen, wie zum Beispiel zu Marcel Beck, in den dreißiger Jahren zeitweise Mitarbeiter der Diplomata-Abteilung, oder dem Zürcher Archivar Hans Nabholz (1874–1961). Ein besonders freundschaftlicher Kontakt bestand zu dem katholischen Kirchenhistoriker Oskar Vasella (1904–1966), Professor in Fribourg[54]. Güterbock legte zugleich in den folgenden Jahren einige Studien zur mittelalterlichen Geschichte der Schweiz vor. Der Zugang zu geschichtswissenschaftlichen Periodika des Landes erfolgte wohl über die Vermittlung Vasellas. 1939 erschien Güterbocks Studie über die Entwicklung der Gotthard-Route in der Zeitschrift für schweizerische Ge-

---

47 Protokoll der Sitzung der Zentraldirektion, 24.4.1931 (MGH-Archiv, 338/51 Bl. 116–118). Vgl. dazu ausführlich: Becker, Güterbock (wie Anm. 1) Abschnitt „Güterbock und die Monumenta Germaniae Historica". – Zu Ernst Perels und Wilhelm Levison siehe die Beiträge von Martina Hartmann und Letha Böhringer in vorliegendem Band.

48 Protokoll der Ausschusssitzung der Zentraldirektion, 29.4.1933 (MGH-Archiv, 338/52 Bl. 55).

49 Ferdinand Güterbock, Barbarossas ältester Sohn und die Thronfolge des Zweitgeborenen, in: HV 29 (1935) S. 509–540; ders., Rezension zu: Keszycka, Felicia von, Kaiserin Beatrix, Gemahlin Friedrichs I. Barbarossa, Posen 1923, in: ebd. S. 601.

50 Kies, Juden (wie Anm. 5) S. 92.

51 Auer, Erinnerungen (wie Anm. 7) S. 377, 390.

52 Heer, Einführung, in: Engelbergs Gründung (wie Anm. 4) S. VIf.

53 Ebd. S. VI–VII. Auch Bruno Güterbocks Familie hielt sich regelmäßig dort auf; vgl. Auer, Erinnerungen (wie Anm. 7) S. 259.

54 Vgl. die Briefe Güterbocks an Vasella (StAGR, Nl Vasella, A Sp III/11k 01.205). Ich danke dem Staatsarchiv für die freundliche Überlassung von Kopien.

schichte[55]. Zu seinem wissenschaftlichen Hauptgegner in der Schweiz wurde über dieser Frage der Zürcher Historiker Karl Meyer (1885–1950). Güterbock attestierte Meyer bezüglich des national aufgeladenen Themas zwar durchaus schätzenswerten Patriotismus, zu dem er sich mit Verweis auf den Erwerb der Schweizer Staatsangehörigkeit auch selbst bekannte, bezeichnete ihn aber fachwissenschaftlich als „Belastung“[56].

Aus den Akten der 1935 in ein ‚Reichsinstitut für Ältere Deutsche Geschichtskunde‘[57] umgewandelten Monumenta geht hervor, dass Güterbocks Arbeiten weiterhin rezipiert wurden. Mit Verweis auf einen Aufsatz des Privatgelehrten forderte 1937 der damalige Leiter des Reichsinstituts, Wilhelm Engel (1905–1964), beim Departementalarchiv von Vesoul Photographien von Siegeln an[58]. 1942 schien es sowohl dem Präsidenten Edmund Ernst Stengel (1879–1968) als auch dem Archivar und Byzantinisten Werner Ohnsorge (1904–1985) akzeptabel und sogar notwendig, die maßgeblichen Arbeiten des aus der deutschen Wissenschaftsgesellschaft Ausgestoßenen in einem Aufsatz über die Byzanzpolitik Friedrich Barbarossas für das Deutsche Archiv[59] explizit zu erwähnen[60]. Eine offizielle Zuziehung des Schweizer Exilanten zu Publikationen war aber aus politischen Gründen nicht denkbar. Er wurde – wie Richard Koebner (1885–1958) und Wilhelm Levison – in Planungen zwischen dem Präsidenten des Reichsinstituts (MGH) Theodor Mayer (1883–1972) und Martin Lintzel (1901–1955) bezüglich möglicher Beiträger zur Festschrift für Robert Holtzmann Ende 1942 mit Verweis auf den ‚Arierparagraphen‘ von der Liste gestrichen[61]. Insgesamt suchten die Monumenta während des NS-Regimes wegen ihrer Arbeitsleistung und Expertise unverzichtbar erscheinende Mitarbeiter jüdischer Konfession oder Herkunft dem Unternehmen so lange wie möglich zu erhalten, mussten sich aber dem Zwang von oben fügen. In Deutschland verbliebene Wissenschaftler wie Josef Juncker, Erika Sinauer[62] oder Ernst Perels[63] überlebten nicht: Josef Juncker beging Selbstmord, Erika Sinauer wurde

55 Ferdinand Güterbock, Wann wurde die Gotthardroute erschlossen?, in: Zs. für schweizerische Geschichte 19 (1939) S. 121–154. Vgl. über die Publikation Güterbock an Vasella, 30.3.1939 (StAGR, Nl Vasella, A Sp III/11k 01.205).

56 Güterbock an Vasella, 25.12.1942 (StAGR, Nl Vasella, A Sp III/11k 01.205).

57 Nikola Becker, Reichsinstitut für Ältere Deutsche Geschichtskunde, in: Michael Fahlbusch / Ingo Haar / Alexander Pinwinkler (Hg.), Handbuch der völkischen Wissenschaften. Akteure, Netzwerke, Forschungsprogramme 2 (^{2}2017) S. 1595–1604.

58 Wilhelm Engel an Jacques Dropet, 19.7.1937 (MGH-Archiv, B 539 Bl. 109). Es handelt sich um den Aufsatz: Ferdinand Güterbock, Zur Geschichte Burgunds im Zeitalter Barbarossas, in: Zs. für Schweizerische Geschichte 17,2 (1937) S. 145–229. Siehe auch die Rezension in DA 2 (1938) S. 289f.

59 Werner Ohnsorge, Die Byzanzpolitik Friedrich Barbarossas und der „Landesverrat“ Heinrichs des Löwen, in: DA 6 (1943) S. 118–149.

60 Edmund Ernst Stengel an Werner Ohnsorge, 6.1.1942 (MGH-Archiv, B 569 Bl. 415); Werner Ohnsorge an Edmund Ernst Stengel, 9.1.1942 (MGH-Archiv, B 569 Bl. 413).

61 So Martin Lintzel an Theodor Mayer, 26.12.1942 (MGH-Archiv, B 569 Bl. 86).

62 Vgl. zu Juncker und Sinauer Nikola Becker, Jüdische und jüdischstämmige Mitarbeiter bei den Monumenta Germaniae Historica im „Dritten Reich“ – Paul Hirsch, Josef Juncker und Erika Sinauer, in: HJb 135 (2015) S. 453–502 sowie die Beiträge von Eric Knibbs zu Josef Juncker und von Annette Marquard-Mois zu Erika Sinauer in vorliegendem Band.

63 Vgl. zu Perels Ines Oberling, Ernst Perels (1882–1945). Lehrer und Forscher an der Berliner Universität (2005).

in Auschwitz ermordet und Ernst Perels starb an Entkräftung nach der Befreiung des KZs Flossenbürg.

Auch wenn Ferdinand Güterbock in den Akten der Monumenta Germaniae Historica während der nationalsozialistischen Diktatur kaum noch erscheint, belegen seine Korrespondenzen aus dem Exil den Fortbestand alter Kontakte und Freundschaften. Im Frühjahr 1942 berichtete Güterbock Vasella über eine aus Rom eingetroffenen Postkarte Kehrs, „regelmäßig" erhalte er zudem aus Berlin Briefe von Carl Erdmann (1898–1945) und Robert Holtzmann[64]. Erdmann informierte ihn über die Repressalien gegen Ernst Perels, wie zum Beispiel das Verbot der Benutzung des Büros bei den MGH[65] genauso wie über Güterbock betreffende Forschungsarbeiten: Präsident Theodor Mayer, beschäftigt mit einer Studie über die Entstehung der Eidgenossenschaft im Mittelalter,[66] stimme dem Urteil des exilierten Privatgelehrten gegen Karl Meyer bezüglich der Gotthardroute „lebhaft" zu und erkläre es für „endgültig"[67]. Eine enge Verbundenheit bestand wohl zu dem dezidiert katholischen und regimekritischen Papsturkundenforscher Johannes Ramackers (1906–1965), den Kehr 1939 aus seiner Assistententätigkeit am Kaiser-Wilhelm-Institut für Deutsche Geschichte entlassen hatte[68]. Ramackers besuchte Güterbock 1938 in der Schweiz, danach brach der Kontakt jedoch ab, weshalb Güterbock sich bei Vasella in nahezu jedem Brief nach dessen Verbleib erkundigte[69]. Gelegentliche Nachrichten sandten ihm die ehemaligen Kollegen Bernhard Schmeidler, Adolf Hofmeister (1883–1956) und aus seinem Exil in Durham Wilhelm Levison[70].

In seinen letzten Lebensjahren befasste sich Güterbock, seit einer Herzembolie im August 1941 gesundheitlich schwer angeschlagen[71], mit der Gründung der Benediktinerabtei Engelberg. Über dieser unvollendet gebliebenen Arbeit ereilte ihn bei Archiv- und Bibliotheksstudien vor Ort infolge einer erneuten Embolie oder Herzattacke am 15. April 1944 der Tod[72]. Die Studie wurde von dem befreundeten Engelberger Stiftsarchivar P. Gall Heer 1948 aus dem Nachlass herausgegeben[73].

64 Güterbock an Vasella, 6.3.1942 (StAGR, Nl Vasella, A Sp III/11k 01.205).

65 Güterbock an Vasella, 10.3.1942 (StAGR, Nl Vasella, A Sp III/11k 01.205).

66 Theodor Mayer, Die Entstehung der Schweizer Eidgenossenschaft und die deutsche Geschichte, in: DA 6 (1943) S. 150–187.

67 Güterbock an Vasella, 25.12.1942 (StAGR, Nl Vasella, A Sp III/11k 01.205).

68 Vgl. zu Ramackers Oskar Vasella, Nekrolog Prof. Dr. Johannes Ramackers (1906–1965), in: Zs. für Schweizerische Kirchengeschichte 60 (1966) S. 206–208 und ders., in: HJb 86 (1966) S. 506–508; vgl. außerdem Stefan Weiss, Delegierte Großforschung: Die „Papsturkunden in Frankreich" und die Vorgeschichte des Deutschen Historischen Instituts in Paris, in: Das Deutsche Historische Institut Paris und seine Gründungsväter. Ein personengeschichtlicher Ansatz (Pariser Historische Studien 86, 2007) S. 35–57, hier S. 55.

69 Güterbock an Vasella, 10.3.1942 (StAGR, Nl Vasella, A Sp III/11k 01.205).

70 Güterbock an Vasella, 25.12.1942 (StAGR, Nl Vasella, A Sp III/11k 01.205). Zu Levison vgl.: Matthias Becher / Yitzhak Hen (Hg.), Wilhelm Levison (1876–1947). Ein jüdisches Forscherleben zwischen wissenschaftlicher Anerkennung und politischem Exil (Bonner historische Forschungen 63, 2010).

71 Güterbock an Vasella, 6.3.1942 (StAGR, Nl Vasella, A Sp III/11k 01.205).

72 Kies, Juden (wie Anm. 5) S. 92f. und Beck, Güterbock (wie Anm. 3) Bl. 2.

73 Güterbock, Engelbergs Gründung (wie Anm. 4).

Abstract: Ferdinand Güterbock was born in Berlin in 1872. His parents were converted Jews and he was also baptised at birth. In 1895, Güterbock attained his Ph.D. in Berlin under Paul Scheffer-Boichorst with a thesis on the Peace of Montebello. Thereafter, living from private means, he pursued his research interests as a private scholar, publishing over 40 works during his life. Without an official position, he nevertheless had close personal connections with leading historians and students, in particular with the later MGH chairman Paul Kehr. Güterbock was considered one of the leading experts on Frederick Barbarossa, but also wrote studies on Italy during the reign of the Hohenstaufen and Swiss history. From the mid 1890s, he worked for the MGH, providing the editors with text collations and contributing to the Neues Archiv. During the Weimar Republic, he himself was entrusted with editing the Historia Frederici I, which he completed by 1930, as well as the Chronicon Faventinum and De ruina civitatis Terdonae, both of which remained unfinished. In 1931, Güterbock was among the candidates being considered for the MGH board of directors. Politically, he sympathised with Mussolini and nationalistic movements and remained at first in Germany after Hitler took power, but finally emigrated to Switzerland in 1937. He stayed in contact with the MGH and researched local history until his death in 1944.

Ludo Moritz Hartmann
(1865–1924)

von
Philipp T. Wollmann

Ludo Moritz Hartmann um 1900

„Ludo Hartmann ist ein heute weitgehend vergessener Gelehrter“[1]. Diese Aussage Günter Fellners aus dem Jahr 1992 trifft so nicht mehr zu. Ganz im Gegenteil: In den letzten Jahren erschien eine große Zahl an Aufsätzen, Studien und Biographien, die sich mit dieser interessanten Figur im Spannungsfeld zwischen Geschichtswissenschaft, Politik und Volksbildung beschäftigten[2]. Darin versuchen die Autorinnen und Autoren, der „Vielschichtigkeit

---

1 Günter Fellner, Ludo M. Hartmann als Historiker. Vom Historismus zur Gesellschaftsgeschichte, in: Wilhelm Filla / Michaela Judy / Ursula Knittler-Lux (Hg.), Aufklärer und Organisator. Der Wissenschaftler, Volksbildner und Politiker Ludo Moritz Hartmann (Schriftenreihe des Verbandes Wiener Volksbildung 17, 1992) S. 19–36, hier S. 17.

2 Es sei hier chronologisch erwähnt [N. N.], Hartmann, Ludo (Ludwig) Moritz (1865–1924), Historiker und Politiker“, in: ÖBL 2 (1958) S. 195f.; Hans Jürgen Rieckenberg, Hartmann, Ludo Moritz, in: NDB 7 (1966) S. 737; Günther Ramhardter, Geschichtswissenschaft und Patriotismus. Österreichische Historiker im Weltkrieg 1914–1918 (1973) S. 159–170; Herbert Dachs, Österreichische Geschichtswissenschaft und Anschluß 1918–1930 (1974) S. 172–181; Günter Fellner, Ludo Moritz Hartmann. Zwischen Bürgertum und Sozialdemokratie 1848 bis 1918, in: Zeitgeschichte 8 (1980) S. 83–108; ders., Ludo Moritz Hartmann und die österreichische Geschichtswissenschaft. Grundzüge eines paradigmatischen Konflikts (Veröffentlichungen des Ludwig-Boltzmann-Institutes für Geschichte der Gesellschaftswissenschaften 15, 1985); Wilhelm Filla / Michaela Judy / Ursula Knittler-Lux (Hg.), Aufklärer und Organisator. Der Wissenschaftler, Volksbildner und Politiker Ludo Moritz Hart-

der Persönlichkeit Hartmanns“ gerecht zu werden. Meist stellen sie dabei einzelne Aspekte in den Vordergrund: den Historiker, den Volksbildner, den Sozialdemokrat oder den Befürworter eines großdeutschen Ansatzes in der Politik[3]. Hartmanns Lebensgeschichte ist aufgrund dieses Interesses an seiner Person in weiten Teilen erschlossen, seine Beweggründe wurden vielfach diskutiert und eruiert. Doch neben dem bekannten und vielbeachteten Historiker, Politiker und Diplomaten existiert auch der Editor Ludo Moritz Hartmann, der bisher kaum beleuchtet wurde. In den Jahren 1889 bis 1899 vollendete Hartmann die durch Paul Ewald begonnene Edition der Register Gregors I.[4], was in den meisten Publikationen mit einem kurzen Hinweis auf seine löbliche Tätigkeit bei den Monumenta Germaniae Historica abgetan wird[5]. Doch war diese Phase im Leben Ludo Moritz Hartmanns wirklich so unbedeutend? Könnte die Arbeit an der Edition der Register Gregors des Großen ihn doch beeinflusst, eventuell sogar geprägt haben? Im Zentrum der nachfolgenden Ausführungen steht daher Ludo Moritz Hartmann als Editor der MGH in den letzten Jahrzehnten des 19. Jahrhunderts, während die übrigen Aspekte seiner Biographie an dieser Stelle nur kursorisch behandelt werden können. Die Darstellung rekurriert auf die bisher unbeachteten 110 Briefe Hartmanns an Dümmler aus den Jahren 1889 bis 1900 im Archiv der MGH[6].

1. Elternhaus und Jugend

„Ein Sohn geboren, morgens 5 ¾ Uhr“ notierte der jüdisch-stämmige böhmische Schriftsteller, Journalist und Politiker Moritz Hartmann am 2. März 1865 nüchtern in sein Notiz-

mann (Schriftenreihe des Verbandes Wiener Volksbildung 17, 1992); Volker Herholt, Ludo Moritz Hartmann, alte Geschichte zwischen Darwin, Marx und Mommsen (1999); [N. N.], Hartmann, Ludo Moritz, in: Lexikon deutsch-jüdischer Autoren 10, hg. vom Archiv Bibliographia Judaica (2002) S. 198–213; Gerold Unterhumer, Alles Lernen soll zum Denken führen. Demokratie und Erwachsenenbildung bei Ludo Moritz Hartmann (2010); Christian H. Stifter, Ludo Moritz Hartmann. Wissenschaftlicher Volksbildner, sozialdeterministischer Historiker, realitätsferner Politiker, in: Mitchell Ash / Josef Ehmer (Hg.), Universität – Politik – Gesellschaft. 650 Jahre Universität Wien – Aufbruch ins neue Jahrhundert 2 (2015) S. 247–255 und zuletzt Celine Wawruschka, Ludo Moritz Hartmann (1865–1924). Geschichtsschreibung im Lichte der frühen Sozialdemokratie Österreichs, in: Karel Hruza (Hg.), Österreichische Historiker. Lebensläufe und Karrieren 1900–1945, Bd. 3 (2019) S. 67–96.

3 Zitat aus Wawruschka, Ludo Moritz Hartmann (wie Anm. 2) S. 68. Ein gutes Beispiel für alle diese Aspekte bietet der Sammelband Filla / Judy / Knittler-Lux, Aufklärer (wie Anm. 2) und die darin enthaltenen Beiträge.

4 Gregorii I papae Registrum epistolarum 1. Libri I–VII., ed. von Paul Ewald / Ludo M. Hartmann (MGH Epp. 1, 1891); Gregorii I papae Registrum epistolarum 2. Libri VIII–XIV., ed. von Paul Ewald (†) / Ludo M. Hartmann (MGH Epp. 2, 1899).

5 So etwa bei Fellner, Bürgertum und Sozialdemokratie (wie Anm. 2) S. 133: „Durch Vermittlung seines Lehrers Mommsen trat die Generaldirektion der Monumenta Germaniae historica an ihn heran und übertrug ihm die Fortführung der Herausgabe der Briefe Papst Gregor I., eine Arbeit, die ihn über ein Jahrzehnt hinweg beschäftigen und in der er einen in der Fachwelt anerkannten Beweis seines editionstechnischen und quellenkritischen Könnens lieferte.“ oder Wawruschka, Ludo Moritz Hartmann (wie Anm. 2) S. 72: „Hartmann wurde zur Mitarbeit an den ‚Monumenta Germaniae Historica‘ eingeladen, für die er bis 1899 die von Paul Ewald hinterlassene Ausgabe des Registers Papst Georg *[sic!]* des Großen vollendete *[…]*.“

6 Die insgesamt 110 Briefe befinden sich im MGH-Archiv, B 289.

buch[7]. Dieser erhielt den Namen Ludo – italisierend für Ludwig – Moritz und war Moritz Hartmanns zweiter Sohn zusammen mit seiner protestantischen Frau Bertha Hartmann, geb. Roediger[8]. Der Vater Moritz Hartmann hatte vor der Geburt seiner Kinder bereits eine bewegte Vergangenheit: Ursprünglich aus dem böhmischen Duschnik bei Pribram stammend, zeichnete er sich nach seinem abgebrochenen Medizinstudium in Prag durch revolutionäres, das Hussitentum verklärendes Gedankengut aus, das er durch Gedichte verbreitete. Durch die polizeiliche Verfolgung bekannt geworden, wurde Moritz Hartmann während der Revolution von 1848/49 als gewählter Abgeordneter des böhmischen Distrikts Leitmeritz in die Nationalversammlung nach Frankfurt entsandt[9]. Mit der Versammlung siedelte Hartmann nach Stuttgart über und nahm dort am Badischen Aufstand von 1848/49 teil. Nachdem dieser niedergeschlagen worden war, reiste er in schneller Abfolge, unter anderem aufgrund seiner Tätigkeit als Auslandskorrespondent verschiedener Zeitungen, in die Schweiz, nach England, Italien, Frankreich und sogar in das Gebiet der heutigen Ukraine[10]. 1860 lernte er bei einem Aufenthalt an der Akademie in Genf Bertha Roediger kennen, die Tochter eines im Exil lebenden Hanauer Lektors der Wallonisch-Niederländischen Kirche, und heiratete sie noch im selben Jahr[11]. Erst 1863 kehrte Hartmann mit seiner Frau nach Stuttgart zurück, da er dort Redakteur der Zeitschrift ‚Freya' wurde. Nachdem 1867 die Generalamnestie in Österreich erlassen worden war, zog die Familie ein Jahr später nach Wien, wo Moritz Hartmann als Feuilletonredakteur der Neuen Freien Presse arbeitete[12]. Ludo Hartmann verlor seinen Vater im Alter von sieben Jahren, als Moritz aufgrund einer schweren Nierenkrankheit nach längerem Leiden am 13. Mai 1872 im Alter von 51 Jahren starb[13].

---

7 Aus dem Notizbuch Moritz Hartmanns im Nachlass Ludo Moritz Hartmann in: OeStA/HHStA, K. 8. Vgl. auch Dachs, Geschichtswissenschaft (wie Anm. 2) S. 172 und Fellner, Bürgertum und Sozialdemokratie (wie Anm. 2) S. 102.

8 Vgl. [N. N.], Hartmann, Moritz, in: ÖBL 2 (1959) S. 196f., hier S. 196 und Wawruschka, Ludo Moritz Hartmann (wie Anm. 2) S. 68. – Sein älterer Bruder Heinrich verstarb kurz nach Ludos Geburt bereits im Alter von vier Jahren, vgl. dazu die Nachricht bei Ernst Stein, Ludo Moritz Hartmann, in: Vierteljahresschrift für Sozial- und Wirtschaftsgeschichte 18 (1925) S. 312–332, hier S. 313 und Wawruschka, Ludo Moritz Hartmann (wie Anm. 2) S. 69 mit Anm. 14.

9 Vgl. ÖBL, Hartmann, Moritz (wie Anm. 8) S. 196; Wilmont Haacke, Hartmann, Moritz, in: NDB 7 (1966) S. 737f., hier S. 738.; [N. N.], Hartmann, Moritz, in: Heribert Sturm (Hg.), Biographisches Lexikon zur Geschichte der böhmischen Länder 1: A-H (1970) S. 544; Fellner, Bürgertum und Sozialdemokratie (wie Anm. 2) S. 100f. und Wawruschka, Ludo Moritz Hartmann (wie Anm. 2) S. 68f. Zu Moritz Hartmanns Jugend auch Otto Wittner, Moritz Hartmanns Jugend (1902) und Hans Lass, Moritz Hartmann. Entwicklungsstufen des Lebens und Gestaltwandel des Werkes (1963).

10 Vgl. ÖBL, Hartmann, Moritz (wie Anm. 8) S. 196; Haacke, Hartmann (wie Anm. 9) S. 738; Sturm, Hartmann (wie Anm. 9) S. 544; Fellner, Bürgertum und Sozialdemokratie (wie Anm. 2) S. 101 und Wawruschka, Ludo Moritz Hartmann (wie Anm. 2) S. 69.

11 Vgl. Haacke, Hartmann (wie Anm. 9) S. 738; Fellner, Bürgertum und Sozialdemokratie (wie Anm. 2) S. 101 und Wawruschka, Ludo Moritz Hartmann (wie Anm. 2) S. 69.

12 Vgl. Haacke, Hartmann (wie Anm. 9) S. 738; Sturm, Hartmann (wie Anm. 9) S. 544; Fellner, Bürgertum und Sozialdemokratie (wie Anm. 2) S. 102 und Wawruschka, Ludo Moritz Hartmann (wie Anm. 2) S. 69.

13 Vgl. Sturm, Hartmann (wie Anm. 9) S. 544; Fellner, Bürgertum und Sozialdemokratie (wie Anm. 2) S. 102 und Wawruschka, Ludo Moritz Hartmann (wie Anm. 2) S. 69.

Nach dem Tod Moritz Hartmanns erzog die Witwe Bertha ihren Sohn ganz nach dem Wertesystem seines Vaters, bestehend aus „den Forderungen der bürgerlichen Revolution von 1848, der Idee eines demokratischen Großdeutschlands, und andererseits in der Konfessionslosigkeit“[14]. „In seinem Kinde den Vater einstmals wiedersehen zu können, war ihr heißester Wunsch“, stellte Ludo Hartmann später selbst fest[15]. Unterstützung erhielt sie dabei durch die beiden Vormunde, die Bankiers Leopold von Lieben und Ludwig Bamberger, sowie dem intellektuellen Kreis ihres verstorbenen Mannes[16]. Aus diesem rekrutierten sich zum Teil Hartmanns Privatlehrer. Erst von 1879 an besuchte er das Wasagymnasium im 9. Wiener Gemeindebezirk[17]. Trotz dieser teilweise strengen Erziehung betonte Hartmann später selbst: „*[…]* wenige Kinder werden wohl eine so fröhliche Jugend verbracht haben wie ich“[18].

Im Alter von 18 Jahren begann Ludo Moritz Hartmann 1883 sein Studium der Philosophie an der Universität Wien. Doch schon 1885 begab er sich nach Berlin, um dort den berühmten Altertumswissenschaftler Theodor Mommsen (1817–1903) zu hören[19]. Mommsen sowie Otto Hirschfeld (1843–1922), ebenfalls Schüler Mommsens und dessen Nachfolger auf den Berliner Lehrstuhl, wurden für Hartmann wegweisend und zu seinen maßgeblichen Lehrern. In diesem Umfeld wurde Ludo Hartmann im Frühjahr 1887 bei Mommsen über das römische Exil vom Bürgerkrieg bis zum Prinzipat Severus Alexanders promoviert[20]. Anschließend reiste er zu Studienzwecken zuerst nach Rom, 1888 dann zu Paul Scheffer-Boichorst (1843–1902) nach Straßburg und kehrte schließlich nach Wien an das

14 Wawruschka, Ludo Moritz Hartmann (wie Anm. 2) S. 69f. Vgl. auch Dachs, Geschichtswissenschaft (wie Anm. 2) S. 172.

15 Ludo Moritz Hartmann, Das Andenken der Mutter. Zur Erinnerung an Bertha Hartmann für ihre Freunde aufgezeichnet von ihrem Sohne (1917) S. 20. Vgl. auch Fellner, Bürgertum und Sozialdemokratie (wie Anm. 2) S. 104.

16 Dieser Kreis wurde von Hartmanns späterem Schüler Ernst Stein als „die Elite der hiesigen liberalen großbügerlichen Gesellschaft jener Tage“ bezeichnet, vgl. Stein, Ludo Moritz Hartmann (wie Anm. 8) S. 314. Zu diesem Kreis gehörte unter anderem der Mediziner Theodor Billroth (1829–1894), der Physiologe und Erfinder Ernst Fleischl von Marxow (1846–1891), der Althistoriker und Epigraphiker Otto Hirschfeld, der bedeutende tschechische Philosoph und Politiker Tomáš Garrigue Masaryk (1850–1937), der Archäologe Otto Benndorf (1838–1907), der Jurist Adolf Exner (1841–1894) sowie der Rechtswissenschaftler und Politiker Julius Glaser (1831–1885). Vgl. dazu die Erwähnungen in Hartmann, Andenken der Mutter (wie Anm. 15) S. 3–5; Fellner, Bürgertum und Sozialdemokratie (wie Anm. 2) S. 103 und Wawruschka, Ludo Moritz Hartmann (wie Anm. 2) S. 69.

17 Vgl. dazu Walter Lenel, Vermischtes, in: HZ 131 (1925) S. 571–574, hier S. 571 und Fellner, Bürgertum und Sozialdemokratie (wie Anm. 2) S. 105f.

18 Hartmann, Andenken der Mutter (wie Anm. 15) S. 21; Vgl. auch Fellner, Bürgertum und Sozialdemokratie (wie Anm. 2) S. 104.

19 Vgl. ÖBL, Hartmann, Ludo Moritz (wie Anm. 2) S. 196 und Wawruschka, Ludo Moritz Hartmann (wie Anm. 2) S. 72.

20 Ludo Moritz Hartmann, De exilio apud Romanos inde ab initio bellorum civilium usque ad Severi Alexandri principatum (1887). Dazu die Nachricht bei Lenel, Vermischtes (wie Anm. 17) S. 571. Ulrich von Wilamowitz-Moellendorff schrieb dazu am 21. April 1887 an seinen Schwiegervater Theodor Mommsen: „ein Dr. Hartman *[!]* hat mir eine arbeit über das exil geschickt, die mir sehr gefallen hat.“, vgl. „Aus dem Freund ein Sohn.“ Theodor Mommsen und Ulrich von Wilamowitz-Moellendorff. Briefwechsel 1872–1903, Bd. 2, hg. und kommentiert von William M. Calder III und Robert Kirstein (2003) S. 413 Nr. 243.

Institut für Österreichische Geschichtsforschung zurück, an dessen 17. Ausbildungskurs er als außerordentliches Mitglied von 1887 bis 1889 teilnahm[21]. Damit hatte Ludo Hartmann nicht nur eine Ausbildung in der antiken Geschichte, sondern auch in der Mediävistik erhalten[22].

Nach seinem Abschluss bemühte sich Hartmann um eine Anstellung und wurde noch im Jahr 1889 durch Verwendung seines Lehrers Theodor Mommsen bei Otto Benndorf, Professor für Archäologie in Wien, und Eugen Bormann, Professor für Alte Geschichte und Epigraphik in Wien, entsprechend seiner Ausrichtung Dozent für römische und mittelalterliche Geschichte an der dortigen Universität[23]. Mit Beginn des Wintersemesters 1889/90 hielt er Lehrveranstaltungen und reichte sein Habilitationsgesuch ein[24].

2. Editor der MGH

Theodor Mommsen vermittelte Hartmann nicht nur die Anstellung als Dozent an der Universität Wien, sondern auch einen Editionsauftrag bei den Monumenta Germaniae Historica[25]. Auf Mommsens Empfehlung wandte sich im April 1889 Ernst Dümmler (1830–1902), seit 1888 als Nachfolger von Georg Waitz (1813–1886) Vorsitzender der Zentraldirektion der MGH, an Ludo Moritz Hartmann mit der Bitte, die Edition des Briefregisters Papst Gregors des Großen zu übernehmen[26]. Diese Edition sollte zuvor Paul Ewald besorgen, der allerdings nur die ersten 20 Bögen fertigstellen konnte, bevor er im Alter von 35 Jahren am

21 Vgl. Alphons Lhotsky, Geschichte des Instituts für österreichische Geschichtsforschung 1854–1954 (MIÖG Erg.-Bd. 17, 1954) S. 196f.; ÖBL, Hartmann, Ludo Moritz (wie Anm. 2) S. 196 und Wawruschka, Ludo Moritz Hartmann (wie Anm. 2) S. 72.

22 Vgl. Fellner, Hartmann als Historiker (wie Anm. 1) S. 20.

23 Vgl. ÖBL, Hartmann, Ludo Moritz (wie Anm. 2) S. 196; Fellner, Hartmann als Historiker (wie Anm. 1) S. 20; Stefan Rebenich, Theodor Mommsen und Adolf Harnack. Wissenschaft und Politik im Berlin des ausgehenden 19. Jahrhunderts (1997) S. 107 und Theodor Mommsen und Friedrich Althoff. Briefwechsel 1882–1903, hg. und eingeleitet von Stefan Rebenich / Gisa Franke (Deutsche Geschichtsquellen des 19. und 20. Jahrhunderts 67, 2012) S. 33. Zu Otto Benndorf vgl. zuletzt Hubert D. Szemethy, Von Greiz nach Wien. Das außergewöhnliche Leben von Otto Benndorf, Nachfolger Alexander Conzes und Gründer des Österreichischen Archäologischen Instituts, in: Günther Schörner / Julia Kopf (Hg.), 1869–2019. 150 Jahre Klassische Archäologie an der Universität Wien (2021) S. 163–186, zu Eugen Bormann vgl. Artur Betz, Bormann, Eugen, in: NDB 2 (1955) S. 465.

24 Vgl. dazu die Bemerkung in MGH-Archiv, B 289 Bl. 1f. Seine Habilitationsschrift lautet: Ludo Moritz Hartmann, Untersuchungen zur Geschichte der byzantinischen Verwaltung in Italien 540–750 (1889).

25 Hartmann bedankte sich für die Empfehlung Mommsens, vgl. MGH-Archiv, B 289 Bl. 2. Allerdings scheint Mommsen zuerst noch auf der Suche nach einer Alternative gewesen zu sein. So schrieb er am 13. Februar 1888 an seinen Schwiegersohn Ulrich von Wilamowitz-Moellendorff: „Wir suchen auch schmerzlich nach einem Fortsetzer der Herausgabe der Gregorbriefe; weißt Du oder weiß Meyer *[gemeint ist der Philologe Wilhelm Meyer, Anm. des Verf.]* jemanden dafür, so schreibe es mir bald." Zitat aus Calder / Kirstein, Theodor Mommsen und Ulrich von Wilamowitz-Moellendorff (wie Anm. 20) S. 453 Nr. 265. Und auch Dümmler dürfte Gespräche mit verschiedenen Personen geführt haben, vgl. dazu den Eintrag in Bericht über die fünfzehnte Plenarversammlung der Central-Direction der Monumenta Germaniae, Berlin 1889, in: NA 15 (1890) S. 1–8, hier S. 7.

26 Von der Briefkorrespondenz zwischen Hartmann und Dümmler haben sich im MGH-Archiv nur die Antwortschreiben Hartmanns erhalten, aus denen entsprechende Rückschlüsse gezogen werden können. Zu Ernst Dümmler vgl. Friedrich Baethgen, Dümmler, Ernst, in: NDB 4 (1959) S. 161.

14. Oktober 1887 verstarb[27]. Trotz fehlender Kenntnisse in der Erstellung von Editionen übernahm Hartmann die unvollendete Arbeit Ewalds nach einem persönlichen Zusammentreffen mit Dümmler in Berlin Anfang Mai 1889. Dabei wurde auch das weitere Vorgehen besprochen und die Materialien Ewalds an Hartmann übergeben[28]. Geplant war eine zweibändige und nach Büchern eingeteilte Edition, bei der die von Ewald bereits bearbeiteten ersten vier Bücher zusammen mit den folgenden drei Büchern den ersten Band, die übrigen sechs Bücher zusammen mit Einleitung und Appendizes den zweiten Band bilden sollten[29].

Hartmanns Arbeitsweise sah vor, sich für die Edition nicht vollständig auf die durch Ewald angefertigten Kollationen zu verlassen. Aus diesem Grund reiste er noch im Juli 1889 für erste Handschriftenstudien nach Troyes, Paris und Chartres[30]. Dabei überprüfte er allerdings nicht nur die Kollationen von Ewald, sondern fertigte weitere Abschriften für MGH-Editionen an, etwa für Dümmlers Edition der Hrabanus Maurus-Briefe oder für Bruno Kruschs Vita Aniani episcopi[31]. Nach seiner Rückkehr setzte sich Hartmann trotz seiner Lehrverpflichtungen eingehend mit den Gregorbriefen auseinander und publizierte kurz darauf bereits erste Erkenntnisse[32]. Die Schwierigkeit bestand gerade zu Anfang weniger in der Materie, als vielmehr in den Eigenheiten des Ewaldschen Materials. Mehrfach musste Hartmann die nicht eindeutigen Signaturen Ewalds den jeweiligen Handschriften neu zuordnen und griff dazu auf die persönliche Vernetzung der MGH zurück[33]. Bereits im

27 Zu Paul Ewald siehe den Beitrag von Anna Claudia NIERHOFF in vorliegendem Band.

28 Vgl. dazu die Bemerkung in MGH-Archiv, B 289 Bl. 1–4.

29 Vgl. dazu den Bericht über die sechzehnte Plenarversammlung der Central-Direction der Monumenta Germaniae. Berlin 1890, in: NA (1891) S. 1–8, hier S. 6.

30 Zu seiner Arbeitsweise vgl. auch Harry Bresslau, Geschichte der Monumenta Germaniae historica (NA 42, 1921) S. 699. In Troyes hielt er sich vom 17. Juli bis zum 1. August auf, danach jeweils für wenige Tage in Paris, Chartres und erneut Troyes. Vgl. MGH-Archiv, B 289 Bl. 7 und 9f. Während seines Aufenthaltes in Troyes arbeitete Hartmann Wochentags zwischen sieben und neun Stunden und am Sonntag bis zu fünf Stunden, um sein umfangreiches Pensum zu erfüllen. In Paris nahm er sich dagegen die Zeit zum Besuch der großen Weltausstellung von 1889, für die auch der Eiffelturm errichtet worden war. Seinen Reisebericht findet sich zusammen mit ersten Erkenntnissen zur Edition in Ludo Moritz HARTMANN, Ueber die Orthographie Papst Gregors I., in: NA 15 (1890) S. 527–549.

31 Vgl. MGH-Archiv, B 289 Bl. 9f. und HARTMANN, Orthographie (wie Anm. 30) S. 530. Beide Editionen erschienen später ohne die Erwähnung von Hartmanns Mitarbeit, vgl. Ernst DÜMMLER (Bearb.), Hrabani Mauri abbatis Fuldensis et archiepiscopi Moguntiacensis epistolae, in: MGH Epp. 5 (1899) S. 379–516 und Vita Aniani episcopi Aurelianensis, in: Bruno KRUSCH (Hg.), SS rer. Merov. 3 (1896) S. 104–117. Interessanterweise erwähnt Krusch keine der beiden von Hartmann kollationierten Handschriften aus Troyes in seiner Handschriftenauflistung.

32 In diesem Zusammenhang sind etwa Ludo Moritz HARTMANN, Zur Chronologie der Briefe Gregors I., in: NA 15 (1890) S. 411–417, bei der er die Methodik der Datierung der Gregorsbriefe Paul Ewalds mit der Julius Weises verglich, oder DERS., Ueber zwei Gregorbriefe, in: NA 17 (1892) S. 193–198 entstanden.

33 Hartmann selbst schrieb dazu an Dümmler: „Denn man kann bei der merkwürdigen Bezeichnungsart der Ewald'schen Collationen nicht vorsichtig genug sein.", vgl. MGH-Archiv, B 289 Bl. 40. Auf Bitte Hartmanns ließ Dümmler Nachforschungen in Bamberg, Berlin, Düsseldorf und Paris anstellen, vgl. MGH-Archiv, B 289 Bl. 39–41. Dabei erscheinen Ernst Dümmlers persönliche Verbindungen nach Frankreich, etwa zum französischen Historiker Auguste Molinier, trotz des gerade einmal 20 Jahre zurückliegenden Deutsch-Französischen Krieges von 1870/71 und der nationalistischen Abgrenzung – vor allem bei einem aus nationalistischen Beweggründen gegründeten Institut wie den MGH – als inter-

Januar 1891 wurden die ersten Bögen des ersten Bandes zum Setzen an den Verlag Böhlau geschickt[34]. Das letzte Imprimatur erteilte Hartmann im Dezember, sodass „der Gregor auf allen Weihnachtstischen der jungen Damen Deutschlands prangen wird"[35]. Dabei war es ihm besonders wichtig, die Rolle Ewalds herauszustellen und dessen Andenken zu bewahren. Nach seiner Anweisung sollte durch Böhlau auf das Titelblatt „post O. Ewaldi mortem edidit L.M.H." gedruckt werden. Deutlich war er auch gegenüber Dümmler: „auf das erste Titelblatt (des ersten Theiles) gehört mein Name überhaupt nicht"[36]. Dennoch kam es schließlich zu einem Kompromiss, und so standen, als der erste Band noch im Dezember erschien, beide Bearbeiter gleichberechtigt nebeneinander, Ewald an erster Stelle[37].

Kurz nach dem Erscheinen des ersten Bandes zeigte sich allerdings, dass Hartmann zu anderen und vor allem eigenen Projekten voranschreiten wollte und sein Interesse an der Edition der Gregorsregister zunehmend schwand. Dennoch versicherte er Dümmler noch im November 1892: „Es faellt mir nicht ein den Gregor auf lange Zeit im Stiche zu lassen"[38]. Trotz zahlreicher persönlicher Ereignisse, wie der Verlobung mit Grete Chrobak (1869–1946), Tochter des Wiener Gynäkologen und Professoren an der II. Wiener Universitätsfrauenklinik, Rudolf Chrobak, im Juli 1892[39], der kurz darauf erfolgten Hochzeit am 21. Januar 1893, der Geburt der gemeinsamen Tochter Else (1893–1978, verheiratete Paneth) im Oktober 1893 und des Sohnes Heinz Moritz (1894–1970) im November 1894[40], sowie der alljährlichen Aufenthalte Hartmanns mit seiner Frau in Italien[41], erschien der vollständi-

essant und verlangen weitere Untersuchungen. Vgl. zur Vorgeschichte etwa Josef Becker, Der Krieg 1870/71 als Problem deutsch-französischer Beziehungen, in: Franz Knipping / Ernst Weisenfeld (Hg.), Eine ungewöhnliche Geschichte. Deutschland – Frankreich seit 1870 (1988) S. 15–27 und daran anschließend etwa Michael Jeismann, Das Vaterland der Feinde. Studien zum nationalen Feindbegriff und Selbstverständnis in Deutschland und Frankreich 1792–1918 (Sprache und Geschichte 19, 1992).

34 Vgl. MGH-Archiv, B 289 Bl. 50. Die weiteren Arbeiten wurden nur durch eine Studienreise Hartmanns nach Rom sowie einen Sommeraufenthalt in Altaussee in der Steiermark und anschließend in Genf unterbrochen.

35 Vgl. MGH-Archiv, B 289 Bl. 75.

36 Vgl. MGH-Archiv, B 289 Bl. 73f.

37 Gregorii I papae Registrum epistolarum 1. Libri I–VII., ed. von Paul Ewald / Ludo M. Hartmann (MGH Epp. 1, 1891).

38 MGH-Archiv, B 289 Bl. 88f.

39 So schrieb er an Dümmler am 20. Juli 1892: „Erlauben Sie zugleich, dass ich Ihnen von meiner vor einigen Tagen erfolgten Verlobung mit Gretl Chrobak benachrichtige." Vgl. MGH-Archiv, B 289 Bl. 83. Zu Grete Chrobak vgl. Fellner, Bürgertum und Sozialdemokratie (wie Anm. 2) S. 103.

40 Vgl. dazu die Bemerkungen in MGH-Archiv B 289 Bl. 92f. und Fellner, Bürgertum und Sozialdemokratie (wie Anm. 2) S. 103. Zu seinem Sohn Heinz, der später als Schüler Sigmund Freuds Psychiater und Psychoanalytiker wurde und wegen seiner jüdischen Herkunft nach dem Anschluss Österreichs in die USA fliehen musste, vgl. Fellner, Hartmann als Historiker (wie Anm. 1) S. 25; Günter L. Fuchs, Karl Krumbacher (1856–1909) und sein Wiener Byzantinisten-Netzwerk. (Diss. 2021) S. 159 mit Anm. 772 und Forstinger, Heinz Hartmann – Chronologie. psyalpha. Wissensplattform für Psychoanalyse. Online: https://www.psyalpha.net/biografien/heinz-hartmann/heinz-hartmann-chronologie [Link wurde am 20.4.2023 abgerufen].

41 Über seine Aufenthalte informierte er regelmäßig Dümmler, so etwa in MGH-Archiv, B 289 Bl. 94f.: „Wir haben, bevor wir in der ewigen Stadt einkehrten, schöne Tage in Neapel verbracht u. geniessen jetzt Rom, das meine Frau noch nicht kannte."

ge Editionstext in zwei Lieferungen in den Jahren 1894 und 1895[42]. Dennoch fehlten sowohl die Einleitung als auch die umfangreichen Appendizes und Indices. Deshalb gewährte Dümmler Hartmann seit März 1894 mit Leopold Wenger (1874–1953) einen Hilfsarbeiter, der sich vor allem mit der Vorbereitung der Indices beschäftigen sollte[43]. Die Komplexität des Materiales bereitete gerade bei den Indices weitere Schwierigkeiten[44]. Die Situation wurde noch komplizierter, als es im Dezember 1896 zum Bruch zwischen Wenger und Hartmann aufgrund von Gehaltsverhandlungen kam und sich das Zerwürfnis in der Folgezeit zunehmend verschlimmerte[45]. Aufgrund dessen konnte der zweite Band erst 1899 erscheinen und trotz Bemühungen Hartmanns nur ohne die von Ewald gewünschten Faksimiles. Wenger publizierte darin den von ihm gefertigten Index rerum, verborum, grammaticae unter seinem eigenen Namen[46].

Im Zuge der Arbeiten an der Edition der Gregorbriefe entwickelte sich Ernst Dümmler zu einer der wichtigsten Bezugspersonen Hartmanns bei den MGH. Der Briefwechsel zwischen beiden war von Beginn an von Respekt geprägt und wurde nach ihrem Zusammentreffen in Berlin 1889 zunehmend persönlicher. Dazu zählt etwa der Austausch über die jeweiligen Sommeraufenthalte, das persönliche Wohlbefinden oder die Stellensituation Hartmanns[47]. Gleichzeitig war Dümmler ein bedeutender wissenschaftlicher Ansprechpartner, mit dem sich Ludo Hartmann etwa über seine im Entstehen begriffene italienische Geschichte austauschte[48]. Wie gut die Beziehungen zwischen Hartmann und Dümmler waren,

---

42 Vgl. die Liste der Neuerscheinungen im Bericht über die zwanzigste Plenarversammlung der Centraldirection der Monumenta Germaniae Berlin 1894, in: NA 20 (1895) S. 1–9, hier S. 4 und Bericht über die einundzwanzigste Plenarversammlung der Centraldirection der Monumenta Germaniae, Berlin 1895, in: NA 21 (1896) S. 1–7, hier S. 4 und 6.

43 Vgl. MGH-Archiv, B 289 Bl. 120f. Dabei ging die Initiative von Dümmler aus, wie Hartmann in einem späteren Brief festhielt, vgl. MGH-Archiv, B 289 Bl. 157f. Bei dieser Person handelt es sich nicht um den späteren Rechtshistoriker Leopold Wenger, da nach Auskunft Hartmanns seine Hilfskraft in Wien und nicht in Graz studierte sowie seine Promotion bereits 1896 und nicht erst 1897 abschloss. Zudem erwähnt der Rechtshistoriker Wenger keine Tätigkeit für die MGH, vgl. Leopold WENGER, Universalgeschichtliches Denken zum römischen Rechte, in: Nikolaus GRASS (Hg.), Österreichische Geschichtswissenschaft der Gegenwart in Selbstdarstellungen 1 (1950) S. 133–156.

44 Vgl. dazu die ausführliche Schilderung Hartmanns an Dümmler in MGH-Archiv, B 289 Bl. 168f.: „Ich muss Sie bitten mir zu glauben, dass in dem Gregor-Index ein sehr grosses Stück Arbeit stecken wird und dass er umstaendlicher ist, als die meisten übrigen Indices der Monumenta. Als einen Beleg dafür möchte ich anführen, dass ich 70 *[sic!]* verschiedene Personen mit Namen ‚Johannes' zu ordnen hatte. In anderen Dingen ist es aehnlich."

45 Vgl. MGH-Archiv, B 289 Bl. 172f.: „Soeben hatte ich meine Unterredung mit Dr. Wenger und glaube nun nicht, dass sich eine Einigung erzielen lassen. Als letzte Bedingung stellte er die Forderung von 1. Mark per Stunde für die Arbeit der Druckcorrectur etc." Etwas drastischer dann bereits MGH-Archiv, B 289 Bl. 179f.: „Unglück, dein Name ist Wenger! *[…]* Im Ganzen bin ich übrigens geneigt auf Schwachsinn zu plaediren, da Wenger offenbar von Natur minder begabt und durch seine Verhaeltnisse noch besonders gedrückt ist."

46 Gregorii I papae Registrum epistolarum 2. Libri VIII–XIV., ed. von Paul EWALD (†) / Ludo M. HARTMANN (MGH Epp. 2, 1899). Zu den Faksimiles vgl. auch MGH-Archiv, B 289 Bl. 121.

47 Vgl. beispielsweise MGH-Archiv, B 289 Bl. 105f.: „Meiner Frau ist der Landaufenthalt sehr gut bekommen. Leider muss ich aber am 23. schon wieder in Wien sein, aus Familien-, Gregor- und anderen Ursachen." Zu den Informationen über seinen weiteren Werdegang s. Kapitel IV.

48 Vgl. dazu MGH-Archiv, B 289 Bl. 176f. und 201–204.

zeigt sich auch darin, dass er Dümmler auf dessen Bitte hin beim Congresso Storico im September 1899 in Cividale anlässlich des 1.100 Todestages von Paulus Diaconus vertrat[49]. Mit der Fertigstellung des Registers der Gregorbriefe und aufgrund fehlender weiterer Aufträge der MGH für Hartmann endete wenig später der Briefverkehr zwischen den beiden.

Genauso umfangreich wie der Briefverkehr mit Ernst Dümmler dürfte der mit Theodor Mommsen gewesen sein, zumal Hartmann zu jenen Mommsen-Schülern zählte, die „sich von den Vorgaben ihres großen Lehrers zu emanzipieren" verstanden[50]. Dieser Austausch war allein schon aufgrund der Arbeit an den Gregorbriefen erforderlich, da Mommsen hierfür – wie für die meisten der frühen Arbeiten Hartmanns – die Erstkorrektur übernahm und jeder Bogen durch seine Hände ging[51]. Allerdings sind vermutlich nicht nur wissenschaftliche Themen diskutiert worden, schrieb Hartmann doch wenige Jahre nach dem Tod Mommsens 1903 eine Biographie, in der er die unterschiedlichen Wesenszüge Mommsens charakterisierte, weshalb er seinen akademischen Lehrer gut gekannt haben muss[52]. Neben diesen beiden hatte Hartmann mit zahlreichen anderen Mitarbeitern der MGH Kontakt, die vor allem aus dem Wiener Umfeld stammten. Dazu zählten Engelbert Mühlbacher[53], Sigmund Herzberg-Fränkel[54] und Theodor von Sickel[55]. Allerdings sind in seinen Briefen zahlreiche weitere Gesprächspartner erwähnt, die das geistige Umfeld Hartmanns aufzeigen, dass nicht nur auf Altertumswissenschaftler und Mediävisten beschränkt war, sondern auch aus Ärzten, Physikern und Juristen bestand[56].

49 Vgl. dazu MGH-Archiv, B 289 Bl. 182. Ein Bericht Hartmanns über die dortige Tagung, die vor allem Wissenschaftliches enthält in MGH-Archiv, B 289 Bl. 195–198. Wesentlich farbiger und auf das Umfeld des Kongresses achtend, die Schilderung von Thomas Hodgkin, The historical Congress at Cividale, in: The Contemporary review 76 (1899) S. 673–682.

50 Rebenich, Mommsen und Harnack (wie Anm. 23) S. 39. Vgl. auch Ramhardter, Geschichtswissenschaft (wie Anm. 2) S. 159: „Hartmann, einer der besten Schüler Theodor Mommsens *[...]*." In den Briefen an Dümmler finden sich zahlreiche Hinweise auf den engen Austausch zwischen Mommsen und Hartmann. Eine Aufarbeitung dieser Briefkorrespondenz wäre wünschenswert, da es sicher ein neues Schlaglicht auf beide Personen zwischen Wissenschaft und Politik werfen würde.

51 Zu Theodor Mommsens Korrekturtätigkeit vgl. beispielsweise MGH-Archiv, B 289 Bl. 17f., 43–45 oder 52f.

52 Vgl. Ludo Moritz Hartmann, Theodor Mommsen, eine biographische Skizze (1908). Dass Hartmann eine Sonderstellung unter den Schülern besaß, zeigt sich etwa darin, dass Otto Hirschfeld 1893 ihn als ersten für eine Darstellung des Lebens und Wirkens Mommsens anlässlich dessen 50. Doktorjubiläums vorschlug und selbst ablehnte, vgl. Rebenich / Franke, Mommsen und Althoff (wie Anm. 23) S. 665f. Nr. 512.

53 Erwähnt in MGH-Archiv, B 289 Bl. 107; vgl. zu Mühlbacher auch Martin Ruf, Mühlbacher, Engelbert, in: NDB 18 (1997) S. 270f. und Friedrich Buchmayr, Mühlbacher, Engelbert, in: Biographisch-Bibliographisches Kirchenlexikon 15 (1999) Sp. 1037–1041.

54 Erwähnt in MGH-Archiv, B 289 Bl. 107; zu Herzberg-Fränkel siehe den Beitrag von Karel Hruza und Andrea Rzihacek in vorliegendem Band; vgl. Karel Hruza, „Was in den Monumenta Germaniae erscheint, soll ein Monumentum aere perennius sein" – Der MGH-Editor Sigmund Herzberg-Fränkel über Totenbücher und Paläografie. Mit Edition, in: DA 77 (2021) S. 669–696.

55 Erwähnt in MGH-Archiv, B 289 Bl. 128f. Zu Sickel vgl. Winfried Stelzer, Sickel (Friedrich Adolf) Theodor von, in: ÖBL 12 (2005) S. 223 f. und ders., Sickel, Friedrich Adolf Theodor Ritter von, in: NDB 24 (2010) S. 309–311. Mit Theodor von Sickel kam es mehrmals zu Konflikten, vgl. eine Schilderung aus Hartmanns Sicht im Brief vom 4. Juni 1894, in MGH-Archiv, B 289 Bl. 131f.

56 Dazu zählen etwa der österreichischen klassische Philologe Wilhelm August Ritter von Hartel

3. Geplante Tätigkeiten für die MGH

Da der erste Band der Gregorbriefe zügig erschien, erkundigte sich Dümmler schon im Juni 1892 bei Ludo Moritz Hartmann, ob dieser gewillt sei, die Edition des Liber Pontificalis zu übernehmen[57]. Dieser war zwar im selben Jahr in Frankreich in zwei Bänden durch Louis Duchesne vorgelegt worden[58], doch handelte es sich für die MGH um eine „seit Jahrzehnten vorbereitete und längst mit Sehnsucht erwartete Ausgabe“[59]. Hartmann antwortete auf Dümmlers Anfrage: „Indem ich Ihnen für Ihr Vertrauen nochmals danke, muss ich doch sagen, dass ich nicht vorhabe nach Beendigung des Gregor meine ganze Zeit einer neuen Editionsarbeit zu widmen“[60]. Nach der Hochzeit und der Geburt seiner Tochter änderte sich allerdings seine Meinung, da Hartmann auf ein festes Einkommen für seine Familie hoffte. Er schlug Dümmler vor, entweder die verschiedenen Vitae Gregorii magni, alle extravaganten Viten oder den Liber Pontificalis zu übernehmen[61]. Während die Viten durch die Zentraldirektion im Frühjahr 1894 abgelehnt wurden, empfahl Dümmler Hartmann eine Probearbeit für den Liber Pontificalis, die im Laufe des Jahres 1894 erfolgen sollte[62]. Zuletzt scheiterten die Verhandlungen zur Edition des Liber Pontificalis vermutlich sowohl aus finanziellen als auch aus wissenschaftlichen Gründen[63]. Im Sommer 1895 übernahm Theodor Mommsen schließlich selbst die Edition des ersten Teils des Liber Pontificalis bis zum Pontifikat Constantinus I. (†715), der nach nur drei Jahren in der neu geschaffenen Reihe Gesta

(MGH-Archiv, B 289 Bl. 114f.), der Arzt, Physiologe und Physiker Hermann Ludwig Ferdinand von Helmholtz (MGH-Archiv, B 289 Bl. 137f.), der „verehrte Lehrer und Freund“ Hartmanns, Adolf Exner, Jurist und Rechtsprofessor (MGH-Archiv, B 289 Bl. 137f.), der christliche Archäologe und Epigraphiker Giovanni Battista de Rossi (MGH-Archiv, B 289 Bl. 137f.), der Byzantinist Karl Krumbacher (MGH-Archiv, B 289 Bl. 143f.) oder der österreichische klassische Archäologe Franz Studniczka, Schwager Hartmanns bis zur Scheidung von seiner Frau Lili (MGH-Archiv, B 289 Bl. 168f.). Bisher sind nur Hartmanns Briefe an Krumbacher in München, BSB, Krumbacheriana 1 aufgearbeitet, vgl. dazu Fuchs, Karl Krumbacher (wie Anm. 40) S. 158–160.

57 Vgl. MGH-Archiv, B 289 Bl. 81f.

58 Louis Duchesne, Le Liber pontificalis. Texte, introduction et commentaire, 2 Bde. (Bibliothèque des Écoles Françaises d'Athènes et de Rome Sér. 2, T. 3, 1–2, 1886-1892). Zur Publikation von Duchesne vgl. Andreas Sohn, Louis Duchesne und der Liber pontificalis, in: Klaus Herbers / Matthias Simperl (Hg.), Das Buch der Päpste – Liber pontificalis. Ein Schlüsseldokument europäischer Geschichte (Römische Quartalschrift für christliche Altertumskunde und Kirchengeschichte, Supplementband 67, 2020) S. 437–457.

59 Bericht über die zweiundzwanzigste Plenarversammlung der Centraldirection der Monumenta Germaniae, Berlin 1896, in: NA 22 (1897) S. 1–9, hier S. 1f.

60 MGH-Archiv, B 289 Bl. 81f.

61 Vgl. dazu MGH-Archiv, B 289 Bl. 116f.: „Mommsen sagte ich, wie Ihnen gegenüber, dass ich auf Alles einzugehen bereit sei. Nur wolle ich am 1. October an eine fixe Arbeit gehen.“ Zu demselben Themenkomplex auch MGH-Archiv, B 289 Bl. 120–124. Während für die extravaganten Viten immer noch keine umfassende Edition erschienen ist, wurde immerhin die Vita sancti Gregorii magni des Paulus Diaconus erstmals von Sabina Tuzzo, Paolo Diacono: Vita sancti Gregorii Magni (Centro di cultura medievale 11, 2002) in einer kritischen Fassung vorgelegt.

62 Vgl. dazu MGH-Archiv, B 289 Bl. 124f. und 133f.

63 So verlangte Hartmann ein jährliches Honorar von 2.000 Mark für die Bearbeitung, vgl. MGH-Archiv, B 289 Bl. 155f. Andererseits war Mommsen mit Hartmanns Vorgehensweise nicht einverstanden, vgl. MGH-Archiv, B 289 Bl. 157.

Pontificum Romanorum erschien[64]. Nach dieser Publikation legte Mommsen die Arbeit für die MGH nieder; der zweite Teilband und die noch ausstehende Vita Gregorii sowie andere Vitae extravagantes wurden Paul Fridolin Kehr mit Unterstützung Albert Brackmanns übertragen. Als Kehr die Arbeit daran 1901 zurückgab und Dümmler nur ein Jahr später starb, erschienen weder das Projekt noch die Reihe weiter in den jährlichen Berichten der Zentraldirektion[65]. Hartmann selbst wurde nach den gescheiterten Verhandlungen um den Liber Pontificalis für keine weitere Edition der MGH vorgesehen und bemühte sich selbst auch nicht mehr darum.

4. Weiterer Karriereweg

Ludo Moritz Hartmann strebte bereits mit Beginn des Habilitationsverfahrens eine universitäre Karriere an. Eines der größten Hindernisse dabei war allerdings seine anerzogene und fest verankerte Konfessionslosigkeit, die bereits sein Vater Moritz Hartmann gelebt hatte[66]. Diese Erziehung äußerte sich im wissenschaftlichen Bereich bereits im Curriculum Vitae von 1887 für seine Berliner Promotion. Dort notierte Ludo Hartmann: „Parentibus Mauritio Hartmann poeta et Bertha Roediger a. MDCCCLXV die II. Martii ego Ludovicus Mauritius Hartmann, civis Helveticus ac nulli confessioni adscriptus, Stuttgarti natus sum“[67]. Deshalb war es zumindest vor 1918 vermutlich weniger seine jüdische Abstammung als vielmehr diese atheistische und antiklerikale Haltung, verbunden mit seiner dezidiert sozialistischen Einstellung, die im konservativ geprägten Österreich Hartmanns wissenschaftliche Berufung

64 Vgl. Theodor Mommsen, Liber Pontificalis 1 (MGH Gesta Pontificum Romanorum 1, 1898). Vgl. dazu auch Bericht über die zweiundzwanzigste Plenarversammlung der Centraldirection der Monumenta Germaniae, Berlin 1896, in: NA 22 (1897) S. 1–9, hier S. 1f. Dabei scheint ihn auch Hartmann mit Handschriftenstudien in Wien unterstützt zu haben, vgl. Rebenich, Mommsen und Harnack (wie Anm. 23) S. 90. Zum qualitativen Unterschied zwischen Mommsens und Duchesnes Edition vgl. Matthias Simperl, Eine Hinführung zum Ursprung mit den Editionen des Liber pontificalis, in: Klaus Herbers / ders. (Hg.), Das Buch der Päpste – Liber pontificalis. Ein Schlüsseldokument europäischer Geschichte (Römische Quartalschrift für christliche Altertumskunde und Kirchengeschichte, Supplementband 67, 2020) S. 458–481, hier S. 460f. Hartmann selbst stimmte mit verschiedenen Ansichten Mommsens zur Entstehung und Datierung nicht überein und verfasste ein Memorandum, dass im NA veröffentlich werden sollte, allerdings nie erschien, vgl. MGH-Archiv, B 289 Bl. 161–164.

65 Vgl. dazu Bericht über die fünfundzwanzigste Plenarversammlung der Centraldirection der Monumenta Germaniae, Berlin 1899, in: NA 25 (1900) S. 1–9, hier S. 4 und zuletzt Bericht über die siebenundzwanzigste Plenarversammlung der Centraldirection der Monumenta Germaniae, Berlin 1901, in: NA 27 (1902) S. 1–8, hier S. 4.

66 Moritz Hartmann hatte sich zwar demonstrativ vom jüdischen Glauben abgewandt, ist aber weder konvertiert noch offiziell ausgetreten. Dafür spricht auch seine Bestattung auf dem jüdischen Friedhof in Wien-Währing, vgl. Wawruschka, Ludo Moritz Hartmann (wie Anm. 2) S. 70f. Ludo Hartmann selbst berichtete von einer Weltanschauung, „die durch keinerlei konfessionelle Beeinflussung bestimmt wurde“, vgl. Fellner, Bürgertum und Sozialdemokratie (wie Anm. 2) S. 105.

67 Die Vita hat sich erhalten in OeStA/HHStA, Nl Ludo Moritz Hartmann, K. 1, Konv. 2, zitiert nach Fellner, Bürgertum und Sozialdemokratie (wie Anm. 2) S. 109. Auch gegenüber Dümmler äußert er sich entsprechend: „Sie hoffen vergebens, dass meine guten Vorsaetze, den Gregorband zu Ende zu bringen, mir den Weg zum Himmel bahnen, obwohl sie einem Heiligen zu Gute kommen sollen. Doch vielen Dank für Ihren freundlichen Rath.“, vgl. MGH-Archiv, B 289 Bl. 86f.

und auch Stipendien verhinderte[68]. Zusätzlich könnte auch sein Lehrer Mommsen die Förderung Hartmanns, wie sie zumindest am Beginn bestand, seit den 1890er Jahren eingestellt haben, wodurch ihm ein entsprechend prominenter und durchsetzungsfähiger Protektor fehlte[69].

Größeren Aufruhr um seine Konfessionslosigkeit gab es im Ministerium für Kultus und Unterricht, der Universität Wien und auch am Institut für Österreichische Geschichtsforschung während des Jahres 1893[70]. Hartmann hoffte im darauffolgenden Jahr erneut auf eine Berufung an die dortige Universität, gegen die allerdings die unterschiedlichsten Argumente vorgebracht wurden[71]. Wegen der Lage in Wien konzentrierte er sich zunehmend auf andere Universitäten, so auf Zürich oder Basel, wobei Hartmann sich keinen größeren Illusionen hingab[72]. Auch eine außereuropäische Karriere, etwa an einer amerikanischen Universität, nahm er in den Blick, wofür er im November 1894 von Dümmler ein Gutachten erbat. Allerdings lehnte er die renommierte Havard University aus konfessionellen Gründen ab und forderte seine Kontaktpersonen auf, sich an anderen Universitäten zu erkundigen[73]. Gleichzeitig blieb er auch in Wien weiter aktiv, wo er die „volkstümlichen Universitätskurse" initiierte und zusammen mit dem Philosophen Emil Reich (1864–1940) mit deren Durch-

---

68 Wawruschka, Ludo Moritz Hartmann (wie Anm. 2) S. 70 betont dennoch, dass „Hartmann im Laufe seiner akademischen und politischen Tätigkeiten wiederholt seine jüdische Herkunft – neben seiner sozialistischen Gesinnung – in der antisemitischen Manier im Wien des ausgehenden 19. Jahrhunderts und der Zwischenkriegszeit vorgeworfen" wurde, obwohl sie selbst dafür keinerlei Belege finden konnte und auf S. 71 darauf hinweist: „Für die jüdische Gemeinde Wien wäre sein *[Moritz Hartmanns, Anm. des Verf.]* Sohn Ludo Hartmann jedenfalls kein Jude gewesen, da seine Mutter nicht jüdischer Herkunft war." In den Briefen an Dümmler lassen sich keine Äußerungen zu antisemitischen oder antijudaischen Themen finden. Auch das Boykott der Studentenorganisation ‚Deutsche Studentenschaft' gegen Ludo Moritz Hartmann erfolgte erst 1920 und nahm sowohl den Vorwurf seiner sozialistischen Gesinnung als auch die Herkunft als Halbjude auf, vgl. Lenel, Vermischtes (wie Anm. 17) S. 572 und Dachs, Geschichtswissenschaft (wie Anm. 2) S. 181.

69 Zumindest äußerte sich Mommsen gegenüber Benndorf 1897 wenig lobend, dass Hartmanns Talent „nicht nach der philologisch-kritischen Seite hin, sondern nach der historischen" liege und er „gewiß nicht welterschütternd, aber respektabel" sei, vgl. den Brief Mommsens an Otto Benndorf vom 11. Februar 1897 in Wien, Österreichische Staatsbibliothek, Nl Otto Benndorf 653/14–18, zitiert nach Rebenich / Franke, Mommsen und Althoff (wie Anm. 23) S. 33.

70 Vgl. dazu den Bericht Hartmanns in MGH-Archiv, B 289 Bl. 131f.: „Es war inzwischen der grosse Rummel mit meiner Confessionslosigkeit vor sich gegangen."

71 Hartmann machte dies beispielsweise im Falle der gescheiterten Berufung von 1894 am Einfluss Engelbert Mühlbachers innerhalb der Fakultät fest, vgl. MGH-Archiv, B 289 Bl. 114–117: „UA. scheint auch Mühlbacher meine Beförderung nicht zu wünschen. Er soll sich neulich geaeussert haben, dass er ja nicht wisse, wie viel am Gregor ich, wie viel Ewald gemacht habe. *[...]* Da mich aber nicht einmal die Facultaet will, in der, wie alle maassgebenden Herren versichern, die Religionsfrage gar keine Rolle spielt, so bin ich freilich in unangenehmer Lage *[...]*."

72 Vgl. die Erwähnung in MGH-Archiv, B 289 Bl. 116f. und 149f.: „Die Schweiz waere wohl sehr schön – ich bin ja sogar Schweizer Bürger. Aber in Zürich scheint in absehbarer Zeit nichts zu erwarten; von Basel weiss ich nur, dass ein Privatdocent (Thommen) schon lange vergeblich auf Anstellung wartet."

73 Vgl. MGH-Archiv, B 289 Bl. 139f. zum Empfehlungsschreiben und MGH-Archiv, B 289 Bl. 145f. zu Havard: „Ueber Amerika weiss ich nichts Bestimmtes, ausser, dass mit Cambridge (aus confessionellen Gründen) nichts anzufangen ist. Ich habe Auftrag gegeben, dass sich meine Gönner und amerikanischen Vermittler an anderen Universitaeten umsehen. Ein rascher Abschluss ist keinesfalls vorauszusehen."

führung beauftragt wurde[74]. Als im September 1895 in Basel eine Professur für Archäologie und alte Geschichte frei wurde, bat er Ernst Dümmler um Kontakt und Fürsprache bei dessen Sohn Georg Ferdinand Dümmler, der bereits seit 1890 ordentlicher Professor für Philologie und Archäologie in Basel war. Zusammen mit diesem plante Ludo Hartmann die entstandene Lücke zu füllen, doch auch dies konnte nicht realisiert werden[75]. Nachdem die auswärtigen Unternehmungen gescheitert waren, konzentrierte er sich wieder auf eine Anstellung in Wien, scheiterte aber 1897 und 1899 (Nachfolge von Alfons Huber)[76]. Weitere Bemühungen im selben Jahr in Genf und Czernowitz waren ebenfalls nicht von Erfolg gekrönt[77]. Auch in den folgenden Jahren konnte Hartmann keine Professur erlangen; in Wien wurde dies maßgeblich durch den 1900 zum ordentlichen Professor berufenen Alfons Dopsch (1868–1953) verhindert[78]. Immerhin konnte Hartmann seit 1901 als Dozent für Geschichte tätig sein. 1903 wurde er zum außerordentlichen Professor in Wien ernannt. Während des ersten Weltkriegs musterte man den mittlerweile fast 50-jährigen Ludo Moritz Hartmann zwar, er wurde jedoch nach Bemühungen durch die Wiener Universität – trotz Protest durch Hartmann selbst – vom Wehrdienst befreit[79]. Nach dem Krieg verliehen ihm

74 Vgl. ÖBL, Hartmann, Ludo Moritz (wie Anm. 2) S. 196 und Wawruschka, Ludo Moritz Hartmann (wie Anm. 2) S. 84f. Die Kurse bestanden bis zum ersten Weltkrieg und wurden dann in „Kriegskurse“ umgewandelt. Nach 1918 ging die Bedeutung der Kurse durch die Gründung mehrerer Volkshochschulen zunehmend zurück.

75 Vgl. zu diesen Plänen MGH-Archiv, B 289 Bl. 166f.

76 Vgl. MGH-Archiv, B 289 Bl. 174f. und 183f. Besonders schmerzlich dürfte die Berufung Josef Hirns als Nachfolger von Alfons Huber für Hartmann gewesen sein, den er für den „clerikale*[n]* Kandidat des Ministeriums“ hielt. Allgemein war Hartmann durch die Berufungssituation zunehmend niedergeschlagener, vgl. MGH-Archiv, B 289 Bl. 188f.: „Da ich in Berufungssachen Pessimist bin, erwarte ich, dass in einem Jahre Hirn und Scala hier sein werden und dass die hiesige Universitaet binnen kurzem (vgl. auch die classische Philologie) auf einen Tiefstand herabgesunken sein wird, den sie seit 4 Decennien nicht erreicht hatte. Es ist dies aber dann nicht weniger das Verdienst der herrschenden Clique wie der löbl. Regierung.“

77 Vgl. MGH-Archiv, B 289 Bl. 188f.: „Ich weiss nicht, ob ich Ihnen schon gemeldet habe, dass ich in Genf um eine Stelle concurriere, aber wegen Ersitzung durch einen anderen wenig Aussicht habe.“; sowie MGH-Archiv, B 289 Bl. 199f.: „Die Stelle in Gernowik ist s. Z. eigentlich für mich gemacht worden, und in den ersten Tagen, da Hartel Sections-Chef war, erklärte er mir, ohne dass ich ihn gefragt hätte, dass ich unzweifelhaft die Stelle bekommen würde. Er scheint es ‚oben‘ nicht durchgesetzt zu haben; übrigens wollte mich auch die Fakultät nicht. Die Motivierung, die mir privation zutheil wurde, war, man halte mich in Gernowitz für ‚einen Millionär!‘ (!) und für ‚arrogant‘.“

78 Vgl. Wawruschka, Ludo Moritz Hartmann (wie Anm. 2) S. 76, die den führenden Wiener Fachvertretern Borniertheit gegenüber „unorthodox-innovativen Ansätzen“ unterstellt. Es soll nur darauf hingewiesen werden, dass Hartmanns Ansätze etwa auch bei Ernst Dümmler auf Widerspruch stießen und es sich nicht nur um ein Wiener Phänomen handelte. – Hartmann selbst kannte Dopsch bereits seit längerem und war ihm zu Beginn durchaus geneigt, vgl. die Aussagen Hartmanns zu Dopsch in MGH-Archiv, B 289 Bl. 176f.: „In den nächsten Tagen wird Dopsch zum Extraordinarius vorgeschlagen werden; es freut mich für ihn, und ich halte ihm für einen gescheiten Kerl.“ und Bl. 183f.: „Uebrigens halte ich Dopsch für einen ziemlich fähigen Menschen. Man hat seine angebliche zukünftige Grösse, von der allerdings kaum erst zarte Keime beobachtet werden können, escomptirt, während man sonst ernsthafte Leidungen zu übersehen beliebt. Jedenfalls wäre mir aber Dopsch 1000mal lieber, als Hirn, der clerikale Kandidat des Ministeriums.“

79 Vgl. Wawruschka, Ludo Moritz Hartmann (wie Anm. 2) S. 72–88.

die Universitäten von Bonn 1919 und Heidelberg 1922 die Ehrendoktorwürde, „letztere allerdings als Anerkennung seiner Bemühungen um die Anschluss-Lösung im Rahmen seiner Tätigkeit als Gesandter der Republik Deutsch-Österreich"[80]. Auf eine ordentliche Professur wurde er erst in seinem Todesjahr 1924 berufen[81].

Neben den Bemühungen um eine Professur engagierte sich Ludo Hartmann bereits früh in verschiedensten Bereichen. So gründete er 1893 zusammen mit dem Soziologen und Staatsrechtswissenschaftler Carl Grünberg (1861–1940), dem Nationalökonomen Stephan Bauer (1865–1934) und dem Althistoriker Emil Szanto (1857–1904) die ‚Zeitschrift für Social- und Wirtschaftsgeschichte', deren Redaktion er bereits im Jahr darauf alleine übernahm[82]. 1895 beteiligte Hartmann sich an der Gründung des ‚Sozialwissenschaftlichen Bildungsvereins'. Noch deutlicher tritt sein Interesse an der Soziologie durch die Mitwirkung an der Gründung der ‚Soziologischen Gesellschaft' 1907 hervor, deren Ziel es war, nicht nur Vorträge und Kurse zu soziologischen Fragen abzuhalten, sondern auch Lehrstühle für Soziologie einzurichten. Auch hinsichtlich der Förderung von Frauen und Mädchen war Hartmann ein Vorreiter und übernahm bei dem 1900 gegründeten ‚Verein für Abhaltung von wissenschaftlichen Lehrkursen für Frauen und Mädchen' durchgehend einen der Obmannposten. Bis 1918 wurden etwa 530 Kurse mit über 15.000 eingeschriebenen Teilnehmerinnen abgehalten; trotz dieses Erfolgs erfolgte 1921 die Auflösung des Vereins. Ebenfalls im Umfeld der Universität Wien wurde 1901 der ‚Verein für wissenschaftliche Ferialkurse' gegründet, als dessen leitende Figur Hartmann angesehen wird und der sich gegen die Errichtung einer katholischen Universität Salzburg wandte. Im selben Jahr begründete Hartmann den ‚Verein Volksheim', einer der Vereine, aus denen sich die drei großen Wiener Stammvolkshochschulen herausbildeten. Er war außerdem Schriftführer im 1905 gegründeten ‚Verein Freie Schule', der sich gegen das Reichsvolksschulgesetz von 1896 und den Zwang zu religiösen Übungen im Schulunterricht wandte. 1922 übernahm Ludo Moritz Hartmann schließlich zusammen mit Alfred Francis Přibram nach dem Tod Heinrich Friedjungs die von diesem gegründete ‚Gesellschaft für Geschichtsfreunde' und führte sie als ‚Friedjung-Gesellschaft zur Erforschung der Zeitgeschichte' weiter[83].

80 Ebd. S. 72. Ramhardter, Geschichtswissenschaft (wie Anm. 2) S. 169 setzt beide Ehrendoktorwürden in diesen Kontext.

81 Vgl. Dachs, Geschichtswissenschaft (wie Anm. 2) S. 173 und Wawruschka, Ludo Moritz Hartmann (wie Anm. 2) S. 72.

82 Vgl. dazu Stephan Bauer / Carl Grünberg / Ludo Moritz Hartmann / Emil Szanto, Vorwort, in: Zeitschrift für Social und Wirtschaftsgeschichte 1 (1893) S. If. und Ramhardter, Geschichtswissenschaft (wie Anm. 2) S. 159f. Hartmann bemühte sich dafür um namhafte Beiträger und versuchte auch Dümmler zu einem Aufsatz zu bewegen, vgl. MGH-Archiv, B 289 Bl. 107f. Zur alleinigen Übernahme der Redaktion vgl. MGH-Archiv, B 289 Bl. 133f. Vgl. dazu auch Wawruschka, Ludo Moritz Hartmann (wie Anm. 2) S. 80.

83 Vgl. ÖBL, Hartmann, Ludo Moritz (wie Anm. 2) S. 196; Dachs, Geschichtswissenschaft (wie Anm. 2) S. 172 und Wawruschka, Ludo Moritz Hartmann (wie Anm. 2) S. 80–87. Spezifisch und noch ausführlicher zu Hartmanns volksbildnerischer Tätigkeit, vgl. Wilhelm Filla, Ludo Moritz Hartmann: Wissenschaftler und Volksbildung, in: ders. / Michaela Judy / Ursula Knittler-Lux (Hg.), Aufklärer und Organisator. Der Wissenschaftler, Volksbildner und Politiker Ludo Moritz Hartmann (1992) S. 67–85.

Bereits seit Kindheitstagen politisch geprägt und interessiert, begann Ludo Moritz Hartmanns aktive politische Karriere um 1901 mit dem Eintritt in die Sozialdemokratische Arbeiterpartei (SDAP) und der Gründung des ‚Politischen Aufklärungsvereins' zur politischen Bildung der Bevölkerung[84]. Im Juni 1911 kandidierte er erstmals erfolglos in seinem Wohnbezirk Josefstadt als Kandidat der SDAP für die Reichsratswahlen[85]. Als 1914 der Krieg ausbrach, war Ludo Moritz Hartmann im Gegensatz zu zahlreichen anderen Historikern „der einzige österreichische Universitätshistoriker, der die Donaumonarchie öffentlich kritisierte"[86], vor allem wegen des strengen Regimes des Ministerpräsidenten Graf Stürgkh, der seit dem Frühjahr 1914 durch das Notverordnungsrecht selbstständig regierte und auch nach Kriegsbeginn den Reichsrat nicht einberief[87]. Im weiteren Verlauf des Krieges führten die allgemeine Unzufriedenheit und die zunehmende Kriegsmüdigkeit zu einem Umschwung nicht nur innerhalb der Sozialdemokratischen Arbeitspartei, sondern auch im bürgerlichem Umfeld. Aufgrund dessen organisierte Hartmann zusammen mit anderen Universitätsprofessoren am 22. Oktober 1916 im Großen Konzerthaussaal in Wien eine Versammlung, in der über die Wiedereinberufung des Reichsrates diskutiert werden sollte. Die Versammlung wurde allerdings polizeilich verboten[88]. Je weiter der Krieg voranschritt, desto mehr forderte Hartmann die Einberufung des Parlaments, wodurch er sich immer weiter von der offiziellen Kriegspolitik löste und zunehmend mit dieser in Konflikt geriet[89]. Nach dem Ende des Krieges gehörte er zu jenen österreichischen Sozialdemokraten, die das Zerbrechen des Vielvölkerstaates begrüßten und im Anschluss der Republik Deutsch-Österreich an Deutschland die einzige Überlebenschance sahen[90]. Entsprechend bemühte sich Hartmann in der 1918

84 Vgl. ÖBL, Hartmann, Ludo Moritz (wie Anm. 2) S. 196; DACHS, Geschichtswissenschaft (wie Anm. 2) S. 172; Oliver RATHKOLB, Ludo Moritz Hartmann – Sozialdemokratischer Politiker und Diplomat: Republikaner und Deutschnationaler, in: Wilhelm FILLA / Michaela JUDY / Ursula KNITTLER-LUX (Hg.), Aufklärer und Organisator. Der Wissenschaftler, Volksbildner und Politiker Ludo Moritz Hartmann (1992) S. 51–65, hier S. 53 und WAWRUSCHKA, Ludo Moritz Hartmann (wie Anm. 2) S. 88 mit Anm. 107 zu den unterschiedlichen Eintrittsdaten Hartmanns in die Partei.

85 Vgl. RATHKOLB, Politiker und Diplomat (wie Anm. 84) S. 53 und WAWRUSCHKA, Ludo Moritz Hartmann (wie Anm. 2) S. 88.

86 WAWRUSCHKA, Ludo Moritz Hartmann (wie Anm. 2) S. 89. Vgl. auch DACHS, Geschichtswissenschaft (wie Anm. 2) S. 173. Neben Ludo Hartmann gehörte etwa auch Josef Redlich, Richard Charmatz, Heinrich Lamasch und Friedrich Wilhelm Foester zu diesem Kreis der Kritiker, vgl. RAMHARDTER, Geschichtswissenschaft (wie Anm. 2) S. 62–72.

87 Vgl. RAMHARDTER, Geschichtswissenschaft (wie Anm. 2) S. 63.

88 Ebd. S. 65 und WAWRUSCHKA, Ludo Moritz Hartmann (wie Anm. 2) S. 89.

89 Vgl. RATHKOLB, Politiker und Diplomat (wie Anm. 84) S. 54f. und WAWRUSCHKA, Ludo Moritz Hartmann (wie Anm. 2) S. 90. Zu Hartmanns Forderungen, vgl. RAMHARDTER, Geschichtswissenschaft (wie Anm. 2) S. 70f. und zu seiner Position ebd. S. 161f.

90 Vgl. dazu DACHS, Geschichtswissenschaft (wie Anm. 2) S. 174f.; Rolf STEININGER, 12. November 1918 bis 31. März 1938: Stationen auf dem Weg zum „Anschluss", in: DERS. / Michael GEHLER (Hg.), Österreich im 20. Jahrhundert. Von der Monarchie bis zum Zweiten Weltkrieg 1: Von der Monarchie bis zum zweiten Weltkrieg (1997) S. 99–151, hier S. 100; RATHKOLB, Politiker und Diplomat (wie Anm. 84) S. 55 und RAMHARDTER, Geschichtswissenschaft (wie Anm. 2) S. 169. Allgemein zum Anschlussgedanken in Österreich, vgl. Willy MÜNCH, Der Anschluß Österreichs und das Echo im Reich 1918-1922 (1968) und Helmut KONRAD, Wurzeln deutschnationalen Denkens in der österreichischen Arbeiterbewegung, in: DERS. (Hg.), Sozialdemokratie und „Anschluß". Historische Wurzeln Anschluß 1918 und

gegründeten Österreichisch-Deutschen Arbeitsgemeinschaft, die zur Aufgabe hatte, den Anschluss geistig vorzubereiten, um einen großdeutschen Ansatz[91]. Nach der Ausrufung der Republik am 12. November 1918 erhielt Hartmann nicht nur ein Mandat für die konstituierende Nationalversammlung, sondern wurde durch den sozialdemokratischen Staatskanzler Karl Renner (1870–1950) als Gesandter nach Berlin abgeordnet mit dem Ziel, den Anschluss weiter voranzutreiben. Dort bewirkte er innerhalb kürzester Zeit nicht nur eine Meinungsänderung der führenden deutschen Sozialdemokraten um Friedrich Ebert (1871–1925) und Wilhelm Solf (1862–1936) zugunsten des Anschlusses der Republik Deutsch-Österreich, sondern er gehörte auch zu den führenden Mitgliedern des ‚Österreichisch-Deutschen Arbeitsausschusses' während der Weimarer Nationalversammlung[92]. Die Bestrebungen zum Anschluss wurden allerdings durch den Friedensvertrag von Versailles im Juni 1919 beendet, der Deutschland auf die Anerkennung der Unabhängigkeit Deutsch-Österreichs festlegte und einen möglichen Anschluss an die Zustimmung des Völkerbundes band, was durch das Veto-Recht Frankreichs unwahrscheinlich war[93]. Der Vertrag von Saint-Germain-en-Laye (September 1919) mit Österreich bestätigte das ‚Anschlussverbot', legte die Grenzen Österreichs neu fest, dass u.a. auf Böhmen, Mähren, Galizien und Südtirol verzichten musste und bestätigte die in der Revolution von 1918 vollzogene Trennung von Österreich und Ungarn. Ludo Moritz Hartmann legte sein Amt als Gesandter nach dem Wahlsieg der Christlichsozialen Partei in Österreich im November 1920 nieder, blieb aber Mitglied des Bundesrates für die Sozialdemokratische Arbeitspartei[94]. Gerade in der Nachkriegszeit und in der Hochphase seiner politischen Tätigkeit gab es trotz Hartmanns offener Konfessionslosigkeit zahlreiche gegen ihn gerichtete antisemitische Attacken[95].

1938 Nachwirkungen (Schriftenreihe des Ludwig-Boltzmann-Instituts für Geschichte der Arbeiterbewegung 9, 1978) S. 19–30.

91 Vgl. DACHS, Geschichtswissenschaft (wie Anm. 2) S. 175f.; Jürgen ELVERT, Mitteleuropa! Deutsche Pläne zur europäischen Neuordnung (1918-1945) (Historische Mitteilungen der Ranke-Gesellschaft, Beihefte 35, 1999) S. 113 und WAWRUSCHKA, Ludo Moritz Hartmann (wie Anm. 2) S. 91.

92 Vgl. ÖBL, Hartmann, Ludo Moritz (wie Anm. 2) S. 196; RAMHARDTER, Geschichtswissenschaft (wie Anm. 2) S. 160 und 169; RATHKOLB, Politiker und Diplomat (wie Anm. 84) S. 56f. sowie WAWRUSCHKA, Ludo Moritz Hartmann (wie Anm. 2) S. 92. Nach einem Interview mit dem österreichischen Sozialdemokraten Otto Bauer war Hartmanns Einfluss auf der Nationalversammlung immens, auf seine Vorschläge gingen demnach die schwarz-rot-goldene Flagge und einige Aspekte der Weimarer Verfassung zurück, vgl. die Wiedergabe des Interviews bei RAMHARDTER, Geschichtswissenschaft (wie Anm. 2) S. 169.

93 Vgl. dazu Eckart CONZE, Die grosse Illusion. Versailles 1919 und die Neuordnung der Welt (^{2}2019) S. 415. Insgesamt zum Umgang mit Österreich-Ungarn ebd. S. 413–424 und Carlo Moos, Habsburg post mortem. Betrachtungen zum Weiterleben der Habsburgmonarchie (2016) S. 22–44.

94 Deutsche Allgemeine Zeitung, 23.11.1920, Berlin. Vgl. dazu auch ÖBL, Hartmann, Ludo Moritz (wie Anm. 2) S. 196; RAMHARDTER, Geschichtswissenschaft (wie Anm. 2) S. 169; Dachs, Geschichtswissenschaft (wie Anm. 2) S. 176; RATHKOLB, Politiker und Diplomat (wie Anm. 84) S. 63 und WAWRUSCHKA, Ludo Moritz Hartmann (wie Anm. 2) S. 94. Zum Bundesrat vgl. Oswald KNAUER, Das österreichische Parlament von 1848–1966 (1969) S. 214 und RAMHARDTER, Geschichtswissenschaft (wie Anm. 2) S. 160. Später reflektierte Hartmann selbst in der Broschüre Ludo Moritz HARTMANN, Großdeutsch oder kleindeutsch? Ein Appell von den schlecht unterrichteten Regierungen an die besser zu unterrichtenden Völker (1921) über seine Bemühungen um den Anschluss.

95 Den größten Aufschrei innerhalb der Gesellschaft erfolgte nach seiner Ernennung zum Gesandten, vgl. WAWRUSCHKA, Ludo Moritz Hartmann (wie Anm. 2) S. 93 mit Quellenzitaten.

5. Geschichtsbild Hartmanns

Das Geschichtsbild Ludo Moritz Hartmanns ist in seiner Genese und Ausformung äußerst komplex und wurde gerade in späterer Zeit zunehmend von seinen politischen und soziologischen Grundsätzen geprägt. Eine systematische Darstellung unter Einbeziehung dieser Faktoren ist ein Desiderat der Wissenschaftsgeschichte. Erste Ansätze für seine Anschauungen lassen sich bereits in den 1890er Jahren ausmachen. Am besten kann man das anhand der ersten Bände seiner unvollendeten Geschichte Italiens im Mittelalter veranschaulichen, die entscheidende Aspekte von Hartmanns Geschichtsbild enthalten[96].

Der Ursprung dieses Werkes liegt – ganz nach Mommsens Schule – in den intensiven Quellenstudien, die er für die Urkunden von S. Maria in Via Lata in Rom ausgeführt hatte[97]. Ausgehend von den darin aufgeworfenen Fragen beschäftigte Hartmann sich im ersten Band vornehmlich mit dem Übergang von der Spätantike in das frühe Mittelalter. Dabei legte er Wert auf die Aufnahme von sozial-, siedlungs- und wirtschaftsgeschichtlichen Aspekten und stellte diese der reinen Ereignisgeschichte und der biographischen Methode als „Geschichte der großen Personen" gegenüber[98]. Hartmann selbst nannte dies die „collectivistische Methode" und war der Meinung, dass es die einzige Variante sei, „welche fördernd auf die Geschichtswissenschaft einwirken kann"[99]. Damit näherte sich Hartmann zwar an Karl Lamprechts (1856–1915) psychologische Geschichtsbetrachtung, die schließlich den Methodenstreit der 1890er Jahre auslöste, hinsichtlich der Betonung von Kultur- und Wirtschaftsgeschichte an, versuchte allerdings einen selbstständigen Mittelweg zu gehen[100]. Kennzeichnend dafür ist sein Bestreben, ein sozialwissenschaftliches und empirisches Verständnis in die Geschichtsforschung einzubinden, um so den deskriptiven, rankeschen Historismus mit seiner profunden Quellenkritik um entscheidende Aspekte zu ergänzen[101]. Damit führte

96 Ludo Moritz HARTMANN, Geschichte Italiens im Mittelalter, 6 Bde. (1897–1915). In den Briefen an Dümmler wird die Arbeit an den ersten beiden Bänden in MGH-Archiv, B 289 Bl. 124f, 163f., 176f. und 201–204 thematisiert.

97 Vgl. MGH-Archiv, B 289 Bl. 124f.; Ludo Moritz HARTMANN, Ecclesiae S. Mariae in Via Lata Tabularium, 2. Bde. (1895-1901). Zu Mommsens Schule, vgl. REBENICH / FRANKE, Mommsen und Althoff (wie Anm. 23) S. 33.

98 Vgl. MGH-Archiv, B 289 Bl. 176f.: „Immerhin glaube ich, dass einige Punkte, wie z.B. das Königthum, die wirtschaftlichen Grundlagen, aber auch z.B. der kriegsgeschichtliche u. litterarische Theil von mir in nicht unwesentlich anderer Weise behandelt worden ist, als es bisher geschehen ist. Dass ich das Persönliche überall zurückdrängen suchte, wo es mir nicht als Erkenntnis- und Darstellungsmittel für allgemeinere Vorgänge erschien, ist richtig, und das war von mir beabsichtigt." Vgl. dazu auch WAWRUSCHKA, Ludo Moritz Hartmann (wie Anm. 2) S. 73.

99 Vgl. MGH-Archiv, B 289 Bl. 176f. So schreibt er weiter: „Mich wenigstens interessieren die Colonen um Vieles mehr als irgend ein gothischer Haudegen oder kaiserlicher Diplomat – und was das Publikum angeht, so wird es sich, wie ich vermuthe, mit der Zeit den an diese Art der Auffassung auch gewöhnen müssen."

100 Vgl. MGH-Archiv, B 289 Bl. 201–204: „Es ist geradezu mein Schlag- und Stützwort für die ganze, auch von der Lamprecht'schen abweichende Geschichtsauffassung, die ich vertreten will." Zu Karl Lamprecht vgl. etwa zuletzt Roger CHICKERING, Karl Lamprecht. Das Leben eines deutschen Historikers (1856–1915) (2021).

101 Vgl. MGH-Archiv, B 289 Bl. 133f.: „Schade, dass die statistischen Methoden noch nicht entwickelt genug sind, um einen exacten Maassstab für diese Beschaeftigungsart zu ergeben! Indess kann der Historiker mitunter auf Grund genauer Quellenforschung zu einigermaassen sicheren Resultaten gelangen."

er in gewisser Weise den Ansatz Theodor Mommsens weiter, der durch den Einbezug von Philologie und Jurisprudenz die moderne Altertumskunde begründete[102]. Hinzu kam auch die absichtliche Nutzung von Fremdwörtern im Gegensatz zu der damals üblichen Eindeutschung[103]. Diese verwendete er, um beim Leser eine bestimmte, historisch gewachsene Assoziation hervorzurufen, die mit einem deutschen Synonym nicht zu erreichen wäre[104]. Aufgrund des großen Widerspruchs aus Gelehrtenkreisen, vor allem auch Dümmlers, versuchte er in seinen weiteren Bänden, die häufige Verwendung von Fremdwörtern zu vermeiden[105].

Die genannten Tendenzen entwickelte Ludo Moritz Hartmann in den folgenden Jahren weiter[106]. Sein Verständnis von Geschichte basierte schließlich zum einen auf dem Vertrauen in die Wissenschaft, speziell in die Naturwissenschaften, zum anderen auf einem linearen, von Gesetzen durchwirkten und in gewisser Weise evolutionären Lauf der Geschichte; er betrachtete die Geschichte des Menschen als einen „Ausschnitt aus dem Naturgeschehen"[107]. Daher forderte er auch die „Sprache der Sozial- und Naturwissenschaften" für die Geschichtswissenschaft[108]. Beeinflusst war er vom „wissenschaftlichen Reduktionismus Ernst Machs *[1838–1916]*, der Soziallehre Charles Darwins *[1809–1882]* sowie vom Historischen Materialismus"[109]. Allerdings wurden die Vorstellungen Hartmanns von einem Großteil der Historikerschaft kritisch gesehen, was ein Grund für seine späte Berufung gewesen sein dürfte. Aufgrund eines fehlenden Schülerkreises und der Überflügelung durch konkurrierende Historiker wie Alfons Dopsch und Otto Brunner (1898–1982) wurden Hartmanns Vorstellungen kaum rezipiert[110].

– Christian Fleck, Ludo M. Hartmann: Der Historiker als „Auch-Soziologe", in: Wilhelm Filla / Michaela Judy / Ursula Knittler-Lux (Hg.), Aufklärer und Organisator. Der Wissenschaftler, Volksbildner und Politiker Ludo Moritz Hartmann (1992) S. 37–50 sieht in Hartmanns soziologischen Arbeiten eher die Überwindung des Historismus als gegeben an, vernachlässigt dabei aber die große Bedeutung der Quellenstudien Hartmanns.

102 Vgl. Fellner, Hartmann als Historiker (wie Anm. 1) S. 21. Dazu auch Stefan Rebenich, „Unser Werk lobt keinen Meister." Theodor Mommsen und die Wissenschaft vom Altertum, in: Josef Wiesehöfer (Hg.), Theodor Mommsen: Gelehrter, Politiker und Literat (2005) S. 185–205.

103 Vgl. exemplarisch Karl-Heinz Göttert, Die Sprachreiniger. Der Kampf gegen Fremdwörter und der deutsche Nationalismus (2019).

104 Vgl. MGH-Archiv, B 289 Bl. 176f.: „Dagegen bin ich nicht so weit Purist, dass ich die Fremdwörter, die eine individuelle Bedeutung vor ihren Uebersetzungen voraushaben, ausmerzen möchte. Gerade das von Ihnen verpönte Wort ‚Milieu' scheint mir nun einmal eine bestimmte historische Prägung zu haben und eine Anzahl von Associationen auszulösen, die Umwelt (ist das auch nur sprachlich richtig?), Umgebung, Nährboden u.s.w. nicht mit sich bringen oder doch nur zum Theile erwecken."

105 Vgl. MGH-Archiv, B 289 Bl. 201–204: „Indess bitte ich Sie zu bemerken, dass ich in dieser ganzen langen Auseinandersetzung Ihnen zuliebe nicht ein einziges Fremdwort gebraucht habe; darum ist auch der Ausdruck zum Theile so geschraubt. Im folgenden, geschäftlichen Theile wird sich der Gebrauch von Fremdwörtern noch schwerer vermeiden lassen."

106 Der Versuch der wichtigsten Charakteristika von Hartmanns Geschichtsbild bei Fellner, Hartmann als Historiker (wie Anm. 1) S. 26–29.

107 Vgl. ebd. S. 24f.

108 Ludo Moritz Hartmann, Über den Beruf unserer Zeit (1917) S. 17. Vgl. auch Wawruschka, Ludo Moritz Hartmann (wie Anm. 2) S. 74.

109 Wawruschka, Ludo Moritz Hartmann (wie Anm. 2) S. 74.

110 Vgl. Fellner, Hartmann als Historiker (wie Anm. 1) S. 30f.

6. Fazit

Ludo Moritz Hartmann starb am 14. November 1924 an den Folgen eines Schlaganfalls im Alter von 59 Jahren und wurde auf dem Döblinger Friedhof in Wien beigesetzt[111]. Durch seinen frühen Tod blieben sowohl seine ‚Geschichte Italiens im Mittelalter' als auch die durch ihn initiierte ‚Weltgeschichte in gemeinverständlicher Darstellung' unvollendet. Hartmann war ohne Zweifel in allen seinen Betätigungsfeldern eine kontroverse Persönlichkeit, aber dennoch hochgeschätzt.

Für die Ausbildung seines eigenen Geschichtsbildes war wohl gerade das letzte Jahrzehnt des 19. Jahrhunderts von entscheidender Bedeutung. Damals veränderte sich nicht nur seine persönliche Situation durch die Heirat und die Geburt seiner beiden Kinder, sondern es erfolgte die Vertiefung seiner frühmittelalterlichen und quellenkundlichen Kenntnisse durch die Arbeit an den Gregorbriefen und den Urkunden von S. Maria in Via Lata. Erst dadurch stieß er auf die Fragen, die ihn schließlich veranlassten, seine Geschichte Italiens im Mittelalter zu schreiben, in der er sein Geschichtsbild vollständig entwickelte. Aus diesem zog er wiederum weitere Rückschlüsse für seine politischen und soziologischen Ansichten. Auch die Kontakte, die Hartmann durch die MGH knüpfte und die hier nur kurz angesprochen werden konnten, dürften für seinen weiteren Lebensweg nützlich und förderlich gewesen sein. In diesem Sinne kann die Phase als Editor der MGH durchaus als eine prägende Zeit für Ludo Moritz Hartmann gelten, und die eingangs gestellte Frage darf bejahend beantwortet werden. Dennoch bleiben Fragen offen: Wieweit war Hartmann in den Methodenstreit um Karl Lamprecht involviert? Welche Position bezogen die MGH? Kam es u.a. deswegen zu dem Abbruch des Kontakts mit den MGH? Dies sollte im Zuge weiterer Forschungen zur Geschichte der MGH an der Wende vom 19. zum 20. Jahrhundert geklärt werden.

ABSTRACT: Ludo Moritz Hartmann was born in Stuttgart in 1865, the son of a revolutionary politician and writer. He completed school in Vienna and began studies in philosophy in 1883, moving in 1885 to Berlin to study history under Theodor Mommsen. In 1887, Hartmann wrote his Ph.D. and returned to Vienna to complete a course of studies at the Institut für Österreichische Geschichtsforschung from 1887 to 1889. Through his connections to Mommsen, he attained a lectureship in Roman and medieval history in Vienna in 1889. Mommsen also prompted Ernst Dümmler to entrust Hartmann with completing the MGH edition of the letters of Gregory the Great on the basis of the material left by Paul Ewald. On the publication of the second volume of this edition in 1899, Hartmann's work for the

111 Vgl. WAWRUSCHKA, Ludo Moritz Hartmann (wie Anm. 2) S. 94 mit Quellen zu seiner Beerdigung. Dazu auch DACHS, Geschichtswissenschaft (wie Anm. 2) S. 181: „Nach seiner Tätigkeit in Berlin war Hartmann gesundheitlich gebrochen: Das Pendeln zwischen Berlin und Wien, übermäßiger Tabakgenuß und oftmalige Nachtarbeit hatten ihn aufgerieben. Sein früher Tod Ende 1924 kam daher nicht unerwartet."
Unter anderem sind folgende Nachrufe erschienen: Walter LENEL in der HZ 131 (1925), Stefan BAUER in der Vierteljahrschrift für Sozial- und Wirtschaftsgeschichte 18 (1925) und Otto H. STOWASSER in MIÖG 41 (1926).

MGH ended. Having completed his habilitation in 1889/90, he hoped to attain a professorship, but faced opposition on the grounds of his non-confessional and socialistic positions. It wasn't until 1924 that he finally gained an ordinarius professorship in Vienna – the year in which he died. A controversial personality, Hartmann was highly active in founding and chairing numerous societies and journals dedicated to social sciences and social history, engaged himself in politics, and wrote an unfinished monumental study on Italy in the Middle Ages incorporating aspects of social and natural sciences. Formative aspects in his concept of history writing may be traced back to his work on the letters of Gregory I.

Sigmund Herzberg-Fränkel (1857–1913)

von
KAREL HRUZA und ANDREA RZIHACEK

Sigmund Herzberg-Fränkel um 1900

I.

Der Historiker Sigmund Herzberg-Fränkel ist heutzutage nur noch einem kleinen Kreis von Fachleuten bekannt[1]. Das hängt damit zusammen, dass der von ihm edierte umfängliche MGH-Band eine bestimmte Quellengattung für eine begrenzte Region erfasst und deswegen weit weniger konsultiert wird als etwa der Diplomata-Band eines berühmten Herrschers oder der Scriptores-Band einer Chronik, die ein Geschehen von europäischem Ausmaß festhält. Im März 1904 berichtete Herzberg-Fränkel, ordentlicher österreichischer Professor für allgemeine Geschichte an der Franz-Josephs-Universität Czernowitz (Tscherniwzi), dem gewählten Vorsitzenden der MGH Oswald Holder-Egger (1851–1911), dass der von ihm

1 Vgl. zu ihm wie auch im Folgenden Oswald REDLICH, Siegmund Herzberg-Fränkel [Nekrolog], in: MIÖG 35 (1914) S. 205–207; Martin WUTTE, Sigmund Herzberg-Fränkel †, in: Carinthia I. Mitteilungen des Geschichtsvereines für Kärnten 104 (1914) S. 131f.; Alphons LHOTSKY, Geschichte des Instituts für österreichische Geschichtsforschung 1854–1954, in: MIÖG Erg.-Bd. 17 (1954) S. 177–179; Österreichische Geschichtswissenschaft im 20. Jahrhundert. Ein biographisch-bibliographisches Lexikon, bearb. von Fritz FELLNER / Doris A. CORRADINI (Veröffentlichungen der Kommission für Neuere Geschichte Österreichs 99, 2006) S. 184 und weitere sehr kurze Lexikonartikel. – Für Hinweise danken wir Benjamin Grilj (St. Pölten).

bearbeitete zweite Band der MGH Necrologia Germaniae für die Diözese Salzburg kurz vor dem Abschluss stehe[2]. Der Nekrologien-Band wurde zu Herzberg-Fränkels Lebenswerk, mit dem er unter den österreichischen Mitarbeitern der MGH eine der größten Einzelleistungen vollbracht hat.

Sigmund (Herzberg-)Fränkel wurde am 7. März 1857 in der östlich von Lemberg (Lwiw) an der Grenze zu Russland gelegenen, damals verhältnismäßig großen Stadt Brody, einem fast idealtypischen galizischen ‚Schtetl', geboren[3]. Die deutschjüdische Familie (Herzberg-)Fränkel gehörte zur Schicht der Brodyer Honoratioren, ohne jedoch über größeres Vermögen zu verfügen. Weit über die Region hinaus bekannt wurde Sigmunds Vater, der ebenfalls in Brody geborene weltoffene Schriftsteller und Journalist Leo (Herzberg-)Fränkel (1827–1915)[4], über die Mutter Theresia ist wenig bekannt. Sigmunds Schwester Elise (1860–?) lebte im böhmischen Kurort Teplitz (Teplice), der Bruder Ludwig (1862–1927) arbeitete als angesehener Anwalt in Wien[5]. Leo Fränkel hatte aktiv an der Revolution 1848/49 in Wien teilgenommen und arbeitete dort anschließend mehrere Jahre als Journalist, bevor er nach Brody zurückkehrte, um von 1854 bis 1896 als Sekretär der Brodyer Handels- und Gewerbekammer zu fungieren und acht Bände statistischer und nationalökonomischer Arbeiten zu verfassen[6]. Bedeutung erlangte er jedoch mit literarischen Arbeiten, und hier besonders mit seinen ‚Ghettogeschichten'[7], in denen er Eindrücke aus dem Leben der jüdischen Bevölkerung Ostgaliziens festhielt, die unter dem Titel „Polnische Juden" 1867 erstmals gesammelt veröffentlicht wurden[8]. Das Buch fand so breites Interesse, dass es nach elf Jahren,

2 Der Brief an Holder-Egger vom 8.3.1904, Wien (MGH-Archiv, B 367 Bl. 1f). Das Werk ist: Dioecesis Salisburgensis, ed. Sigismundus Herzberg-Fränkel (MGH Necrologia Germaniae 2, 1890–1904, ND 1983). Das Vorwort Herzberg-Fränkels datiert zum 14. März 1904, den ersten Teil hatte er 1890 zum Druck gebracht.

3 Metrical Books. Jewish Congregation. Brody, vol. 701–1/22: Births 1855–1857 fol. 153 Nr. 311. Zu Brody ausführlich Börries Kuzmany, Brody. Eine galizische Grenzstadt im langen 19. Jahrhundert (2011).

4 Zu diesem siehe [N. N.], Herzberg-Fränkel, Leo, in: Lexikon deutsch-jüdischer Autoren 11, hg. vom Archiv Bibliographia Judaica e.V. (2002) S. 179–187; Kenneth H. Ober, Die Ghettogeschichte. Entstehung und Entwicklung einer Gattung (2001) S. 50–59.

5 Vgl. zu ihm den von L.T. Evans verfassten biografischen Artikel über den Genetiker Otto Frankel, einen Sohn Ludwigs, zuerst erschienen in: Historical Records of Australian Science 12, Nr. 4 (1999), online verfügbar über die Seite der Australian Academy of Science: https://www.science.org.au/fellowship/fellows/biographical-memoirs/otto-frankel-1900-1998 [alle Links in diesem Beitrag wurden am 25.04.2023 abgerufen].

6 Zu seiner Biografie und seinem Werk vgl. etwa Salomon Wininger, Große jüdische National-Biographie 3 (1928) S. 80, und ÖBL 2 (1959) S. 296. Anders als zu seiner literaturgeschichtlichen Bedeutung existiert zur Person Leo Herzberg-Fränkels keine quellenbasierte Darstellung.

7 Zu den Definitionen der ‚Ghettogeschichte' vgl. Ober, Ghettogeschichte (wie Anm. 4) S. 12; Ghettoliteratur. Eine Dokumentation zur deutsch-jüdischen Literaturgeschichte des 19. und frühen 20. Jahrhunderts, hg. von Gabriele Glasenapp / Hans Otto Horch, 2 Bde. (Conditio Judaica. Studien und Quellen zur deutsch-jüdischen Literatur- und Kulturgeschichte 53–55, 2005) 2 S. 1106; Gabriele Glasenapp, Das Andere, das Fremde und das Eigene. Die Inszenierung galizisch-jüdischer Identitäten in den Werken von Leo Herzberg-Fränkel und Nathan Samuely, in: Galizien im Diskurs. Inklusion, Exklusion, Repräsentation, hg. v. Paula Giersch / Florian Krobb / Franziska Schössler (Inklusion/Exklusion. Studien zur Fremdheit und Armut von der Antike bis zur Gegenwart 17, 2012) S. 183–201, hier S. 185.

8 Leo Herzberg-Fränkel, Polnische Juden. Geschichten und Bilder (1867, [2]1878, [3]1888). Das Titelblatt

vermehrt um zwei weitere Geschichten, neu aufgelegt wurde[9]. „Jeder politischen Tendenz fern" formulierte Leo Fränkel sein Ziel, „wahrheitstreue Bilder aus dem Leben seines Volkes zu liefern, das hinter sich eine dornenreiche Vergangenheit hat und jetzt noch viel verkannt und verleumdet wird"[10]. 1876 ließ Leo Fränkel seinen Familiennamen ändern, indem er den Nachnamen seiner Mutter einfügen ließ, so dass die Familie von nun an Herzberg-Fränkel hieß[11].

Der Ruf, den sich Leo Herzberg-Fränkel als profunder Kenner seiner Kultur erworben hatte, führte schließlich dazu, dass er am Ausgang des Jahrhunderts eingeladen wurde, für den volkskundlichen Teil des Galizienbandes des vom habsburgischen Thronfolger Kronprinz Rudolf herausgegebenen sogenannten ‚Kronprinzenwerkes' – einer großangelegten geografisch-politisch-volkskundlichen Darstellung aller Kronländer der österreichisch-ungarischen Monarchie in 24 Bänden – den Beitrag über die Juden Galiziens zu verfassen[12]. Als Anhänger der liberalen jüdischen Reformbewegung, die in der jüdischen Aufklärung (Haskalah) wurzelte, drückte Leo Herzberg-Fränkel hier, wie auch schon in seinen Erzählungen, bei aller Wertschätzung der beschriebenen Traditionen und Lebensformen seine Ablehnung des fundamentalistischen orthodoxen Judentums in Gestalt des Chassidismus aus. Die am Schluss seines Beitrages ausgesprochene Prophezeiung konnte sich wegen des vom NS-Regimes vollzogenen Völkermords an den europäischen Juden auf tragische Weise nicht bewahrheiten: „Unserem Juden begegnet man zu hunderttausenden in allen Theilen Galiziens, an den Ufern der Weichsel und des Dniestrs, auf den Höhen der Karpathen, sowie in den Ebenen Podoliens, wie er wohl auch noch nach Jahrhunderten angetroffen werden dürfte"[13].

---

der ersten Auflage trägt die Schreibung Härzberg-Fränkel. Auszüge aus mit wenigen Ausnahmen sehr positiven Rezensionen zum Erzählband zusammengestellt in: Glasenapp / Horch, Ghettoliteratur (wie Anm. 7) 1, 1 S. 277, sowie 1, 2 S. 505–522.

9 Zu kurzen Inhaltsangaben der 14 Kurzgeschichten vgl. etwa Ober, Ghettogeschichte (wie Anm. 4) S. 50–54 (mit deutlich subjektiver qualitativer Beurteilung) und Glasenapp / Horch, Ghettoliteratur (wie Anm. 7) 2 S. 901–905. Während Gerhard Kurz, Widersprüchliche Lebensbilder aus Galizien. Zu Leo Herzberg-Fränkels „Polnische Juden", in: Conditio Judaica. Judentum, Antisemitismus und deutschsprachige Literatur vom 18. Jahrhundert bis zum Ersten Weltkrieg. Interdisziplinäres Symposion der Werner-Reimers-Stiftung Bad Homburg 2, hg. v. Hans Otto Horch / Horst Denkler (1989) S. 247–257, hier S. 256, Herzberg-Fränkel ein „tief widersprüchliches, ambivalentes Verhältnis gegenüber dem Judentum", das „nie reflektiert oder gar thematisiert wird", attestiert, bietet Glasenapp, Das Andere (wie Anm. 7) S. 190–195, ein plausibles Erklärungsmodell der scheinbaren Widersprüche mit eingehender Analyse der von Eigen- und Fremdwahrnehmung sowie politisch-kulturellen und religiösen Gegensatzpaaren geprägten Erzählungen. Weitere zehn Jahre später erfuhr der Band eine dritte Auflage, in der Folge wurden einzelne Geschichten außerdem ins Hebräische, Französische, Dänische, Niederländische, Russische und Polnische übersetzt, siehe die Zusammenstellung in Glasenapp / Horch, Ghettoliteratur (wie Anm. 7) 2 S. 901.

10 Herzberg-Fränkel, Polnische Juden (wie Anm. 8) Vorwort zur zweiten Auflage S. III.

11 Vgl. den entsprechenden Zusatz zum Eintrag der Geburt Sigmund Fränkels in den Matriken der Jüdischen Gemeinde Brody (wie Anm. 3).

12 Leo Herzberg-Fränkl (sic!), Die Juden, in: Die österreichisch-ungarische Monarchie in Wort und Bild. Galizien (1898) S. 475–500.

13 Ebd. S. 500.

II.

Sigmund (Herzberg-)Fränkel erhielt zunächst Privatunterricht, bevor er die deutsche Volksschule und anschließend das deutsche (Unter-)Gymnasiun in Brody besuchte. Die Reifeprüfung legte er 1874 am deutschen (Ober-)Gymnasium in Lemberg ab und nahm im Herbst desselben Jahres auf Wunsch seiner Eltern ein Studium der Rechtswissenschaften in Wien auf. In dem obligatorischen Formular ‚Nationale' gab er als Muttersprache „deutsch", als Religion „mosaisch" an[14]. Schon nach einem Jahr zog es ihn für ein Semester an die Universität Leipzig und für drei Semester an die Universität Berlin, um Geschichte zu studieren, wo er u.a. von Georg Waitz (1813–1886) unterrichtet wurde[15]. Im Herbst 1878 schrieb er sich wieder an der Wiener Universität ein und begann den „Vorbereitungskurs" am Institut für Österreichische Geschichtsforschung, „so weit es der Präsenzdienst – als Einjährig-Freiwilliger – zuliess"[16]. Die Interessen des jungen Herzberg-Fränkel waren weit gefächert, so besuchte er viele kunsthistorische Lehrveranstaltungen[17]. Den 13. Ausbildungskurs des Instituts konnte er im Herbst 1881 als dessen Mitglied mit Erfolg abschließen[18], wobei er seinen Lebensunterhalt aus einem Institutsstipendium bestritten hatte. Zu seinen Kurskollegen, dem aus der Bukowina stammenden Adolf Fanta (1856–1887), dem Böhmen August Jaksch (Ritter von Wartenhorst) (1859–1932), dem Tiroler Oswald Redlich (1858–1944) und dem Ungar Lajos Szádeczky-Kardoss (1859–1935) unterhielt er eine lebenslange respektvolle Freundschaft. Unter Einfluss seiner Lehrer, des von ihm hochverehrten Institutsdirektors und MGH-Editors Theodor von Sickel (1826–1908) und Engelbert Mühlbachers (1843–1903), beschäftigte er sich mit mittelalterlichen Urkunden und Kanzleien und wurde mit der Bearbeitung des Bandes ‚Kaiserurkunden in Abbildungen' für den Zeitraum 1246–1313 beauftragt[19]. 1880 wurde Herzberg-Fränkel in Wien zum Dr. phil. promoviert[20], und 1887 folgte die Ernennung zum Privatdozenten für Geschichte des Mittelalters und Historische Hilfswissenschaften. Am Wiener Institut hielt er damals Lehrveranstaltungen zur Verfassung- und Verwaltungsgeschichte und lernte in den über zehn Jahren, die er dort verbrachte, in den Ausbildungskursen etliche Kollegen kennen, die sich in der Geschichtswissenschaft einen Namen machen sollten[21]. Bis zu diesem Zeitpunkt verlief Herzberg-Fränkels Karrie-

14 UAW Jur. Nat. WS 1874/75 S. 307.

15 Vgl. wie auch im Folgenden seinen Lebenslauf in: IÖG (Universität Wien), Archiv, Kursakten 13. Kurs; UAW, Rigorosenakt Sigmund Herzberg-Fränkel.

16 Ebd.

17 Vgl. Studierendenevidenz, Sigmund Herzberg-Fränkel (UAW Phil. Nat. WS 1877/78-SS 1881).

18 Lhotsky, Geschichte des Instituts (wie Anm. 1) S. 177–179.

19 Vgl. Sigmund Herzberg-Fränkel, Geschichte der deutschen Reichskanzlei 1246–1308. I Die Organisation der Reichskanzlei, in: MIÖG Erg.-Bd. 1 (1885) S. 254–297; Kaiserurkunden in Abbildungen Lieferung 8 (1246–1313), hg, von Heinrich von Sybel / Theodor von Sickel, bearb. von Sigmund Herzberg-Fränkel (1890), mit einer Einleitung des Bearbeiters von 50 Seiten Umfang.

20 Vgl. den Rigorosenakt (UAW, PH RA 119) und das Promotionsprotokoll (UAW Prom.Prot. M 34, Bd. 1 Nr. 251); Dissertation: Sigmund Herzberg-Fränkel, Die ältesten Land- und Gottesfrieden in Deutschland, in: Forschungen zur deutschen Geschichte 23 (1883) S. 117–163.

21 Zur Lehre vgl. Lhotsky, Geschichte des Instituts (wie Anm. 1) S. 216. Am Institut verkehrten damals Bertold Bretholz, Anton Chroust, Alfons Dopsch, Wilhelm Erben, Ludo Moritz Hartmann, Raimund Friedrich Kaindl, Michael Mayr, Alfred Francis Přibram, Julius Schlosser, Ernst Schwind, Samuel Steinherz, Michael Tangl, Rudolf Thommen, Max Vancsa und auch Paul Kehr; zu Bertold Bretholz und Ludo

re – entsprechend seinem Können und Fleiß – in einem gewöhnlichen zeitlichen Ablauf. Der zu erwartende und von ihm erwünschte nachfolgende Schritt, nämlich das Erlangen einer universitären Professur, sollte sich schwierig gestalten, aus dem Grund, weil dieser unter der von Antisemitismus getragenen „vertikalen gläsernen Decke" und hinter einer „unsichtbaren Ghettomauer" vollzogen werden musste[22].

III.

Über den Kontakt zu Sickel war Herzberg-Fränkel zu den MGH gekommen und half seit 1882 in der Wiener Diplomata-Abteilung. Doch er strebte nach einem eigenen Auftrag und dachte zunächst an eine Edition der österreichischen Annalen. Sein Wunsch ging in Erfüllung, wenn auch mit einem anderen Thema: „Zur Bearbeitung der Bairischen *[Nekrologien]*, zunächst soweit sie in den Umfang der nach Oesterreich gehörigen Diöcesen fallen, hat sich Dr. Herzberg-Fränkel in Wien bereit erklärt"[23]. Herzberg-Fränkel konnte zunächst große Fortschritte in seinem Projekt verzeichnen, so dass im MGH-Bericht 1890 mitgeteilt wurde, der erste Teilband gehöre zu den „im Laufe des Jahres 1889/90" publizierten Werken[24]. Begleitend veröffentlichte Herzberg-Fränkel Aufsätze zum Thema Toten- und Verbrüderungsbücher[25]. Im MGH-Bericht von 1892 wurde allerdings vermerkt, dass die „Salzburger Todtenbücher *[…]* in ihrem Texte fertig gedruckt" seien, „aber die überaus mühsamen Register erfordern noch eine längere Arbeitszeit"[26]. Bei der Fertigstellung des Nekrologien-Registers assistierte Herzberg-Fränkel seit 1897 der österreichische Historiker Max Vancsa (1866–1947)[27], aber es sollte noch fünf Jahre dauern, bis der Band vollständig ausgeliefert werden konnte.

Herzberg-Fränkel hatte bei seiner Arbeit an den Quellen zur MGH-Necrologia-Edition Beobachtungen angestellt und diese 1886 und 1904 in zwei kleinen ‚Denkschriften' vereint[28]. Er wollte „eine paläographische Sammlung *[…]* schaffen, die gestattet, die Schrift-

Moritz Hartmann siehe die Beiträge von Martin Wihoda und Philipp T. Wollmann in vorliegendem Band.

22 Vgl. Mitchell J. Ash, Jüdische Wissenschaftlerinnen und Wissenschaftler an der Universität Wien von der Monarchie bis nach 1945. Stand der Forschung und offene Fragen, in: Der lange Schatten des Antisemitismus. Kritische Auseinandersetzungen mit der Geschichte der Universität Wien im 19. und 20. Jahrhundert, hg. von Oliver Rathkolb (2013) S. 93–122, hier 103f.; Jan Surman, Universities in Imperial Austria 1848–1918. A Social History of a Multilingual Space (2019) S. 233–241, Zitat S. 241: „Through this vertical glass ceiling and the horizontal invisible ghetto wall, a large number of Viennese Jewish Privatdozenten were left adrift *[…]*" Beide Studien führen Herzberg-Fränkel nicht an.

23 So Georg Waitz im Bericht über die 10. Vollversammlung der Zentraldirektion 1884 unter Antiquitates / Nekrologien, in: NA 10 (1884) S. 8.

24 Bericht über die 16. Vollversammlung der Zentraldirektion, in: NA 16 (1890) S. 3.

25 Sigmund Herzberg-Fränkel, Über das älteste Verbrüderungsbuch von St. Peter in Salzburg, in: NA 12 (1887) S. 53–107; ders., Über die necrologischen Quellen der Diözesen Salzburg und Passau, in: NA 13 (1888) S. 269–304.

26 Im Bericht über die 18. Vollversammlung der Zentraldirektion, in: NA 18 (1892) S. 7.

27 Brief Vancsas an Herzberg-Fränkel vom 17.3.1897, Wien (MGH-Archiv, B 292 Bl. 200f.).

28 Denkschrift vom 10.4.1904, vgl. die Edition bei Karel Hruza, „Was in den Monumenta erscheint, soll ein Monumentum aere perennius sein" – Der MGH-Editor Sigmund Herzberg-Fränkel über Totenbücher und Paläografie. Mit Edition, in: DA 77,2 (2021) S. 669–696, hier S. 691–693.

entwicklung in Deutschland nach Landschaften zu verfolgen"[29]. Beide Male wurde sein Anliegen in den Sitzungen der Zentraldirektion eingebracht, diskutiert und ad acta gelegt[30]. Neben Totenbüchern und verwandten Themen hat Herzberg-Fränkel verschiedene Bereiche des Mittelalters untersucht[31], und nach seiner Arbeit an Nekrologien wandte er sich erneut einer schwierigen Materie zu: Er erforschte wirtschaftsgeschichtliche Quellen der Benediktinerabtei Niederaltaich, wobei der Umfang seiner zugehörigen Publikationen mit fast 350 Seiten dem einer Monografie gleichkam[32].

IV.

1893 wurde Herzberg-Fränkel zum außerordentlichen, 1895 zum ordentlichen österreichischen Professor für allgemeine Geschichte an der kleinen, erst 1875 gegründeten Universität in Czernowitz (Bukowina) ernannt. Die Zeitspanne zwischen Habilitation und erster Professur hatte (im Vergleich zu anderen Habilitierten nicht ungewöhnlich) sechs Jahre betragen. Freilich kam Herzberg-Fränkel ‚nur' in Czernowitz zum beruflichen Erfolg, also in einer Stadt, in der sich die Verhältnisse für Wissenschaftler jüdischer Herkunft gegenüber anderen Universitätsstädten der Habsburgermonarchie weitaus freundlicher gestalteten[33], und eben in dieser Stadt sollte er entgegen seinem Wunsch ‚steckenbleiben'. Nach einer Amtsperiode als Dekan erfuhr er im Studienjahr 1905/6 eine große Anerkennung, da er zum Rektor seiner Universität gewählt und eingesetzt wurde[34]. Seine Inaugurationsrede widmete Herzberg-Fränkel dem Thema ‚Moderne Geschichtsauffassung' und zeigte dabei, dass er sich mit

29 Brief Herzberg-Fränkels vom 10.4.1904, Wien, vgl. die Edition bei Hruza, „Was in den Monumenta erscheint" (wie Anm. 28) S. 693f.

30 In den gedruckten Berichten in: NA 12 (1886) S. 1–10; NA 30 (1905) S. 3–13; NA 31 (1906) S. 3–12, fanden die Eingaben keine Erwähnung, siehe ausführlich Hruza, „Was in den Monumenta erscheint" (wie Anm. 28).

31 Sigmund Herzberg-Fränkel, Die Bruderschafts- und Wappenbücher von St. Christoph auf dem Arlberg, in: MIÖG Erg.-Bd. 6 (1901) S. 355–412, dem folgen zwei Seiten mit Faksimiles; ders., Zur erbköniglichen Politik der ersten Habsburger, in: MIÖG 12 (1891) S. 647–651; ders., Bestechung und Pfründenjagd am deutschen Königshof im 13. und 14. Jahrhundert, in: MIÖG 16 (1895) S. 458–479; ders. / Michael H. Dziewicki, Iohannes Wiclif, Tractatus de simonia, now first ed. from the Vienna mss. 4536, 1622, 4504, 4515, 3927, 3937 and 1343; from the Prague ms. x. e9. and the Trinity College (Dublin) ms. c. 1. 24 (1898, ND 1966); ders., König Rudolf, in: HZ 96 (1906) S. 403–433.

32 Sigmund Herzberg–Fränkel, Ein niederaltaichisches Formelbuch, in: MIÖG 30 (1909) S. 337–400; ders., Die wirtschaftsgeschichtlichen Quellen des Stiftes Niederaltaich, in: MIÖG Erg.-Bd. 8 (1911) S. 1–130 (auch als Separatum erschienen 1909); ders., Wirtschaftsgeschichte des Klosters Niederaltaich, in: MIÖG Erg.-Bd. 10 (1928) S. 81–235.

33 Siehe Anm. 34.

34 An der Universität in Czernowitz herrschten derart tolerante Zustände, dass bis zum Ende der Habsburgermonarchie unter den 44 Rektoren neun jüdische Gelehrte anzutreffen waren, siehe Emanuel Turczynski, Czernowitz, eine vom Bildungsbürgertum errungene Universität im Dienst staatlicher Bildungs- und Wissenschaftsförderung, in: Universitäten im östlichen Mitteleuropa. Zwischen Kirche, Staat und Nation – Sozialgeschichte und politische Entwicklungen, hg. von Peter Wörster (1998) S. 209–225, hier S. 220f. Ein Studienjahr zuvor hatte der MGH-Mitarbeiter Harry Bresslau – wegen seiner Herkunft bei Stellenbesetzungen mehrmals diskriminiert – diese Würde an der Universität in Straßburg erlangt; vgl. Bettina Raabe, Harry Bresslau (1848–1926) – Wegbereiter der Historischen Hilfswissenschaften in Berlin und Straßburg, in: Herold-Jb. N. F. 1 (1996) S. 49–83, hier S. 66; zu Harry

vieldiskutierten Geschichtstheorien seiner Zeit, so mit jenen Karl Marx' (1818–1883) und Friedrich Engels' (1820–1895) oder Karl Lamprechts (1856–1915), auseinanderzusetzen wusste, deren Postulat historischer Gesetzmäßigkeiten er zwar ablehnte, ihren Erkenntnisgewinn jedoch zu benennen wusste und würdigte. Wichtig war ihm, den Grund für den Wandel und die Durchsetzung von Geschichtsauffassungen herauszuarbeiten, den er in den zu verschiedenen Zeiten vorherrschenden geistigen und politischen Strömungen erkannte[35]. Er selbst blieb, was bei einem Absolventen des Wiener Instituts und MGH-Mitarbeiter nicht überraschen mag, dem Historismus und Positivismus und einer – wie er es nannte – „individualistischen Geschichtsauffassung" treu. Als 1908 Beratungen über eine Umgestaltung der Czernowitzer Universität abgehalten wurden, setzte sich Herzberg-Fränkel für die Einrichtung einer Professur für Historische Grundwissenschaften ein. Er wollte eine gewisse Angleichung an das Wiener Institut und auch eine Anpassung an die besonderen Gegebenheiten seiner weit im Osten Österreichs gelegenen Universität erreichen, da der Inhaber der Professur seiner Ansicht nach die griechische und slawische Sprachen beherrschen sollte[36].

An der Universität Wien besaß Herzberg-Fränkel einen guten Leumund, denn bei der Diskussion um die Nachfolge Engelbert Mühlbachers in der Direktion des Instituts für österreichische Geschichtsforschung gehörte er immerhin zum Kandidatenkreis, jedoch ohne wirkliche Aussicht auf die Stelle zu haben, die Emil von Ottenthal (1855–1931) erhielt[37]. Aufschlussreich ist hierbei, dass mit Sigmund Herzberg-Fränkel, Harry Bresslau (1848–1926) und Samuel Steinherz (1857–1942) drei deutsch-jüdische Gelehrte in den Kandidatenkreis aufgenommen wurden. Es war aber ausgerechnet Ottenthal gewesen, der einige Jahre zuvor Herzberg-Fränkel und dessen Jahrgangskollegen Steinherz Karrieregrenzen aufgezeigt hatte. In einem Brief an Alfons Huber (1859–1898) über die Besetzung einer Professur an der Universität Innsbruck ließ er seiner Meinung freien Lauf: „Für die definitive Nachfolge würde doch wohl in erster Linie *[Alfons]* Dopsch *[1868–1953]* in Frage kommen, da die beiden Juden trotz aller Tüchtigkeit hier wirklich unmöglich wären"[38]. Herzberg-Fränkel hat demnach wegen seiner jüdischen Herkunft in seinem beruflichen Werdegang Nachteile und Diskriminierung hinnehmen müssen, in welchem Ausmaß, wird sich insgesamt nicht mehr feststellen lassen. Erwähnenswert ist jedenfalls, dass während seiner akademischen Laufbahn von 1880 bis zum Vorabend des Ersten Weltkriegs der (rassistisch determinierte) Antisemitismus im deutschen und im österreichischen Kaiserreich eine bedrohliche Ausbreitung und

---

Bresslau siehe auch die Beiträge von Annette Marquard-Mois, Theo Kölzer, Benedikt Marxreiter und Anne C. Nagel in vorliegendem Band.

35 Vgl. Sigmund Herzberg-Fränkel, Moderne Geschichtsauffassung. Inaugurationsrede gehalten am 2. Dezember 1905, in: Die feierliche Inauguration des Rektors der k.k. Franz-Josephs-Universität in Czernowitz für das Studienjahr 1905/1906 am 2. Dezember 1905 (1906) S. 15–41.

36 Lhotsky, Geschichte des Instituts (wie Anm. 1) S. 177.

37 Ebd. S. 291f. Eine andere Ehrung seiner wissenschaftlichen Leistungen blieb Herzberg-Fränkel ebenfalls versagt, denn er wurde nicht als Mitglied in die Akademie der Wissenschaften in Wien zugewählt.

38 Alfons Huber. Briefe (1859–1898). Ein Beitrag zur Geschichte der Innsbrucker Historischen Schule um Julius Ficker und Alfons Huber, hg. von Gerhard Oberkofler / Peter Goller (1995) Nr. 165. Siehe zur Besetzung der Professur Gerhard Oberkofler, Samuel Steinherz (1857–1942). Biographische Skizze über einen altösterreichischen Juden in Prag (2008) S. 43–48.

Akzeptanz erfuhr[39]. Dass Personen jüdischer Herkunft mit Widerständen zu kämpfen und zu leben hatten, ist Herzberg-Fränkel selbstverständlich nicht entgangen. In einem Brief wandte er sich im Dezember 1896 an seinen Freund Jaksch mit der Bitte, ob sich dieser bei seinem Bruder in Böhmen für den Ehemann einer guten Freundin einsetzen könne. Diesem Ehemann, einem Doktor der Medizin, der sich um eine Arbeitsstelle bewarb, würde der „Geburtsfehler des Judentums *[…]* anhafte*[n]*". Er, Herzberg-Fränkel, wisse, „dass auch sehr liberale und unbefangene Leute einen Juden lieber nicht nehmen, wenn's nicht sein muss"[40].

V.

Trotz seiner Professur in Czernowitz besaß Herzberg-Fränkel immer eine Bleibe in Wien und konnte sich schwer vom gesellschaftlichen, politischen und wissenschaftlichen Zentrum der Habsburgermonarchie trennen. Wien blieb sein Lebensmittelpunkt und sein Sehnsuchtsort, und nach Brody kehrte er wohl nur aus familiären Gründen zurück. Damit ging einher, dass er sich anscheinend auch von der jüdischen Religion entfremdet hatte. Von seinem Vater hatte er eine Leidenschaft für Journalismus geerbt und publizierte zahlreiche Feuilleton-Artikel in der Wiener Zeitung zuvorderst zu geschichtlichen und bildungspolitischen Themen. Aus diesen Texten und seiner Korrespondenz können Anhaltspunkte über seine politische und gesellschaftliche Positionierung gewonnen werden. In einigen Briefen erwähnte er „Clericale", also konservative Katholiken als Gruppierung, diesen war er ebenso wenig gewogen wie Sozialisten, keine Sympathien hegte er für Gruppen bzw. Parteien, welche die zentrale Herrschaft des Kaisers in Wien übermäßig kritisierten, dementsprechend hatte er für partikulare nationale Interessen wie etwa solche der Tschechen kein Verständnis. Herzberg-Fränkel kann insgesamt einem damals großen politischen konservativen Lager zugeordnet werden, dessen Säulen folgende Elemente bildeten: zentrale Herrschaft des erhaltenswerten habsburgischen Kaiserhauses in Wien, großösterreichische Staatsauffassung, Überlegenheit der deutschen Kultur und Sprache, und auch Sympathie für bestimmte großdeutsche Gedanken. Die Erhebung zum „Ritter der Eisernen Krone III. Kl.", die Auszeichnung mit einem hohen Verdienstorden, dürfte ihn daher mit Genugtuung erfüllt haben[41].

Sigmund Herzberg-Fränkel, der Junggeselle blieb, starb ausgerechnet während der 13. Versammlung deutscher Historiker am 19. September 1913 in Wien, nachdem er zuvor bereits einige Zeit unter Herzproblemen gelitten hatte. Er wurde auf dem israelitischen Teil des Wiener Zentralfriedhofs bestattet. Sein Freund Redlich schrieb, dass er ein „sehr tüchtiger Quellenkritiker voll Sorgfalt und Scharfsinn gewesen" war, „der sich mit eigenartiger Vorliebe gerade schwierigen, mühsamste Ausdauer heischenden Aufgaben der Edition und Detailforschung zuwandte". Er sei „ein Mann von umfassendem Wissen, von klarem Überblick und Urteil über die weitesten Gebiete geschichtlicher Entwicklung, ein anregungsvoller

39 Vgl. Peter Longerich, Antisemitismus: Eine deutsche Geschichte. Von der Aufklärung bis heute (2021) S. 87–179.

40 Brief vom 19.12.1896, Wien (Kärntner Landesarchiv Klagenfurt, 430 Nl August Ritter v. Jaksch, Sch. 7, Fasz. 5, Nr. 19). Vgl. auch Ash, Jüdische Wissenschaftlerinnen und Wissenschaftler (wie Anm. 22) S. 104.

41 Die Auszeichnung wird angeführt in einer auf geni.org dokumentierten Todesanzeige Herzberg-Fränkels (https://www.geni.com/people/Siegmund-Herzberg-Fr%C3%A4nkel/6000000022438820886).

Schriftsteller“ und ein „beredter Sprecher“ gewesen[42]. Grundlage dieser würdigenden Äußerung waren Fleiß, Intelligenz, Ideenreichtum und – nicht nur wissenschaftliche – Neugier Herzberg-Fränkels, eines heute zu Unrecht fast vergessenen Historikers.

ABSTRACT: Sigmund Herzberg-Fränkel was born in 1857 in Brody (Ukraine), the son of a Jewish journalist and author. On completing school in Lemberg (Lviv) in 1874, he studied law and history in Leipzig and Berlin before going to Vienna, where he attained his Ph.D. in 1880. The following year, he completed the training course at the IÖG unter Theodor Sickel, who thereafter entrusted him with editing a volume of reproductions of imperial charters. In 1887, Herzberg-Fränkel obtained his habilitation and began teaching medieval history and Historische Hilfswissenschaften as a private lecturer at the University of Vienna. Through Sickel, he came into contact with the MGH in Vienna and was commissioned to edit the necrologies of the See of Salzburg published in the series Necrologia in 1902. His academic career culminated in a full professorship at the University of Czernowitz (Chernivtsi, duchy of Bukovina) in 1895, where he officiated as university rector for the term 1905/1906. His hopes of advancing to a position at a more renowned institution in Vienna or Innsbruck were, however, dashed by anti-Semitic sentiments. Herzberg-Fränkel, who was politically conservative and identified himself with the German language and culture, in later life seems to have distanced himself from Judaism. He died in 1913. Esteemed for his critical acumen, encyclopedic knowledge and readiness to undertake difficult tasks, he was awarded the Knighthood of the Iron Crown.

42 REDLICH, Herzberg-Fränkel (wie Anm. 1) S. 206.

Alfred Hessel
(1877–1939)

von
Wolfgang Petke und Stefan Petersen

Alfred Hessel um 1900

Alfred Hessel wurde am 7. Juni 1877 in Stettin in eine jüdische Kaufmannsfamilie geboren, ließ sich 1895, im Jahr seiner in Berlin abgelegten Reifeprüfung, evangelisch taufen, studierte u. a. Geschichte zuletzt an der Berliner Universität und wurde an ihr 1899 bei Paul Scheffer-Boichorst (1843–1902) mit einer Arbeit über Carlo Sigonio, italienischer Humanist und Historiker des 16. Jahrhunderts, zum Dr. phil. promoviert[1]. Im Herbst 1899 schloss er sich in Rom Paul Fridolin Kehr (1860–1944) als unbesoldeter Hilfsarbeiter an und ging im April 1900 auf dessen dringenden Rat nach Göttingen, um sich bei dem Altphilologen, Mittellateiner und Paläographen Wilhelm Meyer (1845–1917) und dem Latinisten Friedrich Leo (1851–1914) weiter auszubilden. Am 1. Oktober 1901 folgte die Anstellung als

1 Wolfgang Petke, Alfred Hessel (1877–1939). Mediävist und Bibliothekar in Göttingen, in: Zwischen Wissenschaft und Politik. Studien zur deutschen Universitätsgeschichte. Festschrift für Eike Wolgast zum 65. Geburtstag, hg. von Armin Kohnle / Frank Engehausen (2001) S. 387–414, hier S. 388f. Vgl. resümierend ders., Alfred Hessel, Historiker 1877–1939, Rede anläßlich der Enthüllung einer Gedenktafel am 17.04.2013, Herzberger Landstraße 50, in: Göttinger Jb. 62 (2014) S. 285–292, Juliane Deinert, „Politisieren […] strengstens untersagt" – Die Universitätsbibliothek Göttingen in den Vorkriegsjahren zwischen 1933 und 1939 (Berliner Handreichungen zur Bibliotheks- und Informationswissenschaft 409, 2016) S. 38–40.

MGH-Mitarbeiter im Rahmen der Edition der Diplome Konrads II. bei Harry Bresslau (1848–1926) in Straßburg.

Dass Alfred Hessel diese Stelle erhielt, verdankte er mehreren Umständen. Einerseits war seit Mitte 1900 das baldige Ausscheiden von Bresslaus Mitarbeiter und Schüler Robert Holtzmann (1873–1946) zu erwarten, da dieser kurz vor der Habilitation und damit am Beginn seiner akademischen Laufbahn stand[2]. Andererseits machten sich Harry Bresslau und der damalige MGH-Präsident Ernst Dümmler (1830–1902), die beide in einem engen Vertrauensverhältnis zueinander standen, schon im Herbst 1900 ernsthaft Gedanken wegen des Mangels an geeigneten Mitarbeitern für die Nachfolge von Robert Holtzmann. Am 2. Februar 1901 schrieb Dümmler: „Der Mangel an Mitarbeitern, von dem Sie sprachen, brachte mich übrigens auf einen andern Gedanken, der mir sehr sympathisch wäre. Wie wäre es, wenn wir es mal mit einer Mitarbeiter<u>in</u> versuchten? Ich würde dazu gern bereit sein und stelle ihnen also anheim, da Sie ja in Ihrem Seminar sicher auch weibliche Zuhörer haben, aus diesen eine Monumentistin zu züchten, wobei ich allerdings besonderen Wert auf gute philolog. Vorbildung legen müßte. Nach allgemeinen wirtschaftlichen Grundsätzen wird ja ohnedies Frauenarbeit immer niedriger bezahlt als Männerarbeit“[3]. Für die damalige Zeit war dieser Vorschlag Dümmlers überaus fortschrittlich, öffneten die deutschen Universitäten doch erst um 1900 den Frauen die Tore zum Studium[4]. Der politisch aktive Liberale Harry Bresslau[5] begrüßte diesen Vorschlag nachdrücklich und antwortete am 30. März 1901: „Mit einer weiblichen Mitarbeiterin werde ich Ihnen in einigen Semestern voraussichtlich dienen

2 Zu ihm vgl. den Nachruf von Walter HOLTZMANN, in: DA 8 (1951) S. 256f. Tatsächlich habilitierte sich Robert Holtzmann 1902 in Straßburg. In seinem Jahresbericht vom 31.3.1901 kündigte Bresslau noch an, er hoffe, „daß Dr. Holtzmann der Abtheilung noch eine Zeit lang erhalten bleiben wird, wiewohl dies nicht sicher ist, da er sich zu habilitieren beabsichtigt“; MGH-Archiv, 338/44 Bl. 41v. Durch den Selbstmord von Ernst Sackur am 5. April 1901 änderten sich die Habilitationspläne von Robert Holtzmann jedoch. Noch am 30. März 1901 hatte Bresslau gegenüber Ernst Dümmler geäußert, „er würde es lebhaft bedauern, wenn namentlich Sackur dabei *[bei den Neubesetzungen in Heidelberg und Tübingen]* ganz übergangen würde“; MGH-Archiv, B 272 Bl. 49r. Am 28. April 1901 berichtete er Ernst Dümmler, Holtzmann werde sich „in Folge von Sackurs Tod *[...]* wahrscheinlich hier *[in Straßburg]* und, damit ihm niemand zuvor kommt, wohl noch in diesem Jahr habilitieren. Er wird dann wohl aus der Abtheilung austreten oder höchstens in einem losen Verhältnis zu ihr bleiben“; MGH-Archiv, B 272 Bl. 52v. Im Jahresbericht vom 31. März 1902 schrieb Bresslau dann, Robert Holtzmann sei „am 1. Oktober vorigen Jahres aus dem Kreis der ständigen Mitarbeiter ausgeschieden; er konnte seitdem nur einen kleinen Theil seiner Arbeitszeit gegen eine besondere Remuneration – 300 Mark für das Wintersemester – der von ihm übernommenen Fertigstellung des Namensregisters *[zum Diplomata-Band Heinrichs II.]* widmen“; MGH-Archiv, 338/44 Bl. 109r.

3 MGH-Archiv, B 702, Dümmler an Bresslau (2.2.1901). Der Wortlaut des Briefes legt nahe, dass der konkrete Anlass für die Akquirierung von Mitarbeitern Harry Bresslaus die Suche eines Nachfolgers für Robert Holtzmann war.

4 Vgl. z. B. Katharina ROWOLD, The Educated Woman. Minds, Bodies and Women's Higher Education in Britain, Germany and Spain 1865–1914 (2010); Pionierinnen, Feministinnen, Karrierefrauen? Zur Geschichte des Frauenstudiums in Deutschland, hg. von Anne SCHLÜTER (1992); Ingrid SCHMIDT-HARZBACH, Kampf ums Frauenstudium – Studentinnen und Dozentinnen an deutschen Hochschulen, in: Frauen und Wissenschaft. Beiträge zur Berliner Sommeruniversität für Frauen 1976 (1977) S. 33–72.

5 Harry Bresslau legte nach der Wahl Anfang 1907 zwar den Vorsitz des liberalen Vereins in Straßburg nieder, blieb aber weiterhin im Vorstand der liberalen Landespartei in Elsaß-Lothringen; vgl. MGH-Archiv, B 359 [Nr. 26] (Brief Bresslaus an Oswald Holder-Egger vom 25. Febr. 1907). Zu Bresslaus Bio-

können. Es ist ein Fräulein Gütschow aus Lübeck, die auf Meyer v. Knonau Veranlassung aus Zürich, wo sie ein paar Semester war, zu mir gekommen ist und hier promovieren will. Sie ist ebenso gescheit wie fleißig und ich hoffe das beste von ihr; ich werde sie veranlassen auch speciell für ihre philologische Ausbildung zu sorgen“[6].

Die Option der Einstellung einer Nachwuchswissenschaftlerin spielte in den folgenden Monaten keine Rolle mehr. In Ermangelung einer geeigneten Kandidatin stiegen damit die Chancen auf eine Mitarbeiterstelle für Alfred Hessel, auf den das Augenmerk der beiden Monumentisten bereits Ende 1900 gefallen war. Allerdings hatte sich Harry Bresslau bereits am 27. November 1900 in einem Brief an Ernst Dümmler gegen diesen ausgesprochen: „Dr. Hessel, den ich in Rom kennen gelernt habe, hat mir persönlich ganz gut gefallen; aber nach dem Eindruck, den mir seine Dissertation gemacht hat, würde ich auf ihn als Mitarbeiter auch ohne Scheffers Warnung kaum reflectiert haben“[7]. Wie Dümmler am 20. Dezember an Bresslau schrieb, wollte auch Paul Scheffer-Boichorst „seinen Schüler Hessel nicht für die M.G. empfehlen, da er von seiner Arbeit über Sigonius nicht sehr befriedigt war und ihn im Ganzen für einen mittelmäßigen Menschen hielt“; immerhin, so betonte Dümmler, sei Hessel aber sehr wohlhabend[8].

Gleichwohl nahm Dümmler aber Kontakt mit Hessel auf und machte diesen auf die durch den Weggang von Julius Reinhard Dieterich (1864–1952) freigewordene Assistentenstelle in Gießen aufmerksam[9]. Am 9. Januar 1901 bedankte sich Hessel für diesen Hinweis, doch leider würden es ihm seine weiteren Pläne nicht erlauben, „von Ihrer gütigen Mit-

grafie siehe auch den Beitrag von Annette Marquard-Mois, zu Bresslau als Diplomatiker den Beitrag von Theo Kölzer in vorliegendem Band.

6 MGH-Archiv, B 272 Bl. 48r, Bresslau an Dümmler (10.3.1901); vgl. dazu auch das Bewerbungsschreiben von Else Gütschow an Harry Bresslau vom 8.7.1899; MGH-Archiv, B 700/II. Else Gütschow (1865–1908) war die erste Frau, die 1903 mit der von Harry Bresslau betreuten und Ernst Sackur gewidmeten Dissertation ‚Innocenz der Dritte und England‘ in Straßburg promoviert wurde. Sie war eine Schulfreundin von Fanny von Reventlow, die die Gütschow-Schwestern in ihrem Roman Ellen Olestjerne verewigte. In Straßburg gehörte sie zum Freundeskreis um Helene Bresslau und Albert Schweitzer, dem auch Elly Heuss-Knapp angehörte. 1906 heiratete sie den Kunsthistoriker Ernst Polaczek, starb aber bereits am 11.2.1908 im Kindbett; vgl. Natalia Kulenkamp, Frau Professor Else Polaczek, geb. Gütschow, Dr. phil. †, in: Lübeckische Blätter 50 (1908) S. 173; Elly Heuss-Knapp, Ausblick vom Münsterturm ([6]1958) S. 63; zum akademischen Werdegang vgl. den Lebenslauf in ihrer Dissertation.

7 MGH-Archiv, B 272 Bl. 207r, Bresslau an Dümmler (27.11.1900). Stattdessen schlug Bresslau aber Alfred Hessel für die Mainzer Regesten vor: „Mir schreibt übrigens eben auch Höhlbaum, daß er einen Nachfolger für die Mainzer Regesten an Dieterichs Stelle sucht; wäre das etwas für Hessel?“

8 MGH-Archiv, B 702, Dümmler an Bresslau (20.12.1900). Bei der Arbeit handelt es sich um die eingangs erwähnte Dissertation Alfred Hessel, De regno Italiae libri viginti von Carlo Sigonio. Eine quellenkritische Untersuchung (1900); vgl. die kurze Anzeige von Robert Holtzmann in: NA 25 (1900) S. 843f. [Nr. 202]. Harry Bresslau hatte seinen Mitarbeiter wohl umgehend damit betraut, einen kritischen Blick auf die Dissertation des Kandidaten zu werfen.

9 Vgl. MGH-Archiv, B 75, Hessel an Dümmler (9.1.1901). Julius Reinhard Dieterich, der 1892–1895 MGH-Mitarbeiter von Ernst Dümmler bei den Libelli de Lite gewesen war, hatte nach seiner Habilitation mit der Arbeit ‚Die Polenkriege Konrads II. und der Friede von Merseburg‘ (1895) zwischen 1896 und 1901 Vorlesungen an der Gießener Universität gehalten, wechselte aber bereits Mitte 1900 aus der Hochschullaufbahn in den großherzoglich hessischen Archivdienst; vgl. Hans Georg Gundel, Die Geschichtswissenschaft an der Universität Gießen im 20. Jahrhundert, in: Ludwigs-Universität. Justus Liebig-Hochschule 1607–1957 (1957) S. 222–252, hier S. 243.

teilung bezüglich der Assistentenstelle in Gießen Gebrauch zu machen. Vielmehr gedenke ich bis kommenden Oktober in Göttingen zu bleiben, meine Studien im römischen und Kirchen-Recht und in lateinischer Philologie fortzusetzen und daneben für Herrn Professor Kehr weiter zu arbeiten. Falls bis dahin eine Stelle bei den Monumenta Germaniae frei wird, und Sie, sehr verehrter Herr Geheimrat, die große Güte hätten, mich zu berücksichtigen, so würde ich mit der größten Bereitwilligkeit und, wie ich hoffe, mit den nötigen Vorkenntnissen ausgestattet, eine solch Stellung übernehmen“[10].

Auf diese ‚Bewerbung‘ Hessels ging Dümmler vorerst zwar nicht ein, doch informierte er Bresslau umgehend darüber, dass Hessel es vorläufig vorziehe, „in Göttingen zu seiner eigenen Ausbildung fortzuarbeiten bis auf weiteres“[11].

Dass Alfred Hessel trotz Bresslaus anfänglichen Vorbehalten wieder ins Blickfeld rückte, verdankte er letztlich einzig dem Tod von Ernst Sackur (1862–1901)[12] und den Habilitationsplänen von Robert Holtzmann. Vor dem Hintergrund dieser veränderten Rahmenbedingungen erinnerte sich Harry Bresslau nämlich am 28. April 1901 seiner: „Am Ende werde ich es doch mit dem Dr. Hessel versuchen müssen; wenn ich nur erst aus einer Arbeit ersehen hätte, ob er etwas gründlicher in der Diplomatik gelernt hat![13]“ Ernst Dümmler wusste dazu Folgendes zu berichten: „Dr. Hessel wohnt jetzt in Göttingen, Nikolausberger Weg 41 und arbeitet für Kehr, aber nur zeitweilig. Bei diesem würde man also nachfragen müssen. Seit seiner (mittelmäßigen) Promotion scheint er seine Zeit gut angewendet und manches gelernt zu haben“[14].

Da Harry Bresslau augenscheinlich weiterhin Zweifel an den wissenschaftlichen Qualitäten Hessels hegte und die Beurteilung des Kandidaten durch Paul Fridolin Kehr wünschte[15], wandte sich Dümmler Anfang Juni 1901 an diesen mit der Bitte um eine wissenschaftliche Einschätzung Alfred Hessels, worauf Kehr am 19. Juni folgendes Urteil abgab: „Dr. Hessel schloß sich mir im Herbst 1899 in Rom an. Sehr bald erkannte ich, daß es ihm durchaus an höherer Begabung mangelt; Intelligenz wie Phantasie sind nur wenig entwickelt. Auch sein Wissen war damals höchst kümmerlich; er versagte oft in den elementarsten Dingen. Er hat mir damals manchen Seufzer erpresst. Sehr bald lernte ich aber auch seine guten Eigenschaften schätzen. Hessel ist von einem Fleiße, einer Arbeitsamkeit, einer Ausdauer, die mit wahrem Talent vereinigt das Bedeutendste leisten könnte. Er kennt keine Bequemlichkeit u. keine Empfindlichkeit, wenn es sich darum handelt zu lernen. Gewiss entspringt

10 MGH-Archiv, B 75, Hessel an Dümmler (9.1.1901).

11 MGH-Archiv, B 702, Dümmler an Bresslau (17.1.1901).

12 Zu Ernst Sackur siehe den Beitrag von Franz Fuchs in vorliegendem Band.

13 MGH-Archiv, B 272 Bl. 53r, Bresslau an Dümmler (28.4.1901).

14 MGH-Archiv, B 702, Dümmler an Bresslau (30.4.1901). Seine aus dem Wortlaut nur durchschimmernde Antipathie gegen Kehr hatte Dümmler zwei Wochen zuvor deutlich zum Ausdruck gebracht; MGH-Archiv, B 702, Dümmler an Bresslau (12.3.1901): „Kehrs Fähigkeiten erkenne ich ja an, sein Charakter aber flößt mir kein unbedingtes Zutrauen ein. Jedenfalls rechne ich ihn zu den Menschen, denen ihre persönl. Zwecke höher stehen, als irgend welche sachlichen.“

15 Vgl. die diesbezügliche Nachfrage bei Bresslau; MGH-Archiv, B 702, Dümmler an Bresslau (26.5.1901): „Sie werden mir wohl schreiben, sobald Sie selbst sich darüber entschieden haben, ob aus der Anstellung des Dr. Alfr. Hessel bei Ihnen etwas geworden ist, oder nicht?“ Diesen Hinweis Dümmlers nahm Bresslau wohl zum Anlass, einer Einstellung Hessels zwar grundsätzlich zuzustimmen, aber zunächst noch ein Gutachten von Paul Fridolin Kehr zu erbitten.

dieser Trieb nicht dem Streben nach höchsten Zielen, sondern dem brennenden Wunsche ein bestimmtes irdisches Ziel sicher zu erreichen. Aber immer ist diese Consequenz des Strebens ganz singulär. So hat er auf meinen Tadel hin, daß es ihm an rechter philologischer Grundlage fehlte, lateinische Stunden bei einem Philologen genommen u. bei Prof. Leo *[sc. der Göttinger Latinist Friedrich Leo]* sich eine Arbeit geben lassen. So hat er auch in der Paläographie, in der Diplomatik, in Mittellatein unablässig gearbeitet u. sich bemüht, die Lücken seines Wissens aufzufüllen. Das ist ihm auch bis zu einem gewissen Grade gelungen. Aber ich fürchte, daß auch das tapferste Streben nicht im Stande ist, die Lücken des Vermögens auszufüllen. So ist er aber nach meinem Urteil als Hilfsarbeiter gewiß gut zu brauchen, selbständigere und schwierigere Aufgaben würde ich freilich nicht wagen ihm zu übertragen“[16].

Am 20. Juni 1901 leitete Dümmler den Brief von Kehr umgehend an Bresslau weiter mit dem Kommentar, dieser könnte es aufgrund der Einschätzung von Kehr vielleicht doch mit Hessel wagen, „da gerade bei den Urkunden viel mechanische Arbeit ist“. Außerdem habe Hessel „die gute Eigenschaft wohlhabend zu sein und wenn man ihn also bei ungünstigen Erfahrungen nach einiger Zeit wieder kündigte, so würde man ihn nicht, um mit Gundlach *[sc. Wilhelm Gundlach (1859–1907)]* zu reden, auf die Straße setzen, sondern nur nötigen, eine andere Beschäftigung vorzunehmen. Dieser Punkt scheint mir nicht ganz gleichgültig“[17]. Da Ernst Müller (1877–1941), der am 11. Mai 1901 mit der Dissertation ‚Das Itinerar Kaiser Heinrichs III.‘ von Michael Tangl (1861–1921) promoviert worden war und den Bresslau daher auch als potentiellen Mitarbeiter in den Blick genommen hatte, am 1. Juni 1901 in den Archivdienst gegangen war[18], entschied sich Harry Bresslau schließlich trotz aller wissenschaftlichen Bedenken, es mit Alfred Hessel probieren zu wollen, da er „über weiteres passendes Eigengewächs jetzt nicht zu verfügen habe“, und erbat nochmals Hessels Adresse[19]. Umgehend kam Dümmler diesem Wunsch nach mit den ergänzenden

16 MGH-Archiv, B 75, Kehr an Dümmler (19.6.1901).

17 MGH-Archiv, B 702, Dümmler an Bresslau (20.6.1901). Wilhelm Gundlach, Mitarbeiter von Oswald Holder-Egger bei den Epistolae, hatte im Streit mit Holder-Egger die MGH verlassen müssen; vgl. Harry Bresslau, Geschichte der Monumenta Germaniae historica (1921) S. 692f.

18 MGH-Archiv, B 702, Dümmler an Bresslau (1.8.1901): „Dr. Cartellieri, welcher E. Müller persönlich kennt, hatte eine gute Meinung von ihm. Tangl schreibt mir: ‚Mein Schüler Dr. Ernst Müller trat unmittelbar nach seinem Doktor-Examen mit 1. Juni d. J. als Volontär bei der Archivverwaltung ein. Er macht sein erstes Probejahr jetzt in Münster, ist also augenblicklich nicht zu haben. Wohl aber dürfte er nach Ablauf des 2jährigen Volontärdienstes, also in jetzt anderthalb Jahren, bis zur endgültigen Einberufung als Beamter auf eine längere Wartezeit von ein paar oder einigen Jahren angewiesen sein, für die ich ihn, der ein sehr besonnener und fleißiger Arbeiter und historisch wie philologisch gut geschult ist, den MG bestens empfehlen könnte, und nirgends besser als für die DD der Salier‘.“ Nach seiner Archivausbildung war Ernst Müller dann ab 1.7.1905 Mitarbeiter Michael Tangls bei den Diplomata der Karolinger; vgl. Bresslau, Geschichte (wie Anm. 17) S. 733. Zu ihm vgl. Annekatrin Schaller, Michael Tangl (1861–1921) und seine Schule (2002) S. 331f.

19 MGH-Archiv, B 272 Bl. 56r, Bresslau an Dümmler (29.6.1901): „Da ich über weiteres passendes Eigengewächs jetzt nicht zu verfügen habe, werde ich es doch wohl mit Hessel für die Stelle des zweiten Mitarbeiters probieren müssen; für die zunächst bevorstehenden Arbeiten, die Abschriften der deutschen Urkunden, die ich mir hierher kommen lasse, wird er ja wohl ausreichen, und weiteres muß man dann abwarten. Sie haben mir früher, glaube ich, seine Adresse schon einmal auf einer Postkarte mitgetheilt, aber ich kann die Notiz nicht finden; würden Sie vielleicht die Güte haben, sie mir noch einmal zu geben; ich will dann an den jungen Mann schreiben“.

Worten: „Daß er *[sc. Hessel]* sehr fleißig ist, hat auch Dr. Brackmann *[sc. Albert Brackmann (1871–1952)]* bestätigt und da er wohlhabend ist, so würde eine baldige Kündigung ihn wenigstens nicht in eine Notlage versetzen. Ich glaube daher, daß Sie es doch vielleicht mit ihm wagen könnten, etwa indem Sie die Mitarbeit zunächst nur als einen Versuch betrachten“[20].

Am 28. Juli konnte Harry Bresslau dem MGH-Präsidenten schließlich mitteilen, Hessel habe angenommen; allerdings habe er „den Contract, den ich ihm darauf zur Unterschrift geschickt habe, noch nicht zurückgesandt“. Etwas Skepsis hegte Bresslau jedoch nach wie vor in Bezug auf Alfred Hessel: „Wenn er nur nicht zu stark be'kehr't ist! Dann würden wir nicht lange gute Freunde bleiben“[21].

Daraufhin erhielt Alfred Hessel am 1. Oktober 1901 die neu geschaffene zweite Mitarbeiterstelle an der Arbeitsstelle für die Salierdiplome in Straßburg[22]. Sein Kollege (und eigentlicher Nachfolger von Robert Holtzmann) wurde Hans Wibel (1872–1922), der von Harry Bresslau am Schluss des Sommersemesters 1901 gerade mit der Dissertation ‚Beiträge zur Kritik der Annales regni Francorum und der Annales q. d. Einhardi‘ promoviert worden war[23]. Für den Anfang erhielten beide das für neue Mitarbeiter der MGH übliche Jahresgehalt von 1500 Mark, für das halbe Jahr bis zum Ende des Rechnungsjahres am 31. März 1902 also 750 Mark[24]. Im folgenden Geschäftsjahr wurde beider Jahresgehalt auf 1650 Mark angehoben[25].

Bei der Arbeit ging man zunächst so vor, dass Hessel und Wibel die Transkriptionen des jeweils anderen überprüften und nachkollationierten, bevor Harry Bresslau dann einen abschließenden kritischen Blick darauf warf[26]. Obwohl Hessel bereits Papsturkunden im Rahmen seiner Tätigkeit bei Paul Fridolin Kehr ediert hatte[27], hatten Harry Bresslau und

20 MGH-Archiv, B 702, Dümmler an Bresslau (1.7.1901).

21 MGH-Archiv, B 272 Bl. 58r, Bresslau an Dümmer (28.7.1901). Am 23.7.1901 hatte sich Ernst Dümmler bei Harry Bresslau erkundigt, ob dieser „mit Hessel handels eins geworden“ sei; MGH-Archiv, B 702, Dümmler an Bresslau (23.7.1901).

22 Vgl. den Jahresbericht Bresslaus vom 31.3.1901; MGH-Archiv, 338/44 Bl. 41v: „Weiter soll dann die Bearbeitung der in den deutschen Archiven und Bibliotheken überlieferten Diplome Konrads II. und Heinrichs III. in Angriff genommen werden. Ich werde zu diesem Zweck spätestens am 1. Juli einen zweiten Mitarbeiter anstellen *[...]*.“

23 Zu Hans Wibel vgl. Harry Bresslau, Hans Wibel. Ein Nachruf, in: NA 44 (1922) S. 369–375; Horst Fuhrmann, „Sind eben alles Menschen gewesen“. Gelehrtenleben im 19. und 20. Jahrhundert. Dargestellt am Beispiel der Monumenta Germaniae Historica und ihrer Mitarbeiter. Unter Mitarbeit von Markus Wesche (1996) S. 82.

24 MGH-Archiv, 338/135 [Abrechnung Bresslaus für das Rechnungsjahr 1901/02] mit den dazugehörigen Belegen 4 und 5 (Quittierungen von Alfred Hessel und Hans Wibel über den Empfang des Jahresgehalts im Rahmen der Plenarsitzung der Zentraldirektion). Vgl. den Jahresbericht Bresslaus vom 31.3.1902; MGH-Archiv, 338/44 Bl. 109r.

25 MGH-Archiv, 338/137 [Abrechnung Bresslaus für das Rechnungsjahr 1902/03] mit Beleg Nr. 4.

26 Vgl. MGH-Archiv, A 141, wo auf der Umschlagseite der Konvolute zu den einzelnen Urkunden jeweils die Namen mit Datum der Bearbeitung vermerkt sind. In der Edition der Diplomata bezeichnet der zu Beginn des textkritischen Apparats in eckigen Klammern genannte Name den Mitarbeiter, der die „Abschriften angefertigt hat und dafür die Verantwortlichkeit trägt“; vgl. Die Urkunden Heinrichs II. und Arduins, hg. von Harry Bresslau / Hermann Bloch / Robert Holtzmann u. a. (MGH DD regum et imperatorum Germaniae 3, 1900–1903) S. VII Anm. 1.

27 Alfred Hessel, Le bolle pontificie anteriori al 1198 per S. Leonardo ‚de lacu Verano‘, in: Bullettino

Hans Wibel bei Hessels ersten Transkriptionen noch eine ganze Reihe von Korrekturen[28]. Bei D Ko II. 41 machte Hans Wibel seinen Kollegen zudem auf eine mögliche kanonistische Textvorlage aufmerksam und verwies diesen zwecks Klärung an Karl Zeumer (1849–1914)[29]. Seit 1902 übernahm Hessel dann die italienischen, Wibel die deutschen Diplome. Jeder der beiden revidierte aber weiterhin das vom anderen Bearbeitete: „Auf Grund ihrer Vorarbeiten habe ich *[sc. Harry Bresslau]* mir selbst dann die endgültige Texteherstellung und die Redaction der Vorbemerkungen vorbehalten“[30]. Für die Bearbeitung seiner italienischen Diplome korrespondierte Hessel vor allem in den Jahren 1905 bis 1908 mehrfach mit italienischen Archiven und Bibliotheken, zum Teil auch für die Vergewisserung seiner Lesungen[31]. Daneben wurde er aber bereits Ende 1901 „in den Weihnachtsferien in Verbindung mit einer Urlaubsreise nach Berlin“ auch damit beauftragt, einen Abstecher nach Dresden zu machen, um die beiden Diplome D Ko II. 122 und D Ko II. 174 einzusehen und zu transkribieren, deren Versendung abgelehnt worden war; sein Rückweg nach Straßburg führte über Donauwörth, wo er im dortigen Stadtarchiv das D Ko II. 144 zu bearbeiten hatte[32].

Im Herbst 1903 traten für Alfred Hessel – wohl mit ausgelöst durch den Tod seiner Schwester Anna Briske – tiefgreifende Veränderungen bezüglich seiner Mitarbeit an den Diplomen Konrads II. ein[33]. Auf eigenen Wunsch reduzierte er nämlich ab 1. Oktober 1903

Senese di storia patria 8 (1901) S. 333–344; Alfred HESSEL, Les plus anciennes bulles en faveur de l'abbaye de St-Denis, in: Le Moyen Âge 14 (1901) S. 373–406; Alfred HESSEL, Cluny und Macon. Ein Beitrag zur Geschichte der päpstlichen Exemtionsprivilegien, in: ZKG 22 (1901) S. 516–524; vgl. dazu die Anzeigen in NA 27 (1902) S. 543 [Nr. 232], 781f. [Nr. 347], 783 [Nr. 350].

28 Vgl. z. B. die Transkriptionen Hessels zu D Ko II. 12 [27./28.9.1901], D Ko II. 16 [11./12.12.1901], D Ko II. 41 [12./14.10.1901]; MGH-Archiv, A 141. Insgesamt äußerte sich Harry Bresslau gegenüber Ernst Dümmler aber durchaus zufrieden über Alfred Hessel: „Hessel ist kein Genie, aber er bemüht sich sehr eifrig und ist jeder Belehrung zugänglich“; MGH-Archiv, B 272 Bl. 62r, Bresslau an Dümmler (21.10.1901).

29 MGH-Archiv, A 141 [Konvolut D Ko II. 41]: „Lieber Herr Doktor! Anbei die gewünschte Auskunft Zeumers. Er sagte mir noch, daß er, wie es auch seiner Zeit Breßlau gethan, die Stelle bei Benedictus Levita gesucht – gleichfalls ohne Erfolg. Eine Benutzung des Kapitulares Karls II. hält er für ausgeschlossen; ebenso unmöglich die Benutzung einer Hdschr., in der sich Auszüge der Conzilsbeschlüsse mit Capitularienbestimmungen vereinigt fanden. *[...]* Zu Prof. Seckel bin ich nicht gegangen, denn ich hielt es für unpassend *[...]*.“ Karl Zeumer hatte Hessel auf die Anfrage folgende Antwort gegeben: „Ein Capitulare kann nicht die Stelle enthalten haben auf die das Verfahren der Urk. sich bezieht. Das geht schon aus der Aufführung der drei Herrscher als Autoren hervor. Vermutlich hatte der Verfasser in einer Hs. die Stelle der L. Rib. 38,3 gefunden, in welche diese hinter der Sammlung des Ansegis stand. Die Vorrede zu Ansegis nennt im Eingange die Namen der drei Herrscher: Karl, Ludwig, Lothar! Sonst ist nur noch zu bemerken 1. daß die Stelle Conc. Fol. IV. c. 68 unter der gleichen Ziffer auch in der Hispana steht; 2. daß außer der schon verzeichneten Litteratur noch Sohms Anmerkung zu L. Rib. 38,3 LL V S. 243 n. 12 zu berücksichtigen ist“. Vgl. dazu die Vorbemerkung zu D Ko II. 41.

30 Jahresbericht Bresslaus vom 22.4.1903; MGH-Archiv, 338/44 Bl. 186r.

31 MGH-Archiv, A 143 [Korrespondenz DD Ko II.].

32 Jahresbericht Bresslaus vom 31.3.1902; MGH-Archiv, 338/44 Bl. 109r; vgl. auch MGH-Archiv, 338/135 [Abrechnung Bresslaus für das Rechnungsjahr 1901/02] mit dem Beleg 7 (Abrechnung Hessels über Reisekosten in Höhe von 73,50 Mark). Ende 1904/Anfang 1905 reiste Hans Wibel jedoch für Revisionsarbeiten nochmals nach Dresden und Donauwörth; vgl. den Jahresbericht Bresslaus vom 1.4.1905; MGH-Archiv, 338/45 Bl. 141r.

33 Vgl. den Jahresbericht Bresslaus vom 15.4.1904; MGH-Archiv, 338/45 Bl. 60r: „Meine beiden Mitar-

seine Mitarbeiterstelle auf die Hälfte, um sich einer – nicht von Harry Bresslau betreuten – Habilitation über die Geschichte der Stadt Bologna widmen zu können[34]; sein Gehalt reduzierte sich dadurch für das Geschäftsjahr 1903/04 auf 1275 Mark[35]. Ein Jahr später ließ sich Hessel sogar von Oktober 1904 bis April 1905 komplett beurlauben, „um in Bologna für eine eigene Arbeit über die Verfassungsgeschichte dieser Stadt Studien zu machen"[36], so dass er lediglich für die Monate April bis September 1904 ein Gehalt von 450 Mark für seine halbe Stelle erhielt[37]; Harry Bresslau nutzte den Aufenthalt seines Mitarbeiters in Italien jedoch für die Diplomata-Edition, indem er Hessel in Siena, Lucca, Verona und Bobbio Archivrecherchen machen ließ[38]. Im folgenden Winterhalbjahr ließ sich Hessel erneut beurlauben, um seine Studien für die Geschichte Bolognas im Mittelalter zu vollenden[39], und wiederum führte er während seines Italienaufenthalts Archivrecherchen für die Diplomata Konrads II. – diesmal in Cremona – durch[40]. Wie wichtig diese Archivrecherchen für den Fortgang der Editionsarbeit waren, hebt Harry Bresslau in seinem Bericht vom 22. April 1907 hervor[41]: Durch sie wurden Probleme „einiger Gruppen von italienischen Urkunden" deutlich, die zu einem gemeinsamen Aufsatz über einen Turiner Fälscher des 11. Jahrhunderts von Alfred Hessel und Hans Wibel sowie zu Bresslaus Aufsatz über die Urkunden Konrads II. und Heinrichs III. für Ascoli führten[42].

---

beiter sind durch schwere Trauerfälle in ihren Familien genöthigt gewesen, längeren Urlaub zu nehmen." Vgl. auch den Brief von Oswald Holder-Egger an Bresslau vom 27.10.1903; MGH-Archiv, B 701: „Ich höre, daß Herr Dr. Hessel aus trauriger Veranlassung sich hier befindet, habe ihn aber nicht gesehen." Anna Briske starb 1903 kurz nach Geburt ihres 2. Kindes an Tuberkulose; vgl. [N. N.], Hessel, Alfred Otto, in: Lexikon deutsch-jüdischer Autoren 11, hg. von Renate Heuer (2002) S. 269–272, hier 272; Magali Laure Nieradka, Der Meister der leisen Töne. Biographie des Dichters Franz Hessel (2003) S. 15.

34 Jahresbericht Bresslaus vom 15.4.1904; MGH-Archiv, 338/45 Bl. 60r: „Mit Herrn Dr. Hessel, der eine Habilitation vorzubereiten wünscht, habe ich ein neues Abkommen getroffen, demzufolge er seit dem 1. October 1903 nur noch die Hälfte seines früheren Gehalts bezieht, aber auch nur die Hälfte seiner Arbeitszeit den Monumenta Germaniae widmet."

35 MGH-Archiv, 338/138 [Abrechnung Bresslaus für das Rechnungsjahr 1903/04] mit Beleg Nr. 3.

36 Jahresbericht Bresslaus vom 1.4.1905; MGH-Archiv, 338/45 Bl. 141r.

37 MGH-Archiv, 338/141 [Abrechnung Bresslaus für das Rechnungsjahr 1904/05] mit Beleg 3 und 5.

38 Jahresbericht Bresslaus vom 1.4.1905; MGH-Archiv, 338/45 Bl. 141r: „Ich habe seinen Aufenthalt in Italien benutzt, um in Siena, Lucca, Verona und Bobbio einige Arbeiten für uns mit geringen Kosten, die erst im nächsten Jahr auf die Rechnung gebracht werden können, auszuführen; es handelte sich hierbei im besonderen um einige noch unedierte oder nicht ausreichend bekannte Privaturkunden, die mit Diplomen Konrads II. zusammenhängen und deren genauere Kenntnis für die Kritik jener Diplome unerläßlich war." Vgl. die Abrechnung Hessels für die Bahntickets sowie Spesen; MGH-Archiv, 338/142 [Abrechnung Bresslaus für das Rechnungsjahr 1905/06] Beleg Nr. 6.

39 Jahresbericht Bresslaus vom 16.4.1906; MGH-Archiv, 338/46 Bl. 52r. Hessel erhielt für die Monate Mai, Juni, Juli, August 1905 sowie den März 1906 wiederum 450 Mark Gehalt; MGH-Archiv, 338/142 [Abrechnung Bresslaus für das Rechnungsjahr 1905/06] Beleg 3.

40 MGH-Archiv, 338/142 [Abrechnung Bresslaus für das Rechnungsjahr 1905/06] Beleg 7.

41 Jahresbericht Bresslaus vom 22.4.1907; MGH-Archiv, 338/46 Bl. 125r.

42 Alfred Hessel / Hans Wibel, Ein Turiner Urkundenfälscher des 11. Jahrhunderts, in: NA 32 (1907) S. 320–376; Harry Bresslau, Exkurse zu den Diplomen Konrads II. § 4.5, in: NA 34 (1909) S. 384–426, bes. S. 385–409.

Hessels und Wibels gemeinsamer Aufsatz lässt erahnen, warum Alfred Hessel sich seit Herbst 1903 immer mehr von der Mitarbeit an den Diplomata Konrads II. zurückzog und eigene wissenschaftliche Wege ging. Die Inaugenscheinnahme und äußere Beschreibung der Originale hatte zwar Hessel vor Ort erledigt, die scharfsinnige Erschließung des Fälschungszusammenhanges der vier behandelten Diplome für das Bistum Turin (D Ko II. 291), das Bistum Modena (D Ko II. 292), das Bistum Bergamo (D H III. 387) und die Klöster S. Salvator zu Tolla und S. Constantinus (D H III. 393) und die detaillierte diplomatische Analyse bewerkstelligte jedoch wohl federführend Hans Wibel; zumindest deutet der gesamte Duktus des Aufsatzes darauf hin[43]. Das, was bereits bei D Ko II. 41 in Ansätzen zu erkennen war[44], scheint der Unterschied (und das Problem) gewesen zu sein: Beim Erkennen von Zusammenhängen und in der Anwendung der diplomatischen Methode war Hans Wibel seinem Kollegen augenscheinlich deutlich überlegen, so dass Alfred Hessel schnell das Nachsehen hatte[45].

Deutlich wird dies in den Jahren zwischen 1903 und 1908 des Öfteren in den Äußerungen Harry Bresslaus. Bereits im Jahresbericht 1903/04 schrieb er bezüglich des umfangreichen Aufsatzes von Hans Wibel zu den Schott'schen Fälschungen überaus anerkennend[46], dass Wibel darin den „überzeugenden Nachweis erbringt, daß die zahlreichen Kaiserurkunden, die allein in den Manuscripten des Salm-kyrburgischen Archivars G*[eorg]* F*[riedrich]* Schott *[(1736/37–1823)]* überliefert sind, und die bis dahin von Sickel, Mühlbacher, mir selbst und anderen Forschern für echt gehalten wurden, in Wirklichkeit von Schott gefälscht sind“[47]. Zur Steigerung seines Ansehens trug wohl auch bei, dass Hans Wibel Anfang 1905 „einen ihm von außerhalb gemachten Antrag sich zu habilitieren abgelehnt“ hatte, wie Harry Bresslau in einem Brief vom 28. März 1905 an Oswald Holder-Egger (1851–1911) bemerkt[48]. Überhaupt entwickelte sich das Verhältnis zwischen Bresslau und Wibel immer mehr zu einem kollegialen Miteinander, indem Harry Bresslau in seinen Jahresberichten ab 1905 immer häufiger von „wir“ statt von „Dr. Wibel und ich“ spricht. 1906 ebnete Harry Bresslau seinem Schüler Hans Wibel dann geradezu folgerichtig die weitere Zukunft bei den MGH, indem er ihn anlässlich der Plenarsitzung erfolgreich als künftig verantwortlichen Bearbeiter der Diplome Heinrichs IV. und Heinrichs V. vorschlug[49], was von der Zentraldirektion bereitwillig angenommen wurde[50]. Und nach Erscheinen der Diplomata Konrads II.

43 Vgl. Hans Wibel, Die Urkundenfälschungen Georg Friedrich Schotts, in: NA 29 (1904) S. 654–765; ders., Das Diplom Otto's II. für S. Blasien, in: NA 30 (1905) S. 152–164; ders., Fünf Urkundenfälschungen Franz Joseph Bodmanns, in: NA 30 (1905) S. 165–172; ders., Nachtrag zu den ‚Urkundenfälschungen G. F. Schotts', in: NA 31 (1906) S. 194–196.

44 Siehe oben bei Anm. 29.

45 Vgl. die Einschätzung von Harry Bresslau in einem Brief an Reinhold Koser vom 9.1.1910, in dem Hans Wibel, der „einen feinen Blick wie wenige *[habe]*, Scharfsinn und Gründlichkeit der Arbeit“ attestiert wird, und dessen Aufsatz zu Schott charakterisiert wird als ein „Muster, wie derartige Untersuchungen geführt werden müssen“; MGH-Archiv, B 359, Nr. 49.

46 Hans Wibel, Die Urkundenfälschungen Georg Friedrich Schotts, in: NA 29 (1904) S. 654–765.

47 Jahresbericht Bresslaus vom 15.4.1904; MGH-Archiv, 338/45 Bl. 60r.

48 MGH-Archiv, B 359, Nr. 13.

49 Jahresbericht Bresslau vom 16.4.1906; MGH-Archiv, 338/46 Bl. 52v.

50 MGH-Archiv, 338/46 Bl. 13r, Nr. 51.

setzte sich der ehemalige Doktorvater nachdrücklich, tatkräftig und erfolgreich für dessen Habilitation ein[51].

Demgemäß erhöhte sich das Jahresgehalt von Hans Wibel, das sich entsprechend der Maßgabe der Zentraldirektion wie üblich nach den wissenschaftlichen Leistungen richtete[52], kontinuierlich: 1904/05 erhielt er bereits 2100 Mark[53], 1905/06 2250 Mark[54], 1906/07 2400 Mark[55], 1907/08 2700 Mark[56], und 1908/09 mit 3000 Mark das Höchstgehalt für MGH-Mitarbeiter[57].

Eine vergleichbare Förderung erhielt Alfred Hessel von Harry Bresslau nicht, nachdem er sich ab Herbst 1903 immer mehr aus der Mitarbeit an den Diplomata Konrads II. zurückgezogen hatte, um in Italien seine Habilitation voranzutreiben. Vielmehr endete seine Tätigkeit als MGH-Mitarbeiter mit Vollendung der Edition am 1. Juli 1908[58], da nur noch die von Hans Wibel besorgten Register fertigzustellen waren[59].

Seit Juli 1908 lebte Hessel in Straßburg als Privatgelehrter, übernahm in diesem Jahr für ein Bogenhonorar die Bearbeitung des zweiten Bandes der Regesten der Bischöfe von Straßburg, der, abgeschlossen gemeinsam mit Manfred Krebs (1892–1971), 1928 erschien, gab eine Urkundensammlung zur elsässischen Geschichte heraus und veröffentlichte 1910 die Geschichte der Stadt Bologna von 1116 bis 1280, die Gina Fasoli (1905–1992) noch im Jahre 1975 ins Italienische übersetzte. Erst von Fasoli – nicht etwa von deutschen Historikern, geschweige vom Deutschen Archiv – stammt auch die erste Würdigung von Hessels Leben und Werk[60]. Das Buch über Bologna wurde von der Straßburger Fakultät als Habilitationsschrift anerkannt, als sich Hessel 1913/14 für Mittlere und Neuere Geschichte habilitierte. Zur Lehre ist Hessel in Straßburg nur im Sommersemester 1914 gekommen. Der Ausgang des Ersten Weltkrieges, an dem Hessel als Kriegsfreiwilliger und als Frontkämpfer von Anfang bis Ende teilgenommen hatte, machte eine Rückkehr nach Straßburg unmöglich. Seine Privatbibliothek gelangte im März 1921 von dort wieder in seinen Besitz[61].

51 Vgl. MGH-Archiv, B 359, Nr. 49 und 51.
52 Vgl. MGH-Archiv, 338/13 Bl. 14r und 22r.
53 MGH-Archiv, 338/141 [Abrechnung Bresslaus für das Rechnungsjahr 1904/05] mit Beleg Nr. 2.
54 MGH-Archiv, 338/142 [Abrechnung Bresslaus für das Rechnungsjahr 1905/06] mit Beleg Nr. 2.
55 MGH-Archiv, 338/143 [Abrechnung Bresslaus für das Rechnungsjahr 1906/07] mit Beleg Nr. 2.
56 Jahresbericht Bresslaus vom 22.4.1907; MGH-Archiv, 338(46 Bl. 125v.
57 MGH-Archiv, 338/146 [Abrechnung Bresslaus für das Rechnungsjahr 1908/09] mit Beleg Nr. 2.
58 Jahresbericht Bresslaus vom 10.4.1908; MGH-Archiv, 338/46 Bl. 198v: „Nach Vollendung des Druckes der Diplome Konrads wird Herr Dr. Hessel am 1. Juli 1908 aus dem Verbande der Abtheilung austreten, um sich einer anderen wissenschaftlichen Thätigkeit ganz widmen zu können. Von der Anstellung eines neuen Mitarbeiters an seiner Stelle beabsichtige ich einstweilen abzusehen; die Vollendung des vierten Bandes und die Vorarbeiten für den fünften wollen Herr Dr. Wibel und ich allein übernehmen". Vgl. auch Bresslaus Jahresbericht vom 16.4.1909; MGH-Archiv, 338/46 Bl. 56v: „Aus dem Kreise der Mitarbeiter ist Dr. Hessel am 1. Juli 1908 ausgeschieden; er hat die Bearbeitung der Regesten der Bischöfe von Straßburg für die Kommission zur Herausgabe elsässischer Geschichtsquellen übernommen. Von einem Ersatz für ihn werde ich vorläufig absehen."
59 Vgl. den Jahresbericht vom 16.4.1909; MGH-Archiv, 338/46 Bl. 56r.
60 Alfred Hessel, Storia della città di Bologna dal 1116 al 1280. Edizione italiana a cura di Gina Fasoli (1975) S. IX–XII, XXIXf. (Verzeichnis von Hessels Schriften zur mittelalterlichen Geschichte).
61 MGH-Archiv, B 700/I Hessel an Bresslau (16.5.1921).

Im Jahre 1919 kam Hessel abermals und jetzt endgültig nach Göttingen. Ausschlaggebend für Göttingen dürfte Karl Brandi (1868–1946) gewesen sein; denn dieser war wie Hessel ein Schüler von Scheffer-Boichorst. Brandi, seit 1902 Ordinarius in Göttingen, war bis zum Ausbruch des Krieges auch mit diplomatischen und paläographischen Arbeiten hervorgetreten, was ihn für Hessel interessant gemacht haben könnte. Jedenfalls hat Brandi, dem Hessel bis dahin persönlich nicht bekannt war, dessen Umhabilitation an die Göttinger Philosophische Fakultät gutachtend befürwortet, und zwar für die Fächer Mittlere und Neuere Geschichte und Historische Hilfswissenschaften. Für das Herbst-Zwischen-Semester 1919 kündigte Hessel als erste Lehrveranstaltung ‚Palaeographie des Mittelalters' an.

Im Jahre 1919 war Hessels Vermögen aufgezehrt. So lebte er 1920 und 1921 in Göttingen als stellenloser Privatdozent zunächst von einem Stipendium des Preußischen Kultusministeriums und dann von einem bezahlten Lehrauftrag des Historischen Seminars. Brandi sprach 1921 von einer wirtschaftlichen Notlage Hessels. Für Hessel ein etatisiertes Extraordinariat einzurichten, war nicht möglich, da das preußische Kultusministerium seit 1920 die Vereinheitlichung aller planmäßigen Professorenstellen anstrebte, was allerdings nie erreicht wurde. So verfiel Brandi auf den Gedanken, Hessel als Handschriftenbibliothekar an der Göttinger Universitätsbibliothek zu installieren, ihn gleichzeitig aber für die Lehre besonders in den Historischen Hilfswissenschaften heranzuziehen. Dem gab das Ministerium statt, und der Privatdozent Hessel trat 1922 an der Göttinger Universitätsbibliothek als Bibliotheksvolontär ein, legte nach auf sechs Monate verkürzter Ausbildungszeit seine bibliothekarische Fachprüfung ab (mit Auszeichnung), wurde 1923 Hilfsbibliothekar und 1924 Bibliotheksrat. Hessels Ernennung zum Honorarprofessor im Jahr 1926 bei einem dafür erforderlichen Verzicht auf die Rechte als Privatdozent, wiederum von Brandi betrieben, erfolgte wegen des inner- und außeruniversitären Ansehens. Brandi zufolge wurde dadurch „das Verhältnis des Herrn Professor Hessel zur Fakultät *[...]* bei seinem Alter und bei seiner auf die Hülfswissenschaften gerichteten Arbeit richtiger und würdiger bezeichnet *[...]*, als durch seine bisherige Stellung als Privatdozent oder unbesoldeter ausserordentlicher Professor"[62]. Zwölf Doktoranden hat Hessel bis 1935 zur Promotion geführt, als letzten Walter Heinemeyer (1912–2001), den späteren Marburger Professor für Hilfswissenschaften und Archivwissenschaft.

Nachdem Hessel bereits in der Straßburger Zeit neben der Geschichte Bolognas ein knappes Dutzend einschlägiger Aufsätze zu Urkunden in italienischen Archiven publiziert hatte, darunter 1907 zusammen mit Wibel die erwähnte methodisch wichtige Arbeit über einen Turiner Fälscher, der Mitte des 11. Jahrhunderts für vier verschiedene Empfänger tätig war[63], waren die zwanziger und dreißiger Jahre wissenschaftlich ebenfalls fruchtbar. Seit 1928 neben Brandi Herausgeber des Archivs für Urkundenforschung, veröffentlichte Hessel darin Arbeiten u. a. zur karolingischen Minuskel, zur italienischen Buchschrift des 13. bis 15. Jahrhunderts und zu den Renaissanceschriften. Im Jahre 1931 legte er für die Historische Kommission bei der Bayerischen Akademie der Wissenschaften den Band der Jahrbücher des Deutschen Reiches für die Zeit König Albrechts I. von Habsburg (1298–1308) vor – eine quellenfundierte Geschichte des Königtums des zweiten Herrschers aus dem Hause Habs-

62 Petke, Alfred Hessel (wie Anm. 1) S. 397.
63 Siehe oben Anm. 42.

burg. Neben diversen bibliotheksgeschichtlichen Arbeiten wurde seine Geschichte der Bibliotheken. Ein Überblick von ihren Anfängen bis zur Gegenwart von 1925 ein großer Erfolg. In einem essayistischen, bestens lesbaren Stil für ein weiteres Publikum verfasst, schildert das gerade einmal 150 Seiten starke Buch letztlich die deutsche Bibliotheksgeschichte im abendländisch-europäischen Kontext – beginnend bei der antiken Bibliothek in Alexandria und endend bei den wissenschaftlichen Bibliotheken und Volksbibliotheken, den public libraries und Lesehallen des 19. Jahrhunderts. Eine solche Gesamtschau gab es bis dahin nicht. So wurde das Buch auch breit rezipiert – ins Englische übersetzt 1955 und nochmals 2001, ins Ungarische (1959), Hebräische (1962), Serbisch-Kroatische (1977) und 1980 sogar ins Arabische. Keinem anderen Buch eines Göttinger Historikers des 20. Jahrhunderts war eine solche Verbreitung beschieden wie diesem.

Von dem 1933 hereingebrochenen Unheil blieb Hessel erst einmal verschont. Weil Frontkämpfer, kam der Arierparagraph für ihn zunächst nicht zur Anwendung. Aber seit 1935 folgten für Hessel Jahre der demütigenden Ausgrenzung und Entrechtung. Noch vor Verkündung der Nürnberger Gesetze vom 15./30. September 1935 betrieb der Dekan der Philosophischen Fakultät, der Völkerkundler Hans Plischke (1890–1972), Hessels Entfernung von der Universität. Am 9. September schrieb er an das Reichs- und Preußische Ministerium für Wissenschaft, Erziehung und Volksbildung, Hessel würde zu gerne als Prüfer gewählt – und dann mit vorauseilendem Eifer: „Er ist Jude. Daher ist es notwendig, ihn auszuschalten“[64]. Um der entwürdigenden Entlassung auf Grund der Nürnberger Gesetze zuvorzukommen, bat Hessel Anfang Oktober 1935 um seine Entpflichtung und wurde mit Ablauf des 31. Dezember 1935 – damals 58 Jahre alt – in den Ruhestand versetzt. Im Januar 1936 legte er seine Mitherausgeberschaft des Archivs für Urkundenforschung nieder und war von dem Angriff Wilhelm Engels (1905–1964), dem kommissarischen Leiter des Reichsinstituts für ältere deutsche Geschichtskunde (MGH), auf die Selbständigkeit dieser Zeitschrift nicht mehr unmittelbar betroffen[65].

Schnell wurde Hessel nun weiter ausgegrenzt. Im Dezember 1936 legte Brandi der Göttinger Akademie Hessels Abhandlung ‚Die Schrift der Reichskanzlei seit dem Interregnum und die Entstehung der Fraktur‘ zur Publikation vor, die 1939 dann auch erfolgte. Das ist die letzte publik gewordene Geste Brandis zugunsten seines Kollegen. Zuvor war die Veröffentlichung dieser Arbeit in der neuen Zeitschrift der MGH, dem Deutschen Archiv für Geschichte des Mittelalters, von Brandis Mitherausgeber Wilhelm Engel am 20. Oktober 1936 abgelehnt worden: „Da Hessel leider Jude ist, empfehle ich doch, daß wir nicht gleich im 1. Jahr mit Ballast aufsteigen“[66].

---

64 PETKE, Alfred Hessel (wie Anm. 1) S. 402.

65 Wolfgang PETKE, Karl Brandi und die Geschichtswissenschaft, in: Geschichtswissenschaft in Göttingen. Eine Vorlesungsreihe, hg. von Hartmut BOOCKMANN / Hermann WELLENREUTHER (Göttinger Universitätsschriften A,2, 1987) S. 287–320, hier S. 314, 315–317. – Zu Wilhelm Engel vgl. Enno BÜNZ, Ein Historiker zwischen Wissenschaft und Weltanschauung: Wilhelm Engel (1905–1964), in: Die Universität Würzburg in den Krisen der ersten Hälfte des 20. Jahrhunderts. Biographisch-systematische Studien zu ihrer Geschichte zwischen dem Ersten Weltkrieg und dem Neubeginn 1945, hg. von Peter BAUMGART (2002) S. 252–318.

66 PETKE, Brandi (wie Anm. 65) S. 316.

Seitens der Universitätsbibliothek wurde Hessels Wirken 1937, als die Universität Göttingen ihr zweihundertjähriges Bestehen feierte, aufs Schäbigste unterdrückt. Für das Jubiläum war unter anderem eine Geschichte der Universitätsbibliothek geplant worden, für deren Bearbeitung Hessel 1928 gewonnen wurde. Als man ihn 1935 aus dem Amt vertrieb, hatte er seinen Teil der Geschichte der Universitätsbibliothek vollendet. Diese Geschichte der Göttinger Universitäts-Bibliothek „Verfaßt von Göttinger Bibliothekaren. Hrsg. von Karl Julius Hartmann und Hans Füchsel" erschien 1937 gerade noch pünktlich zu den Feierlichkeiten. Von Hessels Mitautor- oder gar Herausgeberschaft war allerdings in dem Buch nirgendwo die Rede. Dabei stammen von den 311 Druckseiten nicht weniger als 180 aus Hessels Feder[67]. Den entsprechenden paläographischen Nachweis anhand der im Bibliotheksarchiv liegenden handschriftlichen Druckvorlagen hat im Jahre 1986 Christiane Kind-Doerne erbracht[68]. Ihre Befunde konnten 2001 durch ein in Oxford verwahrtes Schriftenverzeichnis von 1938 bestätigt werden, in dem Hessel mit eigener Hand als eines seiner Werke die Geschichte der Göttinger Universitätsbibliothek 1937 aufführt[69].

Im Vorwort bemerken die Herausgeber Karl Julius Hartmann (1893–1965) und Hans Füchsel (1878–1944): „Die hier vorgelegte Geschichte der Göttinger Universitäts-Bibliothek ist die gemeinsame Arbeit mehrerer Göttinger Bibliothekare, von denen einige inzwischen im Ruhestande leben. Das Werk wurde noch unter dem Amtsvorgänger des gegenwärtigen Direktors begonnen und von den jetzigen leitenden Beamten der Bibliothek als Mitarbeitern und Herausgebern zu Ende geführt"[70]. Die 1937 im Ruhestand lebenden Bibliothekare waren Hessel und der 1932 wegen Erreichens der Altersgrenze ausgeschiedene vormalige Direktor Richard Fick (1867–1944); die leitenden Beamten waren der seit 1935 amtierende Direktor Karl Julius Hartmann und der Bibliotheksrat Füchsel. Ihre nicht gekennzeichneten, jeweils relativ geringen Anteile an dem Buch sind ebenfalls von Christiane Kind-Doerne identifiziert worden[71]. Brandi hat 1937 die Unterdrückung von Hessels Namen in seiner Besprechung in den Göttingischen Gelehrten Anzeigen gerechtfertigt: „Wir verdanken die Darstellung *[sc. der Geschichte der Universitätsbibliothek]*, die deshalb begreiflicherweise im einzelnen ungleichartig und wohl auch ungleichwertig ist, einer Reihe von Bibliothekaren, deren Namen aber kameradschaftlich von dem gegenwärtigen Herrn Direktor und seinem Vertreter gedeckt werden"[72]. Kein Haar wäre dem emeritierten Geheimrat gekrümmt worden, wenn er in der wahrlich abgehobenen Welt der Göttingischen Gelehrten Anzeigen Hessel als wichtigsten und ehedem von ihm selber für die Aufgabe gewonnenen Autor genannt hätte!

67 Hessel verfasste S. 9–189, Füchsel S. 190–264, Hartmann S. 265–278, Fick S. 279–314. Für den Druck wurde Hessels Text unverständlicherweise von Hartmann und Füchsel eines erheblichen Teils seiner wissenschaftlichen Nachweise beraubt.

68 Christiane KIND-DOERNE, Die niedersächsische Staats- und Universitätsbibliothek Göttingen: ihre Bestände und Einrichtungen in Geschichte und Gegenwart (Beiträge zum Buch- und Bibliothekswesen 22, 1986) S. 5 mit Anm. 14.

69 PETKE, Alfred Hessel (wie Anm. 1) S. 400 Anm. 90.

70 Geschichte der Göttinger Universitäts-Bibliothek. Verfaßt von Göttinger Bibliothekaren. Hg. von Karl Julius HARTMANN / Hans FÜCHSEL (1937) S. [3]. Vgl. PETKE, Alfred Hessel (wie Anm. 1) S. 401.

71 KIND-DOERNE, Staats- und Universitätsbibliothek Göttingen (wie Anm. 68).

72 PETKE, Alfred Hessel (wie Anm. 1) S. 401.

Von Hessels letzten Jahren ist wenig bekannt, auch deshalb, weil sein persönlicher und wissenschaftlicher Nachlass offenbar verloren ist. Unter dem Eindruck der Reichspogromnacht vom 9. November 1938, der daraufhin erhobenen sogenannten Judenvermögensabgabe vom Dezember 1938 und der angekündigten Kürzung seiner Pension ab Beginn des Jahres 1939 um 35 Prozent entschloss sich nun auch Hessel im Dezember 1938 zur Emigration. Die Society for the Protection of Science and Learning in Großbritannien nahm sich seines Einwanderungsgesuchs an, aber nicht schnell genug. Am Abend des 18. Mai 1939 erlag Hesssel, noch nicht 62 Jahre alt, in seiner Göttinger Wohnung einem Herzleiden.

Selbst bei seinem Begräbnis gab es noch eine Schikane. Obwohl vom Reichsinnenministerium 1938 die hin und wieder auch auf Friedhöfen vollzogene Diskriminierung verboten worden war, musste der evangelisch getaufte Hessel auf Druck des nationalsozialistischen städtischen Friedhofsdezernenten auf dem jüdischen Friedhof der Stadt bestattet werden. Sein Grabstein mit Sterbekreuz wurde von der Jüdischen Gemeinde 2012 restauriert. Die Göttinger Universitätsbibliothek benannte 2012 einen Tagungs- und Vortragssaal nach Alfred Hessel. Die Stadt ließ 2013 eine Gedenktafel an dem Haus anbringen, in dem er zuletzt gewohnt hat.

Abstract: Alfred Hessel was born to a Jewish merchant family in Stettin in 1877. He attended school and studied in Berlin, where he completed his Ph.D. under Paul Scheffer-Boichorst in 1899 with a thesis on a 16th-century humanist. On Paul Fridolin Kehr's advice, he continued his studies in Göttingen to improve his palaeographical and philological skills. Hessel's academic career stood under unfavourable auspices, since leading grandees including Harry Bresslau and Ernst Dümmler were unimpressed by his abilities. He was, however, supported by Kehr, who attested him a keen will to learn. In 1901, Bresslau reluctantly engaged Hessel to work for the MGH section Diplomata in Strasbourg where he edited the charters of Emperor Conrad II together with Hans Wibel. Outshone by the latter, he partially withdrew from the work to pursue his habilitation. On completion of the volume in 1908, Hessel lived in Strasbourg as a private scholar, publishing a number of works including a history of the city of Bologna 1116–1280 that was accepted as his habilitation thesis in 1913. After WWI, he moved to Göttingen where he worked as a librarian and private lecturer, later as an honorary professor, and published numerous studies including a highly popular history of libraries. Under Nazi rule he was progressively marginalised and driven from office because of his Jewish origins. After the 1938 pogroms, Hessel sought to emigrate, but died unexpectedly before his plans could be realised in 1939.

Paul Hirsch
(1883–1961)

von
KAREL HRUZA

Paul Hirsch

Nach dem Antritt der von Adolf Hitler geführten Koalitionsregierung am 30. Januar 1933 setzten im Deutschen Reich massive antisemitische Maßnahmen des sich etablierenden NS-Regimes ein[1]. Diese beruhten auf erlassenen Gesetzen und illegalen Aktionen der Nationalsozialisten. Dem öffentlichkeitswirksam organisierten gewalttätigen Boykott jüdischer Geschäfte und Unternehmen am 1. April 1933 folgte am 7. April der Erlass des Gesetzes zur Wiederherstellung des Berufsbeamtentums. Infolgedessen sandte das Reichsministerium des Innern in Berlin am 11. April 1933 ‚Schnellbriefe' an nachgeordnete Behörden, darunter auch an die MGH. Der Minister des Innern „ersuche ergebenst, mit sofortiger Wirkung sämtlichen jüdischen Beamten, Angestellten und Arbeitern *[...]* bis auf weiteres Urlaub zu erteilen" und bat, ihm „über das veranlaßte" zu berichten[2]. Der Vorsitzende der MGH-Zentraldirektion Paul Fridolin Kehr (1860–1944) antwortete, „dass während meiner

1 Vgl. David CESARANI, „Endlösung". Das Schicksal der Juden 1933 bis 1948 (2016) S. 67–145; Saul FRIEDLÄNDER, Das Dritte Reich und die Juden. Die Jahre der Verfolgung 1933–1939. Die Jahre der Vernichtung 1939–1945 (2006) S. 38–86; Richard J. EVANS, Das Dritte Reich 1. Aufstieg (2004) S. 417–509 und 541–567.

2 Das Schreiben ist transkribiert bei Horst FUHRMANN, „Sind eben alles Menschen gewesen." Gelehrtenleben im 19. und 20. Jahrhundert. Dargestellt am Beispiel der Monumenta Germaniae Historica und ihrer Mitarbeiter. Unter Mitarbeit von Markus WESCHE (1996) S. 161, Nr. 6. – Für Hinweise danke ich

Amtsführung kein jüdischer Beamter, Angestellter oder Arbeiter beschäftigt worden ist"[3]. Formalrechtlich war diese Antwort richtig, denn zumindest 1933 wurden die für die MGH arbeitenden Wissenschaftlerinnen und Wissenschaftler jüdischer Herkunft nicht als Beamte oder Angestellte beschäftigt. Mit den Auswirkungen des um sich greifenden militanten Antisemitismus wurde Kehr dennoch alsbald konfrontiert: Der MGH-Editor Paul Hirsch, den die antisemitischen Maßnahmen stark verunsichert hatten, schrieb Kehr am 24. April 1933 aus Heidelberg einen längeren Brief. Er sei „aus besonderen Gründen augenblicklich zu eingehender Relation *[über seine MGH-Arbeit]* nicht in der moralischen und physischen Verfassung". Auch befürchte er, dass er bestimmte Bücherbestände infolge seines „den Forderungen des neuen Beamtengesetzes nicht genügenden Stammbaums" nicht werde benützen können. „Die steigende Erregung über die leider mich moralisch aufs schwerste *[...]* treffende Auswirkung der neuen Maßnahme hat meine Arbeit in den letzten Wochen sogut wie lahmgelegt *[...]*. Mich beschleicht der lähmende Gedanke, daß ein Herausgeber gerade des Widukind, dem das Deutschtum aberkannt wird, *[...]* ein Unding ist"[4].

Paul Raphael Hirsch kam am 10. März 1883 in Mannheim als Sohn des wohlhabenden Kaufmanns Oskar Hirsch und dessen Ehefrau Clara, geborene Mayer, zur Welt[5]. Beim Elternpaar wurde auf dem Standesamt in das Geburtsregister „israelitische Religion" eingetragen, Paul konvertierte später jedoch zum evangelischen Glauben und heiratete 1925 in Pforzheim Elsa Luise Schüle[6]. Er vertrat eine ausgeprägt deutschnationale Gesinnung, verleugnete aber bis zuletzt nicht seine jüdische Herkunft und publizierte 1922 drei Artikel zu jüdischen Themen[7]. Hirsch studierte Geschichte in Heidelberg, Berlin und Straßburg, und ebendort wurde der junge Mann bei Harry Bresslau (1848–1926) über ein Thema zur mittelalterlichen Geschichte Italiens am 24. Juli 1909 promoviert[8]. Weitere Interessensge-

---

Annette Marquard-Mois und Hedwig Munscheck-von Pölnitz, die mir zudem Transkriptionen aus dem Nachlass Paul Kehrs überließ.

3 Brief Kehrs, 16.4.1933, Berlin, vgl. FUHRMANN, Gelehrtenleben (wie Anm. 2) S. 161 Nr. 6b.

4 GStA PK, Berlin, VI. HA Familienarchive und Nachlässe, Nl Kehr, Paul Fridolin (= Nl Kehr) Nr. 17 Bl. 687f.

5 Marchivum Mannheim, Geburtsregister, Paul Raphael Hirsch.

6 Zur Biografie Hirschs existiert der wichtige Nachruf: Marie Luise BULST, Paul Hirsch in memoriam 1883–1961, in: Ruperto Carola, Mitteilungen der Vereinigung der Freunde der Studentenschaft der Universität Heidelberg e.V. 13,30 (1961) S. 159f. (für eine Kopie danke ich Folker Reichert), jedoch keine längere Studie. – Vgl. aber im Folgenden: UAH H-IV-509/122, Philosophische Fakultät, Lehrauftrag Hirsch, Paul; Stadtarchiv Heidelberg, RG Nr. S 1263/1961, Standesamt Heidelberg (Sterbebuch); sowie grundlegend Nikola BECKER, Jüdische Mitarbeiter bei den Monumenta Germaniae Historica im „Dritten Reich". Paul Hirsch, Josef Juncker und Erika Sinauer, in: HJb 135 (2015) S. 453–502, hier S. 472–482. Ein Nachlass Paul Hirschs ist nicht bekannt, so dass die an ihn gerichteten Schreiben überwiegend fehlen. Karl Otto WATZINGER, Geschichte der Juden in Mannheim 1650–1945. Mit zweiundfünfzig Biographien und einer Übersicht über die Quellen im Stadtarchiv Mannheim *[...]* (^{2}1987), bietet keine wesentlichen Informationen zur Familie Hirsch.

7 Vgl. die drei bei BECKER, Mitarbeiter (wie Anm. 6) S. 473 Anm. 101 genannten Aufsätze von 1922. Seine letztlich nationalistische politische Einstellung, aus der heraus er die Weimarer Republik nicht schätzen konnte, dokumentieren seine unten zitierten Briefe, vgl. auch ebd. S. 477.

8 Das Datum der Promotion geht hervor aus einem Brief Hirschs an Kehr vom 24.5.1934, siehe unten Anm. 32. – Die gedruckte, für ihre Zeit umfängliche Dissertation ist Paul HIRSCH, Die Erhebung Berengars I. von Friaul zum König von Italien (1910). – Zu Bresslau vgl. Bettina RAABE, Harry

biete fand Hirsch in der Geografie und der Kunstgeschichte und wurde später – um sich den Lebensunterhalt zu sichern – Mitarbeiter des Kunsthistorikers und -sammlers Marc Rosenberg (1852–1930). In seiner Straßburger Zeit nahm Hirsch an Treffen eines Freundeskreises aus Historikern und Kunsthistorikern teil, dem auch die deutschjüdischen Historiker Alfred Hessel (1877–1939) und Walter Lenel (1868–1937) angehörten[9]. Zu seinem Mentor Bresslau und dessen Familie pflegte Hirsch ein freundschaftliches Verhältnis, und es war Bresslau, der im Frühjahr 1911 dem Leiter der MGH-Scriptores-Abteilung Oswald Holder-Egger (1851–1911) Hirsch als Mitarbeiter empfahl[10]. Hirsch wollte zunächst ein Thema aus „der Geschichte Italiens im 9. und 10. Jahrhundert" bearbeiten, entschloss sich aber schließlich, eine „Übersetzung der Langobardengeschichte des Paulus Diaconus in neuer Bearbeitung für die Geschichtsschreiber der Deutschen Vorzeit in Angriff zu nehmen"[11]. Bereits im Sommer 1911 konnte er einen Verlagsvertrag unterschreiben, aber ein Druck der Arbeit blieb letztlich aus[12].

Im Bericht über die 40. Jahresversammlung der Zentraldirektion von 1914 ist vermerkt: „Eine Neubearbeitung des Widukind, die nach der Auffindung zweier neuer Handschriften keine blosse Wiederholung der letzten Ausgabe von 1904 sein wird, hat Herr Dr. Paul Hirsch in Strassburg übernommen"[13].

Hirsch, dem nun die anspruchsvolle Edition der Sachsengeschichte Widukinds, eines im 10. Jahrhundert in der Benediktinerabtei Corvey tätigen Mönches und Chronisten, oblag, sollte fortan zu den auf Honorarbasis tätigen MGH-Mitarbeitern gehören. Im Ersten Weltkrieg wurde Hirsch eingezogen, jedoch nicht der kämpfenden Truppe zugeteilt, und siedelte nach Kriegsende von Rastatt in seine Heimatstadt Mannheim, später nach Heidelberg über. Im Frühjahr 1920 schrieb er Bresslau, er kehre „wieder reumütig und mit vollem Dampf zu ‚Widukind' zurück" und habe erst 1919 „mit der Arbeit beginnen können"[14]. Er

Bresslau (1848–1926) – Wegbereiter der Historischen Hilfswissenschaften in Berlin und Straßburg, in: Herold-Jahrbuch NF 1 (1996) S. 49–83 sowie die vier Beiträge zu Harry Bresslau in vorliegendem Band.

9 Vgl. Bulst, Hirsch (wie Anm. 6) S. 159. Zu Alfred Hessel siehe den Beitrag von Wolfgang Petke und Stefan Petersen in vorliegendem Band.

10 Vgl. den Brief Hirschs an Holder-Egger, 15.5.1911, Straßburg (MGH-Archiv, B 370).

11 Brief Hirschs an Holder-Egger, 31.5.1911, Straßburg (MGH-Archiv, B 370). Die neue Übersetzung sollte teilweise ersetzen: Paulus Diakonus und die übrigen Geschichtsschreiber der Langobarden, übersetzt v. Otto Abel, zweite Aufl. bearb. v. Reinhard Jacobi (Geschichtsschreiber der deutschen Vorzeit 2/15, 1888). Des Weiteren teilte Hirsch mit, dass er später die Compilatio St. Blasii zu übernehmen „nicht abgeneigt" wäre. Und: „Die Edition von Quellen aus karolingischer und sächsischer Zeit würde ich allerdings *[…]* noch lieber in die Hand nehmen." In den gedruckten MGH-Jahresberichten für 1912 und 1913 wurde die Beauftragung Hirschs nicht angeführt, weil die Bearbeitung der ‚Geschichtsschreiber' nicht zum eigentlichen Arbeitsbereich der MGH gehörte.

12 Brief Hirschs an Holder-Egger, 26.7.1911, Straßburg (MGH-Archiv, B 370). Später gab Hirsch an, der Erste Weltkrieg hätte die Fertigstellung verhindert, vgl. Brief Hirschs an Friedrich Baethgen, 6.7.1951, Heidelberg (MGH-Archiv, B 699).

13 Michael Tangl, Bericht über die 40. Jahresversammlung der Zentraldirektion der Monumenta Germaniae historica. Berlin 1914, in: NA 40 (1914) S. 3–13, hier S. 7f.

14 Brief Hirschs an Bresslau, 12.4.1920, Mannheim (MGH-Archiv, B 700/I, Nachlass Harry Bresslau). Vgl. auch das Protokoll der Sitzung der MGH-Zentraldirektion vom 26.09.1918, Berlin, in der Bresslau mitteilte, Hirschs Arbeit würde ruhen, da er im „Heeresdienste" stehe (MGH-Archiv, B 338/50 Bl. 29), sowie das Protokoll der Sitzung vom 14.6.1919, Berlin, in der Bresslau mitteilte: „Paul Hirsch *[…]* ist

hoffe aber, „bis Jahresschluß das Ganze wenigstens ‚im Rohbau' beenden zu können". Der MGH-Bericht für 1921 führte sogar an, die „Neubearbeitung des Widukind *[...]* ist im Text und Apparat vollendet"[15]. Hirschs Fortschritte müssen aber derart gering gewesen sein, dass Bresslau 1926 ihm den Auftrag entziehen wollte, sollte er nicht endlich Ergebnisse vorlegen, was dieser versprach[16]. So wurde im Bericht für 1927 verkündet, „druckfertig ist auch die neue Schulausgabe des Widukind", und tatsächlich gelang es Hirsch 1927, ein Teilmanuskript an den Verlag zu senden[17]. Der Grund für Hirschs geringe Arbeitsfortschritte lag in seinen finanziellen Problemen, denn in der Hyperinflation von 1923 hatte er sein Vermögen verloren und konnte keine feste Anstellung finden – auch Bresslau hatte sich bemüht, für ihn eine solche zu finden –, was Hirsch zur ihn nicht erfüllenden Arbeit für Rosenberg zwang[18].

Nach dem Tod Bresslaus 1926 wurde Paul Kehr zum primären Ansprechpartner Hirschs bei den MGH, der eine besondere Beziehung zur Widukind-Chronik besaß, da sein jüngerer Bruder Karl Andreas (1878–1903) die 1904 erschienene Ausgabe vor seinem Tod fast vollenden konnte[19]. Kehr, dem Bresslau empfohlen hatte, ein Aufschieben der Edition nicht zu akzeptieren[20], und Hirsch begannen ein briefliches Ringen um den Abschluss der Widukind-Edition. 1930 rechtfertigte sich Hirsch in einem langen Brief an Kehr und berich-

aus dem Heeresdienste entlaßen und hat die Arbeit an seiner Ausgabe wieder aufzunehmen begonnen" (MGH-Archiv, B 338/50 Bl. 57).

15 Paul Kehr, Bericht über die Herausgabe der Monumenta Germaniae Historica 2021, in: NA 45 (1924) S. 1–13, hier S. 5.

16 Das geht hervor aus einem Brief Bresslaus an Kehr, 20.6.1926, Heidelberg (MGH-Archiv, 338/245 Bl. 212).

17 Vgl. Paul Kehr, Bericht über die Herausgabe der Monumenta Germaniae Historica, in: NA 47 (1928) S. I–VII, hier S. III; ders., Bericht über die Herausgabe der Monumenta Germaniae Historica 1927, in: NA 48 (1930) S. I–IX, hier S. IIf. – Über die Drucklegung informieren auch drei Postkarten Hirschs 1927 an den MGH-Mitarbeiter Leo Santifaller in Berlin (MGH-Archiv, 338/20). Der Zustand ‚im Druck' sollte andauern, so dass im MGH-Bericht für 1930 lapidar bemerkt wurde, der Text sei „schon seit Jahr und Tag gesetzt", und: „Widrige Verhältnisse haben den Bearbeiter *[...]* bisher an der Vollendung gehindert", vgl. Paul Kehr, Bericht über die Herausgabe der Monumenta Germaniae Historica 1930, in: NA 49 (1932) S. *I–*XI, hier S. *IVf. – Eine der Widrigkeiten bestand aus der von Hirsch wegen Finanznot eingegangenen Verpflichtung, eine Übersetzung der Chronik Widukinds vorzulegen, die 1931 erschien: Widukinds Sächsische Geschichten. Nach d. Übersetzung von Reinhold Schottin. In d. Ausg. von W. Wattenbach. Neu übertr. u. bearb. von Paul Hirsch (1931). Über diesen Arbeitsauftrag informierte Hirsch Santifaller am 7.9.1927, Heidelberg (MGH-Archiv, 338/20). In einer Auflistung der MGH-Mitarbeiter vom 20.12.1926 wird als „nichtständiger Mitarbeiter" Paul Hirsch angeführt (MGH-Archiv, 338/31 Bl. 54f.).

18 Becker, Mitarbeiter (wie Anm. 6) S. 476.

19 Widukindi monachi Corbeiensis rerum gestarum Saxonicarum libri tres. Post Georgium Waitz recognovit Karl Andreas Kehr (MGH SS rer. Germ. [60], ^{4}1904), vgl. Oswald Holder-Egger, Bericht über die dreissigste Jahresversammlung der Centraldirektion der Monumenta Germaniae historica. Berlin 1904, in: NA 30 (1905) S. 1–13, hier S. 6; Harry Bresslau, Geschichte der Monumenta Germaniae historica (1921, ND 1994) S. 738. – Zu Karl Andreas Kehr vgl. auch Horst Fuhrmann, Menschen und Meriten. Eine persönliche Portraitgalerie (2001) S. 178f. Zu Paul Fridolin Kehr zuletzt Hedwig Munscheck-von Pölnitz, Der Lebensrückblick des Paul Fridolin Kehr, in: FBPG N. F. 31 (2021) S. 97–134.

20 Brief Bresslaus an Kehr, 2.7.1926, Heidelberg (MGH-Archiv, 338/245 Bl. 213).

tete von verschiedenen Problemen, die seine Arbeit behinderten[21]. Auch Kehr zog zwei Jahre später schließlich in Betracht, Hirsch die Edition zu entziehen, ließ sich aber umstimmen[22]. Im Frühjahr 1932 berichtete Hirsch erneut, er „laboriere" an „schwer lösbaren Problemen", habe aber das „Manuskript für *[...]* Nachträge im Rohbau" fertig[23]. Im Sommer drängte Kehr auf Arbeitsfortschritte, und Hirsch antwortete: „Es haben sich Hindernisse innerer und äußerer Art gegen mich verschworen *[...]*"[24], doch endlich, im Spätsommer 1932, konnte er mitteilen: „Ich bin augenblicklich so arbeitsfrisch, daß ich nun glaube, mit besserem Tempo am Werk bleiben zu können"[25]. Kehr wandte sich immer wieder mit aufmunternden Worten an Hirsch und half, für diesen einen Unterstützerkreis zu organisieren, dessen Mitglieder, die bewährten Monumentisten Wilhelm Levison (1876–1947) und Adolf Hofmeister (1883–1956), als „Geburtshelfer" Korrekturen beisteuerten[26]. Und so konnte Hirsch Mitte Januar 1933 an Kehr schreiben: „Ihr Kommando: ‚Mit Volldampf voraus' ist im übrigen für mich die Richtschnur, nach der ich Kurs und Tempo zu nehmen habe"[27].

Doch drei Monate später wurde diese Aufbruchsstimmung Hirschs – wie oben angeführt – jäh zerstört. Durch den Schutz der Ehe mit seiner „arischen" Ehefrau Else sollte Hirsch vor Verschleppung in ein Konzentrations- bzw. Vernichtungslager verschont bleiben[28]. Im April 1933 vertraute er Kehr an: „Ich habe die undankbare Rolle des enfant terrible der MGH nun gründlich satt und habe den brennenden Wunsch, Widukinds Reste im Sommer zu bestatten"[29]. Dennoch setzte sich das Ringen um die Edition fort. Schließlich musste Hirsch im Sommer 1933 Kehr darlegen, dass er „immer noch nicht den glückhaften

---

21 Brief Hirschs an Kehr, 29.12.1930, Heidelberg (MGH-Archiv, 338/243 Bl. 132f.).

22 Vgl. Becker, Mitarbeiter (wie Anm. 6) S. 478. – In Kehrs MGH-Bericht für 1931 heißt es: „Die *[...]* Sachsengeschichte Widukinds von Hrn. Dr. Paul Hirsch *[...]*, die bereits seit Jahr und Tag bis auf Vorrede und Register im Druck vollendet ist, bedarf noch einer Revision und einer Ergänzung des in der alten Weise viel zu ausführlich angelegten Kommentars, der sich der Herausgeber, nachdem wir über die neuen Generalprinzipien einig geworden sind, nunmehr mit neuem Eifer widmen wird", vgl. Paul Kehr, Bericht über die Herausgabe der Monumenta Germaniae Historica, in: NA 50 (1935) S. I-XIII, hier S. IV.

23 Zudem fehlte ihm Literatur und: „Der Verlust eines Drittels meines in der Inflation schon stark reduzierten Kapitalvermögens, auf dessen Ertrag ich angewiesen bin *[...]*, ein Moment, das meine ganze Arbeitstätigkeit für die Zukunft in Frage gestellt hat und durch manche Aufregung und Depression auch die Fähigkeit zu ersprießlicher Leistung in verhängnisvoller Weise beeinträchtigt." Brief Hirschs an Kehr, 24.3.1932, Heidelberg (Nl Kehr Nr. 17 Bl. 677f.).

24 Brief Hirschs an Kehr, 28.6.1932, Heidelberg (Nl Kehr Nr. 17 Bl. 680).

25 Brief Hirschs an Kehr, 6.9.1932, Heidelberg (Nl Kehr Nr. 17 Bl. 682f.).

26 Vgl. die Briefe Hirschs an Kehr, 8.5.1932, 13.1.1933 und 16.8.1933, Heidelberg (Nl Kehr Nr. 17 Bl. 684f. und 689f.). – Levison teilte am 2.3.1934 den MGH mit, er habe Korrekturbögen der Widukind-Edition durchgesehen (MGH-Archiv, 338/27 Bl. 13). – In Rom half Hans-Walter Klewitz (1907–1943) aus, vgl. den Brief Hirschs an Kehr, 24.4.1933, Heidelberg (Nl Kehr Nr. 17 Bl. 687f.). – Zu Wilhelm Levison siehe den Beitrag von Letha Böhringer in vorliegendem Band.

27 Brief Hirschs an Kehr, 13.1.1933, Heidelberg (Nl Kehr Nr. 17 Bl. 684f.).

28 Vgl. Becker, Mitarbeiter (wie Anm. 6) S. 473. – Zur Praxis der Deportationen vgl. Cesarani, „Endlösung" (wie Anm. 1) S. 510–529; Friedländer, Das Dritte Reich und die Juden (wie Anm. 1) S. 643–777.

29 Brief Hirschs an Kehr, 24.4.1933, Heidelberg (Nl Kehr Nr. 17 Bl. 687f.).

Abschluß der ganzen Arbeit vermelden *[dürfe]*"[30]. Bald nach diesem Briefwechsel kam Kehr im September auf der Durchreise nach Heidelberg, um die Angelegenheit der Edition persönlich mit Hirsch zu besprechen und diesen zu ermuntern[31].

Im Frühjahr 1934 geriet Hirsch wegen weiterer antisemitischer Maßnahmen – so wurde er als Mitglied aus dem Mannheimer Altertumsverein gestrichen – zunehmend in eine verzweifelte Lage und skizzierte diese mehrmals ausführlich Kehr. Seine Ausführungen sind ein ergreifendes Zeugnis eines vom NS-Regime in seiner Existenz bedrohten Menschen: „Bis gegen Weihnachten *[1933]* ging alles ganz gut voran, wenn ich auch dauernd unter dem Einfluß einer von den äußeren Belangen herrührenden Depression stand *[…]*. Um die letzte Jahreswende meldete ich mich pflichtgemäß beim Reichsverband deutscher Schriftsteller an, dessen Mitgliedschaft für die Möglichkeit des Publizierens künftig unerläßlich sein sollte. *[…]* Zunächst wollte ich aber den Bescheid wegen meiner Aufnahme abwarten, der aber nicht eintraf und auch heute, nach 5 Monaten, aussteht, doch wohl eine ‚stillschweigende' Ablehnung *[…]*. Solange ich mich noch dabei ertappe, für die bedrohten Belange des Reichs wie auch des Deutschtums als für eine eigene Angelegenheit zu fühlen, so lange kann ich es wenigstens vor mir verantworten, daß ich ‚Widukind' herausgebe, und ich will es im Gefühle tun, auch einen Beitrag zu Deutschlands Erneuerung damit zu geben. Unter diesem Gesichtspunkt sehe ich die Vollendung der Arbeit als Ehrensache an, soweit mir heute noch Ehre zugebilligt wird"[32].

Hirsch, immer noch fest entschlossen, die Edition aus einem Gebot der Selbstachtung fertigzustellen, musste Kehr, belastet mit Schuld- und Minderwertigkeitsgefühlen, um weiteren Aufschub der Editionsfertigstellung bitten[33]. Doch Kehr bewegte den frustrierten Hirsch zur Weiterarbeit, so dass letzterer verlauten ließ, Kehr hätte ihm „den Pessimismus ausgetrieben"[34]. Hirsch zeigte sich zudem bereit, eine dritte Person mitarbeiten zu lassen und dachte an den fachlich ausgewiesenen Martin Lintzel (1901–1955)[35], aber Kehr dele-

30 Und: „Immerhin hat Ihre *[…]* Meinung vom Frühjahr, den Kopf nicht zu verlieren, mich davor bewahrt, die Flinte ganz ins Korn zu werfen, und ich habe seither, gleichsam in steter Abwehr gegen moralischen Tiefdruck und in fortwährendem Kampf mit den alten und neuen Hemmnissen nicht wissenschaftlicher Art, leidliche Fortschritte gemacht. Die Arbeit ist ja noch das einzige Gegenmittel gegen widrige Erscheinungen einer beispiellosen Zeitenwende *[…]*." Brief Hirschs an Kehr, 16.8.1933, Heidelberg (Nl Kehr Nr. 17 Bl. 690).

31 Darüber informieren eine spätere Bemerkung Gerd Tellenbachs, „Schon bald nach meinem Beginn in Heidelberg *[Januar 1933]* kam er *[Kehr]* dorthin, um Verabredungen mit P. Hirsch zu treffen, dessen Arbeit an der Widukindausgabe sich in die Länge zog" (Gerd Tellenbach, Aus der Geschichte des Preußischen/Deutschen Historischen Instituts in Rom 1928 bis 1972, in: Ausgewählte Abhandlungen und Aufsätze 5, hg. von dems. [1996] S. 177–204, hier S. 187), und der ‚Liber Vitae' Kehrs, in den dieser eintrug, er habe am 17.9.1933 Tellenbach in Heidelberg getroffen (eine Edition dieser Quelle wird von Hedwig Munscheck-von Pölnitz vorbereitet).

32 Brief Hirschs an Kehr, 24.5.1934, Heidelberg (MGH-Archiv, 338/243 Bl. 187f.). Bulst, Hirsch (wie Anm. 6) S. 160: „Paul Hirsch durfte die Universitätsbibliothek *[Heidelberg]* nicht mehr betreten."

33 Briefe Hirschs an Kehr, 9.7.1934 (Zitat) und 1.9.1934, Heidelberg (MGH-Archiv, 338/243 Bl. 183–186).

34 Brief vom 1.9.1934 (MGH-Archiv, 338/243 Bl. 183–186, hier 183).

35 Ebd. Bl. 184. Zudem schrieb Hirsch: „Die ganze Bearbeitung der Widukindausgabe hat sich unter meinen ungesegneten Händen immer mehr als in jeder Hinsicht so verfahren erwiesen, daß ich es nicht einzig und allein als ein neues und letztes Zucken Ihres persönlichen Wohlwollens und Hilfewollens

gierte die Mitarbeit schließlich – wohl im Herbst 1934 – an den MGH-Mitarbeiter Hans-Eberhard Lohmann (1908–?), der unter der Ägide Robert Holtzmanns (1937–1946) die bis heute nicht ersetzte Widukind-Edition 1935 in Berlin zum Druck brachte[36]. Markant ist dabei, dass in dem Jahr, als das NS-Regime mit den Nürnberger Rassegesetzen die Judenverfolgung drastisch verschärfte, ein jüdischer Autor, nämlich Hirsch, in der Titelei als Haupteditor angeführt wurde, und auch die wissenschaftliche Einleitung von 48 Seiten trägt nur seine Unterfertigung; etwas, das Hirsch wohl Kehr zu verdanken hatte, der auch in seiner Vorbemerkung zur Edition Fairness walten ließ und Hirsch keine Blöße gab. Seine dort geäußerte Kritik richtete sich vielmehr gegen die von Bresslau vertretenen Editionsgrundsätze für die MGH-Reihe Scriptores rerum Germanicarum in usum scholarum[37]. Zudem sei angemerkt, dass Hirschs Autorschaft in den erst 1937 im Deutschen Archiv abgedruckten, auf Kehr zurückgehenden MGH-Berichten für 1934 und für 1935 ebenfalls nicht unterschlagen wurde[38]. Schließlich muss noch angeführt werden, dass Kehr Hirsch nicht nur weiterarbeiten ließ und mit MGH-Honoraren entlohnte, sondern diesen auch persönlich aufsuchte[39]. Hirsch hat den Ausgang der Edition mit leicht zynischem Humor kommentiert: „In Ihrer Vorbemerkung haben Sie *[…]* seinen *[Lohmanns]* Anteil auch darum hervorgehoben, um dadurch mir den Rücken zu decken gegen voraussichtliche Angriffe aus dem Geist der neuen Zeit heraus wegen rassischer Herkunft. Hoffentlich fällt die Kuppelung mit Dr. Lohmann nicht unter den Begriff der Rassenschändung, was dem hochklingenden Namen Widukinds den Vorwurf der Bastardisierung eintragen könnte![40]"

Dass er mit Hirschs Arbeitsfortschritten unzufrieden war, hatte Kehr besonders im 1935 erschienenen MGH-Bericht für 1933 verlauten lassen[41], und seine Kritik an den „zu

---

betrachten zu dürfen vermeine, sondern in gleichem Maße auch als Klärung der Lage, in die ich die Zentraldirektion versetzt habe, wenn Sie diese gordische Verknotung nunmehr mit schneidigem Hieb lösen und mir, sine ira, als Rat in der Not nahelegen, einem von allen Hemmungen der Vergangenheit – der Überlieferung, der unglücklichen Inangriffnahme wie auch wohl der Abstammung – unbeschwerten, im neuen Geist der Wissenschaft, wie überhaupt des ungetakteten Denkens, arbeitenden Glücklicheren Platz zu machen."

36 Die Sachsengeschichte des Widukind von Korvei, in Verbindung mit Hans-Eberhard Lohmann neu bearb. v. Paul Hirsch (MGH SS rer. Germ. [60], ⁵1935).

37 Paul Kehr, Vorbemerkung, in: ebd. S. IV. – Bresslau und Kehr, die sich in wissenschaftlicher Hinsicht anfangs kritisch begegneten, entwickelten ab 1900 ein entspannteres Verhältnis zueinander, vgl. Herbert Zielinski, Ein Brief Harry Bresslaus an Paul Fridolin Kehr im Apparat der „Gallia Pontificia", in: Francia 40 (2013) S. 207–231, hier 218–221.

38 Paul Kehr, Reichsinstitut für ältere deutsche Geschichtskunde (Monumenta Germaniae Historica). Jahresbericht 1934, in: DA 1 (1937) S. 267–275, hier S. 268 und ders., Jahresbericht 1935, ebd. S. 277–279, hier S. 277.

39 1934 erhielt Hirsch RM 300,- Honorar (MGH-Archiv, 338/187 Bl. 2); 1931 und 1932 waren es jeweils RM 600,- gewesen (MGH-Archiv, 338/184 und 338/192). – Zu Kehrs Treffen mit Hirsch in Heidelberg vgl. Anm. 31.

40 Brief Hirschs an Kehr, 24.10.1935, Heidelberg (MGH-Archiv, 338/90). Hirsch zudem: „Nachdem nun aber schließlich doch das ‚Schmerzenskind der Scriptores' *[…]* in die Welt gesetzt ist, ist es mir ein tief empfundenes Bedürfnis, Ihnen als dem treubesorgten Berater und Überwacher meiner jahrelangen Gravidität *[korrigiert aus:* „meines jahrelangen Wochenbetts"*]* und erfolgreichen Leiter dieser schweren Zangengeburt, den gebührenden Dank für alle Ihre Bemühungen auszudrücken."

41 Paul Kehr, Bericht über die Herausgabe der Monumenta Germaniae Historica 1933, in: NA 50 (1935)

wissenschaftlichen" Scriptores-Schulausgaben (mit Apparat und Kommentar) bereits in den MGH-Berichten für 1931 und 1932 formuliert[42]. Aus den Korrespondenzen und der Edition ist herauszulesen, dass Hirsch als Perfektionist arbeitete und alles verfügbare Material beachten wollte[43]. Dementsprechend hat er zum Chroniktext einen umfänglichen Apparat erarbeitet und laufend ergänzt, da aber schon im Jahr 1927 mit dem Satz begonnen wurde, waren schließlich 127 Nachträge auf neun Seiten notwendig geworden. Was Kehr dagegen wünschte, war eine Ausgabe mit weniger Kommentaren, weshalb er von Hirsch auch als „Spardiktator" bezeichnet wurde[44], allerdings hatte bereits Kehrs Bruder Karl Andreas eine reichlich kommentierte Edition ausgearbeitet[45].

Zusammenfassend ist festzustellen, dass Paul Hirsch mit der öffentlich sichtbaren Anerkennung seiner Arbeit für die MGH Gerechtigkeit widerfahren ist. Zuvorderst in seinem Brief an Kehr vom Mai 1934 äußerte er sich aber auch zu persönlichen Aspekten, die aufzeigen, welches Vertrauen er dem MGH-Vorsitzenden Kehr entgegenbrachte: Ganz unverblümt offenbarte Hirsch seinen mentalen Zustand und empfand etwa die völlige Ignoranz des Reichsverbands Deutscher Schriftsteller als erniedrigenden Angriff auf seine Person. Der ‚Reichsverband' gehörte als Verein der Reichsschrifttumskammer und mit dieser der Reichskulturkammer an und bildete eine Zwangsorganisation, ohne dessen Mitgliedschaft keine berufsmäßige Tätigkeit als Schriftsteller möglich war[46]. Als Bürger jüdischer Herkunft war Hirsch von der Mitgliedschaft ausgeschlossen und in Konsequenz mit Berufsverbot belegt, und er bekam zu spüren, dass die von ihm angeschriebene Stelle nicht gewillt war, mit ihm einen höflichen und respektvollen Umgang zu pflegen.

Die Ablehnung durch den Reichsverband Deutscher Schriftsteller – ein Vorgang, bei dem es sich um einen der vielen kleinen Schritte handelte, mit dem die Judenverfolgung in Gang kam – evozierte bei Hirsch Angst vor der Tilgung seines Namens aus der Widukind-Edition und überhaupt vor einem Verdrängen aus seinem Beruf und Zwang zur Untä-

S. *I–*XI, hier S. *II–*III. Zwar teilte Kehr mit, die Edition befinde sich „im Drucke *[…]* bearbeitet von P. Hirsch", um aber nachfolgen zu lassen, „so ist die von Hrn. Dr. P. Hirsch in Heidelberg hergestellte Ausgabe des Widukind von Corvei noch immer nicht fertig. Sie stockt seit Jahr und Tag bei den Nachträgen, der Einleitung und dem Register. *[…]* Obwohl als Schulausgabe geplant, stellt sie in Wirklichkeit nicht eine solche dar, sondern viel mehr als eine kritische Ausgabe mit großem Apparat und noch größerem Kommentar, die eigentlich in die Nova Series gehört. Eine wirkliche Schulausgabe des Widukind, wie sie der Student braucht, ist sie also nicht."

42 Zu Kehrs Bericht für 1931 siehe oben Anm. 22 sowie den Bericht für 1932: Paul Kehr, Bericht über die Herausgabe der Monumenta Germaniae Historica 1932, in: NA 50 (1935) S. *I–*XI, hier S. *IV: „Der Text ist zwar vollständig gesetzt, aber die Redaktion der Nachträge und was sonst zum letzten Abschluß gehört, steht infolge widriger Umstände noch immer aus, soll nun aber jetzt endlich liquidiert werden. Dann soll auch das wichtige Problem einer rationelleren Organisation unserer Schulausgaben, die die letzte Generation stark vernachlässigt hatte, zu seinem Rechte kommen." – Die Angabe bei Becker, Jüdische Mitarbeiter (wie Anm. 6) S. 478, es ginge hier um eine „baldige ‚Liquidierung' des Unternehmens", beruht auf einem Missverständnis.

43 Bulst, Hirsch (wie Anm. 6) S. 160, spricht von „übergroßer Gewissenhaftigkeit".

44 Brief Hirschs an Kehr, 13.1.1933, Heidelberg (Nl Kehr Nr. 17 Bl. 684f.).

45 Kehr, Widukindi monachi (wie Anm. 19) S. XLVII.

46 Vgl. Volker Dahm, Anfänge und Ideologie der Reichskulturkammer. Die „Berufsgemeinschaft" als Instrument kulturpolitischer Steuerung und sozialer Reglementierung, in: VfZ 34 (1986) S. 53–84, hier S. 56–63.

tigkeit; etwas, das er, der gerne weiterhin arbeiten wollte, als „den stärksten Druck" empfand, der auf ihm lastete[47]. Dazu gesellte sich die Befürchtung, dass er bei seiner Editionsarbeit letztlich versagt haben könnte. Aufschlussreich sind aber auch Bemerkungen Hirschs, die Hinweise auf seine politische Einstellung geben. „Im neuen Staate der Arbeit will ich nicht müßig dasitzen", ließ er Kehr wissen, und auch andere Briefstellen nähren den Anschein, dass er dem „Geist der neuen Zeit" in Deutschland, dass er dieser vermeintlichen nationalen Aufbruchsstimmung nicht grundsätzlich ablehnend gegenüberstand. Mit der Vollendung seiner Edition einer für die Kenntnis der mittelalterlichen Geschichte Deutschlands bedeutenden Chronik wollte er unumwunden einen „Beitrag zu Deutschlands Erneuerung" leisten, etwas, dass er als „Ehrensache" qualifizierte.

Seit der Mitte der 1930er Jahre war Hirsch aus jeder wissenschaftlichen Tätigkeit ausgestoßen. Am 11. Mai 1939 trugen Beamte in das Mannheimer Geburtsregister zu seiner Person ein, er habe „durch Erklärung vom 30. Dezember 1938 mit Wirkung vom 1. Januar 1939 ab zusätzlich den weiteren Vornamen Israel angenommen"[48]. Das Ehepaar Hirsch brachte trotz aller lebensbedrohender Widrigkeiten den Mut und die Kraft auf, mehrmals Juden vor Verfolgung Schutz zu bieten und sorgte auch nach Möglichkeit für die in Heidelberg lebende Witwe Harry Bresslaus, Caroline Bresslau (geb. Isay, 1853–1941)[49]. Als im Februar 1945 eine Deportation Hirschs drohte, wurde er mit Hilfe von Vertrauten durch ein Mittel in einen fiebrigen Zustand versetzt und so als Kranker vor dem Abtransport bewahrt[50]. In einem Schreiben vom September 1948 skizzierte Hirsch sein Schicksal während des NS-Regimes[51]: Er habe eine „über zehn Jahre währende Ausschaltung aus der wissenschaftlichen Betätigung und überhaupt aus jeglicher Verdienstmöglichkeit wegen der *[ihn]* treffenden Nürnberger Gesetze" von 1935 erleiden müssen. Durch die ihm aufgezwungene „Sühneabgabe von 1938" und den aus Gründen des Überlebens erfolgten Verkauf von Wertpapieren sowie den kriegsbedingten Verlust des Vermögens seiner Frau verfüge er über keine finanziellen Mittel[52]. „Als ‚Nichtarier' in kinderloser Mischehe" sei er der „härtesten Form der nazistischen Verfolgung ausgesetzt und seit Herbst 1941 zum Tragen des Judensterns verpflichtet" gewesen, „was – neben einer Unzahl schikanöser Einschränkungen – im

47 Vgl. wie auch im Folgenden den Brief Hirschs an Kehr, 24.5.1034, Heidelberg (MGH-Archiv, 338/243 Bl. 187f.).

48 Marchivum Mannheim, Geburtsregister Paul Rafael Hirsch. Für die Namensänderung wurde ein Stempel verwendet, in den Datum und neuer Name von Hand eingetragen wurden (im Zitat gesperrt). Diese vom NS-Regime erzwungene Umbenennung wurde erst am 19. April 1948 amtlich gelöscht.

49 Vgl. Becker, Mitarbeiter (wie Anm. 6) S. 473; Verena Mühlstein, Helene Schweitzer Bresslau, Ein Leben für Lambarene (2001) S. 230; zu Caroline Bresslau siehe auch den Beitrag von Annette Marquard-Mois zu Harry Bresslau in vorliegendem Band.

50 Vgl. Becker, Mitarbeiter (wie Anm. 6) S. 473 Anm. 105.

51 Brief Hirschs an den Dekan der Philosophischen Fakultät der Universität Heidelberg, 18.9.1948, Heidelberg (UAH, H-IV-509/122, Philosophische Fakultät, Lehrauftrag Hirsch).

52 Die sogenannte finanzielle „Sühneleistung" bzw. „Judenbuße" musste nach der Reichspogromnacht vom 9./10.11.1938 von der jüdischen Bevölkerung aufgebracht werden und erbrachte dem Regime insgesamt ca. 1,2 Milliarden RM, vgl. Götz Aly, Hitlers Volksstaat. Raub, Rassenkrieg und nationaler Sozialismus (2006) S. 60–63; Cesarani, „Endlösung" (wie Anm. 1) S. 261–269; Friedländer, Das Dritte Reich und die Juden (wie Anm. 1) S. 302–316.

Grunde einer dauernden Internierung in *[s]*einer Wohnung gleichkam“[53]. Seine Frau sei aus Überarbeitung „tuberkulös“ geworden und „nur durch eine Operation *[...]* zu retten gewesen. Aus der Krankenversicherung wurden wir beide ausgeschieden, meine Frau als Lungenoperierte, ich aus rassischen Gründen“.

1946 erhielt Hirsch an der Universität in Heidelberg einen Lehrauftrag für mittelalterliche Quellenkunde, mit dem er versuchte, seinen unzureichenden Lebensunterhalt aufzubessern[54]. Im gleichen Jahr traf er in Heidelberg mit dem nachmaligen MGH-Präsidenten Friedrich Baethgen (1890–1972) zusammen[55], und einige Jahre später kam wieder ein Kontakt zu den nunmehr in München angesiedelten MGH zustande. Die mit Hirsch befreundete und mit Albert Schweitzer (1875–1965) verheiratete Tochter Harry Bresslaus, Helene Schweitzer-Bresslau (1879–1957), bat Hirsch, den wissenschaftlichen Nachlass ihres Vaters zu sichten und in die MGH betreffendes und anderes Schriftgut zu teilen[56]. Ersteres sollte den MGH zur Archivierung übergeben werden, was im Sommer 1951 nach einer von Hirsch und seiner Frau vollzogenen Sichtung und Teilung des Materials geschah. Hirsch reiste damals auch nach München, um das Schriftgut nochmals zu prüfen, eine zufriedenstellende Sortierung ist aber nicht ausgeführt worden und wurde zwar Mitte der 1950er Jahre nochmals angedacht, aber erneut nicht vollzogen.

Hirsch legte aus dem Bresslau-Material eine Briefedition vor, die 1954 erscheinen konnte[57], er hatte 1948 auch des 100. Geburtstags seines Mentors gedacht und einen würdigenden Zeitungsartikel publiziert, den er wie folgt schloss: „Auch die Geschichte der deutschen Juden hat Bresslau eifrig gefördert. 1880, in den Anfängen des kämpferischen Antisemitismus, ist er seinem Berliner Kollegen *[Heinrich von]* Treitschke entgegengetreten. Die neue Welle unter Hitler hat ihn sein Ableben am 27. Oktober 1926 nicht mehr verspüren lassen. Doch sollten Verfügungen des Dritten Reichs noch den Frieden seiner sterblichen Reste stören: Das Hinscheiden seiner treuen Lebensgefährtin *[1941]*, die an seiner Heidelberger Ruhestätte ihre letzten Jahre zu verbringen beschlossen hatte und nur mit knapper Not vor dem Abtransport hat bewahrt werden können, wurde zum Anlaß genommen, das Grab dieses hervorragenden Forschers, eines Verfechters der deutschen Sache im einstigen Reichsland *[Elsaß-Lothringen]*, des Schwiegervaters eines Albert Schweitzer, nach der Abteilung für ‚Fremdrassige‘ zu verlegen! [58]“ Im selben Jahr 1948 ist Hirsch möglicherweise der von Kehr ebenfalls geförderten deutschjüdischen Historikerin Helene Wieruszowski

53 Bulst, Hirsch (wie Anm. 6) S. 160: „Jahrelang hat er sein Haus kaum verlassen.“

54 UAH, H-IV-509/122, Philosophische Fakultät, Lehrauftrag Hirsch.

55 Vgl. Brief Hirschs an Baethgen, 6.7.1951, Heidelberg (MGH-Archiv, B 699).

56 Vgl. den Brief Hirschs an Baethgen, 28.5.1951, Heidelberg (MGH-Archiv, B 699). Hirsch erwähnt einen „Auftrag von Frau Professor Albert Schweitzer, *[...]* um einen umfänglichen und teilweise auch recht bedeutsamen Briefwechsel ihres verewigten Vaters, unseres Meisters Harry Bresslau, meines verehrten akademischen Lehrers, zu sichten *[...]*.“ Vgl. dazu auch den Brief Hirschs an die Westdeutsche Bibliothek in Marburg a. d. L., 28.11.1958, Heidelberg (MGH-Archiv, B 699).

57 Paul Hirsch, Briefe namhafter Historiker an Harry Bresslau. Willy Andreas zum 70. Geburtstag (30. Oktober 1954), in: Die Welt als Geschichte 14 (1954) S. 223–241.

58 Durchschlag der Vorlage, die am 31.3.1948 in der Rhein-Neckar-Zeitung in Heidelberg erschien (MGH-Archiv, B 699).

(1893–1978) begegnet, die – 1940 in die USA emigriert – im Sommersemester 1948 eine Gastprofessur in Heidelberg wahrnahm[59].

Gegenüber Baethgen ließ Hirsch im Sommer 1951 verlauten, dass er eine Kopie des von Baethgen verfassten Nachrufs auf Bresslau an einen Josef Löwenthal aus Tel-Aviv senden werde, „der ein ungewöhnlich lebhaftes Interesse und eingehende Kenntnis bezüglich der deutschen historischen Forschung und deren Vertretern dokumentiert. *[…]* Nun schrieb er mir, dass er von Ihnen ein Exemplar von Bresslaus Geschichte der Monumenta vermittelt erhalten habe *[…]*. Obgleich er anscheinend nur Amateur ist und keinen Studienabschluss gefunden zu haben scheint, halte ich – bei der sehr begreiflichen offiziellen Kühle der Beziehungen des Staates Israel zur Bundesrepublik – die Pflege der kulturellen Verbindung mit Juden, deren Liebe zum geistigen Deutschland das rassische Ressentiment zum Schweigen bringt, für gegenwärtig sehr nützlich und vielversprechend für die Normalisierung des künftigen Verhältnisses.[60]“

Im selben Brief ließ Hirsch auch anklingen, dass er wieder gern für die MGH arbeiten würde: „Sollte es nicht *[…]* für mich Möglichkeiten der Wiederaufnahme der früheren Arbeiten auf dem Gebiet der italienischen Geschichte der früheren Mittelalters geben? *[…]* Ein Jahrbuch der Regierung Berengars I. war mir einst von unserem verehrten Meister Bresslau zur Aufgabe gestellt worden. *[…]* Für Editionen italienischer Quellen zur Reichsgeschichte halte ich mich natürlich auch gerne zur Verfügung“[61]. Eine Beauftragung seitens der MGH hat in der Folge aber nicht stattgefunden. Aus gesundheitlichen Gründen musste Hirsch 1959, im 77. Lebensjahr stehend, seinen Lehrauftrag zurückgeben. Am 17. Juni 1961 ist er nach längerer Krankheit schließlich in der Heidelberger Universitätsklinik gestorben[62].

Im Herbst 1951 hatte Friedrich Baethgen für Paul Hirsch eine Bescheinigung verfasst, um die ihn Hirsch über Vermittlung von Fritz Ernst (1905–1963), Mitglied der Zentraldirektion der MGH, gebeten hatte. Hirsch war dabei, Entschädigungsansprüche beim öffentlichen Anwalt für Wiedergutmachung zu stellen[63], und Baethgen hoffte, „dass die Formulierung Ihren Absichten entspricht und dass der gewünschte Zweck erreicht werden wird“[64]. Die mit Briefkopf der MGH ausgestellte Bescheinigung hat folgenden Inhalt: „Herr Dr. Paul Hirsch war in der Zeit nach dem ersten Weltkrieg auf der Grundlage eines Werkvertrages die Bearbeitung einer für die Monumenta Germaniae bestimmten Quellenausgabe übertragen worden. Er hatte diese Aufgabe schon weit gefördert, als sie ihm 1934 auf Grund der damals geltenden rassischen Diskriminierungsbestimmungen entzogen und ihre Vollendung einer andern Persönlichkeit übertragen wurde. Ich bescheinige Herrn Dr. Hirsch, dass die von ihm geleistete Arbeit durchaus wertvoll war und dass ihm unter normalen Verhältnissen gewiss noch weitere derartige Aufträge erteilt worden wären, soweit es die

---

59 Vgl. das informative, von Wolfgang Jürries erstellte Inventar des Wieruszowski-Nachlasses am Deutschen Historischen Institut Rom, Archiv N 21: http://cat01.dhi-roma.it/archiv/xml/inhalt/pdf/N21_Helene_Wieruszowski.pdf [Link abgerufen am 3.5.2023].

60 Brief Hirschs an Baethgen, 6.7.1951, Heidelberg (MGH-Archiv, B 699).

61 Ebd.

62 Stadtarchiv Heidelberg, RG Nr. S 1263/1961, Standesamt Heidelberg (Sterbebuch).

63 Vgl. die Briefe Hirschs an Gerhard Opitz und an Friedrich Baethgen, 9.10.1951 und 24.10.1951, Heidelberg (MGH-Archiv, B 699).

64 So Baethgen in einem kurzen Schreiben an Hirsch, 10.10.1961 (MGH-Archiv, B 699, Durchschlag).

Finanzlage des Instituts zugelassen hätte. Jedenfalls kann kein Zweifel darüber bestehen, dass Herr Dr. Hirsch auf diese Weise eine durch die damaligen politischen Verhältnisse bedingte Schädigung erlitten hat“[65].

Abstract: Paul Raphael Hirsch was born in Mannheim in 1883 as the son of wealthy Jewish merchants. He studied history in Heidelberg, Berlin, and Strasbourg, writing his Ph.D. in 1909 under Harry Bresslau on an aspect of medieval Italian history. On Bresslau's recommendation, the MGH entrusted Hirsch with the work on a new edition of Widukind of Corvey's Res gestae Saxonicae in 1914. His work on the edition was, however, interrupted by World War I. Forced by post-war hyperinflation to seek other employment, Hirsch made little progress in the 1920s and was still working on the edition as Adolf Hitler came to power. His correspondence with Paul Kehr reveals his struggles with difficulties and motivation. Considering it nevertheless an "imperative of self respect" to complete the work, he finally brought the edition to print in 1935 with the assistance of Hans-Eberhard Lohmann. Despite the anti-Semitic legislation of 1933, he was nevertheless paid for his work by the MGH and his edition of the Res gestae Saxonicae was justly published under his own name. Hirsch remained in Germany during WWII. Although he had converted to Protestantism and was married to an "Aryan", Hirsch faced repression and exclusion under the Nazi regime and barely escaped deportation to the concentration camps. After the war, he lectured at the University of Heidelberg and published some of of Bresslau's letters in 1954. He died in 1961 in Heidelberg.

65 Schreiben Baethgens, ohne Adressat, 8.10.1951 (MGH-Archiv, B 699).

Adolf Ury von Hirsch-Gereuth (1867–1925)

von
PHILIPP T. WOLLMANN

Adolf Ury von Hirsch-Gereuth (auch Hirsch auf Gereuth) wurde am 19. April 1867 im südfranzösischen Menton als zweiter von sechs Söhnen des Rentiers Joseph von Hirsch-Gereuth und seiner Gattin Rosa (geb. Rosenberg) geboren[1]. Damit entstammte er einer der bedeutendsten Hofbankiersfamilien des bayerischen Königsreichs. Begründet hatte sie sein Urgroßvater Jakob von Hirsch, und es lohnt sich, ihre Geschichte kurz nachzuzeichnen. Den Grundstock des Familienvermögens legte Jakob Hirsch, indem er im Jahre 1800 mit Unterstützung seines Vaters Moses Hirsch eine Bank gründete und damit erhebliche Gewinne machte, die es ihm nicht nur erlaubten, weitläufigen Grundbesitz in und um Würzburg sowie im übrigen Franken und auch in Schwaben anzuhäufen, sondern gleichzeitig zuerst von 1805 bis 1815 als großherzoglich-würzburgischer, dann seit 1824 als bayerischer Hofbankier tätig zu sein[2]. Mit dem Kauf des Ritterguts Gereuth bei Ebern in Unterfranken 1815 war die Voraussetzung für die 1818 durch König Max I. Joseph erfolgte Erhebung in den erblichen Adelsstand geschaffen: „Jakob von Hirsch war somit der erste jüdische Großgrundbesitzer Deutschlands, der die Patrimonialgerichtsbarkeit besaß"[3]. Jakob von Hirsch siedelte 1821 nach München um, richtete dort eine weitere Bankfiliale ein und kaufte unter anderem die Hofmark Planegg. In Planegg erneuerte er die Schlossbrauerei des 16. Jahrhunderts, die erst 1931 an Hacker-Pschorr verkauft wurde[4]. Die beiden Schwerpunkte des Besitzes führten

1 Vgl. Reiner STRÄTZ, Biographisches Handbuch Würzburger Juden 1900–1945, Bd. 1 (Veröffentlichungen des Stadtarchivs Würzburg 4/1, 1989) S. 268.

2 Vgl. Wolfgang ZORN, Jakob, Julius und Joseph von Hirsch, in: Gerhard PFEIFFER / Alfred WENDEHORST (Hg.), Fränkische Lebensbilder 8 (Veröffentlichungen der Gesellschaft für fränkische Geschichte 7/A, 1978) S. 214–227, hier S. 214–220 und Erika BOSL, Die Familie von Hirsch-Gereuth im 18. und 19. Jahrhundert, Bankiers, in: Manfred TREML / Wolf WEIGAND / Evamaria BROCKHOFF (Hg.), Geschichte und Kultur der Juden in Bayern. Lebensläufe (Veröffentlichungen zur bayerischen Geschichte und Kultur 18, 1988) S. 63–69, hier S. 63f. Besonders zum Aufstieg Jakobs von Hirsch zum Hoffaktor Ursula GEHRING-MÜNZEL, Vom Schutzjuden zum Staatsbürger: die gesellschaftliche Integration der Würzburger Juden 1803–1871 (Veröffentlichungen des Stadtarchivs Würzburg 6, 1992) S. 79–90.

3 BOSL, Familie (wie Anm. 2) S. 64. Vgl. auch Joseph PRYS, Die Familie von Hirsch auf Gereuth. Erste quellenmäßige Darstellung ihrer Geschichte (1931) S. 7; GEHRING-MÜNZEL, Schutzjuden (wie Anm. 2) S. 88f. und Michael BRENNER, Vom Untertan zum Bürger, in: DERS. / Stefi JERSCH-WENZEL / Michael A. MEYER (Hg.), Deutsch-jüdische Geschichte in der Neuzeit 2: Emanzipation und Akkulturation 1780–1871 (1996) S. 260–284, hier S. 277; zum Kauf des Gutes Gereuth und der Erhebung in den Adelsstand PRYS, Familie S. 20–24 mit der Transkription des Adelsbriefs auf S. 24f.; ZORN, Jakob (wie Anm. 2) S. 217f. sowie Rolf KIESSLING, Jüdische Geschichte in Bayern. Von den Anfängen bis zur Gegenwart (Studien zur Jüdischen Geschichte und Kultur in Bayern 11, 2019) S. 366f. Allgemein zum jüdischen Adel vgl. Kai DREWES, Jüdischer Adel. Nobilitierung von Juden im Europa des 19. Jahrhunderts (2013).

4 Vgl. PRYS, Familie (wie Anm. 3) S. 26 sowie 41–50; BOSL, Familie (wie Anm. 2) S. 64 und Lilian HARLANDER, „… so ist ein vollkommenes Bräuhaus seiner Vollendung nahe." Die Familie von Hirsch

nach dem Tod Jakobs von Hirsch 1840 zu einer Spaltung der Familie. In Würzburg stand mit Joel Jakob Julius von Hirsch auf Gereuth der Großvater des Adolf Ury der Familie vor, während die Münchner Linie durch Joseph Jakob von Hirsch auf Gereuth repräsentiert wurde[5]. Joel Jakob orientierte sich an dem Weg seines Vaters, gründete ein Bankhaus in Würzburg, agierte als Bankier und Treuhänder für die Könige Max I. Joseph und Ludwig I. sowie zahlreiche andere bayerische Adelige und beteiligte sich unter anderem an Eisenbahnbau und Holzhandel[6]. Nicht zuletzt durch seine gute Vernetzung zum Adel war es ihm möglich, zusammen mit dem Grafen von Giech den Landtagsabschied vom 10. November 1861 durchzusetzen, welcher die harten Vorschriften des Judenedikts von 1813 beseitigte und damit einen langen Kampf Joel Jakobs um die Emanzipation der Juden in Bayern abschloss[7]. Von den elf Söhnen und sieben Töchtern Joel Jakobs von Hirsch-Gereuth schlugen neben anderen Geschwistern auch Karl und Joseph einen anderen Berufsweg als der Vater ein. Nachdem seit 1848 den Juden die Niederlassung als Anwalt erlaubt war, studierten sie beide Jura in Würzburg, Joseph dann auch in Heidelberg[8]. Joseph, der Vater von Adolf Ury, erhielt 1875 das Heimatrecht in Würzburg und verdiente den Unterhalt nach seinem Studium zuerst als Rechtsreferendar, lebte dann aber vornehmlich als Rentier[9].

Wie der akademisch gebildete Vater genoss auch der junge Adolf Ury von Hirsch-Gereuth eine gute Schulbildung. Er besuchte zuerst das Gymnasium in Würzburg und anschließend in Marburg an der Lahn, welches er im Frühjahr 1889 abschloss[10]. Danach entschied er sich für ein Studium der Geschichtswissenschaften und schrieb sich für das Sommersemester 1889 in Bonn ein. Von dort wechselte er zum Wintersemester 1889/90 an die Ludwig-Maximilians-Universität München[11]. Bereits nach zwei Semestern in Mün-

und ihre Schlossbrauerei in Planegg bei München, in: Dies. / Bernhard Purin (Hg.), Bier ist der Wein dieses Landes. Jüdische Braugeschichten (2016) S. 71–93.

5 Zur Münchner Linie vgl. auch Prys, Familie (wie Anm. 3) S. 41–99; Zorn, Jakob (wie Anm. 2) S. 224f.; Gehring-Münzel, Schutzjuden (wie Anm. 2) S. 225f.; Brenner, Untertan (wie Anm. 3) S. 277 und Kiessling, Geschichte (wie Anm. 3) S. 430. Der wohl berühmteste Vertreter dieser Linie war Moritz Freiherr von Hirsch auf Gereuth, der unter anderem den Bau der Eisenbahnstrecke des späteren Orientexpresses organisierte, vgl. dazu Prys, Familie (wie Anm. 3) S. 98f. und Kurt Grunwald, Türkenhirsch. A Study of Baron Maurice de Hirsch, entrepreneur and philanthropist (1966).

6 Vgl. Prys, Familie (wie Anm. 3) S. 26–28 sowie 35–38; Zorn, Jakob (wie Anm. 2) S. 216–223; Bosl, Familie (wie Anm. 2) S. 64f.; Gehring-Münzel, Schutzjuden (wie Anm. 2) S. 88 und 220–230; dies., Die Würzburger Juden von 1803 bis zum Ende des Ersten Weltkriegs, in: Ulrich Wagner (Hg.), Geschichte der Stadt Würzburg 3/1: Vom Übergang an Bayern bis zum 21. Jahrhundert (2007) S. 506–528, hier S. 507 und Kiessling, Geschichte (wie Anm. 3) S. 429–431.

7 Vgl. Prys, Familie (wie Anm. 3) S. 29f. und Bosl, Familie (wie Anm. 2) S. 65. Zu den verschiedenen Anstrengungen und Bemühungen Joel Jakobs um die Emanzipation vgl. Gehring-Münzel, Schutzjuden (wie Anm. 2) S. 379–540.

8 Vgl. Gehring-Münzel, Schutzjuden (wie Anm. 2) S. 512 und dies., Würzburger Juden (wie Anm. 6) S. 511 und 525.

9 Vgl. Strätz, Handbuch (wie Anm. 1) S. 267.

10 Nach seiner eigenen Auskunft in einem Brief an Ernst Dümmler vom 13. April 1897 (MGH-Archiv, B 293) sowie in seinem Curriculum vitae im Universitätsarchiv der LMU (UAM, O-I-76p).

11 Vgl. seine Stellungnahme (UAM, O-I-76p) sowie seine erstmalige Nennung in: Amtliches Verzeichnis des Personals der Lehrer, Beamten und Studierenden an der königlich bayerischen Ludwig-Maximilians-Universität zu München. Winter-Semester 1889/90 (1890) S. 57.

chen begab er sich für das Wintersemester 1890/91 und das Sommersemester 1891 an die Universität Genf, um Französisch zu lernen. Zugleich widmete Adolf sich dort staatswissenschaftlichen Studien[12]. Anschließend kehrte er nach München zum Abschluss seines Studiums zurück und besuchte Vorlesungen und Seminare von Karl Theodor von Heigel (1842–1915), Karl Hermann Heinrich Grauert (1850–1924), Ludwig Ritter von Rockinger (1824–1914), Lujo Brentano (1844–1931), Franz Muncker (1855–1926), Berthold Riehl (1858–1911), Henry Simonsfeld (1852–1913) und Gerhard Seeliger (1860–1921)[13]. Für seine Doktorarbeit reiste er im Wintersemester 1894/95 nach Rom, um dort mit Unterstützung des Preußischen Historischen Instituts im damaligen Archivio Secreto Vaticano (heute Archivio Apostolico Vaticano) einige Abschriften von Kodizes zu besorgen und die päpstlichen Registerbände der Jahre 1270 bis 1285 durchzuarbeiten[14]. Aus Rom zurückgekehrt reichte er seine Doktorarbeit mit dem Titel ‚Die europäische Kreuzzugspolitik von 1270 bis 1285‘ ein, die auf Anregung und unter Betreuung von Karl Theodor von Heigel entstanden war. In den am 5. April 1895 eingegangen Beurteilungen seiner Arbeit sticht vor allem die sehr ausführliche von Karl Hermann Heinrich Grauert hervor, der in besonderem Maße die Vor- und Nachteile der Arbeit darlegte[15]. Nachdem Adolf Ury von Hirsch-Gereuth im Juli 1895 die Promotion zum Dr. phil. beantragte, folgte am 21. Dezember 1895 das Examen rigorosum im Hauptfach Geschichte, geprüft durch Heigel und Grauert, sowie dem ersten Nebenfach Historische Hilfswissenschaften, geprüft durch von Rockinger, und dem zweiten Nebenfach Deutsche Literaturgeschichte, geprüft durch Muncker. Er erhielt von der Kommission die Note magna cum laude[16]. Abschließend verteidigte er seine Dissertation am 13. März 1896[17]. Sie erschien in gedruckter Form noch im Jahr 1896 unter dem leicht geänderten Titel ‚Studien zur Geschichte der Kreuzzugsidee nach den Kreuzzügen‘[18]. Darin dankte er vor allem Karl Theodor von Heigel, Karl Hermann Heinrich Grauert und Henry Simonsfeld als seinen hauptsächlichen Lehrern und Förderern[19]. Bereits während des Studiums besuchte Adolf Ury

12 Vgl. UAM, O-I-76p. Entsprechend dessen fehlt sein Name auch in den Amtlichen Verzeichnissen der LMU.

13 Vgl. dazu seine Angaben im Curriculum vitae (UAM, O-I-76p). – Zu Henry Simonsfeld siehe auch den Beitrag von Claudia Märtl in vorliegendem Band.

14 Hinweise auf seinen Aufenthalt und die dortige Tätigkeit geben sein Curriculum vitae (UAM, O-I-76p), der Eintrag in den Studentenregistern (UAM Stud. BB-27), sein Brief an Ernst Dümmler vom 13. April 1897 (MGH-Archiv, B 293) und das Vorwort zu seiner Dissertation.

15 Die Stellungnahmen haben sich im Universitätsarchiv der LMU unter der Signatur UAM, O-I-76p erhalten.

16 Vgl. dazu das Protokoll des Examens (UAM, O-I-76p).

17 Die öffentliche Einladung zur Verteidigung befindet sich im Universitätsarchiv der LMU (UAM, O-I-76p).

18 Adolf von Hirsch-Gereuth, Studien zur Geschichte der Kreuzzugsidee nach den Kreuzzügen (Historische Abhandlungen 11, Diss. 1896), vgl. auch Jahres-Verzeichnis der an den Deutschen Universitäten erschienenen Schriften 11. 15. August 1895 bis 14. August 1896 (1896) S. 233.

19 Zu Heigel: Erich Marcks, Nekrolog Karl Theodor Heigel, in: Jb. der königlich bayerischen AdW 1916 (1916) S. 151–156 und Karl Alexander von Müller, Karl Theodor von Heigel, in: ders. (Hg.), Zwölf Historikerprofile (1935) S. 61–71. – Zu Grauert: Heinrich Günter, Hermann v. Grauert, in: HJ 44 (1924) S. 169–196 und Winfried Becker, Hermann von Grauert (1850–1924), in: Jürgen Aretz / Rudolf Morsey / Anton Rauscher (Hg.), Zeitgeschichte in Lebensbildern. Aus dem deutschen Katholizismus des 19. und 20. Jahrhunderts 12 (2007) S. 10–21. – Zu Simonsfeld: Wolf Weigand, Henry

auch Vorlesungen zu anderen Themen und setzte dies nach seiner Promotion fort, indem er noch für ein Jahr die Seminare von Karl Krumbacher (1856–1909), Lehrstuhlinhaber für mittelalterliche und moderne griechische Sprache und Literatur, hörte[20].

1897, ein Jahr nach der Erlangung der Doktorwürde, empfahl Karl Grauert genauso wie Henry Simonsfeld – ein Schüler von Georg Waitz (1813–1886) aus den letzten Jahren seiner Göttinger Zeit, bevor Waitz Vorsitzender der Zentraldirektion der MGH wurde – den jungen Hirsch-Gereuth dem damaligen Vorsitzenden der Zentraldirektion Ernst Dümmler (1830–1902); allerdings nur als Ersatz für Grauerts Schüler Max Jansen, späterer Professor an der LMU München, der zu diesem Zeitpunkt eine Anstellung im herzoglichen Schloss in Sagan (Provinz Schlesien, heute Żagań/Polen) hatte und an seiner Habilitation arbeitete[21]. Seinen Arbeitsvertrag für die Abteilung Epistolae unterschrieb Adolf Ury am 1. Oktober 1897 als Nachfolger des ausgeschiedenen Karl Hampe (1869–1936)[22]. Dafür bezog er Ende September die durch Dümmler organisierte Wohnung in der Mittelstraße 46/I in Berlin[23]. In den folgenden zwei Jahren arbeitete Hirsch-Gereuth an ausgewählten Briefen der Päpste Sergius' II., Leos IV. und Benedikts III. sowie am Register des entsprechenden Epistolae-Bandes[24]. Daneben rezensierte er weiterhin für seinen ehemaligen Lehrer Karl Krumbacher in der byzantinischen Zeitschrift[25]. Im Laufe des Jahres 1899 schied er höchstwahrscheinlich auf eigenem Wunsch nach Vollendung seiner Arbeit aus dem Dienst der MGH aus[26]. Auch

Simonsfeld (1852–1913), Historiker in München, in: Manfred Treml / Wolf Weigand / Evamaria Brockhoff (Hg.), Geschichte und Kultur der Juden in Bayern. Lebensläufe (Veröffentlichungen zur bayerischen Geschichte und Kultur 18, 1988) S. 189–194 sowie den Beitrag von Claudia Märtl in vorliegendem Band.

20 Vgl. seinen Brief an Ernst Dümmler vom 13. April 1897 (MGH-Archiv, B 293). Neben seinen zahlreichen geschichtswissenschaftlichen Seminaren interessierte sich Adolf Ury während seines Studiums anscheinend vor allem für Staatswirtschaft und hörte neben Lujo Brentano auch Walter Lotz, vgl. UAM, Stud. BB-28.

21 Vgl. dazu den Brief Grauerts an Ernst Dümmler vom 3. April 1897 (MGH-Archiv, B 76).

22 Der Mitarbeitervertrag hat sich im MGH-Archiv, 338/193 erhalten. Vgl. dazu auch: Bericht über die vierundzwanzigste Plenarversammlung der Centraldirection der Monumenta Germaniae. Berlin 1898, in: NA 24 (1899) S. 1–8, hier S. 7 und Harry Bresslau, Geschichte der Monumenta Germaniae historica (NA 42, 1921) S. 696. Zu Karl Hampe ausführlich Folker Reichert, Gelehrtes Leben. Karl Hampe, das Mittelalter und die Geschichte der Deutschen (Schriftenreihe der HiKo 79, 2009).

23 Vgl. seinen Brief an Ernst Dümmler vom 26. September 1897 (MGH-Archiv, B 293).

24 Epistolae selectae Sergii II., Leonis IV., Benedicti III., pontificum Romanorum, ed. Adolf von Hirsch-Gereuth, in: MGH Epp. Karolini aevi 3 (MGH Epp. 5, 1899) S. 581–614. Zu seiner Tätigkeit vgl. den Bericht über die fünfundzwanzigste Jahresversammlung der Centraldirection der Monumenta Germaniae historica. Berlin 1899, in: NA 25 (1900) S. 1–9, hier S. 7 sowie das Protokoll der Zentraldirektionssitzung 1898 (MGH-Archiv, 338/43 S. 114) und den Bericht über die sechsundzwanzigste Jahresversammlung der Centraldirection der Monumenta Germaniae historica. Berlin 1900, in: NA 26 (1901) S. 1–8, hier S. 7.

25 So etwa Adolf von Hirsch-Gereuth, Rez. N. Jorga, Philippe de Mézières (1327–1405) et la croisade au XIVe siècle, in: Byzantinische Zs. 8 (1899) S. 532–535 und ders., Rez. Georg Caro, Genua und die Mächte am Mittelmeer (1257–1311), in: Byzantinische Zs. 9 (1900) S. 548f. Jeweils ein Brief zu diesen beiden Rezensionen an Karl Krumbacher findet sich in: BSB, Krumbacheriana I.

26 Dies lässt sich zumindest aus dem Bericht anlässlich der Zentraldirektion 1899 (MGH-Archiv, 338/43 S. 173) erschließen, in dem es heißt: „*[...]* ist von dem Mitarbeiter Dr. von Hirsch-Gereuth für den Druck vorbereitet worden. Derselbe hat auch die Ausarbeitung des Registers übernommen, um dann aus

danach versuchte er, zu seinem ehemaligen Vorgesetzten Dümmler Kontakt zu halten, und plante auch, einen Beitrag für dessen Festschrift zu verfassen. Zu diesem Zeitpunkt befand sich Adolf Ury bereits wieder in München und arbeitete an seiner Habilitation mit der Absicht, sich entweder in Zürich oder am Polytechnikum München auf eine Professur zu bewerben[27]. Jedoch sollte weder seine Habilitation noch ein weiterer wissenschaftlicher Beitrag von diesem jungen Gelehrten erscheinen. Allerdings war er noch einige Male als Rezensent tätig[28]. 1904 heiratete Adolf von Hirsch-Gereuth in Moskau Raissa Poliakoff[29]. Über sein weiteres Leben wissen wir nichts und es kann nur gemutmaßt werden, ob er ähnlich wie sein ältester Bruder Gabriel als Privatgelehrter und Rentier tätig war.

Adolf Ury von Hirsch auf Gereuth starb im Alter von 58 Jahren am 28. Dezember 1925 im schweizerischen Genf. Somit erlebte er zwar den 1. Weltkrieg, aber nicht mehr die Schrecken der Herrschaft der Nationalsozialisten. Diese bekam sein jüngerer Bruder Paul Alarich zu spüren, der im Novemberpogrom 1938 zuerst kurz in Schutzhaft genommen und dann am 20. Oktober 1941 von Frankfurt am Main ins Ghetto Lodz deportiert wurde. Dort verstarb Paul von Hirsch auf Gereuth am 26. August 1942[30].

Abstract: Adolf Ury von Hirsch-Gereuth (also known as 'Hirsch auf Gereuth'), was born in Southern France in 1867, a scion of an important Bavarian dynasty of Jewish court factors. The family wealth originated with a bank founded in 1800 by Jacob Hirsch, who rose to become court factor to the Bavarian king and, after acquiring the knightly estate of Gereuth, was raised to the nobility in 1818. Adolf Ury belonged to the Wurzburg line of the family Hirsch-Gereuth, who were traditionally lawyers and bankers. He attended school in Wurzburg and Marburg, completing gymnasium in 1889. Choosing to study history, he went to university in Bonn, Geneva, and Munich, attending lectures and courses by leading historians. In 1895, Hirsch-Gereuth completed his doctoral thesis in Munich under Theodor von Heigel on the subject of European crusade politics from 1270 to 1285, which he published under the title 'Studien zur Geschichte der Kreuzzugsidee nach den Kreuzzügen'. Through Karl Grauert, he was engaged by the MGH to edit the selected letters of Popes Sergius II, Leo IV, and Benedict III for volume three in the series Epistolae Karolini aevi. With the publication of this volume in 1899, Hirsch-Gereuth ended his work for the MGH. He started writing a habilitation thesis, but did not complete it and seems to have given up his academic goals in favour of living as a private scholar. He died in Geneva in 1925.

dem Dienste der Mon. G. auszuscheiden". Eventuell kam Adolf auch mit der Arbeitsweise der MGH nicht zurecht, so musste etwa das Register nach einem Bericht Ernst Dümmlers im Rahmen der Zentraldirektion 1900 (MGH-Archiv, 338/43 S. 229) völlig überarbeitet werden.

27 Vgl. dazu seinen Brief an Ernst Dümmler vom 30. April 1900 (MGH-Archiv, B 293).

28 So etwa: Adolf von Hirsch-Gereuth, Die Malereien der Biccherna und Gabella von Siena, in: Monatsbericht über Kunstwissenschaft und Kunsthandel 2/1902 (1902) S. 360–363 und ders., Rez. Walter Norden, Das Papsttum und Byzanz, in: Byzantinische Zs. 18 (1909) S. 574–578.

29 Vgl. Strätz, Handbuch (wie Anm. 1) S. 268.

30 Vgl. dazu Strätz, Handbuch (wie Anm. 1) S. 268 und den Eintrag im Memorial Book. Victims of the Persecution of Jews under the National Socialist Tyranny in Germany 1933–1945, BArch online unter https://www.bundesarchiv.de/gedenkbuch/en883707 [Link abgerufen am 15.3.2023].

Philipp Jaffé (1819–1870)

von
Daniel R. Schwartz

Philipp Jaffé

It is not at all clear that Philipp Jaffé would be happy were he to know that a chapter about him appears in a collective volume about Jewish 'Mitarbeiter' of the MGH[1]. Neither characterization of him is without its complications and qualifications. "Jewish": True, Jaffé made no secret of the fact that he was Jewish, it was well-known, and it did place some legal and other restrictions on his career. Nevertheless, in his professional life, both before his MGH years (1854–1863) and after them, it was not often mentioned; it seems to have functioned only marginally, and in any case was not the type of thing thought to be relevant or to be mentioned by gentlemen. Moreover, his work, virtually all in Latin, focused on Christian texts, Christian institutions, popes, bishops, abbots, monks, and saints, and he died as a Christian. "Mitarbeiter of the MGH": while he was one for almost nine years, the last six months of that were only under duress; those years were followed by another almost seven during which he

1 This essay is based on the author's book: Daniel R. Schwartz, Between Jewish Posen and Scholarly Berlin: The Life and Letters of Philipp Jaffé (2017). Jaffé's letters are cited and numbered in this book. – See also Annette Marquard-Mois, First promoted, then defamed – Philipp Jaffé, in: Between Patriotism and Exclusion – Jewish Scholars at the MGH (Virtual exhibition 2021; https://visit.mgh.de/en/jew-em/philipp-jaffe) [all links in this paper were last viewed on 15 March 2023]. The exhibition, which is accessible in English and German, presents, in image and text, documents from the MGH archives that pertain to Philipp Jaffé (among others).

demonstratively competed with the MGH and was at war with its director; and in any case he probably would have preferred to be remembered more for the works he produced all by himself, before and after his MGH years.

But Jaffé was a Jew, and that fact was of fundamental significance in shaping the course of his tragic life. His personal life focused on his Jewish family in Posen, as is shown by his surviving letters, and he also maintained ties with Jews in Berlin and attended events of the Berlin Jewish community; more importantly, almost to the end of his life he chose to pay the price of refusal to be baptized, passing up opportunities to be appointed to desirable positions denied him on that account. And if he was a 'Mitarbeiter' of the MGH only during some nine years of his life, they were very productive years. Moreover, Jaffé's relations with the MGH's director, Georg Heinrich Pertz (1795–1876) – his good relations before and during his MGH years, and his war with him after them – were arguably the most formative factor of his career.

The tensions, contradictions, and frustration that affected the lonely scholar in Berlin, who remained true to his Jewish family in Posen but devoted his days and nights to materials they could neither understand nor respect, and whose loyalty to his family held him back from reaching positions commensurate with his talents and accomplishments and comparable to those attained by colleagues he was sure he surpassed, constitute the background for his eventually becoming "brouillé avec la vie", as his patron Theodor Mommsen (1817–1903) would put it a few days after Jaffé's suicide[2]. His story is a tragic one, and when Jaffé took the final two steps of his life, namely baptism (1868) and suicide (1870), acquaintances may well have wondered, as we might wonder today, why he waited so long, or how he managed to do so.

Jaffé's short life is best understood, in the current context, in three chapters, each of which linked quite significantly to the MGH. The first defined his career and culminated with his joining the MGH; the second was the nine-year period in which he worked at the MGH; and the third begins with his slamming the door on the MGH and declaring war on its director, and ends with his death.

1. Finding His Way: From Posen to Berlin, from Jewish History to German History, from History to Philology, and so to the MGH (1819–1854)

Jaffé was born on 17 February 1819 in Schwersenz (today: Swarzędz, Poland) – a town east of Posen, which had been undergoing Prussification since annexation in 1793, but where traditional Judaism was still very strong. As such, Jews in Posen had to choose between east and west, tradition and modernity. Jaffé's family, headed by Elias Jaffé (1794–1866), who was a direct descendant of an extremely prominent and influential Posen rabbi of the sixteenth century (Mordechai Jaffé, known as 'the Levush', the name of his most important work) and seems to have lived a fairly traditional Jewish life, chose west. At a time in which such names as Mordechai, Moritz and Esaias (= Isaiah) were still common in other branches of the Jaffé family, Elias's children were named Philipp, Ernestine, Clara, Emma, and Fanny. Philipp, accordingly, although he evidently received some rudimentary Jewish education (as may be

2 See SCHWARTZ, Between Jewish Posen (as above note 1) p. 86.

seen in the few places in which he applies knowledge of Hebrew in his scholarship), and although he was very familiar with the Jewish holidays and basic customs (as is often testified by his letters)[3], was not sent to a traditional elementary school ('ḥeider') or yeshiva. Rather, after a Jewish elementary school that conformed to Prussian requirements, he continued on first to Posen's Marien-Gymnasium and then to its Friedrich-Wilhelm Gymnasium.

Philipp's mother died in 1821, and probably a decade went by before Elias remarried; his second wife, Pauline Berlack (1809–1900), bore him four daughters, beginning in 1835. Thus, most of Philipp's first decade was without a mother, Pauline came into his life only when he was ten or older, and she had four children of her own. Despite his regular use of "liebe Mutter" or "theuerste Mutter" in his letters, one may wonder how deep the relationship between them could have been. Loneliness began early for Philipp Jaffé.

Elias Jaffé was a businessman, and assumed that his son would become one as well, and so he sent Philipp off, at the age of nineteen, to an apprenticeship in a Berlin bank. The bank was in a very Jewish neighborhood of Berlin, and apparently had a Jewish proprietor; Elias, that is, did not intend to start Philipp out on a wholly new path. But once one moves from the province to the capital, things can have dynamics of their own, especially for someone with a gymnasium education and a penchant for literature: in letters of 1838–1839[4], Philipp refers to his love for Cervantes and Shakespeare, to his own novels (of which, unfortunately, nothing seems to survive), and, correspondingly, to his boredom at the bank.

Jaffé soon began to relieve that boredom by spending his lunch-breaks at the university, listening to lectures on modern history by Friedrich von Raumer (1781–1873) in 1838 and by Leopold von Ranke (1795–1886) in 1839. In 1840 he managed to escape the bank and register as a fulltime student, and – able as he was to depend on the Latin he learned in his gymnasium years – began to focus on medieval German history. These were the heady years in which Ranke, then between his Die römischen Päpste (1834–1836) and his Neun Bücher preußischer Geschichte (1847/48), held sway as the dean of historical study, and Jaffé soon became a regular participant in his seminars.

True, at first even in his studies Jaffé maintained a significant Jewish context. As early as 1841 he began to publish, in 'Der Orient' (a proto-Zionist periodical), a series of Beiträge zur Geschichte der Juden im Mittelalter, and after that broke off after two installments, he went on to publish in the same periodical, between November 1842 and December 1843, a series of twenty Urkunden zur Geschichte der Juden im Mittelalter, each offering the Latin original and German translation of a relevant medieval text[5]. Those were eventually collected and published in 1844 as a small volume, optimistically dubbed "Erstes Heft" by its editor, Julius Fürst, who expressed the hope that this would be the beginning of a larger and more comprehensive project[6]. Moreover, that year the eldest of Philipp's sisters, Ernestine, married

3 See Schwartz, Between Jewish Posen (as above note 1) p. 11.

4 Jaffé, letters 1–3, in: ibid. pp. 97–105.

5 On the Beiträge, see Benjamin Zeev Kedar, Zwei bislang übersehene Frühwerke von Philipp Jaffé, in: DA 76 (2020) pp. 641–651. – On the Urkunden, see Schwartz, Between Jewish Posen (as above note 1) pp. 17–18.

6 Philipp Jaffé, Urkunden zur Geschichte der Juden: In ihren Originalsprachen gesammelt und mit einer deutschen Uebersetzung versehen, Erstes Heft, ed. Julius Fürst (1844) p. VIII.

and moved to Berlin; she too, his only full sibling, lived in a very Jewish neighborhood and Jaffé visited her often, especially after the birth of her son made him an uncle.

However, these were the years in which Ranke and his students were engaged in producing volumes of Jahrbücher des deutschen Reichs, years in which – as already in the MGH's slogan, 'sanctus amor patriae dat animum' – medieval German history and modern German nationalism went together, hand in hand. Jews and their history had little role to play in either of those, and Jaffé was soon swept up into the more general orientation; there would be no follow-up to either series in 'Der Orient', no second Heft of Urkunden. Rather, in 1842 Jaffé devoted his energies to producing a 57-page prize composition in Latin on the twelfth-century King Lothar of Saxony. That was followed in 1843 by a full-length (280-page) German monograph on the same topic, and that, in turn, was followed two years later by another even longer (360-page) monograph, on Lothar's successor, Conrad III.[7]

These first two erudite volumes placed Jaffé squarely on the map of the study of medieval German history. However, they were not very well received. While critics were full of praise for Jaffé's "Akribie" and skillful use of sources, they were far less positive about his talent as an author or as an historian. He was accused of hewing too close to the sources, and of writing in a lifeless style. In the world of 'philologisch-historische Geschichtswissenschaft', all agreed that his talents located him plainly to the left of the hyphen – and there his work would henceforth remain, in a way we may see as already adumbrated, in his work on Jewish history, in his move from Beiträge to Urkunden. Although he clearly had it in him to write vigorous and high-flying prose, as his letters show (and recall the 'novels' of his youth), from now on his oeuvre was to consist, for the most part, of copying, emending, summarizing, and annotating manuscripts produced by others centuries before him. And it is at this point, quite appropriately, that his connection with the MGH begins to bud.

Namely, Jaffé's work involved long hours in the reading room of the royal library in Berlin, of which the chief librarian was Georg Heinrich Pertz, who also headed the MGH. A relationship developed between the two medievalists, with Pertz, who was a quarter-century older than Jaffé, playing the role of a benevolent patron. Pertz helped Jaffé publish his work on Conrad (with Hahn, the MGH's publisher), and Jaffé thanked him profusely and dedicated the volume to him. Then Pertz was instrumental in getting Jaffé a grant to help him with his next project, a 980-page tome of summaries of papal documents that Jaffé prepared singlehandedly and published – again with profuse thanks to Pertz – in 1851: Regesta pontificum romanorum.

The Regesta was greeted enthusiastically on all sides. Scholars' enthusiasm, however, and even official praise from the Vatican, could not put bread on Jaffé's table. Indeed, by the time his Regesta appeared, Jaffé, realizing his path to an academic career was blocked by his religion, seemed already to have given up and gotten practical. He began medical studies in Berlin in 1850 and went on to pursue them in Vienna (1851–1853), returning to Berlin for examinations and earning his license there early in 1854. But that too turned out to be a dead end: the practice he opened did not attract patients (in his letters of April-May 1854, he

7 Philipp Jaffé, Geschichte des deutschen Reiches unter Lothar dem Sachsen: Eine von der philosophischen Fakultät zu Berlin gekrönte Preisschrift (1843); Philipp Jaffé, Geschichte des deutschen Reiches unter Conrad dem Dritten (1845).

keeps track of how many patient-less weeks went by)[8], his debts accumulated, and anyway his heart was not in it. Indeed, even during his medical studies, he had continued to pursue his first love: his Latin dissertation for his Dr. med. degree was on the history of medicine in the twelfth century[9], and, as he reports[10], even alongside his medical studies he found the time to seek out and find new materials to supplement his Regesta.

So it was that, in the spring of 1854, with no future in the profession he loved nor in the profession he had undertaken, and on the verge of bankruptcy, he was about to move back to Posen and live with his parents – which would have amounted to a virtual admission that he had wasted the first thirty-five years of his life. Just then, however (as he reports to his parents in an excited letter of 31 May 1854[11]), after he had already given up his lease in Berlin and was about to leave for Posen, Pertz – who had heard of his predicament – offered him a position at the MGH[12]. That salvation, 'deus ex machina', had been made possible by the appointment of Jaffé's fellow Ranke student, Wilhelm Wattenbach (1819–1897), to a position as archivist in Breslau. Although Jaffé might well have been jealous, he was also certainly happy to take up the MGH position that Wattenbach vacated.

2. Jaffé at the MGH (1854–1862)

Jaffé's years at the MGH began, apparently, as the happiest years of his life. He was being paid a salary to do what he loved to do, and he was suddenly self-sufficient (in part because he did not give up his medical practice and now and then it brought in some profit): after years in which he was frequently asking his parents to send him money, apparently from an inheritance managed by his father[13], now he could proudly report, as early as 1854/1855[14], that he had the means to buy himself a coat and a desk. If late in 1855 he wrote his step-mother that he had never been happier[15], that had everything to do with his work at the MGH, for which his enthusiasm and loyalty knew no bounds[16], and at which he thrived. Indeed, within not much more than a year Pertz was relating to him as the entire project's mainstay and coordinator[17]. That reflected both Pertz's recognition of the high caliber of Jaffé's work and his realization that, as opposed to other young gifted scholars for whom work at the MGH was just a passing stage on the way to an academic appointment, Jaffé, as a Jew, had no such option and could be expected to stay on and on. And he did, working away: his contributions

8 Jaffé, letters 54–57, ed. Schwartz, Between Jewish Posen (as above note 1) pp. 171–178.

9 Philipp Jaffé, De arte medica saeculi XII. dissertatio (Diss. Med. Berlin, 1853).

10 Jaffé, letters 23, 33, 43, ed. Schwartz, Between Jewish Posen (as above note 1) pp. 129–131, 141–144, 156–160.

11 Jaffé, letter 58, ed. Schwartz, Between Jewish Posen (as above note 1) pp. 178–180.

12 For the image and the text of the MGH work contract with Philipp Jaffé, written by G.H. Pertz, 01.10.1854 (MGH archive B 78) see: Marquard-Mois, Philipp Jaffé, virtual exhibition (as above note 1) no. 4.

13 Jaffé, letters 13, 14, 20, 25, 39, 41, 43, 48, ed. Schwartz, Between Jewish Posen (as above note 1) pp. 117–119, 119–120, 127, 133–135, 150–151, 153–154, 156–160, 163–164.

14 Jaffé, letters 65–66, ed. Schwartz, Between Jewish Posen (as above note 1) pp. 188–190.

15 Jaffé, letter 68, ed. Schwartz, Between Jewish Posen (as above note 1) pp. 192–193.

16 Jaffé, letters 59, 109, ed. Schwartz, Between Jewish Posen (as above note 1) pp. 180–183, 246–249.

17 Jaffé, letter 67, ed. Schwartz, Between Jewish Posen (as above note 1) pp. 190–192.

to Scriptores XII, XVII, and XVIII (which appeared, respectively, in 1856, 1861, and 1863) amounted to more than 770 pages, and at his peak, in vol. XVII, he was responsible for 40 percent of the volume[18]. And he also enjoyed a number of successes that brought him national and even international recognition. One of them – his last-minute rescue of the director of the Munich Reichsarchiv from some embarrassing errors in a forthcoming edition of a tenth-century text – even resulted, in 1859, in a grateful offer of a prestigious assignment: the editing of the Reichstag documents, which came along with a teaching position at the University of Munich. Jaffé, however, turned it down in order to stay in Berlin and at the MGH – where, perhaps in response to this offer, Pertz raised his salary significantly[19]. Another such offer, reflecting Jaffé's international reputation by then, will be discussed below.

At the same time, his relationship with his family, which he had always cultivated quite intensively, as his letters show, became attenuated. Years, distance, and devotion to work all took their toll. Ernestine died in 1851, and after her husband remarried in 1853[20] Philipp had very little contact with him or with his nephew. Again, although Clara, his favorite sister, visited him in Berlin in 1854 and he was happy to attend her wedding in Posen in 1855[21], she died only a few years later (1858); in 1861 and 1864, respectively, Jaffé failed to attend the Posen weddings of his two other sisters, excusing himself due to the demands of his work[22]. Indeed, he was busy, but we may add that he could hardly have known either of those sisters, for one was only an infant when he left Posen for Berlin and the other was born even later. As for his stepmother, to whom he had earlier related with the greatest respect and affection: if late in 1855 he could not bring himself to reject her attempt at matchmaking, and so agreed reluctantly to let her try, he was nonetheless jubilant when she failed, comparing himself lyrically to a bird released from a cage – and she, understandably, resented that[23]. In subsequent years his letters become less frequent than earlier, and by 1865 we hear of her visiting Berlin for several days without notifying or visiting him. Jaffé was put out by that, just as he also complained then about the infrequency with which his father wrote him[24] – but however heart-felt the complaint was, the fact was that he got what he deserved, given the fact that, from the outset of his work for the MGH, he abstained from visiting Posen for eight years and when he finally did visit his parents, in 1863, it was only for two to three days[25]. Thereafter we hear of only one more visit home, in 1864, and that it too was short and during it he spent a good part of the time working on his manuscripts[26].

---

18 For a list of ninety-four contributions by Jaffé to these volumes of MGH Scriptores, along with another four that he left behind at the MGH and appeared in later volumes (including two long Paduan texts in Scriptores XIX), see the online Regesta imperii website.

19 Jaffé, letters 91, 108–109, ed. Schwartz, Between Jewish Posen (as above note 1) pp. 226–227, 245–249.

20 Jaffé, letter 36, ed. Schwartz, Between Jewish Posen (as above note 1) pp. 146–147.

21 Jaffé, letter 66, ed. Schwartz, Between Jewish Posen (as above note 1) pp. 189–190.

22 Jaffé, letters 126, 168, ed. Schwartz, Between Jewish Posen (as above note 1) pp. 265–266, 306–307.

23 Jaffé, letters 68–70, ed. Schwartz, Between Jewish Posen (as above note 1) pp. 192–195.

24 Jaffé, letter 171, ed. Schwartz, Between Jewish Posen (as above note 1) pp. 309–310.

25 Jaffé, letter 151, ed. Schwartz, Between Jewish Posen (as above note 1) p. 293.

26 Jaffé, letter 174, ed. Schwartz, Between Jewish Posen (as above note 1) pp. 312–314.

Thus, Jaffé's years at the MGH, from the age of thirty-five until just after his forty-third birthday, which saw him achieve great professional success, naturally tilted the balance of his life all the more away from his Jewish roots and family. This was to be expected from someone who, instead of visiting Posen, spent long periods of every year on the road, traveling from monastery to monastery to copy manuscripts about monks and abbots, bishops and popes.

But that growing isolation from his family was not compensated for by friendships in Berlin. Jaffé, whether by temperament, or because he was Jewish, or for both or other reasons, seems not to have had any deep and serious friendships. True, he was in frequent contact with Mommsen, and they did numerous favors for each other (such as Jaffé's contributions to Mommsen's work on the Digesta and Mommsen's work on Jaffé's eventual appointment in Berlin; see below). But I see no evidence of shared social life or even of cordiality, and although Mommsen always wrote Jaffé as "lieber Freund", of Jaffé's twenty-eight letters to Mommsen printed in my book Between Jewish Posen and Scholarly Berlin, all of the 1860s, all but two open with "Hochverehrter Herr Professor" (the other two omit only "Professor") and close with "Ihr ergebenster Jaffé" or the like. Wattenbach was a friend, but he was hundreds of miles away, in Breslau or (from 1862) in Heidelberg, just as Hermann Hüffer (a confidant; 1830–1905)[27] was in Bonn and Ottokar Lorenz (1832–1904) – who would later defend Jaffé's memory vigorously[28] – was in Vienna; anyway, the latter two were, given their age, more in the category of acolytes or disciples than friends. According to Alfred Dove (1844–1916), Jaffé deliberately limited his contacts, even with his friends, to scholarly matters[29]. Jaffé could survive such isolation as long as things were going well. He worked alone, traveled alone, lived alone. But all good things come to an end.

3. Feuding, Exhaustion, Baptism, Impending Humiliation, and Suicide (1862–1870)

Jaffé's idyll at the MGH came to a sudden end in the summer of 1862, when he became convinced that Pertz had torpedoed an initiative that would have allowed him to move up to a senior position. Namely, in 1860 Francesco Bonaini (1806–1874) asked Pertz if Jaffé might be interested in taking over the directorship of the historical archives of Florence – a prestigious position comparable to the one for which Wattenbach had left the MGH in 1854. Pertz told Jaffé about the inquiry, and he, who anyway loved Italy, expressed great interest and wrote ecstatically about it to his parents[30]. Somehow, however, the offer fizzled away, and by June of 1860 Jaffé was informed that it was no longer being considered[31]. When in the summer of 1862 Jaffé learned, or at least became convinced, that it was Pertz (who wanted to keep Jaffé in his own stable) who had brought the Italians to abandon the notion, he was furious

27 Hermann Hüffer, Lebenserinnerungen, hg. von Ernst Sieper (neue Ausgabe, 1914).

28 Ottokar Lorenz, Philipp Jaffé †, in: Zs. für die österreichischen Gymnasien 21 (1870) pp. 276–284 (also published separately as idem, Zur Erinnerung an Philipp Jaffé [1870]), also idem, Über das Chronicon Thuringicum Viennense: Eine Antwort auf die von Herrn Prof. G. Waitz (Nachrichten der k. Ges. der Wiss. in Göttingen 1870, Nr. 23) aufgestellten Behauptungen (1871).

29 Alfred Dove, Philipp Jaffé, in: ADB 13 (1881) p. 641.

30 Jaffé, letter 110, ed. Schwartz, Between Jewish Posen (as above note 1) pp. 249–250.

31 Jaffé, letter 114, ed. Schwartz, Between Jewish Posen (as above note 1) p. 253.

and immediately tendered his resignation[32]. Pertz accepted it, but held Jaffé to the terms of his contract, which required six months' notice, so it was only early in the spring of 1863 that Jaffé was able to leave the MGH. But although he was thereafter no longer employed by the MGH, he was "heftig erbittert" against Pertz and, as we shall see, far from free of his shadow[33].

Jaffé's ability to act on his resentment and leave the MGH was made possible by the successful campaign of Mommsen, supported by Ranke and others, to have the University of Berlin create, for Jaffé, an adjunct ('ausserplanmäßig') professorship of historical 'Hilfswissenschaften'. So it happened that Jaffé became the first Jewish professor at the University of Berlin (apart from medicine). And he devoted himself to this new position; note, especially, the paleographic textbook that he immediately created and published for his students[34], the detailed lecture notes that have been preserved[35], and words of praise published by numerous students[36]. More importantly, and fatefully, however, he also became and remained the implacable enemy of his erstwhile patron and benefactor, Pertz. Over the next several years, the conflict between Jaffé and Pertz, with allies on both sides – including Jaffé's disciple, Max Lehmann (1845–1929), on the one hand, and Pertz's son, Karl (1828–1881), on the other, was to provide a very dominant context for medieval scholarship in Berlin and elsewhere, with war being waged in footnotes, book reviews, letters, public insults, and more.

To some extent, this was productive, insofar as it goaded both sides into action; as the ancient rabbis put it, 'jealousy among scholars makes wisdom grow'. The most tangible result of that are the six massive volumes of Jaffé's Bibliotheca Rerum Germanicarum, of which the preface of the first is signed in February 1864, so Jaffé must already have been working on it while still serving out his time at the MGH. Each volume, a collection of texts related to a certain place or individual (but, as opposed to the MGH's volumes, including different genres of texts), averaged some 700 pages and was basically an attempt by Jaffé to outdo the MGH all by himself – and some reviewers were convinced that he succeeded[37]. These volumes, reprinted in 1964, are lasting contributions to scholarship, just as Jaffé's Regesta, which appeared in a second edition in 1885–1888 and was reprinted in 1956, is still an "indispensable tool for research"[38] and is now being updated by the 'Neue Jaffé' project of the Göttingen Academy of Sciences.

32 For the image and text of Philipp Jaffé's letter of resignation written to Georg Heinrich Pertz, 18.08.1862 (MGH archive B 138/2) see Marquard-Mois, Philipp Jaffé, virtual exhibition (as above note 1) no. 6.

33 For details, see Schwartz, Between Jewish Posen (as above note 1) pp. 34–41. – "Heftig erbittert": Hüffer, Lebenserinnerungen (as above note 27) p. 125. – For Bresslau's report on the conflict between Jaffé and Pertz see the paper of Anne C. Nagel in this volume.

34 Philipp Jaffé, Diplomata quadraginta ex archetypis (1863). Jaffé prepared this so as not to have to depend on the hitherto standard textbook: Georg Heinrich Pertz, Schrifttafeln zum Gebrauch bei diplomatischen Vorlesungen (1844–1845, with later supplements).

35 On Latin paleography and chronology see, respectively, Harry Bresslau, Berliner Kolleghefte, 1866/67–1869 (ed. Peter Rück 2007) pp. 83–116 and below, n. 50.

36 Schwartz, Between Jewish Posen (as above note 1) p. 43, n. 181.

37 See ibid. pp. 46–47.

38 Herwig Weigl, Papal Bulls, in: Handbook of Medieval Studies 3, ed. A. Classen (2010) p. 1964.

But there were also, of course, downsides to this energetic competition. The first is that it was simply nasty: petty reviews, name-calling, and biased scholarship[39]. The second is that it was debilitating, and Jaffé was not very healthy: in 1861 he became very ill during a trip to Italy and needed weeks to recover[40], in 1863 he again reports being sick at home for weeks[41], and in 1864 the strain of working all by himself[42] on herculean projects became too much and he suffered something of a burnout. A long vacation of hiking in Switzerland helped him get over it[43], but afterward he returned to his usual habits and their deleterious effects. If already in 1862 Jaffé was pessimistic enough to write his step-mother that it was certainly too late to think of involving him in long-term projects ("so nachhaltige Unternehmungen", probably marriage[44]), by 1868 those who knew him were speaking of him as being depressed, hallucinating, and possibly suicidal[45].

Moreover, late in 1866 his father died. Philipp had had a very firm attachment to his father, despite the distance, and his death cut Philipp's significant link to his Jewish roots. After waiting out the traditional Jewish year of mourning, he was baptized at Berlin's Petri-Kirche on 6 February 1868, taking the name Otto. This was, more or less, the natural conclusion of the process that had been underway from the day he arrived in Berlin in 1838, if not from the day he first began his studies at the Marien-Gymnasium. While we don't know to what extent baptism reflected any spiritual tendency on Jaffé's part, it certainly reflected the social realities of his life since his teens.

Baptism should have opened doors for Jaffé, and it did. In 1868 Bonaini renewed his efforts to bring Jaffé to Florence, but now Jaffé refused[46], and in January of 1870 the University of Bonn's Faculty of Humanities, noting that "Der europäische Ruhm desselben überhebt uns jeder näheren Begründung unseres Antrags", voted to appoint Jaffé to a full professorship, and passed the proposal up the line to the university's administration[47]. Approval was expected as a matter of course, and that would have brought Jaffé, finally, at the age of fifty-one, to the pinnacle of his career – but it was not to happen. Before the bureaucratic wheels in Bonn finished turning, Jaffé committed suicide on 3 April 1870.

39 See, for an example from each side, Pertz's complaints (in: Göttingische Gelehrte Anzeigen 1868 [21 October 1868] pp. 1687–1688) about some orthographic errors by Jaffé, and Jaffé's long list of mistakes in Pertz's edition of Einhard's life of Charlemagne (Bibliotheca Rerum Germanicarum 4, pp. 503–505). – For more of the same, see Schwartz, Between Jewish Posen (as above note 1) pp. 47–49. Similarly, note that the 1867 doctoral dissertation of Jaffé's disciple, Max Lehmann, is a hatchet job on a MGH edition prepared by Pertz's son, Karl; see Schwartz, Between Jewish Posen (as above note 1) p. 367.

40 Jaffé, letters 129–130, ed. Schwartz, Between Jewish Posen (as above note 1) pp. 270–274.

41 Jaffé, letter 156, ed. Schwartz, Between Jewish Posen (as above note 1) p. 297.

42 See Theodor Sickel's comments in his review of the posthumous sixth volume of Jaffé's Bibliotheca Rerum Germanicarum, in: HZ 32 (1874) p. 353.

43 Jaffé, letters 160–162, ed. Schwartz, Between Jewish Posen (as above note 1) pp. 300–302.

44 Jaffé, letter 136, ed. Schwartz, Between Jewish Posen (as above note 1) p. 282.

45 See Hüffer, Lebenserinnerungen (as above note 27) p. 204; Dove, Philipp Jaffé (as above note 29).

46 Jaffé, letters 214–215, ed. Schwartz, Between Jewish Posen (as above note 1) pp. 345–347.

47 See Paul Egon Hübinger, Das historische Seminar der Rheinischen Friedrich-Wilhelms-Universität zu Bonn: Vorläufer, Gründung, Entwicklung – Ein Wegstück deutscher Universitätsgeschichte (Bonner historische Forschungen 20, 1963) pp. 293–294.

Scholars who study suicide point to underlying causes and to proximate catalysts. For Jaffé it is fairly easy to point to one, perhaps two, of the latter. First, it appears that Jaffé knew, by the middle of March of 1870, that a serious scholarly mistake of his was about to be exposed, and that – by a competitor of his who was, to make things worse, a loyal supporter of Pertz. Namely, Georg Waitz (1813–1886) of Göttingen, arguably Germany's leading medievalist of the day, who was soon to succeed Pertz at the helm of the MGH, sent Jaffé, for comments, a draft article in which he pointed out that Jaffé, in Bibliotheca Rerum Germanicarum 5 (1869), had confused the evidence for a particular version of an eleventh-century papal document with the evidence for the original document. Moreover, Jaffé had done so in a context in which he took Waitz to task for improperly understanding the evidence. Waitz, therefore, had ample justification for correcting Jaffé publicly, but, as a gentleman, he first sent Jaffé his draft, in which he declared that Jaffé's view violated all the rules of textual criticism ("widerspricht allen Grundsätzen der Kritik"), for comments. Although Jaffé responded on March 14 with some insignificant and embarrassed excuses, it was clear that he had badly erred, and was about to be humiliated[48]. For someone for whom there was nothing to life but work, someone with no family that could put professional failures into some proportion, someone who for years had been defending his own good name against Pertz[49], this was just too much. While composing his lame response to Waitz, Jaffé also wrote his last will and testament[50]; within the next three weeks he acquired a pistol, if he didn't have one already; and on April 3 he turned it on himself in a Wittenberge guesthouse.

While Jaffé was debating that final step, it appears that another incident occurred that probably pushed him further towards his end[51]. Namely, Jaffé's disciple and ally, Max Lehmann, published, in mid-March 1870, a terribly nasty review of a book by Pertz in a prominent Leipzig literary review. The review appeared on Saturday, March 19, and will have arrived in Berlin mailboxes, and become the focus of Jaffé's colleagues' gossip, by the time the faculty of the University of Berlin gathered on March 22 for its annual 'akademischer Festakt'

48 For this episode, which focuses on Bibliotheca Rerum Germanicarum 5, p. 41, Georg WAITZ's response (Das Decret des Papstes Nicolaus II. über die Papstwahl im Codex Udalrici, in: Forschungen zur deutschen Geschichte 10 [1870] pp. 614–620), and Jaffé's response as quoted in Waitz's first footnote (= JAFFÉ, letter 229, ed. SCHWARTZ, Between Jewish Posen p. 356), and which came in the wake of a critical Göttingen review of Bibliotheca Rerum Germanicarum 5, in: Göttingische Gelehrte Anzeigen (26 January 1870) pp. 121–148, see SCHWARTZ, Between Jewish Posen (as above note 1) pp. 64–73.

49 For the image and the text of the public statement by Philipp Jaffé "Nothgedrungene Abwehr" and his handwritten list of recipients, 05.05.1869 (MGH archive B 78, fol. 68–70) see MARQUARD-MOIS, Philipp Jaffé, virtual exhibition (as above note 1) no. 9.

50 Jaffé's response to Waitz was dated 14 March 1870, his will two days earlier. The date of his will is stated in a report (Börsenblatt für den deutschen Buchhandel [29 December 1875] p. 4786) of the trial of one Wilhelm DABIS, after it was shown that the first forty pages of his Abriss der römischen und christlichen Zeitrechnung (1873) were almost entirely plagiarized from Jaffé's lectures. For details, see SCHWARTZ, Between Jewish Posen (as above note 1) pp. 44–45, and Mommsen's article cited below, n. 52.

51 On this episode, which began with Lehmann's review of a work by Pertz in Literarisches Centralblatt für Deutschland (19 March 1870) pp. 332–335, see SCHWARTZ, Between Jewish Posen (as above note 1) pp. 366–368. – For the short-term implications of Lehmann's review for his career after Jaffé's death, and the long-term implications for German anti-Semitism, see my essay On a Desperate Postdoc and the Emergence of Modern German Antisemitism, in: The Individual in History: Essays in Honor of Jehuda Reinharz, ed. C. Y. FREEZE / S. F. FRIED / E. R. SHEPPARD (2015) pp. 447–459.

celebrating the king's birthday. If we wonder why it is that Jaffé left Berlin in a hurry that day, taking his will (and pistol?) with him, and if we wonder what Mommsen meant when he referred, in connection with Jaffé's death, to "die Katastrophe des 22. März 1870"[52], probably we should imagine some backlash that Jaffé found too difficult to endure.

More generally, however, we should probably depend on Mommsen's assessment, in a letter written a few days after Jaffé's suicide[53], that Jaffé was simply fed up with life. Decades of isolation, and finally years of feuding; a motherless youth and later decades of attenuation of ties with his family in Posen and having none of his own; a dearth of true friendships; and years of deteriorating health (deriving to some significant extent from the unrelenting intensity of his labors) – all of these created a situation in which even the slightest catalyst could be enough to push someone over the brink.

Jaffé's death, although front-page news in the Berlinische Zeitung of 5 April 1870, left him in obscurity. The Wittenberge police notice asking that Jaffé's "Angehörige" should be notified, ended up, poignantly, in Mommsen's hands (who else was there?!)[54]. Jaffé was buried, according to his wish, in Wittenberge, in a cemetery that no longer exists; there was neither a Festschrift in his lifetime nor a memorial volume after his death, not even any published list of his publications; and his drafts[55], preserved by a Berlin publisher but apparently untouched for more than seven decades, were destroyed in a World War II bombing of the city. But Jaffé's published work remains and continues to enable and fructify medieval scholarship; his surviving letters display a fascinating case-study of the life of a Polish Jew's move from east to west and the challenges and sacrifices that entailed for him in both poles of his life and career; and his life and death remain an object lesson of a solitary scholar's total devotion to his exacting work, the achievements that can foster, and the price it can exact.

ABSTRACT: Der Autor der 2017 erschienenen Monographie mit der Edition von 229 Briefen Jaffés zeichnet im vorliegenden Beitrag die großen Lebenslinien Philipp Jaffés nach, der nur rund neun – allerdings sehr produktive – Jahre für die MGH arbeitete. Zum Leiter der MGH, Georg Heinrich Pertz, hatte Jaffé zunächst gute, später feindselige Beziehungen. Beides war prägend für sein Leben. Philipp Jaffé, geboren 1819, wuchs als einziger Sohn neben vier Schwestern in der traditionellen jüdischen Familie des Kaufmanns Elias Jaffé in Schwersenz im Landkreis Posen auf. Seine Mutter starb 1821, nach ca. zehn Jahren bekam er eine Stiefmutter, die eine wichtige Rolle in seinem Leben einnehmen sollte. In Berlin studierte Jaffé Geschichte, danach aus finanziellen Gründen Medizin. Einen großen wissenschaftlichen Erfolg erlangte er im Alter von 32 Jahren mit seinen Regesten der Papst-

52 Theodor MOMMSEN, Die deutschen Pseudodoktoren, in: Preußische Jbb. 37 (1876) p. 17 (= IDEM, Reden und Aufsätze, ed. Otto HIRSCHFELD [1905] p. 402).

53 See SCHWARTZ, Between Jewish Posen (as above note 1) p. 86.

54 For a facsimile, see SCHWARTZ, Between Jewish Posen (as above note 1) pp. 359–360.

55 Apart from those of two books completed and published by Wilhelm WATTENBACH (the first: together with Ernst DÜMMLER): Bibliotheca Rerum Germanicarum 6 (1873) and Ecclesiae metropolitanae Coloniensis codices manuscripti (1874).

urkunden. Aus der wachsenden finanziellen Misere rettete ihn 1854 die Anstellung bei den Monumenta. Bis 1862 arbeitete er mit Elan an mehreren Scriptores-Bänden mit. Nachdem er 1862 zu der Überzeugung gelangt war, dass Pertz, der Leiter der Monumenta, seinen Wechsel auf eine Lebensstelle bei den Archiven in Florenz verhindert habe, kündigte Jaffé die Zusammenarbeit mit dem MGH auf. Ab 1862 erhielt er eine außerordentliche Professur für Historische Hilfswissenschaften an der Berliner Universität. Seine paläographischen und philologischen Fähigkeiten brachten Philipp Jaffé die Anerkennung der internationalen Fachwelt ein. Nach dem Tod des Vaters konvertierte er im Februar 1868 zum Protestantismus. Im gleichen Jahr gipfelte der schwelende Zwist mit Pertz in absurden Vorwürfen, die Pertz öffentlich gegen ihn erhob. Zusammen mit anderen belastenden Faktoren führte diese Situation 1870 zum Selbstmord Philipp Jaffés.

Josef Juncker
(1889–1938)

von
Eric Knibbs

Josef Johann Georg Juncker was born on 9 September 1889 in Pitești/Romania to Israel and Amelie Josefovici[1]. His father was a merchant and landowner; his mother's maiden name, Schönfeld, suggests German origins[2]. He received an early German education in Bucharest, before matriculating at Berlin to study law in 1908. It took him eleven years to complete his degree, so frequently did illness and military service interrupt his studies. At first, he served in the Romanian army, but in 1914 he joined a Leipzig regiment to fight on behalf of Germany in World War I. He converted to Greek Orthodoxy that same year[3]. Shortly afterwards he achieved Saxon citizenship (1915), was wounded on the Somme (1916) and changed his name to Juncker (1917). After completing this social and cultural assimilation, he demonstrated conservative and even German nationalist political tendencies[4].

Juncker earned his PhD. at Leizpig in 1921, with a dissertation on the twelfth-century decretal collection known as the Collectio Berolinensis, which he published three years later in the Zeitschrift der Savigny-Stiftung für Rechtsgeschichte – the first of several extensive and well-regarded studies in high medieval canon law[5]. He completed his habilitation at Königsberg in 1926 with a study in Roman law[6], but he almost immediately left Königsberg to teach at Bonn, where the law faculty struggled for years to find him a secure post. When

1 For Juncker's biography, it is hard to surpass Nikola Becker, Jüdische und jüdischstämmige Mitarbeiter bei den Monumenta Germaniae Historia im „Dritten Reich" – Paul Hirsch, Josef Juncker und Erika Sinauer, in: HJb 135 (2015) pp. 453–502, esp. pp. 481–494; she draws on a wide range of archival material at Greifswald and the MGH archive, and also provides a complete accounting of the secondary literature. Also important for comprehensive use of archival material at Greifswald and Bonn is Mathias Schmoeckel, Zur Erinnerung an Josef Juncker (9.9.1889 –18.10.1938), in: Bonner Rechtsjournal (2/2014) pp. 199-204.

2 Also Schmoeckel, Zur Erinnerung (as above note 1) p. 199.

3 Schmoeckel, Zur Erinnerung (as above note 1) p. 200 with note 7.

4 See Becker, Jüdische und jüdischstämmige Mitarbeiter (as above note 1) p. 483, for his wartime membership in the Deutsche Vaterlandspartei and his association with the Leipziger Zeitfreiwilligenregiment thereafter.

5 Josef Juncker, Die Collectio Berolinensis: Ein Beitrag zur Geschichte des kanonischen Rechts im ausgehenden zwölften Jahrhundert, in: ZRG Kan. 13 (1924) pp. 284–426; idem, Summen und Glossen: Beiträge zur Literaturgeschichte des kanonischen Rechts im zwölften Jahrhundert, in: ZRG Kan. 14 (1925) pp. 384–474; idem, Die Summa des Simon von Bisignano und seine Glossen, in: ZRG Kan. 15 (1926) pp. 326–500. – Peter Landau, Juristen jüdischer Herkunft im Kaiserreich und in der Weimarer Republik (2020), zuerst veröffentlicht in: Deutsche Juristen jüdischer Herkunft, hg. von Helmut Heinrichs / Harald Franzki / Klaus Schmalz / Michael Stolleis [1993] pp. 133–213) p. 53 with note 220, calls Summen und Glossen "grundlegend" and sees in these publications "Pionierleistungen bei der Erforschung der frühen Kanonistik des 12. Jahrhunderts".

6 Josef Juncker, Haftung und Prozessbegründung im altrömischen Rechtsgang, in: Gedächtnisschrift für Emil Seckel (Abhandlungen der Berliner juristischen Fakultät 4, 1927) pp. 194–260.

they finally succeeded in appointing him to a junior faculty position in 1932, he left for a more senior professorship at Greifswald[7]. In 1934, the Greifswald law faculty voted to make Juncker an Ordinarius in Roman, Private and Civil Procedure Law, but it was the second year of the National Socialist government; the request was sharply refused and even occasioned a small scandal[8]. Juncker was never promoted further, and the "Zweite Verordnung zum Reichsbürgergesetz" of 21 Dezember 1935[9] spelled the end of his career. He insisted that he had never been raised in the Jewish faith, that even the extent of his Jewish heritage was an uncertain matter, and that he was a Christian, but all in vain[10]. Upon his forced retirement he returned to Bonn. It was there that he died on 18 October 1938, officially of a heart attack, though there were rumours of suicide[11].

Juncker's brief and tragic career was shaped above all by two professors he met during his undergraduate years. One of these was the Leipzig legal historian Friedrich Stein (1859–1923), whose recommendation opened the way for Juncker to volunteer for the German army[12]. After Stein's death in 1923, Juncker revised his textbook on civil procedure and bankruptcy law for a second and then a third edition[13]. The second formative personality was Emil Seckel (1864–1924). Juncker attended Seckel's seminars on Roman law during his student days at Berlin[14], and it was this connection that brought him to the notice of the Monumenta Germaniae Historica. Seckel died in the midst of editing the notorious, and notoriously complex, False Capitularies of Benedictus Levita – an early and crucial constituent of the ninth-century corpus of legal forgeries associated with Pseudo-Isidore[15]. For years Seckel had been one of the guiding personalities at the MGH, where his pioneering and precise studies

7 On Juncker's Bonn years: BECKER, Jüdische und jüdischstämmige Mitarbeiter (as above note 1) p. 486f.; SCHMOECKEL, Zur Erinnerung (as above note 1) p. 201f. The Bonn law faculty ultimately appointed Juncker to a "nichtbeamteter außerordentlicher" professorship; his position at Greifswald as a "persönlicher Ordinarius" and "planmäßiger Extraordinarius" was more highly ranked.

8 Helmut HEIBER, Universität unterm Hakenkreuz 2: Die Kapitulation der Hohen Schulen. Das Jahr 1933 und seine Themen (1994) p. 372f.

9 RGBl. I pp. 1524-1525.

10 On his defences: BECKER, Jüdische und jüdischstämmige Mitarbeiter (as above note 1) p. 489 with note 194.

11 On suicide, LANDAU, Juristen jüdischer Herkunft (as above note 5) p. 53 note 219, repeating a rumour from Stephan Kuttner. His death was almost certainly natural; Hubert LANG, Zwischen allen Stühlen. Juristen jüdischer Herkunft in Leipzig 1848–1953 (2014) p. 406, reports that his death certificate gave as a cause the calcification of the coronary arteries.

12 BECKER, Jüdische und jüdischstämmige Mitarbeiter (as above note 1) p. 482; SCHMOECKEL, Zur Erinnerung (as above note 1) p. 200.

13 Friedrich STEIN, Grundriß des Zivilprozeßrechts und des Konkursrechts, bearb. von Josef JUNCKER ([2]1924, [3]1928).

14 BECKER, Jüdische und jüdischstämmige Mitarbeiter (as above note 1) p. 484.

15 On the False Capitularies of Benedictus Levita, see the brief introduction of Gerhard SCHMITZ, Benedictus Levita, in: Handwörterbuch zur Deutschen Rechtsgeschichte 1 (2005) cols. 520–522, online at http://www.benedictus.mgh.de/studien/schmitz/bl.htm [all links in this paper were last viewed on 5 March 2023].

on Benedictus Levita's many sources won him high renown[16]. His death left the Zentraldirektion deeply shaken, and determined to bring his life's work to print as soon as possible[17].

From the start, Seckel's colleagues overestimated the progress he had made. The protocol of a Zentraldirektion subcommitee meeting from 21 July 1924 claims that he had left behind an edited text that was to a large degree ready for press. The directors declared that only some collations and final editorial work remained to be completed, together with constructing the source apparatus from Seckel's studies and publishing Seckel's final article on Benedictus Levita's third book. They lamented the difficulty of finding a scholar capable of completing such "entsagungsvolle Arbeit"[18]. Ernst Heymann (1870-1946), since 1917 head of the Leges division, proposed Juncker, who was then completing his habilitation at Leipzig, and Paul Kehr's (1860–1944) 1924 report on the activities of the Monumenta Germaniae Historica announced that Juncker had taken over the project of bringing "dieses große Lebenswerk unseres verstorbenen Kollegen und Freundes" into print[19]. Thus it came to be that Juncker made the grave mistake of agreeing to complete another man's phantom edition.

Among all the archival leavings of the failed Benedictus Levita edition in Munich, Juncker is often spoken about, but he rarely speaks. One catches only brief glimpses of him. His earliest remarks come from a 15 March 1926 report to the Zentradirektion, in a letter revealing hints of the great problems to come[20]. He notes that he has struggled to understand both the

16 Emil SECKEL, Studien zu Benedictus Levita 1, in: NA 26 (1901) pp. 39–72; IDEM, Studien zu Benedictus Levita 2–5, in: NA 29 (1904) pp. 275–331; IDEM, Studien zu Benedictus Levita 6, in: NA 31 (1906) pp. 59–139 and p. 238f.; IDEM, Studien zu Benedictus Levita 7,1, in: NA 34 (1909) pp. 319–381; IDEM, Studien zu Benedictus Levita 7,2, in: NA 35 (1910) pp. 105–191; IDEM, Studien zu Benedictus Levita 7,3, in: NA 35 (1910) pp. 433–539; IDEM, Studien zu Benedictus Levita 8,1, in: NA 39 (1914) pp. 327–431; IDEM, Studien zu Benedictus Levita 8,2, in: NA 40 (1915) pp. 15–130; IDEM, Studien zu Benedictus Levita 8,3, in: NA 41 (1919) pp. 157–263.

17 On Seckel's editorial progress and the deeper history of MGH efforts to edit the False Capitularies, see Gerhard SCHMITZ, „Unvollendet" – „Eingestampft" – „Kassiert". Nie Erschienenes und Missglücktes, in: Zur Geschichte und Arbeit der Monumenta Germaniae Historica. Ausstellung anlässlich des 41. Deutschen Historikertages München, 17.–20. September 1996, hg. von Alfred GAWLIK (1996) pp. 64f.

18 Protokoll der Sitzung des Ortsausschusses der Zentraldirektion, 21 July 1924 (MGH archive, 338/41, fol. 80): "Das von Seckel hinterlassene Manuscript der Ausgabe des Benedictus Levita ist, soweit es den Text angeht, nun grössten Teil *[sic!]* druckfertig; es müssen noch einige Kollationen eingetragen und die für den Satz erforderliche einheitliche Schlussredaktion vorgenommen werden. Dagegen fehlt noch der kritische Quellenapparat, der erst aus den Seckelschen Studien zum Benedictus Levita in N. Archiv hergestellt werden muss und noch eine mühsame Arbeit erfordert. Für die letzte 9. Studie liegt das Material in Seckelschen Nachlass vor. *[…]* Allein es wird sehr schwierig sein, einen geeigneten Bearbeiter für diese überaus entsagungsvolle Arbeit zu finden (Herr Heymann denkt an Dr. Juncker in Leipzig), indessen es soll versucht werden." For similar remarks, see the Protokoll der Plenarsitzung der Zentraldirektion from 9 March 1925, MGH archive 338/41, fol. 8.

19 Paul KEHR, Bericht über die Herausgabe der Monumenta Germaniae Historica 1924, in: NA 46 (1926) pp. I-XI, here p. VII.

20 MGH archive 338/41, fol. 126f. – Juncker was also struggling to publish what would turn out to be his last article on high medieval canon law (Summa des Simon von Bisignano), but he hoped that this experience would also inform his work on the False Capitularies: "Für die Ausgestaltung der Edition sind Vorschläge in der Ausarbeitung begriffen. Die erforderliche Übung und Sicherheit in der Zusammenstellung verschiedenartiger Variantenapparate konnte ich mir während des Berichtsjahres durch

convoluted critical problems inherent to the False Capitularies, as well as the difficult and extremely extensive material Seckel left behind. He also remarks vaguely that he is contemplating how the edition should be arranged to illustrate the nature of the False Capitularies and their entanglements with authentic sources. The ominous truth, which apparently nobody besides Juncker yet realised, is that Seckel had never worked out how his highly complex source-critical work would be graphically presented in the edition.

A further progress report from Juncker to the Zentraldirektion survives from 27 March 1928[21], revealing the second great obstacle to continued progress, namely Juncker's uncertain position at Bonn. He notes that work on the third edition of Stein's textbook has consumed most of his attention, as have his new and extensive teaching obligations, but promises that his progress will immediately resume. Kehr's 1928 annual report voices the dismay of the Zentraldirektion over the continued delay in bringing to publication "dieses fast vollendet hinterlassene Vermächtnis ihres einstigen, um sie hochverdienten Mitgliedes"[22]. Once again, we see the fatal fixation of the Zentraldirektion on the legacy of their late colleague, which seems to have displaced all appreciation for the intellectual problem posed by the editorial project.

Juncker's difficult Bonn years continued to frustrate his progress, and we see signs of foundering. In 1931, he still has yet to publish Seckel's final study on Benedictus Levita's sources; the protocol of a Zentraldirektion meeting notes that he hopes to do so soon, and also mentions his plan to reissue all of Seckel's studies on Benedictus Levita in a new edition. The Zentraldirektion rejects this plan as "sehr unglücklich", insisting that Juncker must aim instead to bring Seckel's source criticism into the edition. They write optimistically that the critical apparatus "ist im wesentlichen fertig" [23]. Heymann's report on the progress of the Leges division from 1931/32[24] speaks of further delays related to Juncker's move to Greifswald, but also notes that Juncker has nearly finished work on Seckel's final study, and that he has turned his attention to the matter of how the edition should be presented. He now wishes to devise a means of printing the False Capitularies in a way that clarifies their underlying sources and inauthentic additions. It is easy enough to read between the lines of these reports: Juncker at first hoped that by re-issuing Seckel's articles on Benedictus Levita's sources, he could unburden the source apparatus. The Zentraldirektion, however, wanted

anderweitige quellenkritische Arbeiten erwerben. Sie werden demnächst in einer umfangreichen Abhandlung in der Kan. Abt. der Zeitschrift der Savigny-Stiftung erscheinen und waren auch hinsichtlich der Ausgabe des Benedictus Levita eine unentbehrliche editionskritische Vorstufe."

21 MGH archive 338/51, fol. 46f.: "Die Hindernisse, die in dem Berichtsjahr der Förderung der Arbeit entgegenstanden, sind nunmehr behoben, so dass der Abschluss der ausstehenden Studien und die Ausarbeitung des wissenschaftlichen Apparates für das kommende Berichtsjahr *[mit]* Sicherheit in Aussicht gestellt werden kann."

22 Paul Kehr, Bericht über die Herausgabe der Monumenta Germaniae Historica 1928, in: NA 48 (1930) pp. *I–*XIII, here p. *V.

23 Protokoll der Zentraldirektion, 24 April 1931, MGH archive 338/51, fol. 122.

24 MGH archive 338/52, fol. 103: "Herr Juncker will Druckeinrichtung der Texte herstellen, die ja nach der typischen Gestaltung der einzelnen Kapitel der Mitteilung ihrer Vorquellen und Abweichungen von diesen verschieden behandelt werden sollen."

all of this research in the edition, leaving Juncker with the enormous problem of devising a solution.

Seckel's final study on Benedictus Levita appeared, not in the Neues Archiv, but in the Zeitschrift der Savigny-Stifung für Rechtsgeschichte, in 1934 and 1935. The editor, Ulrich Stutz (1868–1938), explained that his journal had agreed to print the article with the permission of Paul Kehr, both in the interests of expedited appearance and because "die Leser unserer Zeitschrift *[sind]* doch die Hauptinteressenten"[25]. There is no reason to doubt Stutz's explanation, but it was nevertheless around this time that Juncker's public affiliation with the MGH became increasingly muted. The MGH was refounded as the Reichsinstitut für ältere deutsche Geschichtskunde in 1935 and Juncker's name disappeared from the annual reports on editorial progress[26].

Juncker's last surviving progress report to the Zentraldirektion, sent on 12 May 1935[27] – just before his forced retirement – is as always optimistic. He writes that the edition of the first book of Benedictus Levita is well advanced, and that he hopes to have a completed manuscript by the end of the year. Otherwise, it is the layout and the precise form of the edition that continues to occupy him. He has just completed a typescript of a sample edition of select chapters, which is days away from going to the press. The work on this typescript, he says, was "unverhältnismäßig schwierig und zeitraubend"[28]. Both the typescript and the trial

25 See Emil Seckel, Studien zu Benedictus Levita 8,4. Ergänzt und aus dem Nachlaß hg. von Josef Juncker, in: ZRG Kan. 23 (1934) pp. 269–377; here p. 270. – The Neues Archiv had been the intended journal until the very last minute: Paul Kehr, Bericht über die Herausgabe der Monumenta Germaniae Historica 1929, in: NA 49 (1932) pp. I–XII, here p. V; Paul Kehr, Bericht über die Herausgabe der Monumenta Germaniae Historica 1931, in: NA 50 (1935) pp. I–XIII, here p. VI; Paul Kehr, Bericht über die Herausgabe der Monumenta Germaniae Historica 1932, in: NA 50 (1935) pp. *I–*XI, here p. *V, all state that the study is forthcoming in Neues Archiv. – Paul Kehr, Bericht über die Herausgabe der Monumenta Germaniae Historica 1933, in: NA 50 (1935) pp. *1–*XI, here p. *IV, announces that it is appearing in the Zeitschrift der Savigny Stiftung. A near-final typescript of the study in the MGH archive also refers to appearance "in diesem Heft des N.A." (MGH archive A 82/II).

26 Wilhelm Engel, Jahresbericht 1934, in: DA 1 (1937) pp. 267–276, here p. 270 and idem, Jahresbericht 1936, in: DA 1 (1937) pp. 582–591, here p. 585f. reports on editorial progress but leaves Juncker studiously unmentioned. The final study on the False Capitularies comprised over 200 pages, and was probably simply too extensive for the Neues Archiv; Juncker's heritage cannot have been the reason, for the last volume of Neues Archiv carried the work of another Jewish researcher (and MGH employee) Erika Sinauer (Studien zur Entstehung der Sachsenspiegelglosse). I am grateful to Wilfried Hartmann for the reference. On Erika Sinauer see the paper of Annette Marquard-Mois in this volume.

27 MGH archive 338/52, fol. 176f.: "Das Manuskript des Probedruckes ist so weit abgeschlossen, daß es in den nächsten Tagen mit den nötigen Druckanweisungen an den Verlag abgeht. Die Ausarbeitung war unverhältnismäßig schwierig und zeitraubend, weil der Rahmen für einen Apparat gefunden werden mußte, der den wechselnden und verschiedenartigen Anforderungen entspricht, die Verschiedenartigkeit der Quellen, Verschiedenartigkeit der heranzuziehenden Texte und vielgestaltiger wie verschiedengradiger Bearbeitungszustand durch den Fälscher an ihn stellen. *[…]* Die Ausarbeitung der Ausgabe ist für das erste Buch im Gange und für einige Teile bereits durchgeführt, die keine besonderen Anforderungen an den Apparat stellen. Das Manuskript der Edition des ersten Buches hoffe ich noch in diesem Jahr abschließen zu können."

28 Ibid.

printing survive in the MGH archives, under the title "Schedulae Pseudoisidorianae"[29]; these pages are the closest Juncker ever came to editing the False Capitularies, and in their complexity they attest to his struggles. A month after losing his professorship, Juncker wrote to Hans-Eberhard Lohmann (1908–?), once again to express optimism about the future of the edition, hoping that he would have press-ready manuscripts of parts of the False Capitularies within a year[30]. This never happened, although the yearly report in Deutsches Archiv for 1937 alludes to Juncker's continued belief that a completed edition was within reach[31].

A lawyer presumably representing Juncker's landlady wrote to the MGH with news of his death on 19 October 1938[32]. The next month, Edmund Ernst Stengel (1879–1968) forwarded to Walther Holtzmann (1891–1963) the details of Juncker's will, which provided that all materials relating to the False Capitularies be returned to Berlin. Otherwise, to quell rumours to the contrary, Stengel emphasised that there were no longer any MGH editorial projects under Jewish supervision[33].

Stengel hoped to make appropriate remarks acknowledging Juncker's contribution in the forward to the completed edition[34], though some months later he found occasion to regret the many "Umwege" Juncker had taken in the course of his work on the failed project[35].

29 MGH archive A 82/II. On this trial printing see also SCHMITZ, Nie Erschienenes und Missglücktes (as above note 17) p. 66.

30 Juncker to Hans-Eberhard Lohmann, 16 October 1935 (MGH archive B 556, fol. 314): He envisions the printing can begin, at the earliest, at the end of 1936.

31 Edmund E. STENGEL, Reichsinstitut für ältere deutsche Geschichtskunde (Monumenta Germaniae historica). Jahresbericht 1937, in: DA 2 (1938) pp. VII–XX, here p. X.

32 MGH archive B 556, fol. 325: "Namens des von mir vertretenen Fräulein Anna Kempen in Bonn, Burgstraße 180 gestatte ich mir ergebenst mitzuteilen, daß der von der dortigen Stelle mit Editionsaufgaben betraute Herr Universitätsprofessor i. R. Dr. Josef Juncker in Bonn (früher Greifswald) am 18. Oktober 1938 infolge eines Herzschlags verstorben ist. Die Beisetzung findet am kommenden Samstag, den 22. Oktober um 10 ¼ Uhr auf dem Südfriedhof in Bonn statt. In dem Testament befand sich folgender Passus: Der in meinem Besitz befindliche den Benedictus Levita betreffende Nachlaß Emil Seckels ist alsbald wieder den Monumenta Germaniae historica zur Verfügung zu stellen. Gleiches gilt für die mit dem Stempel der Monumenta versehenen Photographien."

33 Stengel to Walther Holtzmann, 19 November 1938, MGH archive B 567, fol. 291: "Im übrigen bitte ich für den Fall, dass mit Gerüchten gekrebst wird, davon Kenntnis zu nehmen, dass keine Arbeitsaufträge des Reichsinstituts mehr in jüdischen Händen sind. Was ich bei meinem Amtsantritt als Erbe der Vergangenheit vorfand, ist abgebaut."

34 Stengel to Heymann, 27 November 1939, MGH archive B 567, fol. 192: "Der Junckersche Nachlasspfleger kündigt die Übersendung des Manuskripts des Benedictus Levita an und fragt, ‚in welcher Form' wir ‚bei der Herausgabe *[...]* die Mitarbeit des Verewigten zu vermerken gedenken'. Ich möchte antworten, dass die Mitarbeit J.s im Vorwort in einer geeignet erscheinenden Weise erwähnt werden soll." The inquiry is preserved in MGH archive B 556, fol. 313. Edmund E. STENGEL, Reichsinstitut für ältere deutsche Geschichtskunde (Monumenta Germaniae historica). Jahresbericht 1938, in: DA 3 (1939) pp. VII–XXII, here p. VIII, breaks the two-year silence on Juncker's participation in the project in announcing his death.

35 Stengel to Holtzmann, 7 June 1940, MGH archive B 575, Bl. 149: "Sehr dringlich ist die Fertigstellung des Benedictus Levita, dessen Manuskript wir soeben aus Junkers Nachlaß erhalten haben. Es soll nun unbedingt ohne weitere Umwege, wie sie J. in entsetzlich ausgiebiger Weise gemacht hat, fertiggestellt werden, eine in der Hauptsache redaktionelle Arbeit, die aber natürlich nur ein ausreichend Vorgebildeter machen kann."

It was not until 20 August 1940 that the Zentraldirektion finally received a clear assessment of the state of Seckel's edition. Ernst Perels reported that Seckel had never left behind much more than "Kollationen, Abschriften, Text-Entwürfe*[...]*, Zusammenstellungen und fast unzählige*[...]* Notizen"[36], all of it incomparably learned and astute. Perels could find nothing in Seckel's papers that was ready for press, and it was clear to him that Seckel had yet to decide about how the edition itself was to be presented. As for Juncker, Perels wrote that he had succeeded in expanding the manuscript basis of the edition, "mit z.T. anscheinend beachtenswerten Ergebnissen", but that he had become mired in details. Perels found Juncker's trial printing complicated and confusing, and he voiced pessimism about the future of the project.

Juncker's publications are few, but they attest to a productive and a careful scholar, whose work in some of the most complex subfields of medieval canon law unfolded against the background of racial persecution and during some of the most turbulent decades of the twentieth century. He laboured for fourteen years, not to edit the False Capitularies of Benedictus Levita, but to realise the edition that his senior colleagues falsely believed Seckel had already produced. In the end, the project of conjuring this illusory work from Seckel's notes proved impossible. Juncker nevertheless fought for solutions, finished Seckel's final study on Benedictus Levita's sources, and produced in the Schedulae Pseudoisidorianae a tantalising window into what a Seckel-Juncker edition of the False Capitularies might have looked like.

ABSTRACT: Josef Johann Georg Juncker wurde 1889 in Pitești/Rumänien als Sohn von Israel und Amelie Josefovici geboren. Er besuchte eine deutsche Schule in Bukarest, bevor er sich 1908 in Berlin für das Studium der Rechtswissenschaften immatrikulierte. Im Laufe des nächsten Jahrzehnts kämpfte er auf deutscher Seite im Ersten Weltkrieg, erwarb die sächsische Staatsbürgerschaft und konvertierte zur griechischen Orthodoxie. 1921 promovierte Juncker in Leizpig mit einer Dissertation über die Collectio Berolinensis und habilitierte sich 1926 in Königsberg mit einer Studie über römisches Recht. Ohne feste Stelle lehrte er jahrelang in Bonn, später in Greifswald. Dort wurde der Versuch, ihn zum Ordinarius für Römi-

36 Ernst Perels, Eindruck des Standes der Benedictus Levita-Edition nach summarischer Durchsicht (20. August 1940), MGH archive B 556 fol. 301: "Seckels Nachlass bestand wesentlich aus Kollationen, Abschriften, Text-Entwürfen, Zusammenstellungen und fast unzähligen Notizen. Alles unvergleichlich gelehrt und kritisch scharfsinnig; auch geistreiche Einfälle. *[...]* Nichts fertig und für den Druck abgeschlossen, zumal er selbst offenbar über Technik der Ausgabe noch nicht schlüssig geworden war. *[...]* Juncker ist wohl nicht in gleicher Weise in die Kanonistik eingearbeitet gewesen wie in die Romanistik. Von seiner Quellenstudie abgesehen, versuchte er besonders, das Hss.-Material über Seckel hinaus zu vervollständigen, mit z.T. anscheinend beachtenswerten Ergebnissen, andrerseits vielleicht zu stark und unnötig ins Detail gehend. Sehr wissenschaftlich und eingehend, doch wohl ohne erforderliche editionstechnische Erfahrung. *[...]* Die Aussichten auf eine leidlich anständige Ausgabe müssen z.Z. wenig hoffnungsvoll beurteilt werden." For the image and the complete text of this document see Annette MARQUARD-MOIS, Forced to resign – Ernst Perels no. 8, in: Between Patriotism and Exclusion – Jewish Scholars at the MGH (Virtual exhibition 2021; https://visit.mgh.de/en/jew-em/ernst-perels/indispensable-expertise). Also on Perels's assessment, see SCHMITZ, Nie Erschienenes und Mißglücktes (as above note 17) p. 65f. – On Ernst Perels see the paper of Martina HARTMANN in this volume.

sches, Bürgerliches und Zivilprozess-Recht zu ernennen, 1934 von der nationalsozialistischen Regierung unterbunden. Nach Erlass der ‚Zweiten Verordnung zum Reichsbürgergesetz' im Dezember 1935 wurde Juncker gezwungen, in den Ruhestand zu gehen. Während seiner Studienzeit in Berlin hatte Juncker die Seminare Emil Seckels zum Römischen Recht besucht und war dadurch in Kontakt mit den MGH gekommen. Als Seckel 1924 mitten in der Arbeit an seiner Edition der Falschen Kapitularien des Benedictus Levita starb, beauftragte die Zentraldirektion der MGH Juncker mit der Vollendung dieses großen Editionsprojekts – in falscher Einschätzung von Seckels Arbeitsstand. Seckel, der große Pseudoisidor-Kenner, hatte nur Notizen hinterlassen. Juncker veröffentlichte 1934/35 die Aufsätze zu den Quellen von Benedictus Levita aus dem Nachlass Seckels, bemühte sich um Weiterführung des Editionsprojekts und legte der Zentraldirektion 1937 einen letzten optimistischen Bericht vor. Am 19. Oktober 1938 verstarb Josef Juncker unerwartet, offiziell an einem Herzinfarkt, obwohl es Gerüchte über einen Selbstmord gab.

Gerhart B. Ladner
(1905–1993)

von
HEDWIG MUNSCHECK-VON PÖLNITZ

Gerhart B. Ladner 1967

Der Lebensweg des Mediävisten und Kunsthistorikers Gerhart Burian Ladner ist gekennzeichnet durch den tiefen Bruch im Jahr 1938, als der gebürtige Österreicher nach dem ‚Anschluss' Österreichs an das Deutsche Reich aufgrund der dort beginnenden Judenverfolgung zur Flucht gezwungen war. Um sein Wirken als Mitarbeiter der MGH (1929–1933) und Mitglied bzw. Stipendiat des Österreichischen Historischen Instituts in Rom (1934–1938) eingehend darstellen zu können, wird in der vorliegenden Kurzbiographie der Fokus auf die Zeit vor 1938 gelegt[1].

1 Ausgangspunkt hinsichtlich der biographischen Angaben waren die Autobiographie Gerhart B. LADNER, Erinnerungen, hg. von Herwig WOLFRAM / Walter POHL (SB Wien 617, 1994) sowie die vier Nachrufe auf Ladner: Herwig WOLFRAM, Gerhart B. Ladner, in: ÖAW Almanach 144 (1993/94) S. 451–457; DERS., Gerhart B. Ladner †, in: MIÖG 102 (1994) S. 510–513; DERS., Gerhart B. Ladner (3 December 1905–21 September 1993), in: Proceedings of the American Philosophical Society 139, 4 (1995) S. 441–442 (unter dem Titel „What I owe to Gerd Ladner" auch in: LADNER, Erinnerungen S. 11–12); Robert L. BENSON / Giles CONSTABLE / John VAN ENGEN, Gerhart Burian Ladner, in: Speculum 71 (1996) S. 802–804. Weitere grundlegende biographische Artikel: International Biographical Dictionary of Central European Emigrés 1933–1945, hg. von Herbert A. STRAUSS / Werner RÖDER, 2, 2 (1983) S. 683; Ulrike WENDLAND, Biographisches Handbuch deutschsprachiger Kunsthistoriker im Exil. Leben und Werk der unter dem Nationalsozialismus verfolgten und vertriebenen Wissenschaftler, 2 Bde. (1999) hier 2 S. 405–411; John VAN ENGEN, Images and ideas: The achievements of

Gerhart Ladner wurde am 3. Dezember 1905 in Wien als Sohn des Unternehmers Oskar Ladner (1873–1963) und dessen Frau Alice Burian (1881–1936) geboren[2]. Der Vater, ein gebürtiger Dresdner, und die Mutter, aus Gablonz (Jablonec nad Nisou) in Böhmen stammend, hatten ein Jahr zuvor in Wien geheiratet. Dem Eintrag im Trauungsbuch der Israelitischen Kultusgemeinde nach führte das Ehepaar anfangs noch den Familiennamen Löwit, nahm 1929 den Doppelnamen Loewit-Ladner an und entschied sich 1933, nur mehr den Namen Ladner zu tragen[3]. Oskar Ladner war Inhaber des Unternehmens „Löwit & Comp., Patent- u. Luxus-Kartonnagen u. Wellpappenfabrik, Mechanische Spulenfabrik, Buchdruckerei u. Lithografische Anstalt", das 1886 von seinem Vater Isidor Löwit (1844–1922) in Prag gegründet und 1887 nach Wien verlegt worden war[4]. 1923 wurde ihm für seine Verdienste der Titel Kommerzialrat verliehen. Das gutachterliche Schreiben, das der Verleihung zugrunde gelegt wurde, wies den Fabrikbesitzer nicht nur als einen erfolgreichen Unternehmer aus, sondern zusätzlich als offenbar gut vernetztes Mitglied zahlreicher Verwaltungs- und Aufsichtsräte und Träger des Ehrenzeichens des Roten Kreuzes[5].

Gerhart Burian Ladner, with a bibliography of his published works, in: Viator 20 (1989) S. 85–115; Fritz Fellner / Doris A. Corradini, Österreichische Geschichtswissenschaft im 20. Jahrhundert. Ein biographisch-bibliographisches Lexikon (Veröffentlichungen der Kommission für neuere Geschichte Österreichs 99, 2006) S. 248–249; Handbuch österreichischer Autorinnen und Autoren jüdischer Herkunft 18. bis 20. Jahrhundert 2, hg. von der Österreichischen Nationalbibliothek (2002) S. 769. Um die berufsbezogenen Daten bis 1938, die Ladner in seinen Erinnerungen angesprochen hatte, präzisieren zu können, stützt sich die vorliegende Kurzbiographie auch auf die Lebensläufe (siehe Anm. 12, 14 und 26) und die Korrespondenz Ladners mit dem MGH-Vorsitzenden Paul Fridolin Kehr in dessen privatem Nachlass (GStA PK, VI. HA Familienarchive und Nachlässe, Nl Kehr, Paul Fridolin) und im MGH-Archiv. An dieser Stelle sei auch auf die weiterführenden biographischen Ausführungen von Richard Meister und Otto Demus hingewiesen, mit denen die Aufnahme in die ÖAW begründet wurde (siehe Anm. 94).

2 Ladner, Erinnerungen (wie Anm. 1) S. 13. Lebensdaten von Alice Ladner in WStLA, Totenbeschreibamt, A 1 Nr. 37162/1936; Lebensdaten von Oskar (Oscar) Ladner in WStLA, M.Abt. 116, Standesamt Währing, A 3 Nr. 1229/1963; vgl. dazu die genealogische Veröffentlichung: https://www.geni.com/people/Oscar-Oskar-Ladner/6000000007008515985 [alle Links in diesem Beitrag wurden am 17.4.2023 abgerufen]. Für die Recherche sei Dr. Stefan Spevak (WStLA) gedankt.

3 IKG Wien, Trauungsmatrik Stadttempel Rz. 186/1904.

4 Schreiben des Hauptverbandes der Industrie Österreichs an den Bundesminister für Handel und Verkehr, Eduard Heinl, vom 5.2.1932 (OeStA/AdR, HBbBu BMfHuV Präs, AA Löwit Oskar Zl. 11675/1932, Kt. 283 Bl. 19–20). Für die Recherche sei Maria Stagl (OeStA) gedankt. Zur Geschichte der Firma vgl. den Artikel „Löwit & Comp." auf der historischen Wissensplattform der Stadt Wien ‚Wien Geschichte Wiki', https://www.geschichtewiki.wien.gv.at/Löwit_%26_Comp. Lebensdaten von Isidor Löwit in IKG Wien, Sterbematrik Rz. 573/1922.

5 Schreiben an den Bundesminister für Handel und Gewerbe, Industrie und Bauten vom 11.11.1922 (OeStA/AdR, HBbBu BMfHuV Präs, AA Löwit Oskar Zl. 4592/1922, Kt. 81 Bl. 6), hier Erwähnung der zusätzlichen Positionen Oskar Ladners (Löwits): „Vizepräsident des Verwaltungsrates der internationalen Spielkartengesellschaft, Verwaltungsrat der I. Kartag-Brünner Spielkartengesellschaft in Brünn, Verwaltungsrat der Globus-Papier und Druckaktiengesellschaft in Budapest, Vorsitzender des Aufsichtsrates der Wellpappe G.m.b.H. in Wien, Geschäftsführer der ersten jugoslawischen Spielkartenfabrik G.m.b.H. in Laibach, Mitglied der Zentralpreisprüfungskommission, Vorstandsmitglied des Wiener Industriellenverbandes und gerichtlich beeideter Sachverständiger in Spielkarten".

Das hohe Ansehen, in dem die Familie stand, zeigt auch die Verleihung des Goldenen Ehrenzeichens für Verdienste um die Republik Österreich an Oskar (Loewit-) Ladner im Jahr 1932. In dem entsprechenden Antrag zur Verleihung wurde zur Begründung neben den beruflichen Leistungen, die bereits 1923 angeführt worden waren, angegeben, dass der Unternehmer „auch ein bekannter Bibliophile*[r]* ist, *[der]* einer Reihe in- und ausländischer Gesellschaften angehört und deren Arbeiten in grosszügiger Weise fördert“[6]. Die Mitgliedschaft in der Gesellschaft für vervielfältigende Kunst, der er 1917 beitrat, bezeugt dieses bibliophile Engagement im Bereich der Kunstgraphik, insofern sich die Gesellschaft mittels Publikationen nachdrücklich dafür einsetzte, graphische Werke durch hochwertige Reproduktionen und kunstwissenschaftliche Expertise einer breiteren Öffentlichkeit zugänglich zu machen[7]. Da sich unter den Mitgliedern auch Angehörige der europäischen Aristokratie, Kunstakademien bzw. -museen, Künstler und bedeutende österreichische Kunsthistoriker – wie z. B. Julius Ritter von Schlosser (1866–1938), der spätere Doktorvater Gerhart Ladners[8] – befanden, gibt diese Mitgliedschaft einen Hinweis darauf, in welchem kulturellen Umfeld sich die Familie in Wien bewegte bzw. wahrgenommen werden wollte.

Auch Gerhart Ladner schilderte seinen Vater als einen „sehr gebildete*[n]* Mann“, der die französische Sprache durch einen mehrjährigen Paris-Aufenthalt fließend beherrschte, Homer, Horaz und Dante in der jeweiligen Originalsprache zu rezitieren vermochte und eine umfangreiche Bibliothek besaß, „deren Schwerpunkt im französischen 18. Jahrhundert lag“[9]. Hinsichtlich des sozialen Milieus seiner Familie beschrieb er in den Erinnerungen einen Kreis von Freunden, die ebenfalls Einfluss auf das kulturelle Leben der Stadt nahmen; darunter der Arzt und Psychoanalytiker Sigmund Freud (1856–1939)[10], der später – wie noch zu sehen sein wird – im Rahmen der Emigration Gerhart Ladner behilflich zu sein versuchte.

Seine Schulzeit begann der Mediävist und Kunsthistoriker unweit seines Elternhauses im Cottage-Lyzeum in Wien-Döbling, genauer gesagt in der dort untergebrachten „Volksschule für Knaben u*(nd)* Mädchen“, die unter der Leitung der Begründerin und promovierten Pädagogin Salome Goldman (1870–1942, ermordet im KZ Theresienstadt) stand und in der auch Anna Freud (1895–1982), die Tochter Sigmund Freuds, als Lehrerin unterrichtete[11]. Die anschließende Gymnasialzeit absolvierte Ladner im benachbarten humanis-

6 Siehe Anm. 4.

7 Vgl. Mitgliederverzeichnis in: Mitteilungen der Gesellschaft für vervielfältigende Kunst. Beilage der „Graphischen Künste“ (1918) S. 67–68, hier S. 67: „Oskar Loewit Wien 1917“, https://digi.ub.uni-heidelberg.de/diglit/mgvk1918/0071/image,info. Zur Gesellschaft vgl. Sabine Tröger, Kunstpopularisierung und Kunstwissenschaft. Die Wiener Kunstzeitschrift „Die Graphischen Künste“ (1879–1933) (Wiener Schriften zur Kunstgeschichte und Denkmalpflege 3, 2011) S. 18–43.

8 Zu Schlosser siehe Anm. 20.

9 Ladner, Erinnerungen (wie Anm. 1) S. 13. Zur Enteignung der Bibliotheken Oskar (Oscar) und Gerhart Ladners 1938 vgl. Murray G. Hall / Christina Köstner, „…allerlei für die Nationalbibliothek zu ergattern…“. Eine österreichische Institution in der NS-Zeit (2006) S. 235–238.

10 Vgl. Ladner, Erinnerungen (wie Anm. 1) S. 16. Zu Freud vgl. Jacques Le Rider, Das Ende der Illusion. Die Wiener Moderne und die Krisen der Identität (1990) S. 285–298.

11 Ladner, Erinnerungen (wie Anm. 1) S. 16 und Jahres-Bericht des Cottage-Lyzeums XIX., Gymnasiumstrasse 79, Schuljahr 1915/16 (1916) S. 45–46, https://digital.onb.ac.at/RepViewer/viewer.faces?doc=DTL_3205679&order=1&view=SINGLE, hier Erwähnung von „Dr. phil. Goldman“ als Leiterin, Anna Freud als „Hilfslehrerin“ und „Löwit Gerhard“ (sic) als Schüler der V. Klasse. Zum Cottage-Lyzeum und

tischen Bundesgymnasium XIX[12]. Nach der Reifeprüfung im Juni 1924 immatrikulierte er sich im Oktober an der Universität Wien für Geschichte, Kunstgeschichte und Archäologie[13]. Anfangs konzentrierte er sich dabei vor allem auf Veranstaltungen des Kunsthistorikers Josef Strzygowski (1862–1941) sowie die wirtschaftsgeschichtlichen Übungen des Mediävisten und MGH-Mitarbeiters Alfons Dopsch (1868–1953), deren Unterricht er in der Rückschau aus wissenschaftlicher Sicht als „enttäuschend" beurteilte[14]. Ab dem fünften Semester fokussierte er sich auf das Fach Geschichte und erweiterte seine Ausbildung im Österreichischen Institut für Geschichtsforschung (IÖG), in das er im August 1927 zur Teilnahme am 36. Ausbildungskurs als ordentliches Mitglied aufgenommen wurde[15]. Als sein Hauptlehrer trat nun Hans Hirsch (1878–1940) in den Vordergrund, der im Auftrag der MGH in Wien die Herausgabe der Diplomata besorgte und 1929 Leiter des IÖG wurde[16]. Nach Verfassen einer Institutsarbeit über die Formularbehelfe der Kanzlei Kaiser Friedrichs II. und die Briefe des Petrus de Vinea, die aus einem Referat bei Hirsch hervorgegangen war[17], und den

zur Gründerin Salome Goldman, die von der Frauenrechtlerin Yella Hertzka (1873–1948) unterstützt wurde, vgl. Heidi BRUNNBAUER, Im Cottage von Währing / Döbling… Interessante Häuser – interessante Menschen 2 (2006) S. 225–228; Corinna OESCH, Yella Hertzka (1873–1948). Eine Auto/Biographie von Beziehungen, in: Österreichische Zs. für Geschichtswissenschaften 19 (2008) S. 118–144.

12 Curriculum Vitae vom 18.2.1930 [= CV Promotion 1930] (UAW, Rigorosenakt von Gerhart Ladner, PH RA 10549 Bl. 3); vgl. LADNER, Erinnerungen (wie Anm. 1) S. 22. Für die Recherchen zu allen Akten Ladners im Universitätsarchiv Wien sei Thomas Maisel (UAW) gedankt.

13 CV Promotion 1930 (wie Anm. 12); Datierung des Reifezeugnisses auf den 1.7.1924 im Rigorosenprotokoll vom 1.–21.3.1930 [= Rigorosenprotokoll 1930] (UAW, Rigorosenprotokoll der Philosophischen Fakultät, PH 59.33, PN 10549); vgl. LADNER, Erinnerungen (wie Anm. 1) S. 22.

14 LADNER, Erinnerungen (wie Anm. 1) S. 23; vgl. Curriculum Vitae als Beilage zum Schreiben Ladners an das Professorenkollegium der Philosophischen Fakultät der Universität Wien vom 21.5.1937 [= CV Habilitation 1937] (UAW, Personalakt von Gerhart Ladner, PH PA 2401 Bl. 4–8; ebenfalls in OeStA/AVA Unterricht UM allg. Akten 673.8, Zl. 40.598/1937 Bl. 5–9). Zu Strzygowski vgl. Peter H. FEIST, Strzygowski, Josef, in: Metzler Kunsthistoriker Lexikon. 210 Porträts deutschsprachiger Autoren aus vier Jahrhunderten, hg. von Peter BETTHAUSEN / Peter H. FEIST / Christiane FORK (^{2}2010) S. 423–426; zu Dopsch vgl. Thomas BUCHNER, Alfons Dopsch (1868–1953). Die „Mannigfaltigkeit der Verhältnisse", in: Österreichische Historiker 1900–1945. Bd. 1: Lebensläufe und Karrieren in Österreich, Deutschland und der Tschechoslowakei in wissenschaftsgeschichtlichen Porträts, hg. von Karel HRUZA (2008) S. 155–190.

15 Die Aufnahme erfolgte am 11.8.1927, vgl. CV Promotion 1930 (wie Anm. 12); Leo SANTIFALLER, Das Institut für Österreichische Geschichtsforschung. Festgabe zur Feier des Zweihundertjährigen Bestandes des Wiener Haus-, Hof- und Staatsarchivs (Veröffentlichungen des IÖG 11, 1950) S. 145 Nr. 401; Alphons LHOTSKY, Geschichte des Instituts für Österreichische Geschichtsforschung 1854–1954. Festgabe zur Hundert-Jahr-Feier des Instituts (MIÖG Erg.-Bd. 17, 1954) S. 373–374.

16 LADNER, Erinnerungen (wie Anm. 1) S. 23. Zu Hirsch vgl. Manfred STOY, Das Österreichische Institut für Geschichtsforschung 1929–1945 (MIÖG Erg.-Bd. 50, 2007) S. 21–44; Andreas H. ZAJIC, Hans Hirsch (1878–1940). Historiker und Wissenschaftsorganisator zwischen Urkunden- und Volkstumsforschung, in: Österreichische Historiker (wie Anm. 14) S. 307–417; Thomas WINKELBAUER, Das Fach Geschichte an der Universität Wien. Von den Anfängen um 1500 bis etwa 1975 (Schriften des Archivs der Universität Wien. Fortsetzung der Schriftenreihe des Universitätsarchivs, Universität Wien 24, 2018) S. 186–187.

17 Gerhart LADNER, Formularbehelfe in der Kanzlei Kaiser Friedrichs II. und die Briefe des Petrus de Vinea (MIÖG Erg.-Bd. 12, 1933) S. 92–198, vgl. CV Habilitation 1937 (wie Anm. 14). Zur Bedeutung der Arbeit vgl. Hans Martin SCHALLER, Zur Entstehung der sogenannten Briefsammlung des Petrus

notwendigen Staatsprüfungen beendete Ladner die Ausbildung am IÖG Anfang Juli 1929[18]. Um das 1924 begonnene Studium der Kunstgeschichte fortsetzen zu können, absolvierte Ladner zur gleichen Zeit die Veranstaltungen von Julius Schlosser und Karl M. Swoboda (1889–1977)[19]. Das kunsthistorische Institut, in dem Schlosser, einer der namhaftesten Vertreter der Wiener Schule der Kunstgeschichte[20], unterrichtete, war dem IÖG angeschlossen, was die parallellaufende Ausbildung zum promovierten Kunsthistoriker erleichterte[21]. Die Promotion erfolgte nach Vorlage der von Schlosser betreuten kunsthistorischen Dissertation am 1. April 1930[22].

Zur Fertigstellung dieser Dissertation, die die italienische Malerei des 11. Jahrhunderts thematisierte[23], ging Ladner im Sommer 1929 – unmittelbar nach Abschluss seiner Ausbildung am IÖG – nach Rom und führte seine Recherche u. a. im Preußischen Historischen Institut fort. Bei dieser Gelegenheit lernte er den Institutsdirektor und MGH-Vorsitzenden Paul Fridolin Kehr (1860–1944) kennen[24]. Kehr, der selbst in jungen Jahren im IÖG unter dem großen Diplomatiker Theodor Ritter von Sickel (1826–1908) die grundlegenden Fähigkeiten zur Urkundenforschung erlernt hatte[25], zeigte sich dabei in besonderem Maße an dessen IÖG-Arbeit über die Kanzlei Friedrichs II. interessiert. Auf der Suche nach neuen Mitarbeitern für die MGH-Abteilungen in Berlin und Wien warb er den 24jährigen Österreicher – nach vorhergehender Kontaktaufnahme mit dessen Lehrer Hirsch – persönlich für die von ihm geleitete Berliner Diplomata-Abteilung an[26].

---

de Vinea, in: DERS., Stauferzeit. Ausgewählte Aufsätze (MGH Schriften 38, 1993) S. 225–270, hier S. 229–230.

18 Die schriftlichen und mündlichen Staatsprüfungen erfolgten am 27. und 28.6 sowie am 1., 2. und 9.7.1929, vgl. CV Promotion 1930 (wie Anm. 12); LHOTSKY, Institut (wie Anm. 15) S. 375.

19 CV Habilitation 1937 (wie Anm. 14). Zu Swoboda vgl. Peter H. FEIST, Swoboda, Karl Maria, in: Metzler Kunsthistoriker Lexikon (wie Anm. 14) S. 431–433; Alena JANATKOVÁ, Karl Maria Swoboda (1889–1977). „Von einem kulturgeschichtlich-biologischen Perspektivismus her", in: Österreichische Historiker. Lebensläufe und Karrieren 1900–1945, Bd. 2, hg. von Karel HRUZA (2012) S. 411–450.

20 Zu Schlosser vgl. Peter H. FEIST, Schlosser, Julius Alwin (Ritter von), in: Metzler Kunsthistoriker Lexikon (wie Anm. 14) S. 373–376; Michael THIMANN, Julius von Schlosser (1866–1938), in: Klassiker der Kunstgeschichte 1: Von Winckelmann bis Warburg, hg. von Ulrich PFISTERER (2007) S. 194–213.

21 So Ladner in CV Habilitation 1937 (wie Anm. 14); vgl. dazu LHOTSKY, Institut (wie Anm. 15) S. 329–332.

22 Rigorosenprotokoll 1930 (wie Anm. 13); zur Dissertation vgl. das Gutachten von Julius (von) Schlosser vom 28.2.1930 (UAW, Rigorosenakt von Gerhart Ladner, PH RA 10549 Bl. 4).

23 Gerhart LADNER, Die italienische Malerei im 11. Jahrhundert, in: Jb. der Kunsthistorischen Sammlungen in Wien N. F. 5 (1931) S. 33–160.

24 Vgl. LADNER, Erinnerungen (wie Anm. 1) S. 27. Zu Kehr vgl. Hedwig MUNSCHECK-VON PÖLNITZ, Der Lebensrückblick des Paul Fridolin Kehr, in: FBPG N. F. 31 (2021) S. 97–134.

25 Vgl. LHOTSKY, Institut (wie Anm. 15) S. 187; Michèle SCHUBERT, Meister – Schüler. Theodor von Sickel und Paul Fridolin Kehr (nach ihrem Briefwechsel), in: MIÖG 106 (1998) S. 149–166, hier S. 152–154.

26 Neben Ladner stellte Kehr zu diesem Zeitpunkt weitere Mitarbeiter ein: Albert Bruckner (1904–1985) und Theodor Ernst Mommsen (1905–1958) in Berlin, Robert (von) Lacroix (1903–1983) und Karl Pivec (1905–1974) in Wien, vgl. Paul KEHR, Bericht über die Herausgabe der Monumenta Germaniae Historica 1929, in: NA 49 (1932) S. I–XII, hier S. II und die nachträglich an Kehr gesendeten Lebensläufe von Ladner vom 26.5.1930 [= CV MGH 1930] (GStA PK, VI. HA, Nl Kehr Nr. 22 Bl. 488), Bruckner vom 25.5.1930 (ebd. Nr. 7 Bl. 883), Lacroix vom 24.5.1930 (ebd. Nr. 22 Bl. 492) und Pivec vom 23.5.1930 (ebd. Nr. 27 Bl. 303). Zu Lacroix und Pivec, die gemeinsam mit Ladner den IÖG-Kurs

Ladner verstand die Einladung, in Berlin direkt unter Kehr an der Herausgabe der Urkunden Kaisers Heinrich IV. mitarbeiten zu können, als „große Ehre und Chance“[27]. Wie aus seinen Lebensläufen und den Briefen an Kehr hervorgeht, trat er – in Hinblick auf seine Rigorosa im März 1930 – noch im Dezember 1929 seine neue Arbeitsstelle in Berlin an[28]. In den darauffolgenden drei Wintermonaten arbeitete er tagsüber im Institut und stellte in den Abendstunden in einem Kaffeehaus seine Dissertation fertig[29]. Im März 1930 absolvierte er dann die notwendigen Rigorosa in Wien, stand also währenddessen – im Einvernehmen mit Kehr – den MGH nicht zur Verfügung[30]. Nach einem Urlaub am Gardasee, in dem der frisch promovierte Ladner auch Bekanntschaft mit der Familie Kehrs machte und diesen auf einer Archivreise nach Brescia begleitete[31], war er „vom April 1930 bis zum Juli 1931“ wieder für die MGH in Berlin tätig[32]. Bezüglich seiner Forschungsarbeiten als Assistent der Diplomata-Abteilung erinnerte er sich an eine dreimonatige Archivreise nach München, die er von Juli bis September 1930 gemeinsam mit Kehr und seinem (ebenfalls neu eingestellten) Kollegen aus der Constitutiones-Abteilung, Theodor Ernst Mommsen (1905–1958)[33], unternahm, um im dortigen Hauptstaatsarchiv nach weiteren Fundstücken für die parallel laufende Vorbereitung der Diplomata- und Constitutiones-Editionen zu forschen[34]. Genau-

in Wien absolvierten, vgl. Fellner / Corradini, Geschichtswissenschaft (wie Anm. 1) S. 248 und 320; Santifaller, Institut (wie Anm. 15) S. 145 Nr. 400 und 404; Lhotsky, Institut (wie Anm. 15) S. 373–374.

27 Ladner, Erinnerungen (wie Anm. 1) S. 28.

28 CV Promotion 1930 (wie Anm. 12) und CV MGH 1930 (wie Anm. 26). Da Ladner seine Dissertation eigentlich vor dem Arbeitsbeginn bei den MGH abschließen wollte, bot Kehr ihm den 1.1.1930 bzw. 1.3.1930 als Antrittstermin an. Aufgrund des Umfanges der Dissertation verzögerte sich jedoch der Abschluss, weshalb Ladner die Vorverlegung seines Arbeitsbeginns auf den Dezember 1929 vorschlug, da Kehr zu diesem Zeitpunkt in Berlin weilte und ihn so persönlich in die neue Aufgabe einführen konnte. Der Vorschlag beinhaltete, dass Ladner, während sich Kehr in Rom aufhielt, nach Wien zurückkehren konnte, um die Dissertation einzureichen und die Rigorosa abzulegen, vgl. dazu die Briefe Ladners an Kehr vom 21.11.1929 und 28.11.1929 (GStA PK, VI. HA, Nl Kehr Nr. 22 Bl. 485 und 486).

29 Vgl. Ladner, Erinnerungen (wie Anm. 1) S. 28.

30 Die letzte Prüfung fand am 21.3.1930 statt, vgl. Rigorosenprotokoll 1930 (wie Anm. 13) und den Brief Ladners an Kehr vom 22.3.1930 (GStA PK, VI. HA, Nl Kehr Nr. 22 Bl. 477).

31 Vgl. Ladner, Erinnerungen (wie Anm. 1) S. 29–30.

32 CV Habilitation 1937 (wie Anm. 14).

33 Zu Mommsen vgl. Helene Wieruszowski, Theodor Ernst Mommsen †, in: HZ 187 (1959) S. 481–482; Friedrich Baethgen, Theodor E. Mommsen, in: DA 15 (1959) S. 610–611; Felix Gilbert, Lehrjahre im alten Europa. Erinnerungen 1905–1945 (1989) S. 111–120; Robert E. Lerner, Ernst Kantorowicz and Theodor E. Mommsen, in: An Interrupted Past. German-Speaking Refugee Historians in the United States after 1933, hg. von Hartmut Lehmann / James J. Sheehan (1991) S. 188–205, hier S. 200–204. Mommsen war von Kehr mit der Fortsetzung der „Constitutiones et Acta Publica *[imperatorum et regum]*“ des Kaisers Ludwig IV. (Ludwig der Bayer) beauftragt worden, vgl. Wieruszowski, Mommsen (siehe oben) S. 482.

34 Ladner, Erinnerungen (wie Anm. 1) S. 30. Kehr datierte den Archivbesuch mit Erwähnung Ladners und Mommsens in seinem Notizbuch ‚Liber Vitae Pauli Fridolini Kehr‘ auf den 6.7.1930 (GStA PK, VI. HA, Nl Kehr Nr. 183 Bl. 111v). Den Briefen Ladners an Kehr vom 16.8.1930 und 24.9.1930 (ebd. Nr. 22 Bl. 479 und 480) ist zu entnehmen, dass Ladner noch im September 1930 in München war. Die Archivreise „im Sommer 1930“ und die gemeinsame Arbeit mit Ladner wird auch erwähnt in Theodor Ernst Mommsen, Zur Freisinger Urkunden-Überlieferung, in: ZBLG 5 (1932) S. 129–139, hier S. 129 Anm.

ere Details liefert ein Bericht für das Jahr 1930/31, demzufolge er in München nicht nur die Urkunden Heinrichs IV., sondern zusätzlich Urkunden Heinrichs V. kollationierte, „sowie eine Anzahl von Originalen Ludwigs d*[es]* Deutschen u*[nd]* der späteren Karolinger", die später von Kehr herausgegeben wurden[35]. Die Arbeit mit dem akribischen, auf Kaiser- und Papsturkunden spezialisierten Urkundenforscher bewertete Ladner in der Rückschau als „ungeheuer" lehrreich, lernte er doch von ihm „wie aufmerksam man sein muß, um eine Urkunde diplomatisch richtig abzuschreiben" und „wie man die gesamte Überlieferung eines historischen Ereignisses in den Quellen erfaßt"[36].

Die Zeit im Berliner Institut war für ihn aber vor allem aufgrund seines regen wissenschaftlichen Austausches prägend, was in besonderer Weise an der charismatischen Persönlichkeit Ernst H. Kantorowicz' (1895–1963) lag. Kantorowicz war bereits seit Ende 1928 oder spätestens 1929 ständiger Gast bei den MGH. Er nutzte die Bibliothek, um nachträglich einen quellenbasierten Ergänzungsband zu seiner damals aufsehenerregenden Biographie über Kaiser Friedrich II. zu erarbeiten und führte im Institut auch eingehende Gespräche mit dem Vorsitzenden Kehr[37]. Dass sich zwischen dem Assistenten Kehrs und dem zehn Jahre älteren Kantorowicz über das Forschungsinteresse am Stauferkaiser hinaus eine freundschaftliche Verbundenheit entwickelte, hing nicht zuletzt mit der gemeinsamen Bewunderung für den Dichter Stefan George (1868–1933) zusammen. Ladner hatte bereits seit den 1920er Jahren durch Begegnungen mit dem von George inspirierten Mediävisten Wolfram von den Steinen (1892–1967) in Wien für den Dichter zu schwärmen begonnen[38]. Durch den Kontakt mit Kantorowicz, der dem inneren Zirkel um den ‚Meister' George ange-

1 und Edmund E. Stengel, Vorrede, in: Die Urkunden Heinrichs IV., bearb. von Dietrich von Gladiss / Alfred Gawlik (MGH Die Urkunden der deutschen Könige und Kaiser 6, 1941–1978) S. VII–X, hier S. VIII. Zur Fortsetzung seiner Arbeit an den Urkunden Heinrichs IV. in Berlin vgl. die Briefe Ladners an Kehr vom 15.11.1930 und 20.11.1930 (GStA PK, VI. HA, Nl Kehr Nr. 22 Bl. 481–482 und 483–484).

35 Vgl. „Bericht für 1930/31" vom 20.4.1931, verfasst von Gerhart Ladner (MGH-Archiv, A 181 ohne Paginierung). Die Recherche in München „im Sommer 1930" wird unter Angabe des Berichts von Theodor E. Mommsen (wie Anm. 34) erwähnt in Paul Kehr, Vorrede, in: Die Urkunden Ludwigs des Deutschen, Karlmanns und Ludwigs des Jüngeren, bearb. von Paul Kehr (MGH Die Urkunden der deutschen Karolinger 1, 1934) S. I–XII, hier S. VI.

36 Ladner, Erinnerungen (wie Anm. 1) S. 28. Zur Akribie Kehrs, die Ladner nach eigener Aussage zum Vorbild wurde, vgl. Van Engen, Images (wie Anm. 1) S. 87 Anm. 5.

37 Vgl. Ladner, Erinnerungen (wie Anm. 1) S. 29 und 33; Ernst H. Kantorowicz, Kaiser Friedrich der Zweite. Ergänzungsband ([1]1931, verwendete Ausgabe [4]1994) Vorwort; vgl. dazu Robert E. Lerner, Ernst Kantorowicz. Eine Biographie (2020) S. 164–166; nach ebd. S. 152 war Kantorowicz bereits September 1928 zur Bearbeitung des Ergänzungsbandes nach Berlin umgezogen. Seine Arbeit „im Institut der Monumenta" erwähnte Kantorowicz im Brief an Albert Brackmann vom 5.8.1929 (GStA PK, VI. HA, Nl Brackmann, Albert Nr. 16 Bl. 35).

38 Vgl. Ladner, Erinnerungen (wie Anm. 1) S. 26. Zu Steinen vgl. Wolfgang Christian Schneider, Geschichtswissenschaft im Banne Stefan Georges. Wolfram von den Steinen im Ringen um die gestalthafte ‚Schau' der Vergangenheit, in: Wissenschaftler im George-Kreis. Die Welt des Dichters und der Beruf der Wissenschaft, hg. von Bernhard Böschenstein / Jürgen Egyptien / Bertram Schefold / Wolfgang Graf Vitzthum (2005) S. 329–356; Heiko Hartmann, Steinen, Wolfram von den, in: Stefan George und sein Kreis. Ein Handbuch, hg. von Achim Aurnhammer / Wolfgang Braungart / Stefan Breuer / Ute Oelmann, 3 Bde. ([2]2016) hier 3 S. 1685–1688.

hörte[39], erhielt jener schließlich die einmalige Gelegenheit zu einer persönlichen Begegnung am 10. Dezember 1930 in Berlin; eine Begegnung, die aufgrund der nüchternen Beurteilung durch George nicht ganz so positiv für den jungen Wissenschaftler ausfiel[40]. Die Freundschaft und der wissenschaftliche Austausch mit Kantorowicz blieb indes bestehen, auch nach dessen Umzug nach Frankfurt am Main 1931 bzw. nach dessen Emigration in die USA 1939[41]. Das Gleiche galt für die Freundschaft mit Theodor Ernst Mommsen, der – unterstützt durch ein englisches Empfehlungsschreiben Kehrs für ein Auslandsstipendium in Yale[42] – bereits 1936 in die USA emigriert war und dort ebenfalls in Kontakt mit Kantorowicz stand[43].

Der wissenschaftliche Austausch am MGH-Institut beschränkte sich jedoch nicht nur auf Kehr, Kantorowicz und Mommsen, sondern führte Ladner auch in den 1930 gegründeten sog. Berliner Mittelalterkreis um die beiden Monumentisten Erich Caspar (1879–1935) und Robert Holtzmann (1873–1946), zu dessen abendlicher Veranstaltung am 19. März 1931 jener von Caspar eingeladen wurde, um einen Vortrag über „die Wirkung des Bilderstreits auf die mittelalterliche Kunst-Lehre und Kunst" zu halten[44]. Im Juli 1931, nur vier Monate nach diesem Vortrag, war Ladner schließlich aufgrund einer langwierigen Krankheit gezwungen, eine längere Erholungszeit zu nehmen[45].

Nachdem deutlich wurde, dass eine Rückkehr nach Berlin für den noch erholungsbedürftigen Assistenten ausgeschlossen war, äußerte dieser im April 1932 den Wunsch, von Wien aus „weiter für die Monumenta arbeiten zu dürfen"[46]. Als Lösung ließ der Vorsitzen-

39 Vgl. Eckhart Grünewald, Kantorowicz, Ernst Hartwig, in: Stefan George Handbuch 3 (wie Anm. 38) S. 1471–1477, hier S. 1474–1476 und Lerner, Kantorowicz (wie Anm. 37) S. 90–102.

40 Vgl. Ladner, Erinnerungen (wie Anm. 1) S. 41–45. Zum Einfluss Georges bzw. des George-Kreises auf Ladner vgl. Michael Thimann, Kunstwissenschaft, in: Stefan George Handbuch 2 (wie Anm. 38) S. 1128–1146, hier S. 1142–1143.

41 Vgl. Ladner, Erinnerungen (wie Anm. 1) 35–41. Zum wissenschaftlichen Austausch beider Historiker vor der Emigration vgl. Gerhart Ladner, Eine unbekannte Handschrift des Langobardischen Lehenrechtsbuchs, in: NA 50 (1935) S. 228–230, hier S. 228 und Ernst Kantorowicz, Petrus de Vinea in England, in: MIÖG 51 (1937) S. 43–88, hier S. 57 Anm. 43 und S. 74 Anm. 108.

42 Vgl. den Brief Mommsens an Kehr vom 5.2.1936 und das Empfehlungsschreiben Kehrs (Durchschlag) vom 12.2.1936 (GStA PK, VI. HA, Nl Kehr Nr. 24 Bl. 592–593 und 594).

43 Ladner, Erinnerungen (wie Anm. 1) S. 40. Zum Kontakt zwischen Mommsen und Kantorowicz vgl. Lerner, Kantorowicz (wie Anm. 37) S. 249, 262–263, 384, 394, 402 und 410.

44 Brief Ladners an Kehr vom 18.3.1931 (MGH-Archiv, 338/244 Bl. 1–2), hier als „Mediävisten-Abend" bezeichnet; den Vortrag in der „Berliner Mediävistenvereinigung" erwähnte Ladner auch in CV Habilitation 1937 (wie Anm. 14). Der Vortrag ging anschließend in Druck: Gerhart Ladner, Der Bilderstreit und die Kunst-Lehren der byzantinischen und abendländischen Theologie, in: ZKG 3. F. 50 (1931) S. 1–23, ND ders., Images and ideas in the Middle Ages. Selected studies in history and art 1 (Storia e Letteratura. Raccolta di studi e testi 155, 1983) S. 13–33. Zum Mittelalterkreis vgl. Martina Hartmann, Die Stunde der Frauen? Die wissenschaftlichen Mitarbeiterinnen der MGH nach dem Ersten und im Zweiten Weltkrieg, in: DA 76 (2020) S. 653–698, hier S. 669–670. – Zu Caspar siehe den Beitrag von Arno Mentzel-Reuters in diesem Band.

45 Seine Erkrankung erwähnte Ladner in seinen Erinnerungen (wie Anm. 1) S. 31; vgl. die Briefe Ladners an Kehr vom 19.5.1931 (MGH-Archiv, 338/244 Bl. 4) sowie vom 30.7.1931, 27.9.1931, 14.11.1931 und 23.4.1932 (GStA PK, VI. HA, Nl Kehr Nr. 22 Bl. 473, 474, 475 und 471); vgl. ebenso den Brief Ladners an Leo Santifaller vom 21.8.1931 (OeStA/HHStA, SB Nl Leo Santifaller 18–39 Bl. 1, https://www.archivinformationssystem.at/detail.aspx?ID=4904903).

46 Brief Ladners an Kehr vom 22.4.1932 (GStA PK, VI. HA, Nl Kehr Nr. 22 Bl. 470).

de die Arbeit an den Urkunden Heinrichs IV. und Heinrichs V. nun übergangsweise durch den zweiten Diplomata-Assistenten Otto Meyer (1906–2000) übernehmen[47] und betraute Ladner mit den Vorarbeiten zur Edition der Briefsammlung des Petrus de Vinea (vor 1200–1249)[48].

Petrus de Vinea war in seiner Funktion als Vorsteher der Kanzlei am Hof des Stauferkaisers Friedrich II. der Verfasser zahlreicher, stilistisch hochstehender und weit verbreiteter Briefe, bevor er 1249 aufgrund nicht geklärter Umstände in Ungnade fiel, zur Strafe geblendet wurde und kurz darauf verstarb. Die Edition seiner Briefe, die „*[w]*egen ihrer antipäpstl*[ichen]* Tendenz *[…]* eine große Rolle im Zeitalter der Reformation und der Aufklärung" spielten[49], stellte, wie Kehr in seinem Bericht für 1933 betonte, eines „der ältesten Desiderata der alten Monumentengeneration" dar[50]. Da eine Edition des anspruchsvollen Projektes trotz der ersten mühevollen Bestandsaufnahme der Petrus-de-Vinea-Briefe durch seinen Vorgänger, den MGH-Vorsitzenden Georg Heinrich Pertz (1795–1876)[51], im 19. Jahrhundert nicht zustande gekommen war, war die Umsetzung des alten Planes nach wie vor aktuell. Dieses Desiderat nun anzugehen, drängte sich geradezu auf, nachdem Kantorowicz in seinem (in der Bibliothek der MGH entstandenen) Ergänzungsband zu Friedrich II. die fehlende kritische Ausgabe jener Briefsammlung des 13. Jahrhunderts als „wichtigste Voraussetzung" für eine Beschäftigung mit dem engen Vertrauten Friedrichs II. öffentlich moniert hatte[52] und der Wiener MGH-Editor Hirsch etwas später anregte, generell Briefsammlungen aus dem vorhergehenden 11. und 12. Jahrhundert im Rahmen der Epistolae-Abteilung zu edieren[53]. Ladner den Auftrag zu geben, bot sich insofern an, als jener mit dem Thema durch seine IÖG-Arbeit über die Formularbehelfe vertraut war[54]. Der MGH-Vorsitzende schuf damit für seinen gerade verabschiedeten Diplomata-Assistenten die Möglichkeit, während dessen Rekonvaleszenz von seiner Heimatstadt Wien aus im Rahmen der Epistolae-Abteilung, die ebenfalls von Kehr geleitet wurde, weiter für die MGH (und für ihn) zu arbeiten – was genau das war, worum Ladner gebeten hatte.

47 Vgl. Philipp T. Wollmann, Otto Meyer (1906–2000). Ein Historiker zwischen Drittem Reich und Bundesrepublik in Franken, in: Fränkische Lebensbilder 26 (2022) S. 287–320, hier S. 291.

48 Vgl. den Brief Ladners an Kehr vom 26.7.1932 (GStA PK, VI. HA, Nl Kehr Nr. 22 Bl. 472), in dem Ladner für die Klärung seiner Situation dankte, zugleich um die „Zusendung des Berliner Petrus de Vinea-Materials" bat und die Überprüfung „der im Druck überlieferten Stücke, besonders auf ihr Diktat hin", versprach. Zur Briefsammlung vgl. Hans Martin Schaller, Die Briefsammlung des Petrus de Vinea, in: ders., Stauferzeit. Ausgewählte Aufsätze (1993) S. 463–478.

49 Hans Martin Schaller, Petrus de Vinea, in: LexMA 6 (1993) Sp. 1987–1988, Zitat Sp. 1988.

50 Paul Kehr, Bericht über die Herausgabe der Monumenta Germaniae Historica 1933, in: NA 50 (1935) S. *I–*XI, hier S. *XI. Kehr spielte hier auf den MGH-Gründer Karl Freiherr vom und zum Stein (1757–1831) an, der 1820 in seiner Liste „aufzunehmender Quellenschriften" auf diese Briefe hingewiesen hatte, vgl. Karl Freiherr vom Stein, Nachtrag aufzunehmender Quellenschriften, theils vollständig, theils auszugsweise, in: Archiv 1 (1820) S. 101–110, hier S. 108.

51 Georg Heinrich Pertz, Petri de Vinea epistolae, in: Archiv 5 (1824) S. 353–447; ders., Petrus de Vinea, in: Archiv 7 (1839) S. 890–981; vgl. dazu Schaller, Briefsammlung (wie Anm. 48) S. 467–468. Die Briefe werden nun ediert von Karl Borchardt (MGH).

52 Vgl. die Ausführungen zu Petrus de Vinea in Kantorowicz, Ergänzungsband (wie Anm. 37) S. 129–133 und 246–248, Zitat S. 129.

53 Vgl. Kehr, Bericht Monumenta 1933 (wie Anm. 50) S. *X.

54 Vgl. CV Habilitation 1937 (wie Anm. 14).

Nach seiner Genesung war es Ladner möglich, zusätzlich zum Petrus-de-Vinea-Projekt an einer Revision des Kunstführers zur Porträtsammlung des Erzherzogs Ferdinand von Tirol im Münzkabinett des Kunsthistorischen Museums in Wien zu arbeiten. In der Publikation wurde er dabei ausdrücklich als „Mitarbeiter" der MGH ausgewiesen[55]. Den Auftrag hierzu vergab die Österreichische Kommission für historische Ikonographie[56], eine nationale „Sektion des dem internationalen Historikertag unterstehenden Komitees für histor*[ische]* Ikonographie"[57]. Der Vorschlag, den MGH-Mitarbeiter zur Bearbeitung der Porträtsammlung heranzuziehen, ging von dem Vorsitzenden der Kommission, dem Direktor des Münzkabinetts August Loehr (1882–1965) aus, für den Ladner bereits zuvor in Bezug auf das Krönungsschwert des Heiligen Römischen Reiches (sog. Säbel Karls des Großen) eine wissenschaftliche Expertise erstellt hatte[58]. Loehr kannte im Übrigen auch den MGH-Vorsitzenden Kehr, und zwar durch dessen Aufenthalt im Münzkabinett Ende September 1930[59]. Die Arbeit an der Porträtsammlung sollte für den Epistolae-Mitarbeiter zu einem Wendepunkt werden, da er mit ihr eine völlig neue berufliche Perspektive zu entwickeln begann, sowohl hinsichtlich der künftigen Forschungsrichtung, als auch hinsichtlich eines Aufenthaltes in Italien. Wie Ladner in einem Lebenslauf ausführte, brachten ihn die in der Porträtsammlung enthaltenen Papstbildnisse auf die Idee, erstmals „eine nach moderner wissenschaftlicher Methode angelegte Ikonographie der Päpste des Altertums und des Mittelalters zu verfassen"[60]. Methodisch sollte dabei das 1928 publizierte Werk des Mediävisten Percy Ernst Schramm (1894–1970) über die mittelalterlichen Porträts der deutschen Kaiser und Könige als Vorbild dienen[61].

55 August Loehr, Vorwort, in: [Gerhart Ladner], Die Porträtsammlung des Erzherzogs Ferdinand von Tirol (Führer durch die Kunsthistorischen Sammlungen in Wien 17, 1932) S. 3–6, hier S. 5.

56 Gerhart Ladner, Zur Porträtsammlung des Erzherzogs Ferdinand von Tirol (Ambraser Porträtsammlung), in: MIÖG 47 (1933) S. 470–482, hier S. 470, vgl. CV Habilitation 1937 (wie Anm. 14), hier als „österreichische*[r]* Ausschuss für historische Ikonographie" bezeichnet. Angeregt wurde die Neubearbeitung des Kunstführers durch den Obmann der Österreichischen Kommission für historische Ikonographie, Alfons Dopsch, vgl. Loehr, Vorwort Porträtsammlung (wie Anm. 55) S. 5. Ladner war zwischen 1931 und 1933 Sekretär dieser Kommission, vgl. die Schreiben Richard Meisters und Otto Demus' an die Philosophisch-historische Klasse der ÖAW (siehe Anm. 94).

57 Brief Ladners an Kehr vom 28.11.1933 (GStA PK, VI. HA, Nl Kehr Nr. 27 Bl. 352–353, hier Bl. 352v). Gegründet wurde die Internationale Ikonographische Kommission 1928 auf dem Internationalen Historikertag in Oslo, vgl. Sigfrid H. Steinberg, Die Internationale und die Deutsche Ikonographische Kommission, in: HZ 144 (1931) S. 287–296.

58 Vgl. CV Habilitation 1937 (wie Anm. 14) und Ladner, Erinnerungen (wie Anm. 1) S. 24–25. Zur Publikation vgl. Gerhart Ladner, „Attilas Schwert", in: MIÖG 45 (1931) S. 184–191. Zu Loehr vgl. Fellner / Corradini, Geschichtswissenschaft (wie Anm. 1) S. 259; zu seinem Wirken in der Kommission vgl. Erwin M. Auer, DDr. August O. Loehr (31. März 1882 bis 11. Juli 1965) (Veröffentlichungen des Verbandes Österreichischer Geschichtsvereine 24, 1982) S. 8.

59 Vgl. die Briefe Loehrs an Kehr vom 23.6.1930, 10.9.1930 und 22.9.1930 (GStA PK, VI. HA, Nl Kehr Nr. 22 Bl. 238, 239 und 240). Der Aufenthalt Kehrs wurde im Vorfeld von Ladner und Hirsch vermittelt.

60 CV Habilitation 1937 (wie Anm. 14). Zur Sammlung von Papstbildnissen als Anliegen der ikonographischen Forschung vgl. Steinberg, Kommission (wie Anm. 57) S. 290.

61 So Ladner in seinem Vorwort zu Gerhart B. Ladner, Die Papstbildnisse des Altertums und des Mittelalters 1: Bis zum Ende des Investiturstreits (Monumenti di Antichità Cristiana pubblicati dal Pontificio Istituto di Archeologia Cristiana Serie 2,4, 1941) S. V–VIII, hier S. VI; vgl. dazu Van Engen, Images

Das Jahr 1933, in dem die Idee konkret Gestalt annahm, war für den jungen Mediävisten und Kunsthistoriker aber noch durch zwei weitere Erfahrungen einschneidend gewesen, wie er in seinen Erinnerungen schrieb: Zum einen konvertierte er, getragen von der „Sehnsucht nach einer anderen, nicht politischen, sondern religiösen Art der Gemeinschaft", aus persönlicher Überzeugung zum katholischen Glauben[62]. Zum anderen wurde ihm die prekäre Lage, in der er sich befand, schlagartig bewusst, als er während des letzten Hofburgballs, an dem er in Wien teilnahm, als „Jude" angesprochen und zum Verlassen des Festes aufgefordert wurde. Diese Erfahrung, so Ladner, „verstärkte *[seinen]* Wunsch, aus Wien wegzukommen"[63].

Mithilfe des Auftrages der Österreichischen Kommission für historische Ikonographie bzw. des Vorsitzenden Loehr, nun auch in Italien nach ikonographischen Vorlagen der Porträtsammlung zu suchen, gelang ihm dieser Schritt[64]. Ende November 1933 wandte er sich brieflich an Kehr, in der „Absicht", einen Weg zu finden, weiter in Italien bleiben zu können[65]: Da „an eine staatliche Anstellung unter den gegenwärtigen Verhältnissen in Oesterreich für *[ihn]* kaum zu denken" sei, suche er, so Ladner, nach Möglichkeiten eines zusätzlichen finanziellen Auskommens. Er sähe dabei zwei Möglichkeiten: Die erste wäre die „Fortsetzung der Arbeit am Petrus de Vinea in Italien (besonders in Rom)", wobei ihm die finanzielle Situation der Monumenta „in der jetzigen schwierigen Zeit" bewusst war. Die „zweite Möglichkeit" wäre die „Anlage einer grossen Publikation über die Ikonographie der Päpste, wo es natürlich auf die finanzielle und sonstige Unterstützung des Vatikans ankäme". Seine Bitte bezog sich dabei auf die konkrete Umsetzung seines Planes mithilfe des römischen Netzwerkes Kehrs, der als (kommissarischer) Direktor des Preußischen Historischen

(wie Anm. 1) S. 88–89. Schramm war Mitglied und Sprecher des Deutschen Ikonographischen Ausschusses, der 1930 auf dem Historikertag in Halle als nationaler Ausschuss der Internationalen Ikonographischen Kommission gegründet worden war, vgl. dazu David Thimme, Percy Ernst Schramm und das Mittelalter. Wandlungen eines Geschichtsbildes (Schriftenreihe der HiKo 75, 2006) S. 321–324. Die Publikation Percy Ernst Schramm, Die deutschen Kaiser und Könige in Bildern ihrer Zeit 751–1152 (1928) galt der Kommission als ein Paradebeispiel für die Aufarbeitung der Herrscherikonographie, vgl. Steinberg, Kommission (wie Anm. 57) S. 293 Anm. 2.

62 Vgl. Ladner, Erinnerungen (wie Anm. 1) S. 46–47, Zitat S. 47.

63 Vgl. ebd. S. 49–50, Zitat S. 50.

64 Vgl. den Brief Ladners an Kehr vom 28.11.1933 (wie Anm. 57) und Ladner, Erinnerungen (wie Anm. 1) S. 48. Zu den Ergebnissen der Recherchen vgl. Gerhart Ladner, Zur Porträtsammlung des Erzherzogs Ferdinand von Tirol (Ambraser Porträtsammlung). Die Gonzaga-, Medici- und Wittelsbacher-Serien und einige Kopien nach den Homines illustres des Giovio-Museums, in: MIÖG 49 (1935) S. 367–391.

65 Brief Ladners an Kehr vom 28.11.1933 (wie Anm. 57), Kehr kennzeichnete den Brief mit „7/XII", d. h. Kehr verfasste seine Antwort am 7.12.1933. Der in Florenz abgefasste Brief wurde von ihm mit „Peiser" überschrieben und in dem Korrespondenz-Umschlag zu Werner Peiser (1895–1991) abgelegt. Dieser Hinweis Kehrs wirft die Frage auf, ob Ladner auch Kontakt zu Peiser hatte: Der Jurist Peiser, einst Pressesprecher des preußischen Ministerpräsidenten Otto Braun, war 1931 zu Forschungszwecken ins Preußische Historische Institut nach Rom gesendet worden und war ebenfalls mit Kehr bekannt. Er gründete das Landschulheim Florenz zur Aufnahme emigrierter Schüler, vgl. dazu Irmtraud Ubbens, Das Landschulheim in Florenz, in: Kindheit und Jugend im Exil – ein Generationenthema, hg. von Claus-Dieter Krohn / Erwin Rotermund / Lutz Winckler (Exilforschung. Ein internationales Jb. 24, 2006) S. 117–133 und Klaus Voigt, Zuflucht auf Widerruf. Exil in Italien 1933–1945, Bd. 1 (1989) S. 201–209.

Instituts in Rom wirkte und als Leiter der Pius-Stiftung in jährlichen Audienzen bei Papst Pius XI. (1857–1939) den persönlichen Kontakt zum Vatikan pflegte[66]. Noch im Dezember antwortete Kehr auf die Anfrage, wie Ladner festhielt, in „verständnisvoller und ausführlicher Weise"; ein persönliches Treffen in Rom wurde für Februar 1934 ins Auge gefasst[67]. Die geplante Unterredung wurde umso dringlicher, als Ladner kurz darauf vom Direktor des Österreichischen Historischen Instituts in Rom, Ignaz Philipp Dengel (1872–1947), mitgeteilt wurde, dass hinsichtlich seiner für das Institut begrüßenswerten Forschungsambitionen „eine Unterstützung durch den Vatikan ausgeschlossen sei"[68].

Zwischenzeitlich sorgte Dengel dafür, dass der MGH-Mitarbeiter weiter in Rom bleiben konnte, indem er ihn Anfang 1934 als neues Mitglied in sein Institut aufnahm und die vorübergehende Leitung der Institutsbibliothek anvertraute[69]. Die Weichen für das Projekt der Papstbildnisse wurden hingegen erst durch die persönlichen „Interventionen" des Papsturkundenforschers Kehr und des Prälaten Johann Peter Kirsch (1861–1941), des Gründers und Leiters des Päpstlichen Instituts für Christliche Archäologie (Pontificio Istituto di Archeologia Cristiana), gestellt[70]. In der Audienz, die Pius XI. am 4. Juni 1934 dem Päpstlichen Institut gewährte, übergab Kirsch „das inzwischen von *[Ladner]* ausgearbeitete Muster der Papstikonographie" und stellte den Initiator vor[71]: „Dass der hl. Vater Interesse daran nimmt", so Ladner in seinem darauffolgenden Brief an Kehr, „ist natürlich sehr erfreulich und wertvoll, Ihre Fürsprache *[...]* hat sicherlich einen grossen Anteil daran". Noch im selben Jahr, vermutlich im Oktober[72], begann er als Mitglied des Österreichischen Historischen Instituts in Rom mit dem Projekt; gefördert durch ein entsprechendes Forschungsstipendium des Österreichischen Unterrichtsministeriums, dem das Institut Dengels unterstellt war[73] und zusätzlich unterstützt durch das von Kirsch geleitete Päpstliche Institut[74]. Seine Vorarbeiten zur Edition der Briefsammlung des Petrus de Vinea und das gesamte ältere Material aus dem Bestand der MGH gab er unterdessen „im Einvernehmen mit Herrn Geheimrat Kehr" im Preußischen Historischen Institut „für die Monumenta" ab[75], was die Einstellung des Edi-

66 Zur Gelehrtenfreundschaft zwischen Kehr und Pius XI. vgl. Michael F. Feldkamp, Pius XI. und Paul Fridolin Kehr: Begegnungen zweier Gelehrter, in: AHP 32 (1994) S. 293–327 und Munscheck-von Pölnitz, Lebensrückblick (wie Anm. 24) S. 116–118 und 132.

67 Vgl. die Karte Ladners an Kehr vom 21.12.1933 (GStA PK, VI. HA, Nl Kehr Nr. 22 Bl. 467), Kehr hatte am 7.12.1933 geantwortet (siehe Anm. 65). – Er notierte im ‚Liber Vitae Pauli Fridolini Kehr' einen Rom-Aufenthalt von 22.2. bis 12.3.1934 (GStA PK, VI. HA, Nl Kehr Nr. 183 Bl. 119r).

68 Stoy, Institut (wie Anm. 16) S. 102, nach einem Brief Ladners an Hirsch vom 29.12.1933. Zu Dengel vgl. Fellner / Corradini, Geschichtswissenschaft (wie Anm. 1) S. 88–89.

69 Vgl. Zajic, Hirsch (wie Anm. 16) S. 342, nach einem Brief Dengels an Hirsch vom 16.1.1934.

70 Brief Ladners an Kehr vom 14.6.1934 (GStA PK, VI. HA, Nl Kehr Nr. 22 Bl. 468). Zu Kirsch vgl. Wilhelm Baum, Kirsch, Johann Peter, in: NDB 11 (1977) S. 672.

71 Brief Ladners an Kehr vom 14.6.1934 (wie Anm. 70); vgl. Ladner, Erinnerungen (wie Anm. 1) S. 51.

72 Brief Ladners an Kehr vom 14.6.1934 (wie Anm. 70).

73 Vgl. Santifaller, Institut (wie Anm. 15) S. 86.

74 CV Habilitation 1937 (wie Anm. 14); vgl. das Vorwort Ladners in: Papstbildnisse 1 (wie Anm. 61) S. VI.

75 CV Habilitation 1937 (wie Anm. 14), als Ergebnis seiner Arbeit erwähnte er hier „eine druckfertige Abschrift jener Wolfenbüttler Handschrift *[...]*, welche der Edition der sog. geordneten Petrus de Vinea-Handschriften *[...]* zugrunde zu legen ist". Vgl. dazu Kehr, Bericht Monumenta 1933 (wie Anm. 50) S. *XI, den Brief Ladners an Kehr vom 20.4.1933 (GStA PK, VI. HA, Nl Kehr Nr. 22 Bl. 469) und die Mappe „G. Ladner, Epistolae Petri de Vinea. Verzeichnis der Handschriften (auch einige genauere

tionsprojektes bei den MGH zur Folge hatte[76]. Bis 1937 erarbeitete Ladner die ersten beiden Bände der Papstbildnisse[77]. Der erste konnte vier Jahre später, also während des Krieges, als Band des Päpstlichen Instituts für Christliche Archäologie in Druck gehen[78].

Der inzwischen nach Wien Zurückgekehrte stellte im Mai 1937 unter Vorlage seiner Habilitationsschrift, die ein Jahr zuvor in der von Hans Hirsch neu gegründeten Reihe des IÖG gedruckt worden war[79], einen Antrag auf „Verleihung der Venia legendi für Geschichte des Mittelalters und Historische Hilfswissenschaften" an der Universität Wien[80]. Dem Antrag wurde im November 1937 durch die Philosophische Fakultät der Universität Wien zugestimmt, eine entsprechende Lehrbefugnis für die hiesige Universität ausgesprochen und vom Bundesministerium im Januar 1938 bestätigt[81]. Nur einen Monat nach der Annexion Österreichs durch das Deutsche Reich wurde Ladner die Lehrbefugnis wieder entzogen[82].

Analysen)" (MGH-Archiv, A 193/II). Zur Überlieferung der Briefe vgl. Hans Martin Schaller unter Mitarbeit von Bernhard Vogel, Handschriftenverzeichnis zur Briefsammlung des Petrus de Vinea (MGH Hilfsmittel 18, 2002).

76 Entgegen Ladners ausführlicher Feststellung einer freiwilligen, mit Kehr abgesprochenen Aufgabe des Petrus-de-Vinea-Projektes zugunsten der Bearbeitung der Papstikonographie resümierte Schaller, Briefsammlung (wie Anm. 48) S. 468, dass Ladners Auftrag „an den Zeitverhältnissen" gescheitert sei.

77 CV Habilitation 1937 (wie Anm. 14).

78 Zur Würdigung des Werkes vgl. Theodor E. Mommsen, Book Reviews: Gerhart B. Ladner, Die Papstbildnisse des Altertums und des Mittelalters 1: Bis zum Ende des Investiturstreits [...], in: Traditio. Studies in Ancient and Medieval History, Thought, and Religion 5 (1947) S. 352–359.

79 Gerhart Ladner, Theologie und Politik vor dem Investiturstreit: Abendmahlstreit, Kirchenreform, Cluni (sic) und Heinrich III. (Veröffentlichungen des IÖG 2, 1936, ND 1968).

80 Schreiben Ladners an das Professorenkollegium der Philosophischen Fakultät der Universität Wien vom 21.5.1937 (UAW, Personalakt von Gerhart Ladner, PH PA 2401 Bl. 2).

81 Vgl. Schreiben des Dekans der Philosophischen Fakultät Wien an das Bundesministerium für Unterricht vom 22.11.1937 (UAW, Personalakt von Gerhart Ladner, PH PA 2401 Bl. 35–36); Schreiben des Bundesministers Pernter an das Dekanat der Philosophischen Fakultät der Universität Wien vom 24.1.1938 (ebd. Bl. 46); Schreiben des Dekans der Universität Wien an Ladner vom 28.1.1938 (ebd. Bl. 47); vgl. Stoy, Institut (wie Anm. 16) S. 160 Anm. 39.

82 Schreiben des kommissarischen Dekans der Philosophischen Fakultät an Ladner vom 23.4.1938 (UAW, Kurrentakten der Philosophischen Fakultät, GZ 659-1937/38, O-Nr. 72), die Lehrbefugnis wurde auf der Grundlage des „Erlasses des Oesterreichischen Unterrichtsministeriums vom 22. April 1938, Zahl: 12474/I/1b" entzogen. Dieser Vorgang wird im historischen Kontext dargestellt und analysiert in: Günter Fellner, Die Emigration österreichischer Historiker. Ein ungeschriebenes Kapitel in der Zeitgeschichte ihres Faches, in: Vertriebene Vernunft 2. Emigration und Exil österreichischer Wissenschaft. Internationales Symposion 19. bis 23. Oktober 1987 in Wien, hg. von Friedrich Stadler (1988) S. 474–494, hier S. 483, ND unter dem Titel Vertriebene Vernunft 2, Emigration und Exil österreichischer Wissenschaft 1930–1940, hg. von Friedrich Stadler, Teilbd. 1 (Emigration – Exil – Kontinuität. Schriften zur zeitgeschichtlichen Kultur- und Wissenschaftsforschung 2, 2004) S. 474–494, hier S. 483; Gernot Heiss, Von Österreichs deutscher Vergangenheit und Aufgabe. Die Wiener Schule der Geschichtswissenschaft und der Nationalsozialismus, in: Willfährige Wissenschaft. Die Universität Wien 1938 bis 1945, hg. v. dems. / Siegfried Mattl / Sebastian Meissl / Edith Saurer / Karl Stuhlpfarrer (Österreichische Texte zur Gesellschaftskritik 43, 1989) S. 39–76, hier S. 51; Winkelbauer, Geschichte an der Universität Wien (wie Anm. 16) S. 219. – Zum Entzug der Lehrbefugnis am 22.4.1938 an der Universität Wien noch vor der Einführung der „Verordnung zur Neuordnung des österreichischen Berufsbeamtentums" vom 31.5.1938 vgl. Mitchell G. Ash, Jüdische Wissenschaftlerinnen und Wissenschaftler an der Universität Wien von der Monarchie bis nach 1945. Stand der Forschung und offene

Ladner verlor damit seine Anstellung als Privatdozent der Universität Wien. Mit der Änderung der politischen Verhältnisse ging auch die Aufhebung seiner Mitgliedschaft im Österreichischen Historischen Institut in Rom im Frühjahr 1938 einher, als das Institut – seit 1935 als Österreichisches Kulturinstitut Rom bezeichnet – mit dem Preußischen Historischen Institut unter der Leitung Edmund E. Stengels (1879–1968) vereinigt wurde[83].

In der Hoffnung seine Forschungsarbeit am zweiten Band der Papstbildnisse in Amerika fortsetzen zu können, wandte sich der habilitierte Mediävist und Kunsthistoriker auf Anraten seines ehemaligen Studienkollegen und Freundes, des emigrierten Wiener Kunsthistorikers und Psychologen Ernst Kris (1900–1957), von Rom[84] aus im Juni 1938 an den Gründer der Organisation American Guild for German Cultural Freedom, Hubertus Prinz zu Löwenstein (1906–1984)[85]. Seine Bitte bezog sich auf eine mögliche Unterstützung durch die Deutsche Akademie der Künste und Wissenschaften im Exil, die der American Guild angeschlossen war. Dem Schreiben legte er eine Liste von Referenzadressen bei, auf der er u.a. Hans Hirsch, Paul Kehr, Johann Peter Kirsch und Julius Schlosser angab[86], sowie die Empfehlungsschreiben von Schlosser, Dengel und Kirsch[87]. Der Antrag wurde auf Empfeh-

Fragen, in: Der lange Schatten des Antisemitismus. Kritische Auseinandersetzungen mit der Geschichte der Universität Wien im 19. und 20. Jahrhundert, hg. von Oliver Rathkolb (2013) S. 93–122, hier S. 111–112. – In diesem Zusammenhang sei darauf hingewiesen, dass Ladner 1946 von August Loehr als Kandidat für die Lehrstuhlnachfolge des zwangsemeritierten Kunsthistorikers Hans Sedlmayr (1896–1984) vorgeschlagen wurde, vgl. dazu Heiss, Wiener Schule (siehe oben) S. 59 und Hans H. Aurenhammer, Das Wiener Kunsthistorische Institut nach 1945, in: Zukunft mit Altlasten. Die Universität Wien 1945 bis 1955, hg. von Margarete Grandner / Gernot Heiss / Oliver Rathkolb (Querschnitte 19, 2005) S. 174–188, hier S. 175. Zu Sedlmayr vgl. Peter H. Feist, Sedlmayr, Hans, in: Metzler Kunsthistoriker Lexikon (wie Anm. 14) S. 401–404.

83 Vgl. Ladner, Erinnerungen (wie Anm. 1) S. 54 und 59; International Biographical Dictionary (wie Anm. 1) S. 683; Voigt, Zuflucht (wie Anm. 65) S. 388–389. Zur Institutsgeschichte vgl. Santifaller, Institut (wie Anm. 15) S. 87–88 und Reinhard Elze, Das Deutsche Historische Institut in Rom 1888–1988, in: Das Deutsche Historische Institut in Rom 1888–1988, hg. von Reinhard Elze / Arnold Esch (Bibliothek des Deutschen Historischen Instituts in Rom 70, 1990) S. 1–31, hier S. 21.

84 Während sich Gerhart Ladner bereits wieder in Rom aufhielt, war der noch in Wien weilende Vater Oskar (Oscar) Ladner am 14.7.1938 gezwungen, (zusätzlich zur eigenen) die Vermögensanmeldung für seinen Sohn zu übernehmen, dessen Bibliothek (ca. 1.000 Bände), „wissenschaftliche Notizen, Skripten und Vorlesungen" kurz darauf beschlagnahmt wurden, vgl. dazu Hall / Köstner, Nationalbibliothek (wie Anm. 9) S. 236.

85 Schreiben Ladners an Hubertus Prinz zu Löwenstein vom 6.6.1938 (Deutsches Exilarchiv 1933–1945 der Deutschen Nationalbibliothek Frankfurt am Main, Archiv der American Guild for German Cultural Freedom New York, EB 70/117–D.06.01.0001). Dem Schreiben wurde ein deutsch- und ein englischsprachiges Curriculum Vitae beigefügt (ebd. D.06.01.0002), beide Lebensläufe basieren auf den Angaben des CV Habilitation (wie Anm. 14). Die Absendung des Briefes erfolgte vor Ladners geplantem Forschungsaufenthalt am Warburg Institute in London, vgl. dazu Ladner, Erinnerungen (wie Anm. 1) S. 61. Zur Geschichte der American Guild vgl. die Homepage „Künste im Exil", https://kuenste-im-exil.de/KIE/Content/DE/Themen/american-guild.html. Zu Kris vgl. Wendland, Kunsthistoriker im Exil 1 (wie Anm. 1) S. 387–392.

86 Liste „References" (wie Anm. 85, D.06.01.0004).

87 Empfehlungsschreiben (Kopie) von Julius Schlosser vom 2.6.1937, Ignaz Philipp Dengel vom 1.3.1938, Johann Peter Kirsch vom 20.3.1938 (ebd. D.06.01.0005–0007).

lung von Sigmund Freud, der als Vorsitzender der wissenschaftlichen Abteilung von American Guild fungierte, befürwortet[88].

Ladner, der die American Guild in seinen posthum veröffentlichten Erinnerungen nicht erwähnt, gelang die Flucht auf anderem Weg[89]. Von Rom aus reiste er über England nach Kanada, wo er zunächst am Pontifical Institute of Mediaeval Studies (1938–1940) und danach an der University of Toronto (1940–1943) lehrte. 1946 übersiedelte er in die USA und wirkte als Hochschullehrer an folgenden amerikanischen Universitäten: der University of Notre Dame im Bundesstaat Indiana (1946–1951), der Howard University in Washington D. C. (1951–1952), der Fordham University in New York (1952–1962) und schließlich der University of California in Los Angeles (1963–1974). Obwohl 1974 emeritiert, lehrte Ladner abschließend als Professor an der University of California in Berkeley und am Center for Byzantine Studies in Dumbarton Oaks[90]. In dieser zweiten Phase seines Lebens vollendete der Mediävist und Kunsthistoriker auch sein 1934 begonnenes wissenschaftliches Hauptwerk: 1970 erschien der zweite Band seiner Papstbildnisse, 1984 der dritte, der Registerband, mit wichtigen Nachträgen und einer abschließenden Analyse zur Papstikonographie und Porträtkunst des Mittelalters[91]. Aus heutiger Sicht hatte Ladner hiermit nicht weniger als ein Standardwerk zur christlichen und politischen Ikonographie des Mittelalters geschaffen[92]. Seine weiter bestehende Verbundenheit mit Wissenschaftlern in Österreich und Deutschland drückte sich nicht nur in den Vorworten aus: 1950 wurde er zudem von der Zentraldirektion der MGH zum korrespondierenden Mitglied gewählt[93] und 1967

88 Empfehlung Sigmund Freuds durch ein Schreiben von „American Guild for German Cultural Freedom. The General Secretary" [ohne Verfasserangabe und Datum] (ebd. D.06.01.0010).

89 Die Emigration Ladners erwähnt in Fritz FELLNER, The Special Case of Austrian Refugee Historians, in: An Interrupted Past (wie Anm. 33) S. 109–115, hier S. 112–114 und Catherine EPSTEIN, Schicksalsgeschichte: Refugee Historians in the United States, in: ebd. S. 116–135, hier S. 119 mit Anm. 9; Claus-Dieter KROHN, Geschichtswissenschaften, in: Handbuch der deutschsprachigen Emigration 1933–1945, hg. von DEMS. / Patrik VON ZUR MÜHLEN / Gerhard PAUL / Lutz WINCKLER (^{2}1998, Sonderausgabe 2008) Sp. 747–761, hier Sp. 747; Jürgen PETERSOHN, Deutschsprachige Mediävistik in der Emigration. Wirkungen und Folgen des Aderlasses der NS-Zeit (Geschichtswissenschaft – Rechtsgeschichte – Humanismusforschung), in: HZ 277 (2003) S. 1–60, hier S. 9–11 und 20–21.

90 Dazu ausführlich LADNER, Erinnerungen (wie Anm. 1) S. 61–72; WENDLAND, Kunsthistoriker im Exil 1 (wie Anm. 1) S. 406.

91 Gerhart LADNER, Die Papstbildnisse des Altertums und des Mittelalters 2: Von Innozenz II. zu Benedikt XI. (Monumenti di Antichità Cristiana pubblicati dal Pontificio Istituto di Archeologia Cristiana Serie 2, 4, 1970); DERS., Die Papstbildnisse des Altertums und des Mittelalters 3: Addenda et Corrigenda, Anhänge und Exkurse, Schlusskapitel: Papstikonographie und allgemeine Porträtikonographie im Mittelalter (Monumenti di Antichità Cristiana pubblicati dal Pontificio Istituto di Archeologia Cristiana 2,4, 1984).

92 Ladners Forschungen fanden Eingang in die Neubearbeitung von Percy Ernst SCHRAMM, Die deutschen Kaiser und Könige in Bildern ihrer Zeit 751–1190, hg. von Florentine MÜTHERICH (1983) und in das Lexikon der christlichen Ikonographie 5–8: Ikonographie der Heiligen, hg. von Wolfgang BRAUNFELS (1994), wurden jedoch bedauerlicherweise nicht berücksichtigt von Andreas BEYER, Papstbildnis, in: Handbuch der politischen Ikonographie 2, hg. von Uwe FLECKNER / Martin WARNKE / Hendrik ZIEGLER (22011) S. 197–203.

93 Vgl. Friedrich BAETHGEN, Monumenta Germaniae Historica, Bericht für das Jahr 1949/50, in: DA 9 (1952) S. 1–13, hier S. 2.

von der Österreichischen Akademie der Wissenschaften zum korrespondierenden Mitglied der Philosophisch-historischen Klasse im Ausland[94]. Gerhart Burian Ladner, der Träger des Österreichischen Ehrenzeichens für Wissenschaft[95], starb am 21. September 1993 in Los Angeles wenige Monate vor der Veröffentlichung seiner Erinnerungen.

Abstract: Gerhard Ladner was born in Vienna in 1905, the son of the well-respected Jewish entrepreneur and bibliophile Oskar Ladner (Löwit) and his wife Alice Burian. After finishing gymnasium in 1924, he studied history, art history, and archaeology at the University of Vienna. Focusing on history, he enrolled at the Österreichisches Institut für Geschichtsforschung in 1927 and graduated in 1929. At the same time, he pursued his university studies in art history, attaining his Ph.D. in 1930 under Julius von Schlosser. While still researching in Rome for his Ph.D. thesis on 11th-century Italian painting, he met MGH president Paul F. Kehr, who offered him a position in the MGH section Diplomata. Ladner worked for the MGH in Berlin and, from 1932 in Vienna on the charters of Henry IV and Henry V, and was entrusted with preparing an edition of the letters of Petrus de Vinea. In this time he also developed the concept of an iconographical study of papal portraiture, which was to be his major research project. The rise of anti-Semitism in Austria prompted him to move to Rome in 1933 where, with the support of Kehr, he began work on his papal iconography project. In 1938, the Austrian 'Anschluss' with Nazi Germany ended his academic career in Europe, prompting Ladner to flee to the U.S.A., where he taught at numerous universities and completed his publication of papal portraits in three volumes that has become a standard work on medieval Christian and political iconography.

94 Vgl. Akademie der Wissenschaften. Entwicklung einer österreichischen Forschungsinstitution, hg. von Otto Hittmair / Herbert Hunger (ÖAW, Denkschriften der Gesamtakademie 15, 1997) S. 240. – Der Vorschlag zur Aufnahme in die ÖAW wurde bereits 1964 eingebracht, vgl. das Schreiben Richard Meisters an die Philosophisch-historische Klasse der ÖAW vom 3.4.1964 (AÖAW, Wahlen Kt. 9); August Loehr unterstützte diesen Vorschlag „*[m]*it vollem Nachdruck" in seiner Stellungnahme vom 15.5.1964 (ebd.) und verwies dabei v. a. auf die Forschungsleistung zur Papstikonographie. Nachdem Otto Demus erneut die Mitgliedschaft Ladners in dem Schreiben vom 5.4.1967 anregte (AÖAW, Wahlen Kt. 10), erfolgte schließlich dessen Wahl in der Sitzung der Gesamtakademie vom 18.5.1967 (AÖAW, Protokolle der Gesamtakademie, A 1177). Für die Recherche sei Jennifer Linninger (AÖAW) gedankt.

95 Zu den zahlreichen Ehrungen vgl. Wolfram, Ladner, MIÖG (wie Anm. 1) S. 512.

Karl (Carl) Lehmann (1858–1918)

von
Annette Marquard-Mois

Karl Lehmann

Nach Studienjahren in Berlin, Leipzig und München legte der Jurist und Rechtshistoriker Karl Lehmann[1], geboren am 11.10 1858 in Tuchel/Westpreußen[2], seinen ersten wissenschaftlichen Schwerpunkt auf die altnordische Rechtsgeschichte[3], promovierte 1882 in München

1 Auch „Carl", beide Schreibweisen in Dokumenten; Vater: Jacob Isaak Levin Lehmann, Kaufmann (*1820 in Tuchel, †25.5.1875 in Berlin); Mutter: Ernestine, geb. Seligsohn († vor 1875), vgl. Heiratsurkunde Karl Lehmann und Henni Strassmann (Standesamt Berlin VIIa Heiraten 1886 Nr. 523 = LAB P Rep 520 Nr. 322) und Sterbeurkunde Jacob Lehmann (Standesamt Berlin VIII Sterbefälle 1875 Nr. 963 in LAB P Rep 523). – Karl Lehmann hatte zwei Brüder: Otto, Kaufmann (*1857 in Tuchel, †14.7.1910 in Berlin; vgl. Standesamt Berlin III Sterbefälle 1910 Nr. 667 in LAB P Rep 804) und Hugo, praktischer Arzt (*1860 in Tuchel; vgl. Standesamt Berlin XIIa Heiraten 1896 Nr. 577 in LAB P Rep 811) sowie einen Halbbruder Sally, Kaufmann (*1849, †21.3.1903 in Berlin; vgl. Standesamt Berlin III Sterbefälle 1903 Nr. 310, in LAB P Rep 804, ohne Nennung des Namens der Mutter: „Sohn der Kaufmann Jakob Lehmann'schen Eheleute, Näheres nicht bekannt"). Nach 1860 und vor 1875 zog die Familie Lehmann mit den Söhnen von Westpreußen nach Berlin. Für die Unterstützung bei den genealogischen Recherchen danke ich herzlich Herrn Ingo Paul (https://ofb.genealogy.net/juden_nw/)!

2 Bis 1920 reichsdeutsche Kreisstadt des westpreußischen Kreises Tuchel, seit 1920 Tuchola/Polen. – Zur jüdischen Gemeinde Tuchel vgl. Gerhard Salinger, Zur Erinnerung und zum Gedenken. Die einstigen jüdischen Gemeinden Westpreussens 3 (2009) S. 746–754.

3 Mittelalterlichen Rechtsquellen widmete Karl Lehmann den überwiegenden Teil seiner rechtshistori-

bei dem Rechtshistoriker Konrad von Maurer (1823–1902) über Verlobung und Hochzeit in den nordgermanischen Rechten des früheren Mittelalters und habilitierte sich 1885 in Berlin mit einer Arbeit über den Königsfrieden der Nordgermanen[4]. Drei Jahre lehrte Lehmann als Privatdozent an der juristischen Fakultät in Berlin. Gleichzeitig edierte er im Auftrag der MGH die Leges Alamannorum (zur Edition siehe unten S. 295–299). 1887 übernahm er zusätzlich – gemeinsam mit Karl Zeumer (1849–1914) – die Herausgabe der Libri Feudorum[5] für die Savigny-Stiftung der Kgl. Preußischen Akademie der Wissenschaften.

1888 wurde Karl Lehmann als ordentlicher Professor für deutsches Recht, Rechtsgeschichte und Handelsrecht nach Rostock berufen. Im Universitätsjahr 1904/05 amtierte er als Rektor der Universität Rostock. 1911 ging er als Nachfolger Victor Ehrenbergs (1851–1929) nach Göttingen, wo er sein Lehramt bis zum Ende des Wintersemesters 1917/18 ausübte. Der geheime Justizrat Prof. Dr. Karl Lehmann starb am 5. April 1918 in Bonn nach einer Operation. Auf eigenen Wunsch wurde er in Rostock begraben.

Lehmann gehörte zu der Alterskohorte, für die die Reichsgründung von 1871 zu einer prägenden Jugenderfahrung wurde. „Daß Deutschland unter preußischer Führung endlich zu sich gefunden und mit ‚Blut und Eisen' seinen angemessenen Platz in der Mitte Europas errungen hatte, war eine Erfahrung mit tiefgreifenden Folgen für das Verständnis von Geschichte. Sie lehrte die elementare Kraft der Nation, die ausschlaggebende Rolle der Macht und die unentbehrliche Funktion des Staates", charakterisierte Rudolf Schieffer (1947–2018) das geistige Klima der Gründerjahre[6]. Entsprechend dem Zeitgeist ließ Lehmann seine rechtshistorischen Forschungen in die Lehrtätigkeit einfließen[7], wie es der Göttinger Jurist Fritz Schulz (1879–1957) beschrieb: „Klare, praktische Erfassung und Fortbildung des geltenden Rechtes auf der sicheren Grundlage der Rechtsgeschichte und umfassender Rechts-

---

schen Veröffentlichungen, vgl.: http://opac.regesta-imperii.de/lang_de/suche.php?tags=116870818 [alle Links in diesem Beitrag wurden am 15.03.2023 abgerufen].

4 Biographische Angaben vgl. Ralph Weber, Karl Lehmann. Rektor 1904/95, in: Die Rektoren der Universität Rostock 1419–2000, hg. von Angela Hartwig und Tilmann Schmidt (2000) S. 189; Ernst Heymann, Nachruf Karl Lehmann, in: NA 41 (1919) S. 756–760; Karl Lehmann. Gedenkworte von Wolfgang Golther (Rostock), Hans Wüstendörfer (Rostock), Hermann Th. Simon (Göttingen), Fritz Schulz (Göttingen), gesprochen bei der Gedächtnisfeier am 13. April 1918 in der Aula der Universität Rostock, der Stätte seines langjährigen Wirkens (1918). – Vgl. auch Eintrag Karl Lehmann im Catalogus Professorum Rostochiensium: http://purl.uni-rostock.de/cpr/00001067. – Karl Lehmann fehlt in der Aufzählung der jüdischen Mitarbeiter der MGH von Horst Fuhrmann, „Sind eben alles Menschen gewesen". Gelehrtenleben im 19. und 20. Jahrhundert. Dargestellt am Beispiel der Monumenta Germaniae Historica. Unter Mitarbeit von Markus Wesche (1996) S. 103.

5 Veröffentlichungen von Karl Lehmann zu den Libri feudorum (Auswahl): Die Libri Feudorum, in: NA 16 (1891) S. 387–418; Die Entstehung der Libri feudorum, in: Festschrift zum fünfzigjährigen Doctorjubiläum Sr. Excellenz, des Staatsrathes Dr. Hermann von Buchka am 6. Juli 1891 herausgegeben von der Rostocker Juristenfakultät (1891) S. 1–57; Consuetudines Feudorum, I. Compilatio Antiqua (1892); Das langobardische Lehnrecht. Handschriften, Textentwicklung, ältester Text und Vulgattext nebst den capitula extraordinaria (1896).

6 Rudolf Schieffer, Weltgeltung und nationale Verführung. Die deutschsprachige Mediävistik vom ausgehenden 19. Jahrhundert bis 1918, in: Peter Moraw / Rudolf Schieffer, Die deutschsprachige Mediävistik im 20. Jahrhundert (2005) S. 39–61, hier S. 48.

7 Ein Forschungsdesiderat ist die Untersuchung ideologischer Einflüsse auf die Leges-Forschung.

vergleichung: das war unausgesprochen das wissenschaftliche Programm Karl Lehmanns“[8]. Dem neuen Jahrhundert sah Lehmann als Jurist mit nationalem Stolz entgegen. „Am Beginn des zwanzigsten Jahrhunderts steht das deutsche Reich nach aussen gefestigt da, im Innern einheitlich geordnet im Strafrecht und Rechtsgang, im Handelsrecht und bürgerlichen Recht“, begann er 1905 seine Rede als Rektor der Universität Rostock, in der er auch seiner Begeisterung für das neue Bürgerliche Gesetzbuch (BGB) Ausdruck verlieh[9]. Karl Lehmann betätigte sich im Landesausschuss des 1898 gegründeten Deutschen Flottenvereins, der für eine aggressive Weltmachtpolitik des Deutschen Reichs eintrat, und als Abteilungsleiter Rostock der 1887 gegründeten, einflussreichen Deutschen Kolonialgesellschaft, die das Ziel hatte, den ‚kolonialen Gedanken‘ zu stärken. Mit Unternehmern und Professoren gründete er eine gemeinnützige Gesellschaft, um durch soziale Betreuung die Arbeiterschaft von den „Irrlehren der Sozialdemokratie“ fernzuhalten[10].

Lebenslang galt Karl Lehmanns Leidenschaft den nordischen Rechtsquellen in altnorwegischer und altisländischer Sprache sowie dänischen und schwedischen Quellen, erinnerte sich sein Rostocker Kollege Wolfgang Golther (1863–1945): „Mit der Zeit erwarb sich Lehmann eine beinahe vollständige Sammlung der in Deutschland schwer zugänglichen altnordischen Textausgaben und Geschichtswerke. Wie Maurer, so ließ auch Lehmann gern seine Freunde und Amtsgenossen an seinen raren Buchschätzen teilhaben, indem er bereitwillig die Mitnutzung seiner Bücher gestattete“[11]. Seine Tätigkeit als Hochschullehrer galt allerdings zum überwiegenden Teil der praktischen juristischen Ausbildung mit Schwerpunkten im Aktien-, Handels- und Kolonialgesellschaftsrecht. Die zweite Auflage seines Lehrbuchs für Handelsrecht[12] von 1908 wurde 2020 neu aufgelegt.

Nach der Edition der alemannischen Rechtsbücher für die MGH arbeitete Karl Lehmann noch bis 1896 an einer kritischen Edition des Langobardischen Lehnrechts, der Libri Feudorum. Entgegen der Vereinbarung mit Zeumer trug Lehmann die Arbeit im Wesentlichen alleine. Sein Verzeichnis der untersuchten Libri Feudorum-Handschriften beinhaltet 78 Handschriften aus Deutschland, Dänemark, Schweiz, den Niederlanden, Österreich und Frankreich, die er selbst untersucht hatte, und weitere 61, die er selbst einsah oder einsehen ließ[13].

In seiner Vorrede zu der als Vorarbeit gedachten Ausgabe der Libri Feudorum von 1896[14] kündigt sich Lehmanns Abwendung von der Editionsarbeit an: „Mit dem Buche, welches ich der Oeffentlichkeit übergebe, ist die Aufgabe, eine kritische Edition des Langobardischen Lehnrechts zu liefern, nicht gelöst, aber meines Erachtens der Lösung nahe

8 Fritz Schulz, Gedenkworte, in: Karl Lehmann Gedächtnisfeier (wie Anm. 4) S. 24–27, hier S. 26.

9 Karl Lehmann, Rezeptionen germanischer Rechte. Rede zur Feier des 28. Februar 1905 gehalten von Dr. Karl Lehmann d. Z. Rektor der Universität (1905) S. 4.

10 Weber, Karl Lehmann (wie Anm. 4) S. 189.

11 Wolfgang Golther, Gedenkworte, in: Karl Lehmann Gedächtnisfeier (wie Anm. 4) S. 3–15, hier S. 10.

12 Siehe Anm. 15.

13 Heymann, Nachruf (wie Anm. 4) S. 758f. – Karl Lehmanns Kollationen wurden 1904 von der Kgl. Preussischen Akademie der Wissenschaften den Monumenta ausgehändigt (Kollationen in MGH-Archiv, A 335, 1 und 2; Begleitschreiben vom 29.2.1904 in MGH-Archiv, 338/55).

14 Karl Lehmanns Edition der Libri Feudorum von 1896 ist bis heute nicht durch eine kritische Edition ersetzt, vgl. Gerhard Dilcher, Libri Feudorum, in: HRG 3 (2016) Sp. 970–976, hier Sp. 971.

gerückt. *[…]* Den Abschluss des Werkes herbeizuführen, hindern mich für absehbare Zeit – von anderen Gründen abgesehen – die bevorstehende Umwälzung unseres bürgerlichen Rechts und die daraus dem Rechtslehrer erwachsenden Verpflichtungen“[15]. Ab 1896 unternahm Lehmann keine rechtshistorischen textkritischen Arbeiten mehr, sondern beschäftigte sich überwiegend mit Handelsrecht[16]. Der „Zauberbann des bloßen Historismus“ war gebrochen, wie es der Amtsnachfolger Lehmanns in Rostock, Hans Wüstendörfer (1875–1951), formulierte: „Jetzt erwachte der geniale Praktiker, der handelstechnisch geschulte Kenner kaufmännischen Lebens in dem Theoretiker“[17].

Bekannter als Ihr Ehemann: Henni Lehmann (1862–1937)

Eine unerwartete Seite des Juristen und Rechtshistorikers Karl Lehmann wird durch die Persönlichkeit von Henriette Lehmann (geborene Strassmann, 1862–1937), genannt Henni[18], sichtbar. Am 7. Juni 1886 heiratete der 27jährige Privatdozent in Berlin die 23jährige Malerin, die einer bekannten jüdischen Familie entstammte[19]. Aus der Heiratsurkunde wird ersichtlich, dass Karl Lehmann zu diesem Zeitpunkt bereits zum Protestantismus konvertiert war, Henni konvertierte vermutlich nach der Eheschließung. Der Vater von Henni, der politisch aktive Mediziner Wolfgang Strassmann (1821–1885), engagierte sich intensiv in der Wohlfahrtspflege. Strassmann gehörte zur linksliberalen intellektuellen Oberschicht Berlins, hatte sich 1848 an der Revolution beteiligt, war Mitglied der Fortschrittspartei, hatte ab 1877 das hohe politische Amt des Vorstehers der Berliner Stadtverordnetenversammlung inne, saß 1879 bis 1885 im preußischen Abgeordnetenhaus und war 1880 an der Gründung des Deutschen Vereins für Armenpflege und Wohltätigkeit beteiligt. Zeit seines Lebens war Wolfgang Strassmann in seiner politischen Arbeit mit antisemitischen Angriffen konfrontiert, insbesondere nach seiner Ernennung zum Vorsteher der Stadtverordnetenversammlung[20]. Die Wertschätzung für das Lebenswerk Wolfgang Strassmanns überwog jedoch in

15 Lehmann, Das langobardische Lehnrecht (wie Anm. 5) o. S.

16 Veröffentlichungen von Karl Lehmann zu Aktien- und Handelsrecht (Auswahl): Die geschichtliche Entwicklung des Aktienrechts bis zum Code de commerce (1895, ND 1968); Das Recht der Aktiengesellschaften (2 Bde., 1898/1904, ND 1964); Lehrbuch des Handelsrechts (^{1}1908, ^{2}1912, ND 2020); Deutsches Handelsrecht (2 Bde., ^{1}1909, 3. Auflage neu bearbeitet 1921/24).

17 Hans Wüstendörfer, Gedenkworte, in: Karl Lehmann Gedächtnisfeier (wie Anm. 4) S. 16–21, hier S. 18.

18 Biographische Angaben zu Henni Lehmann: Wolf Karge, Lehmann, Henriette, in: Biographisches Lexikon für Mecklenburg 6, hg. von Andreas Röpcke (2011) S. 193–197, hier S. 193: Henriette (genannt Henni) Lehmann, geb. Strassmann (*10.10.1862 in Berlin, †18.2.1937 ebd.); Vater: Wolfgang Strassmann (*8.10.1821 in Rawitsch/Posen, heute Polen, †6.12.1885 in Berlin); Mutter: Louise Cohen (*21.7.1835 in Hannover, †20.12.1889 in Berlin). – Die biographischen Angaben in: Gabriela Jaskulla, Clara Arnheim und der „Hiddensoer Künstlerinnenbund“. Eine Randnotiz der Kunstgeschichte oder ein Beitrag zur künstlerischen Emanzipation zu Beginn des 20. Jahrhunderts? (2017), sind unzuverlässig, doch konnte die Autorin zusätzliche Informationen von den Nachkommen Henni und Karl Lehmanns in den USA einholen („Hiddensoe“ ist eine alte Schreibweise für „Hiddensee“).

19 Heiratsurkunde Karl Lehmann und Henni Strassmann vom 7.6.1886 (Standesamt Berlin VII a Heiraten 1886 Nr. 523).

20 Zu Karl Lehmanns Schwiegervater vgl.: Wolfgang Straßmann. 1821–1885. Revolutionär, Mediziner, Sozialreformer, Stadtverordnetenvorsteher, Mitglied des Preußischen Abgeordnetenhauses. Eine Ver-

der politischen Führungsschicht Berlins, so dass zwölf Jahre nach seinem Tod ihm zu Ehren im Berliner Bezirk Friedrichshain-Kreuzberg der Straßenname ‚Straßmannstraße' vergeben wurde, zwischen 1938 und 1947 umbenannt in ‚Ermelerstraße'.

Henni hatte vor der Heirat die private Königliche Kunstschule in Berlin besucht[21]. 1888 zog das Ehepaar Lehmann nach Rostock, wo die Familie bis 1911 lebte. 1890, 1891 und 1894 wurden die drei Kinder Wolfgang[22], Eva[23] und Karl[24] geboren, was Henni jedoch nicht davon abhielt, sich im Rostocker Frauenbildungsverein und darüber hinaus für das Frauenwahlrecht und für die Emanzipation der Frauen im Bereich der bildenden Kunst einzusetzen. Die engagierte Frauenrechtlerin plädierte für die Professionalisierung malender Frauen und kämpfte für die Zulassung von Frauen an allen Kunstakademien[25]. Sie hielt Vorträge und schrieb Presseartikel, setzte sich wie ihr Vater in der Wohlfahrtspflege ein und gründete zwei Erholungsheime für Frauen sowie eine Kinderkrippe. Wenn man in Betracht zieht, dass im akademischen Umfeld die Frauenbewegung kritisch gesehen wurde, lässt sich erahnen, welchen Spagat Karl Lehmann zwischen Ehe und Karriere zu bewerkstelligen hatte. Die Haltung weiter Kreise der akademischen Welt gegen die Frauenbewegung gibt die 1870 veröffentlichte Schrift des Historikers Heinrich von Sybel[26] (1817–1895) wider. Sybel, der ab 1878 Mitglied der Zentraldirektion der MGH war, machte mit seiner Schrift den Auftakt zu einer Reihe ähnlicher Veröffentlichungen[27].

1907 kauften Henni und Karl Lehmann Grund auf der Insel Hiddensee und ließen von dem Schweriner Architekten Paul Ehmig ein Sommerhaus bauen[28], das auch nach Karls Tod bis zum erzwungenen Verkauf in der NS-Diktatur ein gastfreies Haus und der Mit-

anstaltung des Abgeordnetenhauses von Berlin am 4. Juli 2017, hg. von dem Präsidenten des Abgeordnetenhauses von Berlin (2017); beinhaltet Reden von zwei Nachkommen Karl und Henni Lehmanns. – Zur Familie Henni Lehmanns vgl. Wolfgang Paul STRASSMANN, Die Strassmanns. Schicksale einer deutsch-jüdischen Familie über zwei Jahrhunderte (2006) S. 47–66.

21 Vgl. KARGE, Lehmann, Henriette (wie Anm. 18) S. 193. Für ihren Mann gestaltete Henni Lehmann ein Exlibris mit Waage, Runenstab und Schwert, vgl. Anne BÜSING / Kirsten BÜSING / Heide HAARLÄNDER, Alumnen und ihre Exlibris. 600 Jahre Universität Rostock (2017) S. 50–51.

22 KARGE, Lehmann, Henriette (wie Anm. 18) S. 193: Wolfgang (*1890 in Rostock, † um 1910 ebd.).

23 Ebd. S. 193f.: Eva, verh. Fiesel (*23.12.1891 in Rostock, †27.5.1937 in New York City); Eva hatte 1915 den Rostocker Studienrat Dr. Ludolf Fiesel geheiratet und gehörte zu den ersten Frauen, die 1920 an der Rostocker Universität promovierten. Die Ehe wurde 1926 geschieden.

24 Ebd. S. 193: Karl änderte 1920 bis 1944 seinen Nachnamen, ergänzt um den Nachnamen seiner ersten Frau, in „Lehmann-Hartleben" (*27.9.1894 in Rostock, †17.12.1960 in Basel).

25 Das Kunst-Studium der Frauen. Ein Vortrag von Henni LEHMANN gehalten zu Frankfurt a.M. Mai 1913, Hg. Verein Frauenbildung-Frauenstudium (1913).

26 Heinrich VON SYBEL, Über die Emancipation der Frauen (1870), zum Beispiel S. 13: „Das Gebiet der Frau ist das scheinbar Enge und Einförmige des inneren häuslichen Lebens; die Domäne des Mannes ist die weite Welt da draußen, Wissenschaft, die Rechtsordnung, der Staat."

27 Barbara BEUYS, Die neuen Frauen. Revolution im Kaiserreich 1900–1914 (2014) S. 31.

28 Das Außenbild des Hauses orientierte sich an der traditionellen Bauweise der Insel. Ungewöhnlich für die Zeit trat Henni Lehmann als alleinige Bauherrin auf, der eingereichte Bauplan nennt nur ihren Namen, vgl. Ruth NEGENDANCK, Hiddensee. Die besondere Insel für Künstler (2005) S. 55. – Zu Architektur und Geschichte des heute „Henni-Lehmann-Haus" genannten Lehmann'schen Sommerhauses vgl. Marion MAGAS, Von der Lietzenburg zur Groot Partie. Architektur auf Hiddensee. Zwölf Baudenkmale und ihre Geschichte (2016) S. 85–92.

telpunkt der Familie Lehmann bleiben sollte[29]. Karl war ein großer Naturfreund und liebte weite Wanderungen[30]. Henni engagierte sich auf Hiddensee für bessere Lebensverhältnisse, gab den Inselbewohnern ein Darlehen für den Bau des Arzthauses, war Gründungsmitglied der Genossenschaftsreederei und Mitbegründerin des Natur- und Heimatschutzbundes.

Nach dem Tod ihres Mannes erwarb Henni Lehmann 1919 eine alte Scheune neben ihrem Haus auf Hiddensee, ließ sie zu einem Atelier mit Galerie, der sogenannten ‚Blauen Scheune', umbauen und machte sie zum Zentrum des ‚Hiddensoer Künstlerinnenbundes'[31], den sie im gleichen Jahr gründete und dessen Mittelpunkt sie war[32]. Mit ihrem Wirken im Hiddensoer Künstlerinnenbund gehört Henni Lehmann zu den Künstlerinnen und Künstlern, die die impressionistische Malerei in den 20er Jahren weiterentwickelten[33]. Neben der Malerei betätigte sie sich als Schriftstellerin, verfasste eine pazifistische Romantrilogie und schrieb Gedichte, zum Teil mit christlich-mystischen Motiven[34]. Frisch verwitwet trat sie 1919 in die SPD ein, während ihr Mann durch Gründung einer gemeinnützigen Gesellschaft die Arbeiterschaft in Rostock von den „Irrlehren der Sozialdemokratie"[35] fernzuhalten gesucht hatte. Nun führte Henni Lehmann in Göttingen, wo sie noch bis 1922 lebte, das politische Erbe ihres Vaters fort und saß von 1919 bis 1922 im Göttinger Stadtparlament. 1922 zog sie nach Weimar und übernahm dort die ehrenamtliche Leitung des Ortsausschusses der Arbeiterwohlfahrt. In den 30er Jahren hatte sie eine Wohnung in Berlin und verbrachte viel Zeit im Hiddenseer Sommerhaus[36].

---

29 1938 erwarb die Gemeinde Hiddensee das Sommerhaus der Familie Lehmann für die Hälfte des Verkehrswerts von den vier in die USA emigrierten Enkeln Henni und Karl Lehmanns, die Henni in ihrem Testament als Erben eingesetzt hatte. Bis 1991 diente das Haus als Rathaus der Gemeinde Vitte, 1997–2000 wurde das Haus mit Fördermitteln des Landes Mecklenburg-Vorpommern zum „Haus des Gastes" umgebaut. Seit 2008 erinnert auf den Stufen zum Haus ein ‚Stolperstein' an Henni Lehmann (fälschlich mit Geburtsjahr 1863), vgl. Negendanck, Hiddensee (wie Anm. 28) S. 56; Magas, Von der Lietzenburg zur Groot Partie (wie Anm. 28) S. 89, 92.

30 Golther, Gedenkworte (wie Anm. 11) S. 14.

31 ‚Hiddensoe' ist eine alte Schreibweise für ‚Hiddensee'.

32 Eine Zeitungsmeldung vom 3.11.1919 belegt das Gründungsjahr (nicht erst 1922, wie fälschlich in der Literatur zu Henni Lehmann behauptet wird): Aus Künstler- und Kunstvereinen, in: Die Werkstatt der Kunst. Organ für die Interessen der bildenden Künstler 19, Heft 5 (3.11.1919) S. 34: „Eine kleinere Anzahl von Künstlerinnen, die jedes Jahr längere Zeit auf Hiddensoe weilen, haben sich zu einer Vereinigung zusammengeschlossen, die den Namen „Hiddensoer Künstlerinnenbund" angenommen hat. Erste Vorsitzende ist Frau Henni Lehmann – Göttingen, zweite Vorsitzende Elisabeth Büchsel – Stralsund, Schriftführerin Klara Arnheim – Berlin. Die Vereinigung hat bereits in diesem Sommer eine Ausstellung in einem alten Bauernhause veranstaltet, die gut besucht war, Verkäufe wurden erzielt von Kl. Arnheim, El. Büchsel, Henni Lehmann, Marta Vischel *[korrekt: Marta Mischel 1869–1938]*, Anna Meyer *[Anna Schirbaum?]*, Marg. Nachholz *[korrekt: Margarete Macholz 1874–1965]*."

33 Vgl. z.B. Bildende Kunst in Mecklenburg 1900–1945, Hg. Kulturhistorisches Museum Rostock (2010); Negendanck, Hiddensee (wie Anm. 28); Gabriela Jaskulla, Clara Arnheim (wie Anm. 18).

34 Romantrilogie: Henni Lehmann, Die Frauen aus dem Alten Staden Nr. 17 (1921, Neuauflage 2014), Armenhauskinder (1924), Feldherr ohne Heer (1928). – Gedichtsammlung: Henni Lehmann, Es singt das Meer. Sonette und Terzinen (1922, Neuauflage 2015).

35 Weber, Karl Lehmann (wie Anm. 4) S. 189.

36 Ernest Lehmann, Early memories. Unveröffentlichtes Typoscript (2002), zitiert nach Jaskulla, Clara Arnheim (wie Anm. 18) S. 21.

1933 wurden der Sohn Karl Lehmann-Hartleben[37], seit 1929 Professor für Klassische Archäologie an der Universität Münster, und die Tochter Eva Fiesel[38], die seit 1931 als Nicht-Habilitierte einen Lehrauftrag für Etruskologie am Indogermanischen Institut der Ludwig-Maximilians-Universität München hatte, infolge des NS-Gesetzes „zur Wiederherstellung des Berufsbeamtentums"[39] wegen ihrer jüdischen Herkunft aus dem Hochschuldienst entlassen. Karl Lehmann-Hartleben erfuhr von der Entlassung, während er in Pompeji forschte. Er holte zunächst seine Familie nach Rom und emigrierte in der Folge mit seiner ersten Frau Elwine (1894–1961) und den Söhnen Wolfgang (1921–?), Walter (1926–1991) und Ernst (1929–2013)[40] 1935 in die USA, wo er auf eine Professur am Institute of Fine Arts der New York University berufen wurde, die er bis 1960 innehatte. Eva Fiesel konnte mit Unterstützung der Rockefeller Foundation mit ihrer Tochter Ruth (1921–1994) Ende 1933 nach Florenz und ein Jahr später in die USA emigrieren.

Der Hiddensoer Künstlerinnenbund wurde 1933 aus antisemitischen Motiven gezwungen, sich aufzulösen, die ‚Blaue Scheune' musste Henni Lehmann schließen und verkaufen[41]. Im Februar 1937 wählte die 74-Jährige, an Krebs erkrankt und durch die NS-Diktatur ihrer Lebensinhalte beraubt, in Berlin den Freitod.

Edition der Leges Alamannorum für die MGH

1886 beauftragten die Monumenta Germaniae Historica den 27jährigen Karl Lehmann, der an der Berliner Universität als Privatdozent lehrte, mit einer „dringend erforderliche*[n]* neue*[n]* Ausgabe" der Lex Alamannorum und des Pactus Alamannorum, subsumiert unter dem Titel ‚Leges Alamannorum'[42]. Lehmanns Edition sollte die 23 Jahre zuvor veröffentlich-

37 Wissenschaftlicher Werdegang und Emigration vgl. Marianne Bergmann, Lehmann-Hartleben, Karl, in: Geschichte der Altertumswissenschaften. Biographisches Lexikon, hg. von Peter Kuhlmann und Helmuth Schneider (2012) Sp. 712–714; Oliver Rass, Zum Gedenken an Karl Lehmann-Hartleben (2015): http://www.flurgespraeche.de/wp-content/uploads/2015/10/Gedenkblatt_Lehmann-Hartleben_Karl.pdf.

38 Eva Fiesel hatte nach der Scheidung 1926 den Namen ihres Ehemannes behalten. Zu ihrem wissenschaftlichen Werdegang und ihrer Emigration vgl. Utz Maas, Verfolgung und Auswanderung deutschsprachiger Sprachforscher 1933–1945. Bd. 1: Dokumentation (2010) S. 193–19. 1934 bis 1936 war Eva Fiesel Forschungsassistentin in Yale, 1936/37 Gastprofessorin am Bryn Mawr College, einer Hochschule für Frauen. Sie starb drei Monate nach dem Freitod ihrer Mutter an Krebs. Ihre Arbeiten werden als bahnbrechend für die Etruskologie gewürdigt. – Im Gegensatz zum jüngeren Bruder war es für Eva Fiesel trotz hoher fachlicher Reputation sehr schwierig, in den USA als akademische Lehrerin Fuß zu fassen, vgl. Judith Hallett, The Endeavours and exempla of the German Refugee Classicists Eva Lehmann Fiesel and Ruth Fiesel. „Saving alive the leading scholar of the world in her line" and fostering „an ordinary person lucky in her chosen career", in: Simone Finkmann / Anja Behrendt / Anke Walter (Hg.), Antike Erzähl- und Deutungsmuster (2018) S. 655–693.

39 Gesetz zur Wiederherstellung des Berufsbeamtentums, 7.4.1933 (RGBl. I S. 175).

40 Walter Lehmann, Sohn von Ernst (Ernest), Urenkel Karl und Henni Lehmanns, hielt 2017 bei der Berliner Veranstaltung zu Ehren seines Ur-Urgroßvaters Wolfgang Strassmann eine Rede; vgl. Walter Lehmann, Verpflichtung zur Demokratie, in: Wolfgang Straßmann (wie Anm. 20) S. 30–33.

41 Magas, Von der Lietzenburg zur Groot Partie (wie Anm. 28) S. 104.

42 Bericht über die elfte Plenarversammlung der Central-Direction der Monumenta Germaniae Berlin 1885, in: NA 11 (1886) S. 1–8, hier S. 6: „In der Abtheilung Leges sind unter Theilnahme des Geh.

te MGH-Edition von Johannes Merkel[43] ablösen. Vorbereitend hatte Karl Lehmann 1885 bereits einen Aufsatz zu Textkritik und Entstehungsgeschichte des alemannischen Volksrechtes[44] veröffentlicht. Seine Neuedition erschien 1888 in der MGH-Reihe der Leges nationum Germanicarum[45] und enthielt die Editionen der Fragmente des älteren Pactus legis Alamannorum aus dem 7. Jahrhundert[46] und der Lex Alamannorum aus dem 8. Jahrhundert[47].

77 Jahre nach dem Erscheinen der ersten Auflage beauftragten die MGH Karl August Eckhardt (1901–1979)[48] mit der Bearbeitung der Lehmann'schen Edition. Diese zweite Auflage von 1966 wird in der Forschung häufig als Edition von Eckhardt oder Edition Eckhardt/Lehmann zitiert[49], so dass in einem Beitrag über den MGH-Mitarbeiter Karl Lehmann die Frage geklärt werden sollte, in wieweit die zweite Auflage zu Recht unter dem Namen Eckhardts zitiert wird. Dafür müssen in Kürze die Anteile Eckhardts an den Editionen der zwei Leges Alamannorum in der MGH-Ausgabe von 1966 untersucht werden.

Die Edition der Lex Alamannorum mit rund 50 erhaltenen Handschriften[50] beanspruchte mit 122 Seiten den Großteil der Lehmann'schen Editionsarbeit. Karl Lehmann entwickelte eine eigene Klassifizierung der Lex Alamannorum-Handschriften: „Die Merkel'sche Einteilung sollte unserer Meinung nach verworfen werden, da sie sich auf sehr schwache Argumente stützt, und anstatt dessen sollte nur zwischen zwei Handschriftengruppen unterschieden werden. Die erste Gruppe, die wir mit dem Buchstaben A bezeich-

Justizrath Prof. *[Heinrich]* Brunner *[1840–1915]* Verhandlungen über eine dringend erforderliche neue Ausgabe der Lex Alamannorum geführt, die einen befriedigenden Abschluss in Aussicht stellen."

43 Leges Alamannorum, hg. von Johannes Merkel, in: MGH LL 3 (1863, unveränderter ND 1965) S. 1–182.

44 Karl Lehmann, Zur Textkritik und Entstehungsgeschichte des alamannischen Volksrechtes, in: NA 10 (1885) S. 467–505.

45 Leges Alamannorum, hg. von Karl Lehmann (MGH LL nat. Germ. 5,1, [1]1888).

46 Lehmann, Leges Alamannorum ([1]1888) S. 21–33.

47 Lehmann, Leges Alamannorum ([1]1888) S. 36–157.

48 Zu Karl August Eckhardt und MGH vgl. Arno Menzel-Reuters, Das Reichsinstitut zwischen Ahnenerbe und Westforschung, in: ders. / Martina Hartmann / Martin Baumeister, Das Reichsinstitut für ältere deutsche Geschichtskunde 1935 bis 1945 – ein „Kriegsbeitrag der Geisteswissenschaften"? Symposium des DHI Rom und der MGH am 28./29. November 2019 (2021) S. 1–53, hier S. 20–33; Hermann Krause, Karl August Eckhardt, in: DA 35 (1979) S. 1–16; Quellentexte zu Eckhardts NS-Aktivitäten vgl. Gerd Simon, Chronologie Eckhardt, Karl August (2007): https://homepages.uni-tuebingen.de/gerd.simon/ChrEckhardt.pdf.

49 So in der philologischen Dissertation von Vincenz Schwab, Volkssprachige Wörter in Pactus und Lex Alamannorum (2017), z. B. S. 37: „Eckhardt (MGH LL nat. Germ. 5,1:11–18) verzeichnet in seiner Monumenta-Edition 54 Textzeugen für die Lex Alamannorum, wovon bei ihm sechs als bereits vermisst oder verloren angezeigt werden." Nicht Eckhardt verzeichnete die Textzeugen, sondern Lehmann! – Unklar zitiert auch bei Roman Deutinger, Das Lebensbild der Lex Alamannorum, in: ZHVS 114 (2022) S. 251–267, hier S. 251 Anm. 2: „Lex Alamannorum, bearb. von Karl August Eckhardt (MGH LL nat. Germ. 5,1, [2]1966) S. 35–157; *[...]*. Zu den Mängeln der MGH-Ausgabe, die letztlich nur ein Wiederabdruck der von Karl Lehmann 1888 besorgten Edition ist *[...]*." – Hier stellt sich die Frage, warum die unveränderte Edition der Lex Alamannorum nicht als „hg. von Karl Lehmann (MGH LL nat. Germ. 5,1, [2]1966)" zitiert wird.

50 Das Handschriftenverzeichnis der Handschriftendatenbank zum weltlichen Recht im Frankenreich listet mittlerweile 57 Handschriften auf: http://www.leges.uni-koeln.de/lex/lex-alamannorum/ [April 2023].

nen, bietet ältere Textfassungen, die andere, die wir mit dem Buchstaben B bezeichnen, bietet jüngere Textfassungen.[51]" Lehmanns Klassifizierung der Lex Alamannorum hat bis heute Gültigkeit[52].

Gegenüber der ersten Auflage von 1888 bestand die Überarbeitungsleistung Eckhardts für die zweite Auflage darin, die rund 30 Corrigenda Lehmanns[53] in den Text einzufügen und in der Anmerkung auf der letzten Seite der Edition aus „recte putat G. Waitz" „putat G. Waitz"[54] zu machen. Die zahlreichen Fehler in den Textvarianten der Lehmann'schen Edition, die Eckhardt bereits 1962 in der Einführung zu der Edition der Leges Alamannorum in seiner eigenen Reihe ‚Germanenrechte'[55] aufgezeigt hatte, korrigierte er in der MGH-Edition 1966 nicht[56]. Wilfried Hartmann wies auf weitere Mängel der Lehmann'schen Ausgabe und deren fehlende Korrekturen in der Neuausgabe 1966 hin[57].

Die 12-seitige Lehmann'sche Edition der Fragmente eines älteren Rechtsbuchs, des sogenannten Pactus Alamannorum, ersetzte Eckhardt durch eine Textversion, die er 1958 in seiner Reihe ‚Germanenrechte' veröffentlicht und mit der er den Versuch unternommen

---

51 Lehmann, Leges Alamannorum ([1]1888) S. 10; ([2]1966) S. 11: *Quae digestio Merkeliana nobis, utpote quae levissimis momentis nitatur, reicienda et inter duas tantum classes codicum distinguendum esse videtur. Prima classis, quam litera A significamus, antiquiorem, altera, quam litera B significamus, recentiorem textum exhibet.*

52 So Clausdieter Schott, Die Entstehung und Überlieferung von Pactus und Lex Alamannorum, in: Sebastian Brather (Hg.), Recht und Kultur im frühmittelalterlichen Alemannien. Rechtsgeschichte, Archäologie und Geschichte des 7. und 8. Jahrhunderts (2017) S. 139–151, hier S. 151: „Als maßgebend gilt immer noch die MGH-Ausgabe von Lehmann, nach der die Handschriften in eine A-Klasse mit älteren Sprachformen und eine B-Klasse mit karolingisch gebessertem Latein unterteilt sind."

53 Lehmann, Leges Alamannorum ([1]1888) S. 176.

54 Lehmann, Leges Alamannorum ([1]1888) S. 157, ([2]1966) S. 157. Zu ähnlichem Ergebnis kam Clemens Radl, Die digitalen Monumenta Germaniae Historica, in: Editionswissenschaftliche Kolloquien 2005/2007, hg. von Matthias Thumser / Janusz Tandecki (2008) S. 205–218, hier S. 211.

55 Leges Alamannorum, hg. vom Karl August Eckhardt (Germanenrechte N.F., Westgermanisches Recht), Bd. 1: Einführung und Recensio Chlothariana (Pactus) (1958), Bd. 2: Recensio Lantfridana (Lex) (1962). –Eckhardts eigene Ausgabe von 1962 gab „nur eine sehr begrenzte Auswahl von Varianten der Überlieferung", vgl. Wolfgang Haubrichs, Quod Alamanni dicunt. Volkssprachliche Wörter in der Lex Alamannorum, in: Brather, Recht und Kultur (wie Anm. 52) S. 169–209, hier S. 170.

56 Eckhardt, Leges Alamannorum 1 (wie Anm. 55): beispielsweise die von Eckhardt festgestellten Fehler auf S. 22 zu 29 § 3 oder auf S. 26 zu Tilius und B 35.

57 Wilfried Hartmann, Einige Fragen zur Lex Alamannorum, in: Hans Ulrich Nuber / Heiko Steuer / Thomas Zotz (Hgg.), Der Südwesten im 8. Jahrhundert aus historischer und archäologischer Sicht (2004) S. 313–334, hier S. 323: „Was die Textgeschichte der Lex Alamannorum anbetrifft, so wären hier zweifellos noch weitere Einsichten zu gewinnen, wenn wir eine bessere Edition besäßen als die durch Eckhardt nur wenig überarbeitete unzulängliche Ausgabe des Juristen Karl Lehmann. Stichprobenartige Überprüfungen der in dieser Ausgabe gebotenen Textvarianten ergaben, daß diese Edition noch mehr als andere Leges-Editionen geradezu erschreckende Fehler enthält: Nicht nur sind die Varianten vielfach ungleichmäßig und unzureichend verzeichnet, sondern es kommt auch vor, daß Handschriftensiglen vertauscht wurden. Wegen dieser Fehler ist eine Rekonstruktion des Textbestands einer bestimmten Handschrift aus dem Variantenapparat unmöglich und auch die Grundlage der Textkonstituierung ist erschüttert." – Einige Beispiele für nicht korrigierte Fehler in der zweiten Auflage vgl. Wilfried Hartmann, Brauchen wir neue Editionen der Leges?, in: Rudolf Schieffer (Hg.), Mittelalterliche Texte. Überlieferung – Befunde – Deutungen (1996) S. 233–245, hier S. 238f. – Fehllesungen Lehmanns in der Capitulatio waren von Eckhardt möglicherweise nicht erkannt, auf jeden Fall in der zweiten Auflage nicht korrigiert worden; Fehllesungen vgl. Oliver Münsch, Der Liber legum des Lupus von Ferrières (2001) S. 187.

hatte, den Pactus im ursprünglichen Bestand zu rekonstruieren[58]. 2017 urteilte Schott über die Eckhardt-Edition des Pactus: „Der Versuch mag geglückt sein, jedoch lässt er den Quellenbefund nur noch durch Marginalnoten erkennen, wie überhaupt die ganze Edition durch ihre Akribie sehr kompliziert geworden ist. Die ältere Ausgabe ist daher nicht entbehrlich geworden“[59]. Schott selbst folgte in seiner Wiedergabe der acht Handschriftenblätter des Pactus (Fragment I–IV) wieder der Lehmann'schen Ausgabe[60].

Irreführend schrieb Eckhardt in seinem Geleitwort zur zweiten Auflage 1966 der Leges Alamannorum von einer „Neubearbeitung“ der Ausgabe Lehmanns, wobei der Text der Lex Alamannorum „im wesentlichen“ beibehalten werden könne und nur „die unumgänglichen Besserungen“ eingearbeitet würden. Tatsächlich arbeitete Eckhardt – wie oben beschrieben – ausschließlich die ‚Corrigenda‘ Karl Lehmanns in den Text ein.

Für sein zweiseitiges Geleitwort verfasst Eckhardt 15 Zeilen neu. Der überwiegende Teil besteht aus bereits früher veröffentlichten Textstücken[61].

Die entsprechend den Gepflogenheiten lateinische Einleitung Lehmanns von 1888 mit den Beschreibungen der Handschriften übernahm Eckhardt unverändert in die zweite Auflage und fügte auf der letzten Seite eine einzige neue Literaturangabe ein. Eckhardts neu verfasste deutsche Einleitung, die er seinem Auftraggeber, MGH-Präsident Herbert Grundmann (1902–1970), angekündigt hatte, sucht man vergebens[62].

Die unveränderte Übernahme des Sach- und Wortverzeichnisses sowie des Verzeichnisses der volkssprachigen Wörter in der zweiten Auflage 1966 mit dem Hinweis, dass für die

58 Eckhardt, Leges Alamannorum 1 (wie Anm. 55) S. 98–145.

59 Schott, Entstehung (wie Anm. 52) S. 143. – Ähnlich beurteilt Karl Ubl die Pactus-Edition von Karl August Eckhardt, vgl. Karl Ubl, Zwei Rechtsbücher im Vergleich. Pactus legis Alamannorum und Lex Ribuaria, in: ZHVS 114 (2022) S. 235–249, hier S. 239.

60 Clausdieter Schott, Lex Alamannorum. Faksimile-Ausgabe aus der Wandalgarius-Handschrift von 793. Codex Sangallensis 731 der Stiftsbibliothek St. Gallen mit Text, Übersetzung, Kommentar (1993), hier S. 41–67. – In der neueren Literatur werden die Leges Alamannorum teilweise nach der Edition von Schott zitiert, so in den Aufsätzen von Heiko Steuer, Dieter Geuenich, in: Brather, Recht und Kultur (wie Anm. 52).

61 Karl August Eckhardt, Geleitwort zur 2. Auflage, in: Lehmann, Leges Alamannorum (^{2}1966) S. 2–3: Absatz I („Karl Lehmanns Studie *[...]* nicht vergessen sein sollen.“) vgl. Leges Alamannorum 1, Einführung und Recensio Chlothariana (Pactus), hg. vom Karl August Eckhardt (Germanenrechte N.F., Westgermanisches Recht, 1958) S. 40f. – Absatz II („Das Volksrecht der Alemannen *[...]* in Zusammenhang stehen mag.“) vgl. Karl von Amira, Germanisches Recht 1, Rechtsdenkmäler, vierte Auflage bearb. von Karl August Eckhardt (1960) S. 57f.

62 Lehmann, Leges Alamannorum (^{1}1888) S. 3–19; (^{2}1966) S. 4–20. – Eckhardt bot Grundmann an, die Einleitung neu zu schreiben oder zumindest zu ergänzen (Brief Karl August Eckhardt an Herbert Grundmann, 23.11.1965, MGH-Archiv, O 210–211): Er schlug vor, „die Seiten 1–32, d.h. die Einleitung und die total überholte Ausgabe des (fragmentarischen) Pactus Alamannorum dagegen neuzumachen *[...]* Die Einleitung wäre ja wohl, wie inzwischen allgemein üblich geworden, deutsch zu bringen, allenfalls durch einen deutschen Nachtrag zu ergänzen.“ Auf diesen Vorschlag ging Grundmann ein (Brief Herbert Grundmann an Karl August Eckhardt, 21.12.1965, MGH-Archiv, O 210–211): „Wenn Sie zunächst den Band V, 1 (Leges Alamannorum, ed. K. Lehmann 1888) *[...]* für den Neudruck revidieren, teilweise neu bearbeiten und dazu jeweils die Einleitung neu schreiben (auf deutsch) oder ergänzen, so muss Ihr Name natürlich auch nach meiner Meinung auf dem neuen Titelblatt stehen, – wie dann überhaupt nicht von (unveränderten) Nach- oder Neudrucken zu sprechen ist, sondern von ‚2. Aufl., bearbeitet von ...‘ (oder ähnlich).“

neue Pactus-Edition die Angaben mittels einer Tabelle korrigiert werden müssten, geht auf Herbert Grundmann zurück[63].

Wissenschaftliches Erbe Karl Lehmanns

In seinen Veröffentlichungen wie auch in seinen Briefen[64] zeigt sich Karl Lehmann als leidenschaftlicher Wissenschaftler. „Der Rechtswissenschaft war seine ganze große Kraft und Begabung gewidmet, seine Begeisterung für sie war so schlicht wie tief; zersplitternde Nebenliebhabereien kannte er nicht", beschrieb sein Göttinger Fachkollege Fritz Schulz Karl Lehmanns „unablässiges Ringen nach Klarheit und Präzision"[65], wobei Lehmann „trotz seines lebhaften Temperaments immer sachlich *[blieb]*, wo andere allzu leicht persönlich werden", wie sein Rostocker Kollege Golther betonte[66].

Ernst Heymann (1870–1946), langjähriger Leiter der MGH-Abteilung Leges, würdigte Lehmanns wissenschaftliche Leistung hinsichtlich der Leges Alamannorum: „So verdanken wir *[Heinrich]* Brunners und Lehmanns Arbeiten erhebliche Fortschritte gegenüber Merkels Auffassungen. Insbesondere hat Lehmann das Verdienst, die additamenta als zum Pactus gehörig nachgewiesen zu haben und vor allem die Einheitlichkeit der Lex *[...]* bewiesen zu haben. *[...]* Er hat unter sorgfältiger Heranziehung der Hss. ein Werk geschaffen, das ihm und den Monumenta gleichmässig zur hohen Ehre gereicht"[67].

Die Forschung zu den Leges Alamannorum hat in den 135 Jahren seit dem Erscheinen von Lehmanns Edition neue Erkenntnisse gewonnen. Es wäre zu wünschen, dass in der Literatur Karl Lehmanns Editions- und Forschungsleistung, die für viele nachfolgende Arbeiten grundlegend war, durch korrekte Zitation unter dem Namen Karl Lehmanns anstatt fälschlich unter dem Namen Karl August Eckhardts[68] gewürdigt wird.

63 Brief Herbert Grundmann an Karl August Eckhardt, 12.1.1966 (MGH-Archiv, O 210–211): „Weil ich aber fürchte, dass so zahlreiche Änderungen drucktechnisch schwierig, zeitraubend und kostspielig wären, erwäge ich, ob man sich mit einer Notiz in jedem Index begnügen könnte *[...]*."

64 Im MGH-Archiv sind vier Briefe Karl Lehmanns an Wilhelm Wattenbach (1819–1897) zwischen 1886 und 1888 mit Anliegen bezüglich der Editionsarbeit zu den Leges Alamannorum erhalten (MGH-Archiv, B 245). – Aus dem Zeitraum 1890 bis 1894 sind 17 Briefe und Postkarten Karl Lehmanns an Ludwig Weiland (1841–1895) erhalten bezüglich Arbeitsergebnissen von Lehmann, die er Weiland für dessen 1893 erschienenen Constitutiones-Band zur Verfügung stellte (MGH-Archiv, B 446).

65 Schulz, Gedenkworte (wie Anm. 8) S. 25.

66 Golther, Gedenkworte (wie Anm. 11) S. 14.

67 Heymann, Nachruf (wie Anm. 4) S. 758.

68 Karl August Eckhardt – Zeit seines Lebens bekennender Nationalsozialist – veröffentlichte basierend auf seinem Ruf als Leges-Spezialist, den er sich mit seinen Arbeiten ab den 20er Jahren erworben hatte, in der oben beschriebenen Vorgehensweise einige Arbeiten anderer Wissenschaftler als ‚Neubearbeiter', so auch die Editionen der Libri Feudorum von Karl Lehmann 1892 und 1896: Consuetudines feudorum, edidit Karl Lehmann, Editio altera curavit Karl August Eckhardt (Bibliotheca rerum historicarum edidit Karl August Eckhardt, Neudrucke 1, 1971).

Abstract: Karl Lehmann was born 1858 in Tuchel, West Prussia, and studied law and legal history in Berlin, Leipzig, and Munich. Of Jewish origins, Lehmann converted to Protestantism and was strongly imbued with national-conservative values. He was married to Henriette Strassmann, a well-known painter and writer, who founded the 'Hiddensoer Künstlerinnenbund' and was politically active for social causes and female emancipation. Lehmann's research interests focused particularly on ancient Nordic legal history, as is reflected in his Ph.D. thesis on early North-Germanic marriage law, submitted in Munich in 1882. After attaining his habilitation in 1885 with a paper on the king's peace, he was engaged by the MGH to prepare a new edition of the Leges Alamannorum that was published in 1888, and began work on an edition of the Langobard Libri Feudorum for the Prussian Academy that he completed in 1896. Receiving an ordinarius professorship at the university of Rostock in 1888, Lehmann lectured there in German law, legal history, and mercantile law until 1911, when he moved to teach in Göttingen until shortly before his death in 1918. His achievements in his MGH edition of the Lex Alamannorum and the Pactus Alamannorum have been partially obscured through the second edition entrusted to Eckhardt, which emends some faults but nevertheless remains deeply nevertheless remains largely Lehmann's work.

Wilhelm Levison
(1876–1947)

von
LETHA BÖHRINGER

Wilhelm Levison um 1900

Der am 27. Mai 1876 in Düsseldorf geborene Wilhelm Levison ist einer der profiliertesten Gelehrten, der seine wissenschaftliche Karriere in den Diensten der MGH begann. Als vielseitiger Historiker und versierter Hilfswissenschaftler, Spezialist für merowingische und karolingische Geschichtsschreibung und Hagiographie wirkte er viele Jahre als gesuchter akademischer Lehrer an der Universität Bonn, bis er 1939 seine Heimat verlassen musste und 1947 im englischen Exil verstarb. Das Jahr 2022 markierte seinen 75. Todestag. Anlässlich von Gedenktagen für ihn selbst und von akademischen Jubiläen entstanden bereits zahlreiche Darstellungen seines Lebens und Würdigungen seines Schaffens. Es ist daher nicht sinnvoll, einmal mehr seinen Werdegang zu verfolgen und seine Meriten aufzuzählen. Im Kontext dieses Bandes sollen vielmehr Levisons eigene Darlegungen zu seinem Judentum und die Bedeutung seiner Tätigkeit bei den MGH für sein Leben erörtert werden.

In dankbarer Erinnerung an die Menschen, die Wilhelm und Elsa Levison kannten und eine Brücke schlugen in eine Zeit, die mir weit entrückt schien, durch sie aber plötzlich ganz nah war. In Bonn teilte Levisons Schüler Eugen Ewig (1913–2006), einer meiner akademischen Lehrer, Anfang 1997 seine Erinnerungen mit mir. In Durham begegnete mir als Gast von David und Lynda Rollason 2008 die über 90jährige Ella Wright, die als Bibliothekarin der Universität Wilhelm Levison kennenlernte und später Nachbarin von Elsa Levison an der Victoria Terrace war ("Oh, they were lovely people!"). Sie erzählte, dass Elsa noch jahrelang die Bibliothek ihres Mannes hütete und sich freute, wenn Studenten kamen,

Weniger bekannt als sein wissenschaftliches Werk ist die postum erschienene Familiengeschichte ‚Die Siegburger Familie Levison und verwandte Familien', in der er seiner rheinischen Familie und dem jüdischen Bürgertum, das sie repräsentierte, ein Denkmal setzte. Während seiner Zwangspensionierung ab 1935 begann er mit der Textfassung, die er im englischen Exil vollendete. Ein Verwandter erstellte das Typoskript, und trotz Papiermangels und anderer Schwierigkeiten konnte es noch während des Krieges 1944 vervielfältigt und an Verwandte versandt werden, denen die Flucht aus Deutschland gelungen war[1]. Levison und nach seinem Tod 1947 seine Ehefrau Elsa (geb. Freundlich, 1888–1966) schrieben in der Folgezeit das Werk fort, zumal als nach Kriegsende Nachrichten zu den vermissten, verschleppten und ermordeten Verwandten eintrafen. Elsa Levisons Vorwort zufolge regte der Bonner Landeshistoriker Franz Steinbach (1895–1964) „als rheinischer Historiker und als Freund" an, die Familiengeschichte mit ihren zahlreichen, weit ausgreifenden genealogischen Tafeln zu veröffentlichen. Steinbach selbst hatte sich dem NS-Staat angedient durch sein Engagement in der nationalsozialistischen ‚Westforschung', und man kann über seine Beweggründe nur spekulieren – ein schlechtes Gewissen? Wilhelm Levisons Schüler Ursula Lewald (1912–1979) und Paul Egon Hübinger (1911–1987) unterstützten Elsa Levison bei der Vorbereitung der Druckfassung. Das Buch erschien 1952 im Bonner Röhrscheid-Verlag[2].

So ist eine Arbeit, die ursprünglich nur für die interne Verbreitung im Familienkreis bestimmt war, veröffentlicht worden infolge der Ausplünderung und Vertreibung (bis hin

---

um die Bücher zu benutzen. Damals berichtete ebenfalls – sprühend vor Leben und Humor – die Historikerin Anne Orde (1924–2015), wie sie als Studienanfängerin in Oxford 1943 „vergattert" wurde, an Levisons Ford Lectures teilzunehmen – die meisten Studenten waren an der Front. Sie folgte geduldig und ohne allzu viel Verständnis den Ausführungen des Professors mit der trockenen Gelehrsamkeit und dem starken deutschen Akzent. Nach einem Vortrag bei der Gesellschaft für Christlich-Jüdische Zusammenarbeit in Köln 2012 sprach mich Helge Scholz an (1926–2020), Tochter des Althistorikers Friedrich Oertel, der vor 1936 und nach 1945 Dekan der Bonner Philosophischen Fakultät war. Die Familie war gut befreundet mit den Levisons, die häufig zu Gast waren, an den Kindern freundlichen Anteil nahmen und mit ihnen Schach spielten. Frau Scholz lud mich ein, zeigte mir Fotos und Andenken und schenkte mir ihre Ausgabe der Gesammelten Aufsätze Levisons ‚Aus rheinischer und fränkischer Frühzeit' (wie Anm. 29).

1 Wilhelm Levison, Die Siegburger Familie Levison und verwandte Familien (1952) S. VIf.; vgl. Letha Böhringer, …glaube ich durch Schrift und Tat der deutschen Sache mehrfach genützt zu haben. Wilhelm Levison als politische Persönlichkeit, in: Wilhelm Levison (1876–1947). Ein jüdisches Forscherleben zwischen wissenschaftlicher Anerkennung und politischem Exil, hg. von Matthias Becher / Yitzhak Hen (Bonner Historische Forschungen 63, 2010) S. 251–317, hier 297–300; vgl. außerdem Annette Marquard-Mois, Zum namenlosen Korrektor degradiert – Wilhelm Levison, in: Zwischen Vaterlandsliebe und Ausgrenzung – jüdische Mitarbeiter und Mitarbeiterinnen der MGH (Virtuelle Ausstellung 2021; https://visit.mgh.de/de/jued-ma/wilhelm-levison) mit Digitalisaten und Transkriptionen einiger Dokumente [alle Links in diesem Beitrag wurden am 17.4.2023 abgerufen].

2 Levison, Familie (wie Anm. 1) S. VIII (Zitat) und S. 170. Ursula Lewald, seit 1948 im Institut für geschichtliche Landeskunde der Rheinlande an der Universität Bonn tätig, wurde zwar in Berlin bei Ulrich Stutz promoviert, studierte aber zu Beginn ihres Studiums in Bonn; vgl. Georg Droege, Nekrolog Ursula Lewald, in: Rheinische Vierteljahrsblätter 43 (1979) S. VII–XI; zu Hübinger, der 1935 bei Wilhelm Levison promoviert wurde, nach dem Krieg zeitweise beim Bundesministerium des Innern tätig war und 1959 Professor in Bonn wurde: Ulrich Pfeil, Paul Egon Hübinger – Vom Umgang mit dem Anpassungsdruck, in: Das DHI Paris und seine Gründungsväter, hg. von dems. (Pariser Historische Studien 86, 2007) S. 235–271.

zur Ermordung etlicher Mitglieder) dieser Familie aus ihrer Heimat, in der sie seit Jahrhunderten ansässig gewesen war. Das ‚Stammhaus' in der Siegburger Holzgasse, in dem sich zeitweise die Synagoge der Gemeinde befunden hatte, wurde 1937 ‚arisiert', und der letzte Namensträger musste die Kleinstadt 1939 in Richtung Köln (in ein ‚Judenhaus'?) verlassen. Dieser war Heinrich Levison (1873–1942), Cousin ersten Grades von Wilhelm, der letzte Rendant und Vorsteher der Siegburger Synagogengemeinde. Mit seiner Ehefrau kam er in Theresienstadt um[3].

Die Familiengeschichte bietet Gelegenheit, die Reflektionen eines bedeutenden jüdischen Gelehrten, der einen ungewöhnlichen sozialen Aufstieg genommen hatte, über das ihn prägende jüdische Bürgertum zu verfolgen. Levison verfasste eine Einleitung zur Genealogie und Geschichte der Nachfahren des Löw, der wohl 1673 in Siegburg einen Geleitbrief erhielt (vom Abt der Michaelsabtei, der das Judengeleit innehatte und entsprechende Steuern einzog). Ausführlich und in zahlreichen Zweigen beschreibt er die Nachkommenschaft von Löws Urenkel Mendel Levi (1786–1852), der sich seit 1846 Levison nannte, als die rechtsrheinischen Juden durch eine preußische Kabinettsordre von 1845 aufgefordert wurden, sich feste Nachnamen zuzulegen, soweit dies nicht bereits geschehen war[4]. Über jene Angehörigen, mit denen er aufgewachsen war und die ihm nahestanden, verfasste er Lebens– und Charakterskizzen voller Respekt und Zuneigung. Auch fügte er eine – im Vergleich mit den übrigen Skizzen – ausführlichere autobiographische Notiz ein.

Levison erklärte, den Plan zu dieser Familiengeschichte bereits Jahrzehnte vor ihrer Entstehung gefasst zu haben, und zwar auf Bitten aus dem Familienkreis. Er begann wohl schon um die Jahrhundertwende, Quellen- und Datenmaterial zu sammeln – ein Vetter erwähnt in einem Brief eine Kartei[5]. Die Besinnung auf die eigene Vergangenheit, eingebettet in die Geschicke der engeren Heimat, ist typisch für das wilhelminische Bürgertum, das sich in einer Zeit rapider Umbrüche seiner selbst und seiner Rolle in der Gesellschaft vergewisserte. Lothar Gall hat eine umfangreiche Monographie zum Bürgertum in Deutschland am Beispiel der Mannheimer Familie Bassermann vorgelegt, die nicht nur bedeutende Kaufleute, Politiker und Künstler hervorgebracht, sondern auch ein eigenes Familienarchiv angelegt hatte, das dem Historiker umfassendes und exemplarisches Material bot. Eine Bassermann'sche Familienchronik entstand seit 1884, von Gall gedeutet als „Versuch, auf dieser Ebene eine Einheit, eine Gemeinsamkeit zu erhalten, die auf so vielen anderen Ebenen zunehmend verlorenging"[6].

Ähnlich den freilich viel reicheren und arrivierteren (und protestantischen) Bassermanns mag Levison seine Darstellung begonnen haben, um Familiensinn und Familienstolz auf die Vorfahren und das Erreichte festzuhalten. Beenden musste er sein Werk unter völlig anderen Vorzeichen, denn sein Familienverband lebte nach Vertreibung und Verschleppung in der Welt verstreut, u.a. in England, den USA und Palästina. Seine Einleitung zu den Vorfahren schließt Levison mit der letzten Zeile des ‚Walpurgisnachtstraums' aus Faust I: „Und

3 Levison, Familie (wie Anm. 1) S. 44 und 48.

4 Levison, Familie (wie Anm. 1) S. 4 (Kabinettsordre), 16 (Geleitbrief) und 43–45 (Mendel Levison); vgl. Tafeln I und II.

5 Levison, Familie (wie Anm. 1) S. VI; Böhringer, Schrift und Tat (wie Anm. 1) S. 297.

6 Lothar Gall, Bürgertum in Deutschland (Taschenbuchausgabe 1996, zuerst 1989) S. 398.

alles ist zerstoben". Dieses wehmütig-nostalgische Zitat hat er wohl noch in Unkenntnis der Gräuel des Holocaust gewählt. Levison kommentierte den Holocaust nicht, soweit bisher bekannt. An Hübinger schrieb er 1946 lakonisch: „Natürlich haben diese furchtbaren Jahre auch uns Trauriges gebracht. Was von Verwandten sich nicht rechtzeitig aus Deutschland entfernen konnte, ist ausnahmslos in Konzentrationslagern zu Grunde gegangen oder einfach verschollen." In der Familiengeschichte erinnert er an die Auswanderung vieler und hält fest: „Alle haben Schweres erduldet, vor allem seelisches Leid." Dabei würdigt er auch die „große Hilfsbereitschaft und Güte" von Verwandten, Freunden „und nicht zum wenigsten von Fremden im Geist wahrer Humanität"[7].

Die jahrhundertelange Verwurzelung der Familie im Rheinland seit dem ausgehenden 17. Jahrhundert nachzuzeichnen, ist Levison ein besonderes Anliegen. Er selbst wuchs in Düsseldorf auf und studierte an der nächstgelegenen Universität Bonn (die Hochschulen in Köln und Düsseldorf harrten noch ihrer Gründung). Bis zum Exil lebte er dort mit nur kurzen Unterbrechungen und war sehr heimatverbunden, erinnert sich an Wanderungen in idyllischen Landschaften mit schönen Ausblicken. „Die Levisons waren bodenständig; *[...]* die Mehrzahl *[...]* ist der rheinischen Heimat treu geblieben." Entsprechend war der Heiratskreis gezogen; die Ehepartner wählte man „so gut wie alle aus dem Rheinland im weiteren Sinne". Der enge Zusammenhalt führte auch nicht selten zu Verwandtenehen, etwa unter Cousins und Cousinen[8].

Levison beschreibt seine Familie als deutsche Patrioten und engagierte Bürger, die die jüdische Emanzipation als Integration in die christliche Mehrheitsgesellschaft und Chance zu beruflichem und gesellschaftlichem Aufstieg begriffen. Allerdings befremdet angesichts der Tatsache, dass die Familiengeschichte wohl zum größten Teil im Exil während des Krieges formuliert wurde, als der verbrecherische Charakter und die mörderischen Absichten Nazideutschlands der Welt vor Augen standen, ein deutlich spürbarer defensiver Ton: Levison scheint nicht allein für die Familie, sondern gegen verbreitete antijüdische Klischees und antisemitische Vorurteile zu schreiben. So kritisiert er mehrfach die „ungesund einseitige Berufsverteilung" seiner Vorfahren, die doch nach dem 30jährigen Krieg mit dem ausdrücklichen Ziel einer Hebung der wirtschaftlichen Lage durch Handel und Wandel in Siegburg Niederlassungsrecht erhielten; zu „Handel und Kaufmannschaft" zugelassen, betätigten sie sich als Kaufleute – nicht zuletzt als Viehhändler, Fellhändler und Metzger – sowie Geldleiher gegen Zins oder Pfand[9]. Auch im Laufe des 19. Jahrhunderts sei es durch die Fixierung auf den Kaufmannstand noch bei einer „ungesunden Überzahl jüdischer Kaufleute" geblieben. Immerhin aber, so konzediert Levison, habe es nun eine „bessere Berufsbildung in einer eigentlichen Lehrzeit" gegeben[10], d.h. zahlreiche Familienmitglieder verließen die Oberschule mit der Versetzung in die Obersekunda, die zum einjährigen statt dreijährigen Militärdienst berechtigte, um in ein Handelshaus eines Verwandten als Lehrling einzutreten, so auch Wilhelm Levisons jüngerer Bruder Arthur.

7 Levison, Familie (wie Anm. 1) S. 37; Brief an Hübinger vom 14. 5. 1946: Böhringer, Schrift und Tat (wie Anm. 1) S. 313–317, Zitat 315.

8 Levison, Familie (wie Anm. 1) S. 1 (Erinnerungen) und 34f. (Zitate).

9 Levison, Familie (wie Anm. 1) S. 27f. und 22–24.

10 Ebd. S. 30f.

In den Augen des Akademikers Wilhelm Levison fand vor allem das „Bildungsstreben" einiger Familienmitglieder Anerkennung; vor allem nach der Reichsgründung besuchten mehr Söhne das Gymnasium und studierten. Levison führt mehrere Ärzte auf und jeweils den ersten Chemiker, Juristen und natürlich Historiker der Familie, nämlich sich selbst; sie hätten allesamt der „deutschen akademischen Welt keine Unehre bereitet"[11]. Eingehend wird auf den Lebensweg des ersten Arztes des Familienverbandes eingegangen, Levisons Onkel Isaac, der 1909 als Geheimer Sanitätsrat in Siegburg verstarb, wo er viele Jahre, so sein Neffe, „als ein hochverehrter ‚Hausarzt' im alten guten Sinne" gewirkt habe. Zudem wird er charakterisiert als „eifriger Soldat", der „zu den Gründern des Siegburger Turnvereins" gehörte und überdies im Stadtrat, im Vorstand der Synagogengemeinde und im Kriegerverein aktiv war. Der Neffe, der im Haus der Familie gerne zu Gast war, vergisst nicht zu erwähnen, dass Isaac Levison in einem amtlichen Nachruf als „deutscher Mann" gewürdigt wurde[12].

Der Einsatz der Familie für Deutschland wird auch anhand des Militärdienstes demonstriert: Durch die „bürgerliche Gleichstellung selbstverständlich geworden", hätten zahlreiche Männer der Familie „ihr Waffenkleid mit Freuden getragen", und vier von ihnen ihr Leben im Ersten Weltkrieg verloren[13]. Diese Aussagen stehen in einem breiteren politischen Kontext. Eine der bösartigsten antisemitischen Lügen, die während des Ersten Weltkriegs aufkam und danach zum Standardrepertoire der Hetze wurde, war die angebliche ‚Drückebergerei' von Juden vor dem Kriegseinsatz; ihnen wurde unterstellt, Freistellungen massenhaft zu erschleichen oder zu erkaufen. Eine offizielle „Judenzählung" von 1916 in der Armee führte den jüdischen Soldaten und ihren Angehörigen vor Augen, wie sehr man ihnen und ihrer Vaterlandsliebe misstraute. Aus heutiger Sicht deuten die Zahlen keineswegs auf derartiges Verhalten hin, waren aber in der Weimarer Republik Gegenstand erbitterter Auseinandersetzungen um statistische Erhebungsmethoden und ihre Aussagekraft[14]. Man gewinnt den Eindruck, dass die antisemitische Propaganda vieler Jahre auf Wilhelm Levison nicht ohne Eindruck geblieben ist. Es ist doch bedrückend zu lesen, dass er sich zuweilen für sein Judentum glaubt, rechtfertigen zu müssen. So bemerkt er, dass ein Vorfahr mehrfach Polizeimaßnahmen forderte gegen jüdische Bettler, die von „dem ‚Schnorren' lebten", und macht gar Bemerkungen zum Aussehen der Familienmitglieder, die „am ehesten wohl der sogenannten Orientalischen Rasse" mit dunklem Haar angehörten, es aber unter ihnen auch rotblonde und blonde Mitglieder gebe samt „nordischen" Erscheinungen[15].

11 Ebd. S. 31. Im Rückblick erscheint der hier beschriebene ‚Berufsmix' aus Kaufleuten und Unternehmern (wenn auch im bescheidenen Rahmen) sowie freien Berufen und Akademikern als kennzeichnend für den Aufstieg jüdischer Familien ins Bürgertum; GALL, Bürgertum (wie Anm. 6) S. 21 zufolge handelte es sich um Angehörige jener Schicht, „deren Mitglieder ihre wirtschaftliche und vor allem auch gesellschaftliche Stellung zunächst im wesentlichen ihrer individuellen Leistung und Initiative verdanken".

12 LEVISON, Familie (wie Anm. 1) S. 31 und 50f.

13 LEVISON, Familie (wie Anm. 1) S. 31f.

14 Michael BERGER, Judenzählung, in: Enzyklopädie jüdischer Geschichte und Kultur 3, hg. von Dan DINER (2012) S. 241–244; Peter PULZER, Der Erste Weltkrieg, in: Deutsch-Jüdische Geschichte in der Neuzeit 3: Umstrittene Integration 1871–1918 (1997) S. 356–380, hier 367f.; Clemens PICHT, Zwischen Vaterland und Volk. Das deutsche Judentum im Ersten Weltkrieg, in: Der Erste Weltkrieg. Wirkung – Wahrnehmung – Analyse, hg. von Wolfgang MICHALKA (1994) S. 736–755, hier 746–748; siehe auch den Beitrag von Ulrich WYRWA in vorliegendem Band.

15 LEVISON, Familie (wie Anm. 1) S. 30 und 36f.

Gleichwohl, wenn auch in den Formulierungen zurückhaltend, ist Stolz auf die Familie, nicht nur auf herausragende Mitglieder, spürbar. Levison betont, dass nur „Einzelne" den Glauben der Väter verließen mit oder ohne „Mischehe" mit einem christlichen Partner[16]. Man hielt auf sich und wusste, wer man war. Diese Würde bewahrte sich Levison in seinen (wenigen) Äußerungen zu erlittenem Unrecht. Er war vielleicht Mitglied des Central-Vereins deutscher Staatsbürger jüdischen Glaubens, zumindest war er Leser der Zeitschrift dieses Vereins[17] und betrachtete sich gewiss als einen solchen Staatsbürger – seinen Namen verdankte er, fünf Jahre nach der Reichsgründung geboren, Kaiser Wilhelm I. Sein Vetter Otto, Sohn des erwähnten Arztes Isaac Levison, war nach dem Fürsten Bismarck benannt worden[18].

Kein Zweifel, Levison beschreibt eine in die wilhelminische Gesellschaft assimilierte Familie, und er bejahte die jüdische Assimilation. Er würdigt durchaus, dass unter seinen Vorfahren Frömmigkeit in Form von Thora- und Talmudstudien gelebt wurde, die aber infolge schwindender Isolierung in Bildung und kulturellem Leben weitgehend aufgegeben wurden. Ein Vorfahr bestellte noch einen Rabbiner aus dem Osten als Hauslehrer, und später gab es in Siegburg eine jüdische Volksschule[19], doch führte „der Wunsch geistiger ‚Assimilation' im guten Sinne" zum Besuch höherer Schulen und zum „Hineinwachsen in die deutsche Bildung". Das Ergebnis ist Levison zufolge der weitgehende Rückgang hebräischer Sprachkenntnisse, zusammen mit dem schwindenden Einfluss religiöser Sitten und Bräuche in der „unbewußten und bewußten Angleichung an die Lebensformen der Umwelt" – was er nicht bedauert und wohl für unausweichlich hält, denn „die Welt Goethes und Beethovens bedeutete für viele mehr"[20]. Kurzum: Levison beschreibt auf der Ebene seiner Familie den Übergang des deutschen Judentums von einem orthodox geprägten zu einem liberalen, „das hie und da eine orthodoxere Färbung bewahrte". Dem deutschen Staatsbürger jüdischen Glaubens war der tatsächlich gelebte Glaube strikte Privatsache: „Auf die religiösen Anschauungen der einzelnen ist hier nicht einzugehen; es hieße indiskret intimste Dinge hervorziehen"[21]. So äußert sich Levison zu seinen eigenen Überzeugungen nicht. Er stand dem gelebten religiösen Brauchtum wohl eher fern und scheint als Erwachsener keiner Synagogengemeinde angehört zu haben[22].

16 Levison, Familie (wie Anm. 1) S. 30. Einer solchen Eheschließung mit Christen, aus der ganz überwiegend getaufte Kinder hervorgingen, ist zu verdanken, dass noch heute Verwandte in Siegburg leben. Der ebd. S. 146 genannte Karl Paul Remmel stellte sich mir 1997 (anlässlich eines Vortrages zum 50. Todestag Levisons) als Anverwandter vor; seine Söhne Andreas und Paul Remmel betreiben in Siegburg einen Verlag.

17 Böhringer, Schrift und Tat (wie Anm. 1) S. 272.

18 Levison, Familie (wie Anm. 1) S. 34.

19 Ebd. S. 28 und 31f.

20 Ebd. S. 32. Auch die etwas weit hergeholte Verwandtschaft eines verschwägerten Zweiges der Familie mit den Vorfahren von Heinrich Heine wird herangezogen, vgl. Tafel XI.

21 Ebd. S. 32.

22 So Eugen Ewig, vgl. Böhringer, Schrift und Tat (wie Anm. 1) S. 258. Wie exotisch Levison gelebtes jüdisches Brauchtum erschien, geht aus der Beschreibung des oben erwähnten ‚Stammhauses' hervor, denn es „machte auf auswärtige Neffen Levis wohl am meisten Eindruck die Vorrichtung zur Öffnung des Daches *[…]* für das Laubhüttenfest im Herbst", Levison, Familie (wie Anm. 1) S. 44.

Möglicherweise spricht Levison (auch) von sich selbst, wenn er schreibt, dass manche „auch ohne ‚praktizierendes' Judentum äußerlich treu geblieben" seien, „weil sie sich nicht entschließen konnten, christliche Glaubenslehren ohne vollste Überzeugung zu bekennen und sich wohl auch nicht dem Verdacht aussetzen wollten, um äußerer Vorteile willen die Loslösung vollzogen zu haben"[23]. Dieses Bekenntnis würde erklären, warum ein Gelehrter mit einem derart umfassenden Wissen über christliche Heiligenverehrung und Legendenbildung, Liturgie und Kanonistik, das seine christlichen Kollegen immer wieder in Erstaunen und Bewunderung versetzte, seinem Judentum treu blieb. Die akademische Welt jener Zeit erwartete von einem Habilitanden die (protestantische) Taufe als Eintrittskarte[24]. Dies war für Levison mit Sicherheit indiskutabel; seine Karriere verdankte er allein seinen eigenen überragenden Fähigkeiten sowie Gelehrten, die seine Persönlichkeit und sein Können über derartige Zumutungen stellten.

Eine akademische Karriere war Levison nicht in die Wiege gelegt worden. Er war der ältere von zwei Söhnen des Hermann Levison (1839–1886), der in Düsseldorf einen Textilgroßhandel bescheidenen Umfangs führte. Der frühe Tod des Vaters, als die Söhne erst zehn und fünf Jahre alt waren, versetzte die Familie in eine Notlage, zumal die Mutter (Josephine Goldschmidt aus Simmern, 1845–1916) schwer erkrankte und über mehrere Jahre stark geschwächt war. Den Unterhalt der Familie übernahmen die Brüder des Verstorbenen und der Witwe[25]. Kein Wort verlautet bei Wilhelm Levison darüber, was der Verlust des Vaters und die Krankheit der Mutter für seine Kindheit bedeutet haben. Später betonte er immer wieder in seinen Briefen, dass harte Arbeit über schwere Zeiten hinweghilft. Hier liegt vielleicht der Schlüssel für die stupende Arbeitsleistung, die er als Erwachsener und nicht zuletzt als MGH-Mitarbeiter vollbracht hat, denn schon seine Schulzeugnisse zeigen, dass er sich von Schuljahr zu Schuljahr steigerte und in den Abschlussklassen des Düsseldorfer Städtischen Gymnasiums Herausragendes leistete. Die Kommentare seiner Lehrer zu den einzelnen Fächern im Abiturzeugnis von 1894 stellen heraus, dass dieser Schüler vielseitig interessiert und überaus belesen war; er habe über Kenntnisse verfügt, die den Schulstoff weit hinter sich ließen. Levison, der mit zwei Vettern und seinem Bruder als Vierzehnjähriger eine ‚gelehrte Gesellschaft' begründet hatte, ließ bereits als Schüler seine Begabung als Wissenschaftler ahnen, wie sein Abiturzeugnis festhält: „Den verschiedensten Zweigen der

23 Levison, Familie (wie Anm. 1) S. 32. Vgl. Ulrich Sieg, Der Preis des Bildungsstrebens. Jüdische Geisteswissenschaftler im Kaiserreich, in: Juden, Bürger, Deutsche. Zur Geschichte von Vielfalt und Differenz 1800–1933, hg. von Andreas Gotzmann / Rainer Liedtke / Till van Rahden (Schriftenreihe wissenschaftlicher Abhandlungen des Leo-Baeck-Instituts 63, 2002) S. 67–95, hier 86: „Das deutsche Judentum begegnete den Konvertiten mit unverhohlener Ablehnung."

24 Horst Fuhrmann, „Sind eben alles Menschen gewesen". Gelehrtenleben im 19. und 20. Jahrhundert. Dargestellt am Beispiel der Monumenta Germaniae Historica und ihrer Mitarbeiter. Unter Mitarbeit von Markus Wesche (1996) S. 106 schildert zwei bezeichnende Episoden: Als sich Harry Bresslau bei Leopold von Ranke über die ständige Diskriminierung bei Berufungen beklagte, bekam er zur Antwort: „Aber Bresslau, so treten sie doch über!" Der Kunsthistoriker Richard Krautheimer (1897–1994) soll von folgendem Zwiegespräch aus Anlass seiner Habilitationsabsicht berichtet haben: „Der Ordinarius, an den ich zuerst herantrat, war nicht abgeneigt. Dann, überraschend: ‚Sind Sie eigentlich noch Jude, Herr Doktor?' ‚Jawohl, Herr Geheimrat.' ‚Das ließe sich doch wohl ändern?' ‚Nein, Herr Geheimrat.' – Das war das Ende." Zum ‚Taufdruck' Sieg, Jüdische Geisteswissenschaftler (wie Anm. 23) S. 84–86.

25 Levison, Familie (wie Anm. 1) S. 61f.

Altertumswissenschaft brachte er ein ganz außergewöhnliches Interesse entgegen. Dasselbe bekundete sich auch in der Anfertigung von selbständigen, wissenschaftlichen Arbeiten, die außerhalb des Kreises der Schule lagen“[26].

Auf Initiative des Düsseldorfer Gymnasialrektors erhielt Levison ein Stipendium, das ihm ein Studium ermöglichte. Er studierte Klassische Philologie und Geschichte; ein Semester brachte er im fernen und gewiss aufregenden Berlin zu. Mit weiteren Stipendien, Preisgeldern der damals eifrig ausgelobten wissenschaftlichen Preisaufgaben[27] sowie einem Hilfskraftposten an der Bonner Universitätsbibliothek hielt er nicht nur sich selbst über Wasser, sondern unterstützte schon als Student seine Mutter[28]. Anfang 1898, erst 21jährig, promovierte Levison bei dem Althistoriker Heinrich Nissen (1839–1912)[29] und legte im selben Jahr zusätzlich das Staatsexamen ab; nach eigener Angabe wollte er Bibliothekar werden. Doch folgte er bereits, wie schon in Schulzeiten, eigenen und eher abgelegenen Interessen. Noch im Jahr seiner Promotion erschien ein langer Aufsatz mit dem Titel „Zur Geschichte des Frankenkönigs Chlodewech“. Mit beträchtlicher Sachkenntnis und scharfsinniger Quellenkritik prüfte und diskutierte Levison gesicherte und ungesicherte Nachrichten über Chlodwigs Leben und warf damit seinen Hut in den wissenschaftlichen Ring. Die Zeit der Merowinger stand nicht eben im Zentrum der Mediävistik des Kaiserreiches, und wieder einmal zeigte sich, dass Levison ungewöhnliche Kenntnisse erworben hatte. Schon das Latein merowingischer Texte birgt Besonderheiten, die Eigenstudium und Erfahrung verlangen; Levison hatte seinem Aufsatz die Edition einer kurzen Vita beigegeben, die bewies, wie versiert er bereits war[30].

Aufsatz und Vita zogen die Aufmerksamkeit des Archivars Bruno Krusch (1857–1940) auf sich, der als Mitarbeiter der Monumenta Germaniae Historica beauftragt worden war, die Geschichtsquellen der Merowingerzeit zu sichten und zu edieren. Er hatte in den ersten beiden Bänden der Scriptores rerum Merovingicarum die Geschichtswerke Gregors von Tours sowie die Chronik des Fredegar herausgegeben. Nunmehr galt es, das umfangreiche Material der Heiligenleben von Missionaren, Klostergründern und Bischöfen zu sichten, zu datieren und Beziehungen und Abhängigkeiten zu ermitteln, um kritische Textausgaben zu erarbeiten. Einen Band hatte Krusch bereits bearbeitet, und zur Bewältigung des übrigen

---

26 Zitate aus dem Abiturzeugnis bei Böhringer, Schrift und Tat (wie Anm. 1) S. 258; ebd. 251–253 zur „Kleinen Abendvereinigung“.

27 Dazu Sieg, Jüdische Geisteswissenschaftler (wie Anm. 23) S. 79.

28 Böhringer, Schrift und Tat (wie Anm. 1) S. 259.

29 Die Dissertation war aus einer gewonnenen Preisaufgabe hervorgegangen, vgl. Levison, Familie (wie Anm. 1) S. 63f.; Publikation: Die Beurkundung des Civilstandes im Altertum. Ein Beitrag zur Geschichte der Bevölkerungsstatistik, in: Bonner Jbb. 102 (1898) S. 1–82; Nachweis der Publikationen: Wilhelm Levison 1876–1947. A Bibliography (1948). Im Anhang: Liste der betreuten Dissertationen; ein Schriftenverzeichnis auch in: ders., Aus Rheinischer und Fränkischer Frühzeit. Ausgewählte Aufsätze (1948) S. 631–638.

30 Bonner Jbb. 103 (1898) S. 42–86; die Vita (ebd. S. 67–86) handelt vom Bischof Sollemnis von Chartres, der an Chlodwigs Bekehrung Anteil gehabt haben soll (später in: MGH Scriptores rerum Merovingicarum 7 [1920] S. 303–321). Zur Würdigung des Aufsatzes vgl. Paul Egon Hübinger, Wilhelm Levison (1876–1947), in: Rheinische Lebensbilder 7 (1977) S. 227–252, hier 232. Hübinger macht 230f. akademische Übungen in Bonn von Moriz Ritter und in Berlin von Paul Scheffer-Boichorst (1843–1902) namhaft als Ausgangspunkte von Levisons eigenständigen Studien.

Materials (es sollten vier weitere Bände werden) gewährten die MGH ihm eine Hilfskraft. Krusch wandte sich an Levison, dem damit der Weg in die Wissenschaft gebahnt wurde. Mit dem Jahr 1899 trat er bei den MGH ein und blieb bis 1920 deren besoldeter Mitarbeiter. Levison erinnerte 1920 in einer Nachricht an Paul Fridolin Kehr (1860–1944) daran, wie sehr er sich seinerzeit durch die Anfrage Kruschs geehrt fühlte, an den MGH im Sinne des „sanctus amor patriae“ beteiligt zu werden[31].

Kennzeichnend für die Umstände der beruflichen Anfänge Levisons ist das Empfehlungsschreiben seines Doktorvaters Nissen an Ernst Dümmler (1830–1902), den damaligen Leiter der MGH. Nissen schien nicht recht glücklich zu sein, dass dieser hochbegabte junge Wissenschaftler „als Hilfsarbeiter“ (so im ersten Satz) in eine Festanstellung wechseln musste: „Gern hätte ich den jungen, erst 22 Jahre alten Mann, der alle Anlage zum Bücherwurm besitzt, auf Reisen in die Welt hinaus geschickt um sehen zu lernen. Aber die äußeren Verhältnisse, insonderheit die jüdische Confession, die seinem Fortkommen im Wege steht, machen eine Ablehnung der angebotenen Beschäftigung an den Monumenta unmöglich“[32].

„Die äußeren Verhältnisse“, nämlich Armut von Haus aus, und dazu „die jüdische Confession, die seinem Fortkommen entgegen steht“ – Nissen stellt das kommentarlos fest, so war es eben. Keineswegs war das wilhelminische Deutschland vorurteilslos und aufgeschlossen. Nissen sah richtig, dass Levison diese Anstellung brauchte, trotz der notorisch mageren Saläre der MGH[33]. Levison sorgte fortan für seine Mutter, die bei ihm lebte und ihm den Haushalt führte. Erst nach ihrem Tod vermählte er sich 1917 mit Elsa Freundlich, Tochter eines Düsseldorfer Arztes, die er als Teilnehmerin seiner Lehrveranstaltungen kennengelernt hatte. Sie wurde 1913 in Heidelberg über die Kausaltheorie des englischen Nationalökonomen John Stuart Mill promoviert[34].

Mit Krusch und Levison trafen zwei Wissenschaftler zu fruchtbarer Zusammenarbeit aufeinander, die kaum verschiedener hätten sein können; denn während Levison „eine grundgütige, stets hilfsbereite Natur“ war und allen Härten des Lebens mit Ruhe, Liebenswürdigkeit und Heiterkeit begegnete[35], war Krusch ein verbitterter Mann, der beißende und polemische Kritiken austeilte, selbst mimosenhaft auf Kritik reagierte und auf diese Weise „an die Geduld seiner Berufsgenossen allerhöchste Anforderungen stellte“, wie Ernst Heymann (1870–1946) in seinem Nachruf festhielt[36], der Krusch wohl gesonnen war und ihm Gerechtigkeit widerfahren lassen wollte. Krusch hatte seine Karriere 1879 als ‚Hilfsarbeiter‘

31 Rudolf SCHIEFFER, Wilhelm Levison und die Monumenta Germaniae Historica, in: BECHER / HEN, Levison (wie Anm. 1) S. 199–210, hier 206; Brief von Levison an Kehr, 23.2.1920 (MGH-Archiv 338/201).

32 Ebd. S. 201 mit vollständigem Abdruck des Briefes von Nissen an Dümmler, 4.10.1898 (MGH-Archiv 338/193 Nr. 2).

33 Dazu FUHRMANN, Gelehrtenleben (wie Anm. 24) S. 78f.

34 LEVISON, Familie (wie Anm. 1) S. 66.

35 Walther HOLTZMANN, Nekrolog Wilhelm Levison, in: DA 8 (1951) S. 260f., Zitat 260; vgl. die Charakterisierung durch Eugen Ewig bei BÖHRINGER, Schrift und Tat (wie Anm. 1) S. 273.

36 Ernst HEYMANN, Nekrolog Bruno Krusch, in: DA 4 (1941) S. 504–518, Zitat 517. Bruno Krusch hätte auch als Pionier der Chronologie längst eine eingehende biographische Würdigung verdient, doch scheint seine wenig anziehende Persönlichkeit dem entgegenzustehen; vgl. aber BÖHRINGER, Schrift und Tat (wie Anm. 1) S. 285f.; erschwerend hinzu kommt seine schwer lesbare Handschrift in den Korrespondenzen.

bei den MGH unter Georg Waitz begonnen, der seine Arbeitskraft wohl bis an die Grenzen des Erträglichen ausbeutete, und das bei schmalem Salär. Diese „Galeere“, wie Krusch selbst diese Erfahrung genannt haben soll[37], verließ er 1882, um in den preußischen Archivdienst einzutreten, der ihm nach dem damaligen Usus nicht nur häufige Versetzungen in verschiedene Staatsarchive Preußens einbrachte, sondern auch zu einer starken Doppelbelastung führte. Was Krusch als Archivar, Editor und Historiker leistete und veröffentlichte, ist eine bewundernswerte Lebensleistung, der Heymann mit Recht Tribut zollt. Wilhelm Levison scheint einer der wenigen Menschen gewesen zu sein, die gut mit Krusch standen; trotz des Altersunterschieds von bald 20 Jahren respektierten sich die beiden Männer. Heymann bezeichnet Levison als „Schüler“ von Krusch, und Levison selbst bekannte, von dem „erfahrenen, scharfsinnigen Gelehrten“ viel gelernt zu haben, doch mag Horst Fuhrmann das Verhältnis angemessener beschrieben haben, als er Krusch als „Mentor“ Levisons bezeichnete[38]. Die fruchtbare Kooperation der beiden Merowinger-Experten dauerte an, bis Levison 1939 auswanderte und Krusch 1940 verstarb.

Die Arbeitsleistung Levisons ist von Zeitgenossen wie Walther Holtzmann (1891–1963), der nach Levisons Zwangspensionierung 1935 sein Nachfolger auf dem Bonner Lehrstuhl wurde, und von den späteren Präsidenten der MGH Horst Fuhrmann (1926–2011) und Rudolf Schieffer (1947–2018) gebührend gewürdigt worden. Mit dem Index zum Band 4 der Scriptores rerum Merovingicarum begann die wissenschaftliche Kärrnerarbeit. Es folgten in den Bänden 5 bis 7 zusätzlich große Anteile an den eigentlichen Editionsteilen insgesamt im Umfang von zwei Quartbänden, „eine erstaunliche Leistung“[39]. Dazu kamen die lateinischen Einleitungen und Begleitstudien in Aufsatzform, die Herausgabe der Bonifatiusviten und schließlich die Fertigstellung der Historien des Gregor von Tours, deren Drucklegung der alternde Krusch nicht mehr gewachsen war – nicht zu vergessen Hunderte von Anzeigen im Neuen Archiv, der Hauszeitschrift der MGH, und Hilfeleistungen für Kollegen. Levison bewältigte ein stupendes Arbeitspensum, zumal er nach seiner Habilitation 1903 noch eine engagierte und erfolgreiche Lehrtätigkeit an der Bonner Universität entfaltete[40]. Horst Fuhrmann erinnert zudem daran, dass eine „Hauptleistung Levisons“ angesichts fertiger Ausga-

37 Heymann, Krusch (wie Anm. 36) S. 509.

38 Ebd. S. 511; Levison, Familie (wie Anm. 1) S. 64; Fuhrmann, Gelehrtenleben (wie Anm. 24) S. 211 (im Register). Vgl. auch Marquard-Mois, Wilhelm Levison, Virtuelle Ausstellung (wie Anm. 1), mit zwei Briefen (mit Digitalisat), die den herzlichen Umgangston bezeugen: Nr. 4 (Brief Levisons an Krusch vom 24.12.1935 mit einer seltenen Mitteilung persönlicher Sorgen [MGH-Archiv B 577, Bl. 89]), Nr. 6 (Brief Kruschs an Levison vom 16.5.1939, in dem sich Krusch erleichtert zeigt, dass den Levisons die Flucht nach England gelungen ist [MGH-Archiv A 91,4]).

39 So Holtzmann, Levison (wie Anm. 35) S. 260; vgl. Horst Fuhrmann, Wilhelm Levison und die Monumenta Germaniae Historica, in: In Memoriam Wilhelm Levison (1876–1947). Reden und Grußbotschaften bei der Gedenkfeier der Universität zum 100. Geburtstag am 31. Mai 1976 von Theodor Schieffer, Horst Fuhrmann, Baudouin de Gaiffier und Helene Wieruszowski (1977) S. 40–50; Rudolf Schieffer, Levison und die MGH, in: Becher / Hen, Levison (wie Anm. 31) S. 204; ferner Böhringer, Schrift und Tat (wie Anm. 1) S. 266 zu Levisons Hilfeleistungen.

40 Vgl. Universitätsarchiv Bonn, Findbuch zum Nachlass Levison: https://www.uni-bonn.de/de/universitaet/medien-universitaet/medien-organisation-und-einrichtungen/medien-archiv/findbuch_nl_levison.pdf; im Anhang finden sich Listen der Doktoranden Levisons und seiner Lehrveranstaltungen.

ben „gar nicht sichtbar“ sei: „das entnervende und höchste Konzentration erfordernde ständige Korrekturlesen und die Ausarbeitung der umfangreichen Indices.“ Ob Levison diese Tätigkeiten als Galeerenfron empfand, steht dahin – es war nicht seine Art, sich zu beklagen. Eines aber brachte ihm die penible Arbeit an Texten und Indices ein: Er wurde „zum besten Kenner des merowingischen Lateins“, wie Walther Holtzmann im Nachruf urteilte, und auch deshalb den MGH unentbehrlich[41].

Zudem entwickelte er im Laufe der Jahre neue und zukunftsweisende Methoden im Umgang mit frühmittelalterlicher Hagiographie. Jenseits positivistischer Perspektiven, die lediglich am historisch Verbürgten und Faktischen interessiert waren, erkannte Levison, dass auch offenkundig erdichtete oder ausgeschmückte Erzählungen unbeabsichtigt Kunde geben von den Interessen der Autoren und ihrer Auftraggeber, die an ihren Bischofskirchen oder Klöstern Heiligenkulte zum höheren Ruhm ihrer Institutionen begründeten und beförderten. In einem Vortrag von 1929 über die Anfänge rheinischer Bistümer in der Legende urteilt Levison: „Es sind zum Teil ganz abenteuerliche Erfindungen und Geschichtsklitterungen, nicht ohne Belang für die Kenntnis mittelalterlicher Geistesart“[42]. Auch auf religiöse Vorstellungen, Ausdrucksformen von Frömmigkeit und Deutungen der Wirklichkeit wies Levison bereits hin – später bezeichnete man solche kollektiven Einstellungen als ‚Mentalitäten‘. Die Entstehungsumstände und Entwicklungen von Heiligenviten und Heiligenkulten verfolgte er auch anhand akribischer Handschriftenstudien, die er im letzten, siebten Band der Merowinger-Abteilung zusammenfasste in einem umfänglichen „Conspectus Codicum Hagiographicorum“[43]. Seine Untersuchungen und Hinweise bilden zusammen mit den Editionen vorbildliche Grundlagenforschung und unentbehrliche Hilfsmittel bis heute.

Einen großen Teil seiner Handschriftenstudien unternahm Levison im Auftrag der MGH in England, ein Glücksfall mit weitreichenden Konsequenzen. Levison hatte bereits am Gymnasium als fünfte Fremdsprache (nach Latein, Griechisch, Französisch sowie Hebräisch an der Religionsschule der Düsseldorfer Synagogengemeinde) die Grundlagen des Englischen erlernt. Dies sollte sich sehr bald als nützlich erweisen, weil nämlich sein fünf Jahre jüngerer Bruder Arthur (1881–1949) nach einer kaufmännischen Lehre in Düsseldorf in ein internationales Handelshaus wechselte, das Verwandte der Mutter gegründet hatten. Seit 1899 lebte und arbeitete Arthur in London. Anlässlich seiner Heirat 1910 wurde er englischer Staatsbürger und schließlich Teilhaber jener Firma, in die er als junger Mann eingetreten war[44]. Levison unternahm eine erste Bibliotheksreise nach England bereits 1899, kurz nach seinem Eintritt in die Dienste der MGH. Er konnte in den Jahren bis zum Kriegsausbruch den Besuch beim Bruder mit intensiven Handschriftenstudien in englischen Bibliotheken verbinden[45]. Derartige Reisen waren in einer Zeit, als der Mikrofilm noch unbekannt

41 Fuhrmann, Levison und die MGH (wie Anm. 39) S. 45; Holtzmann, Levison (wie Anm. 35) S. 260f.

42 Wilhelm Levison, Die Anfänge rheinischer Bistümer in der Legende, in: Ausgewählte Aufsätze (wie Anm. 29) S. 7–27, Zitat 9; zu Levisons Arbeitsweise vgl. Klaus Herbers, Hagiographie. Auswertungsmöglichkeiten seit Wilhelm Levison, in: Becher / Hen, Levison (wie Anm. 1) S. 17–32; Daniel König, Wilhelm Levison und die Missionsgeschichte im Spiegel der Hagiographie, in: ebd. S. 33–53, hier bes. 51f.

43 MGH Scriptores rerum Merovingicarum 7 (1920) S. 529–706.

44 Levison, Familie (wie Anm. 1) S. 66f.

45 Erste Reise 1899: Rudolf Schieffer, Levison und die MGH (wie Anm. 31) S. 202; vgl. auch 204:

war, eine Notwendigkeit, um Handschriften, Fragmente und Drucke zu sichten und vor Ort Abschriften zu nehmen – das tat man selbstverständlich nicht nur für die eigenen Projekte, sondern auch für die der Kollegen. Aus Sicht der MGH war Levison für derartige Englandreisen prädestiniert – mit einem Quartier vor Ort und einschlägigen Sprachkenntnissen! Levisons Funde und Forschungsergebnisse führten dazu, dass er auch jenseits des Kanals als herausragender Forscher wahrgenommen wurde; ein erster Aufsatz in englischer Sprache erschien 1912[46]. Das hohe Ansehen, das sich Levison im Laufe der Jahre erwarb, fand schließlich Ausdruck in der Ehrendoktorwürde, die ihm 1931 von der Universität Durham verliehen wurde.

Doch zurück zu den Anfängen. Als sich Levison in Bonn habilitieren wollte, wandte er sich 1902 an die Zentraldirektion der MGH mit der Bitte, weiterhin besoldeter Mitarbeiter zu bleiben, denn es war ihm nicht möglich, als Privatdozent allein von den kargen Kolleggeldern sich selbst und seine Mutter zu unterhalten[47]. Die MGH stimmten zu; wahrscheinlich sah man seitens der Zentraldirektion ein, dass man einen so begabten Mann nicht auf Dauer als bloßen Adlaten im Gefolge von Krusch halten konnte. Es liegt daher nahe, in der Habilitation die wissenschaftliche ‚Unabhängigkeitserklärung' Levisons zu sehen, die auch die räumliche Trennung von Bruno Krusch zur Folge hatte. Als dessen Hilfskraft musste er nicht nur seinen Wohnort teilen (und deshalb 1899 nach Hannover und 1900 nach Breslau umziehen), sondern auch seinen Urlaub mit diesem abstimmen und genehmigen lassen[48]. Die Privatdozentur brachte sicher eine Doppelbelastung, aber auch gewisse Freiräume mit sich.

Da es – wie oben erwähnt – alles andere als selbstverständlich war, dass sich ein jüdischer Wissenschaftler habilitieren konnte, sei auf die Umstände kurz eingegangen. Levison schrieb 1902 an die MGH und später auch in der Familiengeschichte, dass er aus Kreisen der Bonner Professorenschaft zu diesem Schritt aufgefordert wurde[49]. Die Situation an der Universität Bonn war heikel aufgrund lang andauernder konfessioneller Spannungen infolge des preußischen Kulturkampfs und der Auseinandersetzungen um das Unfehlbarkeitsdogma

„mehrwöchige Bibliotheksreisen, vorwiegend nach England"; FUHRMANN, Levison und die MGH (wie Anm. 39) S. 50.

46 Wilhelm LEVISON, A Report on the Penenden Trial, in: The Englisch Historical Review 27 (1912) S. 717–720. DERS., Berichte „Aus englischen Bibliotheken" im NA in den Jahren 1907, 1910 und 1913, vgl. Levison, Bibliography (wie Anm. 29) S. 7, 9 und 11.

47 Vgl. zur sozialen Situation der Privatdozenten und Extraordinarien Rüdiger VOM BRUCH, Universitätsreform als soziale Bewegung. Zur Nicht-Ordinarienfrage im späten deutschen Kaiserreich, in: Geschichte und Gesellschaft 10 (1984) S. 72–91.

48 Vgl. dazu MARQUARD-MOIS, Wilhelm Levison, Virtuelle Ausstellung (wie Anm. 1), Nr. 2: Brief von Levison an Ernst Dümmler mit Zusatz von Krusch, 1.7.1901 (MGH-Archiv B 300, Bl. 233); zu den Konditionen der Anstellung bei den MGH Rudolf SCHIEFFER, Levison und die MGH (wie Anm. 31) S. 202–206.

49 LEVISON, Familie (wie Anm. 1) S. 64; Rudolf SCHIEFFER, Levison und die MGH (wie Anm. 31) S. 203 mit einem Zitat aus dem Brief Levisons an die MGH, 27.11.1902 (MGH-Archiv B 379). Vgl. SIEG, Jüdische Geisteswissenschaftler (wie Anm. 23) S. 81 zur Bedeutung der MGH, „die einen ständig steigenden Bedarf an Editoren hatte *[sic]*" und daher „einem tüchtigen jüdischen Historiker eine Verdienstmöglichkeit" boten. „Die Begabtesten zog es allerdings stets zurück an die Universität, wo Ruhm und Ehre ebenso wie bessere Verdienstmöglichkeiten lockten." Dies trifft zweifellos auf Wilhelm Levison zu, der allerdings nicht in Siegs Untersuchung einbezogen ist.

des Ersten Vatikanischen Konzils – Bonn wurde zur Hochburg der Altkatholiken. Doch um die Jahrhundertwende bemühte man sich – so im Rückblick Paul Egon Hübinger – um mehr Ausgleich und Mäßigung[50]. Den unmittelbaren Anlass für Levisons Rückkehr an die Universität bot der Ruf des protestantischen Historikers Karl Hampe (1869–1936) von Bonn nach Heidelberg im Jahr 1902. Sein Nachfolger wurde Aloys Schulte (1857–1941), ein Experte auf dem Gebiet der spätmittelalterlichen Wirtschaftsgeschichte. Levison selbst berichtete später, dass mit Schulte gemäß „den Wünschen katholischer Kreise *[...]* ein katholischer Ordinarius für Geschichte ernannt wurde“[51], gewissermaßen als ‚Gegengewicht‘ zum Altkatholiken Moriz Ritter (1840–1923), der vor allem die frühneuzeitliche Geschichte vertrat. Benötigt wurde nunmehr ein Spezialist für das frühe Mittelalter, der die von Hampe hinterlassene Lücke ausfüllen konnte. Die „Bonner Lehrer“, die an Levison herantraten, wollten für die Fakultät gewiss einen exzellenten jungen Wissenschaftler gewinnen, jenseits vorherrschender antijüdischer Ressentiments an preußischen Universitäten[52] – doch kommt man nicht umhin zu fragen, ob nicht Levisons Judentum geradezu gelegen kam, weil es den ‚Proporz‘ von Katholiken, Altkatholiken und Protestanten nicht berührte. Zu den Förderern Levisons gehörten zweifellos sein protestantischer Doktorvater Heinrich Nissen sowie Moriz Ritter; beide bezeichnet Levison als „väterliche Freunde“. Hübinger, als vertrauter Schüler Levisons und als Universitätsarchivar gleich kenntnisreich, nennt ferner den katholischen Rechtshistoriker Hermann Hüffer (1830–1905) und weiß auch zu berichten, dass Aloys Schulte ebenfalls seine Zustimmung gab[53] – damit war die ‚ökumenische‘ Übereinkunft vollständig. Levison legte der Bonner Fakultät aus seinen laufenden Arbeiten für die MGH eine Studie über die Quellen zu Bischof Germanus von Auxerre vor mit einem eigenen Abschnitt zur „Überlieferung der britischen Inseln“[54].

In Bonn erfüllte er die in ihn gesetzten Erwartungen und wurde ein engagierter Dozent, der auch die bislang in Bonn kaum etablierten Historischen Hilfswissenschaften mit Veranstaltungen zur Paläographie und Urkundenlehre vertrat[55]. Die Fakultät nahm dies wohlwollend zur Kenntnis: 1909 verlieh sie Levison den Professorentitel. Dieser brachte zwar keine pekuniären Vorteile mit sich, doch erhöhte er das soziale Prestige seines Trägers enorm: „Der Professorentitel besaß im Kaiserreich gleichsam eine eigene Weihe“ als „Inbegriff bürgerlicher Reputation“ urteilt Ulrich Sieg[56]. Als schließlich Moriz Ritter emeritiert wurde, wurde sein Ordinariat in ein Extraordinariat umgewandelt, das 1912 an Levison ging.

---

50 Paul Egon Hübinger, Das Historische Seminar der Rheinischen Friedrich-Wilhelms-Universität zu Bonn. Vorläufer – Gründung – Entwicklung. Ein Wegstück deutscher Universitätsgeschichte (Bonner Historische Forschungen 20, 1963) S. 193f.

51 Wilhelm Levison, Das historische Seminar (zuerst 1933), in: Hübinger, Das Historische Seminar (wie Anm. 50) S. 1–31, Zitat 22.

52 Vgl. Sieg, Jüdische Geisteswissenschaftler (wie Anm. 23) S. 68 zur „Härte der Exklusionsmuster“.

53 Levison, Familie (wie Anm. 1) S. 64; Hübinger, Levison (wie Anm. 30) S. 233f.

54 Wilhelm Levison, Bischof Germanus von Auxerre und die Quellen zu seiner Geschichte, in: NA 29 (1903) S. 95–175, der genannte Abschnitt ab S. 166; gedruckt wurde die Vita in MGH Scriptores rerum Merovingicarum 7 (1920) S. 225–283.

55 Hübinger, Levison (wie Anm. 30) S. 234–238; Rudolf Schieffer, Levison und die MGH (wie Anm. 31) S. 203.

56 Sieg, Jüdische Geisteswissenschaftler (wie Anm. 23) S. 67.

Dies wurde begründet mit dem wachsenden Bedarf an guten Lehrkräften, und die Fakultät hob hervor, dass Levison ein vielseitiger und erfolgreicher Dozent sei, der „auch einem Ordinariat alle Ehre" machen würde[57]. Die Ernennung zum ordentlichen Professor verdankte Levison schließlich einem Verwaltungsakt. Nach dem Krieg wurden die Extraordinariate an den preußischen Hochschulen in persönliche Ordinariate umgewandelt, und Levison wurde am 2. August 1920 zum Ordentlichen Professor in Bonn ernannt[58]. Im Alter von 44 Jahren hatte er damit den Höhepunkt einer akademischen Karriere in Deutschland erreicht.

Sicherlich bereitete es ihm Genugtuung, dass er Ende 1929 einen förmlichen Ruf auf einen der prestigeträchtigsten Lehrstühle der Republik erhielt, den an die Universität Berlin als Nachfolger Albert Brackmanns (1871–1952) – er bemerkt in seiner autobiographischen Skizze, dass man ihn seitens der Berliner sogar zur Annahme drängte, doch zog er es vor, in Bonn zu bleiben, aus Verbundenheit mit seiner Heimat, „mit der er auch durch wissenschaftliche Arbeit immer mehr verwachsen war"[59] – in der Tat, man denke an den bis heute grundlegenden Artikel zur Entstehung und Entwicklung des Ursulakultes (1927) und die Edition der frühmittelalterlichen Bonner Urkunden (1932)[60]. Doch haben vermutlich auch die Wirtschaftskrise und die wachsende antisemitisch motivierte Gewalt in Berlin dazu beigetragen, dass Levison einen Umzug vermied. Zudem mag er die Nähe zum machtbewussten Kehr gescheut haben, der in Berlin um 1930 zahlreiche Posten innehatte und die Forschung dominierte[61].

Mit der Verleihung einer ordentlichen Professur 1920 schied Levison als besoldeter Mitarbeiter der MGH aus. Eher zufällig fiel dies zeitlich zusammen mit dem Abschluss der Abteilung Scriptores rerum Merovingicarum; der sechste Band war 1913 erschienen, der abschließende siebte Band konnte in zwei Lieferungen erst nach dem Weltkrieg 1919 und 1920 ausgeliefert werden. Seit 1919 stand Kehr an der Spitze der MGH, die sich in einer finanziell wie personell schwierigen Lage befanden. Levisons Fähigkeiten schätzte er hoch ein. In einem Schreiben an Karl Hampe von 1919 bezeichnete er ihn und eine Handvoll an-

57 Böhringer, Schrift und Tat (wie Anm. 1) S. 264. Zum „explosiven Anstieg der Extraordinariate und Habilitationen", die den überwiegenden Teil des akademischen Unterrichts und Prüfungswesens trugen, vgl. vom Bruch, Universitätsreform (wie Anm. 47) S. 75; Sieg, Jüdische Geisteswissenschaftler (wie Anm. 23) S. 69 hält fest, dass gerade jüdische Dozenten „mit ihrer Kärrnerarbeit und Loyalität eine wertvolle Stütze des Universitätsbetriebs waren"; generell trugen die Privatdozenten ohne Vergütung „die Hauptlast des expandierenden Lehr- und Forschungsbetriebs" (S. 82).

58 Levison, Familie (wie Anm. 1) S. 64; Böhringer, Schrift und Tat (wie Anm. 1) S. 264.

59 Levison, Familie (wie Anm. 1) S. 65. Vgl. Sieg, Jüdische Geisteswissenschaftler (wie Anm. 23) S. 89: „Ein Ruf nach Berlin galt als Karrierehöhepunkt und wurde nur in seltenen Fällen ausgeschlagen."

60 Levison, Bibliography (wie Anm. 29) S. 19 und 22.

61 Zu Kehrs „Wissenschaftsimperium" vgl. Böhringer, Wort und Schrift (wie Anm. 1) S. 290 Anm. 161; die dort geäußerte Vermutung, dass Levison bei aller Verbindlichkeit eine eher distanzierte Einstellung zu Kehr hatte, wird untermauert durch einen ausgesprochen satirischen Brief Theodor Schieffers an seinen Doktorvater Levison, in dem er den Auftritt des großmächtigen Kehr in den Räumlichkeiten der MGH parodiert, wo er seinerzeit mit Urkundeneditionen betraut war („Eine Atmosphäre leicht gesteigerten Arbeitseifers legt sich über die mittelalterliche Oase im Zentrum der Weltstadt, wenn er zwischen 10 und 11 Uhr einläuft."). In der Einschätzung, dass sich Kehr für „ein Wundertier medievistischer Findigkeit und Unfehlbarkeit'" hielt, waren sich Lehrer und Schüler offenbar einig (Durham University Archives and Special Collections, Levison Papers Kasten 2A, Mappe 1930's German), Brief vom 29.1.1936.

dere als „vorzügliche Monumentisten, besonders wenn man ihre Kräfte noch mehr ausnutzen konnte und wollte“[62]. Dementsprechend versuchte Kehr, Levison als Editor zu halten und bot ihm die Neubearbeitung der karolingischen Annalen an, doch sagte Levison sogar ein wenig unwirsch ab; er habe 21 Jahre lang eine Ausgabe nach der anderen erarbeitet: „Da werden Sie es begreifen können, daß ich den Wunsch habe, nach all den Textausgaben *[…]* an eine Darstellung höheren Stiles heranzugehen“[63].

Solchen Ankündigungen folgten alsbald Taten: Schon 1922 erschienen aus Levisons Feder Abschnitte in der ‚Geschichte des Rheinlandes‘ (Vom Ende der Römerherrschaft bis zum Interregnum 450–1250) und im ‚Gebhardt‘ 6. Auflage (Die Zeit der Karolinger und die Ausbreitung des Christentums; Wirtschaft, Verfassung und Verwaltung im Karolingerreich; auch in der 7. Auflage von 1930). Seine Anteile an der Neubearbeitung der Quellenkunde von Wilhelm Wattenbach wurden in den 1920er Jahren begonnen, doch erst im Exil vollendet und nach dem Krieg veröffentlicht; sie erschienen 1952 und 1953[64]. Freilich blieb Levison den MGH verbunden; er veröffentlichte weiter Anzeigen im Neuen Archiv und gelegentlich einen Aufsatz. 1925 wurde er zum Zentraldirektor gewählt, gab als solcher indes kaum Impulse, zumal Kehr die Zentraldirektion zuletzt 1931 zusammenrief. Kehr schützte wirtschaftliche Gründe vor, doch Rudolf Schieffer urteilt, dass Kehr „gut ohne sie auszukommen gedachte“[65]. 1935 wurde sie schließlich aufgelöst, und die MGH wurden zum gleichgeschalteten Reichsinstitut unter einem allein regierenden Präsidenten nach dem ‚Führerprinzip‘ umgeformt.

1935 war in jeder Hinsicht ein fatales Jahr und ein Wendepunkt für Levison; bis zu dieser Zeit blieb er als Hochschullehrer weitgehend unbehelligt. Er nahm weiterhin Examina ab und promovierte seine Schüler (darunter 1935/1936 Theodor Schieffer [1910–1992], Hugo Rahner SJ [1900–1968], Paul Egon Hübinger und Eugen Ewig). Nach dem Erlass der Nürnberger Rassegesetze im September 1935 beantragte Levison seine vorzeitige Emeritierung und suchte das Historische Seminar der Universität nicht mehr auf[66], jedoch wurde ihm die Emeritierung verweigert und eine vorzeitige Pensionierung angeordnet, was den Verlust von Lehr- und Prüfungsrechten und empfindliche finanzielle Einbußen zur Folge hatte[67].

62 Folker Reichert, Paul Kehr und Karl Hampe über die Zukunft der Monumenta Germaniae Historica nach dem Ersten Weltkrieg. Ein Briefwechsel, in: DA 60 (2004) S. 549–569, Zitat 566.

63 Rudolf Schieffer, Levison und die MGH (wie Anm. 31) S. 206; vgl. auch Marquard-Mois, Wilhelm Levison, Virtuelle Ausstellung (wie Anm. 1) Nr. 3, Brief Levisons an Kehr, 23.2.1920 (MGH-Archiv 338/201). Fuhrmann, Gelehrtenleben (wie Anm. 24) S. 157–160 gibt einen Bericht Kehrs an das preußische Kultusministerium von 1923 wieder, der die prekäre personelle und finanzielle Lage der MGH drastisch schildert: Der Abteilungsleiter der Scriptores, Harry Bresslau, wolle in Rente gehen. „Der einzig brauchbare Nachfolger ist Levison“ (S. 159).

64 Levison, Bibliography (wie Anm. 29) S. 16 und 21; Deutschlands Geschichtsquellen im Mittelalter. Vorzeit und Karolinger Heft 1, bearb. von Wilhelm Levison, und Heft 2, bearb. von Wilhelm Levison und Heinz Löwe (1952 und 1953); vgl. Hübinger, Levison (wie Anm. 30) S. 239f.

65 Rudolf Schieffer, Levison und die MGH (wie Anm. 31) S. 207.

66 Böhringer, Schrift und Tat (wie Anm. 1) S. 293; Theodor Schieffer, Gedenkrede, in: In Memoriam (wie Anm. 39) S. 7–39, hier 33.

67 In einem Brief an Krusch vom 24. 12. 1935 (MGH-Archiv B 577, Bl. 89) fürchtet Levison den Verlust eines Viertels seines Einkommens, vgl. Rudolf Schieffer, Levison und die MGH (wie Anm. 31) S. 208; auch Marquard-Mois, Wilhelm Levison, Virtuelle Ausstellung (wie Anm. 1) Nr. 4.

Zudem kündigten zahlreiche Organe die Zusammenarbeit mit dem verdienten Rezensenten auf und verweigerten die Drucklegung von Artikeln. Bereits im Juni 1936 schrieb Levison an Krusch, dass er kaum noch publizieren könne: „auch die ‚Historische Zeitschrift' *[...]* druckt nichts mehr von unsereinem: die Rasse des Verfassers ist wichtiger als der Inhalt. Aber das soll mich nicht hindern, nach Kräften mein Bestes zu leisten"[68].

Während sich der Familienverband der Nachfahren des Mendel Levi auflöste und viele Angehörige aus Deutschland flohen, wurde Levison mehr und mehr isoliert, Mitgliedschaften und Zugehörigkeiten wurden ihm gekündigt, Bedrohung und Schikane waren allgegenwärtig[69]. Das Ehepaar kümmerte sich um Elsas Vater, den Düsseldorfer Arzt Dr. Josef Freundlich, der 1933 im Alter von 75 Jahren nach Bonn gezogen war. Seine Gesundheit verschlechterte sich im Laufe der Jahre, und er starb im Mai 1938[70]. Sein Tod entband das Ehepaar von der Verantwortung für ihn, und die Novemberpogrome gaben den letzten Anstoß zur Emigration[71].

Die Pogrome führten zu großem Aufsehen in Großbritannien und rüttelten die Öffentlichkeit auf. Bertram Colgrave (1889–1968), Herausgeber angelsächsischer Heiligenviten und in Levisons Worten ein „wahrer Freund", veranlasste die Universität Durham zur Hilfe für ihren Ehrendoktor. So wurde Levison zum Honorary Fellow ernannt und förmlich zur Übersiedlung in den Norden Englands eingeladen. Dies genehmigte das zuständige Ministerium, und deshalb konnten die Levisons immerhin ihren Hausrat und vor allem die Bibliothek mitnehmen, freilich keine Vermögenswerte[72]. Sie trafen Mitte April in London ein, wo sie ein paar Tage bei den Verwandten verbrachten, und schließlich in Durham, wo sie zuerst bei Bertram Colgrave wohnten. Mit seiner Hilfe bezogen sie bald ein viktorianisches Haus in der Nähe der Altstadt, wo Wilhelm Levison rasch an seine wissenschaftliche Tätigkeit anknüpfen konnte.

Dies schloss Arbeit für die MGH in beträchtlichem Ausmaß mit ein. Noch unter der Ägide Kehrs hatte sich Levison bereit erklärt, die Drucklegung der Historien Gregors von Tours, die Bruno Krusch neu bearbeitet hatte, angesichts der zunehmenden Sehschwäche Kruschs zu übernehmen. In einem Brief vom 19.6.1935 nimmt Kehr indirekt Bezug auf die antisemitische Hetze der Nazis und versichert Levison, „daß nichts meine Verehrung für Sie und meine Hochachtung für Ihre Wissenschaft und Lehrverdienste erschüttern oder mindern kann. *[...]* Die Hauptsache war mir die MG. aus dem grossen Sturm herauszubringen". Bereits am folgenden Tag antwortet Levison, es sei der Wunsch Kruschs, dass er sich der Sache annehme, und erklärt unverhohlen, „aus Pflichtgefühl – denn es wird eine wenig er-

68 Rudolf Schieffer, Levison und die MGH (wie Anm. 31) S. 208; auch Marquard-Mois, Wilhelm Levison, Virtuelle Ausstellung (wie Anm. 1), Nr. 5, Briefkarte, 6.6.1936 (MGH-Archiv B 577, Bl. 103); vgl. Böhringer, Schrift und Tat (wie Anm 1) S. 296f. zu den schwindenden Publikationsmöglichkeiten.

69 Vgl. Böhringer, Schrift und Tat (wie Anm 1) S. 295.

70 Levison, Familie (wie Anm. 1) S. 162f. Bei Böhringer, Schrift und Tat (wie Anm. 1) S. 300 wird irrtümlich Elsa als einzige Tochter der Freundlichs bezeichnet; die jüngere Tochter Hedwig lebte in Heilbronn und wanderte 1938 mit ihrem Mann Eugen Adler und drei Töchtern nach Palästina aus.

71 Böhringer, Schrift und Tat (wie Anm 1) S. 300–304; zu korrigieren ist Anm. 215, lies: Levison, Familie (wie Anm. 2) S. 65.

72 Levison, Familie (wie Anm. 1) S. 65: „Sie hatten ihre Einrichtung samt der im Laufe der Lebensarbeit erwachsenen Bibliothek (auch je 10 Mark) mitnehmen dürfen".

freuliche Arbeit sein" angenommen zu haben, weil er glaube „es der Dankbarkeit gegenüber Krusch und überhaupt dem ‚sanctus amor patriae' schuldig zu sein, hier persönliche Wünsche zurückzustellen". In seinem Patriotismus war Levison unerschütterlich, und sein nach wie vor gutes Einvernehmen mit Krusch machte es den MGH auch leichter, mit dem schwierigen und betagten Krusch (er war im Jahr 1935 bereits 78 Jahre alt) weiterhin zusammenzuwirken. Kehr verfasste 1935 noch einen Jahresbericht für die MGH, den sein Nachfolger Wilhelm Engel (1905–1964) allerdings nicht mehr drucken ließ, in dem er Krusch unverblümt als „körperlich eine Ruine und fast erblindet" bezeichnet und Levison als den „einzigen noch lebenden Sachkundigen für die Merovingerzeit"[73].

Mit Engel wurden die MGH auf Regimekonformität getrimmt. Als 1937 der erste Faszikel der Ausgabe erschien, wurde Levisons Name in der Titelei unterschlagen und erst in den Neuauflagen wieder hinzugesetzt[74]. Gleichwohl arbeitete Levison unverdrossen weiter für die MGH – seit 1937 unter dem Präsidenten Edmund E. Stengel (1879–1968), der sich 1938 aus eigenem Antrieb derjenigen jüdischen Mitarbeiterinnen und Mitarbeiter entledigte, die er für entbehrlich bzw. für ersetzbar hielt wie Erika Sinauer[75]. Stengel befand sich allerdings in einem Dilemma. Wenn er sich auch von seinem jüdischen Mitarbeiter Levison getrennt hätte, wäre die Gregor-Ausgabe ein Torso geblieben – niemand außer Levison konnte die Korrekturen lesen und die erforderlichen Register anfertigen, ganz abgesehen davon, dass ohne seine Mühewaltung der Editionstext von so schlechter Qualität gewesen wäre, dass er den MGH zum Schaden gereicht hätte. Im Haifischbecken konkurrierender nationalsozialistischer Institutionen – darunter Walter Franks ‚Reichsinstitut für Geschichte des neuen Deutschland' – war er entschlossen, die MGH alias ‚Reichsinstitut für ältere deutsche Geschichtskunde' an führender Stelle zu positionieren und zu behaupten[76]. Zu diesem Zweck mussten qualitätvolle Ergebnisse gezeitigt werden[77]. Stengel zog es daher vor, insgeheim Levison weiter zu beschäftigen, obwohl dies dem Regime nicht verborgen blieb.

73 Alle Zitate nach Marquard-Mois, Wilhelm Levison, Virtuelle Ausstellung (wie Anm. 1) Nr. 3; Brief von Paul Kehr an Wilhelm Levison, 19.6.1935 (MGH-Archiv A 91,2); ungedruckter Jahresbericht von Paul Kehr in MGH-Archiv B 536, Bl. 16-24, hier Bl. 18.

74 Fuhrmann, Levison und die MGH (wie Anm. 39) S. 49.

75 Siehe den Beitrag zu Erika Sinauer von Annette Marquard-Mois in vorliegendem Band; Nikola Becker, Jüdische und jüdischstämmige Mitarbeiter bei den Monumenta Germaniae Historica im „Dritten Reich" – Paul Hirsch, Josef Juncker und Erika Sinauer, in: HJb 135 (2015) S. 453–502, hier 494–501; zu Stengel Martina Hartmann / Benedikt Marxreiter, Gute Beziehungen zur NS-Führung? in: Mittelalter lesbar machen. Festschrift 200 Jahre Monumenta Germaniae Historica (2019) S. 220–225.

76 Becker, Jüdische Mitarbeiter (wie Anm. 75) S. 469: „Die Konkurrenz Stengels zu Walter Frank und seinem Institut ist belegt, wobei es ihm vor allem darum ging, die Gleichrangigkeit der Monumenta *[…]* zu wahren." Vgl. auch Arno Mentzel-Reuters, Das Reichsinstitut zwischen Ahnenerbe und Westforschung, in: ders. / Martina Hartmann / Martin Baumeister (Hg.), Das Reichsinstitut für ältere deutsche Geschichtskunde 1935 bis 1945 – ein „Kriegsbeitrag der Geisteswissenschaften"? Beiträge des Symposiums am 28. und 29. November 2019 in Rom (MGH Studien zur Geschichte der Mittelalterforschung 1, 2021) S. 1–53, hier 32–34, wonach Stengel versuchte, „das Reichsinstitut *[…]* zu einer nicht umgehbaren Größe zu machen" (34).

77 Vgl. Mentzel-Reuters, Reichsinstitut (wie Anm. 76) S. 38 über Stengels Drängen nach „schnellen Editionserfolgen".

Noch Anfang 1939 hieß es in einem Gutachten innerhalb des SS-Ahnenerbes, dass Levison „heute noch Spezialaufgaben dort bearbeitet“[78].

In der Tat kam es nach den Novemberpogromen 1938 zu einiger Betriebsamkeit, um sich Levisons Dienste weiterhin zu sichern, denn seit März 1938 war dieser auch in Kruschs Neubearbeitung der Lex Salica eingebunden. Das nunmehr erfolgte Verbot für Juden, öffentliche Bibliotheken zu betreten, hätte Levisons Engagement ein jähes Ende gesetzt. Stengel schrieb daher am 19. November 1938, nur wenige Tage nach den Pogromen, an Walther Holtzmann nach Bonn mit der Aufforderung, Levison „auf indirektem Wege die Möglichkeit der Benutzung“ einzuräumen. Er erklärte unverhohlen, der Abschluss einer bestehenden Arbeit sei „möglich und zulässig“, zudem auch „unumgänglich, da sonst die Gregorausgabe nicht fertig wird.“ Zugleich möge Holtzmann Gerüchten entgegentreten, wonach noch Juden vom Reichsinstitut MGH beschäftigt werden: „Was ich bei meinem Amtsantritt als Erbe der Vergangenheit vorfand, ist abgebaut.“ Rudolf Schieffer kommentierte diese „Doppelbödigkeit“: „Das Reichsinstitut beteuert nach außen und vor allem nach oben hin, keine nichtarischen Mitarbeiter mehr zu haben, um sich intern, soweit möglich und nötig, deren anonyme Hilfe sichern zu können“[79].

Holtzmann bot Levison an, ihm die erforderliche wissenschaftliche Literatur nach Hause zu liefern. Levison betrachtete dies als angebotenen Freundschaftsdienst, der jedoch nur die beteiligten Personen in Gefahr gebracht hätte[80]. Anfang 1939, während die Levisons ihre Flucht nach England vorbereiteten, organisierte Stengel die Drucklegung des Lex Salica-Manuskriptes bei der Druckerei Böhlau in Weimar. Die Druckerei, nicht die MGH, sollten einen Korrektor – nämlich Levison – für die Vorbereitung des Manuskripts bestellen und mit Bogengeldern entlohnen, wobei das Manuskript über einen Strohmann in Bad Godesberg bei Bonn Levison ausgehändigt werden sollte. Es handelte sich um den österreichischen Rechtshistoriker Karl Rauch (1880–1953), der kein Freund des Nationalsozialismus war. Das bearbeitete Manuskript sollte, so Stengel, an seine eigene Privatadresse zurückgehen – offenbar wusste Stengel, dass es bei den MGH Spitzel gab, wie ja aus dem Ahnenerbe-Bericht hervorgeht. Levison meldete allerdings Anfang März an Stengel, dass er die Sendung noch nicht erhalten habe[81]. Stengel behauptete später aus Anlass seiner Entnazifizierung, Levison noch kurz vor dessen Abreise getroffen zu haben, um ihm Arbeitsmaterial zu übergeben. Im englischen Exil brachte Levison die Arbeit an Gregors Historien zum Abschluss; Walther Holtzmann besorgte 1951 den Abschluss der Publikation[82].

78 Mentzel-Reuters, Reichsinstitut (wie Anm. 76) S. 19 mit Anm. 113; Fuhrmann, Gelehrtenleben (wie Anm. 24) S. 162f., Zitat 162.

79 Alle Zitate: Rudolf Schieffer, Levison und die MGH (wie Anm. 31) S. 209.

80 Levison, Familie (wie Anm. 1) S. 65: „Als aber nach den Pogromtagen im November 1938 Juden alle öffentlichen Bibliotheken gesperrt wurden und auch die freundschaftlich angebotene Aushilfe von Kollegen nur deren Gefährdung bedeutet hätte, war die Stunde des Abschieds von der Heimat gekommen.“

81 Becker, Jüdische Mitarbeiter (wie Anm. 75) S. 471f. Anm. 94; vgl. die Schriftstücke in: Marquard-Mois, Wilhelm Levison, Virtuelle Ausstellung (wie Anm. 1) Nr. 5.

82 Rudolf Schieffer, Levison und die MGH (wie Anm. 31) S. 209f. Der Verbleib des Lex Salica-Manuskripts ist unbekannt. Vermutlich war es nicht in einem Zustand, der die Drucklegung empfahl. Das ist nicht ohne Ironie, weil Bruno Krusch in den Jahren 1916 bis 1919 dafür gesorgt hatte, dass die bereits gesetzte Edition von Mario Krammer überprüft, verworfen und eingestampft wurde; vgl. Gerhard

Für Stengel scheint nicht Levisons Schicksal, sondern seine Arbeitskraft im Vordergrund gestanden zu haben. Seine Bemühungen, ihm mittels Bücherlieferungen weiterhin die Tätigkeit für die MGH in Deutschland zu ermöglichen und ihn bis zum Tag der Abreise mit Arbeitsaufträgen zu bedrängen, muten skrupellos an – hätte er Levison nicht zur Ausreise raten und verhelfen sollen, statt dessen Loyalität zu Krusch und Pflichtbewusstsein als MGH-Editor auszunutzen? Wie viele andere jüdische Wissenschaftler kennzeichnete Levison sein „ausgeprägtes wissenschaftliches Ethos“[83]. Vermutlich aber ist es unrealistisch, von einem gleichgeschalteten Reichsinstitut selbstlose oder gar widerständige Handlungsweisen zu erwarten.

Ausgehend von den Ereignissen, vor allem nach 1935, ist man geneigt, das Verhältnis von Wilhelm Levison zu den MGH negativ zu beurteilen – ein Mann, durchdrungen von patriotischem Eifer und tiefer Pflichterfüllung, dessen Fähigkeiten von einer bornierten gelehrten Gesellschaft lange Jahre für wenig Geld und schließlich in rücksichtslosem Selbstnutz ausgebeutet wurden, zuletzt unter bedrückenden und erniedrigenden Umständen[84]. Seine akademische Karriere verdankte Levison vor allem seinem in jungen Jahren erworbenen Wissen und Können – weder an seiner Promotion noch an seiner Habilitation hatten Angehörige der MGH einen Anteil; freilich geht das Thema der Habilitation, wie erwähnt, aus der Editionstätigkeit unmittelbar hervor. Daher sollte man die Karriere Levisons differenzierter beurteilen. Mag die Anstellung bei den MGH ab 1899 auch arbeitsträchtig und glanzlos gewesen sein, so bot sie doch genügend finanzielle Sicherheit, um Levison als Privatdozent und Extraordinarius den Lebensunterhalt zu sichern. Er konnte damit im Laufe der Zeit seine wissenschaftliche Reputation ausbauen und mit seinem hervorragenden Ruf als akademischer Lehrer untermauern. Nicht vergessen sollte man den glücklichen Umstand, dass es die von den MGH geförderte wissenschaftliche Ausrichtung auf englische Bibliotheken und Manuskripte war, die Levison Ehrendoktor und Einladung zur Übersiedlung einbrachten, mithin seine Rettung vor dem Tod im Holocaust. Es ist schwer zu beurteilen, ob es ihm ohne die Einladung einer hoch angesehenen Universität wie Durham gelungen wäre, auf die sicherlich gleichfalls erfolgte Einladung seines Bruders hin Deutschland rechtzeitig zu verlassen. So zynisch es klingen mag angesichts der Art und Weise, in der Levison aus seinem akademischen Beruf, seiner wissenschaftlichen Tätigkeit und seiner Existenz als Rheinländer und Deutscher vertrieben wurde, trug doch seine lebenslange Tätigkeit für die MGH zu seiner Rettung bei. Auch sein Nachruhm beruht wesentlich auf seinen Editionen

Schmitz, „Unvollendet“ – „Eingestampft“ – „Kassiert“. Nie Erschienenes und Mißglücktes, in: Zur Geschichte und Arbeit der Monumenta Germaniae Historica, hg. von Alfred Gawlik (1996) S. 64–73, hier 66–68.

83 Sieg, Jüdische Wissenschaftler (wie Anm. 23) S. 94. Simone Lässig hat in mehreren Studien den jüdischen Aufstieg ins Bürgertum durch Bildung analysiert und erst talmudische Gelehrsamkeit, dann akademische Wissenschaft als „eine Quelle jüdischer Identität und Würde“ identifiziert; vgl. dies., Anerkennungsdiskurse und Integrationsstrategien: Staat und Juden im 19. Jahrhundert, in: Kulturkonflikte – Kulturbegegnungen. Juden, Christen und Muslime in Geschichte und Gegenwart, hg. von Gisbert Gemein (2011) S. 462–482, Zitat 469.

84 Mentzel-Reuters, Reichsinstitut (wie Anm. 76) S. 18 über das „demütigende wissenschaftliche Überleben“ Levisons.

und den Begleitstudien, während viele Darstellungen bald überholt waren. Insoweit ist sein (oft zitierter) Dank an die Adresse der MGH und der Universität Bonn berechtigt[85].

Zweifellos war Wilhelm Levison ein Glücksfall für die MGH – er wirkte unermüdlich in einem Gebiet der Mediävistik jenseits der damals dominierenden ‚Deutschen Kaiserzeit', er war ungeheuer ausdauernd und fleißig – und nicht zuletzt geduldig und duldsam im Umgang mit seinem schwierigen Vorgesetzten und späteren Kollegen Bruno Krusch. Gleichzeitig aber boten die Forschungen an kaum erforschten Texten und unbekannten Handschriften einem scharfsinnigen Mann wie Levison Gelegenheit, Neues und Eigentümliches ans Licht zu heben und zukunftsweisende Fragestellungen zu entwickeln. Yitzhak Hen hat dies auf den Punkt gebracht: „Levison's glory is not that he said the last word on anything, but that he said the first word about so many things"[86].

Die Kriegsjahre haben Levison gewiss zugesetzt, wohl weniger die kurzzeitige Internierung auf der Insel Man 1940[87] als vielmehr die Ungewissheit über das Schicksal der Verwandten und Freunde. Doch die Nachkriegszeit ging wohl über seine Kräfte – eine erste Herzattacke erlitt er im Sommer 1946. Im Teilnachlass, der an der Universität Durham aufbewahrt wird, finden sich Briefe voller furchtbarer Nachrichten von Militärangehörigen auf dem Kontinent und Schilderungen aus Deutschland, deren Dramatik man sich nicht entziehen kann (Wer lebt? Wer starb im Krieg? Wer wurde ermordet?)[88]. Hilfegesuche, vom Persilschein bis zur Bitte um Lebensmittel, trafen bei ihm ein, und er half nach Kräften. Hinzu kam, dass er mit den Ford Lectures 1943 in Oxford, die 1946 im Druck erschienen[89], in England viel Aufmerksamkeit erhielt; zahlreiche Anfragen und Bitten um Mitarbeit und Beiträge folgten. Wilhelm Levison starb am 17. Januar 1947, nur 20 Monate nach dem Ende des Zweiten Weltkriegs, und wurde in Durham auf dem Bow Cemetery nahe der Altstadt bestattet. Anfang 1966 verstarb auch Elsa Levison und wurde neben ihm beigesetzt.

Als das Grab verfiel, rief 2008 David Rollason, Professor für mittelalterliche Geschichte in Durham, mit einem Rundbrief zu Spenden für die Erneuerung der Grabstätte auf. Innerhalb weniger Wochen trafen Beiträge aus Großbritannien, Kontinentaleuropa, Kanada, den USA und Australien ein, so dass ein neuer Grabstein mit Einfassung der Stätte errichtet werden konnte. Damit wurde nicht nur ein großer und bis heute bewunderter Wis-

85 Wilhelm Levison, England and the Continent in the Eighth Century. The Ford Lectures delivered in the University of Oxford in the Hilary Term 1943 (1946) S. VII: "I should be untrue to myself if I did not mention my old alma mater Bonnensis and the Monumenta Germaniae historica. If my present book is of any use at all, it is based on the foundations laid in connexion with the service I was privileged to perform for these two institutions during many years."

86 Yitzhak Hen, Wilhelm Levison's Willibrord and Echternach, in: Becher / ders., Levison (wie Anm. 1) S. 187–198, Zitat 198.

87 Levison, Familie (wie Anm. 1) S. 65; vgl. die kurze Skizze Levisons im Brief an Hübinger (wie Anm. 7) S. 316. ferner Birte Meinschien, Briefe als Rettungsanker. Zur Korrespondenz deutschsprachiger Historikerinnen und Historiker in der britischen Emigration ab 1933, in: Briefkultur(en) in der deutschen Geschichtswissenschaft zwischen dem 19. und 21. Jahrhundert, hg. von Matthias Berg / Helmut Neuhaus (Schriftenreihe der HiKo 106, 2021) S. 245–267, hier S. 254f. und 260f., zur Entfremdung von Deutschland auch S. 265.

88 Vgl. David Rollason, Levison in Exile, in: Becher / Hen, Levison (wie Anm. 1) S. 319–332, hier 38f.

89 Wie Anm. 85.

senschaftler geehrt, sondern auch ein vorbildlicher Mensch, dessen tief humane Gesinnung, Hilfsbereitschaft und Menschenfreundlichkeit unvergessen sind.

Abstract: This paper traces the family history of Wilhelm Levison as laid out by himself in a study covering four centuries. The first academic historian of his kin, Levison started his genealogical investigations in the general atmosphere of optimism during the early years of the German Kaiserreich, but finished them as an exile looking back on destruction and persecution. The manuscript was distributed among the now widely strewn remaining family members and posthumously published with the support of his widow. Levison's account of his forebears and his affectionate and respectful essays on his relatives offer deep insights into his personal experience as member of an "assimilated" German-Jewish family. His unfailing sense of duty and his fervent patriotism made him an indispensable worker for the MGH. However, while Levison was always willing to shoulder an enormous workload and the Monumenta were eager to secure his services, they did little in return for his career and provided no assistance to help him flee from Germany. Rather, it was a combination of lucky circumstances – a brother in England, studies in British libraries with subsequent publications, and bonds with British scholars culminating in the Honorary Fellowship of Durham University – that enabled Levison to emigrate to England barely half a year before the outbreak of World War II.

Felix Liebermann (1851–1925)

von
Hedwig Munscheck-von Pölnitz

Felix Liebermann um 1900

Der Tod von Felix Liebermann[1], der am 7. Oktober 1925 vor seinem Wohnhaus in der Bendlerstraße[2] in Berlin von einem Auto angefahren wurde und noch am selben Tag im Elisabeth-Krankenhaus[3] verstarb, war ein Schock für die Wissenschaft und die jüdische Gemein-

1 Ausgangspunkt der vorliegenden Kurzbiographie waren die knappe, anhand eines Fragebogens erstellte Selbstauskunft [Felix Liebermann], Liebermann, Felix, in: Wer ist's? Zeitgenossenlexikon [zitiert: Liebermann, Wer ist's?], hg. von Herrmann A. L. Degener ([4]1909) S. 833 (mit Ergänzungen erneut abgedruckt in Wer ist's? Unsere Zeitgenossen, hg. von dems. [[8]1922] S. 936), https://archive.org/details/weristsserial41908dege/page/833/mode/1up?view=theater [alle Links in diesem Beitrag wurden am 19.4.2023 abgerufen], die Nachrufe auf Liebermann (siehe Anm. 4) sowie die Darstellung von Marina Sandig, Die Liebermanns. Ein biographisches Zeit- und Kulturbild der preußisch-jüdischen Familie und Verwandtschaft von Max Liebermann (Deutsches Familienarchiv 146, 2005) S. 302–314. Es erwies sich hinsichtlich der teilweise undatierten und widersprüchlichen Angaben zu Ehrendoktorwürden bzw. Akademiemitgliedschaften als Glücksfall, dass Liebermann als Vertreter des liberalen Judentums mehrere Beiträge für die Allgemeine Zeitung des Judentums schrieb. Diese Zeitung und ihre Beilage Der Gemeindebote, die von Liebermanns Freund, dem Literatur- und Kulturhistoriker Ludwig Geiger (1848–1919), herausgegeben wurden, veröffentlichten zahlreiche datierte Meldungen und biographische Artikel zu Lebzeiten Liebermanns, mit denen sich nach weiteren archivalischen Quellen recherchieren ließ. Zur AZJ vgl. Michael Nagel, Allgemeine Zeitung des Judentums, in: Enzyklopädie jüdischer Geschichte und Kultur 1, hg. von Dan Diner (2011) S. 39–42; zu Geiger vgl. [N. N.], Geiger, Ludwig, in: Lexikon deutsch-jüdischer Autoren 8, hg. vom Archiv Bibliographia Judaica (2000) S. 336–361.

de Berlins. Nahezu jeder Nachruf[4] erwähnte den tragischen Unfall und würdigte ergriffen das Lebenswerk des anerkannten Privatgelehrten und engagierten Förderers jüdischer und nicht-jüdischer Einrichtungen[5]. Gerade mit der Schilderung der besonderen Umstände seines Todes wollte man offenbar anders lautende Vermutungen – auch mit Blick auf die drei Jahre zurückliegende Ermordung von Liebermanns Cousin Walther Rathenau (1867–1922) – gar nicht erst aufkommen lassen[6].

Die im Folgenden zitierten Meldungen bzw. Artikel aus AZJ, Gemeindebote, Bericht über die Lehranstalt für die Wissenschaft des Judenthums in Berlin, C-V-Zeitung, Der Morgen, Israelitisches Familienblatt und Jüdisch-liberale Zeitung sind digital verfügbar auf der Plattform Compact Memory der Universitätsbibliothek Frankfurt am Main, https://sammlungen.ub.uni-frankfurt.de/cm/nav/index/title.

2 Liebermann wohnte bereits 1880 in einer Wohnung der Bendlerstraße 10, vgl. Heiratsurkunde von Felix Liebermann und Cäcilie Lachmann vom 20.5.1880 (LAB, P Rep. 804 – Standesamt Berlin III Nr. 280, Registereintrag 208/1880). Nach dem Tod Liebermanns wohnte die Witwe noch bis zur Fertigstellung des benachbarten Erweiterungsbaues des damaligen Reichskriegsministeriums (sog. Bendlerblock) im Jahr 1938 in der Bendlerstraße 10, vgl. Sandig, Liebermanns (wie Anm. 1) S. 314. Das Wohnhaus fiel schließlich der Bombardierung während des Zweiten Weltkrieges zum Opfer. Die Bendlerstraße wurde 1955 umbenannt in Stauffenbergstraße. Für Auskünfte danke ich Christin Sandow (Gedenkstätte Deutscher Widerstand Berlin).

3 Für die Auskunft aus den Beerdigungsunterlagen des Jüdischen Friedhofs Schönhauser Allee danke ich dem Historischen Archiv der Stiftung Neue Synagoge Berlin – Centrum Judaicum.

4 Nachrufe in chronologischer Reihenfolge: A. C., Zum Tode von Felix Liebermann, in: Jüdisch-liberale Zeitung 5 Nr. 42 (16.10.1925) ohne Seitenzählung; Ismar Elbogen, Felix Liebermann. Dem hervorragenden Gelehrten, dem warmherzigen Wohltäter, in: C-V-Zeitung 4 Nr. 42 (16.10.1925) S. 684 (mit einem heute unbekannten Porträtfoto); Paul Jaffé, In memoriam Felix Liebermann (geb. 20. Juli 1851, gest. 7. Oktober 1925), in: Ethische Kultur. Monatsblatt für ethisch-soziale Reformen 33 Nr. 11 (15.11.1925) S. 81–82, digital verfügbar in Scripta Paedagogica der Bibliothek für Bildungsgeschichtliche Forschung des DIPF/Leibniz-Institut für Bildungsforschung und Bildungsinformation, https://scripta.bbf.dipf.de; Paul Abraham, Felix Liebermann, in: Der Morgen 1 Nr. 5 (Dezember 1925) S. 617–618; Edward Schröder, Prof. Felix Liebermann – Berlin †, in: Forschungen und Fortschritte 1 (1925) S. 22; Karl von Amira, Felix Liebermann, in: Jb. der BAdW 1925 (1926) S. 20–23; Alois Brandl, Felix Liebermann (20.7.1851–7.10.1925), in: Archiv für das Studium der Neueren Sprachen und Literaturen 81 Nr. 150 (1926) S. 1–5; Ernst Heymann, Felix Liebermann †, in: ZRG Germ. 46 (1926) S. XXIII–XXXIX; Henry William Carless Davis, Felix Liebermann, in: The English Historical Review 41 Nr. 161 (January 1926) S. 91–97; Thomas Frederick Tout, Felix Liebermann (1851–1925), in: History, N. S. 10 Nr. 40 (January 1926) S. 311–319; Eilert Ekwall, Felix Liebermann, in: Beiblatt zur Anglia. Mitteilungen über englische Sprache und Literatur und über englischen Unterricht 37 Nr. 10 (Oktober 1926) S. 289–295. – Auf die Nachrufe folgten die ersten Lexikoneinträge: Jüdisches Lexikon 3. Ein enzyklopädisches Handbuch des jüdischen Wissens in vier Bänden, begründet von Georg Herlitz / Bruno Kirschner (1929) Sp. 1106, digital verfügbar in der Freimann-Sammlung der Universität Frankfurt a. M.: https://sammlungen.ub.uni-frankfurt.de/freimann; Salomon Wininger, Große Jüdische National-Biographie 4 (1929) S. 106, digital verfügbar ebd. – Der Informationsgehalt der Nachrufe und der Werke wurde zusammengefasst von Harold Dexter Hazeltine, Felix Liebermann 1851–1925, in: Proceedings of the British Academy 24 (1938) S. 319–360 und Raoul C. van Caenegem, Liebermann, Felix, in: NDB 14 (1985) S. 480–481.

5 Siehe dazu im Einzelnen Anm. 62.

6 Zum Unfallhergang berichtete Liebermanns Freund Alois Brandl, Liebermann (wie Anm. 4) S. 5: „Die Augen hat Liebermann allmählich verbraucht bis fast zum Verlust der Sehkraft *[…]* Diesen ungewöhnlich wertvollen Mann hat ein gewöhnliches Auto, besetzt von einem gewöhnlichen Fahrer und einer gewöhnlichen Dame, als er am hellen Mittag vom Arbeitstisch weg etwas hastig auf die Straße trat,

Den hinsichtlich seiner wissenschaftlichen Verdienste kenntnisreichsten Nachruf lieferte der Berliner Rechtsgelehrte und Leiter der Leges-Abteilung der MGH, Ernst Heymann (1870–1946). Als Wissenschaftler sei der Privatgelehrte, so Heymann, „Historiker, Philologe und Rechtsgelehrter" in einer Person gewesen[7]. Was er publizierte, sei „in edelster Form gegeben. Liebermann schrieb Deutsch in einer Sprache, die man nicht zu Unrecht mit der Jakob Grimms verglichen hat; in klarer, anspruchsloser und tiefer Gegenständlichkeit gleiten die Sätze dahin; und derselbe Mann schrieb ein ebenso schönes Englisch. Beide Sprachen waren ihm offenbar historisch und im Leben zu einer Einheit geworden"[8]. Sein Gesamtwerk von über 600 Titeln (Editionen, Aufsätze, Rezensionen und Zeitungsartikel)[9] weist den Gelehrten in der Tat als interdisziplinär arbeitenden Wissenschaftler aus, der sich sowohl der Anglistik, als auch der Geschichtswissenschaft bzw. der Rechtsgeschichte zuordnen lässt[10].

Felix Liebermann wurde am 20. Juli 1851 als viertes Kind des Berliner Textilfabrikanten Louis Liebermann (1819–1894)[11] und seiner Frau Philippine (geb. Haller, 1822–1892) nach Anna (1843–1933), Georg (1844–1926) und Max (1847–1935) im Haus Thiergar-

umgeworfen und so verletzt, daß er noch am selben Abend starb; alles, um ein paar Sekunden Zeit zu gewinnen! Er hatte noch die Kraft, den unglücklichen Fahrer von der Schuld zu entlasten." Hazeltine, Liebermann (wie Anm. 4) S. 353 erwähnte zudem, dass Liebermann im Alter „slightly deaf" gewesen sei. Diese Angaben und die Nachrufe von Elbogen, Jaffé, Heymann (wie Anm. 4) und den MGH (siehe Anm. 63) widersprechen der Vermutung von Sandig, Liebermanns (wie Anm. 1) S. 314: „Sein Vetter Walther Rathenau ist drei Jahre zuvor ermordet worden. *[...]* Und auch bei Felix Liebermann drängen sich Gedanken nach einem Mordattentat auf." – Auch der Bruder Max Liebermann sprach zehn Tage nach dem Unfall in einem privaten Brief an Max J. Friedländer nicht von einem Attentat, äußerte jedoch mit Fassungslosigkeit: „Sie kannten ihn *[Felix]* genug, um meinen Schmerz zu verstehn und der noch vergrößert wird durch die Sinnlosigkeit u*[nd]* Brutalität des Geschehens, ihn, den gütigsten Menschen 5 Schritt von seiner Hausthür am lichten Tag dahinzuraffen. Es ist fürchterlich!" In dem Brief an Ludwig Fulda vom selben Tag, dem 17.10.1925, dankte Liebermann für die Charakterisierung des „uns jäh Entrissene*[n]*" und schrieb „anlässlich des tragischen Todes meines geliebten Bruders": „Und er, der sich im Wohle für Andre nie genug thun konnte, wird von einem brutalen Auto 5 Schritte von seiner Hausthür am hellerlichten Tage dahingerafft!"; beide Briefe ediert in: Max Liebermann. Briefe 1922–1926, hg. von Ernst Braun (Schriftenreihe der Max-Liebermann-Gesellschaft Berlin e.V. 7, 2017) S. 404.

7 Heymann, Liebermann (wie Anm. 4) S. XXVI. Zu Heymann vgl. Martin Otto, Heymann, Ernst (1870–1946), in: HRG 2 (²2012) Sp. 1025–1026 und Harry Bresslau, Geschichte der Monumenta Germaniae historica (1921) S. 729.

8 Heymann, Liebermann (wie Anm. 4) S. XXXVIII.

9 Harald Kleinschmidt, Felix Liebermann 1851–1925. Bibliographie seiner Schriften 1875–1927 (masch., 1983), digital verfügbar über den OPAC der MGH-Bibliothek (www.mgh.de/bibliothek).

10 Vgl. Leonore Goldschmidt, Philologie, in: Juden im deutschen Kulturbereich. Ein Sammelwerk, hg. von Siegmund Kaznelson (³1962) S. 323–348, hier S. 340; Carl Misch, Geschichtswissenschaft, in: ebd. S. 349–382, hier S. 360; Adalbert Erler, Liebermann, Felix, in: HRG 2 (1978) Sp. 2005–2007; Daniela Fruscione, Liebermann, Felix (1851–1925), in: HRG 3 (²2016) Sp. 982–983.

11 Ein eindrückliches Charakterbild von Louis Liebermann lieferte die Rezension der Max-Liebermann-Ausstellung von 1917 von Ludwig Geiger, Max Liebermann als Maler der Seinigen, in: AZJ 81 Nr. 38 (21.9.1917) S. 452–454, hier S. 454. Geiger nahm das in der Ausstellung gezeigte „Bildnis der Eltern des Künstlers" (1891) zum Anlass, erstmals die Familie seines Freundes Felix der Öffentlichkeit vorzustellen, und setzte zugleich dem gemeinsamen Lehrer Georg Waitz ein Denkmal. Zum Gemälde vgl. Matthias Eberle, Max Liebermann 1847–1935. Werkverzeichnis der Gemälde und Ölstudien 1: 1865–1899 (1995) und 2: 1900–1935 (1996), hier: 1 (1995) S. 395–397.

tenstraße 32 geboren[12]. Kindheit, Jugend und seine Berliner Studentenzeit verbrachte er im Stüler-Palais – bekannt als Palais Liebermann – am Pariser Platz 7, in dem die Familie seit 1857 lebte[13]. Gemeinsam mit seinem vier Jahre älteren Bruder Max, jenem später international erfolgreichen impressionistischen Maler, besuchte er das humanistische Friedrich-Werdersche Gymnasium[14]. Er beendete seine Schulzeit mit der Abiturprüfung an Ostern 1869[15] und ging dann entsprechend der Familientradition zunächst für vier Jahre einer „kaufmännischen Tätigkeit" nach[16].

Das anschließende Geschichtsstudium begann Liebermann im Wintersemester 1872/1873 an der Friedrich-Wilhelms-Universität in Berlin und absolvierte hier u. a. die Veranstaltung zur römischen Kaisergeschichte des großen Historikers und MGH-Editors Theodor Mommsen (1817–1903)[17]. Mit Beginn des Sommersemesters übersiedelte er nach Göttingen, schrieb sich im April 1873 an der Georg-August-Universität ein und besuchte vor allem die Veranstaltungen der MGH-Editoren Georg Waitz (1813–1886) und Reinhold Pauli (1823–1882)[18]. Nach etwas mehr als zwei Jahren legte er 1875 seine Dissertationsschrift über eine englische Rechtsquelle des 12. Jahrhunderts, den Dialogus de Scaccario, vor, die den für ihn typisch werdenden, interdisziplinären Ansatz historischer, juristischer und philologischer Erforschung seiner Quellen offenbart[19]. In seiner Danksagung wies Lieber-

12 Erklärung Louis Liebermanns vom 24.11.1870 in der Beglaubigungsakte „betreffend das Geburtsregister der Juden" (LAB, A Pr. Br. Rep. 005 A Nr. 7024 Bl. 104); vgl. dazu die Erklärung Philippine Liebermanns vom 6.12.1870 (ebd.). Für die Recherche danke ich Kerstin Bötticher (LAB). Zur Familie von Louis Liebermann ausführlich Sandig, Liebermanns (wie Anm. 1) S. 139–147 und 179–314.

13 Vgl. Sandig, Liebermanns (wie Anm. 1) S. 183.

14 Vgl. ebd. S. 185. Die besondere Verbundenheit des Künstlers mit seinem jüngeren Bruder, der am gleichen Tag Geburtstag hatte, dokumentiert das inzwischen verschollene Ölporträt des erst 14jährigen Felix von 1865, vgl. Ludwig Geiger, Max Liebermann als Maler der Seinigen (Schluß), in: AZJ 81 Nr. 39 (28.9.1917) S. 462–464, hier S. 463. Zum Gemälde vgl. Eberle, Max Liebermann 1 (wie Anm. 11) S. 29.

15 Vgl. Liste der Absolventen mit dem „Zeugniss der Reife: Zu Ostern 1869" in: Programm, womit zu der öffentlichen Prüfung der Zöglinge des Friedrichs-Werderschen Gymnasiums, welche Dienstag den 5. April 1870, Vormittags von 10, Nachmittags von 2 ½ Uhr an in dem Hörsaale der Anstalt (Kurstrasse No. 52) stattfinden wird, *[...]* ergebenst einladet Dr. Karl Eduard Bonnell (1870) S. 44 Nr. 3, https://www.digitale-sammlungen.de/de/view/bsb10680627?page=,1.

16 Liebermann, Wer ist's? (wie Anm. 1). – Die kaufmännische Tätigkeit bezog sich nach Heymann auf 1 ½ Jahre im Berliner Bankhaus Delbrück & Co und zwei Jahre „in einem Garnexportgeschäft in Manchester", vgl. Heymann, Liebermann (wie Anm. 4) S. XXIV.

17 Abgangszeugnis vom 22.3.1873 (zur Immatrikulation am 18.12.1872; mit Liste der besuchten Veranstaltungen) in der Akte Rektor und Senat 1810–1945, Abgangszeugnisse Nr. 533 (HU UA, RS.01 Nr. 533 Bl. 83 und ohne Seitenzählung). Vgl. Lebenslauf in der Promotionsakte (UniA GOE, Phil. Fak. 161 Bl. 166; abgedruckt in Brandl, Liebermann [wie Anm. 4] S. 1 Anm. 1). Zu Mommsen vgl. J. Michael Rainer, Theodor Mommsen (1817–1903), in: Festschrift 200 Jahre Juristische Fakultät der Humboldt-Universität zu Berlin. Geschichte, Gegenwart und Zukunft, hg. von Stefan Grundmann / Michael Kloepfer / Christoph G. Paulus u. a. (2010) S. 277–304.

18 Matrikel, Immatrikulation am 18.4.1873 (UniA GOE, Matr. 13, Jg. 1873 Bl. 1v–2r Nr. 18). Vgl. Lebenslauf in der Promotionsakte (UniA GOE, Phil. Fak. 161 Bl. 166). Zu den Vorlesungen vom SS 1873 bis SS 1875 vgl. Brandl, Liebermann (wie Anm. 4) S. 1 Anm. 1. Zu Waitz vgl. Bresslau, Geschichte (wie Anm. 7) bes. S. 522–618; zu Pauli vgl. Alfred Stern, Pauli, Reinhold, in: ADB 25 (1887) S. 268–273.

19 Vgl. Gutachten von Reinhold Pauli vom 9.10.1875 in der Promotionsakte (UniA GOE, Phil. Fak. 161

mann darauf hin, dass diese Arbeit – „*[u]*eberall auf den trefflichen Werken von Gneist und Stubbs fussend" – mithilfe „der persönlichen Anregung seiner verehrten Lehrer, der Herren Proff. Waitz und Pauli" entstanden war[20]. Dieser Hinweis ist bedeutsam, denn gerade die Beschäftigung mit den Schriften des Berliner Rechtsgelehrten Rudolf von Gneist (1816–1895) und des britischen Historikers William Stubbs (1825–1901) sowie die Unterstützung durch Waitz und Pauli bewirkten in der Folge eine Fokussierung auf sein Spezialgebiet, die englische Rechtsgeschichte.

Die Prüfung des Doktoranden und Verleihung der philosophischen Doktorwürde erfolgte vermutlich noch im Oktober 1875[21]. Anschließend immatrikulierte sich Liebermann im November erneut an der Berliner Universität, exmatrikulierte sich jedoch sofort nach Abschluss des Wintersemesters im April 1876[22]. Es wurde in der Forschung diesbezüglich die Vorbereitung einer Habilitationsschrift vermutet[23], was sich jedoch mit den genannten Quellen nicht belegen lässt. Vielmehr scheint der Grund für das zusätzliche Berliner Semester der Erwerb vertiefter Kenntnisse auf dem Gebiet des Staatsrechts gewesen zu sein, denn Liebermann hörte an vier Tagen der Woche ausschließlich die beiden einstündigen Vorlesungen Römisches Staatsrecht von Theodor Mommsen und Deutsches Staatsrecht von Rudolf von Gneist[24]. Letzterer galt zu dieser Zeit in Preußen als „Pionier" auf dem Gebiet des modernen englischen Verwaltungs- und Verfassungsrechts[25]; der persönliche Kontakt mit Gneist könnte also zusätzlich für den jungen Historiker eine Erweiterung der Kenntnisse über das aktuelle englische Rechtswesen bedeutet haben.

Die Auseinandersetzung mit mittelalterlichen Quellen englischer Historiographie, die das deutsche Mittelalter berührten, vertiefte Liebermann mit der Erforschung von Annalenwerken des 10. bis 12. Jahrhunderts, für die er 1877 und 1878 nach England reiste[26]. Die gewonnenen Forschungsergebnisse veröffentlichte er im Folgejahr in der umfangreichen Sammlung ungedruckter anglo-normannischer Geschichtsquellen. Wie Harry Bresslau

Bl. 165r) und Brandl, Liebermann (wie Anm. 4) S. 2.

20 Felix Liebermann, Einleitung in den Dialogus de Scaccario. Inaugural-Dissertation zur Erlangung der philosophischen Doctorwürde an der Universität Göttingen (1875) S. 4. Zur Bedeutung des Dialogus vgl. J. Critchley, Dialogus de Scaccario, in: LexMA 3 (1986) Sp. 966–967. Zu Gneist vgl. Christoph Schönberger, Rudolf von Gneist (1816–1895). Die altenglische Verwaltung als Vorbild für den preußischen Rechtsstaat, in: Festschrift Humboldt-Universität (wie Anm. 17) S. 241–260; zu Stubbs vgl. James Campbell, William Stubbs (1825–1901), in: Medieval Scholarship. Biographical Studies on the Formation of a Discipline 1, hg. von Helen Damico / Joseph B. Zavadil (1995) S. 77–87.

21 Vgl. Schreiben von Ernst Berthau vom 17.10.1875 und Iusiurandum vom 23.10.1875 in der Promotionsakte (UniA GOE, Phil. Fak. 161 Bl. 165v und 171r).

22 Abgangszeugnis vom 19.4.1876 (zur Immatrikulation am 6.11.1875; mit Liste der besuchten Veranstaltungen) in der Akte Rektor und Senat 1810–1945, Abgangszeugnisse Nr. 565 (HU UA, RS.01 Nr. 565 Bl. 66). Für die Recherche zum Berliner Studium Liebermanns (1872/73 und 1875/76) danke ich Sabrina Rübisch (HU UA).

23 Sandig, Liebermanns (wie Anm. 1) S. 303.

24 Veranstaltungen verzeichnet im Abgangszeugnis vom 19.4.1876 (wie Anm. 22). Zu den Veranstaltungstagen vgl. Verzeichnis der Vorlesungen, welche auf der Friedrich-Wilhelms-Universität zu Berlin im Winter-Semester vom 16. October 1875 bis zum 1. April 1876 gehalten werden (1875) S. 4 und 15, https://www.digi-hub.de/viewer/image/DE-11-001721151/8/.

25 Schönberger, Gneist (wie Anm. 20) S. 247.

26 Felix Liebermann (Hg.), Ungedruckte anglo-normannische Geschichtsquellen (1879) S. V–VI.

(1848–1926) in seiner Geschichte der MGH berichtet, begann der Privatgelehrte während dieser Jahre in England zugleich auch für die geplante MGH-Edition der englischen Geschichtswerke des 12. und 13. Jahrhunderts zu recherchieren und zwar parallel zu seinem Lehrer Pauli, dem er auch die Ausgabe der ungedruckten anglo-normannischen Geschichtsquellen gewidmet hatte. Die zweibändige Edition in der Scriptores-Reihe war vermutlich von Pauli selbst konzipiert worden und sollte ursprünglich in einer gemeinsamen Arbeit mit William Stubbs umgesetzt werden. Dieser unterstützte die Editionsarbeit laut Bresslau jedoch „nicht durch wirkliche tätige Mitarbeit", sondern „nur durch seinen wertvollen Rat und durch wirksame Empfehlungen", so dass sich Pauli entschied, seinen Schüler hinzuzuziehen[27]. Nach dem plötzlichen Tod Paulis 1882 beauftragte die Zentraldirektion der MGH Liebermann mit der Fertigstellung des Gesamtwerkes. 1884 reiste dieser zu Forschungszwecken abermals nach England und konnte bereits im darauffolgenden Jahr den ersten Editionsband Ex rerum Anglicarum Scriptoribus Saeculi XII. et XIII. vorlegen[28]. Nach drei Jahren konzentrierter Arbeit stellte er 1888 auch den zweiten Band Ex rerum Anglicarum Scriptoribus Saeculi XIII. fertig[29]. Trotz der gemeinsamen Forschungsarbeit mit Pauli war Liebermann, wie Bresslau festhielt, letztlich „der Hauptträger des ganzen Werkes"[30].

Im Anschluss führte der Privatgelehrte die mit der Dissertation begonnene Erforschung englischer Rechtsquellen fort und publizierte 1892 das als Quadripartitus betitelte Rechtsbuch aus dem 12. Jahrhundert[31]. Diese Sammlung englischer Rechtstexte würdigte Heymann in seinem Nachruf als eine „epochemachende Arbeit *[…]* mit dem Abdruck der noch nicht veröffentlichten Teile, worin Liebermann mit erstaunlichem Feingefühl für die Sprache des Schriftwerkes und virtuoser Handschriftenbeherrschung die Einheitlichkeit der

27 Vgl. BRESSLAU, Geschichte (wie Anm. 7) S. 559–560, Zitat S. 559.

28 Georg WAITZ, Praefatio, in: Ex rerum Anglicarum Scriptoribus Saeculi XII. et XIII., hg. von Felix LIEBERMANN / Reinhold PAULI (MGH SS 27, 1885) S. VII–VIII. – Nach BRESSLAU, Geschichte (wie Anm. 7) S. 560 wirkten an diesem Band auch der Romanist Adolf Tobler (1835–1910) und der Philologe Heinrich Zimmer (1851–1910), seinerseits ein „vortreffliche*[r]* Kenner der keltischen Sprachen", unterstützend mit, „der erstere bei zwei altfranzösischen Gedichten, der letztere bei einem kleinen Bruchstück kymrischer Annalen, die ins Lateinische übertragen wurden". Zu Tobler vgl. Franz LEBSANFT, Adolf Tobler (1835–1910). „Der gesamte Reichtum der Menschennatur", in: Portraits de médiévistes suisses (1850–2000). Une profession au fil du temps, hg. von Ursula BÄHLER / Richard TRACHSLER (2009) S. 59–95; zu Zimmer vgl. Wilhelm SCHULZE, Gedächtnisrede auf Heinrich Zimmer, in: Abh. Berlin, Gedächtnisrede 1 (1911) S. 1–19.

29 Wilhelm WATTENBACH, Praefatio, in: Ex rerum Anglicarum Scriptoribus Saeculi XIII., hg. von Felix LIEBERMANN (MGH SS 28, 1888) S. VII–VIII. – BRESSLAU, Geschichte (wie Anm. 7) S. 560–561 erwähnte hier die Mitwirkung von Tobler und dem Berliner Anglisten Julius Zupitza (1844–1895). Zu Zupitza vgl. Manfred SCHELER, Anglistik an der Friedrich-Wilhelms-Universität (1810–1945), in: Berliner Anglistik in Vergangenheit und Gegenwart 1810–1985, hg. von Manfred SCHELER (Wissenschaft und Stadt. Publikationen der Freien Universität Berlin aus Anlaß der 750-Jahr-Feier Berlins 1, 1987) S. 3–49, hier S. 13–19. – Das Register beider Bände erstellte der Mediävist Lothar von Heinemann (1859–1901). Zu Heinemann vgl. Wolfgang WEBER, Biographisches Lexikon zur Geschichtswissenschaft in Deutschland, Österreich und der Schweiz. Die Lehrstuhlinhaber für Geschichte von den Anfängen des Faches bis 1970 (^{2}1987) S. 222–223.

30 BRESSLAU, Geschichte (wie Anm. 7) S. 560.

31 Felix LIEBERMANN (Hg.), Quadripartitus. Ein englisches Rechtsbuch von 1114 (1892). Zur Bedeutung vgl. Alan HARDING, Quadripartitus, in: LexMA 7 (1995) Sp. 349.

bis dahin zersplitterten Stücke dartat und damit dieses erste große *[…]* anglo-normannische Rechtsbuch vollständig rekonstruierte“[32]. Aufgrund der Erforschung des Quadripartitus wurde Liebermann bereits 1891 zum ‚korrespondierenden Ehrenmitglied‘ der Royal Historical Society in London ernannt[33]. Der deutsche Historiker hatte damit die erste Auszeichnung im Ausland erhalten.

Die nächste Auszeichnung folgte 1896, als Liebermann, der weder eine Habilitationsschrift verfasst, noch ein Ordinariat angestrebt hatte, in Anerkennung seiner Editionsarbeiten der Professorentitel verliehen wurde. Das Verfahren der Verleihung ist durch Dokumente in den „Acta betreffend: die zu ertheilenden Professor-Prädikate an Gelehrte“ im Einzelnen nachvollziehbar[34]. Der Anstoß ging von Ernst Dümmler (1830–1902), dem Vorsitzenden der MGH-Zentraldirektion, aus, der noch vor Liebermanns Aufnahme in die Londoner Royal Historical Society im Januar 1891 ein Gesuch an den preußischen Universitätsreferenten Friedrich Althoff (1839–1908) richtete: „Es handelt sich“, so Dümmler, „um einen hiesigen jüdischen Gelehrten, den Dr. phil. Felix Liebermann (Bendlerstr. 10), der sich in hervorragendem Maße um die M.G. verdient gemacht hat. Schüler von Reinh*[old]* Pauli in Göttingen und nach ihm der beste Kenner der englischen Geschichte in Deutschland“. Ein „kleiner Sprachfehler“ und der „Besitz eines bedeutenden Vermögens“ hätten den Historiker bewogen, seinen wissenschaftlichen Weg abseits der Dozentenlaufbahn zu gehen. Sein Verdienst sei, wie Dümmler ausführte, dass er „nun namentlich die von Pauli einst übernommenen sehr ausführlichen Auszüge aus englischen Chroniken der staufischen Zeit, welche den ganzen 27. und 28. Band der Scriptores füllen, vollendet *[hat]*, d. h. er hat auf Grund ungenügender Vorarbeiten diese beiden Bände eigentlich ganz neu gemacht. Augenblicklich arbeitet er nicht für uns, sondern er ist in anderem Auftrage mit einer neuen kritischen Ausgabe der Angelsächsischen Gesetze beschäftigt. Eine große, ebenso vortrefflich wie uneigennützig durchgeführte Arbeit nun, der sich vielfache kleinere Dienste für die M.G. angeschlossen haben, veranlaßt mich zu der Bitte diesem bescheidenen Privatgelehrten – etwas andres beabsichtigt er nicht zu werden – den Professortitel zu verleihen“[35].

Diesem Antrag sind in der Akte vier Gutachten über Felix Liebermann angefügt, die beiden ersten stammen von den Mitgliedern der MGH-Zentraldirektion Heinrich von Sybel (1817–1895) und Wilhelm Wattenbach (1819–1897). Sybel hatte keine Einwände, sofern „es sich nur um den Professor-Titel“ handeln würde, da Liebermann „ein allgemein geachteter, tüchtiger Gelehrter“ sei. Sollte es sich jedoch um „einen ersten Schritt zur Professur an einer

---

32 Heymann, Liebermann (wie Anm. 4) S. XXX–XXXI.

33 Gemeindebote 55 Nr. 26 (26.6.1891) S. 4; die hier erwähnte Vorarbeit, die zur Aufnahme in die Gesellschaft geführt hatte, lautet Felix Liebermann, Über den Quadripartitus, ein Englisches Rechtsbuch von 1114, in: SB Berlin (1891) S. 489–493. Vgl. auch Liebermann, Wer ist's? (wie Anm. 1).

34 Ministerium der geistlichen, Unterrichts- und Medicinal-Angelegenheiten. Unterrichts-Abtheilung. Acta […]. Laudes-Sachen 3 Vol. VIII. (GStA PK, I. HA Rep. 76, Vc Sekt. 1 Tit. II Nr. 3 Bd. 8 ohne Blattzählung); siehe auch die Dokumente in Anm. 40 und 41. Zu Althoff vgl. Franz Schnabel, Althoff, Friedrich, in: NDB 1 (1953) S. 222–224.

35 Schreiben Dümmlers an Friedrich Althoff vom 3.1.1891 (wie Anm. 34). Zu Dümmler vgl. Bresslau, Geschichte (wie Anm. 7) S. 637–643.

Universität" handeln, wäre er anderer Meinung[36]. Bedenken äußerte auch Wattenbach, weil dem Gelehrten, „wie er selbst empfindet, die zum Docieren nöthigen Eigenschaften fehlen" und die Verleihung des Professorentitels „bei aller Hochschätzung Liebermanns" auch eine gewisse „Bevorzugung" gegenüber Hochschuldozenten ausdrücken würde[37]. Der Historiker und Leiter der Universitätsbibliothek Halle, Otto Hartwig (1830–1903), beurteilte die Antragstellung dagegen positiv. Der Privatgelehrte, so Hartwig, „gehört zu der noch immer bei uns kleinen Anzahl von reichen Leuten, welche ihr Geld und ihre Arbeitskraft der ernsten Wissenschaft opfern. Die beiden Bände der Monumenta Germaniae, welche er fast allein ediert hat, haben ihn Geld gekostet, und die Ausgabe der angelsächsischen Gesetze, an welcher er jetzt für die Münchener Akademie arbeitet, bringt ihm auch Nichts ein. Unzweifelhaft ist Dr. Liebermann jetzt der beste Kenner der englischen mittelalterlichen Geschichte, den wir in Deutschland haben"[38]. Der Berliner Polizeipräsident Bernhard Freiherr von Richthofen (1836–1895) legte in seinem Gutachten dessen Vermögens- und Familienverhältnisse offen, bescheinigte eine der Nationalliberalen Partei nahestehende politische Gesinnung und ein in moralischer Hinsicht „tadelloses" Ansehen[39]. Das 1891 begonnene Verfahren zog sich fünf Jahre hin[40], die Titelvergabe wurde erst im Januar 1896 per Erlass ausgesprochen[41]. In seinem Dankschreiben versicherte Liebermann, dass die „jetzige Anerkennung meiner bisherigen Arbeit *[...]* mich zu noch eifrigerer Forschung ansspornen" werde[42]. Unmittelbar darauf, im Juni 1896, wurde der Historiker mit der Verleihung der Ehrendoktorwürde des Doctor of Laws (LLD) durch die University of Cambridge auch in England geehrt[43].

36 Schreiben Sybels an Friedrich Althoff vom 23.3.1891 (wie Anm. 34). Zu Sybel vgl. BRESSLAU, Geschichte (wie Anm. 7) S. 525.

37 Schreiben Wattenbachs an Friedrich Althoff vom 23.3.1891 (wie Anm. 34). Zu Wattenbach vgl. BRESSLAU, Geschichte (wie Anm. 7) S. 263–265 und 523.

38 Schreiben (Abschrift) Hartwigs an Friedrich Althoff vom 26.3.1891 (wie Anm. 34). Zu Hartwig vgl. Rupprecht LEPPLA, Hartwig, Otto, in: NDB 8 (1969) S. 15–16.

39 Schreiben Richthofens an den Staatsminister und Minister der geistlichen, Unterrichts- und Medizinal-Angelegenheiten Graf von Zedlitz-Trützschler vom 12.3.1891 (wie Anm. 34). Zu Richthofen vgl. Bernd-Ulrich HERGEMÖLLER, Richthofen, Bernhard von, in: Mann für Mann 2, hg. von Bernd-Ulrich HERGEMÖLLER (2010) S. 978.

40 Zum Prozess „betreffend die Verleihung des Professortitels an Dr. Felix Liebermann" vgl. Ministerium der geistlichen, Unterrichts- und Medicinal-Angelegenheiten. I. Unterrichts-Abtheilung. Acta betreffend: die zu ertheilenden Professor-Prädikate an Gelehrte. [...] Laudessachen 3. IX. (GStA PK, I. HA, Rep. 76, Vc Sekt. 1 Tit. II Nr. 3 Bd. 9 ohne Blattzählung).

41 Mitteilung an Liebermann auf der Rückseite des Schreibens des Polizeipräsidenten an den Staatsminister und Minister der geistlichen, Unterrichts- und Medizinal-Angelegenheiten Dr. [Robert] Bosse vom 24.1.1896 in: Acta betreffend: die Verleihung von Professor-Prädikaten an Gelehrte. [...] Laudessachen 3. X. (GStA PK, I. HA Rep. 76, Vc Sekt. 1 Tit. II Nr. 3 Bd. 10 Bl. 101a).

42 Schreiben Liebermanns an das Ministerium der geistlichen, Unterrichts- und Medicinalangelegenheiten [Robert Bosse] vom 4.3.1896 (SBB, Handschriftenabteilung, Slg. Darmstaedter 2f 1898: Liebermann, Felix Bl. 3; Abschrift in GStA PK, I. HA Rep. 76, Vc Sekt. 1 Tit. II Nr. 3 Bd. 10, zu Bl. 101a). Für Auskünfte danke ich Felicitas Rink (Handschriftenabteilung, Ref. Nachlässe und Autographen, Graphische Sammlungen, SBB).

43 Das Datum der Verleihung war der 18.6.1896 (Quelle: UA Subscriptiones 13), für diesen Hinweis danke ich den Cambridge University Archives. Vgl. Gemeindebote 60 Nr. 27 (3.7.1896) S. 4; Angabe des Titels „L.L.D., Cambridge" in einer Notiz Liebermanns anlässlich der Aufnahme in die Göttinger Akademie 1909 (SUB Göttingen, Archiv der AdW Göttingen, Pers 20 Nr. 809).

In den Jahren 1903, 1906, 1912 und 1916 veröffentlichte Liebermann sein vierbändiges Lebenswerk: Die Gesetze der Angelsachsen mit Textband, Wörterbuch, Rechts- und Sachglossar sowie einer „Einleitung zu jedem Stück“ [44]. Den Auftrag hierzu hatte er bereits 1883 – unterstützt durch die Bayerische Akademie der Wissenschaften in München[45] – von der Savigny-Stiftung für Rechtsgeschichte erhalten. Die Arbeit konnte er, wie im Vorwort des ersten Bandes dargelegt, jedoch erst nach Fertigstellung der MGH-Edition 1888 in Angriff nehmen[46]. Heymann bewertete das wissenschaftliche Hauptwerk Liebermanns nachträglich als „eine der großartigsten Editionen, welche die Welt besitzt, mit allen Mitteln moderner Editionstechnik gearbeitet, am fremden Stoffe geradezu den Triumph der Monumenta-Schule von Waitz darstellend, ein Stolz deutscher Wissenschaft“[47].

Das Opus wurde im In- und Ausland durch verschiedene Auszeichnungen gewürdigt: Nach dem Erscheinen des zweiten Bandes schlug der Münchner Rechtshistoriker Karl von Amira (1848–1930) der Bayerischen Akademie der Wissenschaften vor, den Herausgeber vor allem aufgrund dieses Werkes „zum korrespondierenden Mitglied der philosophisch-philologischen Klasse“ zu wählen[48]. Diesem Antrag folgend wurde Liebermann im Juli 1908 in die Bayerische Akademie aufgenommen[49]. Ein halbes Jahr später, Anfang 1909, stellten auch der Germanist Edward Schröder (1858–1942), der Anglist Lorenz Morsbach (1850–1945) und der Rechtsgelehrte Ferdinand Frensdorff (1833–1931) mit Erfolg den Antrag, den „alte*[n]* Göttinger“ und „Schüler von G. Waitz und R. Pauli“ aufgrund seiner Editionsarbeiten als korrespondierendes Mitglied in die philologisch-historische Klasse der Göttinger Akademie aufzunehmen[50]. Etwa zur gleichen Zeit erhielt Liebermann von der University of Oxford

44 Felix Liebermann (Hg.), Die Gesetze der Angelsachsen 1: Text und Übersetzung (1903); 2,1: Wörterbuch (1906); 2, 2: Rechts- und Sachglossar (1912); 3: Einleitung zu jedem Stück; Erklärungen zu einzelnen Stellen (1916). Vgl. dazu English Law Before Magna Carta. Felix Liebermann und Die Gesetze der Angelsachsen, hg. von Stefan Jurasinski / Lisi Oliver / Andrew Rabin (Medieval Law and its Practice 8, 2010).

45 Die Historische Kommission bei der Bayerischen Akademie der Wissenschaften 1858–1958, hg. von der HiKo (1958) S. 215 führte Liebermann bereits als „Mitarbeiter“ für das Jahr 1879 an. Er unterstützte dort konkret die Bearbeitung der Deutschen Reichstagsakten mit wissenschaftlichen Hinweisen aus London, vgl. Julius Weizsäcker, Vorwort, in: Deutsche Reichstagsakten unter König Ruprecht, Zweite Abtheilung 1401–1405, hg. von dems. (Deutsche Reichstagsakten 5, 1885) S. I–IV, hier S. I; ders., Vorwort, in: Deutsche Reichstagsakten unter König Ruprecht, Dritte Abteilung 1406–1410 (Deutsche Reichstagsakten 6, 1887) S. I–IV, hier S. I; Deutsche Reichstagsakten digital verfügbar in Czech Medieval Sources online, https://sources.cms.flu.cas.cz. Für diesen Hinweis danke ich Dr. Karl-Ulrich Gelberg (HiKo).

46 Liebermann, Gesetze der Angelsachsen 1 (wie Anm. 44) S. V.

47 Heymann, Liebermann (wie Anm. 4) S. XXXV.

48 Schreiben (Abschrift) Amiras vom 4.7.1908 (Archiv der BAdW, Personalakt Felix Liebermann). Zu Amira vgl. Mathias Schmoeckel, Amira, Karl von (1848–1930), in: HRG 1 (²2008) Sp. 200–202.

49 Für den Hinweis auf das Aufnahmedatum, den 15.7.1908, danke ich Dr. Johann Pörnbacher (Archiv der BAdW). Vgl. Liebermann, Wer ist's? (⁸1922, wie Anm. 1); Ulrich Thürauf, Gesamtverzeichnis der Mitglieder der Bayerischen Akademie der Wissenschaften in den ersten beiden Jahrhunderten ihres Bestehens 1759–1959 (Geist und Gestalt, Ergänzungsband 1, 1963) S. 86.

50 Schreiben Schröders, Morsbachs und Frensdorffs an die Akademie der Wissenschaften zu Göttingen vom 13.1.1909 (SUB Göttingen, Archiv der AdW Göttingen, Pers 20 Nr. 802) und Dankschreiben Liebermanns mit Notiz der persönlichen Daten an die Gesellschaft der Wissenschaften zu Göttingen

die Ehrendoktorwürde des Doctor of Civil Law (DCL)[51] und wurde als korrespondierendes Mitglied in die British Academy in London aufgenommen[52]. Nach Abschluss seines letzten Bandes der Gesetze der Angelsachsen erhielt Liebermann im Juli 1917 durch die Juristische Fakultät der Universität Göttingen die Ehrendoktorwürde „Iuris utriusque doctorem honoris causa"[53].

Die Beendigung der Gesetze der Angelsachsen fiel in die Zeit des Ersten Weltkrieges. Liebermann wurde zu dieser Zeit, genauer gesagt von 1916 bis 1918, als „Exzerptor englischer Zeitungen" im Kriegspresseamt eingesetzt, um englische Pressetexte ins Deutsche zu übersetzen[54]. In diesen Jahren äußerte sich der Privatgelehrte erstmals mit nationaler Gesinnung politisch in seinen Beiträgen „Wie England unser Feind wurde", „Beim Frieden keine Rücksicht auf Opfer und Rache!" oder „Wenn ich Neutraler wäre"[55]. Anlässlich des 70. Geburtstages veröffentlichte die Allgemeine Jüdische Zeitung 1921 eine große Würdigung des Gelehrten, ließ jedoch ihre Leser auch wissen, welche Spuren der Krieg im Leben des

vom 3.2.1909 (ebd. Nr. 809). Vgl. LIEBERMANN, Wer ist's? ([8]1922, wie Anm. 1); Holger KRAHNKE, Die Mitglieder der Akademie der Wissenschaften zu Göttingen 1751–2001 (Abh. Göttingen 3. Folge 246 / Math.-Phys. Klasse 3. Folge 50, 2001) S. 151 (hier versehentlich 1908 als Aufnahmejahr angegeben). Zu Frensdorff, Morsbach und Schröder vgl. ebd. S. 85, 173 und 218. Für Auskünfte danke ich Steffen Hölscher (SUB Göttingen, Abt. Spezialsammlungen und Bestandserhaltung).

51 Gemeindebote 73 Nr. 8 (19.2.1909) S. 3. Die Bekanntgabe der Verleihung erfolgte in Oxford am 2.3.1909 (Quelle: Oxford University Gazette, No. 1263, Vol. 39, S. 460), für diesen Hinweis danke ich den University Archives, Bodleian Library Oxford.

52 Gemeindebote 73 Nr. 29 (16.7.1909) S. 4; in dem Artikel wurde auch die gleichzeitige Aufnahme in die Londoner Royal Society of Literature erwähnt. Vgl. Corresponding Fellows, in: Proceedings of the British Academy 1909–1910, hg. von der British Academy (ohne Jahr, ND 1976) S. X; LIEBERMANN, Wer ist's? ([8]1922, wie Anm. 1).

53 Urkunde vom 26.7.1917 (UniA GOE, Jur. Prom. 812a Bl. 16). Vgl. die Ankündigung der Auszeichnung durch Liebermanns Freund Ludwig GEIGER, Max Liebermann als Maler der Seinigen (Schluß) (wie Anm. 14) S. 463. –Statt der juristischen Ehrendoktorwürde der Universität Göttingen wurde in LIEBERMANN, Wer ist's? ([8]1922, wie Anm. 1) eine undatierte Ehrendoktorwürde der Juristischen Fakultät der Universität München angegeben; vgl. auch HEYMANN, Liebermann (wie Anm. 4) S. XXVI; EKWALL, Liebermann (wie Anm. 4) S. 295; HAZELTINE, Liebermann (wie Anm. 4) S. 356; ERLER, Liebermann (wie Anm. 10) Sp. 2006; VAN CAENEGEM, Liebermann (wie Anm. 4) S. 481. Diese Ehrendoktorwürde lässt sich nicht belegen. Für die tiefgehende Recherche und den Hinweis auf den Eintrag in „Wer ist's?" danke ich Daniel Schneider (UAM). Die in „Wer ist's?" von 1922 veröffentlichte Angabe basiert vermutlich auf einer nicht autorisierten, von anderer Hand niedergeschriebenen irrtümlichen Ergänzung des originalen Fragebogens von 1909. – ELBOGEN, Liebermann (wie Anm. 4) S. 684 erwähnte statt der Göttinger Ehrendoktorwürde eine Ehrendoktorwürde der Universität Edinburgh, die sich ebenfalls nicht bestätigen lässt; für diesen Hinweis sei dem Centre for Research Collections/Main Library der University of Edinburgh gedankt.

54 Vgl. LIEBERMANN, Wer ist's? ([8]1922, wie Anm. 1) und Paul ABRAHAM, Felix Liebermann zum Geburtstag!, in: Jüdisch-liberale Zeitung 5 Nr. 30 (24.7.1925) ohne Seitenzählung.

55 Felix LIEBERMANN, Wie England unser Feind wurde, in: Ethische Kultur. Halbmonatsschrift für ethisch-soziale Reformen 22 Nr. 21 (1.11.1914) S. 161–162; DERS., Beim Frieden keine Rücksicht auf Opfer und Rache! in: ebd. 24 Nr. 19 (1.10.1916) S. 145–147, beide Artikel sind digital verfügbar in Scripta Paedagogica (wie Anm. 4); DERS., Wenn ich Neutraler wäre I., in: AZJ 80 Nr. 28 (14.7.1916) S. 325–327; DERS., Wenn ich Neutraler wäre II., in: AZJ 80 Nr. 29 (21.7.1916) S. 337–339; DERS., Noch einmal der englische Zionismus, in: AZJ 81 Nr. 10 (9.3.1917) S. 116–117. Vgl. dazu Liebermanns Widmung vom 20.7.1916 in LIEBERMANN, Gesetze der Angelsachsen 3 (wie Anm. 44).

Wissenschaftlers hinterlassen hatte: „Sein früher reger Verkehr mit englischen Fachgenossen hat durch den Krieg eingestellt werden müssen und ist erst jetzt wieder langsam in Aufnahme gekommen. Trotzdem sich Professor Liebermann an der übereilten und törichten Kundgebung der gelehrten Kreise zu Anfang des Krieges nicht beteiligt hat – es ist der Maler Liebermann, dessen Name darunter steht –, bemerkt er doch eine gewisse Reserve in den Briefen von einst intimen englischen Freunden. Seine Akademiefreundschaft ist ihm freilich geblieben und Doktor der beiden englischen Universitäten scheint er auch noch zu sein. *[...]* Hoffen wir, daß er den Tag erleben möge, wo die Eintracht unter den Völkern, die er durch sein Forschen befördern half, wiederhergestellt ist und damit ein Lebensziel Liebermanns, die Verbrüderung der wissenschaftlichen Welt, wieder eine Tatsache werde“[56]. Im gleichen Jahr, vier Jahre vor seinem Tod, wurde dem „Historiker, Philologen und Rechtsgelehrten“ (Heymann), der sein ganzes wissenschaftliches Leben der Erforschung und Edition englischer Geschichts- und Rechtsquellen des Mittelalters gewidmet hatte, durch Freunde und Kollegen in Deutschland eine eigene Festschrift zuteil[57].

Am 12. Oktober 1925 wurde Felix Liebermann auf dem Jüdischen Friedhof Schönhauser Allee in Berlin zu Grabe getragen[58]. Seine Frau Cäcilie Liebermann (1860–1943) versandte die Todesanzeige ihres Gatten auch an die MGH[59]. Das Editionsunternehmen verabschiedete sich in der nachfolgenden Ausgabe des Neuen Archivs von seinem einstigen Mitarbeiter mit den Worten: „Mit Felix Liebermann, der vierundsiebenzigjährig am 7. Oktober 1925 dem ‚Tod von Berlin‘, einem hierorts üblichen Automobilunfall erlag, ist ein großer Gelehrter heimgegangen, der, wenn er auch nicht dem engeren Monumentenkreis angehört hat, seiner wissenschaftlichen Art nach ein wahrer ‚Monumentist‘ aus der Schule von Georg Waitz gewesen ist. Die Monumenta verdanken ihm und seinem Lehrer Reinhold Pauli die Ausgabe der Exzerpte aus den englischen Geschichtsquellen von der karolingischen bis zum Ende der salischen Periode in den Scriptores Bd. 13[60], und vor allem die Auszüge aus den Quellen der staufischen Zeit in den beiden Scriptores-Bänden 27 und 28, die mehr sind

56 [N. N.], Felix Liebermann. Zu seinem 70. Geburtstage, in: AZJ 85 Nr. 14 (8.7.1921) S. 161–162 (Artikel mit Abdruck eines unbekannten Fotos). Das Stichwort „Kundgebung des Krieges“ spielt auf den Aufruf „An die Kulturwelt!“ vom 4.10.1914 an, der von Max Liebermann unterzeichnet wurde, vgl. dazu Eberle, Max Liebermann 2 (wie Anm. 11) S. 534.

57 Texte und Forschungen zur englischen Kulturgeschichte. Festgabe für Felix Liebermann zum 20. Juli 1921. Dargebracht von Heinrich Boehmer, Alois Brandl, Bernhard Fehr, Max Förster, Adolph Goldschmidt, Lorenz Morsbach, Felix Salomon, Eduard Sievers, Clemens Freiherrn von Schwerin, Karl Wildhagen (1921).

58 Für die Angabe aus den Beerdigungsunterlagen des Jüdischen Friedhofs Schönhauser Allee danke ich dem Historischen Archiv der Stiftung Neue Synagoge Berlin – Centrum Judaicum. Zur Beisetzung vgl. Israelitisches Familienblatt 27 Nr. 43 (22.10.1925) S. 3. Das Grab befindet sich in unmittelbarer Nähe der Gräber seiner Familie, vgl. Hans-Jürgen Mende, Lexikon Berliner Begräbnisstätten (2018) S. 354 und Regina Scheer, „Wir sind die Liebermanns“. Die Geschichte einer Familie (2006) S. 49–55.

59 Todesanzeige von Felix Liebermann vom 9.10.1925 (MGH-Archiv, A 4). Vgl. Todesanzeige mit Dankschreiben Cäcilie Liebermanns vom 28.10.1925 (SUB Göttingen, Archiv der AdW Göttingen, Pers 67 Nr. 321 und Nr. 322).

60 Ex Annalibus Anglorum antiquis, hg. von Reinhold Pauli, in: MGH SS 13 (1881) S. 92–160, darin enthalten: Ex Henrici Huntingdoniensis Archidiaconi Historia Anglorum, hg. von Felix Liebermann S. 148–154.

als eine bloße Reproduktion nach den älteren englischen Ausgaben: sie beruhen auf selbständiger Quellenforschung und gründlicher Quellenkritik und können als ein Wegweiser durch die englische Historiographie vom 8. bis zum Ende des 13. Jh. gelten." Liebermann verfasste zudem etliche Beiträge für das Neue Archiv[61], „außerdem eine große Zahl von bibliographischen Nachrichten. Denn er hielt bis zuletzt an seinen alten freundschaftlichen Beziehungen zu den Monumenten fest und begleitete unsere Arbeiten mit unveränderter Teilnahme. Wir beklagen den Heimgang eines treuen Freundes, der nicht nur ein Gelehrter von europäischem Ruf war, sondern zugleich ein edler und wohltätiger Mensch[62] von warmem Herzen und wahrhaft vornehmer Gesinnung"[63].

61 Felix Liebermann, Zur Geschichte Friedrichs II. und Richards von Cornwall, in: NA 13 (1888) S. 217–222; ders., Raginald von Canterbury, in: ebd. S. 517–556; ders., Ein Brief Innocenz' II. an Heinrich I. von England, in: NA 14 (1889) S. 616–617; ders., Ueber ostenglische Geschichtsquellen des 12., 13., 14. Jahrhunderts, besonders den falschen Ingulf, in: NA 18 (1893) S. 225–267; ders., Deutsche Nachrichten aus englischen Schatzrollen 1158–1171, in: NA 21 (1896) S. 304–306; ders., Zu Abbo's Bella Parisiaca, in: NA 29 (1904) S. 472; ders., Zur Geschichte der Grossgräfin Mathilde von Tuscien, in: NA 43 (1922) S. 610.

62 In „Wer ist's?" (wie Anm. 1) gab Liebermann unter „Lieblingsbeschäftigungen" die „Fürsorge f*[ür]* Arme" an. Dieser Hinweis bezog sich vor allem auf die Gründung der „F*[elix]* und C*[äcilie]*-Liebermann-Stiftung zur Beihilfe bei der Begründung wirtschaftlicher Selbstständigkeit" im Jahr 1905, vgl. Acta der Stadtverordneten-Versammlung zu Berlin, betreffend: die F. und C. Liebermann-Stiftung zur Beihilfe bei der Begründung wirtschaftlicher Selbständigkeit (LAB, A Rep. 000-02-01 Nr. 2450 Bl. 1–19) und Sandig, Liebermanns (wie Anm. 1) S. 312. – Zudem unterstützte Liebermann durch Mitgliedschaft bzw. Vorstandstätigkeit die Gesellschaft der Freunde, den Hilfsverein für jüdische Studierende, die Lehranstalt (Hochschule) für die Wissenschaft des Judentums, die Zunz-Stiftung und die Baruch-Auerbach'schen Waisen-Erziehungs-Anstalten, vgl. dazu Sebastian Panwitz, Die Gesellschaft der Freunde 1792–1935. Berliner Juden zwischen Aufklärung und Hochfinanz (Haskala, Wissenschaftliche Abhandlungen 34, 2007) S. 306; Salomon Neumann, Der Hilfsverein für jüdische Studierende in Berlin von 1841 bis 1891. Ein Bericht über seine 50jährige Wirksamkeit (1891) S. 8, 33 und 39, https://edoc.hu-berlin.de/handle/18452/730; Bericht des Curatoriums, in: Zwanzigster Bericht über die Lehranstalt für die Wissenschaft des Judenthums in Berlin (1902) S. 5–19, hier S. 8; Ludwig Geiger, Professor Felix Liebermann, in: AZJ 75 Nr. 29 (21.7.1911) S. 341–342, hier S. 342; Alphons J. Sussnizki, Fünfzigjähriges Jubiläum der Zunz-Stiftung, in: AZJ 79 Nr. 18 (30.4.1915) S. 213–215, hier S. 215; [N. N.], Felix Liebermann. Zu seinem 70. Geburtstage (wie Anm. 56) S. 162. – Mittels Mitgliedschaft und großzügiger Spenden förderte er des Weiteren den Verein für die Geschichte Berlins und die öffentliche Lesehalle Berlins, vgl. Alt-Berlin. Mitteilungen des Vereins für die Geschichte Berlins 26 Nr. 5 (1909) S. 117, https://digital.zlb.de/viewer/image/14688141_1909/131/; Frauke Mahrt-Thomsen, Bona Peiser. Die erste deutsche Bibliothekarin, Wegbereiterin der Bücher- und Lesehallen-Bewegung und der Frauenarbeit in Bibliotheken (2013) S. 246.

63 [N. N.], Chronik der Monumente (sic), in: NA 46 (1926) S. 684–685. Dass der Hinweis auf die Herzlichkeit Liebermanns keine leere Phrase war, bezeugen die sechs erhaltenen Dankverse Liebermanns, die dieser 1921–1922 anlässlich der Einladungen von Emilie Mosse (1851–1924), der Witwe des Verlegers Rudolf Mosse (1843–1920), verfasste (LAB, E Rep. 061-16 Nr. 1721–1726). Zu Emilie Mosse vgl. Elisabeth Kraus, Die Familie Mosse. Deutsch-jüdisches Bürgertum im 19. und 20. Jahrhundert (1999) S. 307–312.

Abstract: Born in Berlin to the Jewish cloth manufacturer Louis Liebermann and his wife Philippine, Felix Liebermann initially pursued a mercantile vocation before turning to the study of history in 1872. In Berlin and Göttingen he attended lectures by Theodor Mommsen, Georg Waitz and Reinhold Pauli, and wrote his Ph.D. on the subject of the English legal text Dialogus de Scaccario, combining historical, juristic, and philological approaches. Medieval English legal and narrative sources related to German history were to be his future focus of study as a private scholar, beginning with a collection of unprinted Anglo-Norman sources published in 1879. Thereafter, he was engaged by Pauli to work on the MGH edition of English narrative sources of the 12th and 13th centuries, which he brought to completion in 1888. Liebermann's 1892 edition of the legal text Quadripartitus was hailed as a ground-breaking achievement and prompted his appointment as an honorary member of the London Royal Historical Society, an honorary doctorate of the University of Cambridge, and a sinecure professorship in Berlin awarded in 1896. His major opus, the Gesetze der Angelsachsen, an edition of Anglo-Saxon law published in four volumes 1903–1916, earned him further international acclaim and academic honours including honorary doctorates of the Universities of Oxford and Göttingen and memberships in the academies of Munich, Göttingen, and the British Academy.

Samuel Löwenfeld (1854–1891)

von
Jasmin Dorfer

Samuel Löwenfeld

„Ich sehnte mich ordentlich nach einer äusseren Anerkennung, nachdem ich ein Werk vollendet, an welches ich sieben der besten Jahre, über die der Mensch verfügen kann, gesetzt hatte. Der Seufzer, den ich in der Einleitung zum zweiten Bande leider lateinisch ausstoßen musste, kam mir wirklich vom Herzen"[1]. Diese Zeilen aus einem Brief von 1888 stammen von einem bitter enttäuschten Samuel Löwenfeld und sind gerichtet an Ludwig Weiland (1841–1895), der seit 1875 wissenschaftlicher Mitarbeiter der MGH und seit 1881 ordentlicher Professor der Universität Göttingen war. Löwenfeld klagte darüber, dass er weder einen Preis für seine Neubearbeitung der Regesta Pontificum Romanorum noch eine der Arbeit angemessene Bezahlung bekommen hatte, vor allem, nachdem er die Arbeit des 1887 verstorbenen Mitbearbeiters Paul Ewald (1851–1887) noch mit übernommen hatte[2].

1 Samuel Löwenfeld an Ludwig Weiland am 16.5.1888 (MGH-Archiv, B 448); vgl. auch die Einleitung Löwenfelds zur Neubearbeitung der Regesta Pontificum Romanorum ab condita ecclesia ad annum post Christum natum 1198 2: Ab a. MCXLIII ad a. MCXCVIII, hg. von Philipp Jaffé / Samuel Löwenfeld / Paul Ewald / Ferdinand Kaltenbrunner (1888) S. V: *Non absque magno dolore alterum hunc Regestorum tomum in lucem proferimus, cum Paulum Ewald, qui haud exiguam operis partem perfecit, quominus de communi labore perfecto absolutoque laetaretur, acerbum et iniquum fatum prohibuerit.*

2 Löwenfeld an Weiland, 16.5.1888: „Zu diesen Unannehmlichkeiten gehörte vor allem, dass das ma-

Samuel Löwenfeld wurde am 11. Februar 1854 in der damals preußischen Stadt Posen (Poznań) geboren und hatte einen Zwillingsbruder mit Namen Raphael. Löwenfeld stammte aus einer orthodoxen jüdischen Familie. Zu seiner persönlichen Einstellung zum Judentum hat er sich nie mitgeteilt; nach Aussage seines Neffen Henry, dem Sohn seines Zwillingsbruders Raphael, stand er der jüdischen Orthodoxie ablehnend gegenüber[3]. In seinen Schriften äußerte er sich jedoch zur Zeit des Berliner Antisemitismusstreites in einer Gegendarstellung zu einem antisemitischen, statistischen Beitrag, den er wiederlegte. Dieser Aufsatz Löwenfelds von 1881 trägt den Titel „Die Wahrheit über der Juden Antheil am Verbrechen“[4].

Sein Vater Viktor Löwenfeld war in jungen Jahren nach Posen gekommen, um dort bei dem berühmten Rabbi Akiba Eger (1761–1837) seine Ausbildung zu erhalten. Den Beruf eines Rabbiners übte er jedoch nie aus, sondern gründete ein Pensionat für Jungen vom Land, die in der Stadt weiterführende Schulen besuchen wollten. Seine Mutter Henriette Löwenfeld, geborene Zadek, verstarb schon in jungen Jahren und hinterließ neben den Zwillingsbrüdern Samuel und Raphael drei ältere Töchter mit Namen Ulrike, Milka und Ida[5].

Nachdem Löwenfeld in seiner Heimatstadt das deutschsprachige Friedrich-Wilhelms-Gymnasium besuchte hatte, begann er 1873 ein Jurastudium in Berlin, das er jedoch aufgab, um Geschichte zu studieren. Bis auf ein Semester in Straßburg verbrachte er seine ganze Studienzeit in Berlin, wo er unter anderem Harry Bresslau (1848–1926), Johann Gustav Droysen (1808–1884) und auch Theodor Mommsen (1817–1903) hörte und 1877 mit einer Arbeit über Leo von Vercelli, den einflussreichen Berater Kaiser Ottos III. (983–1002), promoviert wurde[6]. 1887 habilitierte er sich in Berlin. Löwenfeld, den seine Nichte Rahel Straus in ihren Erinnerungen als besonders schön und liebenswürdig charakterisierte, heiratete, nachdem seine erste Ehe, die er am 18. September 1889 mit Henriette Meyer schloss, gescheitert war, am 23. September 1891 in Berlin seine Nichte Jetta Friedländer[7]. Aus

---

terielle Aequivalent der Arbeit fehlte; das Honorar stand in umgekehrten Verhältnis zum Aufwand an Zeit und Kraft. *[...]* Aber als Ewald starb und ich ohne langes Besinnen auch noch sein Supplement übernahm *[...]* da habe ich während der ganzen Zeit nicht einen rothen Heller dafür bezogen“; nach Erscheinen des Werkes erhielt Löwenfeld eine kleine finanzielle Aufwandsentschädigung von 300 Mark für die von Paul Ewald übernommene Arbeit (zu Paul Ewald siehe den Beitrag von Anna Claudia Nierhoff in vorliegendem Band); weitere Quittungen (nicht vollständig, nur von Febr. 1880–Nov. 1881) über den Lohn, der Löwenfeld für seine Arbeit an den Regesta gewährt wurde, befinden sich in MGH-Archiv, B 647.

3 Henry Löwenfeld, Raphael Löwenfeld. Polonist, Pamphletist, Pionier, in: Bulletin des Leo Baeck Instituts 19 (1980) S. 85–100 hier S. 85–86; vgl. auch Dorothea Kies, Die Juden und die MGH. Jüdische und jüdischstämmige Monumenta-Mitarbeiter im Spiegel ihrer Zeit (Magisterarbeit unveröffentlicht, 2012) S. 70f.

4 Samuel Löwenfeld, Die Wahrheit über der Juden Antheil am Verbrechen. Auf Grund amtlicher Statistik (1881); zum Berliner Antisemitismusstreit vgl. Stefan Rebenich, Theodor Mommsen und Adolf Harnack. Wissenschaft und Politik im Berlin des ausgehenden 19. Jahrhunderts (1997) S. 346–364.

5 Rahel Straus, Wir lebten in Deutschland. Erinnerungen einer deutschen Jüdin 1880–1933, hg. von Max Kreutzberger (1961) S. 14–19 (Rahel Straus war die Tochter von Samuel Löwenfelds Schwester Ida).

6 Samuel Löwenfeld, Leo von Vercelli (Diss., 1877) S. 74, hier finden sich am Ende der Arbeit einige biographische Notizen. – Zu Harry Bresslau siehe die Beiträge in vorliegendem Band.

7 Straus, Erinnerungen (wie Anm. 5); besonders möchte ich Herrn Tom Joski danken, der verschiedene

seiner ersten Ehe ging 1890 der Sohn Viktor Löwenfeld hervor, der später nach Brasilien auswanderte.

Über Samuel Löwenfelds wissenschaftliche Tätigkeiten ist bekannt, dass er von 1881 bis 1888 entscheidend an der Neubearbeitung der Regesta Pontificum Romanorum mitarbeitete und um 1880 als freier Mitarbeiter für die Monumenta Germaniae Historica tätig wurde. In dieser Funktion unternahm Samuel Löwenfeld unter anderem 1881 bis 1882 eine längere Reise nach Frankreich, um dort vor allem Handschriften zu studieren und zu kopieren sowie Aufträge für andere Mitarbeiter der MGH auszuführen[8]. Sehr beeindruckt schien Löwenfeld in Frankreich von dem Verfahren gewesen zu sein, Fotografien von Handschriften auf heliographischem Wege herstellen zu lassen; eine Verfahrensweise, die der französische Fotograf Paul Sauvanaud (1847–1934) anwendete. Löwenfeld setzte sich daher mit Georg Waitz in Verbindung, um diesen von der neuen Vorgehensweise zu überzeugen: „Vorgestern habe ich mit Herrn Sauvanaud, der jetzt alleiniger Inhaber der Photographie de St. Thomas d'Aquin ist, Rücksprache genommen und ihm Ihre Wünsche mitgetheilt. Er bat mich, Sie anzufragen, ob es Ihnen nicht lieber wäre, die Photographien auf heliographischem Wege herstellen zu lassen, – ein Verfahren, das man wegen vielfacher Vortheile allgemein dem bisherigen vorzieht. Der frühere Preis von 15 Fr. pro Cliché werde nur um 21/2-3 Fr. erhöht, weil statt einer gewöhnlichen Platte ein Spiegel genommen werden müsse"[9].

Auch für seine spätere Edition der Gesta abbatum Fontanellensium, die ihm 1884 übertragen werden sollte, nachdem er Waitz in einem Brief darum gebeten hatte, sichtete Löwenfeld 1882 in Le Havre eine von Ludwig Bethmann (1812–1867) entdeckte Handschrift[10]. Dies blieb die einzige Edition, die Samuel Löwenfeld für die MGH anfertigte. Harry Bresslau bezeichnet die Edition Löwenfelds, dem er nur einen halben Satz in seiner Geschichte der Monumenta Germanicae Historica widmete, als „eine nicht sehr gelungene Arbeit" und verwies auf den Aufsatz Oswald Holder-Eggers im Neuen Archiv aus dem Jahr 1891[11], in dem dieser Fehler und Verbesserungsvorschläge für die Löwenfeldsche Edition der Gesta abbatum Fontanellensium aufführte. Samuel Löwenfeld veröffentlichte neben seinen

---

Dokumente zu Samuel Löwenfeld zur Verfügung gestellt hat; Henriette Meyer (*1.6.1865 in Berlin); Henriette Friedländer (*31.8.1866 in Posen); Viktor Löwenfeld (*6.9.1890 in Berlin).

8 Vgl. Samuel Löwenfeld an Georg Waitz, 13.11.1882 (MGH-Archiv, B 203), in dem Löwenfeld berichtet, dass er seine schon gefassten Reiseplanungen ändern müsste, da Dr. Krusch ihm aufgetragen habe, 27 Gregorhandschriften in Paris zu untersuchen; zu weiteren Arbeiten, die Löwenfeld in Paris, Rennes und Le Havre ausführte vgl. alle Briefe in MGH-Archiv, B 203.

9 Samuel Löwenfeld an Georg Waitz, 18.9.1882 (MGH-Archiv, B 203); in einer Kurznotiz an Waitz (ohne Datumsangabe) äußert Löwenfeld seinen Wunsch, bei einem solchen Verfahren dabei sein zu wollen: „Wenn Sie wünschen, bin ich gern dazu bereit, um so mehr, als ich bei der Gelegenheit das Verfahren einer phot. Aufnahme kennen lernen möchte."

10 Gesta abbatum Fontanellensium, hg. von Samuel Löwenfeld (MGH SS rer. Germ. [28], 1886); Samuel Löwenfeld an Georg Waitz, 25.3.1884 (MGH-Archiv, B 203), vgl. dazu Samuel Löwenfeld an Georg Waitz, 7.11.1882 (MGH-Archiv, B 203).

11 Harry Bresslau, Geschichte der Monumenta Germaniae historica, in: NA 42 (1921) S. 573; Oswald Holder-Egger, Zu den Gesta abbatum Fontanellensium, in: NA 16 (1891) S. 602–606; vgl. hierzu auch Samuel Löwenfeld an Georg Waitz, 9.2.1886 (MGH-Archiv, B 203), in dem Löwenfeld schreibt, dass ihm manche Änderungsvorschläge Holder-Eggers überflüssig erschienen.

größeren Arbeiten 26 Aufsätze in verschiedenen Zeitschriften, die zum großen Teil von seiner intensiven Beschäftigung mit der Papstgeschichte zeugen[12].

Nicht nur für seine Edition, sondern auch für den Beitrag ‚Die Universität Bologna und Raymund von Pennaforte', der 1886 im Neuen Archiv erschien, erntete Löwenfeld Kritik. So äußerte sich der Kirchenhistoriker Friedrich Heinrich Denifle (1844–1905) 1886 im Historischen Jahrbuch negativ über Löwenfelds Ergebnisse[13]. In seiner Replik gab Löwenfeld Denifle in der Sache Recht, beschwerte sich aber über „den heftigen Ton" Denifles[14], obwohl er selbst ebenfalls nicht davor zurückschreckte, einen scharfen Ton anzuschlagen. Dem Herausgeber der Acta Pontificum Romanorum inedita, Julius Pflugk-Harttung (1848–1919), warf er nämlich vor, eine „nur sehr ungenügende Kenntniß der Literatur seiner eigenen Disciplin" zu besitzen und unterstellte ihm, die Regesten Philipp Jaffés (1819–1870) absichtlich nicht zitiert zu haben, um vorzutäuschen, dass die jeweilige Bulle unediert sei[15]. In einem späteren Brief an Paul Ewald berichtete Löwenfeld jedoch von Gewissensbissen, die er nach dieser Rezension empfunden habe und dass er es unbedingt ausschließe, jemals wieder ein Werk Pflugk-Harttungs zu besprechen. Er bereue es zwar nicht, die Acta Pontificum Romanorum inedita Harttungs kritisiert zu haben, aber wohl, auf welche Art und Weise er es getan habe[16]. Wenn man die Rezension Ferdinand Kaltenbrunners über diese Arbeit Pflugk-Harttungs betrachtet, scheinen die Vorwürfe Löwenfelds nicht aus der Luft gegriffen zu sein, obwohl Kaltenbrunner im Gegensatz zu diesem einen versöhnlicheren Ton anschlug und Pflugk-Harttung höchstens eine gewisse Flüchtigkeit vorwarf[17].

Löwenfelds Name steht vor allem für die Neubearbeitung der Regesta Pontificum Romanorum Philipp Jaffés. Dieses Werk verschaffte ihm sogar die Ehre, von Papst Leo XIII. 1891 in einer Audienz in Rom empfangen zu werden, um ihm ein Exemplar der Regesten zu überreichen. Den damals üblichen Fußkuss verweigerte Löwenfeld vermutlich aufgrund seiner jüdischen Religionszugehörigkeit[18]. Über die eingangs erwähnte, ihm verwehrte Anerkennung hätte Löwenfeld aber, wie er selbst schrieb, hinweggesehen, wenn er auf andere Weise gewürdigt worden wäre, nämlich in Gestalt einer außerordentlichen Professur. In einem Brief an Ludwig Weiland erwähnte Löwenfeld den Vorschlag Wilhelm Wattenbachs

12 Vgl. Opac der Regesta Imperii, hier finden sich alle Aufsätze Löwenfelds aufgelistet; http://opac.regesta-imperii.de [Link abgerufen am 10.5.23].

13 Friedrich Heinrich Denifle, Ein Brief Clemens IV., in: HJb 7 (1886) S. 442f.; Beitrag Löwenfelds, auf den sich die Kritik Denifles bezieht: Samuel Löwenfeld, Kleinere Beiträge, in: NA 11 (1886) S. 595–616, hier S. 605f.

14 Samuel Löwenfeld, Eine Berichtigung, in: NA 12 (1886) S. 419f.: „Aber wozu der heftige Ton, der weder der Bedeutung des Versehens entspricht noch der wissenschaftlichen Discussion förderlich ist?"

15 Samuel Löwenfeld, Rezension zu Julius von Pflugk-Harttung, Acta Pontificum Romanorum inedita I (1880), in: HJb 2 (1881) S. 107–119. – Zu Philipp Jaffé siehe den Beitrag von Daniel R. Schwartz in vorliegendem Band.

16 Samuel Löwenfeld an Paul Ewald, 25.2.1883 (BSB, Nl Paul Ewald Konvolut I: Briefe an Ewald).

17 Ferdinand Kaltenbrunner, Rezension zu Julius von Pflugk-Harttung, Acta Pontificum Romanorum inedita I (1880), in: MIÖG 1 (1880) S. 455–460.

18 Kies, Juden (wie Anm. 3) S. 71 Anm. 391; vgl. zur Audienz Löwenfelds in Rom den Brief Löwenfelds vom 13.2.1891 (SBB); Straus, Erinnerungen (wie Anm. 5) S. 60 und [N. N.], Löwenfeld, Samuel, in: Lexikon deutsch-jüdischer Autoren 16, hg. von Renate Heuer (2009) S. 119–121, hier S. 119.

(1819–1897), ihm an der Berliner Universität eine außerordentliche Professur zu verleihen[19]; dazu kam es jedoch nicht, obwohl sich die historische Fakultät dafür aussprach. In dem Brief an Weiland machte Löwenfeld dafür vor allem Friedrich Althoff (1839–1908) verantwortlich, der vortäuschen würde, dass dafür kein Geld vorhanden sei: „Aber der Minister will noch nicht recht ran; oder vielmehr Althoff. Es sei augenblicklich kein Geld da, u. wie die Ausflüchte sonst noch lauten; aber für mich selbst ist es wieder einmal eine bittere Enttäuschung“[20]. Friedrich Althoff, der ab 1882 zunächst die Stelle des Universitätsreferenten im Berliner Ministerium der geistlichen, Unterrichts- und Medizinalangelegenheiten innehatte, stand seit der Zeit in regem brieflichem Austausch mit Theodor Mommsen[21]. So machte Mommsen im Falle der 1891 geplanten Habilitation Pflugk-Harttungs in Berlin seinen Einfluss bei Althoff geltend, um sie zu verhindern[22]. Theodor Mommsen wäre vermutlich in der Lage gewesen, Löwenfeld die außerordentliche Professur zu verschaffen, wenn er gewollt hätte, aber er tat es nicht[23].

Ein trauriges Kuriosum zum Lebensende von Samuel Löwenfeld berichtet seine Nichte Rahel Straus: Am 23. Dezember 1891 war der berühmte amerikanische Schriftsteller Mark Twain (1835–1910) bei Löwenfeld in Berlin zum Kaffee eingeladen, als dieser völlig unerwartet im Alter von nur 37 Jahren verstarb[24].

Auch wenn ihm die große Karriere in der damaligen Wissenschaftswelt versagt blieb, ist sein Name bis heute verbunden mit der Neubearbeitung von Philipp Jaffés Regesta Pon-

---

19 Samuel Löwenfeld an Ludwig Weiland, 16.5.1888 (MGH-Archiv, B 448).

20 Ebd.

21 Theodor Mommsen und Friedrich Althoff. Briefwechsel 1882–1902, hg. von Stefan Rebenich / Gisa Franke (Deutsche Geschichtsquellen des 19. und 20. Jahrhunderts 67, 2012) S. 2–16.

22 Als Hauptgrund warf er ihm vor, dass er „des Lateinischen nicht mächtig“ und seine Leistungen „dilettantisch“ seien vgl. Rebenich / Franke, Briefwechsel (wie Anm. 21) S. 34f.; Der Brief Theodor Mommsen an Pflugk-Harttung vom 31.7.1891 ist zitiert nach ebd. S. 467 Anm. 1439; zum Rücktritt Pflugk-Harttungs von seiner Basler Professur 1889 vgl. ebd. S. 467 Anm. 1438; zum Einfluss Mommsen auf die universitäre Stellenbesetzung vgl. auch ebd. S. 337 Brief 220 vom 11.7.1889, in diesem Schreiben bittet Althoff Mommsen darum, ihm seine Meinung zu den geeigneten Kandidaten für eine Stellenbesetzung in Breslau mitzuteilen.

23 Bekannt ist auch ein Fall, bei dem der Einfluss Mommsens nicht zu einem gewünschten Ausgang führte, vgl. den Fall des jüdischen Germanisten Otto Pniower (1859–1932), dem trotz der Unterstützung Mommsens eine feste Anstellung an der Berliner Akademie verwehrt blieb vgl. Rebenich / Franke, Briefwechsel (wie Anm. 21) S. 263 Anm 705.

24 Über dieses Ereignis schreibt die Nichte Löwenfelds in ihren Erinnerungen, Straus, Erinnerungen (wie Anm. 5) S. 59: „Onkel Samuel bekam einen Oberlippenfurunkel, dessen Ernsthaftigkeit der Arzt wohl nicht erkannt hatte, und starb innerhalb weniger Stunden. Mark Twain war gerade zum Nachmittagskaffee als Gast bei ihm.“ Leider konnte ich keinen weiteren Anhaltspunkt dafür finden, dass Mark Twain bei Samuel Löwenfeld zum Kaffee war. Es ist jedoch anzunehmen. Mark Twain hielt sich erwiesenermaßen im Winter 1891/1892 mit seiner ganzen Familie in Berlin auf und traf sich dort mit unterschiedlichen Persönlichkeiten seiner Zeit. So schildert Twain zum Beispiel eine Begegnung mit Theodor Mommsen, die ihn nachhaltig beeindruckte; vgl. Andreas Austilat, Mark Twain in Berlin. Bummel durch das europäische Chicago (2014) S. 41f.; Mark Twain beschrieb Theodor Mommsen in seinem posthum herausgegebenen Tagebuch Mark Twain's Notebook, hg. von Albert Bigelow Paine (1935) S. 222: „Been taken for Mommsen twice. We have the same hair, but upon examination it was found that our brains were different.” Zum Tod Samuel Löwenfelds vgl. den Nachruf im HJb 13 (1892) S. 422; Das Todesdatum ist der Sterbeurkunde Löwenfelds entnommen.

tificum Romanorum, durch die diese beiden Gelehrten in der jedem Mediävisten geläufigen Abkürzung ‚JL' miteinander verflochten sind.

Abstract: Samuel Löwenfeld was born in 1854 in Posen (Poznań). The son of orthodox Jewish parents, he apparently rejected Jewish Orthodoxy, but nevertheless defended the Jewish people in the Berlin anti-Semitism debate. Löwenfeld began studying law in Berlin in 1873, then opted to study history in Berlin, attending courses from Harry Bresslau, J.G. Droysen and Theodor Mommsen. In 1877, he attained his Ph.D. with a thesis on Bishop Leo of Vercelli 1877 and went on to complete his habilitation there in 1887. From 1880, he worked on a freelance basis for the MGH, studying manuscripts in France in commission and completing an edition of the Gesta Abbatum Fontanellensium that was published in the MGH Scriptores series in 1886. The edition was, however, received with negative criticism, as was his study on the University of Bologna and Raymund of Pennaforte printed in the MGH journal Neues Archiv in that same year. This may have contributed to his failure to gain an extraordinarius professorship at the University of Berlin. Löwenfeld's main achievement was his new edition of Philipp Jaffé's Regesta Pontificum Romanorum, completing also the work of his co-editor, Paul Ewald, who died in 1887, for which he was honoured with a papal audience, but otherwise poorly recompensed and insufficiently recognised. He died unexpectedly in 1891 at the age of 37.

Ernst Perels (1882–1945)

von
MARTINA HARTMANN

Ernst Perels um 1900

1. Herkunft, Heirat und Familie

Ernst Joachim Friedrich Hans Perels wurde am 2. August 1882 als Sohn von Paul Ferdinand Perels (1836–1903) und dessen Frau Anna, geb. Volkmar (1849–1924), geboren[1], als jüngstes

1 Zu Ernst Perels ist vor allem die materialreiche Biographie von Ines OBERLING, Ernst Perels (1882–1945). Lehrer und Forscher an der Berliner Universität (2005) heranzuziehen. Die Autorin konnte sich dabei auch auf Gespräche mit dem ältesten Sohn Otto Perels stützen; vgl. auch DIES., Ernst Perels (1882–1945). „Monumentist" und Lehrer der Historischen Hilfswissenschaften in Berlin, in: Herold-Jb. N. F. 6 (2001) S. 173–188 und DIES., Ernst Perels, in: NDB 20 (2001) S. 18f. Ähnlich materialreich ist die Arbeit von Matthias SCHREIBER, Friedrich Justus Perels. Ein Weg vom Rechtskampf der Bekennenden Kirche in den politischen Wiederstand (1989); auch er konnte sich auf Gespräche mit Otto Perels und mit Helga Perels, der Witwe von Friedrich Justus Perels, dem zweitgeborenen Sohn von Ernst Perels, stützen. Vgl. außerdem Annette MARQUARD-MOIS, Zum Rücktritt genötigt. Ernst Perels, in: Zwischen Vaterlandsliebe und Ausgrenzung – jüdische Mitarbeiter und Mitarbeiterinnen der MGH (Virtuelle Ausstellung 2021; https://visit.mgh.de/de/jued-ma/ernst-perels) [alle Links in diesem Beitrag wurden am 24.4.2023 abgerufen]; einige Dokumente zu Perels aus dem MGH-Archiv sind dort als Digitalisat mit Transkription veröffentlicht. Der Nachlass von Ernst Perels befindet sich in der Staatsbibliothek zu Berlin, Handschriftenabteilung Nachlass 442 (Otto Perels) und ist weder zugänglich, noch durch ein Findbuch erschlossen.

der vier Geschwister Friederike (1872–1928), Leopold (1875–1954) und Kurt (1878–1933)[2]. Beide Eltern waren jüdischer Herkunft, doch waren Ernst Perels' Großeltern mütterlicherseits bereits vor ihrer Hochzeit zum evangelischen Glauben übergetreten; am Tag seines Abiturs hatte Ferdinand Perels sich evangelisch taufen lassen und zusätzlich den Vornamen ‚Paul' angenommen. Er studierte zunächst Physik und dann Jura; schließlich wurde er im Reichsmarineamt Chef des Civildepartements und erhielt den Titel ‚Wirklicher Geheimer Rat'. Anna, die Mutter von Ernst Perels und 13 Jahre jünger als ihr Mann, stammte aus einer Juristenfamilie. Die Familien beider Elternteile von Ernst Perels gehörten zum Berliner Bildungsbürgertum der Kaiserzeit[3].

Im Jahr 1903 lernte Ernst Perels Antonie Hermes (1885–1973) kennen, die ebenfalls aus dem Berliner Bildungsbürgertum kam und unter ihren Vorfahren – genau wie ihr zukünftiger Mann – hauptsächlich Theologen und Juristen hatte. Ihr Vater Justus Hermes stieg im Landwirtschaftsministerium zum Ministerialdirektor auf[4]. Am 22. August 1907 heirateten Ernst Perels und Antonie Hermes, blieben aber zunächst auf finanzielle Zuwendungen der Familie angewiesen, da das Gehalt von Ernst Perels, welches er seit 1904 als festangestellter Mitarbeiter der MGH bezog, für die Gründung einer Familie nicht ausreichte[5]. In der Ehe des jungen Paares spielte das gemeinsame Musizieren und Singen eine große Rolle – beide trugen gemeinsam Lieder von Ludwig van Beethoven, Franz Schubert oder Carl Loewe vor[6] – und im Laufe der Jahre auch immer mehr die evangelische Religiosität und Theologie, denn zwei der vier Söhne entschieden sich für ein Theologiestudium, obwohl der Vater sie gerne als Juristen oder Mediziner gesehen hätte[7].

2. Der Mediävist Ernst Perels

Während seine Brüder Leopold und Kurt der Familientradition folgend Jura studierten und in Heidelberg bzw. Hamburg Universitätslaufbahnen einschlugen[8], wechselte Ernst Perels bereits nach einem Studiensemester in München im Jahr 1901 vom Fach Jura zur Geschichte und ging nach Freiburg im Breisgau. Eine Veranstaltung in den Historischen Hilfswissen-

---

2 Vgl. Schreiber, Friedrich Justus Perels (wie Anm. 1) S. 64f. und Oberling, Monumentist (wie Anm. 1) S. 62 ff. und siehe unten S. 351f.

3 Vgl. Oberling, Ernst Perels (wie Anm. 1) S. 47–66 und dies., Monumentist (wie Anm. 1) S. 176f. sowie Schreiber, Friedrich Justus Perels (wie Anm. 1) S. 25 ff. zu den Eltern und Geschwistern.

4 Vgl. zur Familie von Antonie Hermes Oberling, Ernst Perels (wie Anm. 1) S. 73 ff. Dass Antonie Hermes und Ernst Perels sich bereits 1903 kannten und sie schon den Tod von Ferdinand Perels als für die Familie einschneidendes Ereignis miterlebte, hat Otto Perels betont; vgl. Otto Perels, Über meinen Vater Ernst Joachim Friedrich Hans Perels, datiert auf den 4. Februar 1991, Abschrift S. 5 (handschriftliches Original und Abschrift in: MGH-Archiv, K 62, Bl. 43). 1991 übergab der damals 83jährige Otto Perels persönlich dem damaligen MGH-Präsidenten Horst Fuhrmann den von ihm verfassten Text über seinen Vater sowie den der Trauerfeier und alle Dokumente, die die Klärung des Schicksals von Ernst Perels nach dem Krieg betrafen.

5 Perels, Über meinen Vater (wie Anm. 4) S. 6 und Oberling, Ernst Perels (wie Anm. 1) S. 75.

6 So Perels, Über meinen Vater (wie Anm. 4) S. 4, auch zitiert von Marquard-Mois, Ernst Perels, Virtuelle Ausstellung (wie Anm. 1) Nr. 9. Vgl. auch Oberling, Ernst Perels (wie Anm. 1) S. 78.

7 Perels, Über meinen Vater (wie Anm. 4) S. 11f.

8 Siehe zu ihnen unten S. 351f.

schaften bei dem damals bedeutenden Mediävisten Heinrich Finke (1855–1938) gab den Ausschlag, sich endgültig der mittelalterlichen Geschichte und den Historischen Hilfswissenschaften zuzuwenden[9]. Zum Wintersemester 1901/02 kehrte Perels nach Berlin zurück, zog wieder in der Wohnung seiner Eltern ein und wurde im Jahr 1904 von Michael Tangl (1861–1921) mit einer Arbeit über die kirchlichen Zehnten im Karolingischen Reich promoviert[10]. Der aus Österreich stammende Tangl[11] war im Jahr 1900 an der Berliner Universität Professor für Historische Hilfswissenschaften und mittelalterliche Geschichte geworden; 1902 erfolgte seine Wahl in die Zentraldirektion der MGH und im Jahr darauf übernahm Tangl die Leitung der Abteilung Epistolae, für die er im Jahr 1904 Ernst Perels verpflichtete, der bis zu seiner Verhaftung im Oktober 1944 für diese Abteilung tätig blieb, und zwar bis 1923 als festangestellter und danach als freier Mitarbeiter[12]. Neben seiner editorischen Tätigkeit war Perels seit 1906 auch für die Redaktion der ‚Hauszeitschrift' der MGH, das Neue Archiv der Gesellschaft für ältere deutsche Geschichtskunde, zusammen mit Tangls Schüler Richard Salomon (1884–1966) zuständig. Als dieser seine Stelle bei den MGH im Jahr 1914 kündigte, um ein Extraordinariat in Hamburg anzutreten, übernahm Perels auch den Arbeitsanteil seines Kollegen[13].

1909 legte Ernst Perels mit 27 Jahren der Berliner Universität seine Habilitationsschrift über Anastasius Bibliothecarius und Papst Nikolaus I. vor[14], um die Lehrbefähigung für mittelalterliche und neuere Geschichte sowie Historische Hilfswissenschaften zu erwerben. Allerdings gelang ihm dies erst im zweiten Anlauf im Jahr 1911, denn auch Perels' Mentor Michael Tangl konnte nicht verhindern, dass der Zweitgutachter Dietrich Schäfer (1845–1929), ein Schüler von Heinrich von Treitschke und überzeugter Antisemit, die Habilitation zunächst verhinderte und dabei in Theodor Schiemann (1847–1921), ebenfalls einem Treitschke-Schüler, und Otto Hintze (1861–1940) Unterstützer fand[15]. Als Perels zwei Jahre später weitere Publikationen vorweisen konnte, darunter den im Druck befindlichen Faszikel der MGH-Epistolae-Ausgabe der Briefe Papst Nikolaus' I. (820–863)[16], votierte auch Schäfer

9 Vgl. Oberling, Monumentist (wie Anm. 1) S. 177.

10 Ernst Perels, Die kirchlichen Zehnten im karolingischen Reich (Diss. phil. Berlin 1904); vgl. dazu Oberling, Monumentist (wie Anm. 1) S. 177f. und dies., Ernst Perels (wie Anm. 1) S. 72f. und 247.

11 Vgl. Annekatrin Schaller, Michael Tangl (1861–1921) und seine Schule. Forschung und Lehre in den Historischen Hilfswissenschaften (2002) sowie Andrea Rzihacek / Christoph Egger, Michael Tangl (1861–1921). Ein Österreicher in Berlin, in: Karel Hruza, Österreichische Historiker. Lebensläufe und Karrieren 1900–1945. Bd. 2 (2012) S. 23–84.

12 Vgl. Oberling, Ernst Perels (wie Anm. 1) S. 82 ff. und 196 ff. – In der zum 150jährigen Bestehen herausgegebenen kurzen Geschichte der MGH von Herbert Grundmann, Monumenta Germaniae Historica 1819–1969, die ein chronologisches Verzeichnis der ständigen Mitarbeiter enthält, ist auf S. 32 zu lesen, Perels sei von 1923 bis 1944 „nebenamtlicher Mitarbeiter" gewesen und „April 1944" gestorben.

13 Vgl. Oberling, Ernst Perels (wie Anm. 1) S. 97f. – Zu Richard Salomon siehe den Beitrag von Enno Bünz in vorliegendem Band.

14 Ernst Perels, Papst Nikolaus I. und Anastasius Bibliothecarius. Ein Beitrag zur Geschichte des Papsttums im 9. Jahrhundert (1920); vgl. Oberling, Ernst Perels (wie Anm. 1) S. 249f. (mit Rezensionen) und S. 45: eine Anfrage von Perels an die Fakultät für einen Druckkostenzuschuss wurde negativ beantwortet und S. 108: durch den Krieg hatte sich die Drucklegung verzögert.

15 Vgl. Oberling, Monumentist (wie Anm. 1) S. 180 und dies., Ernst Perels (wie Anm. 1) S. 105 ff.

16 Nicolai I. papae epistolae, hg. von Ernst Perels (MGH Epp. 6,2, Faszikel 1, 1912); vgl. dazu Oberling, Ernst Perels (wie Anm. 1) S. 87 ff., 107 und S. 248.

für die Habilitation. Der Status als Privatdozent sicherte Perels jedoch kein Einkommen und so setzte er seine schlecht bezahlte Tätigkeit bei den MGH fort und edierte für den sechsten Band Epistolae nicht nur die Briefe der Päpste Nikolaus I. und Hadrian II. (792–872), sondern fertigte auch die umfangreichen Register zusammen mit Paul Willem Finsterwalder an. Als der gesamte Band, für den Perels das Vorwort verfasste, 1925 erschien, hatte er bereits seit zwei Jahren an der Berliner Universität die Nachfolge seines im September 1921 plötzlich verstorbenen Lehrers Tangl angetreten. Es waren allerdings seit seiner Habilitation 1911 beruflich bittere Jahre gewesen, in denen er nicht auf einen Lehrstuhl gelangte und während des Krieges von 1915 bis 1918 aufgrund seiner Fremdsprachenkenntnisse im Reichsmarineamt im sog. ‚Nachrichtenbüro' Dienst tat, das für die Auswertung ausländischer Zeitungen, die Öffentlichkeitsarbeit der Marine und im Ersten Weltkrieg auch für die Zensur zuständig war. Perels war hier mit der Übersetzung ausländischer Presseerzeugnisse betraut[17]. Nachdem er mit kriegsbedingter Verzögerung im Jahr 1920 seine überarbeitete Habilitationsschrift publiziert hatte, wurde er in der Mediävistik wieder als Anwärter auf eine Professur wahrgenommen, lief aber mit inzwischen 38 Jahren Gefahr, nicht mehr berufen zu werden. Paul Fridolin Kehr (1860–1944) bezeichnete ihn wie auch Erich Caspar und andere MGH-Mitarbeiter als „akademische Mauerblümchen"[18] und demonstrierte damit einmal mehr, dass ihn bei den MGH eigentlich nur die Abteilung Diplomata interessierte, die er gerne mit neuen Leuten ausgebaut hätte, denn sowohl Perels als auch Caspar waren vorzügliche Editoren der Abteilung Epistolae und keineswegs „unlustig und unwillig". Dass Perels nicht vorankam, hing eindeutig mit dem Antisemitismus an der Berliner Universität zusammen, auch wenn seine jüdische Abstammung in keinem Gutachten thematisiert wurde[19].

Obwohl er wie kein zweiter in Berlin befähigt war, die Nachfolge seines Lehrers Tangl anzutreten und auch seit dessen plötzlichem Tod das hilfswissenschaftliche Lehrangebot aufrechterhalten hatte[20], dauerte es noch fast zwei Jahre, bis er im Juli 1923 wenigstens als

17 Vgl. dazu Perels, Über meinen Vater (wie Anm. 4) S. 7 und Oberling, Ernst Perels (wie Anm. 1) S. 118 ff.

18 Paul Fridolin Kehr an Karl Hampe am 30. Oktober 1919: „Dann kommen die 6 gleichaltrigen Mitarbeiter Wibel – Schmeidler – Caspar – Krammer – Perels – Hofmeister, bisher zum größten Teil sitzengebliebene akademische Mauerblümchen, unlustige und unwillige Herren und Familienväter, mit gänzlich unzureichenden Gehältern und meistens anderen Interessen zugewandt: so sitzen sie da und verstopfen jungem Zuwachs alle Zugänge. Was soll aus ihnen werden?" (UB Heidelberg, Nl Karl Hampe, Heid. Hs. 4067 III A - 191 Bl. 8; eine Abschrift in: MGH-Archiv, K 204, 5 mit Bleistiftanstreichungen von Horst Fuhrmann). Ich danke Arno Mentzel-Reuters für den Hinweis auf diesen Brief, der ohne Quellenangabe zitiert wurde von Horst Fuhrmann, „Sind eben alles Menschen gewesen". Gelehrtenleben im 19. und 20. Jahrhundert. Dargestellt am Beispiel der Monumenta Germaniae Historica und ihrer Mitarbeiter. Unter Mitarbeit von Markus Wesche (1996) S. 95 ff. Ediert wurde das Schreiben zusammen mit einem Brief Kehrs an Hampe vom 20. November 1919, der nochmals die besagten Mitarbeiter und die Kosten für die MGH thematisiert, von Folker Reichert, Paul Kehr und Karl Hampe über die Zukunft der Monumenta Germaniae Historica nach dem Ersten Weltkrieg. Ein Briefwechsel, in: DA 60 (2004) S. 549–569, hier S. 559.

19 Vgl. Johannes Helmrath, Geschichte des Mittelalters an der Berliner Universität 1810–1918, in: Geschichte der Universität Unter den Linden, hg. Heinz-Elmar Tenorth (2010) S. 371–412, hier S. 390: „*[…]* mit gehemmter Karriere, wie sie bei jüdischen Gelehrten mehrfach zu beobachten war".

20 Oberling, Ernst Perels (wie Anm. 1) S. 82 ff. und S. 260 ff. hat sein Lehrangebot dargestellt und seine Veranstaltungen aufgelistet.

sog. planmäßiger Extraordinarius angestellt wurde[21]. Paul Kehr kommentierte Perels' Ausscheiden aus dem Dienst der MGH mit den Worten „deo gratias"[22]. Im Vorwort des 1928 erschienenen siebten Bandes der Epistolae bescheinigte er ihm dann aber immerhin, er sei „ein unermüdlicher Helfer und höchst erfahrener Editor" gewesen[23], denn für diesen siebten Band hatte Perels die Briefe des Anastasius Bibliothecarius ediert[24], mit denen er sich bereits in seiner Habilitationsschrift beschäftigt hatte. Es ist bezeichnend, dass diejenigen, die ihm 1923 zu seinem Extraordinariat gratulierten, die jüdischen Wissenschaftler und Monumentisten Harry Bresslau (1848–1926) und Richard Salomon waren[25]. Die Haltung Kehrs gegenüber Perels ist vermutlich dadurch begründet, dass er seine Arbeitskraft den MGH-Reihen Epistolae und Leges (Concilia) zuwandte und nicht den Diplomata, denn der Protest der Berliner Fakultät im Ministerium über die Extraordinarien Perels und Hermann Krabbo (1875–1928), ihnen würden „die Beziehungen zur großen Diplomata-Ausgabe *[der Monumenta Germaniae Historica]*" fehlen, „die nun einmal die hohe Schule für jeden Urkundenkritiker ist. Hier klafft eine Lücke, die sich auch im Lehrbetrieb naturgemäß fühlbar macht", dürfte maßgeblich von Paul Kehr und seinem Schüler Albert Brackmann (1871–1952)[26] formuliert worden sein.

In die Preußische Akademie wurde Perels nicht gewählt, denn Kehr schlug nach dem Tod von Michael Tangl 1921 den Neuzeithistoriker Erich Marcks (1861–1938) und nach dem Tod von Dietrich Schäfer 1929 seinen Schüler Albert Brackmann vor[27]. Damit wurde die enge Verbindung, die zu Zeiten von Theodor Mommsen (1817–1903), Georg Waitz

---

21 Vgl. die ausführliche Darstellung von Perels' vergeblichen Versuchen, ein Extraordinariat zu erhalten, bei Oberling, Ernst Perels (wie Anm. 1) S. 108 ff.

22 Liber Vitae Pauli Fridolini Kehr zum 1. Juni 1923. Ich danke Frau Dr. Hedwig Munscheck-von Pölnitz, die eine Edition des Liber für die MGH Studien zur Mittelalterforschung vorbereitet, für die Möglichkeit der Einsichtnahme in den Text; vgl. zu dieser Quelle Hedwig Munscheck-von Pölnitz, Der Liber Vitae Pauli Fridolini Kehr oder eine neue Quelle zu Paul Fridolin Kehr, in: Das Reichsinstitut für ältere deutsche Geschichtskunde 1935 bis 1945 – ein ‚Kriegsbeitrag der Geisteswissenschaften'? Beiträge des Symposiums am 28. und 29. November 2019 in Rom, hg. von Arno Mentzel-Reuters / Martina Hartmann / Martin Baumeister (2021) S. 221–240.

23 MGH Epistolae Karolini aevi (5) Bd. 7, hg. von Erich Caspar, Gerhard Laehr und Ernst Perels (1928) S. Vf.: *utriusque partis editoribus indefessus adiutor et consilitator peritissimus.*

24 Anastasii bibliothecarii epistolae sive praefationes, hg. von Ernst Perels, in: MGH Epp. 7 (1912–1928) S. 395–442, verzeichnet bei Oberling, Ernst Perels (wie Anm. 1) S. 252.

25 Oberling, Ernst Perels (wie Anm. 1) S. 146 mit Anm. 400f. – Siehe auch die Beiträge über Harry Bresslau in vorliegendem Band und zu Salomon oben S. 345.

26 Sven Kriese, Albert Brackmann und Ernst Zipfel. Die Generaldirektoren im Vergleich, in: ders., Archivarbeit im und für den Nationalsozialismus. Die preußischen Staatsarchive vor und nach dem Machtwechsel von 1933 (2015) S. 17–94, hier S. 26.

27 Vgl. Oberling, Ernst Perels (wie Anm. 1) S. 145. Bezeichnend ist, dass alle drei, nämlich Kehr, Marcks und Brackmann, im Dritten Reich mit dem Adlerschild des deutschen Reiches ausgezeichnet wurden, eine Ehrung durch den Staat, die zwischen 1933 und 1945 nur an 46 Personen vergeben wurde; vgl. zu Brackmann Kriese, Brackmann und Zipfel (wie Anm. 26) S. 90, Helmrath, Geschichte des Mittelalters (wie Anm. 19) S. 408 zu Brackmann und Kehr sowie Joseph Lemberg, Der Historiker ohne Eigenschaften. Eine Problemgeschichte des Mediävisten Friedrich Baethgen (2015) S. 263 zur Ehrenmitgliedschaft im Reichsinstitut für Geschichte des neuen Deutschland, der Verleihung des Adlerschildes an Marcks und der Privataudienz bei Hitler.

(1813–1886) und Wilhelm Wattenbach (1819–1897) zwischen der Preußischen Akademie und den MGH bestanden hatte, aufgelöst.

Auch die folgenden Jahre waren für Ernst Perels demütigend, da man ihn in Berlin konsequent überging, obwohl sein Lehrangebot nach dem Tod der beiden hilfswissenschaftlichen Extraordinarien Hermann Krabbo und Richard Sternfeld (1858–1926) wichtiger denn je war[28]. Eine Kommission für die Besetzung eines zweiten Ordinariats wurde gebildet, ohne dass man Perels dafür in Betracht gezogen hätte[29], und der Neuzeithistoriker Fritz Hartung (1883–1967), von dem noch die Rede sein wird, kommentierte dies in einem Brief an Albert Brackmann mit den Worten, Perels „müsste *[...]* doch froh sein, das Extraordinariat zu haben" und warnte seinen Briefpartner davor, dass der Übergangene auch ihm noch „sein Herz ausschütten" werde[30].

Selbst als Brackmann im Jahr 1929 Generaldirektor der Preußischen Staatsarchive wurde und Ernst Perels im Begriff war, seine umfangreiche Ausgabe des Liber de vita christiana Bonizos von Sutri für die Preußische Akademie abzuschließen, wurde er nicht für die Besetzung von Brackmanns Ordinariat in Betracht gezogen; stattdessen wurden mit Robert Holtzmann (1873–1946) und Erich Caspar (1879–1935) gleich zwei andere Mediävisten berufen[31]. Erst 1931 erhielt Ernst Perels ein persönliches Ordinariat – als man in Berlin davon ausging, ihn nach Halle ‚loszuwerden' als Nachfolger von Robert Holtzmann[32], und nachdem Erich Caspar sich in der Fakultät energisch dafür eingesetzt hatte, den verdienten Kollegen nun endlich zum Ordinarius zu machen[33]. Ernst Perels kam jedoch in Halle nicht zum Zuge und blieb persönlicher Ordinarius in Berlin bis zu seiner aufgrund der sog. Nürnberger Rassengesetze erzwungenen Emeritierung im Jahr 1935.

Seine 1930 erschienene Edition des Liber de vita Christiana Bonizos von Sutri (um 1045–1094) aus der Zeit des Investiturstreits war der erste Band einer von der Preußischen Akademie herausgegebenen Reihe „Texte zur Geschichte des römischen und kanonischen Rechts im Mittelalter" – und es sollte auch der einzige bleiben. Begonnen hatte Ernst Perels

28 Vgl. Oberling, Ernst Perels (wie Anm. 1) S. 149.

29 Vgl. ebd. S. 149 ff. und Helmrath, Geschichte des Mittelalters (wie Anm. 19) S. 387f.

30 Fritz Hartung an Albert Brackmann am 8.8.1926, zitiert von Oberling, Ernst Perels (wie Anm. 1) S. 149. Vgl. auch Fritz Hartung an Richard Fester am 15. März 1929: „*[...]* zumal wir mit einem wenig geeigneten Extraordinarius, Perels, belastet sind", in: Fritz Hartung, Korrespondenz eines Historikers zwischen Kaiserreich und zweiter Nachkriegszeit, hg. von Hans-Christof Kraus (2019) Nr. 82 S. 207–210, das Zitat S. 210. Hartung selbst war im Beirat von Walter Franks Reichsinstitut für Geschichte des neuen Deutschland, genau wie Richard Fester (1860–1945), der außerdem in der Schriftenreihe des Reichsinstituts publizierte und antisemitische Schriften wie Das Judentum als ‚Ferment der nationalen Dekomposition' (1940) und Das Judentum als Zersetzungselement der Völker (1941) vorlegte; vgl. Helmut Heiber, Walter Frank und sein Reichsinstitut für Geschichte des neuen Deutschlands (1966) S. 466f. und 596f. (zu Fester und Hartung im Beirat).

31 Oberling, Ernst Perels (wie Anm. 1) S. 149 ff., bes. S. 153, Helmrath, Geschichte des Mittelalters (wie Anm. 19) S. 390 ff. und Kriese, Brackmann und Zipfel (wie Anm. 26) S. 23 ff. Siehe zu Erich Caspar den Beitrag von Arno Mentzel-Reuters in vorliegendem Band.

32 Vgl. zu dieser gescheiterten Berufung, deren Hintergründe unklar sind, Oberling, Ernst Perels (wie Anm. 1) S. 154 und Heiber, Reichsinstitut (wie Anm. 30) S. 698 mit Anm. 4: der von Heiber zitierte Brief ist inzwischen ediert von Kraus, Briefe von Fritz Hartung (wie Anm. 31) S. 244f.: es handelt sich um ein Schreiben an Richard Fester vom 28.8.1933 (das Zitat auf S. 245).

33 Vgl. Oberling, Ernst Perels (wie Anm. 1) S. 153.

die Arbeit daran bereits 1913. 1924, als der Initiator der Reihe, der Rechtshistoriker Emil Seckel (1864–1924), unerwartet starb, war die Edition „weitgehend fertigstellt". Dies schrieb jedenfalls der Rechtshistoriker Ernst Heymann (1870–1946), Akademiemitglied seit 1918 und 1939 Beiträger für die Festschrift zu Hitlers 50. Geburtstag[34], im Vorwort der Ausgabe, in dem bezeichnenderweise nur von den Verdiensten und Fähigkeiten des verstorbenen Kollegen Seckel die Rede ist. Dank und Anerkennung für Perels' große Edition sucht man darin vergebens. Die Bedeutung seiner Ausgabe wird aber dadurch unterstrichen, dass sie im Jahr 1998 unverändert nachgedruckt wurde, so dass „mit dem Neudruck der Perelschen Ausgabe *[...]* ein lesens- und studierenswertes Buch des Lateinischen Mittelalters wieder greifbar" ist, wie der Herausgeber des Nachdrucks, Walter Berschin (geb. 1937), schrieb[35]. Er verlor allerdings kein Wort über das Schicksal des Editors im Dritten Reich. Man fragt sich, warum seinerzeit nicht von Paul Kehr erwogen wurde, die Edition im Rahmen der MGH in der Leges-Reihe zu publizieren, zumal Bonizos anderes Hauptwerk, der Liber ad amicum, von Ernst Dümmler (1830–1902) im Jahr 1891 im ersten Band der MGH-Reihe Libelli de lite ediert worden war[36]. Jedenfalls war die Bonizo-Edition von Ernst Perels möglicherweise ein Anstoß für Carl Erdmann (1898–1945), eine andere Kanonessammlung der Zeit um 1100, den Polycarpus des Kardinals Gregor von S. Grisogno, in seiner Zeit als Mitarbeiter des Preußischen Instituts in Rom in Angriff zu nehmen[37].

Mit der Bonizo-Edition zeigte Ernst Perels, dass er sich nicht nur in der ihm seit der Dissertation vertrauten Zeit der Karolinger auskannte, sondern auch in der Epoche des Investiturstreits, nachdem er drei Jahre zuvor eine beachtete Abhandlung über den berühmten Erbreichsplan des staufischen Herrschers Heinrichs VI. (1169–1197) veröffentlicht hatte[38].

In der Jahressitzung der Zentraldirektion 1931 hatte Paul Kehr immerhin zusammen mit Karl Hampe (1869–1936) und Wilhelm Levison (1876–1947) die Wahl von Ernst Perels und Ferdinand Güterbock (1872–1944) in das Gremium unterstützt. Nach längeren Diskussionen wurde allerdings beschlossen, die beiden nicht aufzunehmen[39].

Die nächsten beiden Editionsprojekte, die Ernst Perels schließlich übernahm, hatte Paul Kehr eigentlich dem von ihm sehr geschätzten jungen Gelehrten Gerhard Laehr (1899–

34 Vgl. Ernst Klee, Das Personenlexikon zum Dritten Reich. Wer war was vor und nach 1945 ([5]2015) S. 253f. zu Ernst Heymann.

35 Bonizo, Liber de vita Christiana, hg. von Ernst Perels mit einem Nachwort zur Neuauflage von Walter Berschin (1998); dort auch das Vorwort von Ernst Heymann von 1929 auf S. Vf. Das Zitat aus dem Nachwort von Berschin findet sich auf S. 410*.

36 MGH Libelli de lite 1 (1891) S. 568–620. Im Nachlass von Ernst Perels bei den MGH (MGH-Archiv, K 198) hat sich ein Teil seines Manuskripts der Edition erhalten, nämlich das des kritischen Apparats zu Buch 5,16–7,18; handschriftlich foliiert (fol. 329–456) S. 180–243, so Arno Mentzel-Reuters im Findbuch der MGH zum Inhalt von K 198.

37 Carl Erdmanns Edition, die unvollendet geblieben ist, wurde von Uwe Horst und Horst Fuhrmann und auf der Webseite der MGH zugänglich gemacht (https://www.mgh.de/de/mgh-digital/digitale-angebote-zu-mgh-abteilungen).
Vgl. zu Erdmann Folker Reichert, Fackel in der Finsternis. Der Historiker Carl Erdmann und das „Dritte Reich" 1: Biographie (2022), der allerdings auf diese wichtige Edition Erdmanns nicht eingeht.

38 Ernst Perels, Der Erbreichsplan Heinrich VI. (1927); vgl. Oberling, Ernst Perels (wie Anm. 1) S. 251 mit Rezensionen dieser Publikation, u.a. von Willy Cohn.

39 Siehe dazu den Beitrag von Nikola Becker über Ferdinand Güterbock in vorliegendem Band.

1931)[40] übertragen, Mitarbeiter der Epistolae-Abteilung seit 1925 und von Kehr 1929 zum zweiten Sekretär des Preußischen Instituts in Rom gemacht: Es waren die Fortsetzung der Konzilien der karolingischen Teilreiche nach 842 (MGH Concilia 3) und die Edition der Briefe Erzbischof Hinkmars von Reims (845–882), mit denen die Epistolae-Reihe im achten Band fortgesetzt werden sollte. Ernst Perels sollte daran anschließend die Konzilien der späteren Karolingerzeit nach dem Tod Hinkmars übernehmen (MGH Concilia 4)[41], doch kurz bevor es zu einer Besprechung zwischen beiden Editoren kam, bei der die Einzelheiten hätten abgestimmt werden sollen, starb Gerhard Laehr am 18. Juni 1931 unverhofft mit nur 32 Jahren in Berchtesgaden an den Folgen einer Granatsplitterverletzung, die er sich im Ersten Weltkrieg zugezogen hatte. Paul Kehr blieb nun nichts anderes übrig, als Perels mit der Übernahme beider Projekte zu betrauen und ihm dafür zu danken, dass er einsprang[42].

Für diese Edition der karolingischen Konzilien unternahm Ernst Perels im Herbst 1933 eine letzte Archivreise nach Lucca und Rom, begleitet von seiner Frau Antonie, die auch auf der großen Archivreise des Jahres 1912 nach Bern, Mailand, Florenz, Ravenna, Cesena, Venedig, Mantua, Rom und Montecassino dabei gewesen war[43]. Ernst Perels selbst hatte 1899 zum ersten Mal kurz vor dem Abitur mit einer Schülergruppe für 14 Tage Rom besucht. Nur sechs Jahre später war er dann erstmals als Forscher im Auftrag der MGH dort[44].

Bei der Edition der Hinkmar-Briefe wurde Perels von seiner Schülerin Nelly Ertl (1910–1991) unterstützt, die seit 1935 für die Ausgabe als Stipendiatin im Reichsinstitut für ältere deutsche Geschichtskunde beschäftigt war und 1937 mit einer Arbeit über „Diktatoren frühmittelalterlicher Papstbriefe" promoviert wurde[45]. Sie war eine von insgesamt 21 Schülern von Ernst Perels, die der begeisterte akademische Lehrer bis zu seiner erzwungenen Emeritierung promovierte[46].

Wilhelm Treue (1909–1992), nach dem Krieg ein bedeutender Wirtschafts- und Sozialhistoriker, der zwar bei Fritz Hartung promoviert worden war, Ernst Perels aber zu seinen wichtigen akademischen Lehrern zählte, sagte über ihn: „Er war streng, schien humorlos und über sein Fach hinaus nicht sehr ‚gebildet'; sein starkes Schielen störte viele Menschen. Aber in Wirklichkeit war er ein glänzender Gelehrter *[...]* ein gütiger Mensch – unglücklich wegen seines Aussehens *[...]*"[47]. Und ein Freund seines ältesten Sohnes Otto erinnerte sich nach den Krieg an ihn mit den Worten: „Der alte Perels, der nüchterne, gescheite, die Menschen beob-

40 Vgl. zu Gerhard Laehr den Nachruf von Paul Kehr, in: NA 49 (1932) S. 555f. und zur späteren Einschätzung seiner Arbeit durch Ernst Perels unten SS. 354.

41 Vgl. Paul Kehr, Bericht über die Herausgabe der Monumenta Germaniae Historica, in: NA 50 (1935) S. X; verkürzt zitiert bei Oberling, Ernst Perels (wie Anm. 1) S. 202.

42 Kehr, Bericht (wie Anm. 41) S. X.

43 Vgl. auch Marquard-Mois, Ernst Perels, Virtuelle Ausstellung (wie Anm. 1) Nr. 3: Brief an Paul Kehr vom 13. November 1933 über die Erträge seiner Reise.

44 Vgl. dazu Oberling, Ernst Perels (wie Anm. 1) S. 66.

45 Siehe zu ihr unten S. 354f.

46 Eine Kurzbiographie der Schüler von Perels findet sich bei Oberling, Ernst Perels (wie Anm. 1) S. 272–323, S. 281f. ist Nelly Ertl behandelt.

47 Zitiert von Oberling, Ernst Perels (wie Anm. 1) S. 156.

achtende Historiker, war ein nobler Mann, und wir hatten Respekt vor ihm, obwohl er – wie meine Freunde Perels ja alle – ein wenig ‚understatement' im Auftreten machte"[48].

3. Ausgrenzung und Marginalisierung

Die Reise von Ernst Perels nach Italien im Oktober/November 1933 fand zu einer Zeit statt, als die Nationalsozialisten längst begonnen hatten, ihre judenfeindliche Politik umzusetzen, zunächst mit dem sog. Gesetz zur Wiederherstellung des Berufsbeamtentums vom 7. April 1933, mit dem der „Ariernachweis" eingeführt wurde. Weil bei seinen Großeltern mütterlicherseits nur der Beleg über das kirchliche Aufgebot anlässlich ihrer Hochzeit auffindbar war, wurde Ernst Perels als „Mischling 1. Grades" eingestuft[49] – gleichzeitig reichte die Heiratsurkunde als Abstammungsnachweis nicht aus, was die Ursache für die späteren Querelen um Perels' finanzielle Ansprüche gegenüber der Universität war.

Zunächst jedoch litten seine beiden Brüder stärker unter den antijüdischen Maßnahmen. Als erster in der Familie war der damals 58jährige Leopold Perels[50] betroffen, ein überzeugter Junggeselle und der Patenonkel von Friedrich Justus, dem zweiten Sohn von Ernst Perels. Er war in seiner Karriere noch mehr behindert worden als sein Bruder Ernst, denn vom rechtlichen und finanziellen Status her gesehen war er 1933 immer noch Privatdozent an der Heidelberger Universität. Unter dem Dekanat des bedeutenden Rechtswissenschaftlers Gustav Radbruch (1878–1949), Justizminister in der Zeit der Weimarer Republik, wurde Leopold Perels im Jahr 1928 zwar der Titel eines Honorarprofessors verliehen, aber dies bedeutete keine finanzielle Absicherung. Am 8. Mai 1933 wurde Radbruch als erster Professor in Deutschland entlassen und im Juli 1933 beurlaubte man Leopold Perels; wenig später, nämlich am 2. August, verlor er seine ‚venia legendi'. Noch sieben Jahre konnte er sich als Assistent des Rechtswissenschaftlers Eugen Richard Karl Ulmer (1903–1988), eines engagierten Nationalsozialisten, mit Arbeiten für das Wörterbuch zur älteren deutschen Rechtsgeschichte durchschlagen, bevor er im Herbst 1940 in das berüchtigte Internierungslager Gurs in Südfrankreich deportiert wurde[51]. Nach dem Krieg gelang es Leopold Perels nicht mehr, aus Frankreich nach Heidelberg zurückzukehren: er scheiterte an bürokratischen Hürden und an der Weigerung der Universität Heidelberg, ihn finanziell zu entschädigen, nachdem sein Förderer Gustav Radbruch 1949 gestorben war. Leopold Perels starb mit 79 Jahren im März 1954 vollkommen mittellos im französischen Perigeux[52].

Sein jüngerer Bruder Kurt, seit 1909 Ordinarius für Öffentliches Recht an der Hamburger Hochschule für Kolonialpolitik und 1919 an der Gründung der Hamburger

48 Schreiber, Friedrich Justus Perels (wie Anm. 1) S. 28 und Oberling, Ernst Perels (wie Anm. 1) S. 77.

49 Oberling, Ernst Perels (wie Anm. 1) S. 186.

50 Vgl. Klaus-Peter Schroeder, Leopold Perels: „Sie haben kaum Chancen, auf einen Lehrstuhl berufen zu werden". Die Heidelberger Juristische Fakultät und ihre jüdischen Mitglieder (2017) S. 186–207.

51 Vgl. auch Oberling, Ernst Perels (wie Anm. 1) S. 60f.: Die Kollegen Gustav Radbruch und Eberhard Freiherr von Künßberg begleiteten Leopold Perels zum Zug, mit dem er nach Gurs deportiert wurde.

52 Vgl Schroeder, Leopold Perels (wie Anm. 50) S. 190 ff.: Nach Leopold Perels' Entlassung in Heidelberg hatte der damalige Direktor des Instituts für geschichtliche Rechtswissenschaft Hermann Krause, der nach dem Krieg Mitglied der Zentraldirektion der MGH und nach dem Tod von Herbert Grundmann kommissarischer Präsident wurde, dafür gesorgt, dass Leopold Perels zumindest einen kleinen monatlichen Betrag erhielt.

Universität beteiligt, die ihn zum ersten Dekan der Rechts- und Staatswissenschaftlichen Fakultät machte, war zunächst vom sog. Gesetz zur Wiederherstellung des Berufsbeamtentums nicht betroffen und konnte weiter lehren, da er vor dem 1. August 1914 verbeamtet worden war. Als er aber von nationalsozialistisch eingestellten Studenten angefeindet wurde, beging der leidenschaftliche Universitätslehrer im September 1933 Suizid. In der Deutschen Juristenzeitung wurde dies verschleiert und behauptet, Kurt Perels sei nach schwerer Krankheit gestorben[53].

Im Oktober 1935 reichte Ernst Perels seinen Antrag auf vorzeitige Emeritierung ein, wie ihm Ernst Heymann nach Rücksprache mit Karl August Eckhardt (1901–1979), dem Hochschulreferenten im preußischen Kultusministerium, geraten hatte. So wollte er der Aufhebung der Ausnahmebestimmungen für ehemalige Frontkämpfer zuvorzukommen, die das sog. Gesetz zur Wiederherstellung des Berufsbeamtentums festgelegt hatte. Die Aufhebung der Ausnahmebstimmungen erfolgte am 14. November 1935 mit der Ersten Verordnung zum Reichsbürgergesetz zunächst für „Volljuden", die zum 31. Dezember 1935 in den Ruhestand versetzt wurden. „Mischlinge ersten Grades", zu denen auch Ernst Perels zählte, blieben vorerst noch verschont, ehe mit dem Deutschen Beamtengesetz vom 26. Januar 1937 auch ihre Zwangspensionierung angeordnet wurde, auf die nur in Ausnahmefällen verzichtet werden konnte. Aufgrund seines Antrags wurde Ernst Perels bereits im Herbst 1935 emeritiert und nicht pensioniert, was ab 1937 eine finanzielle Besserstellung des 53jährigen Gelehrten bedeutete[54] – die im Rückblick vorzeitig beantragte Emeritierung war sicher auch Ausdruck der Unsicherheit, in der sich Perels als „Mischling" befand, dessen rechtliche Lage sich jederzeit plötzlich und ohne Vorwarnung verschlechtern konnte. Unmittelbar nach der Emeritierung reiste sein Sohn Friedrich Justus nach England, um dort für den Vater berufliche Möglichkeiten zu erkunden[55], aber sie wurden nicht realisiert, weil Ernst Perels sich „nicht um den Preis seines Lebens von den märkischen Seen trennen könne", wie er einem Schüler anvertraut haben soll[56].

1941 forderte ihn dann die Verwaltung der Berliner Universität, wie schon einmal im Jahr 1938, auf, über seine jüdische Abstammung Auskunft zu geben. Obwohl er vom Innen- und Finanzministerium als „Mischling" anerkannt worden war, stellte sich die Universitätsverwaltung auf den Standpunkt, Ernst Perels habe keinen zweifelsfreien Nachweis erbringen können und kürzte sein Ruhegehalt als sog. „Sühneleistung der Juden" um 22 Prozent[57].

Perels' Glück war, dass er im März 1933 seine erste Ehefrau Antonie, von der er sich am 11. November 1930 nach 23 Ehejahren hatte scheiden lassen, wieder geheiratet hatte,

53 Vgl. zu ihm ausführlich Jörg Berkemann, Jüdische Rechtsprofessoren in Hamburg 1933, in: 100 Jahre Rechtswissenschaft an der Universität Hamburg, hg. von Tilman Repgen / Florian Jessberger / Markus Kotzur (2019) S. 54–67 und Arne Pilniok, Kurt Perels als Pionier des Parlamentsrechts im Kaiserreich und der Weimarer Republik, in: 100 Jahre Rechtswissenschaft S. 339–354 mit weiterer Literatur.

54 Vgl. Perels, Über meinen Vater (wie Anm. 4) S. 14f. und Oberling, Ernst Perels (wie Anm. 1) S. 185 ff.

55 So Schreiber, Friedrich Justus Perels (wie Anm. 1) S. 146.

56 Vgl. Oberling, Ernst Perels (wie Anm. 1) S. 196 und Christoph Perels, Rede zur Verlegung des Stolpersteins für Ernst Perels (2011) S. 7 (Kopie des Redemanuskripts in MGH-Archiv, K 198). Perels soll dies seinem Schüler Wilhelm Treue anvertraut haben.

57 Oberling, Ernst Perels (wie Anm. 1) S. 189.

nachdem eine kurze Ehe mit einer 24 Jahre jüngeren Studentin sehr schnell gescheitert war[58]. Die erneute Heirat mit der „arischen" Mutter seiner vier Söhne bewahrte Ernst Perels bis 1944 vor einer Deportation aus rassistischen Gründen – ein prekärer und gesetzlich nie festgelegter Schutz –, aber die Zurücksetzungen und Kränkungen, die er in seiner Universitätskarriere wegen seiner jüdischen Herkunft von Anfang an hinnehmen musste, hatten schon die erste Ehe mit Antonie Hermes belastet; die sich verschärfenden Zwangsmaßnahmen des Staates gegen die Juden belasteten nun auch die ‚zweite Ehe', wie die Witwe nach dem Krieg rückblickend feststellte[59].

Arbeiten konnte Ernst Perels auch nach 1935 in den Arbeitsräumen der MGH, aber nicht, wie die damals Verantwortlichen nach dem Krieg alle glauben machen wollten, weil das Reichsinstitut für ältere deutsche Geschichtskunde (MGH) Distanz zum Nationalsozialismus gewahrt hatte, sondern weil Wilhelm Engel (1905–1964) sich im Februar 1936, noch bevor er die Leitung des neuen Reichsinstituts kommissarisch übernahm, im Reichswissenschaftsministerium rückversichert hatte, dass bereits bestehende Forschungsaufträge jüdischer Gelehrter aufrechterhalten werden konnten[60]. Otto Perels schrieb nach dem Krieg, ein Freund habe seinem Vater ein Gespräch im Ministerium mit Hans Globke (1898–1973), dem Mitverfasser des halb-offiziellen Kommentars zu den Nürnberger Rassengesetzen, vermittelt, der aufgrund der evangelischen Religionszugehörigkeit der Mutter entschieden habe, Ernst Perels als „Mischling 1. Grades" einzuordnen[61]. Ob dies stimmt, ist nicht mehr festzustellen.

Jedenfalls ließ Paul Kehr Ende März 1936 Ernst Perels nicht selbst mit der Weidmannschen Verlagsbuchhandlung über das Aussehen des Druckes seiner Hinkmar-Edition verhandeln, sondern ließ sich einen Briefentwurf von ihm machen, den er für sein Schreiben verwendete[62].

Unter dem ehrgeizigen und gegenüber dem Reichswissenschaftsministerium beflissenen Präsidenten des Reichsinstituts Edmund Ernst Stengel (1879–1968) wurde die Arbeitssituation für Ernst Perels noch demütigender, denn dieser zwang ihn, mit einer schriftlichen Erklärung vom 21. November 1938 offiziell von der Bearbeitung der karolingischen Konzilien und der Briefe Hinkmars von Reims zurückzutreten[63], damit er gegenüber dem Ministerium erklären konnte, im Reichsinstitut für ältere deutsche Geschichtskunde würden keine Juden beschäftigt[64]. In dieser Konsequenz lag es dann auch, dass – genau wie bei der

58 Vgl. dazu ebd. S. 80f.

59 Vgl. ebd. S. 230: Brief von Antonie Perels an Fritz Hartung vom 26.8.1946.

60 Vgl. Arno Mentzel-Reuters, Das Reichsinstitut zwischen Ahnenerbe und Westforschung, in: Reichsinstitut für ältere deutsche Geschichtskunde (wie Anm. 22) S. 1–53, hier S. 18f. und Oberling, Ernst Perels (wie Anm. 1) S. 198, die die Mitteilung des Ministeriums zitiert, keine Bedenken bestünden gegen die „Aufrechterhaltung und Neuerteilung von Forschungsaufträgen an entpflichtete oder pensionierte Juden. Forschung ist keine obrigkeitliche Tätigkeit. Sie kann auch lediglich im Privatdienstvertrag ausgeübt werden. *[...]* Politisch gesehen, ist die Kündigung alter Forschungsaufträge untunlich. Die Erteilung neuer dagegen möglichst zu vermeiden".

61 Perels, Über meinen Vater (wie Anm. 4) S. 15 (der Name des Freundes wird nur mit „Heintze" angegeben).

62 Vgl. Marquard-Mois, Ernst Perels, Virtuelle Ausstellung (wie Anm. 1) Nr. 4.

63 Vgl. ebd. Nr. 5.

64 Vgl. ebd. Nr. 5: Brief von Edmund E. Stengel an Walther Holtzmann vom 19. November 1938: „Im

Gregor von Tours-Edition, die Wilhelm Levison erarbeitet hatte[65] – der erste Faszikel der Hinkmarbriefe im Jahr 1939 ohne Namensnennung des Editors Ernst Perels erschien[66], der dies sarkastisch mit den Worten kommentierte: „Die Briefe haben sich selbst herausgegeben“[67]. Im Jahresbericht über die Editionsprojekte der MGH log Stengel, was die Arbeit des Editors Ernst Perels anbelangte: „Von den Briefen des Erzbischofs Hinkmar von Reims, für die der 8. Band der Quartreihe, der 6. der karolingischen Briefe, vorgesehen ist, sind, da die Vollendung des Ganzen noch längere Zeit dauern wird, die ersten 28 Bogen als 1. Lieferung ausgegeben worden. Mit der Fortsetzung der früher von Professor Ernst Perels geleiteten Veröffentlichung war wie im Vorjahre Dr. Nelly Ertl beschäftigt“[68].

Ein bezeichnendes Licht auf die Arbeitsleistung von Perels und den Umgang des Reichsinstituts mit ihm wirft ein Brief, den er am 15. März 1940 an Edmund E. Stengel über den Stand der Vorarbeiten zum 2. Faszikel der Hinkmar-Ausgabe schrieb, nachdem Nelly Ertl offenbar in ihrem Jahresbericht für Stengel das Manuskript als „annähernd druckfertig“ bezeichnet hatte[69]. Der Brief ist ein ‚Schlüsseldokument‘ zu Perels' Hinkmar-Forschungen: Er verweist nämlich zunächst darauf, dass die Textherstellung aller Stücke im Umfang von etwa 10 Druckbogen von ihm erledigt worden sei, er Nelly Ertl um Nachkollation gebeten habe, da „Gerhard Laehr nicht genau genug kollationiert hatte“. Entgegen der Anweisung ihres Doktorvaters habe sie aber nur Textkorrekturen in das Druckmanuskript eingetragen, wo Perels eine Neukollation angemahnt hatte. Weiter wies der tatsächliche Editor Perels darauf hin, dass noch etliche Zitate zu ermitteln und viele Fußnoten zu schreiben seien, d.h. die Edition noch längst nicht druckreif sei. Als sehr klug – und erst in den 1980er Jahren durch Rudolf Schieffer in Angriff genommen – muss sein Vorschlag gewertet werden, einen Zettelkatalog der von Hinkmar zitierten „Autoritäten“ anzulegen, „da Hinkmar sich in seinen Zitaten sehr viel wiederholt“ und durch ein solches Hilfsmittel „die Weiterarbeit erleichtert und beschleunigt“ werde. Zusammenfassend lobte er seine Schülerin Nelly Ertl zwar als „sehr tüchtig vorgebildet“, die „einen eminenten Ehrgeiz gerade zu selbständiger Arbeit“ habe, die „aber noch viel hinzulernen“ müsse, um „vorzügliche Editionen zu liefern“. Schaut man sich

übrigen bitte ich für den Fall, dass mit Gerüchten gekrebst wird, davon Kenntnis zu nehmen, dass keine Arbeitsaufträge des Reichsinstituts mehr in jüdischen Händen sind. Was ich bei meinem Amtsantritt als Erbe der Vergangenheit vorfand, ist abgebaut“ (MGH-Archiv, B 567 Bl. 291r).

65 Vgl. Marquard-Mois, Ernst Perels, Virtuelle Ausstellung (wie Anm. 1) Nr. 6: Der 1. Faszikel der Gregor von Tours-Edition erschien 1937 ohne Namensnennung; vgl. auch Mentzel-Reuters, Reichsinstitut (wie Anm. 60) S. 18f.; siehe auch den Beitrag zu Wilhelm Levison von Letha Böhringer in vorliegendem Band.

66 Hincmari Archiepiscopi Remensis Epistolae (MGH Epp. 8, 1, 1939). Erst auf dem Einband des unveränderten Nachdrucks von 1975 steht der Name von Ernst Perels und auf einer unpaginierten ersten Seite hat der damalige MGH-Präsident Horst Fuhrmann das Erscheinen des Faszikels ohne Namensnennung des Editors erläutert und mit der Bemerkung geschlossen: „Den Monumenta Germaniae Historica ist es eine Verpflichtung besonderer Art, den Namen Ernst Perels', der vierzig Jahre mit Aufgaben der Monumenta Germaniae Historica beschäftigt war und dem die mittelalterliche Geschichtswissenschaft mehrere Editionsleistungen hohen Ranges verdankt, in seine Rechte einzusetzen.“

67 Perels, Rede zur Verlegung des Stolpersteins (wie Anm. 56); auch zitiert von Marquard-Mois, Ernst Perels, Virtuelle Ausstellung (wie Anm. 1) Nr. 3.

68 Vgl. Marquard-Mois, Ernst Perels, Virtuelle Ausstellung (wie Anm. 1) Nr. 6.

69 Vgl. den Brief bei ebd. Nr. 7; die weiteren Zitate stammen alle aus diesem Brief.

das erhaltene Arbeitsmaterial für den zweiten Faszikel an, das Nelly Ertl nach Aufforderung durch Stengel am 18. April 1942 ablieferte, da sie durch ihre Tätigkeit als Lehrerin und vor allem durch die Abwesenheit aus Berlin im Rahmen der ‚Kinderlandverschickung', an der sie als Betreuerin teilnahm, nicht zu weiterer Arbeit daran imstande war, so wird sehr deutlich, dass die meiste Arbeit für die einzelnen Hinkmarbriefe von Ernst Perels erledigt worden war, denn die Schriften von Perels, Ertl und Laehr lassen sich gut unterscheiden. Offenbar hat Nelly Ertl es gegenüber Stengel aber geschickt verstanden, ihren Anteil an der Edition als größer darzustellen als dies tatsächlich der Fall war; Stengel kam dies sehr entgegen, da er ja ohnehin nur Nelly Ertl als Editorin in seinen Berichten nannte, und so muss man wieder einmal konstatieren, dass Ernst Perels angesichts der ungerechten Behandlung Position bezogen und völlig zu Recht auf seinen Anteil an der Edition hingewiesen hat. Den seinen Söhnen vermittelten Grundsatz „Wer schweigt, stimmt zu" hat er umgekehrt auch selbst immer wieder beherzigt, indem er sich die Ungerechtigkeiten und Zurücksetzungen nicht klaglos gefallen ließ[70]. In diesem Zusammenhang muss es für ihn besonders bitter gewesen sein, dass seine eigene Schülerin sich an der ‚Marginalisierung' seiner Verdienste als Editor beteiligte. Dies brachte er auf diskrete aber deutliche Weise zum Ausdruck[71].

Leider sind nur wenige Hinkmar-Materialien und gar kein Konzilien-Material erhalten geblieben. Vorhanden sind nur die Stücke, an denen Ernst Perels bis zu seiner Verhaftung in Pommersfelden im Oktober 1944 arbeitete, während zahlreiche andere Unterlagen wegen der zunehmenden Bombenangriffe auf Berlin im Jahr 1943 zunächst ins Heimatmuseum von Blankenburg im Harz verschickt worden waren. Von dort wurden sie fatalerweise 1944 ins Salzbergwerk Staßfurt bei Magdeburg verlagert, weil man eine unterirdische Einlagerung für sicherer hielt. Was in Blankenburg verblieb – immerhin 23 Kisten – hat den Krieg überstanden, während ein vorsätzlich gelegtes Feuer im Stollen von Staßfurt im Mai 1945 alles, was dort eingelagert worden war, vernichtete. Im Oktober 1944 legte die einzige nach der Evakuierung des Reichsinstituts nach Pommersfelden in Berlin verbliebene MGH-Mitarbeiterin Margarete Kühn (1894–1996) ein Verzeichnis aller Kästen und Pakete, die in Staßfurt lagerten, und eine gesonderte Aufstellung der Hinkmar- und Konzilien-Materialien an[72]. Diese hat sich in zwei Exemplaren im MGH-Archiv erhalten, da man nach 1945 in der Hoffnung, es könne in Staßfurt doch noch etwas gerettet worden sein, einen „Bergungsplan" machte[73]. Die Liste lässt ahnen, wie intensiv Ernst Perels von 1931 bis zum Herbst 1944 an den

---

70 Perels, Über meinen Vater (wie Anm. 4) S. 11.

71 Im Vorwort zu MGH Epistolae 8, 2 (Epistolae Karolini Aevi 6), hg. von Rudolf Schieffer nach Vorarbeiten von Ernst Perels und Nelly Ertl (2018) S. V steht die widersprüchliche Angabe, Perels sei von Nelly Ertl „in erheblicher Weise unterstützt worden" und die Materialien „dürften ab 1938 und bis 1941 entstanden sein, als Frau Ertl wegen ihres Schuldienstes und des ‚Kriegseinsatzes' für die Kinderlandverschickung die zuletzt nur noch freiberufliche Tätigkeit für die MGH aufgeben musste". Merkwürdig ist, dass Schieffer dieser Widerspruch in seiner eigenen Aussage nicht aufgefallen ist, denn es liegt auf der Hand, dass Perels, dem nichts mehr an Aufgaben geblieben war als zu edieren, die meiste Arbeit an der Edition gemacht hat und nicht die im Schuldienst eingespannte Nelly Ertl. Dies kann man auch gut an den Materialien, d.h. an den Eintragungen von der Hand von Perels bzw. Ertl erkennen.

72 Vgl. dazu Martina Hartmann, Margarete Kühn und die MGH-Materialien im Salzbergwerk von Staßfurt, in: Historiker zwischen den Zeiten. Festschrift für Karel Hruza zum 60 Geburtstag, hg. von Peter Elbl / Alexandra Kaar / Jiri Nemec / Martin Wihoda (2021) S. 349–357.

73 Vgl. Hartmann, Margarete Kühn (wie Anm. 72) S. 351f. Anm. 8: Das Verzeichnis der eingelager-

Hinkmarbriefen und den Konzilstexten gearbeitet hatte. Es gehört zur Tragik seines Lebens, dass diese Arbeitsmaterialien ungefähr zur gleichen Zeit vernichtet wurden als er selbst in Flossenbürg starb.

Wie sehr Ernst Perels als ‚unsichtbarer'[74], aber kompetenter und anerkannter Experte der MGH im Hintergrund gewirkt hatte, lassen einige Briefe schlaglichtartig erkennen.

Am 25. November 1936 teilte der später berühmte Mediävist Ernst Kantorowicz (1895–1963), den Perels seit den 1920er Jahren kannte, ihm mit, dass er sich in der Staatsbibliothek in Brüssel nach einer Handschrift erkundigt habe, deren Kopie Perels dringend benötigte. Perels' Schreiben sei, so Kantorowicz, in Vergessenheit geraten und zur „satisfaction" habe der Generaldirektor nun angeboten, dem Editor diese Handschrift nach Berlin zu schicken, obwohl sie normalerweise „unter keinen Umständen" versendet würde – ein deutliches Zeichen für die Wertschätzung, die Perels im Ausland genoss, aber vielleicht auch ein Indiz für die Menschenkenntnis und Solidarität des jüdischen Gelehrten Kantorowicz, der sicher ahnte, dass dieser Brief Balsam für die Seele des immer wieder gedemütigten Kollegen sein würde. Dass die Königliche Bibliothek tatsächlich mehrere ihrer Handschriften an Perels auslieh, bezeugt er selbst in seinem Jahresbericht für Stengel[75].

Zehn Jahre nach Erscheinen seiner Bonizo-Edition in der von dem Rechtshistoriker Emil Seckel geplanten Reihe der Preußischen Akademie gab man Ernst Perels im 1940 das nachgelassene Material des 1924 im Alter von 60 Jahren verstorbenen Seckel zur Prüfung, denn die Edition der Falschen Kapitularien des Benedictus Levita sollte nach dem Willen von Edmund E. Stengel möglichst bald erscheinen, zumal der Editor selbst wohl den Eindruck erweckt hatte, als stünde das Werk kurz vor der Vollendung[76]. In seinem präzisen Gutachten, das aus einer einzigen eng getippten Schreibmaschinenseite besteht, fasste Perels seine Analyse mit den Worten zusammen: „Seckels Nachlass bestand wesentlich aus Kollationen, Abschriften, Text-Entwürfen, Zusammenstellungen und fast unzähligen Notizen. Alles unvergleichlich gelehrt und kritisch scharfsinnig; auch geistreiche Einfälle. Genaue Sichtung erfordert noch längere Zeit. – Nichts fertig und für den Druck abgeschlossen, zumal er selbst offenbar über Technik der Ausgabe noch nicht schlüssig geworden war"[77]. Diese Einschätzung fand im Jahr 2006 Gerhard Schmitz, der sich ausgiebig mit Benedictus Levita und den Seckelschen Materialien beschäftigt hatte, vollkommen zutreffend. Edmund E. Stengel passte sie 1940 nicht ins Konzept; daher schickte er Perels' Gutachten dem Rechts-

---

ten Hinkmar-Materialien findet sich in MGH-Archiv, B 569 Bl. 302 und in B 722 (Handakten Otto Meyer). Aus dem Brief von Kühn an Theodor Mayer vom 12. August 1944 (ebd. S. 356f.) geht hervor, dass sie für Ernst Perels Materialien aus Staßfurt wieder nach Berlin holte, aber nicht alles tragen konnte, was er zurückhaben wollte.

74 So Marquard-Mois, Ernst Perels, Virtuelle Ausstellung (wie Anm. 1) Nr. 4.

75 Ich danke Prof. Christoph Perels (Frankfurt am Main), der mir eine Kopie des Briefes zugänglich gemacht hat, der sich inzwischen in der SBB, Nl 442 (wie Anm. 1) befindet. In seinem Bericht an Stengel vom 14. April 1937 berichtete Ernst Perels, dass die Königliche Bibliothek in Brüssel seine Arbeit „durch Übersendung von Handschriften" unterstützt habe (MGH-Archiv, B 558 Bl. 265). Vgl. zu Kantorowicz die Biographie von Robert E. Lerner, Ernst Kantorowicz. Eine Biographie (2019).

76 Vgl. Paul Kehr, Bericht über die Herausgabe der Monument Germaniae Historica 1924, in: NA 46 (1926) S. VII sowie sein Nachruf auf Seckel, ebd. S. 158–180.

77 Gutachten von Ernst Perels zur Benedictus-Levita-Edition, 20.08.1940 (MGH-Archiv, B 556 Bl. 301).

historiker Ernst Heymann mit der Bemerkung zu „Hierbei sende ich Ihnen die Äußerung von Herrn P. über Benedictus Levita“[78].

Als der katholische Kirchenhistoriker Anton Michel (1884–1958) aus Freising für die Schriftenreihe der MGH ein Manuskript über ein Rechtsbuch der päpstlichen Reform einreichte[79], wurde Ernst Perels, der sich aufgrund seiner schon erwähnten Bonizo-Edition von 1930 gut mit der Materie auskannte, um ein Gutachten gebeten. Offenbar wollte der Autor sich im Vorwort für die hilfreichen Hinweise bedanken, erhielt aber am 31. August 1942 von Carl Erdmann, der die Redaktionsarbeiten des Reichsinstituts für die Schriftenreihe einschließlich der Korrespondenz führte, die lapidare Mitteilung: „Besten Dank für die letzten Korrekturen *[…]* Ich habe lediglich die Worte ‚der Kommission mit Herrn Prof. Dr. E. Perels' herausgestrichen, denn eine solche Kommission hat nicht existiert. Prof. Perels (den Sie selbst ja genannt hatten, mit dem unser Institut jetzt aber keine offiziellen Beziehungen unterhalten kann) hat das Manuskript seinerzeit ebenso wie ich lediglich zur Äußerung erhalten“[80], womit wieder einmal die Expertise von Perels aus politischen Gründen unsichtbar gemacht wurde.

Veröffentlicht hat Ernst Perels in den letzten Jahren – sieht man vom anonym erschienenen Hinkmar-Faszikel einmal ab – kaum noch. Der 1939 in der Zeitschrift für Schweizerische Geschichte publizierte Aufsatz über die Basler Hinkmar-Handschrift wurde vermutlich auf Vermittlung seines Schweizer Schülers Oskar Vasella (1904–1966) gedruckt[81]. Der nur dreiseitige Aufsatz über Propaganda-Technik im 9. Jahrhundert, in dem Perels einen erhaltenen Originalbrief im Archiv für Urkundenforschung publik machte[82], hatte insofern ein ‚Nachspiel', als Wilhelm Engel, der von Edmund E. Stengel verdrängte Leiter des Reichsinstituts für ältere deutsche Geschichtskunde, seinem Freund Walter Frank (1905–1945), dem Leiter des Reichsinstituts für die Geschichte des neuen Deutschland, schrieb, das neueste Heft der in Verbindung mit Stengels Reichsinstitut herausgegebenen Zeitschrift enthalte „einen Beitrag des wegen jüdischer Abstammung abgebauten Professors Perels“ und anbot, „weitere Entgleisungen auf mittelalterlichem Gebiet“ festzuhalten und ihm mitzuteilen, was Frank dankend akzeptierte[83].

Das Bild von Ernst Perels wäre aber sehr unvollständig, wenn man ihn nur als Wissenschaftler sehen und würdigen wollte, denn an seinen Söhnen hing er sehr und ihr Schicksal, vor allem das des zweitgeborenen Sohnes Friedrich Justus, hatte großen Einfluss auf sein Leben und Ende.

78 Vgl. Marquard-Mois, Ernst Perels, Virtuelle Ausstellung (wie Anm. 1) Nr. 8.

79 Anton Michel, Die Sentenzen des Kardinals Humbert, das erste Rechtsbuch der päpstlichen Reform (MGH Schriften 7, 1943).

80 Vgl. Marquard-Mois, Ernst Perels, Virtuelle Ausstellung (wie Anm. 1) Nr. 9; Brief Erdmann an Michel vom 31.8.1942: MGH-Archiv, B 561 Bl. 137. Der Brief wurde nicht von Reichert, Fackel in der Finsternis (wie Anm. 37) Bd. 2: Briefe, aufgenommen.

81 Ernst Perels, Die Basler Hinkmar-Handschrift, in: Zs. für Schweizerische Geschichte 19 (1939) S. 38–53; zu Vasella vgl. Johannes Spörl, Oskar Vasella, in: HJb 87 (1967) S. 252–256.

82 Ernst Perels, Propagandatechnik im IX. Jahrhundert, in: AUF 1 (1938) S. 423–425 und dazu Oberling, Ernst Perels (wie Anm. 1) S. 204.

83 Vgl. Heiber, Reichsinstitut (wie Anm. 30) S. 927 und Oberling, Ernst Perels (wie Anm. 1) S. 204 zu dieser Publikation. Siehe zu Engels Behauptung in der Nachkriegszeit, er habe die Monumentisten geschützt, worunter er auch Ernst Perels aufzählt, unten S. 364.

4. Ernst Perels und seine Söhne

Dass Ernst Perels auf einem im Dezember 1944 aus dem Berliner Gefängnis geschmuggelten Kassiber für seine Trauerfeier („in casu mortis") verfügte, dass er sich als „Christ, Deutscher und Historiker" gewürdigt sehen wolle[84], zeigt, welch große Bedeutung der protestantische Glaube für ihn und seine Familie hatte. Dabei hatte seine Frau Antonie einen wesentlichen Anteil an der Hinwendung seiner Söhne zur Kirche, während Ernst Perels erst in den Jahren des NS-Regimes eine engere Bindung entwickelte[85]. Der berufliche Werdegang und das Leben der Söhne waren vom Christentum geprägt. Vor allem Friedrich Justus, aber auch Otto standen mutig für ihre christlichen Überzeugungen ein und riskierten dafür ihr Leben. Die von der Kinderzeit an engen Bindung von Ernst Perels zu seinen vier Söhnen und seine Billigung ihres gegen das Regime gerichteten Kampfes, der ihm schließlich selbst zum Verhängnis wurde, gehören zum Lebensbild von Ernst Perels. Dass sein Sohn Friedrich Justus Beziehungen zum liberalen und christlich-sozialen Widerstand gegen Hitler hatte, wusste der Vater, ohne allerdings Details zu kennen, wie seine Schwiegertochter Helga (1915–1995), die Witwe von Friedrich Justus, nach dem Krieg betonte[86]; somit wird er sich des Risikos auch für ihn selbst bewusst gewesen sein.

Der älteste, 1908 geborene Sohn Otto Ferdinand, der Theologie studierte und nach dem Krieg ausführliche Erinnerungen an seinen Vater niederschrieb, war von 1933 bis 1946 in Rehfelde/Märkisch-Oderland Pfarrer der Bekennenden Kirche, der kirchlichen Oppositionsbewegung evangelischer Christen, die sich gegen die Willkürherrschaft des nationalsozialistischen Staates engagierte. Bereits Ende Juni 1933 hatte Otto Perels mit Friedrich von Bodelschwingh (1877–1946), dem Leiter der Bodelschwinghschen Krankenanstalten in Bethel und kurzzeitig designiertem Reichsbischof, über das sog. Betheler Bekenntnis korrespondiert, das als einziges Dokument der damaligen evangelischen Kirche auf die Situation der bedrohten Juden eingegangen war, auch wenn es zu der Frage im Bearbeiterkreis kontroverse Diskussionen gegeben hatte[87].

Wie Otto Perels in seinen Erinnerungen an seinen Vater schrieb, hatte Ernst Perels vor allem zu seinem zweitgeborenen Sohn Friedrich Justus Leopold (*13. November 1910, †23. April 1945) ein besonders enges Verhältnis und besprach mit ihm private und berufliche Probleme[88], zumal dieser bis zu seiner Heirat im Mai 1940 bei den Eltern wohnte.

84 Perels, Über meinen Vater (wie Anm. 4) S. 1; Oberling, Ernst Perels (wie Anm. 1) S. 229 teilt mit, dass seine Vorschläge für die Grabrede und die Liste, wer von seinem Tod zu benachrichtigen sei, im Dezember 1944 aus dem Gefängnis geschmuggelt wurden, d.h. dass er zu diesem Zeitpunkt schon nicht mehr damit rechnete, die Haft zu überleben.

85 Oberling, Ernst Perels (wie Anm. 1) S. 222f., gestützt auf einen Brief von Otto Perels.

86 Vgl. Schreiber, Friedrich Justus Perels (wie Anm. 1) S. 188 beruhend auf einem Gespräch mit Helga Perels am 13.6. 1986 und dazu Oberling, Ernst Perels (wie Anm. 1) S. 222f.

87 SBB, Handschriftenabteilung, Nl 299 (Dietrich Bonhoeffer) A38, 8(2); 3–4: Brief vom 31.7.1933. Vgl. dazu Wolf-Dieter Hauschild, Zur Erforschung der Barmer Theologischen Erklärung von 1934, in ders., Konfliktgemeinschaft Kirche. Aufsätze zur Geschichte der Evangelischen Kirche in Deutschland (2004) S. 141–179, bes. S. 147f.

88 Vgl. Perels, Über meinen Vater (wie Anm. 4) S. 14 und Schreiber, Friedrich Justus Perels (wie Anm. 1) S. 28: seine Schlagfertigkeit brachte ihm eine Sonderstellung unter den Brüdern ein. Vgl. auch Joachim Perels, „Trachtet nach Recht, helft den Unterdrückten". Über den Widerstand von Friedrich

Friedrich Justus studierte Jura wie sein (Paten-)Onkel Leopold Perels, was der Vater sich schon bei Otto erhoffte hatte. Er konnte aber nur mit Mühe seine Ausbildung beenden, weil nach dem sog. Gesetz zur Wiederherstellung des Berufsbeamtentums vom 7. April 1933 „nichtarische" Referendare keine Anstellung im Staatsdienst erhielten. So wurde Friedrich Justus Rechtsberater der Bekennenden Kirche und des Pfarrernotbundes. 1931/32 lernte er Martin Niemöller (1892–1984) kennen, den führenden Vertreter der Bekennenden Kirche, der gegen die sog. ‚regimetreuen deutschen Christen' gerichteten Oppositionsbewegung, die gegen die Gleichschaltung der protestantischen Kirche durch den nationalsozialistischen Staat kämpfte. Friedrich Justus Perels beriet die Bekennende Kirche juristisch und half Niemöller, der 1938 verhaftet wurde. Eine Freundschaft verband ihn auch spätestens seit Ende 1936 mit Dietrich Bonhoeffer (1906–1945), dem bedeutenden Theologen und prominentesten Vertreter der Bekennenden Kirche[89]. Im Mai 1940 heiratete Friedrich Justus Helga Kellermann, die als Sekretärin für die Bekennende Kirche arbeitete[90]. Als Trautext wählte das junge Paar die Bibelverse 5. Moses 6, 4-9, das Schma Jisrael, eines der wichtigsten Gebete des Judentums und Ausdruck des jüdischen Selbstverständnisses; damals eine sehr ungewöhnliche Entscheidung[91]. Als Anfang Oktober 1942 die Vorbereitungen zur Deportation der Juden aus Berlin begannen, handelten Friedrich Justus Perels und Dietrich Bonhoeffer sofort und informierten Mitglieder des Widerstands, um die Attentatspläne gegen Hitler zu beschleunigen[92]. Perels machte sich keine Illusionen über die Gefahr für Leib und Leben, in die er sich durch seine Verbindungen zum Widerstand begab und verfasste am 3. Januar 1943 sein Testament[93]. Seine Verhaftung erfolgte schließlich am 5. Oktober 1944, fast zweieinhalb Monate nach dem gescheiterten Attentat auf Hitler.

Am 2. Februar 1945 wurde er vom Volksgerichtshof unter Roland Freisler, der am Tag darauf bei einem Bombenangriff auf Berlin umkam, zum Tode verurteilt und beim Marsch vom Zellengefängnis Lehrter Straße zum Prinz-Albrecht-Palais in der Nacht vom 22. auf den 23. April 1945 von einem Sonderkommando des Reichssicherheitshauptamts ermordet[94].

Justus Perels, dem Justitiar der Bekennenden Kirche, in: FAZ Nr. 160 (20. Juli 2002) S. 38 sowie DERS., Christlicher Widerstand gegen das Nazi-Regime – Friedrich Justus Perels, in: Die Rolle der Juristen im Widerstand gegen Hitler. Festschrift für Friedrich Justus Perels, hg. von der Stiftung Adam von Trott Imshausen (2017) S. 49–66 (erstmals publiziert in: Joachim PERELS, Recht und Autoritarismus [2009]) und Joachim PERELS, Ansichten und Lebensstationen eines kritischen Gewissens. Gespräche, aufgezeichnet, bearb. und hg. von Martin ARENDS (2022) bes. S. 9 ff. sowie die in der folgenden Anmerkung genannte Literatur.

89 Vgl. dazu neben der Biographie von SCHREIBER ausführlich Eberhard BETHGE, Dietrich Bonhoeffer. Theologe – Christ – Zeitgenosse. Eine Biographie (1967, hier benutzt [7]2001) und DERS., In Zitz gab es keine Juden. Erinnerungen aus meinen ersten vierzig Jahren (1989) S. 171–175 (Bonhoeffers enger Freund und Schwager Eberhard Bethge, der Haft und Krieg überlebte, hatte Friedrich Justus Perels zum Patenonkel seines Sohnes gemacht). SCHREIBER, Friedrich Justus Perels (wie Anm. 1) S. 165 Anm. 20 weist darauf hin, dass außer den Mitgliedern der Familie Bonhoeffer am 31. März 1943 nur Friedrich Justus Perels an der Feier zum 75. Geburtstag von Karl Bonhoeffer teilnahm, wie ein Foto beweist.

90 Vgl. zu ihr PERELS, Ansichten und Lebensstationen (wie Anm. 88) S. 9 ff.

91 Vgl. dazu SCHREIBER, Friedrich Justus Perels (wie Anm. 1) S. 155f.

92 Vgl. dazu im Einzelnen ebd. S. 176 ff.

93 Vgl. ebd. (wie Anm. 1) S. 180f.

94 Vgl. ebd. S. 180f. und BETHGE, Juden in Zitz (wie Anm. 89) S. 174: die erste Trauerfeier für Friedrich Justus Perels fand am 11. Juni 1945 auf dem Dorotheenstädtischen Friedhof statt, sowie S. 185 ff.

Der dritte Sohn Ulrich Ernst (1915–2000) schloss nach der Schule eine Ausbildung als Buchhändler mit Auszeichnung ab und war nach dem Krieg Inhaber einer Evangelischen Buchhandlung in Karlsruhe[95]. Der jüngste Sohn Hans Peter Martin (1918–1941), der nach dem Wunsch des Vaters Medizin hätte studieren sollen, entschied sich wie sein ältester Bruder Otto für ein Theologiestudium, das er an der Kirchlichen Hochschule von Bethel aufnahm, da er als sog. „Vierteljude" an der Berliner Universität nicht zugelassen wurde[96]. Bereits 1937 wurde er zum Reichsarbeitsdienst eingezogen, ein Jahr später meldete er sich freiwillig zum Kriegsdienst. Bei Ausbruch des Krieges war er 21 Jahre alt. Hans Perels, der Tagebuch führte, kämpfte 1939 in Polen, 1940 in Frankreich und 1941 in Nordafrika. Bei Tobruk wurde er am 26. November 1941 verwundet zurückgelassen und gilt seitdem als vermisst. Ernst Perels hat für die Familie Erinnerungen an seinen jüngsten Sohn niedergeschrieben. 1992 wurden Auszüge seiner Tagebücher unter dem Titel: „... müssen denen, die Gott lieben, alle Dinge zum Besten dienen. Ein Theologiestudent im Krieg" publiziert, allerdings ohne die Identität des Autors zu lüften[97]. Hans Perels setzte sich in seinen Tagebüchern, die von tiefer Religiosität zeugen, intensiv mit Fragen des Glaubens und der Bewährung eines Christen in der Ausnahmesituation des Krieges auseinander.

5. Sippenhaft und Tod

Auf der Suche nach Friedrich Justus Perels war die Gestapo am 5. Oktober 1944 zuerst bei den Eltern im Weddigenweg 64 in Berlin-Lichterfelde erschienen[98]. Daraufhin reiste Ernst Perels am nächsten Tag nach Pommersfelden ab, wohin die Bibliothek und die meisten Mitarbeiterinnen sowie der Präsident des Reichsinstituts für ältere deutsche Geschichtskunde Anfang 1944 evakuiert worden waren. Am 18. Oktober wurde er an seinem Arbeitsplatz in Pommersfelden verhaftet und zunächst nach Berlin in das Gefängnis an der Lehrter Straße gebracht, wo auch sein Sohn Friedrich Justus inhaftiert war. Anders als viele andere Angehörige von Männern, die im Zusammenhang mit dem Attentat vom 20. Juli verhaftet worden waren, wurde Ernst Perels aber nicht nach einigen Wochen wieder aus dem Gefängnis entlassen. Vielmehr wurde er am 30. Dezember 1944 ins KZ Buchenwald verschleppt, nicht als „Sippenhäftling", sondern als aus politischen und rassistischen Gründen Verfolgter[99]. Dementsprechend wurde Perels anders als die ebenfalls in Buchenwald festgehaltenen „Sippenhäftlinge" registriert und in Block 43 des Häftlingslagers inhaftiert[100]. Theodor Mayer, der Präsident des Reichsinstituts, schrieb am Tag der Verhaftung von Perels einen Brief an

95 Vgl. Schreiber, Friedrich Justus Perels (wie Anm. 1) S. 30 und Oberling, Ernst Perels (wie Anm. 1) S. 77.

96 Vgl. die kurze Biographie in: Sehr selten habe ich geweint. Briefe und Tagebücher aus dem Zweiten Weltkrieg von Menschen aus Berlin, hg. von Ingrid Hammer / Susanne zur Nieden (1992) S. 62f.

97 Ebd. S. 12–61 (sein letzter Brief stammt vom 13. November 1941). Vgl. aber Oberling, Ernst Perels (wie Anm. 1) S. 28.

98 Vgl. Schreiber, Friedrich Justus Perels (wie Anm. 1) S. 199 und 214 ff. sowie Oberling, Ernst Perels (wie Anm. 1) S. 218 ff.

99 Häftlings-Personal-Karte Ernst Perels, 1.1.5.3/6796993 (ERNST PERELS) / ITS Digital Archive, Arolsen Archives. Als Haftgrund ist hier genannt: „Polit.-Mischling 1. Grades".

100 Veränderungsmeldung, 30. Dezember 1944, 1.1.5.1/5284119/ ITS Digital Archive, Arolsen Archives; Harry Stein, Buchenwald – Stammlager, in: Der Ort des Terrors. Geschichte der nationalsozialistischen

den zuständigen Referenten im Kultusministerium, betonte die Verdienste des langjährigen Mitarbeiters der MGH und wies darauf hin, dass er mit einer „Arierin“ verheiratet sei; außerdem beschrieb Mayer Ernst Perels als „sehr ängstliche Natur“, der nicht „zu politischen Handlungen irgendwelcher Art geeignet und gewillt wäre“[101]. Die Familie wurde über die Verhaftung von Ernst Perels nicht informiert; auch Theodor Mayer hatte keinen Kontakt zu den Angehörigen aufgenommen, die nur zufällig von der Verhaftung erfuhren, als Ernst Perels' Schwiegertochter Helga für ihren Mann Friedrich Justus Lebensmittel ins Gefängnis brachte[102]. Unter den erniedrigenden Haftbedingungen, der schlechten Ernährung und den unhygienischen Zuständen litt der damals 63jährige Ernst Perels sehr – so sehr, dass sein früherer Kollege, der Philosoph Eduard Spranger (1882–1963), der ebenfalls im Zusammenhang mit dem Attentat auf Hitler im Gefängnis an der Lehrter Straße inhaftiert war, ihn Anfang November fast nicht wiedererkannte[103]. Im Unterschied zu seinem Sohn wurde Ernst Perels außerdem mit Rauch-, Lese- und Besuchsverbot belegt, wie seine Frau nach dem Krieg schrieb[104], d.h. aufgrund der Tatsache, dass er als „jüdischer Mischling“ galt – ob die Gestapo davon tatsächlich erst durch die Verhöre von Friedrich Justus erfuhr, wie Schreiber behauptet, muss offen bleiben[105] –, waren seine Haftbedingungen härter als die seines Sohnes, der beschuldigt wurde, am Attentat auf Hitler beteiligt gewesen zu sein. Auch von seiner Verschleppung ins KZ Buchenwald erfuhr die Familie erst durch eine Postkarte von Ernst Perels, die auf den 7. Januar 1945 datiert ist[106]. Für viele Jahre war die offizielle Mitteilung der Lagerverwaltung in Buchenwald vom 19. Februar 1945 auf eine Anfrage von Antonie

Konzentrationslager 3: Sachsenhausen, Buchenwald, hg. von Wolfgang Benz / Barbara Diestel (2006) S. 301–356, hier S. 319.

101 Oberling, Ernst Perels (wie Anm. 1) zitiert S. 219f. aus dem Schreiben von Theodor Mayer.

102 Vgl. ebd. S. 218 ff.

103 Vgl. ebd. S. 222 mit Anm. 615 beruhend auf einem Brief Sprangers an die Familie Perels vom 5. Februar 1946.

104 Marquard-Mois, Ernst Perels, Virtuelle Ausstellung (wie Anm. 1) Nr. 9 (Karte von Antonie Perels an Fritz Weigle vom 10.5.1949, MGH-Archiv, K 62,43).

105 Schreiber, Friedrich Justus Perels (wie Anm. 1) S. 216–217. Schreiber zufolge gerieten mit der Aussage von Friedrich Justus auch die Kinder von Ernst Perels' Schwester Friederike Kauffmann, deren Ehemann jüdischer Herkunft war, ins Visier der Gestapo. Perels' Neffe Hans-Friedrich und seine Nichte Anneliese, die vorher als „Mischlinge 1. Grades“ gegolten hatten, wurden nun als „Volljuden“ eingestuft und 1945 von den Nationalsozialisten ermordet. In dem 1951 erschienenen und 1952 mit dem Theodor-Fontane-Preis ausgezeichneten Roman „Wintergewitter“ von Kurt Ihlenfeld (1901–1972), der bis Kriegsende auch in der Nähe des schlesischen Hermsdorfs evangelischer Pfarrer war, wird das Schicksal von Hans-Friedrich Kauffmann thematisiert, der im Roman als „Herr von Schindel“ erscheint und in der qualvollen Erwartung seiner Verhaftung wegen seiner jüdischen Abstammung lebt, die schließlich erfolgt. Auf diese literarische Verarbeitung macht Schreiber, Friedrich Justus Perels (wie Anm. 1) S. 216 Anm. 69 aufmerksam; vgl. außerdem Jochen Hoffbauer, Chronik eines Untergangs. Anmerkungen zu dem Roman „Wintergewitter“ von Kurt Ihlenfeld, in: Jb. für Schlesische Kirchengeschichte 67 (1988) S. 207–216, bes. S. 214f. Prof. Christoph Perels, dem ich für diese Information danke, teilte mir am 20.3.2023 mit, dass seines Wissens Ernst Perels' Nichte Anneliese deportiert und Hans-Friedrich Kauffmann von den Nationalsozialisten noch in Hermsdorf ermordet wurde.

106 So Otto Perels auf der Trauerfeier am 2. August 1946; vgl. Schreiber, Friedrich Justus Perels (wie Anm. 1) S. 215 und Oberling, Ernst Perels (wie Anm. 1) S. 224f.

Perels das letzte Lebenszeichen ihres Mannes; sie besagte, dass er im Block 64 für Alte und Kranke untergebracht sei[107].

Wie sich erst 1959 rekonstruieren ließ, wurde er am 10. April 1945 im Rahmen der teilweisen Räumung Buchenwalds in einem großen Transport mit 4.000. bis 5.000 anderen Häftlingen, die von der SS zusammengetrieben worden waren, zunächst auf halboffenen Güterwagen in zwei Tagen bis nach Tachau (Tachov in Tschechien) gebracht; von dort wurden die Gefangenen in zwei Tagesmärschen zu dem 25 km entfernten KZ Flossenbürg getrieben, wo bereits am 9. April Dietrich Bonhoeffer, Wilhelm Canaris (1887–1945) und andere ermordet worden waren. Am 23. April, dem Tag, der auf die Hinrichtung von Friedrich Justus Perels in Berlin folgte, wurde das KZ Flossenbürg von den US-Truppen befreit; sie fanden im Krankenrevier über 1500 schwerkranke Häftlinge vor, darunter auch Ernst Perels, der am 10. Mai 1945 an Entkräftung – eine Folge der Haft – starb. Dies alles erfuhr die Familie erst 14 Jahre später, als eine Mitarbeiterin von Admiral Canaris das Grab ihres Chefs in Flossenbürg aufsuchte und dort auf einen Grabstein mit dem Namen „Pereles" stieß[108].

6. Die Nachkriegszeit

Otto Perels hat zwei markante Sätze seines Bruders Friedrich Justus aus ihrem letzten Gespräch im August 1944 zitiert: „Es fallen so viele im Kampf für dieses System, besser ist es, man fällt im Kampf gegen dieses System" und (in der Überzeugung, das Richtige zu tun): „Paß mal auf, nach dem Krieg werden sie Straßen und Plätze nach uns benennen"[109].

Bis es dazu kam und bis auch für Ernst Perels sowie seinen Bruder Kurt Stolpersteine verlegt wurden, dauerte es aber noch Jahrzehnte, denn in der unmittelbaren Nachkriegszeit unterschieden einige Bischöfe der evangelischen Kirche zwischen christlichem Märtyrertum und politischem Widerstand, wie dem Attentat vom 20. Juli, so dass man sogar von der Familie Bonhoeffer verlangte, sich gegen die Benennung von Straßen nach ihrem Sohn Dietrich auszusprechen[110], nicht zuletzt, um die Thematisierung des eigenen regimekonformen Verhaltens und des eigenen Versagens zu verhindern[111].

Auf der Trauerfeier, die der älteste Sohn Otto am 2. August 1946 für seinen Vater Ernst und seine Brüder Friedrich Justus und Hans gestaltete, sprach er nur kurz davon, dass die drei „gewaltsam durch Menschenhand gestorben" seien. Sodann erwähnte er mit Dankbarkeit „die menschliche Treue eines Teils der Kollegen und Schüler" von Ernst Perels und die Tatsache, dass „die Monumenta Germaniae ihm *[...]* trotz entgegenstehender Be-

107 Schreiber, Friedrich Justus Perels (wie Anm. 1) S. 215 und Oberling, Ernst Perels (wie Anm. 1) S. 225.

108 Vgl. dazu Oberling, Ernst Perels (wie Anm. 1) S. 226 ff., die sich auf Otto Perels, Bericht über die letzten Lebenswochen meines Vaters Prof. Ernst Perels gest. am 10. Mai 1945 stützt (MGH-Archiv, K 62,43 unpaginiert). Eine Suchanfrage der Familie beim Internationalen Suchdienst war nicht zu ermitteln.

109 Schreiber, Friedrich Justus Perels (wie Anm. 1) S. 198.

110 Darauf hat Bethge, Dietrich Bonhoeffer (wie Anm. 89) S. 1042 hingewiesen; vgl. auch Jörg Skriebeleit, Erinnerungsort Flossenbürg. Akteure, Zäsuren, Geschichtsbilder (2009) S. 253 ff. zum Bonhoeffer-Gedenken in Flossenbürg und den schwierigen Anfängen.

111 So Perels, Ansichten und Lebensstationen (wie Anm. 88) S. 24: der bayerische Landesbischof Hans Meiser lehnte es ab, in der Kirche von Flossenbürg eine Gedenktafel für Dietrich Bonhoeffer zu weihen.

stimmungen bis zum Tage seiner Verhaftung die Möglichkeit zu wissenschaftlicher Arbeit gegeben“ hätten[112].

Als Grund für die Verhaftung von Ernst Perels nannte Otto Perels ausschließlich „das Verwandtschaftsverhältnis zu Friedrich Justus“, nicht aber seine jüdische Herkunft. Gehorchte Otto Perels damit nur dem Wunsch des verstorbenen Vaters, die ‚Abstammungsthematik‘ nicht zu erwähnen, oder wollte er über die Ausgrenzung von Ernst Perels und seiner Familie schweigen, weil man so gerne glauben wollte, dass es unter den Kollegen viele gegeben hatte, die ihm die ‚Treue gehalten‘ und ihn geschätzt hatten?

Im Anschluss an Otto Perels ergriff Bischof Otto Dibelius (1880–1967) das Wort, der zwar Kontakte zum Widerstand gegen Hitler gehabt, selbst aber einen Umsturz abgelehnt hatte; nach Kriegsende war er von großem Einfluss in der evangelischen Kirche, wurde Bischof von Berlin und Vorsitzender des Rates der evangelischen Kirche in Deutschland. Dibelius' Antisemitismus hat bereits Eberhard Bethge erwähnt, aber erst in den vergangenen Jahren wurde darauf dezidierter hingewiesen[113].

Als letzter sprach der Dekan der Philosophischen Fakultät, Prof. Fritz Hartung, über „das tragische Schicksal von Ernst Perels“, dessen Tod auch für die Fakultät „ein schmerzlich empfundener Verlust“ sei, der besonders „uns Ältere treffe, die Fachgenossen“, „die sein aufrechtes, ehrliches, treues Wesen *[…]* schätzen gelernt haben. Wir werden ihn ganz besonders vermissen. Es ist uns eine schmerzliche Enttäuschung gewesen, dass er sich nicht, wie wir zuerst erwartet hatten, bei der Wiedereröffnung der Universität *[…]* zurückgemeldet hat“[114]. Während der NS-Diktatur hatte sich Hartung hingegen abfällig über Perels jüdische Herkunft geäußert und ihn als Wissenschaftler für „wenig geeignet“ befunden[115].

Fritz Weigle (1899–1966), ein Schüler von Ernst Perels, der zunächst am Deutschen Historischen Institut in Rom, dann beim Befehlshaber der Sicherheitspolizei und des Sicherheitsdienstes in Verona sowie beim sog. Kunstschutz, der der deutschen Militärverwaltung in Italien unterstand, gearbeitet hatte[116], schrieb den Nachruf auf seinen Lehrer

112 Perels, Trauerfeier, in: MGH-Archiv, 62,43 (wie Anm. 4) S. 2.

113 Vgl. Bethge, Juden in Zitz (wie Anm. 89) S. 213 und zuletzt Manfred Gailus, „Der Prozess des Aussterbens geht schnell vor sich“. Das Wirken von Otto Dibelius muss neu bewertet werden, vgl. Tagesspiegel online (31.3.2022) https://www.tagesspiegel.de/wissen/der-prozess-des-aussterbens-geht-schnell-vor-sich-das-wirken-von-otto-dibelius-muss-neu-bewertet-werden/28214346.html).

114 Fritz Hartung auf der Trauerfeier für Ernst, Friedrich Justus und Hans Perels (MGH-Archiv, K 62,43 S. 9).

115 Siehe oben Anm. 30, Hartungs Brief an Brackmann.

116 Vgl. Jürgen Klöckler, Verhinderter Archivalienraub in Italien. Theodor Mayer und die Abteilung „Archivschutz“ bei der Militärverwaltung in Verona 1943–1945, in: Francia 86 (2006) S. 491–537, bes. S. 500 mit Anm. 28 zu Weigles Werdegang; vgl. auch Christian Fuhrmeister, Die Abteilung „Kunstschutz“ in Italien: Kunstgeschichte, Politik und Propaganda 1936–1963 (2019) S. 107 ff. und 241: Weigle war seit Herbst 1943 im Rang eines Sonderführers Z Hilfsreferent bei SS-Sturmbannführer Ernst Turowski und wohl Initiator eines Plans, alle italienischen Archive nach Deutschland zu bringen; nach dem Kriege war er zunächst Referent beim Regierungspräsidenten von Ansbach, wurde dann aber zu einem Jahr Gefängnis auf Bewährung verurteilt wegen Verschweigens seiner Tätigkeit für den BdS im Entnazifizierungsbogen; daraufhin wurde er als Mitarbeiter der MGH in Pommersfelden, später in München angestellt.

und schickte ihn an die Witwe Antonie, die sicher nicht wusste, wo Weigle im Krieg tätig gewesen war[117].

Menschen, die zu seinen Lebzeiten Kapital aus der Verfolgung von Ernst Perels gezogen, sich abfällig über ihn geäußert oder an seiner Entfernung von der Universität mitgewirkt hatten, stellten sich der Familie Perels gegenüber nun als dessen Freunde dar und versuchten, entlastende Aussagen für ihre Entnazifizierung zu erhalten. Edmund E. Stengel behauptete, wie er am 18. August 1946 wegen seines anhängigen Spruchkammerverfahrens an Otto Perels schrieb, er habe Ernst Perels „nicht nur wegen seiner gelehrten Arbeiten" geschätzt, „sondern auch wegen *[...]* seiner Gesinnung, die ihm – das habe ich immer herausgefühlt – trotz allem, was ihm widerfahren war, in seiner vaterländischen Überzeugung nie wanken ließ"[118].

Wilhelm Engel, der kommissarische Leiter des Reichsinstituts in den Jahren 1936/37, der 1936 aufgrund der Zwangsemeritierung von Ernst Perels in Berlin ein Extraordinariat erhalten hatte und Walter Frank über die Publikation des „abgebauten Professors Perels" informiert hatte[119], um seinem Lehrer und Nachfolger Stengel zu schaden, ließ sich im April 1946 einen ‚Persilschein' von Erich Freiherr von Guttenberg (1888–1952), dem Erlanger Ordinarius, ausstellen. Dieser versicherte, Engel sei bemüht gewesen, „die sattsam bekannten Härten der nat. soz. Kulturpolitik mildernd, und, entgegen den amtlichen Richtlinien, ausgleichend entgegenzuwirken", und zwar in Bezug auf Prof. Ernst Perels, von dem Guttenberg behauptete, „Prof. Perels lebt, soweit ich weiß, in Pommersfelden bei Bamberg (Mon. Germ. Hist.)"[120]. Und noch im November 1948 (!) berief sich Engel auf Perels, Erdmann und Levison als Zeugen für seine aufrechte Haltung im Dritten Reich und wusste angeblich nichts davon, dass von ihnen keiner mehr lebte, obwohl Engel bei den MGH in Pommersfelden ein und aus ging[121]. Die Familie Perels hatte diesen falschen Behauptungen wenig entgegenzusetzen.

117 Marquard-Mois, Ernst Perels, Virtuelle Ausstellung (wie Anm. 1) Nr. 9.

118 Zitiert von Oberling, Ernst Perels (wie Anm. 1) S. 230. Brief an Martina Hartmann von Christoph Perels am 11. Februar 2020: „Mein Vater hat ihm *[= Edmund E. Stengel]* ja, etwas zögerlich, einen sogenannten Persilschein ausgestellt; wie er mir sagte, nicht zuletzt deswegen, weil Stengel dem nach England abreisenden Levison noch wichtige und hilfreiche Arbeitsunterlagen an den Bahnhof gebracht hätte." Vgl. zu Stengels Verhalten gegenüber Levison Marquard-Mois, Wilhelm Levison, Virtuelle Ausstellung (wie Anm. 1) Nr. 5: Stengel bezeichnete Levison 1938 als „Korrektor" und vertuschte alle Beziehungen zu ihm.

119 Siehe dazu oben S. 357.

120 Dieses Schreiben ist abgedruckt bei Enno Bünz, Ein Historiker zwischen Wissenschaft und Weltanschauung: Wilhelm Engel (1905–1964), in: Die Universität Würzburg in den Krisen der ersten Hälfte des 20. Jahrhunderts. Biographisch-systematische Studien zu ihrer Geschichte zwischen dem Ersten Weltkrieg und dem Neubeginn 1945, hg. von Peter Baumgart (2002) S. 252–318, hier S. 306f.

121 Vgl. Bünz, Wilhelm Engel (wie Anm. 117) S. 265 mit Anm. 61 (Brief von Engel an den Rektor der Universität vom 29. November 1948) mit der unzutreffenden Bemerkung: „Von den genannten lebten damals Erdmann, Perels und Levison nicht mehr, was Engel allerdings schwerlich bekannt gewesen sein dürfte." Vgl. zu Engel in Pommersfelden etwa „Die Arbeitsräume der Monumenta Germaniae Historica 1937–1967" (2012) S. 19 (Fotoalbum Pommersfelden 1948, MGH-Archiv, B 849 Nr. 1), wo Engel auf einem Foto abgebildet ist.

In der Nachkriegszeit erfuhr zunächst vor allem Friedrich Justus öffentliche Anerkennung als Angehöriger des Widerstands. Die DDR widmete ihm und acht weiteren Widerstandsmitgliedern in den fünfziger Jahren einen Gedenkstein auf dem Berliner Dorotheenstädtischen Friedhof. 1961 wurde in Westberlin der Perels-Platz, an dem seine ehemalige Schule liegt, im Ortsteil Friedenau nach ihm benannt mit einer Gedenktafel am Perels-Platz 9[122]. Auch die Gedenkstätte Deutscher Widerstand erinnert an Friedrich Justus Perels[123]. Im Namenkalender der Evangelischen Kirche in Deutschland, einem seit 1969 als Pendant zum Heiligenkalender der Katholischen Kirche geführten Verzeichnis, ist sein Gedenktag der 22. April[124]. Im Jahr 2009 wurde vor Friedrich Justus' letzter Wohnung an der Viktoriastr. 4a in Berlin-Lichterfelde ein Stolperstein verlegt[125]. Eine Gedenktafel auf dem Friedhof der Kaiser-Wilhelm-Gedächtnis-Kirchgemeinde am Fürstenbrunner Weg 69–77 in Charlottenburg erinnert an Ernst Perels sowie seine Söhne Friedrich Justus und Hans[126]. Am 22. April 2010 wurde an der Universität Hamburg ein Stolperstein für Kurt Perels verlegt[127]. Und am 11. Mai 2011 wurde vor Ernst Perels' letztem Wohnhaus am Weddigenweg 64 ein Stolperstein verlegt, verbunden mit einer Gedenkveranstaltung in der Berliner Staatsbibliothek, auf der seine Enkel Christoph Perels, der Sohn des ältesten Sohnes Otto, und Joachim Perels, der Sohn von Friedrich Justus, über den Großvater, den sie nie kennengelernt hatten, sprachen[128]. Am 10. September 2022 wurde in der Gemeinde Rehfelde eine Gedenktafel für Dr. Otto Perels (*13.7 1908, †2.8.2003), 1933 bis 1946 Pfarrer in der Gemeinde in Märkisch-Oderland, eingeweiht[129].

7. Schluss

Unter den Editoren in der ersten Hälfte des 20. Jahrhunderts nimmt Ernst Perels schon alleine wegen seiner 40jährigen Tätigkeit für die MGH einen besonderen Platz ein. Dass er sich selbst nie unter die „jüdischen Monumentisten" eingereiht hätte, beweist seine Verfügung von Dezember 1944, die er in der Vorahnung schrieb, dass er die Haft nicht überleben würde: er wollte nicht, dass auf seiner Trauerfeier über ‚Abstammungsthematik' geredet werde. Die Familie hielt sich daran und billigte vermutlich diese Einstellung, da die ganze Familie tief in der evangelischen Kirche verwurzelt war. Aber auch wenn das so gar nicht seinen Vorstellungen entsprach, darf Ernst Perels in einem Band über die jüdischen Mitarbeiter der MGH nicht fehlen, denn er erwarb sich nicht nur um die Abteilung Epistolae, die redaktionelle

122 https://www.stiftung-20-juli-1944.de/aktivitaeten/friedrich-bergius-schule-erinnert-an-friedrich-justus-perels.

123 Vgl. die Biographie auf der Webseite: https://www.gdw-berlin.de.

124 Joachim Schäfer, Friedrich Justus Leopold Perels, in: Ökumenisches Heiligenlexikon (https://www.heiligenlexikon.de).

125 https://www.stolpersteine-berlin.de/de/viktoriastr/4/friedrich-justus-perels.

126 https://berlingeschichte.de/lexikon/chawi/p/perels_hans.htm.

127 Vgl. Carmen Smiatacz über Kurt Perels auf der Seite der Stolpersteine in Hamburg (https://www.stolpersteine-hamburg.de) und Berkemann, Jüdische Rechtsprofessoren (wie Anm. 53) S. 67.

128 https://www.stolpersteine-berlin.de/de/weddigenweg/64/ernst-perels. Christoph Perels / Joachim Perels, Reden zur Verlegung des Stolpersteins für Prof. Ernst Perels (Kopien im MGH-Archiv, K 198).

129 https://www.gemeinde-rehfelde.de/news/1/764183/nachrichten/gedenktafel-f%C3%BCr-pfarrer-dr.-otto-perels.html.

Arbeit des Neuen Archivs und gutachterliche Tätigkeit große Verdienste, sondern gerade an seinem Wirken und an den Projekten, die er nicht zu Ende führen konnte, wie etwa der Ausgabe der Hinkmar-Briefe und der Konzilien der Karolingerzeit, zeigt sich, zu welch großem menschlichen und wissenschaftlichen Verlust die Ausgrenzung und Verfolgung derjenigen führte, die unter ihren Vorfahren Juden hatten, gleichgültig ob sie sich diesen Vorfahren religiös verbunden fühlten oder nicht.

ABSTRACT: Ernst Perels was born in Berlin in 1882. Initially following in the family tradition of his father and brothers, he began studying law in 1901, but then changed to the subjects of history and the Hilfswissenschaften. In 1904, he completed his Ph.D. in Berlin under Michael Tangl with a thesis on the Church tithe in the Carolingian Empire and began work for the MGH section Epistolae, beginning an association with the Monumenta that was to last forty years and bear the fruit of numerous editions. In 1909, Perels completed his habilitation and received a position as unpaid private lecturer at the University of Berlin in 1911. Due to his service in WWI, anti-Semitism, and the personal proclivities of leading academic figures including Paul Kehr, it was not until 1923 that he advanced to a paid extraordinarius professorship; finally followed by an ordinarius professorship in 1931. As a "half-blood Jew", Perels was forced into early retirement in 1935, but through his marriage and four children with an "Aryan" woman he was protected from deportation. The MGH allowed him to continue his edition work unofficially, while denying him recognition for his achievements. Perels was arrested in Pommersfelden in the MGH library in 1944 in reprisal for the involvement of his son, Friedrich Justus, in the failed assassination of Adolf Hitler. His Jewish origins were the reason for his particularly harsh treatment and imprisonment in the concentration camp Flossenbürg, where he died in 1945 shortly after the camp had been liberated.

Max Perlbach (1848–1921)

von
ARNO MENTZEL-REUTERS

Max Perlbach um 1900

Max Perlbach (1848–1921)[1] steht in der Geschichte der Monumenta Germaniae Historica für einen Fall geglückter jüdischer Integration, wie er vermutlich nur im preußischen Beamtentum möglich war. Trotz gelegentlicher Ausflüge in breitere oder weiter entfernte fachliche Bereiche galt Perlbachs wissenschaftliches Schaffen überwiegend der altpreußischen Geschichte und dem Deutschen Orden vor der Schlacht bei Tannenberg (1410). Für die MGH bearbeitete er im 29. Band der Scriptores in Folio die Rezeption der Reichsgeschichte in der polnischen Chronistik des Hoch- und Spätmittelalters[2]. Seine erste editorische Arbeit für die MGH war eine legendenartige Aufzeichnung über den hl. Adalbert im 15. Band der Scriptores in Folio[3].

1 Der folgende Beitrag ist eine gekürzte und überarbeitete Fassung von Arno MENTZEL-REUTERS, Max Perlbach als Geschichtsforscher, in: Preußenland 45 (2007) S. 39–53.

2 Ex rerum Polonicarum scriptoribus saec. XII et XIII, ed. Max PERLBACH, in: MGH SS 29 (1892) S. 419–520.

3 De S. Adalberto episcopo Pragensi, ed. Max PERLBACH, in: MGH SS 15,2 (1888) S. 1177–1184.

Geboren[4] wurde Perlbach eineinhalb Jahre nach Verabschiedung des Gesetzes über die Verhältnisse der Juden durch den preußischen Landtag am 4.11.1848 als Sohn des jüdischen Kaufmanns Joseph Perlbach (1815–1857)[5] in Danzig (Gdańsk). Der frühe Tod des Vaters trieb die Mutter Caroline (geb. Baum, 1818–1903) 1861 zur Rückkehr in ihre Heimatstadt Breslau (Wrocław), wo Max Perlbach bis 1868 das Königliche Friedrichs-Gymnasium besuchte. Hier lernte er Colmar Grünhagen (1828–1911)[6] kennen, der 1861 die Leitung des Breslauer Staatsarchivs übernommen hatte. Grünhagen, der später mit Wilhelm Wattenbach zusammenarbeitete, hatte 1850 in Halle mit einer Arbeit über Papst Urban II. promoviert und war seit 1855 Privatdozent der Geschichte an der Breslauer Universität. Er gab die Zeitschrift des Vereins für Geschichte und Altertum Schlesiens heraus, in der Perlbach bereits kurz nach dem Abitur seine ersten wissenschaftlichen Beiträge veröffentlichte[7]. Als Provinzialarchivar wirkte in Breslau Wilhelm Wattenbach (1819–1897)[8], bei dem Perlbach wohl die ersten universitären Lehrveranstaltungen besucht haben dürfte. Als Wattenbach 1862 auf eine Professur nach Heidelberg berufen wurde, wandte sich Perlbach, der neben den Sprachen des humanistischen Gymnasiums auch Polnisch beherrschte, das er nach eigenem Bekenntnis „zwar mit dem Auge, aber nicht mit dem Ohr“ verstehen konnte[9], nach dem Abitur ebenfalls nach Heidelberg.

Die Orientierung an Wattenbach führte Perlbach zwangsläufig in die Nähe der von Georg Heinrich Pertz geleiteten Monumenta Germaniae Historica[10]. Wattenbach war im Anschluss an seine Promotion 1846 zu den MGH gestoßen und hatte an den Bänden sechs und sieben der Scriptores in Folio mitgewirkt, für die später auch Perlbach arbeiten sollte[11]. Neben Pertz und Wattenbach wirkte bei den MGH vor allem Georg Waitz (1813–1886)[12], der 1838 durch seinen Lehrer Leopold von Ranke (1795–1886) an Georg Heinrich Pertz als

4 Vgl. den standesamtlichen Eintrag Danzig, Staatsarchiv (Archiwum Pańistowe Gdańsku) 14/5679 S. 15. Laut diesem Eintrag hatte seine Mutter zuvor eine Fehlgeburt.

5 Salomon Wininger, Große jüdische Nationalbiographie. Ein Nachschlagewerk für das jüdische Volk und seine Freunde 5 (7 Bde., 1925–1936) S. 7.

6 Vgl. zu ihm Meyers Konversations-Lexikon 7 (⁴1887) S. 875f. bzw. Meyers Lexikon 5 (⁷1926) Sp. 748.

7 Perlbachs erste Beiträge befassen sich mit der ehemaligen Herrschaft Hummel in der schlesischen Grafschaft Glatz. Die Zerstörung der Hummelburg 1427 in den Hussitenkriegen gehört in die Spezialthematik von Grünhagen und legt nahe, dass Perlbach von ihm an dieses Thema herangeführt wurde.

8 Vgl. Carl Rodenberg, Wattenbach, Ernst Christian Wilhelm, in: ADB 44 (1898) S. 439–443.

9 Max Perlbach, Die Erschließung der Geschichtsquellen des preußischen Ordensstaates, in: ZWestprGV 47 (1904) S. 17–40, hier S. 73.

10 Vgl. Harry Bresslau, Geschichte der Monumenta Germaniae Historica, in: NA 42 (1921) S. 664 und 667.

11 Wattenbach war 1843–1855 Mitarbeiter an den Scriptores in Folio, 1875–1888 Mitglied der Zentraldirektion der Monumenta Germaniae Historica und Leiter der Abteilung Epistolae, 1886–1888 interimistischer Vorsitzender der Zentraldirektion. Vgl. Ernst Dümmler, Gedächtnisrede auf Wilhelm Wattenbach, in: Abh. Berlin (1898) S. 1–14; Carl Rodenberg, Wattenbach, Wilhelm, in: ADB 44 (1898) S. 439–443.

12 Vgl. Ferdinand Frensdorff, Waitz, Georg, in: ADB 40 (1896) S. 602–629; Ernst Dümmler, Waitz und Pertz, NA 19 (1894) S. 269–282; Ulrich Muhlack, Die Stellung von Georg Waitz in der deutschen Geschichte des 19. Jahrhunderts, in: Bohumil Jirousik / Josef Blüml / Dagmar Blümlova (Hg.), Jaroslav Goll a jeho žáci (Historia culturae 6, 2005) S. 165–181.

Mitarbeiter der MGH vermittelt worden war[13]. Das Gesamtunternehmen hatte sich nach nicht unerheblichen Anfangsschwierigkeiten konsolidiert und etabliert. Allerdings war die Euphorie der ersten Jahre der Sorge um die Erfüllbarkeit des Grundplans gewichen. Auf Drängen von Waitz erklärte sich Pertz damit einverstanden, den Berichtszeitraum des Unternehmens, der ursprünglich bis zum Jahre 1500 reichen sollte, drastisch zurückzunehmen. Der 1836 erarbeitete, 1837 publizierte zweite Band der Leges in Folio mit den Constitutiones et acta regum Germanicorum, capitularia spuria, canones ecclesiastici, bullae pontificum wurde mit dem Todesjahr Heinrichs VII. (1313) beschlossen[14].

Diese von Pragmatismus bestimmte Zurücknahme sollte auch Perlbachs wissenschaftliche Arbeit bestimmen; er hielt diese Zeitgrenze nicht sklavisch ein, behandelte sie aber doch als Leitlinie für größere Quelleneditionen. Seine preußischen Regesten[15] ließ er mit dem Jahr 1300 enden, das Pommerellische Urkundenbuch[16] reicht bis 1310.

Perlbach lernte Georg Waitz wohl durch Wattenbach kennen. Er wechselte nach Göttingen, wo er 1871 unter Waitz als Präses seine Promotion abschloss[17]. Thema der Dissertation war die sogenannte ältere Chronik von Oliva (Oliwa, heute Stadtbezirk von Danzig/Gdańsk). Mit Wattenbach und Waitz blieb Perlbach zeitlebens in Kontakt. In den drei Kästen seines Nachlasses im Archiv der Berlin-Brandenburgischen Akademie der Wissenschaften[18] sind etliche Briefe dieser Gelehrten erhalten[19]. Aus ihnen geht klar hervor, dass auch Wattenbach an Perlbachs Promotion Anteil nahm; ein Blatt mit Bemerkungen Wattenbachs trägt auf der Rückseite Perlbachs Inhaltsvermerk: „Wattenbachs Kritik meiner Arbeit 14.7.1869". In diesen Zusammenhang[20] gehört auch der Beitrag, den Perlbach für die als

13 Bresslau, Geschichte (wie Anm. 10) S. 219–223.

14 Bresslau, Geschichte (wie Anm. 10) S. 225f. Die späteren Bände der Reihe waren den Germanenrechten gewidmet.

15 Max Perlbach, Preußische Regesten bis zum Ausgange des 13. Jahrhunderts, in: AltprMschr 11 (1874) S. 1–32, 97–128, 326–348, 385–432, 546–572, 602–624; 12 (1875) S. 1–26, 97–144, 193–216, 319–344, 385–428, 577–645; Separatdruck 1876, ND 1973.

16 Pommerellisches Urkundenbuch, hg. vom Westpreußischen Geschichtsverein, bearb. von Max Perlbach (1881–1916); Neudruck 1969; einschließlich des Beitrags von Hans Mendthal, Ein Nachtrag zu dem Pommerellischen Urkundenbuch, in: AltprMschr 52 (1915/16) S. 135–140.

17 Die Promotionsakte ist im Göttinger Universitätsarchiv unter der Signatur Phil 156, S. 323-331, erhalten, darin befindet sich auch ein zweiseitiger handgeschriebener Lebenslauf in lateinischer Sprache (freundliche Auskunft von Ulrich Hunger, Göttingen).

18 Vgl. Gelehrten- und Schriftstellernachlässe in den Bibliotheken der Deutschen Demokratischen Republik 1. Die Nachlässe in den wissenschaftlichen Allgemeinbibliotheken. Stand vom 1.8.1959 (1959) S. 69. Für Recherchen vor Ort danke ich Ulrike Hohensee, Berlin.

19 Im Archiv der Berlin-Brandenburgischen Akademie der Wissenschaften, Nl Max Perlbach Nr. 171 die Briefe von Wattenbach, Nr. 169 die Briefe von Waitz. Die Mappe Nr. 171 enthält sieben Briefe Wattenbachs an Perlbach aus den Jahren 1871–1887, die Mappe Nr. 169 zehn Briefe von Waitz aus den Jahren 1869–1883 und fünf undatierte Briefentwürfe Perlbachs an Waitz. Das MGH-Archiv besitzt einen Brief Perlbachs an die Redaktion des Neuen Archivs der Gesellschaft für ältere deutsche Geschichtskunde mit einem unbedeutenden Korrekturhinweis (MGH-Archiv, 338/66), die MGH-Bibliothek aus Perlbachs Besitz den Band: Otto von Heinemann, Weissenburger Handschriften (Katalog der Herzoglichen Bibliothek zu Wolfenbüttel 25, 1903) mit dem Autograph von Perlbachs Rezension dieses Bandes im Zentralblatt für Bibliothekswesen 21 (1903) S. 281 (MGH-Bibliothek Zy 105).

20 Als persönliche Andenken an den Lehrer bewahrte Perlbach zwei Visitenkarten Wattenbachs mit Ein-

Festschrift gedachte und durch den plötzlichen Tod des Lehrers 1886 zur Gedenkschrift gewordenen Sammelband verfasste: Historische Aufsätze dem Andenken an Georg Waitz gewidmet[21].

Perlbach hatte sich für eine bibliothekarische Berufslaufbahn entschieden. Nach Kurt Forstreuter führte sie „ihn 1872–1876 nach Königsberg (Pr.), 1876 als Custode nach Greifswald, 1883 nach Halle; hier wurde P. 1894 Oberbibliothekar, 1899 Professor. 1903 kam er an die damals Königliche, spätere Staats-Bibliothek nach Berlin, wo er Abteilungsdirektor wurde“[22]. In Greifswald arbeitete er unter der Leitung von Theodor Hirsch (1806–1881)[23], der ebenfalls in Danzig aufgewachsen war und sich als Mitherausgeber der Scriptores rerum Prussiacrum einen Namen gemacht hatte. Anders als Perlbach, der sich zeitlebens zu seiner jüdischen Abstammung bekannte, konvertierte Hirsch mit 21 Jahren zum evangelisch-lutherischen Bekenntnis. Seit 1865 war Hirsch Ordinarius für Geschichte und Direktor der Universitätsbibliothek in Greifswald und förderte den jungen Mitstreiter für die altpreußische Landesgeschichte, wie Perlbachs Personalakte zeigt[24].

August Wilmanns (1833–1917)[25], Altphilologe und seit 1886 Generaldirektor der Preußischen Königlichen Bibliothek in Berlin, der Perlbach bereits in den 1870er Jahren in Königsberg kennengelernt hatte, ernannte diesen 1903 zum Leiter der Katalogabteilung. In Max Perlbachs Amtszeit fällt die Konzeption der sogenannten Berliner Titeldrucke, die von 1909 bis 1934 erschienen. Als Vorstufe des späteren Preußischen bzw. Deutschen Gesamtkatalogs[26] hat diese periodische Publikation bis heute eine wichtige nationalbibliographische Funktion[27]. Perlbach verfertigte auch das Verzeichnis der in Berlin aufbewahrten Postinkunabeln von 1501 bis 1520 (unter Ausschluss der Reformationsliteratur). Eine Photographie aus dem Jahre 1905 zeigt ihn zusammen mit seinen Direktoren-Kollegen Paul Schwenke (Druckschriftenabteilung) und Eduard Ippel (Benutzungsabteilung) im Direktorenzimmer des ‚Kommode‘ genannten Altbaus der Königlichen Bibliothek[28]. Von seinen Kollegen wurde

---

ladung an den Studenten Perlbach, eine gedruckte Dankkarte für Glückwünsche zum 70. Geburtstag (1889) und einen gedruckten Aufruf wegen Wattenbachs 70. Geburtstages auf. Ähnlich verhält es sich mit Waitz: In Perlbachs Nachlass (wie Anm. 19) befinden sich ein gedruckter Dankesbrief für Glückwünsche zum 70. Geburtstag 1883 und gedruckte Aufrufe zu diversen Waitz-Jubiläen (1879, 1883, 1885, 1886, 1913) sowie ein Briefentwurf Perlbachs an Frensdorff wg. der Gedenkfeier für Waitz 1913.

21 Max Perlbach, Beiträge zur Kritik der ältesten Deutschordensstatuten, in: Historische Aufsätze dem Andenken an Georg Waitz gewidmet (1886) S. 337–366.

22 Kurt Forstreuter, Perlbach, Max, in: Altpreußische Biographie (5 Bde., 1941–2015); hier 3 (1975) S. 1037. Die einzelnen Karrierestufen sind in den Personalnachrichten des Zentralblatts für Bibliothekswesen dokumentiert, vgl. ebd. 1 (1884) S. 154 (Unterbibliothekar in Halle); 7 (1890) S. 43 und 173 (Titel ‚Bibliothekar‘); 11 (1894) S. 185 (Oberbibliothekar); 14 (1897) S. 595 und 16 (1899) S. 340 (Professor); 17 (1900) S. 63 (Zusammenfassung der bisherigen Stationen); 20 (1903) S. 308 (Berufung an die Königliche Bibliothek Berlin).

23 Alfred Winkelmann, Hirsch, Theodor, in: ADB 13 (1881) S. 506–509.

24 Universitätsarchiv Greifswald, Personalakten 699, 1–[11] bzw. 720 Bl. 188–241. In letzterer Akte vgl. vor allem das Berufungsgutachten, das Hirsch am 28.4.1876 für Perlbach ausstellte (Bl. 192r–193v).

25 Vgl. Deutsche Biographische Enzyklopädie 10, hg. v. Walther Killy / Rudolf Vierhaus (1999) S. 514.

26 Vgl. Uwe Jochum, Der deutsche Gesamtkatalog, in: Bibliotheksdienst 27 (1993) S. 1054–1060.

27 Vgl. Helmut Allischeski, Bibliographienkunde. Ein Lehrbuch mit Beschreibungen von mehr als 300 Druckschriftenverzeichnissen und allgemeinen Nachschlagewerken ([2]1986) S. 39f.

28 Vgl. 25 Jahre Staatsbibliothek in Berlin. Das Haus und seine Leute, Buch und Ausstellungskatalog, Text:

Max Perlbach als hilfsbereit, treu und bescheiden beschrieben[29]. Clare M. Howard aus New York (1881–?) dankte in einem auf 1913 datierten Vorwort dem „Abteilungsdirektor of the Königliche Bibliothek at Berlin, who forwarded to me some helpful information concerning the early German books of instructions for travellers"[30]. Zum Jahresende 1913 schied Perlbach mit Vollendung des 65. Lebensjahres aus dem aktiven Bibliotheksdienst aus und nahm danach keine größeren wissenschaftlichen Arbeiten mehr in Angriff[31]. Nach Ausbruch des Ersten Weltkrieges blieb er „als freiwilliger Hilfsarbeiter in den Zeiten des Personalmangels bis zur Revolution für die Bibliothek tätig"[32].

Trotz alledem scheint Perlbachs bibliothekarische Tätigkeit in Berlin neben zeitgenössischen Größen wie Valentin Rose oder Paul Schwenke kaum Gewicht zu haben; Darstellungen zur Geschichte der Königlichen Bibliothek zu Berlin erwähnen ihn nur beiläufig. Schwenke widmete ihm zum 70. Geburtstag einen Aufsatz[33], in dem er Perlbach als Freund und Vorbild in der Erforschung der historischen Buchbestände anspricht. Der Grund für die geringere Bedeutung der bibliothekarischen Leistungen Perlbachs könnte darin liegen, dass Perlbach sich innerlich zu keinem Zeitpunkt von der preußischen Landesgeschichte löste; die politischen Veränderungen nach 1918, namentlich die Abtrennung Westpreußens vom Reichsgebiet, belasteten ihn sehr[34].

Als Perlbach 1872 mit 24 Jahren nach Königsberg an die damals noch von der Staatsbibliothek getrennte Universitätsbibliothek kam, befand sich die Forschung zur preußischen Landesgeschichte gerade in einer Krise. Die Quellenarbeit der Scriptores rerum Prussicarum, die Theodor Hirsch, Max Toeppen (1822–1893) und Ernst Strehlke (1834–1869) in fünf Bänden vorgelegt hatten[35], war zwar abgeschlossen, jedoch durch sehr problematische editorische Entscheidungen belastet. Der fähigste Mitarbeiter, Ernst Strehlke[36], war 1869

Werner Schochow (Ausstellungskataloge. Staatsbibliothek Preußischer Kulturbesitz 27, 1986) S. 110 Abb. 89. Über die Abteilung zur Zeit Perlbachs vgl. ebd. Abb. 90f., über Mitarbeiter und die Katalogsituation S. 111.

29 Paul Schwenke, Umschau und neue Nachrichten, in: Zentralblatt für Bibliothekswesen 38 (1921) S. 133f.

30 Clare Macllelen Howard, English Travellers of the Renaissance (1914, ND 1968) S. VII.

31 Es könnte sich auch um eine bewusste Nachahmung von Georg Waitz gehandelt haben, vgl. Frensdorff über Waitz in: ADB 40 (1896) S. 618: „Dass er in rüstigster Kraft, noch nicht 65 Jahr alt, das Lehramt aufgab, erklärte er den verwundert Fragenden damit, dass er nichts so sehr scheue, als ein alter Professor zu werden."

32 Schwenke, Umschau (wie Anm. 29) S. 133, Harry Bresslau, Chronik der Monumenta, in: NA 44 (1922) S. 376–380, hier S. 378.

33 Paul Schwenke, Altberliner Bücher und Einbände. Ein Schreiben an Max Perlbach zum 4. November 1918, in: Zentralblatt für Bibliothekswesen 35 (1918) S. 237–242.

34 Schwenke, Umschau (wie Anm. 29) S. 134; Bresslau, Chronik (wie Anm. 32) S. 378: „Dem scharfsinnigen Gelehrten, der von manchen Studien immer wieder zu der Beschäftigung mit der Geschichte der preußischen Heimatprovinz zurückkehrte, hat die gewaltsame Abtrennung dieses Landes und seiner Geburtsstadt vom deutschen Vaterlande an seinem Lebensabend einen besonderen Schmerz bereitet."

35 Scriptores rerum Prussicarum. Die Geschichtsquellen der preußischen Vorzeit bis zum Untergange der Ordensherrschaft, hg. von Theodor Hirsch / Max Toeppen / Ernst Strehlke 1 (1861) – 5 (1874); Bd. 6, hg. von Walther Hubatsch, bearb. von Udo Arnold (1968).

36 Zu ihm vgl. Walther Hubatsch, Strehlke, Ernst, in: Altpreußische Biographie (wie Anm. 22) hier 2 (1967) S. 709.

verstorben. Max Perlbachs Kritik an den Älteren war behutsam und oft zwischen den Zeilen versteckt. Zwar seien, so heißt es etwa, die Polen gewohnt, für ihre historischen Forschungen preußische Archive, zumal in Danzig, zu konsultieren, ihre deutschen Kollegen aber führen nicht nach Polen[37].

Perlbachs bedeutendste wissenschaftliche Leistung ist die Edition der Statuten des Deutschen Ordens nach den ältesten Handschriften, die er 1890 als private Gelehrteninitiative erstellte. Für sein weiteres Wirken waren jedoch die neugegründeten landesgeschichtlichen Vereine maßgeblich[38]; neben dem Verein für die Geschichte Ost- und Westpreußens der Hansische Geschichtsverein und vor allem der 1879 gegründete Westpreußische Geschichtsverein in Danzig. Diese Zusammenschlüsse hatten „in den letzten Jahrzehnten des 19. und in den Anfangsjahren des 20. Jahrhunderts zumindest versucht, die eigene Geschichte in eine nationale einzubinden"[39]. Für den Westpreußischen Geschichtsverein wurde Perlbach von Theodor Hirsch gewonnen und publizierte in späteren Jahren vor allem in der Zeitschrift dieses Vereins. Bereits sein Pommerellisches Urkundenbuch ließ er 1880 und 1881 dort erscheinen. Anlässlich seines 70. Geburtstages wurde Perlbach zum Ehrenmitglied ernannt[40].

Max Perlbachs Forschungen fanden nicht nur Zuspruch. Er selbst deutet an, dass die Königsberger Archivare seine Bemühungen um die Erschließung der frühen preußischen Urkunden stark behinderten[41]. Umso freundlicher fühlte Perlbach sich von polnischen Archivaren aufgenommen und unterstützt[42], die sowohl unter dem preußischen wie dem habsburgischen Regiment einen schweren Stand hatten und um Anerkennung rangen, weshalb sie für Perlbachs Kollegialität besonders dankbar waren. 1894 wurde Perlbach zum korrespondierenden Mitglied der Krakauer Akademie der Wissenschaften (Akademia Umiejętności) gewählt[43], die als gelehrte Gesellschaft geführt wurde, somit nicht unter staatlicher Aufsicht stand und die polnische Forschung gleichermaßen im geteilten Polen wie international zu vertreten suchte. Schon früh entwickelte Perlbach Interesse an den Viten des Patrons Preußens, dem heiligen Adalbert, bereits 1872 veröffentlichte er eine Beschreibung des Gnesener Grabes in der Altpreußischen Monatsschrift. Die anonyme Adalbertsvita wurde 1888 sein erster editorischer Beitrag zu den Monumenta Germaniae Historica[44]; auf Bitten von

37 Max Perlbach, Bericht über eine für das Pommerellische Urkundenbuch unternommene Reise nach Polen, in: ZWestprGV 1 (1880) S. 70–89, hier S. 70.

38 Zum Phänomen der Geschichtsvereine insgesamt vgl. Gabriele B. Clemens, Sanctus amor patriae. Eine vergleichende Studie zu deutschen und italienischen Geschichtsvereinen im 19. Jahrhundert (Bibliothek des Deutschen Historischen Instituts in Rom 106, 2004).

39 Clemens, Sanctus amor (wie Anm. 38) S. 331. Die Endstufe dieses Prozesses dokumentiert Christian Krollmann, Die Aufgaben der Provinzialgeschichtsforschung in Altpreußen. Vortrag (1931). Vgl. die Rezension von Erich Keyser, in: Jahresberichte für deutsche Geschichte 7 (1934) S. 371.

40 Walther Recke, 50 Jahre Westpreußischer Geschichtsverein, in: ZWestprGV 69 (1929) S. V–XVI, hier S. VIII.

41 Max Perlbach, Die Erschließung der Geschichtsquellen des preussischen Ordensstaates. Rückblicke und Ausblicke, in: ZWestprGV 47 (1904) S. 17–23, hier S. 23.

42 Perlbach, Bericht (wie Anm. 37) passim.

43 Nachricht im Zentralblatt für Bibliothekswesen 11 (1894) S. 185.

44 Bresslau, Chronik (wie Anm. 32) S. 378; Edition siehe Anm. 3.

Oswald Holder-Egger (1851–1911)[45] bearbeitete er später Notizen zur Reichsgeschichte aus der polnischen Historiographie.

Perlbachs souveräne Haltung zum wilhelminischen Nationalismus bewährte sich nicht nur im Umgang mit polnischen Kollegen, sondern auch und gerade bei einem fachlichen Irrtum. In einem Aufsatz des Jahres 1873[46] bestritt Perlbach die Echtheit des sog. Kruschwitzer Vertrages von 1230, also jener Urkunde, in welcher Konrad von Masowien dem Deutschen Orden das Kulmer Land und alle künftigen Eroberungen in Preußen vorbehaltlos abtrat. Inhaltlich schoss Perlbach mit seiner Quellenkritik über das Ziel hinaus, fand aber naturgemäß besonders unter polnischen Historikern Zuspruch[47]. Der Königsberger Stadtarchivar August Seraphim (1863–1924) hingegen versuchte, gegen Perlbach die Echtheit nachzuweisen[48]. Wegen seiner offenkundigen nationalpolitischen Implikationen schwelte dieser Streit sehr lange. Der Posener Historiker Gerard Labuda (1916–2010) hat ihn 1980 gegen Perlbach entschieden[49].

In seinen letzten Jahren beschäftigte Perlbach sich mit der Durchsicht der Druckbögen des Danziger Handschriftenkataloges, den Otto Günther[50] bearbeitete. Günther berichtet darüber im Vorwort zum fünften Band, der die Beschreibung der Kodizes aus der ehemaligen Danziger Marienbibliothek umfasst. Perlbach habe die letzten Korrekturen „noch am Tage vor seinem Hinscheiden an mich abgehen lassen“[51].

Max Perlbach starb am 18. Februar 1921[52]. Sein Leichnam wurde eingeäschert. Die Trauerrede hielt der evangelische Theologe und Präsident der Kaiser-Wilhelm-Gesellschaft Adolph von Harnack (1851–1930) in seiner Eigenschaft als Leiter der Berliner Staatsbibliothek[53]. Perlbach hatte sein über Jahrzehnte angespartes Barvermögen von fast 300.000 Mark je zur Hälfte dem Königsberger und dem Danziger Geschichtsverein vermacht. Da jedoch im Mai 1921, wenige Wochen nach Perlbachs Tod, die alliierten Reparationsforderungen im Rahmen des Londoner Ultimatums auf 132 Milliarden Goldmark beziffert wurden, stieg der

45 Oswald Holder-Egger stammte aus Bischofswerder/Ostpreußen. Zum Auftrag an Perlbach vgl. Bresslau, Geschichte (wie Anm. 10) S. 664 und 667. Die von Perlbach an Holder-Egger gesandten Sonderdrucke von Perlbachs Aufsätzen heute als Sammelband in der MGH-Bibliothek unter der Signatur Da 15101; Edition der Notizen aus der polnischen Historiographie siehe Anm. 2.

46 Max Perlbach, Die ältesten preußischen Urkunden kritisch untersucht, in: AltprMschr 10 (1873) S. 609–649.

47 Vgl. hierzu Hartmut Boockmann, Der Deutsche Orden. Zwölf Kapitel aus seiner Geschichte (1981) S. 87–90 und S. 268f.

48 August Seraphim, Zur Frage der Urkundenfälschungen des deutschen Ordens, in: FBPG 19 (1906) S. 1–87.

49 Gerard Labuda, Die Urkunden über die Anfänge des Deutschen Ordens im Kulmerland und in Preußen in den Jahren 1226–1243, in: Die geistlichen Ritterorden Europas, hg. von Josef Fleckenstein / Manfred Hellmann (VuF 26, 1980) S. 299–316.

50 Vgl. Schwarz, Günther, Otto, in: Altpreußische Biographie (wie Anm. 22) hier 1 (1941) S. 241.

51 Otto Günther, Die Handschriften der Kirchenbibliothek von St. Marien in Danzig (Katalog der Danziger Stadtbibliothek 5,5, 1921) S. VI.

52 So Forstreuter, Perlbach (wie Anm. 22) S. 1037; Bresslau, Chronik (wie Anm. 32) S. 377 hat 8. Februar 1921.

53 Schwenke, Umschau (wie Anm. 29) S. 134. Zu Harnack allgemein vgl. Christian Nottmeier, Adolf von Harnack und die deutsche Politik 1890–1930. Eine biographische Studie zum Verhältnis von Protestantismus, Wissenschaft und Politik (Beiträge zur historischen Theologie 124, 2004).

seit 1918 grassierende Währungsverfall noch einmal rapide an und erreichte 1923 während des Ruhrkampfes seinen Höhepunkt. Der größte Teil der Perlbach'schen Stiftungen wurde auf diese Weise vernichtet. In der heutigen Bibliothek der Akademie der Wissenschaften in Danzig erhielt sich eine einzelne Inkunabel aus Perlbachs Besitz[54]. Seitens der MGH verfasste Harry Bresslau einen kurzen Nachruf, in dem er Perlbach als „scharfsinnigen und kenntnisreichen Gelehrten" rühmte, „der von manchen anderen Studien immer wieder zu der Beschäftigung mit der Geschichte seiner preußischen Heimatprovinz zurückkehrte"[55].

Abstract: Born in 1848 in Danzig (Gdańsk) as the son of a Jewish merchant, Max Perlbach attended the royal gymnasium in Breslau (Wrocław) where he met Wilhelm Wattenbach. After following Wattenbach to Heidelberg to study history in 1862, he moved to Göttingen to complete his Ph.D. on the ancient Chronicle of Oliva under Georg Waitz in 1871. Through Wattenbach and Waitz, with whom he remained in correspondence, Perlbach came into contact with the MGH. He pursued a career as a librarian, rising through the offices in Königsberg, Greifswald, and Halle to become divisional director at the Berlin State Library in 1903, where he remained until retirement in 1913. There, he contributed to the cataloge 'Berliner Titeldrucke', an important bibliographical reference work precursing the present German 'Gesamtkatalog'. An important legacy of his youth was his knowledge of the Polish language and an attachment to Prussian regional history that defined his research interests. Perlbach's most notable achievement is his edition of the Statutes of the Teutonic Order. He was actively involved in local Prussian historical societies and was appointed an honorary member of the Polish academy of the sciences in Krakow. For the MGH, he edited the vita of St. Adalbert, the patron saint of Prussia, published in 1888, and contributed notes on the Polish reception of German Imperial history. His biography is a successful case of the integration of Jewish scholars through the Prussian administrative system.

54 Vgl. Katalog inkunabułów Biblioteki miejskiej w Gdańsku = Catalogus incunabulorum Bibliothecae Civitatis Gedanensis, oprac. Helena Jedrzejowska / Maria Pelczarowa (1954) S. 130.

55 Bresslau, Chronik (wie Anm. 32) S. 378.

Hermann Reincke-Bloch (1867–1929)

von
FRANZ FUCHS

Hermann Reincke-Bloch um 1920

Als Harry Bresslau (1848–1926) im Jahr 1921 seine gewichtige Geschichte der MGH veröffentlichte, führte er bei der Erwähnung seines ehemaligen Mitarbeiters Hermann Reincke-Bloch nicht ohne einen gewissen Stolz an, dass dieser „zur Zeit Ministerpräsident von Mecklenburg-Schwerin" sei[1]. Der für einen MGH-Editor durchaus ungewöhnlichen Karriere als Politiker ist es zu verdanken, dass die Vita dieses ‚Monumentisten' schon mehrfach Gegenstand von Untersuchungen und biographischen Artikeln geworden ist[2]. Hermann Bloch,

1 Harry BRESSLAU, Geschichte der Monumenta Germaniae historica (1921) S. 667 Anm. 1. Zu Harry Bresslau siehe die Beiträge von Annette MARQUARD-MOIS, Theo KÖLZER, Benedikt MARXREITER und Anne C. NAGEL in vorliegendem Band.

2 In Auswahl: Heinz MAYBAUM, Bloch (Reincke-Bloch), Hermann, in: NDB 2 (1955) S. 306; Gerhard HEITZ / Heinz KOCH, Hermann Reincke-Bloch (1867–1929), in: Beiträge zur Geschichte der Wilhelm-Pieck-Universität Rostock 14 (1990) S. 41–51; [N. N.], Bloch (Reincke-Bloch), Hermann Dr. phil. habil. Prof., Historiker, in: Lexikon der deutsch-jüdischen Autoren 3, hg. von Renate HEUER (1995) S. 137–140; 100 jüdische Persönlichkeiten aus Mecklenburg-Vorpommern. Ein Begleiter zur Ausstellung des Max-Samuel-Hauses. 22. Mai bis 22. November 2003, hg. von Frank SCHRÖDER (2003) S. 136f.; grundlegend Katharina COLBERG, Der Historiker Hermann Reincke-Bloch (1867–1929). Monumentist – Professor – Politiker, in: Europa und die Welt. Festschrift zum 60. Geburtstag von Dieter Berg, hg. von Raphaela AVERKORN u. a. (2004) S. 118–149; Der Reichsrat. Vertretung der deutschen Länder bei der Gesetzgebung und Verwaltung des Reichs 1919–1934. Ein biographisches Handbuch, hg. von

der erst seit 1914 mit Reincke-Bloch unterzeichnete, wurde im Frühjahr 1892 als ständiger Mitarbeiter bei den MGH eingestellt und stand acht Jahre in ihren Diensten[3]. Er hat dieses Beschäftigungsverhältnis später in einem Brief an einen vertrauten Freund ein „Verhängnis" genannt, da er sich durch die dienstliche Tätigkeit in seinen eigenen Forschungsinteressen eingeengt fühlte[4]. Vielleicht ist diese Äußerung aber cum grano salis zu nehmen, zumal Bloch im Rückblick seine Straßburger Zeit, während welcher er größtenteils bei den MGH angestellt war, als die schönste seines Lebens bezeichnete[5]; in Harry Bresslau hatte er zudem nicht nur einen äußerst kompetenten Vorgesetzten, sondern auch einen ihm freundschaftlich zugetanen Förderer gefunden[6]. Klagen über die ‚Fron' waren auch bei anderen ‚gelehrten Gehilfen' der MGH damals durchaus üblich[7].

Karl Moritz Hermann Bloch wurde am 15. August 1867 in Berlin als erstes von insgesamt sieben Kindern des Dr. jur. Adalbert Bloch, der im Verlagsgeschäft tätig war, und seiner Ehefrau Clara (geb. Bock) geboren. Beide Elternteile waren jüdischer Abstammung, doch war der Großvater väterlicherseits bereits 1840 zum Protestantismus übergetreten.

Joachim Lilla (2006) S. 240; Grete Grewolls, Wer war wer in Mecklenburg und Vorpommern (2011) S. 348; Dieter Manke, Reincke-Bloch, Karl Moritz Hermann, in: Biographisches Lexikon für Mecklenburg 5, hg. von Andreas Röpke (2009) S. 273–278; Michael Buddrus / Sigrid Fritzlar, Landesregierungen und Minister in Mecklenburg 1871–1952. Ein biographisches Lexikon (2012) S. 250–252; Andreas Frost, Aufbruch in die Demokratie. Landtage und Abgeordnete in Mecklenburg-Strelitz und Mecklenburg-Schwerin zwischen 1918 und 1920 (2019) S. 99f.; eine tabellarische Zusammenfassung zum Lebenslauf mit zwei Photographien Blochs bietet der Eintrag zu Reincke-Bloch im biographischen Online-Lexikon ‚Catalogus Professorum Rostochiensium': http://cpr.uni-rostock.de [alle Links in diesem Beitrag wurden am 2.5.2023 abgerufen].

3 Nach Bresslau, Geschichte (wie Anm. 1) S. 687f. soll Bloch vom 1. Juni 1892 bis Herbst 1899 als Mitarbeiter bei der Diplomata-Abteilung eingesetzt gewesen sein, doch sind diese Daten sicher zu korrigieren; nach Colberg, Der Historiker (wie Anm. 2) S. 120, die sich auf die Rostocker Personalakte stützen konnte, wurde Bloch schon zum 1. April 1892 für die Diplomata-Abteilung verpflichtet. Im Wintersemester 1899/1900 hat er für Bresslau, der sich ein halbes Jahr auf Archivreise in Italien aufhielt, die Redaktion des Neuen Archivs übernommen; sein Dienstverhältnis bei den MGH endete zum 1. April 1900; ebd. S. 122 Anm. 34.

4 So in einem Brief an Arnold Oskar Mayer vom 22.12.1903 (SUB Göttingen, Cod.Ms A.O. Meyer 389), zitiert nach Colberg, Der Historiker (wie Anm. 2) S. 122.

5 Ebd. S. 121.

6 Der Neuhistoriker Erich Marcks (1861–1938), der Bresslau seit der gemeinsamen Zeit in Berlin kannte, weiß 1910 von diesem zu berichten, dass er „gegen seine Schüler u. seine Stammesgenossen zärtlich zu sein pflegt"; vgl. Jens Nordalm, Historismus und moderne Welt. Erich Marcks (1861–1938) in der deutschen Geschichtswissenschaft (Historische Forschungen 76, 2003) S. 334. Bresslau selbst spricht in seiner Autobiographie davon, dass einige seiner Mitarbeiter ihm „im Laufe der Zeit liebe und treue Freunde" geworden seien, Reincke-Bloch gehörte sicher zu diesen; Harry Bresslau, Selbstdarstellung, in: Die Geschichtswissenschaft der Gegenwart in Selbstdarstellungen 2, hg. von Sigfrid Steinberg (1926) S. 28–83, hier S. 62f.; Colberg, Der Historiker (wie Anm. 2) S. 121 Anm. 29 weist darauf hin, dass Blochs Briefe an Bresslau „vorbehaltsloses Vertrauen" verraten.

7 Horst Fuhrmann, „Sind eben alles Menschen gewesen". Gelehrtenleben im 19. und 20. Jahrhundert. Dargestellt am Beispiel der Monumenta Germaniae Historica und ihrer Mitarbeiter. Unter Mitarbeit von Markus Wesche (1996) S. 77–79; Folker Reichert, Gelehrtes Leben. Karl Hampe, das Mittelalter und die Geschichte der Deutschen (Schriftenreihe der HiKo 79, 2009) S. 56.

Bei der Heirat 1866 waren beide Eheleute evangelisch[8]. Seine schulische Ausbildung erhielt Hermann Bloch am französischen Gymnasium in Berlin, wo er zum Ostertermin 1886 das Abitur erlangte. Noch im selben Jahr begab er sich nach Freiburg im Breisgau, um das Studium der Fächer Nationalökonomie und Geschichte aufzunehmen; hier leistete er auch gleichzeitig den einjährigen Militärdienst ab. Im Wintersemester 1887/88 studierte er dieselben Fächer in Leipzig; an der sächsischen Landesuniversität fand er in dem ‚Monumentisten' Wilhelm Arndt (1838–1895) einen begeisternden Lehrer[9], der ihn für die mittelalterliche Geschichte gewann. Nach einem Gastsemester im Sommer 1888 in Bonn, wo er Übungen bei Karl Lamprecht (1856–1915) besuchte, wechselte er an die Universität seiner Heimatstadt, wo er zunächst bei Harry Bresslau und, nach dessen Weggang nach Straßburg, ab Sommersemester 1890 bei Paul Scheffer-Boichorst (1843–1902) sein Studium fortsetzte[10]. Unter dessen Betreuung entstand auch die Dissertation über die ersten Regierungsjahre Heinrichs VI., mit der Bloch im Herbst 1891 in Berlin promoviert wurde; die „scharfsinnige" Arbeit, die durchweg positiv aufgenommen wurde, erschien im Jahr darauf im Verlag seines Vaters[11].

Mitarbeiter der MGH wurde der Berliner Bloch zum 1. April 1892 nicht in der Reichshauptstadt, sondern im fernen Straßburg, wohin die Diplomata-Abteilung mit ihrem Abteilungsleiter Harry Bresslau 1890 abgewandert war. Blochs Dienstaufgabe war es, meist zusammen mit einem zweiten Gehilfen, den bedeutenden Diplomatiker Bresslau bei der Edition der Urkunden Kaiser Heinrichs II. und seines italienischen Gegenkönigs Arduin zu unterstützen. Die Drucklegung der Ausgabe begann bereits 1895, doch konnte der erste Faszikel erst 1900 ausgeliefert und der gesamte Band erst 1903 endgültig abgeschlossen werden[12]. Bloch begleitete Bresslau auf mehreren Reisen nach Italien und verfasste eine Reihe von Aufsätzen zur Diplomatik Heinrichs II., die zumeist im Neuen Archiv erschienen[13]. Auch die Arbeit über Bischof Leo von Vercelli, mit der sich Bloch im Oktober 1896 in Straßburg habilitieren konnte, war aus der Beschäftigung mit den Urkunden dieses Herrschers

8 Vgl. hierzu und zum Folgenden Colberg, Der Historiker (wie Anm. 2) S. 119–123 sowie die Daten im Catalogus Professorum Rostochiensium (wie Anm. 2).

9 Wilhelm Arndt war von 1862 bis 1875 ständiger Mitarbeiter bei den MGH und von 1876 bis 1894 a. o. Professor in Leipzig; erst im Jahr vor seinem Tod wurde er dort zum Ordinarius befördert; vgl. Gottfried Opitz, Arndt, Wilhelm Ferdinand, in: NDB 1 (1953) S. 363; Fuhrmann, Gelehrtenleben (wie Anm. 7) S.77f. sowie Registereintrag ‚Arndt, Wilhelm' ebd. S. 203.

10 Zu Scheffer-Boichorst und seinem Schülerkreis vgl. Reichert, Gelehrtes Leben (wie Anm. 7) S. 45–51 mit Literatur.

11 Hermann Bloch, Forschungen zur Politik Kaiser Heinrichs VI. in den Jahren 1191–1194 (1892); zur Beurteilung: Bresslau, Geschichte (wie Anm. 1) S. 687 (Zitat); Colberg, Der Historiker (wie Anm. 2) S.128.

12 Bresslau, Geschichte (wie Anm. 1) S. 687f.; im Inhaltsverzeichnis des Bandes Die Urkunden Heinrichs II. und Arduins (MGH DD H II., 1900–1903) S. V wird Hermann Blochs Anteil an der Edition ausgewiesen: er wird für die Urkunden Heinrich II. neben Bresslau als Herausgeber angeführt, an den Urkunden Arduins wird seine „Mitwirkung" genannt, an den umfangreichen Registerarbeiten war er nicht mehr beteiligt.

13 Einzeln aufgelistet von Bresslau in seiner Vorrede zur Urkundenedition der Urkunden Heinrichs II. (wie Anm. 12) S. XIV.

hervorgegangen[14]. Von seinen diplomatischen Untersuchungen erregte vor allem ein 1897 erschienener Aufsatz, in dem er nachzuweisen versuchte, dass der hochgeschätzte elsässische Historiograph des 18. Jahrhunderts, Philippe André Grandidier (1752–1787), ein dreister Urkundenfälscher gewesen sei, einiges Aufsehen[15]. Die Frage, ob der gelehrte Jesuit seine Leser tatsächlich wissentlich und absichtlich täuschen wollte, war auch Ende der 1980er Jahre noch umstritten. Seither ist die Debatte eingeschlafen[16].

Als Privatdozent befasste sich Bloch als einer der ersten Historiker der Kaiser-Wilhelm-Universität auch in der Lehre ausführlich mit dem Elsass. Im Wintersemester 1897/98 bot er erstmals ein Kolleg über die Geschichte des Elsass an, dem neben universalhistorisch ausgerichteten Vorlesungen noch eine Reihe weiterer regionalhistorischer Lehrveranstaltungen folgen sollte, darunter auch eine Geschichte Lothringens[17]. Nach der Beendigung seines Dienstverhältnisses bei den MGH war Bloch für ein geringes Honorar bei der Kommission für die Herausgabe elsässischer Geschichtsquellen beschäftigt, für die er die Bearbeitung der Straßburger Bischofsregesten übernahm[18]. Seine wirtschaftliche Lage war damals vermutlich alles andere als einfach[19]; Bloch hatte im September 1893 die aus einer pommerschen Pastorenfamilie stammende Luise Sellentin geheiratet, die er wahrscheinlich schon während seines Studiums in Leipzig kennengelernt haben dürfte[20]. Zur Begründung eines eigenen Hausstandes war das junge Ehepaar wohl auf Zuwendungen seiner Angehörigen angewiesen, da das Einstiegssalär eines ständigen Mitarbeiters mit jährlich 1500 Mark dazu nicht ausreichte[21]. Vor allem aber stand den beiden eine Tante der Frau namens Auguste besonders

14 Hermann Bloch, Beiträge zur Geschichte des Bischofs Leo von Vercelli und seiner Zeit, in: NA 22 (1897) S. 11-135; dazu der Nachtrag: ders., Zu den Gedichten Leo's von Vercelli, in: NA 27 (1902) S. 752–754.

15 Hermann Bloch, Die Urkundenfälschungen Grandidiers, in: ZGORh 51 (1897) S. 459–511, und ders., Zu den Urkundenfälschungen Grandidiers, in: ebd. 52 (1898) S. 543–546; vgl. zu der durch diesen Aufsatz ausgelösten Kontroverse, die „Heimatforscher und Lokalhistoriker der Region in heftige Erregung setzte", auch Stephan Roscher, Die Kaiser-Wilhelm-Universität Straßburg 1872–1902 (Europäische Hochschulschriften 3: Geschichte und ihre Hilfswissenschaften 1003, 2006) S. 191f.; Harry Bresslau, Grandidiers Urkundenbehandlung, in: ZGORh 53 (1899) S. 9–12 bezog zu Gunsten seines Mitarbeiters Stellung.

16 Jürgen Voss, Aus der Werkstatt zweier Mediävisten des 18. Jahrhunderts. Die Quellenerschließung bei Schöpflin und Grandidier, in: Fälschungen im Mittelalter 4 (MGH Schriften 33,4, 1988) S. 319–330.

17 Dazu Roscher, Die Kaiser-Wilhelm-Universität (wie Anm. 15) S. 191.

18 Der erste Band dieses Werkes sollte erst einige Jahre nach Blochs Weggang von Straßburg erscheinen: Regesten der Bischöfe von Straßburg, veröffentlicht von der Kommission zur Herausgabe elsässischer Geschichtsquellen 1,1: Hermann Bloch, Die elsässischen Annalen der Stauferzeit. Eine quellenkritische Einleitung; 1,2: Paul Wentzcke, Die Regesten der Bischöfe von Straßburg bis zum Jahre 1202 (1908).

19 Roscher, Die Kaiser-Wilhelm-Universität (wie Anm. 15) S. 191.

20 Colberg, Der Historiker (wie Anm. 2) S. 120.

21 Nach Ausweis der Straßburger Adressbücher war Bloch zunächst unter der Adresse ‚Oberlinstraße 41, Ecke Schiltigheimplatz' gemeldet; die Familie zog bald nach der Geburt des ersten Sohnes (1896) in die Schwarzwaldstr. 21 um; um die Jahrhundertwende erfolgte ein Umzug in die nördliche Vorstadt Ruprechtsau (heute: Stasbourg-La Robertsau), wo der inzwischen um zwei weitere Kinder vergrößerte Haushalt zunächst in der Pützengasse 41b und schließlich ab 1903 in der Adlerstraße 14 Wohnung bezog (aufrufbar unter dem Stichwort ‚Annuaires d'adresses de la ville de Strasbourg' in: https://archives.strasbourg.eu/archive/egf).

nahe, die mit dem Leipziger Reichsgerichtsrat Otto Reincke (1830–1906) verheiratet war. Das kinderlose Ehepaar hat 1904 die beiden Blochs adoptiert, so dass deren Nachkommen nur noch den Namen Reincke führen und dadurch – so die Hoffnung ihres Vaters – der Benachteiligung durch ihre jüdische Herkunft entgehen könnten[22]. Dieser nannte sich erst seit August 1914 Reincke-Bloch, nachdem ihn ein Amtsrichter darauf aufmerksam gemacht hatte, dass die Führung des Doppelnamens nach der Adoption rechtlich verbindlich sei[23].

Dass Bloch in Straßburg trotz seiner liberal-protestantischen Haltung als Jude wahrgenommen wurde, zeigen wiederholte Äußerungen in den Tagebüchern Alexander Cartellieris (1867–1955), der ebenfalls von Scheffer-Boichorst promoviert worden war. Cartellieri gestand später ein, dass er als Student Antipathien gegen Juden gehegt habe, die auch Hermann Bloch trafen, wobei deren Ursprung in der unter dem wissenschaftlichen Nachwuchs herrschenden Konkurrenz offenkundig ist: „Hermann Bloch (später Reinke-Bloch) war mir nicht angenehm, ich glaube, er wirkte mir entgegen, wo er konnte, er Lieblingsschüler *[sic]* von Bresslau. Wahrscheinlich beneidete er mich, weil ich kein Jude war“[24].

Im Februar 1902 wurde Bloch in Straßburg zum unbesoldeten außerordentlichen Professor ernannt, was seine materielle Lage nicht verbesserte; ein zweimal von der Fakultät für ihn beantragtes etatmäßiges Extraordinariat für elsässische Geschichte wurde vom preußischen Ministerium abgelehnt. Seine Hoffnungen auf Professuren in Marburg, Königsberg, wo er offensichtlich als starker Kandidat gehandelt wurde, und in Halle, wo er von der Fakultät primo loco vorgeschlagen worden war, wurden enttäuscht, ebenso scheiterte 1903 seine Berufung auf ein Extraordinariat in Göttingen, obgleich Paul Fridolin Kehr (1860–1944), der Bloch für die Leitung der Gallia Pontificia gewinnen wollte, sich bei Friedrich Althoff (1839–1908), dem mächtigen Ministerialdirektor im preußischen Kultusministerium, persönlich für ihn eingesetzt hatte[25]. Im Frühjahr 1904 erreichten ihn dann fast gleichzeitig Rufe nach Utrecht und Rostock. Er entschied sich für die Landesuniversität des Großherzogtums Mecklenburg-Schwerin und trat zum Wintersemester 1904/05 die Nachfolge des kurz zuvor verstorbenen Friedrich Wilhelm Schirrmacher (1824–1904) an, der dort das Fach Geschichte als einziger Ordinarius vertreten hatte[26]. Immerhin konnte Bloch durchsetzen, dass bereits 1905 ein Extraordinariat für Alte Geschichte und 1913 ein weiteres für Neuere Geschichte eingerichtet wurde, das mit Arnold O. Meyer (1877–1944), einem Vetter seiner Frau, besetzt wurde[27].

22 Colberg, Der Historiker (wie Anm. 2) S. 121 mit dem Hinweis, dass Harry Bresslau Bloch von der Adoption abgeraten hatte.

23 So begründete Bloch selbst die Namensänderung vor dem Mecklenburgischen Landtag; es sei für ihn „ein wahres Opfer“ gewesen, den alten Namen, den er als Wissenschaftler führte, aufzugeben; vgl. Heitz / Koch, Reincke-Bloch (wie Anm. 2) S. 49 mit Anm. 30.

24 Alexander Cartellieri, Tagebücher eines deutschen Historikers. Vom Kaiserreich bis in die Zweistaatlichkeit (1899–1953), hg. von Matthias Steinbach / Uwe Dathe (Deutsche Geschichtsquellen des 19. und 20. Jahrhunderts 69, 2014) S. 796; vgl. auch ebd. S. 82.

25 Zu den Hintergründen vgl. Herbert Zielinski, Ein Brief Harry Bresslaus an Paul Fridolin Kehr im Apparat der „Gallia Pontificia“, in: Francia 40 (2013) S. 207–231, hier S. 221f.

26 Zu Friedrich Wilhelm Schirrmacher, der, kurz nachdem Bloch den Ruf erhalten hatte, am 19. Juni 1904 in Rostock verstarb, vgl. Niklot Klüssendorf, Schirrmacher, Friedrich Wilhelm, in: Biographisches Lexikon für Mecklenburg (wie Anm. 2) 2 (1999) S. 231–237.

27 Colberg, Der Historiker (wie Anm. 2) S. 124f; zu Meyer ebd. S. 121 mit Anm. 24.

In den ersten Jahren an seiner neuen Wirkungsstätte, während er stark von Lehr- und Organisationstätigkeiten in Anspruch genommen wurde, stellte er – neben der Untersuchung der elsässischen Annalen der Stauferzeit[28] – auch die ebenfalls schon in Straßburg begonnene Edition der Marbacher Annalen fertig, die 1907 in der kleinen Scriptores-Reihe der MGH erschien[29]; diese Ausgabe ist bis heute nicht überholt, auch wenn sich Johannes Haller (1865–1947) in einem eigenen Buch gegen Blochs Darstellung der Entstehung der Marbacher Annalen aussprach[30]. Sein letzter größerer Beitrag zur Stauferzeit erschien 1911 in Gestalt einer Monographie über die Kaiserwahlen und die Entstehung des Kurfürstentums und löste ebenfalls eine rege Forschungsdiskussion aus[31].

Bloch hegte bis zuletzt zahlreiche wissenschaftliche Pläne, doch gelangte keiner von ihnen zur Ausführung, da er 1914 zum Rektor der Rostocker Universität gewählt wurde und danach eine Karriere als Politiker einschlug. Im Ersten Weltkrieg, dem seine beiden ältesten Söhne Adalbert (1895–1917) und Erwin (1896–1917) sowie sein jüngerer Bruder Walter zum Opfer fielen[32], vertrat Reincke-Bloch wie die meisten seiner Standesgenossen in Reden eine kämpferisch-patriotische Haltung; als Reserveoffizier war er bereits am 2. August 1914 eingezogen worden und leistete neben der Verwaltung des Rektorats (bis 1915) und neben einer eingeschränkten Lehre noch bis 1917 Militärdienst bei der Adjutantur des Bezirkskommandos Rostock.

Nach dem Ersten Weltkrieg begann Blochs kurze, aber steile politische Karriere[33], die hier nur skizziert werden kann. Als „alter Nationalliberaler“[34] wurde er Mitbegründer und erster Vorsitzender der Deutschen Volkspartei (DVP) in Mecklenburg-Schwerin, für die er von Gustav Stresemann (1878–1929) persönlich angeworben worden war. Reincke-Bloch engagierte sich als Mitglied der Rostocker Bürgervertretung und des Verfassunggebenden Landtags in Schwerin und wurde schließlich – als Mann des Ausgleichs – am 28. Juli 1920 zum Ministerpräsidenten eines Minderheitskabinetts gewählt, das sich allerdings nur bis zum 12. Januar 1921 halten konnte. Im Kabinett seines Amtsnachfolgers, des Sozialdemokraten Johannes Stelling (1877–1933), übernahm Bloch am 12. April 1921 das Ministerium für Unterricht, Kunst, geistliche und Medizinalangelegenheiten, welches er bis zu seiner Demissionierung am 15. Juni 1922 innehatte. Mit der Niederlegung seines Landtagsmandats am 22. Oktober 1922 endete sein Ausflug in die Landespolitik, der ihn für ein halbes Jahr an die Spitze des Freistaates Mecklenburg-Schwerin gebracht hatte. Für seine Partei war er

28 Siehe oben Anm. 18.

29 Annales Marbacenses qui dicuntur, hg. von Hermann Bloch (MGH rer. Germ. [9], 1907).

30 Johannes Haller, Die Marbacher Annalen. Eine quellenkritische Untersuchung zur Geschichtsschreibung der Stauferzeit (1912); zum Forschungsstand Roman Deutinger, Zur Entstehung der Marbacher Annalen, in: DA 56 (2000) S. 505–523, sowie das digitale Repertorium Geschichtsquellen des Deutschen Mittelalters: https://www.geschichtsquellen.de/werk/321.

31 Hermann Bloch, Die staufischen Kaiserwahlen und die Entstehung des Kurfürstentums (1911); zur Aufnahme dieses Werkes Colberg, Der Historiker (wie Anm. 2) S. 130–133.

32 Vgl. Manke, Reincke-Bloch (wie Anm. 2) S. 273.

33 Zum Folgenden: Heitz / Koch, Reincke-Bloch (wie Anm. 2) S. 44–47; Colberg, Der Historiker (wie Anm. 2) S. 126; Buddrus / Fritzlar, Landesregierungen (wie Anm. 2); Frost, Aufbruch (wie Anm. 2).

34 So in einem Brief an Friedrich Meinecke vom 9.3.1919 (GStA PK HA Familienarchive und Nachlässe, Nl Friedrich Meinecke; Nr. 37), zitiert nach Colberg, Der Historiker (wie Anm. 2) S. 144 mit Anm. 260.

aber noch weiterhin tätig; von 1922 bis 1924 übte er zudem das Amt eines Laienrichters am Leipziger Staatsgerichtshof zum Schutze der Republik aus.

Schon 1921, auf dem Höhepunkt seiner politischen Laufbahn, hatte Bloch auf seinen Rostocker Lehrstuhl verzichtet, sich aber die Mitgliedschaft im Lehrkörper vorbehalten. Im Frühjahr 1923 folgte er einem Ruf an die Universität Breslau, wo er sich schnell in die schlesische Geschichte einarbeitete und bis zu seinem Lebensende eine engagierte Lehrtätigkeit entfaltete[35]. Auch an seinem letzten Wirkungsort sollten ihn bald neue Verpflichtungen außerhalb der Universität in Anspruch nehmen. Er blieb seiner Partei verbunden und übernahm das Amt des Vorsitzenden der DVP für Schlesien. Auf dem ersten Historikertag der Weimarer Republik, der vom 30. September bis zum 3. Oktober 1924 in Frankfurt am Main stattfand, wurde Reincke-Bloch zum Vorsitzenden des Verbandes Deutscher Historiker gewählt mit dem Auftrag, den nächsten Tag vorzubereiten. Diese Aufgabe erfüllte er nicht zuletzt dank seiner politischen Erfahrungen mit Geschick; die vielbesuchte 15. Versammlung der Geschichtswissenschaftler, die vom 3. bis 9. Oktober 1926 in Breslau tagte, wurde ein großer Erfolg[36]. Zusammen mit seinem Kollegen Karl Brandi (1868–1946), der ebenfalls aus der Schule von Scheffer-Boichorst stammte, bemühte Reincke-Bloch sich um die Wiederherstellung des Ansehens der deutschen Geschichtswissenschaft auf internationaler Ebene und nahm 1928 am Internationalen Historikertag in Oslo teil[37]. Gegen Ende desselben Jahres erkrankte er an einer Lungenentzündung und verstarb in Breslau am 1. Januar 1929[38].

Hermann Reincke-Bloch nahm seine Pflichten als Universitätslehrer in einem umfassenden Sinn ernst[39]. Der Umgang mit den Studenten bedeutete ihm viel; er bekannte selbst, dass bei ihm immer „der Lehrer den Gelehrten in den Hintergrund" dränge und ihm das „Vertrauen" seiner Studenten „Lebenselement" sei. Er betreute über 30 Dissertationen zumeist zu landes- und verfassungsgeschichtlichen Themen, von deren Verfassern etliche in den Archivdienst eintraten. Zudem engagierte er sich besonders für die Lehrerbildung und die Vermittlung historischer Themen in einer breiteren Öffentlichkeit. Die Erfüllung seiner Aufgaben wurde ihm anscheinend durch ein bemerkenswertes rhetorisches Talent erleichtert.

Als Historiker genoss Reincke-Bloch bei seinen Fachgenossen weithin Anerkennung[40]. Seine wissenschaftlichen Interessen bewegten sich im Umkreis der quellenkritischen und nationalliberalen Ausrichtung der deutschen Mediävistik um 1900; anders als sein Lehrer und Freund Harry Bresslau hat er sich nicht mit der Geschichte des Judentums in Deutschland auseinandergesetzt. Den zunächst zögerlichen Verlauf seiner akademischen Karriere führte Reincke-Bloch selbst nicht auf seine jüdische Herkunft zurück, obwohl diese in Fachkreisen – wie Cartellieris Tagebücher zeigen – durchaus bemerkt wurde[41]. Sein früher Tod bewahrte ihn vor dem schrecklichen Schicksal seiner nächsten Angehörigen: Während

35 Colberg, Der Historiker (wie Anm. 2) S. 127.

36 Matthias Berg, Krise und Neubeginn, in: Die versammelte Zunft. Historikerverband und Historikertage in Deutschland 1893–2000, hg. von dems. u. a. (2018) S. 156–199, hier S. 174–178.

37 Ebd. S. 189–191.

38 Colberg, Der Historiker (wie Anm. 2) S. 128.

39 Zum Folgenden vgl. ebd. S. 135–138 (Zitat: S. 136).

40 Dies zeigt nicht zuletzt die große Anzahl von Gedenkreden, Würdigungen und Nachrufen, die Colberg, Der Historiker (wie Anm. 2) S. 118 zusammengestellt hat.

41 Siehe oben Anm. 24; Colberg, Der Historiker (wie Anm. 2) S. 134f.

des NS-Regimes kamen seine Schwestern Elisabeth (verh. Overmann, † nach 18.8.1944), Marie (1871–1944) und Clara (verh. Goldstein, 1876–1943) in Konzentrationslagern ums Leben. Sein jüngster Sohn, Otto Ludwig Reincke (1914–?), fiel als Soldat im Zweiten Weltkrieg[42].

Abstract: Hermann Bloch was born in 1867 in Berlin; his parents were both Protestants of Jewish origins. Bloch completed gymnasium in Berlin in 1886 and studied national economics and history in Freiburg i.Br. and Leipzig before attaining his Ph.D. in Berlin in 1891 with a thesis on Emperor Henry IV. In 1892, he began working for the MGH in Strasbourg under Harry Bresslau preparing an edition of the charters of Emperor Henry II and Arduin that was published in the Diplomata series in 1903. Drawing from this material, Bloch wrote his habilitation thesis on the bishop Leo of Vercelli, which he completed in 1897. Thereafter, he worked in Strasbourg as a private lecturer and later as extraordinarius professor, additionally editing the regesta of the bishops of Strasbourg to support his family. Bloch and his wife were adopted by his wife's relatives and took up the name Reincke. After several candidatures, he attained an ordinarius professorship in Rostock in 1904 which secured his financial situation. Besides his official duties, he published an edition of the Annals of Marburg in the MGH Scriptores series in 1907 and other works on the age of the Hohenstaufen. After WWI, Bloch entered politics and briefly served as premier of Mecklenburg-Schwerin (1920–1921) and as a minister in the following government, before resigning in 1922 to return to university teaching in Breslau (Wrocław), which he saw as a central element of his life. He died in 1929 as a widely respected historian.

42 Vgl. die Daten bei Manke, Reincke-Bloch (wie Anm. 2) S. 273.

Ernst Sackur
(1862–1901)

von
FRANZ FUCHS

Ernst Sackur stand nur gut drei Jahre als ‚Hilfsarbeiter' in den Diensten der MGH[1]. Nichtsdestoweniger ist fast sein gesamtes wissenschaftliches Werk aufs engste mit dieser Institution verknüpft; der überwiegende Teil seiner in den Libelli de lite und im 30. Band der Scriptores-Reihe erschienenen Editionen ist bis heute nicht durch Besseres ersetzt, die meisten seiner Aufsätze wurden im Neuen Archiv publiziert[2]. Sackurs aus der Dissertation hervorgegangene zweibändige Monographie über die Cluniacenser im 11. Jahrhundert wurde in der zweiten Hälfte des 20. Jahrhunderts zweimal nachgedruckt[3], die Zusammenfassung dieses „berühmten Werks" wurde noch 70 Jahre nach seiner Veröffentlichung ins Englische übersetzt[4]. Auch sein 1898 erschienenes Buch über Sibyllinische Texte und Forschungen wurde 1963 und 1976 in Italien mit einem Vorwort und mit Literaturnachträgen von Raoul Manselli erneut aufgelegt[5]. Wenn Friedrich Meinecke (1862–1954) in seinem kurzen Nachruf auf Sackur feststellte, dass dieser „als Mitarbeiter der Monum. Germ. und durch sein vortreffliches Werk

1 Am ausführlichsten zu seiner Biographie äußert sich der Nachruf von Hans F. HELMOLT, Sackur, Ernst, in: Biographisches Jahrbuch und Deutscher Nekrolog 6 (1904, zitiert HELMOLT / BLOCH, Sackur) S. 240–243, der weitgehend auf einem von Hermann (Reincke-)Bloch, einem engen Freund Sackurs, dem Verfasser zur Verfügung gestellten Manuskript beruht, das offensichtlich wörtlich in den Artikel eingeflossen ist; (Reincke-)Bloch kann somit als Hauptautor dieses warmherzigen Nekrologs gelten. Zuletzt der Artikel [N. N.], Sackur, Ernst, Dr. phil. Prof., Historiker, in: Lexikon deutsch-jüdischer Autoren 18, hg. von Renate HEUER (2011) S. 433–435.

2 Der Opac der Regesta imperii (http://opac.regesta-imperii.de) verzeichnet unter dem Suchbegriff „Ernst Sackur" 49 Veröffentlichungen [alle Links in diesem Beitrag wurden am 26.04.2023 abgerufen]. Eine der ihm hier zugeschriebenen Publikationen, der 1913 erschienene Aufsatz Des Vitruvius Basilika in Fanum und die neue Ausgabe der decem libri de architectura, stammt allerdings nicht von Ernst, sondern von dem Architekturhistoriker Walter Sackur (†1926); zu ihm vgl. René GILBERT, Walter Sackur, online: https://stadtlexikon.karlsruhe.de/index.php/De:Lexikon:bio-1478. Ein Verwandtschaftsverhältnis zwischen dem in Berlin als Sohn eines Fabrikbesitzers geborenen Walter Sackur und Ernst Sackur ließ sich nicht ermitteln.

3 Ernst SACKUR, Die Cluniacenser in ihrer kirchlichen und allgemeingeschichtlichen Wirksamkeit bis zur Mitte des elften Jahrhunderts, 2 Bde. (1892 und 1894). Das Werk wurde bei der Wissenschaftlichen Buchgesellschaft 1965 und 1971 nachgedruckt. Zu Bedeutung und Nachwirkung vgl. etwa Raymund KOTTJE, Einleitung. Reform oder Reformen, in: Monastische Reformen im 9. und 10. Jahrhundert, hg. von DEMS. (VuF 38, 1989) S. 9–13.

4 Ernst SACKUR, The Influence of the Cluniac Movement, in: The Gregorian Epoch. Reformation, Revolution, Reaction?, hg. von Schafer WILLIAMS (1964) S. 13–18, mit folgendem Urteil (S. 13) des Herausgebers und Übersetzers über Sackurs „famous work": „His work was solidly grounded in the sources of Cluniac history and has strongly influenced all serious historians of monasticism."

5 Ernst SACKUR, Sibyllinische Texte und Forschungen. Pseudomethodius, Adso und die tiburtinische Sibylle (1898); nachgedruckt „con premessa di Raoul Manselli" in der Reihe Bottega d'Erasmo 1963 und 1976.

über die Cluniacenser seinen Namen zu Ehren gebracht" habe[6], so wird man diesem Urteil über 120 Jahre nach dem tragischen Tod des Gelehrten noch zustimmen können, auch wenn sein Name heute vielleicht nur noch den Spezialisten für die Zeit der Kirchenreform im hohen Mittelalter vertraut sein dürfte.

Ernst Sackur wurde am 2. Oktober 1862 als Sohn des jüdischen Kaufmanns Max Sackur (1833–1898) in Breslau geboren[7]; auch seine Mutter Olga (1838–1910) war eine geborene Sackur[8]. Der bedeutende Physikochemiker Otto Sackur (1880–1914), ein Pionier der Quantenstatistik, der 1914 in Berlin Opfer einer Labor-Explosion wurde, war sein Vetter[9]. Seine schulische Ausbildung empfing Ernst am berühmten St. Maria-Magdalena-Gymnasium seiner Heimatstadt, wo er zum Ostertermin 1882 das Reifezeugnis erhielt[10]; dem Leiter dieser Bildungsanstalt, dem Altphilologen Otto Heine (1832–1906), bekundete er noch in dem in lateinischer Sprache verfassten Lebenslauf zur Dissertation seine Dankbarkeit[11]. Vom Militärdienst freigestellt, studierte Sackur zunächst ein Semester in Freiburg im Breisgau, wo er u. a. Lehrveranstaltungen des Germanisten Hermann Paul (1846–1921) und des Historikers Bernhard von Simson (1840–1915)[12] besuchte, kehrte aber bereits nach wenigen Monaten wieder in seine Geburtsstadt zurück, um hier das Studium der Fächer Deutsch und Geschichte fortzusetzen. In Breslau fand er in dem aus einer alten Rabbinerfamilie stammenden Historiker Jakob Caro (1835–1904), der seit 1876 als außerordentlicher und seit 1884 als ordentlicher Professor an der Universität tätig war[13], seinen prägenden Lehrer, von dem er auch die Anregung zu seiner Doktorarbeit erhielt, die sich mit den Klosterreformen

6 Friedrich Meinecke, Notizen und Nachrichten, in: HZ 87 (1901) S. 192.

7 Max Sackur war nach Ausweis des Adress- und Geschäfts-Handbuches der Haupt- und Residenz-Stadt Breslau (1863) S. 253 im Jahr der Geburt seines Sohnes Ernst als Kaufmann in der Firma seines Vaters Joseph Elieser (Loeser) Sackur beschäftigt, der in bester Lage Am Ring (heute: Rynek) 23 ein Tuch- und Modewaren-Geschäft betrieb. 1868 machte sich Max Sackur selbstständig und gründete ein „Wollen- und Tuchgeschäft" (mit „Commissionen in Baumwoll-Garnen und Geweben"), das zunächst in der Friedrich-Wilhelmstraße (heute: ul. Legnicka) 1a, seit den 1880er Jahren in der Zimmerstraße (heute: ul. Joachima Lelewela) 3 angesiedelt war und über eine Zweigniederlassung in Reichenbach in Schlesien verfügte. Diese Angaben sind den Breslauer Adressbüchern (abrufbar unter: https://martin-opitz-bibliothek.de/de/sammlungen/digitale-sammlungen/adressbuecher/a-d/breslau) sowie dem Deutschen Reichsanzeiger und Preußischen Staatsanzeiger (abrufbar unter: https://digi.bib.uni-mannheim.de/periodika/reichsanzeiger/) entnommen.

8 Olga Sackur war eine Tochter von Simon Ascher Sackur, der in der Friedrich-Wilhelmstraße (heute: ul. Legnicka) 75 in Breslau eine „Rum- und Liqueurfabrik" betrieb.

9 Alexander Kipnis, Sackur, Otto, in: NDB 22 (2005) S. 344; der in diesem Artikel nicht genannte Vater des Naturwissenschaftlers war Ismar Sackur (1837–1891), ein Bruder von Ernst Sackurs Mutter Olga. Er führte zusammen mit seinem Bruder Salo Sackur im Nikolaistadtgraben (heute: ul. Podwale) 21 in Breslau ein „Bank- und Producten-Geschäft".

10 Festschrift zur 250jährigen Jubelfeier des Gymnasiums zu St. Maria Magdalena zu Breslau am 30. April 1893 (1893) S. 95.

11 Die lateinische Vita ist gedruckt bei Ernst Sackur, Richard, Abt von St. Vannes (1886) S. 99; zu Otto Heine, der von 1870 bis 1883 das Maria-Magdalena-Gymnasium als Direktor leitete, vgl. den einschlägigen Wikipedia-Artikel online.

12 Zu Bernhard von Simson siehe den Beitrag von Claudia Märtl in diesem Band.

13 Zu Jakob Caro, der vor allem durch seine mehrbändige Geschichte Polens bekannt ist, vgl. Heuer, Lexikon 5 (wie Anm. 1) S. 9–13; weitere Literatur verzeichnet der Wikipedia-Artikel online.

der Cluniazenser bis zur Mitte des 11. Jahrhunderts befassen sollte. Ein Kapitel aus dieser breit angelegten Arbeit wurde im Juli 1886 von der philosophischen Fakultät der Universität Breslau als Inaugural-Dissertation angenommen. Bei dem feierlichen Promotionsakt, der am 24. Juli 1886 in der Aula Leopoldina stattfand, verteidigte Sackur acht Thesen, deren letzte die „Anwendung algebraischer Symbole und Formeln in der Logik als nicht empfehlenswert" erklärt[14]; einer seiner Opponenten war Georg Landsberg (1865–1912), der später als Mathematiker in Heidelberg und Kiel Karriere machen sollte[15]. Die ersten fünf Thesen, die zum Gebiet der alten und mittelalterlichen Geschichte gehören, wurden bereits im Nachruf von Helmolt (bzw. Bloch)[16] als „ein gut Teil" von Sackurs „Lebensprogramm" bezeichnet; in der Tat ist dieser auf die meisten der hier angesprochenen Themen (Geschichte der Cluniazenser, Geschichte des Landbaus im Übergang von der Antike zum Frühmittelalter, Schlacht von Tagliacozzo, Antichrist- und Endzeitkaiser-Prophezeiungen) später in Aufsätzen und Abhandlungen zurückgekommen.

Nach seiner Promotion widmete Sackur sich zunächst der Fertigstellung seiner Monographie über die cluniazensische Klosterreform; er scheint auch bald mit den MGH in Kontakt gekommen zu sein, denn bereits 1887 erschien sein erster Aufsatz über die Viten des Abtes Majolus von Cluny im Neuen Archiv[17]. Auch die Reise, die Sackur im Frühjahr 1888 ‚privatim' nach Paris unternahm[18], um das Material zu seiner großen Monographie zu vervollständigen, scheint mit Wilhelm Wattenbach (1819–1897), der nach dem Tod von Georg Waitz (1813–1886) die MGH stellvertretend leitete, abgesprochen gewesen zu sein; in einer Karte vom 27. März 1888 teilte Sackur ihm seine Pariser Adresse mit (Rue de Seine 20) und berichtete, dass er wegen der 14tägigen Schließung der Nationalbibliothek vor den Osterfeiertagen noch nicht dazu gekommen sei, „die kleinen Collationen" fertig zu stellen; er werde diese sofort nach der Wiedereröffnung besorgen[19].

Als Ernst Sackur zum 1. Oktober 1888 seinen Dienst als ständiger Mitarbeiter bei den MGH antrat, war bereits Ernst Dümmler (1830–1902) sein Chef, der im Mai dieses Jahres nach längerer Sedisvakanz als erster „ernannter Reichsbeamter" den Vorsitz der Zentraldirektion übernommen hatte[20]. Sackur wurde als Nachfolger Lothars von Heinemann (1859–

14 Sackur, Richard (wie Anm. 11) Titelblatt (Promotionsdatum und Opponenten) und S. 100 (Thesen).

15 Zu Georg Landsberg vgl. [N. N.], Landsberg, Georg, in: Lexikon bedeutender Mathematiker, hg. von Siegfried Gottwald (1986) S. 155, ferner die Nachweise im Heidelberger Gelehrtenlexikon, online: http://histmath-heidelberg.de/homo-heid/landsberg.htm, und im Kieler Gelehrtenverzeichnis, online: https://cau.gelehrtenverzeichnis.de.

16 Helmolt / Bloch, Sackur (wie Anm. 1).

17 Ernst Sackur, Noch einmal die Biographien des Majolus, in: NA 12 (1887) S. 501–516.

18 Den privaten Charakter dieser Reise betont Harry Bresslau, Geschichte der Monumenta Germaniae historica (1921) S. 661. Einige Quellenfunde zur cluniazensischen Reformbewegung, die ihm in Paris gelangen, sind veröffentlicht bei Ernst Sackur, Handschriftliches aus Frankreich, in: NA 15 (1890) S. 103–139.

19 MGH-Archiv, B 326.

20 Bresslau, Geschichte (wie Anm. 18) S. 637–642; zur Charakteristik des „allseits beliebten" Ernst Dümmler vgl. auch Horst Fuhrmann, „Sind eben alles Menschen gewesen". Gelehrtenleben im 19. und 20. Jahrhundert. Dargestellt am Beispiel der Monumenta Germaniae Historica. Unter Mitarbeit von Markus Wesche (1996) S. 52–55; Andreas Ranft, Mediävistik in Halle um 1900: Die Historiker Ernst Dümmler und Theodor Lindner, in: Halle und die deutsche Geschichtswissenschaft um 1900.

1901) für die Scriptores-Abteilung eingestellt, deren Leitung damals zwischen Dümmler, der für die Quart-Ausgaben zuständig war, und Oswald Holder-Egger (1851–1911), der die Fortsetzung der Folio-Reihe betreute, aufgeteilt war[21]. Für beide Serien hat Sackur in kurzer Zeit erstaunlich viel geleistet. Als erster Editionsauftrag wurde ihm die Bearbeitung des umfangreichen Geschichtswerks des Franziskaners Jacques de Guise (†1399) übertragen, für welche er im Frühjahr 1889 erneut nach Frankreich reisen musste, da eine wichtige Handschrift der Stadtbibliothek Valenciennes nicht nach Berlin versendet werden durfte[22]; die Ausgabe war nach Ausweis der Vorrede bereits im März 1890 abgeschlossen, konnte aber erst sechs Jahre später erscheinen[23]. Die Veröffentlichung einer zweiten Edition, die Sackur als Mitarbeiter der MGH für den 30. Band der Folio-Reihe anfertigte, sollte er nicht mehr erleben: Die Ausgabe der Vita metrica des Bischofs Anselm von Lucca (1035–1086), die dessen Amtsnachfolger Rangerius gegen Ende des 11. Jahrhunderts verfasste, war schon im November 1888 abgeschlossen und wurde 1896 nochmals von Sackur überarbeitet, konnte aber erst 33 Jahre nach seinem Tod mit Nachträgen von Gerhard Schwartz (1889–1914) und Bernhard Schmeidler (1879–1959) ausgeliefert werden[24].

Auch zu den von Dümmler geleiteten Libelli de lite hat Sackur in den drei Jahren seiner „ständigen Mitarbeiterschaft"[25] Erhebliches beigetragen; für den 1891 erschienenen ersten Band erstellte er die Indices[26], für den zweiten, der bereits ein Jahr später publiziert werden konnte, trug er neben seinem Chef die Hauptlast[27]. Aber auch für den dritten Band scheint er vor seinem Ausscheiden aus dem Dienst der MGH bereits Vorarbeiten geleistet

Beiträge des Kolloquiums 125 Jahre Historisches Seminar an der Universität Halle am 4./5. November 2000, hg. von Werner Freitag (2002) S. 158–172. – Zu Stellung, Bezahlung und Karrierechancen der MGH-Mitarbeiter am Ende des 19. Jahrhunderts: Folker Reichert, Gelehrtes Leben. Karl Hampe, das Mittelalter und die Geschichte der Deutschen (Schriftenreihe der HiKo 79, 2009) S. 55–57.

21 Bresslau, Geschichte (wie Anm. 18) S. 642f.

22 Ernst Sackur, Die Reise nach Nordfrankreich im Frühjahr 1889, in: NA 15 (1890) S. 437–473; dazu fünf Schreiben Sackurs an Dümmler aus Valenciennes und St-Omer im MGH-Archiv, B 326.

23 Jacobi de Guisia Annales historiae illustrium principum Hanoniae, hg. von Ernst Sackur, in: MGH SS 30,1 (1896) S. 44–334; zu der sich über Jahre hinziehenden Drucklegung dieses Bandes vgl. Bresslau, Geschichte (wie Anm. 18) S. 669f., der auch die „mit musterhaftem Fleiße" erstellte Editionsleistung Sackurs hervorhebt, die fast die Hälfte des Folio-Bandes ausmacht.

24 Vita metrica S. Anselmi Lucensis episcopi auctore Rangerio Lucensi, hg. von Ernst Sackur / Gerhard Schwartz / Bernhard Schmeidler, in: MGH SS 30,2 (1934) S. 1152–1307; zum Forschungsstand zu Autor und Werk vgl. den Eintrag im digitalen Repertorium Geschichtsquellen, https://www.geschichtsquellen.de/werk/4075; zur auffällig geringen Rezeption dieses Textes in der Forschung auch Tilman Struve, Johannes Haller und das Versöhnungsmahl auf Canossa. Eine Korrektur, in: HJb 110 (1990) S. 110–116.

25 Diesen Ausdruck gebrauchte Sackur rückblickend in einem Brief an Dümmler vom 12. Januar 1893 (MGH-Archiv, B 326).

26 MGH Ldl 1 (1891); der Band wurde von Sackur nicht nur durch ein Namen- und Sachregister, sondern auch durch einen ‚Index auctoritatum' erschlossen. Zuvor hatte er schon für den 29. Band der Folio-Serie Register und Glossar erstellt.

27 Dies wurde auch von Dümmler im Vorwort zu diesem Band eigens hervorgehoben: *Summam vero operam in hoc tomo consumpsit Ern. Sackur, qui in his litteris versatissimus ceteros libros ante in actis nostris ex parte explicatos edidit*. Von den 14 von Sackur für diesem Band bearbeiteten Texten war der metrische Liber de anulo et baculo des Rangerius von Lucca bis dahin noch ungedruckt.

zu haben[28]; die Bearbeitung der Werke des Gerhoh von Reichersberg (1092/93–1169), die einen Großteil dieses Bandes einnehmen, sollte er allerdings erst als Privatdozent in Straßburg abschließen[29].

Zum Jahreswechsel 1891/92 schied Ernst Sackur aus seinem Dienstverhältnis bei den MGH aus und übersiedelte von der Reichshauptstadt in das Elsass, um sich mit der großen Arbeit über die cluniazensische Reformbewegung an der Straßburger Kaiser-Wilhelm-Universität zu habilitieren[30]. Hier hatte den Lehrstuhl für Geschichte seit März 1890 der „deutsche Jude" Harry Bresslau (1848–1926)[31] inne, der auf Betreiben des mächtigen Ministerialdirektors im preußischen Kultusministerium Friedrich Althoff (1839–1908) als Nachfolger des nach Berlin wechselnden Paul Scheffer-Boichorst (1843–1902) in einer Art ‚Tauschgeschäft' dorthin berufen worden war[32]. Die Kaiser-Wilhelm-Universität galt nach der Auffassung von Friedrich Meinecke, der 1901 dort seine erste Professur antrat, geradezu als „judenfreundlich"[33]. Auch Aby Warburg (1866–1929), der 1889 in Straßburg Kunstgeschichte studierte, gewann einen recht positiven Eindruck von der Universität, litt aber unter der Judenfeindlichkeit der dortigen Bevölkerung: „Alle Menschen – Studenten oder Professoren – die ich näher kennen lernte, und das sind ziemlich viele recht nette Leute, zeigen mir Vertrauen und Wohlwollen. Aber, aber! Dieses Volk hier ist widerlich: ich kann des Tags nicht ausgehen, ohne ein paarmal hinter mir her constatirt zu hören: ‚Desch ischt e Jud!'"[34].

---

28 So teilte Dümmler im Jahresbericht 1891/92 mit, dass dem geplanten dritten Band der Libelli de lite „Herr Dr. Sackur gleichfalls seine Kräfte z. T. schon gewidmet hat und noch weiter widmen wird", in: NA 18 (1893) S. 4.

29 Gerhohi praepositi Reichersbergensis libelli selecti, hg. von Ernst Sackur, in: MGH Ldl 3 (1897) S. 131–525. Über die Arbeit an diesen Texten und eine geplante Reise nach Reichersberg in den „großen Ferien", da „die dortige Bibliothek Handschriften überhaupt nicht versendet", informieren zwei Briefe Sackurs an Dümmler vom 6. und 28. April 1894 (MGH-Archiv, B 326).

30 Das Verfahren wurde bereits im Januar 1892 eingeleitet und ging offensichtlich schnell und glatt vonstatten; vgl. Helmolt / Bloch, Sackur (wie Anm. 1) S. 240; Stephan Roscher, Die Kaiser-Wilhelm-Universität Straßburg 1872–1902 (Europäische Hochschulschriften 3: Geschichte und ihre Hilfswissenschaften 1003, 2006) S. 186f.

31 Zu Harry Bresslau siehe die Beiträge von Annette Marquard-Mois, Theo Kölzer, Benedikt Marxreiter und Anne C. Nagel in diesem Band.

32 Zu den besonderen Umständen dieser Berufung vgl. die autobiographische Schilderung bei Harry Bresslau, Selbstdarstellung, in: Die Geschichtswissenschaft der Gegenwart in Selbstdarstellungen, hg. von Sigfrid Steinberg (1926) S. 28–83, hier S. 45f.; Stephan Roscher, Harry Bresslau in Straßburg: ein jüdischer Mediävist als deutsch-nationaler „Kulturprotestant" im Reichsland Elsaß-Lothringen (1992); Bettina Raabe, Harry Bresslau (1848–1926). Wegbereiter der Historischen Hilfswissenschaften in Berlin und Straßburg, in: Herold-Jb. N. F. 1 (1996) S. 48–83; Fuhrmann, Gelehrtenleben (wie Anm. 20) S. 104–108. – Zu Althoffs Berufungspolitik zuletzt Dieter Oelschlägel, „Geist der Liberalität und Gerechtigkeit"? Friedrich Althoff und die jüdischen Wissenschaftler (2019).

33 Friedrich Meinecke, Straßburg, Freiburg, Berlin 1901–1919. Erinnerungen (1949) S. 28; dazu Roscher, Die Kaiser-Wilhelm-Universität (wie Anm. 30) S. 190, der allerdings einschränkend feststellt, dass Meineckes Ansicht von der „judenfreundlichen" Universität nur als „generelle Tendenz" zu verstehen sei und „die übliche Benachteiligung von Hochschullehrern israelitischen Glaubensbekenntnisses" keineswegs ausschließe. Auch Paul Scheffer-Boichorst betonte in einem Brief an Dümmler vom 30. Dezember 1889, dass das Judentum in Straßburg „von humanerer Art" sei als in Berlin (MGH-Archiv, B 328).

34 Aby Warburg, Briefe 1, hg. von Michael Diers / Steffen Haug / Thomas Helbig (Gesammelte Schriften. Studienausgabe 5,1–2, 2021) Nr. 47 S. 78f. (an seine Mutter, 25. November 1889).

Von ähnlichen Erfahrungen dürfte auch Sackur kaum verschont geblieben sein, der die letzten neun Jahre seines Lebens vorwiegend in Straßburg[35], im näheren Umkreis von Harry Bresslau[36], verbringen sollte; dort nahm er zum Sommersemester 1892 die Lehrtätigkeit als Privatdozent auf. In der Wahl seiner Vorlesungsthemen folgte Sackur keineswegs dem gängigen Trend, sondern suchte auch hier „abseits von der großen Heerstraße" seinen eigenen Weg[37]. So bot er etwa zum Wintersemester 1893/94 als erster in Straßburg ein Kolleg zur Geschichte Frankreichs im Mittelalter an[38], was offensichtlich der Aufmerksamkeit von Karl Lamprecht (1856–1915) nicht entging. Im Februar 1895 wandte sich der berühmte und umstrittene Leipziger Historiker an Sackur und bot ihm an, für die angesehene Reihe Europäische Staatengeschichte die Neubearbeitung der Geschichte Frankreichs im Mittelalter zu übernehmen, wobei er vor allem Wert darauf lege, dass dabei „neben der politischen Geschichte auch die Entwicklung der Verfassung, Wirtschaft, Gesellschaft und des Geisteslebens zu ausführlicher, organisch eingefügter Darstellung gelange"[39]. Mit der endgültigen Antwort auf diese ehrenvolle Offerte ließ sich der Straßburger Privatdozent Zeit; erst am 17. September 1895 meldete er sich aus Breslau bei Lamprecht: der Vorschlag habe ihn „lebhaft beschäftigt", aber er müsse ihn ablehnen, da er die „Abfassung einer französischen Geschichte im Mittelalter von deutscher Seite" angesichts der Quellenlage für „verfrüht" halte; viele Königsurkunden „namentlich der späteren Capetinger harren noch der Veröffentlichung", auch seien die Editionen der historiographischen Werke „vielfach so schlecht", dass ein Rückgriff auf die Handschriften „an Ort und Stelle hier und da" unabdingbar wäre; ihm fehle der Mut, sich für eine solche Aufgabe, „deren Ende nicht abzusehen ist", vertraglich zu binden[40].

35 Nach Auskunft des Adressbuches der Stadt Straßburg wohnte der „Privatdocent" Dr. Sackur 1895 in der „Gailerstraße 1", ab 1898 war er unter der Adresse „Vogesenstr. 29", ab 1900 unter „Spachgässchen 1" (heute: rue Le Nôtre) gemeldet (aufrufbar unter dem Stichwort Annuaires d'adresses de la ville de Strasbourg in: https://archives.strasbourg.eu/archive/egf).

36 Für die „persönliche Aussprache mit Herrn Prof. Bresslau in Strassburg", die ihm „jederzeit Gelegenheit" geboten habe, seine „Auffassung zu vertiefen" und seine „Kenntnisse zu bereichern", bedankt sich Sackur im Vorwort zum zweiten Band seines Hauptwerkes; Sackur, Die Cluniacenser 2 (wie Anm. 3) S. IV.

37 So nach Helmolt / Bloch, Sackur (wie Anm. 1) S. 240.

38 Roscher, Die Kaiser-Wilhelm-Universität (wie Anm. 30) S. 387 Anm. 1423; auch eine Vorlesung über Humanismus und Renaissance hat Sackur in Straßburg angeboten, ebd. Anm. 1426. Ein „Colleg über Deutsche Stadtverfassung und daran sich anknüpfende Übungen" erwähnt Sackur in einem Brief an Dümmler vom 20. Dezember 1898 (MGH-Archiv, B 326).

39 Brief Lamprechts an Ernst Sackur, Leipzig, 22. Februar 1895 (ULB Bonn, Nl Karl Lamprecht, S 2713: Korr. 67 [digitalisiert abrufbar unter: https://kalliope-verbund.info/de/]). Lamprecht hatte die Herausgeberschaft dieser geachteten, von Arnold Ludwig Heeren und Friedrich August Ukert begründeten Reihe 1894 als Nachfolger Wilhelms von Giesebrecht übernommen. Für die Neubearbeitung der Geschichte Frankreichs waren drei Bände geplant, Sackur sollte den Mittelalter-Teil übernehmen, für den Neuzeit-Teil war der kurz zuvor nach Leipzig berufene Erich Marcks als Verfasser vorgesehen; vgl. Roger Chickering, Karl Lamprecht. Das Leben eines deutschen Historikers (1856–1915) (2021) S. 256f.

40 Brief Sackurs (Breslau, Zimmerstr. 3) vom 17. September 1895 an Lamprecht (ULB Bonn, Nl Karl Lamprecht [wie Anm. 39]). Sackur scheint den ganzen September 1895 bei seinen Eltern in Breslau zugebracht zu haben, wo er auch die Vorrede zu seiner Teilausgabe von Gerhohs Traktat De investigatione Antichristi, in: MGH Ldl 3 (1897) S. 305–309 verfasste.

Zu dieser Zeit hatte Sackur offenbar andere Forschungsprojekte in Angriff genommen; neben der schon erwähnten, 1898 erschienenen Monographie über Sibyllinische Texte und Forschungen, deren Thematik ihn seit seiner frühen Studienzeit beschäftigte[41], trug er sich mit der Absicht, eine Geschichte der Stadt Rom im frühen und hohen Mittelalter zu verfassen, zu der er während mehrerer Aufenthalte in der Ewigen Stadt Material sammelte[42]. Ein starkes Konvolut von Exzerpten und Urkunden-Abschriften aus römischen Archiven ist in der Straßburger Universitätsbibliothek erhalten geblieben[43]. Daneben beschäftigte er sich in seinen letzten Lebensjahren auch intensiv mit Fragen der frühmittelalterlichen Wirtschafts- und Verfassungsgeschichte[44].

Als Privatdozent verfügte Ernst Sackur – abgesehen von den Hörergeldern – über kein eigenes Einkommen und war zur Bestreitung seines Lebensunterhalts fast ausschließlich auf Zuwendungen seines als wohlhabend geltenden Vaters angewiesen. Doch sollte sich dessen wirtschaftliche Situation im Laufe der Zeit erheblich verschlechtern; geradezu erschrocken schrieb Ernst Dümmler am 13. Juli 1897 an Harry Bresslau in Straßburg: „Meinem letzten noch nicht beantworteten Briefe vom 5. lasse ich schon wieder einige Zeilen nachfolgen. Zu meiner Überraschung schrieb mir nämlich der mir persönlich unbekannte Vater unseres Freundes Sackur (der noch in Rom weilt) mit der Bitte, wo möglich zu seiner Beförderung beizutragen, weil seine Mittel so sehr erschöpft sind, daß er nichts mehr für ihn thun kann und selbst kaum zu leben hat. Ich bin dadurch recht erschreckt worden, denn ich glaubte bisher, daß S. in sehr guten Verhältnissen lebte und es ruhig abwarten könnte. Auch die ausgedehnte Reise nach Rom, wie überhaupt die Art seines Auftretens, schien dafür zu sprechen. Aber was nun thun?[45]“

41 Am 17. Februar 1898 teilte Sackur seinem früheren Vorgesetzten Dümmler mit, dass er in den anstehenden Ferien seine Schrift über Pseudomethodius, Adso und die tiburtinische Sibylle druckfertig machen wolle; nach dem Abschluss dieses „Parergon“ werde er sich wieder „intensiver mit Rom beschäftigen“ (MGH-Archiv, B 326).

42 Im Herbst 1896 nahm Sackur seine Recherchen in römischen Bibliotheken und Archiven auf; über seine Arbeiten in der Biblioteca Vaticana und im Deutschen Archäologischen Institut berichtete er am 4. November dieses Jahres an Dümmler (Rom, Via Capo le Case 68; MGH-Archiv, B 326). Die Verleihung des Engelmann-Stipendiums ermöglichte ihm 1898/99 einen ganzjährigen Forschungsaufenthalt in Rom; dieses Stipendium, das von dem Frankfurter Lehrer Julius Engelmann (†1871) für Nachwuchswissenschaftler der Fächer Geographie sowie mittelalterliche und neue Geschichte an der Universität Straßburg gestiftet worden war, wurde von der Philosophischen Fakultät dieser Universität vergeben; vgl. Festschrift zur Einweihung der Neubauten der Kaiser-Wilhelms-Universität Strassburg 1884 (1884) S. 31. Das Stipendium, das Sackur im März 1898 für seine geplante Geschichte der Stadt Rom im Mittelalter zugesprochen wurde, betrug 2400 Mark.

43 Heute Strasbourg, Bibliothèque Nationale et Universitaire, Réserve Joffre, Ms. 2883; Herrn Kollegen Olivier Richard (Strasbourg) danke ich für die Übersendung von Scans aus dieser Handschrift, die auch bei Meinecke, Notizen (wie Anm. 6) und Helmolt / Bloch, Sackur (wie Anm. 1) S. 242 kurz erwähnt wird.

44 Die Publikation aus Sackurs Nachlass zu dieser Thematik, die bei Helmolt / Bloch, Sackur (wie Anm. 1) S. 242 als „in nächster Zeit zu erwartende Veröffentlichung“ erwähnt wird, ist nie erschienen. Am 18. November 1899 schrieb Sackur an Dümmler, dass er mit „Untersuchungen über den Ursprung der Land- und Stadtgemeinde“ beschäftigt sei (MGH-Archiv, B 326).

45 MGH-Archiv, B 702 nicht paginiert. Dieser Bestand ist als Digitalisat verfügbar über das Findbuch auf der MGH-Webseite.

Dümmler bekundete sofort seine Bereitschaft, sich „bei Althoff direkt für ihn zu verwenden“. Er erklärte sich auch bereit, seinem bewährten und geschätzten ehemaligen Mitarbeiter bei den Monumenta „neue Beschäftigung zu geben, z. B. durch die Vitae Gregorii, aber er wird es jetzt nicht wollen“[46]. Überlegungen, Sackur zu einer dotierten Professur zu verhelfen, tauchen in den folgenden Jahren wiederholt im Briefwechsel zwischen Dümmler und Bresslau auf. Nachdem sich Berufungen nach Münster, Erlangen und Bonn als aussichtslos erwiesen hatten, schienen die Chancen für den inzwischen mit dem Engelmann-Stipendium für ein Jahr gesicherten Privatdozenten im Sommer 1898 in Halle gut zu stehen, zumal sich Dümmler, der vor seiner Ernennung zum Vorsitzenden der MGH selbst über 30 Jahre an dieser Universität gelehrt hatte und offensichtlich noch über Einfluss verfügte, dort stark für ihn einsetzte. Umso herber war aber dann die Enttäuschung, als auch dieser Versuch am mächtigen Friedrich Althoff scheiterte. Dümmler schrieb am 21. Juli 1898 an Bresslau: „In Halle hatte ich die Sache gut eingefädelt: es wurden Anfang Juli an 1. Stelle ex aequo Sackur und Altmann vorgeschlagen (dieser ein besonderer Liebling Lindners, ich weiß nicht woher), an 2. auf Ed. Meyers lebhafte Empfehlung gegen die Meinung L.s und Droysens, Rachfahl. Obgleich ich mich unaufgefordert ungern äußere, so schrieb ich doch zur Empfehlung Sackurs an Althoff, da ich namentlich Altmann fürchtete. Ausnahmsweise hat er mir geantwortet, indem er nach einem Dank für meinen Brief bemerkt: ‚Wie die Verhältnisse aber liegen, glaube ich, daß Rachfahl die meisten Aussichten hat. Wenn dem Manne nicht bald geholfen wird, geht er in seiner Mittellosigkeit zu Grunde‘. Was soll man darauf nun sagen?“ Der Brief endet mit der Bitte an Bresslau, Sackur über die „betrübende Sachlage“ zu informieren[47].

Als Dümmler am 25. März 1901 Bresslau mitteilte, dass er sich für eine Berufung seines ehemaligen Mitarbeiters nach Tübingen eingesetzt habe[48], dürfte die Tragödie dieses

46 MGH-Archiv, B 702; im folgenden Brief an Bresslau vom 18. Juli 1897 zitiert Dümmler unmittelbar aus dem Schreiben des Breslauer Kaufmanns: „Sein Vater schrieb wörtlich, nachdem er erwähnt, daß der Sohn von ihm lebe: ‚Meine Verhältnisse haben sich im Laufe der vielen Jahre, welche ich diesen Unterhalt bestreite, geändert. Ich bin gealtert, erkrankt und die Zinsen aus meinem kleinen Vermögen reichen mit dem, was ich in meinem Handel noch erwerbe, kaum zum Unterhalt für mich und meine Frau aus. Ich bin genötigt den Fall eines unerwartet raschen Verscheidens für meine Person ins Auge zu fassen und denke sorgenvoll an das Schicksal meines Sohnes.‘“ Max Sackur verstarb am 4. November 1898 in Breslau; bereits am Tag darauf informierte Ernst Sackur Dümmler über das Ableben seines Vaters (MGH-Archiv, B 326).

47 MGH-Archiv, B 702. Zu den erwähnten Hallenser Professoren Gustav Droysen (†1908), einem Sohn des berühmten Johann Gustav Droysen (†1884), Theodor Lindner (†1919), dem unmittelbaren Nachfolger Dümmlers, Eduard Meyer (†1930) und Felix Rachfahl (†1925), der wie Sackur bei Caro in Breslau promoviert worden war und 1898 den Ruf auf das besoldete Extraordinariat in Halle erhielt, vgl. die verschiedenen Beiträge in: Freitag, Halle (wie Anm. 20) sowie die einschlägigen Artikel im Internetportal: https://www.catalogus-professorum-halensis.de/. Zu Wilhelm Altmann (†1951), der zusammen mit Sackur auf den ersten Listenplatz gesetzt wurde und sich später vor allem als Musikschriftsteller einen Namen machen sollte, vgl. Philipp Losch, Altmann, Wilhelm, in: NDB 1 (1953) S. 226f.

48 Brief Dümmlers an Bresslau vom 25. März 1901: „Sackur schrieb neulich an mich, seine gerechten Wünsche nach Beförderung andeutend. Wiewohl ich ungefragt mich sonst nicht gern in Berufungsangelegenheiten mische, so veranlaßte mich dieser Brief doch an D. Schäfer zu schreiben, den ich einigermaßen kenne. Er antwortete mir freundlich aber diplomatisch: ‚*[…]* Sie können sicher sein, daß, soweit fachmännisches Urteil in Frage kommt, Prof. Sackur seinen wissenschaftlichen Verdiensten entsprechend eingeschätzt werden wird, wenn es sich darum handeln sollte, ausschließlich für MA. eine

Gelehrten, der im Jahr zuvor an seiner Universität zum unbesoldeten außerordentlichen Professor ernannt worden war[49], kaum mehr zu verhindern gewesen sein: Kaum zwei Wochen später, am Morgen des 5. April 1901, des Karfreitags, erschoss sich Ernst Sackur in einem Straßburger Krankenhaus[50]. Über die Ursachen für diesen Selbstmord gingen die Meinungen der ihm nahestehenden Zeitgenossen auseinander. Es hieß, dass ein Augenleiden sowie die Angst zu erblinden den unmittelbaren Anlass dazu geboten hätten. Auch war offensichtlich bekannt, dass er schon länger, wohl nicht zuletzt wegen seiner materiellen Sorgen, unter Depressionen zu leiden hatte[51]. Helmolt und Bloch sprechen davon, dass Sackur, der „die unerfreulichen Seiten des deutschen Universitätslebens und -treibens zur Genüge" erfahren musste, für den „harten, rauhen Winterkampf ums Dasein" zu feinfühlig veranlagt gewesen sei[52]. Nach Ausweis der Sterbeurkunde soll Sackur im mosaischen Glauben gestorben sein[53]; es gibt allerdings starke Indizien, die dafür sprechen, dass er vor 1898 zum evangelischen Bekenntnis übergetreten ist. So weiß der ‚Israelit' im Mai 1901 zu berichten, dass Sackur „die Verleugnung des einzig-einen Gottes um des Avancements willen" nichts gebracht habe, er sei nicht nach Halle berufen worden, „weil er früher, bis vor einigen Jahren, Jude gewesen sei"[54]. Auch Dümmler ging bei seinen Bemühungen, Sackur an der Universität Halle zu versorgen, stillschweigend von dessen Konversion zum Protestantismus aus[55].

An der Universität Straßburg erlangte 1903 Else Gütschow (1865–1908) als erste Frau überhaupt mit einer von Harry Bresslau betreuten Arbeit den Doktorgrad der Philosophischen Fakultät; die Jugendfreundin der berühmten Schriftstellerin Franziska von

neue Kraft zu gewinnen.' Mit Tübingen habe ich leider gar keine Fühlung". (MGH-Archiv, B 702). Zu Dietrich Schäfer, der von 1888 bis 1896 in Tübingen lehrte, aber zu diesem Zeitpunkt schon Ordinarius in Heidelberg war, vgl. Karl Ludwig Ay, Schäfer, Johann Heinrich Dietrich, in: NDB 22 (2005) S. 504f.; Reichert, Gelehrtes Leben (wie Anm. 20) S. 76f. mit Literatur (S. 344).

49 Nach Helmolt / Bloch, Sackur (wie Anm. 1) S. 240 soll Sackur schon 1898 zum Extraordinarius ernannt worden sein; dies muss aber nach Roscher, Die Kaiser-Wilhelm-Universität (wie Anm. 30) S. 190 mit Anm. 1427 (S. 387) zu 1900 korrigiert werden; auch in den oben Anm. 35 angeführten Straßburger Adressbüchern wurde Sackur bis 1900 als „Privatdocent" und erst 1901 als „Universitäts-Professor" geführt (S. 297). Die AllgZ Beilage Nr. 36 S. 8 brachte die Nachricht von der Ernennung Sackurs zum a. o. Professor in Straßburg am 13. Februar 1900 (auffindbar im Portal digipress der BSB über das Erscheinungsdatum 13.2.1900: https://www.bsb-muenchen.de/sammlungen/zeitungen/).

50 So nach einer Notiz in der AllgZ Nr. 362 S. 3, vom 31. Dezember 1901, unter der Rubrik „Die Todten des Jahres. Männer der Wissenschaft". Eine Todesanzeige ebd. Nr. 80 S. 8, vom 9. April 1901. In der Mitteilung von Ernst Dümmler, Nachrichten, in: NA 27 (1901) S. 286 über Sackurs Ableben wird der Suizid nicht erwähnt, sondern lediglich mitgeteilt, dass dieser „plötzlich" verstorben sei.

51 So in einem offensichtlich gut informierten Artikel vom 6. Mai 1901, in: Der Israelit. Central-Organ für das orthodoxe Judentum 42. Jg Nr. 36 S. 814 (https://sammlungen.ub.uni-frankfurt.de/cm/periodical/titleinfo/2446951).

52 Helmolt / Bloch, Sackur (wie Anm. 1) S. 242.

53 Die Sterbeurkunde ist angeführt bei Roscher, Die Kaiser-Wilhelm-Universität (wie Anm. 30) S. 387 Anm. 1423; vgl. auch Heuer, Lexikon 18 (wie Anm. 1) S. 433f.

54 Der Israelit (wie Anm. 51).

55 Siehe oben Anm. 47; Dümmler stellte Überlegungen an, ob man nicht zu Gunsten Sackurs auf „den evang. Charakter der Universität Halle" verweisen könnte; zwar sei dieser „öfter schon mit Recht durchbrochen worden", aber wenigstens für die Geschichtsprofessur sollte er weiter gelten. Sackurs erfolgreicher Konkurrent Felix Rachfahl war Katholik.

Reventlow (1871–1918) widmete ihre ein Jahr später im Druck erschienene Dissertation dem Andenken von Ernst Sackur, bei dem sie Vorlesungen und Seminarübungen besucht hatte[56]. Dass Sackur und Gütschow sich auch im Leben nahegestanden haben, lässt ein Brief Dümmlers vermuten, der am 23. April 1901 an Bresslau schrieb, dass er anlässlich von Sackurs Tod ein Beileidsschreiben auch an Fräulein Gütschow geschickt habe, „welches sie dankend beantwortet hat. Auf die Zukunft wollte ich noch nicht anspielen, zunächst muß sie ja erst promoviert haben. Aus der von ihrer Hand geschriebenen Adresse einer Danksagung der Frau Olga Sackur ersah ich, daß sie nach Wiesbaden gereist sein muß“[57]. Vermutlich hat sich Else Gütschow, die von Dümmler als künftige „Monumentistin“ ins Auge gefasst worden war[58], nach Sackurs Tod um dessen nach Straßburg gereiste Mutter gekümmert und diese nach der Beisetzung zur Kur nach Wiesbaden begleitet.

Ernst Sackur galt um 1900 als einer der herausragenden jüngeren Mittelalterhistoriker Deutschlands. Als ‚gelehrter Gehilfe‘ bei den MGH erbrachte er in kurzer Zeit eine erstaunliche editorische Leistung, die zum Teil bis heute Bestand hat. Durch sein monumentales Werk über die cluniazensische Klosterreform machte er sich über die engere Fachwelt hinaus einen Namen. Als Privatdozent in Straßburg fast vollständig auf Unterstützung durch seine Eltern angewiesen, brachten ihn die Verschlechterung der wirtschaftlichen Verhältnisse und der Tod seines Vaters in eine prekäre Lage. Trotz Förderung durch Harry Bresslau und Ernst Dümmler gelang es ihm nicht, eine ‚etatisierte‘ Stellung an einer Universität zu erlangen. Wegen seiner jüdischen Herkunft „jämmerlichen Vorurteilen“ ausgesetzt[59], hatte er nur geringe Aussichten, seine akademische Karriere erfolgreich zu beenden. Sein tragisches Schicksal weist einige Parallelen zum Lebensweg von Philipp Jaffé (1819–1870) auf[60].

56 Else Gütschow, Innocenz III. und England. Eine Darstellung seiner Beziehungen zu Staat und Kirche (Historische Bibliothek 180, 1904) S. III. Zu Else Gütschow vgl. Raffaella Bucolo, Eine Lübeckerin in Rom. Die Archäologin Margarethe Gütschow (1871–1951), in: Zs. für Lübeckische Geschichte 96 (2016) S. 177–190, hier S. 179–181 mit Literatur. Else war eine ältere Schwester der Archäologin.

57 MGH-Archiv, B 702.

58 Am 2. Februar 1901 schrieb Dümmler an Bresslau, dass ihm der Gedanke „sehr sympathisch wäre“, eine Frau als Mitarbeiterin bei den MGH einzustellen; er lege es Bresslau, der in seinem Straßburger Seminar auch „weibliche Zuhörer“ habe, nahe, für die Ausbildung einer „Monumentistin“ zu sorgen, wobei er „allerdings besonderen Wert auf gute philolog. Vorbildung“ lege. Offensichtlich war ihm Else Gütschow als für diese Aufgabe geeignet empfohlen worden. Auch Meinecke, Straßburg (wie Anm. 30) S. 53 bezeichnete Gütschow als „die beste meiner Straßburger Schülerinnen“. Durch Dümmlers am 11. September 1902 erfolgten Tod kam dieser Plan allerdings nicht zur Ausführung, so dass erst nach dem Ersten Weltkrieg mit Elisabeth Abegg (1882–1974), die ebenfalls bei Bresslau in Straßburg ihr Studium begonnen hatte, eine Frau bei den MGH editorisch tätig werden konnte; vgl. Martina Hartmann, Die Stunde der Frauen? Die wissenschaftlichen Mitarbeiterinnen der MGH nach dem Ersten und im Zweiten Weltkrieg, in: DA 76 (2020) S. 653–698, hier S. 654–658.

59 So die Formulierung des bedeutenden Orientalisten Theodor Nöldeke (1836–1930), der als Dekan der Philosophischen Fakultät die Grabrede für Sackur hielt. Vgl. Der Israelit (wie Anm. 51). Zu Nöldeke, bei dem sich Sackur im Vorwort seiner Sibyllinischen Texte für Hilfestellung bedankte, vgl. Hartmut Bobzin, Nöldeke, Theodor, in: NDB 19 (1999) S. 311f.

60 Fuhrmann, Gelehrtenleben (wie Anm. 20) S. 108–115. – Zu Philipp Jaffé siehe den Beitrag von Daniel Schwartz in vorliegendem Band.

Abstract: Ernst Sackur was born in 1862 in Breslau (Wrocław) as the son of a Jewish merchant. On completing gymnasium in Breslau in 1882, he went to Freiburg to study history and German, but soon returned home to complete his studies. Sackur was strongly influenced by Jakob Caro who encouraged him to work on Cluniac monasticism, leading to his Ph.D. thesis on this topic, submitted in 1886, and his monograph on the influence of the Cluniac movement in the 11th century, published as his Habilitation thesis in 1892–1894. From 1888, he worked as a research assistant for the MGH section Scriptores, laying the groundwork for the editions of the Annals of Jacques de Guise and the Vita Metrica of Anselm of Lucca and importantly contributing to the editions of the Libelli de lite and the works of Gerhoh of Reichersberg. Sackur left the MGH in 1891/92 to pursue an academic career at the University of Strasbourg under Harry Bresslau. He worked as an unpaid private lecturer while writing his next monograph on Sibylline texts that was published by him in 1898. Largely dependent on the support of his father, Sackur was faced with penury as his father's means were exhausted. All efforts by Bresslau and E. Dümmler to obtain a salaried position or a scholarship for him miscarried, possibly on account of his Jewish origins despite his conversion to Protestantism in 1898. Along with other reasons, his financial crisis may have driven him to commit suicide in 1901, prematurely ending a promising career.

Richard Salomon (1884–1966)

von
Enno Bünz

Richard Salomon als Dekan der Philosophischen Fakultät der Hamburgischen Universität 1923/24

Peter Herde zum 90. Geburtstag gewidmet

Nicht von dem einen Leben, sondern von den mehreren Leben Richard Salomons muss in diesem Beitrag die Rede sein. Denn Emigranten wie Salomon, die in der NS-Zeit aus-

Die Widmung für meinen akademischen Lehrer Peter Herde gilt einem Gelehrten, der zahlreiche Studien zu den christlich-jüdischen Beziehungen im Mittelalter und der Neuzeit sowie zur Geschichte der Geschichtswissenschaft im 19. und 20. Jahrhundert vorgelegt hat. Vgl. z.B. Abhandlungen zur fränkischen und bayerischen Kirchengeschichte und zu den christlich-jüdischen Beziehungen (Quellen und Forschungen zur Geschichte des Bistums und Hochstifts Würzburg 46, 1996), und: Kontinuitäten und Diskontinuitäten im Übergang vom Nationalsozialismus zum demokratischen Neubeginn. Die gescheiterten Berufungen von Hermann Heimpel nach München (1944–1946) und von Franz Schnabel nach Heidelberg (1946–1947) (Hefte zur bayerischen Landesgeschichte 5, 2007). Darüber hinaus sind ihm die nordamerikanischen Universitäten durch Gastprofessuren (Berkeley), zahlreiche Forschungsaufenthalte und akademische Schüler, die dort wirken, bestens vertraut. Der vorliegende Aufsatz bietet viele Anknüpfungspunkte an die genannten Forschungs- und Wirkungsfelder. Als ich 1981 zum Studium an die Universität Würzburg wechselte, hat mich Peter Herde durch seinen weiten Horizont, seine thematische Vielfalt, seine wissenschaftliche Arbeitsweise und seine Liberalität sehr bald in seinen Bann gezogen. Seitdem sind 40 Jahre vergangen, in denen meine Dankbarkeit für diese frühe Prägung immer größer geworden ist. – Für Hinweise habe ich dem Kollegen Folker Reichert (Heidelberg) zu danken.

gegrenzt, verfolgt und vertrieben wurden, hätten nicht eine ‚vita', sondern mehrere ‚vitae', stellte der Philosoph Günther Anders (1902–1992) 1985 pointiert fest. „Um den Singular ‚das Leben' sind wir, von der Weltgeschichte Gejagte, betrogen worden" und fügte deshalb hinzu, dass mehrere ‚vitae' nicht unbedingt mehr seien, als eine vita'[1]. Dies trifft in besonderem Maße auf den hier zu würdigenden Gelehrten zu, der nach großen beruflichen Erfolgen und seiner Vertreibung aus Deutschland ein neues Leben in den USA aufbauen musste. Bereits in Deutschland hat Richard Salomon aber nicht nur ein Leben geführt, denn nach frühen Berufsjahren als Mittelalterhistoriker im Dienste der MGH hat er als Wissenschaftler einen neuen Weg eingeschlagen und wurde zu einem der ersten Osteuropahistoriker an einer deutschen Universität. Die Emigration in die USA zwang ihn dann nochmals, beruflich umzusatteln, indem er nun mittelalterliche Geschichte und Kirchengeschichte in den beschränkten Rahmenbedingungen eines kirchlichen Colleges lehrte. Unverdrossen widmete er sich aber nach seiner späten Pensionierung hochbetagt wieder einem Forschungsgegenstand, der ihn schon unmittelbar vor der Emigration beschäftigt hatte und ihn zumindest im Geiste nochmals nach Hamburg zurückführte. Dieser Lebensweg ist nicht ohne Brüche geblieben, doch bei allem, was Salomon begann oder neu beginnen musste, konnte er anknüpfen an ein breites geistiges Fundament und vielfältige Fähigkeiten, die er bereits in seiner Studienzeit angelegt hatte und die nach und nach zur Entfaltung kamen[2]. Wie tief die Brüche reichten, zeigte sich nach seinem Tod, als in den USA mehrere Nachrufe in großen Zeitungen Salomon würdigten[3], während in Deutschland mit Ausnahme der Jahrbücher für Geschichte Osteuropas selbst in Fachorganen nicht an sein Ableben erinnert wurde.

1 Rainer Nicolaysen, „vitae, nicht vita". Über Vertreibung und Exil des Osteuropa-Historikers Richard Salomon (1884–1966), in: Lebendige Sozialgeschichte. Gedenkschrift für Peter Borowsky, hg. von Rainer Hering / Rainer Nicolaysen (2003) S. 633–658, bes. S. 658, hier nach Günther Anders, Vitae, nicht vita, in: ders., Tagebücher und Gedichte (1985) S. 64–70, hier 64f.

2 [N. N.], Salomon, Richard (Georg), in: International Biographical Dictionary of Central European Emigrés 1933–1945, hg. von Herbert A. Strauss / Werner Röder. Bd. 2, 2: L-Z. The Arts, Sciences, and Literature (1983) S. 1012f. – Rainer Nicolaysen, Salomon, Richard Georg, in: Hamburgische Biografie. Personenlexikon 2, hg. von Franklin Kopitzsch und Dirk Brietzke (2003) S. 358f. – Fritz T. Epstein, Hamburg und Osteuropa. Zum Gedächtnis von Professor Richard Salomon (1884–1966), in: Jbb. für Geschichte Osteuropas N. F. 15 (1967) S. 59–98. – Richard Nicolaysen, „vitae, nicht vita" (wie Anm. 1), auf dieser Grundlage verkürzt ders., Richard Salomon (1884 bis 1966) – ein deutsch-amerikanisches Gelehrtenleben, in: Spätes Gedenken. Ein Geschichtsverein erinnert sich seiner ausgeschlossenen jüdischen Mitglieder (Hamburgische Lebensbilder, 2009) S. 159–196 u. 251–261. Als Privatdruck erschienen ist: Richard Salomon 1884–1966 (1968), enthaltend „Extracts from *[his]* letters, speeches and published writings assembled as a memento for his friends", nachgewiesen im WorldCat, in Deutschland offenbar nur in der Bibliothek der MGH vorhanden (Signatur Am 72360).

3 Richard Salomon, Church Historian, in: New York Times 4. 2. 1966. – Dr. Richard Salomon, Educator Fled Nazis, in: New York Herald Tribune 4. 2. 1966. – Richard Georg Salomon 1884–1966, in: Kenyon Alumni Bulletin 24 Nr. 2 (April–June 1966) S. 38f. und S. 49 (Totenrede von Rev. Clement W. Welsh, vgl. dazu die Bemerkung von Epstein, Hamburg und Osteuropa [wie Anm. 2] S.95). – Teilnachlass von Richard Salomon im Leo Baeck Institute, New York City. Hinweis bei Nicolaysen, Richard Salomon (wie Anm. 2) S. 251 Anm. 8, der auch verschiedene weitere Nachlässe nennt, in denen sich beispielsweise Briefwechsel mit Richard Salomon finden. Nicht von ihm herangezogen wurde das MGH-Archiv, siehe dazu Anm. 16.

Als erstes Kind von Georg Anton Salomon (1849–1916) und Anna Salomon, geb. Herfort (1856–1931), kam Richard Georg am 22. April 1884 in Berlin zur Welt[4]. Der Vater wirkte als Hausarzt (zu seinen Patienten gehörte Theodor Fontane) und war Privatdozent an der dortigen Universität. Das zweite Kind, Fritz Anton, wurde 1886 geboren[5]. Kurz nach dem Abitur, das Richard Salomon am 12. September 1902 am Königlichen Friedrich-Wilhelm-Gymnasium abgelegt hatte, konvertierte er zum Protestantismus, wurde am 30. September in der evangelischen Jerusalemskirche zu Berlin getauft und vollzog damit einen Schritt, den viele Menschen jüdischen Bekenntnisses, für die das Judentum keine prägende Bedeutung hatte, im damaligen Deutschen Reich vollzogen.

Ob Salomon zu diesem Zeitpunkt bereits an eine akademische Laufbahn dachte, sei dahingestellt; jedenfalls nahm er noch 1902 das Studium der Geschichte und ihrer Hilfswissenschaften auf, das er bereits nach neun Semestern mit der Promotion abschließen konnte. Vom humanistischen Gymnasium bestens vorbereitet, verbreiterte Salomon an der Universität „die Grundlage für eine fast enzyklopädische Bildung“[6], indem er sich nicht nur mit mittelalterlicher Geschichte, sondern mit lateinischer und griechischer Philologie, mit altchristlicher und byzantinischer Kunstgeschichte, aber auch mit dem damals noch ganz jungen Fach Osteuropäische Geschichte vertraut machte. In mittelalterlicher Geschichte wurde Karl Zeumer (1849–1914) sein prägender Lehrer, in Byzantinistik Karl Krumbacher (1856–1909), in Osteuropäischer Geschichte Theodor Schiemann (1847–1921), der das Fach überhaupt erst vor wenigen Jahren in Deutschland etabliert hatte[7].

Seine Dissertation schrieb Salomon allerdings bei dem Berliner Mediävisten Michael Tangl (1861–1921), ein Fachmann vor allem für die Geschichte des Frühmittelalters und ihre Quellen[8], der Salomon mit den Methoden der Diplomatik und der lateinischen Paläographie vertraut machte. Seit 1905 unternahm Salomon dafür Archivreisen in Italien. Von Tangl wurde Salomon 1907 mit Studien zur normannisch-italischen Diplomatik promoviert, von denen allerdings nur Teil 1, Kapitel 4, 1: Die Herzogsurkunden für Bari, im Umfang von 47 Seiten gedruckt wurde. Die Thematik hat in Salomons Oeuvre keine Fortsetzung gefunden[9], aber diese diplomatisch-paläographische Fallstudie wurde gewissermaßen wegweisend für Salomons künftiges Wirken als Mediävist, bis ins hohe Alter, wie noch zu zeigen sein wird. Salomon betrachtete diese Methoden immer als grundlegendes Handwerkszeug und bedau-

---

4 Zu Kindheit und Jugend Nicolaysen, „vitae, nicht vita“ (wie Anm. 1) S. 635. – ders., Richard Salomon (wie Anm. 2) S. 160f. – Lebenslauf im Teildruck der Dissertation (nach Anm. 8), zitiert von Epstein, Hamburg und Osteuropa (wie Anm. 2) S. 63, ergänzend Lebensdaten mehrerer Familienangehöriger in: [N. N.], Salomon, Richard (Georg) (wie Anm. 2) S. 1012.

5 Er wurde Jurist, emigrierte wohl 1938 nach England und starb 1953 in London: [N. N.], Salomon, Richard (Georg) (wie Anm. 2) S. 1012.

6 Epstein, Hamburg und Osteuropa (wie Anm. 2) S. 64.

7 Zu Zeumer vgl. den Nachruf von Richard Salomon, Karl Zeumer. Ein Nachruf, in: NA 39 (1914) S. 518–33, zu Schiemann ders., Theodor Schiemann (1847–1921), in: HV 21 (1924) S. 251–254.

8 Andrea Rzihacek, Tangl, Michael, in: NDB 25 (2013) S. 777–779.

9 Die Untersuchung Salomons gilt dem Zeitraum 1060 bis 1130, der von den Bänden des Codex diplomaticus regni Siciliae, hg. von Carlrichard Brühl u. a. (1982 ff.), nicht abgedeckt wird.

erte noch in seinen späten Jahren, dass Editionsprobleme und Paläographie in der Ausbildung an den nordamerikanischen Universitäten keine Rolle spielten[10].

Im März 1907 wurde Salomon Mitarbeiter der Monumenta Germaniae Historica in Berlin, und seit 1908 lehrte er an der dortigen Universität zudem am Osteuropäischen Seminar zur byzantinischen und russischen Geschichte[11]. Gleich nach der Promotion war also der außergewöhnliche wissenschaftliche Werdegang Salomons angelegt, dessen Doppelbegabung sich sowohl in der klassischen Mittelalterforschung als auch in der osteuropäischen Geschichte mit ihren Randgebieten wie Byzantinistik entfalten sollte[12]. Salomon war nicht nur wissenschaftlich breit interessiert, sondern verfügte über eine enzyklopädische Bildung. Als er 1934 seine Emigration vorbereitete, gab er an, er spreche Englisch, Französisch und Russisch, lese aber auch Italienisch, Spanisch, Holländisch, Dänisch, Schwedisch, etwas Tschechisch und „Balkansprachen“, ließ dabei natürlich unerwähnt, dass er auch Latein und Griechisch sicher beherrschte[13]. Schon durch die Beschäftigung mit ganz unterschiedlichen Problemen der mittelalterlichen und Kirchengeschichte, der Byzantinistik und der osteuropäischen Geschichte war Richard Salomon in der deutschen Gelehrtenwelt des 20. Jahrhunderts eine wohl einzigartige Erscheinung[14], ja „ein Gewaltiger unter den Wissern“, wie ihn einer seiner Studenten in einer hexametrischen Tischrede treffend apostrophierte[15].

Nur sieben Jahre, von 1907 bis 1914, war Richard Salomon Mitarbeiter der Monumenta Germaniae Historica[16]. Hauptaufgabe war die Mitarbeit an der MGH-Reihe der Constitutiones, die unter der Leitung von Karl Zeumer gute Fortschritte machte. Jakob Schwalm (1865–1931) führte die Edition zentraler reichsgeschichtlicher Quellen in das 14. Jahrhundert. Erstmals wurde Salomon an der Fertigstellung der zweiten Hälfte des vierten Bandes für den Zeitraum 1298 bis 1313 beteiligt, für den als Herausgeber Jakob Schwalm verantwortlich zeichnete[17]. Der Band erschien 1911. Salomon war an den Bandkorrekturen beteiligt und bearbeitete selbstständig das Wort- und Sachregister, während für das chronologische Register der Dokumente im ersten bis vierten Band der Constitutiones sein Bruder Fritz Anton Salomon herangezogen wurde[18]. Gleichzeitig entstand der fünfte

10 Erwähnt von Nicolaysen, Richard Salomon (wie Anm. 2) S. 160.

11 Ebd. S. 161f.

12 Die zitierten Arbeiten von Nicolaysen konzentrieren sich auf die Hamburger Tätigkeit Salomons als Osteuropahistoriker und gehen auf seine Arbeit bei den MGH kaum ein.

13 Nicolaysen, Richard Salomon (wie Anm. 2) S. 179. Vgl. zu seiner Sprachbegabung auch die ebd. S. 160 überlieferte Anekdote eines amerikanischen Studenten Salomons.

14 Dies betont Epstein, Hamburg und Osteuropa (wie Anm. 2) S. 92.

15 Bei einem Historikerfest 1928, vgl. Nicolaysen, „vitae, nicht vita“ (wie Anm. 1) S. 645.

16 Vgl. die Grunddaten in der Datenbank der Mitarbeiter und Mitarbeiterinnen der MGH seit ihrer Gründung 1819 bis 1993 unter Richard Salomon: http://www.mgh.de/mghmit/gnd116767294 [alle Links in diesem Beitrag wurden am 13.4.2023 abgerufen]. Dort findet sich auch der Nachweis einschlägiger Unterlagen im MGH-Archiv, dessen detailliertes Findbuch digital zugänglich ist: https://www.mgh-bibliothek.de/archiv. Ganz knapp zur Person auch Horst Fuhrmann, „Sind eben alles Menschen gewesen“. Gelehrtenleben im 19. und 20. Jahrhundert. Dargestellt am Beispiel der Monumenta Germaniae Historica und ihrer Mitarbeiter. Unter Mitarbeit von Markus Wesche (1996) S. 199 Anm. 268.

17 MGH Const. 4,2 (1909–1911).

18 Er erscheint dort nur als Fr. Salomon, siehe zu ihm oben Anm. 5; über ihn auch Martina Hartmann im Vorwort zum vorliegenden Band S. VIf.

Band der Constitutiones für die Jahre 1313 bis 1324, der 1913 abgeschlossen war[19]. Wieder war Salomon an den Korrekturen beteiligt und bearbeitete das Wort- und Sachregister. Jakob Schwalm vollendete dann noch den ersten Halbband des sechsten Constitutiones-Bandes, an dem Salomon aber nicht mehr beteiligt war, da er mit anderen MGH-Aufgaben betraut wurde. Schwalm selbst war bereits 1903 aus den Diensten der MGH ausgeschieden, doch setzte er auch danach seine Arbeit an den Constitutiones fort, während er hauptberuflich an der Stadtbibliothek Hamburg tätig war[20]. Womöglich wurde Salomon erstmals von Schwalm auf die Existenz der einzigartigen Acta Avinionensia in Hamburg aufmerksam gemacht, mit denen er sich später beschäftigen sollte, denn in diesen Überlieferungszusammenhang gehört das Formelbuch des Hamburgischen Kurienprokurators Heinrich Bucglant, das Schwalm 1910 ediert hat[21].

Nun rückte die Regierungszeit Karls IV. 1347 bis 1378 in das Blickfeld Richard Salomons, nachdem Karl Zeumer schon länger begonnen hatte, den Zeitraum ab 1345 für die Constitutiones zu bearbeiten. Damit eröffneten die MGH eine editorische Großbaustelle, die nach wie vor nicht vollendet ist. Den Einstieg in die Regierungszeit des Luxemburgers bot Salomon die Edition einer ungewöhnlichen erzählenden Quelle, dem Liber de coronatione Karoli IV. imperatoris des Johannes Porta de Annoniaco (†1361)[22]. Der aus Frankreich (Annonay bei Vienne) stammende Kleriker lebte an der Päpstlichen Kurie in Avignon und diente dem Kardinal Petrus de Columbario als Sekretär. Diesen beauftragte Papst Innozenz VI. (1352–1362) mit der Kaiserkrönung, so dass Johannes Porta den Kardinal 1355 nach Rom begleitete und Augenzeuge der Krönung Karls IV. am 5. April wurde[23]. Johannes Porta verfasste außerdem Papstviten, worüber Salomon später noch eine kleine Abhandlung veröffentlicht hat. Der Krönungsbericht ist vollständig nur in einer Prager Handschrift überliefert, weshalb übrigens bereits Konstantin von Höfler (1811–1897) eine Edition vorgelegt hatte, die dann aber durch Salomons Ausgabe ersetzt wurde[24]. Auf dieser Grundlage wurde erst vor wenigen Jahren eine deutsche Übersetzung des Krönungsberichts veröffentlicht[25].

Wie Salomon in der Einleitung seiner MGH-Edition erwähnt[26], war diese Ausgabe auch als Vorarbeit für den elften Constitutiones-Band gedacht, die die Quellen zum Romzug

---

19 MGH. Const. 5 (1909–1913).

20 Harry Bresslau, Geschichte der Monumenta Germaniae historica, in: NA 42 (1921) S. 732.

21 Das Formelbuch des Heinrich Bucglant. An die päpstliche Kurie in Avignon gerichtete Suppliken aus der 1. Hälfte des 14. Jahrhunderts, hg. von J. Schwalm (Veröffentlichungen aus der Hamburger Stadtbibliothek 2, 1910). Siehe dazu unten Anm. 95.

22 Iohannis Porta de Annoniaco Liber de coronatione Karoli IV. imperatoris, hg. von Richard Salomon (MGH SS rer. Germ. [35], 1913). – Zur Entlastung der Einleitung ders., Johannes Porta de Annoniaco und sein Buch über die Krönung Kaiser Karls IV., in: NA 38 (1913) S. 227–294. – Bresslau, Geschichte (wie Anm. 20) S. 739.

23 Interessant das Tagebuch der Romreise 1355, ediert als Anhang in: Iohannis Porta de Annoniaco Liber de coronatione (wie Anm. 22) S. 130–143.

24 Konstantin von Höfler, Die Krönung Kaiser Karls IV. nach Johannes dictus Porta de Annoniaco (Beiträge zur Geschichte Böhmens, 1864) ersetzt durch Richard Salomon, Die Papstbiographien des Johannes Porta Annoniaco, in: NA 45 (1924) S. 112–119.

25 Wie Blitz und Donnerschlag. Die Kaiserkrönung Karls IV. nach den Berichten des Johannes Porta de Annoniaco, hg. von Olaf B. Rader, übersetzt von Marianna Spano / Ulrike Hohensee (2016).

26 Iohannis Porta de Annoniaco Liber de coronatione (wie Anm. 22) S. VII.

Karls IV. bieten würden, denn der Text des Johannes Porta war hierfür aufgrund der vielen inserierten Dokumente von Interesse. Damit hatte Salomon weit vorausgedacht, denn tatsächlich sollte der angekündigte Constitutiones-Band über das Jahr 1355 erst in mehreren Lieferungen 1978 bis 1992 erscheinen[27]. Er selbst war im Rahmen dieses Vorhabens nur noch mit den ersten Jahren Karls IV. befasst, nämlich den achten Band der Constitutiones (1345–1348) zu vollenden, von dem der seit Jahren erblindete und 1914 verstorbene Zeumer, über den Salomon in seinem Nachruf schrieb, die deutsche Geschichtswissenschaft habe „einen ihrer besten verloren“[28], 1910 nur die erste Hälfte vorgelegt hatte. 1919 erschien die abschließende Textlieferung, die Salomon „allein vollenden musste“[29]. Die Fertigstellung des wieder sehr umfangreichen Bandes mit den aufwendigen Registern sollte sich noch bis 1926 hinziehen, als Salomon längst aus den Diensten der MGH ausgeschieden war[30]. Dass er in den 1920er Jahren nicht dazu gekommen ist, in seinem beruflichen Haupttätigkeitsfeld als Professor für osteuropäische Geschichte ein größeres Werk zu veröffentlichen, hängt auch damit zusammen, dass die Fertigstellung des achten Constitutiones-Bandes ihn noch viele Jahre in Anspruch genommen hat. Über den Fortgang der Constitutiones ist hier nicht zu handeln. Bereits die Bände, an denen Salomon beteiligt war, machten das Kernproblem deutlich: die stetig anschwellende Überlieferung[31].

Die Arbeit an den Constitutiones machte auch diverse Archivreisen erforderlich, über die Salomon berichtet hat[32]. Neben der Constitutiones-Arbeit entstanden etliche weitere Publikationen, die zeigen, dass Salomon schon bald nach Eintritt in die Dienste der MGH mit der Regierungszeit Karls IV. befasst war. Im Zuge der Arbeit an den Constitutiones-Bänden stellten sich etliche interessante Quellenfunde ein, die Salomon vorab anderweitig publizierte, beispielsweise aus der Regierungszeit Erzbischof Boemunds II. von Trier (1354–1367), des Nachfolgers Erzbischof Balduins von Luxemburg, Akten über seine Wahl und Auszüge eines Rechnungsbuchs aus seinen ersten Amtsjahren[33]. Die Zeumer-Festschrift bereicherte

27 Dokumente zur Geschichte des Deutschen Reiches und seiner Verfassung 1354–1356, bearb. von Wolfgang D. Fritz (MGH Const. 11, 1978–1992).

28 Salomon, Karl Zeumer (wie Anm. 7) S. 518.

29 Bresslau, Geschichte (wie Anm. 20) S. 743. Zur Arbeit an diesem Band auch Salomon, Karl Zeumer (wie Anm. 7) S. 530f.

30 MGH Const. 8 (1910–1926). – Die Vorarbeiten Salomons z. T. im MGH-Archiv, A 48 (Königswahl 1346), A 89, A 184, A 200 (auch Korrespondenzen Salomons), A 249 (hier Nr. 10: Nachweise Salomons von Urkunden Karls IV. in Archiven). Weitere Korrespondenzen Salomons, die sich nicht nur auf die Constitutiones-Arbeit beziehen, finden sich im MGH-Archiv, B 386, B 424, B 479.

31 Dazu Bresslau, Geschichte (wie Anm. 20) S. 743. Zur aktuellen Constitutiones-Arbeit vgl. Michael Menzel, Die Reihe der Constitutiones bei den MGH, in: Quellenforschung im 21. Jahrhundert. Vorträge der Veranstaltungen zum 200-jährigen Bestehen der MGH vom 27.–29. Juni 2019, hg. von Martina Hartmann / Horst Zimmerhackl unter Mitarbeit von Anna Claudia Nierhoff (Schriften der MGH 75, 2020) S. 43–52.

32 Richard Salomon, Reiseberichte 1908/09. Mit Beilagen, in: NA 36 (1911) S. 475–517 (Reise nach Darmstadt, Koblenz, Trier, Wien, Italien, Innsbruck und München). – Arbeitsberichte Salomons finden sich im MGH-Archiv, 338/11, 338/12, 338/13, 338/14, 338/19 (Korrespondenz nach Ausscheiden aus den Diensten der MGH).

33 Richard Salomon, Ein Rechnungs- und Reisetagebuch vom Hofe Erzbischofs Boemunds II. von Trier, 1354–1357, in: NA 33 (1908) S. 399–434, nach einer Abschrift des 16. Jahrhunderts. – ders., Die Akten

Salomon mit einer Studie über die England-Politik Karls IV.[34]. Zu den interessanten Quellenfunden, die sich bei der Arbeit für die weiteren Constitutiones-Bände einstellten, gehörte das bislang unbekannte Privileg für den Patriarchen von Aquileia vom 1. August 1353, in Cividale ein Generalstudium einzurichten[35].

Auf ein ganz anderes Feld führt Salomons Studie über die Ökonomik oder – wie der korrekte Titel wohl zu lauten hat – der Yconomica des Konrad von Megenberg, deren einzige vollständige Handschrift erst 1949 von Thomas Kaeppeli in Sevilla wiederentdeckt wurde. Salomon konnte 1914 anhand der Aufzeichnungen des Lupold von Bebenberg zumindest die ungefähre Gliederung der Yconomica angeben und aus einem wenig verbreiteten Druck von 1695 ein kurzes Textfragment mitteilen, das auf die Existenz einer heute verlorenen Handschrift schließen lässt[36]. Weitere Beobachtungen galten Konrad von Megenbergs Schrift De translatione imperii, die für die Staatsschriften der MGH vorgesehen ist[37]. Die Yconomica dürfte in ihrem Hauptteil um 1350 entstanden sein, gehört also in die von dem Mediävisten Salomon bevorzugte Zeit[38].

Neben den editorischen Aufgaben Salomons bei den MGH gehörte es aber auch zu den dienstlichen Aufgaben Salomons, sich als Redaktionssekretär des Neuen Archivs der Gesellschaft für ältere deutsche Geschichtskunde zu betätigen, eine Aufgabe, die nach seinem Ausscheiden 1914 Ernst Perels (1882–1945) übernahm[39]. Zum 1.11.1914 schied Salomon wegen Übernahme der Hamburger Professur aus den Diensten der MGH aus[40].

Nach den bisherigen Darlegungen könnte man meinen, dass Richard Salomon eine glänzende Karriere als Mittelalterhistoriker vorgezeichnet war und dass er seine wissenschaftliche Arbeitskraft ganz diesem Feld widmete, aber tatsächlich entschied er sich 1914 für einen anderen Weg, der sich schon in Berlin angebahnt hatte. Wie erwähnt hatte er an der dortigen Universität seit 1908 Lehrveranstaltungen zur Geschichte von Byzanz und Russland angeboten, und der Berliner Osteuropahistoriker Theodor Schiemann (1847–1921) empfahl Salomon an das Kolonialinstitut in Hamburg, das zum Ausgangspunkt der späteren

der Wahl Erzbischof Boemunds II. von Trier, in: Trierisches Archiv 14 (1909) S. 10–25 (das Manuskript im MGH-Archiv, A 89).

34 Richard Salomon, Zur Geschichte der englischen Politik Karls IV., in: Historische Aufsätze. Karl Zeumer zum 60. Geburtstag als Festgabe dargebracht von Freunden und Schülern (1910) S. 397–409.

35 Richard Salomon, Eine vergessene Universitätsgründung, in: NA 37 (1912) S. 810–817, das Privileg hier S. 816f. gedruckt, von ihm 1909 in Cividale entdeckt, vgl. Salomon, Reiseberichte (wie Anm. 32) S. 477. Neuerlicher Abdruck in: Dokumente zur Geschichte des Deutschen Reiches und seiner Verfassung 1350–1353, bearb. von Margarete Kühn (MGH Const. 10, 1979–1991) S. 420f. Nr. 566, doch ohne Verweis auf den Aufsatz von Salomon. Im Ortsregister S. 609 wäre unter Cividale del Friuli übrigens der Verweis auf S. 420 nachzutragen. Der Verweis in MGH Const. 10 auf Reg. Imp. VIII, 1573 führt auch nicht weiter, weil dieser Band vor dem Erscheinen des Aufsatzes von Salomon herausgekommen ist.

36 Richard Salomon, Zur Oeconomica des Konrad von Megenburg, in: NA 39 (1914) S. 190–200. – Vgl. dazu jetzt: Die Werke des Konrad von Megenberg, Ökonomik (Yconomica), hg. von Sabine Krüger, 3 Bde. (MGH Staatsschriften 3, 1973–1984), hier 1 S. XXVIf. mit Hinweis auf den Aufsatz von Salomon.

37 Salomon, Zur Oeconomica (wie Anm. 36) S. 197–199. – Künftig MGH Staatsschriften 2, Teil 2.

38 Die Werke des Konrad von Megenberg (wie Anm. 36) 2,1 S. XXVIIIf.

39 Bresslau, Geschichte (wie Anm. 20) S. 729 Anm. 2. – Zu Perels siehe den Beitrag von Martina Hartmann in vorliegendem Band.

40 MGH-Archiv, 338/193, Mitarbeiterverträge.

Universitätsgründung werden sollte[41]. Richard Salomon wurde als Dreißigjähriger ohne Habilitation – in Konkurrenz zu anderen angesehenen Fachvertretern wie Leopold Karl Goetz (1868–1931) und Karl Stählin (1865–1939) – auf eine Professur für Geschichte und Kultur Russlands berufen[42]. Eine solche Professur gab es bislang nur an der Universität Berlin[43]. Zum 1. August 1914 hätte Salomon seine Lehrtätigkeit aufnehmen sollen, doch wurde er zum Kriegsdienst eingezogen, den er in Belgien, Polen und Litauen absolvierte[44]. Kriegsbedingt konnte er erst im März 1916 seine Lehrtätigkeit am Kolonialinstitut aufnehmen. Infolge der Gründung der Universität wurde Salomon im Mai 1919 ordentlicher Universitätsprofessor für Geschichte und Kultur Osteuropas und Direktor des Osteuropäischen Seminars, dessen Aufbau – auch mit einer vorzüglichen Fachbibliothek, die im Zweiten Weltkrieg aber völlig vernichtet werden sollte – maßgeblich sein Werk war[45]. 1923/24 fungierte Salomon zwei Semester lang als Dekan der Philosophischen Fakultät[46].

Die Lehrtätigkeit Salomons, die sich seit der Universitätsgründung über 30 Semester erstreckte, war breit angelegt, reichte thematisch von der mittelalterlichen byzantinischen zur neueren osteuropäischen Geschichte, umfasste neben der klassischen Politikgeschichte auch andere Felder wie Kirchen- und Geistesgeschichte, reichte methodisch von den klassischen Historischen Hilfswissenschaften (wobei Salomon vor allem auf Paläographie und Diplomatik Wert legte[47]) bis zur Geschichte der russischen Literatur im 19. Jahrhundert[48].

41 Dazu Dörte Fouquet, Die Gründung der hamburgischen Universität (Potsdamer Studien 11, 1999); weniger tiefgehend hingegen die Beiträge in: 100 Jahre Universität Hamburg, Bd. 1: Allgemeine Aspekte und Entwicklungen, hg. von Rainer Nicolaysen u.a. (2020). Zur Begründung der Hamburger Rußlandprofessur 1914 auch Epstein, Hamburg und Osteuropa (wie Anm. 2) S. 61–63.

42 Nicolaysen, „vitae, nicht vita" (wie Anm. 1) S. 636. – ders., Richard Salomon (wie Anm. 2) S. 162, der ebd. mit Anm. 12 den maßgeblichen Förderer der Hamburger Universität, Werner von Melle, zitiert, der noch 1924 in seinen Erinnerungen bemerkte, die Berufung Salomons habe sich „als ganz vortrefflich erwiesen".

43 Epstein, Hamburg und Osteuropa (wie Anm. 2) S. 62.

44 Uwe Liszkowski, Richard Salomon im Ersten Weltkrieg, in: Jbb. für Geschichte Osteuropas N.F. 27 (1979) S. 109–124. Über Salomons Einstellung zu den deutschen Kriegszielen Nicolay, „vitae, nicht vita" (wie Anm. 1) S. 636. – ders., Richard Salomon (wie Anm. 2) S. 162f.

45 Epstein, Hamburg und Osteuropa (wie Anm. 2) S. 65–67, dort auch ausführlich zum Aufbau der Bibliothek. – Nicolaysen, „vitae, nicht vita" (wie Anm. 1) S. 636f. – ders., Richard Salomon (wie Anm. 2) S. 163.

46 Nicolaysen, „vitae, nicht vita" (wie Anm. 1) S. 637. – ders., Richard Salomon (wie Anm. 2) S. 165. – Joist Grolle / Ina Lorenz, Der Ausschluss der jüdischen Mitglieder aus dem Verein für Hamburgische Geschichte. Ein lange beschwiegenes Kapitel der NS-Zeit (Mit biografischem Anhang), in: Zs. des Vereins für Hamburgische Geschichte 93 (2007) S. 1–145, hier bes. S. 24–42 und S. 133; Ergänzungen Ina Lorenz, Der Ausschluss [...]. Nachtrag zum biografischen Anhang, in: ebd. 96 (2010) S. 163–179.

47 Den Meister der Urkundenforschung, Harry Bresslau, kannte Salomon nicht nur aus seinen MGH-Jahren, sondern er begegnete ihm wieder, als der von den Franzosen aus Straßburg 1918 Vertriebene ein Jahr die Möglichkeit erhielt, an der Universität Hamburg zu lehren. Vgl.: Harry Breßlau. Gedenkworte, gesprochen zur Eröffnung der Vorlesung über Urkundenlehre an der Hamburgischen Universität am 1. November 1926 (8 Seiten Schreibmaschinen-Manuskript), erwähnt von Epstein, Hamburg und Osteuropa (wie Anm. 2) S. 93. – Richard Salomon, Professor Harry Breßlau, in: Hamburger Fremdenblatt Nr. 298 (28. Okt. 1928).

48 Zu den Leistungen Salomons auf den Feldern der Byzantinistik, der orthodoxen Kirchengeschichte, der Geschichte Russlands und der neueren russischen Literaturgeschichte eingehend Epstein, Ham-

„An Weite des Gesichtskreises auf dem Gebiet der Osteuropa-Forschung" konnte es laut Salomons Schüler Fritz Theodor Epstein (1898–1979) keiner der Fachkollegen in den 20er Jahren „mit ihm aufnehmen"[49]. Vor allem auf die Primärquellen und ihre Kritik konzentriert, war Salomon ein strenger und anspruchsvoller akademischer Lehrer[50]. Das Osteuropäische Institut bestand übrigens seit 1914 als selbständige Einrichtung neben dem Historischen Seminar, bis es mit diesem 1934 nach der Entlassung Salomons vereinigt wurde[51]. Als Assistenten Salomons fungierten seit 1926 der Historiker Fritz Theodor Epstein, seit 1931 der Slavist Eberhard Tangl (1897–1979), der übrigens ein Sohn von Salomons Doktorvater Michael Tangl war und nach Unterbrechungen seit 1934 später an der Universität Hamburg als Professor für Slawische Sprachwissenschaft noch bis 1965 tätig war[52]. Als unbezahlte wissenschaftliche Mitarbeiterin (damals nannte man das ‚wissenschaftliche Hilfsarbeiter') war dort auch Elsbeth Jaffé (1889–1971) tätig, die hauptberuflich an der Kulturwissenschaftlichen Bibliothek Warburg tätig war und mit dieser Einrichtung nach London übersiedelte[53]. Epstein begann seine Habilitation zu einem Thema der russischen Geschichte bei Salomon, konnte das Vorhaben aber nicht abschließen, da er bereits 1933 in die USA emigrierte. Im Gegensatz zu Salomon gelang es ihm, sich als Osteuropaspezialist zunächst an der Hoover Library (Stanford), dann an der Library of Congress zu etablieren. 1962 erhielt Epstein eine Professur an der Indiana University Bloomington, kehrte aber im Ruhestand nach Deutschland zurück und ist in Lüneburg verstorben[54]. Seine ausführliche Würdigung unter dem Titel „Hamburg und Osteuropa" ist bis heute für die Biographie Salomons grundlegend[55].

Der Rang Richard Salomons als Osteuropahistoriker lässt sich nicht allein an seinem einschlägigen Oeuvre ermessen. Zwar war er Mitherausgeber der Zeitschrift ‚Osteuropa' von 1925 bis 1933 und der Zeitschrift für osteuropäische Geschichte von 1931 bis 1933, aber zu seinem Lehrgebiet hat er in den 20er und frühen 30er Jahren nur 45 Aufsätze, Zeitungsartikel und vor allem Rezensionen veröffentlicht, darunter auch publizistische Arbeiten, die sich mit wissenschaftlichen Entwicklungen in der Sowjetunion auseinandersetzten[56]. Im Septem-

burg und Osteuropa (wie Anm. 2) S. 74–85. Zu den Themen auch Nicolaysen, „vitae, nicht vita" (wie Anm. 1) S. 637. – ders., Richard Salomon (wie Anm. 2) S. 163.

49 Epstein, Hamburg und Osteuropa (wie Anm. 2) S. 67.

50 Ebd. S. 72f. zu den wenigen Schülern.

51 Ebd. S. 89. – Dirk Brietzke, Geschichtswissenschaft an der Hamburger Universität. Zur Geschichte des Historischen Seminars 1907 bis 1990, in: 100 Jahre Universität Hamburg: Studien zur Hamburger Universitäts- und Wissenschaftsgeschichte 2, hg. von Rainer Nicolaysen / Eckart Krause / Gunnar B. Zimmermann (2021) S. 45–92, hier S. 51f.

52 Epstein, Hamburg und Osteuropa (wie Anm. 2) S. 69f. – Nicolaysen, Richard Salomon (wie Anm. 2) S. 177.

53 Brietzke, Geschichtswissenschaft (wie Anm. 51) S. 57. – Nicolaysen, „vitae, nicht vita" (wie Anm. 1) S. 637 u. 648. – Sie war 1923 in Freiburg i. Br. mit einer Dissertation über Bonifaz VIII. promoviert worden. – Im MGH-Archiv findet sich ein Empfehlungsschreiben Salomons für Elsbeth Jaffé vom 2. 2. 1928 (338/9 Bl. 132).

54 Alexander Fischer, Fritz T. Epstein (1898–1979), in: HZ 230 (1980) S. 521f.

55 Epstein, Hamburg und Osteuropa (wie Anm. 2).

56 Vgl. das Verzeichnis der Veröffentlichungen von Richard Salomon über byzantinische und osteuropäische Themen, zusammengestellt von Norbert Angermann und Fritz T. Epstein, als Anhang bei Epstein, Hamburg und Osteuropa (wie Anm. 2) S. 95–98.

ber 1925 konnte Salomon als Vertreter seiner Universität zusammen mit zahlreichen anderen deutschen Wissenschaftlern anlässlich der Zweihundertjahrfeier der Russischen Akademie der Wissenschaften auch selbst in die Sowjetunion reisen[57]. Die moderne Geschichte Russlands war kein nüchternes Forschungsproblem, sondern forderte auch zur Auseinandersetzung mit dem aktuellen Phänomen des Sowjetkommunismus heraus[58]. Dass er kein größeres Werk zur osteuropäischen Geschichte veröffentlichte, dürfte einerseits damit zusammenhängen, dass er in den 20er Jahren neben der Lehrtätigkeit mit dem Aufbau des Osteuropäischen Instituts sicherlich gut ausgelastet war, mag andererseits aber auch damit zu erklären sein, dass Salomon neben diesem Fachgebiet noch intensiv mit Arbeiten zur mittelalterlichen Geschichte beschäftigt war[59]. Gleichwohl kann man der Einschätzung seines früheren Mitarbeiters Epstein folgen, angesichts der rassisch motivierten Entlassung Salomons dränge sich „der Eindruck des Unvollendeten" auf, und der Osteuropa-Historiker Salomon sei schon „vor mehr als dreißig Jahren gestorben"[60].

Das Ansehen Salomons in Hamburg ist auch daran ablesbar, dass er zu dem kleinen Kreis von Fachleuten gehörte, in deren Hände Aby M. Warburg (1866–1929) 1920 testamentarisch die Zukunft der Kulturwissenschaftlichen Bibliothek Warburg (KBW) legte. Zu ihnen gehörte auch der Hamburger Kunsthistoriker Erwin Panofsky (1892–1968), der Salomon sehr verbunden war[61] und der als Jude auch das Schicksal Salomons – Verlust des Lehrstuhls und Emigration in die USA – teilen sollte. Die Entlassung bzw. vorzeitige Pensionierung nichtarischer und politisch missliebiger Hochschullehrer wurde formaljuristisch durch das Gesetz zur Wiederherstellung des Berufsbeamtentums vom 7. April 1933 und mit tatkräftiger Schützenhilfe des Nationalsozialistischen Deutschen Studentenbundes (NSDStB) von den Universitätsleitungen zügig umgesetzt[62].

Die Vorgänge in Hamburg sind mittlerweile gut erforscht[63]. Der NSDStB forderte bereits am 11. und 12. April vom Hamburger Hochschulsenator, den Professoren Eduard

57 Epstein, Hamburg und Osteuropa (wie Anm. 2) S. 79f. Vgl. ebd. S. 96 Nr. 23: Richard Salomon, Bericht über eine Reise nach Rußland im September 1925, 12 Schreibmaschinenseiten (über den Karlsruher Virtuellen Katalog auch international nicht nachweisbar), ausgewertet von Robert Stupperich, Die Teilnahme deutscher Gelehrter am 200jährigen Jubiläum der Russischen Akademie der Wissenschaften (1925), in: Jbb. für Geschichte Osteuropas 24 (1976) S. 218–229.

58 Dazu Epstein, Hamburg und Osteuropa (wie Anm. 2) S. 79–81. – Nicolaysen, Richard Salomon (wie Anm. 2) S. 166 und S. 170 (Kommunismusverdacht 1933).

59 Wenn Nicolaysen, Richard Salomon (wie Anm. 2) S. 164 bemerkt, er habe in den 20er Jahren kein größeres Werk veröffentlicht, stimmt das nicht ganz, denn 1926 erschien der zweite Teil des umfangreichen Constitutiones-Bandes 8, siehe Anm. 30.

60 Epstein, Hamburg und Osteuropa (wie Anm. 2) S. 60.

61 Nicolaysen, „vitae, nicht vita" (wie Anm. 1) S. 639. – ders., Richard Salomon (wie Anm. 2) S. 166. Vgl. ebd. Anm. 26 den Hinweis auf: Aby Warburg. Tagebuch der Kulturwissenschaftlichen Bibliothek Warburg mit Einträgen von Gertrud Bing und Fritz Saxl, hg. von Karen Michels / Charlotte Schoell-Glass (Aby Warburg. Gesammelte Schriften. Studienausgabe, Abt. 7, 7, 2001), worauf die Benutzung dieser Einrichtung durch Salomon zu erschließen ist. Zur Bedeutung der KBW beispielsweise Dieter Wuttke, Panofskys Warburg – Warburgs Panofsky, in: Zs. des Vereins für Hamburgische Geschichte 101 (2015) S. 87–113.

62 Zu den Vorgängen an den deutschen Universitäten 1933 ausführlich Helmut Heiber, Universität unterm Hakenkreuz, Teil 1–2 (3 Teilbde. 1991–1994, mehr nicht erschienen).

63 Epstein, Hamburg und Osteuropa (wie Anm. 2) S. 85–91. – Nicolaysen, „vitae, nicht vita" (wie

Heimann (1889–1967), Theodor Plaut (1888–1948), Richard Salomon, William Stern (1871–1938), Erwin Panofsky und Walter A. Berendsohn (1884–1984) die Lehrtätigkeit im Sommersemester einzustellen, woraufhin die Hochschulbehörde am 13. April den Betroffenen telefonisch mitteilen ließ, dass sie im Sommersemester nicht zu lehren hätten, damit die Ruhe an der Universität gewahrt bliebe[64]. Der Rektor der Universität informierte darüber am 27. April den Hochschulsenat und forderte die betroffenen Fakultäten auf, das Lehrangebot angesichts der ausfallenden Veranstaltungen zu ergänzen. Die Ehre der Philosophischen Fakultät versuchte der Mittelalterhistoriker Justus Hashagen (1877–1961) zu retten, der am 29. April im Fakultätsrat den Antrag stellte, dass die Fakultät 1. den Eingriff in den Lehrkörper einmütig bedaure und dass 2. unter den von der Hochschulbehörde geschaffenen Umständen die ordnungsgemäße Durchführung der Lehre nicht möglich sei. Nur der erste Antrag wurde bei zwei Gegenstimmen und der Streichung des Wortes „einmütig" angenommen[65]. Als am 17. Juni die Fakultät den Vertreter im Ausschuss für Auslands- und Kolonialkunde neu zu wählen hatte, bedrängte sie erfolgreich Salomon, dass er sich wieder wählen ließe[66]. Man mag dies als zumindest kleine kollegiale Geste der Solidarität mit Salomon betrachten.

Für Richard Salomon sprangen 45 Studenten und Studentinnen in die Bresche, die mit einer namentlich unterzeichneten Eingabe Ende April forderten, ihm die weitere Abhaltung von Lehrveranstaltungen zu gestatten, wobei sie nicht nur auf seine breite fachliche Qualifikation, sondern auch auf seine besonderen didaktischen Fähigkeiten als Hochschullehrer verwiesen, doch erreichten sie mit diesem mutigen Vorstoß, die Salomons Doktorandin Irmgard Pracht initiiert hatte, nichts[67]. Schrittweise wurde weiterer Druck aufgebaut, beispielsweise indem der Verdacht gestreut wurde, Salomon sei Kommunist, was zu einer Durchsuchung der politischen Polizei in seinem Haus in Flottbek führte[68]. Ein verlässlicher Gegner erwuchs Salomon in dem Neuzeithistoriker und NSDAP-Mitglied Gustav Adolf Rein (1885–1979), der als kommissarischer Referent für das Hochschulwesen der Hamburgischen Senatsverwaltung den ideologischen Druck in der Universität verstärkte und seine Position zugleich dazu benutzte, sich eine ordentliche Professur für Kolonial- und Überseegeschichte und Geschichte des Deutschtums im Ausland zu beschaffen. Die osteuropäische Geschichte wurde hingegen von Rein eliminiert. Am 25. August 1933 verfügte er, die Denomination von Salomons Lehrstuhl auf Historische Hilfswissenschaften zu reduzieren und versetzte ihn damit auf eine rangniedrigere Stelle, was als Möglichkeit im Gesetz zur Wie-

Anm. 1) S. 639–647. – DERS., Richard Salomon (wie Anm. 2) S. 167–177. – Peter BOROWSKY, Geschichtswissenschaft an der Hamburger Universität 1933 bis 1945, in: Hochschulalltag im „Dritten Reich". Die Hamburger Universität 1933–1945, hg. von Eckart KRAUSE u. a., Teil 2 (1991) S. 537–588. – BRIETZKE, Geschichtswissenschaft (wie Anm. 51) S. 61–71.

64 NICOLAYSEN , „vitae, nicht vita" (wie Anm. 1) S. 639f. – DERS., Richard Salomon (wie Anm. 2) S. 167.

65 Ebd. S. 169.

66 HEIBER, Universität unterm Hakenkreuz (wie Anm. 62) 2,1 S. 79.

67 Wie Arnt GOEDE, Adolf Rein und die „Idee der Politischen Universität" (Hamburger Beiträge zur Wissenschaftsgeschichte 17, 2008) S. 78 betont, ist dies der einzige bekannte Protest in Hamburg gewesen. NICOLAYSEN, „vitae, nicht vita" (wie Anm. 1) S. 641. – DERS., Richard Salomon (wie Anm. 2) S. 169f.

68 NICOLAYSEN, „vitae, nicht vita" (wie Anm. 1) S. 642. – DERS., Richard Salomon (wie Anm. 2) S. 170.

derherstellung des Berufsbeamtentums vorgesehen war[69]. Der Lehrstuhl für osteuropäische Geschichte war damit beseitigt und wurde übrigens erst 1969 wieder eingerichtet[70]. Durch weitere Berufungen sorgte Rein dafür, dass das Historische Seminar von NS-Historikern beherrscht wurde, während Salomon, der noch nicht entlassen war, eine „Zeit tiefster Depression und Hoffnungslosigkeit" durchlitt[71]. Rein stellte derweil die Weichen für den nationalsozialistischen Umbau der Universität durch ein neues Hochschulgesetz, das er mitgestaltet hatte und das am 21. Januar 1934 in Kraft trat, sowie durch seine Einsetzung als Rektor zum 1. Oktober 1934, eine Position, die er bis 1938 innehatte[72].

Am 5. März 1934 hatte Salomon die Mitteilung erhalten, dass man ihn unter Anwendung von § 6 des Gesetzes zur Wiederherstellung des Berufsbeamtentums in den Ruhestand versetzen werde, was dann zum 30. Juni auch erfolgte[73]. Ein nochmaliger Appell nun von 59 Studierenden, Salomon im Amt zu belassen, war ungehört geblieben. Diesen hatte wiederum Irmgard Pracht initiiert, die noch am vorletzten Tag der Diensttätigkeit bei Salomon das Rigorosum im Fach Historische Hilfswissenschaften hatte ablegen können[74]. Die hohe Wertschätzung ihrem akademischen Lehrer gegenüber hatten die Studierenden anlässlich seines 50. Geburtstags zum Ausdruck gebracht, als sie ihm eine kunstvoll gestaltete Mappe mit Fotos des Osteuropäischen Seminars überreichten, das er selbst nicht mehr betreten durfte[75]. Kaum nötig zu betonen, dass die mehrfachen studentischen Solidaritätsbekundungen für Salomon zeigen, dass die erwähnten Beschwerden des NSDStB gegen nichtarische Professoren wie Salomon nur vorgeschoben waren[76].

Der mittelalterlichen Geschichte war Salomon auch in den Jahren der Aufbauarbeit an der Universität Hamburg immer verbunden geblieben. Die Arbeit an den MGH Constitutiones und an dem Geschichtswerk des Johannes Porta de Annoniaco hatte Salomon erfolgreich abschließen können, wobei sich die Arbeit am achten Band der Constitutiones noch bis zum Erscheinen der zweiten Lieferung 1926 hinzog. Obwohl Salomon seit 1914 in Hamburg am Kolonialinstitut bzw. an der daraus hervorgegangenen, 1919 gegründeten Universität ganz andere Aufgaben hatte, übernahm er noch 1921 von den MGH den Auftrag,

69 Nicolaysen, „vitae, nicht vita" (wie Anm. 1) S. 642f. – ders., Richard Salomon (wie Anm. 2) S. 171f. mit Anm. 42. – Zu Rein schon sehr deutlich Epstein, Hamburg und Osteuropa (wie Anm. 2) S. 87f., weiter Heiber, Universität unterm Hakenkreuz (wie Anm. 62) 2,1 S. 511–528, Brietzke, Geschichtswissenschaft (wie Anm. 51) S. 61f., grundsätzlich Goede, Adolf Rein (wie Anm. 67).

70 Brietzke, Geschichtswissenschaft (wie Anm. 51) S. 87.

71 Epstein, Hamburg und Osteuropa (wie Anm. 2) S. 90f.

72 Nicolaysen, Richard Salomon (wie Anm. 2) S. 172.

73 Nicolaysen, „vitae, nicht vita" (wie Anm. 1) S. 643f. – ders., Richard Salomon (wie Anm. 2) S. 172–175.

74 Nicolaysen, „vitae, nicht vita" (wie Anm. 1) S. 644f. – ders., Richard Salomon (wie Anm. 2) S. 175 mit Anm. 53. – Irmgard Pracht, Zur Geschichte der polnischen Frage in den Jahren 1772–1807, Diss. (masch.) (Hamburg 1934, Teildruck 1936). Salomon durfte nur noch als Nebenprüfer an dem Promotionsverfahren mitwirken. Als Erstgutachter trat an seine Stelle Justus Hashagen.

75 Epstein, Hamburg und Osteuropa (wie Anm. 2) S. 91 und Brietzke, Geschichtswissenschaft (wie Anm. 51) S. 54. Einige Aufnahmen bei Nicolaysen, Richard Salomon (wie Anm. 2) S. 174. Nach Salomons Tod übersandte der Sohn George das Album „als ein Ehrendenkmal für die Unterzeichner" der Universität Hamburg (ebd. Anm. 54).

76 Dazu oben Anm. 64.

das Chronicon des Wilhelm von Egmont (Wilhelmus Procurator) zu edieren[77]. Dieses 1322 begonnene Geschichtswerk zur Geschichte der Grafen von Holland von 1206 bis 1332 reizte Salomon wohl deshalb, weil sich das Autograph und die einzige Überlieferung des Textes in der Staats- und Universitätsbibliothek Hamburg (Cod. hist. 17) befindet[78].

Vermutlich ist aus dieser Edition aber deshalb nichts geworden, weil Salomon Anfang der 1920er Jahre auf einen weitaus lohnenderen Stoff aufmerksam wurde, nämlich die Vita und die Werke des avignonesischen Klerikers Opicinus de Canistris (1296–1350/52). In der Vatikanischen Bibliothek befindet sich eine eigenhändige illustrierte Handschrift dieses Geistlichen (Cod. Palat. Lat. 1993), auf die Fritz Saxl (1890–1948)[79] bereits 1913 durch Kardinal Franz Ehrle (1845–1934) aufmerksam gemacht wurde. Zur Genese seines Buchs schreibt Salomon im Vorwort; „Herr Saxl behielt die Handschrift seitdem im Auge und ließ einige Blätter daraus für die Bibliothek Warburg photographieren. Dort habe ich sie im Jahre 1922 zum erstenmal gesehen. Die mir auf diese Weise bekanntgewordenen Proben ließen eine Untersuchung der ganzen Handschrift wünschenswert erscheinen“[80]. Zwar wurde Salomon dadurch überrascht, dass ein italienischer Forscher 1927 eine kleine Monographie über Opicinus de Canistris vorlegte[81], doch war er zurecht der Meinung, dass sich eine weitere Beschäftigung lohnen würde, was sich dann auch als zutreffend erwiesen hat. Opicinus, der aus Pavia stammte und seit 1329 an der Kurie in Avignon lebte[82], war der Forschung vor allem durch die Beschreibung seiner Heimatstadt Pavia bekannt (De laudibus civitatis Ticinensis), doch hat Richard Salomon den Kenntnisstand durch seine Forschungen dann erheblich erweitert. Erstmals hat er 1929 in einem ausführlichen Aufsatz darüber berichtet[83], der zeigt, wie tief er schon in das Thema eingestiegen war. 1936 erschien als erster Band in der neuen Reihe des Warburg-Instituts, das mittlerweile aus Hamburg nach London übersiedelt war, seine umfangreiche und aufwendige Veröffentlichung über diesen Kleriker, für dessen Werke ein eigener Faksimile-Band beigegeben wurde[84]. Salomon legte genau genommen keine Biographie vor. Im Mittelpunkt steht die Analyse einer Handschrift (Cod. Pal. lat. 1993), deren Texte und Bilder z. T. die Seelennöte einer offenbar psychisch gestörten, stark ich-bezogenen Persönlichkeit zeigen, die gleichwohl „mit allgemein wichtigen geistig-kulturellen Erscheinungen seiner Zeit“ verbunden war[85]. Das belegt u.a. der Versuch des Opicinus,

---

77 Datenbank der Mitarbeiter und Mitarbeiterinnen der MGH seit ihrer Gründung 1819 bis 1993 unter Richard Salomon: http://www.mgh.de/mghmit/gnd116767294.

78 Vgl. dazu das Repertorium fontium mit allen Nachweisen: https://www.geschichtsquellen.de/werk/4729.

79 Vgl. Dorothee McEwan, Fritz Saxl – Eine Biografie. Aby Warburgs Bibliothekar und erster Direktor des Londoner Warburg Institutes (2012).

80 Richard Salomon, Opicinus de Canistris. Weltbild und Bekenntnisse eines avignonesischen Klerikers des 14. Jahrhunderts, Textbd. und Tafelbd. (Studies of the Warburg Institute 1, 1936) S. V.

81 Faustino Gianani, Opicino de Canaris l' ‚Anonimo Ticinese' (Cod. Vaticano Palatino latino 1993) (1927). Vgl. dazu die ausführliche Rezension Richard Salomons in: Göttingische Gelehrte Anzeigen 7 (1928) S. 305–331.

82 Bettina Wagner, Opici(n)us de Canistris, in: Lex.MA 6 (1993) Sp. 1413. – Ausführlicher Hans Jürgen Becker, Canistris, Opicinio de, in: DBI 18 (1975) S. 116–119.

83 Richard Salomon, Das Weltbild eines avignonesischen Klerikers, in: Vorträge der Bibliothek Warburg 6 (1929) S. 145–189.

84 Salomon, Opicinus de Canistris (wie Anm. 80).

85 Vgl. die Besprechungen von Herbert Grundmann in: HZ 155 (1937) S. 587–590, Zitat S. 587; Otto

seinen Lebensweg in einem geometrischen Schema darzustellen[86]. Z. T. sind die Zeichnungen des Opicinus, beispielsweise die Darstellung des alten Doms von Pavia, aber auch von größtem dokumentarischen Wert[87]. Gerade durch die interdisziplinären Anknüpfungspunkte präsentierte Salomon mit diesem Buch einen Stoff, der für die Kulturwissenschaftliche Bibliothek Warburg von allergrößtem methodischen Interesse war und deshalb offenbar auch als geeigneter Auftakt der neuen Reihe betrachtet wurde. Das Buch von Salomon markierte lange Zeit den Forschungsstand, doch hat Opicinus in den letzten beiden Jahrzehnten vor allem das Interesse von Forschern in Frankreich[88] und in den USA[89] geweckt. Es ist sein Verdienst, auch auf die zweite illustrierte Handschrift des Opicinus, die erst nach Erscheinen seiner Monographie bekannt wurde, hingewiesen zu haben[90]. Trotz umfangreicher Untersuchungen ist noch immer unklar, ob Opicinus an einer psychosomatischen Krankheit, etwa Schizophrenie, oder infolge eines Schlaganfalls unter psychotischen Episoden litt, auch scheint noch nicht ausgemacht zu sein, ob es sich bei ihm vielleicht auch nur um einen geistig gesunden, aber sehr unkonventionellen Autor handelte.

Als das Buch über Opicinus de Canistris erschien, hatte Richard Salomon schon seit zwei Jahren seine Professur in Hamburg verloren und musste zusehen, wie er ungeachtet der antisemitischen Politik des NS-Regimes weiter überlebte. Seit 1934 musste er sich unweigerlich mit der Möglichkeit der Emigration befassen, eine Option, die sich freilich nicht einfach und nicht kurzfristig realisieren ließ. Im Auftrag des Staatsarchivs Hamburg, das seit 1933 unter der Leitung von Heinrich Reincke (1881–1960) stand[91], begann Salomon mit der Edi-

Meyer in: DA 2 (1938) S. 298f.; Otto Brunner in: MIÖG 50 (1936) S. 455f.

86 Salomon, Opicinus de Canistris (wie Anm. 80), Tafelbd. Nr. 20, hierzu die Erläuterungen und Transkriptionen im Textbd. S. 204–220, die „inhalt- und aufschlußreichste" Tafel der Handschrift (S. 204).

87 Salomon, Opicinus de Canistris (wie Anm. 80), Textbd., hier die Beiträge von Adelheid Heimann (Zeichnungen) und Richard Krautheimer (Die Doppelkathedrale von Pavia).

88 Muriel Laharie, Le journal singulier d'Opicinus de Canistris (1337–circa. 1341), 2 Bde. (2008). – Dies., Une cartographie 'à la folie'. Le journal d'Opicinus de Canistris, in Mélanges de l'École française de Rome (Moyen Âge) 119, 2 (2007) S. 361–399. Aus psychiatrischer Sicht Guy Roux, Opicinus de Canistris (1296–1352). Prêtre, pape et Christ ressuscité (2005); ders., Opicinus de Canistris (1296–1352). Dieu fait homme et homme-Dieu (2009).

89 Victoria Morse, A Complex Terrain. Church, Society and the Individual in the Thought of Opicino de Canistris, Diss. (unpublished) (University of California-Berkeley 1996). – Dies., Seeing and Believing. The Problem of Idolatry in the Though of Opicino de Canistris, in: Orthodoxie, Christianisme, Histoire, ed. by Susanna Elm / Eric Rebillard / Antonella Romano (2000) S. 163–176. – Dies., The Vita Mediocris. The Secular Priesthood in the Thought of Opicino de Canistris, in: Quaderni di Storia Religiosa (1994) S. 257–282.

90 Siehe unten Anm. 121.

91 Reincke war ein tüchtiger Archivar und Historiker, der sich allerdings auch dem Nationalsozialismus andiente, vgl. Joist Grolle, Von der Verfügbarkeit des Historikers. Heinrich Reincke in der NS-Zeit, in: ders., Hamburg und seine Historiker (1997) S. 123-149. Nach allem, was bekannt ist, scheint sich Reincke Salomon gegenüber korrekt verhalten zu haben, aber man muss wohl mit Grolle „von einer Ausnahme sprechen, die sich auch ein treuer Regimeanhänger einmal gestatten konnte" (S. 135). Die MGH fragten am 26. Juni 1939 bei Staatsarchivdirektor Reincke an, ob er ein Exemplar des als Privatdruck erschienenen Arbeitsberichts Salomons überlassen könne (MGH-Archiv, B 570 Bl. 173). Reincke übersandte diesen Arbeitsbericht mit Schreiben vom 28. Juni 1939 an das Reichsinstitut für ältere deutsche Geschichtskunde und teilte in diesem Zusammenhang mit, er sei zur Zeit nicht in der Lage, „meinen eigenen Bericht zur Sache – gleichfalls vom Juli 1937 – mit beizulegen, obwohl beide auf einander Be-

tion der sog. Acta Avinionensia, eines umfangreichen Quellenbestandes über die Streitigkeiten zwischen Rat und Domkapitel in Hamburg, die im zweiten Drittel des 14. Jahrhunderts zu einem regelrechten Knäuel von Prozessen in Haupt- und Nebensachen an der päpstlichen Kurie in Avignon führten[92]. Ist schon die Sammelbezeichnung Acta Avinionensia für den Nichtfachmann wenig einladend, so muss auch der Mittelalterhistoriker, der sich nicht gleich von lateinischen Titeln abschrecken lässt, feststellen, dass es einiger Zeit und Geduld bedarf, um ein ungefähres Bild dieser Überlieferung zu gewinnen, besteht diese doch aus Korrespondenzen zwischen Hamburg und Avignon, Prozessregistern (Protokollen), Prozessschriften, Urkunden, Aktenkomplexen, Varia sowie Kassenakten und Rechnungen[93]. Großen Seltenheitswert besitzen die etwa drei Dutzend Prozessregister bzw. Protokolle der Gerichtsverfahren, die größtenteils an der Rota Romana anhängig waren. Da deren Überlieferung im Vatikanischen Archiv überhaupt erst 1464 einsetzt, sind die in Hamburg erhaltenen Prozessregister aus den 1330er und 1340er Jahren von allergrößter Bedeutung, zumal „aus keinem anderen deutschen Archiv bisher etwas derartiges zum Vorschein gekommen ist", wie Salomon meinte[94]. Man muss eine Vorstellung von den alle Lebensbereichen durchdringenden Dimensionen des mittelalterlichen Kirchenrechts haben, um die Bedeutung dieser Akten zu begreifen. Aber ungeachtet dieser kanonistischen Fragen nach Gerichtsorganisation und Verfahrensrecht muss man zur Kenntnis nehmen, dass die Acta Avinionensia unerschöpfliches Material zur Geschichte der Stadt Hamburg und ihrer geistlichen Institutionen, zur Biographie einzelner Bürger und Geistlicher, zum alltäglichen Verhältnis von Stadt und Kirche, zu Frömmigkeit und Stiftungswesen, aber auch zur städtischen Topographie enthalten.

Nach allem, was über die Interessen und Arbeitsschwerpunkte des Mediävisten Salomon ausgeführt wurde, kann es nicht überraschen, dass er an der Bearbeitung der Acta Avinionensia Interesse fand, mit denen sich übrigens schon eine Generation früher Jakob Schwalm, den Salomon durch die Arbeit an den Constitutiones der MGH kannte, beschäftigt hatte[95]. Salomons Tätigkeit wurde seit 1934 auf Vermittlung des Staatsarchivs durch die Hamburgische Wissenschaftliche Stiftung finanziert: „Salomon wie seine Auftraggeber hofften offenbar auf ein baldiges Ende der Bedrückungen und glaubten jedenfalls nicht an eine Verschärfung, die zum Abbruch der Arbeiten zwingen könnte. Doch sie täuschten

---

zug nehmen und erst zusammen einen Überblick über den Stand der Sache und die weiteren Absichten geben" (MGH-Archiv, B 540–541 Bl. 89).

92 Jürgen Bolland in: Rat und Domkapitel von Hamburg um die Mitte des 14. Jahrhunderts, Teil 1: Die Korrespondenz zwischen dem Hamburger Rat und seinen Vertretern an der päpstlichen Kurie in Avignon 1337 bis 1359, bearbeitet von Richard Salomon † (Veröffentlichungen aus dem Staatsarchiv der Freien und Hansestadt Hamburg 9, 1, 1968) S. VI. – Keineswegs handelt es sich um Prozesse der Stadt Hamburg gegen die päpstliche Kurie, wie Nicolay, Art. Salomon Richard (wie Anm. 2) S. 358 meint.

93 Richard Salomon, Die Avignonesischen Akten des Hamburger Staatsarchivs. Ein Arbeitsbericht und eine Anleitung zur weiteren Bearbeitung (1938) S. 10–15.

94 Ebd. S. 11. – Vgl. jetzt aber den Hinweis von Peter Herde, Rezension von: Rat und Domkapitel von Hamburg (wie Anm. 92) in: ZRG Kan. 55 (1969) S. 497–500, hier S. 497 auf Urkunden und Akten eines Kurienprozesses, den das Regensburger Kloster St. Emmeram unter Papst Johannes XXII. (1316–1334) führte. Die dort angekündigte Edition von Matthias Thiel ist nie erschienen.

95 Siehe oben Anm. 21.

sich“[96]. Durch diese Finanzierung konnte Salomon seine Pension zumindest soweit aufstocken, dass er ungefähr über seine bisherigen Professorenbezüge verfügte[97]. Obwohl sich Hamburger Gelehrte wie Lappenberg, Koppmann, Schrader, Schwalm und Reincke seit dem 19. Jahrhundert wiederholt mit den Avignonesischen Akten beschäftigt und kleinere Teile auch ediert oder ausgewertet hatten, brauchte Salomon doch einige Jahre, bis er die Zusammenhänge der Überlieferung rekonstruiert und einen Plan für die Edition entworfen hatte[98]. Wie weit er bis 1937 gekommen war, dokumentiert ein im Juli diesen Jahres als Privatdruck auf eigene Kosten angefertigter Arbeitsbericht im Umfang von 26 Druckseiten, der zunächst einen forschungsgeschichtlichen Überblick bietet, dann die Archivalien vorstellt und den von Salomon geschaffenen Arbeitsapparat beschreibt, dessen Aufbau die weitere Editionsarbeit vorzeichnet, auch auf eigene Fehlentscheidungen hinweist, die bei der künftigen Bearbeitung zu korrigieren wären, und schließlich mit Bemerkungen und Hinweisen einen pragmatischen Weg für die Veröffentlichung der Acta Avinionensia vorzeichnet und auf künftig noch zu sichtende Handschriftenbestände hinweist[99]. Er war weit gekommen, ja man kann wohl sagen, er hatte das editorische Knäuel durchschlagen und wusste, wie mit diesem Überlieferungsberg zu verfahren wäre. Wären Salomon noch einige weitere Jahre in Hamburg vergönnt gewesen, hätte er wohl diese seit mehr als einem Jahrhundert überfällige Editionsaufgabe erfolgreich erledigt, aber tatsächlich konnte er die Jahre 1934 bis 1937 nicht nur für diese Editionsaufgabe nutzen, da ihm klar war, dass er mit seiner Familie keine Zukunft in Deutschland hatte, sondern nur die Emigration eine sichere Option war.

Die Bemühungen Salomons ab 1934, in England, wo die Bibliothek Warburg unter der Leitung von Fritz Saxl für ihn eine wichtige Anlaufstelle war[100], oder in den USA, wo Erwin Panofsky ihn unterstützte, eine berufliche Perspektive zu finden, sind von Rainer Nicolay gründlich recherchiert und dargestellt worden[101]. 1936 unternahm Salomon eine monatelange Vortragsreise durch die USA und erfüllte zudem einen Lehrauftrag an der Warburg Bibliothek in London[102], wo er sich zu diesem Zweck im folgenden Jahr nochmals länger aufhielt. Dass der Neuanfang in den USA schwierig sein würde, zeigte sich schon bei den langwierigen Bemühungen, eine Gastprofessur an drei Hochschulen in Pennsylvania

96 Bolland in: Rat und Domkapitel 1 (wie Anm. 92) S. VI.

97 Nicolaysen, Richard Salomon (wie Anm. 2) S. 177.

98 Als Veröffentlichung ist hier nur zu nennen: Richard Salomon, Eine siegeltechnische Bagatelle, in: MIÖG 49 (1935) S. 439, wo darauf aufmerksam gemacht wird, dass im Bestand Schriftstücke unterschiedlicher Zeitstellung in einheitlicher Weise zusammengeheftet wurden, wofür man offenbar die Vorform eines ‚Lochers‘ benutzte. Dazu dann aber korrigierend ders., Die Avignonesischen Akten (wie Anm. 93) S. 10.

99 Salomon, Die Avignonesischen Akten (wie Anm. 93). – Salomon selbst trug Sorge, dass diese Publikation in den größeren Bibliotheken greifbar ist.

100 Laut McEwan, Fritz Saxl (wie Anm. 70) S. 155 referierte er im Herbst 1934 im Warburg Institut zu einem paläographischen Thema; ebd. S. 290 wird angegeben, die Vorträge hätten 1936 stattgefunden.

101 Nicolaysen, „vitae, nicht vita“ (wie Anm. 1) S. 647–652. – ders., Richard Salomon (wie Anm. 2) S. 178–183.

102 Nicolaysen, „vitae, nicht vita“ (wie Anm. 1) S. 650. – ders., Richard Salomon (wie Anm. 2) S. 181 verweist in diesem Zusammenhang auf die umfangreiche Korrespondenz mit seiner Familie in Hamburg, die erhalten geblieben ist.

finanziert zu bekommen, was bis Anfang 1937 tatsächlich gelang[103]. Daraufhin erstellte Salomon bis Juli 1937 den erwähnten Arbeitsbericht über seine Beschäftigung mit den Acta Avinionensia und deponierte im Staatsarchiv seine Vorarbeiten und einschlägige Literatur, die für die Weiterarbeit an diesem Bestand nützlich waren[104]. Salomon übersandte seinen Arbeitsbericht dem Staatsarchivdirektor Reincke, der sich im Urlaub befand, mit einem Begleitbrief, in dem er schreibt: „Ich werde nun in wenigen Tagen abreisen und schwerlich noch Gelegenheit haben, Sie zu sehen. Lassen Sie mich Ihnen noch einmal für die schönen Jahre danken, die ich im Archiv verbringen durfte". Reincke übermittelte den Dank des Staatsarchivs, würdigte Salomons „entsagungsvolle Arbeit" und unterstrich „den ungeheuren Wert des Geleisteten"[105].

Im Herbst 1937 konnte Salomon mit seiner Ehefrau Gertrud Johanna (1889–1942) und den beiden Kindern Georg (1920–1983) und Edith (1923–2005)[106] Hamburg verlassen und ein sicheres Exil in den USA finden. Von Cuxhaven aus brachen sie am 2. September mit dem Passagierschiff Hamburg, das im Linienverkehr die Atlantikroute bediente, auf und erreichten nach acht Tagen New York[107].

Richard Salomon war nicht nur aus Hamburg vertrieben worden, sondern man bemühte sich dort auch danach noch, sein Andenken auszutilgen. Wie total die Stigmatisierung und Ausgrenzung der deutschen Juden seit 1933 erfolgte und damit ein Klima der Entrechtung geschaffen wurde, zeigen die Vorgänge im Verein für Hamburgische Geschichte, dem Salomon seit 1916 angehörte und in dem er sich als Mitglied des Redaktionsausschusses 1932 bis 1936 besonders engagierte[108]. Kai Dieter Möller, Archivar und NSDAP-Mitglied, der dem Verein seit 1937 vorstand, strebte an, die NS-Rassenideologie auch dort umzusetzen und die nichtarischen Mitglieder auszuschließen[109]. Unter den 18 Mitgliedern im

---

103 An der University of Philadelphia, dem Swarthmode College und dem Bryn Mawr College, vgl. [N. N.], Salomon, Richard (Georg) (wie Anm. 2) S. 1013. – NICOLAYSEN, „vitae, nicht vita" (wie Anm. 2) S. 651f. – DERS., Richard Salomon (wie Anm. 2) S. 182.

104 SALOMON, Die Avignonesischen Akten (wie Anm. 93) S. 15–24.

105 Zitiert nach BOLLAND in: Rat und Domkapitel 1 (wie Anm. 92) S. IXf.

106 Salomons Frau Gertrud Johanna, geb. Horwitz, starb nach schwerer Krankheit 52-jährig 1942. 1943 heiratete er Gladys Margaret Violet Elise Loewen, geb. Marx (1894–?). Aus erster Ehe gingen zwei Kinder hervor: Edith Maria S., verheiratete Lenneberg, und Georg(e). Dieser heiratete Mathilde, Gladys Loewens Tochter aus erster Ehe. Aus dieser Ehe gingen zwei Söhne hervor: Frank Salomon, Professor für Anthropologie an der University of Wisconsin in Madison, und Richard Geoffrey Salomon, Professor of Indic Languages an der University of Washington in Seattle: NICOLAYSEN, Richard Salomon (wie Anm. 2) S. 184 mit Anm. 90. Die genauen Lebensdaten habe ich der Internetseite https://www.geni.com entnommen, ergänzend [N. N.], Salomon, Richard (Georg) (wie Anm. 2) S. 1012.

107 NICOLAYSEN, Richard Salomon (wie Anm. 2) S. 183 mit Anm. 82 (Mitnahme eines Teils des Mobiliars).

108 GROLLE / LORENZ, Ausschluss (wie Anm. 46) S. 68. – Gunnar B. ZIMMERMANN, Bürgerliche Geschichtswelten im Nationalsozialismus. Der Verein für Hamburgische Geschichte zwischen Beharrung und Selbstmobilisierung (Beiträge zur Geschichte Hamburgs 67, 2019) S. 122f. mit Anm. 168, S. 256 und S. 300 mit dem Hinweis, dass der Vereinsvorsitzende Hans Nirrnheim, der weder NS-Aktivist noch Antisemit war, auf Salomons Mitarbeit Wert legte.

109 Die Vorgänge, die im Vorstand nicht ungeteilte Zustimmung fanden, wie das Verhalten des früheren Staatsarchivdirektors Hans Nirrnheim zeigt, sind ausführlich untersucht von GROLLE / LORENZ, Ausschluss (wie Anm. 46), hier bes. S. 24–42, und von ZIMMERMANN, Bürgerliche Geschichtswelten (wie Anm. 108) S. 361–387.

Jahr 1938 befanden sich neben Richard Salomon die Germanistikprofessorin Agathe Lasch (1879–1942) sowie Fritz M. Warburg (1879–1964) und Max M. Warburg (1867–1946), beide Brüder des Kunsthistorikers Aby M. Warburg (gest. 1929) und seit langem großzügige Mäzene des Vereins[110]. Es sollte lange dauern, bis der Verein sich mit diesem düsteren Kapitel auseinandersetzte[111].

Salomons beruflicher Neuanfang in den USA war, wie für viele emigrierte Akademiker, ausgesprochen schwierig[112]. Osteuropahistoriker wurden in den USA damals kaum gesucht. Die anfängliche Lehrtätigkeit an mehreren Universitäten in Pennsylvania, die Salomon dank einer Verlängerung noch bis 1939 ausüben konnte, war nur eine Übergangstätigkeit[113]. Richard Salomon gelang der berufliche Neustart in Gambier/Ohio, wo er seit 1939 – zunächst auch nur mit einem Einjahresvertrag und einem Gehalt, das aus mehreren Quellen finanziert wurde[114] – Mittelalterliche Geschichte am Kenyon College und Kirchengeschichte am zugehörigen Bexley Hall Seminary lehrte, erst seit 1944 mit Festanstellung, und dort bis 1961 bzw. 1962 als Professor im Dienst blieb. Es handelte sich um ein kleines, traditionsreiches College der (protestantischen) Episcopal Church of the United States of America[115]. Bis 1962, dem Jahr der Entpflichtung von Salomon, waren dort nur männliche Studierende zugelassen[116]. Im Forbes-Ranking „The World's Most Beautiful College Campuses" erlangte Kenyon College 2010 den ersten Platz!

Gewiss war Kenyon College schon zur Zeit Salomons ein Provinzidyll, das den dort Lehrenden ein Auskommen, aber kaum wissenschaftliche Entfaltungsmöglichkeiten bot. Salomon machte das Beste daraus und veröffentlichte mehrfach über die Geschichte von Kenyon College und seinen Gründer, den Bischof der Episkopalkirche (Episcopal Church), Philander Chase (1775–1852), sowie über andere Aspekte der Geschichte der Episcopal Church, die sich 1789 von der Church of England abspaltete. Das alles waren Themen der neueren Kirchengeschichte, die ihn als (konvertierten) Protestanten vielleicht besonders reizen mochten[117].

Während seiner aktiven Zeit als Professor in Gambier/Ohio konnte sich Salomon als Forscher nur noch am Rande mit mediävistischen Themen beschäftigen. Dass er bereits wenige Jahre nach dem Kriegsende eingeladen wurde, an der Festschrift zum 70. Geburtstag (24. Dez. 1949) von Edmund Ernst Stengel (1879-1968) mitzuwirken, zeigt, dass die Verbindungen nach Deutschland nicht ganz abgebrochen waren. Stengel war wie Salomon

110 Ebd. S. 4f. und S. 137–142.

111 Siehe Anm. 135.

112 Vgl. etwa den Erfahrungsbericht des Juristen Guido Kisch, Der Lebensweg eines Rechtshistorikers. Erinnerungen (1975), oder die Biographie eines Historikers: Robert Lerner, Ernst Kantorowicz. Eine Biographie. Aus dem Amerikanischen von Thomas Gruber (2020).

113 Nicolaysen, Richard Salomon (wie Anm. 2) S. 183f.

114 Nicolaysen, „vitae, nicht vita" (wie Anm. 1) S. 653.

115 https://en.wikipedia.org/wiki/Bexley_Hall. Zu den bekannteren Studenten des Colleges gehört der schwedische Politiker Olof Palme, der dort als Stipendiat 1947/48 den Bachelorgrad erlangte.

116 https://de.wikipedia.org/wiki/Kenyon_College.

117 Nicolaysen, Richard Salomon (wie Anm. 2) S. 161 meint, Salomon sei nicht religiös gewesen. Immerhin scheint er sich als Lutheraner aber im Kirchenvorstand seiner Gemeinde betätigt zu haben, wie aus einer allerdings etwas herablassenden Äußerung Bruno Snells hervorgeht, zitiert von Nicolaysen, „vitae, nicht vita" (wie Anm. 1) S. 657.

von Michael Tangl promoviert worden, und durch die Beschäftigung mit dem 14. Jahrhundert bestand auch thematisch eine enge Verbindung zu dem Marburger Mittelalterhistoriker, zumal Stengel bis 1906 Mitarbeiter der MGH bei den Constitutiones gewesen war, also jene Stelle innehatte, die dann 1907 Salomon übernahm[118]. Auch den Diplomatiker Stengel wird der Festschriftbeitrag über spätmittelalterliche Prunksuppliken angesprochen haben, der sehr sachkundig drei Stücke, sog. Beichtprivilegien (Confessionalia) aus dem Bestand der Pierpont Morgan Library in New York vorstellte[119].

Von den weiteren mediävistischen Veröffentlichungen[120] ist hervorzuheben, dass Salomon nochmals auf seinen alten Forschungsgegenstand Opicinus de Canistris zurückkommen sollte. Bemerkenswert ist die Entdeckung eines bislang unbekannten weiteren Werks des Autors (Vat. Lat. 6435), das tagebuchartige Aufzeichnungen aus den Jahren 1337 bis 1341 enthält, in denen „die selbstquälerische, stark psychopathische Veranlagung des Autors gleichermaßen von neuem hervortritt wie seine Neigung zu allegorischen Spekulationen", und das ebenfalls illustriert ist[121]. Diese Handschrift hat erst in neuester Zeit wieder größere Aufmerksamkeit gefunden[122].

Die dauerhafte Rückkehr nach Deutschland hat Salomon, der seit 1943 amerikanischer Staatsbürger war[123], nach dem Krieg nicht in Betracht gezogen[124]. Schon 1947 bemerkte Salomon in einem Brief, dass er Amerika als Land seiner Rettung betrachte und dort bleiben wolle[125]. Als die Universität Hamburg 1949 bei ihm anfragte, ob er bereit sei, Gastvorlesungen zu halten, lehnte er dies ab und gab zu bedenken: „Nach so langer Trennung von der Universität Hamburg und von Deutschland und nach allem, was in diesen Jahren geschehen ist, glaube ich den Kontakt mit deutschen Studenten nicht mehr finden zu können"[126]. Durch Tangl, mit dem er seit 1946 wieder im Briefwechsel stand, und wohl auch auf anderen Wegen war Salomon gewiss auch über die personellen Verhältnisse am Historischen Seminar informiert, das mit Hermann Aubin (1885–1969), Egmont Zechlin (1896–1992) und Fritz

118 Siehe oben Anm. 16.

119 Richard Salomon, Prunksuppliken in einer amerikanischen Sammlung, in: Festschrift Edmund E. Stengel. Zum 70. Geburtstag am 24. Dezember 1949 dargebracht von Freunden, Fachgenossen und Schülern, bearb. von Erika Kunz (1952) S. 81–89.

120 Erwähnt seien: The Latin Middle Ages in the Hymnal, in: Historical Magazine of the Protestant Episcopal Church 20/1 (1951) S. 59–66; Poggio Bracciolini and Johannes Hus, in Journal of the Warburg and Courtauld Institutes 19 (1956) S. 174–77.

121 Richard Salomon, A Newly Discovered Manuscript of Opicinus de Canistris, in: Journal of the Warburg and Courtauld Institutes, 16/1 (1953) S. 45–57, dazu die Anzeige von Friedrich Baethgen in: DA 11 (1954/55) S. 320 (Zitat). – ders., Aftermath to Opicinus de Canistris, in: Journal of the Warburg and Courtauld Institutes 25/1 (1962) S. 137–46.

122 Vgl. die Arbeiten von Laharie (wie Anm. 88).

123 N. N., Salomon, Richard (Georg) (wie Anm. 2) S. 1013.

124 1945 befanden sich 50 ehemalige Hamburger Hochschullehrer im Exil, von denen nur wenige nach Hamburg zurückkehrten. Vgl. dazu Rainer Nicolaysen, Die Frage der Rückkehr. Zur Remigration Hamburger Hochschullehrer nach 1945, in: Zs. des Vereins für Hamburgische Geschichte 94 (2008) S. 117–152. Ernsthaft umworben wurde von der Universität Panofsky, der darüber 1946 Salomon berichtete (S. 133f.), aber eine Rückkehr nach Hamburg, das für ihn ein „verlorenes Paradies" war, entschieden ablehnte.

125 Nicolaysen „vitae, nicht vita" (wie Anm. 1) S. 655.

126 Brief Salomons vom 14. Okt. 1949, zitiert nach Nicolaysen, Richard Salomon (wie Anm. 2) S. 187.

Fischer (1908–1999) Kollegen aufzuweisen hatten, die alle mehr oder weniger eng mit den NS-Verhältnissen verquickt waren[127]. Als er 1950 im Rahmen einer Europareise auch Hamburg kurz besuchte, nahm er wohl keinen Kontakt mit der Universität auf[128]. Die Hamburger Universität führte Richard Salomon ab 1951 als emeritierten Ordentlichen Professor, ebenso wie Erwin Panofsky. Die Sache hatte noch ein Nachspiel, weil auch der 1945 entlassene Gustav Adolf Rein, dem die Rückkehr an die Universität nicht gelang, vergeblich forderte, im Vorlesungsverzeichnis als Emeritus geführt zu werden, wobei er in alphabetischer Folge zwischen Panofsky und Salomon gestanden hätte[129].

Die 70. Plenarversammlung der MGH am 4./5. Oktober 1960 ehrte Salomon durch seine Wahl zum korrespondierenden Mitglied der Zentraldirektion[130]. Von wem der Vorschlag kam, ist nicht überliefert. Berechtigt war die Zuwahl angesichts seiner Leistungen für die MGH zweifellos.

Dass sich Salomon Anfang der 1960er Jahre, im Alter von 78, endlich von seiner Lehrverpflichtung am Kenyon College in Gambier entlastet, wieder dem komplexen Stoff der Hamburger Acta Avinionensia zuwandte, ist respektgebietend. Schon angesichts seines fortgeschrittenen Alters hätte es ihm niemand verdenken können, wenn er sich dieser schwierigen Aufgabe nicht wieder zugewendet hätte. Dass diese Editionsaufgabe nach dem Verlust der Hamburger Professur gewissermaßen nur der Notnagel gewesen war, um die weitere Existenz in Hamburg zu sichern, wäre auch ein nachvollziehbarer Grund gewesen, warum Salomon sich mit diesem Thema nun nicht mehr hätte weiter beschäftigen wollen, nachdem er 1937 seine Editionsarbeit in Hamburg hatte unvollendet zurücklassen müssen. Es wäre sehr begreiflich gewesen, wie der Hamburger Staatsarchivdirektor Jürgen Bolland (1922–1974) feststellte, „wenn er die Freude an dieser Edition verloren hätte"[131]. Es war Bolland selbst, der nach dem Wiederauftauchen eines Teils der vor 1945 ausgelagerten Unterlagen im Deutschen Zentralarchiv Potsdam brieflich am 28. November 1961 mit Richard Salomon Kontakt aufnahm und ihn nach Ausräumung einiger Widerstände dafür gewinnen konnte, das Editionsvorhaben wieder aufzunehmen[132]. Selbst Bolland, der als Vereinsvorsitzender (seit 1956) den Hamburgischen Geschichtsverein an die Beschäftigung mit der NS-Zeit heranführte, gelang es zwar nicht, den 1938 erfolgten Ausschluss der nichtarischen Vereinsmitglieder aufzuarbeiten, doch konnte er anlässlich des 125-jährigen Bestehens des Vereins immerhin erreichen, dass Richard Salomon die Ehrenmitgliedschaft des Vereins angetragen wurde, der – so die Begründung – „schon bis zu seiner Vertreibung in die USA

127 Brietzke, Geschichtswissenschaft (wie Anm. 51) S. 73–76.

128 Über den Zweck der Reise ist nichts bekannt: Nicolaysen, „vitae, nicht vita" (wie Anm. 1) S. 654. – ders., Richard Salomon (wie Anm. 2) S. 171.

129 Nicolaysen, „vitae, nicht vita" (wie Anm. 1) S. 654f. – ders., Richard Salomon (wie Anm. 2) S. 188f.

130 Herbert Grundmann, Monumenta Germaniae Historica. Bericht für das Jahr 1959/60, in: DA 17 (1961) S. 1–8, hier S. 1. In derselben Sitzung wurde auch der Rechtshistoriker Karl August Eckhardt zum korrespondierenden Mitglied gewählt, was im gedruckten Jahresbericht aber unerwähnt blieb, vermutlich aufgrund der schweren Verstrickungen Eckhardts in der NS-Zeit. Vgl. Hermann Krause, Karl August Eckhardt, in: DA 35 (1979) S. 1–16.

131 Bolland, in: Rat und Domkapitel 1 (wie Anm. 92) S. V.

132 Grolle / Lorenz, Ausschluss (wie Anm. 46) S. 68f. – Nicolaysen, „vitae, nicht vita" (wie Anm. 1) S. 655f. – ders., Richard Salomon (wie Anm. 2) S. 189–191.

treues Mitglied unseres Vereins" gewesen sei[133]. Das war sehr euphemistisch ausgedrückt, denn von den 18 Ausgeschlossenen hatten nur neun, wie Salomon, noch emigrieren können, acht waren hingegen der NS-Vernichtungspolitik zum Opfer gefallen und nur einer – Felix Epstein – hatte die Verfolgung in Deutschland überlebt und trat dem Verein 1953 wieder bei[134]. Es sollten noch mehr als 40 Jahre verstreichen, bis der Geschichtsverein dieses düstere Kapitel endlich aufzuarbeiten bereit war[135].

Nach einem Vierteljahrhundert mochte es für Salomon doch eine Genugtuung sein, nicht nur wissenschaftlich wieder in das von jeher favorisierte 14. Jahrhundert einzudringen, sondern auch eine komplexe Arbeit abzuschließen, die er 1937 gezwungenermaßen hatte aufgeben müssen. Zur Fertigstellung der Briefedition der Acta Avinionensia passt die Anekdote, die Salomons Tochter Edith Lenneberg überlieferte: ein Wissenschaftler „bringe seine Arbeit zu Ende, komme, was wolle"[136].

Nun zeigte sich auch, wie umsichtig Salomon verfahren war, als er 1937 ungeachtet der lebensbedrohlichen Repressionen in NS-Deutschland noch kurz vor der Emigration über seine Beschäftigung mit den Acta Avinionensia einen Arbeitsbericht zu Papier gebracht und als Privatdruck vervielfältigen ließ, in dem er das weitere Vorgehen darlegte[137]. Dieser ausführliche Bericht ist heute von besonderem Wert, weil ein Teil der Avignonesischen Prozessakten seit der Auslagerung der Hamburger Archivbestände verschollen ist und weil das Ziel der Gesamtedition nach wie vor nicht erreicht ist.

Anknüpfend an den Arbeitsbericht von 1937 ließ Salomon in einem Aufsatz in der Zeitschrift des Vereins für Hamburgische Geschichte noch einmal die bisherige Editionsarbeit Revue passieren, reflektierte die missliche Situation der kriegsbedingten Auslagerungsverluste und zog daraus Schlüsse für das weitere Vorgehen[138]. In das eigentliche Prozessschriftgut hatte sich mittlerweile Jürgen Reetz (1922–1985), wissenschaftlicher Mitarbeiter am Staatsarchiv Hamburg, schon intensiv eingearbeitet, so dass sich Salomon darauf konzentrieren konnte, den Briefwechsel zwischen dem Hamburger Rat und seinen Vertretern an der Kurie in Avignon herauszugeben. Dieser Band ist dann 1968 als erster Teil der Edition ‚Rat und Domkapitel von Hamburg um die Mitte des 14. Jahrhunderts' vorgelegt worden, ergänzt durch eine Einleitung des damaligen Staatsarchivdirektors Jürgen Bolland, die in sehr nobler Weise die Verdienste Salomons würdigt[139]. Der erwähnte Aufsatz Salomons bietet weiter-

133 GROLLE / LORENZ, Ausschluss (wie Anm. 46) S. 71f. (Zitat S. 71). – Vgl. auch NICOLAYSEN, Richard Salomon (wie Anm. 2) S. 191f., der erwähnt, dass die Auszeichnung Salomon am 12. Mai durch den Präsidenten des Kenyon Colleges im Rahmen einer Festveranstaltung vor den Kollegen und etwa 400 Studenten überreicht wurde.

134 GROLLE / LORENZ, Ausschluss (wie Anm. 46) S. 45f. und S. 74f. (Felix Epstein).

135 Ebd.

136 Zitiert von NICOLAYSEN, Richard Salomon (wie Anm. 2) S. 160.

137 SALOMON, Die Avignonesischen Akten (wie Anm. 93).

138 Richard SALOMON, Aus den Avignon-Akten des Hamburgischen Staatsarchivs, in: Zs. des Vereins für Hamburgische Geschichte 49/50 (1964) S. 29–40, hier bes. S. 31.

139 Rat und Domkapitel 1 (wie Anm. 92) hier S. V–XV die Einleitung BOLLANDS. Die Edition wurde kurz angezeigt von Alfred GAWLIK in: DA 25 (1969) S. 261, ausführlicher HERDE, Rezension (wie Anm. 94). – Dass Bolland selbst eine überragende Persönlichkeit war, zeigt der Nachruf von Erich VON DER LEHE, Jürgen Bolland, Dr. phil., *1922, †1974, in: Zs. des Vereins für Hamburgische Geschichte 61 (1975) S. 1–6, und neuerdings auch GROLLE / LORENZ, Ausschluss (wie Anm. 46) S. 65–79.

führende Informationen und sollte als Ergänzung der Einleitung immer herangezogen werden[140]. Neben der Korrespondenz bietet der Band auch die Edition des ersten Rechnungsbuchs des Hamburger Rates zu dem Streit mit dem Klerus aus den Jahren 1336 bis 1340, auf dessen Bedeutung Salomon wiederholt hingewiesen hatte[141]. Schon die von Salomon edierten Quellen bieten vielfältige Ansatzpunkte, sei es für den Alltag spätmittelalterlicher Juristen[142] oder für das kanonistische Prozessrecht[143].

Mehr als ein Jahrzehnt sollte noch verstreichen, bis ein vorläufiger Abschluss dieser Edition erreicht wurde. Der bereits erwähnte Jürgen Reetz legte 1975 den umfangreichen Band mit dem Prozess-Schriftgut des Hamburger Rates und einzelner Bürger aus den Jahren 1336 bis 1356 vor[144], und 1980 erschien der abschließende dritte Teilband mit den Namen- und Sachregistern[145]. Zudem bietet der Band ergänzende Materialien aus den Acta Avinionensia wie Listen des Hamburger Rates und Urkunden über Vermächtnisse zu frommen Zwecken. Das Erscheinen dieser Edition war im Hamburger Kontext auch deshalb wichtig, weil das Staatsarchiv entschieden hatte, die in den Prozessakten enthaltenen Urkunden nicht in das Hamburgische Urkundenbuch aufzunehmen[146]. Vollständig ediert ist dieses Quellenmaterial gleichwohl noch immer nicht, gibt es doch noch einige wenige in sich geschlossene Überlieferungskomplexe; „deren editorische Erschließung einem dritten Teil und einer weiteren Veröffentlichung vorbehalten sind“[147]. Gleichwohl wurde die Edition dann mit Erscheinen des dritten Teilbandes doch für abgeschlossen erklärt[148]. Dabei ist es bis heute geblieben, obwohl die Avignonesischen Akten gleichermaßen für die Hamburgische Stadt- und Kirchengeschichte, aber auch für die Geschichte der avignonesischen Kurie und des kurialen Prozesswesens von Belang sind[149].

140 Salomon, Aus den Avignon-Akten (wie Anm. 138). – Dieser Aufsatz erscheint zwar in: Rat und Domkapitel 1 (wie Anm. 92) S. 291 im Literaturverzeichnis, wird aber leider in der Einleitung gar nicht erwähnt, obwohl er diese substantiell ergänzt.

141 Rat und Domkapitel 1 (wie Anm. 92) S. 285–289.

142 Vgl. dazu Jürgen Bolland, Aus dem Alltag hamburgischer Juristen des Mittelalters (Veröffentlichungen der Gesellschaft für Hamburger Juristen 9, 1970) S. 3–23.

143 Herde, Rezension (wie Anm. 94) S. 498 bemängelt das Fehlen eines kanonistischen Sachkommentars und verweist auf einige Besonderheiten.

144 Rat und Domkapitel von Hamburg um die Mitte des 14. Jahrhunderts, Teil 2: Das Prozeß-Schriftgut aus den Streitigkeiten des Hamburger Rates und einzelner Bürger mit dem Domkapitel 1336 bis 1356, bearb. von Jürgen Reetz (Veröffentlichungen aus dem Staatsarchiv der Freien und Hansestadt Hamburg 9, 2, 1975).

145 Rat und Domkapitel von Hamburg um die Mitte des 14. Jahrhunderts, Teil 3: Ergänzungen sowie Namen- und Sachweiser zu dem in Teil 1 und 2 edierten Schriftgut der seit 1336 ausgetragenen Streitigkeiten, bearb. von Jürgen Reetz (Veröffentlichungen aus dem Staatsarchiv der Freien und Hansestadt Hamburg 9, 3, 1980).

146 Hamburgisches Urkundenbuch 4: 1337–1350, bearb. von Jürgen Reetz (1967), hier S. VIIf. zu dieser editorischen Grundsatzentscheidung.

147 Hans-Dieter Loose, Vorwort zu: Rat und Domkapitel 3 (wie Anm. 145) S. V.

148 Ebd. S. V.

149 Eine eingehende Untersuchung des Konflikts zwischen Rat und Domkapitel steht aus. Vgl. ganz knapp etwa Peter Gabrielson, Die Zeit der Hanse, in: Hamburg. Geschichte der Stadt und ihrer Bewohner, Bd. 1: Von den Anfängen bis zur Reichsgründung, hg. von Hans-Dieter Loose (1982) S. 101–190, hier S. 180f.; Jürgen Sarnowsky, Die politische Entwicklung und die sozialen Strukturen Hamburgs

Am 3. Februar 1966 verstarb Richard Salomon im Alter von 81 Jahren in Mount Vernon bei Gambier/Ohio. Nur wenige Tage vorher hatte er sein Manuskript der Teiledition der Acta Avinionensia per Post nach Hamburg abgeschickt[150]. Sein Sohn George verband die Mitteilung der Todesnachricht an Staatsarchivdirektor Bolland mit der Bemerkung, „dass es vor allem die intensive Beschäftigung mit der Hamburger Arbeit war, die ihn so lange am Leben erhalten hat“[151]. Kaum einen Monat nach dem Tod Richard Salomons gedachte die Zentraldirektion der MGH des Verstorbenen auf ihrer 76. Plenarversammlung am 10. März 1966. Im Jahresbericht des Präsidenten Herbert Grundmann heißt es, der Verstorbene sei 1907 bis 1914 Mitarbeiter der MGH gewesen „als Helfer Karl Zeumers am 8. Band der Constitutiones, den er zum Abschluß brachte. Aus seiner Hamburger Professur 1937 verdrängt und emigriert, blieb er den MGH gleichwohl verbunden, seit 1960 als ihr Korrespondierendes Mitglied“[152]. Grundmann beschließt diese Bemerkungen, die die Verdienste Salomons um die MGH nicht vollumfänglich würdigen, mit dem Hinweis, dass Salomons ehemaliger Hamburger Assistent Fritz T. Epstein einen Nachruf in den Jahrbüchern für Geschichte Osteuropas bringen würde[153]. Einen Nachruf im Deutschen Archiv erhielt er hingegen nicht.

Fritz T. Epstein, der 1966 Gastprofessor in Hamburg war, hatte am 17. Mai im Rahmen der Gedenkveranstaltung zu Ehren Richard Salomons gesprochen[154]. Dabei verfolgte er ein doppeltes Anliegen: Zunächst einmal wollte Epstein, der in den 1920er Jahren Salomons erster Assistent am Osteuropäischen Seminar gewesen war, den vorherrschenden Eindruck zurechtrücken, Salomon sei „nur“ Mittelalterhistoriker gewesen. Vor allem aber wollte Epstein deutlich machen, wie unangemessen die Hamburger Universität bislang mit der Entlassung „nichtarischer“ Professoren in der NS-Zeit umgegangen waren und welche Schuld damalige Kollegen wie Gustav Adolf Rein auf sich geladen hatten[155]. Eigentlich war vorgesehen, dass die Gedenkrede in der Zeitschrift des Vereins für Hamburgische Geschichte erscheinen sollte. Aber dafür war die Zeit offensichtlich noch nicht reif. Der Vorstand des Vereins für Hamburgische Geschichte stellte sich mehrheitlich vor ihr Vereinsmitglied Rein (und nicht vor ihr verstorbenes Ehrenmitglied Salomon) und wollte die Gedenkrede nur um kritische Passagen gekürzt veröffentlichen, worauf sich Fritz Epstein aber nicht einließ.

Trotz seines Lebens, das sich nicht im Singular als ‚vita‘, sondern nur im Plural als ‚vitae‘ beschreiben lässt, wird man festhalten dürfen, dass Richard Salomon vor allem ein

---

im Spätmittelalter, in: Die Kunst des Mittelalters in Hamburg. Aufsätze zur Kulturgeschichte, hg. von Volker Plagemann (1999) S. 97–108 und S. 343f., hier S. 99f.; Stephan Selzer / Hermann Hipp, Hamburg, Säkularkanoniker, in: Klosterbuch Schleswig-Holstein und Hamburg. Klöster, Stifte und Konvente von den Anfängen bis zur Reformation, hg. von Oliver Auge / Katja Hillebrand 1 (2019) S. 475–532, bes. S. 479 u. 481.

150 Bolland in: Rat und Domkapitel 1 (wie Anm. 92) S. V.

151 Zitiert nach Nicolaysen, Richard Salomon (wie Anm. 2) S. 192.

152 Herbert Grundmann, Monumenta Germaniae Historica. Bericht für das Jahr 1965/66, in: DA 22 (1966) S. I–XII, hier S. II (Zitat). – Tatsächlich wurde Salomon bereits 1934 aus seiner Professur „verdrängt“, siehe oben Anm. 73.

153 Siehe Anm. 2.

154 Der Text vollständig gedruckt von Epstein, Hamburg und Osteuropa (wie Anm. 2). – Dazu Nicolaysen, „vitae, nicht vita“ (wie Anm. 1) S. 656f. – ders., Richard Salomon (wie Anm. 2) S. 192–194.

155 Dazu Grolle / Lorenz, Ausschluss (wie Anm. 46) S. 71f. – Nicolaysen, Richard Salomon (wie Anm. 2) S. 195f.

Spätmittelalterhistoriker war, dessen Schwerpunkt im 14. Jahrhundert lag. Seine MGH-Editionen zur Zeit Karls IV., seine umfangreiche Monographie über Opicinus de Canistris und seine langwierige Beschäftigung mit den Hamburgischen Acta Avinionensia fallen in diesen Zeitraum und eröffneten recht unterschiedliche Perspektiven. Insofern war es durchaus zutreffend, wenn die New York Times den Tod des „Church Historian" am 4. Februar 1966 mit den Worten mitteilte: „Kenyon College Professor, a Noted Medievalist, Dies" und vor allem seine Editionen und Darstellungen zur mittelalterlichen Geschichte hervorhob[156]. Dass sich das Leben und Schaffen dieses vielseitig gebildeten und talentierten Gelehrten nicht hierin erschöpfte, steht auf einem anderen Blatt. Richard Salomon hatte das Glück, dass er sich und seine Familie rechtzeitig der weiteren Verfolgung entziehen konnte, aber dafür zahlte er beruflich einen hohen Preis, da er sich nach der Emigration weder als Osteuropa- noch als Mittelalterhistoriker seinen Talenten entsprechend weiter entfalten konnte.

Zum Abschluss noch eine Bemerkung zur Einordnung Richard Salomons, der mit diesem Beitrag im Rahmen einer Veröffentlichung über jüdische Mitarbeiter der MGH gewürdigt wird. Salomon konnte und war sehr vieles, aber mit seiner Konversion zum Protestantismus 1902, wenige Wochen nach dem Abitur, war er nicht mehr Teil der jüdischen Glaubensgemeinschaft. Es gibt danach bei ihm auch keine Anhaltspunkte für das Fortwirken jüdischer Prägungen, und sei es nur in der Wahl der Themen, die ihn als Historiker beschäftigt haben. Erst der Rassenwahn des Nationalsozialismus zwang ihm wieder ein Judentum auf, zu dem er nicht gehören wollte, beraubte ihn seiner beruflichen Existenz und wurde für ihn und seine Familie zu einer lebensbedrohlichen Gefahr. Insofern gehörte Richard Salomon ebenso wie seine Hamburger Freunde und Kollegen Fritz T. Epstein, Erwin Panofsky oder Fritz Saxl zu einer unentrinnbaren Schicksalsgemeinschaft, die von NS-Ideologie und Rassenwahn bestimmt wurde. Als Historiker hätte Richard Salomon rational wohl nachvollziehen können, warum er mehr als ein halbes Jahrhundert nach seinem Tod als „jüdischer Mitarbeiter der MGH" gewürdigt wird, obwohl es nicht seinem Selbstverständnis entsprach.

Abstract: Richard Salomon (1884–1966) was born in Berlin as the son of a Jewish medical practitioner. Shortly after completing school in 1902, he converted to Protestantism. Linguistically gifted, he studied medieval and Eastern-European history and Byzantine studies in Berlin. After writing his Ph.D. in medieval history under Michael Tangl in 1907, he started working for the MGH in Berlin, principally editing documents of the constitutional history of the Roman-German Empire from the first half of the 14th century for publication in the series Constitutiones. In 1914, Salomon received a professorship for East-European history at the Kolonialinstitut (colonial institute) in Hamburg, which in 1919 became part of the newly created University of Hamburg. After Nazi racist legislation forced him to retire from office in 1934, he emigrated to the USA in 1937 and found a position at Kenyon College in Gambier (Ohio), where he taught medieval history and Church history from 1939 to 1962. His research interests focused particularly on the 14th century, as is reflected by his major

156 Zitiert von Nicolaysen, „vitae, nicht vita" (wie Anm. 1) S. 633. – ders., Richard Salomon (wie Anm. 2) S. 193.

publications that include a study on the Avignonese clergyman Opicinus de Canistris and an edition of the mid-fourteenth-century correspondence between the Hamburg city council and its proctors at the papal curia in Avignon with regard to a legal process against the Hamburg cathedral chapter (published posthumously in 1968).

Henry Simonsfeld (1852–1913)

von
CLAUDIA MÄRTL

Henry Simonsfeld 1891

Im Jahr 1912 verschickte der Journalist und Schriftsteller Wilhelm Zils Fragebögen an mehrere hundert Personen des öffentlichen Lebens in München. Während manche, wie Thomas Mann, mit ausgefeilten autobiographischen Essays antworteten, gehörte Henry Simonsfeld zu jenen, die nur knapp ihre Daten und die Stationen ihrer beruflichen Laufbahn mitteilten, in seinem Fall bis zur Ernennung zum „ordentlichen öffentlichen Professor für Geschichte" an der Ludwig-Maximilians-Universität[1]. Einen persönlichen Akzent setzte er durch den Verweis auf „ausgedehnte wissenschaftliche Reisen in Italien", die er für eigene Arbeiten, die MGH und die Historische Kommission bei der Bayerischen Akademie der Wissenschaften unternommen habe. Während der Drucklegung des von Zils herausgegebenen Sammelwerks starb Henry Simonsfeld. Die Chronik der Universität brachte einen langen Nekrolog seines Fakultätskollegen Hermann Grauert (1850–1924), der von Empathie für die Person und Verständnis für die wissenschaftliche Leistung des Verstorbenen geprägt ist[2]. Dass Simons-

1 Wilhelm ZILS (Hg.), Geistiges und künstlerisches München in Selbstbiographien (1913) S. 340f.

2 [Hermann GRAUERT], in: Chronik der Ludwig-Maximilians-Universität München für das Jahr 1912/13 (1913) S. 11-16. Grauert wurde als Autor identifiziert durch Wolf WEIGAND, Henry Simonsfeld (1852-1913), Historiker in München, in: Manfred TREML / Wolf WEIGAND unter Mitarbeit von Evamaria BROCKHOFF (Hg.), Geschichte und Kultur der Juden in Bayern. Lebensläufe (1988) S. 189-194.

feld 1894 vor seiner Heirat vom Judentum zum evangelischen Glauben konvertierte, wird dort nicht erwähnt. Obwohl er sich in seinem kurzen Lebenslauf 1912 als protestantisch bezeichnete, galt er Zeitgenossen wie Nachwelt als Jude[3].

Niemand konnte damals die Katastrophen des 20. Jahrhunderts ahnen, in die auch die Angehörigen Henry Simonsfelds hineingerissen wurden. Sein älterer Sohn Kurt (1895–1915) starb als Kriegsfreiwilliger im Juni 1915 an den Folgen einer Verwundung[4]. Sein jüngerer Sohn Eugen (1898–1944) überstand den Einsatz im Ersten Weltkrieg, blieb unverheiratet und fiel im Juli 1944 einem alliierten Luftangriff auf München zum Opfer[5]. Das Haus Schellingstraße 89, in dem die Familie Simonsfeld seit 1894 wohnte, wurde am 7. Februar 1945 von einer Bombe zerstört[6]. Enge männliche Verwandte Henry Simonsfelds lebten während des Dritten Reichs anscheinend nicht mehr in Deutschland. Sein Cousin Bela Milić (Moses), der in Zagreb als Bankier tätig war, wurde 1942 mit seiner Frau nach Auschwitz deportiert und dort ermordet[7]. Zwei aus Nürnberg stammende Frauen, die wahrscheinlich Cousinen Henrys waren, die Schwestern Cäcilie Neuburger und Frieda Rosenbaum, starben 1942 in Theresienstadt[8]. Henrys Witwe Lina überlebte den Zweiten Weltkrieg und starb 1955. Sie wurde im neuen Münchner Nordfriedhof beigesetzt; die Grabstätte wurde 1980 aufgelassen[9].

Alles, was von Henry Simonsfeld an persönlichen Dokumenten und familiären Erinnerungen geblieben sein mochte, ist vernichtet worden. Der Versuch einer Annäherung an seine Biographie muss sich daher auf Quellen stützen, die in einem offiziellen Kontext

3 So erhielt er einen Artikel in: Salomon G. Wininger, Große Jüdische National-Biographie 5 (1931) S. 533f. – Zur Konversion siehe unten S. 448.

4 Kurt (*9. März 1895) wurde am 20. Juni verwundet und starb am 28. Juni 1915; Personalstand der Ludwig-Maximilians-Universität München, Sommer-Halbjahr 1915 S. VIII; Das k. b. Feldartillerie-Regiment Nr. 8. Nach den amtlichen Kriegstagebüchern bearb. von Eduard Ritter von Herold (1927) S. 179.

5 Zu Eugen (*13. Juli 1898): BayHStA, OP 12394; zu seinem Studium der Staatswissenschaften: Personalstand der Ludwig-Maximilians-Universität München, Sommer-Halbjahr 1919 bis Winter-Halbjahr 1925/26; zu seinem Tod (†12. Juli 1944) vgl. den Eintrag Simonsfeld, Eugen, in: Biografisches Gedenkbuch der Münchner Juden 1933–1945: https://gedenkbuch.muenchen.de [alle Links in diesem Beitrag wurden am 14.4.2023 abgerufen].

6 Zu der Häusergruppe, zu der Nr. 89 gehörte, vgl. Hans-Peter Rasp, Der Historienmaler Ferdinand Wagner und die ‚Fürstenhäuser' in München, in: Oberbayerisches Archiv 124 (2000) S. 7–95.

7 Bela (*1875) war der Sohn von Samuel Moses (1823–1912) und Mina Simonsfeld (1845–1928), einer Schwester von Henrys Vater Elkan (siehe Anm. 11). Zu Deportation und Ermordung des Ehepaars Milić: Zentrale Datenbank der Holocaustopfer, Yad Vashem – Internationale Holocaust Gedenkstätte (https://www.yadvashem.org/de/collections.html). Zu Samuel Moses und seiner Familie: Židovski biografski leksikon (https://zbl.lzmk.hr/?=1367), wo nur seine erste Ehe mit Minas Schwester Amalia (†1866) erwähnt ist.

8 Zu Cäcilie (Zilla) Neuburger (*1867) und Frieda Rosenbaum (*1874): Zentrale Datenbank der Namen der Holocaustopfer, Yad Vashem – Internationale Holocaust Gedenkstätte (https://www.yadvashem.org/de/collections.html); Das Bundesarchiv, Gedenkbuch. Opfer der Verfolgung der Juden unter der nationalsozialistischen Gewaltherrschaft in Deutschland 1933–1945 (https://www.bundesarchiv.de/gedenkbuch/de). Ihr Vater war Nathan Simonsfeld (1834–1899), ein Sohn von Samuel Löw Simonsfeld und vermutlich Bruder von Henrys Mutter Sophie (siehe Anm. 14), zu ihm: Stadtarchiv Nürnberg, C 21/II Nr. 283/68.

9 In der Grabstelle 54-1-6 waren Sophie (†1901), Henry (†1913), Eugen (†1944) und Lina (†1955) bestattet; freundliche Auskunft von Herrn Richard Staffl, Verwaltung des Nordfriedhofs, Ungererstraße.

entstanden sind: Erhalten ist im Wesentlichen nur, was zu seinen Lebzeiten den Weg in den Druck oder in die Archive der Institutionen, mit denen er verbunden war, gefunden hat. Die verstreut überlieferten Überreste seines Briefwechsels sind nahezu ausschließlich aus seiner wissenschaftlichen und beruflichen Tätigkeit hervorgegangen. Lässt sich seine Laufbahn als Bibliothekar, Universitätslehrer und Historiker gut rekonstruieren, so bleibt der Zugang zu seinem Innenleben weitgehend versperrt. Der vorliegende Beitrag kreist um zwei Schwerpunkte: zum einen die Frage, was Judentum für Henry Simonsfeld bedeutete, zum anderen die Entwicklung seines Verhältnisses zu den MGH und ihren Bestrebungen. Während das Problem des Judentums bei Simonsfeld eine äußerst mühsame Spurensuche erfordert, scheinen die Quellen zu den MGH reichlich zu fließen, sind doch in deren Archiv rund 80 Briefe von ihm erhalten geblieben. Der Umgang der MGH mit ihrem ehemaligen freien Mitarbeiter bietet allerdings ein eigentümliches Beispiel institutionellen Vergessens, ein Schicksal, das Simonsfeld auch in anderen Zusammenhängen erlitt[10].

1. Von Ottensoos nach Mexiko und zurück

Simonsfeld war im 19. Jahrhundert ein verbreiteter jüdischer Name; Henrys Angabe, sein Vater sei Großkaufmann in Mexiko und die Heimat seiner Eltern sei Ottensoos gewesen, ist ein wichtiger Anhaltspunkt, um die Familie zu identifizieren. In dem östlich von Nürnberg gelegenen Ort stellten Juden im frühen 19. Jahrhundert zeitweise ein Viertel bis ein Drittel der Einwohner. Im Jahr 1823 erhielt Simon Gerson Simonsfeld (*1798), der Großvater Henrys, die Erlaubnis, sich dort niederzulassen; er handelte zunächst mit „Spezereiwaren", später mit Agrarerzeugnissen, vor allem Hopfen, und hatte mindestens sieben Nachkommen[11]. Um die Mitte des Jahrhunderts begannen die jüdischen Gemeinden in Mittelfranken rasch zu schrumpfen, da sich wegen der Beschränkungen der Judenmatrikel viele ihrer Mitglieder in den Vereinigten Staaten um eine neue Lebensgrundlage bemühten. Zu den

---

10 Zur Biographie vgl. Weigand, Simonsfeld (wie Anm. 2); Claudia Märtl, Vom begeisterten Mitarbeiter zum Außenseiter. Henry Simonsfeld, in: Zwischen Vaterlandsliebe und Ausgrenzung – jüdische Mitarbeiter und Mitarbeiterinnen der MGH (Virtuelle Ausstellung 2021; https://visit.mgh.de/de/jued-ma/henry-simonsfeld); dies., Henry Simonsfeld, in: NDB (Online-Version, 2023): https://www.deutsche-biographie.de/pnd117398217.html. – Die Beziehungen Simonsfelds nach Italien können hier nur am Rande gestreift werden; vgl. aus Sicht der Venedig-Forschung: Daniela Rando, À la recherche des livres perdus. Deutsche Gelehrte in Venedig 1821-1913, in: Franz Fuchs / Tobias Daniels (Hg.), Venedig und der oberdeutsche Buchmarkt um 1500 (Pirckheimer Jb. für Renaissance- und Humanismusforschung 31, 2017) S. 9–35, hier S. 21–24 und 28–30.

11 Vgl. den Eintrag Ottensoos, in: Klaus-Dieter Alicke, Lexikon der jüdischen Gemeinden im deutschen Sprachraum, 3: Ochtrup – Zwittau (2008) Sp. 3252–3255. – Zu Simon Gerson Simonsfeld: Staatsarchiv Nürnberg, Die Judenmatrikel 1813-1861 für Mittelfranken, bearb. von der Gesellschaft für Familienforschung in Franken e. V. und dem Staatsarchiv Nürnberg (2003) Nr. 1623. Er war vermutlich ein Sohn des Gerson Simonsfeld (*1771, ebd. Nr. 1601). – Kinder Simon Gersons waren: Moritz (1817/19-1889), Elkan (1825-1854/55), Helena, verheiratete Hertmann (1831-1883), Amalia, verheiratete Moses (1835-1866), Heinrich (1842-1869), Mina, verheiratete Moses (1845-1928), Joseph (1847-1873). Diese und die Angaben in den folgenden Anmerkungen beruhen auf genealogischen websites (https://familysearch.org/de, https://www.geni.com), Passagierlisten von Ellis Island (https://www.statueofliberty.org), New York City Directories, unter The New York Public Library Digital Collections (https://digitalcollections.nypl.org), und Auskünften des Nürnberger Stadtarchivs, für die herzlich gedankt sei.

Auswanderern zählten drei junge Menschen namens Simonsfeld, die im Sommer 1849 nach New York reisten, nachdem einer ihrer Angehörigen bereits einige Jahre zuvor diesen Schritt gewagt hatte[12]. Moritz eröffnete 1845 ein Geschäft für Modewaren und betrieb eine Importfirma; Elkan (*1825), vermutlich sein jüngerer Bruder, ist von 1850 bis 1854 als Importkaufmann unter denselben Adressen in Manhattan zu finden[13]. Am 6. August 1849 trafen auch Joseph, ein Onkel der beiden, und die 20jährige S. Simonsfeld, wohl Henrys Mutter Sophie, auf dem U. S. Mail Steam Ship Hermann in New York ein[14]. Elkan, der Vater Henrys, verlegte seine Tätigkeit bald nach Mexiko und begründete dort mit Moritz Taussig die Firma Simonsfeld, Taussig und Co.; ein Verwandter, Salomon Simonsfeld, unterstützte ihn[15]. Im Jahr 1854 hatte die Firma E. Simonsfeld in Mexiko-Stadt ihren Sitz in einem Gebäude, das damals als Nr. 23 der calle de Cadena gezählt wurde und als Nr. 57 der calle de Venustiano Carranza heute noch existiert – ein Ziegelbau, der im Erdgeschoss Lagerräume, Remise und Stall und im Obergeschoss Büro- und Wohnräume beherbergte. Simonsfeld, Taussig und Co. importierten Güter aller Art, darunter Eisenwaren, deren Einfuhr um die Jahrhundertmitte in Mexiko besonders lukrativ war; verglichen mit anderen deutschen Firmen rangierte das Importvolumen des jungen Unternehmens im zweiten Halbjahr 1853 im unteren Mittelfeld[16]. Um diese Zeit begannen Simonsfeld, Taussig und Co. ihr Interesse auf Rüstungsgüter

12 Die im Folgenden kurz dargestellte Migrationsgeschichte der Simonsfeld entspricht ganz den von der Forschung herausgearbeiteten Mustern; vgl. Avraham Barkai, Aus dem Dorf nach Amerika: Jüdische Auswanderung 1820–1914, in: Monika Richarz / Reinhard Rürup (Hg.), Jüdisches Leben auf dem Lande. Studien zur deutsch-jüdischen Geschichte (1997) S. 109–120; Cornelia Wilhelm, Die Emigration der fränkischen Juden im 19. Jahrhundert nach Amerika, in: Michael Brenner / Daniela F. Eisenstein (Hg.), Die Juden in Franken (2012) S. 169–180, hier S. 173–176.

13 Für Moritz/Morris wird als Vater Simon Gerson Simonsfeld genannt in New York City Municipal Deaths 1759-1949. In den Jahren 1850 bis 1854 hatten Morris und Elkan ihr Geschäftslokal zuerst in 136 Pearl st., dann in 39 William st. Elkan ist wahrscheinlich identisch mit einem sonst nicht nachweisbaren „R. Simonsfeld", der 1849 auf demselben Schiff wie M[oritz] Simonsfeld nach New York fuhr. Sein Geburtsjahr geht aus der Altersangabe (26 Jahre) in der Passagierliste eines Schiffs hervor, mit dem er von Vera Cruz nach New Orleans reiste, New Orleans Passenger Lists 1820-1945 (4. November 1851).

14 Für Joseph (1822/24-1901) wird als Vater Gerson Simonsfeld (siehe Anm. 11), als Geburtsort Ottensoos genannt in New York City Marriage Records 1829-1940. Die Identifikation der Passagierin „S. Simonsfeld 20 female Lady" wird bestärkt durch die Angabe in Sophies Todesanzeige, in: AllgZ (28. März 1901) S. 8, sie sei am 27. März im 73. Lebensjahr gestorben. Wahrscheinlich war sie eine Tochter des Samuel Löw Simonsfeld (*1804, ab 1820 in Ottensoos niedergelassen; Judenmatrikel [wie Anm. 11] Nr. 1619), der am 22. November 1884 starb; Sophie spendete am 27. November 1884 anlässlich des Todes ihres (ungenannten) Vaters an die Münchner Armenkasse, Stadtarchiv München, Stiftungen DE-1992-STI-722.

15 Elkan reiste erneut 1852, Salomon (1828-1885), der später die Firma übernahm, 1853 ein: Archivo General de la Nación, Ciudad de México, Instituciones Gubernamentales, época moderna y contemporanea. Administración Pública Féderal S. XIX. Gobernación Siglo XIX. Movimiento Marítimo, Pasaportes Y Cartas de Seguridad (129). Cartas de Seguridad vol. 102 fol. 35 und vol. 119 fol. 305. – Herrn Dr. Ignacio García Lascurain Bernstorff (Rom) danke ich herzlich für Unterstützung bei der Recherche.

16 Guillermo Porras Muñoz, La Calle de Cadena en México, in: Estudios de Historia Novohispana 5 (1974) S. 143-191, hier S. 181; zur Firma: Brígida von Mentz, El capital comercial y financiero alemán en México. Primera parte, in: dies. u. a., Los pioneros del imperialismo alemán en México (1982) S. 59-125, hier S. 75, S. 77f., S. 89.

auszudehnen und eng mit der mexikanischen Regierung zusammenzuarbeiten. Im Oktober 1853 leisteten sie Bürgschaft in einem Vertrag über zwei Kriegsschiffe, die General Antonio López de Santa Anna erwerben wollte[17], der zum fünften Mal die Regierung in Mexiko übernahm, allerdings nur bis zum Dezember 1855 an der Macht blieb. Im März 1855 agierten sie erneut als Bürgen in Verträgen über die Lieferung von Kriegsmaterial und zwei Schiffen; in diesem Kontext wurden die Firmeninhaber bei einem später in den USA geführten Schadensersatzprozess als solide Geschäftsleute charakterisiert[18].

Am 15. Oktober 1852 kam Henry Simonsfeld in Mexiko-Stadt zur Welt. Als er „kaum zwei Jahre alt“ war, starb der Vater[19]. Sophie und Henry kehrten nach Ottensoos zurück. Sie lebten in Deutschland von den Renten eines Kapitals von 8000 Gulden und Zuwendungen von Verwandten[20]. Sophie konnte in der Wirtschaftskrise 1873–1879 auf Vermögenswerte und Beziehungen in Übersee zurückgreifen: Sie nahm 1875 in Mexiko und 1876 in New York Hypothekenkredite auf, wo ihr Mayer Whitehead, ein aus Bayern emigrierter Pionier der Konfektionskleiderindustrie, 10 000 Dollar Hypothek auf ein Grundstück in der East 70th street gewährte[21]. Abgesehen von derartigen wirtschaftlichen Schwankungen war die Hinterlassenschaft Elkans anscheinend groß genug, um einen bürgerlichen Lebensstil zu ermöglichen; sie reichte aber nicht aus, um für Henry eine wissenschaftliche Tätigkeit ohne eigenen Erwerb zu finanzieren.

In Ottensoos verbrachte Henry Simonsfeld nur wenige Jahre, denn zur Einschulung zog seine Mutter mit ihm nach Nürnberg. Dort hatte 1850 der erste Jude seit der Vertreibung des Jahres 1499 das Bürgerrecht erhalten, und seither nahm die Zahl der jüdischen Einwohner rasch zu. Sophie, Simon Gerson, dessen jüngste Kinder und sicher auch Henry wohnten in der Adlerstraße 30 in der Nähe der Lorenzkirche. Im Jahr 1863 erwarb der Weinhändler Samson Wassermann dieses Haus; das Anwesen Adlerstraße 31 befand sich zu diesem Zeitpunkt bereits in jüdischem Besitz, und schließlich ging auch Nr. 27 an jüdische Eigentümer über[22]. So scheint sich für die Familie in Nürnberg rasch ein jüdisches Lebensumfeld konsti-

17 The New York Herald, morning edition (23. November 1853; „Our Mexican Correspondence“); Neue Münchener Zeitung (16. Dezember 1853; „Amerika“); rückblickend: Estracto y opinion del espediente instruido sobre adquisicion del vapor de guerra Benjamin Franklin y la corbeta Catarina Augusta, in: El Siglo Diez y Nueve (28. Oktober 1855) S. 2f. Zu den Schiffen, die Gegenstand des Vertrags von 1853 waren: The Mexican War Steamers Santa Anna and Iturbide, in: Monthly Nautical Magazine and Quarterly Review 1 (1855) S. 175f.

18 Vgl. Estracto (wie Anm. 17); Estracto del espediente instruido sobre construccion de montajes para el servicio de artilleria contratados con M. Cammet y C.ª, in: El Monitor Republicano (16. Dezember 1855) S. 2; Argument and Evidence on the Part of the Government of the United States in Support of the Claim of Carlos Butterfield & Co against the Government of Denmark (1889) S. 22, S. 61, S. 68 und besonders S. 80: “they were considered a prudent house responsible for all their engagements”.

19 Lebenslauf Henry Simonsfelds vom 7. Mai 1876, in: UAM, O I 56p.

20 Vermögensbescheinigung des Stadtmagistrats von Nürnberg, 29. Juli 1874, in: UAM, I VII 27 (Bd. 1).

21 Robert A. Potash / Jan Bazant / Josefina Z. Vázquez, Guide to the Notarial Records of the Archivo General de Notarías, Mexico City, for the Year 1875 (1984) S. 560 (13. Mai 1875); Real Estate Record and Builders' Guide 17 n° 430 S. 459 (1. Juni 1876). Zu Mayer Whitehead (1811–1890) vgl. den Nachruf, in: The New York Times (22. Mai 1890).

22 Hausbesitzer und Mieter sind zu ermitteln über die Adressbücher der Stadt Nürnberg von 1863, 1864 und 1870; zu Mina, Heinrich und Joseph (siehe Anm. 11): Stadtarchiv Nürnberg, C 7/III Nr. 981; C 21/II Nr. 283/136, Nr. 284/157, Nr. 284/274. – Zu den jüdischen Einwohnern Nürnbergs vgl. Arnd

tuiert zu haben, doch fällt im Zusammenhang mit den Bemühungen, eine Gemeinde aufzubauen, kein einziges Mal der Name Simonsfeld. Hingegen übergab Simon Gerson bei einer Spendensammlung für die Verwundeten des deutsch-französischen Kriegs 100 Gulden, die er aus New York und Agram (Zagreb) für diesen Zweck erhalten hatte[23]. So scheint es, dass die Simonsfeld in Nürnberg ihren Glauben nicht nach außen trugen und sich um eine Integration in die Mehrheitsgesellschaft bemühten.

Henry Simonsfeld besuchte von 1860 bis 1870 die traditionsreiche Königliche Studienanstalt, die heute zur Erinnerung an den spiritus rector ihrer Gründung Melanchthon-Gymnasium heißt[24]. Die Schule verzeichnete in diesem Jahrzehnt Schwankungen bei den protestantischen Schülern, deren Zahl in fünf Jahren von 327 auf 418 anstieg, um dann wieder auf unter 400 abzufallen, und ähnlich, wenngleich in einem viel kleineren Maßstab, bei den katholischen Schülern, deren Zahl sich zwischen 35 und 51 bewegte. Die israelitischen Schüler nahmen hingegen kontinuierlich zu: von vier im ersten Schuljahr Simonsfelds auf 21 in seinem Abiturjahr. Für Henry werden in seinen ersten beiden Schuljahren Religionsnoten angegeben, ab dem dritten Jahr (1862/63) steht an ihrer Stelle ein Strich. Da erst in seinem letzten Schuljahr an der Studienanstalt jüdischer Religionsunterricht eingeführt wurde, kann das nur bedeuten, dass er zunächst dort am christlichen Unterricht teilnahm und dann in die 1862 gegründete Religionsschule der jüdischen Gemeinde[25] ging. Die Königliche Studienanstalt veröffentlichte in ihren Jahresberichten den Notenspiegel der Schüler, bei dem Latein vierfach und Griechisch zweifach gewichtet wurde. Henry gehörte in seiner gesamten Schullaufbahn zu den Klassenbesten; nur in einem einzigen Jahr erhielt er keinen der Buchpreise, die am Ende des Schuljahrs an die Leistungsstärksten verteilt wurden. Auf freiwilliger Basis wurde in den drei letzten Klassen Hebräisch und in den beiden letzten Klassen Englisch unterrichtet; Henry Simonsfeld nahm an diesen Zusatzangeboten ebenso wie an einem Stenographie-Kurs teil und erzielte auch in diesen Fächern Bestnoten. In seinem Abiturjahrgang, der 25 Schüler zählte, war er der unangefochtene Klassenprimus und durfte bei der Abschlussfeier am 5. August 1870 im großen Rathaussaal in Nürnberg die Abschiedsrede halten.

Müller, Geschichte der Juden in Nürnberg. 1146–1945 (1968), hier S. 157–163; Alexander Schmidt, „Eine ganz moderne Gemeinde …“. Zur Geschichte der Nürnberger Juden vor 1933, in: Brenner / Eisenstein (Hg.), Die Juden (wie Anm. 12) S. 181–198; Georg Seiderer, Entwicklungslinien jüdischer Geschichte in Nürnberg von der Wiederansiedlung bis zur Weimarer Republik, in: Geschichte und Kultur der Juden in Nürnberg. Hg. vom Bezirk Mittelfranken durch Andrea M. Kluxen und Julia Krieger (2014) S. 165–179.

23 Fränkischer Kurier/Mittelfränkische Zeitung/Nürnberger Kurier (10. September 1870) S. 1; die Spender waren Adolph Rindskopf und Mina Moses, geborene Simonsfeld.

24 Zum Folgenden vgl. die gedruckten Jahresberichte der Königlichen Studienanstalt zu Nürnberg (1860/61–1869/70). Simonsfeld besuchte Vorbereitungsklassen zu dieser Schule ab 1858 oder 1859; Lebenslauf vom 7. Mai 1876, in: UAM, O I 56p; Zils, Geistiges (wie Anm. 1) S. 340.

25 Vgl. Müller, Geschichte (wie Anm. 22) S. 160.

2. Studium und berufliche Laufbahn bis 1898

Im Herbst 1870 zogen Sophie und ihr Sohn nach München, wo sie eine Wohnung im vierten Stock der Maximilianstraße 40 fanden[26] – für den Studenten Henry, der an der Ludwig-Maximilians-Universität Klassische Philologie und Geschichte belegte, eine komfortable Lösung. Wahrscheinlich beraten durch Wilhelm von Giesebrecht (1814–1889), der am Historischen Seminar den Ton bestimmte[27], wechselte Simonsfeld für das Wintersemester 1872/73 und das Sommersemester 1873 nach Göttingen. Die historischen Übungen, zu denen Georg Waitz (1813–1886) die Studenten am runden Tisch in seiner Wohnung versammelte, wirkten wie auf so viele andere auch auf ihn prägend; als Universitätsdozent versuchte er später die Göttinger Atmosphäre möglichst genau zu reproduzieren[28]. Waitz ließ die Teilnehmer seiner Übungen über ihre Arbeiten sprechen, vergab aber selbst keine Themen. Simonsfeld hatte sein Interesse an venezianischer Geschichtsschreibung, mit der er sich in Göttingen zu befassen begann[29], wahrscheinlich schon mitgebracht. Bemerkenswerter als der Anschluss an Georg Waitz ist, wofür er sich in seinem Göttinger Jahr außer Geschichte noch interessierte[30]: Er belegte auch Veranstaltungen in Spanisch, Philosophie und Volkswirtschaft. Unter den Historikern, die er hörte, waren Ferdinand Frensdorff (1833–1931) und Alfred Stern (1846–1936)[31]. Der Rechtshistoriker Frensdorff, der sich als Editor und Erforscher stadtgeschichtlicher Quellen hervortat, wurde 1873 in Göttingen vom außerordentlichen zum ordentlichen Professor befördert; frisch habilitiert war hingegen Alfred Stern, der sich mit neuzeitlicher Geschichte befasste und zum Wintersemester 1873/74 auf ein Ordinariat an die Universität Bern berufen wurde. Von Stern, dessen Vorlesungen allgemein gerühmt wurden, war Simonsfeld derart angetan, dass er nach einer Übung im ersten Göttinger Semester in seinem zweiten Semester alle von ihm angebotenen Veranstaltungen besuchte. Beide Do-

26 Die Wohnadressen (1870 bis 1894 Maximilianstrasse 40, ab April 1894 Schellingstrasse 89) lassen sich über die Münchner Adressbücher und die Angaben im gedruckten Personalstand der Universität ermitteln.

27 Vgl. Rudolf Schieffer, Wilhelm von Giesebrecht (1814-1889), in: Katharina Weigand (Hg.), Münchner Historiker zwischen Politik und Wissenschaft. 150 Jahre Historisches Seminar der Ludwig-Maximilians-Universität (Beiträge zur Geschichte der Ludwig-Maximilians-Universität 5, 2010) S. 119-136.

28 Eine anschauliche Schilderung vgl. bei Ferdinand Frensdorff, Waitz, Georg, in: ADB 40 (1896) S. 602-629, hier S. 612f. – Zu Simonsfeld als Lehrer vgl. Walter Goetz, Aus dem Leben eines deutschen Historikers, in: ders., Historiker in meiner Zeit. Gesammelte Aufsätze (1957) S. 1-87, hier S. 4f.; ders., Die bayrische Geschichtsforschung im 19. Jahrhundert, ebd. S. 112-174, hier S. 166f.

29 Nach Aussage seines Lebenslaufs vom 7. Mai 1876, in: UAM, O I 56p. – Einen kurzen Überblick zu den Themen der venezianischen Historiographie, über die Simonsfeld publizierte, vgl. bei Rando, À la recherche (wie Anm. 10) S. 22f.

30 Zeugnis der Göttinger Universität vom 26. Juli 1873, in: UAM, I VII 27 (Bd. 1).

31 Bei Frensdorff belegte Simonsfeld „Geschichte des deutschen Städtewesens", bei Stern „historische Übungen, Geschichte der Reformation" und „Geschichte der Wiedergeburt Preußens, 1806-1813". Zu den beiden Gelehrten vgl. Peter Oestmann, Ferdinand Frensdorff (1833-1931), Professor, in: Joachim Rückert / Jürgen Vortmann (Hg.), Niedersächsische Juristen. Ein historisches Lexikon mit einer landesgeschichtlichen Einführung und Bibliographie (2003) S. 252-258; Norbert Schmitz, Alfred Stern (1846-1936). Ein europäischer Historiker gegen den Strom der nationalen Geschichtsschreibung (2009).

zenten waren jüdischer Abstammung, Frensdorff konvertierte zum evangelischen Glauben, Stern blieb Jude. Er könnte für den Studenten Simonsfeld als Rollenvorbild gewirkt haben, gab es in München doch keine jüdischen Privatdozenten, geschweige denn Professoren.

Nach seiner Rückkehr aus Göttingen musste Simonsfeld – wohl infolge der angespannten wirtschaftlichen Lage – als Vertretungslehrer in Nürnberg und München arbeiten. Seine Promotion wurde durch ein Stipendium ermöglicht, das König Ludwig II. für Geschichtsstudenten der Münchner Universität gleich welcher Konfession oder Herkunft gestiftet hatte[32]. Simonsfeld bewarb sich mit der Begründung, dass die „Vermögensverhältnisse seiner Mutter" ihm eine Handschriftenreise, die für seine „kritische Arbeit über die älteste venetianische Geschichtsschreibung" nötig sei, nicht erlaubten. Durch Wilhelm von Giesebrecht nachdrücklich unterstützt, erhielt er das Stipendium in Höhe von 450 Gulden für das Jahr 1874/75. Mit dem Geld ging er von April bis Oktober 1875 auf eine Reise durch Italien, die ihn bis nach Montecassino und Neapel führte, um Handschriften für sein Dissertationsthema zu recherchieren und zu kollationieren. Es war die längste der vielen Italienreisen, die er bis kurz vor seinem Tod nahezu alljährlich unternahm.

Im Sommersemester 1876 wurde Simonsfeld nach einer vierstündigen Klausur und einer zweistündigen mündlichen Prüfung, die er mit der Note sehr gut bestand, promoviert[33]. Die Dissertation bewertete Giesebrecht mit summa cum laude, wobei er in seinem Gutachten den großen Fleiß des Verfassers und die beträchtlichen Erkenntnisfortschritte der Abhandlung hervorhob. Simonsfeld hatte das ursprünglich weiter gefasste Thema auf die Geschichtswerke des Dogen Andrea Dandolo (1306–1354) eingeschränkt, die in der von Mythen durchsetzten venezianischen Historiographie von zentraler Bedeutung sind[34]. Die Arbeit besteht aus drei Teilen, einem Abriss zur Biographie Andrea Dandolos, einer kurzen Diskussion der diesem zugeschriebenen Texte und einer ausführlichen Untersuchung der Vorlagen für die längere Chronik Dandolos. Dem zweiten und dritten Teil lagen ausgedehnte Handschriftenstudien zu den in der Frühen Neuzeit unzureichend oder noch gar nicht gedruckten Quellen zugrunde. Die Dissertation wurde als „fleissige, gewissenhafte und werthvolle Vorarbeit zu einer neuen höchst wünschenswerten Ausgabe der Werke des Andreas Dandolo" begrüßt[35].

Mit der Promotion stellte sich die Frage der beruflichen Zukunft. Nach einer Vertretung am Ludwigsgymnasium in München unterzog sich Simonsfeld im Mai 1877 in der Hof- und Staatsbibliothek einem „Examen aus dem Bibliotheksfache", das hauptsächlich der

32 Zum Stipendium: UAM, I VII 27 (Bd. 1), mit dem durch die Bewerbung Simonsfelds (26. Juli 1874) in Gang gesetzten Schriftverkehr; das Gutachten Giesebrechts hat sich nicht erhalten, kann aber aus der Stellungnahme des Senats (11. November 1874) erschlossen werden; zur Gewährung des Stipendiums durch Ludwig II. (11. Dezember 1874) auch BayHStA, MK 29864. – Für Auskünfte danke ich herzlich Frau Dr. Katharina Weigand (München), die eine Studie zum König-Ludwig II.-Stipendium vorbereitet.

33 Promotionsakt: UAM, O I 56p; ein Exemplar der Promotionsurkunde vom 28. Juli 1876 in: UAM, E II 683.

34 Henry Simonsfeld, Andreas Dandolo und seine Geschichtswerke (1876).

35 Otto Hartwig, Rezension Nr. 187, in: Jenaer Literaturzeitung (31. März 1877) S. 202-205. – Die große Chronik Dandolos wurde erst 60 Jahre später ediert: Andreae Danduli ducis Venetiarum Chronica per extensum descripta aa. 46–1280 d. C., a cura di Ester Pastorello (RIS² 12,1, 1938).

Überprüfung seiner Kenntnisse neuerer Sprachen diente[36]. Er bestand es als Zweitbester der vier angetretenen Kandidaten und konnte im Oktober als unbezahlter Praktikant beginnen, in der Hoffnung, beim Freiwerden einer Stelle in die reguläre Laufbahn nachzurücken, was im Juni 1878 geschah. Gegen Ende des Praktikums reichte Simonsfeld an der Ludwig-Maximilians-Universität seine Habilitationsschrift ein: vier Kapitel einer Untersuchung des so genannten Chronicon Altinate[37], die er als Vorarbeit zur Edition der ältesten Texte der venezianischen Geschichtsschreibung, mit der ihn Georg Waitz für die MGH beauftragt hatte, begonnen hatte. In ihr versuchte er Überlieferungsverhältnisse, Datierung und Abhängigkeiten der einzelnen Bestandteile des bis zum 13. Jahrhundert entstandenen Textkonglomerats zu klären. Die Habilitation, bei der er eine Probevorlesung über die Beurteilung von Machiavellis Principe hielt, verlief im Juli 1878 vollkommen reibungslos, und bereits im August erhielt er die Ernennung zum Privatdozenten[38]. Er betrachtete nun die Wissenschaft als seinen eigentlichen Beruf und strebte eine ordentliche Professur an der Universität an, während die Tätigkeit in der Bibliothek dazu diente, seinen Lebensunterhalt zu sichern.

Zwanzig Jahre lang, von 1878 bis 1898, lebte Simonsfeld einen zermürbenden Spagat, indem er Bibliotheksdienst, universitäre Lehre, wissenschaftliches Publizieren und Popularisierung historischer Themen zu vereinen suchte. Zwar betrug die Arbeitszeit der Bibliotheksbeamten nur fünf Stunden pro Tag[39], doch betrieb Simonsfeld auch seine anderen Interessen mit einer Intensität, die für eine Vollzeitbeschäftigung ausgereicht hätte. So bot er als Privatdozent jedes Semester Lehre im Umfang von mindestens vier Wochenstunden an, meist eine Vorlesung und historische Übungen; gerne hielt er auch historische Vorträge, die er des Öfteren zu Zeitungsartikeln umarbeitete[40]. Als besonders hinderlich erwies sich, dass er auswärtige Archiv- und Bibliotheksrecherchen nur während seines vierwöchigen Jahresurlaubs von der Bibliothek unternehmen konnte. Diese Beschränkung ließ sich durch die damals übliche Versendung von Archiv- und Bibliotheksmaterial und durch vielfältige persönliche Kontakte nicht ausgleichen; sie beeinflusste seine Themenwahl, verzögerte seine wissenschaftlichen Publikationen und lenkte seinen Blick schließlich stärker auf bayerische Bestände. Dass Simonsfeld sich selbst zu überfordern drohte, blieb nicht verborgen; ein italienischer Student in München, Carlo Merkel, berichtet: „il Simonsfeld è un buon diavolo, ma vuol essere uomo di società, deve star molte ore a fare i cataloghi per la Hofbibliotek, di cui è segretario, vuol fare anche delle conferenze brillanti, e vivere con tranquillità e cura della salute; ora è certo che tutte queste cose non possono accordarsi molto con istudi grandi

36 Zur Bibliothekslaufbahn: BayHStA, Hof- und Staatsbibliothek, Personalakt Simonsfeld, Dr. Henry, und ebd., Akt Assistentenprüfung (Laufzeit 1865–1868/1877).

37 Henry Simonsfeld, Venetianische Studien I. Das Chronicon Altinate (1878).

38 Niederschriften über Habilitation (15. Juli) und Erfüllung der Habilitationsvoraussetzungen (20. Juli) sowie Ernennung zum Privatdozenten am 27. August 1878, in: UAM, E II 683.

39 Laut Simonsfelds Urlaubsgesuch vom 15. Juni 1892, in: BayHStA, Hof- und Staatsbibliothek, Personalakt Simonsfeld, Dr. Henry, in dem er einen Überblick zu seinen Aktivitäten gibt.

40 Vgl. die Vorlesungsverzeichnisse der Ludwig-Maximilians-Universität ab dem Sommersemester 1879. Vorträge und Vorlesungen sind u. a. belegt im Münchner Volksbildungsverein, dessen Vorstand er angehörte, an der Kunstakademie und im Kunstgewerbeverein, Zeitungsartikel in der Allgemeinen Zeitung und den Münchner Neuesten Nachrichten.

e severi. Quasi mi maraviglio che col poco tempo di cui dice di poter disporre per far lavori (quattro ore al giorno) possa ancor per *[sic]* tanto[41]."

Im Jahr 1892 hatten sich Simonsfelds wissenschaftliche Publikationsverpflichtungen derart angehäuft, dass er bei der Hof- und Staatsbibliothek um einen einjährigen Sonderurlaub bat, der ihm verweigert wurde[42]. Das war der einzige Rückschlag, den er dort erleben musste. Nach der Einstellung als Assistent 1878 und der Pragmatisierung als Sekretär 1883 erreichte er in insgesamt sieben Schritten 1892 die Stufe eines Kustos. Sein Jahresgehalt betrug in den ersten fünf Jahren um die 1500 Mark, verdoppelte sich mit der Beförderung zum Sekretär auf 3000 Mark und stieg in der höchsten Position seiner Bibliothekskarriere auf 3900 Mark, wozu noch Zulagen kamen. Das Angebot, als Oberbibliothekar die Universitätsbibliothek zu leiten, lehnte er ab, da er wissenschaftlich arbeiten wollte, was in seinen Augen nur auf einem Lehrstuhl voll zu verwirklichen war. Wie für viele seiner Zeitgenossen aus dem jüdischen Bürgertum war auch für Simonsfeld des Status des ordentlichen Universitätsprofessors „ein Ziel, für das sich beinahe jede Anstrengung lohnte"[43].

3. Vom begeisterten Mitarbeiter zum Außenseiter: Die Monumenta Germaniae Historica

Simonsfelds Beziehungen zu den MGH begannen 1876 mit dem ersten Jahrgang ihrer Zeitschrift Neues Archiv, für den er einen Beitrag über venezianische Annalen des frühen 13. Jahrhunderts einreichte, der auch über die Überlieferung des Chronicon Altinate handelte[44]. Im Sommer 1877 erkundigte sich Georg Waitz bei ihm, ob er vollständige Kollationen davon besitze, was Simonsfeld verneinte, doch bot er an, eine Edition zu übernehmen[45]. Da die MGH dringend nach einem Bearbeiter italienischer Quellen suchten, ergriff Waitz die Gelegenheit, seinem früheren Studenten eine Stelle als „Hülfsarbeiter" anzutragen. Seit dem Antritt der Zentraldirektion im Jahr 1875 liefen die Planungen für eine Fortsetzung der Scriptores in die Stauferzeit, für deren italienischen Anteil zunächst Paul Scheffer-Boi-

41 Carlo Merkel an Carlo Cipolla [München, ohne Datum, aber Februar 1889], Carteggio Carlo Cipolla, Biblioteca Civica, Verona. Ich danke Herrn Kollegen Antonio Olivieri (Turin) herzlich für die großzügige Übersendung von Transkriptionen der von ihm zur Edition vorbereiteten Briefe Merkels und für seinen Aufsatz: Dalle lettere di Carlo Merkel a Carlo Cipolla: appunti su professionalizzazione della ricerca storica ed estrazione sociale del ceto accademico in Italia alla fine dell'Ottocento (im Druck), mit Hinweisen zum Studium Merkels in München von November 1888 bis Juli 1889. – Vgl. Gian Luca Corradi, Merkel, Carlo, in: DBI 73 (2009) S. 674f.

42 Urlaubsgesuch, 15. Juni 1892, in: BayHStA, Hof- und Staatsbibliothek, Personalakt Simonsfeld, Dr. Henry.

43 Zu Simonsfelds Gehaltsentwicklung vgl. die Mitteilung, 12. Juni 1898, in: BayHStA, Hof- und Staatsbibliothek, Personalakt Simonsfeld, Dr. Henry; das Angebot der Oberbibliothekarsstelle erwähnt er im Urlaubsgesuch vom 15. Juni 1892, ebd. – Simonsfeld empfand später gegenüber der Staatsbibliothek durchaus Dankbarkeit, auch im Hinblick auf die wissenschaftlichen Arbeitsmöglichkeiten, vgl. Weigand, Simonsfeld (wie Anm. 2) S. 191. – Zur Hochschätzung des Professorenstatus vgl. Ulrich Sieg, Der Preis des Bildungsstrebens. Jüdische Geisteswissenschaftler im Kaiserreich, in: Andreas Gotzmann / Rainer Liedtke / Till van Rahden (Hg.), Juden, Bürger, Deutsche. Zur Geschichte von Vielfalt und Differenz. 1800–1933 (2001) S. 67–95, das Zitat: S. 68.

44 Henry Simonsfeld, Kurze Venezianer Annalen, in: NA 1 (1876) S. 395–410; zur weiteren Diskussion: ders., Noch einmal die kurzen Venezianer Annalen, in: NA 20 (1895) S. 450–458.

45 Der erste erhaltene Brief Simonsfelds an Waitz datiert vom 11. Juli 1877, in: MGH-Archiv, B 223.

chorst (1843–1902) vorgesehen wurde, wovon aber schon bald keine Rede mehr war, und neue „Hülfsarbeiter“ waren nicht so leicht rekrutieren[46]. Auch Simonsfeld lehnte nach einer Bedenkzeit ab[47]. Seine Entscheidung begründete er mit seinen „Verhältnissen“, auf die er nicht näher eingehen wolle, doch lassen sich die Gründe leicht erschließen: Die Konditionen waren schlicht unattraktiv. Giesebrecht klärte Waitz brieflich auf[48]: „Simonsfeld kann sich, wie es scheint, nicht entschließen nach Berlin zu gehen; die Hauptsache ist wohl, daß er sich von der Mutter nicht trennen kann, dann daß er sich möglichst bald habilitieren will. Er wäre wohl gegangen, wenn ich ihn pro imperio dazu ermahnt *[?]* hätte, aber die Verantwortung, die er mir damit auferlegen wollte, kann ich nicht tragen. Es thut mir wegen der Sache leid, daß er auf dein Anerbieten nicht eingegangen ist; denn er hätte, wie ich glaube, bei den Mon. ein Arbeitsfeld gefunden, welches ganz besonders seiner besonderen Beanlagung *[!]* entsprochen hätte.“

Seine Absage kompensierte Simonsfeld durch die enthusiastische Beflissenheit, die er für eine freie Mitarbeit bei den MGH an den Tag legte[49]. Schon im Herbst 1877 unternahm er eine Reise für die MGH nach Padua und Venedig, es folgte 1878 ein einmonatiger Romaufenthalt, und ähnliche Reisen wiederholten sich im nächsten Jahrzehnt nahezu jedes Jahr, sofern nicht äußere Umstände, wie die Cholera 1886, den Weg nach Italien behinderten. Auf seinen Fahrten, für die er von den MGH jeweils 200 bis 300 Mark als Vorschuss erhielt, kombinierte er dank der „Rundreisebillets“ der italienischen Eisenbahn zahlreiche Stationen in Ober- und Mittelitalien. Einen Eindruck von seinem dichtgedrängten Arbeitsprogramm vermittelt der Bericht über die Reisen 1887 bis 1889, den er im Neuen Archiv als Nachzügler der Reiseberichte früherer Generationen publizierte[50]. Im Jahr 1889 verzichtete Simonsfeld erstmals auf eine Erstattung seiner Kosten, erledigte aber weiterhin Aufträge der MGH. Während er bis 1881 für verschiedene Projekte recherchierte, schoben sich danach die Geschichtsschreiber der späten Stauferzeit in den Vordergrund. In Sachen Scriptores blieb Simonsfeld bis weit in die 80er Jahre für Oberitalien der wichtigste Reisende der MGH; dann wurde er allmählich durch Oswald Holder-Egger (1851–1911) abgelöst, der 1884 von der Zentraldirektion den Auftrag erhielt, die Geschichtsschreiber der Stauferzeit in Italien zu sammeln[51]. In der zweiten Hälfte der 1880er Jahre konzentrierten sich Simonsfelds Arbeiten

---

46 Protokolle der Sitzungen der Zentraldirektion 1876 und 1877, in: MGH-Archiv, 338/35. Zu den Mitarbeitern der Abteilung Scriptores unter Waitz vgl. Harry Bresslau, Geschichte der Monumenta Germaniae historica (1921) S. 542–547; zu den Gehältern ebd. S. 528 Anm. 1; zum Folgenden auch Horst Fuhrmann, „Sind eben alles Menschen gewesen“. Gelehrtenleben im 19. und 20. Jahrhundert. Dargestellt am Beispiel der Monumenta Germaniae Historica. Unter Mitarbeit von Markus Wesche (1996) S. 77–79.

47 Simonsfeld an Waitz, 23. Januar und 1. April 1878, in: MGH-Archiv, B 223; Digitalisat des Briefes vom 1. April: Märtl, Henry Simonsfeld, Virtuelle Ausstellung (wie Anm. 10) Nr. 2.

48 Giesebrecht an Waitz, 3. April 1878, in: MGH-Archiv, B 237.

49 Die folgenden beiden Abschnitte beruhen auf einer Auswertung von insgesamt 76 Briefen Simonsfelds aus den Jahren 1877 bis 1902 im MGH-Archiv: an Georg Waitz, B 223, an Wilhelm Wattenbach, B 258, an Ernst Dümmler, B 337, an Ludwig Weiland, A 92/3 und B 459.

50 Henry Simonsfeld, Bericht über einige Reisen nach Italien, in: NA 15 (1890) S. 475–495. Zu den Reiseberichten der MGH-Mitarbeiter vgl. Rando, À la recherche (wie Anm. 10) S. 12–14 und 23–25, mit weiterer Literatur S. 24f. Anm. 81.

51 Bresslau, Geschichte (wie Anm. 46) S. 668.

für die MGH zunehmend auf die ihm zur Edition übertragenen Texte; auch unterstützte er Ludwig Weiland bei der Sammlung der Überlieferung für die Constitutiones. In seinen Briefen an Georg Waitz und Wilhelm Wattenbach (1819–1897) berichtet er überaus detailliert über seine Forschungen; gegenüber Ernst Dümmler (1830–1902) treten derartige Nachrichten völlig zurück, um 1899 mit einem letzten Angebot zu Recherchen in Italien zu enden.

Simonsfelds Tätigkeit für die MGH erschöpfte sich nicht im Kollationieren oder Kopieren von Quellen. Seine Reisen bereitete er durch einschlägige Lektüre vor, wodurch er auf Überlieferungsträger aufmerksam machen konnte, die seine Auftraggeber übersehen hatten. Wiederholt gelang es ihm, verschollene oder schwer zugängliche Handschriften doch noch zu benutzen. Wie damals üblich, war er in seinen Methoden bei schwer lesbaren Stellen nicht zimperlich; beraten von einem italienischen Archivar, mit dem er befreundet war, setzte er Galläpfelsud ein, und als er sich im Vatikan sich nicht traute, nach Reagenzien zu fragen, „half *[ihm]* das Betupfen mit dem nassen Finger“[52]. Simonsfeld teilte nicht nur eigene Beobachtungen zu Handschriften und Urkunden mit, sondern auch Auskünfte von Gesprächspartnern oder Hinweise auf Literatur. Hin und wieder übernahm er dank seiner Orts- und Personenkenntnis die briefliche Vermittlung von Anliegen der MGH bei italienischen Institutionen. Auch diente er als Ansprechpartner für die Bestände der Staatsbibliothek und des Reichsarchivs in München und erwies sich mit Informationen und Besorgungen vom dortigen Antiquariatsmarkt als hilfreich. So machte er Waitz darauf aufmerksam, dass ein Konsortium, darunter der Buchhändler Theodor Ackermann, die berühmte Handschriften- und Urkundensammlung des Carlo Morbio (1811–1881) erworben hatte; als er einen Teil davon für den Auktionskatalog verzeichnete, fertigte er eine Liste der Kaiserurkunden für die MGH an[53].

In den Bänden der MGH sind ab den achtziger Jahren des 19. Jahrhunderts etwa zwei Dutzend Hinweise auf Kollationen und Abschriften Simonsfelds zu finden. Er leistete Beiträge zu sieben Scriptores-Bänden[54], zwei Constitutiones-Bänden[55] sowie je einem Band der Poetae, Libelli de lite und Capitularia[56], für die er in Mailand, Mantua, Osimo, Rom, Udine,

52 Simonsfeld an Waitz, 24. November 1878 und 12. Oktober 1881, in: MGH-Archiv, B 223; Digitalisat des Briefes vom 12. Oktober: Märtl, Henry Simonsfeld, Virtuelle Ausstellung (wie Anm. 10) Nr. 3.

53 Simonsfeld an Waitz, 12. März und 30. Dezember 1882, in: MGH-Archiv, B 223; Simonsfeld an Engelbert Mühlbacher, 17. und 30. Januar 1883, in: Archiv des Instituts für österreichische Geschichtsforschung, Nachlass Mühlbacher; sein Anteil am Auktionskatalog: Verzeichnis einer Sammlung wertvoller Handschriften und Bücher [...] zur Geschichte Italiens [...] aus der Hinterlassenschaft des Herrn Cavaliere Morbio in Mailand (1889) Nr. 592-982. – Zu dem Sammler: Valerio Camaretto, Morbio, Carlo, in: DBI 76 (2012) S. 553–555; zur Sammlung: Ludovico Frati, I codici Morbio della R. Biblioteca di Brera (1897) S. 1-10. Die Handschriften gelangten großenteils in die Biblioteca Nazionale Braidense in Mailand, 3471 Urkunden in die Universitäts- und Landesbibliothek Halle, die Handschriftenfragmente in die Staats- und Universitätsbibliothek Göttingen.

54 MGH SS 15,2 (1888) S. 1106, S. 1308, S. 1309; MGH SS 13 (1881) S. 359; MGH SS 26 (1882) S. 626; MGH SS 31 (1903) S. 1; MGH SS rer Germ. [16] (1916) S. XXXIII; MGH SS rer. Germ. [18] (1880) S. VIII; MGH SS rer. Germ. [38] (1894) S. LIII.

55 MGH Const. 1 (1892) Nr. 52 S. 100 (Addenda S. 735), Nr. 108 S. 160 und S. 161 (Addenda S. 735), Nr. 221 S. 312, Nr. 393 S. 560, Nr. 428 S. 610, Nr. 434 S. 628, Nr. 443 S. 651; MGH Const. 2 (1896) Nr. 29 S. 34, Nr. 117 S. 156.

56 MGH Poetae 2 (1886) S. 509, MGH Ldl 2 (1892) S. 299 und S. 567; MGH Capit. 2 (1897) S. 136.

Venedig, München und Petronell arbeitete. Die Entstehungsumstände lassen sich nahezu vollständig aus den Briefen Simonsfelds im Archiv der MGH erhellen, und in einigen Fällen sind auch die von ihm abgelieferten Schriftstücke noch erhalten. Sie sind in den Beständen des Archivs verstreut und ihrem Schreiber bisweilen nur durch einen Schriftvergleich zuzuweisen[57]. Dass seine Arbeit in der wachsenden Menge des Materials aufging, rechnete sich Simonsfeld „als Mitarbeiter der MGH *[...]* wie wohl alle übrigen“[58] zur Ehre an. Die Überlegung, damit Reputation und Karrierechancen in der Universität zu steigern, mag eine Rolle gespielt haben, doch sein innerer Antrieb, an dem großen nationalen Unternehmen mitzuwirken, ist gewiss nicht zu unterschätzen.

Simonsfelds 13 Aufsätze im Neuen Archiv, meist die Überlieferung italienischer Quellen betreffend, entsprechen ganz dem Stil der Zeitschrift, die ein Arsenal für künftige MGH-Editionen bereitstellen sollte. Als nüchterne Anzeigen von Handschriften und Lesarten wirken sie wie Bestätigungen der zeitgenössischen Kritik, unter dem Einfluss der MGH sei es so weit gekommen, dass nur mehr untersucht werde, „ob ein armer Teufel von Chronisten aus dem anderen abgeschrieben“ habe[59]. Einige längere Aufsätze Simonsfelds brachte Georg Waitz in den ebenfalls von ihm herausgegebenen Forschungen zur deutschen Geschichte unter. Dort erschien 1875 seine erste wissenschaftliche Publikation: Simonsfeld war es gelungen, die vorher vollkommen unbekannten historiographischen Werke des Paulinus Venetus (†1344) zu identifizieren, eines venezianischen Autors, der wegen seiner universalhistorischen Konzeption, graphischen Elemente und Verbindung von Geographie und Historie heute größtes Interesse genießt. Ihm widmete er noch zwei weitere Aufsätze, und auch ein Beitrag zu Marino Sanudo dem Älteren (†1338) hängt teilweise mit dieser Entdeckung zusammen[60]. Er hätte am liebsten venezianische Geschichtsschreiber des 14. Jahrhunderts ediert, die aber im damaligen Programm der MGH kaum einen Platz beanspruchen konnten. Gelegentlich fragte er schüchtern nach[61], doch Waitz setzte ihn nach seiner Edition des Chronicon Altinate für eine Reihe von Geschichtswerken ein, die mit dem deutschen Reich mehr zu tun zu haben schienen. Über diesen Projekten, die allesamt scheiterten, sind Simonsfelds Beziehungen zu den MGH schließlich zu Bruch gegangen.

Simonsfelds einzige bei den MGH erschienene Edition, die unter dem Titel Chronicon Altinate zusammengefasste Textgruppe und drei weitere venezianische Geschichtswerke,

57 Soweit ermittelt, sind sie unter „Simonsfeld“ in https://www.mgh.de/de/archiv/personenregister recherchierbar; eine systematische Suche würde sicher noch weitere Beispiele zutage fördern.

58 Mit diesen Worten dankt Simonsfeld Wattenbach für seine Verteidigung der MGH gegen die Angriffe Ottokar Lorenz', 21. August 1887, in: MGH-Archiv, B 258.

59 Zitat: Johann Gustav Droysen, vgl. FUHRMANN, Gelehrtenleben (wie Anm. 46) S. 31f.

60 Henry SIMONSFELD, Handschriftliches zur Chronik des sogenannten Jordanus, in: Forschungen zur deutschen Geschichte 15 (1875) S. 145–152; DERS., Zur Boccaccio-Literatur, in: SB München 1881,1,1 S. 1–18; DERS., Studien zu Marino Sanuto dem Aelteren, in: NA 7 (1882) S. 43–72; DERS., Bemerkungen zu der Weltchronik des Frater Paulinus von Venedig, Bischofs von Pozzuoli, in: Deutsche Zs. für Geschichtswissenschaft 10 (1893) S. 120–127. – Vgl. als weiterführende Bestandsaufnahme zu dem Autor: Michelina DI CESARE, Studien zu Paulinus Venetus. De mapa mundi (MGH Studien und Texte 58, 2015).

61 Er erkundigte sich, ob Marino Sanudo und Andrea Dandolo zur Edition vorgesehen seien; Simonsfeld an Waitz, 4. März 1881, in: MGH-Archiv, B 223. Schließlich publizierte er als Nachtrag zu seiner Dissertation: Henry SIMONSFELD, Textvarianten zu Andrea Dandolo, in: NA 18 (1893) S. 336–346.

macht knapp 100 Seiten in Band 14 der Scriptores in Folio aus[62]. Er wurde bei der Einrichtung der Texte intensiv von Georg Waitz beraten und bat am Ende noch seinen Vorgesetzten, den Bibliotheksdirektor und klassischen Philologen Karl Halm, seine Einleitung sprachlich zu korrigieren. Von dem so genannten Chronicon Altinate sind vier Handschriften bekannt, drei aus dem 13. und eine aus dem 16. Jahrhundert, die voneinander unabhängig und auch nicht aus ein und derselben Vorlage abgeschrieben sind. Simonsfelds Ausgabe zeichnete sich dadurch aus, dass sie erstmals alle vier heranzog. Die unklassische Latinität wertete er als Beleg für eine Entstehung im 10. Jahrhundert; entsprechend dem Prinzip der lectio difficilior hielt er die verderbteste Version, die in einer von ihm entdeckten vatikanischen Handschrift überliefert ist, für die älteste und setzte sie in den Obertext. Roberto Cessi, der ein halbes Jahrhundert später eine neue Edition vorlegte, ging von einer Verschlechterung im Lauf der Überlieferung aus und setzte die korrekteste Abschrift in den Obertext. Mittlerweile sind zu Datierung und Textgestalt alle erdenklichen Hypothesen vorgebracht worden, und die Forschungsdiskussion ist bis heute nicht abgeschlossen[63].

In der Endphase der Arbeit am Chronicon Altinate tauchte 1881 der Gedanke auf, Simonsfeld an den Geschichtsschreibern der späten Stauferzeit zu beteiligen, die in den Scriptores, nach geographischen Schwerpunkten gegliedert, ediert werden sollten. Davon sind in den Jahresberichten des Neuen Archivs nur die Chroniken des Tolosanus und des Petrus Cantinelli mit seinem Namen verbunden, doch erscheinen in seinen Briefen im Lauf der Zeit immer mehr Werke, für die er zuständig war[64]. 1892 stellte er folgende Liste der von ihm übernommenen Editionsprojekte auf[65]: „1. Chronik des magister Tolosanus und seines Fortsetzers Cantinelli von Faenza-Bologna (in der Ausgabe bei Mittarelli, Scriptores rerum Faventinarum 240 Columnen in Folio umfassend); 2. Chroniken der Patriarchen von Aquileja (bei De Rubeis, Monumenta Aquilejensia 20 Doppel-Columnen in Folio, wozu noch mehrere Inedita kommen); 3. Chronik des Martino da Canale von Venedig (im Archivio Storico Italiano tom. VIII 215 Seiten in 8°); 4. Chronik des frater Marcus von Venedig (ungedruckt, c. 20 Seiten in Folio); 5. Chroniken von Vicenza (bei Muratori, Rerum Italicarum Scriptores tom. VIII 140 Columnen in Folio); 6. Chroniken von Verona (bei Cipolla Monumenti Storici 116 Seiten in 4°)."

Das ist eine gewaltige Textmasse an Historiographie des 13. und beginnenden 14. Jahrhunderts, die in der Einteilung der Scriptores „Venetien und das östliche Oberitalien"

62 Chronicon Venetum quod vulgo dicunt Altinate, Annales Venetici breves, Historia ducum Veneticorum, Supplementum ex chronica quod vocant Iustiniani, hg. von Henry Simonsfeld, in: MGH SS 14 (1883) S. 1–97.

63 Origo civitatum Italie seu Venetiarum (Chronicon Altinate et Chronicon Gradense), a cura di Roberto Cessi (Fonti 73, 1933). – Einen guten Überblick zu der komplexen Forschungslage bietet https://de.wikipedia.org/wiki/Chronicon_Altinate.

64 Erste Erwähnung neuer Editionsprojekte: Simonsfeld an Waitz, 3. April 1881; Cantinelli kam auf Vorschlag von Julius Ficker hinzu, Simonsfeld an Waitz, 22. Februar 1883; in: MGH-Archiv, B 223. – Zu den beiden Autoren vgl. Leonardo Mascanzoni, Tolosano, in: DBI 96 (2019) S. 47–50, und Augusto Vasina, Pietro da Cantinello, in: DBI 83 (2015) S. 459–462.

65 Urlaubsgesuch, 15. Juni 1892, in: BayHStA, Hof- und Staatsbibliothek, Personalakt Simonsfeld, Dr. Henry.

abdeckte[66]. Aufgrund der starken Belastung Simonsfelds und seiner Involvierung in andere wissenschaftliche Vorhaben ging die Bearbeitung nur langsam voran, zudem entwickelte Oswald Holder-Egger mit der Zeit selbst größtes Interesse an den italienischen Geschichtsschreibern und übernahm neue Autoren, deren Druck den Vorrang erhielt. So gerieten Tolosanus und Cantinelli in den Sog der Verschiebungen, die durch die Beendigung der Folioreihe der Scriptores herbeigeführt wurden. Im Vorfeld dieser Entscheidung wurden Simonsfeld seitens der MGH Termine für 1893 und 1894 gesetzt[67]. Wahrscheinlich 1894 lieferte er einen Großteil der Materialien ab, nämlich die Nummern 1, 5 und 6 seiner Liste[68]. Am weitesten gediehen waren die Chroniken von Tolosanus und Cantinelli, deren Editionsmanuskript nach dem Vorbild der Waitz'schen Foliobände der Scriptores gestaltet war, mit einer kurzen Vorrede, Variantenapparat, knappen Anmerkungen und einem Ortsnamenregister. Damit war Holder-Egger nicht zufrieden; er verlangte eine Behandlung philologischer Aspekte in der Einleitung und eine ausführlichere Kommentierung, wollte auch die schwer beschädigte Handschrift des Cantinelli in Gubbio selbst nachkollationieren, fand jedoch jahrelang keine Zeit dazu[69]. Die Kollationen zu den Vicentiner Chronisten wurden Wilhelm Eberhard übergeben, der mit der Überprüfung anfing und am Ende ergebnislos von den MGH schied[70]. Simonsfeld sah Holder-Eggers Kritik an seiner von ihm als druckfertig betrachteten Edition nicht ein, zumal er zu Überlieferung, Textgestalt, sprachlichen Eigenheiten, Vorlagen und Rezeption der Chroniken bereits eine 70seitige Abhandlung veröffentlicht hatte[71]. Der Streit über die Einrichtung der Ausgabe führte zum Bruch ihrer persönlichen Beziehungen und zur Abkühlung von Simonsfelds Verhältnis zu den MGH, was sich auch daran ablesen lässt, dass er nach 1900 nicht mehr im Neuen Archiv publizierte.

Als Simonsfeld bemerkte, dass seine Editionen im jüngsten Jahresbericht des Neuen Archivs fehlten, gab er 1902 gegenüber Ernst Dümmler seiner Verärgerung über die lange Verzögerung Ausdruck und warnte davor, dass die Italiener, deren Rerum italicarum scriptores rasche Fortschritte machten, den MGH zuvorkommen könnten; auch kündigte er an, auf

---

66 Dass Simonsfeld „die Geschichtsschreiber Venetiens" für den 29. Band der Scriptores übernommen habe, wird erstmals mitgeteilt in: Bericht über die dreizehnte Plenarversammlung der Central-Direction der Monumenta Germaniae. Berlin 1887, in: NA 13 (1888) S. 1-8, hier S. 5. Vgl. Bresslau, Geschichte (wie Anm. 46) S. 668.

67 In seinem Urlaubsgesuch, 15. Juni 1892, erwähnt Simonsfeld außer den Terminen neue Bestimmungen, wodurch die Arbeiten für die „'Monumenta Germaniae' immer dringender werden", in: BayHStA, Hof- und Staatsbibliothek, Personalakt Simonsfeld, Dr. Henry. Zu den Problemen, die sich aus der 1893 beschlossenen Einstellung der Folioreihe mit dem 30. Band ergaben, vgl. Bresslau, Geschichte (wie Anm. 46) S. 668-672.

68 Heute verteilt auf MGH-Archiv, A 40/II, A 47, A 49 (u. a. Tolosanus-Material mit Bearbeitungsspuren von Holder-Egger, Paul von Winterfeld und Ferdinand Güterbock) und A 273.

69 Zu erschließen aus dem Brief Simonsfelds an Holder-Egger vom 25. Mai 1908, in: MGH-Archiv, B 392.

70 MGH-Archiv, A 47 (Material W. Eberhards zu G. Maurisius, N. Smereglus und A. Godius, zum Teil noch von Simonsfeld herrührend). Vgl. Bresslau, Geschichte (wie Anm. 46) S. 671 Anm. 5.

71 Henry Simonsfeld, Untersuchungen zu den Faentiner Chroniken des Tolosanus und seiner Fortsetzer, in: SB München 1893,1,7 S. 303-372. Simonsfeld verdächtigte Holder-Egger, diesen Beitrag nicht gelesen zu haben; 25. Mai 1908, in: MGH-Archiv, B 392; Digitalisat des Briefes: Märtl, Henry Simonsfeld, Virtuelle Ausstellung (wie Anm. 10) Nr. 6.

die Bearbeitung der Chroniken von Aquileia zu verzichten[72]. Die Materialien dazu übersandte er aber erst 1911, zwei Wochen nach dem Tod Holder-Eggers, dem er wohl den Triumph nicht gönnte, ihn ganz aus den MGH entfernt zu haben[73]. Ein halbes Jahr später schrieb er einen langen Brief an den Vorsitzenden Reinhold Koser, in dem er Kritik am Zustand der MGH vorbrachte, die ähnlich schon von anderen geäußert worden war, doch deutlich seine eigenen Erfahrungen reflektierte: zu langsames Fortschreiten, ineffiziente Konzentration der Arbeiten auf einen einzelnen (Holder-Egger), ungenügende Personalausstattung, prekäre Stellung der Mitarbeiter, die Bearbeitung verzögernde aufgeblähte Editionsprinzipien. Dass damit ein Versuch der Wiederanknüpfung verbunden war, verrät sein Verweis auf jene Zeit, da er als Schüler seines verehrten Lehrers Georg Waitz an den MGH mitarbeiten durfte. Nach einer umgehenden energischen Antwort Kosers nahm Simonsfeld seine Bemerkungen kleinlaut zurück[74]. Im Sitzungsbericht der Zentraldirektion 1913 ist noch einmal von „Vorarbeiten" zur Edition der Chroniken von Tolosanus und Cantinelli die Rede, ohne seinen Namen zu erwähnen; danach verschwindet das Projekt endgültig aus dem Neuen Archiv[75].

Simonsfelds Projekte fielen nicht nur seiner eigenen Überlastung und den gestiegenen Ansprüchen zum Opfer, sondern auch einer Planung des Editionsprogramms, bei der anfangs Unklarheit über die aufzunehmenden Autoren herrschte und erst spät Prioritäten gesetzt wurden. Als Bernhard Schmeidler (1879–1959) 1912/13 ein Konzept zu den Scriptores der späten Stauferzeit vorlegte, vertrat er die Ansicht, dass zuerst die vielen Kollationen und angefangenen Bearbeitungen verwertet werden sollten, welche die MGH bereits besäßen[76]. Tolosanus und Cantinelli wurden von ihm als durch Simonsfeld „begonnen" eingestuft, zwei Vicentiner Chronisten als Editionen Eberhards verbucht und einer als zu spät ausgeschieden, die Kollationen der Chroniken von Aquileia und der Veroneser Chroniken zur weiteren Bearbeitung vorgesehen. Tolosanus und Cantinelli, die Schmeidler auf 300 Seiten schätzte, sollten zusammen mit den Chroniken von Aquileia einen Band füllen. Nach und nach erschienen einige dieser Autoren in den Rerum italicarum scriptores, während eine Neuedition des Tolosanus lange ausstand, die Ferdinand Güterbock übernehmen wollte. Ihm gelang es zwar, eine zu Zeiten Simonsfelds verschollene zweite Handschrift aufzufinden, die wichtige Aufschlüsse über Schlussteil und Zusätze der Chronik bietet, doch wurde alsbald auch Tolosanus in Italien gedruckt, wodurch das MGH-Projekt obsolet wurde[77].

72 Simonsfeld an Dümmler, 7. Februar und 24. Mai 1902, in: MGH-Archiv, B 337; Digitalisat des Briefes vom 24. Mai: Märtl, Henry Simonsfeld, Virtuelle Ausstellung (wie Anm. 10) Nr. 5. Der Bericht über die fünfundzwanzigste Jahresversammlung der Centraldirection der Monumenta Germaniae historica. Berlin 1899, in: NA 25 (1900) S. 1–9, hier S. 5, teilt mit, dass die Editionen Simonsfelds „für den 32. Bd. aufgespart" worden seien, danach werden sie nicht mehr erwähnt.

73 MGH-Archiv, A 49; auf dem Umschlag ist vermerkt, dass diese Materialien am 13. November 1911 durch Simonsfeld zurückgeschickt worden seien. Holder-Egger war am 1. November 1911 gestorben.

74 Simonsfeld an Koser, 8. und 14. April 1912, in: MGH-Archiv, 338/12; Digitalisat des Briefes vom 8. April: Märtl, Henry Simonsfeld, Virtuelle Ausstellung (wie Anm. 10) Nr. 9.

75 Bericht über die neununddreissigste Jahresversammlung der Zentraldirektion der Monumenta Germaniae historica. Berlin 1913, in: NA 39 (1914) S. 1–12, hier S. 6.

76 In: MGH-Archiv, A 60,1–3. Das Konzept diente als Grundlage für den von Harry Bresslau bei der 39. Sitzung der Zentraldirektion 1913 (siehe Anm. 75) vorgelegten Arbeitsplan für die Scriptores.

77 Ferdinand Güterbock, Studi sulla Cronaca Faentina del Tolosano con un nuovo esame dei manoscritti, in: Bullettino dell'Istituto storico italiano per il medioevo 52 (1937) S. 107–135; die Edition: Magistri

Henry Simonsfeld geriet im institutionellen Gedächtnis der MGH in Vergessenheit. Harry Bresslau erwähnt ihn als Editor des Chronicon Altinate, verliert aber kein Wort über die Bedeutung, die er für die MGH als Italienreisender in den frühen 80er Jahren des 19. Jahrhunderts zweifellos hatte[78]. Simonsfelds Einordnung durch Bresslau, „ein Schüler Giesebrechts, der mit den Monumenten schon seit längerer Zeit in Verbindung stand", verschleiert zudem nicht nur die Dauer, sondern auch die Art der Beziehungen. Sie übergeht einen für Simonsfeld sehr wichtigen Aspekt, der aus seinen Briefen klar hervortritt: dass er als Schüler von Georg Waitz an den MGH mitarbeitete. Die wissenschaftliche Legitimation durch akademische Abstammung bildet unausgesprochen den Kern seiner Auseinandersetzung mit Holder-Egger, den er während seines Göttinger Jahrs kennengelernt hatte. Von Waitz hatte er Belehrungen und Eingriffe in seine Texte gerne hingenommen, seinem ehemaligen Kommilitonen Holder-Egger jedoch gestand er dergleichen nicht zu, fühlte sich vielmehr von oben herab behandelt. Der Streit verschärfte sich noch, als Holder-Egger, der auch Redakteur des Neuen Archivs war, eine negative Rezension zu Simonsfelds Jahrbüchern Friedrichs I. aufnahm[79]. In seinem Brief an Koser erhob Simonsfeld 1912 durch die Betonung seiner Beziehung zu Georg Waitz explizit den Anspruch, an der zentralen Traditionslinie der MGH teilzuhaben. Kosers mit der Zentraldirektion abgestimmte Antwort machte hingegen die Außenseiterposition deutlich, auf die Simonsfeld seit Mitte der 90er Jahre abgedriftet war. In seiner Geschichte der MGH wies ihm Harry Bresslau einen untergeordneten Platz zu und bestimmte damit die Sicht der Nachwelt.

4. Unermüdliche Tätigkeit: Die Bayerische Akademie der Wissenschaften und die Historische Kommission

Henry Simonsfeld wurde 1888 zum außerordentlichen und 1902 zum ordentlichen Mitglied in der historischen Klasse der Bayerischen Akademie der Wissenschaften gewählt; hatte er zuerst durch seine Forschungen zu Venedig und die für die MGH übernommenen Editionen auf sich aufmerksam gemacht, so wurden an ihm später „unermüdliche Tätigkeit" sowie „Gelehrsamkeit und gründliche Forschung" gerühmt[80]. Als Privatdozent und Extraordinarius von der Selbstverwaltung der Universität ausgeschlossen, fand er in der historischen Klasse das ersehnte kollegiale Umfeld. Die Akademie, zu deren Sitzungsberichten und Abhandlungen er eifrig beitrug, wurde nach und nach zum wichtigsten Rückhalt seiner wissenschaftlichen Tätigkeit.

Bereits im Jahr 1885 hatte er die Jahrbücher des Deutschen Reiches unter Friedrich I. im Auftrag der Historischen Kommission auf Vermittlung Wilhelms von Giesebrecht übernommen, den er um diese Aufgabe bat, da sie mit seiner beruflichen Situation vereinbar

Tolosani Chronicon Faventinum, a cura di Giuseppe Rossini (RIS² 28,1, 1936–1939), mit Verweis auf Simonsfeld S. LXIII.

78 Bresslau, Geschichte (wie Anm. 46) S. 553f.; S. 668 werden Reisen Simonsfelds in den Jahren 1881, 1887 bis 1889 (siehe Anm. 50), aber eben nur diese, erwähnt.

79 Simonsfeld beschwerte sich bei Koser aus diesem Anlass über Holder-Egger, 7. Mai 1908, in: MGH-Archiv, B 338/242.

80 So in den Wahlvorschlägen von Karl Theodor von Heigel, 7. Juli 1888, und Sigmund Riezler, 5. Juli 1902, in: Archiv der BAdW, München, Personalakt Henry Simonsfeld.

schien[81]. Die Jahrbücher, so meinte er ursprünglich, seien auf der Basis der gedruckten Literatur in drei bis vier Bänden zu bewältigen. Als er aber nur mit Unterbrechungen daran arbeiten konnte, ließ die Historische Kommission, durch seine stockenden Berichte misstrauisch geworden, 1901 das bis dahin vorliegende Manuskript von ihrem Mitglied Ernst Dümmler begutachten. Dieser vermerkte positiv, dass Simonsfeld keineswegs eine „eigentliche Darstellung" in Angriff genommen habe, wie offenbar vermutet worden war, sondern sich an die auf Leopold von Ranke zurückgehende annalistische Konzeption der Jahrbücher hielt[82]. Nach dem Tod Paul Scheffer-Boichorsts 1902 hoffte Simonsfeld von dessen Vorarbeiten zu den Regesten Friedrichs I. zu profitieren, die, dem Nachruf Karl Hampes nach zu schließen, weit fortgeschritten waren. Erkundigungen bei Hampe und Dümmler brachten jedoch eine vollkommene Fehlanzeige[83]. Dass die Herrscherurkunden bevorzugt zu berücksichtigen waren, stand für Simonsfeld unabdingbar fest wegen der hohen Wertschätzung, die diese Quellengattung in der positivistischen Geschichtsforschung genoss[84]. Er verwendete nun jahrelang seinen Urlaub, um in bewährter Weise, dieses Mal ohne Kostenerstattung, mit Rundreisen in italienischen Archiven nach Barbarossa-Urkunden zu fahnden, wobei er seinen Radius im Vergleich zu früheren Zeiten merklich nach Süden und Westen ausdehnte. Erst unmittelbar vor Abschluss des Manuskripts legte er den Sommer 1158 als chronologische Grenze für den ersten Band fest, der 1908 mit einem Umfang von 784 Druckseiten erschien[85].

Das Vorwort sucht Verständnis für die Problematik und die lange Dauer der Bearbeitung zu wecken. Zweimal wird Scheffer-Boichorst erwähnt: dessen Regesten seien „nicht eben sehr weit gediehen" gewesen, und gegen seine Äußerung, durch Giesebrechts Geschichte der Kaiserzeit seien die Jahrbücher eigentlich „gar nicht mehr nötig", macht Simonsfeld geltend, dass er durch eigene Betrachtung der Quellen „vielfach zu einer anderen Auffassung" als Giesebrecht gekommen sei[86]. Diese Bemerkungen konnten als Kritik an Scheffer-Boichorst verstanden werden, was Folgen hatte. Der erste Band der Jahrbücher wurde rund ein Dutzend Mal rezensiert. Entgegen der Tendenz, im Rückblick nur die negativen Stimmen aufzugreifen, ist darauf hinzuweisen, dass der Großteil der Besprechungen positiv aus-

81 Sechsundzwanzigste Plenarversammlung der historischen Commission bei der königlich bayerischen Akademie der Wissenschaften 1885. Bericht des Sekretariats, in: Forschungen zur deutschen Geschichte 26 (1886) S. 155–160, hier S. 159; Arbeitsberichte und Briefe Simonsfelds von 1890 bis 1906, in: AHK, Bd. 215; Urlaubsgesuch, 15. Juni 1892, in: BayHStA, Hof- und Staatsbibliothek, Personalakt Simonsfeld, Dr. Henry.

82 Ernst Dümmler, 29. November 1901, in: AHK, Bd. 215.

83 Karl Hampe, Paul Scheffer-Boichorst, in: HV 5 (1902) S. 280-290, hier S. 290; Simonsfeld an Dümmler, 7. Februar und 24. Mai 1902, in: MGH-Archiv, B 337.

84 Simonsfeld publizierte die Ergebnisse seiner Recherchen unter dem Titel „Urkunden Friedrich Rotbarts in Italien" in sechs Sitzungsberichten der Akademie (1905-1911). Den Wert der Urkunden als Korrektiv zu erzählenden Quellen betonte er in einem Vortrag: Henry Simonsfeld, Zur Methodologie der Geschichte, in: Verhandlungen der einundvierzigsten Versammlung deutscher Philologen und Schulmänner in München vom 20. bis 23. Mai 1891 (1892) S. 315–327, hier S. 323.

85 Henry Simonsfeld, Jbb. des Deutschen Reiches unter Friedrich I. 1: 1152 bis 1158 (1908).

86 Henry Simonsfeld, Vorwort zum ersten Bande, in: ders., Jbb. 1 (wie Anm. 85) S. V-IX, hier S. I und VIIIf.

fiel; auch in Rezensionen, die durchaus keine unkritischen Lobeshymnen waren, überwog die Anerkennung des Bandes als wichtiges Grundlagenwerk[87].

Von diesem Tenor heben sich zwei Rezensionen ab, die von Schülern Scheffer-Boichorsts stammten. Den Auftakt machte Ferdinand Güterbock, Privatgelehrter und freier Mitarbeiter der MGH[88]. Er tat das nahezu 800seitige Buch im Neuen Archiv auf gut einer Seite ab, auf der er dem Autor pauschal Unfähigkeit bescheinigte, künstlerische Darstellung ebenso wie nötige Vertiefung von Problemen vermisste und allenfalls eine „freilich nicht weitreichende Vorarbeit" für Urkundenedition und Regesten erkennen wollte. Seine einzige konkrete Kritik bezieht sich auf den vierten Exkurs, in dem Simonsfeld die knappe Behandlung der Quellenlage des Treffens von Sutri 1155 durch Giesebrecht aufgegriffen habe, nur um am Ende zum selben Ergebnis wie dieser zu gelangen. In einer zweiten Stellungnahme unterstrich Güterbock, dass er nicht die Jahrbücher, sondern Simonsfelds Herangehensweise kritisiert habe, und warf diesem Polemik gegen Giesebrecht sowie Behandlung überflüssiger Detailfragen in Exkurs V (Kämpfe in Rom) und VI (Veroneser Klause) vor. Dieser unzureichend belegte Verriss gibt sich unschwer als Retourkutsche zu erkennen, wenn man ihn nach Simonsfelds Vorwort liest.

Karl Hampe (1869–1936), Ordinarius für mittelalterliche Geschichte in Heidelberg, verfasste hingegen eine Rezensionsmiszelle[89], die das Unbehagen verrät, das ihm sein eigener Auftrag, die Jahrbücher Friedrichs II. weiterzuführen, bereitete, da ihm Simonsfelds Band offenbar vor Augen geführt hatte, wie wenig Spielraum die Vorgaben der Historischen Kommission ließen. Er leitet seine Darlegungen mit einer ambivalenten Distanzierung von der ersten Rezension Güterbocks ein, die diese im Grunde als von einem erstklassigen Kenner stammend bestätigt. Dem Band gesteht er zu, dass das Material vollständig gesammelt und sauber dargeboten sei; er könne als Nachschlagewerk dienen und werde sicher auch für die Regesten nützlich sein. Mit Güterbock betont Hampe aber sogar zweimal das Fehlen künstlerischer Ambitionen und wiederholt den Vorwurf der mangelnden kritischen Vertiefung. Was die Punkte betrifft, die hätten vertieft werden müssen, hält sich Hampe ähnlich bedeckt wie Güterbock und verweist konkret nur auf einige Aspekte der Papst-Kaiser-Beziehungen. Hampe wie Güterbock markieren mit ihrer weitgehend unspezifizierten Einforderung kritischer Vertiefung ein Feld – oder sollte man sagen: Revier? –, in dem sie Simonsfeld die Kompetenz absprachen, mussten die Leser doch annehmen, dass dieser nicht erkannt hatte,

87 Vgl. als Beispiele: Gerold MEYER VON KNONAU, in: Deutsche Litteratur-Zeitung 29 (1908) Sp. 1128–1131; Georg JURITSCH, in: Allgemeines Literaturblatt 19 (1910) Sp. 300f. – Friedrich BAETHGEN, Die Jahrbücher der Deutschen Geschichte, in: Die Historische Kommission bei der Bayerischen Akademie der Wissenschaften. 1858–1958 (1958) S. 70–81, hier S. 77–79, bietet eine verkürzende Darstellung der Auseinandersetzung um Simonsfelds Band.

88 Ferdinand GÜTERBOCK, in: NA 33 (1908) S. 552f.; DERS., in: NA 34 (1909) S. 230f. – Zu Güterbock, der seinen Lehrer Scheffer-Boichorst sehr verehrte, siehe den Beitrag von Nikola BECKER in vorliegendem Band.

89 Karl HAMPE, in: HZ 102 (1909) S. 106–114. Vgl zum Folgenden Folker REICHERT, Gelehrtes Leben. Karl Hampe, das Mittelalter und die Geschichte der Deutschen (Schriftenreihe der HiKo 79, 2009) S. 95f. – Vor Hampes Besprechung war schon die sichtlich unselbständige, ebenfalls negative Rezension seines Schülers Carl SCHAMBACH, in: HV 11 (1908) S. 546–548, erschienen; vgl. auch DERS., ebd. 12 (1909) S. 159f. Schambach „war bekennender Antisemit", REICHERT, Gelehrtes Leben S. 250.

welches die wahren Probleme waren, die jedem Fachmann anscheinend so geläufig waren, dass sie gar nicht benannt werden mussten.

Bernhard Schmeidler, Mitarbeiter der MGH, lenkte schließlich im Jahr 1910 die Debatte in ein ruhigeres Fahrwasser[90], indem er die Berechtigung der annalistischen Herangehensweise verteidigte, die „von dem allzu schweren Ballast *[umfangreicher Zitate]* entlastet" werden müsse, um als wissenschaftliche Leistung „leichter die verdiente Anerkennung" zu finden. Da war das Kind aber schon in den Brunnen gefallen für Simonsfeld, der befürchtete, dass diese in wichtigen Fachzeitschriften erschienenen Besprechungen seine Chancen, ordentlicher Professor zu werden, endgültig vereiteln würden. Er reagierte mit Gegendarstellungen, in denen er betonte, dass die Gestalt des Bandes sich aus der vorgegebenen Konzeption erkläre, für deren Sinnhaftigkeit er mit Ranke, Sybel, Waitz, Dümmler eine illustre Zeugenreihe in Anspruch nahm. Außerdem suchte er Widersprüche in den Aussagen seiner Kritiker aufzudecken und ihre Behauptungen zu widerlegen[91]. Schließlich befürwortete er die Gründung eines eigenen Journals für Polemik, da die Herausgeber von Zeitschriften begreiflicherweise nicht endlos Repliken abdrucken wollten und durch das Presserecht nur begrenzt dazu verpflichtet waren. Bei auswärtigen Beobachtern geriet Simonsfeld so in den Ruf der Rechthaberei und des Querulantentums[92].

Die Historische Kommission stellte sich hinter ihren Autor und bekräftigte den Auftrag, die Jahrbücher fortzuführen[93]. Simonsfeld nahm diese Unterstützung dankbar auf. In dem Testament, das er vor der Operation machte, an deren Folgen er starb, hinterließ er der Historischen Kommission das Arbeitsmaterial für die Fortsetzung der Jahrbücher. Karl Mayr (1864–1917), Syndicus der Akademie und Honorarprofessor für Geschichte, hielt fest[94]:
„Das Material ist durchaus wohlgeordnet und besteht

1. Aus Abschriften von Urkunden
   1. Schachtel 1158–1165
   2. Schachtel 1165–1181
   3. Schachtel 1182–1186
2. Aus Auszügen aus Chroniken (1158–1190), in 6 Schachteln
3. Aus Collectaneen in 2 Schachteln, geordnet nach Personen und Sachen
4. Aus einem ausgearbeiteten Fragment, behandelnd das Jahr 1158
   83 halbbrüchige Quartseiten mit 217 Anmerkungen auf 135 Seiten
   Nebst 2 Exkursen a) über das Ende des Grafen Ekbert, 2. Aus der ersten Belagerung Mailands

90 Bernhard Schmeidler, Zur Frage der Jahrbücher, in: HV 13 (1910) S. 168–171; ders., ebd. S. 599f. und ebd. 14 (1911) S. 151f.

91 Henry Simonsfeld, in: NA 34 (1909) S. 229f. (Erwiderung auf Güterbock); ders., in: HV 12 (1909) S. 158f. (Erwiderung auf Schambach); ders., Zur Geschichte Friedrich Rotbarts (SB München 1909,4) S. 21–29 (ausführliche Auseinandersetzung mit Hampe); ders., in: HV 13 (1910) S. 596–599 und ebd. 14 (1911) S. 151 und 488 (Erwiderungen auf Schmeidler).

92 Vgl. Reichert, Gelehrtes Leben (wie Anm. 89) S. 95 und S. 348 Anm. 153.

93 Simonsfeld, Zur Geschichte (wie Anm. 91) S. 21; [Grauert], in: Chronik 1912/13 (wie Anm. 2) S. 15; Baethgen, Die Jahrbücher (wie Anm. 87).

94 Karl Mayr, Bericht über den Nachlass Prof. Simonsfelds, 14. Mai 1913, in: AHK, Bd. 215; zu dem Testament: Protokoll der 54. Plenarversammlung, 14.–16. Mai 1913, in: AHK, Bd. 104.

Die Ausarbeitung schließt vor der Erörterung der Regalienfrage auf dem Reichstag auf den Ronkalischen Feldern."

All dies wurde von der Kommission an Fedor Schneider (1879–1932) geschickt, der zwar die Gabelsberger Kurzschrift erlernte, um die Notizen Simonsfelds lesen zu können, jedoch nie wirklich mit der Fortsetzung der Jahrbücher begann[95]. Als Schneider 1932 starb, erinnerte sich bei der Historischen Kommission niemand mehr an Simonsfelds Nachlass. Schneiders Witwe wusste zwar, von wem diese Materialien stammten, war aber nicht im Bilde, woher ihr Mann sie bekommen hatte, und so gelangten sie 1938 auf Umwegen an die MGH. Dort wurden sie mit den Unterlagen anderer Mitarbeiter vermischt, sodass sie später im Archivrepertorium großenteils ohne Zuordnung oder unter anderem Namen verzeichnet wurden[96]. Man kann sich des Verdachts nicht ganz erwehren, dass bei der Erwerbung kein Wert darauf gelegt wurde, die Arbeitsleistung eines Juden nachvollziehbar zu dokumentieren.

Die Hoffnung auf eine Fortsetzung der Jahrbücher blieb noch lange lebendig. Im Jahr 1920 wollte Adolf Hofmeister (1883–1956), Professor in Greifswald, mit einer ausführlichen Besprechung von Simonsfelds Band, die von Sorge um die Zukunft der Jahrbücher gespeist war, dem Bearbeiter den Rücken stärken. Er rückte die Perspektiven zurecht, indem er die Wichtigkeit gesicherter Grundlagen hervorhob, welche die „notwendige, unentbehrliche Voraussetzung" für jede Form von Darstellung seien, und gab sich überzeugt, dass die Jahrbücher auch unter gewandelten Verhältnissen relevant bleiben würden. Der Wunsch Hofmeisters ging nicht in Erfüllung, mit Simonsfelds Band endete de facto die Bearbeitung der Jahrbücher, doch was die Benutzung angeht, behielt er recht: Der erste Band wurde für die frühen Jahre der Herrschaft Barbarossas zum unverzichtbaren Referenzwerk[97].

Als sich Simonsfeld 1885 für die Jahrbücher zu interessieren begann, waren sie eine sehr erfolgreiche Reihe der Historischen Kommission, die seit 1862 davon 16 Bände, darunter einige in mehreren Teilbänden, herausgebracht hatte. Mit Friedrich Barbarossa wählte Simonsfeld den zur wichtigsten Identifikationsfigur des jungen deutschen Reichs aufgestiegenen mittelalterlichen Herrscher – ein Thema, das ebenso wie der Publikationsort sich auf

95 Unterlagen zur Übersendung an Fedor Schneider und Briefe Schneiders von 1914 bis 1919, in: AHK, Bd. 215.

96 Übersendung an die MGH: MGH-Archiv, B 567 Bl. 492 und 493; B 572 Bl. 266 (Edmund E. Stengel, Dankschreiben an Frau Schneider, 18. November 1938); Überreste des Nachlasses, die z. T. erst bei der Vorbereitung des vorliegenden Beitrags identifiziert wurden, in: MGH-Archiv, A 232/3; ebenso gehören dazu die staufischen Materialien in A 34, die sich noch in den originalen Schachteln Simonsfelds befinden, aber Scheffer-Boichorst (!) zugeordnet wurden. Aus der obigen Liste sind erhalten: die zweite Schachtel der Urkunden (1165–1181), von den Exzerpten aus Chroniken der wahrscheinlich unvollständige Anfang (1158–1170) sowie Teil V und VI (1175–1181, 1182–1190), ein geringer Teil der „Collectaneen" und der verstümmelte Rest des ausformulierten Kapitels.

97 Vgl. zum historiographiegeschichtlichen Kontext des Endes der Jbb. Rudolf Schieffer, Mittelalterliche Geschichte, in: Lothar Gall (Hg.), „... für deutsche Geschichts- und Quellenforschung". 150 Jahre Historische Kommission bei der Bayerischen Akademie der Wissenschaften (2008) S. 59–78, besonders S. 71; Reichert, Gelehrtes Leben (wie Anm. 89) S. 195-197. Im Jahr 1939 erhielt den Auftrag zur Bearbeitung Johannes Spörl, dem er 1942 entzogen wurde. Das ist die letzte Nachricht zu den Jbb. Friedrichs I., in: AHK, Bd. 215. – Zum Nutzen vgl. etwa Heinrich Appelt, Vorwort, in: Reg. Imp. IV,2,1 (1980) S. V über den „echten Fortschritt", der durch den Band Simonsfelds und dessen „systematische Archivstudien in Italien" erzielt worden sei.

das Ansehen des Autors positiv auszuwirken versprach. Die Schwierigkeit der Bearbeitung wurde zu dieser Zeit wahrscheinlich allgemein unterschätzt. Simonsfeld traute sie sich zu, weil er damals ein Manuskript von beträchtlichem Umfang abschloss, das er in fünf Jahren erarbeitet hatte: die Monographie über den Fondaco dei Tedeschi, die sein bedeutendstes Werk werden sollte.

5. Italienisch-bayerische Kulturgeschichte

Henry Simonsfeld bereitete kultur-, sozial- und wirtschaftsgeschichtliche Themen gerne für unterschiedliche Rezipientenkreise auf, ein Fachpublikum an Universität und Akademie ebenso wie die Hörer und Leser von allgemeinbildenden Vorträgen und Zeitungsartikeln. Im Dezember 1879 hielt er vor dem Kaufmännischen Verein in München einen Vortrag über „Das deutsche Kaufhaus in Venedig", der ihn auf die Idee brachte, sich näher mit den Quellen für den Fondaco dei Tedeschi zu befassen. In rund zwölf Wochen „angestrengtester Arbeit", die auf seine Urlaubszeiten über fünf Jahre verteilt waren, sichtete er Bestände in Venedig; ergänzend zog er Quellen oberdeutscher Städte heran, die ihm nach München ausgeliehen wurden. Er wollte die Geschichte des Fondaco möglichst umfassend bis zur Vernichtung des ursprünglichen Gebäudes in einem Brand 1505 dokumentieren, während er die jüngeren Epochen – auch aus arbeitsökonomischen Gründen – nur in Auswahl berücksichtigte. Seine Sammlung von etwa 900 Texten erschloss er durch eine historische Untersuchung und brachte sie mithilfe eines Zuschusses der Historischen Kommission zum Druck[98]. Simonsfelds zweibändige Monographie ist immer noch das grundlegende Werk schlechthin über die ältere Geschichte des Fondaco, zentral für die Geschichte Venedigs und wertvoll für Wirtschafts-, Sozial- und Migrationsgeschichte. Die außerordentlich hohe Bedeutung seiner Sicherung der Quellen wird unterstrichen durch das Schicksal der Kapitularien und Protokollbücher der Visdomini, die überwiegend Vorgänge der Frühen Neuzeit betrafen: Fünf Bände von ihnen verbrannten am Ende des Zweiten Weltkriegs und sind für die Forschung verloren[99].

In der historischen Untersuchung zum Fondaco betrachtete Simonsfeld nicht nur Kaufleute, sondern nahm auch ein Kapitel über deutsche „Gewerbetreibende" auf[100]. Migration und Kulturkontakte zwischen Deutschland und Italien in Mittelalter und Früher Neuzeit bildeten fortan einen seiner Forschungsschwerpunkte. Exemplarisch seien hier genannt: die Studie über deutsche Migration nach Treviso, die eine in das Germanische Nationalmuseum gelangte Handschrift der Statuten und des Mitgliederverzeichnisses (1440–1680)

98 Henry Simonsfeld, Der Fondaco dei Tedeschi in Venedig und die deutsch-venetianischen Handelsbeziehungen, 2 Bde. (1887); zu Entstehung, Zielsetzung und Quellen vgl. das Vorwort S. VII–XXII (Zitat: S. VIII). Eine Besprechung des Vortrags in: Der Sammler. Belletristische Beilage zur Augsburger Abendzeitung, 48. Jahrgang Nr. 153 (27. Dezember 1879) S. 7; Unterlagen zur Ausleihe von Archivalien, in: BayHStA, Hof- und Staatsbibliothek, Personalakt Simonsfeld, Dr. Henry (Altsignatur: B. VIII Reg. N° Simonsfeld); Unterlagen zum Antrag auf einen Druckkostenzuschuss vom September 1885, in: AHK, Nachlass Hermann Aubin Bd. 251.

99 Vgl. Magnus Ressel, Die Zerstörung der Capitularien des Fondaco dei Tedeschi im Schloss Wässerndorf am Ende des Zweiten Weltkrieges, in: QFIAB 93 (2013) S. 377–400.

100 Simonsfeld, Fondaco 2 (wie Anm. 98) S. 263–290.

einer deutschen Bruderschaft auswertet und abdruckt[101]; drei Aufsätze (mit Edition) über den Bericht des Andrea de Franceschi, der 1492 eine venezianische Gesandtschaft durch Süddeutschland begleitete, ein detailreiches Zeugnis der Wahrnehmung Deutschlands durch einen Italiener an der Wende zur Neuzeit[102]; die zweiteilige Abhandlung über den Briefwechsel zwischen Prospero Visconti und Herzog Wilhelm V., in dessen Zentrum die Luxus- und Antiquitätenkäufe des Wittelsbachers in Mailand stehen, mit Edition von nahezu 400 Texten aus mailändischen und Münchner Beständen[103]. Da Simonsfeld dazu neigte, ziemlich allgemeine Überschriften zu wählen, erschließt sich hin und wieder erst beim zweiten Blick, was in seinen Beiträgen an Neuem steckt. So untersuchte er, ausgehend von einer Notiz im Reisebericht des Andrea de Franceschi, die Überlieferung der Grabinschrift König Karlmanns in Altötting, wozu er erstmals alle Erwähnungen und Variationen mitteilte[104]. Ähnlich behandelte er unter einem nichtssagenden Titel ein antikes, im Mittelalter in S. Ambrogio in Mailand aufbewahrtes Relief, das von Gasparo und Prospero Visconti an Wilhelm V. geschenkt wurde. Vermutlich Darstellung eines Satyrs, galt es im Mittelalter als ein Bild des Herkules, das der Legende zufolge den Bestand des Römischen Reichs garantierte. Simonsfeld erhellt nicht nur den Transfer des Bildwerks nach Bayern, sondern steuert auch bis dahin unbekannte mittelalterliche Erwähnungen bei, die u. a. über die wechselnde Lokalisierung des Steins in S. Ambrogio Aufschluss geben[105].

Wie bereits an diesen Beispielen zu erkennen, entwickelte Simonsfeld im Laufe der Zeit ein immer stärkeres Interesse an der Geschichte von Objekten, materieller Kultur und Sammlungen. Seine sorgfältige Studie zu dem barocken Prunkschiff auf dem Starnberger See, an dessen Gestaltung nach dem Vorbild des venezianischen Bucintoro italienische Schiffszimmerleute mitwirkten, hat wegen des ‚exotischen' Themas einige Bekanntheit erlangt[106]. Editionen von Inventaren füllten seine letzten Abhandlungen. Bei der Beschäftigung mit Giovanni Battista Guidobon Cavalchino, einem lombardischen Adligen, der nach Bayern wechselte und dort Freiherr von Liechtenberg wurde, stieß er auf drei reichhaltige Schlossinventare; seine letzte große Publikation galt schließlich dem Verzeichnis einer wit-

101 Henry Simonsfeld, Eine deutsche Colonie zu Treviso. Mit einem Excurs: Freidanks Grabmal (1890); auch in: Abh. München 19,3 (1891) S. 545-638. Vgl. Uwe Israel, Fremde aus dem Norden. Transalpine Zuwanderer im spätmittelalterlichen Italien (Bibliothek des Deutschen Historischen Instituts in Rom 111, 2005) S. 139 zu Simonsfelds Edition als Pionierleistung.

102 Vgl. den Eintrag Andrea de Franceschi, Itinerario de Germania delli Magnifici Ambasciatori Veneti, im Digitalen Repertorium Geschichtsquellen: https://www.geschichtsquellen.de/werk/5106.

103 Henry Simonsfeld, Mailänder Briefe zur bayerischen und allgemeinen Geschichte des 16. Jahrhunderts, in: Abh. München 22,4 (1902) S. 231–480 und ebd. 22,5 (1902) S. 484–575.

104 Henry Simonsfeld, Beiträge zur Bayerischen und Münchener Geschichte, in: SB München 1896,8 (1897) S. 257–326, hier S. 257–262.

105 Henry Simonsfeld, Einige kunst- und literaturgeschichtliche Funde, in: SB München 1902,13 (1903) S. 521-568, hier S. 521-534. Zu dem verschollenen Relief vgl. Veronika Wiegartz, Antike Bildwerke im Urteil mittelalterlicher Zeitgenossen (2004) S. 52–61.

106 Henry Simonsfeld, Der Bucintoro auf dem Starnberger See, in: Jahrbuch für Münchener Geschichte 4 (1890) S. 175–214. Vgl. Rando, À la recherche (wie Anm. 10) S. 28f.; eine Farbabbildung des nach den Angaben Simonsfelds hergestellten Schiffsmodells in: Bayern und Italien. Katalog zur Bayerischen Landesausstellung 2010, hg. von Rainhard Riedinger u. a. (2010) Nr. F 111a S. 195.

telsbachischen Gemäldegalerie[107]. Auf der Suche nach Beziehungen zwischen Italien und Bayern gerieten auch immer wieder die Bestände der Hof- und Staatsbibliothek in seinen Blick. Er identifizierte eine Handschrift mit den Versen Freidanks aus dem Besitz Hartmann Schedels (1440–1514), der ein angebliches Epitaph des Dichters in Treviso abgeschrieben hatte, und eruierte anhand der Münchner Inkunabeln sowohl den ältesten Druck einer Rede, die Cassandra Fedele (1465–1558) in Padua gehalten hatte, als auch, dass Hartmann Schedel, der zwei Exemplare eines anderen, in Nürnberg hergestellten Werkdrucks besaß, den Ruhm der venezianischen Dichterin in Deutschland verbreitete[108]. Durch eine Untersuchung der Drucke des fränkischen Humanisten Vincentius Opsopaeus (†1539) konnte er in einer methodisch lehrreichen Abhandlung zwei Handschriften aus der Bibliothek des Matthias Corvinus (1443–1490) in München und Erlangen nachweisen[109].

Mit der Entfremdung von den MGH verschwinden ab der Mitte der 1890er Jahre aus Simonsfelds Publikationsliste die Beiträge zur mittelalterlichen Geschichtsschreibung nach Art des Neuen Archivs, während kultur-, sozial- und wirtschaftsgeschichtliche Themen zunehmen. Sie verlangten ebenso viel Findigkeit, Spürsinn und Kombinationsgabe, waren jedoch in der Darstellung dankbarer. Über sie trat Simonsfeld in nähere Beziehung zu Historikern, die ähnliche Interessen pflegten, denen aus Sicht der an den deutschen Universitäten betriebenen Geschichtsforschung oft nur randständige Bedeutung zugemessen wurde. Den eine Generation älteren Georg Martin Thomas (1817–1887) lernte er wohl durch sein Dissertationsthema kennen; nach Thomas' Tod setzte er sich dafür ein, dass eine von dem Verstorbenen begonnene Quellenedition zum venezianischen Überseereich zu Ende geführt wurde. Er bezeichnete sich in wissenschaftlicher Hinsicht als „Epigonen" Thomas' und erbte von ihm auch die Berichterstattung über venezianische Themen in der Allgemeinen Zeitung[110]. Simonsfeld wechselte Briefe mit dem Stuttgarter Bibliothekar Wilhelm Heyd (1823–1906), der grundlegende Arbeiten zum italienischen Levantehandel im Mittelalter publiziert hatte, und mit dem Münchner Literatur- und Kunsthistoriker Hyazinth Holland (1827–1918), der

107 Henry Simonsfeld, Aus bayerischen Schloßinventaren von 1603, 1604 und 1680 (SB München 1910,5); ders., Eine bayerische Gemäldesammlung des 18. Jahrhunderts in Schloss Liechtenberg (SB München 1911,4).

108 Simonsfeld, Eine deutsche Colonie (wie Anm. 101) S. 47 bzw. S. 589 (zu BSB, Clm 237); ders., Zur Geschichte der Cassandra Fedele, in: Studien zur Litteraturgeschichte. Michael Bernays gewidmet von Schülern und Freunden (1893) S. 97–108. – Michael Bernays (1834–1897) konvertierte in jungen Jahren vom Juden- zum Christentum und erhielt 1873/74 an der Ludwig-Maximilians-Universität die erste Professur für neuere Literatur in Deutschland.

109 Simonsfeld, Einige (wie Anm. 105) S. 539–568. Vgl. Thomas Wilhelmi, Opsopaeus, Vincentius, in: Frühe Neuzeit in Deutschland 1520–1620. Literaturwissenschaftliches Verfasserlexikon, hg. von Wilhelm Kühlmann u. a., 4 (2015) Sp. 664–673.

110 Simonsfeld legte im Auftrag der Biblioteca Marciana einen Lorbeerkranz am Grab Thomas' (†1887) nieder, AllgZ (30. März 1887); er verfasste eine Würdigung, in: AllgZ, Beilage (6. März 1888) S. 969f. (hier die Selbstbezeichnung als „Epigone") und Beilage (7. März 1888) S. 986f., sowie den Artikel Thomas, Georg Martin, in: ADB 54 (1908) S. 697–700. Zu seinem Einsatz für Revision und Druck des von Thomas hinterlassenen Diplomatarium veneto-levantinum vgl. Ermanno Orlando, Medioevo, fonti, editoria. La Deputazione di storia patria per le Venezie (1873–1900) (2016) S. 88f. – Zu Thomas' Bedeutung für die Venedig-Forschung vgl. Daniela Rando, Venezia medievale nella Modernità. Storici e critici della cultura europea fra Otto e Novecento (2014) S. 253–266; dies., À la recherche (wie Anm. 10) S. 19-21.

auf bayerische Themen spezialisiert war[111]. Auch zu Ferdinand Gregorovius (1821–1891), der sich 1875 in München niederließ, scheint er in einem engeren Verhältnis gestanden zu haben[112]. Zum Jahrbuch, das der als Privatgelehrter in München lebende Kulturhistoriker Karl Trautmann (1857–1936) zusammen mit dem volkskundlich interessierten Philologen Karl von Reinhardstöttner (1847–1909) herausgab, steuerte Simonsfeld regelmäßig Beiträge bei[113]. Auf Wilhelm Heinrich Riehl (1823–1897), Professor für Kulturgeschichte und Statistik, zuletzt auch Direktor des Bayerischen Nationalmuseums und Generalkonservator, der wegen seiner volkskundlichen und soziologischen Ansätze in Universitätskreisen mit Misstrauen betrachtet wurde, hielt Simonsfeld eine Gedächtnisrede an der Akademie, in der er die Verdienste des Verstorbenen eingehend würdigte[114]. Karl Lamprecht (1856–1915) lud ihn ein, die Geschichte Venedigs für eine von ihm geleitete Reihe zu schreiben. Dieses Angebot lässt vermuten, dass Lamprecht von Simonsfeld eine Darstellung erwartete, die seiner Forderung, der Kultur- und Wirtschaftsgeschichte den Vorrang vor der politischen Geschichte zu geben, zumindest nicht widersprach. Simonsfeld lehnte die Offerte wegen Überlastung ab und nahm im historischen Methodenstreit der 1890er Jahre gegenüber Lamprechts Positionen eine distanzierte Haltung ein. Als der erste Band Heinrich Kretschmayrs (1870–1939), der den Auftrag nach der Absage Simonsfelds übernommen hatte, erschien, verteidigte er jedoch energisch die wissenschaftliche Leistung des jungen Kollegen, dem vorgeworfen worden war, allzu sehr den Vorstellungen Lamprechts zu folgen: für seinen umfassenden Ansatz verdiene Kretschmayr „nur Lob und Anerkennung"[115].

In der Auseinandersetzung der Historiker um eine politikgeschichtliche oder eine kultur-, sozial- und wirtschaftsgeschichtliche Ausrichtung der Forschung stand Simonsfeld

---

111 17 überwiegend die Monographie zum Fondaco betreffende Briefe Simonsfelds aus den Jahren 1882 bis 1892 an W. Heyd, in: Württembergische Landesbibliothek Stuttgart, Cod. hist. 4° 391; drei Schreiben von 1888 bis 1911 an H. Holland, in: BSB, Hollandiana.

112 Simonsfeld gab als Vertreter venezianischer Institutionen, die ihm Telegramme geschickt hatten (BSB, Gregoroviusiana 23a–c), dem Sarg Gregorovius' am Münchner Bahnhof das Geleit, als er nach Gotha überführt wurde, AllgZ, Zweites Morgenblatt (6. Mai 1891); er publizierte einen Nachruf, AllgZ, Beilage (8. Mai 1891) S. 1–6, eine Anzeige zu Gregorovius' Römischen Tagebüchern, Beilage (13. Oktober 1892) S. 1–3 und Beilage (14. Oktober 1892) S. 4–6, sowie den Artikel Gregorovius, Ferdinand, in: ADB 49 (1904) S. 524–532. Als zehn Jahre nach dem Tod Gregorovius' der Vorschlag eines Gedächtnisumtrunks aufkam, schrieb Simonsfeld dies dem Byzantinisten Karl Krumbacher mit der Bemerkung: „andere *[Freunde und Verehrer Gregorovius' als sie beide]* wüßte ich nicht zu nennen"; BSB, Krumbacheriana I (27. April 1901).

113 Jb. für Münchener Geschichte 1–5 (1887–1894), mit sechs Beiträgen Simonsfelds.

114 Henry SIMONSFELD, Wilhelm Heinrich Riehl als Kulturhistoriker. Festrede gehalten in der öffentlichen Sitzung der k. b. Akademie der Wissenschaften zu München am 12. November 1898 (1898); DERS., Riehl, Wilhelm Heinrich, in: ADB 53 (1907) S. 362–383. Vgl. Wolfram SIEMANN, Wilhelm Heinrich Riehl (1823–1897), in: WEIGAND (Hg.), Münchner Historiker (wie Anm. 27) S. 95–118, hier S. 114f.

115 Die Absage: Simonsfeld an Lamprecht, 8. April 1895, Universitätsbibliothek Bonn, Nachlass Lamprecht, S 2713; zu Lamprecht und dem Methodenstreit äußerte sich Simonsfeld 1898 in seiner Rede über Riehl (wie Anm. 114) S. 1–9 und S. 41; seine Besprechung von Heinrich KRETSCHMAYR, Geschichte von Venedig 1 (1905): Henry SIMONSFELD, Zur Geschichte Venedigs, in: AllgZ, Beilage (10. Juli 1906) S. 58–61 und Beilage (11. Juli 1906) S. 66–69. – Zu H. Kretschmayr vgl. RANDO, Venezia medievale (wie Anm. 110) S. 73–109.

zwischen den Parteien. Durch seine Arbeit für die MGH und mehr noch die Jahrbücher Friedrichs I. ordnete er sich der Tradition Rankes zu, der er eine wichtige Funktion für die nationale Selbstfindung des Kaiserreichs zuschrieb[116]. Seit der Beschäftigung mit dem Fondaco dei Tedeschi nahm ein beträchtlicher Teil seiner Forschungen aber eine Richtung, die mit Rankes Auffassung von Politik- und Staatengeschichte nichts mehr zu tun hatte. Angesichts seines Werdegangs lag eine Integration der auseinanderstrebenden Tendenzen unter dem Aspekt der Quellenerschließung nahe. Simonsfeld unterstützte Georg Steinhausens Vorschlag, „Denkmäler der deutschen Kulturgeschichte" zu publizieren, der ihm eine reizvolle Aufgabe zu bieten schien, die von der Historischen Kommission speziell für den Bereich des Mittelalters, in dem die politische Geschichte weitgehend geklärt sei, übernommen werden könnte. Er stellte sich also eine institutionalisierte Ausweitung der MGH-Methoden auf neue Themenfelder vor, wie er sie in seinen eigenen kulturgeschichtlichen Arbeiten praktizierte, die durch die beigegebenen Editionen bis heute relevant geblieben sind[117]. Zudem haben auch seine Fragestellungen ihre Aktualität behalten, oder besser gesagt: sie haben sie neu gewonnen, denn der historische Methodenstreit ging bekanntlich zugunsten der politischen Geschichte aus, die dann im letzten Viertel des 20. Jahrhunderts in der deutschsprachigen Geschichtswissenschaft in die Defensive geriet, weswegen Simonsfelds kulturgeschichtliche Arbeiten hundert Jahre nach ihrer Entstehung wesentlich mehr im Trend lagen als zu ihrer Zeit.

Natürlich darf der zeithistorische Kontext nicht übersehen werden. Was heute unter den Stichworten Migration und Kulturtransfer läuft, stand für Simonsfeld unter dem Vorzeichen der deutschen Kolonialpolitik, deren entschiedener Befürworter er war[118]; Ansiedlungen deutscher Migranten im Ausland bezeichnete er als „Kolonien", selbst wenn sie dies im politisch-wirtschaftlichen Sinn nicht gewesen waren. Dabei handelt es sich nicht um die rein oberflächliche Aneignung eines modischen Sprachgebrauchs. Seinen Vortrag über den Fondaco beschloss er mit einem Hinweis auf die „Kultur-Mission des deutschen Kaufmanns in der Fremde", als Zuhörer einer Veranstaltung beteiligte er sich lebhaft an der Diskussion über die Frage, wie das „Deutschtum im Ausland" bewahrt werden könne, und nicht zuletzt hielt er auch selbst einen Vortrag über die „Deutschen als Colonisatoren", in dem er einen weitgespannten, mit der hochmittelalterlichen Ostsiedlung beginnenden Überblick gab[119]. Er bot darin eine Parallelisierung an, die das Kaiserreich mit den Zeiten Barbarossas verband:

116 Vgl. zum Kontext Rudolf SCHIEFFER, Weltgeltung und nationale Verführung. Die deutschsprachige Mediävistik vom ausgehenden 19. Jahrhundert bis 1918, in: Peter MORAW / DERS. (Hg.), Die deutschsprachige Mediävistik im 20. Jahrhundert (VuF 62, 2005) S. 39–61, hier S. 48–50.

117 Vgl. Henry SIMONSFELD, Riehl 1898 (wie Anm 114) S. 42–44; hier erwähnt er als kulturgeschichtliche „Denkmäler", deren Publikation die Historische Kommission betreuen könnte, die unter seinen Arbeiten prominent vertretenen „Briefsteller und Formelsammlungen", Urkunden und Handelsakten.

118 Im vermutlich letzten von ihm publizierten Artikel nannte er sich „einen der ältesten ‚Kolonialschwärmer'"; Henry SIMONSFELD, 25 Jahre deutscher Kolonialarbeit, in: Münchner Neueste Nachrichten (16. Januar 1912); vgl. WEIGAND, Simonsfeld (wie Anm. 2) S. 190.

119 Bericht über Simonsfelds Vortrag zum Fondaco, in: Der Sammler 48 Nr. 153 (wie Anm. 98); Bericht über eine Vortragsveranstaltung im Verein zum Schutz deutscher Interessen im Ausland, in: AllgZ, Zweite Beilage (10. Februar 1885) S. 1; Publikation des zweiteiligen Vortrags im Volksbildungsverein am 26. und 29. Januar 1885: Henry SIMONSFELD, Die Deutschen als Colonisatoren in der Geschichte (^{2}1885).

die Erneuerung des Kaisertums habe gezeigt, dass diese Idee tief im deutschen Volk verwurzelt sei; ebenso sei der Drang zur Kolonisierung dem deutschen Volk seit dem Hochmittelalter eigen; nachdem das Ziel eines deutschen Reichs erreicht worden sei, müsse der neugegründete Staat sich dieser zweiten Aufgabe annehmen, um sich weiterentwickeln zu können. Simonsfeld war von der Überlegenheit der deutschen Kultur seiner Zeit überzeugt, wobei er betonte, dass ihre Ausbreitung auf friedlichem Weg geschehen solle, und spendete für die Errichtung eines Museums, das nach dem Vorbild des Germanischen Nationalmuseums an der Harvard University aufgebaut wurde[120]. Jüdische Deutsche waren für ihn selbstverständlich Teilhaber und Träger der deutschen Kultur. Dass hinter seinem Interesse an Migration und Kulturkontakten möglicherweise schmerzliche Reflexionen über die eigene Familiengeschichte standen, verrät ein Nebensatz im Kapitel zu den deutschen „Gewerbetreibenden", wo er die Juden nach den Dieben eingliederte „wegen der verachteten, fast ehrlosen Stellung, die sie besonders im ausgehenden Mittelalter in Deutschland einnahmen, und die sie wohl vielfach mit zur Auswanderung nach dem gastlicheren Italien und Venedig einlud"[121].

6. Karriere mit Hindernissen: Die Ludwig-Maximilians-Universität

Henry Simonsfeld begeisterte sich aus innerer Überzeugung für das Kaiserreich, in dessen Verfassung die Gleichstellung der Konfessionen verankert war, und teilte den in jüdischen Kreisen verbreiteten Kulturpatriotismus, der bei ihm von besonderer Anhänglichkeit an „seine bayerische Heimat" gefärbt war. Vor allem glaubte er fest daran, dass die deutsche Universität ausschließlich nach wissenschaftlichen Prinzipien arbeite und völlig frei in Lehre und Forschung sei[122]. Offenbar wollte er nicht aus Karrieregründen konvertieren, hatte aber anscheinend auch keine näheren Beziehungen zur jüdischen Gemeinde in München. So wird man annehmen dürfen, dass er nicht streng religiös lebte und eine ähnliche Haltung vertrat, wie sie Aby Warburg (1866–1929) formulierte: er wolle so, wie er sei (als Jude), durch seine

120 AllgZ, Abendblatt (25. Januar 1902) S. 4; unter den Spendern an den Verein zur Gründung eines Germanischen Museums an der Harvard University war auch Ludwig Traube. Das Museum wurde von Kuno Francke initiiert, der u. a. in München studiert hatte und Mitarbeiter der MGH gewesen war, bevor er in die USA ging. Als Busch-Reisinger Museum gehört das ehemalige Germanic Museum heute zu den bedeutendsten Universitätssammlungen der USA. Vgl. Franziska von Ungern-Sternberg, Kulturpolitik zwischen den Kontinenten. Deutschland und Amerika. Das Germanische Museum in Cambridge/Mass. (1994).

121 Simonsfeld, Fondaco 2 (wie Anm. 98) S. 285.

122 In seinem Urlaubsgesuch, 15. Juni 1892, in: BayHStA, Hof- und Staatsbibliothek, Personalakt Simonsfeld, Dr. Henry, schreibt er, dass er die Mitarbeiterstelle bei den MGH ausgeschlagen habe, „um seiner bayerischen Heimat seine Dienste zu widmen"; mit einem Lob der deutschen Universität schließt Henry Simonsfeld, Zum Jubiläum der Universität Bologna, in: AllgZ, Beilage (7. Juni 1888) S. 2297–2299. – Zur regionalen Verwurzelung bayerischer Juden vgl. etwa Donald L. Niewyk, Das Selbstverständnis der Juden und ihre Beteiligung am politischen Leben des Kaiserreiches und der Weimarer Republik, in: Treml u. a. (Hg.), Geschichte (wie Anm. 2) S. 369–385, hier S. 373f.; zu den jüdischen Einwohnern Münchens: Marcus Pyka, Das Werden einer großstädtischen Gemeinde (1848–1892), in: Richard Bauer / Michael Brenner (Hg.), Jüdisches München. Vom Mittelalter bis zur Gegenwart (2006) S. 89–109; Elisabeth Angermair, Eine selbstbewusste Minderheit (1892–1918), ebd. S. 110–136, beide mit Hinweisen zu antijüdischen und antisemitischen Ressentiments.

Leistung Anerkennung finden[123]. Anders als Aby Warburg oder Ludwig Traube (1861–1907) hat Simonsfeld allerdings diese Position nicht durchgehalten. Unmittelbar vor seiner Heirat mit der Augsburger Kaufmannstochter Lina Pullich trat er im Alter von 42 Jahren zum evangelisch-lutherischen Glauben über, doch wünschte er diesen Umstand soweit wie möglich als Privatsache zu behandeln. Auch seine Mutter konvertierte, und zwar zum Katholizismus, womöglich aufgrund ihrer Sympathie für Italien[124]. Die Pflege der zeitüblichen bürgerlichen Geselligkeit, an der sich Simonsfeld „insbesondere in Universitäts- und gelehrten Kreisen" beteiligte, setzte familiäre und materielle Ressourcen voraus, zu denen Mutter und Frau in erheblichem Maß beitrugen[125]. Kontakte zu jüdischen Verwandten gab es wohl weiterhin; beim Tod Simonsfelds stiftete sein Cousin Bela Moses als „Kranzablösespende" einen Geldbetrag von 20 Mark, die an einen Münchner Studenten ausgehändigt werden sollten[126].

Dass Simonsfelds Universitätskarriere, bei der Hermann Grauert vornehm zurückhaltend „äußere Verhältnisse" wirken sah, durch antisemitische Einstellungen behindert wurde, wird nach dem Zeugnis von Walter Goetz, Simonsfeld habe „als Jude *[...]* in München einen schweren Stand" gehabt, allgemein angenommen[127]. Simonsfelds jüdische Herkunft wurde bereits bei seinen ersten Schritten in die Wissenschaft öffentlich thematisiert. Unklar ist, was einen katholischen Autor dazu veranlasste, bei einer lobenden Erwähnung der Dissertation den Vornamen als „Harry" anzugeben; da Harry in jüdischen Familien als Nebenform von „Heinrich" verwendet wurde, liegt die Vermutung nahe, dass Simonsfeld damit als Jude gekennzeichnet werden sollte[128]. Eindeutig antisemitische Kommentare rief seine Habilitation hervor. Tageszeitungen berichteten damals üblicherweise über Habilitationen, und so erfuhren die Leser zum Beispiel 1877, dass mit dem Juristen Theodor Löwenfeld „das erste Mal *[...]* ein Israelit in den Lehrkörper der Universität München" eintrat. Einige

123 Aby Warburg, Briefe, hg. von Michael Diers / Steffen Haug / Thomas Helbig, 2 Bde. (Gesammelte Schriften. Studienausgabe 5,1–2, 2021), 1 Nr. 7 S. 45 (an seine Mutter, 26. Januar 1887). Warburg hörte während seines Studiums in München im Sommersemester 1888 bei Simonsfeld eine Vorlesung über die Staufer, ebd., 2 S. 21.

124 Ein Zeugnis über seine Taufe in Augsburg (11. Februar 1894) legte er nur der Münchner Steuerbehörde vor, vermerkt in: Stadtarchiv München, PMB S 439; seine Personalakten bei Bibliothek, Akademie und Universität enthalten keinen Hinweis dazu. Sophies Konversion ist zu erschließen aus dem Gottesdienst, der laut Todesanzeige (siehe Anm. 14) für sie in der Ludwigskirche gehalten wurde. Ihre Liebe zu Italien bezeugt Carlo Merkel in einem Brief am 17./18. Dezember 1888 (siehe Anm. 41); vgl. auch Il carteggio tra Luigi Schiaparelli e Carlo Cipolla (1894–1916), a cura di Antonio Olivieri (Reti medievali E-Book 35, 2020) Nr. 9 S. 51 (16. Januar 1895).

125 Geselligkeit, guten Umgang und ein „beträchtliches *[...]* Vermögen" bescheinigen der Familie Simonsfeld Dr. Paul Tesdorpf (17. November 1917) und Prof. Dr. Karl von Birkmeyer (16. November 1917), in: BayHStA, OP 12394.

126 Unterlagen zur Spende vom 8. bis zum 17. April 1913, in: UAM, E II 683. Zu Bela Moses (Milić) siehe oben Anm. 7.

127 [Grauert], in: Chronik 1912/13 (wie Anm. 2) S. 15; Goetz, Aus dem Leben (wie Anm. 28) S. 5; zur Interpretation vgl. etwa Weigand, Simonsfeld (wie Anm. 2) oder Rolf Kiessling, Jüdische Geschichte in Bayern. Von den Anfängen bis zur Gegenwart (2019) S. 95f.

128 [Anonymus], Venedig und Byzanz, in: Historisch-politische Blätter für das katholische Deutschland 84 (1879) S. 364–379, hier S. 369f. In der Neuen jüdischen Presse (18. April 1913) wurde sein Tod mit der Namensform „Harry" angezeigt. Henry Simonsfeld hat die Form „Harry" niemals gebraucht; es ist unverständlich, warum er sogar noch in nach 2000 erschienener Literatur bisweilen so genannt wird.

ultramontane Blätter kommentierten die neutral formulierte Nachricht von der Privatdozentur eines Juden empört und appellierten an die katholischen Landtagsabgeordneten, bei den Beratungen über das Budget der Landesuniversität diesen ‚konfessionslosen' Machenschaften entgegenzuwirken[129]. Die Berichterstattung über die Habilitationen des Jahres 1878 lief nach demselben Muster ab. In eine neutrale Notiz über die neuen Privatdozenten Heinrich Harburger und Henry Simonsfeld wurde bei beiden das Epitheton „Jude" eingeschoben und in Klammern hinzugefügt: „Nun halten die Juden auch schon auf unserer Universität ihren Einzug! Sehr bedenkliche Erscheinung![130]" Simonsfeld war der erste ungetaufte Jude, der an der Philosophischen Fakultät der Ludwig-Maximilians-Universität die venia legendi erhielt, und dies gerade zu einer Zeit, da sich als Folge der Wirtschaftskrise judenfeindliche Äußerungen in der Öffentlichkeit mehrten. Diese mündeten 1879 in den Antisemitismus-Streit, der zu einer weiteren Verbreitung antijüdischer Einstellungen auch unter den Studierenden – insbesondere in den nationalistischen ‚Vereinen deutscher Studenten' – beitrug[131]. Wie über ihn im Umfeld der Universität geredet wurde, lässt sich in den Briefen fassen, die zwei italienische Studenten 1888/89 und 1894/95 aus München schrieben. In ihren ersten Berichten spielt die Religion keine Rolle, aber nach einer gewissen Akklimatisierung kommentieren beide das Judentum Simonsfelds in Verbindung mit dem geringen Ansehen, das dieser an der Universität genieße. Offensichtlich geben beide den Klatsch wieder, den sie bei ihren Kommilitonen aufgeschnappt hatten, wobei nur Simonsfeld als Jude auftritt, während die Religion Ludwig Traubes an keiner Stelle genannt wird[132]. Simonsfeld scheint von Anfang an unter besonderer Beobachtung gestanden zu haben. Auch nach seiner Konversion blieb er weiter im Visier antisemitischer Kreise, wie sich 1902 anlässlich des Konflikts um eine Lehrstuhlbesetzung zeigte, bei der das Gerücht aufkam, das Kultusministerium wolle Anton Chroust (1864–1945) nach München und Simonsfeld nach Würzburg versetzen. Einige katholische Tageszeitungen ergänzten dessen Namen durch „ein getaufter Jude", um das Mi-

---

129 Bei einer Suche nach „Theodor Löwenfeld" im Portal digiPress der BSB (https://digipress.digitale-sammlungen.de) erscheint die zitierte Formulierung vom 6. bis zum 14. April 1877 in rund einem Dutzend regionaler Blätter von der Augsburger Abendzeitung bis zur Zweibrücker Zeitung; darauf folgt vom 12. bis zum 15. April in Augsburger Abendzeitung, Tag- und Anzeigeblatt für Kempten und das Allgäu und Fürther Neuesten Nachrichten ein spöttischer Bericht über den ultramontanen „Schmerzensschrei". Von den Zeitungen, die diesen verbreiteten, scheint bislang nur das Fränkische Volksblatt (9. April 1877) digitalisiert zu sein.

130 Unterzeichnet mit „D*[ie]* Red*[aktion]*", in: Der Bayerische Landbote (24. September 1878), wo auch sonst häufig antisemitische Kommentare erschienen; eine neutrale Nachricht hatten z. B. die Aschaffenburger Zeitung (16. September 1878) oder der Bayerische Kurier (21. September 1878) gebracht.

131 Vgl. Karsten Krieger, Einleitung, in: Der „Berliner Antisemitismusstreit" 1879–1881. Eine Kontroverse um die Zugehörigkeit der deutschen Juden zur Nation. Kommentierte Quellenedition, 1 (2004) S. X–XXXI. – Siehe auch den Beitrag von Ulrich Wyrwa zu Antisemitismus in Deutschland 1819–1945 mit besonderer Berücksichtigung des akademischen Feldes in vorliegendem Band.

132 Carlo Merkel erwähnt das Judentum Simonsfelds in Briefen am 7. Februar und 5. August 1889 und berichtet mehrfach über Traube (siehe Anm. 41); Schiaparelli, Carteggio (wie Anm. 124) Nr. 8 S. 49f. (21. November 1894), Nr. 12 S. 54 (3. März 1895), Nr. 13 S. 56 (18. März 1895). – Zu Luigi Schiaparelli vgl. den Artikel von Antonio Olivieri, in: DBI 91 (2018) S. 445–448; zu Traube siehe den Beitrag von Bernd Posselt in vorliegendem Band.

nisterium zu diskreditieren, dem unterstellt wurde, „vor der judenliberalen Universitätsclique in Würzburg“, die den Katholiken Chroust verhindern wolle, „zu kapitulieren“[133].

Simonsfelds zwanzigjährige Laufbahn in der Hof- und Staatsbibliothek stärkt die Vermutung, dass man Juden in Bibliothek und Archiv reüssieren ließ, um sie von der prestigeträchtigsten Position, derjenigen eines ordentlichen Professors, fernzuhalten. Auch der Status eines besoldeten Extraordinarius war für Juden schwer zu erreichen[134]. Offenbar um sich für den zu erwartenden Ausbau des Historischen Seminars in Stellung zu bringen, verlegte sich Simonsfeld ab 1888 auf die Hilfswissenschaften, die sonst über Honorarprofessuren und Lehraufträge von Archivaren abgedeckt wurden. Ähnlich wie bei der Etablierung der Bayerischen Landesgeschichte entwickelten sich um die Professur für Hilfswissenschaften, die das Historische Seminar ab Mitte der 1890er Jahre anstrebte, langwierige Interessenkonflikte, in denen sich in bisweilen nicht durchschaubarer Weise fachliche, persönliche und politische Motive vermischten[135]. Statt, wie vom Senat angeraten, zur Vorbereitung der Professur Simonsfeld den Lehrauftrag zu geben, teilte die Philosophische Fakultät im Wintersemester 1896/97 die Lehre zwischen ihm und Anton Chroust. Auf diese Episode bezieht sich vermutlich Grauerts Aussage, „strenge Spezialisten“ hätten Simonsfeld nicht als „vollen Hilfswissenschaftler gelten“ lassen wollen[136].

Im Jahr 1898 wurde Simonsfeld von seiner Bibliotheksstelle auf die neu eingerichtete außerordentliche Professur für Hilfswissenschaften unter Beibehaltung seiner bisherigen Bezüge versetzt[137]. Sein Weg vom besoldeten Extraordinariat bis zur ordentlichen Professur

133 So oder ähnlich in österreichischen Zeitungen wie Das Vaterland (10. September 1902) und vom 11. bis zum 16. September in Deutsches Volksblatt, Reichspost, Grazer Tagblatt, sowie in: Wendelstein. Rosenheimer Tagblatt (16. September 1902). Zum Hintergrund vgl. Peter Herde, Anton Chroust (1864–1945). Ein streitbarer Historiker aus Österreich in Franken, in: Karel Hruza (Hg.), Österreichische Historiker. Lebensläufe und Karrieren 1900–1945, 2 (2012) S. 85–127, hier S. 100–117. – Simonsfelds Name erscheint auch in einer Liste jüdischer Professoren in der im Münchner Kyffhäuser-Verlag publizierten rassistischen Hetzschrift Semigothaismus. Allgemeines und Persönliches vom Semigothaismus (1914).

134 Vgl. Ernest Hamburger, Juden im öffentlichen Leben Deutschlands. Regierungsmitglieder, Beamte und Parlamentarier in der monarchischen Zeit. 1848–1918 (1968) S. 53–63; Thomas Breisach, Jüdische Universitätsprofessoren im Königreich Bayern (2000), zu Simonsfeld S. 296–298; Sieg, Der Preis (wie Anm. 43); zur konfessionellen Rekrutierung der deutschen Mediävisten am Beginn des 20. Jahrhunderts Schieffer, Weltgeltung (wie Anm. 116) S. 46–48.

135 Zur Entwicklung der Hilfswissenschaften vgl. Heinrich Günter, Das Historische Seminar, in: Karl Alexander von Müller (Hg.), Die wissenschaftlichen Anstalten der Ludwig-Maximilians-Universität (1926) S. 193–199, hier S. 197-199; Hedwig Dickerhof-Fröhlich, Das historische Studium an der Universität München im 19. Jahrhundert. Vom Bildungsfach zum Berufsstudium (1979) S. 109–112; zur Bayerischen Landesgeschichte: Katharina Weigand, Sigmund von Riezler (1843-1927) und Michael Doeberl (1861-1928), in: dies. (Hg.), Münchner Historiker (wie Anm. 27) S. 159-184, hier S. 165-173.

136 Unterlagen von WS 1896/97 bis einschließlich WS 1897/98, in: UAM, Y XVII 9, Bd. 1; [Grauert], in: Chronik 1912/13 (wie Anm. 2) S. 15. Simonsfeld war sehr verärgert über die Teilung des Lehrauftrags, die er auf Intrigen Chrousts und einiger Professoren zurückführte, wie er Luigi Schiaparelli mitteilte (21. Dezember 1896 und 19. August 1897), Postkarten in Privatbesitz; ich danke Nicolò Schiaparelli und Antonio Olivieri (Turin) herzlich für die Übersendung von Digitalisaten.

137 Unterlagen zur Ernennung zum außerordentlichen Professor ab 1. August 1898, in: UAM, E II 683. Zur letzten Phase von Simonsfelds Karriere vgl. vor allem Weigand, Simonsfeld (wie Anm. 2).

dauerte 14 Jahre. Der Senat billigte 1909 zwar die von der Fakultät beantragte Einrichtung einer Abteilung für Hilfswissenschaften, lehnte aber ein Ordinariat „aus schweren grundsätzlichen Bedenken" ab[138]. Nach einer zweiten Ablehnung und dem Insistieren der Philosophischen Fakultät sprach sich der Senat 1911 wenigstens dafür aus, Simonsfeld für seine Person den Titel eines ordentlichen Professors der Geschichte und historischen Hilfswissenschaften zu verleihen. Dagegen formulierten drei der zehn Senatsmitglieder und der Prorektor ein Sondervotum, diese Professur sei nicht aus dem Lehrbedarf der Fakultät begründet, sie werde nur wegen der Hartnäckigkeit des Begünstigten beantragt, weniger Betriebsame würden dadurch benachteiligt, und es seien Qualitätseinbußen zu befürchten, wenn dieses Beispiel in München Schule mache. Die Unterzeichner waren der germanistische Mediävist Hermann Paul, der Gynäkologe Albert Döderlein, der Finanzwissenschaftler Walther Lotz und der Astronom Hugo von Seeliger[139]. Döderlein wirkte als Rassenhygieniker am Beginn des NS-Regimes an einem Kommentar zu dem Gesetz „zur Verhütung erbkranken Nachwuchses" mit, doch Hugo von Seeliger, der Bruder des Historikers Gerhard Seeliger, gehörte zu den engsten Freunden des Ehepaars Pringsheim, sodass ihm gewiss keine antisemitischen Tendenzen unterstellt werden können. Es ist nicht zu klären, ob und inwieweit sich hinter der Argumentation des Sondervotums antisemitische Gründe verbargen. Das Ministerium gab den Einwänden nicht statt und ernannte Simonsfeld am 29. Februar 1912 zum ordentlichen Professor. Diese Lösung wurde durch das von ihm bereits erreichte Gehaltsniveau ermöglicht; er verdiente seit 1909 einschließlich der Hörergelder 6300 Mark pro Jahr und damit so viel wie ein ordentlicher Professor[140].

Ein Brief Simonsfelds an Karl von Amira (1848–1930) wirft 1910 Schlaglichter auf verborgene Gesprächszusammenhänge[141]. Verärgert wies er die Argumentation zurück, die Hilfswissenschaften seien nicht wichtig genug für einen Lehrstuhl, und wehrte den Einwand ab, er habe die Paläographie vernachlässigt. Dieses Detail lässt darauf schließen, dass er an Ludwig Traube gemessen wurde, auf dessen charismatisches Auftreten auch sein Eingeständnis, „dass ich kein Genie bin", implizit anzuspielen scheint. Durchaus selbstbewusst betont Simonsfeld jedoch seine Leistungen in der Diplomatik und vor allem seine Verdienste um die Lehre, mit der er eine beachtliche studentische „Frequenz" für die Hilfswissenschaften gewonnen habe – ein weiterer Gesichtspunkt, der auf einen Vergleich mit Traube verweist, gegen den die angeblich geringen Hörerzahlen seiner Veranstaltungen ins Feld geführt wor-

---

138 Unterlagen von März bis Mai 1909, in: UAM, E II 683; Sitzungsprotokolle der Philosophischen Fakultät (4. und 5. März 1908, 21. Mai 1909), ebd., O III 1. Der Antrag des Historischen Seminars auf eine Abteilung und ordentliche Professur für Hilfswissenschaften wurde von der Fakultät mit 10:4 Stimmen beschlossen; die Widerstände bewegten Simonsfeld, sich am 30. April 1909 direkt an den Rektor zu wenden.

139 Unterlagen von Februar und März 1911, in: UAM, E II 683; Sitzungsprotokolle der Philosophischen Fakultät (11. Februar und 8. März 1911), ebd., O III 1. – Zu dem Sondervotum vgl. bereits WEIGAND, Simonsfeld (wie Anm. 2) S. 193.

140 Unterlagen zu Simonsfelds Gehaltsverhältnissen seit 1898, in: UAM, E II 683.

141 Simonsfeld an Karl von Amira (3. Januar 1910), in: BSB, Amiriana; teilweise zitiert bei WEIGAND, Simonsfeld (wie Anm. 2) S. 192. Als langjähriges Senatsmitglied war von Amira gut informiert; er dürfte zu den Unterstützern Simonsfelds gehört haben. Vgl. zu ihm Hermann NEHLSEN, Karl von Amira (1848-1930), in: WEIGAND (Hg.), Münchner Historiker (wie Anm. 27) S. 137-158.

den waren. Als Privatdozenten hatten Traube und Simonsfeld einander beobachtet und kritisch übereinander gesprochen[142]; das Schreiben Simonsfelds lässt erkennen, dass diese Konkurrenz inneruniversitär von seinen Gegnern ausgenutzt wurde. Mit seinen Bemühungen, ein Seminar für historische Hilfswissenschaften und in Verbindung damit eine Professur einzurichten, folgte er dem Weg, den Ludwig Traube für die Mittellateinische Philologie eingeschlagen hatte.

Paul Fridolin Kehr trug anlässlich von Henry Simonsfelds Tod am 5. April 1913 in seinen ‚Liber vitae' ein: „Der Historiker von Venedig. Als Mensch und Gelehrter unbedeutend (sehr jüdisch)"; Walter Goetz schreibt von „nicht allzu hervorragenden wissenschaftlichen Leistungen", und dass Simonsfeld „keine imponierende Persönlichkeit, aber ein sehr guter Mensch" gewesen sei[143]. Diese Urteile können mit Hermann Grauerts Erklärungsversuch, Simonsfeld sei zu wenig Spezialist gewesen, zur Deckung gebracht werden. Die Frage, was für einen Akademiker am Beginn des 20. Jahrhunderts ein bedeutender Mensch war, sei dahingestellt, und was genau das Jüdische an Simonsfeld gewesen sein mag, entzieht sich einer Beurteilung, die ohnehin nur die Schablonen der zeitgenössischen Vorurteile anlegen könnte. In diesen Einschätzungen wirken wissenschaftliche Kontroversen nach, die nicht nur sachliche Gründe hatten, sondern auch Ausdruck des Widerstreits und der Konkurrenz von Schulen und Richtungen waren[144]. Unbeteiligten Beobachtern erschienen Simonsfelds vehemente Reaktionen auf Kritik kleinlich und unsouverän, während sie innerhalb des Münchner Kontexts in ihrer Erbitterung aus den fortwährenden Kränkungen zu erklären sind, die er als Jude seit seiner Habilitation erfuhr. Anfangs durch seine Beziehungen zu Wilhelm von Giesebrecht und Georg Waitz gut vernetzt und jede Gelegenheit zur weiteren Profilierung nutzend, geriet Simonsfeld mit der Stagnation seiner Universitätskarriere aus dem Zentrum an den Rand der Historikernetzwerke. Neben der Entfremdung von den MGH machte vor allem die Auseinandersetzung um die Jahrbücher Friedrichs I. deutlich, dass er zunehmend als Außenseiter betrachtet wurde, zumal auch seine unbestreitbaren kulturgeschichtlichen Verdienste außerhalb der zentralen Interessenfelder der damaligen Mediävistik (und zu einem großen Teil nicht einmal im Mittelalter!) lagen. In das Lob des Fleißes, der ihm durchweg zugestanden wurde, mischte sich zusehends ein herablassender Ton, der – zumindest was seine Publikation kulturgeschichtlicher Quellen betrifft – ganz unberechtigt ist, denn mit Fleiß allein war es bei ihrer Bearbeitung nicht getan, sie erforderten auch ein Gespür für Aussagekraft und -potenzial von Texten, die erst allmählich von editorischen Bemühungen erfasst wurden. Für das nahezu nicht vorhandene Nachleben Simonsfelds war sein langes Verweilen im Stadium des Privatdozenten und außerordentlichen Professors ausschlaggebend, da die Doktoranden

142 Laut Carlo Merkel, 12. Dezember 1888 und 5. Februar 1889 (siehe Anm. 41), kritisierte Simonsfeld die Höherstellung der Philologie gegenüber der Geschichtswissenschaft bei Traube, dieser wiederum bemängelte, dass Simonsfeld nicht versucht habe, die Urform des Chronicon Altinate zu rekonstruieren. Bei der Wahl Simonsfelds zum ordentlichen Mitglied der Akademie (siehe Anm. 80) stimmte aber auch Traube zu. – Zum Problem der Hörerzahlen: Ludwig Traube, Rückblick auf meine Lehrthätigkeit, hg. von Gabriel Silagi (1988).

143 Paul Fridolin Kehr, Liber vitae Bl. 67r; für die Mitteilung danke ich herzlich Frau Dr. Hedwig Munscheck-von Pölnitz; Goetz, Aus dem Leben (wie Anm. 28) S. 5.

144 So schon [Grauert], in: Chronik 1912/13 (wie Anm. 2) S. 15.

es vorzogen, von den Ordinarien promoviert zu werden. Das Fehlen von Schülern, die selbst Universitätskarriere machten, bewirkte wiederum, dass er als Person in der scientific community in Vergessenheit geriet. Ganz und gar nicht vergessen, sondern im Gegenteil sehr präsent ist er aber als Forscher und Editor, wenn man die Zitationen seiner Werke als Maßstab nimmt, und das gilt nicht nur für die Monographie zum Fondaco dei Tedeschi.

Abstract: Henry Simonsfeld was the son of a Jewish wholesale merchant. Losing his father at a premature age, he grew up in Franconia under the tutelage of his mother and moved with her to Munich to study history and classical philology, majoring in the former. With insufficient means for the life of a private scholar, Simonsfeld was obliged to seek a stable income and therefore turned down an assistant research position at the MGH in 1878 in favour of a career as a librarian at the Munich Hof- und Staatsbibliothek, which he held until 1898. Nevertheless, he undertook work for the MGH and was indeed their most important field researcher for Italian libraries and archives from 1877 to the late 1880s. In the pursuit of an academic career, Simonsfeld completed his habilitation in 1878 and worked towards attaining a university position. Encountering anti-Semitic sentiments, it was not until 1898 that he received an extraordinarius professorship at the Ludwig-Maximilians-Unversität in Munich, followed by an ordinarius chair for history and auxiliary sciences in 1912. Among his research publications, his monograph on the Fondaco de Tedeschi and his edition of the first volume of the "Jahrbücher" of Frederick Barbarossa are the most notable and have been reprinted in the 20th century. Also his source-oriented cultural history studies are still well worth reading. With his interest in topics such as migration, trade, and cultural contacts, Simonsfeld was a historian ahead of his times.

Bernhard von Simson (1840–1915)

von
CLAUDIA MÄRTL

Bernhard von Simson

Bernhard von Simson trug zu den MGH vier Editionen bei, die von 1905 bis 1916 in einem fast regelmäßigen Rhythmus erschienen, und war von 1907 bis zu seinem Tod im Jahr 1915 Mitglied der Zentraldirektion. Als Editor mittelalterlicher Quellen ist er erst wenige Jahre vor seiner Emeritierung an der Universität Freiburg im Breisgau tätig geworden und hat damit in seiner Gelehrtenlaufbahn Neuland betreten, da er zuvor zwar eine Reihe quellenkritischer Beiträge vorgelegt, sich als Herausgeber aber nur am Anfang seiner Karriere an Korrespondenzen des 17. Jahrhunderts versucht hatte[1].

Über seine jüdischen Vorfahren berichtet Bernhard von Simson völlig unbefangen in den Erinnerungen an seinen Vater, die er 1900 veröffentlichte[2]. Bernhard war der jüngere Sohn von Eduard von Simson und Clara Warschauer, die beide aus weitverzweigten jüdischen

1 Zur Biographie vgl. Ulrich NONN, Simson, Karl Bernhard Eduard George, in: NDB 24 (2010) S. 453f.; Volker DOTTERWEICH, Bernhard von Simson, in: Badische Biographien N. F. 3 (1990) S. 256–258 (online im Eintrag Simson, Bernhard von, in: leo bw – Landeskunde entdecken online, https://leo-bw.de [alle Links in diesem Beitrag wurden am 17.3.2023 abgerufen]); Harry BRESSLAU, Bernhard von Simson. Ein Nachruf, in: NA 40 (1916) S. 819–827; zu seiner Beteiligung an den MGH DERS., Geschichte der Monumenta Germaniae historica (1921) S. 729 und 738–740.

2 Eduard von Simson, Erinnerungen an sein Leben, zusammengestellt von Bernhard VON SIMSON (1900) S. 1–3 und 63–65.

Kaufmanns- und Bankiersfamilien stammten. Im Jahr 1823 ließen die Eltern Eduards ihre drei Söhne taufen; später traten sie auch selbst zum evangelischen Glauben über. Die Konversion seines Vaters erwähnt Bernhard von Simson eher beiläufig; bei der Schilderung seiner Mutter hingegen spielt Religion überhaupt keine Rolle. Der Glaubenswechsel ermöglichte es allen drei Brüdern und ihren Nachkommen, die ein ausgedehntes Verwandtschaftsnetz in preußischen Juristen-, Bankiers- und Industriellenkreisen bildeten, glänzende Karrieren in Staat und Gesellschaft einzuschlagen. Eduard von Simson, zuerst Professor des Römischen Rechts an der Universität Königsberg, wurde nach 1848/49 einer der bekanntesten Juristen und Politiker des Deutschen Reichs; als Abgeordneter und Präsident der Frankfurter Nationalversammlung, der Reichstage des Norddeutschen Bundes und des Kaiserreichs wird er bis heute in den parlamentarischen Institutionen der Bundesrepublik erinnert[3]. Er hatte zwei Söhne und sieben Töchter; seine Enkel und Urenkel studierten bevorzugt Rechts-, manche auch Naturwissenschaften. Der 1840 geborene Bernhard war in der Familie mit seinem Studium der Geschichte ein geisteswissenschaftlicher Sonderfall, dem erst im 20. Jahrhundert der Kunsthistoriker Otto und der Indologe Georg von Simson, Nachkommen seines älteren Bruders, folgten.

Bernhard von Simson studierte in Königsberg und Berlin, wo er Vorlesungen und historische Übungen Leopolds von Ranke (1795–1886) besuchte. Als er fast 40 Jahre später eine Rede auf Ranke hielt, konnte er zwar ein lebendiges Bild von dessen Auftreten zeichnen, musste aber gestehen, dass er aus den Lehrveranstaltungen des Altmeisters nicht allzu viel mitgenommen hatte[4]. Sein wichtigster Lehrer war Wilhelm von Giesebrecht (1814–1889), der ihm die kritische Methode der Quellenbehandlung vermittelte, die Simson als das unverzichtbare Fundament der historischen Forschung betrachtete, durch das diese erst zur Wissenschaft werde[5]. In seiner Rede auf die Ranke-Schule hob er neben dem strikten Bezug auf die Quellen als deren Verdienst auch die Konzentration auf die mittelalterliche Kaisergeschichte hervor, in der er einen grundlegenden Beitrag der Geschichtswissenschaft zur Schaffung des neuen deutschen Kaiserreichs sah. Es lag ihm fern, eine vordergründige Politisierung zu propagieren; die kritisch abgesicherte Feststellung des Wortlauts der Quellen war ihm ein Wert an sich, der, wie er betonte, keinen unmittelbaren praktischen Nutzen nach sich zog[6]. In diesen Bahnen – Sicherung der Quellen und der daraus für die Kaisergeschichte resultierenden Erkenntnisse – bewegte sich sein Wirken als Historiker.

---

3 Vgl. hier nur Andreas Thier, Simson, Martin Eduard Sigismund von (preußischer Adel 1888), in: NDB 24 (2010) S. 451–453; Sebastian Martius, Simson, Eduard (von), in: Frankfurter Personenlexikon (Online-Ausgabe), https://frankfurter-personenlexikon.de/node/4933. Otto von Simson stiftete dem Deutschen Bundestag eine zeitgenössische Büste Eduards, vgl. Andreas Kaernbach, Eduard von Simson – Jurist, Politiker, Staatsmann, https://www.bundestag.de/besuche/ausstellungen/kunst_ausst/150jahre_parlament/simson-830040.

4 Bernhard von Simson, L. von Ranke und seine Schule, in: Reden, gehalten in der Aula am 6. Mai 1895 bei der öffentlichen Feier der Übergabe des Prorectorats der Universität Freiburg (1895) S. 23–60, hier S. 25–31.

5 Vgl. Bernhard Simson, Jbb. des Fränkischen Reiches unter Karl dem Großen, 2: 789–814 (1883) Vorwort S. VI: sein Ziel sei es, „in der Benutzung der Quellen strenge Zucht und Methode zu üben, und damit, zugleich zum Schutze gegen die nie aufhörenden dilettantischen Bestrebungen, ein möglichst festes wissenschaftliches Fundament unserer thatsächlichen Kunde zu legen".

6 Von Simson, L. von Ranke (wie Anm. 4) S. 59.

Als 20-Jähriger, selbst für damalige Verhältnisse recht jung, wurde Bernhard von Simson promoviert mit einer durch Wilhelm von Giesebrecht betreuten Abhandlung über die Frage, ob Einhard (†840) an den Reichsannalen mitgewirkt habe[7]. Es dauerte 14 Jahre, bis er sich als Historiker etablieren konnte, was an den Umwegen lag, die durch eine längere Selbstfindungsphase verursacht wurden. Bernhard von Simson schwankte zwischen Schule, Universität und Archiv, denen er von 1861 bis 1872 jeweils mehrere Jahre lang seine Arbeit widmete. 1863 habilitierte er sich an der Universität Jena mit einer Studie über die sogenannten Einhardsannalen und die Annalen von St-Bertin (Sithiu)[8]. Zwei Jahre später teilte er Philipp Jaffé (1819–1870) mit, dass er sich inzwischen gut in die Lehre eingefunden habe, stellte jedoch zugleich selbstkritisch fest, dass ihn die Überblicksvorlesungen störten, da es seiner „Neigung und Anlage" mehr entspreche, sich „in engbegrenzte Themata zu vertiefen"[9]. 1868 gab er die Privatdozentur auf, konnte aber dem Dasein als Gymnasiallehrer oder Archivar ebenso wenig abgewinnen. Schließlich beendete er 1872 auch seine Archivarslaufbahn, um sich als Privatgelehrter mit mittelalterlicher Geschichte zu befassen. In dieser Phase bat er Wilhelm von Giesebrecht, für ihn den Kontakt zu Wilhelm Wattenbach (1819–1897) herzustellen. Giesebrecht, der ihn schon als Gymnasiasten gekannt hatte, schrieb daraufhin an Wattenbach: „Er ist ein guter Mensch, obwohl er der Merkwürdigkeiten genug hat. Seine Frau, die ich leider nicht in Berlin kennen lernte, wird außerordentlich gerühmt. Seien Sie freundlich gegen ihn, damit er nicht ganz vereinsamt, wozu er von jeher Neigung gehabt hat"[10].

Dem Schicksal, als zurückgezogen lebender Sonderling zu enden, entging Simson 1874 durch seine Berufung auf eine besoldete außerordentliche Professur in Freiburg im Breisgau, die 1877 zur ordentlichen Professur aufgewertet wurde. Wie Harry Bresslau andeutet, hatte die Entscheidung der Universität wohl nicht nur mit dem ersten Band der Jahrbücher Ludwigs des Frommen, der kurz vorher erschienen war, und mit der Lehrerfahrung des Kandidaten zu tun, sondern auch mit dem Ansehen und den Verbindungen Eduards von Simson[11]. Bernhard von Simson lehrte Alte und Mittelalterliche Geschichte, doch nachdem die Universität einen althistorischen Lehrstuhl eingerichtet hatte, konnte er ab 1887 allein das Mittelalter behandeln.

Im Zentrum seiner wissenschaftlichen Tätigkeit standen die Zeit der Karolinger und die der frühen Staufer. Das Mittelalter war erneut in seinen Fokus gerückt, nachdem er die Edition französischer Berichte über den Großen Kurfürsten, für die er 1861/62 zu einem Archivaufenthalt nach Paris reiste, wegen der restriktiven Haltung der französischen Behörden hatte abbrechen müssen[12]. Anders als vielen Mediävisten des 19. Jahrhunderts lag

---

7 Bernhardus Ed. Simson, De statu quaestionis sintne Einhardi necne sint quos ei ascribunt annales imperii specimen (1860).

8 Bernhard Ed. Simson, Über die Annales Enhardi Fuldensis und die Annales Sithienses (1863).

9 28. Mai 1865 (MGH-Archiv, B 664). Der Adressat lässt sich erschließen aus der Erwähnung der von Philipp Jaffé herausgegebenen Bibliotheca rerum Germanicarum am Ende des Schreibens. – Zu Philipp Jaffé siehe den Beitrag von Daniel R. Schwartz in vorliegendem Band.

10 19. Januar 1874 (MGH-Archiv, B 237). – Bernhard von Simson war verheiratet mit Anna Jonas (1840–1915), einer Tochter des Berliner Theologen Ludwig Jonas.

11 Bresslau, Nachruf (wie Anm. 1) S. 823.

12 Preußische Kommission bei der Preußischen Akademie der Wissenschaften, Urkunden und Aktenstü-

ihm fortan nichts mehr an Archiv- und Bibliotheksreisen. Gegenstand seiner Bemühungen war vielmehr die sorgfältige Erarbeitung eines zuverlässigen Kenntnisstandes aus dem ihm zur Verfügung stehenden Material, seien es gedruckte Literatur und Quellen oder Kollationen und Handschriftenbeschreibungen, wie sie von den Mitarbeitern der MGH zusammengetragen wurden. In seinen Aufsätzen widmete er sich meist erzählenden Quellen des Frühmittelalters, für die er durch Textvergleiche Vorlagen und Abhängigkeiten zu erweisen oder Gesichtspunkte zu Datierung und Autorschaft zusammenzutragen suchte. Thematisch aus dem Rahmen fallen seine Beiträge über die Pseudoisidorischen Fälschungen, die er der Umgebung Bischof Aldrichs von Le Mans zuschrieb, eine These, die von der Forschung nicht akzeptiert wurde, ihm aber nach wie vor einen Platz in der Diskussion sichert[13].

Vor seinen MGH-Editionen war Simsons Name hauptsächlich mit einigen großen Grundlagenwerken verbunden, die ihren Wert zum Teil bis heute bewahrt haben. Gegen 1869 übernahm er für die Historische Kommission bei der Bayerischen Akademie der Wissenschaften die Jahrbücher Ludwigs des Frommen, die er in zwei Bänden herausbrachte[14]. Unmittelbar danach erhielt er den Auftrag, die von Sigurd Abel (1837–1873) mit einem ersten Band unvollendet hinterlassenen Jahrbücher Karls des Großen fertigzustellen; schließlich wurde er beauftragt, Abels Anteil für eine Neuauflage zu überarbeiten, eine „nicht nur schwierige, sondern auch mühsame Aufgabe", da er einerseits mit manchen grundsätzlichen Entscheidungen seines Vorgängers nicht einverstanden war, andererseits aus Pietät dessen Werk „nicht zerstören" wollte[15]. Die Jahrbücher bezeichnete er als „Materialiensammlungen", mit denen kein höherer darstellerischer Anspruch verbunden sei; er legte Wert auf die Sichtung der zeitgenössischen oder jedenfalls ältesten Quellen zum Handeln des Herrschers, während er auf Literaturdiskussionen oder ein Ausgreifen über die politische Geschichte hinaus weitgehend verzichtete. Dass er an die Bearbeitung gleichwohl mit einem gewissen Ehrgeiz heranging, zeigt seine Bemerkung über das gleichzeitige Fortschreiten von Regesten und Editionen, durch die er sich bisweilen um Verdienste bei der Klärung der Quellengrundlage gebracht sehe, die zu erwerben er gehofft hätte[16]. Als Ende 1889 Wilhelm von Giesebrecht starb, nahm Simson es auf sich, den sechsten Band von dessen Geschichte der deutschen Kaiserzeit zu vollenden, der die letzten acht Jahre der Herrschaft Friedrich Barbarossas behandelt. Von dem schließlich etwa 800 Seiten umfassenden Buch lag ein Teil der Kapitel

cke zur Geschichte des Kurfürsten Friedrich Wilhelm von Brandenburg 2, 1: Auswärtige Acten (Frankreich), hg. von Bernhard Ed. Simson (1865).

13 Er publizierte darüber für seine Verhältnisse ungewöhnlich umfangreich und verteidigte seine These bis zuletzt: Bernhard Simson, Die Entstehung der pseudo-isidorischen Fälschungen in Le Mans. Ein Beitrag zur Lösung der pseudoisidorischen Frage (1886); ders., Über das Vaterland der falschen Dekretalen, in: HZ 68 (1892) S. 193–210; ders., Pseudo-Isidor und die Le Mans-Hypothese, in: ZRG Kan. 4 (1914) S. 1–73. – Zur Diskussion vgl. etwa Horst Fuhrmann, Einfluß und Verbreitung der pseudoisidorischen Fälschungen 1 (MGH Schriften 34,1, 1972) S. 192f. mit Anm. 123; Clara Harder, Pseudoisidor und das Papsttum. Funktion und Bedeutung des apostolischen Stuhls in den pseudoisidorischen Fälschungen (Papsttum im mittelalterlichen Europa 2, 2014) besonders S. 193–212.

14 Bernhard Simson, Jbb. des Fränkischen Reichs unter Ludwig dem Frommen: 1, 814–830 (1874) und 2, 830–840 (1876).

15 Sigurd Abel / Bernhard Simson, Jbb. des Fränkischen Reiches unter Karl dem Großen: 1, 768–788 (^{2}1888) und 2, 789–814 (1883); die Zitate: Simson, Vorwort zur zweiten Auflage, ebd. 1 S. VIII.

16 Simson, Vorwort, in: Jbb. unter Karl dem Großen 2 (wie Anm. 5) S. VI.

und Anmerkungen vor, wozu Simson 250 Seiten Text und über 130 Seiten Anmerkungen, eine Übersicht zu Quellen und Hilfsmitteln sowie ein Register ergänzte. Charakteristischerweise wies er in seinem Vorwort darauf hin, dass die „populäre, gleichsam epische Darstellung Giesebrechts *[...]* auf den gründlichsten Studien" beruhe und die Abschnitte zu den Grundlagen sowie die Anmerkungen zu den „trefflichsten Theilen des Werkes" gehörten[17]. Mit seinem Erscheinen im Jahr 1895 bezeichnete der Band das Ende eines Vierteljahrhunderts, in dem Simson praktisch ununterbrochen mit derartigen Arbeiten beschäftigt gewesen war und bewiesen hatte, dass er bereit war, sich im Dienst der Wissenschaft auch vermeintlich undankbarer Aufgaben anzunehmen und sie zuverlässig zu Ende zu führen.

Mit den MGH hatte Bernhard von Simson, abgesehen von seinen nicht sehr zahlreichen Beiträgen im Neuen Archiv, der ‚Hauszeitschrift' der MGH, lange Zeit wenig zu tun[18]. Dass Edieren in seinen letzten Jahren als Professor in Freiburg und mehr noch während seines Ruhestands, den er 1905 antrat, zum Hauptinhalt seiner wissenschaftlichen Tätigkeit wurde, war Oswald Holder-Egger (1851–1911) zu verdanken. Darüber informieren 90 Briefe Simsons, die das Entstehen der von Holder-Egger angeregten Editionen begleiten und Schlaglichter auf dessen hingebungsvolle Betreuung dieser Vorhaben werfen[19].

Simsons erste Ausgabe bei den MGH, die Annales Mettenses priores, stellt als editio princeps eines Texts der Karolingerzeit für das 20. Jahrhundert eine ausgesprochene Rarität dar. Er selbst hatte früher versucht, aus den gemeinsamen Partien bestimmter Geschichtswerke auf die Vorlage der Annales Mettenses posteriores zu schließen, Karl Hampe hatte dann 1895 eine Überlieferung des Texts in Durham entdeckt, über die Simson im Neuen Archiv publizierte[20]. Auf ein Angebot Holder-Eggers, die neu aufgefundenen älteren Annales Mettenses zu edieren, antwortete er jedoch im Jahr 1902, dass er „leider im Editionswesen ganz unerfahren und auch im Lateinischen außer aller Übung sei". Ähnlich schrieb er an Ernst Dümmler (1830–1902) und fügte hinzu, dass er sich paläographischen Problemen nicht gewachsen fühle[21]. Ein Jahr später, im April 1903, sagte Simson die Edition zu, versehen mit umfänglichen Instruktionen Holder-Eggers und unterstützt durch Mario Krammer (1880–1953), der für ihn Handschriften kollationierte und ihm paläographische Auskünfte erteilte. Trotz Simsons Entschuldigung für seinen „alten, müden Kopf"[22] ging die Arbeit rasch voran, und im November 1904 konnte er das Manuskript zur Durchsicht an Holder-Egger

17 Wilhelm von Giesebrecht, Geschichte der deutschen Kaiserzeit, 6: Die letzten Zeiten Kaiser Friedrichs des Rothbarts. Nebst Anmerkungen und Register zu Bd. 5 und 6, hg. und fortgesetzt durch Bernhard von Simson (1895); Zitate: Vorwort, ebd. S. VI.

18 Bis 1902 ist nur eine Handvoll Briefe Simsons im MGH-Archiv überliefert: zwei an Wilhelm Wattenbach, 1887 (MGH-Archiv B 257) und fünf an Ernst Dümmler, 1898 bis 1902 (MGH-Archiv B 338).

19 Ein Brief an Holder-Egger, 1902 (MGH-Archiv B 338) und 89 Briefe an ihn von 1903 bis 1911 (ebd. B 393).

20 Bernhard von Simson (Hg.), Annales Mettenses priores (MGH SS rer. Germ. [10], 1905); des Weiteren: ders., Über die verlorene Quelle der Annales Mettenses, in: Forschungen zur deutschen Geschichte 20 (1880) S. 395–405; ders., Die wiederaufgefundene Vorlage der Annales Mettenses, in: NA 24 (1899) S. 399–424; ders., Die wiederaufgefundene Vorlage der Annales Mettenses, ebd. 25 (1900) S. 177–183. – Vgl. den Eintrag im Digitalen Repertorium Geschichtsquellen: https://www.geschichtsquellen.de/werk/329.

21 An Holder-Egger, 11. April 1902, und an Dümmler, 15. Mai 1902 (MGH-Archiv B 338).

22 An Holder-Egger, 14. Juni 1903 (MGH-Archiv B 393).

schicken. Die Herstellung der Druckvorlage, Korrektur und Drucklegung dauerten noch ein Jahr, doch 1905 hielt Simson die Belegexemplare, sechs Wochen nach seinem Umzug nach Berlin, in Händen[23].

Als nächstes übernahm er die Annales Xantenses et Vedastini, deren Bearbeitung in ähnlicher Weise ablief[24]. In Berlin wurde Simson persönlich durch Holder-Egger beraten, den er gelegentlich in der Königlichen Bibliothek traf. Obwohl er sich immer noch als „Neuling in solchen Sachen" bezeichnete, ist seinen Briefen anzumerken, dass ihm die Arbeit Freude machte und er sich sicherer fühlte. Er kollationierte jetzt auch selbst, wobei er vorbildlich einen Bleistift verwendete, um „die Handschrift nicht durch Tinte zu gefährden". Vielleicht mit einem kleinen Augenzwinkern schrieb er an Holder-Egger: „Immer wieder, hochverehrter Herr Geheimrat, fühle ich mich höchst dankbar dafür, daß Sie mir Gelegenheit zu Arbeiten gegeben haben, die zwar klein sind, aber mich, alten Neigungen entsprechend, in solchem Grad interessieren, sehr angenehm beschäftigen und in meinem Alter und Ruhestande vor unerfreulichem Müssiggange bewahren"[25].

In der Endphase der Annales Xantenses et Vedastini trat Holder-Egger 1908 mit einem Projekt ganz anderen Ausmaßes an Simson heran, das dieser zunächst ablehnte, dann aber annahm: die Überarbeitung der Edition von Ottos und Rahewins Gesta Friderici, die nur 24 Jahre nach der Ausgabe durch Georg Waitz (1813–1886) wegen der mittlerweile neu aufgetauchten Überlieferungen angegangen werden sollte[26]. Für die Revision wurde ein durchschossenes Exemplar zugrunde gelegt, in das die Lesarten von bei den MGH vorhandenen oder im Zuge der Arbeit erstellten Kollationen eingetragen wurden[27]. Simson zweifelte zuerst ein wenig am Sinn, da abzusehen war, dass sich der Obertext kaum ändern würde, gewann aber Geschmack an der Diskussion über die Rezensionen der Gesta, die durch den Lesartenapparat belegt werden sollten. Eineinhalb Jahre lang sammelte er das Material, bevor er sich im Sommer 1910 an die mühevolle Aufgabe machte; im März 1911 legte er das ergänzte Exemplar vor und übergab im Oktober die korrigierten Aushängebögen, neun Tage vor Holder-Eggers Tod. Für die Überprüfung der literarischen Vorlagen benutzte er Bücher aus der Traube-Bibliothek; eigentlich wollte er über die wörtlichen Zitate hinaus alle Entlehnungen kursiv setzen, verzichtete aber schließlich darauf, um ein „zu buntes

23 An Holder-Egger, 8. November 1905 (MGH-Archiv B 393): Dank für die Exemplare und „das Honorar (das, nach meinem Gefühle, mir eigentlich nicht zukommt)".

24 Bernhard VON SIMSON (Hg.), Annales Xantenses et Annales Vedastini (MGH SS rer. Germ. [12] 1909). – Vgl. die Einträge im Digitalen Repertorium Geschichtsquellen: https://www.geschichtsquellen.de/werk/461 und https://www.geschichtsquellen.de/werk/438.

25 Alle vorstehenden Zitate: An Holder-Egger, 12. Februar 1908 (MGH-Archiv B 393).

26 Erschienen mit dem Titel: Ottonis et Rahewini Gesta Friderici I. imperatoris. Editio tertia. Recensuit G. WAITZ. Curavit B. DE SIMSON (MGH SS rer. Germ. [46] 1912). Der Ausgabe vorangestellt ist die Praefatio von Georg Waitz aus dem Jahr 1884 (S. VII–XXXVI), die Simson um knappe Ausführungen zu den seither neu entdeckten Handschriften und den im Vergleich zu Waitz' Ausgabe umfänglicheren Nachweisen von Vorlagen ergänzte (S. XXXVI–XLI). Weitere Erkenntnisse publizierte er gesondert: Bernhard VON SIMSON, Über die verschiedenen Rezensionen von Ottos und Rahewins Gesta Friderici, in: NA 36 (1911) S. 681–716.

27 Zum Folgenden: An Holder-Egger, 19. Januar und 26. April 1909; Juli 1910; 3. Oktober 1911 (MGH-Archiv B 393).

Aussehen" des Texts zu vermeiden[28]. Über die Rezensionen der Gesta entwickelte sich im 20. Jahrhundert eine Forschungsdiskussion, die anfangs Georg Waitz' Einteilung gewissermaßen auf den Kopf stellte, zuletzt aber – auf breiterer Grundlage und mit Modifikationen und Präzisierungen – zu seiner Ansicht zurückkehrte. Es war also nicht ganz verkehrt, dass Simson die Anlage von dessen Ausgabe respektiert hatte, obwohl er selbst teilweise anderer Meinung war. Dass eine neue Überprüfung der Handschriften seinen Lesartenapparat als unzuverlässig erweist[29], kann nach der Lektüre der Briefe nicht verwundern; schon allein die unterschiedliche Herkunft der Kollationen und das wiederholte Abschreiben mussten zu Ungenauigkeiten und Fehlern führen, die angesichts der damaligen Arbeitsbedingungen kaum zu vermeiden waren.

Nach dem Tod Holder-Eggers reißen die Briefe zu Simsons Editionen ab. Aus Holder-Eggers Nachlass übernahm er die Ausgabe der Chronik des Burchard von Ursberg, die er weitgehend fertigstellte und die Harry Bresslau zum Druck brachte[30]. Möglicherweise ging in diesem Fall die neue Edition sogar auf seine Anregung zurück. Simson schickte Holder-Egger bereits 1907 das von ihm antiquarisch erworbene „Handexemplar" der MGH-Edition von 1874 aus dem Besitz Wilhelms von Giesebrecht, das mit vielen Randbemerkungen von dessen Hand versehen war; über Burchard von Ursberg als einen wichtigen Geschichtsschreiber der Stauferzeit hatten sowohl Giesebrecht als auch er selbst sich geäußert[31].

Bernhard von Simson verspürte offenbar kein Bedürfnis, als origineller Autor oder gar Entdecker im Mittelpunkt zu stehen – mit Ausnahme vielleicht seiner Forschungen zu den pseudoisidorischen Dekretalen. Er passte sich klaglos an Vorgaben an, behandelte die Leistung älterer Gelehrter mit Respekt, arbeitete solide und zuverlässig. Davon, dass die meisten seiner Beiträge nur auf der Basis ausgedehnter Belesenheit zustande kommen konnten, machte er wenig Aufhebens. Seine Beherrschung der historisch-kritischen Methode erleichterte es ihm, sich zuletzt noch mit dem Edieren anzufreunden und mit vier Editionen – davon drei zu hervorragenden Texten mittelalterlicher Historiographie – einen beachtlichen Platz im Programm der MGH zu erringen. Simsons recht unproblematische Historikerkarriere fiel überwiegend in die Jahrzehnte des aufstrebenden Kaiserreichs. Ob er jemals persönlich mit antisemitischen Anfeindungen zu tun hatte, ist nicht bekannt. Selbstverständlich geriet auch er über seinen prominenten Vater, der in jüdischen Prosopographien

28 An Holder-Egger, 16. März und 4. Mai 1911 (MGH-Archiv B 393).

29 Vgl. Roman Deutinger, Rahewin von Freising. Ein Gelehrter des 12. Jahrhunderts (MGH Schriften 47, 1999) S. 27–72; Martina Giese, Über die Gesta Friderici Ottos und Rahewins von Freising. Anmerkungen zur Editions- und Überlieferungsgeschichte, in: MIÖG 119 (2011) S. 311–330.

30 Die Chronik des Propstes Burchard von Ursberg. Zweite Auflage, hg. von Oswald Holder-Egger / Bernhard von Simson (MGH SS rer. Germ. [16] 1916); am Ende der von den Herausgebern stammenden Einleitung erläutert Harry Bresslau (S. XXXVIII–XL) seine Arbeiten an dem ihm 1914 übergebenen Manuskript.

31 An Holder-Egger, 19. Mai 1907 (MGH-Archiv B 393). Vgl. auch Bernhard von Simsons Hinweis auf dieses Exemplar sowie auf Giesebrechts und seine eigenen Forschungen im Vorwort zu Burchards Chronik (wie Anm. 30) S. XXXVII. – Gemeint ist Otto Abel / Ludwig Weiland (Hg.), Die Chronik des Propstes Burchard von Ursberg (MGH SS rer. Germ. [16], 1874); Giesebrechts Exemplar scheint heute in der Bibliothek der MGH nicht mehr vorhanden zu sein (Auskunft von A. Mentzel-Reuters). – Vgl. den Eintrag im Digitalen Repertorium Geschichtsquellen: https://www.geschichtsquellen.de/werk/743.

rühmend erwähnt wurde, in antisemitische Hetzschriften[32] - allerdings erst in seinen letzten Jahren, als ihm derlei kaum mehr etwas anhaben konnte.

Abstract: Bernhard von Simson was the son of Eduard von Simson, a renowned jurist and politician, and Clara Warschauer, who came from well-situated Jewish families; Eduard's parents, however, had their children baptised and converted themselves to Protestantism. Von Simson studied history in Königsberg and Berlin, attending lectures by Leopold von Ranke and learning critical methodology from Wilhelm von Giesebrecht. After completing his Ph.D. with a thesis paper on the authorship of the Royal Frankich Annals, he went on to write his habilitation in Jena 1863 on Annales Fuldenses and Annales Bertiniani. A phase of self-finding followed, in which he tried various vocations, before taking up a professorship for history in Freiburg i.Br. in 1874. Von Simson's research focused on the Carolingian and early Hohenstaufen periods and is characterised by his sound comprehension of the available literature and source material. His publications include reference works such as the "Jahrbücher" of Emperors Charlemagne and Louis the Pious and the final volume of von Giesebrecht's history of German emperors. It was not until shortly before retirement that von Simson started editing for the MGH, beginning with the Annales Mettenses priores, followed by the Annales Xantenses et Vedastini, a revised edition of the Gesta Friderici, and the chronicle of Burchard of Ursburg. Aware of his deficits in edition technique, Latin, and palaeography, he relied on the assistance of experienced editors. His career was largely untouched by anti-Semitic sentiments.

32 Eduard von Simson (1810–1899) erhielt Artikel in: Adolph Kohut, Berühmte israelitische Männer und Frauen in der Kulturgeschichte der Menschheit, 2 [o. J., 1901] S. 319f.; Jüdisches Lexikon 4, 2 (1930) Sp. 434f.; Salomon Wininger, Große jüdische Nationalbiographie 5 (1931) S. 535f. Im Gegenzug dazu taucht Bernhard unter Eduards Nachkommen im antisemitischen „Semi-Gotha" – Weimarer historisch-genealoges [sic] Taschenbuch des gesamten Adels jehudäischen Ursprungs (1912) S. 519f. – und in Semigothaismen. Allgemeines und Persönliches vom Semigothaismus (1914) auf. Zum politischen Kontext dieser Schriften siehe den Beitrag von Ulrich Wyrwa in vorliegendem Band.

Erika Sinauer
(1896 – vermutlich 1942)

von
ANNETTE MARQUARD-MOIS

Erika Sinauer

An einer Hand abzuzählen sind die Frauen, die vor dem Zweiten Weltkrieg als Wissenschaftlerinnen für die Monumenta Germaniae Historica (MGH) arbeiteten. Eine von ihnen war die Rechtsanwältin und promovierte Rechtshistorikerin Erika Sinauer[1] (1896[2]– [vermutlich] 1942), die 1929 bis 1938 als Assistentin von Prof. Claudius Freiherr von Schwerin (1880–1944)[3] am Rechtsgeschichtlichen Institut der Universität Freiburg im Breisgau im

1 Erika Sinauer schrieb ihren Vornamen mit „k"; diese Schreibweise wurde im überwiegenden Teil der amtlichen Dokumente übernommen, z. B. in den Personalakten Erika Sinauer des Großherzoglich Badischen Unterrichtsministeriums (GLA 235 Nr. 46615) oder in der Promotionsakte Erika Sinauer (UAF B 29/1297). Die Schreibweise ‚Erica' geht auf ihre Geburtsurkunde zurück; sie wird in Dokumenten übernommen, die sich auf die Geburtsurkunde beziehen, wie die Todeserklärung vom 20.3.1952; so auch der Straßenname „Erica-Sinauer-Straße" in Freiburg i. Br.; in der Literatur ist die Schreibweise ‚Erica' verbreitet durch den Nachruf von Karl Siegfried BADER, In memoriam Erica Sinauer, in: ZRG Germ. 73 (1956) S. 556–557.

2 Das Geburtsjahr 1896 ist belegt durch die Geburtsurkunde (Kopie in: StAF G 540/5/1017 S. 21). Das in der Literatur immer wieder auftauchende falsche Geburtsjahr 1898 geht ebenfalls auf den Nachruf von BADER (wie Anm. 1) zurück.

3 Zu Sinauers Doktorvater vgl. Wolfgang SIMON, Claudius Freiherr von Schwerin. Rechtshistoriker während dreier Epochen deutscher Geschichte (Rechtshistorische Reihe 84, 1991), zu Erika Sinauer ebd. S. 135, S. 150–155, S. 199–204. Die Bewertung Simons von Schwerins Verhalten gegenüber Sinauer

Auftrag der MGH[4] die Edition des Sachsenspiegel-Landrechts mit Buch'scher Glosse vorbereitete.

Im Archiv der MGH finden sich Geschäftsvorgänge zu Erika Sinauer und einzelne Arbeitsmaterialien[5]. Den ersten Teil ihrer Vorarbeiten für die MGH-Edition[6] veröffentlichte die Wissenschaftlerin 1935 in der Zeitschrift der MGH. Ab 1933 wurde Sinauer wegen ihrer jüdischen Herkunft durch die NS-Gesetzgebung zur „Jüdin"[7] erklärt. Die MGH verhielten sich gegenüber ihrer Mitarbeiterin entsprechend den antijüdischen Maßnahmen des NS-Regimes, wie zu zeigen sein wird. Im Herbst 1938 beendeten die MGH und Claudius Freiherr von Schwerin die Zusammenarbeit mit Sinauer trotz guter Arbeitsergebnisse[8].

---

mutet wie ein juristisches Plädoyer zu Schwerins Gunsten an, vgl. S. 135, 153, 155, bes. S. 200 ff. Dagegen entsteht der Eindruck, dass Schwerin fachliche Kompetenz nur solange über die Maßgaben der NS-Ideologie stellte, solange das gefahrlos möglich war.

4 Zu Erika Sinauer als Mitarbeiterin der MGH vgl. Martina Hartmann, Die Stunde der Frauen? Die wissenschaftlichen Mitarbeiterinnen der MGH nach dem Ersten und im Zweiten Weltkrieg, in: DA 76 (2020) S. 653–698, bes. S. 666–669; Nikola Becker, Jüdische und jüdischstämmige Mitarbeiter bei den Monumenta Germaniae Historica im „Dritten Reich" – Paul Hirsch, Josef Juncker und Erika Sinauer, in: HJb 135 (2015) S. 453–502, bes. S. 494–501; Annette Marquard-Mois, Hochtalentiert und fallengelassen – Erika Sinauer, in: Zwischen Vaterlandsliebe und Ausgrenzung – jüdische Mitarbeiter und Mitarbeiterinnen der MGH (Virtuelle Ausstellung 2021; https://visit.mgh.de/de/jued-ma/erika-sinauer) [alle Links in diesem Beitrag wurden abgerufen am 15.03.2023]. – Biographische Informationen zu Erika Sinauer enthalten des Weiteren folgende Veröffentlichungen: Bader, Nachruf (wie Anm. 1); Kathrin Clausing, Leben auf Abruf. Zur Geschichte der Freiburger Juden im Nationalsozialismus (2005), bes. S. 102–104, 106, 111, 182, 318f.; Horst Göppinger, Juristen jüdischer Abstammung im Dritten Reich ([2]1990) S. 260; Frank-Michael Kaufmann / Peter Neumeister, Wege zur Edition der Sachsenspiegelglosse-Landrecht des Johann von Buch, in: Denkströme. Journal der Sächsischen Akademie der Wissenschaften, Heft 5 (2010) S. 156–168, bes. S. 162–164; Hiram Kümper, Sinauer, Erika, in: Biographisch-Bibliographisches Kirchenlexikon 24 (2005) Sp. 1376–1377; Marlis Meckel, Den Opfern ihre Namen zurückgeben. Stolpersteine in Freiburg (2006) S. 74–75; Michael Moos, Schicksal der jüdischen Rechtsanwälte in Freiburg nach 1933, in: Freie Anwaltschaft in Südbaden, 65 Jahre Rechtsanwaltskammer Freiburg, hg. von Michael Krenzler (2011) S. 111–122, bes. S. 119–120; Marion Röwekamp, Die ersten deutschen Juristinnen. Eine Geschichte ihrer Professionalisierung und Emanzipation 1900–1945 (2011) S. 422f., 472, 483, 519f., 553, 649, 651, 671 (herzlichen Dank an Herrn Hans-Joachim Hecker für den Literaturhinweis). – Auch danke ich herzlich Prof. Dr. Wolfgang Kaiser, Institut für Rechtsgeschichte an der Albert-Ludwigs-Universität Freiburg, der freundlicherweise seine Fotos des Portraits von Erika Sinauer zur Verfügung stellte. Dr. Frank-Michael Kaufmann, dessen Edition der Buch'schen Glosse – die Erika Sinauer nicht erstellen konnte – 2002 erschien, danke ich herzlich für seine Unterstützung und die Mitteilung seiner Einschätzung der wissenschaftlichen Leistung Erika Sinauers. Ebenso herzlich danke ich Dr. iur. Georg Drischel für den freundlichen Empfang in der Erbprinzenstraße 8.

5 MGH-Archivalien betreffend Erika Sinauer vgl. Annette Marquard-Mois, Hochtalentiert (wie Anm. 4).

6 Veröffentlichungen von Erika Sinauer: Eine Lüneburger Sachsenspiegelhandschrift, in: ZRG Germ. 45 (1925) S. 408–413; Der Schlüssel des Sächsischen Landrechts (Untersuchungen zur deutschen Staats- und Rechtsgeschichte 139, 1928); Studien zur Entstehung der Sachsenspiegelglosse, in: NA 50 (1935) S. 475–581.

7 Wenn zur Darstellung des Sachverhalts im Folgenden die Bezeichnungen „Jude", „Jüdin", „jüdisch" u. ä. im Sinn der nationalsozialistischen Rassenlehre verwendet werden, sind sie in Anführungszeichen gesetzt.

8 Vgl. Einleitung zur Edition der Sachsenspiegel-Glosse: Glossen zum Sachsenspiegel-Landrecht.

Erika Sinauer kam am 15. Juni 1896[9] als zweite Tochter von Moritz (1852–1930)[10] und Rosa Sinauer (1861–1942)[11] in Freiburg im Breisgau auf die Welt; ihre Schwester Margarete[12] war zu diesem Zeitpunkt dreizehn Jahre alt, ihr Bruder Walter[13] verstarb 1893 mit drei Jahren. Der Vater, Moritz Sinauer, war ab Herbst 1880 als Anwalt in Freiburg tätig[14]. 1887 erwarb er ein Haus in der Erbprinzenstraße 8[15] in unmittelbarer Nähe zur Universität. Im Erdgeschoss befand sich die Kanzlei, im 1. Stock die Wohnung der Sinauers. In diesem Haus lebte und arbeitete Erika Sinauer – bis auf zwei Studienjahre in Berlin und München – von ihrer Geburt bis zur Deportation 1940. Die Wohnlage spiegelt die gesellschaftliche Zugehörigkeit der Familie zum städtischen Bildungsbürgertum wider. Moritz Sinauer wurde 1906 für seine beruflichen Leistungen mit dem Ritterkreuz erster Klasse, einem hohen badischen Orden, ausgezeichnet[16]. 1927 verlieh die rechts- und staatswissenschaftliche Fakultät der Universität Freiburg dem „Nestor der Freiburger Anwaltschaft" anlässlich seines 75. Ge-

---

Buch'sche Glosse I–III, hg. von Frank-Michael Kaufmann (MGH Fontes iuris N. S. 7, 2002), z.B. S. LI: „Von Schwerin hatte in Erika Sinauer *[...]* eine hervorragende Mitarbeiterin."

9 Geburtsdatum von Erika Sinauer in ihrer Geburtsurkunde (Kopie in: StAF G 540/5/1017 S. 21).

10 Moritz Sinauer, *13.7.1852 in Grötzingen; †28.6.1930; Lebensdaten lt. Heiratsurkunde vom 4.8.1881(Kopie in: StAF G 540/5/1017 S. 17).

11 Rosa Sinauer, geborene Westheimer, *9.12.1861 in Cincinatti / USA, †14.9.1942 im Ghetto Theresienstadt; Lebensdaten lt. Heiratsurkunde (Kopie in: StAF G 540/5/1017 S. 17; mit Nachtrag ihres Todesdatums); vgl. Theresienstädter Gedenkbuch. Die Opfer der Judentransporte aus Deutschland nach Theresienstadt 1942–1945, hg. von dem Institut Theresienstädter Initiative (2000) S. 667; Die Opfer der nationalsozialistischen Judenverfolgung in Baden-Württemberg 1933–1945, Ein Gedenkbuch, hg. von der Archivdirektion Stuttgart (1969) S. 325.

12 Margarete (Grete) Wagner, geborene Sinauer, *30.11.1882 in Freiburg i. Br., †[vermutlich] 1942 im Ghetto Izbica/Polen (Hinweis auf Theresienstadt beruht auf Verwechslung; vgl. StAF G 540/5/1017 S. 47); Geburtsdatum lt. Geburtsurkunde (Kopie in: StAF G 540/5/1017 S. 19, mit Geburtsname „Hedwig Margaretha"); vgl. Gedenkbuch. Opfer der Verfolgung der Juden unter der nationalsozialistischen Gewaltherrschaft in Deutschland 1933–1945, bearb. u. hg. vom Bundesarchiv, Band IV S-Z (^{2}2006) S. 3557 (irrtümlich „geb. Linauer"); Die Opfer der nationalsozialistischen Judenverfolgung in Baden-Württemberg 1933–1945. Ein Gedenkbuch, hg. von der Archivdirektion Stuttgart (1969) S. 473. Heirat mit dem praktischen Arzt Dr. Samuel Wagner am 3.12.1903 lt. Mitteilung Standesamt Freiburg, 11.8.1952 (StAF G 540/5/1017 S. 77).

13 Walter Sinauer, *4.5.1890; †22.9.1893; Lebensdaten lt. Grabstein 261-280 auf jüdischem Friedhof in Freiburg; vgl. Dokumentation der jüdischen Grabsteine in Baden-Württemberg, Fotografien ca. 1980–2000, Landesdenkmalamt Baden-Württemberg; Permalink: http://www.landesarchiv-bw.de/plink/?f=2-1898392-22. Da es sich um das Doppelgrab von Moritz und Walter Sinauer handelt, kann davon ausgegangen werden, dass Walter der Bruder Erikas und Margaretes war.

14 Freiburger Adressbücher 1880–1942 vgl. digitalisierte Amtliche Adressbücher von Freiburg im Breisgau auf der Webseite der Universitätsbibliothek Freiburg: ub.uni-freiburg.de (die Adressbücher geben den Stand vom Herbst des Vorjahrs wieder). 1880 taucht der Familienname Sinauer nicht auf, 1881 ist „Sinauer M., Anwalt" in der Sedanstr. 1 verzeichnet, 1882 und 1883 „Sinauer M., Rechtsanwalt" in der Luisenstr. 4, 1884 und 1885 in der Güntherstalstr. 12 und ab 1888 ist Moritz Sinauer schließlich als Hauseigentümer in der Erbprinzenstr. 8 verzeichnet.

15 Freiburger Adressbücher 1885 bis 1942 (wie Anm. 14).

16 Kurzmeldung unter „Personalien" in: Israelitisches Familienblatt vom 4.10.1906 (40) S. 6: „Freiburg. Anläßlich des goldenen Ehejubiläums des badischen Großherzogpaares wurden hier u. a. Auszeichnungen zuteil: Herrn Rechtsanwalt Sinauer, Mitglied der Anwaltskammer, das Ritterkreuz erster Klasse *[...]*."

burtstags die Würde eines Doktors der Rechte ehrenhalber[17]. Als Tochter aus gutem Hause konnte Erika von 1902 bis 1911 eine Privatschule besuchen[18]. Ab Ende 1902 lebte sie alleine mit ihren Eltern, da sich die Schwester verheiratet hatte.

Die jüdische Herkunft spielte in der assimilierten Familie vermutlich keine Rolle. Zwar schrieb die 18-jährige Erika Sinauer 1914 in ihrem Lebenslauf „ich bin *[...]* israelitischer Konfession, badischer Staatsangehörigkeit“[19], doch in einer „Stande-Liste“, abgelegt in ihren Personalakten bei dem Landgericht Freiburg, geführt ab 1923, wurde unter „Religion bzw. Konfession“ eingetragen: „konfessionslos“[20]. In dem Lebenslauf, den sie 1926 mit dem Gesuch zur Zulassung zur Doktorprüfung einreichte, nannte sie keine Konfession[21]. Ihr Vater hatte seinen ursprünglichen jüdischen Vornamen Moses[22] in Moritz geändert. Einen tieferen Einblick in das konfessionelle Selbstverständnis der assimilierten Familie Sinauer erlaubt eine Episode rund um die Einstellung Erikas im Volksschuldienst ab 1915, nachdem sie die höhere Lehrerinnenprüfung bestanden hatte[23]. Sinauer hatte um Verwendung im Volksschuldienst „während der Kriegszeit“[24] gebeten. Trotz ihres Hinweises auf den fehlenden „israelitischen Religionsunterricht“[25] wurde ihr eine Vertretungsstelle in der Volksschule

17 Central-Verein-Zeitung. Blätter für Deutschtum und Judentum. Organ des Central-Vereins Deutscher Staatsbürger Jüdischen Glaubens, 22.7.1927 (Nr. 29) S. 417f.: „Am 13. Juli feierte unser Mitglied Rechtsanwalt Sinauer (Freiburg), Vorsitzender und Nestor der Freiburger Anwaltschaft, langjähriges verdienstvolles Mitglied der badischen Anwaltskammer in geistiger und körperlicher Frische seinen 75. Geburtstag. Aus diesem Anlaß hat die rechts- und staatswissenschaftliche Fakultät der Universität Freiburg Herrn Sinauer in Anerkennung seines langjährigen und vorbildlichen Wirkens in der Anwaltschaft und für das Recht die Würde eines Doktors der Rechte ehrenhalber verliehen. Möge es dem Jubilar noch oft vergönnt sein, diesen Tag zu begehen. Das ist unser Wunsch.“; Ehrendoktorwürde vgl. Clausing, Leben auf Abruf (wie Anm. 4) S. 103 Anm. 390; Bader, Nachruf (wie Anm. 1) S. 556.

18 Eigenhändig geschriebener Lebenslauf, eingereicht am 29.5.1914 mit der „Bitte um Zulassung zur Ersten Lehrerinnenprüfung“, in: Personalakten Erika Sinauer des Großherzoglich Badischen Unterrichtsministeriums (GLA 235 Nr. 46615).

19 Ebd.

20 Standes-Liste, in: Personalakten Erika Sinauer, Landgericht Freiburg (StAF F 166/3/510, unpag.; alt: F 166/1/120). Eine Konversion zum evangelischen Christentum ist unwahrscheinlich; das anonyme „Glaubensbekenntnis“ in den Briefen von Erika Sinauer aus Gurs im Stadtarchiv Freiburg ist von Sprachduktus und Inhalt her auf keinen Fall ihr zuzuschreiben (StadtAF M2/127a Nr. 14)! Als Verfasserin kommt Maria Krehbiel-Darmstädter infrage; vgl. Gerhard J. Teschner, Die Deportation der badischen und saarpfälzischen Juden am 22. Oktober 1940, Vorgeschichte und Durchführung der Deportation und das weitere Schicksal der Deportierten bis zum Kriegsende im Kontext der deutschen und französischen Judenpolitik (2002) S. 185.

21 Eigenhändig unterschriebenen Lebenslauf, eingereicht am 20.9.1926, in: Promotionsakte Erika Sinauer (UAF B 29/1297).

22 Der Synagogenname „Moses“ in der Heiratsurkunde von 4.8.1881 und in der Geburtsurkunde von Erika Sinauer von 15.6.1896; in den Adressbüchern (wie Anm. 14) ist er als Hausbesitzer ab 1888 als „Moritz Sinauer“ verzeichnet. Üblicherweise wurde der Synagogenname auf Urkunden und auf Grabsteinen verwendet.

23 Dokumentiert in den Personalakten Erika Sinauer des Großherzoglich Badischen Unterrichtsministeriums (GLA 235 Nr. 46615).

24 Erika Sinauer an Großherzogliches Unterrichtsministerium, 1.7.1915, in: Personalakten Erika Sinauer des Großherzoglich Badischen Unterrichtsministeriums (GLA 235 Nr. 46615).

25 Ebd.

einer jüdischen Gemeinde zugewiesen, die sie mit Verweis auf ihre freireligiöse Erziehung nicht antreten wollte[26]. Moritz Sinauer begründete in einem Schreiben die Weigerung seiner Tochter: „Meine Tochter ist nicht konfessionell erzogen; all das, was mit dem konfessionellen jüdischen Leben zusammenhängt, ist ihr gänzlich fremd. Sie würde deshalb in einer jüdischen Gemeinde wie Gailingen auf Schritt und Tritt Anlass zur Ärgernis erregen, und ihre Stellung als Lehrerin würde von Grund auf erschüttert werden. Die Ablehnung war deshalb auch im Interesse der Schulkinder geboten, wie ich auch meiner Tochter unvermeidliche schwere Konflikte ersparen wollte" [27]. Für den Fall, dass eine Verwendung der Tochter als Hilfslehrerin in Freiburg oder angrenzenden Orten möglich wäre, bot der Vater an, dass seine Tochter auf das Gehalt „zu Gunsten der Kriegsfürsorge, des Roten Kreuzes oder gänzlich" verzichten würde[28]. Daraufhin kam vom Ministerium die Antwort, dass die Anstellung der Tochter an einer Volksschule sich erst verwirklichen lasse, wenn sie die Religionsprüfung abgelegt habe. Zwei Monate später konnte Erika Sinauer dann an der Höheren Mädchenschule in Freiburg einspringen. Der Leiter der Höheren Mädchenschule Freiburg setzte sich beim Ministerium für die „frei erzogene Israelitin" ein, da sie „großes Lehrergeschick" bewiesen habe[29]. Im Oktober 1916 wurde Erika Sinauer die Befähigung zur Unterrichtserteilung an Höheren Mädchenschulen zuerkannt, wofür die Religionsprüfung keine Voraussetzung war; am 13. Januar 1917 wurde sie verbeamtet. Als „Kriegsaushilfe" arbeitete sie mittlerweile an der Volksschule in Freiburg[30]. Im September 1917 bat Erika Sinauer um Entlassung aus dem Volksschuldienst, weil sie sich „dem akademischen Studium zuwenden" wolle: „Ich hatte aber die Vorbereitung zum Abiturientenexamen bisher aufgeschoben, um mich während des Krieges als Lehrerin zur Verfügung zu stellen. Infolge der unerwartet langen Dauer des Krieges ist ein weiteres Zuwarten nicht mehr ausführbar"[31]. Wie viele Frauen ihrer Zeit hatte Sinauer zunächst die Lehrerinnenausbildung durchlaufen, bevor sie den Weg zum Studium einschlug. Dem Elend im letzten Kriegsjahr war vermutlich ihr Engagement in der Badischen Gefangenenfürsorge von Januar bis Ende Juli 1918[32] geschuldet.

Am 20. September 1926 reichte Erika Sinauer das Gesuch um Zulassung zur Doktorprüfung ein[33]. Im beigefügten Lebenslauf beschrieb sie ihren Studienverlauf: „Im Herbst 1918 trat ich in die Oberprima des Realgymnasiums in Freiburg ein und legte dort im Sommer 1919 die Reifeprüfung ab. Im Wintersemester 1919/20 begann ich in Berlin Jurisprudenz zu studieren und setzte das Studium im Jahre 1920/21 in Freiburg, im Jahre 1921/22

26 Aktennotiz vom 6.7.1915, in: Personalakten Erika Sinauer des Großherzoglich Badischen Unterrichtsministeriums (GLA 235 Nr. 46615).

27 Moritz Sinauer an Großherzogliches Ministerium des Kultus und Unterrichts, 4.7.1915, in: Personalakten Erika Sinauer des Großherzoglich Badischen Unterrichtsministeriums (GLA 235 Nr. 46615).

28 Ebd.

29 Schreiben vom 25.9.1916, in: Personalakten Erika Sinauer des Großherzoglich Badischen Unterrichtsministeriums (GLA 235 Nr. 46615).

30 Schreiben vom 12.12.1916, in: Personalakten Erika Sinauer des Großherzoglich Badischen Unterrichtsministeriums (GLA 235 Nr. 46615).

31 Erika Sinauer an Großherzogliches Ministerium des Kultus und Unterrichts, 26.9.1917, in: Personalakten Erika Sinauer des Großherzoglich Badischen Unterrichtsministeriums (GLA 235 Nr. 46615).

32 Standes-Liste, in: Personalakten Erika Sinauer, Landgericht Freiburg (StAF F 166/3/510, unpag.; alt: F 166/1/120).

33 „Gesuch um Zulassung zur Doktorprüfung betr.", in: Promotionsakte Erika Sinauer (UAF B 29/1297).

in München fort. Die beiden letzten Semester studierte ich wieder in Freiburg (1922/23) und bestand im März 1923 die erste Juristische Staatsprüfung in Karlsruhe. Seit dieser Zeit bin ich in dem badischen Vorbereitungsdienst als Referendar beschäftigt"[34]. Im Mai 1923 wurde Sinauer als Rechtsreferendarin verbeamtet und im November 1926 nach Bestehen der zweiten juristischen Prüfung zum Gerichtsassessor ernannt[35]. Von 1926 bis 1931 war Erika Sinauer zudem Vorsitzende der Freiburger Ortsgruppe des Deutschen Akademikerinnenbundes[36].

In ihrer Dissertation befasste sich Erika Sinauer mit dem Schlüssel des sächsischen Landrechts, einem Rechts-Abecedarium aus dem 15. Jahrhundert, in dem der Verfasser das Sachsenspiegel-Landrecht, die Landrechtglosse des Johannes von Buch und den Schwabenspiegel unter alphabetisch geordneten Schlagworten verarbeitete[37]. Sinauer paraphrasierte die Absicht des Verfassers folgendermaßen: „Der Verfasser vergleicht das Kaiserrecht und den Sachsenspiegel nebst Glosse einem Kasten, in dem ein großer Schatz von edlem Metall und kleiner Münze aufbewahrt, aber so durcheinander gemengt ist, daß jemand, der etwas davon bedarf, es nicht schnell finden kann. Mit Hilfe des vorliegenden Buches aber kann man nun wie mit einem Schlüssel den Kasten des ‚Landrechtes' aufschließen und daraus entnehmen, was man braucht"[38].

Dass sie mit ihrer Dissertation eine wissenschaftlich herausragende Arbeit vorgelegt hatte, zeigen die Beurteilungen in ihrer Promotionsakte[39]. Die ihres Doktorvaters begann mit der Feststellung, „dass es sich hier um eine ausgezeichnete, wissenschaftliche Arbeit handelt, die eine wertvolle Bereicherung der Literatur darstellt. Methodisch sehr geschickt hat die Verf. einen bisher wenig beachteten Typus mittelalterlicher Rechtsliteratur herausgestellt und mit einer ungewöhnlichen Gründlichkeit in seinem Entstehen und in seiner Entwicklung verfolgt", und schloss mit den Worten: „Die Bewertung der Arbeit ist schwierig. Wäre sie zur Erlangung der venia legendi für Rechtsgeschichte vorgelegt worden, so würde ich kein Bedenken tragen, die Erteilung der Venia vorzuschlagen. Daraus ergibt sich, dass sie als Dissertation unbedingt das Prädikat summa cum laude verdient, dass aber mit diesem Prädikat der Arbeit nicht gerecht zu werden ist"[40]. Der Dekan Ernst Levy (1881–1968) urteilte über Sinauers Arbeit: „Als Erstlingsleistung ist sie erstaunlich"[41].

34 Lebenslauf eingereicht am 20.9.1926, in: Promotionsakte Erika Sinauer (UAF B 29/1297). – Um Unterhaltszuschuss für seine Tochter, wie er männlichen Referendaren zustand, ersuchte Moritz Sinauer per Schreiben vom 18.6.1923 an die Justizverwaltung Baden, vgl. Röwekamp, Juristinnen (wie Anm. 4) S. 422f.

35 Personalakten Erika Sinauer, Landgericht Freiburg (StAF F 166/3/510, unpag.; alt: F 166/1/120).

36 Vgl. Datenbank Internationale Netzwerke von Akademikerinnen, Max-Planck-Institut für Wissenschaftsgeschichte (https://drupal.mpiwg-berlin.mpg.de/uwind/de/fm13-dab-detail/92); Röwekamp, Juristinnen (wie Anm. 4) S. 553.

37 Helgard Ulmschneider, ‚Schlüssel des sächsischen Landrechts', in: VL 8 (^{2}1992) Sp. 750–752.

38 Sinauer, Schlüssel (wie Anm. 6) S. 136; Sinauer bezeichnet mit „Kaiserrecht" den Schwabenspiegel; vgl. Karl August Eckhardt, Erika Sinauer, Der Schlüssel des sächsischen Landrechts, in: ZRG Germ. 49 (1928) S. 546–550; hier S. 549.

39 Promotionsakte Erika Sinauer (UAF B 29/1297).

40 Ebd.

41 Ebd.

Die überschwängliche Besprechung[42] des „wertvollen Buchs“ der fünf Jahre älteren Fachkollegin durch Karl August Eckhardt (1901–1979)[43], der mit 27 Jahren bereits als einer der führenden deutschen Rechtsbücher-Forscher galt[44], schloss mit dem Wunsch: „Möge das Buch E. Sinauers den großen Leserkreis finden, den es verdient.“ Ob der NS-Funktionär Eckhardt fünf Jahre später noch eine solche Besprechung geschrieben hätte?

Nach ihrer Vereidigung am 2. Dezember 1927 als Rechtsanwältin mit Zulassung beim Land- und Amtsgericht Freiburg[45] trat Erika Sinauer in die Kanzlei ihres Vaters ein[46]. Neben dieser Tätigkeit bestimmte ab 1928 die wissenschaftliche Arbeit für die MGH ihr Leben[47]. Der Leiter der Abteilung Leges, Ernst Heymann (1870–1946), beantragte für Sinauer ein Stipendium bei der Notgemeinschaft der Deutschen Wissenschaft[48], das 1930 bewilligt wurde.

Die Glosse des Johann von Buch ist in niederdeutscher Mundart verfasst und spiegelt „wie der Sachsenspiegel selbst und oft mit ihm in einer Handschrift und fast immer in den Drucken vereint, die rechtlichen, wirtschaftlichen und sozialen Verhältnisse jeweils ihrer Zeit“ wider[49]. Herausfordernd war die geplante Edition wegen der komplexen Bezüge zwischen Text und Glosse, die sichtbar gemacht werden sollten, der rund 6.500 nachzuweisenden Zitate aus anderen Rechtstexten und der Bestimmung einer geeigneten Leithandschrift.

In den Berichten der MGH zu den Jahren 1929 bis 1933 wurden Sinauers Vorarbeiten zur Sachsenspiegel-Edition mit Glosse namentlich erwähnt[50]. 1931, 1932 und 1933 be-

---

42 Eckhardt, Sinauer (wie Anm. 38); vgl. Hermann Nehlsen, Karl August Eckhardt †, in: ZRG Germ. 104 (1987) S. 497–539; hier S. 502: „Über die Arbeit Erika Sinauers, der jüdischen Assistentin v. Schwerins (…) verfaßt Eckhardt die lobendste Rezension, die je aus seiner Feder geflossen ist.“ Nehlsens Ansatz, Eckhardts Rezension als Beleg für eine nicht antisemitische Haltung zu nehmen, ist problematisch, da die jüdische Herkunft Erika Sinauers 1928 Eckhardt nicht bekannt gewesen sein muss.

43 Zu Karl August Eckhardt und MGH vgl. Arno Mentzel-Reuters, Das Reichsinstitut zwischen Ahnenerbe und Westforschung, in: ders. / Martina Hartmann / Martin Baumeister (Hg.), Das Reichsinstitut für ältere deutsche Geschichtskunde 1935 bis 1945 – ein „Kriegsbeitrag der Geisteswissenschaften“? Beiträge des Symposiums am 28. und 29. November 2019 in Rom (MGH Studien zur Geschichte der Mittelalterforschung 1, 2021) S. 20–33; Hermann Krause, Karl August Eckhardt, in: DA 35 (1979) S. 1–16; Quellentexte zu Eckhardts NS-Aktivitäten, vgl. Gerd Simon, Chronologie Eckhardt, Karl August (2007): https://homepages.uni-tuebingen.de/gerd.simon/ChrEckhardt.pdf.

44 Vgl. Nehlsen, Eckhardt (wie Anm. 42) S. 499.

45 Vgl. Personalakten Erika Sinauer, Landgericht Freiburg (StAF F 166/3/510, unpag.; alt: F 166/1/120). Fünf Jahre zuvor hatte Maria Otto – mit Inkrafttreten des Gesetzes über die Zulassung der Frauen zu den Ämtern und Berufen der Rechtspflege – als erste Frau im Deutschen Reich die Zulassung zur Rechtsanwaltschaft erhalten; vgl. Röwekamp, Juristinnen (wie Anm. 4) S. 470f.

46 Vgl. Freiburger Adressbücher 1928/29 bis 1930/31 (wie Anm. 14); Röwekamp, Juristinnen (wie Anm. 4) S. 483.

47 Paul Kehr, Bericht über die Herausgabe der Monumenta Germaniae Historica 1928, in: NA 48, Heft 3 (1930) S. I–XIII, hier S. VII. – Die wissenschaftliche Tätigkeit Sinauers für die MGH erwähnt auch Röwekamp, Juristinnen (wie Anm. 4) S. 519f.

48 Stipendium für die „Herausgabe des Sachsenspiegels der Monumenta Germaniae Historica mit Glosse“ vgl. Eintrag „Erika Sinauer“ im Informationssystem „GEPRIS Historisch – Forschungsförderung von 1920 bis 1945“ der Deutschen Forschungsgemeinschaft DFG: https://gepris-historisch.dfg.de/person/5111599.

49 Rolf Lieberwirth, Einleitung, in: Kaufmann, Buch'sche Glosse (wie Anm. 8) S. XXXf.

50 Erwähnungen von Sinauer in den MGH-Jahresberichten vgl. Marquard-Mois, Hochtalentiert (wie

willigte die Notgemeinschaft der Deutschen Wissenschaft für die „Vorbereitung der Herausgabe des Sachsenspiegels der Monumenta Germaniae Historica mit Glosse" Sachbeihilfen für die „Bezahlung von Dr. Erika Sinauer"[51], jeweils beantragt von Ernst Heymann. Daneben unterstützte Sinauer Claudius von Schwerin bei dem Aufbau des Rechtsgeschichtlichen Instituts[52], das 1929 als erstes Spezialinstitut der rechtswissenschaftlichen Fakultät der Universität Freiburg gegründet wurde, und betreute als Assistentin das rechtshistorische Seminar Schwerins[53].

Am 28. Juni 1930 verstarb Moritz Sinauer. Sein Grabstein mit konfessionell neutraler Inschrift ist auf dem jüdischen Friedhof Freiburg erhalten[54]. Als Dekan der juristischen Fakultät hielt Claudius von Schwerin auf der Beerdigung die Trauerrede für den mit der Ehrendoktorwürde der Freiburger Universität ausgezeichneten Rechtsanwalt[55]. Erika Sinauer führte die Kanzlei zusammen mit dem acht Jahre jüngeren Rechtsanwalt Friedrich ‚Fritz' Drischel (1904–1981) weiter; zum Schutz Drischels ohne Gründung einer Sozietät[56].

Nach der Machtübernahme durch die Nationalsozialisten ordnete die Parteileitung der NSDAP für den 1. April 1933 einen reichsweiten Boykott jüdischer Geschäfte, Ärzte und Rechtsanwälte an. In der Ausgabe der NS-Propaganda-Zeitung „Der Alemanne. Kampfblatt der Nationalsozialisten Oberbadens" vom 31. März 1933[57] wurde auf der ersten

---

Anm. 4): https://visit.mgh.de/de/jued-ma/erika-sinauer/arbeitsmaterialien-einer-wissenschaftlerin; erstmals zusammengestellt von Becker, Jüdische Mitarbeiter (wie Anm. 4) S. 495; vgl. Simon, Claudius von Schwerin (wie Anm. 3) S. 150f.

51 Dokumentiert auf GEPRIS Historisch (wie Anm. 48): Sachbeihilfe 1931 vgl. https://gepris-historisch.dfg.de/fall/117084; Sachbeihilfe 1932 vgl. https://gepris-historisch.dfg.de/fall/117085; Sachbeihilfe 1933 vgl. https://gepris-historisch.dfg.de/fall/117086.

52 Schwerin gründete das Institut gemeinsam mit dem berühmten Rechtshistoriker Fritz Pringsheim (1882–1967); vgl. Alexander Hollerbach, Juristische Lehre und Forschung in Freiburg in der Zeit des Nationalsozialismus, in: Die Freiburger Universität in der Zeit des Nationalsozialismus, hg. von Eckhard John / Bernd Martin / Marc Mück / Hugo Ott (1991) S. 91–113, hier S. 100.

53 Vgl. Bader, Nachruf (wie Anm. 1) S. 557.

54 Inschrift (teilweise schlecht leserlich): „Gib den lieben Augen Ruhe, die in immer wacher Zärtlichkeit und Sorge, in Hoffnung und Tröstung uns geleuchtet haben. Deine Pflicht war deine Freude und die Helle, mit *[?]* der du dein schlichtes Haus belebtest, war *[?]* dein Glück." Vgl. Dokumentation der jüdischen Grabsteine in Baden-Württemberg, Fotografien ca. 1980–2000, Landesdenkmalamt Baden-Württemberg; Permalink: http://www.landesarchiv-bw.de/plink/?f=2-1898392-22.

55 Karl Siegfried Bader, Unveröffentlichtes Manuskript S. 49 (Kopie, Institut für deutsche Rechtsgeschichte der LMU); zitiert nach Simon, Claudius von Schwerin (wie Anm. 3) S. 200.

56 In den Freiburger Adressbüchern von 1931/32 und 1933 (wie Anm. 14) sind Erika Sinauer und Fritz Drischel unter den Rechtsanwälten in Einzeleinträgen aufgelistet mit gleicher Adresse und gleichem Telefonanschluss; im Unterschied dazu sind bei Sozietäten die Namen in einem gemeinsamen Eintrag aufgeführt. Dieser feine Unterschied war wichtig, da Sozietäten mit „jüdischen" Rechtsanwälten anders bewertet wurden als Bürogemeinschaften, vgl. Göppinger, Juristen (wie Anm. 4) S. 93. Nach dem Verlust ihrer Zulassung war Erika Sinauer im Adressbuch 1934 ohne Berufsbezeichnung in der Wohnung/1. Stock, doch noch mit dem Telefonanschluss der Kanzlei im EG, die Fritz Drischel weiterführte, verzeichnet, ab 1935 mit einem privaten Telefonanschluss im 1. Stock (Adressbücher wie Anm. 14). Die Verbindung zu Sinauers trug zu den Schwierigkeiten bei, die Drischel im NS-Regime hatte (Gespräch mit Dr. Georg Drischel am 21.4.2022).

57 Digitalisat auf der Webseite der Universitätsbibliothek Freiburg: http://dl.ub.uni-freiburg.de/diglit/alemanne_1933/0901.

Seite unter der Überschrift „Boykottiert folgende Freiburger Juden" neben elf männlichen Berufskollegen „Sinnauer *[sic]*, Erika, Erbprinzenstr. 8" genannt[58]. Eine Woche später erließ die NS-Führung das „Gesetz über die Zulassung zur Anwaltschaft"[59], auf dessen Grundlage Erika Sinauer am 15. Juni 1933 ihre Zulassung als Rechtsanwältin entzogen wurde[60]. Infolge des gleichzeitig erlassenen Gesetzes „zur Wiederherstellung des Berufsbeamtentums" [61] wurde ihre Assistentenstelle am Rechtshistorischen Institut der Universität Freiburg gekündigt[62]. Ab April 1933 beschleunigte der neugewählte Rektor Martin Heidegger (1889–1976) die Beurlaubung und Entlassung „jüdischer" Universitätsmitglieder[63].

Für die Vorbereitung der MGH-Edition der Sachsenspiegelglosse konnte Sinauer die Einrichtungen des Rechtsgeschichtlichen Instituts der Universität Freiburg weitere fünf Jahre nutzen. Diese Arbeit war sicherlich ein Grund für ihr Ausharren in Freiburg, während die anderen „jüdischen" Wissenschaftler, die bereits 1933 von der Universität Freiburg entlassen wurden, in den Folgejahren in das sichere Ausland emigrierten[64]. Vor allem war es wohl die Sorge um die 71-jährige verwitwete Mutter, die Sinauer zum Bleiben bewog[65]. Bildhaft beschrieb Sinauers jüngerer Fachkollege Karl Siegfried Bader (1905–1998), ebenfalls Schüler von Claudius von Schwerin und von 1946 bis 1951 Generalstaatsanwalt am Oberlandesgericht Freiburg, in seinem Nachruf die wachsende Vereinsamung und den Durchhaltewillen der Wissenschaftlerin: „Fast noch ein Jahrzehnt *[gerechnet ab 1930]* widmete Erica Sinauer dieser großen Aufgabe, deren Abschluß weder sie noch der Lehrer erleben durften. Wir sehen sie im Geiste noch heute, nach der ‚Machtergreifung' und nach v. Schwerins Weggang nach München immer mehr vereinsamend, hinter Bergen von Originalen und Photokopien im Freiburger Institut sitzen, hören noch heute ihr bezwingendes Lachen, das mit allen Insulten, auch dem Ausschluß aus der Rechtsanwaltschaft und der Verriegelung der akade-

---

58 Insgesamt verzeichnete das amtliche Adressbuch Freiburgs 1933 (wie Anm. 14) 55 Kanzleien und 61 Rechtsanwälte, darunter zwei Frauen: „Sinauer Erika, Dr. iur." und „Plum Maria, Dr.". Die Rechtsanwältin Dr. Maria Plum beriet und vertrat einen Großteil der Freiburger Juden, denen die Auswanderung gelang; vgl. Moos, Schicksal (wie Anm. 4) S. 114f.

59 Gesetz über die Zulassung zur Anwaltschaft, 7.4.1933 (RGBl. I S. 188). Ausgenommen waren „jüdische" Rechtsanwälte mit Zulassung vor 1.8.1914 sowie Frontkämpfer im WK I. In Freiburg wurde dieses Gesetz sehr zügig umgesetzt: Für zwei Berufskollegen von Sinauer ist der Entzug der Zulassung bereits im Mai 1933 belegt; vgl. Clausing, Leben auf Abruf (wie Anm. 4) S. 104–106; Göppinger, Juristen (wie Anm. 4) S. 89.

60 Vgl. Hans-Peter Widmann, Sinauer, Erica (Erika), in: Biographische Daten Freiburger Jüdinnen und Juden 1933–1945 Anm. 14 (StadtAF, Datenbank); Röwekamp, Juristinnen (wie Anm. 4) S. 649.

61 Gesetz zur Wiederherstellung des Berufsbeamtentums, 7.4.1933 (RGBl. I S. 175–177).

62 Der badische Staatskommissar hatte bereits am 5.4.1933 die Entlassung aller jüdischen Beschäftigten im Staatsdienst oder bei Staatsbetrieben angeordnet; vgl. Clausing, Leben auf Abruf (wie Anm. 4) S. 176. Am 13.4.1933 wurde die Kündigung aller Mitglieder der Universität, die „nichtarischer" Abstammung waren, außer den planmäßigen Beamten, schnellstmöglich angemahnt; vgl. ebd. S. 182.

63 Ebd. S. 178.

64 Ebd. S. 182.

65 Laut Röwekamp, Juristinnen (wie Anm. 4) S. 669, teilte Sinauer ihr Schicksal mit Kolleginnen: „Viele der Juristinnen, die im Deutschen Reich in Konzentrationslagern ihr Leben ließen, verloren es, weil sie ihre Mütter nicht alleine in Deutschland zurücklassen wollten."

mischen Laufbahn fertig wurde *[…]*"[66]. Von Bader ist auch die Äußerung Schwerins[67], „Ich habe ihr doch längst gesagt, dass sie aus Deutschland verschwinden soll" [68], anlässlich eines Besuchs Baders in München nach Sommer 1935 überliefert.

Die Zahlungen der MGH-Abteilung Leges aus Berlin blieben ab Mitte 1933 die einzigen Einkünfte Sinauers. Der Leiter der Abteilung, Ernst Heymann, war sich noch 1934 mit dem Vorsitzenden Paul Kehr (1860–1944) einig, dass an der Zusammenarbeit mit der Rechtshistorikerin in Freiburg festgehalten werden sollte. „Beifolgend übersende ich Ihnen einen Durchschlag meines Schreibens an Fräulein Dr. Sinauer. Hoffentlich gelingt es auf diese Weise, die überaus wertvolle Kraft der *[sic]* Monumenta zu erhalten. Die Aussichten sind rebus sic stantibus allerdings unsicher"[69], schrieb Heymann im Juli 1934 an Kehr. In dem Schreiben an Erika Sinauer schlug er Zahlungsmodalitäten vor, die es den MGH möglich machen sollten, sie weiter zu beschäftigen: „Gleichzeitig mit diesem Brief lasse ich Ihnen für die ersten drei Monate des Jahres 600 Mark für Ihre Tätigkeit zugehen. Vom 1. April zurückgerechnet wird es nötig sein, die geschäftlichen Beziehungen so zu gestalten, dass Sie lediglich im Werkvertrag derart arbeiten, dass Sie die Herstellung der Sachsenspiegelglosse für ein Bogenhonorar, das ich auf 200 Mark pro Quartbogen berechnen möchte, übernehmen und ebenso die nötigen Vorarbeiten, die im neuen Archiv zu veröffentlichen wären, wie Ihr bereits überreichter, schöner Aufsatz. Für derartige Vorarbeiten könnte ein Honorar von 100 Mark pro Bogen[70] von der Abteilung Leges (nicht von der Redaktion der Zeitschrift) bewilligt werden. *[…]* Sie können sicher sein, dass ich alles tun werde, um die Fortführung der Arbeiten zu ermöglichen, an denen mir viel liegt"[71]. Diesem Schreiben ist zu entnehmen, dass Sinauer im Juli 1934 den ersten Teil ihrer grundlegenden Studien bereits fertiggestellt hatte und dass sie neben den Vorarbeiten auch den Hauptanteil an der Editionsarbeit für die Sachsenspiegelglosse (unter der Leitung Schwerins) übernehmen sollte.

Am 1. April 1935 wurden die Monumenta in ein nationalsozialistisches ‚Reichsinstitut für ältere deutsche Geschichtskunde (MGH)' umorganisiert und dem Reichsministerium für Wissenschaft, Erziehung und Bildung unter Bernhard Rust (1883–1945) unterstellt[72]. Als NS-Behörde waren die ehemaligen MGH der herrschenden Ideologie verpflichtet und damit der antisemitischen NS-Rassenlehre[73].

1935 veröffentlichte Erika Sinauer ihre wegweisenden Studien zur Entstehung der Sachsenspiegelglosse in der Zeitschrift der MGH[74], „in denen sie ausführlich zu den hand-

---

66 Bader, Nachruf (wie Anm. 1) S. 557.

67 Claudius Freiherr von Schwerin starb zusammen mit seiner Frau bei einem Bombenangriff in München am 13.6.1944; vgl. Simon, Claudius von Schwerin (wie Anm. 3) S. 21.

68 Bader, Manuskript (wie Anm. 55).

69 Ernst Heymann an Paul Kehr, 28.7.1934 (MGH-Archiv, 338/243 Bl. 167); vgl. Marquard-Mois, Hochtalentiert (wie Anm. 4): https://visit.mgh.de/de/jued-ma/erika-sinauer/sinauer-wird-weiterbeschaeftigt.

70 Ein Bogenhonorar von 100 Mark war üblich, vgl. z. B. Protokoll der Ausschusssitzung der Zentraldirektion der MGH, 29.4.1933 (MGH-Archiv, 338/52 Bl. 52).

71 Ernst Heymann an Erika Sinauer, 28.7.1934 (MGH-Archiv, 338/52 Bl. 151–152); vgl. Marquard-Mois, Hochtalentiert (wie Anm. 4): https://visit.mgh.de/de/jued-ma/erika-sinauer/sinauer-wird-weiterbeschaeftigt.

72 Vgl. Mentzel-Reuters, Reichsinstitut (wie Anm. 43) S. 2–4.

73 Vgl. ebd. S. 17.

74 Sinauer, Studien (wie Anm. 6).

schriftlichen Grundlagen der Sachsenspiegel-Glosse handelte und dabei mit überzeugenden Argumenten für den sog. Codex Hecht als Leit-Handschrift der geplanten Edition eintrat“[75]. Sinauer erkannte, dass der Bearbeiter dieser Handschrift über erhebliche Kenntnisse des kanonischen wie des römischen Rechts verfügt haben muss und die Zitate anderer Rechtsquellen überprüft hatte: „Nicht nur, daß Schreib- und Lesefehler in dieser Handschrift selten sind; der Schreiber hat auch offenbar andere Handschriften zur vielfach nachträglichen Herstellung der besten Lesart herangezogen und außerdem fast durchweg die Zitate nachgeprüft, so daß aus Ch *[= Codex Hecht]* grundsätzlich geradezu hierfür Korrektur gelesen werden kann[76].“ Die 106 Seiten umfassende Studie endet mit einer Ankündigung, die Erika Sinauer nicht einlösen durfte: „Fortsetzung folgt“.

Nach der Veröffentlichung ihrer Studien 1935 machte Sinauer wohl Urlaub im Wallis, denn sie schrieb am 7. August 1935 aus Champéry dem nach New York emigrierten Guido Kisch (1889–1985): „Mit grossem Vergnügen übersende ich Ihnen gleichzeitig einen Sonderabdruck meiner Glossenstudien. Ich bitte zu entschuldigen, dass Sie bisher einen solchen nicht erhalten haben. Dies unterblieb aber nur deshalb, weil ich Ihre jetzige Anschrift nicht kannte. *[…]* Umso mehr freue ich mich, Ihrer Aufforderung nunmehr Folge leisten zu können und werde Ihnen selbstverständlich auch meine etwaigen künftigen Arbeiten stets gerne zugehen lassen“[77].

Einen großen Einschnitt in ihren Arbeitsalltag dürfte der Wechsel von Claudius von Schwerin im Juli 1935 an die Ludwig-Maximilians-Universität München dargestellt haben[78]. Hätte Schwerin die Ermordung Erika Sinauers verhindern können? Diese Frage stellte der Jurist und Theologe Arnold Ehrhardt (1903–1965), Privatdozent an der juristischen Fakultät in Freiburg, der als „Halbjude“ nach England emigrierte, 1957 in einem Brief an den Rechtshistoriker Hans Thieme (1906–2000): „Wiederum eine Frage, die mich umsomehr beschäftigt, weil es sich um einen Menschen handelt, der mir persönlich sehr nahe stand, ist die, ob er Erika Sinauer das Leben hätte retten können. Sie hat mich noch in Lörrach besucht, und wir haben über die Notwendigkeit der Auswanderung lange gesprochen. Ich

75 Vgl. Frank-Michael Kaufmann, Bemerkungen zur geplanten Edition der Glosse des Johann von Buch, in: Recht – Idee – Geschichte. Beiträge zur Rechts- und Ideengeschichte für Rolf Lieberwirth anläßlich seines 80. Geburtstages, hg. von Heiner Lück / Bernd Schildt (2000) S. 159–184; hier S. 164. In der Einleitung zur Edition der Sachsenspiegel-Glosse 2002 wird die Arbeit Sinauers gewürdigt; Kaufmann, Buch'sche Glosse (wie Anm. 8) S. LII: „Der Aufsatz *[…]* bietet einen mustergültigen Überblick über den damaligen Stand der Glossenforschung zum Sachsenspiegel und über den Aufbau der untersuchten Handschriften.“; Ebd. S. LXf.: „Sinauer konnte nachweisen, daß gerade in der Amsterdamer Handschrift die Zahl der Schreibfehler größer ist als in allen anderen Codices. Aufgrund dieser Feststellung, die von allen anderen mit der Glossenedition betrauten Bearbeitern der Monumenta Germaniae Historica geteilt wurde, muß diese Handschrift als Grundlage für die textkritische Ausgabe ausscheiden. Dafür wurde von denselben Wissenschaftlern übereinstimmend die Berliner Handschrift Ms. germ. fol. 942, der sog. Codex Hecht, als besonders geeignet bezeichnet.“

76 Sinauer, Studien (wie Anm. 6) S. 561.

77 Erika Sinauer an Guido Kisch, 7.8.1935, in: Leo Baeck Institut Archives, Guido Kisch Collection 1799–1981; https://archive.org/details/guidokisch_13_reel13/page/n652. Nach seiner Emigration 1935 lehrte Kisch am Jewish Institute of Religion. 1938 gründete er die Zeitschrift Historica Judaica, 1962 kehrte er nach Europa zurück und ließ sich in Basel nieder, wo er 1985 verstarb.

78 Simon, Claudius von Schwerin (wie Anm. 3) S. 20.

konnte sie nicht davon überzeugen, so sehr ich es auch versuchte. V. Schwerin war damals nicht mehr in Freiburg. Dass er sie nicht nach München mitnehmen konnte, sehe ich ein; ob er aber bei dieser Gelegenheit nicht mit aller Entschiedenheit darauf hätte bestehen sollen, dass sie nach der Schweiz auswandern müsse (und ob er es nicht auch getan hat!) vermag ich nicht zu sagen. Wie er auf ihren Tod reagiert haben mag …?[79]"

Die am 15. September 1935 auf dem Reichsparteitag der NSDAP in Nürnberg erlassenen Rassengesetze[80] wirkten sich zunächst nicht auf das Arbeitsverhältnis Sinauers mit dem neuen Reichsinstitut für ältere deutsche Geschichtskunde (MGH) aus. Wilhelm Engel (1905–1964)[81], der ab 25. März 1936 Paul Kehr als kommissarischen Leiter ablöste, berichtete für das Jahr 1936 ohne Nennung der Wissenschaftlerin, dass die 879 Seiten umfassende Abschrift der Berliner Handschrift Codex Hecht, die für die geplante Edition als Leithandschrift dienen sollte, zu Ende geführt sei[82]. Wie sehr das Editionsprojekt von Sinauers Arbeitsleistung abhing, zeigt ein Brief, den Claudius von Schwerin im Dezember 1936, vermutlich an Heymann oder Engel, schrieb: „Ich war am Ende der letzten Woche in Freiburg und habe mich dort nach dem Stand der Glossenausgabe umgesehen. *[…]* Mit der Kollation der Abschrift hat Frl. Dr. Sinauer mit einem Assessor Dr. Münch begonnen *[…]* Die Hauptschwierigkeit entsteht durch den Umfang des Textes, der rund 1000 Schreibmaschinenseiten umfasst. Davon gibt es rund 100 vollständige Handschriften und rund 35 Fragmente. *[…]* Ich habe jedenfalls zunächst angeordnet, dass sämtliche erreichbaren Handschriften beschafft und in die Gruppen eingeordnet werden. Denn es kommt mir darauf an, dass einmal dieser Teil der Arbeit ganz erledigt wird, für den die persönlichen Kenntnisse von Frl. Dr. Sinauer besonders wichtig sind. Es muss ja doch immer damit gerechnet werden, dass irgendwelche Umstände uns dieser Arbeitskraft berauben. *[…]* Der Arbeit von Frl. Sinauer im Rechtsgeschichtlichen Institut sind bis jetzt keinerlei Schwierigkeiten erwachsen. Kollege Merk *[…]* scheint sich sehr entgegenkommend zu benehmen. Es hängt aber viel davon

79 Arnold Ehrhardt an Hans Thieme, 20.9.1957 (Kopie, Institut für Deutsche Rechtsgeschichte der LMU), zitiert nach Simon, Claudius von Schwerin (wie Anm. 3) S. 204. Ehrhardt wohnte in Lörrach und studierte im benachbarten Basel bei Karl Barth Theologie. Von dort emigrierte er nach England.

80 Gesetz zum Schutze des deutschen Blutes und der deutschen Ehre, 15.9.1935 (RGBl. I S. 1146); Reichsbürgergesetz, 15.9.1935 (RGBl. I S. 1146); vgl. Göppinger, Juristen (wie Anm. 4) S. 76.

81 Zu Wilhelm Engel und den MGH vgl. Mentzel-Reuters, Reichsinstitut (wie Anm. 43) S. 13, 18, 24–27. Kurz vor seinem Amtsantritt hatte Engel im Februar 1936, noch als Referent im Reichswissenschaftsministerium, auf Anfrage bezüglich Forschungsaufträgen an jüdische Wissenschaftler die Bestätigung bekommen, dass keine Bedenken bestünden gegen die „Aufrechterhaltung und Neuerteilung von Forschungsaufträgen an entpflichtete oder pensionierte Juden: „*[…]* Politisch gesehen, ist die Kündigung alter Forschungsaufträge untunlich. Die Erteilung neuer dagegen möglichst zu vermeiden.“; vgl. Schreiben von Gerhard Kasper an Wilhelm Engel, 19.2.1936 (BArch R4901/alt R21 Anm. 10814, unpag.), zitiert nach Ines Oberling, Ernst Perels (1872–1945), Lehrer und Forscher an der Berliner Universität (2005) S. 198; vgl. Mentzel-Reuters, Reichsinstitut (wie Anm. 43) S. 19 Anm. 115.

82 Vgl. Wilhelm Engel, Jahresbericht 1936, in: DA 1 (1937) S. 582–591, hier S. 586. Eine „Sicherheitskopie“ der Abschrift von Erika Sinauer wurde im Archiv der MGH wiedergefunden (MGH-Archiv, K 24); vgl. Marquard-Mois, Hochtalentiert (wie Anm. 4): https://visit.mgh.de/de/jued-ma/erika-sinauer/grosse-arbeitsleistungen-trotz-diskriminierung.

ab, dass dem so bleibt"[83]. Zwei Monate später verstarb Walther Merk (1883–1937)[84]. Der Nachfolger Merks, der Rechtshistoriker Franz Beyerle (1885–1977), leitete seit zehn Jahren die Arbeiten an der Edition der Lex Ribuaria für die MGH. Auch er beließ Erika Sinauer ihren Arbeitsplatz im Rechtsgeschichtlichen Institut. Wie dem zitierten Brief Schwerins vom Dezember 1936 zu entnehmen ist, kollationierte Erika Sinauer die von ihr angefertigte Abschrift, ordnete die Handschriften entsprechend den Vorgaben Schwerins und arbeitete an der Fortsetzung ihrer Studien.

Im Dezember 1937 übernahm der Historiker Edmund Ernst Stengel (1879–1968) die Geschäfte im Reichsinstitut für ältere deutsche Geschichtskunde (MGH). Als weisungsgebundener Beamter[85] und aus eigenen antisemitischen Überzeugungen heraus[86] betrachtete er seine „jüdischen" Kollegen als lästiges „Erbe der Vergangenheit"[87]. In seinem Jahresbericht zu 1937 nannte er anstelle der tatsächlichen Bearbeiterin ein Fräulein Dr. Bastian[88], das „die Abschrift der zugrunde zu legenden Handschrift kollationiert" habe[89]; vermutlich eine Gehilfin Sinauers.

Als sich im Mai 1938 die Germanistin Dr. Helene Bindewald (1898–1986) bei dem Reichsinstitut als „Staatsangehörige arischer Abstammung *[...]* aus alter Akademikerfamilie"[90] um eine Anstellung bewarb, erkundigte sich Stengel hinsichtlich ihrer Qualifikation bei Paul Piur (1882–1943), für den Bindewald an einem Akademieprojekt mitgearbeitet hatte, und bekam die Antwort, Bindewald sei eine „zuverlässige und gewissenhafte Arbeiterin, der man eine bestimmt umgrenzte wissenschaftliche Aufgabe ohne Bedenken anvertrauen

83 Brief von Claudius von Schwerin (aus dem Nachlass, Empfänger unbekannt), 8.12.1936; zitiert nach Simon, Claudius von Schwerin (wie Anm. 3) S. 201–203.

84 Walther Merk, Mitglied des Bundes Nationalsozialistischer Juristen und förderndes Mitglied der SS, unterzeichnete 1933 das Bekenntnis der Professoren an den deutschen Universitäten und Hochschulen zu Adolf Hitler und dem nationalsozialistischen Staat.

85 Zur Struktur des Reichsinstituts für ältere deutsche Geschichtskunde (MGH) vgl. Mentzel-Reuters, Reichsinstitut (wie Anm. 43) S. 4.

86 Edmund E. Stengel gehörte 1933 zu den rund 900 Unterzeichnern des Bekenntnisses der Professoren an den deutschen Universitäten und Hochschulen zu Adolf Hitler und dem nationalsozialistischen Staat. Zwar trat er der NSDAP erst 1942 bei, doch ist alleine aufgrund seiner Familie eine Identifikation mit der NS-Ideologie anzunehmen. Seine Ehefrau Frieda war 1934–1935 Ortgruppenleiterin der NSDAP-Frauenschaft in Marburg und sein Adoptivsohn Lothar Stengel-von Rutkowski, Rassenhygieniker an der Universität Jena, machte nach 1933 Karriere bei der SS; vgl. Anne Christine Nagel, Im Schatten des Dritten Reichs, Mittelalterforschung in der Bundesrepublik Deutschland 1945–1970 (Formen der Erinnerung 24, 2005) S. 41 Anm. 55. Hier ist Becker, Jüdische Mitarbeiter (wie Anm. 4) S. 501, zu widersprechen, die bei Stengel keine ideologisch fundierte Ablehnung jüdischer oder jüdischstämmiger Mitarbeiter annehmen will.

87 Edmund E. Stengel an Walther Holtzmann, 19.11.1938 (MGH-Archiv, B 567 Bl. 291).

88 Zu Bastian vgl. Peter Johannes Weber, Alemannische Heimat. Eine heimatgeschichtliche Beilage der Freiburger Tagespost in schwieriger Zeit (1934–1940), in: Jahresheft des Breisgau-Geschichtsvereins Schauinsland 121 (2002) S. 165–208; hier S. 173 Anm. 63: Johanna Bastian, † 29.12.1976, Dr. phil., Freiburg, verh. Brahm. Ihr Vater war Amtsrichter in Freiburg; Becker, Jüdische Mitarbeiter (wie Anm. 4) S. 498.

89 Edmund E. Stengel, Reichsinstitut für ältere deutsche Geschichtskunde (Monumenta Germaniae historica), Jahresbericht 1937, in: DA 2 (1938) S. VII–XX; hier S. X.

90 Bewerbung von Helene Bindewald, 9.5.1938 (MGH-Archiv, B 557 Bl. 98).

darf“[91]. Ohne Zeit zu verlieren, holte Stengel das Einverständnis Schwerins[92] ein, Sinauer durch Bindewald zu ersetzen. Im Juli war Beendigung der Zusammenarbeit mit Erika Sinauer beschlossene Sache[93]. Vorher sollte Sinauer noch dazu bewegt werden, den zweiten Teil ihrer wissenschaftlichen Vorarbeit für die Edition zu veröffentlichen, allerdings nicht im DA, sondern in einer holländischen Zeitschrift. Dieses Vorgehen empfahl Stengel am 2. Juli 1938 Claudius von Schwerin[94], behauptete entgegen den Tatsachen, Sinauer hätte kaum noch für das Projekt gearbeitet und erklärte die Zusammenarbeit mit ihr für beendet: „Ich wäre Ihnen verbunden, wenn diese Beziehung, die sich ja seit Jahren so wie so kaum noch praktisch ausgewirkt hat, endgültig aufgelöst würde, in einer Form, deren Wahl selbstverständlich Ihnen überlassen bleibt. Sie haben es als besonders wichtig bezeichnet, daß Fräulein S. noch den 2. Teil Ihrer Glossenarbeiten fertigstelle. Ich würde es meinerseits sehr begrüßen, wenn Fräulein S. sich hierzu entschließen könnte, auch deshalb, weil ihr dadurch die Möglichkeit gegeben wäre, ihre frühere Mitarbeit literarisch mit einem unter ihrem Namen gehenden Aufsatz abzuschließen, der dann in einer holländischen Zeitschrift erscheinen könnte“[95]. Die Arbeitsunterlagen des Editionsprojekts Sachsenspiegelglosse, darunter ein großer Bestand an Handschriftenfotografien, sollten von Freiburg nach München umgezogen werden. Offensichtlich wollte Schwerin einer Begegnung mit der langjährigen Assistentin aus dem Weg gehen und bat deshalb am 9. Oktober Stengel, dass dieser den Direktor des Rechtsgeschichtlichen Instituts, Franz Beyerle, auffordern solle, den Apparat mit Fotos und weiteren Unterlagen zur Sachsenspiegelglosse nach München zu senden. „Wenn auf ein solches Schreiben hin die Genehmigung aus Freiburg eingegangen ist, würde ich Frl. Sinauer unter Hinweis auf die bevorstehende Überführung des Apparats eine Frist stellen und nach deren Ablauf den Apparat übernehmen. Dann müssen wir eben ohne den abschließenden Aufsatz durchzukommen versuchen, wenn er bis dahin nicht fertig ist“[96]. Nicht nachvollziehbar ist, wie dieser Brief als Vertrauensbeweis Claudius von Schwerins gegenüber Erika Sinauer gewertet werden kann[97].

Im Lauf des Jahres 1938 hatten sich die gesetzlichen Maßnahmen gegen die „jüdische“ Bevölkerung entscheidend verschärft. Die Novemberpogrome zerstörten die letzten

91 Paul Piur an Edmund E. Stengel, Juni 1938 (MGH-Archiv, B 557 Bl. 96).

92 Claudius von Schwerin an Edmund E. Stengel, 10.7.1938 (MGH-Archiv, B 557 Bl. 88): „Es freut mich, dass es Ihnen gelungen ist, eine anscheinend brauchbare Kraft für die Glosse ausfindig zu machen.“

93 Die Kündigung von Erika Sinauer erfolgte nicht im zeitlichen Zusammenhang mit der Vertreibung jüdischer wissenschaftlicher Kräfte aus den Universitäten Ende 1938, wie Simon, Claudius von Schwerin (wie Anm. 3) S. 200, behauptet; vgl. Becker, Jüdische Mitarbeiter (wie Anm. 4) S. 497.

94 Dieser Brief und die Vorgänge um die Ersetzung Erika Sinauers durch Helene Bindewald 1938 erstmals thematisiert durch Becker, Jüdische Mitarbeiter (wie Anm. 4) S. 498; vgl. Hartmann, Stunde der Frauen (wie Anm. 4) S. 667f.

95 Edmund E. Stengel an Claudius von Schwerin, 2.7.1938 (MGH-Archiv, B 557 Bl. 91); Digitalisat des Briefes vgl. Marquard-Mois, Hochtalentiert (wie Anm. 4): https://visit.mgh.de/de/jued-ma/erika-sinauer/sinauer-nicht-mehr-erwuenscht.

96 Claudius von Schwerin an Edmund E. Stengel, 9.10.1938 (MGH-Archiv, B 557 Bl. 81, hier 81v).

97 Vgl. Simon, Claudius von Schwerin (wie Anm. 3) S. 153, 202f. – Auch aus dem Brief vom 8.12.1936 (vgl. Anm. 83) konstruiert Simon einen Beleg für die Fürsorge Schwerins Sinauer gegenüber. Im Gegenteil zeigen beide Briefe, dass Claudius von Schwerin von Sinauers Arbeitsleistung und Wissen möglichst viel abschöpfen wollte, bevor er die Zusammenarbeit abbrach.

Hoffnungen auf ein Verbleiben in der deutschen Heimat. In Freiburg brannte in den frühen Morgenstunden des 10. Novembers in 400 Meter Entfernung von der Wohnung der Sinauers die Synagoge ab[98]. Am 12. November erließ das Regime Verordnungen, die den Ausschluss der „Juden" aus Öffentlichkeit und Wirtschaftsleben beschleunigen sollten[99]. Die „Durchführungsverordnung über die Sühneleistung der Juden" [100] vom 21. November 1938 betraf auch die Familie Sinauer. Ein Viertel des Vermögens, das im April des gleichen Jahres gemeldet worden war, musste in vier ‚Sühneraten' an das Reich entrichtet werden. Im Oktober 1939 wurde per Anordnung eine fünfte Rate in gleicher Höhe eingefordert[101]. Aus einer Aufstellung von Wertpapieren der Sinauers von 1957 ist zu entnehmen, dass Erika Sinauer fünfmal Pfandbriefe im Wert von 1000 RM als ‚Sühneraten' abgeben und ihre Mutter laufend die Rücklagen der Familie zu Geld machen musste[102].

Die Honorarzahlungen des Reichsinstituts (MGH) an Erika Sinauer wurden spätestens mit dem Antritt Helene Bindewalds bei Claudius von Schwerin am 1. Oktober 1938 in München eingestellt. Wenige Tage nach den Novemberpogromen beteuerte der Präsident des Reichsinstituts, Edmund E. Stengel, gegenüber Walther Holtzmann (1891–1963) in einem Brief: „Im übrigen bitte ich für den Fall, dass mit Gerüchten gekrebst wird, davon Kenntnis zu nehmen, dass keine Arbeitsaufträge des Reichsinstituts mehr in jüdischen Händen sind. Was ich bei meinem Amtsantritt als Erbe der Vergangenheit vorfand, ist abgebaut"[103].

Fast ein Jahrzehnt hatte Sinauer das Editionsprojekt Sachsenspiegel mit Glosse vorangetrieben. Karl Siegfried Bader erinnerte sich, dass Sinauer „uns allen, die sie damals kennenlernen und ein Stück weit begleiten durften, ein unermüdlicher Freund und Helfer *[war]*. Ein wesentlicher Teil des Werkes v. Schwerin aus jenen Jahren beruht auf ihrer tätigen Mitarbeit. Dies festzustellen ist ein schlichtes Gebot der Wahrheit und darf in den Annalen der Geschichte unseres Faches nicht verschwiegen werden"[104].

Am 17. November 1938 teilte der Rektor der Freiburger Universität, Otto Mangold (1891–1962), der Universitätsbibliothek mit, dass „jüdischen" Studierenden das Betreten der Hochschule verboten sei, und forderte den Bibliotheksdirektor auf, dafür zu sorgen, dass auch die Bibliothek und Lesehalle nicht mehr von „Juden" besucht würden[105]. Bibliotheksdirektor Josef Rest (1884–1961) übersandte daraufhin der Polizeidirektion „ein namentliches Verzeichnis derjenigen Benutzer unserer Bibliothek, von denen wir vermuten, dass sie vielleicht Juden im Sinne der Nürnberger Gesetze sein könnten mit der Bitte um Durchsicht und Rückäusserung, damit wir die nötigen Maßnahmen treffen können"[106]. Auf der Rückseite des Anschreibens sind neun Personen aufgelistet, Nummer 9 ist „Sinauer, Erika, Dr. jur.,

98 Novemberpogrome in Freiburg vgl. Clausing, Leben auf Abruf (wie Anm. 4) S. 259–264.

99 Verordnung zur Ausschaltung der Juden aus dem deutschen Wirtschaftsleben, 12.11.1938 (RGBl. I S. 1580).

100 Durchführungsverordnung über die Sühneleistung der Juden, 21.11.1938 (RGBl. I S. 1638).

101 Zweite Durchführungsverordnung über die Sühneleistung der Juden, 19.10.1939 (RGBl. I S. 2059).

102 Kontoaufstellung 11.6.1957 (StAF F 196/1/6086 S. 77–85).

103 Edmund E. Stengel an Walter Holtzmann, 19.11.1938 (MGH-Archiv, B 567 Bl. 291).

104 Bader, Nachruf (wie Anm. 1) S. 556.

105 Vgl. Clausing, Leben auf Abruf (wie Anm. 4) S. 188.

106 Josef Rest an Polizeidirektion, 27.12.1938 (UAF B 6/622), zitiert nach Ingo Toussaint, Die Universitätsbibliothek Freiburg im Dritten Reich (1982) S. 145.

Erbprinzenstr. 8“[107]. Die Liste wurde an die Gestapo weitergeleitet, die am 5. Januar 1939 antwortete: „Von dem in dem Schreiben der hiesigen Universitäts-Bibliothek aufgeführten Personen sind die unter Nr. 2 und 4–9 als Volljuden in der hiesigen Judenkartei verzeichnet“[108]. Am 7. Januar forderte die Universitätsbibliothek Erika Sinauer per Postkarte auf, umgehend alle entliehenen Werke zurückzugeben[109].

Wegen des Betretungsverbots der Universität für Sinauer musste Schwerin Ende des Jahres 1938 nach Freiburg fahren, wie er Stengel am 26. Dezember 1938 mitteilte: „Morgen fahre ich nach Freiburg, um dort die für uns wichtigen Fotografien und sonstigen Materialien auszusondern und hierher verschicken zu lassen. Darf ich die tatsächlichen Kosten dem Reichsinstitut verrechnen? Die Reise ist in der Tat notwendig, da wie mir Kollege Beyerle sagte, Frl. Sinauer die Universität nicht mehr betreten darf, und sonst Niemand in der Lage ist, die Sachen auszusuchen“[110]. Sinauers Arbeitsunterlagen wurden – zumindest teilweise – ebenfalls nach München geholt[111].

Eine am 3. Dezember 1938 erlassene Verordnung[112] gefährdete den Besitz von Sinauers Elternhaus in der Erbprinzenstraße 8, das Moritz Sinauer vor über fünfzig Jahren erworben hatte. Um dem drohenden Zwangsverkauf zuvor zu kommen, übertrug daher die Familie Sinauer 1939 die Immobilie einem Freund der Familie, Rechtsanwalt Dr. Erwin Brunner[113]. Mutter und Tochter Sinauer wohnten weiter in der Wohnung im 1. Stock[114]. Auf Grundlage der gleichen Verordnung mussten sie im April 1939 ihren Schmuck im Städtischen Leihamt abliefern. Erika Sinauer gab „1 goldene Brochette m. Brillanten u. Perlen, 1 goldene Damenarmbanduhr, 3 Broschen, 1 Serv.*[ietten]* Band, 1 Glas“ ab, die auf insgesamt RM 23,80 – weit unter ihrem Wert – geschätzt wurden, und musste per Unterschrift bestätigen, „Betrag erhalten. Dr. E S. Sinauer“ [115], wobei sie mit „S“ den seit August des Vorjahres zwangsweise geführten zweiten Vornamen ‚Sara‘ abkürzte.

Während Sinauer in Freiburg ohne Arbeitsmaterialien und ohne Bibliothekszugang ihre Studien zur Sachsenspiegelglosse aufgeben musste, war in München Schwerin nach dem ersten Jahr der Zusammenarbeit von dem Vorschlag seiner neuen Mitarbeiterin Bindewald für die Anlage der Edition noch nicht überzeugt[116]. Stengel schickte deshalb im September

---

107 Ebd.

108 Gestapo an Polizeidirektion, 5.1.1939 (UAF B 6/622), zitiert nach ebd. S. 146.

109 Universitätsbibliothek an Daube, Polaczek, Salomon, Seckel und Sinauer (UAF B 6/622), zitiert nach ebd. S. 147.

110 Claudius von Schwerin an Edmund E. Stengel, 26.12.1938 (MGH-Archiv, B 557 Bl. 75).

111 Zum Beispiel wurde die von Sinauer angelegte Kartei mit fremdrechtlichen Zitaten von Helene Bindewald weiterverwendet (MGH-Archiv, K 19 und K 20); vgl. Beilage zum Arbeitsbericht Sachsenspiegelglosse von Helene Bindewald, 1. Vierteljahr 1954: „In München wiederentdeckter bisheriger Arbeitsapparat zur Sachsenspiegelglosse“ (MGH-Archiv, K 24,6).

112 Verordnung über den Einsatz des jüdischen Vermögens, 3.12.38 (RGBl. I S. 1709).

113 Mitteilung von Dr. Georg Drischel, 21.4.2022. 1952 wurde im Restitutionsverfahren die Immobilie direkt auf die Erben übertragen und von Fritz Drischel zum Zeitwert erworben.

114 Vgl. Freiburger Adressbuch 1940 (wie Anm. 14); Erika Sinauer war 1940 nicht mehr in der Erbprinzenstr. 8 verzeichnet, weil ihr die Rechtsanwaltszulassung und damit die eigene Berufstätigkeit entzogen worden war und daher nur die Mutter als Haushaltsvorstand eingetragen war.

115 Bescheinigung des Städt. Leihamts, 4.4.1939 (StadtAF, D. Li. 246/247 Bl. 674).

116 Claudius von Schwerin an Edmund E. Stengel, 23.9.1939 (MGH-Archiv, 557 Bl. 68).

1939 an den Germanisten Edward Schröder (1858–1942)[117] Entwürfe Helene Bindewalds für den Apparat der Edition mit Bitte um ein Gutachten und in der Folge ein Schreiben mit dem gleichen Anliegen an Georg Baesecke (1876–1951) in Halle[118]. Bindewalds Versuche, der komplexen Materie durch Detailstudien an einzelnen der insgesamt 234 mehrheitlich glossierten Artikel des Sachsenspiegel-Landrechts beizukommen, zeigen ihre Überforderung, die sie hinter aufgeblasenen Arbeitsberichten verbarg[119]. Ihre Vorgehensweise sollte auch in den kommenden Jahrzehnten zu keinem verwertbaren Ergebnis führen. Das Grundproblem blieb, dass die promovierte Germanistin Bindewald für die thematisch und strukturell anspruchsvolle rechtshistorische Arbeit an der Sachsenspiegelglosse nicht entsprechend ausgebildet war[120].

Nach der Besetzung Frankreichs im Zweiten Weltkrieg wurde Erika Sinauer am 22. Oktober 1940 wie rund 6.500 Deutsche jüdischer Herkunft aus Baden, der Pfalz und dem Saarland in das Lager Gurs nahe der spanischen Grenze deportiert[121]. Die katastrophalen Verhältnisse in diesem Lager sind vielfach dokumentiert[122]. Sinauers Manuskript des zweiten Teils der Studien zur Sachsenspiegelglosse scheint im Rahmen der Deportation von der Gestapo konfisziert und vernichtet worden zu sein[123]. Warum die Mutter Erikas, Rosa Sinauer, zu diesem Zeitpunkt in Freiburg bleiben konnte, ist nicht bekannt. Vielleicht fiel die fast 79-Jährige in die Kategorie transportunfähige Personen und war deshalb von der Deportation ausgenommen.

Im November 1940 erkundigte sich der Direktor der Universitätsbibliothek, Dr. Josef Rest, bei der Geheimen Staatspolizei in Freiburg nach dem Verbleib der Bücher der verschleppten Freiburger, weil er aus privater Quelle von billigen Bücherverkäufen gehört hatte. Die zuständige Abteilung ‚Jüdisches Vermögen' traf daraufhin mit der Universitätsbibliothek die Vereinbarung, „dass sämtliche anfallenden Bücher in den zu räumenden Judenwohnungen von derselben abgeholt und für den Verkauf sortiert werden. *[…]* Bei der Abholung

117 Edmund E. Stengel an Edward Schröder, 28.9.1939 (MGH-Archiv, B 557 Bl. 64). Die Probeedition von Bindewald von Sachsenspiegel-Landrecht 1,5 (vulgat 1,6,1) bestand pro Seite aus 9 Zeilen Text, „denen ein monströser Apparat von 45 Zeilen (à ca. 90 Anschlägen) angehängt war", vgl. Kaufmann, Bemerkungen (wie Anm. 75) S. 172.

118 Edmund E. Stengel an Georg Baesecke, 14.10.1939 (MGH-Archiv, B 557 Bl. 61); Gutachten von Georg Baesecke, 28.10.1939 (MGH-Archiv, B 557 Bl. 56–57).

119 So gab Bindewald z. B. in ihrem zweiten Arbeitsbericht von 30.9.1939 an, sie habe Sinauers 879-seitige Abschrift neben mehreren anderen Arbeiten in den elf Monaten seit Arbeitsbeginn „mit dem Original collationiert" (MGH-Archiv, 557 Bl. 62–63). Nach Einschätzung des Editors Dr. Frank-Michael Kaufmann ist jedoch für eine fachgerechte Kollationierung des Codex Hecht mit einem Jahr Arbeitszeit zu rechnen.

120 Weitere kritische Einschätzungen vgl. Hartmann, Stunde der Frauen (wie Anm. 4) S. 668 Anm. 58.

121 Mit der Verschleppung der badischen und pfälzischen „Juden" begann die planmäßige Deportation aller Deutschen jüdischer Herkunft, vgl. Teschner, Deportation (wie Anm. 20).

122 Deportation in Freiburg und Lebensbedingungen in Gurs mit Quellen und Literatur vgl. Clausing, Leben auf Abruf (wie Anm. 4) S. 312–319; Heiko Haumann, 22. Oktober 1940, Die Freiburger Juden werden deportiert, in: Auf Jahr und Tag, Freiburgs Geschichte in der Neuzeit, hg. von Christiane Pfanz-Sponagel / Johanna Regnath / Heinrich Schwendemann / Hans-Peter Widmann (2015) S. 161–178; Teschner, Deportation (wie Anm. 20) S. 70–79, 135–231.

123 So Rolf Lieberwirth, Die Monumenta Germaniae Historica und die Glossen zum Sachsenspiegel, in: ZRG Germ. 119 (2002) S. 316–325; hier S. 320.

ist eine Empfangsbescheinigung auszustellen aus der hervorgeht, von wem die Bücher sind und Stückzahl“[124]. Erika Sinauers Bibliothek mit 115 Büchern ist eine von zwanzig, die in der Liste „Verpackte Juden Bücher“ aufgeführt sind[125].

Spätestens nach der Deportation Erikas wohnte die ältere Tochter Margarete wieder bei der Mutter in Freiburg[126]. Von dort wandte sie sich an Guido Kisch in New York mit der Bitte, die Schwester „nach Amerika zu holen“. „Vielleicht ist sie dort durch ihre Sachsenspiegel-Arbeiten soweit ausgewiesen, dass sie drüben als wissenschaftliche Arbeitskraft Verwendung finden kann“, gab sie ihrer Hoffnung Ausdruck[127]. Die Antwort Kischs war desillusionierend: „Sie können gewiss sein, dass ich die grösste Sympathie für Ihr Frl. Schwester habe und dass ich mich gerne für sie einsetzen würde. Leider sind aber Studien dieser Art hier weder geschätzt noch gefördert *[...]* So leid es mir auch tut, dass ich nicht Besseres berichten kann, so halte ich mich doch verpflichtet, Ihnen reinen Wein einzuschenken und zu sagen, dass auf Grund dieser mittelalterlichen Arbeiten hier nicht die geringste Aussicht besteht. Aber ich will gerne meine Augen offen behalten und – der Zufall spielt oft eine grosse Rolle – wenn ich irgendeine Möglichkeit irgendwelcher Art entdecken sollte, mich mit Ihnen wieder in Verbindung setzen“[128].

Das folgende Schreiben von Erikas Mutter an Guido Kisch zeugt von Verzweiflung angesichts der aussichtslosen Situation und von der engen Beziehung zwischen Mutter und Tochter: „Aus Ihren Zeilen spricht ein so warmes Interesse für meine Tochter, Frln. Dr. Sinauer, daß es mich drängt, aus warmem Herzen zu danken. Sie sind gewiß von verschiedenen Seiten bedrängt worden; meine Tochter liess mich wissen, dass es Ihnen gewiss lästig geworden ist; verzeihen Sie die anscheinende Unbescheidenheit, in Anbetracht der großen Notlage, die schwer auf uns, besonders auf mir lastet *[...]* Mir fiel aber ein, daß sich vielleicht eine Tätigkeit als Sekretärin auf einer Bank oder in der Industrie *[...]* finden könnte. *[...]* Da wir gar keine verwandtschaftlichen Beziehungen in USA haben, trotzdem ich in USA geboren bin, in Cincinnati, so ist gar keine Aussicht, in dieser Richtung etwas zu erwarten. Könnten Sie eine reiche Organisation angeben, die sich für Beide einsetzen könnte? Eine Trennung von meiner Tochter, Frln. Sinauer, ist für mich undenkbar, sie ist ein so wertvoller, warmfühlender Mensch, die mit einer rührenden Zärtlichkeit an mir hängt. Sie ist mein ganzer Lebensinhalt. *[...]* Seien Sie nicht ungehalten, sehr geehrter Herr Professor, wenn ich mir erlaubte, Ihre Güte in Anspruch zu nehmen“[129]. Für eine Kontaktaufnahme mit Erika

124 Toussaint, Universitätsbibliothek Freiburg (wie Anm. 106) S. 111–114.

125 Liste „Verpackte Juden Bücher“ und Abschriften der Empfangsbestätigungen (UAF, Schachtel 73); vgl. Toussaint, Universitätsbibliothek Freiburg (wie Anm. 106) S. 116.

126 Sie hatte mit ihrem Mann Dr. Samuel Wagner in Berlin/Charlottenburg gelebt. Über sein Schicksal ist nichts bekannt.

127 Margarete Wagner-Sinauer an Guido Kisch (Original mit eigenhändiger Unterschrift), 30.4.1941, in: Leo Baeck Institut Archives, Guido Kisch Collection 1799–1981; https://archive.org/details/guidokisch_13_reel13/page/n654.

128 Guido Kisch an Margarete Wagner-Sinauer, 18.5.1941, in: Leo Baeck Institut Archives, Guido Kisch Collection 1799–1981; https://archive.org/details/guidokisch_13_reel13/page/n651.

129 Rosa Sinauer an Guido Kisch, 12.6.1941, Original in: Briefe Erika Sinauers aus Gurs (StadtAF M2/127a Nr. 14). Der Brief wurde dem Stadtarchiv 1982 von Hans Thieme mit erläuterndem Begleitschreiben übergeben, dieser hatte den Brief von Guido Kisch geschenkt bekommen. Aus dem Begleitschreiben von Hans Thieme geht auch hervor, dass er das Foto von Erika Sinauer, „das mir jemand, der ihr nahe stand,

verwies Rosa Sinauer Guido Kisch auf „unsere Freundin“, die Rechtsanwältin Dr. Aimée Maire in Basel, die alles weiterleiten würde. Diese Verbindung in die Schweiz benennt auch der Althistoriker Walter Schmitthenner (1916–1997) in einem Schreiben 1997 an das Stadtarchiv Freiburg: „Das Haus in der Erbprinzenstraße muss ein Zentrum christlich-jüdischer Freundschaft gewesen sein, an das über die Schweiz viele Briefe aus Gurs gelangt sind“[130].

Nach einem Brief der ebenfalls deportierten Freiburger Ärztin Else Liefmann (1881–1970), Mitbegründerin des Deutschen Ärztinnenbundes in Berlin und Gründerin der Ortsgruppe Freiburg des Deutschen Akademikerinnenbundes, versuchte Sinauer in Gurs mit Eingaben an humanitäre Organisationen zu helfen. Eine andere Freiburgerin, Maria Krehbiel-Darmstädter (1892–1943), berichtete, Freunde hätten Erika Sinauer in Gurs gesehen und ihr wunderbar herzhaftes Lachen gerühmt[131]. Von Sinauer selbst sind drei Briefe aus Gurs in Abschriften erhalten[132], die in Anbetracht der dokumentierten elenden Lebensbedingungen in diesem berüchtigten Lager ob ihres dialektgefärbten Plaudertons befremden. Vermutlich verwendete Sinauer den Plauderton wie auch die verwendeten Spitznamen und Bezüge auf gemeinsame Erlebnisse, um die Briefe an der Zensur vorbei zu schmuggeln[133].

Im Juni 1941, kurz nach ihrem 45. Geburtstag, deutete Sinauer in einem Brief an „liebes Onkele, liebstes Tantele“ [134] an, dass sie wenig Hoffnungen in die Bemühungen ihrer Schwester „Gre“ lege: „lieber Onkel *[…]*, wobei Du selbst, glaube ich, ebenso realistisch denkst *[wie ich]* im Gegensatz zu der himmelstürmenden Gre. Dessen ungeachtet schadet es ja nichts, wenn ihr eure Bemühungen fortsetzt, vielleicht findet sich zufällig ein netter Crösusonkel, dem es ein Spassvergnügen ist, uns allen auf die Beine zu helfen.“ Sie hatte zu diesem Zeitpunkt wohl noch Hoffnung, auf längere Sicht wieder frei zu kommen: „Mir scheint der Weg, den ich jetzt eingeschlagen habe, der sinnigbedeutend richtige oder viel-

---

zur Verfügung stellte“, zusammen mit dem Nachruf im Rechtsgeschichtlichen Institut „seinerzeit unter Glas und Rahmen“ anbringen ließ, „damit auch heutige und künftige Benutzer des Instituts von diesem Schicksal erfahren“. Dieses Foto ist vermutlich das einzige, was von Erika Sinauer erhalten blieb, da der Sinauer-Nachlass in der Erbprinzenstr. 8 nach dem Tod Charlotte Taeges vernichtet wurde (siehe unten Anm. 132).

130 Schreiben von Prof. Dr. Walter Schmitthenner an Stadtarchiv Freiburg, 19.1.1997, in: Briefe Erika Sinauers aus Gurs (StadtAF M2/127a Nr. 14).

131 Briefe von Liefmann und Krehbiel wiedergegeben nach Moos, Schicksal (wie Anm. 4) S. 119.

132 Briefe Erika Sinauers aus Gurs, in: StadtAF M2/127a Nr. 14. Weitere Briefe in diesem Bestand können ihr m.E. nicht zugeordnet werden (siehe oben Anm. 20). Die Briefkopien wurden 1997 von Prof. Dr. Walter Schmitthenner dem Stadtarchiv mit einem Begleitschreiben übergeben. Im Rahmen seiner Arbeit an einem Band mit Briefen seiner Patentante Maria Krehbiel-Darmstädter hatte er diese Abschriften von Charlotte Taege erhalten. Schmitthenner teilte mit, das der „wohl bedeutende Nachlass von Sinauers“ nach dem Tod Charlotte Taeges von deren Erben vernichtet wurde. Charlotte Taege war eine Bekannte der Sinauers und wohnte spätestens ab 1946 in der Erbprinzenstr. 8. Ihre Schwester Doris war verheiratet mit dem Freiburger Kunsthistoriker Prof. Dr. Kurt Bauch. Die Familie Bauch war Teil der Erbengemeinschaft Brunner/Bauch, die das Haus Erbprinzenstr. 8 nach dem Krieg an die Sinauer-Erben restituierte (die es wiederum an Fritz Drischel verkauften).

133 Die Post musste offen abgegeben werden und wurde zensiert, vgl. Teschner, Deportation (wie Anm. 20) S. 142.

134 Erika Sinauer an Onkel und Tante, 22.6.1941, in: Briefe Erika Sinauers aus Gurs (StadtAF M2/127a Nr. 14).

mehr der einzige Erfolg versprechende *[...]*, im Augenblick wird an eine Übersiedlung gar nicht zu denken sein."

Im September 1941 bezog sich Erika Sinauer in einem weiteren Brief an den „lieben, guten Onkel und liebstes Tantele" [135] auf die Lebenssituation von Schwester und Mutter, beziehungsweise verschlüsselt auf die Verbindungen zwischen Basel und Erbprinzenstraße zur Unterstützung der Deportierten in Gurs: „Ich bin sehr beruhigt, dass Gretel *[= die Schwester]* die ganze Kiste schmeißt. Sie macht das sicher ganz gewissenhaft und zuverlässig, wenn es auch betrüblich ist, dass ihre Arbeitskraft genügt, um den Laden aufrechtzuerhalten. Im Traume habe ich schon verschiedentlich telephonisch bei ihr angefragt, wie es eigentlich damit steht. Ist sie wohl schon von Sorgen bedrückt?" In diesem Brief erwähnte sie ihre Dissertation: „Ein gemeinsamer, auch hier ansässiger Kollege, der übrigens sehr bedauerte, dass ich den ‚Schlüssel' nicht hier habe *[...]*."

Von Dezember 1941 ist ein Brief Sinauers an die 80-jährige Mutter, „mein über alles geliebtes Mutterle" [136], erhalten, der wegen der extrem beschönigenden Beschreibungen ihrer Situation zunächst befremdet. Vermutlich übermittelte sie mithilfe erkennbarer Übertreibungen Mutter und Schwester die tatsächliche Notlage[137]. Die angebliche Bemerkung eines Freundes, „so gut hast Du in Deinem ganzen Leben noch nicht ausgesehen" wie auch die Passagen „du weißt ja, wie gut mir immer die Gebirgsluft bekommen ist? Ich habe daher hier auch viel weniger Kopfweh als früher" oder „Wenn ich von der Arbeit am Mittag und Abend heimkomme, halte ich recht brav ans Essen, und es schmeckt mir, wie Du Dir denken kannst, immer grossartig" müssen durch ihre grobe Übertreibung Hinweise auf das tatsächliche Elend im Lager gewesen sein. „Aber den Kopf halten wir doch hoch, nicht wahr mein Mutterle, und Du auch, Grechen[138]? Ihr müsst Tante Ida, Marie N. u.s.w. tausend Grüsse von mir sagen und Ihr selbst bekommt eine ganze Million von Küssen von Eurer Erika", schloss Sinauer den Brief. Das sind ihre letzten schriftlich erhaltenen Worte.

Vier Monate später wurde Sinauers Schwester Margarete über Stuttgart nach Izbica/Polen deportiert[139]. Sinauer selbst hatte man am 22. Oktober 1940 bei der Deportation in Freiburg gezwungen, eine Abtretungserklärung für ihr Vermögen zu unterzeichnen[140]. Am 18. Mai 1942 wurden von ihrem Konto RM 1113,- an das Finanzamt Freiburg überwiesen[141],

135 Erika Sinauer an Onkel und Tante, 11.9.1941, in: Briefe Erika Sinauers aus Gurs (StadtAF M2/127a Nr. 14).

136 Erika Sinauer an Rosa Sinauer, nach 9.12.1941, in: Briefe Erika Sinauers aus Gurs (StadtAF M2/127a Nr. 14).

137 Der überzogen fröhliche Ton und Passagen wie die oben zitierten sprechen gegen die These, Sinauer habe ihre Mutter schonen wollen. Es war bekannt, dass der Lagerleiter von Gurs dafür zu sorgen hatte, dass keine negativen Berichte über die Aufenthaltsbedingungen im Lager verbreitet wurden; vgl. Teschner, Deportation (wie Anm. 20) S. 150–154. Hunderte von Briefen, die das Lagerleben beschrieben, wurden einbehalten; vgl. ebd. S. 188.

138 Die Schwester Margarete, Grete, wurde von Erika „Gre" genannt.

139 Vgl. Gedenkbuch. Opfer der Verfolgung der Juden unter der nationalsozialistischen Gewaltherrschaft in Deutschland 1933–1945, bearb. u. hg. durch BArch, Band IV S-Z (^{2}2006) S. 3557: „Wagner, Margareta, geb. Linauer *[Lesefehler: ‚L' statt ‚S']*, * 30.11.1882 in Freiburg, Deportation: ab Stuttgart, 26.04.1942, Izbica".

140 Vgl. Clausing, Leben auf Abruf (wie Anm. 4) S. 302.

141 Kontoaufstellung 11.6.1957 (StAF F 196/1/6086 S. 77).

am 29. Mai 1942 ihre Wertpapiere vom Reichsfinanzministerium verkauft und der Erlös von RM 13.248,70 an die Reichshauptkasse Berlin überwiesen[142]. Am 25. Juni 1942 zahlte die Universitätsbibliothek für Sinauers Bücher RM 30,- an die Abteilung ‚jüdisches Vermögen' des Freiburger Finanzamts[143].

Im Juli 1942 wurde Erika Sinauer mit mehreren Frauen in ein von Gurs rund 500 km entferntes protestantisches Heim in den Cevennen für Garten- und Feldarbeit überführt[144]. Einige aus dieser Gruppe konnten der Deportation in ein Vernichtungslager durch Untertauchen bei Bauern und in einem Kloster entgehen. In Freiburg wurde Erikas Mutter am 23. August 1942 mit weiteren 30 Freiburgern in das Ghetto Theresienstadt deportiert, wo sie drei Wochen später verstarb[145]. Erika Sinauer wurde in den Cevennen verhaftet und in das berüchtigte Sammellager Drancy bei Paris gebracht. Ihr Name findet sich auf der Liste eines Transports am 2. September 1942 von Drancy in das KZ Auschwitz-Birkenau[146]. Dort wurde sie vermutlich wie fast alle Gefangenen dieses Transports nach der Ankunft in den Gaskammern ermordet.

Im April 1949 bestellte das Amtsgericht Freiburg Erika Sinauers ehemaligen Kollegen und Büropartner, Dr. Friedrich Drischel, als Abwesenheitspfleger für sie und ihre Schwester Margarete/Grete Wagner. Drischel beantragte die Todeserklärung zum 9.5.1945[147]. Durch Beschluss des Amtsgerichts Freiburg vom 20. März 1952 wurde Dr. iur. Erika Sinauer zusammen mit ihrer Schwester Hedwig Margarethe Wagner für tot erklärt. Als Todestag wurde der 8. März 1945 eingetragen[148].

Erika Sinauer war eine der ersten Frauen, die wissenschaftlich für die MGH tätig waren. Unter anderen Umständen hätten die MGH mit Sinauers Arbeitsergebnissen bereits in den 40er Jahren die Edition eines wichtigen mittelalterlichen Rechtstextes realisieren können, der lange ein Desiderat im Editionsprogramm war. Mehrere Jahre bestand Unsicherheit, ob nicht Karl August Eckhardt in seinen konkurrierenden Editionsunternehmen den MGH mit der Edition der Sachsenspiegelglosse zuvorkommen würde. Ergebnisse

---

142 Vgl. Dokumentation durch Rechtsanwalt von Elisabeth Kander (eine der Erbinnen), in: Akte Dr. Sinauer, Erica, Erben (StAF F 196/1/6086 S. 81).

143 Kontoblatt Sinauer, Dr. Erika Sara, Finanzamt Freiburg, Abteilung Jüdisches Vermögen, in: Akte Dr. Sinauer, Erica, Erben (StAF F 196/1/6086 S. 11–12).

144 Vgl. Clausing, Leben auf Abruf (wie Anm. 4) S. 318–319; genauere Angaben fehlen.

145 Vgl. Clausing, Leben auf Abruf (wie Anm. 4) S. 322; Hans-Peter Widmann, Sinauer, Rosa, in: Biographische Daten Freiburger Jüdinnen und Juden 1933–1945 Anm. 263 (StadtAF, Datenbank). Für den Heimeinkauf in Theresienstadt hatte Rosa Sinauer 10.800 RM gezahlt.

146 Deportationsliste Transport 27, Zugnr. 901-22; Foto der Liste mit Eintrag Erika Sinauer: United States Holocaust Memorial Museum (https://www.ushmm.org/online/hsv/person_view.php?PersonId=5263955).

147 Fritz Drischel an Amtsgericht Freiburg, 23.10.1950, in: Akte Amtsgericht Freiburg, Todeserklärung der Frau Grete Wagner, geb. Sinauer, Dr. Erika Sinauer (StAF G 540/5/1017 S. 1).

148 Beschluss des Badischen Amtsgerichts Freiburg, 20.3.1952, in: Akte Amtsgericht Freiburg, Todeserklärung der Frau Grete Wagner, geb. Sinauer, Dr. Erika Sinauer (StAF G 540/5/1017 S. 65); vgl. Bader, Nachruf (wie Anm. 1) S. 556.

von Sinauers wissenschaftlicher Arbeit flossen schließlich in die 2002 erschienene MGH-Edition von Frank-Michael Kaufmann[149] ein.

In Freiburg ist eine Straße nach Erik(c)a Sinauer benannt, ein Stolperstein in der Erbprinzenstraße erinnert an sie. Auf dem großen Grabstein des Familiengrabes am jüdischen Friedhof Freiburg gemahnen links und rechts der Inschrift für den Vater leergebliebene Flächen an die Ermordung seiner Ehefrau Rosa und seiner Töchter Margarete und Erika in NS-Vernichtungslagern. Nachfahren der Tante väterlicherseits in Mannheim, den USA, Frankreich und Brasilien teilten sich in den 70er Jahren die Wiedergutmachungszahlungen für Mutter und Töchter Sinauer.

Das einzige Foto von Erika Sinauer, das sich erhalten hat, hängt im Rechtshistorischen Institut der Albert-Ludwigs-Universität Freiburg. Ihr Name ist einer in der langen Liste, mit der in der Eingangshalle der Universität „in Trauer und mit Scham" der Mitglieder gedacht wird, „die unter dem nationalsozialistischen Regime als jüdische Opfer der Rassenideologie oder als politisch Verfolgte Tod, Vertreibung oder schwere Benachteiligung erlitten haben".

„Die Aussichten sind rebus sic stantibus allerdings unsicher"[150], hatte Ernst Heymann 1934 in Bezug auf Erikas Sinauers Anstellung an Paul Kehr geschrieben; 1936 hatte sich Claudius von Schwerin gesorgt: „Es muss ja doch immer damit gerechnet werden, dass irgendwelche Umstände uns dieser Arbeitskraft berauben"[151]. Die „Umstände" und „Aussichten" waren zunächst so, dass die MGH Erika Sinauer beschäftigen konnten, ohne Schwierigkeiten befürchten zu müssen, da sie in die Kategorie „Aufrechterhaltung von Forschungsaufträgen an entpflichtete Juden"[152] fiel, die vom Regime toleriert wurde. Mit der Veröffentlichung von Sinauers Studien zur Sachsenspiegelglosse im DA 1935 machten die MGH sie letztmals als Wissenschaftlerin sichtbar, danach wurde ihre Mitarbeit öffentlich nicht mehr benannt. Ab 1938 betrieb Edmund E. Stengel rücksichtslos den „Abbau" der „Arbeitsaufträge in jüdischen Händen"[153]. Er schuf Fakten, indem er Erika Sinauer durch die „arische"[154] Wissenschaftlerin Helene Bindewald ersetzte und ihr den langjährig aufgebauten Arbeitsapparat wegnehmen ließ – in dem gleichen Jahr, in dem das Regime die Maßnahmen zur „Arisierung" radikal verschärfte und in den Novemberpogromen seine Vernichtungspläne offenlegte. Ernst Heymann hatte 1934 Sinauer ein Versprechen gegeben: „Sie können sicher sein, dass ich alles tun werde, um die Fortführung der Arbeiten zu ermöglichen, an denen mir viel liegt"[155]. Als die politische Situation schwieriger wurde, entledigten sich die MGH ihrer Mitarbeiterin in Freiburg.

149 Glossen zum Sachsenspiegel-Landrecht. Buch'sche Glosse I–III, hg. von Frank-Michael Kaufmann (MGH Fontes iuris N. S. 7, 2002).

150 Wie Anm. 69.

151 Wie Anm. 83.

152 Formulierung in Schreiben von Gerhard Kasper an Wilhelm Engel, 19.2.1936 (BArch R4901/alt R21 Anm. 10814), zitiert nach Oberling, Ernst Perels (wie Anm. 81) S. 198.

153 Wie Anm. 103.

154 Vgl. Bewerbung von Helene Bindewald, 9.5.1938 (MGH-Archiv, B 557 Bl. 98).

155 Wie Anm. 71.

Abstract: Erika Sinauer (1896 – [probably] 1942) was born in Freiburg im Breisgau; her parents were both of Jewish origins but declared themselves non-denominational. A certified lawyer with a Ph.D. in legal history, Sinauer worked from 1929 to 1938 as an assistant at the institute for legal history of the University of Freiburg on an MGH edition of the corpus of Saxonian common law in the Sachsenspiegel and the gloss of Johann von Buch. Classified as a Jew, she was stripped of her certification as a lawyer and removed from her assistant post in 1933 in accordance with Nazi legislation, but was allowed to continue her work for the MGH in the Freiburg institute. In 1935, she published her last pioneering study on the genesis of the Sachsenspiegel gloss in the MGH journal. In 1938, MGH president Ernst Stengel replaced her with an "Aryan" scholar and brought her work materials to Munich (now partially in the MGH Archive). Despite this, Sinauer remained in Germany; presumably she was bound by her care for her mother and by her passion for her research work. On October 22 1940, she was deported to the French detention camp Gurs, from whence she was transported first to the internment camp Drancy near Paris and ultimately to Auschwitz-Birkenau, where she was killed. Sinauer's scholarly achievements, however, live on in Frank-Michael Kaufmann's edition 'Glossen zum Sachsenspiegel-Landrecht. Buch'sche Glosse I-III', published by the MGH in 2002.

Ludwig Traube
(1861–1907)

von
BERND POSSELT

Ludwig Traube

Ludwig Traube[1] gilt als Mitbegründer der lateinischen Philologie des Mittelalters, deren erster akademischer Lehrer er 1889 in München wurde. Auch für Paläographie,

1 Vgl. zu Ludwig Traube im Überblick Arno MENTZEL-REUTERS, Traube, Ludwig, in: NDB 26 (2016) S. 367–368; Marcel HUMAR, Traube, Ludwig, in: Geschichte der Altertumswissenschaften. Biographisches Lexikon, hg. von Peter KUHLMANN / Helmuth SCHNEIDER (Der Neue Pauly. Supplemente 6, 2012) Sp. 1230–1231; Francesco ROBERG, Traube, Ludwig, in: Handbook of Medieval Studies. Terms – Methods – Trends 3, hg. von Albrecht CLASSEN (2010) S. 2684–2691; Georgios FATOUROS, Traube, Ludwig, in: Biographisch-Bibliographisches Kirchenlexikon 12, hg. von Traugott BAUTZ (1997) Sp. 432–434 und zuletzt den biographischen Überblick bei Outi MERISALO, Ludwig Traube and Philology, in: Philology Matters! Essays on the Art of Reading Slowly, hg. von Harry LÖNNROTH (Medieval and Renaissance Authors and Texts 19, 2017) S. 182–196, hier S. 183–189, sowie Arno MENTZEL-REUTERS / Annette MARQUARD-MOIS, Ein Leben für Mittellatein. Ludwig Traube, in: Zwischen Vaterlandsliebe und Ausgrenzung – jüdische Mitarbeiter und Mitarbeiterinnen der MGH (Virtuelle Ausstellung 2021; https://visit.mgh.de/de/jued-ma/ludwig-traube) [alle Links in diesem Beitrag wurden am 23.3.23 abgerufen]. – Die wichtigsten biographischen Informationen wurden bereits zeitnah nach Traubes frühem Tod zusammengestellt. Vgl. Franz BOLL, Biographische Einleitung. Mit Verzeichnissen von L. Traubes Veröffentlichungen und handschriftlichem Nachlass, in: Ludwig TRAUBE, Vorlesungen und Abhandlungen 1. Zur Paläographie und Handschriftenkunde, hg. von Paul LEHMANN (1909) S. XI–XLVII; Harry BRESSLAU, Ludwig Traube. Ein Nachruf, in: NA 33 (1908) S. 539–547 und ähnlich DERS., Geschichte der Monumenta Germaniae historica im Auftrage ihrer Zentraldirektion, in: NA 42 (1921) S. 1–769, hier

Handschriftenkunde und die Überlieferungsgeschichte lateinischer Texte war er um die Jahrhundertwende eine wegweisende Gestalt, die nicht nur durch eigene Forschungen, sondern auch durch eine Reihe bedeutender, von ihr in Fragestellung und Methode geprägter Schüler die Entwicklung in diesen Teildisziplinen vorantrieb. Als Editor, Zentraldirektor und Leiter der Abteilungen Auctores antiquissimi und Antiquitates war Traube zwanzig Jahre lang an Editionsunternehmen der Monumenta Germaniae Historica beteiligt und gab den umfangreichen dritten Band der Poetae Latini aevi Carolini weitgehend alleine heraus.

Traube entstammte einer in Oberschlesien beheimateten jüdischen Familie. Vorfahren sind bis in die Mitte des 18. Jahrhunderts als Lederfabrikanten und Weinhändler in Rybnik und Ratibor (Racibórz) nachgewiesen, wo auch sein gleichnamiger Vater Ludwig (oft Louis genannt) Traube[2] (1818–1876) geboren wurde[3]. Louis und sein Bruder Moritz[4] (1826–1894) waren die ersten einer ganzen Reihe von Mitgliedern der Familie Traube, die sich einen hervorragenden Namen auf akademischem Gebiet machten – mit Ausnahme des Mittellateiners Ludwig jedoch allesamt als experimentell forschende Naturwissenschaftler. Sein Vater Louis war ein weltweit anerkannter Arzt, der als Mitbegründer der experimentellen Pathologie gilt. Sein Onkel Moritz wurde für seine biochemischen Studien des Stoffwechsels als Privatgelehrter korrespondierendes Mitglied der Preußischen Akademie der Wissenschaften und sein Vetter Wilhelm[5] (1866–1942) wurde zum Inhaber einer ordentlichen Professur für anorganische Chemie an der Berliner Universität[6]. Wilhelm fiel im fortgeschrittenen Alter noch der Gewaltherrschaft der Nationalsozialisten zum Opfer, obwohl sich sein prominenter Freund Otto Hahn (1879–1968) energisch für ihn einsetzte[7]. Und sogar Ludwig Traubes

---

S. 606–608, 646–653, 700–704, 721–723; mit manch interessantem biographischen Detail der Nachruf seiner Schwester in der postum im Druck vollendeten letzten Monographie Traubes: Margarete Traube-Mengarini, „Seinen Schülern!“, in: Ludwig Traube, Nomina Sacra. Versuch einer Geschichte der christlichen Kürzung (Quellen und Untersuchungen zur lateinischen Philologie des Mittelalter 2, 1907) S. I–XII.

2 Vgl. Volker Hess, Traube, Ludwig in: NDB 26 (2016) S. 364–365; Marianne Büning, Ludwig (Louis) Traube. 1818–1876. Arzt und Hochschullehrer – Begründer der experimentellen Pathologie (Jüdische Miniaturen. Spektrum jüdischen Lebens 71, 2008).

3 Nach Büning (wie Anm. 2) S. 7 scheint ein Ururgroßvater Ludwig Traubes Rabbiner in Krakau gewesen zu sein. Für einen Familienstammbaum von den Eltern von Louis und Moritz Traube bis zur vierten Generation vgl. Henrik Franke, Moritz Traube (1826–1894). Vom Weinkaufmann zum Akademiemitglied. Der außergewöhnliche Weg des jüdischen Privatgelehrten und Pioniers der physiologischen Chemie (Studien und Quellen zur Geschichte der Chemie 9, 1998) S. 102–105.

4 Zu Moritz Traube, der beruflich zunächst den Weinhandel der Familie weiterführte und zu Harnzucker, alkoholischer Gärung und Sauerstoffoxidation forschte, vgl. Ekkehard Höxtermann, Traube, Moritz, in: NDB 26 (2016) S. 365–367 sowie ausführlich zu Biographie und wissenschaftlicher Leistung Franke, Moritz Traube (wie Anm. 3).

5 Zu Wilhelm Traube, der mit der Traubeschen Synthese ein Verfahren entwickelte, das bis heute z. B. zur industriellen Herstellung von Coffein genutzt wird, vgl. Dietmar Linke, Traube, Wilhelm in: NDB 26 (2016) S. 368–369.

6 Auch Moritz Traubes älterer Sohn Hermann (1860–1913) wandte sich den Naturwissenschaften zu und bekleidete in Greifswald eine außerordentliche Professur für Mineralogie.

7 Angesichts der bevorstehenden Deportation aus Berlin war Wilhelm Traube am 9. September 1942 zum Selbstmord entschlossen, ließ sich jedoch von Otto Hahn umstimmen, der unter dem Vorwand kriegswichtiger Arbeiten Traubes einen Aufschub der Deportation erwirken wollte. Zwar konnten Hahn und

Schwester Margarete Traube-Mengarini[8] (1856–1912), die – was ihr zu diesem Zeitpunkt im Deutschen Kaiserreich noch unmöglich gewesen wäre – ab 1880 als eine der ersten Frauen in Rom studierte und promoviert wurde, forschte als experimentell arbeitende Physiologin.

Obwohl Louis Traube seine Laufbahn als Mediziner gerne durch den Sohn fortgesetzt gesehen hätte, scheint Ludwigs Hinwendung zur Philologie gerade auf den bildungsbürgerlichen Zuschnitt des Berliner Elternhauses zurückzugehen. Louis war selbst humanistisch breit gebildet und pflegte eine ausgeprägte Leidenschaft für die alten Sprachen und klassischen Autoren. Die Bibliothek des Traubeschen Hauses[9] enthielt umfangreiche Bestände griechischer und lateinischer Editionen, die Louis zur Erholung las oder sich später, als er bereits erkrankt war, von seinem jugendlichen Sohn vorlesen ließ. Der Elementarunterricht, den die Kinder von Louis und seiner Frau Cora[10] (1830–1876) zu Hause genossen, umfasste von früh auf Latein; dies galt für Ludwig ebenso wie für seine Schwestern[11]. Der Sohn, der in seinen Leistungen schwächelte, wurde nach den Erinnerungen der Schwester Margarete freilich wesentlich stärker gefordert: „Unser Vater sah ihm auf die Finger und diktierte ihm mit Vorliebe *[...]* am Sonntag Vormittag lateinische Extemporalia“[12]. Zur intellektuellen Atmosphäre des großzügigen Hauses im Tiergartenviertel zählten auch die Gäste, die Traubes Eltern regelmäßig empfingen. Unter ihnen überwogen Louis' Kollegen aus den Naturwissenschaften, unter anderem sind Hermann von Helmholtz (1821–1894) und Emil Du Bois-Reymond (1818–1898) zu nennen[13], während Gäste, die nicht in den Naturwissenschaften tätig waren, weniger zahlreich zu Besuch kamen. Jedoch war Theodor Mommsen (1817–1903) unter ihnen, der später zum wichtigsten Förderer Ludwig Traubes werden sollte. Mit dem Tod der Eltern, die beide 1876 im Abstand von nur elf Wochen starben, verlor Traube das prägende Elternhaus bereits im Alter von knapp 15 Jahren.

Walter Schoeller (1880–1965) dies bei der Sicherheitspolizei erreichen, die Gestapo hatte Traube, der sich widersetzte, zu diesem Zeitpunkt jedoch bereits unter heftiger Gewalteinwirkung verschleppt. Traubes Tod, der auf die erlittenen Verletzungen zurückgehen dürfte, wurde Hahn erst am 10. Oktober mitgeteilt. Vgl. Ruth Lewin Sime, Otto Hahn und die Max-Planck-Gesellschaft. Zwischen Vergangenheit und Erinnerung (Forschungsprogramm Geschichte der Kaiser-Wilhelm-Gesellschaft im Nationalsozialismus. Ergebnisse 14, 2004) S. 23–25.

8 Vgl. Alexander Nebrig, Die Physiologin Margarete Traube-Mengarini (1856–1912) (Werke. Welten. Wissen 7, 2012).

9 Abbildung von Traubes Elternhaus in der Tiergartenstraße 2 und von Louis Traubes Bibliothek bei Büning (wie Anm. 2) S. 58.

10 Cora Traube stammte aus der bekannten und wohlhabenden Berliner Familie Marckwald und war eine Cousine von Martha Marckwald (1857–1943), der späteren Frau Max Liebermanns (1847–1935). Vgl. Marina Sandig, Sie glaubten Deutsche zu sein. Martha Liebermann-Marckwald. Eine Familiengeschichte zwischen preußisch-jüdischer Herkunft und Shoah (Deutsches Familienarchiv. Ein genealogisches Sammelwerk 155, 2012) S. 283–287 sowie S. 316–317, 345–348 (Stammbaum bzw. genealogische Tafel ab Cora und Louis Traube).

11 Vgl. Büning (wie Anm. 2) S. 63–64; Nebrig (wie Anm. 8) S. 18–19. Vom ältesten Sohn der Traubes, Hermann (1857–1862), der mit nur fünf Jahren an Diphtherie starb, ist überliefert, dass er bereits jeden Morgen seine lateinischen Vokabeln lernte.

12 Margarete Traube-Mengarini, Jugenderinnerungen (1912); zit. nach Nebrig (wie Anm. 8) S. 19.

13 Vgl. Nebrig (wie Anm. 8) S. 12–17; Luisa Levi D'Ancona Modena, The ‚beautiful enigma'. A case-study of German–Jewish women in collector networks in Rome (1880–1914), in: Journal of the History of Collections 34 (2022) S. 507–519 (URL: https://doi.org/10.1093/jhc/fhac002), hier S. 508–509.

Traubes Begabung auf philologischem Gebiet wurde auch auf dem Gymnasium[14] rasch erkannt. Namentlich wurde er in jener Zeit von Georg Kaibel[15] (1849–1901) gefördert, der später unter anderem in Greifswald und Göttingen Ordinarius für klassische Philologie war. Bereits als Schüler kam erstmals auch der Kontakt zu den MGH zustande. Denn schon mit 17 Jahren veröffentlichte Traube eine Rezension zu Ernst Dümmlers (1830–1902) Ausgabe der Gesta Apollonii[16], die Dümmler vorab als Hallenser Universitätsschrift publiziert hatte. Traube konnte in der kurzen Besprechung die versifizierte Fassung des Stoffs sowohl überzeugend in die Überlieferungsgeschichte seiner Prosavorlage einordnen als auch textkritisch mehrere schlagende Emendationen anbieten. Da Traube Dümmler das von ihm für eine eigene Edition gesammelte Material überließ, profitierte dessen im zweiten Band der Poetae erschienene Edition[17] ganz erheblich. Wie Mommsen sollte Dümmler über Jahrzehnte hinweg Traubes philologisches Talent fördern und in die Editionsunternehmen der MGH einbinden. Alles philologische Talent konnte allerdings nicht verhindern, dass Traube wegen Defiziten in Mathematik vom Berliner Gymnasium abgehen und das letzte Schuljahr in Neuwied verbringen musste. Dort lebte er bis zum Abitur 1880 mit im Haushalt des Direktors Carl Bardt[18] (1843–1915), eines Schülers von Mommsen und ehemaligen Lehrers des Berliner Wilhelmsgymnasium.

In den Jahren nach dem Abitur waren Italien und insbesondere Rom eine wichtige Konstante in Traubes Leben[19]. Seine Schwester Margarete war nach dem Tod der Eltern 1877 dorthin ausgewandert und hatte Franz Boll[20] (1849–1879), einen ehemaligen Assistenten ihres Vaters und Professor der Physiologie an der römischen Universität, geheiratet. An der Seite von Boll und ab 1884 ihres zweiten Ehemanns Guglielmo Mengarini[21] (1856–1927) pflegte Margarete ein reges Gesellschaftsleben und unterhielt in späteren Jah-

14 In der Literatur finden sich unterschiedliche Angaben darüber, ob Traube in Berlin das Wilhelmsgymnasium (Boll, Biographische Einleitung [wie Anm. 1] S. XV; Bresslau, Ludwig Traube [wie Anm. 1] S. 539), das Askanische Gymnasium (Mentzel-Reuters, Traube [wie Anm. 1] S. 367) oder beide (Fatouros, Traube [wie Anm. 1] S. 432; Roberg, Traube [wie Anm. 1] S. 2685) besuchte. Vgl. auch Arno Mentzel-Reuters, Ludwig Traube und die Monumenta Germaniae Historica, in: ZBLG 77 (2014) S. 3–25, hier S. 3 Anm. 3: „Traube besuchte das Wilhelmsgymnasium, unterhielt aber auch Kontakte zu Lehrern des Askanischen Gymnasiums, das damals noch in der Berliner Friedrichsvorstadt lag."

15 Vgl. Simone Finkmann, Georg Kaibel. Ein steiniger Karriereweg, in: Altertumswissenschaft in Greifswald. Porträts ausgewählter Gelehrter 1856 bis 1946, hg. von Susanne Froehlich (Beiträge zur Geschichte der Universität Greifswald 14, 2021) S. 105–138.

16 Gesta Apollonii regis Tyrii metrica ex codice Gandensi, hg. von Ernst Dümmler (1877). Traubes Rezension in: Literarisches Centralblatt für Deutschland, Jahrgang 1878 Nr. 27 (6. Juli) Sp. 883.

17 Gesta Apollonii, hg. von Ernst Dümmler, in: MGH Poetae 2 (1884) S. 483–506.

18 Vgl. Klaus Günther, Bardt, Karl, in: NDB 1 (1953) S. 586–587.

19 Wichtige Quellen für die erste Hälfte der 1880er Jahre sind die Lebenserinnerungen von Traubes damaliger Verlobten Sabine Graef und, bislang von der Ludwig Traube-Forschung nicht beachtet, von Lili Helbig-Morani (1868–1954), der Tochter von Wolfgang und Nadine Helbig. Vgl. Sabine Lepsius, Ein Berliner Künstlerleben um die Jahrhundertwende. Erinnerungen (1972); Lili Helbig-Morani, Jugend im Abendrot. Römische Erinnerungen, übersetzt und hg. von Hans Kühner (1953).

20 Egisto Taccari, Boll, Franz Christian, in: Dizionario Biografico degli Italiani 11 (1969) S. 284. Boll, dem 1876 die Entdeckung des Rhodopsins (Sehpurpur) gelungen war, litt zum Zeitpunkt der Heirat bereits an Tuberkulose und verstarb nach nur neunmonatiger Ehe kurz vor Ende 1879.

21 Maria Grazia Ianniello, Mengarini, Guglielmo, in: DBI 73 (2009) S. 470–474.

ren einen Salon, der zu einer wichtigen Anlaufstelle für Deutsche wurde, die sich in Italien aufhielten[22]. Über Boll, der als Junggeselle in der Casa Tarpea, dem Sitz des Deutschen Archäologischen Instituts auf dem Kapitolshügel, gewohnt hatte, war Margarete eng mit der Familie des zweiten Sekretärs des Institutes Wolfgang Helbig (1839–1915) und insbesondere dessen Frau Nadine (1847–1922) bekannt. Ihr Salon in der Casa Tarpea und später in der Villa Lante bildete einen Mittelpunkt des gesellschaftlichen (und musikalischen) Lebens in Rom[23]. Zwischen seinem Abitur 1880 und dem Beginn des Studiums wurde Ludwig Traube von seiner Schwester Margarete in diese römischen Netzwerke eingeführt und hielt sich bis in die zweite Hälfte der 1880er Jahre regelmäßig in der römischen Stadtwohnung oder in der das Meer überblickenden Villa der Mengarinis im Badeort Porto d'Anzio, dem antiken Antium, auf. Auch mit der Familie Helbig stand er in Kontakt und stieß mit Margarete in mehreren Jahren zu deren Sommerfrischen hinzu[24]. Seine mitunter recht persönliche Korrespondenz mit Nadine Helbig ist durch einige erhaltene Briefe aus den Jahren 1880 bis 1891 dokumentiert[25]. Da auch Mommsen mit Margarete Traube-Mengarini und der Familie Helbig verkehrte, dürften sich die Kontakte zwischen Traube und Mommsen, die in Berlin geknüpft worden waren, in Italien fortgesetzt bzw. erneuert haben. Wie früher im Salon der Eltern in Berlin war Mommsen während seiner Rom-Aufenthalte im Salon von Margarete Traube-Mengarini zu Gast[26]. Bis nach der Jahrhundertwende sollte er auf der Reise nach Italien später auch bei Ludwig Traube in München Station machen[27]. In der Casa Tarpea speiste Mommsen nicht nur mit der Familie Helbig, sondern bezog üblicherweise in den

22 Levi D'Ancona Modena, Beautiful enigma (wie Anm. 13) hat auf die Sonderrolle unter anderem Traube-Mengarinis innerhalb der deutschen italophilen Netzwerke hingewiesen, die in ihrem Status als emanzipierte Frau und Jüdin begründet war.

23 Vgl. Sabine Meine, Perspektiven aus deutsch-römischen Idyllen. Zur Rekonstruktion des Musiksalons Nadine Helbigs, in: Die Tonkunst 3 (2010) S. 22–36; dies., Liszt am Kapitol. Der Musiksalon Nadine Helbigs – eine deutsch-römische Idylle des späten 19. Jahrhunderts, in: Rom – Nabel der Welt. Macht, Glaube, Kultur von der Antike bis heute, hg. von Jochen Johrendt / Romedio Schmitz-Esser (2010) S. 155–172.

24 Eine Nicht-Begegnung aus jenen Sommerfrischen ist erwähnenswert: Helbigs unterhielten Kontakte zum Ehepaar Richard und Cosima Wagner. Nadine Helbig hatte von Cosimas Vater Franz Liszt in Rom Klavierunterricht erhalten und Liszt war regelmäßig in ihrem Salon zu Gast. Während die Familie Helbig 1880 ihre Sommerfrische in Perugia verbrachte, hielten sich auch Richard und Cosima Wagner zwischen dem 13. und 20. August dort auf und trafen sich fast täglich mit ihnen. Auch Ludwig Traube und seine Schwester Margarete schlossen sich der Sommerfrische der Familie Helbig in diesem Jahr an, jedoch erst, als sie auf dem Rückweg nach Rom in Assisi Station machte. Vgl. Helbig-Morani, Jugend (wie Anm. 19) S. 116–127; Cosima Wagner, Die Tagebücher. 2: 1878–1883, ed. und kommentiert von Martin-Gregor Dellin / Dietrich Mack (1977) S. 581–584. Dass man sich zumindest mittelbar in denselben Kreisen bewegte, mag die Wagner-Begeisterung des jungen Traube miterhellen; vgl. dazu Mentzel-Reuters, Traube und die MGH (wie Anm. 14) S. 16–20.

25 Archiv des Deutschen Archäologischen Instituts, Abteilung Rom, III Nachlässe. Transcriptionen, Briefe an Nadine Helbig (Typoskript), Scan-Nr. 309–334 (https://arachne.dainst.org/entity/2372834). Wichtigstes Zeugnis aus der Sammlung ist der Brief Traubes aus Oberammergau an Nadine Helbig vom 29. Juli 1880, in dem er über die erste Ausgabe der kurzlebigen, von ihm und Johannes Lepsius (1858–1926) begründeten Zeitschrift ‚Schauspiel und Bühne' berichtet.

26 Vgl. Lepsius, Künstlerleben (wie Anm. 19) S. 106; Nebrig (wie Anm. 8) S. 66–67.

27 Vgl. Paul Lehmann, Erinnerungen zum 100. Geburtstag von Ludwig Traube, in: Forschungen und Fortschritt 36, Heft 5 (1961) S. 156–157.

spartanischen, eigentlich für Nachwuchswissenschaftler vorgesehenen Räumen Quartier[28]. Auch schon Kaibel und Bardt, Traubes Förderer aus Gymnasialzeiten, hatten Anfang der 1870er Jahre zu den Kreisen junger deutscher Gelehrter in der Casa Tarpea gehört[29]. In die römischen Netzwerke, in denen sich Traube zu dieser Zeit bewegte, war auch die spätere Berliner Malerin Sabine Graef[30] (verh. Lepsius, 1864–1942) eingebunden, die mit Margarete und Nadine Helbig befreundet, mit Mommsen bekannt war. Traube und Graef hatten sich bereits in Berlin kennengelernt und verlobten sich im Sommer 1884. Die Verlobung scheiterte jedoch und wurde – auch zum Bedauern Mommsens[31] – nach über zwei Jahren wieder gelöst. Neben der Arbeitsbelastung sah Traube darin die Ursache seiner psychischen Leiden der Folgejahre, die seine regelmäßigen Reisen nach Italien abbrechen ließen.

Zum Studium ging Traube nach München und wurde dort nach drei Jahren mit einer Arbeit über die neo-platonischen Quellen des Macrobius[32] promoviert. Nach eigener Auskunft war die Anbindung an die Universität nicht sehr eng[33], lediglich Rudolf Schöll[34] (1844–1893) und Michael Bernays[35] (1834–1897) werden verschiedentlich als Münchener akademische Lehrer genannt. Allerdings war Bernays als Neu-Germanist fachlich nur mittelbar von Einfluss; die Bekanntschaft mit Schöll, der ebenfalls zu Mommsens Netzwerk gehörte,

28 Vgl. Helbig-Morani, Jugend (wie Anm. 19) S. 168–169, 266–275. In der Villa Lante, dem späteren Wohnsitz der Familie Helbig, fertigte Traubes ehemalige Verlobte Sabine Lepsius auch ein Porträt Mommsens an (vgl. Lepsius, Künstlerleben [wie Anm. 19] S. 116–118).

29 Für Kaibel war die Stipendiaten-Zeit in Rom (1872–1874) die entscheidende Schnittstelle, die den für seine weitere Laufbahn wichtigen Kontakt mit Mommsen herstellte und unter anderem zu seiner Mitarbeit an der Res gestae-Edition (Res Gestae Divi Augusti. Ex monumentis Ancyrano et Apolloniensi, hg. von Theodor Mommsen [^{2}1883]) führte.

30 Vgl. zu Sabine Graefs Verlobung mit Traube Lepsius, Künstlerleben (wie Anm. 19) S. 80–103; Annette Dorgerloh, Das Künstlerehepaar Lepsius. Zur Berliner Porträtmalerei um 1900 (2003) S. 82–85. Bei Outi Merisalo, Mein lieber, lieber Werner. La Correspondance de Ludwig Traube et Werner Söderhjelm, in: L'art de la philologie. Mélanges en l'honneur de Leena Löfstedt, hg. von Juhani Härmä / Elina Suomela-Härmä / Olli Välikangas (Mémoires de la Société Néophilologique de Helsinki 70, 2007) S. 157–174, hier S. 162–168 sind zwei Briefe Traubes mit Nachrichten von der Verlobung publiziert.

31 Vgl. Lepsius, Künstlerleben (wie Anm. 19) S. 117–118.

32 Ludwig Traube, Varia libamenta critica (Diss., 1883).

33 Vgl. Traube-Mengarini, „Seinen Schülern!" (wie Anm. 1) S. IV.

34 In der Literatur wurde seit Bresslau, Ludwig Traube (wie Anm. 1) S. 540 mehrfach auf den Einfluss Schölls hingewiesen (vgl. Fatouros, Traube [wie Anm. 1] Sp. 432; Roberg, Traube [wie Anm. 1] S. 2686), der jedoch erst 1885 aus Straßburg nach München berufen wurde. Schöll hatte seine Laufbahn als Mommsens Mitarbeiter bei der Erschließung italienischer Inschriften und Handschriften (1867) begonnen, ehe Mommsen ihm die Edition der Novellen des Corpus iuris civilis anvertraute (ab 1869). Vgl. Wilt Aden Schröder, Wilamowitzens unmittelbare Vorgänger: Rudolf Schöll und Eduard Hiller, in: Wilamowitz in Greifswald. Akten der Tagung zum 150. Geburtstag Ulrich von Wilamowitz-Moellendorffs in Greifswald, 19.–22. Dezember 1998, hg. von William M. Calder iii (Spudasmata 81, 2000) S. 1–55, bes. S. 5–31. Traubes Hochachtung für Schöll ist durch einen Nachruf dokumentiert, den er kurz nach Schölls Tod in der Vorlesung hielt und den Franz Boll aus Traubes Nachlass publizierte. Ludwig Traube, Ein Nachruf auf Rudolf Schöll, in: Neue Jahrbücher für das klassische Altertum, Geschichte und deutsche Literatur und für Pädagogik Abt. 1, 19 (1907) S. 727–731.

35 Vgl. Lehmann, Erinnerungen (wie Anm. 27) S. 156–157. Der Bernays-Schüler Werner Söderhjelm (1859–1931) lernte Traube, mit dem er später befreundet war und gemeinsame Urlaube verbrachte, bei Bernays zu Hause kennen; vgl. Boll, Biographische Einleitung (wie Anm. 1) S. XIX–XX.

ist erst in die Zeit nach Traubes Promotion zu datieren. Traube betrieb seine Studien also weitgehend selbständig und wandte sich insbesondere dem Handschriftenstudium in den reichhaltigen Beständen der Hof- und Staatsbibliothek zu. Für das Sommersemester 1881 wechselte Traube zum Studium nach Greifswald. Die dortige Klassische Philologie hatte sich mit Adolph Kießling (1837–1893) und dem jungen Ulrich von Wilamowitz-Moellendorff (1848–1931) einen guten Ruf erarbeitet und dürfte durch ihr Interesse an textkritischen und editorischen Fragestellungen anziehend gewirkt haben. Hinter Traubes Studienentscheidung scheint aber erneut auch seine Vernetzung mit dem „Mommsenschen Kartellverbande"[36] durch. Wilamowitz-Moellendorff hatte mit Kaibel in Bonn studiert und sowohl mit Kaibel als auch mit Bardt bestand seit gemeinsamer Zeit am Deutschen Archäologischen Institut in Rom eine feste Freundschaft[37]. Und Mommsen selbst war seit 1878 bekanntlich Schwiegervater von Wilamowitz-Moellendorff. Obwohl Traubes Studienaufenthalt in Greifswald nur kurz währte, blieb ein von gegenseitigem Respekt geprägtes Verhältnis zwischen Wilamowitz-Moellendorff und ihm bestehen[38].

Nach der Promotion wurde Traube von Dümmler rasch in die Arbeit an den Poetae-Bänden der MGH eingebunden[39]. 1884 sollte der gerade 23 Jahre alte Traube zunächst die Edition einzelner Autoren für den dritten Band erarbeiten, woraus ihm dann bald die Herausgeberschaft des ersten Faszikels zuwuchs. Nach Bibliotheksreisen, die ihn in die Schweiz, Italien und Belgien führten, konnte der Faszikel in erstaunlich kurzer Zeit gedruckt werden und erschien nach nur zwei Jahren[40]. Damit wollte Traube es ursprünglich bewenden lassen und sich von der Arbeit an den Monumenten zurückziehen[41]. Der Versuch, sich der zeitraubenden Editionstätigkeit zu entledigen und die Herausgeberschaft an den Gymnasiallehrer Wilhelm Harster (1846–1901) abzutreten, scheiterte allerdings. Traube musste, nachdem die Arbeiten unter Harster über Jahre hin nur schleppend vorankamen, doch wieder eingreifen

36 Brief von Eduard Meyer an Richard Pietschmann, 9.1.1879, zit. nach Finkmann, Kaibel (wie Anm. 15) S. 113.

37 Vgl. Ulrich von Wilamowitz-Moellendorff, Erinnerungen. 1848–1914 (1928) S. 145–146, 158–165.

38 So hebt Traube Wilamowitz-Moellendorff als einzigen Gelehrten positiv hervor, der die von ihm verschickten Exemplare der Textgeschichte der Regula S. Benedicti auch wirklich zur Kenntnis nahm. Traube schreibt über deren Aufnahme (Brief von Traube an Goldschmidt, 2.5.1898 [Kopie im MGH-Archiv, B 683]): „Über meine Regula habe ich nur – Anwesende sind wie immer ausgenommen – von Wilamowitz ein persönliches Urtheil bekommen. Die anderen Danken + wohl auch Loben (‚einer geschenkten Textgeschichte schaut man nicht ins Ohrfeigengesichte') haben sie nicht gelesen und sind über das erste Kapitel eingeschlafen. Das mußte nun aber da stehen, + die Sicherheit eines Haus ist noch mehr werth als die Schönheit. Auch erkennt man so seine Leute. Wer sich durchfrisst, kommt ins Haeusel und findet die alte Hexe." Noch bei der Beisetzung Traubes auf dem Jüdischen Friedhof an der Schönhauser Allee in Berlin hielt Wilamowitz-Moellendorff am 27. Mai 1907 die Trauerrede. Vgl. Lepsius, Künstlerleben (wie Anm. 19) S. 199–200. Vgl. zudem Peter Lebrecht Schmidt, Ludwig Traube als Latinist, in: Wilamowitz in Greifswald (wie Anm. 34) S. 491–503, hier S. 496–498.

39 Vgl. Mentzel-Reuters, Traube und die MGH (wie Anm. 14) S. 4–5.

40 Poetae Latini aevi Carolini III. Fasc. 1, hg. von Ludwig Traube (MGH Poetae 3, 1886).

41 NA 13 (1888) S. 8: „Von der Abtheilung Antiquitates, welche Prof. Dümmler leitet, ist die von Dr. Traube bearbeitete erste Hälfte des dritten Bandes der Gedichte aus karolingischer Zeit erschienen, nach deren Vollendung Dr. Traube aus dem Kreise der Mitarbeiter ausgeschieden ist."

und den umfangreichen Band letzten Endes selbst zu Ende bringen[42]. Mit der Herausgabe des zweiten (1892) und dritten Faszikels (1896) konnte er die Arbeit am dritten Band der Poetae, der fast ausschließlich Dichter und Dichtungen aus der Zeit Karls des Kahlen enthält, dann nach über einem Jahrzehnt abschließen. Dank seines Hintergrundes als klassischer Philologe, der auf Textkritik und Überlieferungsfragen spezialisiert war, erreichten die Editionen Traubes im Vergleich zu den Poetae-Bänden Dümmlers ein für die MGH neuartiges philologisches Niveau[43].

Aus Briefen, die Traube während der Arbeit an den Poetae-Editionen an Dümmler richtete, erwuchs auch seine erste größere monographische Publikation, in der er Untersuchungen zu verschiedenen karolingischen Dichtern und Dichtungen bündelte[44]. Mit dem ersten Teil, der textkritische Beobachtungen und zahlreiche Emendationen zu Dümmlers Ausgabe, überlieferungsgeschichtliche Untersuchungen sowie eine historische Kontextualisierung von Aethelwulfs Carmen de Abbatibus[45] bot, wurde er zugleich an der philosophischen Fakultät der Münchener Universität vorstellig und bat um die Erlaubnis, „sich an der hiesigen Kgl. Universität für das Fach der Klassischen und mittelalterlichen Philologie zu habilitieren"[46]. Zwar wurde Traubes Aethelwulf-Untersuchung von den Fakultätsmitgliedern aus der klassischen Philologie durchaus positiv begutachtet, das fachliche und inhaltliche Fremdeln mit Gegenstand und methodischer Herangehensweise ist ihren Gutachten aber deutlich zu entnehmen[47]. Nach seiner Aufnahme in die philosophische Fakultät begann Traube im Sommersemester 1889 den Unterricht als Privatdozent mit einer Vorlesung über die römische Literatur im Mittelalter. Die Münchener Habilitation und der Beginn der akademischen Lehre gilt allgemein als Geburtsstunde des Universitätsfaches Mittellatein[48].

42 Vgl. NA 16 (1891) S. 7; NA 17 (1892) S. 6–7; NA 18 (1893) S. 7.

43 Vgl. zur Philologisierung der MGH Wolfgang D. Fritz, Theodor Mommsen, Ludwig Traube und Karl Strecker als Mitarbeiter der Monumenta Germaniae historica, in: Das Altertum 14 (1968) S. 235–244.

44 Ludwig Traube, Karolingische Dichtungen. Aedelwulf, Alchuine, Angilbert, Rhythmen (Schriften zur Germanischen Philologie 1, 1888).

45 Aethelwulf, Carmen de Abbatibus, hg. von Ernst Dümmler (MGH Poetae 1, 1881) S. 582–604.

46 Schreiben Traubes an Rudolf Schöll, Dekan der Philosophischen Fakultät, Sektion I, 12.10.1888; zit. nach Ludwig Traube, Rückblick auf meine Lehrthätigkeit, hg. von Gabriel Silagi (1988) S. 4. Die Einführung und umfangreichen Anmerkungen Gabriel Silagis zu dem Überblick, den Traube 1901 über seine zurückliegende Tätigkeit als akademischer Lehrer verfasste, sind grundlegend für alle Fragen zu Habilitation, Enthebungsgesuch und Berufung Traubes.

47 Vgl. die Gutachten von Eduard Wölfflin (1831–1908) und Wilhelm von Christ (1831–1906), die entweder die Zuordnung zur Philologie und nicht zur Geschichte (Wölfflin: „*[...]* daß sachlich über Zulassung kein Zweifel bestehen kann. Äußerlich genommen paßt allerdings die Arbeit weder ganz in die Schachtel der Klass. Philologen noch in die des Historikers.") oder gar die mittellateinische Dichtung selbst hinterfragen (von Christ: „Die Litteratur des mittelalterlichen Lateins ist mir so ziemlich eine terra incognita, und dieselbe hat für mich nicht so viel Anziehungskraft, daß ich mich in meinen alten Jahren noch in diese halbe Barbarei hineinarbeiten möchte."; zit. nach Traube, Rückblick [wie Anm. 46] S. 5).

48 Vgl. z. B. die Festschrift zum einhundertjährigen Jubiläum von Traubes Antrittvorlesung: Lateinische Kultur im VIII. Jahrhundert. Traube-Gedenkschrift, hg. von Albert Lehner und Walter Berschin (1989) S. 243–244; zur Geschichte der lateinischen Philologie des Mittelalters Christel Meier, Königin der Hilfswissenschaften? Reflexionen zu Geschichte, Selbstverständnis und Zukunft der Mittellateinischen Philologie, in: FMSt 35 (2001) S. 1–21.

Die programmatische Einleitung der „Karolingische Dichtungen" betitelten Schrift skizziert Traubes wissenschaftliche Methode[49] – „freilich in etwas doktrinärer, fast scholastischer Sprache", wie Harry Bresslau bemerkte[50]. Nicht nur die überlieferten Texte und die in ihnen vermittelten historischen Tatsachen, müssten demnach Gegenstand der kritischen philologischen Betrachtung sein, sondern auch die Verfasser der Texte oder Schreiber der Handschriften und die handschriftliche Überlieferung der Texte. Die Erkenntnis entwickele sich dabei ausgehend von der „überlieferung" über den „überlieferer" hin zum „überlieferten"[51], wobei nicht nur das Überlieferte, sondern auch bereits Überlieferung und Überlieferer als historische Tatsachen zu verstehen seien, die wiederum selbst in ihrer Historizität kritisch zu beurteilen und zu bewerten sind. Damit wird Traubes Vorgehen zwischen Philologie und Geschichtswissenschaft, oder präziser: sowohl in Philologie als auch in Geschichtswissenschaft verortet. Denn so wie jeder Philologe mit historischen Gegenständen arbeitet, so sollte jeder Historiker zur Beurteilung historischer Gegenstände philologische Methoden anwenden. Man solle sich bewusst sein, „dass die philologie die methode, geschichte die wissenschaft ist"[52]. In den Poetae-Editionen hatte Traube aus der Konjektural- und Emendationsphilologie, mit der er schon als ein Jugendlicher hervorgetreten war, der sich mit textkritischen Problemen befasste, eine reife Editionsphilologie entwickelt. Mit der programmatischen Vorrede seiner Habilitation wandte er sich nun einer umfassenden Überlieferungsphilologie zu. Diese entwickelt auf breiter Basis der Einzelbefunde von Paläographie, Handschriftenkunde oder Bibliotheksgeschichte Überlieferungsgeschichte von Texten (oder auch von Handschriften und Bibliotheken) als komplexen historischen und kulturhistorischen Gesamtzusammenhang. Traube sollte eine solche „Textgeschichte" exemplarisch in seiner Monographie zur Benedikts-Regel ausarbeiten[53]. Die entscheidende Grundlage hierfür sind die noch weiter zu entwickelnden paläographischen und schriftgeschichtlichen Kompetenzen, die nicht nur die sichere Lesung von Handschriften ermöglichen sollen, sondern als ein diagnostisches Instrument zur Datierung des Alters und der Lokalisation des Schreibortes unverzichtbar sind[54]. Traubes Habilitation, die auf den Poetae-Editionen für die MGH beruhte, deutete

49 Traube, Karolingische Dichtungen (wie Anm. 44) S. 1–5. Vgl. zu Traubes Methode Merisalo, Ludwig Traube (wie Anm. 1) S. 189–195; Schmidt, Ludwig Traube (wie Anm. 38); Meier, Königin (wie Anm. 48) S. 5–8; Tino Licht, Ludwig Traubes Überlieferungsphilologie, in: Materiale Textkulturen, Konzepte – Materialien – Praktiken, hg. von Thomas Meier / Michael R. Ott / Rebecca Sauer (Materiale Textkulturen 1, 2015) S. 183–190.

50 Bresslau, Nachruf (wie Anm. 1) S. 544.

51 Traube, Karolingische Dichtungen (wie Anm. 44) S. 1.

52 Traube, Karolingische Dichtungen (wie Anm. 44) S. 3.

53 Ludwig Traube, Textgeschichte der Regula S. Benedicti (BAdW Historische Klasse 21,9, 1898).

54 Vgl. zu Traube als Paläograph Johanne Autenrieth, Die Münchener Schule: Ludwig Traube (1861–1907) – Paul Lehmann (1884–1964) – Bernard Bischoff (1906). Ein Beitrag zur paläographischen Forschung in Deutschland seit dem Ende des letzten Jahrhunderts, in: Un secolo di paleografia e diplomatica (1887–1986). Per il centenario dell'Istituto di Paleografia dell'Università di Roma, hg. von Armando Petrucci / Alessandro Pratesi (1988) S. 99–130, hier S. 101–112; Alfio Rosario Natale, Ludwig Traube e la nuova metodologia paleografica (1957) und bereits Giuseppe Bonelli, Ludwig Traube e gli studi paleografici, in: StM 4 (1913) S. 1–64; mit theoretischem Ansatz Christian Kiening, Philologische Aura der Schrift um 1900. Das Beispiel Ludwig Traubes, in: Aura und Auratisierung. Mediologische

damit bereits an, dass seine wissenschaftliche Laufbahn vom Editionsgeschäft weg und hin zu Überlieferungsgeschichte und Paläographie führen sollte.

Neben der Arbeit an den Poetae war Traube an weiteren Projekten der MGH beteiligt und unterstützte vor allem seine beiden Förderer Mommsen und Dümmler bei der Editionsarbeit. Für Mommsens Cassiodor-Ausgabe in den Auctores Antiquissimi besorgte Traube nicht nur die Edition der Redefragmente, sondern fertigte auch den umfangreichen Sach- und Wortindex für den Gesamtband an[55]. Wie schon in den Addenda zu den ersten beiden Poetae-Bänden Dümmlers sind so auch im Index zu Cassiodor etliche Emendationen und Stellenverweise Traubes zu finden. Auch für die Chronica minora und den Liber Pontificalis[56] sowie außerhalb der MGH für die Solinus-Ausgabe arbeitete Traube Mommsen zu[57]. Dümmler wiederum half er beim dritten und vierten Band der Epistolae Karolini aevi. Auf Vorschlag Mommsens wurde Traube im April 1897 zum Mitglied der Zentraldirektion gewählt und übernahm als dessen Nachfolger die Leitung der Abteilung Auctores Antiquissimi. Mommsen selbst hatte nach der Publikation der Chronica minora die Abteilung eigentlich für abgeschlossen erklärt und deren Leitung niedergelegt[58]. Unter Traubes Verantwortung sollte nun noch ein Band ausgewählter Dichtungen (Auct. ant. 14) herausgegeben werden, zu dem Traube die im 6. Jahrhundert zusammengestellten Gedichte des Codex Salmasianus, des wichtigsten Bestandteils der Anthologia Latina, in einer verbesserten Ausgabe beisteuern wollte[59]. Im Jahr 1900 übernahm Traube auch die Leitung der Abteilung Antiquitates[60], in der unter anderem der junge Berliner Paul von Winterfeld[61] (1872–1905) am vierten Band

---

Perspektiven im Anschluss an Walter Benjamin, hg. von Ulrich Johannes Beil / Cornelia Herberichs / Marcus Sandl (Medienwandel – Medienwechsel – Medienwissen 27, 2014) S. 257–275.

55 Cassiodor, Orationum reliquiae, hg. von Ludwig Traube, in: MGH Auct. ant. 12 (1894) S. 457–484; Cassiodor, Index rerum et verborum, hg. von Ludwig Traube, in: MGH Auct. ant. 12 (1894) S. 510–597.

56 Vgl. Bresslau, Geschichte (wie Anm. 1) S. 653 Anm. 3.

57 Vgl. Arno Mentzel-Reuters / Mark Mersiowsky / Peter Orth / Olaf B. Rader, Phönix aus der Asche. Theodor Mommsen und die Monumenta Germaniae Historica. Katalog zur Ausstellung der Monumenta Germaniae Historica in München und der Monumenta Germaniae Historica an der Berlin-Brandenburgischen Akademie der Wissenschaften vom 25. November bis 21. Dezember 2005 (2005) S. 46–48. Über die MGH hinausgehende Zusammenarbeit dokumentieren auch zwei Materialzusammenstellungen Traubes für Mommsen, die wohl in die letzten beiden Lebensjahre Mommsens zu datieren sind; ediert bei David Ganz, Ludwig Traube über Subskriptionen und Karolingische Philologie, in: Mittellateinisches Jb. 56 (2021) S. 134–145.

58 Vgl. NA 24 (1899) S. 9–12.

59 Die Gedichte des Codex Salmasianus (Paris, Bibliothèque Nationale de France, lat. 10318) wurden nach Traubes Abschied von den MGH wieder aus dem Editionsprogramm genommen und es erschien nur die von Friedrich Vollmer (1867–1923), Generaldirektor des Thesaurus linguae Latinae und ab 1905 Traubes Kollege an der Münchener Universität, herausgegebene erste Hälfte des Bandes mit den Gedichten von Merobaudes, Dracontius und Eugenius von Toledo. Auch die Aufnahme der Gedichte Aldhelms, des letzten Bandes der Auctores Antiquissimi (Auct. ant. 15), ins Editionsprogramm der MGH geht auf Traube zurück, der dem Herausgeber Rudolf Ehwald (1847–1927), Leiter der Herzoglichen Bibliothek Gotha, wesentliche Unterstützung bei der Bearbeitung zukommen ließ.

60 Vgl. NA 26 (1901) S. 7.

61 Vgl. Wolfgang Maaz, Paul von Winterfeld. Ein Beitrag zur Wissenschaftsgeschichte, in: Paul von Winterfeld, Von Horaz bis Hrotsvith von Gandersheim. Gesammelte Schriften, hg. von Wolfgang Maaz / Fritz Wagner (Spolia Berolinensia. Berliner Beiträge zur Mediävistik 6, 1996) S. IX–XXIX; Karl Langosch, Wilhelm Meyer aus Speyer und Paul von Winterfeld. Begründer der mittellateinischen

der Poetae arbeitete. Die Kooperation mit dem von Traube fachlich hochgeschätzten, allerdings sehr eigenwilligen und leicht irritierbaren Winterfeld gestaltete sich äußert schwierig und führte letztlich zu Traubes Abschied von den Monumenta[62].

Seit Ende der 1880er Jahre litt Traube an Agoraphobie, die ihn für einige Jahre weitgehend an seine Wohnung in der Münchener Von-der-Tann-Straße band. Urlaubs- und Handschriftenreisen, ja selbst Besuche in der nahegelegenen Hof- und Staatsbibliothek waren ihm kaum möglich[63]. Erst nachdem er 1894 in die Schwabinger Seestraße umgezogen und dort in einem Haus mit Garten ein neues Domizil gefunden hatte, besserte sich sein nervlicher Zustand und erlaubte ihm wieder mehr Mobilität. Das Gartenhaus seines Wohnsitzes gestaltete er für paläographische Übungen um, wobei neben Hörsaalmobiliar und paläographischem Handapparat auch Bildnisse großer Editoren (Erasmus, die Gebrüder Grimm und natürlich Mommsen) zur Ausstattung gehörten[64]. Doch trotz der wiedererlangten größeren Bewegungsfreiheit waren für Traube die Reisen zu den Plenarsitzungen der Zentraldirektion in Berlin von Anfang an eine strapaziöse „Pflicht"[65]. Die eigene Agoraphobie, die wissenschaftspolitischen Konflikte eines solchen Gremiums, von denen sich Traube selbst auch nicht freimachen konnte, wie sein von Mommsen beeinflusstes Votum bei der Wahl Oswald Holder-Eggers (1851–1911) zum Nachfolger Dümmlers zeigt[66], und insbesondere die undankbare Vermittlerrolle zwischen Dümmler und den übrigen Zentraldirektoren auf der einen und Winterfeld auf der anderen Seite müssen Traube die Sitzungen der Zentraldirektion zutiefst verleidet haben. Regelmäßig werden im Frühjahr Klagen über

---

Wissenschaft (1936) S. 67–108; Hermann REICH, Paul von Winterfelds Leben, in: Paul VON WINTERFELD, Deutsche Dichter des lateinischen Mittelalters in deutschen Versen, hg. und eingeleitet von Hermann Reich (^{3}1921) S. 3–80, bes. 26–42.

62 Vgl. zu Traubes schwierigem Verhältnis zu Winterfeld neben der in der vorigen Anmerkung genannten Literatur MENTZEL-REUTERS, Traube und die MGH (wie Anm. 14) S. 12–15. Bei Ulrich PRETZEL, Beiträge zur Geschichte der mittellateinischen Philologie. N. F., in: Literatur und Sprache im europäischen Mittelalter. Festschrift für Karl Langosch zum 70. Geburtstag, hg. von Alf ÖNNERFORS / Johannes RATHOFER / Fritz WAGNER (1973) S. 481–508, hier S. 486–494 sind sieben Briefe Traubes an Winterfeld sowie weitere aufschlussreiche Briefe zwischen Winterfeld bzw. Traube und Wilhelm Meyer publiziert; weitere Briefe Traubes an Meyer zu Winterfeld und den MGH bei Ulrich PRETZEL, Beiträge zur Geschichte der mittellateinischen Philologie, in: Mittellateinisches Jb. 5 (1968) S. 242–269.

63 Eine entsprechende Episode schildert BOLL, Biographische Einleitung (wie Anm. 1) S. XXII–XXIII.

64 Vgl. die Beschreibungen von BOLL, Biographische Einleitung (wie Anm. 1) S. XXIII und von Karl Alexander von Müller (1882–1964), abgedruckt bei PRETZEL, Beiträge (wie Anm. 62) S. 268.

65 Brief von Traube an Goldschmidt, 29.3.1899 (Kopie im MGH-Archiv, B 683). Vgl. auch den Brief von Traube an Goldschmidt, 11.4.1898 (Kopie im MGH-Archiv, B 683), der Traubes umständliche Reisevorbereitungen vor seiner ersten Zentraldirektionssitzung zum Thema hat.

66 Vgl. MENTZEL-REUTERS, Traube und die MGH (wie Anm. 14) S. 10; BRESSLAU, Geschichte (wie Anm. 1) S. 711 Anm. 1. Vgl. auch den Brief von Traube an Meyer, 17./18.3.1902, abgedruckt bei PRETZEL, Beiträge (wie Anm. 62) S. 260–264, hier S. 264, in dem Traube über mögliche Ambitionen Mommsens spricht, ihn selbst zum Vorsitzenden der Zentraldirektion zu machen: „Ich denke dabei nicht an das, was Mommsen, wie ich von anderer Seite erfahre, im Auge haben soll, daß ich Nachfolger von Dümmler werde. Das ist ein vielleicht nicht einmal schönes Phantasma. Dazu müßte ich andere Kräfte besitzen und Eigenschaften mitbringen, besonders in unserer Zeit, wo alles ins Politische hinüberspielt *[...]*." Trotz aller ostentativer Zurückhaltung könnte Traubes Enthaltung bei der Wahl des neuen Vorsitzenden auch hierin begründet liegen.

die Sitzung der Zentraldirektion laut. 1901 schreibt Traube vor der Sitzung an seinen Freund Adolph Goldschmidt[67]: „Ich stecke in all dem Ärger, den diese Berliner Reisen vorauszuschicken pflegen. Der Winterfeldzug ist auf der Höhe: Dümmler ein altes, Winterfeld ein junges Kind, die mir beide über ihre gegenseitigen Leiden klagen“[68]. Im darauffolgenden Jahr dann nach der Zentraldirektionssitzung: „Ich *[...]* werde selbst von den Monumenta Germaniae währenddem mit Haut + Haar verspeist. Ich sage Ihnen, diese letzten Wochen des Winterfeldzuges waren grässlich – + alles so überflüssig, eine tolle Vergeudung von Zeit, Kraft + Lust“[69]. Und schon zu Weihnachten desselben Jahres 1902 wirft die Zentraldirektionssitzung wieder ihren Schatten voraus: „Sind Sie wenigstens Ostern in Berlin? da muß die Monumenta-Blase plagen“[70]. Im November 1903, zwei Wochen nach dem Tod Mommsens, scheint dann angesichts von Traubes Arbeitspensum seine Belastungsgrenze erreicht. Er klagt über acht Stunden Lehre, einen Akademievortrag, Dissertationsbetreuung sowie die zahlreichen anstehenden Publikationen und schreibt: „Was wollen Sie? man stirbt so allmählich am Leben (nur Mommsen erhielt daher immer neue Umtriebkraft). Die Monumente habe ich ganz vergessen + den neuen Winterfeld-Zug. Sie hörten wohl davon“[71]. Der Rückzug stand damals unmittelbar bevor.

Schon bevor Traube die Leitung der Antiquitates übernommen hatte, waren Dümmler und Winterfeld regelmäßig in Konflikt geraten und Winterfeld hatte mehrfach mit Beendigung seiner fachlich dringend benötigten Arbeit für die Monumenta gedroht. Um den völligen Bruch Winterfelds mit den MGH zu vermeiden, hatte Traube – so zumindest seine Darstellung gegenüber dem alten Freund Wilhelm Meyer (1845–1917), dem Göttinger Mittellateiner – zum Unwillen Dümmlers daher die Abteilungsleitung für sich beansprucht und auch erhalten[72]. Es folgten jahrelange Vermittlungsbemühungen, die Traube zum ständigen Interessensausgleich zwischen den übrigen Zentraldirektoren und Winterfeld nötigten. Zwischen den Anforderungen des als historisch begründeten und konzipierten Gesamtunternehmens und den immer weiter reichenden Forderungen des rein philologisch arbeitenden Editors war aber wohl keine echte Vermittlung möglich[73]. Nach einem gescheiterten Versuch, Winterfeld zu seinem Nachfolger in der Abteilungsleitung der Antiquitates zu machen, erklärte Traube in der Plenarsitzung von 1904 schließlich seinen Austritt aus der Zentraldirektion und beendete seine zwanzigjährige Mitarbeit an den MGH[74].

67 S. unten S. 506.

68 Brief von Traube an Goldschmidt, 12.4.1901 (Kopie im MGH-Archiv, B 683).

69 Brief von Traube an Goldschmidt, 8.4.1902 (Kopie im MGH-Archiv, B 683).

70 Brief von Traube an Goldschmidt, 16.12.1902 (Kopie im MGH-Archiv, B 683).

71 Brief von Traube an Goldschmidt, 17.11.1903 (Kopie im MGH-Archiv, B 683).

72 Brief von Traube an Meyer, 17./18.3.1902, abgedruckt bei Pretzel, Beiträge (wie Anm. 62) S. 260.

73 Ein Beispiel für Winterfelds Forderungen, die mit den Zielen der MGH nicht in Einklang zu bringen waren, ist der Wortindex seiner Hrotsvith-Edition (MGH SS rer. Germ. [34]), der mit über 250 Seiten jedes Maß einer Studienausgabe im Oktav-Format sprengt; ein anderes die kostspielige Faksimilierung der handschriftlich überlieferten Neumen in der Edition der Sequenzen Notkers von St. Gallen.

74 Auch Winterfeld, der zu gleicher Zeit die für Traube angedachte mittellateinische Professur in Berlin erhalten hatte, schied 1904 bei den Monumenta aus und ließ den vierten Band der Poetae unvollendet zurück. Er konnte erst 1923 von Winterfelds Berliner Nachfolger Karl Strecker (1861–1945) abgeschlossen werden. Strecker wurde auch der erste Nachfolger Traubes als Mittellateiner in der Zentraldirektion der MGH; vgl. jetzt Martina Hartmann, Von Ludwig Traube bis Peter Stotz. Die Bedeutung

Während Traube bis Mitte der 1890er Jahre im Wesentlichen von seinen ererbten Mitteln gelebt und seine wissenschaftliche Tätigkeit sowie den Aufbau seiner Bibliothek und Fotosammlung finanziert hatte, nötigte ihn nun eine veränderte familiäre Situation und später die geplante Heirat, über ein stetiges Einkommen zu verfügen[75]. Entgegen seinem Wunsch nach Unabhängigkeit und freier Schwerpunktsetzung in der Forschung hatte er daher zunächst die Aufgaben bei den MGH übernommen und war ab 1899 bestrebt, in München eine besoldete Professur zu erlangen. Doch trotz aller wissenschaftlichen Verdienste – Traube war nicht nur Mitglied der Zentraldirektion der MGH, sondern seit 1894 korrespondierendes Mitglied der Gesellschaft der Wissenschaften zu Göttingen sowie seit 1896 außerordentliches und ab 1899 ordentliches Mitglied der Bayerischen Akademie der Wissenschaften – gestaltete sich die Einrichtung einer besoldeten Professur für die lateinische Philologie des Mittelalters langwierig und problematisch. Auf Bitten der philosophischen Fakultät hin unternahm der Senat der Universität zwischen 1899 und 1902 mehrere Vorstöße beim Staatsministerium des Innern für Kirchen- und Schulangelegenheiten, einen etatmäßigen Posten für Traube zu erwirken[76]. Doch alle Anträge blieben erfolglos. Nach einem ersten Antrag von 1899 wurde im darauffolgenden Jahr zwar tatsächlich eine bezahlte außerordentliche Professur eingerichtet, allerdings mit Carl Weymann (1862–1931) besetzt[77]. Traube selbst geruhte man nur, „gebührenfrei den Titel und Rang eines außerordentlichen Professors zu verleihen“[78]. „Gebührenfrei“ hieß ohne Gehalt! Auch Berufungsverhandlungen Traubes mit Berlin zu Beginn des Jahres 1901 änderten an der Situation in München nichts[79]. Als ein weiterer Antrag des Senats wieder abschlägig beschieden wurde, reichte Traube im Oktober 1901 ein Gesuch um Enthebung als Privatdozent ein, nahm dieses als Kompromiss mit der Fakultät später wieder zurück – doch auch der daraufhin erneut

der mittellateinischen Philologen für die Monumenta Germaniae Historica, in: La situazione degli studi sul Medioevo latino. In memoria di Peter Stotz, a vent'anni da un incontro a Zurigo (mediEVI 34, 2022) S. 83–93.

75 Vgl. zur finanziellen Situation Traubes Mentzel-Reuters, Traube und die MGH (wie Anm. 14) S. 7–8.

76 Auch innerhalb der philosophischen Fakultät scheint das Streben Traubes nach einer besoldeten Stellung zunächst geteilte Aufnahme gefunden zu haben. Vgl. Boll, Biographische Einleitung (wie Anm. 1) S. XXVII sowie den Brief von Traube an Goldschmidt, 17.5.1899 (Kopie im MGH-Archiv, B 683), in dem Traube vom „Kriegszustand gegen meine Fakultät“ spricht.

77 Zum Affront gegenüber Traube trug bei, dass Weymann selbst ein Schüler Traubes (vgl. Traube, Rückblick [wie Anm. 46] S. 27–28) und fachlich umstritten war; vgl. bei Gabriel Silagi, Ludwig Traube und der Münchner Lehrstuhl für Patristik (mit einem Exkurs zur Thesaurus-Frage), in: Aevum 73 (1999) S. 837–890 publizierte Gutachten anlässlich seiner vom Ministerium gegen Fakultät und Senat durchgesetzten Berufung auf ein Ordinariat für altchristliche und klassische Philologie.

78 Königliche Entschließung Nr. 17739 vom 7. Oktober 1900, zit. nach Traube, Rückblick (wie Anm. 46) S. 30 Anm. 1

79 Traube war gegen Ende Februar 1901 zu Berufungsverhandlungen in Berlin. Nach Traube, Rückblick (wie Anm. 46) S. 7, teilte er dem Senat der Münchener Universität am 2. März mit, dass die Verhandlungen dort vertagt seien. Auch Berlin wollte keine feste Zusage für ein sofortiges oder späteres Ordinariat geben. Vgl. Brief von Traube an Wilhelm Meyer, 7.4.1902, abgedruckt bei Pretzel, Beiträge (wie Anm. 62) S. 267–268. In zwei Briefen an Goldschmidt (15.3.1901 und 17.3.1901 [Kopie im MGH-Archiv, B 683]) bringt Traube allerdings auch deutlich zum Ausdruck, dass er unbedingt in München bleiben möchte.

eingereichte Antrag scheiterte im Ministerium. Weitere Berufungsverhandlungen mit der Universität Gießen führten dann immerhin dazu, dass Traube 1902 zum ordentlichen Professur befördert wurde, vorerst allerdings war das Gehalt im Haushalt noch nicht bewilligt. Traube schrieb darüber an Adolph Goldschmidt: „Geliebter Freund, man 'tille, man 'tille. Ich bleibe in München. Als Ordinarius für lat. Philologie des Mittelalters, aber einstweilen ohne Gehalt, den die Kammer erst bewilligen soll, + wird? Die Giessener 6000 M. hätten mich flott gemacht, aber glücklicher wird, so hoffe ich, die Münchener grosse Zero machen“[80]. Erst mit dem Etat des übernächsten Jahres wurde Traube 1904 schließlich auch das Gehalt eines ordentlichen Professors verliehen.

Ludwig Traubes letzte Lebensjahre waren von schweren Krankheiten beeinträchtigt. Kurz nach der Heirat 1900 erkrankte seine Frau Hildegard[81] (geb. Hirth, 1881–1908) psychisch so schwer, dass sie immer wieder in Heilanstalten behandelt werden musste. Im Jahre 1905 wurde bei Traube selbst unheilbare Leukämie diagnostiziert. Trotz seiner Erkrankung, derentwegen er sich schmerzhaften Behandlungen unterziehen musste, führte er die wissenschaftliche Arbeit bis in die letzten Tage seines Lebens diszipliniert fort und konnte so eine abschließende Monographie bis zum Druck bringen. Die Nomina Sacra entwickeln in gewisser Hinsicht Traubes Methode bis zur letzten Konsequenz weiter[82]. Der „Versuch einer Geschichte der christlichen Kürzung“ ist in seiner Idee weit mehr als eine paläographische Bestandsaufnahme von Kürzungen und deren Auftreten in Handschriften. Es ist der Versuch, aus kleinsten und vermeintlich selbstverständlichen paläographischen Erscheinungen ein kulturgeschichtliches Panorama zu entwickeln, das hebräische, griechische, lateinische und etliche weitere Sprachen sowie jüdische und christliche Religion verbindet.

Mit nicht einmal 46 Jahren verstarb Ludwig Traube am 19. Juni 1907. Bei seinem Tod hinterließ er ein reiches materielles wie immaterielles Erbe, das die lateinische Philologie des Mittelalters und andere Zweige der Mittelalterforschung dauerhaft beeinflussen sollte. Seine umfangreiche Bibliothek, die über zwanzigtausend Bände umfasste, und sein wissenschaftlicher Nachlass wurden zunächst von der Traube-Stiftung verwaltet. Durch die Vermittlung Bruno Güterbocks (1858–1940), der die Stiftung leitete, wurde die Bibliothek den Monumenta Germaniae Historica als Schenkung überlassen und in Berlin wieder aufgestellt. Unterstützt durch jährliche Mittelzuweisungen aus dem Innenministerium sollte sie auch zukünftig erweitert und als separater Bestand bei den MGH öffentlich zugänglich sein. Gemeinsam mit der Bibliothek des vier Jahre nach Traube verstorbenen Oswald Holder-Egger wurde die Traube-Bibliothek zum Grundstock der MGH-Bibliothek.

80 Brief von Traube an Goldschmidt, 14.9.1902 (Kopie im MGH-Archiv, B 683).

81 Nach Sandig, Sie glaubten (wie Anm. 10) S. 348 wurde Hildegard Hirth, deren biographische Daten bisher weitgehend unbekannt waren, am 30. Februar 1881 in München geboren und verstarb am 17. Oktober 1908 in Berlin.

82 Traube, Nomina (wie Anm. 1); vgl. Martin Treml, Philologie des Namens aus dem Geist des deutschen Judentums. Ludwig Traubes Geschichte der christlichen Kürzung, in: Namen. Benennung – Verehrung – Wirkung. Positionen der europäischen Moderne, hg. von Tatjana Petzer u. a. (LiteraturForschung 8, 2009) S. 31–49.

Der Nachlass Traubes wurde von seinen Schülern Charles Henry Beeson (1870–1949) und Paul Lehmann (1884–1964) gesichtet und publiziert[83]. Traubes Freund und Biograph Franz Boll (1867–1924) gab unter Mitarbeit von Lehmann und Samuel Brandt (1848–1938) drei Bände Vorlesungen und Abhandlungen aus Traubes handschriftlichem Nachlass heraus[84]. Trotz ihres unabgeschlossenen Zustands wurden die ersten beiden Bände mit dem Überblick über Geschichte und Grundlagen der Paläographie und Handschriftenkunde sowie der Einleitung in die lateinische Philologie des Mittelalters zu wichtigen Wegweisern dieser Disziplinen. Der wissenschaftliche Nachlass, zu dem neben 3000 Photographien von verschiedenen Handschriften auch der für Unterrichtszwecke bestimmte paläographische Apparat mit rund 2000 Lichtdrucktafeln gehörte, ging in das 1906 eingerichtete mittellateinische Seminar der Münchener Universität über. Er wurde mit dessen Beständen im Zweiten Weltkrieg vernichtet[85].

Schon seit den 1890er Jahren hatte sich ein breites Spektrum von Geisteswissenschaftlern auf den Weg nach München gemacht, um bei Traube Paläographie zu lernen oder Hilfe bei den eigenen Arbeiten zu erhalten. Seine Fragestellungen und Methoden waren für eine Reihe bedeutender Schüler maßgeblich und inspirierten unmittelbar oder mittelbar eine Reihe wissenschaftlicher Großprojekte, die bei der Erschließung vornehmlich des aus dem Frühmittelalter überlieferten handschriftlichen Materials halfen[86]. Die auf ihn zurückgehende Tradition, Paläographie und Handschriftenkunde zum Ausgangspunkt der Erforschung des lateinischen Mittelalters zu machen, prägte mit Paul Lehmann und Bernhard Bischoff (1906–1991) zwei Generationen des Münchener mittellateinischen Lehrstuhls[87]. Unter Traubes Schülern sind besonders jene aus dem englischen Sprachraum hervorzuheben, zu denen neben dem bereits genannten Beeson auch die Archäologin Eugénie Sellers Strong[88]

83 Paul Lehmann, L. Traubes handschriftlicher Nachlass, in: Traube, Vorlesungen (wie Anm. 1) S. LXI–LXXIII.

84 Die drei Bände der Vorlesungen und Abhandlungen (Bd. 1: Zur Paläographie und Handschriftenkunde, Bd. 2: Einleitung in die lateinische Philologie des Mittelalters, Bd. 3: Kleine Schriften) erschienen 1909, 1911 und nach kriegsbedingter Verzögerung 1920.

85 Vgl. Paul Lehmann, Das Seminar für lateinische Philologie des Mittelalters, 1.3.1947, S. 3–4 (Kopie im MGH-Archiv, B 683): „Um die Bücherbestände zu sichern hatten wir, als sich die Fliegerangriffe häuften, 11 Kisten mit Büchern und Photographien nach Schloß Wässerndorf (Unterfranken), einige Kisten in die Oberpfalz schaffen lassen, die für die Aufrechterhaltung des Unterrichts notwendigen Bücher und Reproduktionen samt dem wissenschaftlichen Nachlaß des 1. Seminarvorstands, meines am 19. Mai 1907 verstorbenen Lehrers Prof. Dr. Ludwig Traube, in den 1. Stock des Georgianums gebracht. Indessen ging dieser immer noch wertvolle Rest Mitte Juli 1944 bei den schweren Luftangriffen völlig zu Grunde, die 11 nach Unterfranken evakuierten Kisten verbrannten 1945 im April mit dem Schloß Wässerndorf (v. Pölnitz), als dieses im Verlauf der letzten Kriegshandlungen zerstört wurde." David Ganz, Traube on „Schrifttypen", in: Scriptorium 36 (1982) S. 293–303 hat aus den Notizen von Wallace Martin Lindsay (1858–1937) einen Teil der wichtigen und vielgefragten Unterlagen Traubes zu den Minuskel-Schrifttypen (vgl. Lehmann, Traubes handschriftlicher Nachlass [wie Anm. 83] S. LXV mit Anm. 1) publiziert.

86 Die von Traube inspirierten Projekte sind am ausführlichsten bei Roberg, Traube (wie Anm. 1) S. 2690–2691 zusammengestellt.

87 Vgl. Autenrieth, Münchener Schule (wie Anm. 54) S. 113–130.

88 Eugénie Sellers (verh. Strong), später stellvertretende Direktorin der British School at Rome, war eine Schülerin Adolf Furtwänglers (1853–1907). Traube war mit Furtwängler, der vielleicht schon in sei-

(1860–1943), Charles Upson Clark[89] (1875–1960), Edward Kennard Rand (1871–1945) und Elias Avery Lowe[90] (1879–1969) gehörten. Ohne Traubes Pionierarbeiten sind spätere Grundlagenwerke wie die von Lowe begründeten Codices Latini antiquiores oder die von Lehmann mitbegründeten Mittelalterlichen Bibliothekskataloge – ein von den MGH abgelehntes Projekt Traubes – und das Mittellateinische Wörterbuch nicht denkbar.

Wie einleitend gesagt, stammte Traube aus einer jüdischen Familie. Er selbst gehörte auch der jüdischen Religionsgemeinschaft an, über seine Haltung zum Judentum oder gar über das religiöse Empfinden war jedoch bereits seinen Zeitgenossen und engen Freunden wenig bekannt[91]. Im zweiten Teil dieses Beitrags sollen daher in loser Ordnung erstmals biographische Fakten, Zeugnisse und Aussagen zusammengestellt werden, die Aufschluss geben über sein Selbstverständnis als Jude sowie die Diskriminierungserfahrungen, die in Traubes Bekenntnis begründet lagen.

Ein Zeugnis seiner Schwester Margarete belegt, dass die erlebten Ausgrenzungen Traube sein ganzes Leben, vom Berlin der Kindheit bis zu seinem Tod, bewegt haben. Im Frühling 1907 reiste der von seiner tödlichen Erkrankung bereits stark gezeichnete Traube ein letztes Mal in die Villa Mengarini nach Porto d'Anzio. Neben der Arbeit an den Druckfahnen der Nomina sacra, die untertags seine verbliebene Kraft beanspruchte, beschäftigten ihn nachts auch die eigene jüdische Identität und das Unglück der Familie: „In jenen nächtlichen Stunden zog sein Leben noch einmal an ihm vorüber. Er durchlebte dann nicht nur das eigene Leben, sondern auch das Leid seines alten gequälten Stammes *[…]* Die Tragödie des Elternhauses erstand dann wieder wie das Kindergemüt sie vor langen Jahren erfaßt hatte. Der geniale Vater, das Opfer der unblutigen und doch so grausamen Judenverfolgung. Oh,

---

nem Berliner Elternhaus verkehrte und in der parallel zur Seestraße gelegenen Maria-Josepha-Straße wohnte, eng befreundet (vgl. Lepsius, Künstlerleben [wie Anm. 19] S. 196). Sellers wurde bei ihrer Dissertation über die kunsthistorischen Bücher der Naturgeschichte von Plinius d. Ä. von Traube in der Textkritik und -exegese angeleitet (The Elder Pliny's chapters on the history of art, transl. by Katharine Jex-Blake. With commentary and historical introduction by Eugénie Sellers and additional notes contributed by Dr. Heinrich Ludwig Urlichs [1896]). Ihr Biograph Stephen L. Dyson, Eugénie Sellers Strong. Portrait of an Archaeologist (2004) S. 67 nimmt eine über die lebenslange Freundschaft hinausgehende Anziehung zwischen Traube und Sellers an: „one can feel their deepening friendship and a growing erotic attraction".

89 Upson Clark bereitete eine Ausgabe des Ammianus Marcellinus vor, die trotz Traubes Bemühungen nicht bei den MGH erschienen ist; vgl. Mentzel-Reuters, Traube und die MGH (wie Anm. 14) S. 11–12.

90 Lowe war ursprünglich aus den Vereinigten Staaten zu Georg Wissowa (1859–1931) nach Halle gekommen, dann aber bald zu Traube nach München gewechselt, wo er seine Dissertation (Elias Avery Lowe, Die ältesten Kalendarien aus Monte Cassino [Quellen und Untersuchungen zur lateinischen Philologie des Mittelalters 3,3, 1908]) vier Wochen nach Traubes Tod abschloss. Virginia Brown, E. A. Lowe and the Making of the Beneventan Script, in: Miscellanea Bibliothecae Apostolicae Vaticanae XIII (Studi e Testi 433, 2006) S. 27–89, hier S. 43–58 hat die Tagebücher aus Lowes Münchener Jahren (1903–1907) ausgewertet, die das enge, auch ins Private reichende Lehrer-Schüler-Verhältnis Lowes zu Traube dokumentieren. Vgl. auch Frank-Rutger Hausmann: Elias Avery Lowe (1879–1969) und Deutschland. Mit einem Anhang unveröffentlichter Briefe, in: Mittellateinisches Jb. 50 (2015) S. 1–38, hier S. 4–7, 28–29.

91 Vgl. Boll, Biographische Einleitung (wie Anm. 1) S. XXIX.

sie wollten Ihn nicht töten! Nur seine wissenschaftlichen Arbeiten suchten sie zu hintertreiben![92]"

Bereits Louis Traube hatte in seiner beruflichen und wissenschaftlichen Laufbahn vielfach unter dem jüdischen Bekenntnis gelitten[93]. Nach Abschluss des Studiums kam seine Praxis über Jahre nicht recht in Gang[94]; als Jude wurde er selbst bei der kostenlosen, aber für die klinische Ausbildung unerlässlichen Behandlung Mittelloser behindert; die Laufbahn als Militärarzt oder die Habilitation an der Universität waren verschlossen. Letztere wurde Louis Traube erst nach einer Gesetzesänderung 1848 möglich, woraufhin er bald als erster Zivilist zum Assistenzarzt an der Berliner Charité berufen wurde. Trotz dieses deutlichen Zeichens fachlicher Anerkennung wurde seine akademische Laufbahn aber auch weiterhin durch Restriktionen aufgrund seines jüdischen Glaubens behindert. Anekdotisch berichtet der Philosoph und Vertreter der Völkerpsychologie Moritz Lazarus (1824–1903), dass ein Ernennungsdekret, mit dem Louis Traube Anfang der 1850er Jahre zum außerordentlichen Professor der Berliner Universität ernannt werden sollte, von König Friedrich Wilhelm IV. (1795–1861) mit den Worten „Niemals, weil Jude!" beschieden wurde[95]. Erst im berufungspolitisch liberaleren Klima nach der Reichsgründung wurde Louis Traube schließlich 1874 doch noch zum ordentlichen Medizinprofessor an der Berliner Universität berufen: Er war der erste Jude überhaupt in dieser Stellung und blieb bis zum Ende des Kaiserreichs der einzige. In der Erinnerung Margarete Traube-Mengarinis schien die jahrelange Zurückweisung trotz des zuletzt erlangten Ordinariats sogar mitverantwortlich für den frühen Tod der Eltern[96].

Auch die Kinder der Familie Traube litten unter antijüdischen Stimmungen, sei es in der Form von Ausgrenzung durch ihre Altersgenossen und Lehrer oder gar durch einen körperlichen Angriff, dessen Opfer die ältere Schwester Catharina (verh. Fraentzel, 1851–1923) just im Freudentaumel aufgrund des Sieges bei Sedan wurde[97]. Das zunehmend judenfeindliche Klima im Berlin der 1870er Jahre mag auch einer der Beweggründe dafür gewesen sein, dass mit Margarete und Ludwig zwei der Traube-Kinder bald nach dem Tod ihrer Eltern Berlin den Rücken kehrten. Es gipfelte im Berliner Antisemitismusstreit, in dem sowohl

---

92 Traube-Mengarini, „Seinen Schülern!" (wie Anm. 1) S. III.

93 Vgl. zur Laufbahn Louis Traubes Büning (wie Anm. 2) S. 15–38.

94 Auch der MGH-Mitarbeiter Philipp Jaffé (1819–1870; siehe zu ihm den Beitrag von Daniel R. Schwartz in vorliegendem Band), der ein Medizinstudium mit Promotion abgeschlossen hatte, rechtfertigte seine Entscheidung für die Geschichtswissenschaft mit den Hindernissen, die jüdischen Ärzten bei der Etablierung einer ärztlichen Praxis entgegenstanden, und berichtete aus erster Hand von den Problemen Louis Traubes in Berlin: „Dr. Traube ist Arzt seit 1841 und nimmt keinen Anstand mir zu sagen, daß in den ersten sechs bis sieben Jahren seiner Praxis fast ‚kein Mensch' seine ärztliche Hilfe in Anspruch genommen und erst seitdem er Schoenleins Assistent geworden, habe seine Praxis sich gehoben; übrigens ist er wohlhabend von Hause aus und mit einer sehr reichen Frau verheirathet." (Brief von Jaffé an seine Eltern, 25.4.1854, zit. nach Horst Fuhrmann, „Sind eben alles Menschen gewesen". Gelehrtenleben im 19. und 20. Jahrhundert. Dargestellt am Beispiel der Monumenta Germaniae Historica und ihrer Mitarbeiter. Unter Mitarbeit von Markus Wesche [1996] S. 150).

95 Moritz Lazarus, Lebenserinnerungen, bearbeitet von Nahida Lazarus / Alfred Leicht (1906) S. 516 Sternchenanmerkung.

96 Vgl. Traube-Mengarini, „Seinen Schülern!" (wie Anm. 1) S. III.

97 Vgl. Nebrig (wie Anm. 8) S. 22–24 und Anm. 49.

Traubes Mentor Mommsen als auch Lazarus, der nach Cora und Louis Traubes Tod Vormund der unmündigen Kinder geworden war, gegen Heinrich von Treitschke (1834–1896) Position bezogen[98]. Für den Primaner Traube war die Berliner Atmosphäre jener Jahre eine offenkundig traumatisierende Erfahrung, die ihn über viele Jahre hinweg emotional beschäftigte. Die in rassistischen Denkmustern geführte Diskussion, die Juden alleine aufgrund ihrer Abstammung ausgrenzte, muss Traube, der ganz in der Ideenwelt des deutschen Bildungsbürgertums aufgewachsen war, nachhaltig erschüttert haben: „Die Vorstellung, als ob er, der in Goethe und Lessing seine Lebensführer suchte und seine Arbeit der Geschichte der europäischen Kultur geweiht hatte, sich nun seiner Abstammung wegen nicht mehr als gleichberechtigter Deutscher und Europäer fühlen sollte, verletzte ihn um so schwerer, da auch der Vater, auf den er stolz war, damals viel gelitten hatte“[99].

Die Folgen des Berliner Antisemitismusstreits und der auf die Universitäten ausgreifenden Antisemitenpetition haben auch unmittelbar den kurzen Greifswalder Studienaufenthalt Ludwig Traubes betroffen. Der Darstellung Wilamowitz-Moellendorfs nach wurde sein Studium in Greifswald dadurch beendet: „Traube ward durch einen von Berlin importierten Antisemitismus vertrieben, der zwei brave Jungen in seine Netze zog, die von der Universität weichen mußten, denn wir und die maßgebenden Kreise der Studentenschaft wollten von der Verhetzung nichts wissen“[100]. Auch wenn sich aus den knappen Andeutungen kein klares Bild ergibt, welcher Natur der aus Berlin importierte Antisemitismus an der Greifswalder Universität war oder ob es womöglich direkte Angriffe gab, denen Traube ausgesetzt war, dürften die Ereignisse mit dem Verein Deutscher Studenten in Verbindung stehen[101]. Ein Ableger dieses Vereins, der sich im Vorjahr in Berlin gebildet hatte, wurde im Sommer 1881 von zwei Studenten in Greifswald gegründet und verfolgte an der an sich liberalen Universität, an der Jakob Friedrich Behrend (1833–1907) 1882 zum ersten jüdischen Rektor einer deutschen Universität gewählt wurde, seine antijüdischen Ziele.

Auch hinter den fünf Jahre dauernden Auseinandersetzungen um Traubes Ordinariat in München und vor allem hinter der konsequenten Ablehnung, mit der das Staatsministerium die Anträge der Universität auf Einrichtung einer besoldeten Professur beschied, stehen Ressentiments gegen den Juden Traube[102]. Zu dem Zeitpunkt, an dem sich Traube um die Stellung an der Münchener Universität bemühte, war an den Universitäten des Königreichs Bayern noch kein einziger Gelehrter jüdischen Glaubens zum Ordinarius in den Geisteswissenschaften ernannt worden[103]. Schon beim ersten Antrag der Fakultät, für ihn ein besoldetes

98 Bis der Ausbruch des Antisemitismusstreits zum Zerwürfnis zwischen Lazarus und von Treitschke führte, war von Treitschke öfter Gast bei den Gesellschaften im Hause Lazarus gewesen. Dort dürfte er auch Bekanntschaft mit Louis Traube gemacht haben, der bis zu seinem Tod zur festen Runde der Gäste von Lazarus gehörte. Vgl. Lazarus, Lebenserinnerungen (wie Anm. 95) S. 450.

99 Boll, Biographische Einleitung (wie Anm. 1) S. XXIX.

100 Wilamowitz-Moellendorff, Erinnerungen (wie Anm. 37) S. 192 Anm. 1.

101 Vgl. Olaf Schlunke, „... nur die etwas forcierte Geselligkeit ist mir unangenehm ...“. Der Latinist Eduard Norden in seiner Greifswalder Zeit, in: Altertumswissenschaft in Greifswald (wie Anm. 15) S. 163–192, hier S. 178; vgl. auch Schmidt, Ludwig Traube (wie Anm. 38) S. 497.

102 Vgl. bereits Boll, Biographische Einleitung (wie Anm. 1) S. XXVIII.

103 Vgl. Thomas Breisach, Jüdische Universitätsprofessoren im Königreich Bayern (Deutsche Hochschuledition 93, 2000) S. 135–138.

Extraordinariat einzurichten, war Traube dementsprechend aus dem Ministerium die Aussichtslosigkeit des Unterfangens signalisiert worden: „Mit der Professur steht es ungut. Der Referent sagte mir, ich solle mich nur keinen Hoffnungen hingeben. Es scheint eine starke Intrigue eingefädelt zu sein. Entweder soll Weyman die Stelle oder (der günstigere Fall) es soll alle Welt in diesem Glauben gelassen + bestärkt werden, eh der Minister sich mit seiner wahren Absicht heraus wagt. ‚Vor Juli oder August gibt es keine Entscheidung'"[104]. Ein Jahr später, fast zeitgleich mit Traubes Hochzeit, trat der angekündigte Ablauf tatsächlich ein: *„Lugete o Veneres Cupidinesque [Trauert, Göttinnen und Götter der Liebe.]*[105]. Am 23 Okt. Ist Heirath, aber die Professur (d.h. die Stelle mit dem so nöthigen Gelde) hat Weymann bekommen, ich den Titel + Rang eines ausserordentlichen, für den ich mir leider gar nichts kaufen kann *[...]*. Ich trete mit grosser Sorge in das neue Leben"[106]. Nach weiteren vom Ministerium zurückgewiesenen Anträgen reichte Traube resigniert sein Gesuch um Enthebung ein und schreibt danach: „Der Minister mir ein Ordinariat geben? Weder kann, noch will er"[107].

Doch nicht nur auf ministerialer Ebene wurden Traubes Bemühungen um eine Professur behindert, sie riefen auch einen Angriff in der Presse hervor. Auf das Enthebungsgesuch hatte die Studentenschaft mit einer von über 80 Studenten unterschriebenen Adresse reagiert, die die Hoffnung auf eine Fortführung von Traubes Lehrtätigkeit zum Ausdruck brachte[108]. Während die Münchener Neuesten Nachrichten am 10. November 1901 über die Vorgänge zunächst neutral berichteten, griff der Bayerische Kurier die Nachricht am 16. November auf, deutete an, dass Traube sein Lehramt aufgrund fehlender Hörer und ausgefallener Kollegien niederlege, und verwies auf die auffallend vielen Unterzeichner angesichts Traubes geringer Hörerzahl. Er insinuierte somit, dass die Adresse nicht auf rechtem Wege zustande gekommen sei. Durch die Hochschulnachrichten vom Dezember 1901 fand – wohl ohne verleumderische Absicht, wie eine spätere Richtigstellung nahelegt – der „Ausfluss dieser klerikalen Gehässigkeit" schließlich auch in akademischen Kreisen weitere Verbreitung. Der persönlich tief gekränkte Traube sah sich „zur Vertheidigung gegen die unerhörten Angriffe der Presse"[109] gezwungen, gegenüber der Fakultät Rechenschaft abzulegen. Traubes Rückblick auf seine Lehrtätigkeit[110] ist ein wichtiges Zeugnis für die ersten Jahre seiner Lehre, seine Schüler sowie für die Etablierung der lateinischen Philologie des Mittelalters als akademisches Fach im Allgemeinen, sie ist aber nicht zuletzt auch ein Zeugnis der antijüdischen Agitation gegen den jüdischen Hochschullehrer Traube.

104 Brief von Traube an Goldschmidt, 18.11.1899 (Kopie im MGH-Archiv, B 683).

105 Catulli Veronensis Liber, hg. von Werner Eisenhut (Bibliotheca scriptorum Graecorum et Romanorum Teubneriana, 1983) 3,1.

106 Karte von Traube an Goldschmidt, 15.10.1900 (Kopie im MGH-Archiv, B 683).

107 Brief von Traube an Goldschmidt, 2.11.1901 (MGH-Archiv, B 683/1). Es dürfte der damalige Kultusminister Robert von Landmann (1845–1922) gemeint sein. Die Einrichtung eines Ordinariats, die am 19. August 1902 unter der Bedingung von Traubes Verbleib in Aussicht gestellt wurde, fällt zeitlich unmittelbar mit der Entlassung Landmanns am 10. August zusammen. Nach Boll, Biographische Einleitung (wie Anm. 1) S. XXVII griff Krafft Graf von Crailsheim (1841–1926), der Vorsitzende im Ministerrat, ein, als Traubes Abgang nach Gießen drohte, und ermöglichte das Ordinariat.

108 Abdruck der Adresse bei Traube, Rückblick (wie Anm. 46) S. 38–40.

109 Brief von Traube an Goldschmidt, 12.12.1901 (MGH-Archiv, B 683/1).

110 Traube, Rückblick (wie Anm. 46).

Die bereits mehrfach zitierten Briefe an den befreundeten Kunsthistoriker Adolph Goldschmidt[111] (1863–1944) ermöglichen etwas näheren Einblick in Traubes Selbstverständnis als Jude[112]. Der fast gleichaltrige Goldschmidt befand sich biographisch in einer vergleichbaren Situation und musste ebenfalls lange um die Berufung auf eine Professur kämpfen. Trotz der wiederholten Zurückweisung, die beide deshalb in der akademischen Laufbahn erfuhren, spielt ihr jüdisches Bekenntnis in den Briefen eine untergeordnete Rolle und wird nur gelegentlich thematisiert. Obwohl sie ihr Leben ganz oder weitgehend säkular führten und es zuallererst ihrer wissenschaftlichen Arbeit widmeten, war die Zugehörigkeit zur jüdischen Religionsgemeinschaft, so darf man annehmen, für Traube wie für Goldschmidt dennoch ein grundlegender und unveränderlicher Bestandteil ihrer Identität.

Traube spricht Goldschmidt nur an einer einzigen Stelle ausdrücklich als Juden an. Im Sommer 1898 plante der Kunsthistoriker eine Reise nach Frankreich, wo seit Émile Zolas am 13. Januar publizierten „J'accuse" die Affäre um Alfred Dreyfus (1859–1935) wieder hohe Wellen schlug. Der jüdische Armeeoffizier war 1894 als deutscher Spion verurteilt worden, was nicht nur eine innenpolitische Krise und antideutsche Ressentiments, sondern auch eine Welle des Antisemitismus nach sich zog. Traube warnt daher: „Lieber Freund, ich hoffe um der Vernunft ihrer Eltern, daß Sie in diesem Jahre Ihre frz. Reise nicht ausführen werden. Sie scheinen keine Zeitungen zu lesen. In Ihrer Doppel Eigenschaft als Deutscher und Jude könnte es Ihnen (vielleicht weniger in Paris, aber gewiss in den Provinzen) recht schlecht gehen"[113]. Auch Franz Boll, damals Leiter der Handschriftenabteilung in der Hof- und Staatsbibliothek, berichtet aus einem Brief, der den starken Eindruck der Dreyfus-Affäre auf Traube verdeutlicht[114]. In sich sind die beiden Äußerungen Traubes zur Dreyfus-Affäre leicht widersprüchlich. Denn Boll gegenüber betont er das Naturereignishafte dieses „Schauspiel*[s]*", das „den Menschen Dreyfus" und seine Zugehörigkeit zum Judentum vergessen mache. Traubes Anteilnahme sei „mehr als bloßer Konsemitismus" und müsse seine „arischen Freunde" in gleicher Weise erfassen. Goldschmidt gegenüber streicht er allerdings die Gefahr heraus, die ihm bei einer möglichen Reise nach Frankreich gerade aufgrund seiner Zugehö-

111 Hans Kauffmann, Goldschmidt, Adolph, in: NDB 6 (1964) S. 613–614. Trotz der zahlreichen vertrauten Briefe und Karten, die Traube von 1892 bis wenige Wochen vor seinem Tod 1907 an Goldschmidt sandte, bleibt die Natur ihrer Freundschaft im Unklaren: Traube ist Goldschmidt in seinen über 400 Seiten starken Memoiren ausweislich des Registers keine Erwähnung wert; vgl. Adolph Goldschmidt, Lebenserinnerungen. 1863–1944, hg. und kommentiert von Marie Roosen-Runge Mollwo (1989).

112 Zu den Briefen Traubes an Goldschmidt vgl. Mentzel-Reuters, Traube und die MGH (wie Anm. 14) S. 9 Anm. 28; Otto Homburger, Goldschmidt und die Wissenschaft der mittelalterlichen Buchmalerei, in: Adolph Goldschmidt zum Gedächtnis. 1863–1944, hg. von Carl Georg Heise (1963) S. 14–19, hier S. 16. Goldschmidt übergab die Briefe seinem Schüler Otto Homburger (1885–1964), aus dessen Nachlass sie zunächst an Bernhard Bischoff und mit dessen Nachlass wiederum in die Bayerische Staatsbibliothek gelangten (Ana 553 E,I).

113 Brief von Traube an Goldschmidt, 29.7.1898 (Kopie im MGH-Archiv, B 683).

114 Brief von Traube an Boll, 27.11.1898 (abgedruckt bei Boll, Biographische Einleitung [wie Anm. 1] S. XXIX): „Ich bezahle jetzt schon seit langem mit meiner Person, erlebe mit und träume davon. Und das ist, glaube ich, mehr als bloßer Konsemitismus. Ich denke, meine arischen Freunde haben jetzt dieselbe Aufregung, dieselbe Erschütterung und dasselbe Harren und Bangen. Wirklich, man denkt kaum mehr an den Menschen Dreyfus, und daß es ein Jude ist. Jetzt scheint das Schauspiel, dem man anwohnt, in der Tat ein Naturereignis geworden."

rigkeit zum Judentum drohe. Unabhängig von solchen Detailfragen belegen beide Äußerungen aber letztlich, wie tiefgehend der rassistisch geführte antisemitische Diskurs und die Ausgrenzung auch auf Traubes Selbst- und Fremdwahrnehmung einwirkten.

Weitere Anspielungen auf das jüdische Bekenntnis legte Traube gerne in vordergründig humorvoller oder ironischer Weise in die Briefe ein. So litt er Anfang Oktober 1897 in seinem Domizil in der Schwabinger Seestraße unter der Geruchsbelästigung, die von abortlosen Häuschen der Nachbarschaft verursacht wurde, als ein Brief Goldschmidts seine Laune aufheiterte. Er beginnt seine Antwort: „Lieber Freund, als Mann des alten Bundes, als kleiner Prophet, müssen Sie entschieden gewußt haben, daß ich seit Tagen an einer Eingabe an die Münchener Polizei wegen Gestank + Stinkärger in der Seestr. arbeite und in greulichem Ärger stecke, sonst würden Sie so nett nicht gerade jetzt geschrieben haben“[115]. Im gegenteiligen Fall, der nur wenige Wochen später eintrat, wird die gemeinsame jüdische Identität zu Aufheiterung und Trost des Freundes evoziert. Goldschmidt muss zwischenzeitlich ein nicht näher identifizierbares negatives Ereignis berichtet haben, das Traube zu Beginn des Briefes vom 1. November thematisiert. Danach wendet sich der Brief Alltäglichem wie Traubes Freisemester zu. Auf der Rückseite des unten beschnittenen Blattes ist jedoch eine überklebte Stelle zu finden, auf die Traube in kleinerer Schrift hinzugefügt hat: „Hierunter ist nichts als ein ekelhafter zu spät entdeckter Schmutzfleck. Der Bogen wurde überhaupt erst durch eine Circumcisio menschlich. ‚Es giebt auch Menschen so‘, würde B. Auerbach hinzugefügt haben“[116]. Aus Traubes Begriffswahl und dem Zitat des jüdischen Schriftstellers Berthold (eigentlich Moses Baruch) Auerbach (1812–1882)[117] erwächst ein Witz, der Menschwerdung erst als Folge der „Circumcisio“ möglich sieht. Die Verbindung mit dem eingangs angesprochenen negativen Erlebnis lässt Traubes Witz allerdings in ernsterem Licht erscheinen und könnte auf eine Benachteiligung oder Zurückweisung hindeuten, die in Goldschmidts Glaubensbekenntnis wurzelte.

Auch eine weitere humorvolle Bemerkung Traubes über das Judentum birgt einen ernsten Kern, ja sie berührt Traubes Selbstverständnis als Jude zutiefst. Im Brief vom 19. September 1897 erwähnte Traube mit harschen Worten eine gemeinsame Berliner Bekannte: „die kleine dumme Sussmann Hellborn, die in Rom einen unglaublichen Conte zum Gatten genommen hat“. Es handelt sich um Käthe (1863–1900), die jüngere Tochter des jüdischen Bildhauers Louis Sussmann-Hellborn (1828–1908), dessen wie Traubes Elternhaus im Tiergarten-Viertel gelegene Villa ein Treffpunkt der Berliner Gesellschaft war. Käthe hatte nach ihrer Taufe den Grafen Vittorio Luigi Landi-Vittorj (geb. 1852) geheiratet. Wie in mehreren Briefen dieses Jahres wird im weiteren Verlauf die bevorstehende England-Reise Goldschmidts und ein möglicher Besuch der Bibliothek von Sir Thomas Phillipps (1792–1872) in Cheltenham angesprochen[118]. Der Zutritt zu der in Auflösung befindlichen

115 Brief von Traube an Goldschmidt, 2.10.1897 (MGH-Archiv, B 683/1).

116 Brief von Traube an Goldschmidt, 1.11.1897 (Kopie im MGH-Archiv, B 683).

117 Vollständig lautet der Aphorismus (Berthold Auerbach, Tausend Gedanken des Collaborators [1875] S. 90): „Die Edeltanne behält in hohes Alter hinein eine weiche Rinde. Es gibt auch Menschen so.“

118 Vgl. zu Goldschmidts England-Reise und dem Besuch der Bibliothek in Cheltenham ausführlich den Brief von Traube an Goldschmidt, 22.8.1897 (MGH-Archiv, B 683/1); digitalisiert und transkribiert online in: Mentzel-Reuters / Marquard-Mois, Ludwig Traube (wie Anm. 1) Nr. 4 (https://visit.mgh.de/de/jued-ma/ludwig-traube/verbunden-durch-wissenschaft-und-judentum).

Privatbibliothek, die wahrscheinlich die größte jemals in Privatbesitz befindliche Anzahl von Handschriften versammelte, war kostenpflichtig. Anlässlich der Versicherung, die Eintrittsgelder zu erstatten, kommt Traube erneut auf das Thema Taufe zu sprechen: „Ich schreibe eigentlich nur um zu sagen, daß es selbstverständlich + natürlich + ne verbo quidem dignum est, daß wir – falls Sie nach Cheltenham gehen – die geblechten Guineen rabattieren, wie mein verflossener Freund der Maler Block zu sagen pflegte (ein Pendant zur kleinen Sussmann, da er eine noch kleinere Mendelsohn, die aber um so reicher – und verwachsener war, heirathete, sich in Aegypten taufen liess + jetzt auf Gummirädern fährt – daher auch ‚verflossen')"[119]. Josef Block[120] (1863–1943), Mitbegründer der Münchener Secession, war ab 1895 mit Else Oppenheim[121] (1873–1945) verheiratet, die über ihre väterliche Großmutter zur Familie Mendelssohn gehörte. Aus der spielerischen, kontextlosen Bemerkung Traubes lässt sich keine weitergehende Aussage darüber treffen, ob die Freundschaft Traubes zu Block, die in keiner bislang erschlossenen Quelle Erwähnung fand, wirklich durch Blocks Taufe beeinträchtigt wurde, oder ob man anderweitig den Kontakt verloren hatte. Denn Block lebte ab 1896 dauerhaft in Berlin, wo er 1898 ebenfalls Gründungsmitglied der dortigen Secession war. Aus der Bemerkung zu Josef Block wird aber Traubes Haltung zur Taufe und dem Übertritt zum Christentum ersichtlich. Obwohl ihm dadurch im privaten wie im wissenschaftlichen Bereich erhebliche Vorteile zuteilgeworden wären, lehnte er diesen Schritt grundsätzlich ab. Seine Schwester Margarete hat die standhafte Weigerung Traubes – in pathetischen Worten – als eine Gewissensentscheidung gegen jegliche utilitaristischen Erwägungen charakterisiert[122]. Bereits Louis Traube hatte trotz aller Nachteile, die ihm aus

119 Brief von Traube an Goldschmidt, 19.9.1897 (Kopie im MGH-Archiv, B 683).

120 Block studierte ab 1881 in München an der Kunstakademie und hatte später sein Atelier in der Theresienstraße 75, wo 1892 der Verein bildender Künstler Münchens gegründet wurde, aus dem sich die Münchener Secession entwickelte. Die lückenhafte Literatur zu Block widerspricht Traubes polemischer Darstellung. Nach derzeitigem Kenntnisstand gehörte Block zwar einer ursprünglich jüdischen Familie, selbst aber nicht der jüdischen Religionsgemeinschaft an, sondern war wohl evangelisch getauft. Sein Tod im Jüdischen Krankenhaus in Berlin und seine Beisetzung auf dem Jüdischen Friedhof Weißensee dürften durch die Umstände der NS-Zeit bedingt sein. Durch Bildmaterial ist eine Mittelmeerreise mit Station in Ägypten belegt, zu einer dortigen Taufe sind keine Informationen publiziert. Vgl. grundlegend Klaus-Dieter Spangenberg, Josef Block. Maler der Berliner und Münchner Secession (Kunstgeschichte 8, 2010) und hier Abb. 14 (Reise nach Ägypten); Detlef Lorenz, Zur Biographie des schlesischen Malers Josef Block, in: Jb. der Schlesischen Friedrich-Wilhelms-Universität zu Breslau 42/44 (2003) S. 709–714, hier S. 709 und 714 mit Anm. 21.

121 Durch ihre Eltern, die Mutter Margarethe Oppenheim (geb. Mendelssohn, 1823–1890) und den Vater Hugo Oppenheim (1847–1921), gehörte Else in mindestens zweiter bzw. vierter Generation evangelisch konvertierten Familien an. Vgl. Hans-Günter Klein, Die Familie Mendelssohn. Stammbaum von Moses Mendelssohn bis zur siebenten Generation. Zusammengestellt auf der Grundlage der Erhebungen von Richard Wolff (^{2}2007) S. 16 u. 35.

122 Traube-Mengarini, „Seinen Schülern!" (wie Anm. 1) S. V: „Dies war nicht das letzte Mal, daß andere es versuchten, Traube mit weltlichen Nützlichkeitsvorstellungen zu einem Kompromiß mit seinem Gewissen zu bewegen. Wie oft noch rieten wohlmeinende Banausen später dem Juden, sich behufs einer bequemen Universitätslaufbahn taufen zu lassen! An ihm, dessen Seele christliche Liebe war, und dessen Verstand Dogmen nicht anerkannte, glitten alle derartige Versuche ab wie reines Quecksilber von einer gläsernen Wand." Seine Schwester Margarete ist nicht die einzige von Traubes Zeitgenossen, die Ludwig Traube forciert in die christliche Sphäre rückt. Die etwas jüngere Lili Helbig-Morani schwärmt

dieser Entscheidung erwuchsen, den Übertritt zum Christentum konsequent ausgeschlossen und die Traube-Kinder in dieser Haltung geprägt[123]. Beruflich wäre auch für Ludwig Traube der langwierige Kampf um die Berufung auf eine Professur wohl deutlich verkürzt und privat der Weg zur Eheschließung mit Hildegard Hirth deutlich erleichtert worden, wenn er sich zu diesem Schritt entschieden hätte.

Denn vor und während der Verlobung mit seiner späteren Ehefrau kam es in den Jahren 1899 und 1900 wiederkehrend zu Konflikten mit den zukünftigen Schwiegereltern, dem Sinologieprofessor Friedrich Hirth (1845–1927) und dessen Frau Hermine (1845–1915). Sie setzten Traube unter Druck, sich taufen zu lassen. Dies wurde von Traube aber von Beginn an mit deutlichen und für ihn ungewöhnlich harten Worten abgelehnt: „Legen Sie Ihr Ohr an meinen Mund, geloben Sie stillstes Schweigen: ich bin verlobt. Das wäre nun wohl gut. Aber schon haben die Quackeleien begonnen. Und zwar von welcher Seite? Der Vater – nientemeno – will, daß ich mich taufen lasse. Hoffentlich trauen Sie mir diese Dummheit + Schweinerei nicht zu“[124]. Zwei Wochen nach der zunächst vertraulichen Ankündigung der Verlobung schien dann in Hinblick auf die Tauf-Frage ein tragfähiger Kompromiss gefunden und die Verlobung wurde offiziell bekannt gegeben. Während Traube „dies anmuthige Schicksal erspart bleibt“, sollten die zu erwartenden Kinder der Ehe („die Suboles“) christlich getauft werden[125]. Trotz „Egoismus + Spiessigkeit der Schwiegern“ und trotz der von Traube schon vor der Eheschließung erwarteten Sorgen sah er im Frühjahr 1900 der Hochzeit euphorisch entgegen und empfahl auch Goldschmidt zu heiraten: „ich kann nur aus vollem Herzen rathen; auf alle Gefahr hin, die eine Ehe nothwendig in sich schliesst – heirathen Sie“[126]. Doch der von Traube erhoffte Termin im August 1900 konnte nicht eingehalten

---

(Helbig-Morani, Jugend [wie Anm. 19] S. 112): „Lieber Ludwig, guter, intelligenter Jugendfreund! Er besaß viel von dem Zauber seiner Schwester, einen gleichzeitig starken und elastischen Geist, kritischen Sinn und außergewöhnliche Willenskraft. Tief christlich war sein Denken und Handeln – einer der wenigen wirklichen Christen, die ich gekannt habe.“ Reinhold Lepsius (1857–1922), Traubes damaliger Mitbewohner und späterer Ehemann seiner Verlobten Sabine Graef, schreibt im November 1885 an Graef (Lepsius, Künstlerleben [wie Anm. 19] S. 95): „Ich will dafür ein ganzes Tagebuch von Zeichnungen von ihm machen, so subtil, so sprechend, nach allen Richtungen der Windrose will ich seinen – Christuskopf studieren, daß Sie sich nicht umsonst bemüht zu haben glauben werden!“

123 Brief von Louis Traube an Cora Traube, zit. nach Sandig, Sie glaubten (wie Anm. 10) S. 284: „Ich sterbe in dem Glauben an einen allmächtigen Gott und in treuer Anhänglichkeit an meine Glaubensgenossen. Der Gedanke, daß Du *[...]* unsere Kinder dem Christentum zuführen könntest ist ein für mich peinlicher. Ich beschwöre Dich bei unserer Liebe sie dem Judenthum zu erhalten. *[...]* Ich weiß aus eigener Erfahrung, wie veredelnd auf das menschliche Herz die Religion wirkt.“

124 Brief von Traube an Goldschmidt, 3.11.1899 (Kopie im MGH-Archiv, B 683).

125 Brief von Traube an Goldschmidt, 18.11.1899 (Kopie im MGH-Archiv, B 683): „Ja, liebster Freund, ich bin nun auch sozusagen öffentlich verlobt. Aber fragt mich nur nicht wie. Der Begleit Ärger war so gross, die Spiessbürgerei, in die ich hineinkomme, ist so arg, daß noch keine rechte Freude gedeiht. Abgesehen von sehr ernsten Dingen. Zu denen ich noch nicht einmal nehme, daß die Suboles getauft werden soll (während mir dies anmuthige Schicksal erspart bleibt). Lasciamo stare.“

126 Brief von Traube an Goldschmidt, 20.3.1900 (Kopie im MGH-Archiv, B 683): „Ich hoffe im August zu heirathen. Die Unannehmlichkeiten (Egoismus + Spiessigkeit der Schwiegern) sind unerträglich + werden bis dahin noch wachsen. Aber meine zukünftige Frau ist nach wie vor das Lieblichste was man sich erdenken kann. Durch keinerlei Laune von ihr, keinerlei Pose, keinerlei Kleinlichkeit – wäre es auch nur auf einen halben Moment – wurde bisher unser Verhältniss getrübt. Und von dieser Seite aus kann

werden, offensichtlich setzten sich die Konflikte mit den Schwiegereltern fort, die sich an seinem jüdischen Bekenntnis entzündeten. Sie behindern noch Anfang September die endgültige Eheschließung. „Ich heirathe bald, kämpfe einstweilen mit der Bestie meiner Schwiegermutter, die plötzlich nach einer kirchl. Trauung lechzt, dabei die Hände über die Brust zusammenschlägt + vom ‚Empfinden der Menschen' spricht + daß meine Braut (die verreist ist) wohl mir beistimmen würde, aber ihr ganzes Leben würde ihr doch verbittert werden. Und dergl. mehr." Ein Jude als Schwiegersohn war auch im großbürgerlich-professoralen Umfeld der weltgewandten Familie Hirth nur schwer denkbar. Kein halbes Jahr nach dem euphorischen „heirathen Sie" vom März riet Traube nun Goldschmidt: „Heirathen Sie also nicht oder sozusagen acatène dh. wo es keine Schwiegerolle gibt"[127].

Letzte Zeugnisse der Ausgrenzung, die Ludwig Traube aufgrund seines jüdischen Bekenntnisses erfuhr, datieren sogar noch in die Zeit nach seinem Tod. Zu Beginn der NS-Diktatur war die Lage der von Traube mitbegründeten lateinischen Philologie des Mittelalters bedenklich[128]. Nach Wilhelm Meyers Tod 1917 und der Emeritierung von Winterfelds Nachfolger Karl Strecker (1861–1945) war nur noch Traubes Münchener Ordinariat mit Paul Lehmann besetzt. Vor diesem Hintergrund tat sich nach der Machtergreifung der Nationalsozialisten Karl Langosch (1903–1992) unrühmlich hervor, indem er die Stärkung des Mittellateins an Universitäten und Schulen durch Anbiederung an die Ideologie der neuen Machthaber erreichen wollte. Die Schrift „Mittellatein als Deutschkunde"[129] war die Folge. Mittellatein ähnlich der Ur- und Vorgeschichte als eine „‚Legitimationswissenschaft' des Nationalsozialismus" zu etablieren, bedeutete „die völkisch-rassischen Komponenten des Faches herauszustreichen und zugleich verschweigen, daß der Begründer der Disziplin, der Münchener Ludwig Traube, jüdischer Herkunft war"[130]. Bereits ein Jahr zuvor hatte Langosch ein Buch veröffentlicht, das den Anfängen des Faches gewidmet ist: „Wilhelm Meyer aus Speyer und Paul von Winterfeld. Begründer der mittellateinischen Wissenschaft" lautet der Titel. Traube wird in der Einleitung zwar durchaus gewürdigt, seine Rolle als Begründer der mittellateinischen Wissenschaft jedoch bestritten und seine wissenschaftliche Leistung herabgemindert, indem sein von der klassischen Literatur kommender Zugang zur mittellateinischen Literatur für falsch erklärt wird – falsch im Vergleich zu Winterfeld und Meyer, den „Gelehrten von ausgeprägter nationaler Empfänglichkeit"[131]. Noch erniedrigender erscheint schließlich die Vorgehensweise Martin Bechthums wenige Jahre später. Wäh-

es nie fehlen. Aber zart + schwächlich ist sie sehr. Und an Sorgen werden wir genug haben. Aber dies ist doch wohl das Leben. – Mein geliebter Freund, ich kann nur aus vollem Herzen rathen; auf alle Gefahr hin, die eine Ehe nothwendig in sich schliesst – heirathen Sie."

127 Brief von Traube an Goldschmidt, 2.9.1900 (Kopie im MGH-Archiv, B 683). Der begeisterte Fahrradfahrer Traube spielt auf Fahrräder mit Kardantrieb, also ohne Kette an, die nach einer französischen Marke um 1900 als ‚Acatène' bezeichnet wurden.

128 Vgl. zum Folgenden Frank-Rutger Hausmann, Das Fach Mittellateinische Philologie an deutschen Universitäten von 1930 bis 1950 (Quellen und Untersuchungen zur lateinischen Philologie des Mittelalters 16, 2010) S. 9–46.

129 Karl Langosch, Mittellatein als Deutschkunde. Eine nationale Aufgabe deutscher Wissenschaft und Schule (Deutschkundliche Arbeiten A 10, 1937).

130 Hausmann, Mittellateinische Philologie (wie Anm. 128) S. 20–21.

131 Langosch, Wilhelm Meyer (wie Anm. 61) S. 5.

rend Langosch Person und Bedeutung Traubes in der Disziplinen-Geschichtsschreibung des Mittellateins zu marginalisieren versuchte, wurde Traube aufgrund seiner Zugehörigkeit zur jüdischen Religionsgemeinschaft nun selbst postum mit einem Stigma versehen: In Bechthums Buch über das Vagantentum von 1941 ist jede Erwähnung von Traube mit dem Zusatz „(Jude)“[132] gekennzeichnet!

Abstract: Ludwig Traube was born in Berlin in 1861 to well-educated and wealthy Jewish parents with a circle of friends including Theodor Mommsen. After completing school in 1880, he studied classical philology in Munich and Greifswald, attaining his Ph.D. in Munich in 1883 with a thesis on Macrobius. In 1884, Traube began work for the MGH in the section Poetae and was responsible for publishing volume three in this series in 1896. During this time he also wrote his habilitation and began teaching in Munich as a private lecturer in 1889. Developing the method of historical-philological interpretation not only on the basis of the text and its content, but also in the context of its author and its transmission history, Traube is regarded as the founder of medieval Latin studies. Despite a list of fundamental publications, memberships in numerous academies and in the MGH central board of directors, and an international circle of students, some of whom became leading medieval Latin scholars, it wasn't until 1902 that he obtained an ordinarius professorship in Munich; he received his first regular payment for teaching in 1904. This was in part due to the prevailing anti-Jewish sentiments that not only hindered him in his career, but also in his marriage plans, and even pursued him posthumously. Traube nevertheless remained true to his Jewish identity. On his death in 1907, he left his large and valuable library to the Monumenta, laying the foundations for the MGH library.

132 Martin Bechthum, Beweggründe und Bedeutung des Vagantentums in der lateinischen Kirche des Mittelalters (Beiträge zur mittelalterlichen, neueren und allgemeinen Geschichte 14, 1941); zu den Einzelstellen (auch Philipp Jaffé ist betroffen) vgl. Hausmann, Mittellateinische Philologie (wie Anm. 128) S. 22 Anm. 61.

Wilhelm Weinberger (1866–1932)

von

Jiří Němec

Über zehn Jahre arbeitete der mährische Landesarchivar Bertold Bretholz an der kritischen Edition der Chronica Boemorum des Prager Domkanonikers Cosmas (um 1045–1125), die im Rahmen der MGH publiziert werden sollte, ohne sie vollenden zu können[1]. Die Gründe dafür waren vielfältig, aber schließlich wurde im Bericht der MGH für das Jahr 1911 mitgeteilt, dass Dr. Wilhelm Weinberger für eine Zusammenarbeit mit dem Editor Bretholz gewonnen werden konnte[2].

Über Weinberger ist sehr wenig bekannt. Nach einer respektvollen, aber kurzen Mitteilung über Weinbergers unerwarteten Tod am 21. Juni 1932 in der Zeitschrift des Deutschen Vereins für Geschichte Mährens und Schlesiens, dem er mehr als dreiundzwanzig Jahre angehört hatte, soll er „still und unauffällig" gelebt haben[3]. Wohl nur in Kreisen klassischer Philologen und Kenner antiker und mittelalterlicher Handschriften bleibt Weinbergers Name gegenwärtig, und zwar als Herausgeber von Katalogisierungs-Handbüchern für Handschriften und Handschriftensammlungen, als Editor klassischer Schriften und auch als Autor von rund zwanzig Zeitschriftenbeiträgen im Bereich der klassischen Philologie, der Handschriftenkunde und der mittelalterlichen Paläographie. In der Geschichtsforschung erscheint sein Name nur im Zusammenhang mit der Edition der Cosmas-Chronik von 1923, die Bertold Bretholz „unter Mitarbeit von Weinberger" herausgab[4].

Es ist kaum möglich, über Weinberger mehr herauszufinden als das, was in zwei Nachrufen[5] von Fachkollegen steht. Ein Nachlass Weinbergers hat sich nicht erhalten, was mit dem Schicksal seiner Frau im Holocaust zusammenhängen mag, worauf noch zurückzukommen sein wird.

---

1 Aus dem Tschechischen übersetzt von Dirk Dalberg (Bratislava), dem ich für die exzellente Zusammenarbeit danke. Ebenso bin ich Martin Wihoda (Brno) für die Einsicht in sein Manuskript zu Bertold Bretholz und Karel Hruza (Wien) für Hinweise und eine Durchsicht meines Textes zu Dank verpflichtet.

2 Bericht über die siebenunddreissigste Jahresversammlung der Zentraldirektion der Monumenta Germaniae Historica. Berlin 1911, in: NA 37 (1912) S. 1–12, hier S. 6. – Zu Bertold Bretholz siehe den Beitrag von Martin Wihoda in vorliegendem Band.

3 Professor Dr. Wilhelm Weinberger †, in: ZVGMähr 34 (1932) S. 128.

4 Die Chronik der Böhmen des Cosmas von Prag, unter Mitarb. v. Wilhelm Weinberger hg. von Bertold Bretholz (MGH SS rer. Germ. N. S. 2, 1923).

5 Félix Peeters, Wilhelm Weinberger (1866–1932), in: Revue belge de philologie et d'histoire 11 (1932) S. 1038–1040; Erich Thiel, Wilhelm Weinberger, in: Biographisches Jahrbuch für die Altertumswissenschaft 55 (1936) S. 16–41.

Wilhelm Weinberger kam am 22. Juli 1866 in Wien als Sohn des Kaufmanns Carl Weinberger (1824–1887) und seiner Frau Josefine (1832–?)[6], geborene Fischer, zur Welt[7]. Die Eltern waren jüdischen Glaubens und stammten aus der ober-ungarischen, heute slowakischen Stadt Neustadtl an der Waag (Nové Mesto nad Váhom). Der Vater besaß das Heimatrecht in Triest, doch die Weinbergers ließen sich in Wien nieder, in dessen Zentrum sie ab 1859 erfolgreich ein Geschäft mit Nürnberger Waren und Kurzwaren betrieben[8]. Der Sohn besuchte das renommierte Gymnasium zu den Schotten, eine in österreichischen Adels- und Bürgerkreisen beliebte Bildungseinrichtung[9]. 1884 legte der 18jährige Wilhelm die Abiturprüfung mit Auszeichnung ab und begann im Herbst desselben Jahres an der Wiener Universität ein Studium der klassischen Philologie mit dem Nebenfach Geschichte.

Weinberger studierte von 1884 bis 1889 bei den damals bedeutendsten Gelehrten Österreich-Ungarns. Sein Doktorvater wurde Karl Schenkl (1827–1900), unter dessen Ägide Weinberger eine Dissertation über anonyme spätantike epische Gedichte über Argonauten eines anonymen Autors verfasste, die der Tradition nach dem mythischen Sänger Orpheus zugeschrieben werden[10]. Weinbergers hervorragende Studienergebnisse in der klassischen Philologie und sein Interesse an wissenschaftlicher Arbeit ließen ihn an eine Universitätskarriere denken. Der möglichen Habilitation ging jedoch traditionell ein Praktikum an einem klassischen Gymnasium voraus, für das Weinberger während seines Studiums neben zugehörigen Themen auch einen Kurs für Gymnasialpädagogik bei Theodor Vogt (1835–1906) absolviert hatte. Damit bereitete er sich auf die Tätigkeit eines Gymnasiallehrers vor, von der er schließlich nicht mehr loskommen sollte. Durch den Tod seines Vaters zwei Jahre vor seiner Promotion hatte sich die finanzielle Situation der Familie verschlechtert. Weinberger reichte daher 1886 und 1890 beim akademischen Senat der Wiener Universität mit Erfolg ein Gesuch um ein Förderstipendium ein[11]. Nach der Beendigung seines Studiums begleitete die verwitwete Mutter ihren talentierten Sohn in der Folge an alle Orte seines beruflichen Wirkens. Acht Jahre unterrichtete Weinberger in niedriger Position an klassischen Gymnasien in Wien, Brünn (Brno) und Radautz in der Bukowina (Rădăuți), bevor er sich ab Herbst 1898 für längere Zeit im mährischen Iglau (Jihlava) niederließ, wo er am dortigen k. u. k. Gymnasium im Rang eines Gymnasialprofessors unterrichten konnte[12]. Es scheint, dass sich erst in dieser Zeit die finanzielle Situation der Familie stabilisierte.

6 Es gelang nicht, das Todesjahr der Mutter festzustellen, wahrscheinlich liegt es zwischen 1905 und 1910. 1905 lebte die Mutter dem städtischen Adressbuch zufolge zusammen mit Ihrem Sohn in Iglau (Jihlava). Bei der Volkszählung 1910 lebte Weinberger allein in Brünn (Brno).

7 UAW, Ph RA 557, Wilhelm Weinberger Bl. 4, Curriculum Vitae, datiert 12.1.1889. Ich danke Frau Dr. Nina Knieling (Wien) für die Recherchen zu Wilhelm Weinberger.

8 Siehe die Anzeige der Firma in Fremden-Blatt 13 Nr. 288 (20.11.1859) S. 14.

9 Jahres-Bericht des k. k. Ober-Gymnasiums zu den Schotten in Wien am Schlusse des Schuljahres 1885 (1885) S. 87.

10 Wilhelm Weinberger, Questiones de orphei quae feruntur Argonauticis (1891).

11 UAW, Phil. Nat. 141 (Dr. Wilhelm Weinberger) und ebd. PH GZ 774 von 1889/1890, Stipendienanweisung an Dr. W. Weinberger (2.7.1890).

12 Vgl. verschiedene Amtsnachrichten in der Presse, z. B. Deutsches Volksblatt Nr. 3059 (9.7.1897) S. 2; Bukovinaer Post Nr. 719 (26.6.1898) S. 2.

Im September 1908 wurde Weinberger zum Professor am Ersten deutschen Staatsgymnasium in Brünn ernannt[13], das zu den ältesten und bedeutendsten Bildungseinrichtungen der mährischen Metropole gehörte. Unter den Absolventen der Anstalt befanden sich eine Reihe bedeutender Persönlichkeiten aus Wissenschaft, Kultur und Politik Österreich-Ungarns sowie der Tschechoslowakei wie der erste tschechoslowakische Präsident Tomáš G. Masaryk (1850–1937); daher erhielt die Schule 1929 den Namen Deutsches Masaryk-Staatsgymnasium. Zu diesem Zeitpunkt war Wilhelm Weinberger bereits vier Jahre im Ruhestand[14]. Siebzehn Jahre hatte er in Brünn klassische Sprachen unterrichtet und Sammlungen von Lehrmitteln zur klassischen Archäologie verwaltet. Am schwierigsten gestalteten sich die Jahre des Ersten Weltkriegs, als der Unterricht in provisorischen Räumlichkeiten stattfinden musste, weil das prachtvolle, im Stil des Historismus gebaute Gebäude des Gymnasiums am damaligen Elisabethplatz (heute Komenského náměstí) als Militärlazarett genutzt wurde. Zu den Aufgaben der Professoren gehörte während des Krieges auch die Vertretung des Instituts bei Beerdigungen von an der Front gefallenen Schülern[15].

Ende Oktober 1918 erlebte Weinberger den Niedergang des österreichischen Kaisertums und die Entstehung der tschechoslowakischen Republik. Mit welchen Gefühlen und Aussagen er auf diese fundamentale Veränderung reagierte, kann wegen des Mangels an Quellen nicht beantwortet werden. In den wenigen relevanten Dokumenten erscheint Weinberger unpolitisch, jedoch dem Staat gegenüber loyal. 1902 fand sich sein Name unter freiwilligen Spendern für eine Sammlung zur Errichtung des Denkmals für die verstorbene Kaiserin Elisabeth in Wien[16]. Es scheint, dass er ideell denjenigen Kreisen am nächsten stand, in denen der Geist und die Kultur des deutsch-österreichischen bürgerlichen Liberalismus herrschten. Seit seinen Wiener Jahren hielt Wilhelm Weinberger in diesen gesellschaftlichen Kreisen öffentliche Vorträge, die verschiedene Themen aus der Kultur und Geschichte der Antike zum Gegenstand hatten[17]. Deshalb ist anzunehmen, dass der alternde Professor bis 1918 ein loyaler Untertan des österreichischen Kaisers blieb. In den folgenden Jahren nahm er zum neuen tschechoslowakischen Staat eine Position ein, die über die höfliche Loyalität eines Staatsbeamten nicht hinausging. Wenn man sein Umfeld betrachtet, dürfte seine Beziehung zur Tschechoslowakei eher ambivalent gewesen sein. Seit seinem Umzug nach Brünn gehörte er dem dortigen deutschen mährisch-schlesischen Geschichtsverein an. Viele der Mitglieder

13 Jahresbericht des Ersten deutschen Staatsgymnasiums in Brünn für das Schuljahr 1908/1909 (1909) S. 18. Weinberger hatte an diesem Brünner Gymnasium sechs Monate am Anfang seiner pädagogischen Tätigkeit gearbeitet. Vgl. Jahresbericht des ersten deutschen k. k. Gymnasiums in Brünn für das Schuljahr 1894/1895 (1895) S. 21.

14 Jahresbericht des Ersten deutschen Staatsgymnasiums in Brünn für das Schuljahr 1925/1926 (1926) S. 2.

15 Jahresbericht des Ersten deutschen Staatsgymnasiums in Brünn für das Schuljahr 1916/1917 (1917) S. 30.

16 21. Verzeichnis der in Bureau des Exekutivcomités, 1. Bezirk, Goldschmiedgasse 10, eingelaufenen Spenden, Fremden-Blatt 56 Nr. 192 (14.7.1902) S. 7.

17 In den 1890er Jahren hielt er Vorträge in Volksbildungsverein und im Wissenschaftlichen Club in Wien, vgl. Anzeigen der Vorträge in: Die Presse 46 Nr. 6 (6.1.1893) S. 11; Neues Wiener Journal Nr. 853 (9.3.1896) S. 2; Neue Freie Presse Nr. 11626 (4.1.1896) S. 2. In Brünn sprach Weinberger im Januar 1918 vor den Mitgliedern des Deutschmährischen Volksbildungsvereins über alte Handschriften, vgl. Brünner Zeitung Nr. 27 (1.12.1918) S. 3.

dieses Vereins hegten zumindest in den Anfängen der tschechoslowakischen Republik keine großen Sympathien für den neuen Staat.

Langjähriger Vorsitzender des Vereins war Bertold Bretholz, der von tschechischen Historikern und der tschechischen Öffentlichkeit wegen seiner Interpretation der Geschichte Böhmens, Mährens und Schlesiens als ein Hauptvertreter des deutschnationalen Chauvinismus betrachtet wurde. Diese Bewertung von Bretholz muss als einseitig und daher in ihrer Berechtigung in Frage gestellt werden, denn nicht zuletzt dank seines Einflusses im intellektuellen Umfeld der mährischen Deutschen herrschte im Geschichtsverein nicht der Geist des völkischen Nationalismus. Erst zwei Jahre nach Bretholz' Tod, in den Monaten nach dem Münchener Abkommen im September 1938, wurde eine rassistische Klausel, der sogenannte Arierparagraph, eingeführt. Weinberger selbst hielt sich offenbar von politischen Scharmützeln fern, trotzdem war er in der mährischen Öffentlichkeit bekannt. In der Brünner Zeitung Tagesbote publizierte er seit der Mitte der 1920er Jahre mehrmals pro Jahr neben anderen Veröffentlichungen Kommentare zu Schulreformbestrebungen, in denen er die Bedeutung der klassischen Sprachen für die Ausbildung der späteren Hochschulstudenten hervorhob[18]. Der Wissenschaft ergeben, fand er nach dem Ende seiner schulischen Lehrtätigkeit – ähnlich wie Bretholz Ende der 1920er Jahre – mit populärwissenschaftlichen Vorträgen seinen Weg in deutsche Sendungen der Brünner Station des tschechoslowakischen Rundfunks ‚Radiojournal'. 1928 zeichnete die tschechische Fachzeitschrift Listy filologické (Philologische Blätter) seinen Vortrag in der Brünner Zweigstelle der Jednota českých filologů (Verband tschechischer Philologen) auf. Diese Vorlesung, die er vor einem tschechischen Publikum auf Deutsch hielt und deren Gegenstand, die Geschichte der Schrift, mit Hilfe von Diapositiven illustriert wurde, deutet darauf hin, dass Weinberger zu jenen Gelehrten gehörte, die ihr Interesse an universellen wissenschaftlichen Erkenntnissen über politische und nationale Unterschiede stellten[19].

Die Absolventen des Gymnasiums kannten Weinberger als einen „Lehrer von philologischer Akribie, *[und]* von unerbittlicher Genauigkeit", der „als ungemein streng *[galt]*, auch im Hinblick auf die Disziplin, da es ihm einfach unmöglich war, irgend etwas ‚Ungesetzliches' zu dulden"[20]. Jüngere Kollegen am Brünner Gymnasium erinnerten sich an Weinberger als einen Menschen, für den die klassische Philologie und die Altertumskunde „im wahrsten Sinne des Wortes eine Lebensaufgabe" waren, und sie bezeichneten ihn als einen Gelehrten von „europäischem Ruf"[21]. Weinberger hatte seine wissenschaftliche Arbeit nach dem Universitätsstudium nicht abgebrochen, sondern intensiviert. Um seine Forschungen mit der Gymnasiallehre in Einklang bringen zu können, erhielt er vom k. u. k. Unterrichtsministerium einige Male mehrmonatigen Urlaub, in dem er in Wiener Bibliotheken studierte oder zu langen Forschungsreisen in Bibliotheken in Italien, Deutschland und der

18 Vgl. z. B. Wilhelm Weinberger, Der Entwurf für die Mittelschulreform, in: Tagesbote 75 Nr. 129 (19.3.1925) S. 4–5.

19 Výroční zpráva Jednoty českých filologů za správní rok 1927–1928. Listy filologické 55 (1928) S. 6.

20 Dr. Wilhelm Weinberger †, in: Tagesbote 82 Nr. 482 (16.10.1932) S. 14.

21 Jahresbericht des Deutschen Masaryk-Staatsgymnasiums in Brünn für das Schuljahr 1932–1933 (1933) S. 6.

Schweiz aufbrach[22]. Zahlreiche philologische Studien über die griechische und lateinische Grammatik, Metrik und Literatur (zum Beispiel Kallimachos von Kyrene, Vergil, Cicero, Philostratos oder die späten Epikureer), paläographische Studien über Unziale, turonische Halbunziale und karolingische Minuskel, Beiträge über einzelne Kodizes und Bibliotheken alter Handschriften, ihre Herkunft und ihr Schicksal – etwa der Bibliotheken von Matthias Corvinus oder Eugen von Savoyen[23] – erschienen regelmäßig zuerst in den Jahrbüchern der Gymnasien, an denen er unterrichtete, später in führenden österreichischen, deutschen und auch italienischen Fachzeitschriften, oder selbstständig im Rahmen von Publikationsreihen von auf die Welt der Antike spezialisierten Verlagen[24]. In Leipzig gab er 1896 im Verlag B. G. Teubner eine kritische Ausgabe zweier altgriechischer Epen über den Trojanischen Krieg heraus. Von 1898 bis zu seinem Tod erstellte er kommentierte bibliographische Berichte zur Paläographie und Handschriftenkunde für den Jahresbericht über die Fortschritte der klassischen Altertumswissenschaft, nach dem Begründer der Reihe, Conrad Bursian, ‚Bursians Jahresbericht' genannt. Weinberger gehörte unter anderem zu den Autoren von Artikeln zur Geschichte der Schrift in der neuen Ausgabe von Paulys Realencyclopädie der classischen Altertumswissenschaft, der umfangreichsten Enzyklopädie über die Antike.

Den größten wissenschaftlichen Ertrag lieferte Wilhelm Weinberger mit zwei Publikationen: Sein Catalogus catalogorum wurde das grundlegende Handbuch für kritische Editionen spätantiker Werke, die in der Editionsreihe Corpus Scriptorum Ecclesiasticorum Latinorum (CSEL) herausgegeben werden sollten[25]. Sein Wegweiser durch die Sammlungen altphilologischer Handschriften, erschienen 1930, war ein kommentierter Führer durch die bedeutendsten Bibliotheken der Welt, die alte europäische Handschriften aufbewahrten[26]. Die Kommission für die Herausgabe lateinischer Kirchenväter an der Wiener Akademie der Wissenschaften übertrug Weinberger im Jahr 1927 die Neu-Edition von Boethius' Schrift De consolatione philosophiae, an der er bis in seine letzten Lebenstage arbeitete, deren Publikation er aber nicht mehr erlebte[27].

Wilhelm Weinbergers außergewöhnliche Verbindung von altphilologischen und kodikologischen Kenntnissen brachte Bertold Bretholz auf die Idee, ihn zur Beschleunigung der Arbeiten am kritischen Apparat der Cosmas-Chronik heranzuzuziehen. Es scheint, dass Weinberger, der anfangs vor allem die lateinische Gestaltung des wissenschaftlichen Apparats prüfen sollte, sich später besonders auf Reimprosa im Chroniktext konzentrierte und

22 Peeters, Wilhelm Weinberger (wie Anm. 5) S. 1038.

23 Wilhelm Weinberger, Beiträge zur Handschriftenkunde 1. Die Bibliotheca Corvina (SB Wien 159,6, 1908); ders., Die griechischen Handschriften des Prinzen Eugen von Savoyen, in: Wiener Eranos. Zur 50. Versammlung deutscher Philologen und Schulmänner in Graz 1909 (1909) S. 137–144.

24 Das vollständige Verzeichnis seiner Schriften veröffentlichte Thiel, Wilhelm Weinberger (wie Anm. 5) S. 30–41.

25 Wilhelm Weinberger, Catalogus Catalogorum. Verzeichnis der Bibliotheken, die ältere Handschriften lateinischer Kirchenschriftsteller enthalten. Im Auftrage der Kaiserlichen Akademie der Wissenschaften in Wien zusammengestellt (1902).

26 Wilhelm Weinberger, Wegweiser durch die Sammlungen alt-philologischer Handschriften. (SB Wien 209,4, 1930).

27 Wilhelm Weinberger † (Hg.): Boethius, De consolatione philosophiae. Rudolfi Peiperi atque Georgii Schepssii copiis et Augusti Engelbrechtii studiis usus (1934).

somit zu der wichtigen, jedoch zeitraubenden Erforschung der klassischen Gelehrsamkeit und literarischen Belesenheit von Cosmas beitrug[28]. Anfangs der 1920er Jahre erhielt der Brünner Philologe für seine langjährige minutiöse Arbeit von den MGH, vermittelt durch Harry Bresslau, 300 Reichsmark[29]. Bretholz schätzte Weinbergers Mitarbeit sehr, obwohl er in ihr auch einen Grund für weitere Verzögerungen bei der Fertigstellung der Edition sah: „Dr. Weinb*[erger]*, den ich als besonders tüchtigen Philologen hochschätze u*[nd]* den die Arbeit fesselte, meinte bei nochmaliger gründlicher Überprüfung des Apparates zu neuen Ergebnissen gelangen zu können. Er hat zweifellos hier und dort die bessere Lesart aus dem Apparat in den Text genommen, einige gute Emendationen gemacht; ich danke ihm, wenn auch nicht die Ausarbeitung so doch die Anlage eines umfassenden Index etc.; aber in der Hauptsache blieb alles beim alten, nur zog sich die Arbeit hin“[30]. Sieben Jahre nach Publikation der Cosmas-Chronik dachten Weinberger und Bretholz an eine neue deutsche Ausgabe, weil die älteren Übersetzungen mit Blick auf die neue kritische Edition an vielen Stellen ungenau waren. Weinberger übersetzte probeweise einige Passagen und bot an, sie dem MGH-Vorsitzenden Paul Kehr zur Ansicht zuzusenden, mit dem er sich im April 1931 über dieses Projekt beraten hatte[31]. Mehr ist über die Planungen nicht bekannt, da Weinbergers plötzlicher Tod diese letztlich zunichtemachte.

Weinberger hatte nie die Gelegenheit, sein Wissen an Universitätsstudenten weiterzugeben, da er den Plan einer Habilitation nicht weiterverfolgt hatte. Ob dafür der latente Antisemitismus im universitären Milieu in Österreich und Deutschland verantwortlich war, kann nicht entschieden werden; aber ein belgischer Kollege, der gut mit Weinberger bekannt war, bemerkte in seinem Nekrolog, die universitäre Karriere wäre ihm angeblich vor allem aus dem Grund verwehrt geblieben, weil er ihr zuliebe den jüdischen Glauben seiner Ahnen nicht hatte aufgeben wollen[32]. Der Prager Philologe Erich Thiel schloss seinen respektvollen Nachruf auf Weinberger mit den Worten: „Unter anderen Umständen wäre er vielleicht ein

28 MZA, Nl Bertold Bretholz, Kart. 4, Korrespondenz H. Bresslau, Bretholz' Brief (Konzept) an Bresslau vom 20.10.1913: „Sie haben viel Reimprosa angezeichnet, die uns scheinbar entgangen ist. Das erklärt sich aber daraus, daß *[Oswald]* Holder-Egger ausdrücklich gewünscht hat, hierin nicht zu weit zu gehen u*[nd]* nur die auffallendsten Stellen zu vermerken. Ich habe mich s*[einer]* Z*[eit]* an diesen seinen Wunsch gehalten, aber schon Weinberger hat viel eingefügt und allem Anschein nach möchten Herr Geheimrat hierin noch weiter gehen. Ich bin nicht dagegen u*[nd]* werde es mit Weinb*[ergers]* Unterstützung nach Möglichkeit revidieren.“ Zu den Schwierigkeiten der Bearbeitung des Apparats siehe Bretholz' Brief (Konzept) an Bresslau vom 16.11.1917: „Weinberger und ich habe viele, viele Stunden darauf verwendet, auf Vollständigkeit erhebe ich keinen Anspruch, kann wohl auch niemand von mir beanspruchen, leicht möglich, daß mir auch sehr sichere Vorbilder entgangen sind.“

29 MGH-Archiv, B 852 Nr. 5, Undatierter Brief Bresslaus an Bretholz, ungefähr 1922. – Zu Harry Bresslau als Leiter der Scriptores-Abteilung siehe den Beitrag von Benedikt Marxreiter in vorliegendem Band.

30 MZA, Nl Bertold Bretholz, Kart. 4, Korrespondenz H. Bresslau, Bretholz' Brief (Konzept) an Bresslau vom 5.9.1920.

31 GStA PK, VI. HA Familienarchive und Nachlässe, Nl Kehr Nr. 16 Bl. 299r, Weinberger an Kehr, 25.4.1931. Für Hinweis auf den Brief danke ich Karel Hruza und besonders Hedwig Munscheck-von Pölnitz, die mir eine Abschrift des Briefes zukommen ließ.

32 Peeters, Wilhelm Weinberger (wie Anm. 5) S. 1038.

großer Organisator seines Faches geworden. So war er ein Schmied, aus dessen Werkstätte eine Fülle des besten Handwerkzeugs für die Forschung hervorgegangen ist"[33].

Es ist wahrscheinlich, dass sich Weinberger sein Leben lang wegen seines Glaubens und seiner jüdischen Herkunft benachteiligt fühlte, ebenso wie Bretholz, der trotz der Konversion – ein Schritt, den Weinberger ablehnte – keine Universitätsprofessur erlangt hatte[34]. Beide Gelehrten verstarben noch vor dem Genozid an den europäischen Juden; anders erging es ihren Ehefrauen. Das furchtbare Schicksal der Ehefrau Weinbergers bildet den traurigen Epilog seines Porträts. Einige Jahre nach dem Ableben seiner Mutter hatte der nunmehr 48jährige Weinberger in Wien die in Klattau (Klatovy) geborene Ernestine Kübl geheiratet[35], die ihr ganzes Leben ihrem Mann und dessen wissenschaftlicher Betätigung widmete. Nach seinem Tod 1932 lebte sie weiterhin in der Wohnung in der Dlouhá (Langenstraße) in Brünn[36]. Am 29. März 1942 wurde Ernestine Weinberger in das Ghetto Theresienstadt deportiert, wo am selben Tag Karoline Bretholz, die Witwe von Bertold Bretholz, verstarb[37]. Zwei Tage später wurde Ernestine Weinberger mit einem Transport in das besetzte Polen verschleppt[38]. Die letzte Nachricht über sie, von Freunden nach dem Krieg in Erfahrung gebracht, belegt ihre Anwesenheit im April 1942 im jüdischen Ghetto der Kleinstadt Piaski Luterskie unweit von Lublin[39], dann verliert sich ihre Spur. Piaski fungierte im Frühsommer als Durchgangsghetto für deportierte Juden aus dem Deutschen Reich und dem Protektorat Böhmen und Mähren. Ab dem Juni 1942 fuhren von hier Viehwaggonzüge in die Vernichtungslager Bełżec und Sobibór.

Abstract: Wilhelm Weinberger was born in Vienna in 1886 as the son of a Jewish merchant family. After completing gymnasium in 1884, he remained in Vienna to study classical philology under Karl Schenkl with history as a minor. Completing his Ph.D. in 1901, Weinberger began teacher training with the plan to write his habilitation thesis, but was obliged to give up the latter on financial grounds. Instead, he followed a teaching career, attaining the rank

33 Thiel, Wilhelm Weinberger (wie Anm. 5) S. 30.

34 Zdeňka Stoklásková, Konvertitova kariéra. Bertold Bretholz a jeho snaha po uplatnění [Die Karriere eines Konvertiten. Bertold Bretholz und sein Bemühen, sich durchzusetzen], in: Německá medievistika v českých zemích do roku 1945, hg. von Pavel Soukup / František Šmahel (2004) S. 273–287. Dies., The Academic Career of the Historian and Archivist Bertold Bretholz, in: Judaica Bohemica 50 (2015) S. 5–42.

35 Archiv města Brna [Stadtarchiv Brno], A 1/58 Archiv města Brna – Sčítání lidu [Volkszählung] 1921, Dlouhá 15.

36 Archiv města Brna [Stadtarchiv Brno], Z1 Pobytová evidence občanů, Brno, Weinbergerová Ernestine.

37 Stoklásková, The Academic Career (wie Anm. 33) S. 42.

38 Siehe Weinbergerová Arnoštka, geb. 21. 8. 1877, in: Opferdatenbank des Instituts der Theresienstädter Initiative, https://www.holocaust.cz/databaze-obeti/obet/132505-arnostka-weinbergerova [Links in diesem Beitrag wurden am 24.04.2023 abgerufen].

39 Anfrage des H. Baumgartl an U.N.R.R.A. über Weinberger, Ernstine (21.8.1877, Brünn), am 13.3.1947, in: Arolsen Archives, https://collections.arolsen-archives.org/en/search/person/86647511?s=W:einberger,%20Ernstine&t=0&p=1. – Vgl. zu Piaski Luterskie: Encyclopedia of Camps and Ghettos 2. Ghettos in German-Occupied Eastern Europe (2012) S. 696–699.

of gymnasium professor at the German Staatsgymnasium in Brünn (Brno), where he taught classical philology for 17 years. He lived through turbulent times, witnessing WWI and the creation of the first Czech republic. He seems to have remained attached to the Habsburg monarchy, but adopted a loyal position in the new state. Politically quiet, Weinberger was nevertheless outspoken on the subject of classical studies and an active scholar, publishing numerous philological and palaeographical studies. His major scholarly achievements are the Catalogus catalogorum, published in 1902, his "Wegweiser durch die Sammlungen altphilologischer Handschriften" (guide to the collections of classical manuscripts) published in 1930, and the posthumously published new edition of Boethius' De consolatione. For the MGH, he assisted Bertold Bretholz in his edition of the Bohemian chronicle of Cosmas. Dying in 1932, he was honoured for his achievements as a "smith who crafted excellent reseach tools".

Register

Personen

– I –

– M –

– **N** –

– Z –

Editionen

Um die Editionsleistungen zu dokumentieren, sind in diesem Register auch Titel von Editionen verzeichnet, die in den Beiträgen nur summarisch unter Angabe des jeweiligen Bandes aufgeführt wurden.

Scriptores

Leges

Diplomata

MGH DD Rudolf. (1977): Die Urkunden der burgundischen Rudolfinger, ed. Theodor Schieffer u. Mitwirkung v. Hans Eberhard Mayer	95 Anm. 35
MGH DD regum Germaniae ex stirpe Karolinorum 1 (1934): Die Urkunden Ludwigs des Deutschen, Karlmanns und Ludwigs des Jüngeren, ed. Paul Kehr	279 Anm. 35
MGH DD regum et imperatorum Germaniae 1 (1879–1884): Die Urkunden Konrad I., Heinrich I. und Otto I., ed. Theodor Sickel	95
MGH DD regum et imperatorum Germaniae 2 (1893): Die Urkunden Ottos II. und Ottos III., ed. Theodor Sickel	95 Anm. 29
MGH DD regum et imperatorum Germaniae 3 (1900–1903): Die Urkunden Heinrichs II. und Arduins, ed. Harry Bresslau / Hermann Bloch / Robert Holtzmann u. a.	94–96, 226 Anm. 26, 377
MGH DD regum et imperatorum Germaniae 4 (1909): Die Urkunden Konrads II. mit Nachträgen zu den Urkunden Heinrichs II., ed. Harry Bresslau u. Mitwirkung v. Hans Wibel / Alfred Hessel	94–96, 120f., 222, 227–230
MGH DD regum et imperatorum Germaniae 5 (1926–1931): Die Urkunden Heinrichs III., ed. Harry Bresslau (†) / Paul Kehr	96 Anm. 40, 97f., 229
MGH DD regum et imperatorum Germaniae 6 (1941–1978): Die Urkunden Heinrichs IV., ed. Dietrich von Gladiss / Alfred Gawlik	278f.
MGH DD regum et imperatorum Germaniae 10 (1975–1990): Die Urkunden Friedrichs I., ed. Heinrich Appelt u. a.	S. 98 Anm. 57

Epistolae

MGH Epp. 1 (1891): Gregorii I papae Registrum epistolarum 1. Libri I–VII, ed. Paul Ewald / Ludo M. Hartmann	159 Anm. 1, 165, 176f., 192, 195–199
MGH Epp. 2 (1899): Gregorii I papae Registrum epistolarum 2. Libri VIII–XIV, ed. Paul Ewald (†) / Ludo M. Hartmann	159 Anm. 1, 177, 192, 195–199
MGH Epp. 5 (Epistolae Karolini aevi III, 1899): Epistolae selectae Sergii II., Leonis IV., Benedicti III., pontificum Romanorum, ed. Adolf von Hirsch-Gereuth (S. 518–614)	250
MGH Epp. 6 (Epistolae Karolini aevi IV, 1925):	
– Nicolai I. papae epistolae, ed. Ernst Perels (S. 257–690)	345f.
– Hadriani II. papae epistolae, ed. Ernst Perels (S. 691–765)	346
MGH Epp. 7 (Epistolae Karolini aevi V, 1928):	
– Registrum Iohannis VIII. papae; Fragmenta registri Iohannis VIII. papae; Iohannis VIII. papae epistolae passim collectae; Iohannis VIII. papae epistolae dubiae, ed. Erich Caspar (S. 1–333)	146
– Anastasii bibliothecarii epistolae sive praefationes, ed. Ernst Perels / Gerhard Laehr (S. 395–442)	347
MGH Epp. 8,1 (Epistolae Karolini aevi VI, [1]1939, [2]1975): Hincmari Archiepiscopi Remensis Epistolae 1, ed. Ernst Perels	350, 353–357, 366

Antiquitates

Archivalien

München, Stadtarchiv

Wien, Archiv der Universität (UAW)

Wien, Österreichisches Staatsarchiv/Archiv der Republik (OeStA/AdR)

Wien, Österreichisches Staatsarchiv/Haus-, Hof- und Staatsarchiv (OeStA/HHStA)

Wien, Stadt- und Landesarchiv (WStLA)

Abbildungsnachweis

Berlin, Staatsbibliothek – Preußischer Kulturbesitz
Handschriftenabteilung / Nl Friedrich Theodor Althoff, N. 7: Fotoalbum 1902 Ernst Dümmler gewidmet (Ernst Bernheim S. 71, Harry Bresslau S. 81, Bertold Bretholz S. 125, Ludo Moritz Hartmann S. 191, Sigmund Herzberg-Fränkel S. 211, Alfred Hessel S. 221, Wilhelm Levison S. 301, Felix Liebermann S. 323, Ernst Perels S. 343, Max Perlbach S. 367, Henry Simonsfeld S. 421)

Freiburg i. Br., Institut für Rechtsgeschichte an der Albert-Ludwigs-Universität
Prof. Dr. Wolfgang Kaiser (Erika Sinauer S. 463)

Göttingen, Niedersächsische Staats- und Universitätsbibliothek
Sammlung Voit (Karl Lehmann S. 289)

Hamburg, Universität
Arbeitsstelle für Universitätsgeschichte (Richard Salomon S. 395)

Heidelberg, Universitätsarchiv
Signatur BA Pos I 01370 (Paul Hirsch S. 235)

Karlsruhe, Generallandesarchiv
Signatur J-Ac B Nr. 185 I (Bernhard von Simson S. 455). Alle Veröffentlichungs- und Vervielfältigungsrechte liegen bei dem Landesarchiv Baden-Württemberg.

London/GB, Tom Joski
geni.org (Samuel Löwenfeld, S. 337)

München, Archiv der Bayerischen Akademie der Wissenschaften
Mitgliederakt Kasimir Fajans (S. 49, 51, 52)

München, MGH-Archiv
(Erich Caspar S. 135, Philipp Jaffé S. 253, Ludwig Traube S. 487)

Rostock, Universitätsarchiv
(Hermann Reincke-Bloch, S. 375)

San Diego/USA, Kitty Munson Cooper
genealogy blog: http://blog.kittycooper.com (Paul Ewald S. 159)

Wien, Archiv der Österreichischen Akademie der Wissenschaften
Bildarchiv, P-0884-B (Gerhart B. Ladner S. 273)

Die MGH danken allen Genannten für die freundliche Genehmigung zur Veröffentlichung der Abbildungen. Falls Rechteinhaber nicht aufgeführt sein sollten, wird um Mitteilung gebeten.

Kurzbiographien der Autorinnen und Autoren

Dr. Maximilian Becker
Studium der Neueren und Neuesten Geschichte, der Geschichte Ost- und Südosteuropas und des Völkerrechts an der Ludwig-Maximilians-Universität München. Promotion zur deutschen Justiz in den eingegliederten Ostgebieten 1939–1945. U. a. Doktorand am Max-Planck-Institut für europäische Rechtsgeschichte in Frankfurt a.M. sowie wissenschaftlicher Mitarbeiter am Institut für Zeitgeschichte in München, der Österreichischen Akademie der Wissenschaften in Wien und der MGH. Forschungen u.a. zu Justiz und nationalsozialistischer Besatzung in Polen, zu den Überlebenden des antifaschistischen Widerstands in Europa und zu Hitlers Reden als Reichskanzler.

Dr. Nikola Becker
studierte Geschichte und Neuere Deutsche Literatur in München und promovierte 2010 in Bayerischer Landesgeschichte zum Thema ‚Bürgerliche Lebenswelt und Politik in München. Autobiographien über das Fin de Siècle, den Ersten Weltkrieg und die Weimarer Republik'. Seit 2017 Wissenschaftliche Mitarbeiterin der Kommission für bayerische Landesgeschichte bei der Bayerischen Akademie der Wissenschaften, derzeit als kommissarische Geschäftsführerin und Redakteurin der Zeitschrift für bayerische Landesgeschichte; darüber hinaus Bearbeitung der Protokolle des Kabinetts Eugen von Knilling (1922–1924) im Rahmen des Editionsprojekts ‚Die Protokolle des Bayerischen Ministerrats 1919–1945'.

Dr. Matthias Berg
Wissenschaftlicher Mitarbeiter an der Humboldt-Universität zu Berlin 2007–2018; dort Promotion mit der Studie ‚Karl Alexander von Müller. Historiker für den Nationalsozialismus' (Göttingen 2014); Mitverfasser von ‚Die versammelte Zunft. Historikerverband und Historikertage in Deutschland 1893–2000' (Göttingen 2018); seit 2019 wissenschaftlicher Mitarbeiter der Historischen Kommission bei der Bayerischen Akademie der Wissenschaften; aktuelles Projekt: ‚Abgeordnetenleben 1871–1918. Die sozialen und kulturellen Grundlagen parlamentarischer Repräsentation' (Digitale Edition).

Dr. Letha Böhringer
Studium in Bonn und Chicago (Loyola University), 1989–1991 Ausbildung für den Höheren Archivdienst, 1991–2013 Archivarin am Historischen Archiv der Stadt Köln, 2014–2022 wissenschaftliche Mitarbeiterin am Rheinischen Bildarchiv, seit 2022 Leiterin des DFG-Projekts ‚Beginen in Köln: Sozialgeschichte urbaner Frömmigkeit vom 13. bis zum 15. Jahrhundert' an der Forschungsstelle Geschichte Kölns der Universität zu Köln; Forschungsschwerpunkte: Köln und das Rheinland, Kirchen- und Ordensgeschichte.

Prof. Dr. Enno Bünz
Geb. 1961, seit 2001 Inhaber des Lehrstuhls für Sächsische und Vergleichende Landesgeschichte an der Universität Leipzig, im Nebenamt seit 2002 Direktor des Instituts für Sächsische Geschichte und Volkskunde in Dresden. Mitglied der Zentraldirektion der Monumenta Germaniae Historica in München, der Deutschen Kommission für die Bearbeitung der Regesta Imperii e.V. bei der Akademie der

Wissenschaften und der Literatur Mainz (stellvertretender Vorsitzender) und zahlreicher weiterer wissenschaftlicher Gremien. Forschungsschwerpunkte: Geschichte des Christentums, Verfassungs- und Sozialgeschichte des Mittelalters und der Reformationszeit sowie Geschichte der Geschichtswissenschaft im 19. und 20. Jahrhundert.

Jasmin Dorfer, M. A.

Studium der Geschichte (mit Schwerpunkt Mittelalter) und Sprache, Literatur, Kultur an der Ludwig-Maximilians-Universität München. Seit 2020 wissenschaftliche Mitarbeiterin bei den Monumenta Germaniae Historica und Promotionsstudentin der Mittelalterlichen Geschichte. Ein Dissertationsprojekt über frühstaufische Briefe und Briefsammlungen ist in Vorbereitung. Seit 2022 Masterstudiengang LIS (Bibliotheks- und Informationswissenschaft) an der Humboldt-Universität zu Berlin.

Prof. Dr. Franz Fuchs

Geb. 1953, seit 1995 Professor für Mittelalterliche Geschichte an der Universität Regensburg, 2002–2019 Inhaber des Lehrstuhls für Mittelalterliche Geschichte und Historische Hilfswissenschaften der Universität Würzburg. Forschungsschwerpunkte: Geschichte des Frühhumanismus in Deutschland (2001–2019 Herausgeber des Pirckheimer Jahrbuchs für Renaissance- und Humanismusforschung), Geschichte Kaiser Friedrichs III., Geschichte der Regularkanoniker (Augustiner-Chorherrn) im hohen und späten Mittelalter.

Prof. Dr. Dr. h. c. Martina Hartmann

Geb. 1960; Studium der Geschichte und Klassischen Philologie an der Universität Bonn. Promotion 1989 in Bonn, 1989–2000 wissenschaftliche Mitarbeiterin der MGH und Redakteurin des Deutschen Archivs; 2001 Habilitation für Mittelalterliche Geschichte und Historische Hilfswissenschaften an der Universität Regensburg, Umhabilitation an die Universität Heidelberg und 2011 an die LMU München; 2012–2018 Stellvertreterin der Präsidentin und des kommissarischen Präsidenten der Monumenta Germaniae Historica, seit 2018 Präsidentin. Forschungsschwerpunkte: Früh- und Hochmittelalter, gender studies und Wissenschaftsgeschichte (2023 Monographie über das Wissenschaftler-Ehepaar Hildegund und Ottokar Menzel, 1910–1945).

Dr. Karel Hruza, MAS

Geb. 1961 in Aš (CZ). Studium der Geschichte und Politikwissenschaft in Konstanz und Wien. 1994 Dr. phil. 1992–1995 Ausbildungskurs am Institut für Österreichische Geschichtsforschung Wien. Arbeitet als Historiker am Institut für Mittelalterforschung der Österreichischen Akademie der Wissenschaften in Wien.

Prof. Eric Knibbs, Ph.D.

Geb. 1981. Studium der Geschichte an der University of Pennsylvania und am Heidelberger Seminar für Lateinische Philologie des Mittelalters und der Neuzeit; Promotion in Medieval Studies bei Prof. Anders Winroth an der Yale University; wissenschaftlicher Mitarbeiter am Stephan Kuttner Institute of Medieval Canon Law in München als Alexander von Humboldt- Stipendiat, Assistant Professor an Williams College in Williamstown, Fellow der American Academy in Rom, Associate Professor mit

Tenure am Williams College; 2019–2023 wissenschaftlicher Mitarbeiter bei den Monumenta Germaniae Historica.

Prof. Dr. Theo Kölzer

Geb. 1949. Promotion (1976) und Habilitation (1987) in Gießen. 1987–1992 Heisenberg-Stipendiat, zwischenzeitlich Lehrstuhlvertreter in Heidelberg und Marburg sowie Dozent an der Archivschule Marburg. 1992–2015 Inhaber des Lehrstuhls für Mittelalterliche und Neuere Geschichte, Historische Hilfswissenschaften und Archivkunde in Bonn. 1996 Ablehnung eines Rufes nach Heidelberg. 1997 Fellow am Institute for Advanced Study in Princeton. 2001–2015 Präsident der Commission Internationale de Diplomatique, Mitglied der Zentraldirektion der Monumenta Germaniae Historica und weiterer wissenschaftlicher Gremien. Publikationen zur Geschichte des frühen und hohen Mittelalters in Deutschland, Frankreich und Italien, insbesondere zur Verfassungs- und Kirchengeschichte, kirchlichen Rechtsgeschichte sowie Diplomatik und Paläographie. Herausgeber der Urkunden der Kaiserin Konstanze, der Merowingerkönige und Ludwigs des Frommen für die MGH Diplomata.

Prof. Dr. Claudia Märtl

Nach Studium und Assistententätigkeit an der Universität Regensburg 1988–1994 wissenschaftliche Mitarbeiterin der MGH, 1995–2001 Professorin für Mittelalterliche Geschichte an der Technischen Universität Braunschweig, 2001–2020 Professorin für Mittelalterliche Geschichte mit Schwerpunkt Spätmittelalter an der Ludwig-Maximilians-Universität München, 2012–2014 kommissarische Präsidentin der MGH; seit 2006 Ordentliches Mitglied der Bayerischen Akademie der Wissenschaften. Wissenschaftliche Schwerpunkte: Lateinische Überlieferung des Mittelalters und Geschichte des 15. Jahrhunderts

Annette Marquard-Mois, M. A.

Studium der Geschichte, Philosophie des Mittelalters und der Historischen Hilfswissenschaften an der Ludwig-Maximilians-Universität München, berufliche Tätigkeit in Wissenschaftsmanagement (TUM, Fraunhofer) und Wissenschaftskommunikation (Redaktion Hochschulmagazin, Buchautorin, Realisierung ‚Römerregion Chiemsee'); seit 2018 Referentin für Öffentlichkeitsarbeit der Monumenta Germaniae Historica; Konzeption und Hauptautorin der Virtuellen Ausstellung ‚Zwischen Vaterlandsliebe und Ausgrenzung – jüdische Mitarbeiter und Mitarbeiterinnen der MGH'.

Dr. Benedikt Marxreiter

Geb. 1988. Promotion zum Thema ‚Bern von Reichenau, De nigromantia seu divinatione daemonum contemnenda. Edition und Untersuchung'. Als wissenschaftlicher Mitarbeiter der Monumenta Germaniae Historica ist sein Forschungsbereich die hochmittelalterliche Geschichtsschreibung des Bodenseeraums und die sog. Bamberger Weltchronistik; Herausgeber der sog. St. Galler Annalen, einer anonymen Fortsetzung der Inkarnationschronik Hermanns des Lahmen (†1054); aktuelles Projekt (mit Martina Hartmann): Edition der von der Erschaffung der Welt bis 1098 reichenden Chronik Frutolfs von Michelsberg (†1103).

Prof. Dr. Arno Mentzel-Reuters

Studium in Aachen und Berlin. 1986–1988 Ausbildung für den Höheren Bibliotheksdienst, anschließend Handschriftenkatalogisierung in Aachen und Tübingen. 1994–2019 Leiter der Bibliothek der MGH, seit 2004 Leiter des Archivs der MGH. 1999 Habilitation in Erlangen, 1999–2005 Lehrtätigkeit im Fach Buchwissenschaft in Erlangen, seit 2005 im Fach Deutsche Sprache und Literatur des Mittelalters in Augsburg, 2010–2019 Vorsitzender der Historischen Kommission für Ost- und Westpreußische Landesforschung. Schwerpunkte seiner Publikationen sind Deutscher Orden, Humanismus und Reformation und die Buchkultur im Industriezeitalter.

Dr. Hedwig Munscheck-Freifrau von Pölnitz

Studium der Mittleren und Neueren Geschichte, Kunstgeschichte und Historischen Hilfswissenschaften in Passau, Bonn und Regensburg. Promotion über die spätmittelalterliche, bebilderte Predigtsammlung Concordantiae caritatis des Ulrich von Lilienfeld. Freiberufliche Tätigkeit als Kunsthistorikerin im Städel Museum und kuratorisch für das Ikonen-Museum in Frankfurt am Main. Derzeit Vorbereitung der Edition des ‚Liber Vitae Pauli Fridolini Kehr' als Grundlage einer ersten umfassenden wissenschaftlichen Biographie über den MGH-Vorsitzenden Paul Fridolin Kehr.

Prof. Dr. Anne Nagel

Geb. 1962, apl. Professorin an der Justus-Liebig-Universität Gießen, Studium der Geschichte an der Philipps-Universität Marburg, Promotion 1995 mit einer Arbeit über den protestantischen Theologen und Politiker Martin Rade (Gütersloh 1996); 2003 Habilitation an der Justus-Liebig-Universität Gießen mit der Schrift ‚Im Schatten des Dritten Reichs. Mittelalterforschung in der Bundesrepublik Deutschland 1945–1070' (Göttingen 2005). Forschungsschwerpunkte sind die Wissenschafts-, Universitäts- und Liberalismusgeschichte im 19. und 20. Jahrhundert.

Dr. Jiří Němec

Geb. 1975 in Opava (CZ), Studium der Geschichte in Opava, Graz und Brno. Assistent für Geschichte der Neuzeit am Historischen Institut der Philosophischen Fakultät der Masaryk-Universität in Brno. Forschungsschwerpunkt ist die Geistesgeschichte, Wissenschaftsgeschichte und Geschichtspolitik in den böhmischen Ländern im 20. Jahrhundert. Wichtigste Publikation: Zpráva o originalitě a přizpůsobení se sudetoněmeckého historika (Bericht über Originalität und Anpassung eines sudetendeutschen Historikers, Brno 2017).

Anna Claudia Nierhoff, M. A.

Studium der Fächer Geschichte mit Schwerpunkt Mittelalter, Antike und Orient an der Ludwig-Maximilians-Universität München. Seit 2019 wissenschaftliche Mitarbeiterin der MGH und Promotionsstudium der Mittelalterlichen Geschichte (Studien zur Rezeption der Bamberger Weltchroniken).

Prof. Dr. Stefan Petersen

Geb. 1965. Studium der Geschichte, Germanistik und Historischen Hilfswissenschaften in Göttingen, 1998 Promotion, 2008 Habilitation. 2001–2002 Wissenschaftlicher Mitarbeiter am Max-Planck-Institut für Geschichte; 2002–2015 Assistent/Oberassistent am Institut für Geschichte in Würzburg; 2016–2018 Wissenschaftlicher Mitarbeiter an der Sächsischen Akademie der Wissenschaften zu Leipzig (Projekt Sachsenspiegelglossen); seit 2018 Stellvertreter der Präsidentin der Monumenta Germaniae Historica.

Prof. Dr. Wolfgang Petke
Geb. 1941. Studium der Geschichte, Historischen Hilfswissenschaften und Germanistik 1961–1969 in Tübingen und Göttingen. 1969 Promotion, 1983 Habilitation. 1969–1977 wissenschaftlicher Assistent am Seminar für Mittlere und Neuere Geschichte in Göttingen, 1977–1982 Akademischer Rat / Oberrat ebenda, 1982–1994 Akademischer Oberrat am Diplomatischen Apparat der Universität Göttingen, 1994 Hochschuldozent ebenda, seit 2007 im Ruhestand.

Dr. Bernd Posselt
Nach Studium der Latinistik, Germanistik und Pädagogik in München und Venedig ab 2008 wissenschaftlicher Mitarbeiter in verschiedenen Editionsprojekten an der Ludwig-Maximilians-Universität München (Karolingische Glossen zu Martianus Capella, Werke Bernhards von Waging). 2013 Promotion im Internationalen Doktorandenkolleg ‚Textualität in der Vormoderne'. Seit 2014 wissenschaftlicher Mitarbeiter der Monumenta Germaniae Historica. Editionsprojekt: Schedelsche Weltchronik.

Dr. Andrea Rzihacek, MAS
Studium der Geschichte und der Anglistik an der Universität Wien, 1986–1989 Ausbildungslehrgang des Instituts für Österreichische Geschichtsforschung. 2005 Promotion mit einer Arbeit über die Rezeption medizinischer Fachliteratur im Benediktinerstift Admont im Mittelalter. Seit 1991 an der Österreichischen Akademie der Wissenschaften (Institut für Mittelalterforschung, Abteilung Editionsunternehmen und Quellenforschung). Mitarbeit an Editionen hochmittelalterlicher Herrscherurkunden für die Diplomata-Reihe der MGH, derzeit Kaiser Ottos IV.

Prof. Daniel R. Schwartz
Geb. 1952 in den USA, emigrierte 1971 nach Israel. Geschichtsstudium an der Hebräischen Universität (Jerusalem); Ph.D. 1980, seitdem Mitglied der Abteilung für jüdische Geschichte; emeritiert 2022. Hauptforschungsbereich: Jüdische Geschichte und Geschichtsschreibung in der hellenistischen Epoche; daneben Beschäftigung mit der deutsch-jüdischen Geschichte des 19. und 20. Jahrhunderts.

Prof. Dr. Martin Wihoda
Geb. 1967 in Opava. Studium der Geschichte an den Universitäten Brno, Würzburg und Marburg. Professor für Geschichte des Mittelalters an der Masaryk-Universität Brno (Tschechien). Forschungsschwerpunkte: Europäisierung der am östlichen Rand des Römisch-Deutschen Reiches angesiedelten gentes im frühen und hohen Mittelalter.

Philipp T. Wollmann
studierte Geschichte sowie Kunst- und Kulturgeschichte an den Universitäten Augsburg und München. Masterabschluss mit einer Arbeit zu den Urkunden der Pönitentiarie in partibus, erschienen 2021 in der Reihe Studien und Texte der Monumenta Germaniae Historica. Seit 2019 wissenschaftlicher Mitarbeiter der MGH auf einer Nachwuchsförderstelle. Sein Promotionsprojekt zur päpstlichen De-

legationsgerichtsbarkeit in der Kirchenprovinz Salzburg im Hochmittelalter steht kurz vor dem Abschluss.

Prof. Dr. Ulrich Wyrwa
Geb. 1954 in Leipzig, Professor für Neuere Geschichte an der Universität Potsdam. Studium der Geschichte und Philosophie in Heidelberg, Rom und Hamburg. 1988 Promotion an der Universität Hamburg über den Alkoholkonsum der Arbeiter Hamburgs im 19. Jahrhundert. 2003 Habilitation an der Universität Potsdam mit einer vergleichenden Studie über die Emanzipation der Juden in der Toskana und in Preußen. 2005–2015 wissenschaftlicher Leiter internationaler Doktorandenkollegs zum Antisemitismus in Europa (1879–1914 / 1914–1923) am Zentrum für Antisemitismusforschung der Technischen Universität Berlin.